普通高等教育系列教材

机器学习及其应用

汪荣贵　杨　娟　薛丽霞　编著

机　械　工　业　出　版　社

本书比较系统地介绍机器学习的基础理论与应用技术。首先，介绍掌握机器学习理论和方法所必须具备的基础知识，包括机器学习的基本概念与发展历程、模型构造与优化的基本方法；然后，介绍和讨论监督学习、无监督学习、集成学习、强化学习等传统机器学习理论与方法；最后，在详细探讨神经网络与深度学习基本理论的基础上，介绍深度卷积网络、深度循环网络、生成对抗网络等若干典型深度学习模型的基本理论与训练范式，分析讨论深度强化学习的基本理论与方法。本书站在高年级本科生和低年级硕士研究生的思维角度编写，尽可能用朴实的语言深入浅出地准确表达知识内容，着重突出机器学习方法的思想内涵和本质，使得广大读者能够掌握全书主要内容。

本书每章均配有一定数量的习题，适合作为智能科学与技术、数据科学与大数据技术、计算机类相关专业的本科生或研究生的机器学习入门级教材，也可供工程技术人员和自学的读者学习参考。

本书配套授课电子课件，需要的教师可登录 www. cmpedu. com 免费注册，审核通过后下载，或联系编辑索取（微信：15910938545；电话：010-88379739）。

图书在版编目(CIP)数据

机器学习及其应用/汪荣贵，杨娟，薛丽霞编著．--北京:机械工业出版社,2019. 8（2025. 1 重印）
普通高等教育系列教材
ISBN 978-7-111-63202-3

Ⅰ. ①机…　Ⅱ. ①汪…　②杨…　③薛…　Ⅲ. ①机器学习-高等学校-教材　Ⅳ. ①TP181

中国版本图书馆 CIP 数据核字(2019)第 147229 号

机械工业出版社(北京市百万庄大街 22 号　邮政编码　100037)
策划编辑：郝建伟　　责任编辑：郝建伟　陈崇昱
责任校对：张艳霞　　责任印制：单爱军

北京虎彩文化传播有限公司印刷

2025 年 1 月第 1 版 · 第 14 次印刷
184mm×260mm · 24. 75 印张 · 615 千字
标准书号：ISBN 978-7-111-63202-3
定价：79. 90 元

电话服务
客服电话：010-88361066
010-88379833
010-68326294

网络服务
机　工　官　网：www. cmpbook. com
机　工　官　博：weibo. com/cmp1952
金　书　网：www. golden-book. com
机工教育服务网：www. cmpedu. com

前　　言

科技兴则民族兴，科技强则国家强。党的二十大报告指出，必须坚持科技是第一生产力、人才是第一资源、创新是第一动力，开辟发展新领域新赛道，不断塑造发展新动能新优势。

人类文明由早期农耕时代经历漫长演化进入工业时代，再由工业时代进一步发展迈入当今的信息时代。数字化、网络化和智能化是信息时代的基本特征，将给人类文明带来科学技术水平上的巨大提升，令社会的方方面面产生深刻的变革，使得当代人们的生活和工作更加舒适、便捷。目前，作为引领信息社会发展动力的信息技术已经历了数字化和网络化阶段，正朝着智能化方向快速发展，人工智能技术在全社会得到前所未有的重视和广泛应用，并以前所未有的速度向前飞跃发展。为顺应时代发展潮流和把握发展机遇，我国及时制定并推出了新一代人工智能发展规划，把人工智能发展放在国家战略层面进行系统布局，使得人工智能成为新一轮产业变革的核心驱动力。目前，人工智能的理论研究和应用开发是一个非常重要的优先发展方向。

人工智能作为人脑器官的延伸，主要目标是通过计算机模拟人类大脑的某些思维方式或智能行为，如推理、证明、识别、感知、认知、理解、学习等思维方式或活动，使得计算机能够像人类一样进行思考。从外部环境中获得知识和经验的学习能力是人类的一项基本思维能力，机器学习要解决的问题就是如何使得机器具有与人类类似的学习能力，使得机器系统能够较好地了解外部环境并能够适应外部环境的变化。机器学习为人工智能系统提供了基础性的核心算法支撑，人工智能系统主要使用机器学习技术解析外部环境数据，从数据中获取知识和模型参数，获得可用于决策或预测的数学模型。要想学好人工智能，首先必须牢固掌握机器学习的基础理论与应用技术。

机器学习的主要目标是通过计算手段从经验数据等先验信息中获得一个具有较好泛化性能的数学模型，并使用该模型完成预测、分类和聚类等机器学习任务。因此，机器学习的研究对象主要是从经验数据等先验信息中产生或构造模型的训练学习算法，或者说机器学习是一门关于训练学习算法设计理论与应用技术的学问。我们知道，算法设计是一种思维的艺术，需要一定的抽象思维能力和数学知识。机器学习算法更是如此，不仅涉及微积分、数理逻辑、数理统计、矩阵计算、图论等数学知识，而且涉及众多最优化理论与方法，这些为广大初学者掌握机器学习知识带来一定困难。为较好地满足广大读者系统地掌握机器学习入门性基础理论与应用技术的需要，本书的编写着重考虑如下两个要点：

第一，注重知识体系的完备性。作为人工智能的核心技术，机器学习随着人工智能的产生而产生并随着人工智能理论的发展而发展，目前已形成一个非常庞大且正在快速延伸发展的知识体系，众多学习算法精彩纷呈、目不暇接、不胜枚举。本书通过深度凝练机器学习的现有知识体系，构造一套相对完备的入门级机器学习基础理论与应用技术，在基本涵盖连接学习、符号学习和统计学习这三种基本学习类型的基础上，注重突出对基本理论与关键技术的介绍和讨论。

第二，强调可读性和可理解性。本书站在高年级本科生和低年级硕士研究生的思维角度编写，在保证表达准确的前提下，尽可能用朴实的语言深入浅出地介绍机器学习理论及相关算法设计技术，尽可能细致地阐述理论与算法的思想内涵和本质。通过学习书中实际算例的具体演算过程，读者能够对机器学习理论与算法有更加清晰、全面的理解。需要说明的是，本书并没有为了增加可读性而降低应有的内容深度，只是通过比较恰当的方式把相关知识表达得更加清楚明白，使得广大读者能够通过自己的努力就可以比较轻松地掌握机器学习的基本理论与应用技术。

本书比较系统地介绍机器学习的入门性基础理论与应用技术，内容主要包括机器学习的基本知识、模型估计与优化的基本方法、监督学习和无监督学习方法、集成学习、强化学习方法、神经网络与深度学习方法，将机器学习的经典内容与深度学习等前沿内容有机地结合在一起，形成一套相对完整、统一的知识体系，并在每个章节穿插相应的应用实例，使得广大读者不但能够较好地掌握机器学习的基本理论，而且能够比较系统地掌握其应用技术，为今后的工作和进一步学习打下扎实的理论与应用基础。全书共包含如下 9 章内容：

第 1 章和第 2 章是全书最基础的知识内容，主要为后续机器学习具体方法的介绍提供必备的理论和技术基础。第 1 章主要介绍机器学习的基本知识，包括机器学习基本概念、误差分析、发展历程及需要解决的基本问题；第 2 章主要介绍模型估计与优化的基本方法，包括模型的参数估计、模型优化的基本概念与方法，以及若干模型正则化策略。

第 3 章至第 6 章比较系统地介绍传统机器学习理论与方法。第 3 章主要介绍监督学习模型与算法，包括线性模型、决策树模型、贝叶斯模型和支持向量机模型；第 4 章主要介绍聚类分析、主分量分析、稀疏编码等无监督学习的基本理论和方法；第 5 章主要介绍集成学习方法，包括 Bagging 集成学习和 Boosting 集成学习方法；第 6 章主要介绍强化学习方法，包括基本强化学习和示范强化学习方法。

第 7 章至第 9 章比较系统地介绍神经网络与深度学习方法。第 7 章主要介绍神经网络与深度学习的基本知识，包括神经网络的基本概念、基本模型和常用模型，以及深度学习的基本理论和模型训练方法；第 8 章主要介绍几种常用的深度网络模型与训练范式，包括深度卷积网络、深度循环网络和生成对抗网络；第 9 章主要介绍深度强化学习理论与方法，包括基于价值的学习和基于策略的学习。

限于篇幅，本书未将半监督学习、多示例学习、流形学习、迁移学习、度量学习、元学习、分布式学习等相对比较专门的机器学习前沿研究内容纳入介绍范围，读者可以查阅相关专著、学术论文或技术报告。事实上，如果牢固掌握了本书所介绍的机器学习基本知识内容，那么进一步学习和研究这些前沿知识就不是一件很难的事情。

本书在传统纸质教材的基础上，增加了数字化的呈现方式。旨在以新颖的呈现方式将纸质书籍与数字化教学资源有机结合，为读者提供更加直观、生动的学习体验。针对全书 9 个章节的重要概念，精心制作了 18 个讲解视频，读者可通过扫描书中二维码观看对应视频。

本书由汪荣贵、杨娟、薛丽霞编著。感谢合肥工业大学计算机与信息学院、合肥工业大学人工智能学院、机械工业出版社的大力支持。

由于时间仓促，书中难免存在不妥之处，敬请读者不吝指正。

编者

2019 年 6 月

目 录

第 1 章　机器学习概述

近年来，人工智能和机器学习的发展十分迅速，并且已经对社会生活产生越来越多的影响，专门从事这方面理论研究或应用开发的人员也越来越多。人工智能、机器学习这些名词或概念究竟表达怎样的含义？实现机器学习究竟具有哪些基本方式或方法？机器学习在解决实际问题时究竟能够发挥怎样的作用？任何一个从事机器学习理论研究或系统开发的专业人员都应对这些问题具备明确而正确的认识。本章将对这些问题展开讨论，为读者提供机器学习最基本的概念和知识框架。首先介绍机器学习的基本概念，包括人工智能与机器学习的关系、机器学习的基本术语及误差分析；然后以机器学习的发展历程为主线简要介绍连接学习、符号学习和统计学习的基本思想，它们分别代表机器学习的三种不同基本类型；最后分析讨论机器学习的三个基本问题，即特征提取、规则构造和模型评估。

1.1　机器学习基本概念

从外部环境中学习所需知识或技能是人类的一项重要能力，机器学习要解决的问题就是如何使机器也能像人类一样具有这种学习能力。目前，机器学习作为实现人工智能的一项核心技术，已在数据挖掘、计算机视觉、搜索引擎、语音识别、游戏博弈、经济预测与投资分析等众多领域得到了广泛应用。本节主要介绍机器学习的基本概念，包括人工智能与机器学习的关系、机器学习的定义、有关机器学习的若干基本术语以及机器学习的误差分析。

1.1.1　人工智能与机器学习

发明创造某种工具来延伸人类器官功能是实现人类科技进步的一种重要手段。例如，汽车、轮船和飞机等工具的发明延伸了人腿的功能，极大提升了人类的交通能力；摄像机、望远镜和显微镜等工具的发明延伸了人眼的功能，极大提升了人类的视觉能力。为摆脱复杂繁重的科学与工程计算任务，人们发明了计算机代替人脑进行计算。实践证明计算机不仅能够胜任科学与工程计算工作，而且算得比人脑更快、更准确。那么计算机是否可以进一步承担人脑的推理或思维等智能任务呢？受此启发，以麦卡赛、明斯基、罗切斯特和申农等一批具有远见卓识的科学家共同探究使用机器模拟人类思维或人类智能的一系列问题，并在 1956 年夏季首次提出人工智能的概念，标志着人工智能学科的诞生。

人工智能的主要目标是通过计算机来模拟人的某些思维能力或智能行为，如推理、证明、识别、感知、认知、理解、学习等思维能力或活动，让计算机能够像人类一样进行思考。六十多年来，人工智能取得了长足的发展，目前在机器翻译、智能控制、图像理解、语音识别、游戏博弈等领域有着广泛应用。纵观人工智能的发展历程，可依据所用核心技术的不同将其大致分为逻辑推理、知识工程和机器学习这三个基本阶段。

20 世纪 50 年代至 70 年代是人工智能发展的早期阶段，那时人们普遍认为实现人工智能的关键技术在于自动逻辑推理，只要机器被赋予逻辑推理能力就可以实现人工智能。因此，早期人工智能主要通过谓词逻辑演算来模拟人类智能。这个阶段的人工智能的主流核心技术是符号逻辑计算，在数学定理自动证明等领域获得了一定成功。

然而，人们逐步意识到如果没有一定数量的专业领域知识支撑，则很难实现对复杂实际问题的逻辑推理。因此，以知识工程为核心技术的专家系统在20世纪70年代至90年代逐步成为人工智能的主流。专家系统使用基于专家知识库的知识推理取代纯粹的符号逻辑计算，在故障诊断、游戏博弈等领域取得了巨大成功。

专家系统需要针对具体问题的专业领域特点建立相应的专家知识库，利用这些知识来完成推理和决策。例如，如果让专家系统做疾病诊断，就必须把医生的诊断知识建成一个知识库，然后使用该库中的知识对病情进行推断。然而，把专家知识总结出来并以适当的方式告诉计算机程序有时非常困难，通常需要针对每个具体任务手工建立相应的知识库。例如在图像识别领域，为识别图像中目标是否为猫而建立的知识库并不能用于对目标是否为狗的识别，若要实现对图像中狗的识别，就必须专门建立用于识别狗的知识库。因此，专家知识的人工获取和表示方式严重制约了人工智能的进一步发展。

俗话说，授人以鱼不如授人以渔。既然把专家知识总结出来再灌输给计算机的知识工程方式非常困难甚至在很多场合不可行，那么可以考虑让人工智能系统自己从数据中学习领域知识。从外部环境中学习所需知识或技能是人类的一项重要能力，机器学习要解决的问题就是如何使得机器也能够像人类一样具有这种学习能力。事实上，机器学习的思想可以追溯到20世纪50年代的感知机数学模型，该模型可以通过使用样本数据调整连接权重的方式保持模型对外部环境变化的自适应性。专家系统的知识工程困境使得机器学习思想和技术逐步得到重视，并在20世纪80年代初步形成一套相对完备的机器学习理论体系。

自20世纪90年代中期以来，机器学习得到迅速发展并逐步取代传统专家系统成为人工智能的主流核心技术，使得人工智能逐步进入机器学习时代。特别是近十几年来，数据量爆发式增长、计算机运算能力的巨大提升和机器学习新算法（深度学习）的出现，使得人工智能获得飞跃式迅猛发展。目前，以机器学习为主流核心技术的人工智能在多个领域取得的巨大成功已使其成为社会各界关注的焦点和引领社会未来的战略性技术。

图1-1表示一种典型的人工智能系统计算框架，其中机器学习模块通过适当的算法解析数据，从数据中获取知识和模型参数，输出可用于决策或预测的数学模型，为人工智能系统提供核心算法支撑。计算机视觉、语音工程等专业应用模块使用机器学习算法提供的数学模型完成对相关对象的识别、合成、分析、理解、决策等信息处理任务。

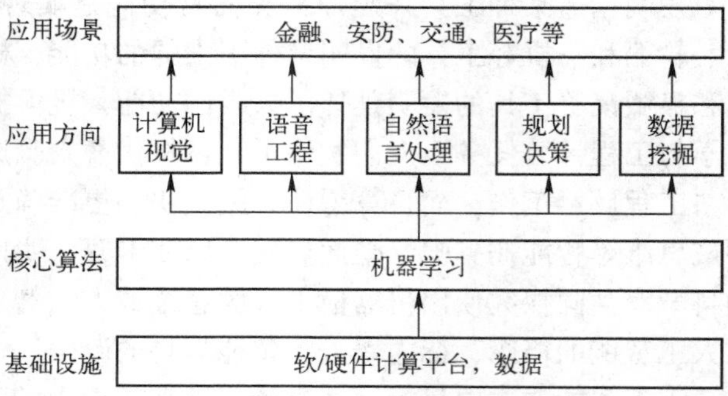

图1-1 人工智能系统典型框架

由以上分析可知，机器学习为人工智能系统提供基础性的模型和算法支撑，是实现人工智能系统必备的核心技术。下面具体讨论机器学习的基本含义。

在使用计算机解决实际问题时，通常需要对实际问题建立数学模型，将对实际问题的求解转化为对数学模型的求解。此时不可避免地会出现一些模型参数，这些参数的取值情况往往会对模型及其求解结果产生很大的影响，一般需要调整参数以便取得更好的结果。然而，当模型参数较多或者取值状态比较复杂时，手工调整参数就会变得非常困难和费时。为解决这个问题，可以考虑从实际问题中采集适当的样本数据，通过对这些样本数据进行解析自动计算出所需的模型参数，并随着样本数据变化而自动调整参数取值，使得数学模型和求解算法具有良好的普适性和自适应性。上述做法类似于人类向周围环境学习知识或规则的行为，样本数据相当于周围环境，模型参数相当于学习获得的知识或规则，由此产生机器学习理论和算法的基本思想。

从外部环境中学习所需知识或技能是人类的一项重要能力，获取知识或技能的根本目的在于提高自身的判断、推理、决策或识别等思维水平。因此，从本质上说，机器学习就是通过样本数据等适当的经验信息来改善模型的性能。例如，在使用模型 M_0 识别猫或狗的图片时，可采用适当方式将一些关于猫或狗的带标注图片输入模型 M_0 中，通过改进 M_0 参数或结构产生一个新的模型 M_p，使得模型 M_p 的识别正确率高于 M_0。这就是一个机器学习的过程。此时，经验信息表现为猫或狗的带标注图片，模型的性能即为识别的正确率。

机器学习对初始模型 M_0 的改善不仅体现在模型参数方面，有时还会对模型结构进行改进。因此，通常用改进模型 M_p 泛指机器学习的输出结果。由此得到如下机器学习定义：

机器学习是一种通过先验信息来提升模型能力的方式。具体地说，对于给定的任务和性能度量标准，使用先验信息 E，通过某种计算方式 T 改进初始模型 M_0，获得一个性能更好的改进模型 M_p，即有 $M_p=T(M_0,E)$。

机器学习定义中的任务所界定的范畴非常广泛，在不同应用领域有着不同的具体含义。例如，如果编写一个机器学习程序让机器人能够行走，那么机器人行走就是一个任务。但是机器学习本身不是任务，因为机器学习是获取或提升完成某项任务所需能力的一种途径。

从上述机器学习概念可知，机器学习的目标就是通过计算手段从经验数据等先验信息 E 中产生一个性能改善的新模型 M_p。因此，机器学习的研究内容就是使用计算机从经验数据等先验信息中产生模型的算法，即学习算法。如果说计算机科学是一门关于算法的学问，那么机器学习就是一门关于学习算法的学问。

【例题 1.1】 已知样本数据集为

$$D=\{(x,y)\mid(1.1,1.9),(2.7,2.3),(3.2,3.4),(3.6,2.9),(4.7,3.4),(5.1,4.3)\}$$

D 中数据点在坐标系中的分布如图 1-2 所示。令初始模型 $M_0:y=ax+b$，试根据数据集 D 优化 M_0 并计算 $x=6$ 时的模型输出 $\hat{y}(6)$。

【解】 对于初始模型 M_0，令 M_0 对每个样本 x_i 的预测输出 $\hat{y}_i$ 与其真实值 y_i 之间的误差平方为 e_i，即 $e_i=(\hat{y}_i-y_i)^2$，则模型 M_0 对所有样本的累计误差为

$$Q(a,b)=\sum_{i=1}^{6}e_i=\sum_{i=1}^{6}(\hat{y}_i-y_i)^2=\sum_{i=1}^{6}(\hat{y}_i-ax_i-b)^2$$

由于对模型 M_0 进行优化的依据是 D 中所有样本的真实取值，故当模型对所有样本预测值与真实值之间的累计误差最小时，模型对样本的预测输出最准确，此时的模型就是所求的优化模型，即机器学习定义中具有更好性能的新模型。基于以上分析，可将模型 M_0 的参数求解转化为计算累计误差最小值的优化问题。

将模型 M_0 的参数 a,b 看作累计误差函数 Q 的变量，由于在多元函数极值点处，函数对其所有变量的偏导数均为 0，故分别对参数 a,b 求偏导，并令偏导数为 0，得到

$$\frac{\partial Q}{\partial a}=2\sum_{i=1}^{6}(y_i-ax_i-b)(-x_i)=0$$

$$\frac{\partial Q}{\partial b}=2\sum_{i=1}^{6}(y_i-ax_i-b)(-1)=0$$

联立上述等式并代入 D 中样本数据，解得：$a\approx0.66,b\approx0.789$。

由此得到优化模型 M_{p}：$y=0.66x+0.789$，图 1-3 中的实线表示 M_{p} 的函数图像，将 $x=6$ 代入 M_{p}，可求得优化模型的预测值：$\hat{y}(6)=4.749$。□

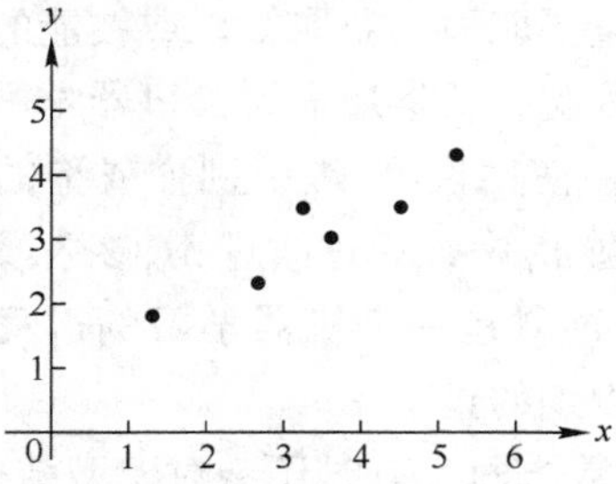

图 1-2 样本分布图

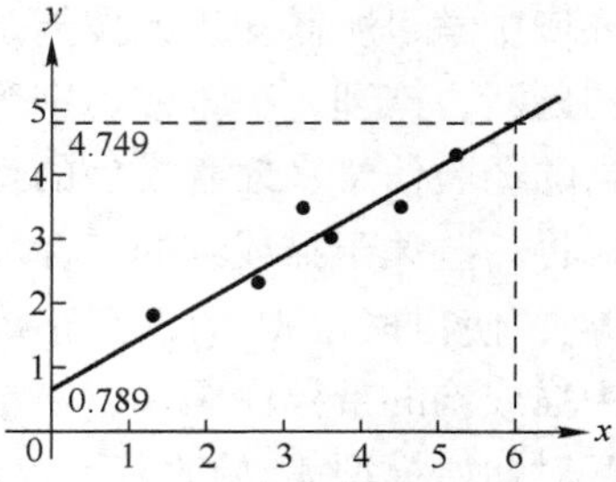

图 1-3 优化模型 M_{p}

例题 1.1 所示的机器学习实例主要通过对初始模型参数的优化估计求出具有更好性能的新模型。事实上，机器学习有时还可以根据实际需要改变初始模型的结构。例如，对于样本数据集 $D=\{(x_i,y_i)\mid i=1,2,\cdots,n\}$，假设初始模型为如下 k 次多项式

$$N_0:y=\theta_0+\theta_1x+\theta_2x^2+\cdots+\theta_kx^k(k>2)$$

则可以通过适当方式将 N_0 简化为如下二次多项式模型 $N_{\mathrm{p}}:y=\hat{\theta}_0+\hat{\theta}_1x+\hat{\theta}_2x^2$。

事实上，要将初始模型 N_0 变为简化模型 N_{p} 的形式，只需通过适当方式调整 N_0 的参数，使得参数 $\theta_3,\theta_4,\cdots,\theta_k$ 的取值趋向于 0 即可。可用均方误差最小化的思想实现这个效果，为此构造如下以 $\theta_0,\theta_1,\cdots,\theta_k$ 为自变量的函数

$$Q(\theta_0,\theta_1,\cdots,\theta_k)=\sum_{i=1}^{n}(\hat{y}_i-y_i)^2+C\sum_{j=3}^{k}\theta_j^2 \tag{1-1}$$

其中，$\hat{y}_i=\theta_0+\theta_1x_i+\theta_2x_i^2+\cdots+\theta_kx_i^k$。

函数 $Q(\theta_0,\theta_1,\cdots,\theta_k)$ 中的第一项为模型 M_0 对所有样本取值的累计误差，第二项是对参数 $\theta_3,\theta_4,\cdots,\theta_k$ 添加的限制条件。在使函数 $Q(\theta_0,\theta_1,\cdots,\theta_k)$ 最小化的过程中，可将 C 定义为一个非常大的取值，使得参数 $\theta_3,\theta_4,\cdots,\theta_k$ 的取值趋向于 0，以尽量消除 C 值对函数 $Q(\theta_0,\theta_1,\cdots,\theta_k)$ 最小化取值的影响。此时用函数 $Q(\theta_0,\theta_1,\cdots,\theta_k)$ 代替累计误差函数求最小值，相当于在对参数 $\theta_3,\theta_4,\cdots,\theta_k$ 做趋向于 0 的限制条件下解出优化模型的全部参数 $\hat{\theta}_0,\hat{\theta}_1,\hat{\theta}_2$。具体地说，就是由于函数 Q 中第二项权重过大，为使函数 Q 整体取值最小，该项所涉及参数 $\theta_3,\theta_4,\cdots,\theta_k$ 均会趋向于 0，由此即可获得结构调整后的优化模型 $y=\hat{\theta}_0+\hat{\theta}_1x+\hat{\theta}_2x^2$。

1.1.2 机器学习基本术语

如前所述，机器学习主要通过样本提供的信息来提升模型性能以完成给定的学习任务，即从样本中学习。对于任意一个给定的样本对象 ξ，一般需要对其提取若干属性形成对该样本的数据描述或表征，并将这些属性值作为机器学习模型的输入。令

$$x_1=\psi_1(\xi),x_2=\psi_2(\xi),\cdots,x_m=\psi_m(\xi)$$

为样本 ξ 的 m 个属性提取函数，则可通过这些函数将样本 ξ 映射成一个 m 元**表征向量 $\boldsymbol{X}$**，即

$$\boldsymbol{X}=X(\xi)=(x_1,x_2,\cdots,x_m)^{\mathrm{T}}$$

其中，x_i为样本 ξ 的第 i 个属性值，$i=1,2,\cdots,m$。

显然，表征向量 $\boldsymbol{X}$ 是对样本对象 ξ 的一个数据抽象，从数学的角度看，两者并没有本质上的差异。因此，为方便表达，在不产生混淆的情况下，通常将表征向量为 $\boldsymbol{X}$ 的样本 ξ 简称为样本 X，即不加区分地使用表征向量 $\boldsymbol{X}$ 和表征向量为 $\boldsymbol{X}$ 的样本 ξ 这两个没有本质差异的概念。

机器学习的任务是指所要解决的问题，主要包括回归、分类和聚类等。回归任务是通过若干带有标注的样本数据构造出一个预测模型 $R(X)$，使得 $R(X)$ 的预测输出尽可能符合真实值，并称 $R(X)$ 为**回归模型**。通常将用于构造模型的样本称为**训练样本**，用于测试模型效果的样本称为**测试样本**。一般使用两组不同的样本集合分别作为训练样本集和测试样本集。

设 $\xi_1,\xi_2,\cdots,\xi_n$ 是任意给定的 n 个训练样本，$\boldsymbol{X}_k=(x_{1k},x_{2k},\cdots,x_{mk})^{\mathrm{T}}$ 和 y_k （$k=1,2,\cdots,n$） 分别表示 ξ_k 的表征向量和标注值，则由这 n 个样本构成的训练样本集 D 可以表示为

$$D=\{\langle \boldsymbol{X}_k,y_k\rangle \mid k=1,2,\cdots,n\}$$

回归模型 $R(X)$ 的初始模型是一个带有参数的计算模型，机器学习的模型训练算法使用训练样本集 D 中的数据信息计算出 $R(X)$ 的全部参数，得到具体的回归模型。有了回归模型的具体参数，就可以使用该模型完成回归任务。例如，例题 1.1 解决的就是一个机器学习回归任务，通过训练样本数据计算所得的模型 $y=0.66x+0.789$ 就是一个具体的回归模型。

日常生活和工作中会经常遇到一些分类问题，例如有时需要将产品按质量分为优等品、合格品和次品，将公司客户分为贵宾客户和普通客户等。可以使用机器学习方式实现这种分类任务，即根据带标注训练样本构造相应的分类模型，然后根据分类模型实现对目标的自动分类。显然，如果回归模型的预测输出是离散值，则机器学习的回归任务就转化为分类任务。也就是说，分类其实是预测输入样本所在类别的一类特殊回归任务，特殊性在于要求预测结果为离散的类别值而不是连续值。

用于分类任务的机器学习模型称为**分类模型**或**分类器**，分类任务的目标是通过训练样本构造合适的分类器 $C(X)$，完成对目标的分类。分类类别只有两类的分类任务称为**二值分类或二分类**，这两个类别分别称为**正类**和**负类**，通常用+1 和−1 分别指代。分类类别多于两类的分类任务通常称为**多值分类**。

对于一个具体的回归或分类任务，所有可能的模型输入数据组成的集合称为**输入空间**，所有可能的模型输出数据构成的集合称为**输出空间**。显然，回归或分类机器学习任务的本质就是寻找一个从输入空间到输出空间的映射，并将该映射作为预测模型。从输入空间到输出空间的所有可能映射组成的集合称为**假设空间**。

回归或分类模型的训练计算可以看成是一个在假设空间中搜索所需模型的过程，模型训练算法在假设空间中搜索合适的映射，使得该映射的预测效果与训练样本所含的先验信息相一致。事实上，满足条件的映射通常不止一个，此时需要对多个满足条件的映射做出选择。在没有足够依据进行唯一性选择的情况下，有时需要做出具有主观倾向性的选择，即更愿意选择某个映射作为预测模型。这种选择的主观倾向性称为机器学习算法的**模型偏好**。例如，当多个映射与训练样本所包含的先验信息一致时，可选最简单的映射作为预测模型，此时模型偏好为最简单的映射。这种在同等条件下选择简单事物的倾向性原则称为**奥卡姆剃刀原则**。

自然界和社会生活中经常会出现物以类聚、人以群分的现象，例如，羊、狼等动物总是以群居的方式聚集在一起，志趣相同的人们通常会组成特定的兴趣群体。机器学习的**聚类任务**就是对样本数据实现物以类聚的效果。显然，聚类的类别由不同样本之间的某种相似性确定，因而聚类类别所表达的含义通常是不确定的，聚类样本也不带特定的标注来表示样本所属的类

别。这是聚类与回归或分类任务之间的本质区别。通常将不带标注的样本称为**示例**，而将带标注的样本称为**样例**。

在聚类任务中，所有输入示例的集合称为**示例集**，被划分为同一类别的示例所构成的集合称为一个**簇**。图 1-4 表示一个具有两个簇的示例集。

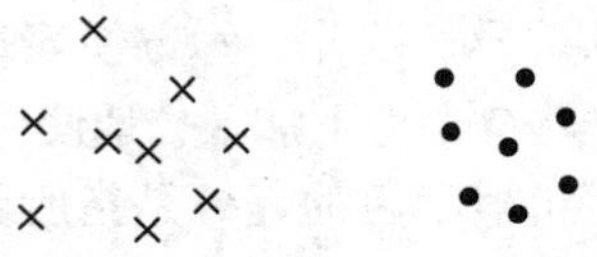

图 1-4　包含两个簇的示例集

对于任意给定的一个 n 元示例集 $S=\{x_1,x_2,\cdots,x_n\}$，假设 Δ 是一个对 S 的划分，则有

$$\Delta=\{S_1,S_2,\cdots,S_t\} \tag{1-2}$$

其中，$S_1,S_2,\cdots,S_t$均是由 S 中示例构成的簇，且满足

$$S=S_1\cup S_2\cup\cdots\cup S_t$$

聚类的目标是寻找一个对 S 的适当划分 $\boldsymbol{\Delta}$，使得划分的各簇内部的示例之间的相似性尽可能地小。通常采用欧式距离或余弦距离等作为样本之间相似性的度量标准。图 1-5 表示一个依据相似性度量标准被划分到与之相似的簇中的示例。

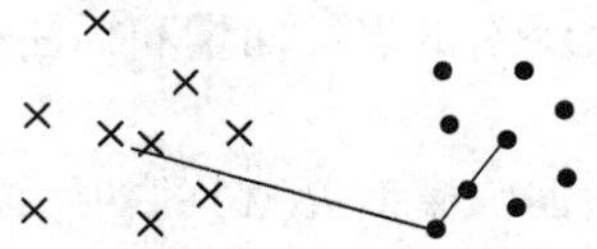

图 1-5　聚类示意图

聚类任务使用的先验信息与回归或分类任务有着很大差别。聚类任务的先验信息为示例，即不带标注的样本，而回归和分类任务的先验信息均为带标注的样本。事实上，除了带标注样本和不带标注样本之外，先验信息有时还以某种反馈信息的形式存在。可根据先验信息的不同形式，将机器学习分为监督学习、无监督学习和强化学习三种基本方式。

监督学习是指利用一组带标注样本来调整模型参数，以提升模型性能的学习方式。监督学习的基本思想是通过标注值告诉模型在给定输入的情况下应该输出什么值，由此获得尽可能接近真实映射方式的优化模型。监督学习不像传统计算机问题求解那样需要根据实际问题的具体情况设计一个固定流程进行计算，而是由计算机根据带标记的样本集自动获得一个问题的求解模型并由此实现对问题的求解。图 1-6 表示监督学习的基本流程。

无监督学习通过比较样本之间的某种联系实现对样本的数据分析。相比于监督学习，无监督学习的最大特点是学习算法的输入是无标记样本。例如，现有一些图片，其中每张图片内容是两类不知名花卉之一，通过观察花卉特点将同类的花卉图片放到一起，这便是无监督学习。在实际问题中遇到样本缺失标记或者人工标注成本过高的情况，可以使用无监督学习方式实现对这些数据自动分析，将所得到的分析结果作为参考信息。

强化学习是根据反馈信息来调整机器行为以实现自动决策的一种机器学习方式。一个强化学习系统主要由智能体和环境两个部分组成。智能体是行为的实施者，由基于环境信息的评价函数对智能体的行为做出评价，若智能体的行为正确，则由相应的回报函数给予智能体正向反馈信息以示奖励，反之则给予智能体负向反馈信息以示惩罚。强化学习的基本流程如图 1-7 所示，智能体根据环境的当前状态选择下一个动作，环境对这个动作做出评价并反馈给智能体，同时更新环境状态，不断重复这一过程直至达到某种设定，选取累计奖励值最大的一组动作作为所求的最终策略。

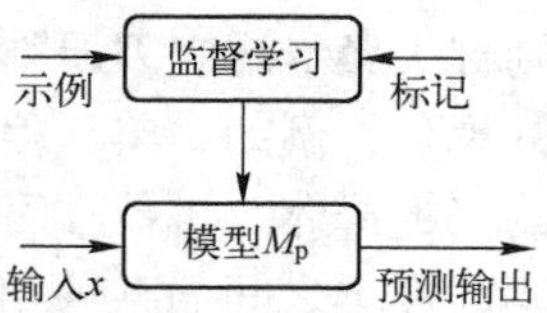

图 1-6　监督学习流程图

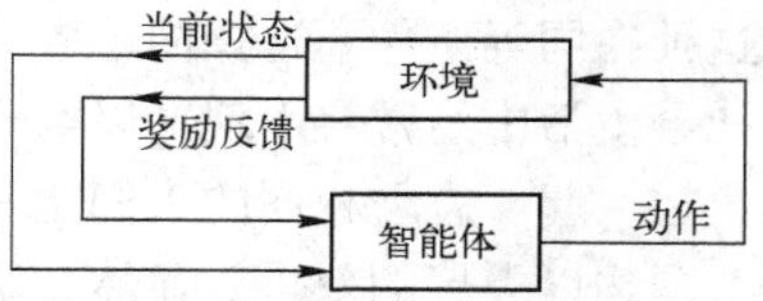

图 1-7　强化学习流程图

1.1.3 机器学习误差分析

机器学习模型是对实际求解问题的一种数学抽象，模型的输出结果与其对应的真实值之间往往会存在一定的差异，这种差异称为该模型的**输出误差**，简称为**误差。**机器学习的一个重要手段就是以模型输出误差为基本依据不断优化或校正模型，使得模型的输出误差尽可能变小。因此，对机器学习模型进行误差分析，从误差分析角度分析并寻找影响机器学习模型性能的关键因素，是机器学习的重要研究内容。

为便于误差分析，通常需要构造某种函数用于度量模型对单个样本的输出误差，这样的函数称为**损失函数**。具体地说，对于给定的机器学习模型 f，假设该模型对应于输入样本 X 的输出为 $\hat{y}=f(X)$，与 X 对应的实际真实值为 y，则可用以 y 和 $f(X)$ 为自变量的某个函数 $L(y,f(X))$ 作为损失函数来度量模型 f 在输入样本 X 下的输出误差。

损失函数的具体形式有很多种，可根据实际问题需要来构造或选用适当的损失函数进行误差分析。例如，$L(y,f(X))=[y-f(X)]^2$ 和 $L(y,f(X))=|y-f(X)|$ 是两种经常用于度量回归模型输出误差的损失函数，分别称为**平方损失函数**和**绝对值损失函数**。

在机器学习中，面向单个样本的损失函数所度量的只是模型在某个特定样本下的输出误差，不能很好地反映模型在某个样本集上对所有样本的整体计算准确度。因此，需要进一步定义面向某个特定样本集的综合误差，通常称为该样本集上的**整体误差**。

对于任意给定的一个 n 元样本集 $S=\{(X_1,y_1),(X_2,y_2),\cdots,(X_n,y_n)\}$，模型 f 在 S 上的整体误差 $R_S(f)$ 的定义为

$$R_S(f)=E[L(y,f(X))]=\frac{1}{n}\sum_{i=1}^{n}L(y_i,f(X_i)) \tag{1-3}$$

即将 $R_S(f)$ 定义为 S 中所有单个样本所对应损失函数值的平均值。

对于某个给定的机器学习任务，假设与该任务相关的所有样本构成的样本集合为 D，则机器学习模型在样本集合 D 上的整体误差称为该模型关于该学习任务的**泛化误差**。具体地说，令样本集合 D 中所有样本的概率分布为 $P(D)$，模型 f 对输入样本 X 的输出为 $\hat{y}=f(X)$，X 所对应的实际真实值为 y，则可将模型 f 的泛化误差定义为

$$R_{\exp}(f)=E_{P(D)}[L(y,f(X))] \tag{1-4}$$

泛化误差表示机器学习模型在整个样本集合 D 上的平均误差，是刻画机器学习模型普适性的重要指标，作为模型求解和模型评估的基本依据，它在机器学习的过程中发挥着极为重要的作用。然而，精确计算模型的泛化误差需要知道整个样本集合 D 中所有样本的真实取值和概率分布，这通常是不可行的。因此，一般无法计算泛化误差的精确值，需要采用某些便于计算的度量指标作为泛化误差的近似代替值。

机器学习模型训练的目标是尽可能获得普适性或泛化性最好的模型，理论上要求模型的泛化误差达到最小。然而，通常无法直接计算模型的泛化误差，更难以直接对泛化误差进行优化分析。由于训练样本通常采样自整个样本集合 D，训练样本集通常与 D 有着比较相似的样本概率分布，故一般采用训练误差近似替代泛化误差来对模型进行训练。

所谓**训练误差**，是指模型在训练样本集上的整体误差，也称为**经验风险**。具体地说，对于任意给定的 n 元训练样本集合 $G=\{(X_1,y_1),(X_2,y_2),\cdots,(X_n,y_n)\}$，假设模型 f 对输入样本 X 的预测输出为 $\hat{y}=f(X)$，则该模型关于训练样本集 G 的训练误差定义为

$$R_{\mathrm{emp}}(f)=\frac{1}{n}\sum_{k=1}^{n}L(y_k,f(X_k)) \tag{1-5}$$

其中，X_k表示训练集中的第 k 个样本；$f(X_k)$表示模型对输入样本 X_k的输出$\hat{y}_k$；y_k为机器学习任务中与输入 X_k对应的实际真实取值。

因此，机器学习中的模型训练或优化通常使用最小化训练误差的方法来完成。该方法称为**经验风险最小化**方法，由此得到的优化模型为

$$\hat{f}=\underset{f\in F}{\arg\min}\ R_{\mathrm{emp}}(f) \tag{1-6}$$

其中，F 为假设空间。

对于已训练出的模型，通常使用测试误差近似替代泛化误差的方法来对该模型进行测试。所谓**测试误差**，是指模型在测试样本集上的整体误差。具体地说，对于任意给定的 v 元测试样本集合 $T=\{(X_1^t,y_1^t),(X_2^t,y_2^t),\cdots,(X_v^t,y_v^t)\}$，该模型关于 T 的测试误差的定义为

$$R_{\mathrm{test}}=\frac{1}{v}\sum_{k=1}^{v}L(y_k^t,f(X_k^t)) \tag{1-7}$$

其中，X_k^t表示测试集中的第 k 个样本；$f(X_k^t)$表示模型对输入 X_k^t的输出$\hat{y}_k^t$；y_k^t为机器学习任务中与输入 X_k^t对应的实际真实值。

对于训练样本集合中的每个样本，该样本都会存在一些普适于整个样本集 D 的共性特征和一些仅仅适合于特定训练样本集的个性特征。在机器学习中，模型训练的最理想效果就是充分提取训练样本的共性特征而尽量避免提取其个性特征，使得训练出来的模型具有尽可能广泛的普适性，即具有尽可能好的泛化性能。

然而，模型的训练通常以最小化训练误差为标准，此时对于固定数量的训练样本，随着训练的不断进行，训练误差会不断降低，甚至趋向于零。如果模型训练误差过小，就会使训练出来的模型基本上完全适应于训练样本的特点。此时，训练模型不仅拟合了训练样本的共性特征而且也拟合了训练样本的个性特征，反而降低了训练模型的泛化性能，使得泛化误差不断增大。这种同时拟合训练样本的共性特征和个性特征的现象，在机器学习领域通常称为模型训练的**过拟合**现象。

避免过拟合现象的一个有效措施是尽可能扩大训练样本的数量，尽可能降低样本在训练样本集与整个样本集上概率分布的差异，以充分增强训练样本的共性特征，弱化训练样本的个性特征。近年来计算机运算能力的巨大提升以及在各行各业中不断涌现的大数据，使得通过扩大训练样本数量以避免过拟合现象的措施变得可行，这正是机器学习在如今互联网和大数据时代得到迅猛发展的重要原因。

由以上分析可知，在机器学习的模型训练中，随着训练过程的进行，训练误差会一直不断降低，但泛化误差则会先减小，然后因产生过度拟合现象而导致不断增大，具体如图 1-8 所示。在训练的初始阶段，由于模型尚未充分拟合训练样本的共性特征，故此时模型的泛化误差较大。这种由于未能充分拟合训练样本共性特征造成模型泛化误差较大而导致模型泛化能力较弱的现象称为模型训练的**欠拟合**现象。随着训练过程的不断进行，训练误差和泛

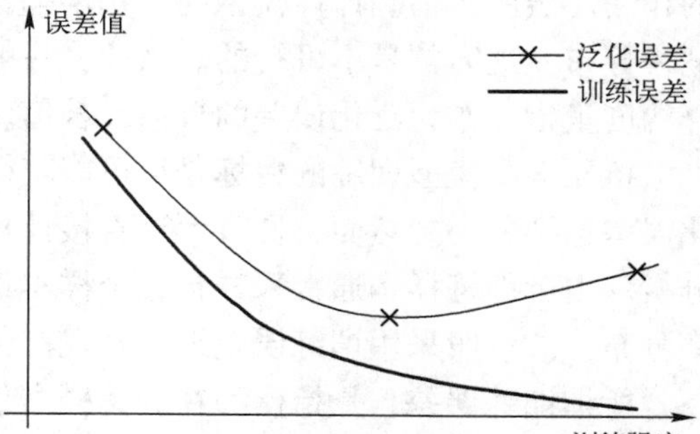

图 1-8　训练误差和泛化误差关系图

化误差均不断减少，欠拟合现象通常会逐渐消失。

对于给定的训练样本集合，如果对模型训练强度不做适当控制，就会在模型训练的后期将训练样本的个性特征引入模型当中，从而引起泛化误差的增大，产生过拟合现象。因此，泛化误差由下降变为上升的转折点处对应的训练模型具有最好的泛化性能。也就是说，对于给定的训练样本集合，可以在适当训练强度下获得具有最好泛化性能的训练模型。

现在进一步分析讨论不同训练样本集合的差异对模型训练结果的影响，考察训练模型对训练样本集合变化的稳定性。

对于任意给定的一个初始模型 f，假设 $D_1, D_2, \cdots, D_s$ 是 s 个不同的训练样本集合，其中每个训练样本均采样自整个样本集合 D，通过训练样本集合 D_i 训练初始模型 f 所得到的优化模型记为 f_i，$i \in (1,2,\cdots,s)$，$\hat{y}_i = f_i(X)$ 表示第 i 个模型对于输入样本 X 的模型输出，X 所对应的实际真实值为 y，则这 s 个优化模型对于输入样本 X 的期望输出为

$$E[F(X)] = \frac{1}{s}\sum_{i=1}^{s} f_i(X) \tag{1-8}$$

其中，$F(X) = (f_1(X), f_2(X), \cdots, f_s(X))^{\mathrm{T}}$，可将其看成一个关于 $f(X)$ 的离散随机变量。

此时，模型 $f(X)$ 对于测试样本集合变化的稳定性可用相应的方差指标进行度量。模型 $f(X)$ 在训练样本集 $D_1, D_2, \cdots, D_s$ 下所得优化模型 $f_1(X), f_2(X), \cdots, f_s(X)$ 输出的方差为

$$\mathrm{Var}[F(X)] = E\{[F(X) - E[F(X)]]^2\} = \frac{1}{s}\sum_{i=1}^{s}[f_i(X) - E[F(X)]]^2$$

对于任意一个给定的初始模型 f，如果该模型变化的自由度较大，例如模型参数的数目较多或者参数的取值范围较大，则能够更好地适应训练样本数据的变化，能对多种不同的训练样本集合获得较好的拟合效果；反之，如果该模型参数的变化自由度较小，则模型适应训练数据变化的能力就比较差，可以有效拟合的训练数据范围也就比较有限。机器学习模型这种适应训练数据变化的能力，称为模型的**学习能力**或**模型的容量**。

显然，模型的容量主要反映该模型对数据的拟合能力。模型的容量越大其对数据的拟合能力就越强，越能够适应训练样本数据的变化。可以使用模型输出在不同训练样本集合下的综合偏差对其进行度量，这种综合偏差称为**模型输出的偏差**，简称为**偏差**。

对于模型 $f(X)$ 在训练样本集 $D_1, D_2, \cdots, D_s$ 下的优化模型 $F(X) = (f_1(X), f_2(X), \cdots, f_s(X))^{\mathrm{T}}$，$F(X)$ 作为一个离散随机变量与 X 所对应实际真实值 y 之间的偏差 $\mathrm{Bias}[F(X)]$ 为

$$\mathrm{Bias}[F(X)] = E[F(X)] - y \tag{1-9}$$

对基于平方损失函数的泛化误差 $R_{\exp}(f) = E[L(y, F(X))] = E\{[F(X) - y]^2\}$，对其进行偏差-方差分解，可得

$$E\{[F(X)-y]^2\} = E\{[F(X)-E[F(X)]+E[F(X)]-y]^2\} = E\{[F(X)-E[F(X)]]^2\} + E\{[E[F(X)]-y]^2\} + 2E\{F(X)-E[F(X)]\}\{E[F(X)]-y\}$$

由于 $E\{F(X)-E[F(X)]\} = E[F(X)] - E[F(X)] = 0$，故有：

$$\begin{aligned} E\{[F(X)-y]^2\} &= E\{[F(X)-E[F(X)]]^2\} + E\{[E[F(X)]-y]^2\} \\ &= E\{[F(X)-E[F(X)]]^2\} + \{E[F(X)]-y\}^2 \\ &= \mathrm{Var}[F(X)] + \{\mathrm{Bias}[F(X)]\}^2 \end{aligned}$$

即有

$$E\{[F(X)-y]^2\} = \mathrm{Var}[F(X)] + \{\mathrm{Bias}[F(X)]\}^2 \tag{1-10}$$

由式（1-10）可知，模型的泛化误差等于模型输出的方差与模型输出的偏差平方之和。

如前所述，模型输出的偏差反映模型容量的大小或者说模型学习能力的强弱，模型输出的方差则反映模型对训练样本变化的敏感程度。一般而言，对于容量较大的模型，由于其拟合能力较强，因而会使得模型输出的偏差相对较小。然而，大容量模型的变化自由度通常较大，会导致模型参数对样本数据的变化比较敏感，使得模型输出的方差较大。因此，同时减小模型输出的方差和偏差是不可行的，图 1-9 表示泛化误差与偏差及方差之间的关系。

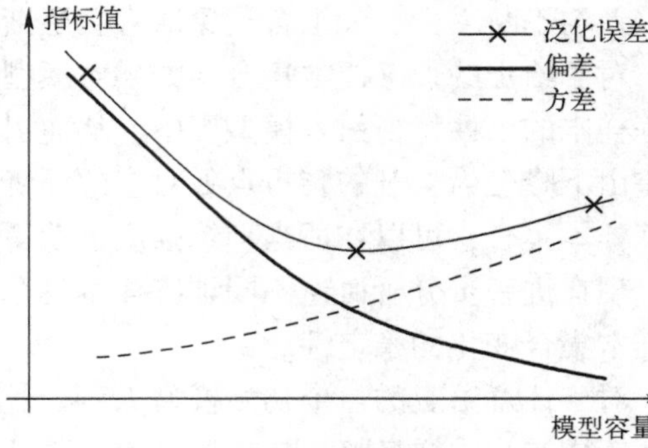

图 1-9　泛化误差与方差及偏差的关系

从图 1-9 中可以看出，随着模型容量的增加，模型输出的偏差随之减小，模型输出的方差却随之增大。因此，模型的泛化误差会出现先减后增的情况。当模型容量较低时，其拟合能力较弱，难以对训练样本的共性特征进行有效拟合，故欠拟合现象会较为严重。当模型容量过高时，模型对数据的变化太过敏感，具有过强的拟合能力，对训练样本的个性特征也进行了拟合，此时过拟合现象较为严重。由此可知，对于具体的机器学习任务而言，模型容量并非越高越好，一个容量适中的机器学习模型通常更能满足任务需求。

1.2　机器学习发展历程

机器学习作为人工智能的一个重要研究领域随着人工智能的产生而产生，并且随着人工智能理论的发展而发展。目前，机器学习理论大致分为连接学习、符号学习和统计学习这三种基本类型。符号学习和连接学习分别源自人工智能的符号主义和连接主义，统计学习则源自符号学习中的归纳学习。从历史上看，连接学习是机器学习最初采用的策略，感知机和神经网络是机器学习初创时期的代表性成果。20 世纪 80 年代，随着人工智能符号主义的发展，符号学习逐步成为机器学习的主流技术。20 世纪 90 年代以来，统计学习方法逐步走向成熟，并以其巨大理论创新和良好应用效果逐步取代符号学习成为机器学习的研究热点。近年来，得益于计算机运算能力的巨大提升和数据量的快速增长，以深度学习为代表的连接学习再次兴起，涌现出一大批优秀的理论和应用成果。统计学习和深度学习的巨大成功使得人工智能全面进入机器学习时代，并成为引领社会未来的战略性技术。

1.2.1　感知机与连接学习

人工智能最早期的探索是从模仿人类或动物大脑的生物结构开始的。人类或动物大脑神经系统最基本的组成结构是神经元，相互连接的多个神经元通过相互传送某些化学物质以改变电位的方式来实现信息传递与交互。麦卡洛克和皮茨在 1943 年发表论文《神经活动中内在思想的逻辑演算》（A Logical Calculus of the Ideas Immanent in Nervous Activity），首次提出模拟生物神经元的数学模型，名为**M-P 模型**。图 1-10 表示该模型的基本结构，其中 $\{x_1,\cdots,x_m\}$ 为 m 个模型输入变量，$x_i\in(0,1)$，θ 为阈值，模型输出 y 有两种可能的取值状态：当 $\sum_{i=1}^{m}x_i>\theta$ 时，$y=1$；否则，$y=0$。

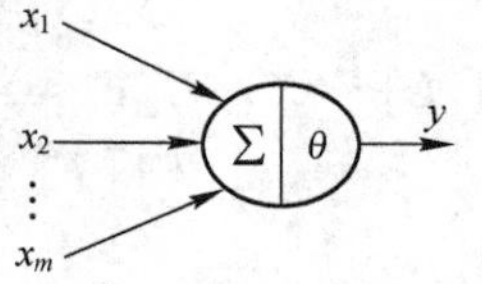

图 1-10　M-P 模型示意图

M-P 模型是对单个神经元的简单模拟，模型的输出值仅为 0 或 1，没有区分 m 个输入在重要性方面的差异，不能很好地体现神经元对外部环境变化的自适应性。为此，赫布在 1949 年提出赫布学习规则，指出神经系统在对一个信号进行响应的同时，相关被激活神经元之间的联系也会随之得到增强，各单个神经元的输入之间应存在某种重要性差别。为此，赫布对 M-P 模型进行改进，对其 m 个输入变量$\{x_1,\cdots,x_m\}$添加了权重信息，使得 M-P 模型能够根据实际情况自动修改这些权重以达到模型优化或机器学习的目的。这是机器学习最早期的思想萌芽。

人类或动物大脑的神经网络是一种由大量神经元通过层级连接构成的复杂网络。通过模仿生物大脑神经网络结构的方式实现机器智能是人工智能研究的一个基本思想，称为人工智能的**连接主义**思想，简称为连接主义。连接主义分别将每个神经元模型作为一个简单的独立计算单元，并按照一定的结构和规则对多个神经元模型进行组合和连接，形成一个复杂庞大的神经元网络模型用于模拟生物大脑的神经网络，实现人工智能。

基于连接主义思想和赫布学习规则，罗森布拉特在 1957 年提出一种名为**感知机**的神经网络模型。如图 1-11 所示，该模型根据连接主义思想将多个神经元模型进行分层互联，基于赫布学习规则通过使用样例信息调整连接权重的方式实现模型优化。这种使用样例信息调节神经元之间连接权重的学习方式被称为**连接学习**。连接学习是机器学习初创时期的基本学习理论，感知机和神经网络模型是机器学习早期的代表性成果。

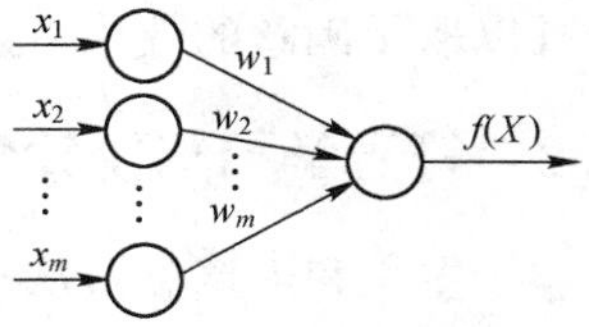

图 1-11　单层感知机示意图

图 1-11 所示的感知机模型包括输入层与输出层，但只有输出层参与数值计算，故亦称为**单层感知机**。单层感知机可用于二分类任务，若存在**超平面**可以将两类样本分隔开来，则单层感知机有能力确定一个这样的超平面，图 1-12 表示单层感知机的分类效果，但若两类样本不能通过简单超平面进行划分，则单层感知机亦无能为力。

单层感知机能够完成一些简单的视觉处理任务，在当时引起了社会各界的广泛关注。然而，单层感知机的实际能力却名过其实。明斯基在其出版的著作《感知机：计算几何学导论》中证明单层感知机难以解决简单的异或分类问题。这使得单层感知机的实际能力被当时的社会所质疑，连接学习和连接主义的研究随之陷入低谷。

沃波斯在 1974 年提出**多层感知机**模型，有效解决了单层感知机无法解决的异或分类问题。如图 1-13 所示，多层感知机在单层感知机基础之上添加了一个隐藏层，通过基于反向传播的连接学习算法优化模型参数，图中输入数据+1 为线性组合中关于常数项的输入。然而，沃波斯的多层感知机模型未能给连接学习发展的低谷带来转机，其中影响连接学习甚至整个机器学习发展的反向传播学习算法也未能获得应有的重视，因为当时整个神经网络和连接主义的研究正处低谷，基于符号逻辑推理的人工智能符号主义和专家系统的研究正如日中天。

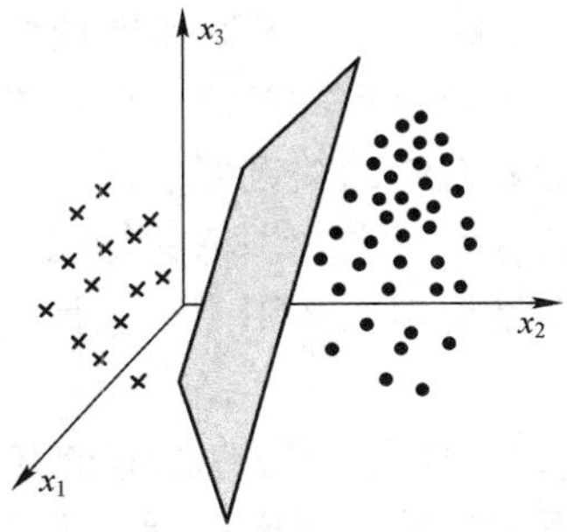

图 1-12　单层感知机的分类效果

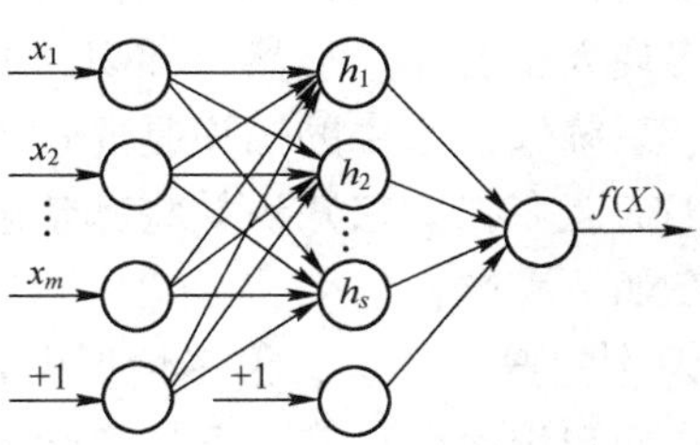

图 1-13　多层感知机模型

霍普菲尔德在1982年提出一种新的神经网络，即霍普菲尔德网络。它是一种基于神经动力学的神经网络模型，其连接学习过程可简单理解为模型稳定状态的优化搜索过程。霍普菲尔德网络不仅可以有效解决一大类的模式识别问题，还可以求得一类组合优化问题的近似解，这一成果振奋了连接学习领域。1989年，塞班克在理论上证明了神经网络模型在本质上是一个通用的逼近函数，其拟合能力十分强大，包含一个隐藏层的神经网络模型可以逼近任意连续函数，而包含两个隐藏层的神经网络模型则可以逼近任意函数。这使得连接学习在理论上又向前迈进了一大步。这些成果使得连接主义和连接学习再次成为研究热点。

然而，连接学习的研究在20世纪90年代初遭遇发展瓶颈。由于在当时的计算条件下，随着网络层数的加深，网络模型变得难以收敛且超出计算能力，故具有强大拟合能力的浅层网络是当时最主要的研究对象。然而，关于浅层网络的理论研究进展缓慢，浅层网络模型在实际应用中难以取得满意的效果，连接主义和连接学习的研究再次进入低谷。

1.2.2 符号学习与统计学习

连接主义和连接学习从模拟生物大脑结构出发实现人工智能，这些理论认为智能的基本单元为神经元，智能活动过程则是神经元之间的连接交互过程。这种基于模拟生物大脑结构的人工智能理论并非得到所有人的认可。很多研究者从人类思维内涵和过程出发研究人工智能，建立一套符号主义理论。符号主义认为思维的基本单元是符号信息，智能活动过程就是符号推理或符号计算的过程，生物大脑的本质就是一个能够高效处理符号信息的物理系统。基于符号主义理论，机器学习发展出另一套学习理论——**符号学习**。

人工智能的符号主义理论认为，只要机器具备自动的逻辑推理能力便可拥有智能。因此，以谓词逻辑推理理论为基础的自动定理证明成为人工智能的重要研究领域。纽厄尔和西蒙等人在1956年编写完成的名为逻辑理论家的程序是符号主义的代表性成果。该程序自动证明了罗素的著作《数学原理》中的全部52条定理，初步验证了用计算机来实现人类思维的可行性。纽厄尔和西蒙因这项成果获得1975年度图灵奖。

然而，人们逐渐发现仅赋予机器自动逻辑推理能力难以使其具有智能，拥有专业领域知识是实现人工智能不可或缺的条件。为此，费根鲍姆在1965年提出了**专家系统**的概念，并据此实现了一个名为DENDRAL的历史上第一个专家系统。在此之后，出现了一大批成功应用于故障诊断、辅助设计等不同专业领域的专家系统，专家系统迅速成为人工智能的研究焦点和主流技术，专家系统的构造也提升到了工程的高度，名为**知识工程**。费根鲍姆由于在这方面的重大贡献被人们称为知识工程之父，并获得1994年度图灵奖。

所谓专家系统，是指一个拥有某领域专家级知识、能够模拟专家思维方式、能够像人类专家一样解决实际问题的计算机系统，其基本结构如图1-14所示。知识库和推理机是专家系统的两大核心模块，推理机依据知识库提供的专业领域知识进行自动的演绎或归纳推理，获得所需推理结论实现人工智能。显然，知识库的构造是实现专家系统的关键要点。

早期专家系统知识库中的知识是通过人工方式获取的，经过专业训练的知识工程师与领域专家进行人工交互获得专家知识并将其整理成适当的数据结构存入知识库。这种人工构造知识库的方式存在如下弊端：

（1）知识库的普适性差，很多情况下需要针对特定的具体任务构造相应的知识库，需要频繁地人工改变知识库以适应任务的变化。例如，用于识别猫的知识库不能用于识别狗，如果想用一个识别猫的专家系统来识别狗，就必须手工修改知识库；

（2）专家对事物的认识有时候具有一定的主观性，甚至会有一些错误，而且不同的专家对同一个事务给出的知识有时会有一些分歧，如何消除专家知识的主观错误或分歧有时候是一件非常困难的事情。

上述弊端很快成为制约专家系统和知识工程进一步发展的瓶颈。20 世纪 80 年代，人们开始意识到让机器自己从样本数据中学习所需知识的重要性，并从符号主义的基本理论出发，比较系统地研究机器学习的基本理论和方法，逐步形成一套基于符号计算的机器学习理论和方法，称为**符号学习**。

符号学习分为记忆学习、演绎学习和归纳学习这三种基本类型。**记忆学习**是一种最基本的学习方式，有时亦称为**死记硬背式学习**，这种学习只需将知识记录下来，需要时再做原样输出，在本质上是对信息进行存储和检索。**演绎学习**是一种以演绎推理为基础的学习方式，即从现有知识当中通过由一般到特殊的演绎推理获得并保存推理结论。**归纳学习**是一种以归纳推理为基础的学习方式，试图从具体示例或样例中归纳出一般规律。

归纳学习是最重要的一种符号学习方式，研究成果也较为突出。作为符号学习代表性成果的决策树模型就是基于归纳学习。决策树模型是一种树形结构，包含了一个根结点、若干内部结点和若干叶子结点。该模型主要用于表示某种级联判断或决策，例如，图 1-15 表示一个用于挑选篮球运动员的决策树模型，其中每个结点对应一次判断或决策，叶子结点表示判断或决策的最终结果。可以通过 ID3、C4.5 和 CART 等机器学习算法对数据样本自动构造决策树模型，构造用于符号推理的知识库。1995 年布瑞曼等人在决策树模型的基础上进一步提出了随机森林模型及相关的机器学习算法，该模型通过构造多棵决策树并将它们各自的输出进行组合使模型输出更具稳定性。

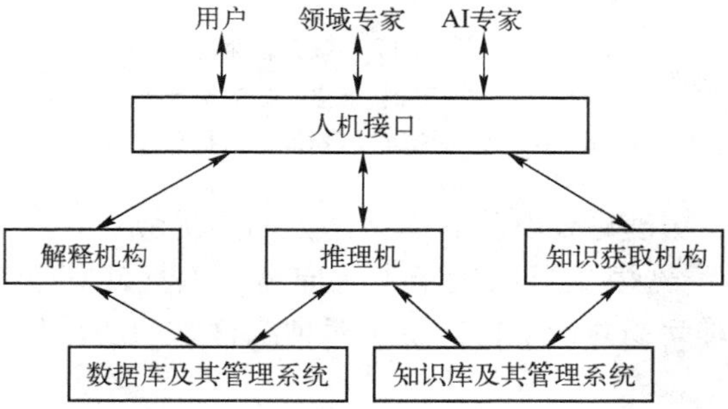

图 1-14　专家系统的基本结构

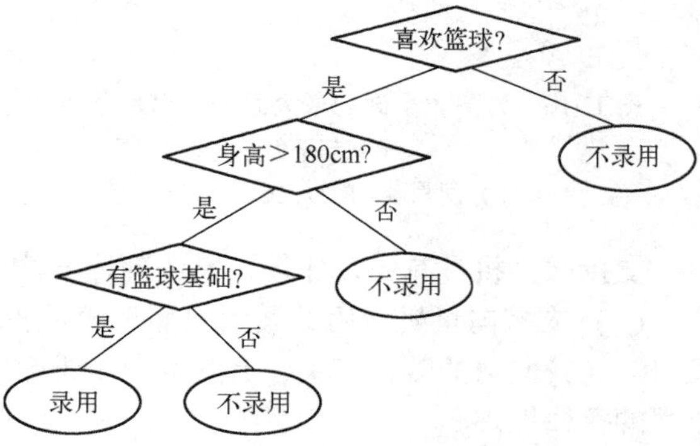

图 1-15　决策树模型示例

符号学习在机器学习历史上长期占据主导地位，基于符号学习方法的专家系统在多个领域获得成功应用，例如辅助医疗诊断专家系统（MYCIN）、工业指导专家系统（CONPHYDE）等。直到 20 世纪 90 年代，基于概率统计理论的**统计学习**方法逐渐走向成熟，并凭借其理论的完备性和实际应用中的卓越表现取代符号学习成为机器学习的主流方式。

统计学习源于符号学习中的归纳学习，它继承了归纳学习通过分析数据获得一般化规律的思想，由基于概率统计的学习理论指导其归纳推理过程。统计学习的目标是理解样本数据，从样本数据中发现其内在规律，并利用这些规律去进行预测分析。统计学习的基本策略是假设同一类型的数据满足一定的统计学规律，并据此使用概率统计工具分析处理数据。

统计学习中最具代表性的成果是支持向量机模型及相关的统计学习算法。该模型由万普尼克和凯尔特斯在 1995 年正式提出，是一种基于小样本统计学习的二值分类器模型，目前已广泛应用于模式识别、自然语言处理等实际问题并取得较好的实践效果。

事实上，万普尼克早在 20 世纪 70 年代后期便提出了支持向量机的两个核心思想，即最大间隔和核方法。所谓**最大间隔**，是指正负两类样本与分离超平面之间的距离最大。如图 1-16a 所示，对于一个可用超平面进行样本分类的线性可分任务，一般都存在无数个分离超平面，其中与两类样本的几何间隔最大的分离超平面具有最强的泛化能力，故而支持向量机所要寻找的分离超平面便是两类样本的几何间隔最大的分离超平面，如图 1-16b 所示，其中虚线上面的点表示支持向量，实线表示间隔最大的分离超平面。

最大间隔分离超平面虽然是线性可分任务的最优解，但大部分的二分类任务都是线性不可分的，即不存在任何一个超平面可以将两类数据完美分隔开来，对于此类任务，核方法便是解决问题的关键所在。**核方法**的基本思想是将低维特征空间当中线性不可分的数据映射到高维特征空间当中，使得这些数据在高维特征空间当中线性可分，如图 1-17a 所示，两类数据在二维平面当中线性不可分，但若利用某一映射将其转变为图 1-17b 中所示的情况，原本线性不可分的分类任务便被转化为了线性可分的任务，再通过最大间隔思想便可求得泛化性能最佳的分离超平面。

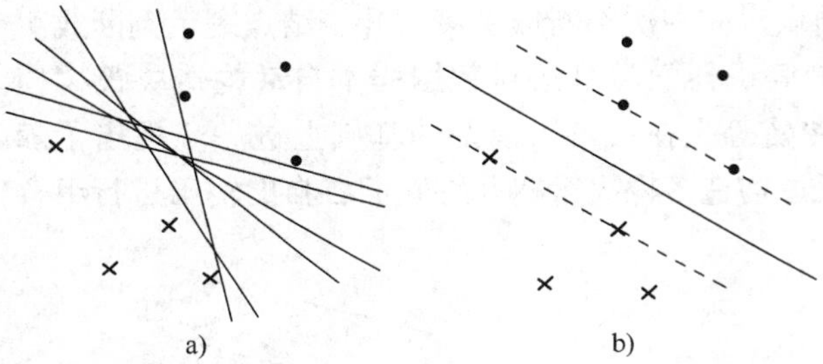

图 1-16　分离超平面与最大间隔分离超平面
a）分离超平面
b）间隔最大的分离超平面

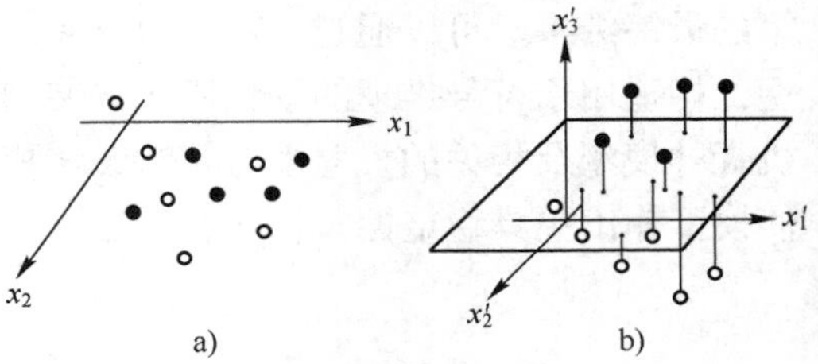

图 1-17　核方法示意图
a）二维特征空间的数据分布
b）三维特征空间的数据分布

支持向量机具有一套比较完整的理论支撑，已被理论证明具有以下两方面的优势：

（1）支持向量机使用的最大间隔思想使得分类器模型只取决于支持向量，模型计算复杂度只与支持向量的数目有关，有效避免了维数灾难问题并使支持向量机对训练样本的变化具有较强的鲁棒性。

（2）支持向量机的核方法在一定程度上避免了直接在高维空间中处理问题，有效降低了问题求解的难度。

20 世纪 90 年代以来，以支持向量机为代表的统计机器学习理论和方法得到蓬勃发展并取代符号学习成为机器学习的主流。在统计机器学习的带动下，机器学习进入快速发展的阶段，研究成果大量涌现，监督学习、无监督学习、半监督学习、强化学习、集成学习、迁移学习等机器学习方法不断得到发展和完善。这些机器学习方法在计算机视觉、自然语言理解、数据挖掘、经济决策与预测等多个领域的成功应用使机器学习在人工智能方面的重要性逐步显现，并将人工智能的发展带入机器学习时代。

1.2.3　连接学习的兴起

进入 21 世纪，计算机硬件计算能力获得飞跃发展。特别是英伟达公司（NVIDIA）在

2007 年推出基于计算统一设备体系结构（Compute Unified Device Architecture，CUDA）的通用图形处理单元（Graphics Processing Unit，GPU）版大大增强了 GPU 的开放性和通用性，吸引了大量使用各种编程语言的工程师纷纷使用 GPU 进行系统开发。人们在 2009 年开始尝试使用 GPU 训练人工神经网络，以有效降低多层神经网络的训练时间。2010 年推出的 NVIDIA-480 GPU 芯片已经达到每秒 1.3 万亿次浮点运算，能够很好地满足多层神经网络训练的高速度、大规模矩阵运算的需要，使得连接学习训练困难的问题得到了很好的解决，也为以深度学习为代表的连接学习的兴起奠定了良好的硬件算力基础。

与此同时，连接学习算法和理论研究取得了重要突破。2006 年，辛顿使用逐层学习策略对样本数据进行训练，获得了一个效果较好的深层神经网络——深度信念网络，打破了深层网络难以被训练的局面。逐层学习策略首先将深层神经网络拆分成若干相对独立的浅层自编码网络，各个自编码网络可以根据其输入与输出一致的特点进行无监督学习，由此计算出连接权重；然后通过将多个训练好的自编码网络进行堆叠的方式获得一个参数较优的深层神经网络；最后，通过少量带标注的样本对网络进行微调，便可获得一种性能优良的深层神经网络，即深度信念网络。

深度信念网络以受限玻尔兹曼机（RBM）为基本构件堆叠组建而成。RBM 是一种自编码网络，其结构如图 1-18 所示，包含可视层和隐藏层。图 1-19 表示深度信念网络的堆叠结构，由图 1-19 可知，深度信念网络通过堆叠受限玻尔兹曼机的方式构造，前一个训练完成的 RBM 的隐藏层作为后一个 RBM 的可视层，层层堆叠，由此形成深度信念网络。

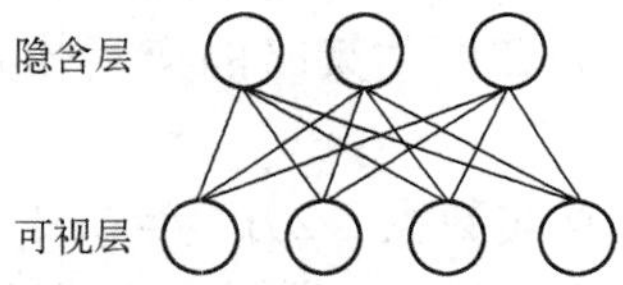

图 1-18　受限玻尔兹曼机（RBM）示意图

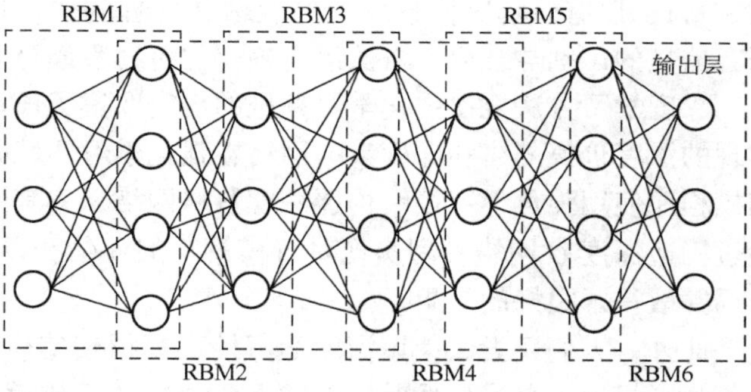

图 1-19　多个 RBM 堆叠示意图

用于堆叠的受限玻尔兹曼机通过逐层训练的方式已经获得了较优的权重设置，这使得深度信念网络的初始权重较优，只需利用反向传播算法对连接权重进行微调即可完成训练。深度信念网络在效果上要优于支持向量机，这使得人们将目光再次转回到连接学习上。为此次连接学习复兴做出重要贡献的辛顿将深层次神经网络的训练构造过程命名为**深度学习**，此后连接学习的理论和应用研究便在深度学习的名号下如火如荼地展开。

在 2012 年，基于深度卷积神经结构的 Alexnet 图像分类模型利用分布式 GPU 完成了 ImageNet 数据集中海量图像分类样本的训练，在合适的训练时间长度内取得了较好的训练效果，赢得了 2012 年图像识别大赛的冠军并实现了识别准确率高达 10.8%的提升。ImageNet 数据集在普林斯顿大学李飞飞教授主导下，通过众包平台 Mechanical Turk 历时两年时间创建，由 1500 万个标记图像组成，分为 22000 个类别，是当时最大的图像分类开源数据集，也是各种机器视觉算法的最有力的检测工具。

卷积神经网络是一个特殊的神经网络，它利用卷积操作使得网络层与层之间采用局部连接方式，这种连接方式不仅可以减少网络参数，并且更加符合生物神经系统工作的感受野㊀机制。除此之外，卷积神经网络各层中对不同感受野进行处理时共享同一组参数，这进一步减少了模型参数的数量。Alexnet 图像分类模型的成功表明，通过大量样本训练获得的深层次的卷积神经网络可以有效解决过拟合问题。这项研究成果使得卷积神经网络迅速成为模式识别与计算机视觉研究领域的新宠，并涌现出了大批优秀研究成果，例如用于图像分类任务的 GoogleNet，VGG，ResNet 等深度卷积网络模型。目前，面向图像分类的深度卷积网络模型已呈百花齐放的发展态势。

近几年，人们进一步将深度卷积网络等深度网络模型用于图像中目标的自动检测，并取得了丰硕的研究成果。目前，基于深度网络模型的目标检测的算法主要分为两大类：第一类是两阶段检测算法，这类算法将检测问题划分为两个阶段，即首先产生候选区域，然后对候选区域进行分类，主要使用 R-CNN，Fast R-CNN，Faster R-CNN 等深度卷积网络模型；第二类是单阶段检测算法，这类算法不需要产生候选区域，直接生成物体类别概率和位置坐标值，主要使用 YOLO 和 SSD 等深度卷积网络模型。这两类目标检测算法各具特色，在一般情况下，两阶段算法准确度较高，单阶段算法则速度较快。

图像分类和目标检测这类任务的研究对象都是独立的图像样本，模型不用考虑样本之间的联系，使用深度卷积网络往往就能取得较好的效果。如果所处理的信息都是一个连续序列，例如一段音频或视频，此时卷积神经网络模型就会割裂信息序列项的前后联系，为解决这一问题，人们进一步提出了可以处理序列信息的深度循环神经网络（RNN）和长短时记忆网络（LSTM），以有效解决信息序列的表示和处理问题。目前，RNN 和 LSTM 已在视频行为分析、语音信息的识别与合成、自然语言理解与机器翻译等多个领域取得了成功应用。

深度学习方法也使强化学习领域的研究取得了长足的进展，利用基于深层神经网络模型所实现的深度价值网络和深度策略网络在强化学习领域起到了重要的作用，例如著名的 AlphaGO 围棋程序使用强化学习策略构造深度策略网络，将其用于根据当前盘面状态确定行棋策略，并通过构造深度 Q 网络模型实现对行棋策略的评估，以寻求策略和评估策略的交互的方式实现布局并取得了很好的效果。

此外，人们还尝试使用深度学习模型模拟现实生活中的真实数据。2014 年 6 月，古德费勒等学者提出了名为生成对抗网络（GAN）的生成模型，该模型可以根据需要生成新的样本。该模型由两个子模型组成，第一个为生成器，它可以根据训练样本来生成新的样本，另一个为判别器，它的输入为训练集中的真实样本或生成器所生成的虚假样本，目标是判断输入样本是否为真实样本或虚假样本。当判别器无法判别时，就意味着生成器所生成的样本与真实样本几乎来自同一分布，从而完成了新样本的生成任务。

深度学习除了实际效果上的大幅改善之外，还能避免特征人工选择或构造方式的不足，深度学习利用网络模型自动提取的特征往往更有利于模型解决实际问题。但这种特征自动提取方式也存在不容忽视的问题：首先，深度学习缺乏严格的理论基础，实现过程是个黑盒，即深度学习模型所用的特征所表达的信息往往难以理解；其次，深度学习模型拥有大量参数，通常需要海量训练样本，这无疑增加了训练的难度。如何在保证效果的基础上减小模型、减少参数或者实现大模型的小样本训练仍然是一个具有挑战性的问题。

㊀ 感觉系统中刺激感受器阵列中某个区域时才能引起神经元活动模式改变的区域。

1.3 机器学习基本问题

机器学习的基本思想是通过从样本数据中提取所需信息构造一个有效的机器学习模型，并根据所建模型完成分类、回归、聚类等具体的机器学习任务。使用机器学习方法求解具体问题时需要面临一些基本问题。首先，是样本特征的提取问题：样本数据所包含的信息是多种多样的，不同的机器学习模型和任务所需的样本信息通常也各具特色，样本特征的提取问题要解决的是如何从样本数据中获取适当的信息以满足模型构造和完成机器学习任务的需要。其次，是机器学习规则构造的问题：规则是机器学习模型的基本构件或具体表现形式，不同的机器学习方式会采用与之相适应的不同类型的规则。演绎学习使用逻辑规则，归纳学习使用关联规则，统计学习和连接学习使用映射规则，要实现机器学习模型的构造就必须解决机器学习规则的构造问题。最后，是模型评估问题：对于已建的机器学习模型，必须对其进行性能评估以判定是否满足任务需求。因此，机器学习的基本问题主要是特征提取、规则构造和模型评估。本节主要讨论这三个基本问题及解决方法。

1.3.1 特征提取

机器学习中的样本信息由一组表征数据描述，例如，一幅彩色图像可用三个分别表示红、绿、蓝幅度值的矩阵进行表示，这三个矩阵就是这幅彩色图像的表征数据。样本表征数据虽然包含样本的所有信息，但数据量往往较大且存在一定的冗余，不便直接处理。因此，需要对样本的表征数据进行适当处理以获得机器学习和实际问题求解所需要的特定信息，这种处理过程通常称为样本的**特征提取**。具体地说，特征提取就是对机器学习任务所涉及的原始数据表征进行处理，得到一组具有特定意义的特征数据作为样本数据的优化描述，并以尽可能少的特征数据表达出尽可能多的信息，以方便后续的模型优化和任务求解。

特征提取一般包括如下两个基本步骤：

（1）构造出一组用于对样本数据进行描述的特征，即特征构造；

（2）对构造好的这组特征进行筛选或变换，使得最终的特征集合具有尽可能少的特征数目且包含尽可能多的所需样本信息。

对于任意给定的一个样本，其所有特征值构成的向量称为该样本的**特征向量。**对于经过特征提取的样本，通常使用特征向量代替表征向量以获得对样本数据的一种优化描述。

可针对不同的机器学习任务构造出相应的特征。例如，在自然语言理解领域通常用词袋特征或词频特征抽象地表达具体的文本特征。词袋特征忽略了文本中词语之间的上下文联系，而只考虑每个词语出现的次数，例如句子“我和哥哥都喜欢看电视剧。”和“哥哥还喜欢看篮球比赛。”可按照其中出现的词语构造如下词典：

{我：1；和：2；哥哥：3；都：4；喜欢看：5；电视剧：6；还：7；篮球比赛：8}

该词典中包含 8 个词语，每个词语都有唯一的索引，根据该词典可分别将上述两个句子转化为一个 8 维向量，即

$$(1,1,1,1,1,1,0,0)\text{；}(0,0,1,0,1,0,1,1)$$

向量中每个分量值表示该分量所对应词语在文本中出现的次数 ω。例如，若将上述两句合并为一个文本“我和哥哥都喜欢看电视剧，哥哥还喜欢看篮球比赛。”则该文本对应的词袋特征可表示为$(1,1,2,1,2,1,1,1)$。

对于任意给定的一个文本，词典中各个词语在该文本中出现的次数及分布情况通常与该文本具体内容有着非常密切的关系，故可根据词袋特征对文本进行分类、聚类等处理。例如，对于如下三段文本。

文本 1：“在非洁净的环境下生产的半导体工业产品合格率仅为 10%～15%。显示屏生产线厂房项目总建筑面积 178 万平方米，5 个核心厂房均各设一个洁净区，中建一局负责的切割与偏贴厂房洁净区最高洁净度要求为 1000 级，即要求洁净区域内每立方英尺存在 0.5μm 的微尘粒子不能超过 1000 颗。建成后，屏幕生产所用的切割片、涂色和背光板组装等系列设备将安放在此。而屏幕生产的最核心设备曝光机所在的阵列厂房洁净区对洁净等级的要求为 100 级甚至 10 级。此外，生产线车间对空气洁净度、温度、湿度、防静电、微振、光照度、噪声等都有严格的参数要求。”

文本 2：“不同于其他厂房建设，所有进入洁净室的施工人员都要穿着洁净服，进入前需在更衣室吹掉灰尘，随时随地有专业人员打扫擦拭。洁净区建成后还要擦拭两遍，竣工前经十余项检测通过后才可搬入生产设备。目前，施工区域正在进行第一阶段的分层级地面打磨环氧和水电风管道安装工作。地面如果高低不平，会导致大量灰尘微粒的积压，一个细小的微粒都会直接导致产品报废，特别是洁净区域对平整度的要求近乎苛刻，1 平方米内的地面高差最多 2 毫米。”

文本 3：“公民科学素质水平是决定国家整体素质的重要指标，至少 10%的公民具备科学素养是该国家成为创新型国家的重要节点。发布于 2015 年的第九次中国公民科学素质调查结果显示，我国具备科学素质的公民比例达到了 6.20%。白希介绍说，改革开放以来，中国公民的科学素质稳步提升，但数据也反映出我国公众科学素质发展中一些不平衡、不充分的情况，下一步将进一步缩小差距，力争尽快赶上世界先进水平。”

可分别对这些文本提取词袋特征，得到如图 1-20 所示的词袋特征分布图。图中横坐标中每个点对应一个词语，纵坐标表示词语出现的次数，Para1、Para2、Para3 分别为文本 1、文本 2 和文本 3 的词袋特征分布。这里只统计文本中包含具体含义的实词部分，且将相同词根的词语统计为同一个词语，语气词和系动词等不含具体含义的虚词不纳入统计范围。有了图 1-20 所示的文本词袋特征，就可通过适当的聚类算法进行文本聚类，例如用 k-均值聚类算法可得到聚类结果为：文本 1 和文本 2 聚为一类，文本 3 单独作为一类。

计算机视觉和视频图像处理领域常用特征有 LBP 特征、Canny 特征等。LBP 特征是一种图像纹理特征，表达的是物体表面具有缓慢或周期性变化的结构组织排列属性。LBP 特征算子定义在 3×3 像素网格窗口中，设某个 3×3 窗口中像素灰度取值如图 1-21 中左半部分所示，则该窗口中心像素点的 LBP 值计算过程如下。

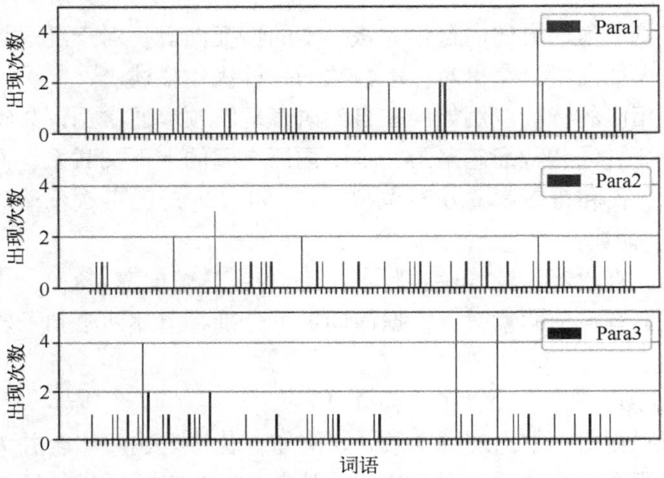

图 1-20　三段文本的词袋特征分布

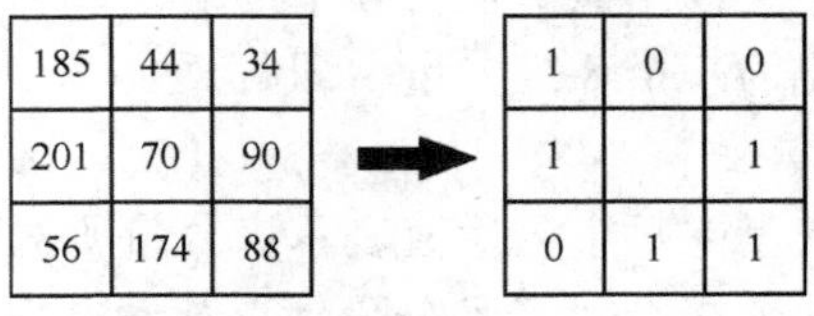

图 1-21　LBP 二进制编码意图

第一步：将周围像素点的取值与中心像素点的取值大小进行比较，若边缘像素点的取值大于中心像素点，则该点取值为 1，否则取值为 0，经过这一操作可将周围像素值转化为二进制编码，计算结果如图 1-21 中右边部分所示。

第二步：从左上角像素开始，按顺时针方向将 LBP 二进制编码组合成一个八位二进制数并将其转化为一个十进制数，即得到 LBP 码，例如图 1-21 窗口中 LBP 码的转化结果为

$$10011101_2 = 157$$

即该 3×3 窗口中心像素的 LBP 码为 157。

第三步：重复上述步骤求得图像所有像素的 LBP 码，并将其作为 LBP 特征图。图 1-22b 为图 1-22a 所示图像的 LBP 特征图。

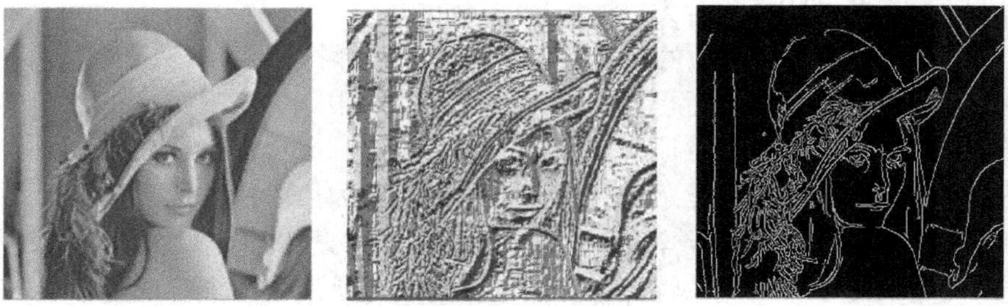

a)　　b)　　c)

图 1-22　图像的特征提取

a）原始图像　b）LBP 特征图　c）Canny 边缘特征

LBP 特征是通过计算单个像素与其相邻像素之间的灰度关系得到的，由于相邻像素之间通常存在一定的相关性，故整幅图像各像素的 LBP 码之间也会存在一定的相关性，这使得 LBP 特征图能够表现出一定的全局纹理特征。

Canny 特征主要表达图像的边缘信息，可用于确定图像中目标的轮廓和位置。由于图像中目标边缘的亮度有一定变化，边缘像素的梯度通常较大，所以 Canny 特征提取主要是根据梯度值和方向来寻找边缘像素。图 1-22c 为图 1-22a 所示图像的 Canny 边缘特征。

除了上述 LBP 纹理特征和 Canny 边缘特征之外，计算机视觉领域还可使用很多其他特征，例如，颜色直方图、Haar 特征、SIFT 特征等。这些特征都是人们基于对实际问题的分析而人工构造出来的。随着深度学习技术的不断发展，人们逐渐开始尝试让计算机根据任务的实际需求自动进行特征提取，深度卷积神经网络是一种最常用的特征自动提取模型。卷积神经网络是一种以层级连接方式构造的网络模型，该模型从第一个卷积层开始逐层对样本进行特征提取，模型后一层的特征提取基于前一层所提取的特征。图 1-23 表示卷积神经网络 LeNet-5 模型的特征提取过程，图中最下方的图片为模型的原始输入，越往上表示由越深的网络层所提取到的较高层特征。

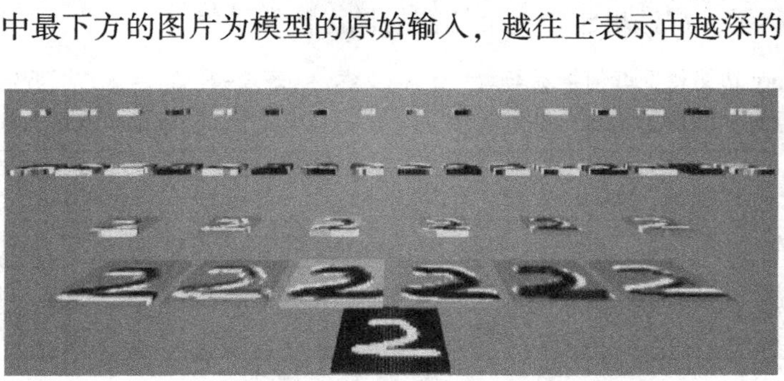

图 1-23　卷积神经网络自动提取特征示意图

与人工构造特征相比，机器自动提取的特征所包含的信息往往难以被人们理解，越高层的特征越抽象，但由于计算机自动提取的特征包含更多模型所需信息，因此使用这些自动提取的特征来解决实际问题通常能够得到更好的效果。

在特征构造完成之后，有时还需要对这些特征进行进一步的筛选或融合，剔除可能存在的与实际任务无关的信息或冗余信息。对特征进行筛选的过程称为**特征选择**。具体而言，对于由构造好的特征构成的特征集合 D，特征选择的目标是寻找到 D 的某个子集 D'，使得基于 D' 所建模型的性能与基于 D 所建模型的性能相当，并具有较低的模型优化计算量。通常使用子集搜索或相关性评估的方式实现对特征的选择。

子集搜索就是通过搜索特征集合 D 的所有子集并选择效果最好的子集作为最优特征子集。例如，某机器学习任务的特征集合为：

{Canny 边缘特征，颜色直方图，Laplacian 边缘特征，LBP 纹理特征}

分别用该特征集合的每个子集进行模型训练，如果发现使用

{LBP 纹理特征，颜色直方图，Laplacian 边缘特征}

这一特征子集训练获得的模型性能最优，则该特征子集便为最优特征子集。

如果特征集合 D 中的元素个数较多，则子集搜索方法显然不可行。此时可用特征相关性评估的方式来确定最优子集。相关性评估方法的基本思想是使用某个统计量来评估单个特征与样本真实标记之间的相关性，并选择相关性较强的几个特征来构成近似的最优特征子集。

显然，与样本真实标记有较强相关性的特征通常能更好地帮助模型对样本的预测，而与样本真实标记相关性不大的特征通常只能提供较少的参考信息。相关性评估常用的统计量有 χ^2 统计量、信息熵等，下面以 χ^2 统计量为例简要介绍相关性评估的具体做法。

对于任意给定的某个样本特征，相关性评估方法首先假设某一特征与样本的真实标记值无关，然后对该假设进行假设检验，判断该假设是否成立。使用 χ^2 统计量进行假设检验的方式被称为 χ^2 检验。例如，假设 H 为某一特征与样本的真实标记值无关，则可通过样本数据的实际值 A 和在假设成立条件下的理论值 T 计算出如下 χ^2 统计量

$$\chi^2 = \sum \frac{(A - T)^2}{T} \tag{1-11}$$

在假设 H 成立的条件下，实际值 A 和理论值 T 之间的差别应该较小，即 χ^2 是一个较小的数，故当 χ^2 的值超过某一阈值时，则可以拒绝假设，认为该特征与样本的真实标记值相关。

【例题 1.2】 对于一个二分类问题，其特征集合为

D= {Canny 边缘特征，颜色直方图，Laplacian 边缘特征，LBP 纹理特征}

将 D 中的各特征离散化为 0 或 1 这两种取值状态，特征与样本真实标记 y 之间的关系分别如表 1-1~表 1-4 所示，试选出包含三个特征的最优特征子集。

表 1-1　Canny 边缘特征取值情况与真实标记 y 取值关系表

	$y=-1$ 的样本数	$y=+1$ 的样本数	合计
Canny 边缘特征=0	60	59	119
Canny 边缘特征=1	10	122	132
合计	70	181	251

表 1-2　颜色直方图取值情况与真实标记 y 取值关系表

	$y=-1$ 的样本数	$y=+1$ 的样本数	合计
颜色直方图=0	31	70	101
颜色直方图=1	39	111	150
合计	70	181	251

表 1-3　Laplacian 边缘特征取值情况与真实标记 y 取值关系表

	$y=-1$ 的样本数	$y=+1$ 的样本数	合计
Laplacian 特征 = 0	27	82	109
Laplacian 特征 = 1	43	99	142
合计	70	181	251

表 1-4　LBP 纹理特征取值情况与真实标记 y 取值关系表

	$y=-1$ 的样本数	$y=+1$ 的样本数	合计
LBP 纹理特征 = 0	18	86	104
LBP 纹理特征 = 1	52	95	147
合计	70	181	251

【解】(1) 假设 H_0：Canny 边缘特征与 y 不相关。在假设 H_0 成立的条件下，即 Canny 边缘特征与 y 不相关时，理论上 $y=-1$ 的样本占总样本的比例约为 27.89%，则理论上 Canny 边缘特征与 y 取值之间的关系应该满足表 1-5 中的关系，则可算出相应的 χ^2 统计量

表 1-5　理论上特征取值与真实标记 y 取值关系表

	$y=-1$ 的样本数	$y=+1$ 的样本数	合计
$f=0$	30.4001	78.5999	109
$f=1$	39.6038	102.3962	142

$$\chi^2 = \sum \frac{(A-T)^2}{T} \approx 59.59$$

假设 H_1：颜色直方图与 y 不相关。在假设 H_1 成立的条件下，理论上颜色直方图与 y 取值之间也应该满足表 1-5 中的关系，由此可算出相应的 χ^2 统计量

$$\chi^2 = \sum \frac{(A-T)^2}{T} \approx 2.03$$

假设 H_2：Laplacian 边缘特征与 y 不相关。在假设 H_2 成立的条件下，理论上 Laplacian 边缘特征与 y 取值之间也应该满足表 1-5 中的关系，可算出相应的 χ^2 统计量

$$\chi^2 = \sum \frac{(A-T)^2}{T} \approx 0.93$$

假设 H_3：LBP 纹理特征与 y 不相关。在假设 H_3 成立的条件下，理论上 LBP 纹理特征与 y 取值之间也应该满足表 1-5 中的关系，可算出相应的 χ^2 统计量

$$\chi^2 = \sum \frac{(A-T)^2}{T} \approx 5.30$$

根据上述统计量值的排序选择三个 χ^2 统计量较小的特征来构成所需的最优特征子集 D'，即有：D' = {Laplacian 边缘特征, 颜色直方图, LBP 纹理特征}。□

特征选择方式仅仅从原特征集合当中选择了几个特征组成特征子集，却并未改变其中的特征。事实上，除了特征选择之外，还可通过特征变换方式排除或减少特征集合中的特征所包含的无关或冗余信息。例如，通过某种投影映射方式对特征数据进行适当降维等操作，具体可参考有关 LDA 和 PCA 算法的相关内容。

1.3.2　规则构造

机器学习模型通常会根据样本的表征或特征信息来实现回归、分类、聚类等问题的求解，因此需要在样本表征或特征信息与模型输出之间建立一定的联系。机器学习模型通常以规则的形式表达这种联系，可将规则看成是机器学习模型的基本构件或具体表现形式。因此，规则构造是建立机器学习模型所必须解决的一个基本问题。不同的机器学习方式通常采用与之相适应的不同类型的规则。这些规则主要有用于演绎学习的逻辑规则、用于归纳学习的关联规则，以

及用于统计学习和连接学习的映射规则。

演绎学习主要通过命题逻辑和谓词逻辑的演绎推理进行学习，使用假言三段论、排中律、矛盾律等逻辑规则进行演绎推理。演绎学习的理论基础完备、严谨，学习过程语义清晰、易于理解，但难以处理不确定性信息，对复杂问题的求解会出现难以解决的组合爆炸问题。因此，对于演绎学习，其规则构造的主要目标和难点是建立一套能有效处理不确定性信息的逻辑规则。对模糊性、随机性等不确定信息的处理局限是制约演绎学习发展的主要瓶颈。事实上，机器学习目前使用的基本策略是从样本或样例中学习，归纳学习、统计学习和连接学习已经成为机器学习的主流方式。下面着重分析讨论关联规则和映射规则的构造方法。

所谓关联规则，是指一类已指明条件蕴含关系的规则，故亦称为 if-then 规则。归纳学习的目标是采用适当方式从若干样例或样本中归纳总结出一组具有较好普适性的关联规则。这组关联规则的普适性主要表现为既符合已知样例或样本的性质，又能给新的示例或样本赋予较为合理的逻辑判断输出。

可用命题逻辑的蕴含式 $X \rightarrow Y$ 表示一个具体的关联规则，意为如果命题 X 成立，则命题 Y 成立。其中 X 称为前件或条件，Y 称为后件或结论。由于关联规则具有明确的因果蕴含关系，故用关联规则构造的模型通常都具有很好的可解释性，便于分析和理解。

对所有已知样例或样本做出正确推断是对归纳学习所得关联规则的基本要求。也就是说，要求关联规则的正确推断涵盖或覆盖所有训练样本数据。由此设计出的关联规则构造算法称为**序列覆盖算法**。具体地说，序列覆盖算法递归地归纳出单条关联规则并逐步覆盖训练样本集中的正例，当训练样本集中所有正例均被已归纳的关联规则所覆盖时，此时对应的关联规则集就是所求规则集。然后按适当标准对所求规则进行排序，确定规则使用的优先级。

序列覆盖算法的关联规则的归纳构造主要通过对假设空间的搜索完成。下面结合表 1-6 所示数据简要介绍基于假设空间的关联规则搜索过程。表 1-6 是关于小张是否进行运动的相关数据集。若要根据该数据集归纳出小张是否进行户外运动的规则，最容易想到的方法是从最一般的规则前件 ϕ 开始对假设空间进行遍历搜索，逐步特化规则，最终获得所需规则，具体搜索过程如下：

表 1-6　小张户外运动情况记录表

编号	天气	气温	事务	户外运动
1	晴朗	不舒适	有	否
2	晴朗	舒适	无	是
3	阴雨	不舒适	无	否
4	阴雨	舒适	无	是
5	晴朗	不舒适	无	是

选择关联规则的后件为“是”，则搜索起始位置为 $\phi \rightarrow$是，搜索空间如图 1-24 所示。首先搜索到的规则为“天气=晴朗→是”，则 1、2、5 号样例的属性取值与其前件一致，但 1 号样例不符合该规则的推断，故忽略该规则继续向后搜索。当搜索到关联规则“气温=舒适→是”时，2、4 号样例的属性取值与其前件一致且均满足该规则的推断，故 2、4 号样例被这条关联规则所覆盖。将这条规则记录下来并删除 2、4 号样例，由此完成一条关联规则的归纳构造。递归上述关联规则的归纳构造过程可得两条关联规则，并且它们可以覆盖训练样本集中的所有正例。因此，这两条关联规则即为所求关联规则。最后，根据关联规则所覆盖的样例数目的大小对其进行排序，得到序列覆盖算法的计算结果：

气温=舒适→是

天气=晴朗，气温=不舒适，事务=无→是

假设某天的情况为（天气=阴雨，气温=舒适，事务=有），则可根据上述两条关联规则推断出小张会进行户外运动的结论。

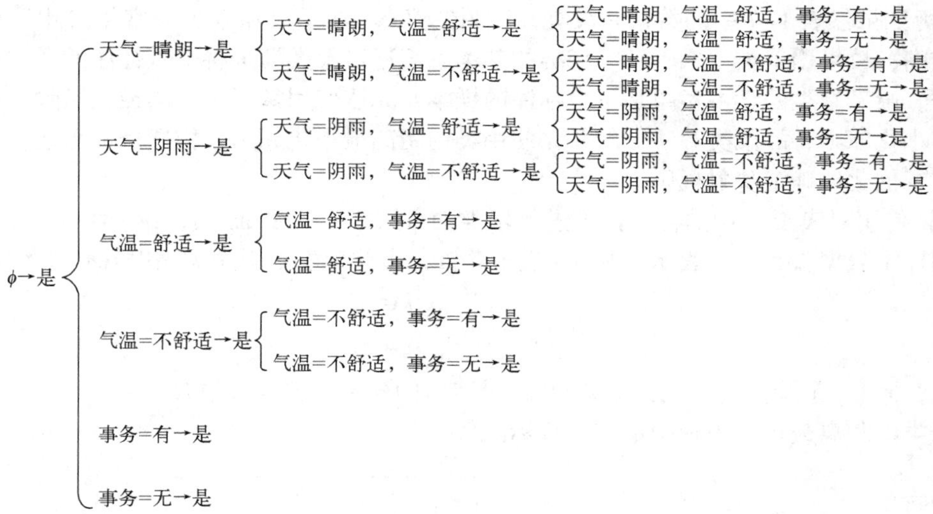

图 1-24　关联规则搜索空间

当样本属性个数或属性取值较多时，关联规则的搜索空间可能会变得很大，遍历搜索算法会因计算复杂度大幅上升而变得不可行。此时可用贪心搜索算法求得近似解，即每一次搜索都只朝着当前最优方向进行，从而有效地缩小搜索空间。基于贪心搜索的关联规则学习算法有很多，其中最具代表性的有 CN2 算法、AQ 算法等，在此不再赘述。

在统计学习和连接学习领域，样本数据表征或特征与模型输出之间的关系通常表现为映射规则，即从输入空间到输出空间的映射函数，映射规则的构造过程其实就是确定映射函数的过程，而映射函数确定问题则可转化为求解目标函数最值的优化问题。因此，映射规则的构造主要是通过对目标函数进行优化的方式实现，基本步骤如下：

（1）根据求解问题的具体要求确定机器学习模型的基本类型或映射函数的基本结构；

（2）根据样本数据的具体形式和模型特点确定合适的模型优化标准，如经验风险最小化、结构风险最小化、类内距离最小化、类间距离最大化等；

（3）设计构造模型优化的目标函数；

（4）通过对目标函数进行最值优化获得所需映射函数，完成映射规则构造。

下面结合实例介绍统计学习映射规则构造的具体过程。

【例题 1.3】 表 1-7 为某公司部分职员的年龄（岁）和薪资（千元/月）数据，这些职员由公司管理人员和普通员工组成。试根据表中信息大致判断哪些职员为管理人员，哪些职员为普通员工。

表 1-7　某公司职员年龄及薪资情况表

编　号	1	2	3	4	5	6	7	8	9
年　龄	27	47	31	44	21	23	50	23	21
薪　资	4.3	6.3	5.2	7.1	4.0	3.9	6.7	4.4	3.9
编　号	10	11	12	13	14	15	16	17	18
年　龄	32	48	54	29	34	51	56	40	27
薪　资	4.6	6.3	7.2	5.0	4.7	6.8	7.2	6.1	4.1

【分析】虽然表 1–7 中的数据并没有标注职位信息，但管理层职员通常年龄相对较大且薪资相对较高，故可用聚类方式求解。聚类的基本思想通过聚类算法将不带标注的样本聚合成适当的簇群。由于聚类的学习对象是不带标注的样本，无法使用基于误差的经验风险最小化或结构风险最小化原则，故聚类算法一般首先使用类内距离最小化原则来构造目标函数，然后对目标函数进行优化以确定映射规则。

【解】使用对表 1–7 中的样本数据进行聚类的方式求解。令 $X_i=\{a_i,e_i\}$ 表示表 1–7 中第 i 个职员的样本数据，其中 a_i 表示年龄，e_i 表示薪资，由此建立如下聚类映射规则基本结构

$$f(X_i)=\begin{cases}C_1, & i\in\Delta_1\\ C_2, & i\in\Delta_2\end{cases}$$

其中，C_j 表示第 j 个簇群（$j=1,2$）；Δ_1 和 Δ_2 是待定的样本数据编号集合。

根据类内距离最小化原则确定如下目标函数

$$D=\sum_{j=1}^{2}\sum_{X_i\in C_j}\sqrt{(a_i-a_{u_j})^2+(e_i-e_{u_j})^2} \tag{1-12}$$

其中，u_j 表示第 j 个簇群的聚类中心；a_{u_j} 表示 u_j 的年龄值；e_{u_j} 表示 u_j 的薪资值。

D 为所有数据点与其所在聚类簇中心的距离之和，可以很好地表示聚类的类内距离。下面使用 k–均值聚类算法对目标函数 D 进行优化，其中 k 表示簇群个数，本例中 $k=2$。k–均值聚类的基本思路为：首先，任选两个点分别作为两个簇群的初始聚类中心；然后，将剩余数据根据其与聚类中心的距离划分到对应的簇中并根据所聚数据的均值更新聚类中心，递归上述过程直至聚类中心的位置不再变化（聚类中心收敛）即完成对目标函数的优化；最后，根据收敛的聚类中心生成聚类映射规则的具体形式。

令 $u_1=X_1=\{27,4.3\}$ 和 $u_2=X_2=\{47,6.3\}$，分别计算数据 $X_3,X_4,\cdots,X_{18}$ 到数据 X_1,X_2 之间的欧式距离，表 1–8 中的数据为计算结果。根据表 1–8 中的计算结果，将每个数据分别划入其与聚类中心距离较小的簇群中，可得如下划分

C_1：X_1，X_3，X_5，X_6，X_8，X_9，X_{10}，X_{13}，X_{14}，X_{18}

C_2：X_2，X_4，X_7，X_{11}，X_{12}，X_{15}，X_{16}，X_{17}

表 1–8　第一轮类内距离计算

类内距离	X_3	X_4	X_5	X_6	X_7	X_8	X_9	X_{10}
u_1	4.1	17.2	6.0	4.0	23.1	4.0	6.0	5.0
u_2	16.0	3.1	26.1	24.1	3.0	24.0	26.1	15.1
类内距离	X_{11}	X_{12}	X_{13}	X_{14}	X_{15}	X_{16}	X_{17}	X_{18}
u_1	31.0	37.2	2.1	7.0	24.1	29.1	13.1	0.2
u_2	1.0	7.1	18.1	13.1	4.0	9.0	7.0	20.1

计算 C_j 中数据均值，并将该均值作为簇群 C_j 新的聚类中心，即将聚类中心更新为

$$u_1=\{26.8,4.41\},\quad u_2=\{48.75,6.7125\}$$

计算样本数据与上述聚类中心的距离，计算结果如表 1–9 所示。

依据表 1–9 中的计算结果，得到如下划分

C_1：X_1，X_3，X_5，X_6，X_8，X_9，X_{10}，X_{13}，X_{14}，X_{18}

C_2：X_2，X_4，X_7，X_{11}，X_{12}，X_{15}，X_{16}，X_{17}

表 1-9　第二轮类内距离计算

类内距离	X_1	X_2	X_3	X_4	X_5	X_6	X_7	X_8	X_9
u_1	0.23	20.3	4.3	17.4	5.8	3.8	23.3	3.8	5.8
u_2	21.9	1.8	17.8	4.8	27.9	25.9	1.3	25.9	27.9
类内距离	X_{10}	X_{11}	X_{12}	X_{13}	X_{14}	X_{15}	X_{16}	X_{17}	X_{18}
u_1	5.2	21.3	27.3	2.3	7.2	24.3	19.3	13.3	0.4
u_2	16.9	0.9	5.3	19.8	14.9	2.3	7.3	8.8	21.9

此次划分与前次划分相同，聚类中心收敛，故算法结束，获得下标集合

$$\Delta_1=\{1,3,5,6,8,9,10,13,14,18\};\quad \Delta_2=\{2,4,7,11,12,15,16,17\}$$

由此得到聚类映射规则为

$$f(X_i)=\begin{cases}C_1, & i\in\{1,3,5,6,8,9,10,13,14,18\}\\ C_2, & i\in\{2,4,7,11,12,15,16,17\}\end{cases}$$

即第 1、3、5、6、8、9、10、13、14、18 号职员为普通员工，第 2、4、7、11、12、15、16、17 号职员为管理人员。□

对于统计学习分类任务映射规则的构造，其基本流程与上述聚类任务类似，只是在优化标准和目标函数的设计上有所差异。下面以线性可分的二分类任务为例来简要介绍分类映射规则构造的具体过程。设有训练样本集 $S=\{(X_1,y_1),(X_2,y_2),\cdots,(X_n,y_n)\}$，其中每个样本由 t 个特征描述，分别为 $x_1,x_2\cdots,x_t$，y_i为样本的标注值且 $y_i\in Y=\{+1,-1\},i=1,2,\cdots,n$。现对上述分类任务构造映射规则，具体步骤如下。

第一步：确定机器学习模型的基本类型和映射函数的基本结构。使用支持向量机模型实现线性可分的二分类任务。支持向量机通过如下超平面实现样本数据的二分类

$$\boldsymbol{w}^{\mathrm{T}}\boldsymbol{X}+b=0 \tag{1-13}$$

其中，$\boldsymbol{w}=(w_1,w_2,\cdots,w_t)^{\mathrm{T}}$为参数向量；$\boldsymbol{X}=(x_1,x_2,\cdots,x_t)^{\mathrm{T}}$为特征向量；$b$ 为偏置项。支持向量机的分类目标是将分类数据分置超平面的两侧，由此可得分类映射规则的基本形式为

$$f(\boldsymbol{X})=\mathrm{sgn}(\boldsymbol{w}^{\mathrm{T}}\boldsymbol{X}+b) \tag{1-14}$$

其中，$\mathrm{sgn}(t)$为阶跃函数。

第二步：确定合适的模型优化标准。支持向量机采用硬间隔最大化原则进行学习，即使得两类数据到分离超平面的距离最远。例如，对于图 1-25 中用实线和虚线表示的两个分离超平面，由于数据点距离实线超平面较远，故实线超平面的硬间隔较大。

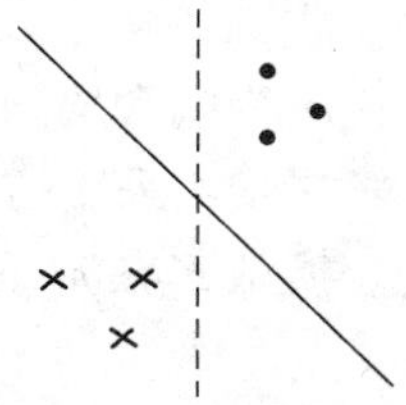

图 1-25　硬间隔大小示意图

第三步：设计构造模型优化的目标函数。根据硬间隔最大化原则，需要构造一个分离超平面，使得样本点到超平面的距离最大。令 $\boldsymbol{X}_i=(x_{1i},x_{2i},\cdots,x_{ti})^{\mathrm{T}}$表示训练样本集 S 中任意给定的第 i 个示例，则不难得到 $\boldsymbol{X}_i$到分离超平面 $\boldsymbol{w}^{\mathrm{T}}\boldsymbol{X}+b=0$ 的几何间隔 d_i为

$$d_i=\frac{1}{\|\boldsymbol{w}^{\mathrm{T}}\|}y_i(\boldsymbol{w}^{\mathrm{T}}\boldsymbol{X}_i+b) \tag{1-15}$$

令 $d=\min\{d_1,d_2,\cdots,d_n\}$，则使得 d 最大的分离超平面即为所求。由此可得如下目标函数

$$\max_{\boldsymbol{w}^{\mathrm{T}},b} d=\frac{1}{\|\boldsymbol{w}^{\mathrm{T}}\|}Y(\boldsymbol{w}^{\mathrm{T}}\boldsymbol{X}+b);\quad \mathrm{s.t.}\ \frac{1}{\|\boldsymbol{w}^{\mathrm{T}}\|}y_i(\boldsymbol{w}^{\mathrm{T}}\boldsymbol{X}_i+b)\geqslant d$$

显然，若按比例缩放 $\boldsymbol{w}^{\mathrm{T}}$中的元素和偏置项 b，则 $Y(\boldsymbol{w}^{\mathrm{T}}\boldsymbol{X}+b)$的值也会同比例缩放，但这并不会影响优化结果。故可令 $Y(\boldsymbol{w}^{\mathrm{T}}\boldsymbol{X}+b)=1$，则有 $d=1/\|\boldsymbol{w}^{\mathrm{T}}\|$。由此可将约束条件简化为

$$y_i(\boldsymbol{w}^{\mathrm{T}}\boldsymbol{X}_i+b)-1\geqslant 0$$

另外，由于最大化 $1/\|\boldsymbol{w}^{\mathrm{T}}\|$与最小化$\|\boldsymbol{w}^{\mathrm{T}}\|^2$等价，故可将目标函数转化为

$$\min_{\boldsymbol{w}^{\mathrm{T}},b}\|\boldsymbol{w}^{\mathrm{T}}\|^2;\quad \text{s. t.}\quad y_i(\boldsymbol{w}^{\mathrm{T}}\boldsymbol{X}_i+b)-1\geqslant 0 \tag{1-16}$$

第四步：采用适当优化计算方法对上述目标函数进行优化，求得最优参数 $\boldsymbol{w}^{*\mathrm{T}}$和偏置项 b^*，得到所求的分类映射规则 $f(\boldsymbol{X})=\mathrm{sgn}(\boldsymbol{w}^{*\mathrm{T}}\boldsymbol{X}+b^*)$，完成映射规则的构造。

连接学习映射规则的构造也遵从上述步骤，不过在选择模型时会选用连接学习模型，即神经网络模型。下面以三维特征向量的二分类问题为例，讨论其映射规则的构造过程。

第一步：确定机器学习模型的基本类型和映射函数的基本结构。选择包含一个隐含层的多层感知机作为分类模型，其网络结构如图 1-26 所示，其中每个圆圈代表一个神经元。由于特征向量维数为 3，故输入层仅含三个输入神经元。

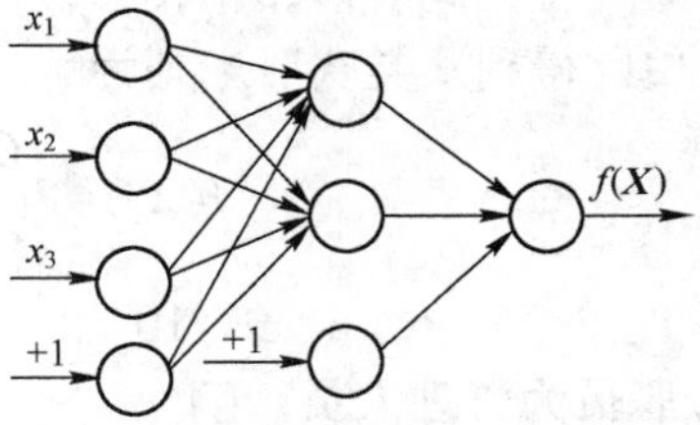

图 1-26　一个隐含层的多层感知机

令 w_{ki}^l为第 l 层第 i 个神经元与第 $l+1$ 层第 k 个神经元之间的连接权重，b_i^l为第 l 层第 i 个神经元的偏置项，各层激活函数均为 φ，则对于样本输入 $\boldsymbol{X}=(x_1,x_2,x_3)^{\mathrm{T}}$，该模型两个隐含层神经元的输出 h_1 和 h_2分别为

$$h_1=\varphi\left(\sum_{i=1}^{3}w_{1i}^1x_i+b_1^1\right);\quad h_2=\varphi\left(\sum_{i=1}^{3}w_{2i}^1x_i+b_2^1\right)$$

将上式表示为矩阵形式，则有

$$\boldsymbol{h}=\begin{pmatrix}h_1\\h_2\end{pmatrix}=\varphi\left[\begin{pmatrix}w_{11}^1 & w_{12}^1 & w_{13}^1\\ w_{21}^1 & w_{22}^1 & w_{23}^1\end{pmatrix}\begin{pmatrix}x_1\\x_2\\x_3\end{pmatrix}+\begin{pmatrix}b_1^2\\b_2^2\end{pmatrix}\right]=\varphi(\boldsymbol{w}^1\boldsymbol{X}+\boldsymbol{b}^2)$$

其中，$\boldsymbol{w}^1$为输入层到隐含层的连接权重矩阵；$\boldsymbol{b}^2$为隐含层的偏置向量。同理可得该模型的输出 $f(\boldsymbol{X})$为

$$f(\boldsymbol{X})=\varphi(w_{11}^2h_1+w_{12}^2h_2+b_1^3)=\varphi(\boldsymbol{w}^{2\mathrm{T}}\boldsymbol{h}+b_1^3)$$

其中，$\boldsymbol{w}^2$为隐含层到输出层的连接权重向量；$\boldsymbol{h}$ 为隐含层的输出向量。

第二步：采用结构风险最小化原则模型优化标准，该原则是对经验风险最小化原则的一种改进。模型 F 在 m 元训练集 $G=\{(X_1,y_1),(X_2,y_2),\cdots,(X_m,y_m)\}$上的结构风险定义为

$$R_{\mathrm{srm}}(F)=\frac{1}{m}\sum_{k=1}^{m}L(y_k,F(X_k))+\lambda K(F) \tag{1-17}$$

其中，L 为损失函数；$K(F)$为模型复杂程度；λ 为非负系数。

第三步：根据结构风险最小化原则确定目标函数，使用 0-1 损失函数和 L^1范数惩罚项构造如下目标函数

$$R_{\mathrm{srm}}(f)=\frac{1}{n}\sum_{k=1}^{n}I(f(X_i)\neq y_i)+\lambda\|\boldsymbol{w}^l\|_1 \tag{1-18}$$

其中，$I(C)$在满足条件 C 时取 1，否则取 0。

第四步：采用适当优化计算方法对上述目标函数进行优化，解得 $\boldsymbol{w}^1,\boldsymbol{w}^2,\boldsymbol{b}^2,b_1^3$的最优值

$\boldsymbol{w}^{*1},\boldsymbol{w}^{*2},\boldsymbol{b}^{*2},b_1^{*3}$，由此得到所求的分类映射规则

$$f(\boldsymbol{X})=\varphi[\boldsymbol{w}^{*2\mathrm{T}}\varphi(\boldsymbol{w}^{*1}\boldsymbol{X}+\boldsymbol{b}^{*2})+b^{*3}] \tag{1-19}$$

目标函数的优化方法有很多，当目标函数较为简单时，可通过参数估计方式直接估计目标函数最小时所对应的参数值，当目标函数较为复杂而无法直接估计参数时，则可通过迭代逼近方式逐渐优化目标函数并确定参数，这里不再赘述。

1.3.3 模型评估

机器学习的目的是提升模型性能以满足学习任务的需求，对于训练完成的模型需要对其进行性能评估以评判机器学习是否实现了目标或目标实现的程度。因此，对已训练模型进行有效的性能评估是机器学习必须面对和解决的一个基本问题。如前所述，机器学习模型性能的优劣主要取决于其泛化性能，模型评估的基本策略是设法估算出模型的泛化误差并通过泛化误差评估模型泛化性能。直接计算模型泛化误差通常是一件非常困难的事情，故具体的模型评估实施过程中一般使用测试误差近似代替泛化误差，即在测试样本集上计算模型误差并将其作为泛化误差的近似替代。下面具体讨论模型性能评估的基本方法。

要实现对模型的有效评估，首先必须确定能够对模型性能进行有效度量的指标。假设f是一个任意给定的分类模型，$T=\{(X_1,y_1),(X_2,y_2),\cdots,(X_k,y_k)\}$是用于测试模型$f$的测试样本集，模型$f$对样本$X_i$的输出为$\hat{y}_i=f(X_i)$。如果$T$的$k$个样本中有$m$个样本的模型输出与其标记值不一致，则可用0-1损失函数算得该模型的测试误差为

$$R_{\mathrm{test}}(f)=\frac{1}{k}\sum_{i=1}^{k}L(y_i,f(X_i))=\frac{m}{k}$$

即为模型输出值与标记不一致的样本数占测试样本总数的比例，通常亦称为**错误率**e，即有

$$e=\frac{1}{k}\sum_{i=1}^{k}I(f(X_i)\neq y_i) \tag{1-20}$$

其中，$I(C)$为条件函数，即$I(C)$的值在满足条件C时取1，否则取0。

正确率a是分类正确的样本数占测试样本总数的比例，即有

$$a=\frac{1}{k}\sum_{i=1}^{k}I(f(X_i)=y_i) \tag{1-21}$$

正确率与错误率是面向分类任务模型最常用的两种性能度量标准。显然，对于任意一个分类模型，其正确率与错误率之和恒为1。

对于很多分类问题，仅用正确率和错误率对分类模型的评估是不全面的。例如，在计算机辅助诊断应用领域，对于输出空间$Y=\{$患有癌症,不患癌症$\}$，假设只有1%的人患有癌症，若直接设置模型输出全部为不患癌症，则可将错误率控制在1%，但是这显然不是一个有效模型。因为该模型的主要目的是尽可能将患有癌症的示例找出来，将患有癌症的示例分类为不患癌症将会产生非常严重的后果。可用查准率和查全率来评价这类模型。

对于任意给定的一个二分类任务，通常会将其中某一类指定为正类，将另外一类指定为负类。令f为完成该二分类任务的分类模型，则可得如下四项基本统计指标：真正例数$\mathrm{TP}(f)$、假正例数$\mathrm{FP}(f)$、真反例数$\mathrm{TN}(f)$和假反例数$\mathrm{FN}(f)$。它们分别表示预测为正类且实际为正类的样例数、预测为正类且实际为负类的样例数、预测为负类且实际为负类的样例数，以及预测为负类且实际为正类的样例数。可根据这些指标算出模型f的查准率$P(f)$与查全率$\mathrm{W}(f)$，具体计算公式如下

$$P(f)=\frac{\mathrm{TP}(f)}{\mathrm{TP}(f)+\mathrm{FP}(f)};\quad W(f)=\frac{\mathrm{TP}(f)}{\mathrm{TP}(f)+\mathrm{FN}(f)}$$

根据查全率与查准率计算公式，不难看出 $P(f)$ 和 $W(f)$ 的取值有一定制约关系。例如，若想得到尽可能高的查准率 $P(f)$，则应尽可能地减少假正例。最简单的办法是将正例概率很高的样本作为预测正例且将其他样本均预测为反例，但这样做会提高假反例的数目，导致查全率 $W(f)$ 降低。同理，若想提高查全率 $W(f)$，则有可能降低查准率 $P(f)$。

利用查全率与查准率对模型进行性能度量时，难免会出现某个模型查全率高但查准率低而另一个模型查全率低但查准率高的情况，此时难以同时使用查全率与查准率指标对这两个模型进行性能对比。为此引入一个名为 F_1 值的指标解决这个问题。所谓模型 f 的 $F_1(f)$ 值，是指该模型查全率与查准率的调和均值，即有

$$\frac{2}{F_1(f)}=\frac{1}{P(f)}+\frac{1}{W(f)}$$

由此可得

$$F_1(f)=\frac{2\mathrm{TP}(f)}{2\mathrm{TP}(f)+\mathrm{FP}(f)+\mathrm{FN}(f)} \tag{1-22}$$

$F_1(f)$ 值综合了查全率与查准率，当查全率与查准率都较高时，$F_1(f)$ 值也较高。因此，如果模型的 F_1 值越大，则认为该模型的性能越优良。

除了 F_1 值之外，还可以通过一种名为**ROC 曲线**的函数图像直观表示两个模型的性能对比。对于任意给定的分类模型 f，其 ROC 曲线表示该模型的真正例率 TPR(f) 和假正例率 FPR(f) 这两个变量之间的函数关系，其中，TPR(f) 表示真正例数 TP(f) 占测试样本集中全部正例数的比例（即查全率）；FPR(f) 表示假正例数 FP(f) 占测试样本集中全部假例数的比例，即有

$$\mathrm{TPR}(f)=\frac{\mathrm{TP}(f)}{\mathrm{TP}(f)+\mathrm{FN}(f)};\quad \mathrm{FPR}(f)=\frac{\mathrm{FP}(f)}{\mathrm{FP}(f)+\mathrm{TN}(f)}$$

显然，如果分类模型的真正例率 TPR(f) 接近于 1 且假正例率 FPR(f) 接近于 0，则该模型具有比较好的分类性能。从图形上看，模型 ROC 曲线越靠近左上方，则该模型的性能就越好。图 1-27 表示三种不同模型的 ROC 曲线，由 ROC 曲线分布特点可知，模型 2 和模型 3 的性能优于模型 1。模型 2 和模型 3 的性能在不同情况下各有优劣，可通过 ROC 曲线下方面积指标进一步比较它们的平均性能。ROC 曲线下方面积指标称为**AUC 指标**。在一般情况下，模型所对应的 AUC 值越大，则该模型的平均性能就越好。

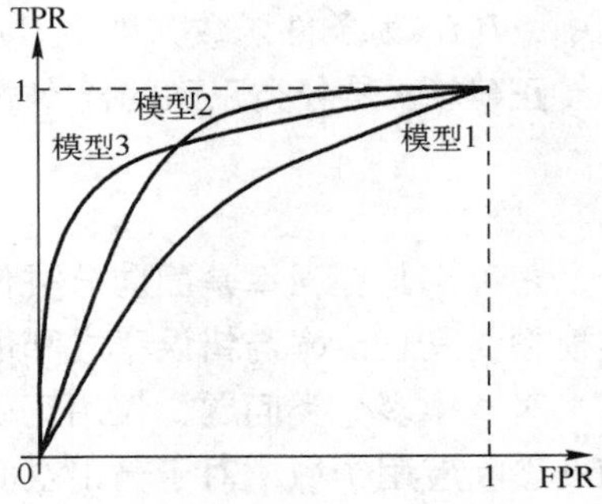

图 1-27　ROC 曲线示意图

上述度量标准主要针对分类模型，下面进一步考察回归模型的性能度量标准。令 f 是任意给定的一个回归模型，$T=\{(X_1,y_1),(X_2,y_2),\cdots,(X_s,y_s)\}$ 是用于测试模型 f 的测试样本集合，$\hat{y}_i=f(X_i)$ 是模型 f 对于样本 X_i 的输出。若用平方损失函数度量单个样本的回归误差，则可用均方误差（Mean Square Error，MSE）度量模型 f 关于测试集 T 的测试误差，即有

$$\mathrm{MSE}(f)=\frac{1}{s}\sum_{i=1}^{s}[f(X_i)-y_i]^2 \tag{1-23}$$

另一个常用回归模型的性能度量标准是**决定系数**。令 $\bar{y}$ 为测试样本集 T 中所有样本标记的

均值，则模型 f 在 T 上的决定系数 R^2 定义为

$$R^2 = 1 - \frac{\sum_{i=1}^{s}[y_i - f(X_i)]^2}{\sum_{i=1}^{s}(y_i - \bar{y})^2} \tag{1-24}$$

决定系数表达式中第二项的分子为模型 f 关于测试集 T 的误差平方和，分母则表示训练数据标记值的波动程度，二者相除可消除测试样本标记值的波动对模型性能的影响。对于给定的测试样本集 T，如果模型 f 关于 T 的误差平方和越小，则其拟合效果就越好。故模型的决定系数越接近于 1，则该模型的性能就越好。

有了模型的性能度量指标，就可采用适当方法对模型进行性能评估。模型评估需要使用测试样本集估计模型的泛化误差。如果将参与模型训练的样本作为测试样本用于对模型性能的评价，则会降低对模型泛化性能估计的准确性。因此，测试样本一般不能用于对模型的训练，需将整个数据样本集划分为互斥的训练样本集和测试样本集。基于对样本集的不同划分策略，形成留出法、交叉验证法和自助法等多种模型评估方法。

对于样本数据集 D，最简单的划分方法是直接从 D 中随机划分出部分数据组成训练样本集 S，剩下部分作为测试样本集 T 用于估计模型的泛化误差，这种方法称为**留出法**。为了保证留出法评估结果的可信度，通常要求训练集和测试集中的样本分布大致相同，从而避免因划分不当带来的偏差对模型评估结果的影响。

划分的随机性显然会给留出法的评估结果带来一定的波动，故仅用一次留出法的评估结果作为模型评估的最终结果是一种比较片面的做法，一般需要多次使用留出法对模型进行评估，并将这些评估结果的均值作为最终的评估结果。在实际的模型训练与测试过程中，训练样本数通常占数据集总样本数的 2/3 至 4/5，其余样本组成测试集。这意味着对于一次性留出法评估，数据集 D 中有部分样本未能参与到训练过程当中。因此，一次性留出法的评估结果与直接使用 D 中全部样本进行训练的真实模型性能存在一定差别。显然，训练样本数占全部样本数的比例越高，这种差别就越小。

基于以上分析，K 折交叉验证法将绝大多数样本用于训练。K 折交叉验证法的基本思路为：首先将数据集 D 等分为 K 个子集 $D_i(i=1,2,\cdots,K)$，然后依次保留其中一个子集作为测试集 T，而将其余 $K-1$ 个子集合进行合并后作为训练集 S。令 $R_i(i=1,2,\cdots,K)$ 表示第 i 次的模型评估结果，则各次评估结果 R_i 的均值就是 K 折交叉验证法对模型的最终评估结果。

显然，在使用 K 折交叉验证法进行模型评估的过程中，数据集 D 的每个样本仅参与了一次测试过程以及 $K-1$ 次模型训练过程。这意味着每次训练的训练集绝大部分是重叠的，当 K 值越大时，参与模型训练的样本数越多，得到的模型性能也就越接近于使用数据集 D 中所有样本进行训练所得到的模型性能，但此时用于测试的样本数较少，测试结果难以真实反映模型的实际的泛化性能。

留一法将每个样本单独作为一个划分，然后采样交叉验证的方式进行模型评估，它是 K 折交叉验证法的一个特例，也是一种经典的交叉验证法。假设数据集 D 包含 n 个样本，留一法则将 D 进行 n 等分，依据交叉验证的规则分别进行 n 次模型训练和测试，每次有 $n-1$ 个样本参与模型训练、1 个样本参与模型测试。最终评估结果亦为各次评估结果的均值。在 D 中样本数较多的情况下，使用留一法进行模型评估的计算成本较高。

5×2 交叉验证法是另一种经典的交叉验证法，该方法使用基数相等的训练样本集和测试样

本集进行模型评估，主要包括对样本数据的随机等分和对折这两种操作。所谓随机等分，就是将整个样本数据集合 D 随机地切分成样本数目相等的两个子集合，并将其中一个作为训练样本集，另外一个作为测试样本集。对折则是将样本数目相等的训练样本集和测试样本集进行性质对换，即将原来的训练样本集变成测试样本集、原来的测试样本集变成训练样本集。5×2 交叉验证法对数据集合 D 进行五次随机等分和对折操作。令 D_i^j 为第 i 次随机等分的第 j 个样本集合，则第一次随机划分后可得到 D_1^1、D_1^2 这两个样本子集，选择其中之一作为训练集，另一个作为测试集，由此得到了第一对训练集 S_1 和测试集 T_1，对 S_1 和 T_1 进行对折操作便可得到第二对训练集 S_2 和测试集 T_2，即有

$$S_1=D_1^1, T_1=D_1^2;\quad S_2=D_1^2, T_2=D_1^1$$

由以上分析可知，5×2 交叉验证法对数据集合 D 的一次随机等分和对折操作可以得到两对训练集和测试集，进行 5 次随机等分和对折则可得到 10 对训练集和测试集，表 1-10 给出了这 10 对训练集和测试集的具体产生过程。

表 1-10　5×2 交叉验证法训练集和测试集

第 1 次随机等分	第 2 次随机等分	第 3 次随机等分	第 4 次随机等分	第 5 次随机等分
$S_1=D_1^1$, $T_1=D_1^2$	$S_3=D_2^1$, $T_3=D_2^2$	$S_5=D_3^1$, $T_5=D_3^2$	$S_7=D_4^1$, $T_7=D_4^2$	$S_9=D_5^1$, $T_9=D_5^2$
$S_2=D_1^2$, $T_2=D_1^1$	$S_4=D_2^2$, $T_4=D_2^1$	$S_6=D_3^2$, $T_6=D_3^1$	$S_8=D_4^2$, $T_8=D_4^1$	$S_{10}=D_5^2$, $T_{10}=D_5^1$

显然，可进行更多次随机等分和对折操作以获得更多的训练集和测试集，但次数过多的随机等分会使样本子集之间具有很强的相关性，无法提供新的有助于模型评估的信息，却徒增模型评估的成本。在数据集 D 中样本数量较多的情况下，可以进行多次划分，建立多组相关性较小的数据集。因此，留出法和交叉验证法通常比较适用于样本数量较多的情形。

当 D 中样本数量较少时，可以采用一种名为自助法的方式构造训练集和测试集。自助法主要通过对 D 中样本进行可重复随机采样的方式构造训练集和测试集。具体地说，假设数据集 D 中包含 n 个样本，自助法会对数据集 D 中的样本进行 n 次有放回的采样，并将采样得到的样本作为训练样本生成一个含有 n 个样本的训练样本集 S，所有未被得到的样本则作为测试样本构成测试集 T。对于 D 中的任一样本，该样本在自助采样中未被采样的概率为

$$\lim_{n\to\infty}\left(1-\frac{1}{n}\right)^n=\frac{1}{\mathrm{e}}\approx 0.368$$

因此，在数据集 D 中样本数足够多的情况下，测试样本数约占总样本数的 36.8%。值得注意的是，在通过自助法构造的训练集中，样本数量与整个数据集的样本数量相同，但其中可能包含重复样本，因此所获得的训练集的样本分布与整个数据集的样本分布不同，因此，通常只有在样本量较小、难以对数据集进行有效划分时，才使用自助法进行模型评估。

综上所述，在给定数据集 D 的情况下对机器学习模型进行模型评估，首先需要选择合适的性能度量指标对模型的性能进行度量，然后通过适当的模型评估方法计算出模型所对应的性能度量指标的具体取值，最后通过综合考察机器学习任务的具体特点和性能度量指标值来判定所训练模型是否满足机器学习任务的需求。

1.4 习题

（1）试描述人工智能、机器学习、深度学习的含义，并说明它们之间的关系。

（2）列举在实际生活中有关机器学习的具体应用实例及相关的机器学习方法。

（3）阐述过拟合和欠拟合现象的产生原因及常用的解决办法。

（4）假设现对消费者的消费行为进行分析，要找出某类商品定价 A 和其销量 B 之间的关系，这属于机器学习中的何种任务？此类任务有何特点？

（5）简述方差和偏差的概念，并说明二者的区别和联系。

（6）对于样本集 $S=\{(2,1),(5,4),(3,3),(7,5),(8,9)\}$，模型 $f(x)=4x+1$，试求模型 $f(x)$ 在 S 上的整体误差 $R_S(f)$。

（7）机器学习的发展历程有哪些阶段？试说明每个阶段机器学习方法的基本理论。

（8）如何训练一个感知机？该训练过程的理论依据是什么？

（9）简述专家系统的组成部分，并简要说明构造一个专家系统的过程。

（10）什么是特征空间？什么是特征向量？

（11）机器学习中为什么要进行特征提取？卷积神经网络的特征自动提取有何特点？

（12）结合具体实例来说明正确率、错误率和 ROC 曲线之间区别与联系。

（13）简要介绍模型性能度量中的真正例率、假正例率、查准率、查全率的概念，并讨论它们之间的区别与联系。

（14）要确定某基因 X 与某种疾病 y 之间是否存在联系，现对 260 人进行检查，得到体内是否含有该基因与是否患病之间的关系如表 1-11 所示，若 χ^2 统计量的阈值设为 7.2，$X=0$ 表示体内不含该基因，$X=1$ 表示体内含有该基因，$y=-1$ 表示不患病，$y=+1$ 表示患病。试根据表中数据确定该基因是否与该疾病存在某种联系。

表 1-11　是否含有该基因与是否患病关系表

	$y=-1$ 的人数	$y=+1$ 的人数	合计
$X=0$	99	53	152
$X=1$	41	67	108
合计	140	120	260

（15）数据集 D 中包含 100 个样本，其中正例 50 个，反例 50 个，若使用自助法进行模型评估，则理论上训练集和测试集中各包含多少个样本？

第2章　模型估计与优化

在机器学习领域，很多机器学习模型的输入输出规则在本质上都可以看成是某种映射函数，作为初始模型的映射函数通常包含一组待定的未知参数，需要通过对训练样本的学习来确定这些参数的合理取值。因此，机器学习中有一大类模型的求解过程实际上是解决这些未知参数的取值问题。通常使用对目标函数进行优化计算的方式获得参数取值。如果初始模型较为简单，则模型求解的目标函数通常也较为简单。对于目标函数为线性函数的情形，可用单纯形法等常用线性规划方法获得精确解，实现对所求优化模型的精确构造。然而，用于机器学习模型优化的目标函数主要是非线性函数或约束条件中含有的非线性函数，通常称这类优化计算问题为非线性规划问题。目前还没有针对此类优化计算问题的通用精确解法，而是使用具有针对性的近似计算方法进行模型参数求解，构造具有一定精度的近似优化模型。对于比较简单的非线性目标函数，通常使用参数估计方式直接对模型参数进行近似估计。对于较为复杂的非线性目标函数，直接对其进行参数估计一般难以取得满意的效果，此时通常使用迭代计算或动态规划方式逐步优化模型参数估计值，使得模型性能得到逐步提升并达到最优或近似最优。此外，还需采用一些特定策略对模型做正则化处理以尽量消除模型中可能存在的过拟合现象。本章主要介绍模型求解的近似计算方法，首先，简要介绍模型参数估计的基本方法；然后，介绍几种常用的模型优化近似计算方法，包括基本的近似优化方法和概率型近似优化方法；最后，介绍模型正则化的基本概念和常用策略。

2.1　模型参数估计

对机器学习模型的参数直接进行估计是一种最简单、最直观的模型求解思路。显然，机器学习模型的参数估计需要给出的是参数具体估计值，而不仅仅是参数的大致取值范围。因此，机器学习模型的参数估计方法均为点估计方法。对于给定的机器学习任务，同一种模型结构在采用不同模型参数时的性能一般会存在一定的差异，如何选择一组参数使得模型对具体任务的表现达到最优是参数估计要解决的关键问题。本节简要介绍最小二乘、最大似然和最大后验这三种机器学习中最常用的参数估计方法。

2.1.1　最小二乘估计

最小二乘估计是一种基于误差平方和最小化的参数估计方法。对于线性模型，其最小二乘估计量是一种具有最小方差的无偏估计量，由最小二乘法求得的参数估计值是最优估计值。此外，最小二乘法计算简单、易于理解且具有良好的实际意义。因此，最小二乘法是对线性统计模型进行参数估计的基本方法。

如前所述，对于任意一个给定的示例 X，可将其表示为表征向量或特征向量的形式。不失一般性，将样本集合中的每个示例分别看成是一个特征向量。假设训练样本集为

$$S=\{(X_1,y_1),(X_2,y_2),\cdots,(X_n,y_n)\}$$

可将其中的示例 X_i表示为特征向量 $\boldsymbol{X}_i=(x_{1i},x_{2i},\cdots,x_{ki})^{\mathrm{T}}$，$x_{si}$为示例 X_i的第 s 个特征。

线性模型的初始模型一般可写成$f(\boldsymbol{X})=\boldsymbol{X}^{\mathrm{T}}\boldsymbol{\beta}$，其中$\boldsymbol{\beta}=(\beta_1,\beta_2,\cdots,\beta_k)^{\mathrm{T}}$为待求的参数向量，$\boldsymbol{X}$ 为某个示例的特征向量。对于训练样本集合中任意给定的一个示例 X_i，模型参数 $\boldsymbol{\beta}$ 的真实值应该尽可能使得模型对示例 X_i的输出 $f(\boldsymbol{X}_i)$ 与该示例标注值 y_i之间的误差达到最小。因此，从整体上看，如果存在参数向量的一组取值$\hat{\boldsymbol{\beta}}$，线性模型能够在该组参数取值下获得模型输出与标注值之间在训练样本集上最小的整体误差，则将$\hat{\boldsymbol{\beta}}$作为 $\boldsymbol{\beta}$ 的估计值最为合理。

最小二乘法正是基于上述思想。用$f(\boldsymbol{X}_i)-y_i$表示模型f对示例 X_i的输出与该示例的真实值之间的误差。为防止误差正负值相互抵消和便于数学上的求导运算，最小二乘法将优化目标函数定义为样本个体误差的平方和，即有

$$F(\boldsymbol{\beta})=\sum_{i=1}^{n}[f(\boldsymbol{X}_i)-y_i]^2=\sum_{i=1}^{n}(\boldsymbol{X}_i^{\mathrm{T}}\boldsymbol{\beta}-y_i)^2$$

当目标函数取得最小值时，所对应模型参数为最优。由于函数极值点处对所有参数的偏导均为 0，故可由此求得最小二乘估计值。使用一个 $n\times k$ 的矩阵 $\boldsymbol{X}=(X_1,X_2,\cdots,X_n)^{\mathrm{T}}$表示训练样本集，则线性模型可表示为$f(\boldsymbol{X})=\boldsymbol{X}\boldsymbol{\beta}$，由此可得如下目标函数

$$F(\boldsymbol{\beta})=(\boldsymbol{y}-\boldsymbol{X}\boldsymbol{\beta})^{\mathrm{T}}(\boldsymbol{y}-\boldsymbol{X}\boldsymbol{\beta}) \tag{2-1}$$

其中，$F(\boldsymbol{\beta})$为向量形式的误差平方；$\boldsymbol{y}=(y_1,y_2,\cdots,y_n)^{\mathrm{T}}$为训练样本集的标注值向量。

$F(\boldsymbol{\beta})$取得最小值时所对应的参数向量$\hat{\boldsymbol{\beta}}$即为最小二乘法的估计值，即有

$$\hat{\boldsymbol{\beta}}=\arg_{\boldsymbol{\beta}} F(\boldsymbol{\beta})=\arg_{\boldsymbol{\beta}}\min(\boldsymbol{y}-\boldsymbol{X}\boldsymbol{\beta})^{\mathrm{T}}(\boldsymbol{y}-\boldsymbol{X}\boldsymbol{\beta})$$

令 $F(\boldsymbol{\beta})$对 $\boldsymbol{\beta}$ 的偏导数为 0，可得方程组：$\boldsymbol{X}^{\mathrm{T}}(\boldsymbol{y}-\boldsymbol{X}\boldsymbol{\beta})=0$。解此方程组可得参数向量 $\boldsymbol{\beta}$ 的最小二乘估计值为

$$\hat{\boldsymbol{\beta}}=(\boldsymbol{X}^{\mathrm{T}}\boldsymbol{X})^{-1}\boldsymbol{X}^{\mathrm{T}}\boldsymbol{y} \tag{2-2}$$

【例题 2.1】 已知某工厂产值 Q 与其劳动力投入 L 之间满足关系 $Q=aL^b$，其中 a、b 为未知参数。试根据表 2-1 中的数据确定劳动力投入 L 与工厂产值 Q 之间的关系。

表 2-1　劳动力投入与产值关系表

年　份	2013	2014	2015	2016	2017
劳动力投入 L（万元）	42	51	49	65	57
产值 Q（万元）	188	210	194	207	221

【解】 工厂产值 Q 与其劳动力投入 L 和资金投入 K 之间并不满足线性关系，但可在等式两边同时取对数将其转化为线性关系：$\ln Q=\ln a+b\ln L$。令

$$y_i=\ln Q,\ x_i=\ln L;\quad \beta_0=\ln a,\ \beta_1=b$$

将示例 X_i定义为一个包含两个元素的列向量，其中第一个元素恒为 1，第二个元素为 $x_i=\ln L$，即 $\boldsymbol{X}_i=(1,x_i)^{\mathrm{T}}$，则可将原方程转化为线性统计模型$f(\boldsymbol{X})=\boldsymbol{\beta}\boldsymbol{X}$，其中$\boldsymbol{\beta}=(\beta_0,\beta_1)$为参数向量。依据最小二乘估计方法构造优化目标如下

$$F(\boldsymbol{\beta})=\sum_{i=1}^{5}[f(X_i)-y_i]^2=\sum_{i=1}^{5}(\beta_0+\beta_1 x_i-y_i)^2$$

将目标函数 $F(\boldsymbol{\beta})$分别对参数向量中的元素 β_0和 β_1求偏导并令导数值为 0，有

$$\frac{\partial F}{\partial \beta_0}=2\sum_{i=1}^{5}(\beta_0+\beta_1 x_i-y_i)(-1)=0$$

$$\frac{\partial F}{\partial \beta_1}=2\sum_{i=1}^{5}(\beta_0+\beta_1 x_i-y_i)(-x_i)=0$$

代入数据算得$\hat{\beta}_0=4.1952$，$\hat{\beta}_1=0.2835$。故有 $a=e^{4.1952}\approx 66.37$，$b=0.2835$。由此得到该工厂产值 Q 与其劳动力投入 L 之间满足数量关系：$Q=66.37L^{0.2835}$。□

2.1.2 最大似然估计

在机器学习领域，为了能够有效计算和表达样本出现的概率，通常假定面向同一任务的样本服从相同的、带有某种或某些参数的概率分布。如果能够求出样本概率分布的所有未知参数，则可使用该分布对所有样本进行分析。最大似然估计是一种基于概率最大化的概率分布参数估计方法。该方法将当前已出现的样本类型看作一个已发生事件。既然该事件已经出现，就可假设其出现的概率最大。因此，样本概率分布的参数估计值应使得该事件出现的概率最大。这就是最大似然估计方法的基本思想。

假设样本 X 为离散随机变量，其概率分布函数为 $p(X;\boldsymbol{\beta})$，即有 $p(X_i|\boldsymbol{\beta})=P(X=X_i)$。其中 $\boldsymbol{\beta}=(\beta_1,\beta_2,\cdots,\beta_k)^{\mathrm{T}}$为未知参数向量。假设从样本总体中随机抽取 n 个样本 $X_1,X_2,\cdots,X_n$，则可将“从总体中随机抽取到 $X_1,X_2,\cdots,X_n$这 n 个样本”记为一个事件 A。事件 A 发生的概率可用下列函数度量

$$L(\boldsymbol{\beta})=\prod_{i=1}^{n}p(X_i|\boldsymbol{\beta}) \tag{2-3}$$

上述函数是一个关于未知参数向量 $\boldsymbol{\beta}$ 的函数，通常称为**似然函数**。既然事件 A 已经发生，那么该事件发生的概率应该最大。故可将未知参数向量 $\boldsymbol{\beta}$ 的估计问题转化为求似然函数$L(\boldsymbol{\beta})$最大值的优化问题，即最大似然估计值为

$$\hat{\boldsymbol{\beta}}=\arg\max_{\boldsymbol{\beta}}L(\boldsymbol{\beta})=\arg\max_{\boldsymbol{\beta}}\prod_{i=1}^{n}p(X_i|\boldsymbol{\beta})$$

【例 2.2】 假设一个不透明的盒里装有 3 颗围棋子，现用有放回抽样法随机抽取三次，每次拿一颗，得到白子 2 次，黑子 1 次。试用最大似然估计法估计盒中白子个数。

【解】 设盒中有 $\theta(\theta=0,1,2,3)$ 枚白子，$p(白|\theta)$为在一次采样中抽到白子的概率分布，则有

当 $\theta=0$ 时，$p(白|\theta)=0$；当 $\theta=1$ 时，$p(白|\theta)=1/3$；

当 $\theta=2$ 时，$p(白|\theta)=2/3$；当 $\theta=3$ 时，$p(白|\theta)=1$。

由于三次采样中抽到了两次白子，故似然函数为 $L(\theta)=[p(白|\theta)]^2[1-p(白|\theta)]$。分别取 $\theta=0,1,2,3$，可得 $L(0)=0$，$L(1)=2/27$，$L(2)=4/27$，$L(3)=0$。为使得事件“三次采样抽中两次白子”发生概率最大，应取$\hat{\theta}=2$ 作为参数 θ 的最大似然估计，此时似然函数取最大值 4/27。□

当样本 X 为连续随机变量时，可用其概率密度函数 $f(X;\boldsymbol{\beta})$ 构造似然函数 $L(\boldsymbol{\beta})$，即有

$$L(\boldsymbol{\beta})=\prod_{i=1}^{n}f(X_i;\boldsymbol{\beta}) \tag{2-4}$$

对似然函数 $L(\boldsymbol{\beta})$ 进行最大优化计算即可得到对参数 $\boldsymbol{\beta}$ 的估计值，即$\hat{\boldsymbol{\beta}}=\arg\max\limits_{\boldsymbol{\beta}}L(\boldsymbol{\beta})$。由于 $L(\boldsymbol{\beta})$ 为多个函数连乘，难以求解，故取自然对数运算将其转化为累加形式的对数似然函数 $\ln L(\boldsymbol{\beta})$。自然对数函数为严格单调递增函数，$L(\boldsymbol{\beta})$ 与 $\ln L(\boldsymbol{\beta})$ 具有相同的极值点，故 $L(\boldsymbol{\beta})$ 与

$\ln L(\boldsymbol{\beta})$ 具有相同的优化效果。对数似然函数 $\ln L(\boldsymbol{\beta})$ 的具体形式为

$$\ln L(\boldsymbol{\beta}) = \sum_{i=1}^{n} \ln f(X_i;\boldsymbol{\beta}) \tag{2-5}$$

可通过对数似然 $\ln L(\boldsymbol{\beta})$ 的优化计算获得似然函数 $L(\boldsymbol{\beta})$ 的最优解，即有

$$\hat{\boldsymbol{\beta}} = \arg\max_{\boldsymbol{\beta}} \ln L(\boldsymbol{\beta}) = \arg\max_{\boldsymbol{\beta}} L(\boldsymbol{\beta})。$$

【例题 2.3】 已知某校学生的身高服从正态分布 $N(\mu,\sigma^2)$，现从全体学生中随机抽取 10 位同学，测得他们的身高如表 2-2 所示。试根据表中数据估计该校学生身高的均值和方差。

表 2-2　学生身高表

编号 k	1	2	3	4	5	6	7	8	9	10
身高 X/cm	171	164	174	165	168	181	176	162	173	172

【解】 已知正态分布的概率密度函数为

$$f(X_k;\mu,\sigma^2) = \frac{1}{\sqrt{2\pi}\sigma}\exp\left[-\frac{(X-\mu)^2}{2\sigma^2}\right]$$

其中 μ 和 σ^2 分别为方差，X_k 表示 k 号学生的身高。由此可得如下似然函数

$$L(\mu,\sigma^2) = \prod_{k=1}^{10} f(X_k;\mu,\sigma^2) = \prod_{k=1}^{10} \frac{1}{\sqrt{2\pi}\sigma}\exp\left[-\frac{(X_k-\mu)^2}{2\sigma^2}\right]$$

对数似然为

$$\ln L(\mu,\sigma^2) = -5\ln 2\pi - 10\ln\sigma - \frac{\sum_{k=1}^{10}(X_k-\mu)^2}{2\sigma^2}$$

对 $\ln L(\mu,\sigma^2)$ 分别求 μ 和 σ^2 的偏导并令导数值为 0，可得

$$\frac{\partial \ln L(\mu,\sigma^2)}{\partial \mu} = \frac{\sum_{k=1}^{10}(X_k-\mu)}{\sigma^2} = 0$$

$$\frac{\partial \ln L(\mu,\sigma^2)}{\partial \sigma^2} = -\frac{5}{\sigma^2} + \frac{\sum_{k=1}^{10}(X_k-\mu)^2}{2\sigma^4} = 0$$

解得

$$\hat{\mu} = \overline{X} = \frac{1}{10}\sum_{k=1}^{10} X_k;\quad \hat{\sigma}^2 = \frac{1}{10}\sum_{k=1}^{10}(X_k-\overline{X})^2$$

代入数据可算得学生身高均值和方差的最大似然估计分别为 $\hat{\mu}=170.6$，$\hat{\sigma}^2=31.24$。□

2.1.3　最大后验估计

最大后验估计是一种结合过往经验的参数估计方法。与最大似然估计认为待求参数是某个固定未知取值不同，最大后验估计认为待求参数服从某一未知概率分布，参数以一定的概率取某一特定值。在进行参数估计时，最大后验估计依据过往经验和已经出现的样本共同确定参数的可能取值。以抛掷硬币试验为例，现在希望估计硬币正面向上的概率 θ，依据过往经验，硬币正面向上的概率 θ 一般为 0.5，但考虑到硬币个体可能会存在某些特点，故没有将 θ 值确定

为0.5，而是给出关于 θ 取值的一个概率分布函数 $g(\theta)$，比如令

$$g(\theta)=\begin{cases}0.9, & \theta=0.5\\ 0.1, & \theta\neq 0.5\end{cases}$$

$g(\theta)$ 被称为对参数 θ 的**先验概率分布**或**先验概率**，表示根据过往经验得到 θ 取值的概率。假如抛掷完成10次硬币，其中7次正面向上，3次反面向上，则最大后验估计希望根据样本出现情况对参数取值进行估计，即考虑在样本取值已经出现的情况下计算 θ 取值的条件概率 $f(\theta\mid X)$，其中 X 表示已经出现的样本取值情况，$f(\theta\mid X)$ 被称为**后验概率**，可看成是根据样本数据出现的实际情况对先验概率 $g(\theta)$ 的某种修正。后验概率最大时所对应的参数取值即为所求的最大后验估计值，即有

$$\hat{\theta}=\arg\max_{\theta} f(\theta\mid X) \tag{2-6}$$

由贝叶斯公式可知后验概率 $f(\theta\mid X)$ 的计算公式如下

$$f(\theta\mid X)=\frac{f(X\mid\theta)g(\theta)}{p(X)} \tag{2-7}$$

其中，$f(X\mid\theta)$ 为现有样本所表现出的信息；分母 $p(X)$ 为样本分布。

显然，$p(X)$ 与参数 θ 无关且恒大于零，故可直接通过最大化 $f(X\mid\theta)g(\theta)$ 的优化方式实现最大后验估计，即有

$$\hat{\theta}=\arg\max_{\theta} f(X\mid\theta)g(\theta) \tag{2-8}$$

由以上分析可知，最大后验估计通过综合考虑参数 θ 的先验信息 $g(\theta)$ 和现有样本信息 $f(X\mid\theta)$ 来确定参数的估计值。

继续讨论对上述抛掷硬币试验的概率估计问题，由于 $g(\theta=0.5)=0.9$，故在 $\theta=0.5$ 的条件下，抛掷10次硬币发生事件“7次正面向上，3次反面向上”的概率为

$$f(X=7,3\mid\theta=0.5)=C_{10}^{7}\theta^{7}(1-\theta)^{3}=0.1171875$$

其中，“$X=7,3$”表示抛掷10次硬币发生事件“7次正面向上，3次反面向上”。

由此可得

$$f(X=7,3\mid\theta=0.5)g(\theta=0.5)=0.10546875$$

由于 $f(X=7,3\mid\theta\neq0.5)$ 是一个概率值，故有 $f(X=7,3\mid\theta\neq0.5)\leqslant1$，从而有

$$f(X=7,3\mid\theta\neq0.5)g(\theta\neq0.5)\leqslant0.1<f(X=7,3\mid\theta=0.5)g(\theta=0.5)$$

根据最大后验估计理论可知

$$\hat{\theta}=\arg\max_{\theta} f(X=7,3\mid\theta=0.5)g(\theta=0.5)=0.5$$

即硬币正面向上概率的最大后验估计值 $\hat{\theta}=0.5$。

由上述分析可知，尽管已知样本的取值状况与过往经验不相符，但由于过往经验较为可靠，故最大后验估计在结论上选择相信了经验而非实际样本所表现出的信息，即认为已知样本取值状况与过往经验不相符的原因是由随机波动造成的。若使用最大似然估计方法对上述情况进行参数估计，则得到估计值为 $\hat{\theta}=0.7$。但由于试验次数较少，试验结果可能存在较大波动。因此，如果在这种情况下使用只考虑样本信息的最大似然方法，则所得到的估计值可能会与参数的真实值存在较大差异。

一般地，在对多个未知参数进行估计时，可将最大后验估计表示为

$$\hat{\boldsymbol{\beta}}=\arg\max_{\boldsymbol{\beta}} f(X\mid\boldsymbol{\beta})g(\boldsymbol{\beta}) \tag{2-9}$$

其中，$\boldsymbol{\beta}=(\beta_1,\beta_2,\cdots,\beta_k)^{\mathrm{T}}$为未知参数向量。

亦可将式(2-9)所示的目标函数取自然对数，得到与之等价的对数形式

$$\hat{\boldsymbol{\beta}}=\arg\max_{\boldsymbol{\beta}}(\ln f(X\mid\boldsymbol{\beta})+\ln g(\boldsymbol{\beta})) \tag{2-10}$$

【例题 2.4】 假设某公司员工过去三年的收入均服从均值为 6（万元），方差为 0.36（万元）的正态分布，表 2-3 表示从公司随机抽取 10 名员工的收入数据，试根据表中数据和过去员工的收入情况估计今年员工收入的均值和方差。

表 2-3 某公司员工年收入数据

编号 k	1	2	3	4	5	6	7	8	9	10
收入 X（万元）	6.1	5.3	7.1	7.3	6.4	5.9	6.7	6.3	5.6	6.5

【解】 已知正态分布的概率密度函数为

$$f(X;\mu,\sigma^2)=\frac{1}{\sqrt{2\pi}\sigma}\exp\left[-\frac{(X-\mu)^2}{2\sigma^2}\right]$$

依题意可知，收入 X 的先验概率为

$$f(X;6,0.36)=\frac{1}{\sqrt{2\pi}\times 0.6}\exp\left[-\frac{(X-6)^2}{0.72}\right]$$

后验概率为

$$\begin{aligned}f(\mu,\sigma^2\mid X_k)&=f(X;6,0.36)]\prod_{k=1}^{10}f(X_k\mid\mu,\sigma^2)\\&=\frac{1}{\sqrt{2\pi}\times 0.6}\exp\left[-\frac{(\mu-6)^2}{0.72}\right]\prod_{k=1}^{10}\frac{1}{\sqrt{2\pi}\sigma}\exp\left[-\frac{(X_k-\mu)^2}{2\sigma^2}\right]\end{aligned}$$

为求最大后验估计值，对上式取对数后分别对 μ 和 σ^2求偏导并令导数值为 0

$$\ln f(\mu,\sigma^2\mid X_k)=-\ln\sqrt{0.72\pi}-\frac{(\mu-6)^2}{0.72}-5\ln(2\pi\sigma)-\frac{\sum_{k=1}^{10}(X_k-\mu)^2}{2\sigma^2}$$

$$\frac{\partial\ln f(\mu,\sigma^2\mid X_k)}{\partial\mu}=-\frac{\mu-6}{0.36}+\frac{\sum_{k=1}^{10}(X_k-\mu)}{\sigma^2}=0$$

$$\frac{\partial\ln f(\mu,\sigma^2\mid X_k)}{\partial\sigma^2}=-\frac{5}{2\sigma^2}+\frac{\sum_{k=1}^{10}(X_k-\mu)^2}{2\sigma^4}=0$$

解得

$$\hat{\mu}=\frac{10\times 0.36}{10\times 0.36+\hat{\sigma}^2}\left(\frac{1}{10}\sum_{k=1}^{10}X_k\right)+\frac{6\hat{\sigma}^2}{10\times 0.36+\hat{\sigma}^2}$$

$$\hat{\sigma}^2=\frac{\sum_{k=1}^{10}(\hat{\mu}-X_k)^2}{5}$$

将上面两式进行联立并将表 2-3 中的数据代入，解得今年员工收入均值和方差的最大后验估计值分别为：$\hat{\mu}=6.4$；$\hat{\sigma}^2=0.72$。□

2.2 模型优化基本方法

在优化目标较为复杂时，通常很难直接通过参数估计方法求得最优估计值。事实上，机器学习的模型训练除了使用前述参数估计法之外，还可通过数值优化计算方法确定模型参数。这类数值优化方法通常采用迭代逼近的方式确定最优解。在逼近最优解的过程中，模型性能会逐渐提升，故称此类方法为模型优化方法。由于模型优化方法采用迭代方式逼近最优解的策略，故在很多情况下能够有效应对优化目标较为复杂的情况。机器学习的模型优化方法有很多，本节主要介绍两种基本方法，即梯度下降方法和牛顿迭代法。

2.2.1 梯度下降法

梯度下降方法是机器学习最常用的模型优化方法之一，其基本思想是朝着函数梯度的反方向不断迭代更新参数。由于梯度方向为函数值上升最快的方向，故梯度反方向就是函数值下降最快的方向。一直朝着梯度反方向更新参数可以使函数值得到最快的下降，从而能够尽可能快速地逼近函数极小值点直至收敛。梯度下降方法的数学表达如下

$$\boldsymbol{X}_{k+1}=\boldsymbol{X}_k+step_k\boldsymbol{P}_k \tag{2-11}$$

其中，$step_k$为第 k 次迭代的步长；$\boldsymbol{P}_k$为第 k 次寻优方向，即为梯度反方向 $\boldsymbol{P}_k=-\nabla F(\boldsymbol{X}_k)$。

式(2-11)的含义是在第 k 次迭代起始点 X_k确定的情况下，向目标函数梯度反方向走一段距离并将此次所到新位置 $\boldsymbol{X}_k+step_k\boldsymbol{P}_k$作为下次迭代的起点赋值给 $\boldsymbol{X}_{k+1}$。通过对 $step_k$适当取值就可由此得到目标函数的最优解。图 2-1 表示初始迭代点为 $\boldsymbol{X}_1$的梯度下降迭代过程。

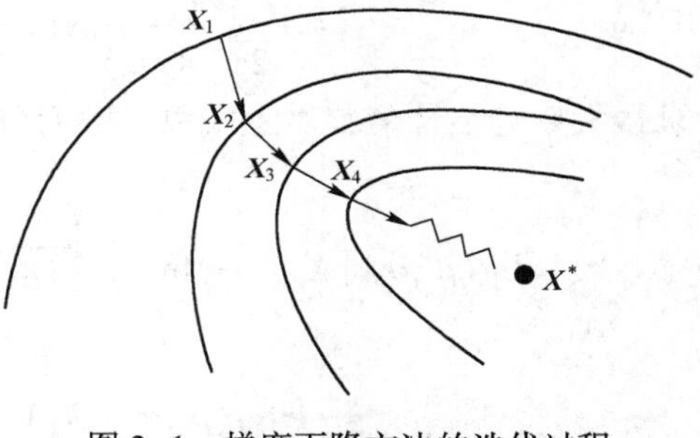

图 2-1 梯度下降方法的迭代过程

梯度下降方法的关键在于如何确定每次迭代的搜索方向和迭代步长。以图 2-1 所示的迭代过程为例，从起始点 $\boldsymbol{X}_1$开始通过梯度下降法进行迭代优化，则有

$$\boldsymbol{X}_2=\boldsymbol{X}_1+step_1\boldsymbol{P}_1$$

其中，$\boldsymbol{P}_1=-\nabla F(\boldsymbol{X}_1)$。

令 $F(\boldsymbol{X})$为优化的目标函数，则步长 $step_1$可通过下列优化方式确定

$$\arg\min_{step_1\geqslant 0} F(\boldsymbol{X}_1+step_1\boldsymbol{P}_1) \tag{2-12}$$

现给出步长 $step_k$的具体计算公式，根据二次泰勒展开式可将目标函数 $F(\boldsymbol{X})$近似表示为正定二次函数

$$F(\boldsymbol{X})=\frac{1}{2}\boldsymbol{X}^{\mathrm{T}}\boldsymbol{A}\boldsymbol{X}+\boldsymbol{b}^{\mathrm{T}}\boldsymbol{X}+c \tag{2-13}$$

其中，$\boldsymbol{A}$ 为正定的系数矩阵；$\boldsymbol{X}$ 为参数向量；$\boldsymbol{b}$ 为常数向量；c 为常数。

在 $\boldsymbol{X}_k$处对 $F(\boldsymbol{X})$求梯度可得 $\boldsymbol{P}_k=\nabla F(\boldsymbol{X}_k)=\boldsymbol{A}\boldsymbol{X}_k+\boldsymbol{b}^{\mathrm{T}}$。从 $\boldsymbol{X}_k$点出发沿着梯度的反方向进行搜索，则有

$$\boldsymbol{X}_{k+1}=\boldsymbol{X}_k-step_k\nabla F(\boldsymbol{X}_k) \tag{2-14}$$

在选择最优步长时，每步搜索方向均与上步搜索方向正交，即有 $\boldsymbol{P}_{k+1}^{\mathrm{T}}\boldsymbol{P}_k=0$。将 $\boldsymbol{P}_{k+1}^{\mathrm{T}}$展开，则有$[\boldsymbol{A}(\boldsymbol{X}_k-step_k\boldsymbol{P}_k)+\boldsymbol{b}^{\mathrm{T}}]\boldsymbol{P}_k=0$，由此解出 $step_k$并将其代入迭代公式(2-14)，则可将梯度下降迭代公式进一步改写为

$$X_{k+1}=X_k-\frac{P_k^{\mathrm{T}}P_k}{P_k^{\mathrm{T}}AP_k}P_k \tag{2-15}$$

在机器学习的具体应用中，梯度下降方法的步长有时会根据需要人为设定，这需要一定的经验。如果步长设定过大，则会导致算法不收敛；如果步长设定过小，则会使算法收敛得较慢，提高计算的时间成本。

例如，对于函数问题 $\min F(\boldsymbol{X})=x_1^2+4x_2^2$，显然有

$$\boldsymbol{A}=\begin{pmatrix}2 & 0\\ 0 & 8\end{pmatrix}$$

假设起始点为 $\boldsymbol{X}_1=(1,1)^{\mathrm{T}}$，则有 $F(\boldsymbol{X}_1)=5$，$\boldsymbol{P}_1=-\nabla F(\boldsymbol{X}_1)=(2,8)^{\mathrm{T}}$。由迭代公式可得

$$\boldsymbol{X}_2=(1,1)^{\mathrm{T}}-0.13077(2,8)^{\mathrm{T}}=(0.73846,-0.04616)^{\mathrm{T}}$$

$$F(\boldsymbol{X}_2)=0.06134$$

$$\boldsymbol{P}_2=-\nabla F(\boldsymbol{X}_2)=(0.22152,0.88008)^{\mathrm{T}}$$

若迭代次数允许，则可一直迭代下去，直到满足终止条件，得到近似最优解。

【例题 2.5】 试根据表 2-4 中的数据建立线性回归模型，并使用该模型预测出面积为 137 m² 的房屋价格，要求其中对目标函数的优化采用梯度下降法。

表 2-4　房屋价格与房屋面积数据

序　号	1	2	3	4	5	6	7	8	9	10
面积 S/m^2	110	140	142.5	155	160	170	177	187.5	235	245
价格 P/万元	199	245	319	240	312	279	310	308	405	324

【解】 表 2-4 中数据较大，不方便计算，因此这里先对其进行归一化处理再求解线性回归模型，具体方式为

$$X=(S_i-S_{\min})/(S_{\max}-S_{\min})；\quad y=(P_i-P_{\min})/(P_{\max}-P_{\min})$$

其中，$S_{\min}$ 和 $S_{\max}$ 分别表示最小和最大的房屋面积取值；S_i 表示序号为 i 的房屋的面积取值；$P_{\min}$ 和 $P_{\max}$ 分别表示最小和最大的房屋价格取值；P_i 表示序号为 i 的房屋价格取值。

经过归一化后的数据如表 2-5 所示。

表 2-5　归一化后的数据

序号	1	2	3	4	5	6	7	8	9	10
X	0.00	0.22	0.24	0.33	0.37	0.44	0.44	0.57	0.93	1.00
y	0.00	0.22	0.58	0.20	0.55	0.39	0.54	0.53	1.00	0.61

假设模型的具体形式为 $y=w_1X+w_0$。使用该模型构造目标函数，并采用误差平方和作为优化目标。为方便计算，将目标函数定义为 1/2 倍的误差平方和，即

$$E(\boldsymbol{w})=\frac{1}{2}\sum_{i=1}^{n}(y^i-y_p^i)^2=\frac{1}{2}\sum_{i=1}^{n}(y^i-w_1X^i-w_0)^2$$

其中，y^i 为序号为 i 的数据的真实值；y_p^i 为对应的预测值；$\boldsymbol{w}=(w_0,w_1)^{\mathrm{T}}$ 为参数向量

使用梯度下降方法对上述目标函数进行优化，通过如下迭代公式更新参数向量

$$\boldsymbol{w}_{\mathrm{new}}=\boldsymbol{w}_{\mathrm{old}}-\eta\nabla E(\boldsymbol{w})$$

其中，η 为步长，此处步长选定为 $\eta=0.01$；$\boldsymbol{w}_{\mathrm{old}}$ 表示当前更新的起点；$\boldsymbol{w}_{\mathrm{new}}$ 表示更新后的权重

向量。目标函数 $E(\boldsymbol{w})$ 的梯度为

$$\nabla E(\boldsymbol{w})=-\sum_{i=1}^{n}(y^i-y_p^i)X^i$$

由此可将梯度下降算法的迭代计算公式转化为

$$w_{\text{new}}=w_{\text{old}}+\eta\sum_{i=1}^{n}(y^i-y_p^i)X^i$$

设置 $\boldsymbol{w}^0=(1,1)^{\mathrm{T}}$，对上式进行 1000 次迭代，通过 Python 编程计算可得如表 2-6 所示的计算结果（表中仅给出部分迭代结果）。

表 2-6 梯度下降方法迭代取值表

t（迭代次数）	w_1	w_0	$\nabla E(w_1)$	$\nabla E(w_0)$
1	0.952396	0.900800	4.760400	9.920000
2	0.910690	0.813681	4.170609	8.711878
3	0.874160	0.737168	3.652941	7.651344
⋮	⋮	⋮	⋮	⋮
999	0.704036	0.142370	−0.000058	0.000028
1000	0.704037	0.142370	−0.000057	0.000028

由表 2-6 中数据可知，经过 1000 次迭代后算法趋于收敛。因此可根据梯度下降方法求得线性回归模型为 $y=0.704037X+0.142370$。对面积为 137 m^2 的房屋价格进行预测时，应先对该面积数据进行归一化计算，得到归一化后数据为 $X=0.2$。将其代入回归模型计算对应的预测输出为 $y=0.2831774$，即得房屋价格预测值为 257.33 万元。□

梯度下降法在靠近极小值时收敛速度通常会减慢，使得计算效率下降。人们为此提出了很多改进策略，共轭梯度下降法就是其中之一。共轭梯度下降法最初为求解非线性方程组而提出，后被推广到求解无约束优化问题，并逐渐成为最具代表性的最优化方法之一。该算法思想与梯度下降方法的相同之处在于都有着沿目标函数负梯度方向搜索的步骤；不同点在于梯度下降方法的搜索方向一直是负梯度方向，共轭梯度下降法的搜索方向从第二次确定搜索方向时，不再采用负梯度方向，而是经修正后的方向。因此，如何修正下次迭代的搜索方向是共轭梯度下降法的关键技术。下面具体介绍共轭梯度下降法。首先，给出共轭的概念。

设 $\boldsymbol{A}$ 为 $\mathbf{R}^{n\times n}$ 上的对称正定矩阵，$\boldsymbol{Q}_1$，$\boldsymbol{Q}_2$ 为 $\mathbf{R}^n$ 上的两个非零向量，若有 $\boldsymbol{Q}_1^{\mathrm{T}}\boldsymbol{A}\boldsymbol{Q}_2=0$，则称 $\boldsymbol{Q}_1$ 与 $\boldsymbol{Q}_2$ 关于矩阵 $\boldsymbol{A}$ **共轭**，向量 $\boldsymbol{Q}_1$ 与 $\boldsymbol{Q}_2$ 的方向为一组**共轭方向**。

共轭梯度下降法的基本思路如图 2-2 所示。首先，任意选取初始点 $\boldsymbol{X}_1$，计算目标函数在该点的梯度值 $\nabla F(\boldsymbol{X}_1)$，并将负梯度方向作为初次搜索方向，即 $P_1=-\nabla F(\boldsymbol{X}_1)$；然后，按图中箭头方向搜索下一点，即按公式 $\boldsymbol{X}_{k+1}=\boldsymbol{X}_k+\alpha_k\boldsymbol{P}_k$ 计算下一点 $\boldsymbol{X}_2$，其中 α_k 表示第 k 次迭代步长，为 $\arg\min\limits_{\alpha\geqslant 0}F(\boldsymbol{X}_k+\alpha_k\boldsymbol{P}_k)$ 的优化值。

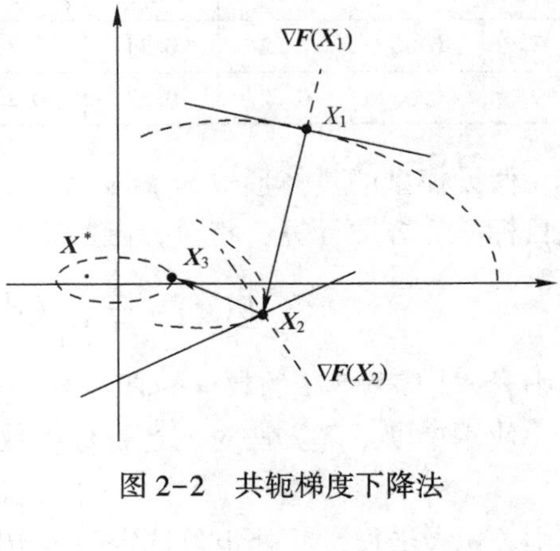

图 2-2 共轭梯度下降法

搜索到 $\boldsymbol{X}_2$ 后，计算该点对应的梯度值 $\nabla F(\boldsymbol{X}_2)$，并按下式调整搜索方向

$$\boldsymbol{P}_{k+1}=-\nabla F(\boldsymbol{X}_{k+1})+step_k\boldsymbol{P}_k \tag{2-16}$$

其中，$step_k$ 为调整搜索方向时的步长。将式(2-16)两侧同时乘以 $\boldsymbol{A}\boldsymbol{P}_k$ 可得

$$P_{k+1}^{T}AP_k = -\nabla F(X_{k+1})AP_k + step_k P_k^{T}AP_k \tag{2-17}$$

将步长 $step_k$ 调整为 $step_{k+1}$，使得 P_{k+1} 和 P_k 关于 A 共轭，即有 $P_{k+1}^{T}AP_k=0$，可得

$$step_{k+1} = \frac{\nabla F(X_{k+1})AP_k}{P_k^{T}AP_k} \tag{2-18}$$

重复以上步骤，即可得到逼近最优解的序列 $\{X_1, X_2, \cdots, X_n, \cdots\}$。

例如，对于优化问题 $\min F(X)=2x_1^2+x_2^2$，取 $X_1=(2,2)^T$ 为迭代初始值，由此可得初次的搜索方向 $P_1=-\nabla F(X_1)=-(8,4)^T$，并按下式计算 X_2

$$X_2 = X_1+\alpha_1 P_1 = (2-8\alpha_1, 2-4\alpha_1)^T$$

首先，通过优化问题 $\arg\min[2(2-8\alpha_1)^2+(2-4\alpha_1)^2]$ 求出 $\alpha_1=5/18$，然后由此算出 $X_2=(-2/9,8/9)^T$ 和 $P_2=-\nabla F(X_2)+step_1 P_1=(-8/9,16/9)^T$。再由式(2-18)算出 $\alpha_2=9/20$，由此算出函数极值点 $X_3=(0,0)^T$。

【例题 2.6】 UCI_IRIS 数据集是一个常用训练数据集，共有 121 条数据，表 2-7 为其中的部分数据。试用 UCI_IRIS 数据集和共轭梯度下降法训练一个多层神经网络模型。

【解】 由表 2-7 可知，UCI_IRIS 数据集中每个示例包含 4 个特征，所有示例分属 3 个类别。故感知机模型输入层应包含 4 个特征输入结点及 1 个偏置输入结点，输出层应包含 3 个输出结点。由此可构造如图 2-3 所示具有 10 个隐含结点的神经网络模型。

表 2-7　UCI_IRIS 数据训练集中部分数据

编号	花萼长度	花萼宽度	花瓣长度	花瓣宽度	种类
1	6.4	2.8	5.6	2.2	2
2	5	2.3	3.3	1	1
3	4.9	2.5	4.5	1.7	2
4	4.9	3.1	1.5	0.1	0
5	5.7	3.8	1.7	0.3	0
6	4.4	3.2	1.3	0.2	0
7	5.4	3.4	1.5	0.4	0
⋮	⋮	⋮	⋮	⋮	⋮
119	4.4	2.9	1.4	0.2	0
120	4.8	3	1.4	0.1	0
121	5.5	2.4	3.7	1	1

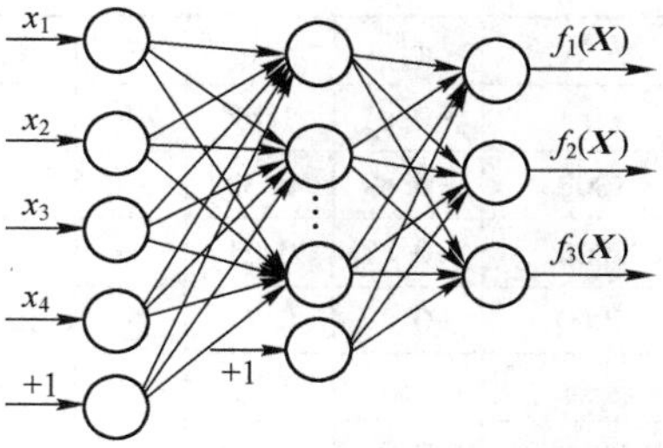

图 2-3　包含 10 个隐含结点的多层神经网络

令 w_{ki}^l 为第 l 层第 i 个神经元与第 $l+1$ 层第 k 个神经元之间的连接权重，b_i^l 为第 l 层第 i 个结点的偏置项，第 l 层激活函数表示为 φ^l，则对于样本输入 $X=(x_1,x_2,x_3,x_4)^T$，该模型的第 j 个隐含层结点的输出 h_j 为

$$h_j = \varphi^2\left(\sum_{i=1}^{n} w_{ji}^1 x_i + b_j^2\right)$$

将上式表示为矩阵形式，则有

$$\boldsymbol{h} = \begin{pmatrix} h_1 \\ h_2 \\ \vdots \\ h_{10} \end{pmatrix} = \varphi^2\left[\begin{pmatrix} w_{11}^1 & w_{12}^1 & w_{13}^1 & w_{14}^1 \\ w_{21}^1 & w_{22}^1 & w_{23}^1 & w_{24}^1 \\ \vdots & \vdots & \vdots & \vdots \\ w_{101}^1 & w_{102}^1 & w_{103}^1 & w_{104}^1 \end{pmatrix}\begin{pmatrix} x_1 \\ x_2 \\ x_3 \\ x_4 \end{pmatrix} + \begin{pmatrix} b_1^2 \\ b_2^2 \\ \vdots \\ b_{10}^3 \end{pmatrix}\right] = \varphi^2(\boldsymbol{w}^1 \boldsymbol{X}+\boldsymbol{b}^2)$$

同理可得该模型的输出 $f(\boldsymbol{X})$ 为

$$\boldsymbol{f}(\boldsymbol{X})=\begin{pmatrix}f_1(\boldsymbol{X})\\f_2(\boldsymbol{X})\\f_3(\boldsymbol{X})\end{pmatrix}=\varphi^3\left[\begin{pmatrix}w_{11}^2 & w_{12}^2 & \cdots & w_{110}^2\\w_{21}^2 & w_{22}^2 & \cdots & w_{210}^2\\w_{31}^2 & w_{32}^2 & \cdots & w_{310}^2\end{pmatrix}\begin{pmatrix}h_1\\h_2\\\vdots\\h_{10}\end{pmatrix}+\begin{pmatrix}b_1^3\\b_2^3\\b_3^3\end{pmatrix}\right]=\varphi^3(\boldsymbol{w}^2\boldsymbol{h}+\boldsymbol{b}^3)$$

其中，φ^2为 Sigmoid 激活函数；φ^3为 softmax 激活函数，该激活函数可将模型输出映射为伪概率形式。

通过对目标函数的优化计算方式估计模型参数。可将目标函数定义为模型输出在训练集上的平均误差，通过该误差（目标函数）的最小化实现对模型的训练构造。具体地说，使用如下的式(2-19)作为目标函数，该目标函数依据模型对样本输出类别的概率来对错分样本施加一定惩罚，并将对所有错分样本所施加惩罚的均值作为模型输出在训练集上的平均误差。

$$R(f)=-\frac{1}{n}\sum_{i=1}^{n}\sum_{j=1}^{3}y_{ij}\ln f_j(\boldsymbol{X}_i) \tag{2-19}$$

其中，$f_j(\boldsymbol{X}_i)$表示模型第 j 个输出结点对样本 $\boldsymbol{X}_i$ 的输出；y_{ij}为样本 $\boldsymbol{X}_i$ 所对应的标签向量 $\boldsymbol{y}_i$ 中第 j 个元素的取值。

代入数据并用共轭梯度算法优化上述目标函数，通过 TersonFlow 框架编程计算可得权重更新结果，表 2-8 为输入层到隐藏层的部分连接权重的部分计算数据，表 2-9 为隐藏层到输出层的部分连接权重的部分计算数据，取值保留小数点后两位。

表 2-8　输入层到隐藏层的部分连接权重取值

次数	w_{11}^1	w_{21}^1	…	w_{12}^1	w_{22}^1	…	w_{13}^1	w_{23}^1	…	w_{14}^1	w_{24}^1	…	b^1
0	-0.81	1.48	…	-2.44	0.09	…	0.59	-2.12	…	-0.04	0.89	…	-0.79
1000	-0.89	0.33	…	0.58	-1.33	…	-1.76	0.44	…	-0.04	1.56	…	-1.94
2000	-0.89	0.21	…	0.58	-1.47	…	-1.76	0.65	…	-0.04	1.83	…	-2.61
3000	-0.89	0.27	…	0.58	-1.52	…	-1.76	0.83	…	-0.04	2.05	…	-3.11
⋮	⋮	⋮		⋮	⋮		⋮	⋮		⋮	⋮		⋮
100000	-0.90	-0.66	…	0.58	3.26	…	-1.77	-3.37	…	-0.04	18.64	…	-20.0

表 2-9　隐藏层到输出层的部分连接权重取值

次数	w_{11}^2	w_{21}^2	…	w_{12}^2	w_{22}^2	…	w_{13}^2	w_{23}^2	…	b^2
0	-0.81	-2.44	…	1.48	0.09	…	0.06	0.59	…	-0.80
1000	-0.80	-3.46	…	1.47	-0.02	…	0.06	1.73	…	-0.81
2000	-0.80	-3.78	…	1.47	-0.09	…	0.06	2.13	…	-0.81
3000	-0.80	-3.97	…	1.47	-0.20	…	0.06	2.43	…	-0.81
⋮	⋮	⋮		⋮	⋮		⋮	⋮		⋮
100000	-0.80	-5.30	…	1.48	-8.70	…	0.06	12.25	…	-0.81

取满足精度要求的第 100000 迭代得到的连接权重 $\boldsymbol{w}^{*1},\boldsymbol{w}^{*2}$和偏置 $\boldsymbol{b}^{*1},\boldsymbol{b}^{*2}$作为最终模型参数，由此得到所求的分类映射规则

$$f(\boldsymbol{X})=\varphi[\boldsymbol{w}^{*2}\varphi(\boldsymbol{w}^{*1}\boldsymbol{x}+\boldsymbol{b}^{*1})+\boldsymbol{b}^{*2}]$$

使用所求模型对如表 2-10 所示的测试数据进行预测，得到表中最后一列的预测计算结

果。与该表中实际种类值进行比较，可知预测结果均为正确。□

表 2-10　测试数据与计算结果比较

编号	花萼长度	花萼宽度	花瓣长度	花瓣宽度	种类	预测值
1	5.9	3	4.2	1.5	1	1
2	6.9	3.1	5.4	2.1	2	2
3	5.1	3.3	1.7	0.5	0	0
4	6	3.4	4.5	1.6	1	1
5	5.5	2.5	4	1.3	1	1
6	6.2	2.9	4.3	1.3	1	1
7	5.5	4.2	1.4	0.2	0	0
8	6.3	2.8	5.1	1.5	2	2
9	5.6	3	4.1	1.3	1	1
10	6.7	2.5	5.8	1.8	2	2

共轭梯度下降法可以看成是梯度下降法的一种改进策略，仅需一阶导数信息，并克服了梯度法迭代后期收敛速度较慢的不足，是一种比较有效的优化算法。

2.2.2　牛顿迭代法

牛顿迭代法（以下简称牛顿法）是一种快速迭代搜索算法，主要用于求函数零点，即求方程的根。该算法要求目标函数具有二阶连续偏导数，这是因为下一个近似值需要通过在现有近似值附近进行一阶泰勒展开来确定。由微积分理论可知，任意 n 阶可导的函数都可在任意点 X_k 处展开为幂函数形式，故可将具有连续二阶导数的函数 $f(X)$ 在点 X_k 处展开为

$$f(X)=f(X_k)+f'(X_k)(X-X_k)+\frac{1}{2}f''(\xi)(X-X_k)^2 \tag{2-20}$$

如果忽略上述二阶展开式的余项，则可将方程 $f(X)=0$ 近似表示为

$$f(X)\approx f(X_k)+f'(X_k)(X-X_k)=0$$

若 $f'(X_k)\neq 0$，则可由上式得到方程 $f(X)=0$ 的一个近似根，即 $X=X_k-f(X_k)/f'(X_k)$，将其作为新的近似根，记为 X_{k+1}，则可得到如下迭代式

$$X_{k+1}=X_k-f(X_k)/f'(X_k) \tag{2-21}$$

如果迭代初值 X_0 选择适当，则可通过上述迭代公式获得以方程 $f(X)=0$ 的根为极限的收敛序列 $\{X_k\}$。当 k 值足够大时，就可获得满足精度要求的方程近似根 X_k。

我们知道，对于函数优化问题，目标函数的极值点为函数驻点，即为目标函数导函数的根，故可使用上述牛顿迭代法求解目标函数导函数的根，由此获得目标函数的极值点。为此令函数 $f(X)$ 为函数 $F(X)$ 的导函数，则当 $f(X)=0$ 时，$F(X)$ 在点 X 处取得极值。

假设目标函数 $F(X)$ 具有连续的三阶导数且 $F''(X_k)\neq 0$，则同理可得到如下迭代式

$$X_{k+1}=X_k-F'(X_k)/F''(X_k) \tag{2-22}$$

适当选择初值 X_0 就可使上述迭代收敛到方程 $F'(x)=0$ 的根，即目标函数 $F(x)$ 的极值点，故可用这种推广的牛顿法进行模型优化。然而，机器学习的代价函数或目标函数通常比较复杂，一般会包含多个模型参数，此时通过牛顿法进行模型参数更新就相当于求解多元目标函数的极小值点。故将上述一元函数的牛顿法进一步推广到多元函数的向量情形。

设 $F(\boldsymbol{X})$ 为三次可微的 n 元函数，则由多元函数泰勒展开式将其在 $\boldsymbol{X}_k$ 展开，得

$$F(\boldsymbol{X}) \approx F(\boldsymbol{X}_k)+\nabla F(\boldsymbol{X}_k)\cdot(\boldsymbol{X}-\boldsymbol{X}_k)+\frac{1}{2}(\boldsymbol{X}-\boldsymbol{X}_k)^{\mathrm{T}}\cdot\nabla^2 F(\boldsymbol{X}_k)\cdot(\boldsymbol{X}-\boldsymbol{X}_k) \tag{2-23}$$

其中，$\boldsymbol{X}=(x_1,x_2,\cdots,x_n)^{\mathrm{T}}$；$\nabla F(\boldsymbol{X}_k)$为 $F(\boldsymbol{X})$在 $\boldsymbol{X}=\boldsymbol{X}_k$处的一阶导数，即

$$\nabla F(\boldsymbol{X}_k)=\left(\frac{\partial F}{\partial x_1},\frac{\partial F}{\partial x_2},\cdots,\frac{\partial F}{\partial x_n}\right)^{\mathrm{T}}_{\boldsymbol{X}_k} \tag{2-24}$$

$\nabla^2 F(\boldsymbol{X}_k)$为 $F(\boldsymbol{X})$在 $\boldsymbol{X}=\boldsymbol{X}_k$时的二阶导数，是一个 Hesse 矩阵，具体形式为

$$\nabla^2 F(\boldsymbol{X}_k)=\begin{pmatrix} \frac{\partial^2 F}{\partial x_1^2} & \frac{\partial^2 F}{\partial x_1 \partial x_2} & \cdots & \frac{\partial^2 F}{\partial x_1 \partial x_n} \\ \frac{\partial^2 F}{\partial x_2 \partial x_1} & \frac{\partial^2 F}{\partial x_2^2} & \cdots & \frac{\partial^2 F}{\partial x_2 \partial x_n} \\ \vdots & \vdots & & \vdots \\ \frac{\partial^2 F}{\partial x_n \partial x_1} & \frac{\partial^2 F}{\partial x_n \partial x_2} & \cdots & \frac{\partial^2 F}{\partial x_n^2} \end{pmatrix}_{\boldsymbol{X}_k} \tag{2-25}$$

假定式(2-23)右边为 n 元正定二次凸函数且存在唯一的最优解，对上式求一阶微分$\nabla F(\boldsymbol{X})$并令$\nabla F(\boldsymbol{X})=0$，则可将$\nabla F(\boldsymbol{X})=0$ 近似地表示为

$$\nabla F(\boldsymbol{X}) \approx \nabla F(\boldsymbol{X}_k)+\nabla^2 F(\boldsymbol{X}_k)\cdot(\boldsymbol{X}-\boldsymbol{X}_k)=0$$

由上式可得$\nabla F(\boldsymbol{X})=0$ 的一个近似解，记为 $\boldsymbol{X}_{k+1}$，则得到如下迭代式

$$\boldsymbol{X}_{k+1}=\boldsymbol{X}_k-[\nabla^2 F(\boldsymbol{X}_k)]^{-1}\nabla F(\boldsymbol{X}_k) \tag{2-26}$$

可将上式表示为迭代搜索通式 $\boldsymbol{X}_{k+1}=\boldsymbol{X}_k+step_k\boldsymbol{P}_k$，其中搜索步长 $step_k$恒为 1，搜索方向为$\boldsymbol{P}_k=-[\nabla^2 F(\boldsymbol{X}_k)]^{-1}\nabla F(\boldsymbol{X}_k)$。由于方向 $\boldsymbol{P}_k$为从 $\boldsymbol{X}_k$到二次函数极小点的方向，故亦称为从 $\boldsymbol{X}_k$发出的**牛顿方向**。由此可知，牛顿迭代法其实就是从迭代初始点开始，沿着牛顿方向且步长恒为1 的迭代搜索算法。根据以上讨论，可得牛顿迭代法的具体计算步骤归纳如下：

(1) 设定初始点 X_0和终止准则，并置 $X_k=0$；

(2) 求解点 X_k对应的目标函数值、梯度和 Hesse 矩阵；

(3) 根据 $\boldsymbol{P}_k=-[\nabla^2 F(\boldsymbol{X}_k)]^{-1}\nabla F(\boldsymbol{X}_k)$确定搜索方向 $\boldsymbol{P}_k$；

(4) 依迭代公式(2-26)确定下一个点 $\boldsymbol{X}_{k+1}$；

(5) 判断是否满足终止条件，若满足，则输出解 $\boldsymbol{X}_{k+1}$；否则 $k=k+1$，转到步骤 2。

【例题 2.7】试根据表 2-11 中的数据建立一个预测广告投入和净利润之间关系的机器学习模型，并使用该模型预测广告投入为 2.1 万元时所对应的净利润，要求模型优化过程采用牛顿迭代法。

表 2-11　广告投入和销售额数据表　　　　(单位：万元)

广告投入 X	4.69	6.41	5.47	3.43	4.39	2.15	1.54
净利润 y	12.23	11.84	12.25	11.10	10.97	8.75	7.75
广告投入 X	2.67	1.24	1.77	4.46	1.83	5.15	5.25
净利润 y	10.50	6.71	7.60	12.46	8.47	12.27	12.57

【解】画出表**2-11** 中数据散点图如图 2-4 所示。由图 2-4 可知，可用二次函数拟合表中数据，故设机器学习模型为 $y=w_0+w_1X+w_2X^2$。使用该模型构造目标函数并用误差平方和作为优化目标。为便于计算，将目标函数定义为误差平方和的 1/2，即

$$E(\boldsymbol{W})=\frac{1}{2}\sum_{i=1}^{n}(y^i-y_p^i)^2=\frac{1}{2}\sum_{i=1}^{n}(y^i-w_2X^{i2}-w_1X^i-w_0)^2$$

其中，y^i为第 i 个数据的真实值；y_p^i为对应的预测值。

代入数据求得目标函数具体表达式为

$$E(\boldsymbol{W})=2769.0w_1^2+1071.0w_1w_2+220.2w_1w_3-2580.0w_1+110.1w_2^2+50.45w_2w_3-567.3w_2+0.5w_3^2-145.5w_3+784.3$$

设置初始点 $\boldsymbol{W}_0=(w_0,w_1,w_2)^{\mathrm{T}}=(1,1,1)^{\mathrm{T}}$，求出$\nabla F(\boldsymbol{W}_k)$，$\nabla^2F(\boldsymbol{W}_k)$分别为

$$\nabla F(\boldsymbol{W}_k)=\begin{pmatrix}5538.9w_1+1071.0w_2+220.2w_3-2580.0\\1071.0w_1+220.2w_2+50.45w_3-567.3\\220.2w_1+50.45w_2+w_3-145.5\end{pmatrix}$$

$$\nabla^2F(\boldsymbol{W}_k)=\begin{pmatrix}5538.0&1071.0&220.2\\1071.0&220.2&50.45\\220.2&50.45&1.0\end{pmatrix}$$

因为目标函数为二次函数，故 Hesse 矩阵为常数。根据牛顿迭代法公式

$$\boldsymbol{X}_{k+1}=\boldsymbol{X}_k-[\nabla^2F(\boldsymbol{X}_k)]^{-1}\nabla F(\boldsymbol{X}_k)$$

求得 $\boldsymbol{W}_1=(-0.5559,5.313,-0.1448)^{\mathrm{T}}$，得到所求机器学习模型为

$$y=-0.5559X^2+5.313X-0.1448$$

该模型的函数图像如图 2-5 所示。将 $X=2.1$ 代入模型可得 $y=8.560981$，即广告投入为 2.1 万元时预测可获得的净利润为 8.560981 万元。□

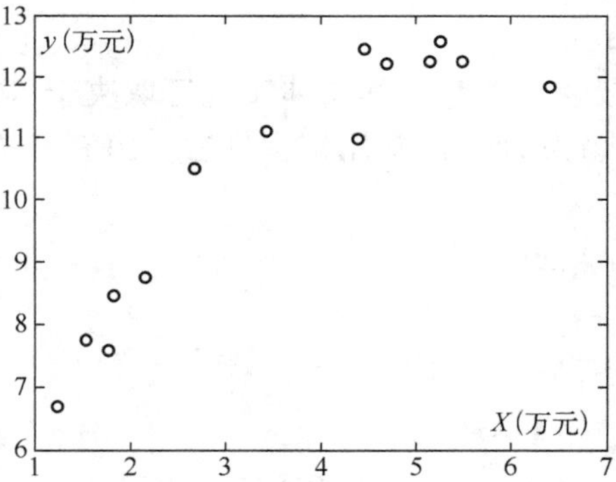

图 2-4　广告投入和净利润数据散点图

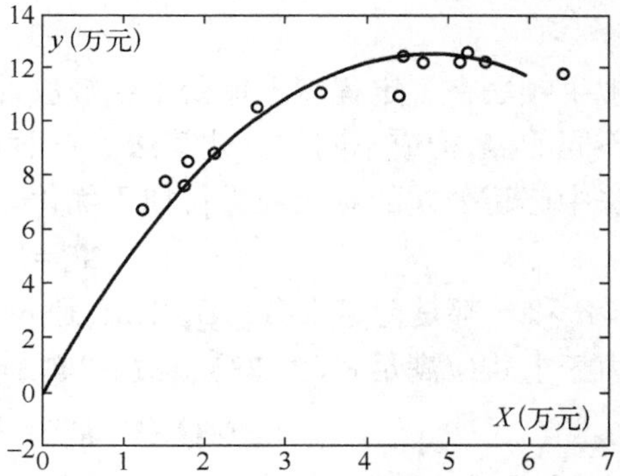

图 2-5　最终模型的函数图像

牛顿法的收敛速度很快，这是其他算法难以媲美的。究其原因是由于该算法每次迭代都会构造一个恰当的二次函数逼近目标函数，并使用从迭代点指向该二次函数极小点的方向来构造搜索方向。牛顿法的不足之处主要在于搜索方向构造困难，不仅需要计算梯度，还要计算 Hesse 矩阵及逆矩阵。为此介绍一种名为**拟牛顿法**的改进牛顿法。

拟牛顿法不仅收敛速度快，而且不用计算 Hesse 矩阵。首先，给出拟牛顿法的基本原理和实现步骤，然后介绍拟牛顿法中一种有效的具体实现算法，即 DFP 算法。

令 $\boldsymbol{G}_k=\nabla^2F(\boldsymbol{X}_k)$，$\boldsymbol{g}_k=\nabla F(\boldsymbol{X}_k)$，则可将牛顿法迭代式转化为如下形式

$$\boldsymbol{X}_{k+1}=\boldsymbol{X}_k+step_k\boldsymbol{G}_k^{-1}\boldsymbol{g}_k \tag{2-27}$$

拟牛顿法的基本原理就是寻求一个近似矩阵来取代 Hesse 矩阵的逆矩阵 $\boldsymbol{G}_k^{-1}$。假设这个近

似矩阵为 $\boldsymbol{H}_k=H(\boldsymbol{X}_k)$，则迭代公式可转化为如下形式

$$\boldsymbol{X}_{k+1}=\boldsymbol{X}_k+step_k\boldsymbol{H}_k\boldsymbol{g}_k \tag{2-28}$$

显然，当近似矩阵 $\boldsymbol{H}_k$为单位阵时，则上式就是梯度法的迭代公式。为使得 $\boldsymbol{H}_k$能够更好地近似 $\boldsymbol{G}_k^{-1}$，需要其满足如下条件：

(1) $\boldsymbol{H}_k$应为对称正定矩阵，以确保算法朝着目标函数下降的方向搜索；

(2) $\boldsymbol{H}_{k+1}$和 $\boldsymbol{H}_k$之间应有一定关系，例如 $\boldsymbol{H}_{k+1}=\boldsymbol{H}_k+\boldsymbol{\Psi}_k$，其中 $\boldsymbol{\Psi}_k$为修正矩阵。

(3) $\boldsymbol{H}_k$应满足拟牛顿条件。

现在导出拟牛顿条件。假设目标函数 $F(\boldsymbol{X})$具有连续三阶导数，将 $F(\boldsymbol{X})$在 $\boldsymbol{X}=\boldsymbol{X}_{k+1}$处进行二阶泰勒展开并略去余项，可得

$$F(\boldsymbol{X})\approx F(\boldsymbol{X}_{k+1})+\nabla F(\boldsymbol{X}_{k+1})\cdot(\boldsymbol{X}-\boldsymbol{X}_{k+1})+\frac{1}{2}(\boldsymbol{X}-\boldsymbol{X}_{k+1})^{\mathrm{T}}\cdot\nabla^2 F(\boldsymbol{X}_{k+1})\cdot(\boldsymbol{X}-\boldsymbol{X}_{k+1})$$

$$\nabla F(\boldsymbol{X})=\nabla F(\boldsymbol{X}_{k+1})+\nabla^2 F(\boldsymbol{X}_{k+1})\cdot(\boldsymbol{X}-\boldsymbol{X}_{k+1})$$

令 $\boldsymbol{X}=\boldsymbol{X}_k$，则有$\nabla F(\boldsymbol{X}_{k+1})=\nabla F(\boldsymbol{X}_k)+\nabla^2 F(\boldsymbol{X}_{k+1})\cdot(\boldsymbol{X}_{k+1}-\boldsymbol{X}_k)$，亦即

$$\boldsymbol{g}_{k+1}=\boldsymbol{g}_k+\boldsymbol{G}_{k+1}(\boldsymbol{X}_{k+1}-\boldsymbol{X}_k) \tag{2-29}$$

则当 $\boldsymbol{G}_{k+1}$为正定矩阵时有 $\boldsymbol{G}_{k+1}^{-1}=(\boldsymbol{g}_{k+1}-\boldsymbol{g}_k)/(\boldsymbol{X}_{k+1}-\boldsymbol{X}_k)$。既然要用矩阵 $\boldsymbol{H}_{k+1}$来近似取代 $\boldsymbol{G}_{k+1}^{-1}$，那么 $\boldsymbol{H}_{k+1}$也应该满足

$$\boldsymbol{H}_{k+1}=\boldsymbol{H}_k+\boldsymbol{\Psi}_k=\frac{\boldsymbol{X}_{k+1}-\boldsymbol{X}_k}{\boldsymbol{g}_{k+1}-\boldsymbol{g}_k}$$

上式即为拟牛顿条件。

令 $\Delta\boldsymbol{X}_k=\boldsymbol{X}_{k+1}-\boldsymbol{X}_k$，$\Delta\boldsymbol{g}_k=\boldsymbol{g}_{k+1}-\boldsymbol{g}_k$，则亦可将拟牛顿条件写成

$$\boldsymbol{H}_{k+1}=\Delta\boldsymbol{X}_k/\Delta\boldsymbol{g}_k \tag{2-30}$$

拟牛顿法在一定程度上保留了牛顿法计算速度较快的优势，其具体实现还取决于 $\boldsymbol{\Psi}_k$的选取，不同的 $\boldsymbol{\Psi}_k$构成不同的具体算法。下面介绍一种名为 DFP 的常用拟牛顿法。DFP 算法对拟牛顿法中修正公式的修正项进行如下优化，即设

$$\boldsymbol{\Psi}_k=\delta_k\boldsymbol{Q}_k\boldsymbol{Q}_k^{\mathrm{T}}+\tau_k\boldsymbol{M}_k\boldsymbol{M}_k^{\mathrm{T}} \tag{2-31}$$

其中，δ_k和 τ_k都是待定常数；$\boldsymbol{Q}_k$和 $\boldsymbol{M}_k$是 n 维向量。

由于上式应满足式(2-23)，故有 $\boldsymbol{\Psi}_k\Delta\boldsymbol{g}_k=\Delta\boldsymbol{X}_k-\boldsymbol{H}_k\Delta\boldsymbol{g}_k$，即有

$$\delta_k\boldsymbol{Q}_k\boldsymbol{Q}_k^{\mathrm{T}}\Delta\boldsymbol{g}_k+\tau_k\boldsymbol{M}_k\boldsymbol{M}_k^{\mathrm{T}}\Delta\boldsymbol{g}_k=\Delta\boldsymbol{X}_k-\boldsymbol{H}_k\Delta\boldsymbol{g}_k \tag{2-32}$$

令 $\Delta\boldsymbol{X}_k=\delta_k\boldsymbol{Q}_k\boldsymbol{Q}_k^{\mathrm{T}}\Delta\boldsymbol{g}_k$；$-\boldsymbol{H}_k\Delta\boldsymbol{g}_k=\tau_k\boldsymbol{M}_k\boldsymbol{M}_k^{\mathrm{T}}\Delta\boldsymbol{g}_k$；$\boldsymbol{Q}_k=\Delta\boldsymbol{X}_k$；$\boldsymbol{M}_k=\boldsymbol{H}_k\Delta\boldsymbol{g}_k$，则有

$$\delta_k=\frac{1}{\Delta\boldsymbol{X}_k^{\mathrm{T}}\Delta\boldsymbol{g}_k},\quad \tau_k=\frac{1}{\Delta\boldsymbol{g}_k^{\mathrm{T}}\boldsymbol{H}_k\Delta\boldsymbol{g}_k}$$

代回式(2-30)，得到

$$\boldsymbol{\Psi}_k=\frac{\Delta\boldsymbol{X}_k\Delta\boldsymbol{X}_k^{\mathrm{T}}}{\Delta\boldsymbol{X}_k^{\mathrm{T}}\Delta\boldsymbol{g}_k}-\frac{\boldsymbol{H}_k\Delta\boldsymbol{g}_k\Delta\boldsymbol{g}_k^{\mathrm{T}}\boldsymbol{H}_k}{\Delta\boldsymbol{g}_k^{\mathrm{T}}\boldsymbol{H}_k\Delta\boldsymbol{g}_k} \tag{2-33}$$

此时，可将修正公式转化为

$$\boldsymbol{H}_{k+1}=\boldsymbol{H}_k+\frac{\Delta\boldsymbol{X}_k\Delta\boldsymbol{X}_k^{\mathrm{T}}}{\Delta\boldsymbol{X}_k^{\mathrm{T}}\Delta\boldsymbol{g}_k}-\frac{\boldsymbol{H}_k\Delta\boldsymbol{g}_k\Delta\boldsymbol{g}_k^{\mathrm{T}}\boldsymbol{H}_k}{\Delta\boldsymbol{g}_k^{\mathrm{T}}\boldsymbol{H}_k\Delta\boldsymbol{g}_k} \tag{2-34}$$

下面结合实例介绍 DFP 算法的具体实现过程。例如，对于优化问题 $\min F(\boldsymbol{X})=x_1^2+4x_2^2$取初始点 $\boldsymbol{X}_0=(1,1)^{\mathrm{T}}$，则有 $\boldsymbol{g}_0=(2,8)^{\mathrm{T}}$。根据公式进行计算，可得

$$X_1=(0.73846,-0.04616)^{\mathrm{T}},\quad g_1=(1.47692,-0.36923)^{\mathrm{T}}$$

$$\Delta X_0=(-0.26154,-1.04616)^{\mathrm{T}},\quad \Delta g_0=(-0.52308,-8.36923)^{\mathrm{T}}$$

由式(2-34)，可得

$$H_1=\begin{pmatrix}1.00380 & -0.03149\\ -0.03149 & 0.12697\end{pmatrix}$$

从而算得搜索方向 $P_1=-H_1g_1=(-1.49416,0.09340)^{\mathrm{T}}$。通过对下列目标函数的优化计算 $\arg\min\limits_{step_1\geqslant 0} F(X_1+step_1P_1)$ 获得搜索步长，得到 $step_1=0.49423$，由此算出 $X_2=(0,0)^{\mathrm{T}}$。由于在点 X_2 处梯度为 $\mathbf{0}$，故 X_2 即为最优解。

【例题 2.8】 求解下面的无约束优化问题

$$\min F(x)=2x_1^2+4x_2^2+x_3^2-4x_1-12x_2-2x_2x_3+14$$

【解】 取初始点 $X_0=(0,0,0)^{\mathrm{T}},H_0=I$，设置精度 $e=1\times10^{-12}$，当满足精度或在某点梯度为0时迭代终止。当 $X_0=(0,0,0)^{\mathrm{T}}$时，求得 $g_0=(-4,-12,0)^{\mathrm{T}}$。确定搜索方向，得到：

$$P_0=-H_0g_0=(4,12,0)^{\mathrm{T}}$$

通过优化计算 $\arg\min\limits_{step_0\geqslant 0} F(X_0+step_0P_0)$ 获得搜索步长，可得到步长 $step_0$ 和 X_1

$$step_0=0.131579;\quad X_1=(0.526316,1.57895,0)^{\mathrm{T}}$$

由此算得 X_1 处的梯度为

$$g_1=(-1.89474,0.631579,-3.15789)^{\mathrm{T}}$$

从而算得 Δg_0，H_1 分别为

$$\Delta g_0=(2.10526,12.6316,-3.15789)^{\mathrm{T}}$$

$$H_1=\begin{pmatrix}0.98768 & -0.113393 & 0.0382166\\ -0.113393 & 0.201224 & 0.229299\\ 0.0382166 & 0.229299 & 0.942675\end{pmatrix}$$

确定搜索方向

$$P_1=-H_1g_1=(2.06369,0.382166,2.90446)^{\mathrm{T}}$$

同理计算步长以及新的点：$step_1=0.419146,X_2=(1.3913,1.73913,1.21739)^{\mathrm{T}}$。计算在 X_2 处的梯度 g_2、梯度差 Δg_1 和 H_2 分别为

$$g_2=(1.56522,-0.521739,-1.04348)^{\mathrm{T}},\quad \Delta g_1=(3.45995,-1.15332,2.11442)^{\mathrm{T}}$$

$$H_2=\begin{pmatrix}0.335847 & -0.0572316 & -0.171695\\ -0.0572316 & 0.204821 & 0.28113\\ -0.171695 & 0.28113 & 1.01006\end{pmatrix}$$

确定搜索方向

$$P_2=-H_2g_2=(-0.734694,0.489796,1.46939)^{\mathrm{T}}$$

计算步长以及新的点 $step_3=0.532609,X_3=(1.0,2.0,2.0)^{\mathrm{T}}$。计算在 X_3 处的梯度 $g_3=(0,0,0)^{\mathrm{T}}$，停止迭代。取该无约束优化问题的最优解为 $X^*=X_3=(1.0,2.0,2.0)^{\mathrm{T}}$。□

2.3 模型优化概率方法

机器学习领域中有很多模型优化方法通过概率工具实现问题求解。从直观上看，算法应该追求尽可能地稳定，引入概率方法有时会破坏算法的稳定性。但机器学习领域的很多模型优化

问题都需要处理巨大的求解空间或可能存在的不确定性信息，此时难以通过基本优化方法实现求解，概率方法则可以通过适当的概率工具有效地解决这些问题。因此，模型优化的概率方法是机器学习理论研究和应用开发领域非常重要的基础知识。本节主要介绍三种常用的模型优化概率方法，即随机梯度法、最大期望法和蒙特卡洛法。

2.3.1 随机梯度法

随机梯度法是对梯度下降法的一种改进。梯度下降方法在机器学习模型进行优化时，其搜索方向的每次更新都需要计算所有训练样本。例如，对于模型 $f(X;\boldsymbol{\beta})$，其中 $\boldsymbol{\beta}$ 为模型参数向量，即 $\boldsymbol{\beta}=\{\beta_1,\beta_2,\cdots,\beta_t\}$，若用训练样本集合 $S=\{(X_1,y_1),(X_2,y_2),\cdots,(X_n,y_n)\}$ 对该模型进行训练并将经验风险作为优化目标，则优化的目标函数为

$$F(\boldsymbol{\beta})=\frac{1}{n}\sum_{i=1}^{n}L(f(X_i),y_i) \tag{2-35}$$

使用梯度下降法对上述目标函数进行优化时，第 k 次迭代的搜索方向计算公式为

$$\boldsymbol{P}_k=-\nabla_{\boldsymbol{\beta}}F(\boldsymbol{\beta}_k)=-\frac{1}{n}\sum_{i=1}^{n}\nabla_{\boldsymbol{\beta}}L(f_{\boldsymbol{\beta}_k}(X_i),y_i)$$

其中，$\boldsymbol{\beta}_k$ 为第 k 次迭代的起始点。

由于训练样本集 S 包含 n 个样本，故在计算 $\boldsymbol{P}_k$ 时需分别计算这 n 个样本的损失函数对参数向量 $\boldsymbol{\beta}$ 的梯度并求出它们的均值。当 n 较大时，计算梯度需要耗费大量时间。由于提高模型泛化性能需要尽可能多的训练样本，故不能通过减少训练样本的方式来简化计算。

事实上，当训练样本集 S 较大时，可用随机梯度法实现对目标函数的优化。随机梯度法的基本思想是随机选择少量训练样本来计算梯度，并将该梯度作为在全部训练样本上梯度的近似代替值用于梯度下降的迭代计算。随机梯度法有很多具体的实现算法，随机梯度下降法是其中最基本也是最常用的一种。下面具体介绍随机梯度下降法。

随机梯度下降法每次迭代的方向计算只与单个样本有关。对于机器学习模型 $f(X;\boldsymbol{\beta})$ 及其训练样本集 $S=\{(X_1,y_1),(X_2,y_2),\cdots,(X_n,y_n)\}$，该方法每次随机选取 S 中单个样本代替全部样本对模型参数进行一次更新，然后换另一个未参与训练的样本进行下次更新，当 S 中的全部样本都参与更新计算之后，随机调整 S 中所有样本排列次序后重复以上过程。

具体地说，假设随机梯度下降法在进行第 k 次迭代时随机选择的样本为 (X_i,y_i)，则此次参数更新的搜索方向可通过该样本的损失函数计算得到。令 $\boldsymbol{\beta}_k$ 为模型的当前参数向量，则用函数 $F'(\boldsymbol{\beta})=L(f_{\boldsymbol{\beta}_k}(X_i),y_i)$ 实现此次迭代搜索方向的更新。需要注意的是，函数 $F'(\boldsymbol{\beta})$ 为随机选择到的样本 (X_i,y_i) 的损失函数，仅用于计算参数搜索的更新方向，模型优化的目标函数则保持不变。方向更新的具体计算公式为

$$\boldsymbol{P}'_k=-\nabla_{\boldsymbol{\beta}}F'(\boldsymbol{\beta})=-\nabla_{\boldsymbol{\beta}}L(f_{\boldsymbol{\beta}_k}(X_i),y_i)$$

显然，使用上述公式仅需计算一次梯度便可实现方向更新。用 $\boldsymbol{P}'_k$ 代替 $\boldsymbol{P}_k$，并进行第 k 次参数更新的结果为

$$\boldsymbol{\beta}_{k+1}=\boldsymbol{\beta}_k-step_k\nabla_{\boldsymbol{\beta}}L(f_{\boldsymbol{\beta}_k}(X_i),y_i) \tag{2-36}$$

由以上分析可知：梯度下降法在 n 元训练样本集 S 上对模型进行优化时，每次参数更新需要执行 n 次梯度计算。使用随机梯度下降法只需执行一次梯度计算，可以有效减小计算量，使得模型优化过程在大样本场合变得可行。随机梯度下降法的具体过程如下：

（1）初始化 $t=0$，$k=0$；

（2）对 S 中的全部训练样本进行随机排序，得到新的样本集合 S^t；

（3）若 S^t 中的样本均参与过训练过程，则令 $t=t+1$，并重复步骤（2），否则随机选择 S^t 中未参与训练的单个样本，并根据该样本数据计算参数更新方向 $\boldsymbol{P}_k$；

（4）根据式（2-36）更新参数向量得第 k 次参数更新的结果 $\boldsymbol{\beta}_{k+1}$；

（5）判断迭代是否满足算法终止条件，若满足则终止算法；否则令 $k=k+1$，重复步骤（3）、（4）。

事实上，目前的计算机大多采用多核架构，具有一定的并行计算能力，若每次只使用单个样本确定参数搜索方向的更新，则会造成计算能力的浪费。因此，小批量随机梯度下降法也是一种常用的随机梯度法。

小批量随机梯度下降法的基本步骤与随机梯度下降法类似，基本思想是首先从 S 中随机选择一小批训练样本代替全部样本以实现对模型参数搜索方向的更新，然后在下次迭代搜索中再换另一小批不同样本进行搜索方向的更新计算，当训练样本集 S 中的全部样本都参与过一次参数的更新之后，将 S 中的全部样本进行随机排序后重新划分成不同小批次再去更新搜索方向，直至目标函数的取值接近最小值。显然，随机梯度下降法可以看作是小批量随机梯度下降法在每个小批量样本数均为 1 时的一种特殊情况。

现结合实例说明小批量随机梯度下降法的具体过程。假设训练集 S 共有 $m=100000$ 个样本，将其中全部样本随机排序后得到集合 S'，即有

$$S'=\{(X'_1,y'_1),(X'_2,y'_2),\cdots,(X'_m,y'_m)\}$$

首先，将 S' 划分为若干小批量训练样本集，例如，将 S' 等分为 1000 个规模为 100 的小批量训练样本集 $S_1,S_2,\cdots,S_{1000}$，即有

第 1 个小批量训练集 $S_1=\{(X'_1,y'_1),\cdots,(X'_{100},y'_{100})\}$，

第 2 个小批量训练集 $S_2=\{(X'_{101},y'_{101}),\cdots,(X'_{200},y'_{200})\}$，

……

第 1000 个小批量训练集 $S_{1000}=\{(X'_{99901},y'_{99901}),\cdots,(X'_{100000},y'_{100000})\}$。

然后，在每次迭代过程中随机选择一个当前未参与训练的小批次训练集进行搜索方向的更新计算。假设当前模型参数向量为 $\boldsymbol{\beta}_k$ 并选择第 i 个批次进行方向更新，则有

$$F'(\boldsymbol{\beta})=\frac{1}{100}\sum_{X'_j\in S_i}L(f_{\boldsymbol{\beta}_k}(X'_j),y'_j) \tag{2-37}$$

据此计算更新方向为

$$\boldsymbol{P}'_k=-\nabla_{\boldsymbol{\beta}}F'(\boldsymbol{\beta})=-\frac{1}{100}\sum_{X'_j\in S_i}\nabla_{\boldsymbol{\beta}}L(f_{\boldsymbol{\beta}_k}(X'_j),y'_j)$$

依据上述更新方向对当前参数向量 $\boldsymbol{\beta}_k$ 进行更新

$$\boldsymbol{\beta}_{k+1}=\boldsymbol{\beta}_k-step_k\frac{1}{100}\sum_{X'_j\in S_i}\nabla_{\boldsymbol{\beta}}L(f_{\boldsymbol{\beta}_k}(X'_j),y'_j) \tag{2-38}$$

当所有划分的批次均参与了训练过程而未达到算法终止条件时，对 S' 进行随机排序后重新划分成若干小批次样本集合，并重复上述搜索方向和参数更新过程，直至达到算法终止条件时结束算法。

随机梯度法每次仅选择单个或小批量样本来确定搜索方向和实现对模型参数的更新，可有效减少花费在梯度计算上的时间。该方法的计算结果存在一定的随机性，即不能保证每次更新的方向都是目标函数减小的方向，参数更新偶尔会使得目标函数取值增大。然而，取自相同总

体的样本服从相同的概率分布，并且所有训练样本均参与迭代计算，故在参数更新的整体过程中，随机梯度下降法可以保证目标函数的取值不断下降。随机梯度法的参数更新过程如图 2-6 所示。

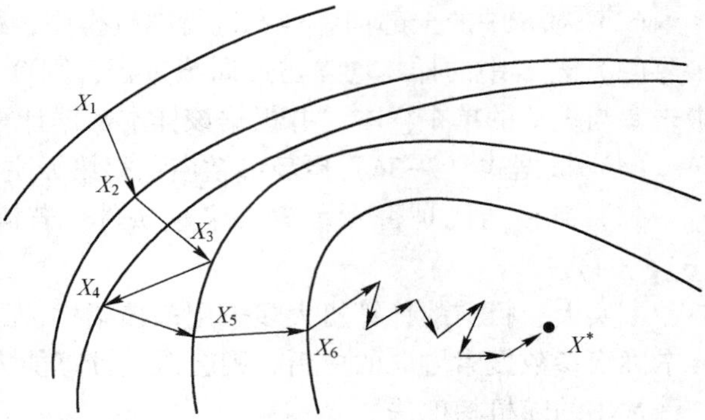

图 2-6　随机梯度法参数更新示意图

另一方面，随机梯度方法的参数更新方向存在着一定的随机性，这也为避免陷入局部最优提供了可能。正常情况下梯度下降算法很难跳出局部最优，但是随机梯度法打破了参数更新的稳定性，这有可能会使迭代过程中出现跳出当前局部最小值范围的情况。

目前，很多机器学习任务的训练样本集规模都很大，由以上分析可知随机梯度方法能够在保证优化效果的前提下有效减少在大规模训练样本集上对模型进行优化的计算量。因此，随机梯度法是目前最常用的模型优化方法之一。

2.3.2　最大期望法

有些机器学习模型含有隐含变量，通常难以对这些具有隐含变量的模型直接进行参数求解或估计，此时可通过迭代求解隐含变量（或其函数）数学期望最大值的方法实现对带隐含变量模型的参数优化求解。这类优化方法通常称为最大期望法或 EM 算法，主要包括两个计算步骤，即计算数学期望 E 的步骤和计算函数最大值优化 M 的步骤。可用 EM 算法解决带隐含变量模型参数的最大似然估计或者最大后验估计问题。这里主要讨论如何通过 EM 算法求解参数的最大似然估计，最大后验估计的 EM 求解方法与此类似。

假设某学校男生和女生身高分别服从两个参数不同的高斯（正态）分布，现从该学校所有学生当中随机抽取 100 名学生，分别测量他们的身高数据但不记录性别信息。根据这些数据对男生身高和女生身高所服从正态分布进行参数估计时，则存在一个隐含的性别数据。由于不知道性别信息，无法直接得知性别数据的分布，故无法直接求得已知样本数据所满足的似然函数。然而，在给定参数情况下，可以结合已知样本计算出某个同学性别的概率分布情况，并且可以知道在给定参数情况下性别与身高的联合概率分布。

更一般地，在一个包含隐含数据 Z 的模型参数估计问题中，X 为可直接观测数据，即已知样本，$\boldsymbol{\beta}$ 为模型参数向量。由于隐含数据 Z 的存在，通常无法直接得知已知样本 X 取值下的似然函数 $L(\boldsymbol{\beta} \mid X)=p(X \mid \boldsymbol{\beta})$，但可知参数给定情况下 X 和 Z 的联合概率分布 $p(X,Z \mid \boldsymbol{\beta})$，以及在参数向量和可观测数据给定情况下 Z 取值状态的条件概率分布 $p(Z \mid X,\boldsymbol{\beta})$。

现根据以上信息对模型参数向量 $\boldsymbol{\beta}$ 进行最大似然估计。最大似然估计通过最大化似然函数实现，然而已知样本 X 取值状态的似然函数 $L(\boldsymbol{\beta} \mid X)=p(X \mid \boldsymbol{\beta})$ 却由于隐含数据 Z 的存在而难以直接求得，故难以直接使用似然函数对模型参数向量 $\boldsymbol{\beta}$ 进行最大似然估计。由于已知参数 $\boldsymbol{\beta}$ 给定条件下 X 和 Z 的联合概率分布为 $p(X,Z \mid \boldsymbol{\beta})$，故将上述似然函数转化为

$$L(\boldsymbol{\beta} \mid X)=\int p(X,Z \mid \boldsymbol{\beta})\,\mathrm{d}Z \tag{2-39}$$

考虑其对数似然，有

$$\ln L(\boldsymbol{\beta} \mid X)=\ln\int p(X,Z \mid \boldsymbol{\beta})\,\mathrm{d}Z \tag{2-40}$$

根据最大似然估计思想，只需求得对数似然 $\ln L(\boldsymbol{\beta} \mid X)$ 的最大值即可得到模型参数 $\boldsymbol{\beta}$ 的最大似然估计值。但是由于上式存在隐含数据 Z 和积分的对数，直接求解其最大值较为困难，故用迭代逼近方法实现对数似然最大值的估计。为此，将对数似然做如下变形

$$\ln L(\boldsymbol{\beta} \mid X) = \ln\int \frac{p(X,Z \mid \boldsymbol{\beta})}{p(Z)} p(Z)\,\mathrm{d}Z \tag{2-41}$$

其中，$p(Z)$ 为隐含数据 Z 的某一分布。

由于对数函数为凸函数，故如下不等式成立

$$\ln L(\boldsymbol{\beta} \mid X) = \ln\int \frac{p(X,Z \mid \boldsymbol{\beta})}{p(Z)} p(Z)\,\mathrm{d}Z \geqslant \int \ln\left[\frac{p(X,Z \mid \boldsymbol{\beta})}{p(Z)} p(Z)\right] \mathrm{d}Z$$

由此可得对数似然的下界函数

$$B(\boldsymbol{\beta}) = \int \ln\left[\frac{p(X,Z \mid \boldsymbol{\beta})}{p(Z)} p(Z)\right] \mathrm{d}Z \tag{2-42}$$

取 $p(Z) = p(Z \mid X,\boldsymbol{\beta}_t)$，则可得

$$\begin{aligned} B(\boldsymbol{\beta},\boldsymbol{\beta}_t) &= \int \ln\left[\frac{p(X,Z \mid \boldsymbol{\beta})}{p(Z)} p(Z)\right] \mathrm{d}Z = \int \ln\left[\frac{p(X,Z \mid \boldsymbol{\beta})}{p(Z \mid X,\boldsymbol{\beta}_t)} p(Z \mid X,\boldsymbol{\beta}_t)\right] \mathrm{d}Z \\ &= \int \ln p(X,Z \mid \boldsymbol{\beta}) p(Z \mid X,\boldsymbol{\beta}_t)\,\mathrm{d}Z - \int \ln p(Z \mid X,\boldsymbol{\beta}_t) p(Z \mid X,\boldsymbol{\beta}_t)\,\mathrm{d}Z \end{aligned}$$

略去下界函数 $B(\boldsymbol{\beta},\boldsymbol{\beta}_t)$ 中与待求参数向量 $\boldsymbol{\beta}$ 无关的项，得到如下 Q 函数

$$Q(\boldsymbol{\beta},\boldsymbol{\beta}_t) = \int \ln L(\boldsymbol{\beta} \mid X,Z) p(Z \mid X,\boldsymbol{\beta}_t)\,\mathrm{d}Z \tag{2-43}$$

上式表示对隐含变量 Z 的函数 $L(\boldsymbol{\beta} \mid X,Z)$ 在概率分布 $p(Z \mid X,\boldsymbol{\beta}_t)$ 下的数学期望。由于 $B(\boldsymbol{\beta},\boldsymbol{\beta}_t) \leqslant \ln L(\boldsymbol{\beta} \mid X)$，故可通过迭代选取不同下界函数 $B(\boldsymbol{\beta},\boldsymbol{\beta}_t)$ 最大值的方式逐步逼近对数似然 $\ln L(\boldsymbol{\beta} \mid X)$ 的最大值，迭代逼近的具体过程如图 2-7 所示。

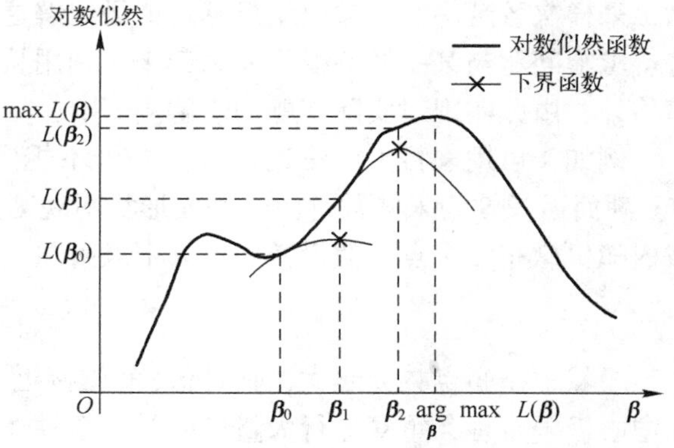

图 2-7　EM 算法逼近似然函数最大值

由于 $Q(\boldsymbol{\beta},\boldsymbol{\beta}_t)$ 是通过省略 $B(\boldsymbol{\beta},\boldsymbol{\beta}_t)$ 中与待求参数向量 $\boldsymbol{\beta}$ 无关项得到的，用 $Q(\boldsymbol{\beta},\boldsymbol{\beta}_t)$ 迭代求解对数似然最大值与用 $B(\boldsymbol{\beta},\boldsymbol{\beta}_t)$ 求解对数似然最大值具有相同的效果，故 EM 算法通常直接使用 Q 函数进行优化计算。由以上分析可得 EM 算法的基本步骤如下。

（1）设置初始参数 $\boldsymbol{\beta}_0$ 和迭代停止条件；

（2）E 步（期望步）：根据可直接观测数据 X 和当前参数向量取值 $\boldsymbol{\beta}_t$ 计算 $Q(\boldsymbol{\beta},\boldsymbol{\beta}_t)$：

$$Q(\boldsymbol{\beta},\boldsymbol{\beta}_t) = \int \ln L(\boldsymbol{\beta} \mid Z) p(Z \mid X,\boldsymbol{\beta}_t)\,\mathrm{d}Z$$

（3）M 步（最大化步）：最大化 $Q(\boldsymbol{\beta},\boldsymbol{\beta}_t)$ 并根据 $Q(\boldsymbol{\beta},\boldsymbol{\beta}_t)$ 的最大值更新参数 $\boldsymbol{\beta}_t$ 的取值：

$$\boldsymbol{\beta}_{t+1} = \arg\max_{\boldsymbol{\beta}} Q(\boldsymbol{\beta},\boldsymbol{\beta}_t)$$

（4）判断是否满足迭代停止条件，若满足则停止迭代；否则令 $t=t+1$ 并返回步骤（2）。

EM 算法可随机选择初始参数 $\boldsymbol{\beta}_0$，但应注意 EM 算法对初始参数 $\boldsymbol{\beta}_0$ 具有一定的敏感性。如果初值 $\boldsymbol{\beta}_0$ 选取不当，则可能会使迭代结果陷入局部最优。

通常将迭代停止条件设为相邻两次参数值变化不大或前后两次参数更新使得 $Q(\boldsymbol{\beta},\boldsymbol{\beta}_t)$ 值变化很小时停止更新，即有

$$|\boldsymbol{\beta}_{t+1}-\boldsymbol{\beta}_t|<\varepsilon \text{ 或 } |Q(\boldsymbol{\beta}_{t+1},\boldsymbol{\beta}_t)-Q(\boldsymbol{\beta}_t,\boldsymbol{\beta}_t)|<\varepsilon$$

【例题 2.9】 假设 X_1,X_2取自指数分布 $Y(\theta)=\theta e^{-x\theta}$，且 X_1,X_2不相关。若 $X_1=10$ 而 X_2缺失，试用 EM 算法实现参数 θ 的最大似然估计。

【解】 由于 X_1,X_2为取自指数分布 $Y(\theta)=\theta e^{-x\theta}$的离散值，则有

$$\begin{aligned}\ln L(\theta|X_1,X_2)&=\ln p(X_1,X_2|\theta)=\ln(\theta^2 e^{-X_1\theta}e^{-X_2\theta})\\&=2\ln\theta-X_1\theta-X_2\theta\end{aligned}$$

由于 X_1,X_2同分布，则有 $p(X_2|X_1,\theta_t)=\theta_t e^{-X_2\theta_t}$，从而有

$$\begin{aligned}Q(\theta,\theta_t)&=\int\ln p(X_1,X_2|\theta)p(X_2|X_1,\theta_t)\mathrm{d}X_2\\&=\int(2\ln\theta-X_1\theta-X_2\theta)\,\theta_t e^{-X_2\theta_t}\mathrm{d}X_2\\&=2\ln\theta-X_1\theta-\theta\int X_2\,\theta_t e^{-X_2\theta_t}\mathrm{d}X_2\\&=2\ln\theta-X_1-\theta/\theta_t\end{aligned}$$

为求出使得 $Q(\theta,\theta_t)$最大化的参数 θ，可将使得 $Q(\theta,\theta_t)$最大化的参数 $\arg\max\limits_{\theta}Q(\theta,\theta_t)$作为第 $t+1$ 次的估计值 θ_{t+1}，即得迭代公式

$$\theta_{t+1}=\arg\max_{\theta}Q(\theta,\theta_t)=2\theta_t/(10\theta_t+1)$$

当迭代收敛时，有 $\theta_*=2\theta_*/(10\theta_*+1)$，解得 $\theta_*=0.1$，即迭代算法求得参数估计值收敛于 0.1，即参数 θ 的最大似然估计值为 $\theta_*=0.1$。□

2.3.3 蒙特卡洛法

蒙特卡洛法是一类以概率统计理论为基础的随机型数值算法。一般来说，当一个随机算法满足采样次数越多，其输出结果越近似最优解这一特性时，便可称为蒙特卡洛法。该方法通常将待求解问题与某一概率模型联系起来，利用从大量样本中获得的信息来完成对所求参数的概率估计，由此实现对实际问题的求解。

例如，可用蒙特卡洛法近似计算一个不规则湖面的面积。假设围住湖面的长方形面积为 M，湖面面积 S 为未知数。由于湖面形状不规则无法直接求出 S，为此向包含湖面的长方形区域内随机撒布 n 个点，假设其中有 k 个点落在湖面当中，则可得到湖面大小 S 的估计值

$$\hat{S}=Mk/n \tag{2-44}$$

显然，撒布点数 n 越大，估计值$\hat{S}$就越接近于湖面的真实面积 S。这是因为根据大数定律和中心极限定理，重复进行大量试验时，事件 A 出现的频率接近事件 A 发生的概率。

蒙特卡洛法最早用于近似求解难以精确计算的定积分，对于某函数 $\varphi(x)$的积分

$$I=\int_a^b\varphi(x)\mathrm{d}x$$

若能找到定义在(a,b)上的一个函数$f(x)$和概率密度函数 $p(x)$，满足 $\varphi(x)=f(x)p(x)$，则可将上述积分 I 转化为

$$I=\int_a^b f(x)p(x)\mathrm{d}x=E[f(x_i)]$$

如此一来，就将原积分 I 的求解问题转化为了求解函数 $f(x)$ 在 $p(x)$ 分布上的数学期望问题。假设在分布 $p(x)$上做随机采样得到的样本集合为$\{x_1,x_2,\cdots,x_n\}$，则可用这些样本来对 I

进行估计，即有

$$I_p = \frac{1}{n}\sum_{i=1}^{n} f(x_i) \tag{2-45}$$

由于

$$E(I_p) = \frac{1}{n}\sum_{i=1}^{n} E[f(x_i)] = \frac{1}{n}\sum_{i=1}^{n} I = I$$

故I_p是 I 的无偏估计，即对于任意分布 $p(x)$，积分 I 的蒙特卡洛法估计值是无偏的。

有时在分布 $p(x)$ 上进行采样会出现一些问题，例如采样偏差较大等，甚至在某些时候根本无法对其进行采样。此时，可通过变换积分的分解形式找到另外一个易于采样的分布 $q(x)$，将积分 I 转化为如下形式

$$I = \int_a^b g(x)\,\mathrm{d}x = \int_a^b f(x)p(x)\,\mathrm{d}x = \int_a^b f(x)\,\frac{p(x)}{q(x)}q(x)\,\mathrm{d}x$$

其中，$q(x)$ 为某一分布，可将 $f(x)[p(x)/q(x)]$ 看作是某一函数。

令 $g(x)=f(x)p(x)/q(x)$，则有

$$I = \int_a^b f(x)p(x)\,\mathrm{d}x = \int_a^b g(x)q(x)\,\mathrm{d}x$$

此时可将积分 I 看作是函数 $g(x)$ 在分布 $q(x)$ 上的期望。假设在分布 $q(x)$ 上进行随机采样获得的样本集合为 $\{x_1', x_2', \cdots, x_n'\}$，则可用该样本集合对 I 进行估计，即有

$$I_q = \frac{1}{n}\sum_{i=1}^{n} g(x_i') = \frac{1}{n}\sum_{i=1}^{n} \frac{p(x_i')f(x_i')}{q(x_i')}$$

在新分布 $q(x)$ 上进行采样的过程被称为**重要性采样**，$p(x)/q(x)$ 被称为**重要性权重**。由于积分 I 任意分解形式通过蒙特卡洛法得到的估计值都是无偏的，故应适当选择新分布 $q(x)$，使得估计值I_q的方差尽可能地达到最小。对于I_q的方差 $\mathrm{Var}(I_q)$

$$\mathrm{Var}(I_q) = E_q[f^2(x)p^2(x)/q^2(x)] - I^2 \tag{2-46}$$

由于其后项与分布 $q(x)$ 无关，故只需最小化期望$E_q[f^2(x)p^2(x)/q^2(x)]$。

根据琴生不等式，有

$$E_q[f^2(x)\,p^2(x)/\,q^2(x)] \geqslant E_q^2[f(x)p(x)/q(x)] = \left[\int |f(x)|\,p(x)\,\mathrm{d}x\right]^2$$

故取 $q(x)$ 为如下分布时可使得方差 $\mathrm{Var}(I_q)$ 达到最小

$$q^*(x) = \frac{|f(x)|\,p(x)}{\int |f(x)|\,p(x)\,\mathrm{d}x} \tag{2-47}$$

重要性采样可以改进原采样，如图 2-8a 所示，若在分布 $p(x)$ 上进行采样，则很可能仅仅采样到函数 $f(x)$ 的极端值；如图 2-8b 所示，若在分布 $q(x)$ 上进行重要性采样，则函数 $f(x)$ 的取值较为丰富。

在实际应用当中，重要性采样并非总能奏效。在很多情况下，重要性采样 $q(x)$ 难以取得理论上的最佳分布$q^*(x)$，而只能取到一个方差较大的可行分布，难以满足任务需求。此时用**马尔可夫链蒙特卡洛法（Markov Chain Monte Carlo，MCMC）**近似计算待求参数概率分布的方式解决。

假设离散型随机变量 X 的取值范围是 $\{X_1, X_2, \cdots, X_n\}$，则称该集合为 X 的状态空间。**马尔可夫链**是一个关于离散型随机变量取值状态的数列，从 X 的随机初始状态 X_i 开始，马尔可夫链依据一个只与前一时序状态相关的状态转移分布 $P(X^{t+1} \mid X^t)$ 来确定下一时序的状态，其中 X^t 和 X^{t+1} 分别表示随机变量 X 在第 t 时序和第 $t+1$ 时序的状态。

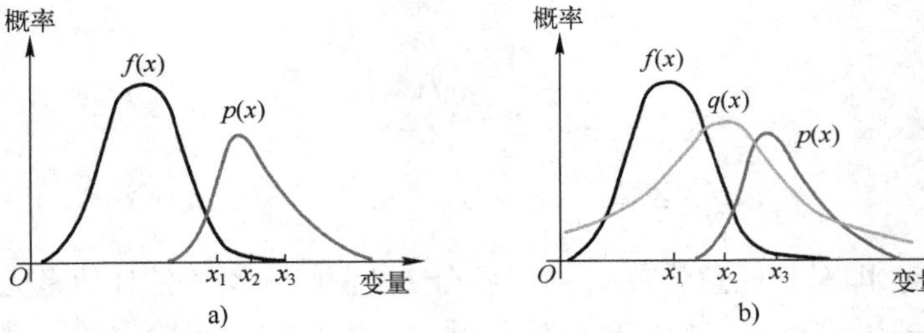

图 2-8 不同采样方式对比示意图

a) 在分布 $p(x)$ 上进行采样 b) 在分布 $q(x)$ 上进行采样

MCMC 法同时运行多条马尔可夫链，这些马尔可夫链在同一时序内具有相同的状态空间，即服从同一个状态概率分布。随着马尔可夫链的不断更新，其状态概率分布最终会收敛于某一分布。具体来说，MCMC 法从一个初始概率分布p^0中随机选择多条马尔可夫链的初始状态，p^0 的具体形式为

$$p^0(X=X_i)=p_i^0 \tag{2-48}$$

其中，p_i^0表示在时序为 0 的初始状态分布下 $X=X_i$的概率。

由于这些马尔可夫链的状态空间是一个 n 维空间，故可将概率分布p^0表示为一个 n 维向量 $\boldsymbol{p}^0=(p_1^0,p_2^0,\cdots,p_n^0)^{\mathrm{T}}$。此时，马尔可夫链下一时序的分布可表示为

$$p^{t+1} = \sum_X p^t P(X^{t+1} \mid X^t) \tag{2-49}$$

上式说明马尔可夫链在第 $t+1$ 时序的状态分布只与前一时序的状态分布p^t和状态转移分布 $P(X^{t+1} \mid X^t)$相关。

接着考虑所有同时运行的马尔可夫链状态概率分布情况。若用矩阵 $\boldsymbol{A}$ 表示 $P(X^{t+1} \mid X^t)$，矩阵 $\boldsymbol{A}$ 中第 i 行第 j 列元素a_{ij}表示从状态 X_j转移到状态 X_i的概率 $P(X_i \mid X_j)$，则这些马尔可夫链在同一时序上状态概率分布的变化可表示为

$$\boldsymbol{p}^{t+1}=\boldsymbol{A}\boldsymbol{p}^t \tag{2-50}$$

状态概率分布会随着时序 t 不断变大而最终收敛，即有$\boldsymbol{p}^{t+1}=\boldsymbol{p}^t$。此时可用所求状态概率分布作为真实状态概率分布的一种近似分布。

事实上，由于贝叶斯学派认为模型的未知参数服从于某一概率分布，并将参数的概率分布看作一种状态概率分布，故可通过 MCMC 法求解其近似分布的方式实现模型优化。

MCMC 法的基本思想如图 2-8 所示。对于参数的概率分布，MCMC 法从随机初始点开始进行采样，随着采样的不断进行，其样本点的概率分布会逐步收敛。图中圆点表示概率分布还未收敛时采样到的点，叉点表示概率分布收敛后采样到的点。由于最终收敛的概率分布是对参数概率分布的一种近似，故在其中进行大量采样便可求出该近似概率分布，即求得参数概率分布的一种近似分布。

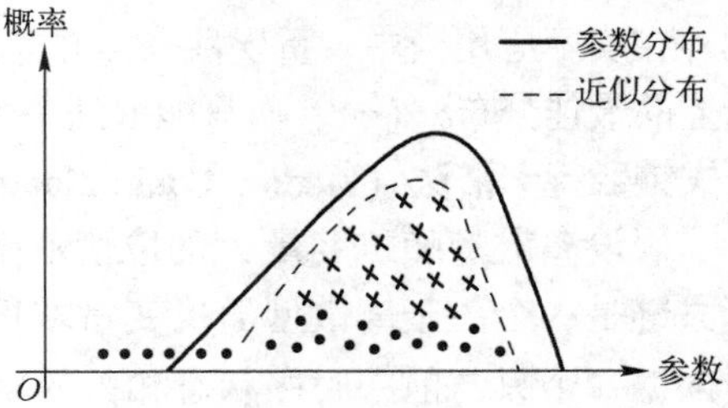

图 2-9 MCMC 法的基本思想

显然，MCMC 法的关键在于如何确定状态转移概率分布 $P(X^{t+1} \mid X^t)$，如果 $P(X^{t+1} \mid X^t)$的选择合适，则状态概率分布会收敛到待求参数的概率分布。从收敛性角度考虑，MCMC 法的状态转移概率分布 $P(X^{t+1} \mid X^t)$ 应保证多条马尔可夫链同时满足状态分布收敛的条件。

事实上，当状态概率分布 $p(X)$ 与状态转移概率

分布 $P(X^{t+1} \mid X^t)$ 满足细致平稳条件时，状态转移分布 $P(X^{t+1} \mid X^t)$ 就可以使状态概率分布收敛，此时的状态分布 $p(X)$ 称为状态转移分布 $P(X^{t+1} \mid X^t)$ 的**平稳分布**。

所谓**细致平稳条件**，是指在状态分布 $p(X)$ 中，利用状态转移分布对其状态进行更新时，由 X_i 转移到 X_j 的概率应与由 X_j 转移到 X_i 的概率相同，即有 $p(X_i)P(X_j \mid X_i)=p(X_j)P(X_i \mid X_j)$。

在实际应用中找到一个状态转移分布并使其满足细致平稳条件有时是一件比较困难的事情，通常需要使用某些采样方法构造一个满足条件的状态转移分布。其中最简单的采样方法为 MCMC 采样。具体地说，对于状态分布 $p(X)$，可随机选择一个状态转移分布 $Q(X^{t+1} \mid X^t)$，它们通常不满足细致平稳条件，即

$$p(X_i)Q(X_j \mid X_i) \neq p(X_j)Q(X_i \mid X_j)$$

但可选择一对转移算子 $\alpha(X_i,X_j)$ 和 $\alpha(X_j,X_i)$ 满足下列等式

$$p(X_i)Q(X_j \mid X_i)\alpha(X_i,X_j)=p(X_j)Q(X_i \mid X_j)\alpha(X_j,X_i) \tag{2-51}$$

可用转移算子 $\alpha(X_i,X_j)$ 和 $\alpha(X_j,X_i)$ 帮助确定是否接受采样结果。要想使得上述等式成立，最简单的方法是令

$$\alpha(X_i,X_j)=p(X_j)Q(X_i \mid X_j),\alpha(X_j,X_i)=p(X_i)Q(X_j \mid X_i)$$

并取状态转移分布为 $P(X_i \mid X_j)=Q(X_j \mid X_i)\alpha(X_i,X_j)$，则有状态分布 $p(X)$ 即为 $P(X_i \mid X_j)$ 的平稳分布，此时就可通过 MCMC 方法获得一个收敛的状态概率分布。

MCMC 采样的基本步骤如下：

(1) 随机选定一个状态转移分布 $Q(X_j \mid X_i)$ 并记状态分布为 $p(X)$，设定收敛前状态转移次数上限 τ 和采样个数 n；

(2) 从任意分布中采样获得初始状态 X_0；

(3) 依据条件状态分布 $Q(X_j \mid X_i)$ 进行采样，即采样值为 $X^{t+1}=Q(X \mid X^t)$；

(4) 从均匀分布 $U[0,1]$ 中采样并记为 u_t，若 $u_t<\alpha(X^t,X^{t+1})=p(X^t)Q(X^{t+1} \mid X^t)$，则接受 X^{t+1}，并令 $t=t+1$，否则，拒绝此次转移并保持 t 值不变；

(5) 当 $t>\tau+n$ 时终止算法。此时共取到 $\tau+n$ 个样本，但前 τ 个样本在分布未收敛时获得，不能作为 MCMC 采样结果，故只将第 $\tau+1$ 到 $\tau+n$ 个样本作为采样结果。

除了 MCMC 采样之外，还有 MH 采样、Gibbs 采样等获取样本方法。其中 MH 采样是对 MCMC 采样的改进，Gibbs 采样是对 MH 采样的改进，这里不再赘述。

2.4 模型正则化策略

如前所述，在机器学习模型的训练过程中，经常会出现训练误差较小但泛化误差较大的过拟合现象。这是因为如果模型参数个数较多或取值范围较大而训练样本数量较少，则模型中的某些参数就会失去应有的约束，使得训练获得的模型较为复杂，从而降低了模型的泛化能力。由此可知，产生过拟合现象的根本原因在于模型容量与训练样本数量的不匹配。此时可以通过适当方法对模型的自由度或容量进行一定程度的控制，以尽量避免模型的过拟合现象。这些方法通常统称为模型的**正则化策略**。具体可分别从模型修正和样本扩充这两个角度设计模型的正则化策略。模型正则化的目标是提升模型性能，故可将其看成是实现模型优化的一种特殊方式。本节主要介绍范数惩罚、样本增强和对抗训练这三种常用的模型正则化策略。其中范数惩罚策略基于对模型的修正，而样本增强和对抗训练策略则基于对样本的扩充。

2.4.1 范数惩罚

范数惩罚是机器学习领域最常用的一种模型正则化方法。该方法的基本思想是通过在目标函数表达式中添加适当惩罚项的方式降低模型容量，使得模型容量与训练样本数量相匹配，从而达到提升模型泛化性能的目的。

具体地说，假设使用基数为 n 的训练样本集 $S=\{(X_1,y_1),(X_2,y_2),\cdots,(X_n,y_n)\}$ 进行模型训练且目标函数为

$$F(\boldsymbol{\beta})=\frac{1}{n}\sum_{X_i\in S}L(f(X_i),y_i) \tag{2-52}$$

其中，$\boldsymbol{\beta}$ 为模型参数向量，即 $\boldsymbol{\beta}=(\beta_1,\beta_2,\cdots,\beta_k)^{\mathrm{T}}$。

范数惩罚则在上述目标函数中添加惩罚项 $\alpha\lambda(\boldsymbol{\beta})$，建立新的目标函数 $F'(\boldsymbol{\beta})$，即有

$$F'(\boldsymbol{\beta})=\frac{1}{n}\sum_{X_i\in S}L(f(X_i),y_i)+\alpha\lambda(\boldsymbol{\beta}) \tag{2-53}$$

惩罚项 $\alpha\lambda(\boldsymbol{\beta})$ 中的 α 为大于 0 的超参数，α 越大，则对参数的惩罚越严重。$\lambda(\boldsymbol{\beta})$ 表示对参数向量 $\boldsymbol{\beta}$ 的惩罚形式，根据其形式不同可将范数惩罚分为多种具体形式。

常用的范数惩罚方式主要有 L^1 范数惩罚、L^2 范数惩罚等。L^1 范数惩罚是对目标函数 $F(\boldsymbol{\beta})$ 添加 L^1 范数形式的正则化项

$$\tau=\alpha\|\boldsymbol{\beta}\|_1=\alpha\sum_{i=1}^{n}|\beta_i|$$

其中，α 为正则化权重，模型越复杂，α 的值应该设置得越大。正则化后的目标函数为

$$F'(\boldsymbol{\beta})=\frac{1}{n}\sum_{X_i\in S}L(f(X_i),y_i)+\alpha\|\boldsymbol{\beta}\|_1 \tag{2-54}$$

可用梯度下降算法最小化目标函数 $F'(\boldsymbol{\beta})$。对 $F'(\boldsymbol{\beta})$ 计算梯度

$$\nabla F'(\boldsymbol{\beta})=\frac{1}{n}\sum_{X_i\in S}\nabla_{\boldsymbol{\beta}}L(f(X_i),y_i)+\alpha\,\mathrm{sign}(\boldsymbol{\beta}) \tag{2-55}$$

其中，$\mathrm{sign}(x)$ 为符号函数，即对于任意参数 β_i，有

$$\mathrm{sign}(\beta_i)=\begin{cases}1,\beta_i>0\\0,\beta_i=0\\-1,\beta_i<0\end{cases}$$

使用梯度下降算法进行参数更新，即有

$$\boldsymbol{\beta}^{t+1}=\boldsymbol{\beta}^{t}-\varepsilon\alpha\,\mathrm{sign}(\boldsymbol{\beta}^{t})-\varepsilon\nabla F(\boldsymbol{\beta}^{t}) \tag{2-56}$$

上式表明，带 L^1 范数惩罚项的梯度下降法在原始梯度下降算法的基础之上，对参数的取值做了一定程度的控制，使其尽量向 0 靠近，即若 $\beta_i>0$，则减去 $|\varepsilon\alpha\,\mathrm{sign}(\beta_i)|$，若 $\beta_i<0$，则加上 $|\varepsilon\alpha\,\mathrm{sign}(\beta_i)|$。因此，$L^1$ 范数惩罚的基本目的是尽量产生稀疏的参数向量，即使得尽可能多的参数值为 0。

模型容量过大通常是由于参数过多，L^1 范数惩罚将很多模型参数置为 0。这意味着降低了模型对数据的拟合能力，控制了模型容量，由此可缓解过拟合现象。

此外，由于 L^1 范数惩罚项 τ 的表达式中包含绝对值，故目标函数 $F'(\boldsymbol{\beta})$ 并非处处可导。这相当于对原目标函数 $F(\boldsymbol{\beta})$ 的性质做出约束。图 2-10 表示二维参数向量在 L^1 范数惩罚下的约束效果，其中等值线为目标函数图像，而方形线为惩罚项 $\tau=|\beta|_1|+|\beta_2|$ 的图像。

由于惩罚项 τ 在某些点不可导，故其图像上会出现尖点。显然，惩罚项 τ 不可导点的坐标中至少有一项为0，在高维情况下可能有多项为0。因此，L^1范数惩罚通常可使参数向量稀疏。从特征选择的角度看，参数向量稀疏相当于对模型的输入特征进行了一定的优化选择，即 L^1范数惩罚保留了与模型输出相关的特征而排除了无关特征。

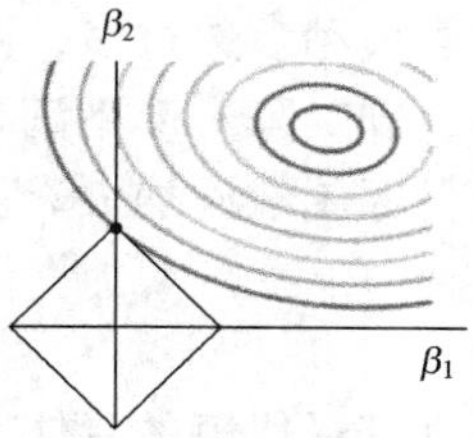

图 2-10　L^1范数惩罚示意图

与 L^1范数惩罚类似，L^2范数惩罚对目标函数 $F(\boldsymbol{\beta})$ 添加 L^2范数的正则化项

$$\varphi=\frac{\alpha}{2}\|\boldsymbol{\beta}\|_2^2=\frac{\alpha}{2}\left(\sum_{i=1}^{n}\beta_i^2\right)$$

得到新的目标函数 $F'(\boldsymbol{\beta})$，即有

$$F'(\boldsymbol{\beta})=\frac{1}{n}\sum_{X_i\in S}L(f(X_i),y_i)+\frac{\alpha}{2}\|\boldsymbol{\beta}\|_2^2 \tag{2-57}$$

可用梯度下降算法对目标函数 $F'(\boldsymbol{\beta})$ 的最小值进行优化。计算 $F'(\boldsymbol{\beta})$ 的梯度

$$\nabla F'(\boldsymbol{\beta})=\nabla F(\boldsymbol{\beta})+\alpha\boldsymbol{\beta}$$

得到新的迭代公式为

$$\boldsymbol{\beta}^{t+1}=\boldsymbol{\beta}^t-\varepsilon[\alpha\boldsymbol{\beta}^t+\nabla F(\boldsymbol{\beta}^t)]$$

即有：

$$\boldsymbol{\beta}^{t+1}=(1-\varepsilon\alpha)\boldsymbol{\beta}^t-\varepsilon\nabla F(\boldsymbol{\beta}^t) \tag{2-58}$$

其中，ε 为梯度下降算法的步长。

由于 ε 和 α 均大于0，故使用 L^2范数惩罚所得参数是在将参数缩小为原参数的 $1/(\varepsilon\alpha)$ 的基础上计算获得的。这种方法通常称为**权重衰减**。由此可见，L^2范数惩罚并没有刻意促使某些参数为0，而是使得模型的所有参数值都变小。

图 2-11 给出了参数向量为二维时利用 L^2范数惩罚所能实现的约束效果，其中等值线为原代价函数 $F(\boldsymbol{\beta})$ 的图像，圆周曲线为 L^2范数惩罚项图像。L^2范数惩罚项处处可导，不会出现尖点，故难以获得稀疏参数向量，但可通过减小模型参数值的方式实现正则化。

一般而言，过拟合模型都较为复杂且参数值较大。例如，对于图 2-12 所示的回归模型，由于该模型试图充分拟合每个样本点，这使得其导数值较大。当模型参数值较小时，其导数值也会随之减小，从而达到减小模型容量、实现正则化的目的。

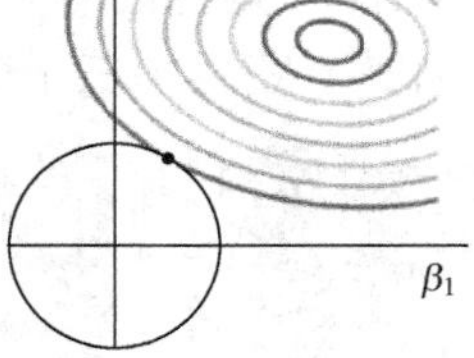

图 2-11　L^2范数惩罚示意图

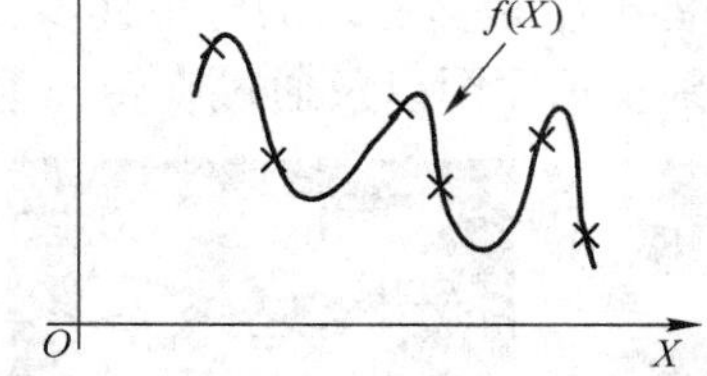

图 2-12　过拟合的回归模型示意图

从数值计算角度而言，若目标函数为二次函数，例如，最小二乘估计中的目标函数

$$F(\boldsymbol{\beta})=(\boldsymbol{y}-\boldsymbol{X}\boldsymbol{\beta})^{\mathrm{T}}(\boldsymbol{y}-\boldsymbol{X}\boldsymbol{\beta})$$

则可直接算得解的具体表达式

$$\hat{\boldsymbol{\beta}}=(\boldsymbol{X}^{\mathrm{T}}\boldsymbol{X})^{-1}\boldsymbol{X}^{\mathrm{T}}\boldsymbol{y}$$

但若模型参数过多，则说明样本 $\boldsymbol{X}$ 由过多的特征所描述。若特征向量维数大于训练样本数量时，则矩阵$\boldsymbol{X}^{\mathrm{T}}\boldsymbol{X}$ 不满秩。此时无法对其求逆，故难以通过直接计算获得目标函数的解。但若对目标函数添加 L^2范数惩罚正则化项，则可将目标函数转化为以下形式

$$F(\boldsymbol{\beta})=(\boldsymbol{y}-\boldsymbol{X}\boldsymbol{\beta})^{\mathrm{T}}(\boldsymbol{y}-\boldsymbol{X}\boldsymbol{\beta})+\frac{1}{2}\alpha\boldsymbol{\beta}^{\mathrm{T}}\boldsymbol{\beta} \tag{2-59}$$

得到其最优解的具体表达式为

$$\hat{\boldsymbol{\beta}}=(\boldsymbol{X}^{\mathrm{T}}\boldsymbol{X}+\alpha\boldsymbol{E})^{-1}\boldsymbol{X}^{\mathrm{T}}\boldsymbol{y} \tag{2-60}$$

其中，$\boldsymbol{E}$ 为单位矩阵；$(\boldsymbol{X}^{\mathrm{T}}\boldsymbol{X}+\alpha\boldsymbol{E})$为满秩矩阵，可直接通过求逆矩阵获得。

事实上，范数惩罚项可以是一般的 L^p 范数形式，即 $\tau=\alpha\|\boldsymbol{\beta}\|_p^p$。其中 p 为正实数，对于 p 的不同取值，所获得的正则化效果也有所不同。α 则是一个适当的调和系数，当 α 较大时，模型参数都很小，此时模型学习能力较弱，可能会导致模型欠拟合；当 α 值较小时，相当于没有进行正则化，模型可能出现过拟合现象。因此，只有在 α 取值合适时，才能使得模型既能很好地拟合训练数据集，又不出现严重过拟合现象。

需要注意的是，模型偏置项一般不参与范数惩罚计算。这是因为确定偏置项所需样本量较少，故其对模型拟合能力的影响也非常小，一般不用对其进行正则化处理。

2.4.2 样本增强

导致模型产生过拟合现象的原因是模型容量与训练样本数量不匹配，即由于训练样本数量较少从而导致模型的某些参数失去约束。因此，除了对模型容量进行约束之外，还可以通过增加训练样本数量的方式解决模型过拟合问题。样本增强便是一种基于扩充训练样本集的正则化策略。所谓**样本增强**就是通过适当方式从已有样本中产生一个或多个虚拟样本，以满足模型训练的需要。

显然，通过样本增强产生的虚拟样本需要满足一定的合理性，即既要与现有样本保持一定差异，又要服从与现有样本一致的总体概率分布。否则，使用这些虚拟样本不但不能减轻过拟合现象，反而会进一步降低模型的鲁棒性。在很多应用场合，对虚拟样本的合理性进行判断是一件非常困难的事情。然而，计算机视觉领域的处理对象是直观图像，可通过观察方式直观判断虚拟样本的合理性。因此，样本增强目前主要用于计算机视觉领域。

图像作为计算机视觉领域的处理对象，通常包含很多不改变原始信息表达的可变因素。例如一幅猫的图像，若改变其亮度或对其进行旋转，则图像中目标物体依旧是猫。故可通过改变图像中可变因素产生虚拟样本。最常见的样本增强方法包括旋转、翻转和加噪等。这些方法虽然较为简单，但却能产生很多有效的虚拟样本，实现对训练样本集合的有效扩充。图 2-13a～d 中的四幅图像分别表示原图以及通过旋转、垂直翻转、加噪声获得的三个虚拟样本。

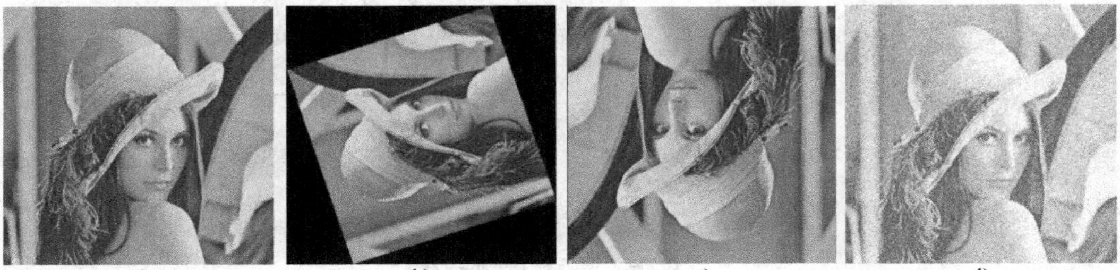

a)　　b)　　c)　　d)

图 2-13　通过样本增强获得虚拟样本

a）原始图像　b）旋转图像　c）垂直翻转图像　d）加噪声图像

对于任意给定的一张数字图像 X，若将其绕图像中心顺时针旋转 θ 度，则需将图像中心作为坐标原点建立一个坐标系。假设图像 X 中的某像素点 A 关于该坐标系的坐标为 (x_A, y_A)，则其极坐标表示为 $x_A = r\cos\alpha$，$y_A = r\sin\alpha$。其中 r 表示像素点 A 到坐标原点的距离，α 表示坐标原点与像素点 A 所在的射线和极坐标轴之间的夹角大小。此时，将像素点 A 绕旋转中心逆时针旋转 θ 度所得到的像素点 A 的新坐标为

$$\begin{cases} x_A' = r\cos(\alpha+\theta) = r\cos\alpha\cos\theta - r\sin\alpha\sin\theta = x_A\cos\theta - y_A\sin\theta \\ y_A' = r\sin(\alpha+\theta) = r\sin\alpha\cos\theta + r\cos\alpha\sin\theta = x_A\sin\theta + y_A\cos\theta \end{cases}$$

将该图像中的全部像素点按上式计算得到旋转后的坐标，然后将其移动至该位置即可得到旋转后的图像。值得注意的是，样本增强所得到的新样本类别应与原始样本保持一致。例如，对字符 9 旋转 180°后得到的样本类别为 6，这种样本增强方式是不适用的。

与图像旋转不同，图像翻转生成的是与原图像 X 成轴对称的图像，具体可分为水平翻转和垂直翻转两种。水平翻转是指以图像的垂直中轴线为中心，交换图像的左右两个部分。假设大小为 $m\times n$ 的原图中某个像素点 A 的坐标为 (x_A, y_A)，则进行水平翻转后像素点 A 所对应的新的坐标计算公式为：$x_A' = x_A, y_A' = m - y_A + 1$。垂直翻转则是指以图像的水平中轴线为中心，交换图像的上下两个部分，相应计算公式为 $x_A' = n - x_A + 1, y_A' = y_A$。

图像加噪也是一种常用的样本增强方法。其基本思想是对原图叠加一个微小的随机噪声，由此生成新样本。具体地说，对于给定的原始图像 X，首先生成某种噪声 ε，然后以简单叠加方式将噪声 ε 与原始图像进行合成，得到新图像 X'，即 $X' = X + \varepsilon$。

最近人们研究出一种基于生成对抗网络（GAN）的样本增强方法。该方法首先通过 GAN 模型的生成器生成新的样本，然后将生成的虚拟样本和训练集中的实际图像样本随机输入到判别器中，通过 GAN 模型的判别器判别输入样本是否为虚拟样本。最后，通过判别器的判别结果不断提升生成器的性能，使得判别器最终无法判别输入样本是否为虚拟样本，此时所生成的虚拟样本即为所求。

图 2-14 表示 GAN 模型在训练过程中所生成的虚拟图像样本的变化情况。其中第一幅图像为原始图像，其余为生成器所生成的虚拟图像。它们按照迭代次数的大小从左到右、从上到下进行排列。显然，随着生成器与判别器博弈，虚拟图像越来越接近真实图像，甚至能够以假乱真。图 2-15 表示使用训练好的生成器生成的四张虚拟样本。

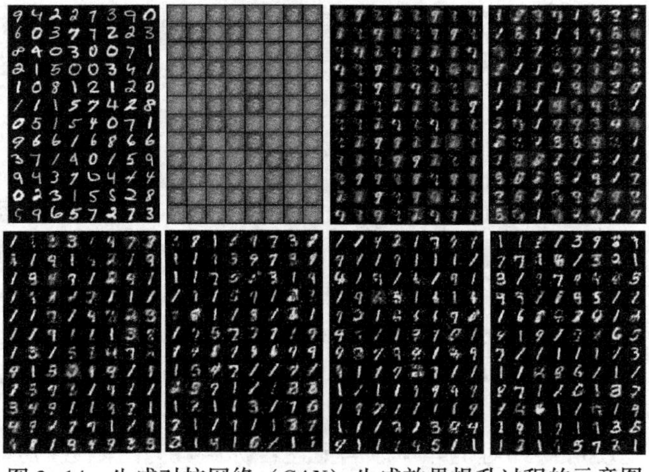

图 2-14　生成对抗网络（GAN）生成效果提升过程的示意图

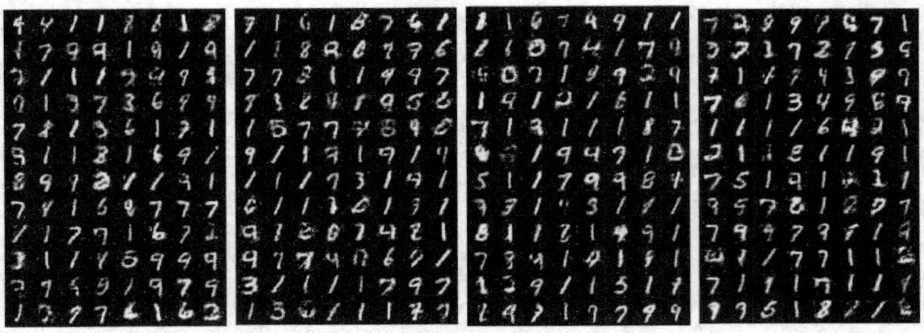

图 2-15　根据原图生成的虚拟样本

2.4.3　对抗训练

上述图像样本增强方法中，在对图像样本 X 加入少量噪声的同时，不改变其类别就可以得到新的虚拟样本 X'。如果直接将虚拟样本 X' 作为测试样本而不是训练样本，则对于一些鲁棒性较弱的机器学习模型，可能会对虚拟样本 X' 做出错误分类。通常将这种与原始样本之间仅有少量差异却被错误分类的虚拟样本称为**对抗样本**。

对抗样本对机器学习模型具有很大的危害性，无论是传统机器学习模型还是目前常用的深度网络模型，它们在对抗样本面前都会表现出一定的脆弱性。更加危险的是，有时同一对抗样本在不同模型上的测试结果会出现同样的错误，也就是说对抗样本可能会同时威胁到多个模型。因此，必须尽可能找出对抗样本并对其进行训练，以提高模型的鲁棒性。

通常认为出现对抗样本的主要原因是由于模型在高维空间中作为一种线性模型而引起的误差累积放大。具体地说，对于线性模型 $f(X)=X\beta$，考虑对抗样本 $X'=X+\varepsilon$ 和真实样本 X 在该模型下输出的差异

$$f(X')-f(X)=\varepsilon_1\beta_1+\varepsilon_2\beta_2+\cdots+\varepsilon_k\beta_k \tag{2-61}$$

当特征向量维数 k 较大时，误差的线性累加会造成对抗样本在线性模型上的输出与真实样本在其上的输出误差变大，由此产生错误分类结果。

解决此类问题的直观方法是生成尽可能多的对抗样本作为训练样本以用于训练模型，从而纠正模型对对抗样本的错误分类，提高模型的鲁棒性。这种正则化策略通常称为**对抗训练**。显然，对抗训练的关键在于如何生成用于训练的对抗样本。常用对抗样本生成方法有简单界约束限制域拟牛顿法、快速梯度符号法等。

简单界约束限制域拟牛顿法的基本思想是直接对优化目标添加对噪声 ε 的约束，使得添加了噪声 ε 的新样本被错误分类。具体来说，对于一个分类器 f，该方法直接通过最优化如下目标生成对抗样本

$$\min\ \|\varepsilon\|_2;\ \text{s. t.}\begin{cases} f(X+\varepsilon)=l \\ \text{label}(X+\varepsilon)=\text{label}(X)\neq l \end{cases}$$

其中，$\text{label}(X)$ 为 X 的真实标注值；l 为期望模型对生成样本的错误分类标记。

上述优化目标表示希望取得最小的噪声 ε，使得模型将加噪后的生成样本分类为错误的类别 l，并且保证生成样本 $X'=X+\varepsilon$ 与原始样本 X 的区别不大。

为方便计算，可将上述优化问题的形式表示为

$$\min[c|\varepsilon|+F(X+\varepsilon,l)];\ \text{s. t. label}(X+\varepsilon)=\text{label}(X)\neq l \tag{2-62}$$

其中，$c>0$；F 为目标函数。

求解上述优化问题便可得到对抗样本。当上述目标函数为凸函数时，必定可以找到精确的对抗样本，即噪声 ε 最小的对抗样本。然而，实际问题的目标函数往往为非凸，此时只能找到

近似对抗样本，即噪声 ε 并非最小值，但即便如此，所生成对抗样本与真实样本之间的差别也是非常小的。

简单界约束限制域拟牛顿法虽然可以生成对抗样本，但其效率低下。事实上，可根据对抗样本产生原因构造对抗样本生成算法。由此可得用于快速生成抗样本的快速梯度符号法。该方法认为机器学习模型在高维空间中是一个高度线性的模型，此时，对样本添加一个较小的噪声，通过高维线性模型对噪声的累加改变模型输出结果，得到对抗样本。

具体地说，设模型参数向量为 $\boldsymbol{\beta}=(\beta_1,\beta_2,\cdots,\beta_k)^{\mathrm{T}}$，样本输入为 X。若想得到一个对抗样本 X'，可通过对样本 X 添加如下最优扰动来实现

$$\varepsilon=\gamma\operatorname{sign}(\nabla_X F(\boldsymbol{\beta},X,y)) \tag{2-63}$$

即生成样本为

$$X'=X+\gamma\operatorname{sign}(\nabla_X F(\boldsymbol{\beta},X,y)) \tag{2-64}$$

上式中，$F(\boldsymbol{\beta},X,y)$ 表示模型 f 的参数向量为 $\boldsymbol{\beta}$ 时将 X 分类为 y 的累计损失。在生成对抗样本时将 X 和 y 视为变量。$\operatorname{sign}(\nabla_X F(\boldsymbol{\beta},X,y))$ 为模型目标函数对 X 的梯度方向，γ 为噪声在该方向上的偏移参数，通常由人为给定。

快速梯度符号法的基本思想是在目标函数的梯度方向上对原始样本 X 添加扰动使得目标函数值增大，由此提高样本错误分类的概率。当模型为近似高维线性模型时，一个很小的扰动就会由于扰动的累加而导致模型的输出发生较大的改变，由此生成所需的对抗样本。需要注意的是，快速梯度符号法在生成对抗样本时并未指明将对抗样本进行错分的具体类别，故由该方法生成对抗样本的错分类别是不确定的，即为不定向对抗样本。事实上，也可使用快速梯度符号法生成定向对抗样本。

在使用上述方法或其他方法生成对抗样本之后，可将这些对抗样本添加到训练样本集当中构成新的训练样本集，重新训练该模型便可完成对抗训练。不难看出，对抗训练在本质上是一种特殊的数据增强正则化方法，只是用于扩充训练样本集的虚拟样本较为特殊，通过添加这些对模型鲁棒性有较大影响的样本到训练集中，可以尽可能提升模型的鲁棒性。

2.5 习题

（1）现有一组某市的房价与其位置数据如表 2-12 所示，其中 D 表示房屋到市中心的直线距离，单位为 km，R 表示房屋单价，单位为元/m^2。试根据以下数据使用最小二乘估计确定房价与其位置之间的大致关系。

表 2-12　房价与其位置数据表

序号	1	2	3	4	5	6	7	8	9
D/km	4.2	7.1	6.3	1.1	0.2	4.0	3.5	8	2.3
R/(元/m^2)	8600	6100	6700	12000	14200	8500	8900	6200	11200

（2）假设某学校男生的身高服从正态分布 $N(\mu,\sigma^2)$，现从全校所有男生中随机采样测量得到身高数据如表 2-13 所示，试通过表中数据使用最大似然估计法估计 μ 和 σ^2 的取值。

表 2-13　身高数据表　　（单位：cm）

序号	1	2	3	4	5	6	7	8
身高	167	175	163	169	174	187	168	176

(3) 假设某学校男生的身高服从正态分布 $N(\mu,\sigma^2)$，上一次测试时得到身高均值的估计值为 172 cm，方差为 36，故在本次测试前，以 0.7 的概率相信该校男生身高服从 $N(172,36)$，试根据表 2-13 中数据和最大后验估计法确定 μ 和 σ^2 的估计值。

(4) 试用梯度下降算法求解无约束非线性规划问题

$$\min f(\boldsymbol{X})=(x_1-2)^4+(x_1-2x_2)^2$$

其中，$\boldsymbol{X}=(x_1,x_2)^{\mathrm{T}}$，要求选取初始点 $\boldsymbol{X}^0=(0,3)^{\mathrm{T}}$，终止误差 $\varepsilon=0.1$。

(5) 若要使用表 2-12 中的数据构造一个用于预测房屋价格与房屋到市区距离之间关系的线性模型，其中模型优化过程使用梯度下降算法，试取任意初始点开始迭代，步长取 0.05，计算前两次迭代的结果。

(6) 与共轭梯度法相比较，梯度下降法有何缺陷？共轭梯度法为何能避免这种缺陷？

(7) 利用共轭梯度算法求解无约束非线性规划问题

$$\min f(\boldsymbol{X})=x_1-x_2+2x_1^2+2x_1x_2+x_2^2$$

其中，$\boldsymbol{X}=(x_1,x_2)^{\mathrm{T}}$，取迭代起始点为 $\boldsymbol{X}^0=(1,1)^{\mathrm{T}}$。

(8) 若要使用表 2-12 中的数据构造一个用于预测房屋价格与房屋到市区距离之间关系的线性模型，其中模型优化过程使用共轭梯度法，试取任意初始点开始迭代，计算前两次迭代的结果。

(9) 使用牛顿法求解无约束非线性规划问题

$$\min f(\boldsymbol{X})=(x_1-x_2)^3+(x_1+3x_2)^2$$

其中，$\boldsymbol{X}=(x_1,x_2)^{\mathrm{T}}$，取迭代起始点为 $\boldsymbol{X}^0=(1,2)^{\mathrm{T}}$。

(10) 牛顿法存在哪些缺陷？拟牛顿法为何能克服这些缺陷？

(11) 使用拟牛顿法求解无约束非线性规划问题

$$\min f(\boldsymbol{X})=(4-x_2)^3+(x_1+4x_2)^2$$

其中，$\boldsymbol{X}=(x_1,x_2)^{\mathrm{T}}$，取迭代起始点为 $\boldsymbol{X}^0=(2,1)^{\mathrm{T}}$。

(12) 证明：当损失函数是对数损失函数时，经验风险最小化等价于极大似然估计。

(13) 与梯度下降方法相比，随机梯度方法为何能降低算法的时间复杂度？

(14) 小批量随机梯度下降法与随机梯度下降法有何区别？这样设计小批量随机梯度下降法的原因是什么？

(15) 证明：设 $P(Y\mid\theta)$ 为观测数据的似然函数，$\theta^{(i)}(i=1,2,\cdots)$ 为用 EM 算法得到的参数估计序列，$P(Y\mid\theta^{(i)})(i=1,2,\cdots)$ 为对应的似然函数序列，则 $P(Y\mid\theta^{(i)})$ 是单调递增的。

(16) 蒙特卡洛方法的理论基础是什么？如何使用蒙特卡洛方法估计圆周率的取值？马尔可夫链蒙特卡洛方法有哪些具体应用？

(17) 模型的正则化方法有哪些？它们分别是从什么角度出发对模型进行正则化的？

(18) 在范数惩罚正则化中，使用 L^1 范数惩罚可以达到什么样的约束效果？使用 L^2 范数惩罚又能达到什么样的约束效果？能够达到这些约束效果的原因是什么？

(19) 对于图像 X，假设在以图像中心点为原点建立的坐标系中，某个像素点的坐标为 (x,y)，试求将该图像顺时针旋转 θ 度后该像素点所对应的新的坐标。

(20) 对抗样本的存在会对机器学习模型造成怎样的危害？对抗训练方法为何能提升模型的鲁棒性？

第3章　监督学习

机器学习的核心思想是使用从训练样本中获取的特征信息来构造和优化模型。为实现机器学习的算法效果，有时需要对训练样本赋予一定的先验信息，即给训练样本标注特定的标签或标注信息，为机器学习的模型构造提供参照。这种以带标签样本为训练对象的机器学习方式通常称为监督学习。可以将监督学习形象地理解为考生复习备考的过程：考前演算一定数量的练习题，通过将习题演算结果与习题答案进行对照分析，归纳总结出具有一定泛化能力的解题方法。监督学习是一种非常重要的机器学习方式，可有效解决分类、回归等学习任务，在图像处理与模式识别、自然语言理解与机器翻译、数据挖掘与信息推荐、经济预测与投资分析等众多领域都有着非常成功的应用。本章比较系统地介绍线性模型、决策树模型、贝叶斯模型和支持向量机等面向监督学习的模型结构及相关学习算法。

3.1　线性模型

如果机器学习模型的输出量通过样本特征与模型参数的线性组合计算获得，则称该模型为线性模型。线性模型结构中只有乘法和加法运算，是一种非常简单的机器学习模型。对于给定带标签训练样本，通过监督学习训练构造线性模型的关键技术在于如何算出合适的模型参数值，即线性组合系数或权重，使得训练样本的模型输出值能较好地拟合样本标签。最常用的方法是通过优化输出值与标记值之间的误差来调整模型参数，使得误差越小越好。本节主要介绍如何通过训练样本自动构造出适当的线性模型以完成回归、分类等机器学习任务。

3.1.1　模型结构

在机器学习领域，线性模型是一类由线性组合方式构成的预测性模型的统称，这类模型在机器学习领域有着非常广泛的应用，其基本形式如下

$$f(\boldsymbol{\mu})=a_1\mu_1+a_2\mu_2+\cdots+a_n\mu_n+b \tag{3-1}$$

其中，μ_i表示第 i 个变量；a_i表示μ_i所对应的权重参数；参数 b 称为**偏置项**。

当 $b\neq0$ 时，称式(3-1)为**非齐次线性模型**；当 $b=0$ 时，可将式(3-1)简化为

$$f(\boldsymbol{\mu})=a_1\mu_1+a_2\mu_2+\cdots+a_n\mu_n \tag{3-2}$$

并称式(3-2)为**齐次线性模型**。

显然，齐次线性模型是非齐次线性模型在偏置项 $b=0$ 时的一种特殊形式。事实上，对于式(3-2)表示的齐次线性模型，若令其中的变量μ_n恒等于 1，则该模型就变成一个以a_n为偏置项的非齐次线性模型。由此可见，在一定条件下，齐次线性模型与非齐次线性模型可以相互转化。因此，基于齐次线性模型的很多结论可以直接推广到非齐次线性模型，反之亦然。在不失一般性的前提下，将根据实际需要或表述方便，灵活地采用齐次线性模型或非齐次线性模型作为线性模型的表示形式。

可将线性模型式(3-1)表示为如下向量形式

$$f(\boldsymbol{\mu})=\boldsymbol{a}^{\mathrm{T}}\boldsymbol{\mu}+b \tag{3-3}$$

其中，$\boldsymbol{a}=(a_1,a_2,\cdots,a_n)^{\mathrm{T}}$表示权重向量；$\boldsymbol{\mu}=(\mu_1,\mu_2,\cdots,\mu_n)^{\mathrm{T}}$表示变量向量。

在机器学习领域，通常将样本数据表示为表征向量或特征向量形式，并默认样本数据由特征向量形式表达。具体地说，对于任意给定的一个样本 X，可将其表示成特征向量 $(x_1,x_2,\cdots,x_m)^{\mathrm{T}}$，即 $\boldsymbol{X}=(x_1,x_2,\cdots,x_m)^{\mathrm{T}}$，每个样本数据对应各自的特征向量。此时可将线性模型表示为样本特征向量与权重向量的线性组合，即有

$$f(\boldsymbol{X})=\boldsymbol{w}^{\mathrm{T}}\boldsymbol{X}+b \text{ 或 } f(\boldsymbol{X})=\boldsymbol{w}^{\mathrm{T}}\boldsymbol{X}$$

其中，$\boldsymbol{w}=(w_1,w_2,\cdots,w_m)^{\mathrm{T}}$为权重向量；$w_i$表示样本 X 的第 i 个特征 x_i对模型输出的影响程度。w_i值越大，则表示特征 x_i对线性模型$f(\boldsymbol{X})$输出值的影响就越大。

对于给定的机器学习任务，获得一个满足任务需求的线性模型主要是通过调整模型的权重参数实现的，即确定样本属性或特征数据与模型输出之间满足何种线性关系。对模型参数的调整一般是通过对训练样本数据的学习来实现的。有时模型自变量与参数之间并不满足线性关系，需要通过某些数学技巧将原始模型转化为适当线性模型以实现对问题的求解。

3.1.2 线性回归

回归是机器学习的一项重要任务。所谓回归，就是通过带标签样本训练构造适当模型，并通过该模型算出新样本的预测值。基于线性模型的回归学习任务通常称为**线性回归**，相应的线性模型称为**线性回归模型**。可以使用线性回归模型解决很多预测问题，不过如何构造适当的线性模型是一个需要仔细考虑的问题。对于任意一个给定的样本 ξ，令

$$x_1=\psi_1(\xi),x_2=\psi_2(\xi),\cdots,x_m=\psi_m(\xi)$$

为样本 ξ 的属性提取函数，则可将 ξ 映射成一个 m 元特征向量 $\boldsymbol{X}$，即

$$\boldsymbol{X}=X(\xi)=(x_1,x_2,\cdots,x_m)^{\mathrm{T}}$$

由此可将线性回归模型的初始模型表示为如下的线性组合形式

$$f(\boldsymbol{X})=w_1x_1+w_2x_2+\cdots+w_mx_m \tag{3-4}$$

其中，$\boldsymbol{w}=(w_1,w_2,\cdots,w_m)^{\mathrm{T}}$为参数向量。

建立线性回归模型的目标是希望模型输出的预测值能够较好地符合实际数据。对于不同模型参数向量 $\boldsymbol{w}$，线性模型的拟合效果会有所差异，需要根据样本数据计算出合适的模型参数，使得模型预测效果达到最优。因此，线性回归模型的构造其实是一个优化问题，需要建立一个适当的目标函数或损失函数作为优化计算的基本依据。

对于给定带标签训练样本 X，设其标签值为 y，则希望线性回归模型关于该训练样本的预测输出 $f(X)$ 与 y 能够尽可能接近。通常采用平方误差来度量 $f(X)$ 和 y 的接近程度，即

$$e=[y-f(X)]^2 \tag{3-5}$$

其中，e 表示单个训练样本 X 的误差。

在机器学习的模型训练中，通常使用多个训练样本，可将所有训练样本所产生平方误差的总和看成是模型的总误差。因此，对于任意给定的 n 个训练样本 $X_1,X_2,\cdots,X_n$，令其标签值分别为 $y_1,y_2,\cdots,y_n$，可将对线性回归模型 $f(X)$ 进行优化计算的目标函数定义为

$$J(\boldsymbol{w})=\sum_{i=1}^{n}[y_i-f(X_i)]^2 \tag{3-6}$$

令训练样本集的特征矩阵为 $\boldsymbol{A}=(X_1,X_2,\cdots,X_n)^{\mathrm{T}}=(x_{ij})_{n\times m}$，相应的训练样本标签值向量为 $\boldsymbol{y}=(y_1,y_2,\cdots,y_n)^{\mathrm{T}}$，则可将上述损失函数转化为

$$J(\boldsymbol{w})=(\boldsymbol{y}-\boldsymbol{A}\boldsymbol{w})^{\mathrm{T}}(\boldsymbol{y}-\boldsymbol{A}\boldsymbol{w}) \tag{3-7}$$

因此，线性回归模型的构造就转化为如下最优化求解问题

$$\arg\min_{w} J(w)=\arg\min_{w}(\boldsymbol{y}-\boldsymbol{A}\boldsymbol{w})^{\mathrm{T}}(\boldsymbol{y}-\boldsymbol{A}\boldsymbol{w}) \tag{3-8}$$

令 $J(\boldsymbol{w})$ 对参数向量 $\boldsymbol{w}$ 各分量的偏导数为 0，即

$$\frac{\partial \boldsymbol{J}}{\partial \boldsymbol{w}}=\boldsymbol{A}^{\mathrm{T}}(\boldsymbol{y}-\boldsymbol{A}\boldsymbol{w})=0$$

则由 $\boldsymbol{A}^{\mathrm{T}}(\boldsymbol{y}-\boldsymbol{A}\boldsymbol{w})=0$ 解得

$$\boldsymbol{w}=(\boldsymbol{A}^{\mathrm{T}}\boldsymbol{A})^{-1}\boldsymbol{A}^{\mathrm{T}}\boldsymbol{y} \tag{3-9}$$

可通过式(3-9)计算参数向量 $\boldsymbol{w}$ 的取值，并将其代入 $f(\boldsymbol{X})=\boldsymbol{w}^{\mathrm{T}}\boldsymbol{X}$ 获得所求线性回归模型。

【例题 3.1】 某企业某商品的月广告费用与月销售量数据如表 3-1 所示，试通过线性回归模型分析预测这两组数据之间的关系。

【解】 首先，将表 3-1 中的样本数据可视化，即将表中数据以点的形式展现在二维坐标系中，如图 3-1 所示。通过考察这些点的位置分布，不难发现它们基本上成直线排列。为此可用直线方程表示月广告费 s_i 与月销售量 t_i 之间的关系，即有：$f(s)=as+b$。

表 3-1 月广告费与月销售量数据

月份 i	1	2	3	4	5	6	7	8	9	10
月广告费 s_i（万元）	10.95	12.14	13.22	13.87	15.06	16.30	17.01	17.93	19.01	20.01
月销售量 t_i（万件）	11.18	10.43	12.36	14.15	15.73	16.40	18.86	16.13	18.21	18.37
月份 i	11	12	13	14	15	16	17	18	19	20
月广告费 s_i（万元）	21.04	22.10	23.17	24.07	25.00	25.95	27.10	28.01	29.06	30.05
月销售量 t_i（万件）	22.61	19.83	22.67	22.70	25.16	25.55	28.21	28.12	28.32	29.18

令特征提取函数为 $x_1=\psi_1(s)=s$，$x_2=\psi_2(s)=1$，则样本 s_i 可表示为特征向量 $(s_i,1)^{\mathrm{T}}$，令 $y=t$，$\boldsymbol{w}=(a,b)^{\mathrm{T}}$，则可将表 3-1 中的 s_i 和 t_i 值代入公式 $\boldsymbol{w}=(\boldsymbol{A}^{\mathrm{T}}\boldsymbol{A})^{-1}\boldsymbol{A}^{\mathrm{T}}\boldsymbol{y}$ 中，算出 $\boldsymbol{w}=(0.968,0.191)^{\mathrm{T}}$，得到所求线性回归模型 $f(s)=0.968s+0.191$。图 3-2 展示了该模型对数据的拟合效果，可用该模型就广告费与销售量之间的关系做短期预测。例如，已知即将投入的广告费用，可大致预测出相应的销售量。□

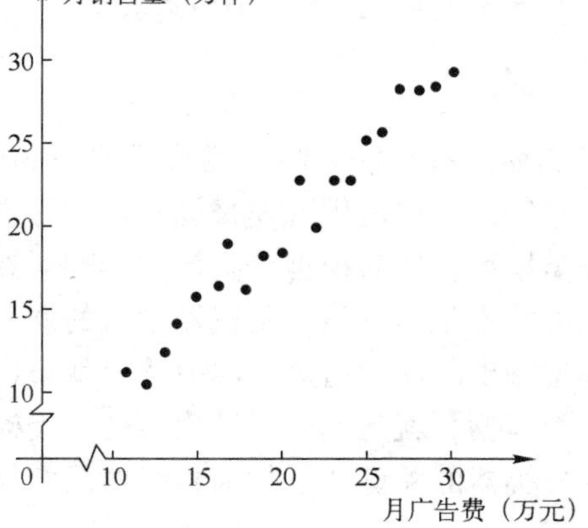

图 3-1 广告费与销售量数据

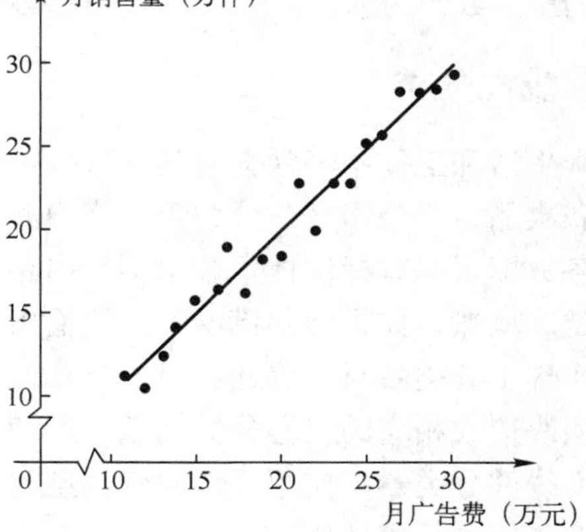

图 3-2 线性回归模型

由以上分析可知，线性回归模型的初始模型是若干以样本特征提取函数为基函数的线性组合，在构造线性回归模型完成机器学习回归任务时，首先必须通过一定的先验经验或专业知识构造出若干特征提取函数，然后通过最小化损失函数的优化计算实现对线性回归模型参数向量 $\boldsymbol{w}$ 的求解，获得性能提升的线性回归模型。

需要注意的是，上述线性模型回归参数的求解方法只有在 $\boldsymbol{A}^{\mathrm{T}}\boldsymbol{A}$ 是可逆矩阵的条件下才能获得唯一解。然而，当矩阵 $\boldsymbol{A}$ 的行向量之间存在一定的线性相关性时，即不同样本之间的属性标记值存在一定的线性相关性时，就会使得矩阵 $\boldsymbol{A}^{\mathrm{T}}\boldsymbol{A}$ 不可逆。自变量之间存在线性相关情况，在统计学中称为**多重共线现象**。

事实上，自变量之间的线性相关不仅会造成矩阵 $\boldsymbol{A}^{\mathrm{T}}\boldsymbol{A}$ 不可逆，而且在 $\boldsymbol{A}^{\mathrm{T}}\boldsymbol{A}$ 可逆的情况下，也有可能导致对参数向量 $\boldsymbol{w}$ 的计算的不稳定，即样本数据的微小变化会导致参数 $\boldsymbol{w}$ 计算结果的巨大波动。此时，使用不同训练样本获得的回归模型之间会产生很大的差异，使得回归模型缺少泛化能力。因此，需要对上述线性回归参数的求解方法进行改进，从而有效解决多重共线现象带来的问题，下面介绍一种名为**岭回归**的改进方法。

岭回归方法的基本思想是：既然共线现象会导致参数估计值变化非常大，那么就在现有线性回归模型损失函数上增加一个针对 $\boldsymbol{w}$ 的范数惩罚函数，通过对目标函数做正则化处理，将参数向量 $\boldsymbol{w}$ 中所有参数的取值压缩到一个相对较小的范围，即要求 $\boldsymbol{w}$ 中所有参数的取值不能过大，由此可以得到如下用于岭回归的损失函数

$$\arg\min_{\boldsymbol{w}} J(\boldsymbol{w}) = \arg\min_{\boldsymbol{w}} (\boldsymbol{y}-\boldsymbol{A}\boldsymbol{w})^{\mathrm{T}}(\boldsymbol{y}-\boldsymbol{A}\boldsymbol{w}) + \lambda \boldsymbol{w}^{\mathrm{T}}\boldsymbol{w} \tag{3-10}$$

其中，$\lambda \geqslant 0$ 称为正则化参数。

当 λ 的取值较大时，惩罚项 $\lambda \boldsymbol{w}^{\mathrm{T}}\boldsymbol{w}$ 就会对损失函数的最小化产生一定的干扰，此时优化算法就会对回归模型参数 $\boldsymbol{w}$ 赋予较小的取值以消除这种干扰。因此，正则化参数 λ 的较大取值会对模型参数 $\boldsymbol{w}$ 的取值产生一定的抑制作用。λ 的值越大，$\boldsymbol{w}$ 的取值就会越小，共线性的影响也越小，当 $\lambda=0$ 时，即退化为传统线性回归方法。

令 $J(\boldsymbol{w})$ 对参数 $\boldsymbol{w}$ 的偏导数为 0，可得 $\boldsymbol{w}=(\boldsymbol{A}^{\mathrm{T}}\boldsymbol{A}+\lambda\boldsymbol{I})^{-1}\boldsymbol{A}^{\mathrm{T}}\boldsymbol{y}$。其中，$\boldsymbol{I}$ 为 m 阶单位矩阵。这样即使 $\boldsymbol{A}^{\mathrm{T}}\boldsymbol{A}$ 本身不是可逆矩阵，加上 $\lambda\boldsymbol{I}$ 也可使 $\boldsymbol{A}^{\mathrm{T}}\boldsymbol{A}+\lambda\boldsymbol{I}$ 组成可逆矩阵。

岭回归方法采用参数向量 $\boldsymbol{w}$ 的 L^2 范数作为惩罚函数，具有便于计算和数学分析的优点。然而当参数个数较多时，需要将重要参数赋予较大的值，不太重要的参数赋予较少的值，甚至对某些参数赋零值。此时需用其他范数作为惩罚函数对目标函数做正则化处理。例如，使用参数向量的 L^1 范数作为惩罚函数，可以得到 Lasso 回归及相关算法，这里不再赘述。

3.1.3 线性分类

日常生活和工作中经常会遇到一些分类问题，例如，有时需要将产品按质量分为优等品、合格品和次品，将公司客户分为贵宾客户和普通客户等。可以使用有监督的机器学习方式实现分类任务，即根据有标注样本数据训练出相应的分类模型，然后根据分类模型实现对新样本的自动分类。显然，如果回归模型的预测输出是离散值而不是连续值，则机器学习的回归预测事实上就实现了分类效果。因此，只要将线性回归模型输出的连续值进行离散化，就可以将线性回归模型改造成相应的线性分类模型。所谓线性分类模型，就是基于线性模型的分类模型，通常亦称为**线性分类器**。使用线性回归模型构造线性分类器的关键在于如何将线性回归模型输出的连续性取值进行离散化。

最直接的想法是将线性回归模型输出值的取值范围划分为有限个不相交区间，每个区间表

示一个类别，由此实现模型连续值输出的离散化。这相当于使用跃阶函数对线性回归模型的输出值进行激活函数映射。然而，跃阶函数为不连续函数，直接在模型中引入跃阶函数不便于进行数学分析。因此，需要设计一些具有良好数学性质的激活函数来替代跃阶函数，以实现对连续值的离散化。下面以二值分类任务为例，介绍激活函数及分类模型的设计方法。

对于任意给定的一个线性回归模型 $f(\boldsymbol{X})=\boldsymbol{w}^{\mathrm{T}}\boldsymbol{X}$，其中 $\boldsymbol{X}=(x_1,x_2,\cdots,x_m)^{\mathrm{T}}$ 为待分类样本，二值分类任务的目标是将模型预测值 $f(\boldsymbol{X})$ 划分为 0/1 两个值，即将样本 X 划分为正例或反例这两种类型之一。图 3-3 表示使用该线性回归模型完成二值分类任务的基本流程，其中激活函数 $g(f(\boldsymbol{X}))$ 的设计是实现二值分类任务的关键要点。

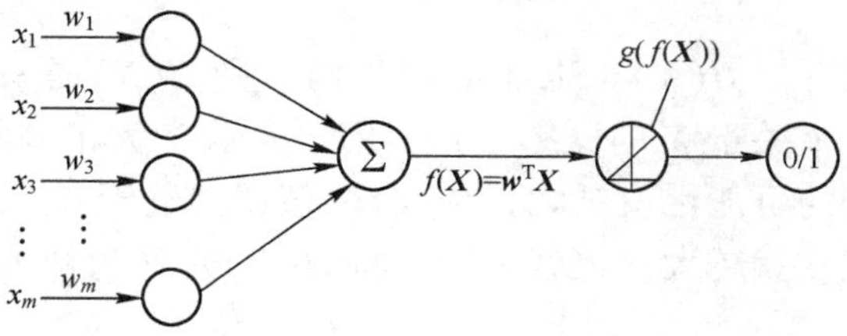

图 3-3 基于线性回归模型的二值分类

显然，式(3-11)所表示的单位阶跃函数 $g(f(\boldsymbol{X}))$ 可以获得比较理想的二值分类效果，即当预测值 $f(\boldsymbol{X})$ 大于零时将样本 X 划分为正例，当 $f(\boldsymbol{X})$ 小于零时将样本 X 划分为反例，$f(\boldsymbol{X})$ 为零时则将样本 X 随机划分为正例或反例中的任意一类。

$$g(f(\boldsymbol{X}))=\begin{cases}0, & f(\boldsymbol{X})<0\\ 0.5, & f(\boldsymbol{X})=0\\ 1, & f(\boldsymbol{X})>0\end{cases} \tag{3-11}$$

然而，函数 $g(f(\boldsymbol{X}))$ 在跳跃点瞬间从 0 跳跃到 1，这个瞬间跳跃过程有时在数学上很难处理，例如在优化计算时不适合进行求导运算。因此，希望能够使用一种与单位阶跃函数类似且具有良好单调可微性质的函数作为激活函数。

图 3-4 表示的 Sigmoid 函数满足上述条件且在数学上更易处理，使用 Sigmoid 函数作为线性回归模型激活函数的回归方法通常称为逻辑斯谛(Logistic)**回归**，可通过逻辑斯谛回归实现二值分类效果。Sigmoid 函数的数学表达式如下

$$\text{Sigmoid}(x)=\frac{1}{1+\mathrm{e}^{-x}} \tag{3-12}$$

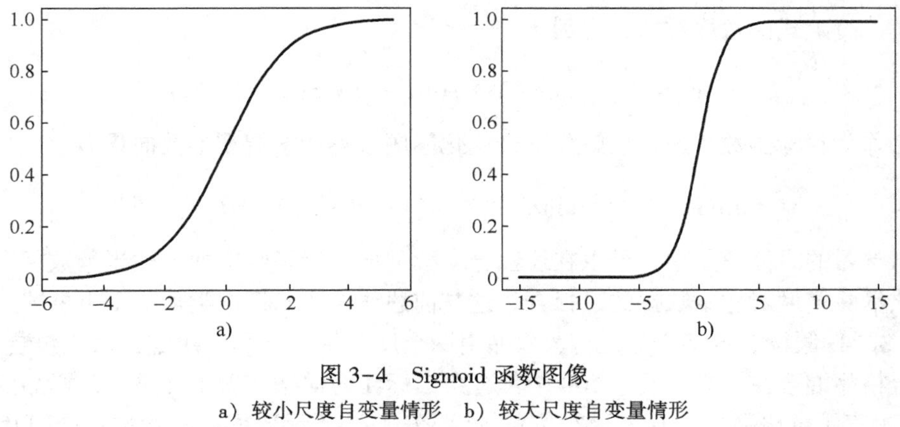

图 3-4 Sigmoid 函数图像

a) 较小尺度自变量情形 b) 较大尺度自变量情形

当 $x=0$ 时，Sigmoid 的函数值为 0.5；随着 x 的增大，对应的 Sigmoid 值逼近于 1；随着 x 的减小，Sigmoid 值逼近于 0。如果 x 轴的刻度足够大，Sigmoid 函数就很接近于阶跃函数。

图 3-4a、b 分别给出了 Sigmoid 函数在不同横坐标尺度下的函数图像。

令 $g(x)=\text{Sigmoid}(x)$，则 Sigmoid 函数的导数 $g'(x)=g(x)[1-g(x)]$。将 $f(\boldsymbol{X})=\boldsymbol{w}^{\mathrm{T}}\boldsymbol{X}$ 作为自变量 x 代入 $g(x)$，可以得到如下激活函数

$$\text{Sigmoid}(f(\boldsymbol{X}))=\frac{1}{1+\mathrm{e}^{-\boldsymbol{w}^{\mathrm{T}}\boldsymbol{X}}} \tag{3-13}$$

令 $H(\boldsymbol{X})=\text{Sigmoid}(f(\boldsymbol{X}))$，则 $H(\boldsymbol{X})$ 是一个值域为（0，1）的函数，可将 $H(\boldsymbol{X})$ 看成是一个关于 $\boldsymbol{X}$ 的概率分布，用于表示 $\boldsymbol{X}$ 为正例的概率，即：$H(\boldsymbol{X})$ 的值越接近 1，则 $\boldsymbol{X}$ 属于正例的可能性就越大；$H(\boldsymbol{X})$ 的值越接近于 0，则 $\boldsymbol{X}$ 属于正例的可能性就越小，属于反例的可能性就越大。也就是说，将 $H(\boldsymbol{X})$ 定义为样本 X 在正例条件下 $f(\boldsymbol{X})=1$ 的后验概率，即有

$$P(f(\boldsymbol{X})=1\mid\boldsymbol{X})=H(\boldsymbol{X})=\frac{1}{1+\mathrm{e}^{-\boldsymbol{w}^{\mathrm{T}}\boldsymbol{X}}}$$

对于每个样本 X，都希望线性分类模型对其分类的类别结果为其真实类别的概率越接近于 1 越好。具体地说，如果样本 X 为正例，希望 $H(\boldsymbol{X})$ 值尽可能地接近 1 或者说越大越好；如果样本 X 为反例，希望 $H(\boldsymbol{X})$ 值尽可能地接近 0，即 $1-H(\boldsymbol{X})$ 的值越大越好。虽然在数学上难以精确地定量表示这个要求，但可用极大似然法对似然函数进行最优化计算以获得优化的模型参数向量 $\boldsymbol{w}$，使得所求的线性模型能够近似地满足上述要求。

对于由任意给定 n 个带标签样本构成的训练样本数据集 $D=\{X_i,y_i\}_{i=1}^{n}$，其中，y_i 表示 X_i 的标签。如果 X_i 为正例，则希望 $P(y_i=1\mid X_i;\boldsymbol{w})$ 的值越大越好，即

$$P(y_i=1\mid X_i;\boldsymbol{w})=H(X_i) \tag{3-14}$$

的值越大越好；如果 X_i 为反例，则希望 $P(y_i=0\mid X_i;\boldsymbol{w})$ 的值越大越好，即

$$P(y_i=0\mid X_i;\boldsymbol{w})=1-P(y_i=1\mid X_i;w)=1-H(X_i)$$

的值越大越好。由于 y_i 的两个取值状态为互补，故可将上述两式结合起来，即有

$$P(y_i\mid X_i;\boldsymbol{w})=H(X_i)^{y_i}[1-H(X_i)]^{1-y_i} \tag{3-15}$$

此时，无论 X_i 为反例还是正例，都希望 $P(y_i\mid X_i;\boldsymbol{w})$ 的值越大越好。由此可得 $H(\boldsymbol{X})$ 在数据集 $D=\{X_i,y_i\}_{i=1}^{n}$ 上的似然函数 l

$$l=\prod_i P(y_i\mid X_i;w)=\prod_i H(X_i)^{y_i}[1-H(X_i)]^{1-y_i}$$

为方便计算，将上式两边取对数，得到

$$L=-\ln l=\sum_{i=1}^{n}[y_i\ln H(X_i)+(1-y_i)\ln(1-H(X_i))]$$

可将 L 作为目标函数，通过求解如下最优化问题获得所求模型参数向量 $\boldsymbol{w}$

$$\boldsymbol{w}=\arg\max_{\boldsymbol{w}}\left\{\sum_{i=1}^{n}[y_i\ln H(X_i)+(1-y_i)\ln(1-H(X_i))]\right\} \tag{3-16}$$

在机器学习的具体应用中，可以在线性分类模型的目标函数中加入适当范数惩罚项，通过正则化方式消除模型对样本数据的过拟合。这与前述线性回归模型类似，不再赘述。

【例题 3.2】 假设确定某产品是否为次品由两个质量指标 x_1 和 x_2 决定，由于包装人员粗心，将次品和合格品混合在一起。现取 100 个具有人工标注的样品，表 3-2 是这些样品的具体数据（其中，$y=1$ 表示合格品，$y=0$ 表示次品）。试用表 3-2 所示数据集合构造一个可用于对产品进行次品与合格品分类的线性分类模型。

表 3-2　某产品质量指标

i	x_1	x_2	y	i	x_1	x_2	y	i	x_1	x_2	y
1	-0.018	14.053	0	21	1.217	9.597	0	41	-0.446	3.297	1
2	-1.395	4.662	1	22	-0.733	9.098	0	42	1.042	6.105	1
3	-0.752	6.539	0	23	-3.642	-1.618	1	43	-0.619	10.32	0
4	-1.322	7.153	0	24	0.316	3.523	1	44	1.152	0.548	1
5	0.423	11.055	0	25	1.416	9.619	0	45	0.828	2.676	1
6	0.407	7.067	1	26	-0.386	3.989	1	46	-1.238	10.549	0
7	0.667	12.741	0	27	1.985	3.230	1	47	-0.683	-2.166	1
8	-2.460	6.867	1	28	-1.693	-0.557	1	48	0.229	5.922	1
9	0.569	9.549	0	29	-0.576	11.778	0	49	-0.96	11.555	0
10	-0.027	10.428	0	30	-0.346	-1.679	1	50	0.493	10.993	0
11	0.850	6.920	1	31	-2.124	2.672	1	51	0.185	8.721	0
12	1.347	13.175	0	32	0.557	8.295	1	52	-0.356	10.326	0
13	1.176	3.167	1	33	1.225	11.587	0	53	-0.398	8.058	0
14	-1.781	9.098	0	34	-1.348	-2.406	1	54	0.825	13.7303	0
15	-0.567	5.749	1	35	1.197	4.952	1	55	1.507	5.028	1
16	0.9316	1.589	1	36	0.275	9.544	0	56	0.099	6.837	1
17	-0.024	6.151	1	37	0.471	9.332	0	57	-0.344	10.717	0
18	-0.036	2.690	1	38	-1.889	9.543	0	58	1.786	7.718	1
19	-0.197	0.444	1	39	-1.528	12.15	0	59	-0.919	11.56	0
20	1.014	5.754	1	40	-1.185	11.309	0	60	-0.364	4.747	1

【解】 这是一个二分类问题，建立线性模型 $f(x_1,x_2,x_3)=w_1x_1+w_2x_2+w_3x_3$。将 w_3 置为线性模型的偏置项，即令 x_3 恒等于 1，则有

$$f(x_1,x_2,x_3)=f(x_1,x_2)=w_1x_1+w_2x_2+w_3$$

令 $\boldsymbol{w}=(w_1,w_2,w_3)^{\mathrm{T}},\boldsymbol{X}_i=(x_{1i},x_{2i},x_{3i})^{\mathrm{T}}$，$i=1,2,\cdots,60$。通过梯度下降算法求解如下似然函数的最优化问题

$$\boldsymbol{w}=\arg\max_{\boldsymbol{w}}\left\{\sum_{i=1}^{n}\left[y_i\ln H(X_i)+(1-y_i)\ln(1-H(X_i))\right]\right\}$$

通过编程计算，解得 $\boldsymbol{w}=(4.125,0.48,-0.618)^{\mathrm{T}}$。由此得到如下分类模型

$$\mathrm{Sigmoid}(f(\boldsymbol{X}))=\frac{1}{1+\mathrm{e}^{-(4.125x_1+0.48x_2-0.618)}}$$

有了分类模型，对于任意一个产品，只要知道该产品的质量指标 x_1 和 x_2，就可以根据上述所求分类模型算出该产品为合格品的概率。□

现在介绍另外一种名为**线性判别分析**(Linear Discriminant Analysis，LDA）的分类方法，该方法也是基于线性模型实现机器学习分类任务，即训练构造一种线性分类器，有时亦称为 **Fisher 线性判别**(Fisher Linear Discriminant，FLD）方法。

线性判别分析的基本思想是在特征空间中寻找一个合适的投影轴或投影直线，并将样本的特性向量投影到该投影直线，使得样本在该投影直线上易于分类。具体地说，对于给定训练样例集，设法将训练样本投影到如图 3-5 所示的一种具有合适方向的直线 $f(\boldsymbol{X})=\boldsymbol{w}^{\mathrm{T}}\boldsymbol{X}$ 上，使得

该直线上同类样例的投影点尽可能接近，而异类样例的投影点则尽可能远离。这样在对新样本进行分类时，可将其投影到该直线上并根据投影点位置确定其类别。

由于不同方向的投影直线会产生不同的投影效果，故投影直线方向的选择是线性判别分析方法的关键。例如，图 3-6a、b 是两个不同投影方向的示意图，显然图 3-6b 的投影效果比较好，可以有效实现对不同类别样本点的分离。

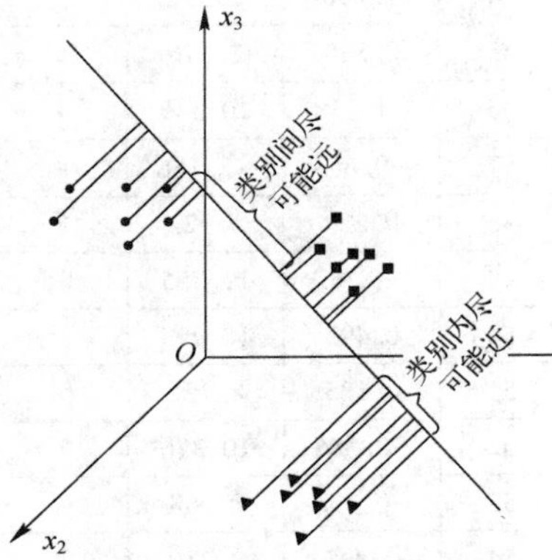

图 3-5　样本点在投影轴上的投影效果

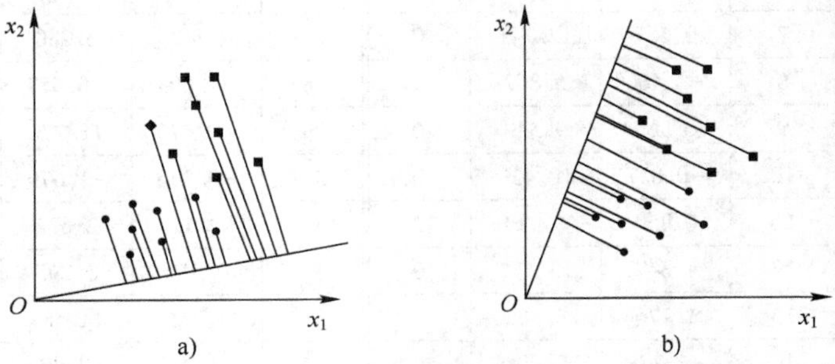

图 3-6　不同投影方向的投影效果

a）非最佳投影方向　b）最佳投影方向

对于给定带标注训练样本数据集 $D=\{X_i,y_i\}_{i=1}^{n},y_i\in\{0,1\}$，假设 D 中有且仅有两类样本，其中：$\boldsymbol{X}_{i_k}$ 为第一类样本，$k=1,2,\cdots,n_1$；$\boldsymbol{X}_{i_t}$ 为第二类样本，$t=1,2,\cdots,n_2$。需要找到一条合适的投影直线 $f(\boldsymbol{X})=\boldsymbol{w}^{\mathrm{T}}\boldsymbol{X}$，使得同类样本在该直线上的投影点尽可能接近且异类样本在该直线上的投影点尽可能远离。为此，首先需要分别计算这两类样本的映像在投影直线上的中心值或均值，由此获得异类样本映射在投影直线上分布的位置差异。

令 $\bar{u}_1$ 和 $\bar{u}_2$ 分别表示第一类和第二类样本投影在直线 $f(\boldsymbol{X})=\boldsymbol{w}^{\mathrm{T}}\boldsymbol{X}$ 上的中心值，则有

$$\bar{u}_1=\frac{1}{n_1}\sum_{k=1}^{n_1}\boldsymbol{w}^{\mathrm{T}}\boldsymbol{X}_{i_k}=\boldsymbol{w}^{\mathrm{T}}\overline{\boldsymbol{X}}_1;\bar{u}_2=\frac{1}{n_2}\sum_{t=1}^{n_2}\boldsymbol{w}^{\mathrm{T}}\boldsymbol{X}_{i_t}=\boldsymbol{w}^{\mathrm{T}}\overline{\boldsymbol{X}}_2$$

其中，$\overline{\boldsymbol{X}}_1$ 和 $\overline{\boldsymbol{X}}_2$ 分别表示第一类样本和第二类样本的中心点坐标，即平均坐标值。

令 $L(\boldsymbol{w})=|\bar{u}_1-\bar{u}_2|=|\boldsymbol{w}^{\mathrm{T}}(\overline{\boldsymbol{X}}_1-\overline{\boldsymbol{X}}_2)|$，则只要选择适当的参数向量 $\boldsymbol{w}$，使得 $L(\boldsymbol{w})$ 的值尽可能大，就能实现异类样本在直线 $f(\boldsymbol{X})=\boldsymbol{w}^{\mathrm{T}}\boldsymbol{X}$ 上的投影点尽可能远离。

对属于同一类的某类样本，可用该类样本的散列值表示它们在直线 $f(\boldsymbol{X})=\boldsymbol{w}^{\mathrm{T}}\boldsymbol{X}$ 上投影点的离散程度。所谓某类样本的**散列值**，就是该类所有样本在直线 $f(\boldsymbol{X})=\boldsymbol{w}^{\mathrm{T}}\boldsymbol{X}$ 上投影值与该类样本在该直线上平均投影值之间的平方误差总和。对于数据集 D，令 $\bar{s}_1^2$ 和 $\bar{s}_2^2$ 分别表示第一类样本和第二类样本的散列值，则有

$$\bar{s}_1^2=\sum_{k=1}^{n_1}(\boldsymbol{w}^{\mathrm{T}}\boldsymbol{X}_{i_k}-\bar{u}_1)^2;\bar{s}_2^2=\sum_{t=1}^{n_2}(\boldsymbol{w}^{\mathrm{T}}\boldsymbol{X}_{i_t}-\bar{u}_2)^2$$

显然，散列值可以用来表示样本在直线 $f(\boldsymbol{X})=\boldsymbol{w}^{\mathrm{T}}\boldsymbol{X}$ 上投影点分布的密集程度：散列值越大，投影点的分布越分散；反之，投影点的分布越集中。

令 $S(\boldsymbol{w})=\bar{s}_1^2+\bar{s}_2^2$，则只要选择适当的参数向量 $\boldsymbol{w}$，使得 $S(\boldsymbol{w})$ 的值尽可能地小，就能实现同类样本在直线 $f(\boldsymbol{X})=\boldsymbol{w}^{\mathrm{T}}\boldsymbol{X}$ 上的投影点尽可能接近。

令 $J(\boldsymbol{w})=|\bar{u}_1-\bar{u}_2|^2/(\bar{s}_1^2+\bar{s}_2^2)$，则投影直线的选择就转化为以 $J(\boldsymbol{w})$ 为目标函数的最优化问

题，即寻找使 $J(\boldsymbol{w})$ 值最大的参数向量 $\boldsymbol{w}$，并将其作为投影直线 $f(\boldsymbol{X})=\boldsymbol{w}^{\mathrm{T}}\boldsymbol{X}$ 的参数。

首先，考察 $J(\boldsymbol{w})$ 的分子

$$(\bar{u}_1-\bar{u}_2)^2=(\boldsymbol{w}^{\mathrm{T}}\overline{\boldsymbol{X}}_1-\boldsymbol{w}^{\mathrm{T}}\overline{\boldsymbol{X}}_2)^2=\boldsymbol{w}^{\mathrm{T}}(\overline{\boldsymbol{X}}_1-\overline{\boldsymbol{X}}_2)(\overline{\boldsymbol{X}}_1-\overline{\boldsymbol{X}}_2)^{\mathrm{T}}\boldsymbol{w}=\boldsymbol{w}^{\mathrm{T}}\boldsymbol{S}_b\boldsymbol{w}$$

其中，$\boldsymbol{S}_b=(\overline{\boldsymbol{X}}_1-\overline{\boldsymbol{X}}_2)(\overline{\boldsymbol{X}}_1-\overline{\boldsymbol{X}}_2)^{\mathrm{T}}$ 称为**类间散度矩阵**。

再考察 $J(\boldsymbol{w})$ 的分母

$$\bar{s}_1^2=\sum_{k=1}^{n_1}(\boldsymbol{w}^{\mathrm{T}}\boldsymbol{X}_{i_k}-\bar{u}_1)^2=\sum_{k=1}^{n_1}(\boldsymbol{w}^{\mathrm{T}}\boldsymbol{X}_{i_k}-\boldsymbol{w}^{\mathrm{T}}\overline{\boldsymbol{X}}_1)^2$$

$$=\sum_{k=1}^{n_1}\boldsymbol{w}^{\mathrm{T}}(\boldsymbol{X}_{i_k}-\overline{\boldsymbol{X}}_1)(\boldsymbol{X}_{i_k}-\overline{\boldsymbol{X}}_1)^{\mathrm{T}}\boldsymbol{w}=\boldsymbol{w}^{\mathrm{T}}\boldsymbol{S}_1\boldsymbol{w}$$

其中，

$$\boldsymbol{S}_1=\sum_{k=1}^{n_1}(\boldsymbol{X}_{i_k}-\overline{\boldsymbol{X}}_1)(\boldsymbol{X}_{i_k}-\overline{\boldsymbol{X}}_1)^{\mathrm{T}}$$

称 $\boldsymbol{S}_1$ 为第一类的**散列矩阵**。

同理，有 $\bar{s}_2^2=\boldsymbol{w}^{\mathrm{T}}\boldsymbol{S}_2\boldsymbol{w}$，其中

$$\boldsymbol{S}_2=\sum_{t=1}^{n_2}(\boldsymbol{X}_{i_t}-\overline{\boldsymbol{X}}_2)(\boldsymbol{X}_{i_t}-\overline{\boldsymbol{X}}_2)^{\mathrm{T}}$$

称 $\boldsymbol{S}_2$ 为第二类的**散列矩阵**。

令 $\boldsymbol{S}_w=\boldsymbol{S}_1+\boldsymbol{S}_2$，将 $\boldsymbol{S}_w$ 称为**类内散度矩阵**，则可将 $J(\boldsymbol{w})$ 转化为

$$J(\boldsymbol{w})=\frac{\boldsymbol{w}^{\mathrm{T}}\boldsymbol{S}_b\boldsymbol{w}}{\boldsymbol{w}^{\mathrm{T}}\boldsymbol{S}_w\boldsymbol{w}} \tag{3-17}$$

在求 $J(\boldsymbol{w})$ 的最大值之前，需要对分母进行归一化处理。为此，令 $|\boldsymbol{w}^{\mathrm{T}}\boldsymbol{S}_w\boldsymbol{w}|=1$，则求 $J(\boldsymbol{w})$ 的最大值等价于求解如下条件极值问题

$$\min\ \boldsymbol{w}^{\mathrm{T}}\boldsymbol{S}_b\boldsymbol{w};\ \text{s. t. } \boldsymbol{w}^{\mathrm{T}}\boldsymbol{S}_w\boldsymbol{w}=1 \tag{3-18}$$

引入拉格朗日乘子：$C(\boldsymbol{w})=\boldsymbol{w}^{\mathrm{T}}S_b\boldsymbol{w}-\lambda(\boldsymbol{w}^{\mathrm{T}}\boldsymbol{S}_w\boldsymbol{w}-\mathbf{1})$，并令 $C(\boldsymbol{w})$ 对 $\boldsymbol{w}$ 的导数为零，得

$$\frac{\mathrm{d}C}{\mathrm{d}\boldsymbol{w}}=2\boldsymbol{S}_b\boldsymbol{w}-2\lambda\boldsymbol{S}_w\boldsymbol{w}=0\Rightarrow\boldsymbol{S}_b\boldsymbol{w}=\lambda\boldsymbol{S}_w\boldsymbol{w}$$

如果 $\boldsymbol{S}_w$ 可逆，则有

$$\boldsymbol{S}_w^{-1}\boldsymbol{S}_b\boldsymbol{w}=\lambda\boldsymbol{w} \tag{3-19}$$

不难看出，$\boldsymbol{w}$ 是矩阵 $\boldsymbol{S}_w^{-1}\boldsymbol{S}_b$ 的特征向量。又因为 $\boldsymbol{S}_b=(\overline{\boldsymbol{X}}_1-\overline{\boldsymbol{X}}_2)(\overline{\boldsymbol{X}}_1-\overline{\boldsymbol{X}}_2)^{\mathrm{T}}$，故有

$$\boldsymbol{S}_b\boldsymbol{w}=(\overline{\boldsymbol{X}}_1-\overline{\boldsymbol{X}}_2)\lambda_w \tag{3-20}$$

其中，$\lambda_w=(\overline{\boldsymbol{X}}_1-\overline{\boldsymbol{X}}_2)^{\mathrm{T}}\boldsymbol{w}$ 为常数。

综合式(3-19)和式(3-20)，可得

$$\boldsymbol{S}_w^{-1}\boldsymbol{S}_b\boldsymbol{w}=\boldsymbol{S}_w^{-1}(\overline{\boldsymbol{X}}_1-\overline{\boldsymbol{X}}_2)\lambda_w=\lambda\boldsymbol{w}$$

由于对 $\boldsymbol{w}$ 伸缩任何常数倍都不会改变投影方向，故可略去未知常数 λ 和 λ_w，得到

$$\boldsymbol{w}=\boldsymbol{S}_w^{-1}(\overline{\boldsymbol{X}}_1-\overline{\boldsymbol{X}}_2) \tag{3-21}$$

至此，只需要算出训练样本的均值和类内散度矩阵，就可获得最佳投影直线。以上求解过程针对二分类问题，可类似求解多分类问题。

【例题 3.3】 假设某产品是否合格取决于 a、b 这两项质量指标，表 3-3 表示 10 个带标注训练样本，试用线性判别分析方法建立产品质量线性分类器。

表 3-3 某产品质量指标

编号 i	1	2	3	4	5	6	7	8	9	10
指标 a	4	2	2	3	4	9	6	9	8	10
指标 b	2	4	3	6	4	10	8	5	7	8
是否合格	是	是	是	是	是	否	否	否	否	否

【解】可以将表 3-3 中的样本数据分为合格与不合格这两类，即

合格类：$\phi_1=\{\boldsymbol{X}_1,\boldsymbol{X}_2,\boldsymbol{X}_3,\boldsymbol{X}_4,\boldsymbol{X}_5\}=\{(4,2)^{\mathrm{T}},(2,4)^{\mathrm{T}},(2,3)^{\mathrm{T}},(3,6)^{\mathrm{T}},(4,4)^{\mathrm{T}}\}$

不合格类：$\phi_2=\{\boldsymbol{X}_6,\boldsymbol{X}_7,\boldsymbol{X}_8,\boldsymbol{X}_9,\boldsymbol{X}_{10}\}=\{(9,10)^{\mathrm{T}},(6,8)^{\mathrm{T}},(9,5)^{\mathrm{T}},(8,7)^{\mathrm{T}},(10,8)^{\mathrm{T}}\}$

算出这两类样本的均值$\overline{\boldsymbol{X}}_1=(3,3.8)^{\mathrm{T}}$和$\overline{\boldsymbol{X}}_2=(8.4,7.6)^{\mathrm{T}}$。再算出这两类样本的散列矩阵

$$\boldsymbol{S}_1=\sum_{X\in\phi_1}(\boldsymbol{X}-\overline{\boldsymbol{X}}_1)(\boldsymbol{X}-\overline{\boldsymbol{X}}_1)^{\mathrm{T}}=\begin{pmatrix}1 & -0.25\\-0.25 & 2.2\end{pmatrix}$$

$$\boldsymbol{S}_2=\sum_{X\in\phi_2}(\boldsymbol{X}-\overline{\boldsymbol{X}}_2)(\boldsymbol{X}-\overline{\boldsymbol{X}}_2)^{\mathrm{T}}=\begin{pmatrix}2.3 & -0.05\\-0.05 & 3.3\end{pmatrix}$$

由 S_1 和 S_2 进一步算出类内散度矩阵 $\boldsymbol{S}_w$

$$\boldsymbol{S}_w=\boldsymbol{S}_1+\boldsymbol{S}_2=\begin{pmatrix}3.3 & -0.3\\-0.3 & 5.5\end{pmatrix}$$

最后，根据公式 $\boldsymbol{w}=\boldsymbol{S}_w^{-1}(\overline{\boldsymbol{X}}_1-\overline{\boldsymbol{X}}_2)$ 算出参数向量 $\boldsymbol{w}$

$$\boldsymbol{w}=\begin{pmatrix}3.3 & -0.3\\-0.3 & 5.5\end{pmatrix}^{-1}\left[\begin{pmatrix}3\\3.8\end{pmatrix}-\begin{pmatrix}8.4\\7.6\end{pmatrix}\right]=\begin{pmatrix}0.9088\\0.4173\end{pmatrix}$$

得到最佳投影直线：$f(\boldsymbol{X})=f(a,b)=0.9088a+0.4173b$。对于任意一个产品对象，若已知该产品的质量指标 $\boldsymbol{X}=(a,b)^{\mathrm{T}}$，则可将其投影到该直线上实现质量分类。□

线性判别分析将原始的高维数据投影到合适的投影直线上完成分类任务，可将投影直线直接推广到一般低维超平面。事实上，线性判别分析实现了一种对高维数据进行降维的效果。因此，线性判别分析还常用于数据降维以实现特征提取，这里不再赘述。

3.2 决策树模型

决策树是一种基于树结构的机器学习模型，常用于回归或分类等预测性任务。决策树的基本思想是直接模拟人类进行级联选择或决策的过程，它按照属性的某个优先级依次对数据的全部属性进行判别，从而得到输入数据所对应的预测输出。决策树模型的求解思路与线性模型有很大差异：决策树模型按照属性的优先级依次对数据的全部属性进行判别，从而完成对样本数据的回归或分类预测任务；线性模型则是将样本数据的所有特征通过赋予权重参数再相加得到一个综合数值，重点在于得到样本数据各属性值的权重参数。因此，决策树模型比线性模型更具可解释性，更易于理解。决策树学习是指从训练样本数据中自动构造出决策树模型的机器学习技术。目前，决策树模型及其机器学习技术已被广泛应用于医学、制造产业、天文学、生物学以及商业等诸多领域。本节首先介绍决策树模型的基本结构，然后分析决策树模型的内部结点选择的判别标准，最后给出决策树模型的若干训练构造算法。

3.2.1 模型结构

决策树模型将思维过程抽象为一系列对已知数据属性的判别或决策过程，使用树结构表示

判别的逻辑关系和一系列的判别过程，并通过叶结点表示判别或决策结果，计算过程条理清晰，逻辑结构一目了然。例如，学生小明在周五晚上考虑他在周末的安排，需要根据诸如有无作业、有无聚会和天气是否适宜等因素做出安排或决策，可用图 3-7 所示的决策树模型表示小明的决策过程。

如图 3-7 所示，决策树是一个外向树模型，包含一个根结点、若干内部结点和叶结点。其中叶结点表示决策的结果，内部结点表示对样本某一属性的判别。这些判别直接或间接地影响着决策的最终结果。从根结点到某一叶结点的路径称为**测试序列**，例如，图 3-8 所示的一条测试序列表示这个周末小明没有作业也没有聚会，并且天气适宜，这种情况所对应的决策结果就是运动。决策树使用内部结点表示对确定属性的判别，每个结点可以看作一个 if-then 规则判别。例如，对于“有无作业”这一属性，如果判别结果为“有”，则小明周末就去学习，否则就进一步判断“有无聚会”。显然，决策树的测试序列可以看作是一系列 if-then 规则判别的组合，因此决策树是一类基于规则的模型。如果将决策树的每个测试序列分别看作一条规则，那么对于给定的机器学习任务和用于处理该任务的决策树模型，每个决策结论将有且仅有一条相应的规则与之对应。

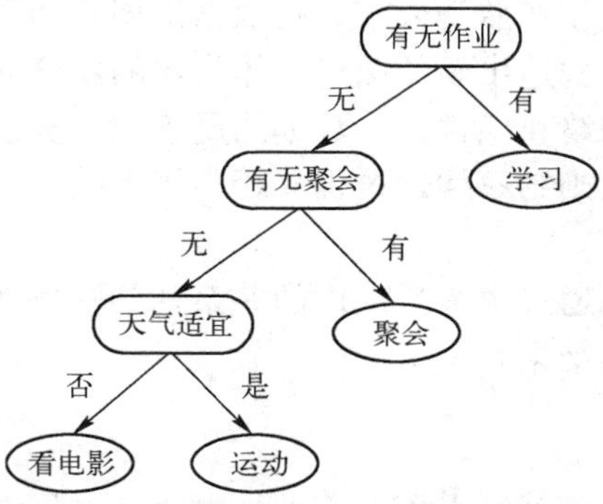

图 3-7　用于周末安排的决策树模型

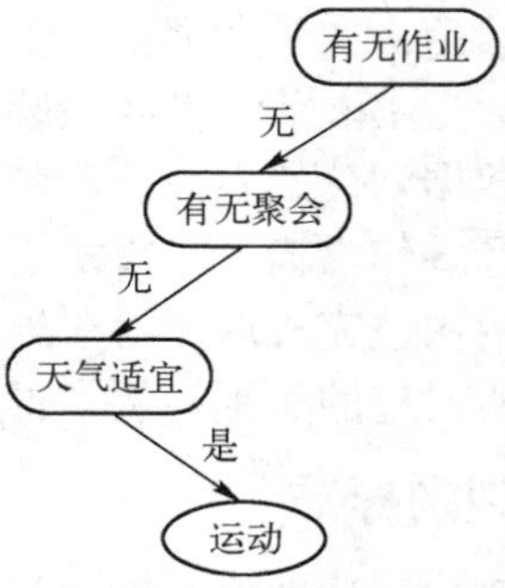

图 3-8　测试序列示意图

【例题 3.4】 现有 12 枚外观相同的硬币，其中有 1 枚是假的且比真币重。如何使用一个无砝码天平把假币找出来，要求不超过三次称重。

【解】 如图 3-9 所示，把硬币等分成三份，用天平分别对其中任意两份进行称重，确定假币在哪一份。之后再对假币所在的那一份进行等分，并通过称重确定假币在哪一份，直至找到假币。由图 3-9 可知，从根到叶就是一种基于分组比较的求解过程，该树有 12 片叶子，故最多有 12 种可能的解。由于树高为 3，故最多只需要 3 次判别就能得到结论。□

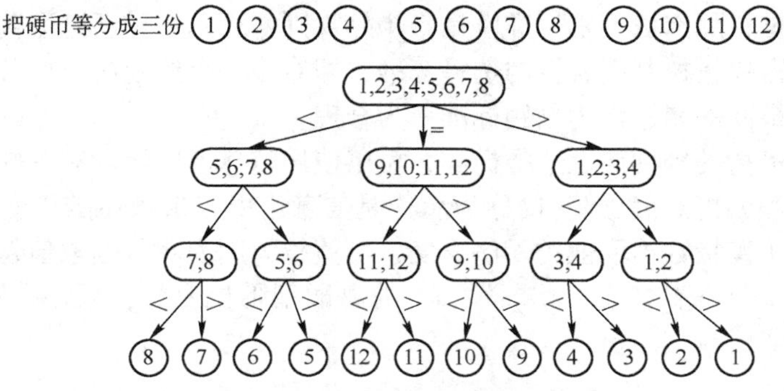

图 3-9　用于找假币的决策树模型

决策树模型的构造可以通过对训练样本数据的学习来实现。事实上，决策树模型的构造是一个通过递归方式对训练样本集不断进行子集划分的过程。例如，对于上述小明周末安排的问题，表 3-4 列出所有 8 种可能状态。在对根结点进行判别之后，原数据集便按“有无作业”被划分为了两个子数据集，即表 3-4 中左边 4 种情况和右边 4 种情况。

不同判别策略会产生不同的属性划分标准，从而在决策树模型中产生不同的内部结点和分支。因此，构造决策树模型的关键在于选择适当内部结点所对应的属性，即通过选择适当的内部结点的判别属性来合理地构造分支。每个分支结点根据判别属性将其对应的数据集划分为相应的子数据集，使得每个子数据集中的样本尽可能属于同一类别。当结点上的数据都是属于同一类别或者没有属性可以再用于对数据集进行划分时，则停止划分并获得划分结果。

表 3-4　周末安排问题的整个数据集

（有作业，有聚会，天气适宜）	（无作业，有聚会，天气适宜）
（有作业，无聚会，天气适宜）	（无作业，无聚会，天气适宜）
（有作业，无聚会，天气不适宜）	（无作业，无聚会，天气适宜）
（有作业，有聚会，天气不适宜）	（无作业，有聚会，天气不适宜）

综上所述，可得决策树构造的基本思路如下：首先，根据某种分类规则得到最优的划分特征，计算最优特征子函数，并创建特征的划分结点，按照划分结点将数据集划分为若干部分子数据集；然后，在子数据集上重复使用判别规则，构造出新的结点，作为树的新分支。在每一次生成子数据集之前，都要检验递归是否符合递归终止条件，即数据均属于同一类别或者再也没有用于数据划分的属性。若满足递归终止条件，则结束构造过程，否则将新结点所包含数据集和类别标签作为输入，重复递归执行。

决策树构造完成后，对于给定的样本输入，可通过决策树提供的一系列判别条件找到最终的叶结点所对应的类别标签，得到判别所需的判别结果。

3.2.2　判别标准

如前所述，构造决策树的关键在于合理选择其内部结点所对应的样本属性，使得结点所对应样本子集中的样本尽可能多地属于同一类别，即具有尽可能高的纯度。如果结点的样本子集属于同一类型，则可将该结点置为该类别的叶结点，不用对其做进一步判别。因此，内部结点所对应样本子集的纯度越高，决策树模型对样本数据的分类能力也就越强。一般来说，决策树判别标准需要满足以下两点：

第一，如果结点对应数据子集中的样本基本属于同一个类别，则不用再对结点的数据子集做进一步划分，否则就要对该结点的数据子集做进一步划分，生成新的判别标准；

第二，如果新判别标准能够基本上把结点上不同类别的数据分离开，使得每个子结点都是类别比较单一的数据，那么该判别标准就是一个好规则，否则需重新选取判别标准。

由以上分析可得决策树判别属性的选择标准，即对于一个给定决策树分支结点，选择该结点所对应子集纯度最高的属性作为判别标准最为合理。

为合理量化决策树的判别属性选择标准，可以使用信息论中熵的有关知识来对样本集合的纯度进行定量表示和分析。**信息熵**（简称为熵）是信息论中定量描述随机变量不确定度的一类度量指标，主要用于衡量数据取值的无序程度，熵值越大则表明数据取值越杂乱无序。

假设 ξ 为具有 n 个可能取值 $\{s_1, s_2, \cdots, s_n\}$ 的离散型随机变量，概率分布为 $P(\xi = s_i) = p_i$，则其信息熵定义为

$$H(\xi) = -\sum_{i=1}^{n} p_i \log_2 p_i \tag{3-22}$$

显然，如果 $H(\xi)$ 值越大，则随机变量 ξ 的不确定性就越大。

对于任意给定的两个离散随机变量 ξ,η，其联合概率分布为

$$P(\xi=s_i,\eta=t_i)=p_{ij},i=1,2,\cdots,n;j=1,2,\cdots,m$$

则 η 关于 ξ 的条件熵 $H(\eta|\xi)$ 定量表示在已知随机变量 ξ 取值的条件下随机变量 η 取值的不确定性，计算公式为随机变量 η 基于条件概率分布的熵对随机变量 ξ 的数学期望，即有

$$H(\eta|\xi)=\sum_{i=1}^{n}p_iH(\eta|\xi=s_i) \tag{3-23}$$

其中，$p_i=P(\xi=s_i),i=1,2,\cdots,n$。

对于任意给定的训练样本集合 D，可将集合 D 看成是一个关于样本标签取值状态的随机变量，由此可根据熵的本质内涵来定义一个量化指标 $H(D)$ 进而度量 D 中样本类型的纯度，通常称 $H(D)$ 为**经验熵**。$H(D)$ 值越大，则表明 D 中所包含样本标签取值越杂乱；$H(D)$ 值越小，则表明 D 中所包含样本标签取值越纯净。$H(D)$ 的具体计算公式如下

$$H(D)=-\sum_{k=1}^{n}\frac{|C_k|}{|D|}\log_2\frac{|C_k|}{|D|} \tag{3-24}$$

其中，n 表示样本标签值的取值状态数；C_k 表示训练样本集 D 中所有标注值为第 k 个取值的训练样本组成的集合，$|D|$ 和 $|C_k|$ 分别表示集合 D 和 C_k 的基数。

对于训练样本集合 D 上的任意属性 A，可在经验熵 $H(D)$ 的基础上进一步定义一个量化指标 $H(D|A)$ 来度量集合 D 中的样本在以属性 A 为标准划分后的纯度，通常称 $H(D|A)$ 为集合 D 关于属性 A 的**经验条件熵**。$H(D|A)$ 的计算公式如下

$$H(D|A)=\sum_{i=1}^{m}\frac{|D_i|}{|D|}H(D_i) \tag{3-25}$$

其中，m 表示属性 A 的取值状态数；D_i 表示集合 D 在以属性 A 为标准划分后所生成的子集，即为 D 中所有属性 A 取第 i 个状态的样本组成的集合。

由经验熵 $H(D|A)$ 的定义可知，其值越小则样本集合 D 的纯度越高。可在经验熵的基础上进一步计算每个属性作为划分指标后对数据集合经验熵变化的影响，即**信息增益**。信息增益度量的是已知随机变量 ξ 的信息使得随机变量 η 的信息不确定性减少的程度。

对于任意给定的训练样本数据集合 D 及其上的某个属性 A，属性 A 关于集合 D 的信息增益 $G(D,A)$ 定义为经验熵 $H(D)$ 与条件经验熵 $H(D|A)$ 之差，即有

$$G(D,A)=H(D)-H(D|A) \tag{3-26}$$

显然，对于属性 A 关于集合 D 的信息增益 $G(D,A)$，如果其值越大则表示使用属性 A 划分后的样本集合纯度越高，使得决策树模型具有更强的分类能力，故可将 $G(D,A)$ 作为标准选择合适的判别属性，通过递归计算样本属性的信息增益以实现对决策树的构造。

【例题 3.5】 表 3-5 所示的数据集表示豌豆种子在不同环境下能否发芽的情况。豌豆种子自身有形状、大小和种皮颜色等特征，外部影响环境有土壤、水分和日照等特征。试通过表 3-5 所示数据集构造决策树并根据最后一行测试数据预测该豌豆能否发芽。

表 3-5　豌豆数据集

编号	形状	颜色	大小	土壤	水分	日照	发芽
1	圆形	灰色	饱满	酸性	多	12h 以上	否
2	圆形	白色	皱缩	碱性	少	12h 以上	是
3	皱形	白色	饱满	碱性	多	12h 以上	否

（续）

编号	形状	颜色	大小	土壤	水分	日照	发芽
4	皱形	灰色	饱满	酸性	多	12 h 以下	是
5	圆形	白色	皱缩	碱性	少	12 h 以下	是
6	皱形	灰色	皱缩	酸性	少	12 h 以上	是
7	圆形	白色	饱满	酸性	少	12 h 以下	是
8	皱形	灰色	皱缩	碱性	多	12 h 以下	否
9	圆形	灰色	皱缩	碱性	少	12 h 以上	否
测试 1	圆形	白色	饱满	碱性	多	12 h 以下	?

【解】 首先，计算训练样本数据集的经验熵。每个训练样本的标注有两个可能的取值，分别是能发芽和不能发芽，其中是能发芽占比为 5/9，不能发芽占比为 4/9，故有

$$H(D)=-\left(\frac{5}{9}\log_2\frac{5}{9}+\frac{4}{9}\log_2\frac{4}{9}\right)=0.99$$

然后，分别计算各属性的信息增益。若以“形状”作为划分属性，则将训练样本集合 D 划分成 D(圆形)和 D(皱形)这两个子集，分别计算 D(圆形)和 D(皱形)的经验熵

$$H(D(\text{圆形}))=-\left(\frac{3}{5}\log_2\frac{3}{5}+\frac{2}{5}\log_2\frac{2}{5}\right)=0.97$$

$$H(D(\text{皱形}))=-\left(\frac{2}{4}\log_2\frac{2}{4}+\frac{2}{4}\log_2\frac{2}{4}\right)=1.00$$

由此可得形状属性的信息增益如下

$$G(D,\text{形状})=0.99-\left[\frac{5}{9}H(D(\text{圆形}))+\frac{4}{9}H(D(\text{皱形}))\right]=0.01$$

同理可得其他属性的信息增益如下：$G(D,\text{颜色})=0.09$，$G(D,\text{大小})=0.09$，$G(D,\text{土壤})=0.09$，$G(D,\text{水分})=0.23$，$G(D,\text{日照})=0.09$。

显然，水分属性的信息增益最大，故选择“水分”作为第一个划分属性，得到图 3-10 所示的初始决策树，其中 $D(\text{多})=\{1,3,4,8\}$ 表示水分为多的训练样本集，$D(\text{少})=\{2,5,6,7,9\}$ 表示水分为少的训练样本集。同理继续对 D(多)和 D(少)进行划分，可得图 3-11 所示的完整决策树。

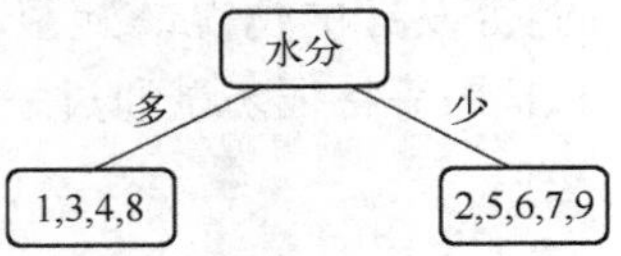

图 3-10 初始决策树

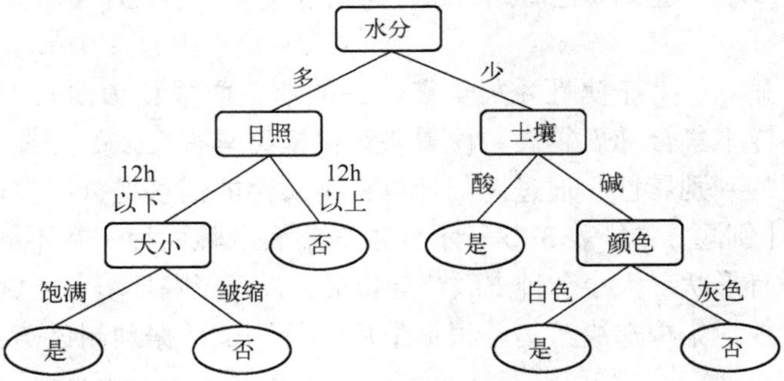

图 3-11 完整决策树

使用所得决策树对测试 1 中的样本进行预测。首先，其“水分”为“多”，故进入左子树，接着其“日照”在“12 h 以下”进入左子树，最后其“大小”为“饱满”得到它的分类为“是”，故根据该决策树的预测结果，判断测试 1 中的样本为能够发芽。□

使用信息增益指标作为划分属性选择标准时，选择结果通常会偏向取值状态数目较多的属性。为解决这个问题，最简单的思路是对信息增益进行归一化，**信息增益率**便可看作对信息增益进行归一化后的一个度量标准。信息增益率在信息增益基础上引入一个校正因子，消除属性取值数目的变化对计算结果的干扰。具体地说，对于任意给定的训练样本数据集合 D 及其上的某个属性 A，属性 A 关于集合 D 的信息增益率$G_r(D,A)$定义如下

$$G_r(D,A)=\frac{G(D,A)}{Q(A)} \tag{3-27}$$

其中 $Q(A)$ 为校正因子，由下式计算

$$Q(A)=-\sum_{i=1}^{m}\frac{|D_i|}{|D|}\log_2\frac{|D_i|}{|D|} \tag{3-28}$$

显然，属性 A 的取值状态数 m 值越大，则 $Q(A)$ 值也越大，由此可以减少信息增益的不良偏好对决策树模型构造所带来的影响，使得所建决策树拥有更强的泛化能力。

对于决策树模型，还可采用**基尼指数**(Gini Index)作为划分标准来选择最优属性。与熵的概念类似，基尼指数可用来度量数据集的纯度。对于任意给定的一个 m 分类问题，假设样本点属于第 k 类的概率为p_k，则关于这个概率分布 p 的基尼指数可以定义为

$$\mathrm{Gini}(p)=\sum_{k=1}^{m}p_k(1-p_k) \tag{3-29}$$

即有

$$\mathrm{Gini}(p)=1-\sum_{k=1}^{m}p_k^2$$

相应地，对于任意给定的样本集合 D，可将其基尼指数定义为

$$\mathrm{Gini}(D)=1-\sum_{k=1}^{m}\left(\frac{|C_k|}{|D|}\right)^2 \tag{3-30}$$

其中，C_k是 D 中属于第 k 类的样本子集；m 是类别数。

样本集合 D 的基尼指数表示在 D 中随机选中一个样本被错误分类的概率。显然，$\mathrm{Gini}(D)$ 的值越小，数据集 D 中样本的纯度越高，或者说 D 中样本种类的一致性越高。

若样本集合 D 根据属性 A 是否取某一可能值 a 而被分割为D_1和D_2两部分，即

$$D_1=\{(X,y)\in D\mid A(X)=a\},D_2=D-D_1$$

则在属性 A 为划分属性的条件下，集合 D 的基尼指数可以定义为

$$\mathrm{Gini}(D,A)=\frac{|D_1|}{|D|}\mathrm{Gini}(D_1)+\frac{|D_2|}{|D|}\mathrm{Gini}(D_2) \tag{3-31}$$

例如，可以根据表 3-5 给出的豌豆数据集计算某些特征的基尼指数，将“大小”作为划分属性把集合划分为 D(饱满)和 D(皱缩)这两个子集，分别计算这两个子集的基尼指数

$$\mathrm{Gini}(D(\text{饱满}))=1-\left[\left(\frac{2}{4}\right)^2+\left(\frac{2}{4}\right)^2\right]=0.5$$

$$\mathrm{Gini}(D(\text{皱缩}))=1-\left[\left(\frac{3}{5}\right)^2+\left(\frac{2}{5}\right)^2\right]=0.48$$

由此可得在“大小”这一属性条件下 D 的基尼指数为

$$\mathrm{Gini}(D,\text{大小})=\frac{4}{9}\mathrm{Gini}(D(\text{饱满}))+\frac{5}{9}\mathrm{Gini}(D(\text{皱缩}))=0.489$$

同理可得：Gini（D,形状）= 0.489，Gini（D,颜色）= 0.433，Gini（D,土壤）= 0.433，Gini（D,水分）= 0.344，Gini（D,日照）= 0.433。其中水分属性的基尼指数最小，故将水分作为第一个划分属性，将集合 D 划分为 D(多)和 D(少)，分别对样本集合 D(多)和 D(少)递归调用以上步骤，最后可得如图 3-12 所示的完整决策树。

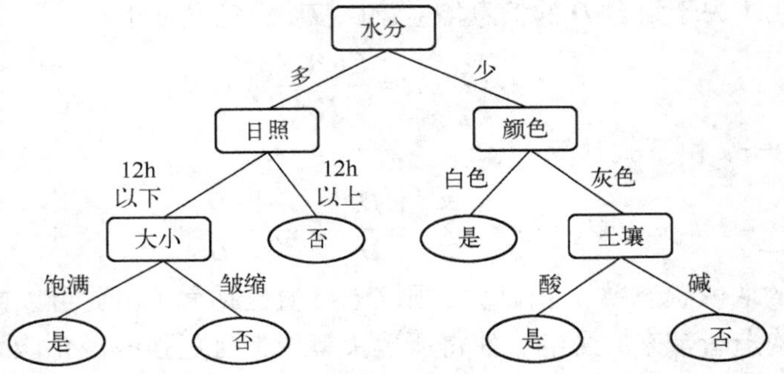

图 3-12　依据基尼指数构造的决策树模型

3.2.3　模型构造

本节介绍基于上述判别标准的三种经典的决策树生成算法，即基于信息增益的 ID3 算法、基于信息增益率的 C4.5 算法以及基于基尼指数的 CART 算法。

ID3 算法以信息增益最大的属性为分类特征，基于贪心策略自顶向下地搜索遍历决策树空间，通过递归方式构造决策树。具体地说：从根结点开始，计算当前结点所有特征的信息增益，选择信息增益最大的特征作为该结点的分类特征，并针对该分类特征的每个不同取值分别建立相应子结点；再分别对所有子结点递归地调用以上方法，构造决策树，直到所有特征的信息增益、很小或没有特征可以选择为止，由此得到一个完整的决策树模型。

【例题 3.6】 表 3-6 是一个由 16 个样本组成的感冒诊断训练数据集 D。每个样本由 4 个特征组成，即体温、流鼻涕、肌肉疼、头疼。其中体温特征有 3 个可能取值：正常、较高、非常高；流鼻涕、肌肉疼、头疼分别有两个可能取值：是、否；样本的标注值为是否感冒。试用 ID3 算法通过训练数据集 D 建立一个用于判断是否感冒的决策树。

表 3-6　感冒诊断数据表

编号	体温	流鼻涕	肌肉疼	头疼	感冒
1	较高	是	是	否	是
2	非常高	否	否	否	否
3	非常高	是	否	是	是
4	正常	是	是	是	是
5	正常	否	否	是	否
6	较高	是	否	否	是
7	较高	是	否	是	是
8	非常高	是	是	否	是
9	较高	否	是	是	是
10	正常	是	否	否	否
11	正常	是	否	是	是
12	正常	否	是	是	是

（续）

编号	体温	流鼻涕	肌肉疼	头疼	感冒
13	较高	否	否	否	否
14	非常高	否	是	否	是
15	非常高	否	是	否	是
16	较高	否	否	是	是

【解】 首先，计算训练数据集 D 的经验熵为

$$H(D)=-\left(\frac{12}{16}\log_2\frac{12}{16}+\frac{4}{16}\log_2\frac{4}{16}\right)=0.8113$$

若以“体温”作为划分属性，则可将数据集 D 划分为 D(正常)、D(较高)、D(非常高)这三个子集合，分别计算它们的经验熵，得到：

$$H(D(\text{正常}))=0.971,\ H(D(\text{较高}))=0.65,\ H(D(\text{非常高}))=0.7219$$

由此可得“体温”属性的信息增益为 $G(D,\text{体温})=0.0385$。同理可得其他属性的信息增益：

$$G(D,\text{流鼻涕})=0.5117,\ G(D,\text{肌肉疼})=0.0038,\ G(D,\text{头疼})=0.0359$$

其中，$G(D,\text{流鼻涕})$ 的值最大，故取“流鼻涕”作为第一个划分属性。

将集合 D 划分为

$$D_1=D(\text{流鼻涕}=\text{是})=\{1,3,4,6,7,8,10,11\}$$
$$D_2=D(\text{流鼻涕}=\text{否})=\{2,5,9,12,13,14,15,16\}$$

对集合 D_1 计算其余三个属性的信息增益，得到：

$$G(D_1,\text{体温})=0.1992,G(D_1,\text{肌肉疼})=0.0924,G(D_1,\text{头疼})=0.1379$$

其中，$G(D_1,\text{体温})$ 的值最大，故选择“体温”作为对集合 D_1 的划分属性。同理，对集合 D_2 计算其余三个属性的信息增益，得到：

$$G(D_2,\text{体温})=0.0157,\ G(D_2,\text{肌肉疼})=0.0157,\ G(D_2,\text{头疼})=0.0032$$

由于 $G(D_2,\text{体温})=G(D_2,\text{肌肉疼})$，故可在这两者中任选其一作为该结点的划分属性。此处选择“肌肉疼”作为集合 D_2 的划分属性。

对于已划分的子数据集，若其不满足算法终止条件，则递归调用上述步骤进一步对子集进行划分，直至满足算法终止条件，得到图 3-13 中所示的完整决策树。□

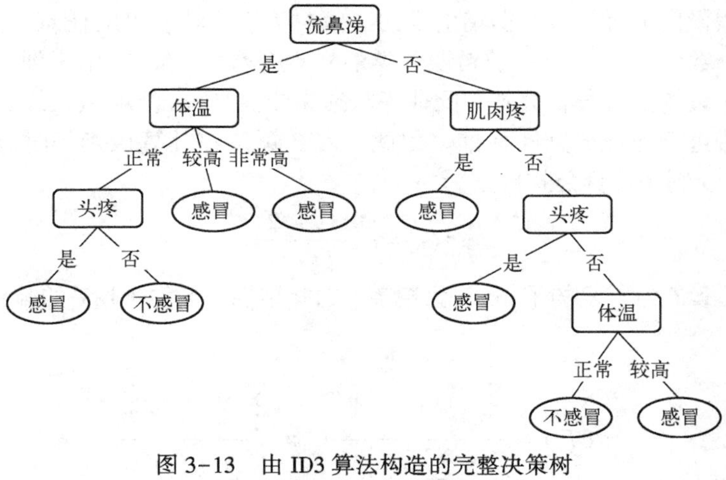

图 3-13　由 ID3 算法构造的完整决策树

ID3 算法所采用的信息增益度量倾向于选择具有较多属性值的属性作为划分属性，有时这些属性可能不会提供太多有价值的信息，并且 ID3 算法并不能处理连续值和缺失值。为此可对 ID3 算法进行改进，使用信息增益率代替信息增益作为决策树判别标准，由此产生 C4.5 算法。C4.5 算法通常泛指基本 C4.5 生成算法、C4.5 剪枝策略，以及拥有多重特性的 C4.5 规则等一整套算法。对于任意给定的训练样本集 D，在 D 上运行 C4.5 算法可以通过学习得到一个从特征空间到输出空间的映射，进而可使用该映射去预测新实例的类别。

在使用基本的 C4.5 算法构造决策树时，信息增益率最大的属性即为当前结点的划分属性。随着递归计算的进行，被计算的属性的信息增益率会变得越来越小，到后期则选择相对比较大的信息增益率的属性作为划分属性。为避免过拟合现象，C4.5 算法中引入了剪枝策略，**剪枝**就是从决策树上裁剪掉一些子树或者叶结点，并将其根结点或父结点作为新的叶结点，从而简化分类树模型。剪枝的目的是为了减少决策树学习中出现的过拟合现象，决策树剪枝策略有**预剪枝**和**后剪枝**两种。

预剪枝是指在决策树的生成过程中，对每个子集在划分前先进行估计，若当前结点的划分不能带来泛化性能的提升，则停止划分并将当前结点标记为叶结点。事实上，在决策树的生成过程中，虽然对有些分支的当前划分并不能提升泛化性能，甚至有可能导致泛化性能暂时下降，但有利于从整体上提升决策树的泛化性能。因此，通常难以保证预剪枝方法不会错误地阻止决策树的生长。后剪枝则先从训练样本集生成一棵完整决策树，然后自底向上或自顶而下考察分支结点，若将该结点对应子树替换为叶结点能提升模型泛化性能，则进行替换。这样可以保证剪枝操作不会降低决策树模型的泛化性能，因此通常采用后剪枝策略。

C4.5 算法通常采用一种名为悲观错误剪枝（Pessimistic-Error Pruning，PEP）的算法来实现对决策树的剪枝优化。PEP 算法是一种自顶而下的后剪枝方法，主要以剪枝前后的错误率为标准来判定是否进行子树的修剪。因此，该方法不需要单独的剪枝数据集。

PEP 算法的基本思想是分别考察每个内部结点对应的子树所覆盖训练样本的误判率与剪去该子树后所得叶结点对应训练样本的误判率，然后通过比较二者间的大小关系确定是否进行剪枝操作。当剪枝后所获得叶结点的误判率小于所对应的子树误判率时，进行剪枝显然提升了决策树的泛化性能。然而，由于 PEP 算法直接通过训练样本集来对子树和叶结点进行评估，导致子树的误判率一定小于叶结点的误判率，从而得到在任何情况下都不需要剪枝的错误结论。为避免出现这种错误结论，PEP 算法在计算误判率时添加了一个经验性惩罚因子。

具体地说，假设由训练样本数据集生成的决策树为 T，对于 T 的任意一个叶结点 t，与其对应的训练样本个数为 $n(t)$，其中被错误分类的样本个数为 $e(t)$。由于训练数据既用于生成决策树又用于对决策树的剪枝，故基于此训练数据集的误判率 $r(t)=e(t)/n(t)$ 具有一定偏差，不能直接作为是否进行剪枝的判断标准。因此，PEP 算法在计算误判率时添加了一个经验性惩罚因子 1/2，将误判率计算公式修正为

$$r'(t)=\frac{e(t)+1/2}{n(t)}$$

不失一般性，设 T_t 为树 T 的子树，i 为覆盖 T_t 的叶结点，N_i 为子树 T_t 的叶结点数，则子树 T_t 的分类误判率为

$$r'(T_t)=\frac{\sum_i [e(i)+1/2]}{\sum_i n(i)}=\frac{\sum_i e(i)+\frac{N_i}{2}}{\sum_i n(i)}$$

在定量分析中，为简单起见，直接使用作为分子的误判样本数代替误判率参与计算。对于叶结点 t，有

$$e'(t)=e(t)+\frac{1}{2}$$

对于子树T_t，有

$$e'(T_t)=\sum_i e(i)+\frac{N_i}{2}$$

由此可得子树T_t被叶结点 t 替换的条件是

$$e'(t)\leqslant e'(T_t)+S_e(e'(T_t)) \tag{3-32}$$

其中，$S_e(e'(T_t))$表示标准误差，具体计算公式如下

$$S_e(e'(T_t))=\left[e'(T_t)\frac{n(t)-e'(T_t)}{n(t)}\right]^{\frac{1}{2}}$$

如果式(3-32)成立，则子树T_t应被修剪掉，并用相应的叶结点替代；否则，不进行剪枝。对所有非叶结点自顶而下依次计算测试，判断它们是否应被修剪掉。

例如，对于图 3-14 所示的决策树，将其中第 i 个结点记为t_i。令 A 和 B 分别表示训练样本集中的两个不同类别。现用 PEP 算法对该决策树进行剪枝。首先，计算各分支结点的误差。例如，t_1对应的训练数据集中包含 55 个 A 类样本、25 个 B 类样本，则 $e(t_1)=25$。表 3-7 中数据为决策树中各分支结点的 PEP 算法参数和算法结果。由计算结果可知t_4结点的子树应该被剪枝，由此可得如图 3-15 所示的剪枝后的优化决策树。

表 3-7　参与 PEP 算法判别各项的取值表

非叶结点	$e'(t)$	$e'(T_t)$	$S_e(e'(T_t))$	是否剪枝
t_1	25.5	8	2.68	否
t_2	10.5	5	2.14	否
t_3	5.5	3	1.60	否
t_4	4.5	4	1.92	是
t_5	4.5	1	0.95	否

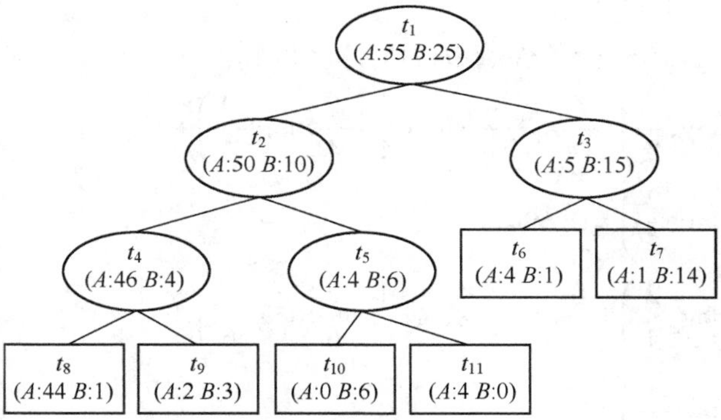

图 3-14　初始决策树

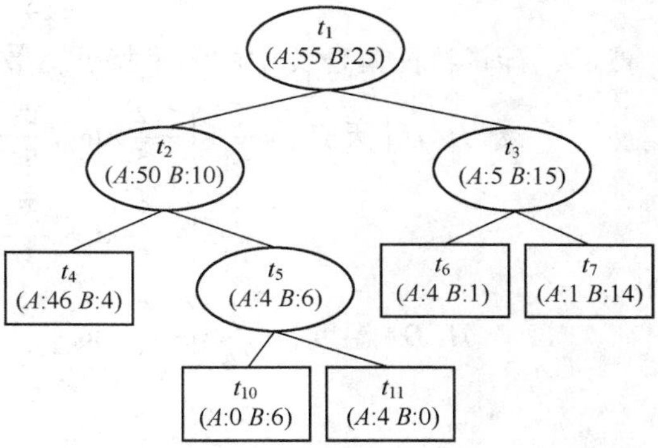

图 3-15　PEP 算法剪枝后的决策树

根据以上分析得到 C4.5 算法的基本步骤如下：

(1) 确定阈值 ε，并令 Γ 表示样本属性组成的集合；

(2) 若数据集 D 中所有样本属于同一个类C_i，则置 Tree 为单结点树，并将C_i作为该结点的类，返回 Tree。若 $\Gamma=\varnothing$，则置 Tree 为单结点树，并将 D 中样本数最大的类C_i作为该结点的类，返回 Tree；否则，分别计算集合 Γ 中所有属性对于训练数据集 D 的信息增益率，选择其中信息增益率最大的属性 A_g 作为划分属性；

（3）如果划分属性 A_g 的信息增益率小于阈值 ε，则置 Tree 为单结点树，并将 D 中实例数最大的类 C_i 作为该结点的类，返回 Tree；否则，对 A_g 的每个可能取值 a_{gi}，依照 $A_g=a_{gi}$ 将 D 分割为若干非空样本子集 D_i，将 D_i 中样本数最大的类别作为标记值，由此构造子结点并由该结点及其子结点构成树 Tree，返回 Tree；

（4）对结点 i，以 D_i 为训练集，以 $\Gamma-\{A_g\}$ 为特征集，递归地调用步骤（2）~步骤（3），得到子树 Tree_i，返回 Tree_i；

（5）对生成的决策树使用 PEP 算法进行剪枝，得到所求优化决策树模型。

【例题 3.7】 某公司每年端午节都会组织公司员工进行龙舟比赛，举行龙舟比赛通常要考虑天气因素，若天气情况糟糕，则公司会取消比赛。现有 2003~2016 年端午节当天的数据（编号为 1~14）及天气情况如表 3-8 所示，试根据该表中的数据集使用 C4.5 算法构造用于帮助公司判断是否会取消龙舟比赛的决策树。

表 3-8 天气情况表

日期	1	2	3	4	5	6	7	8	9	10	11	12	13	14
天气	晴	晴	阴	雨	雨	雨	阴	晴	晴	雨	晴	阴	阴	雨
温度	炎热	炎热	炎热	适中	寒冷	寒冷	寒冷	适中	寒冷	适中	适中	适中	炎热	适中
湿度	高	高	高	高	正常	正常	正常	高	正常	正常	正常	高	正常	高
风速	弱	强	弱	弱	弱	强	强	弱	弱	弱	强	强	弱	强
活动	取消	取消	进行	进行	进行	取消	进行	取消	进行	进行	进行	进行	进行	取消

【解】 对于表 3-8 所示数据集 D，令 A 和 C 分别表示其特征集合和输出空间，则有 $A=\{$天气，温度，湿度，风速$\}$，$C=\{$进行，取消$\}$。首先，计算训练样本集 D 的信息增益：D 中包含 14 个样本，其中属于类别"进行"的有 9 个，属于类别"取消"的有 5 个，其信息增益为

$$H(D)=-\frac{9}{14}\times\log_2\frac{9}{14}-\frac{5}{14}\times\log_2\frac{5}{14}=0.940$$

然后，计算特征集合 A 中的每个特征对数据集 D 的经验条件熵 $H(D|A)$，得到：

$$H(D\mid\text{天气})=\frac{5}{14}\times\left(-\frac{2}{5}\times\log_2\frac{2}{5}-\frac{3}{5}\times\log_2\frac{3}{5}\right)+\frac{4}{14}\times\left(-\frac{4}{4}\times\log_2\frac{4}{4}-\frac{0}{4}\times\log_2\frac{0}{4}\right)+\frac{5}{14}\times\left(-\frac{3}{5}\times\log_2\frac{3}{5}-\frac{2}{5}\times\log_2\frac{2}{5}\right)=0.694$$

$$H(D\mid\text{温度})=\frac{4}{14}\times\left(-\frac{2}{4}\times\log_2\frac{2}{4}-\frac{2}{4}\times\log_2\frac{2}{4}\right)+\frac{6}{14}\times\left(-\frac{4}{6}\times\log_2\frac{4}{6}-\frac{2}{6}\times\log_2\frac{2}{6}\right)+\frac{4}{14}\times\left(-\frac{3}{4}\times\log_2\frac{3}{4}-\frac{1}{4}\times\log_2\frac{1}{4}\right)=0.911$$

$$H(D\mid\text{湿度})=\frac{7}{14}\times\left(-\frac{3}{7}\times\log_2\frac{3}{7}-\frac{4}{7}\times\log_2\frac{4}{7}\right)+\frac{7}{14}\times\left(-\frac{6}{7}\times\log_2\frac{6}{7}-\frac{1}{7}\times\log_2\frac{1}{7}\right)=0.789$$

$$H(D\mid\text{风速})=\frac{6}{14}\times\left(-\frac{3}{6}\times\log_2\frac{3}{6}-\frac{3}{6}\times\log_2\frac{3}{6}\right)+\frac{8}{14}\times\left(-\frac{6}{8}\times\log_2\frac{6}{8}-\frac{2}{8}\times\log_2\frac{2}{8}\right)=0.892$$

根据以上结果可算得每个属性的信息增益值：

$$G(D,\text{天气})=H(D)-H(D\mid\text{天气})=0.940-0.694=0.246$$

$$G(D,\text{温度})=H(D)-H(D\mid\text{温度})=0.940-0.911=0.029$$

$$G(D,\text{湿度})=H(D)-H(D \mid \text{湿度})=0.940-0.789=0.151$$

$$G(D,\text{风速})=H(D)-H(D \mid \text{风速})=0.940-0.892=0.048$$

为计算信息增益率，还需计算各个属性的校正因子 $Q(A)$ 值。天气属性有 3 个取值（晴、雨、阴），其中 5 个样本取晴、5 个样本取雨、4 个样本取阴，故有：

$$Q(\text{天气})=-\frac{5}{14}\times\log_2\frac{5}{14}-\frac{5}{14}\times\log_2\frac{5}{14}-\frac{4}{14}\times\log_2\frac{4}{14}=1.578$$

温度属性有 3 个取值（炎热、适中、寒冷），其中 4 个样本取炎热、6 个样本取适中、4 个样本取寒冷，故有：

$$Q(\text{温度})=-\frac{4}{14}\times\log_2\frac{4}{14}-\frac{6}{14}\times\log_2\frac{6}{14}-\frac{4}{14}\times\log_2\frac{4}{14}=1.557$$

湿度属性有 2 个取值（高、正常），其中 7 个样本取正常、7 个样本取高，故有：

$$Q(\text{湿度})=-\frac{7}{14}\times\log_2\frac{7}{14}-\frac{7}{14}\times\log_2\frac{7}{14}=1.0$$

风速属性有 2 个取值（强、弱），其中 6 个样本取强、8 个样本取弱，故有：

$$Q(\text{风速})=-\frac{6}{14}\times\log_2\frac{6}{14}-\frac{8}{14}\times\log_2\frac{8}{14}=0.985$$

根据以上结果算得信息增益率 $G_r(D,A)$ 的值如下：

$$G_r(D,\text{天气})=0.156;\ G_r(D,\text{温度})=0.018$$

$$G_r(D,\text{湿度})=0.151;\ G_r(D,\text{风速})=0.049$$

由于 $G_r(D,\text{天气})$ 的取值最大，故将天气属性作为所求决策树的第一个决策结点，将样本集合 D 划分为 D(阴)、D(晴)、D(雨) 这三个子集合，其中 $D(\text{阴})=\{3,7,12,13\}$，$D(\text{晴})=\{1,2,8,9,11\}$，$D(\text{雨})=\{4,5,6,10,14\}$。由于 D(阴) 中所有样本都属于同一类，故不再对其进行划分，并将其标记为进行活动。通过递归调用算法分别对样本集合 D(晴) 和 D(雨) 做进一步划分，直到满足算法结束条件。由以上过程可得到图 3-16 所示的决策树模型，其中 Y 表示进行活动的天数，N 表示取消活动的天数。对该决策树所有分支点计算 PEP 算法参数，得到表 3-9 所示的计算结果，由表中数据可知当前决策树已是所求最优决策树，不需要剪枝。□

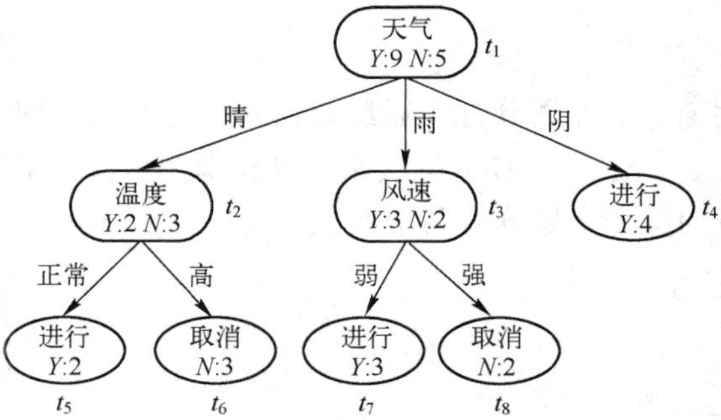

图 3-16　C4.5 生成算法构造的决策树

表 3-9　PEP 算法参数和计算结果

非叶结点	$e'(t)$	$e'(T_t)$	$S_e(e'(T_t))$	是否剪枝
t_1	5.5	2.5	1.43	否
t_2	2.5	1	0.89	否
t_3	2.5	1	0.89	否

上述 ID3 算法和 C4.5 算法构造的决策树模型都属于分类树，即通过数据对象的特征来预测该对象所属的离散类别。CART 算法则既可构造用于分类的分类决策树，也可构造用于回归分析的回归决策树。与 C4.5 算法和 ID3 算法不同的是，CART 算法依据特征取值对训练样本集进行二元划分，使得由 CART 算法构造的决策树必是一棵二叉树。

例如，对于年龄特征的三个取值｛青年，中年，老年｝，相应结点通常应取 3 个分支，由于 CART 算法要求决策树为二叉树，使得内部结点的特征取值为"是"或"否"，故需对该年龄特征的每个取值进行人为二元划分，得到三对不同取值形式，即有：

年龄=青年，年龄≠青年；年龄=中年，年龄≠中年；年龄=老年，年龄≠老年

使用 CART 算法构造分类决策树需选择合适的特征作为结点属性，并选择合适的二元划分形式作为结点分支的判别条件。如前所述，基尼指数值越小就说明二分之后子数据集样本种类的纯度越高，即选择该属性和该二元划分形式分别作为结点属性和判别条件的效果越好。因此，CART 算法主要使用基尼指数值作为划分特征选择的标准。

具体地说，如果需要使用属性 A 将训练样本集划分为两个部分，则需要确定选择何种二元划分方式来构造分支。假设属性 A 的可能取值为 $\{a_1,a_2,\cdots,a_n\}$ 并选择其中第 i 个特征值 a_i 作为划分标准，即该分支所对应的判别条件分别为 $A=a_i$，$A\neq a_i$，则将划分得到的两个子数据集分别记为 D_1、D_2，并算出该划分所对应的基尼指数

$$\mathrm{Gini}_{\sigma_{A,i}(D)}=\frac{|D_1|}{|D|}\mathrm{Gini}(D_1)+\frac{|D_2|}{|D|}\mathrm{Gini}(D_2) \tag{3-33}$$

根据以上方法分别算出特征 A 的所有二元划分所对应的基尼指数，并取其中最小基尼指数所对应的二元划分作为候选分支结点判别条件。计算所有特征的候选分支结点判别条件，取其中基尼指数最小的判别条件作为该结点的分支判别条件，完成对该结点的分支。

CART 算法主要通过最小化平方误差的优化计算方式构造回归决策树。对于输入空间中给定的某个划分，可通过构造回归树将该划分的所有划分单元分别映像到对应输出值上。对于给定回归任务和训练样本集 $D=\{(X_1,y_1),(X_2,y_2),\cdots,(X_n,y_n)\}$，若将该回归任务的输入空间划分为 k 个单元 $L_1,L_2,\cdots,L_k$，则回归决策树 f 在第 s 个单元 L_s 上的整体平方误差为

$$R_s=\sum_{X_i\in L_s}[y_i-f(X_i)]^2 \tag{3-34}$$

显然，当决策回归树 f 对划分 D_s 的输出为该划分中所有输入样本所对应真实标记的均值时，R_s 最小。即当

$$f(X_i)=\frac{1}{|L_s|}\sum_{X_i\in L_s}y_i \quad (X_i\in L_s) \tag{3-35}$$

时，R_s 最小。记

$$\hat{y}_s=\frac{1}{|L_s|}\sum_{X_i\in L_s}y_i \quad (X_i\in L_s)$$

由于 CART 算法要求生成一棵二叉树，故采用递归二元划分方式通过对输入空间的划分构造回归树。具体地说，对于训练样本集 $D=\{X_1,X_2,\cdots,X_n\}$，CART 算法递归寻找单个特征 x_j 作为切分变量并确定 x_j 的某个取值 b 作为切分点，将训练子集划分为两个区域

$$l_1(x_j,b)=\{X\mid x_j\leqslant b\}；\ l_2(x_j,b)=\{X\mid x_j>b\}$$

决策树 f 在这两个区域上的整体误差平方和为

$$\sum_{X_i\in l_1}(y_i-\hat{y}_1)^2+\sum_{X_i\in l_2}(y_i-\hat{y}_2)^2$$

选择不同的切分变量和切分点对上述整体误差平方和进行优化，其值达到最小时所对应的切分变量和切分点即为回归决策树当前结点属性和对应的分支判别条件。因此，回归决策树当前结点的属性 X_j 和对应判别阈值 b 可通过求解如下优化问题得到

$$\min_{x_j,b}\left(\sum_{X_i\in l_1}(y_i-\hat{y}_1)^2+\sum_{X_i\in l_2}(y_i-\hat{y}_2)^2\right) \tag{3-36}$$

递归上述过程直至满足算法终止条件，便可生成一棵完整的回归决策树。此类通过最小化误差平方和而构造的回归树通常也称为**最小二乘回归树**。

【**例题 3.8**】使用表 3-10 所示训练样本集构造一棵含三个叶结点的最小二乘回归树 f。

表 3-10 训练样本集

编号	1	2	3	4	5	6	7	8	9	10
x	1	2	3	4	5	6	7	8	9	10
y	5.56	5.7	5.91	6.4	6.8	7.05	8.9	8.7	9	9.05

【**解**】记编号为 i 的样本为 X_i，由于样本只有一个特征 x，故 x 为最优切分变量。考虑 9 个切分点$\{1.5,2.5,3.5,4.5,5.5,6.5,7.5,8.5,9.5\}$，选用误差平方和作为目标函数 $F(\theta)$，则有

$$F(\theta)=\sum_{X_i\in l_1}(y_i-\hat{y}_1)^2+\sum_{X_i\in l_2}(y_i-\hat{y}_2)^2$$

其中

$$\hat{y}_s=\frac{1}{|L_s|}\sum_{X_i\in L_s}y_i,X_i\in L_s,s=\{1,2\}$$

将上述 9 个切分点分别代入目标函数，例如，取 $\theta=1.5$ 时，有

$$l_1=\{X_1\},l_2=\{X_2,X_3,X_4,X_5,X_6,X_7,X_8,X_9,X_{10}\}；\hat{y}_1=5.56，\hat{y}_2=7.50$$

选取所有不同切分点 θ 可得$\hat{y}_s$的取值如表 3-11 所示。

表 3-11 $\hat{y}_s$取值表

θ	1.5	2.5	3.5	4.5	5.5	6.5	7.5	8.5	9.5
$\hat{y}_1$	5.56	5.63	5.72	5.89	6.07	6.24	6.62	6.88	7.11
$\hat{y}_2$	7.5	7.73	7.99	8.25	8.54	8.91	8.92	9.03	9.05

将$\hat{y}_1,\hat{y}_2$代入目标函数 $F(\theta)$可得到目标函数的取值如表 3-12 所示。

表 3-12 目标函数 $F(\theta)$取值表

θ	1.5	2.5	3.5	4.5	5.5	6.5	7.5	8.5	9.5
$F(\theta)$	15.72	12.07	8.36	5.78	3.91	1.93	8.01	11.73	15.74

可见取 $\theta=6.5$ 时，$F(\theta)$最小。故切分变量 x 的第一个切分点为 $\theta=6.5$。使用选定的切分变量和切分点划分区域，并决定输出值。两个区域分别是

$$l_1=\{X_1,X_2,X_3,X_4,X_5,X_6\}，l_2=\{X_7,X_8,X_9,X_{10}\}$$

当前情况下决策树的输出值为

$$f(X_i\in l_1)=\hat{y}_1=6.24，f(X_i\in l_2)=\hat{y}_2=8.91$$

继续对得到的样本子集进行划分，对l_1继续进行划分，选取不同的切分点 θ 可得到$\hat{y}_s$的取值如表 3-13 所示。计算得 $F(\theta)$的取值如表 3-14 所示。

表 3-13 $\hat{y}_s$取值表

θ	1.5	2.5	3.5	4.5	5.5
$\hat{y}_1$	5.56	5.63	5.72	5.89	6.07
$\hat{y}_2$	6.37	6.54	6.75	6.93	7.05

表 3-14 $F(\theta)$取值表

θ	1.5	2.5	3.5	4.5	5.5
$F(\theta)$	1.3087	0.754	0.2771`	0.4368	1.0644

由表 3-14 中数据可知，当 $\theta=3.5$ 时，$F(\theta)$取值最小，故得切分点为 $\theta=3.5$。由此可得如下所求回归决策树：当 $x\leqslant3.5$ 时，$f(X)=5.72$；当 $3.5<x\leqslant6.5$ 时，$f(X)=6.75$；当 $x>6.5$ 时，$f(X)=8.91$。□

CART 算法主要通过代价复杂度剪枝（Cost-Complexity Pruning，CCP）方法防止所建决策树模型产生过拟合现象。CCP 剪枝方法首先通过某种策略从待剪枝决策树T_0的底端开始不断剪枝，一直剪到T_0的根结点，由此形成一个子树序列$\{T_0,T_1,\cdots,T_n\}$，然后在独立验证数据集上对子树序列进行测试，从中选择最优子树。

为找出决策树中适合剪枝的子树，CCP 方法采用公式$R_\alpha(T)=R(T)+\alpha|T|$度量子树的整体泛化性能。其中，$T$ 为任意子树；$R(T)$为子树 T 对训练样本集的预测误差（如误差平方和）；$|T|$为子树叶结点个数；$\alpha\geqslant 0$ 为参数，用于权衡子树 T 对训练样本集拟合程度与模型复杂度之间的制约关系；$R_\alpha(T)$为参数为 α 时子树 T 的整体泛化性能值，$R_\alpha(T)$的取值越小，则所对应子树 T 的泛化性能就越好。

显然，对给定的 α 值，一定存在使整体泛化性能值$R_\alpha(T)$最小的子树，将其记为T_α。易知最优子树T_α对于给定的 α 值是唯一的。当 α 较大时，T_α的规模偏小，因为此时$R_\alpha(T)$对模型复杂度惩罚力度较大，倾向于生成较小子树；反之，当 α 较小时，最优子树T_α规模较大，极端地，当 $\alpha=0$ 时，整个树为最优，当 $\alpha\to\infty$时，由根结点组成的单结点树为最优。

对于任意给定的待剪枝原始树T_0及其任意内部结点 t，设以 t 为单结点树和以 t 为根结点子树T_t的泛化性能值分别为$R_\alpha(t)$和$R_\alpha(T_t)$，则有

$$R_\alpha(t)=R(t)+\alpha,\ R_\alpha(T_t)=R(T_t)+\alpha|T_t|$$

显然，多结点子树T_t对训练样本集的拟合程度优于单结点子树 t，即有 $R(T_t)<R(t)$。换言之，在 α 较小时，预测误差项所占权重较大，故有：$R_\alpha(T_t)<R_\alpha(t)$。若增大 α 取值，则模型复杂程度对整体性能度量的影响将会逐渐增大，最终使得$R_\alpha(T_t)>R_\alpha(t)$。

不难证明，若取 $\alpha(t)=[R(t)-R(T_t)]/(|T_t|-1)$，则多结点子树$T_t$与单结点子树 t 的整体性能度量取值相等。由于此时 t 的结点较少，因此 t 比T_t更可取，此时可对T_t进行剪枝。

对T_0中每一内部结点 t 计算 $\alpha(t)$值，然后在T_0中剪去 $\alpha(t)$值最小的T_t并将所得子树记为T_1，同时将 $\alpha(t)$的最小值记为α_1。递归上述过程，直至得到由根结点构成的单结点子树。在这一过程中，不断地增加 α 的值，获得一个取值递增的参数序列$\alpha_1,\alpha_2,\cdots,\alpha_n$，以及剪枝后得到的子树序列$\{T_0,T_1,\cdots,T_n\}$。可使用独立测试集从$\{T_0,T_1,\cdots,T_n\}$中选取最优子树$T_\alpha$。具体地说，就是通过独立测试集分别测试子树序列$\{T_0,T_1,\cdots,T_n\}$中各棵子树的泛化性能，从中选择性能最优的子树作为所求剪枝结果。

【例题 3.9】表 3-15 为拖欠贷款人员训练样本数据集，使用 CART 算法基于该表数据以构造决策树模型，并使用表 3-16 中测试样本集确定剪枝后的最优子树。

表 3-15　拖欠贷款人员训练样本数据集

编号	房产状况	婚姻情况	年收入（千元）	拖欠贷款
1	有	单身	125	否
2	无	已婚	100	否
3	无	单身	70	否
4	有	已婚	120	否
5	无	离异	95	是
6	无	已婚	60	否
7	有	离异	220	否
8	无	单身	85	是
9	无	已婚	75	否
10	无	单身	90	是

表 3-16　拖欠贷款人员测试样本数据集

编号	房产状况	婚姻情况	年收入（千元）	拖欠贷款
1	无	已婚	225	否
2	无	已婚	50	是
3	无	单身	89	是
4	有	已婚	320	否
5	有	离异	150	是
6	无	离异	70	否

【**解**】先考察房产状况特征，根据是否有房可将数据集划分为 D(有)={1,4,7} 和 D(无)={2,3,5,6,8,9,10}，分别计算 D(有)和 D(无)的基尼指数

$$\text{Gini}(D(\text{有}))=1-\left(\frac{3}{3}\right)^2-\left(\frac{0}{3}\right)^2=0$$

$$\text{Gini}(D(\text{无}))=1-\left(\frac{4}{7}\right)^2-\left(\frac{3}{7}\right)^2=0.4897$$

故用房产状况特征对 D 进行子集划分时所得的基尼指数为

$$\text{Gini}(D,\text{房产状况})=\frac{3}{10}\times\text{Gini}(D(\text{有}))+\frac{7}{10}\times\text{Gini}(D(\text{无}))=0.343$$

若按婚姻情况特征划分，需对其构造二元划分，此时可将婚姻情况特征分为如下三对可能取值形式，并分别计算每种取值形式所对应子集划分的基尼指数。

"婚姻情况=已婚"和"婚姻情况≠已婚"

"婚姻情况=单身"和"婚姻情况≠单身"

"婚姻情况=离异"和"婚姻情况≠离异"

当划分取值为"婚姻情况=已婚"和"婚姻情况≠已婚"时：

$$\text{Gini}(D(\text{已婚}))=1-\left[\left(\frac{4}{4}\right)^2+\left(\frac{0}{4}\right)^2\right]=0$$

$$\text{Gini}(D(\neg\text{已婚}))=1-\left[\left(\frac{3}{6}\right)^2+\left(\frac{3}{6}\right)^2\right]=0.5$$

$$\text{Gini}(D,\text{婚姻})=\frac{4}{10}\times\text{Gini}(D(\text{已婚}))+\frac{6}{10}\times\text{Gini}(D(\neg\text{已婚}))=0.3$$

当划分取值为"婚姻情况=单身"和"婚姻情况≠单身"时：

$$\text{Gini}(D(\text{单身}))=1-\left[\left(\frac{2}{4}\right)^2+\left(\frac{2}{4}\right)^2\right]=0.5$$

$$\text{Gini}(D(\neg\text{单身}))=1-\left[\left(\frac{5}{6}\right)^2+\left(\frac{1}{6}\right)^2\right]=0.2778$$

$$\text{Gini}(D,\text{婚姻})=\frac{4}{10}\times\text{Gini}(D(\text{单身}))+\frac{6}{10}\times\text{Gini}(D(\neg\text{单身}))=0.3667$$

当划分取值为"婚姻情况=离异"和"婚姻情况≠离异"时：

$$\text{Gini}(D(\text{离异}))=1-\left[\left(\frac{1}{2}\right)^2+\left(\frac{1}{2}\right)^2\right]=0.5$$

$$\text{Gini}(D(\neg\text{离异}))=1-\left[\left(\frac{2}{8}\right)^2+\left(\frac{6}{8}\right)^2\right]=0.375$$

$$\text{Gini}(D,\text{婚姻})=\frac{2}{10}\times\text{Gini}(D(\text{离异}))+\frac{8}{10}\times\text{Gini}(D(\neg\text{离异}))=0.4$$

对比上述计算结果，取值分组"婚姻情况=已婚"和"婚姻情况≠已婚"所得基尼指数最小，故取 Gini(D,婚姻)=0.3。

最后考虑年收入特征，由于该特征为连续性数值，故对其进行二元划分时可用阈值将年收入特征取值范围划分为两个不同区间，具体做法如下：首先，依据"年收入"特征取值对样本进行升序排序，从小到大依次用"年收入"特征相邻取值的均值作为划分阈值，将训练样本集划分为两个子集。

例如，有两个相邻样本的“年收入”取值分别为 60 和 70 时，取它们的均值 65 作为划分阈值，即用 $R=65$ 表示年收入的划分点，将“年收入>R”和“年收入<R”的样本分别划分到两个样本子集中，并计算对应的基尼指数

$$\mathrm{Gini}(D,R=65)=\frac{1}{10}\times0+\frac{9}{10}\times\left[1-\left(\frac{6}{9}\right)^2-\left(\frac{3}{9}\right)^2\right]=0.4$$

同理可得表 3-17 所示其余划分方式及所对应的基尼指数，由表 3-17 中数据可知，使用年收入特征对 D 进行划分的最小基尼指数为 $\mathrm{Gini}(D,R=97.5)=0.3$。

表 3-17　年收入特征的划分方式与基尼指数取值表

年收入	60	70		75		85		90		95		100		120		125		220
中间值	65		72.5		80		87.5		92.5		97.5		110		122.5		172.5	
	≤	>	≤	>	≤	>	≤	>	≤	>	≤	>	≤	>	≤	>	≤	>
是	0	3	0	3	0	3	1	2	2	1	3	0	3	0	3	0	3	0
否	1	6	2	5	3	4	3	4	3	4	3	4	4	3	5	2	6	1
Gini	0.4		0.375		0.343		0.417		0.4		0.3		0.343		0.375		0.4	

根据以上计算可知，婚姻情况和年收入特征所对应基尼指数并列最小，均为 0.3。不妨选取婚姻状况作为第一个划分点，将集合 D 划分为 D(已婚)＝{2,4,6,9}和 D(¬已婚)＝{1,3,5,7,8,10}，得到如图 3-17a 所示的初始决策树。

由于 D(已婚)中所有人均不欠贷款，故不用再划分。对 D(¬已婚)递归调用上述过程继续划分，最后得到图 3-17b 所示的完整决策树，其中 Y 和 N 分别表示两类不同取值的样本数目。

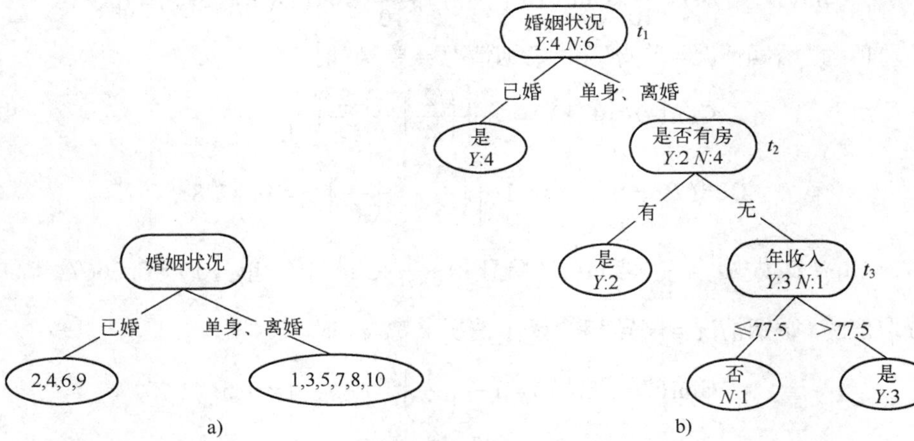

图 3-17　使用 CART 生成算法构造的完整决策树

现对图 3-17b 所示决策树进行 CCP 剪枝优化。设 $k=0, T=T_k, \alpha_k=+\infty$，从根结点$t_1$往下计算每个点的 $\alpha(t)$，得到t_2和t_3的 $\alpha(t)$ 值并列最小，均为 0.1，故有$\alpha_1=0.1$。此时可选择剪枝规模较小的结点，对t_3进行剪枝，得到图 3-18a 所示子树，记为T_1。

令 $k=k+1, T=T_k, \alpha_k=1/10$，对图 3-18a 中决策树继续剪枝，不难得出此时 $\alpha(t_2)$ 的取值 0.1 为最小，故有$\alpha_2=0.1$。剪掉t_2得到图 3-18b 所示子树，记为T_2。

令 $k=k+1, T=T_k, \alpha_k=1/10$，此时决策树只包含一个根结点$t_1$，可算出 $\alpha(t_1)=0.2$，故有$\alpha_3=0.2$。

将未经剪枝的决策树记为T_0，则可得到T_0, T_1, T_2三棵子树，使用表 3-16 中测试集分别测

试三棵子树的性能，得到子树T_0,T_1,T_2的预测错误率分别为

$$E(T_0)=1/3,E(T_1)=1/2,E(T_2)=1/3$$

由于子树T_0与T_2在测试集上的预测错误率并列最小，但T_2的结构较为简单，故选择图 3-18b 所示子树T_2作为所求决策树模型。□

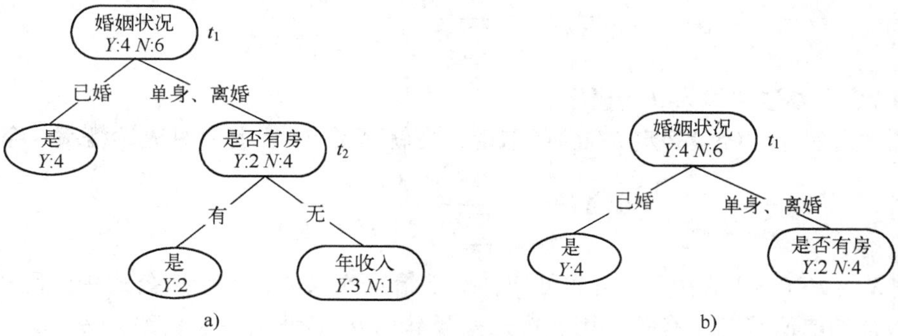

图 3-18　剪枝后的决策树

3.3　贝叶斯模型

贝叶斯模型是一类以贝叶斯方法为基础的机器学习模型。贝叶斯方法提供了一种基于主观概率的数理统计分析方法，使用概率分布表示和理解样本数据，根据样本的先验概率分布和训练样本的标记数据计算出相应的后验概率分布，以贝叶斯风险为优化目标实现对样本数据的分类或回归。大数据时代拥有的海量样本能够为后验概率分布的计算提供有效的数据支撑，使得贝叶斯模型成为非常适合大数据时代的数据处理工具。目前，贝叶斯模型作为一种重要的机器学习模型已在数据挖掘、计算机视觉、自然语言理解、经济统计与预测等领域得到广泛应用。本节首先简要介绍贝叶斯方法及相关概念，包括贝叶斯概率、贝叶斯决策等基础知识；然后给出若干常用的贝叶斯分类模型，包括贝叶斯分类器、朴素贝叶斯分类器和半朴素贝叶斯分类器等；最后，分析讨论贝叶斯回归模型及相应的训练构造方法。

3.3.1　贝叶斯方法

概率是度量随机事件发生可能性大小的一种定量指标。对概率的理解存在两种不同的学术派别，即频率主义学派和贝叶斯学派。频率主义学派认为随机事件发生的概率是客观存在的已知或未知常数，可用事件发生的频率去逼近。贝叶斯学派则认为随机事件发生的概率是人们的主观认识，人们对于任何随机事件发生的可能性大小都有一个初始的主观经验性认识，即先验概率或先验概率分布，然后根据外部环境的实际发生情况对先验概率或先验概率分布进行修正，获得相应的后验概率或后验概率分布，实现对客观世界认识的提升。

用$P(A)$和$P(B)$分别表示事件A和B发生的概率，用$P(A\mid B)$表示在B已发生的条件下A发生的概率，即事件A对事件B的条件概率，则根据条件概率的定义和性质，有

$$P(B\mid A)=P(B)P(A\mid B)/P(A)$$

假设事件A表示机器学习任务中样本的取值状态为X，事件B表示机器学习模型参数θ的取值为θ_i，则上述公式可转化为

$$P(\theta_i\mid X)=P(\theta_i)P(X\mid \theta_i)/P(X) \tag{3-37}$$

其中，$P(\theta_i\mid X)$表示在样本取值状态X的情况下，模型参数取值为θ_i的条件概率。

假设模型参数的各取值状态独立且互斥，则可根据全概率公式得到概率 $P(X)$

$$P(X)=\sum_{k}P(X\mid\theta_k)P(\theta_k) \tag{3-38}$$

代入式(3-37)可得如下贝叶斯公式

$$P(\theta_i\mid X)=\frac{P(\theta_i)P(X\mid\theta_i)}{\sum_{k}P(X\mid\theta_i)P(\theta_i)} \tag{3-39}$$

其中，$P(\theta_i)$表示参数取值为 θ_i的概率。

通常需要通过主观经验确定 $P(\theta_i)$的取值，也就是说 $P(\theta_i)$是一种先验概率。令

$$C(X,\theta_i)=\frac{P(X\mid\theta_i)}{\sum_{k}P(X\mid\theta_i)P(\theta_i)} \tag{3-40}$$

则有 $P(\theta_i\mid X)=P(\theta_i)C(X,\theta_i)$。由此可知，对于给定 θ_i取值，贝叶斯公式中的因子 $C(X,\theta_i)$仅与样本特征的取值状态 X 有关，用于将先验概率 $P(\theta_i)$修正为后验概率 $P(\theta_i\mid X)$。因此，贝叶斯公式的本质就是根据样本取值状态 X 修正先验概率 $P(\theta_i)$以得到后验概率 $P(\theta_i\mid X)$。

基于贝叶斯公式的统计分析与推断方法通常称为**贝叶斯方法**。由以上分析可知，贝叶斯方法的基本求解思路为

后验概率=先验概率×样本信息

贝叶斯方法通过新观察到的样本信息修正以前对样本的认知，就好比人类刚开始时对大自然只有少得可怜的先验知识，但随着不断观察、实验获得了更多的样本信息和结论，人们对自然界的认识也越来越透彻。因此，贝叶斯方法比较符合人类的认知方式。

【例题 3.10】 某抽奖游戏使用三个外观一致的碗和三张抽奖券，其中两张 1 元券和一张 1000 元券。游戏主持人分别用每个碗盖住一张券且不让抽奖者知道每个碗盖得是几元券，在抽奖者选定一个碗之后再翻开剩下两个碗中的一个，使得翻开的碗盖得是 1 元券。抽奖者如何选择才能以较高的概率获得 1000 元券。

【解】 抽奖者最初对三个碗所盖券的情况一无所知，应公平对待三个碗进行选择。令 A_n表示第 n 个碗盖有 1000 元券，则有$P(A_n)=1/3$，$n=1,2,3$。

假设抽奖者选择碗 1，下面讨论主持人打开了碗 2 的概率。由于主持人知道哪个碗盖有 1000 元券，故有：如果碗 1 盖有 1000 元券，则主持人打开碗 2 和碗 3 的概率相等，即均为 1/2；如果碗 2 盖有 1000 元券，则主持人打开碗 2 的概率是 0；如果碗 3 盖有 1000 元券，则主持人打开碗 2 的概率是 1。令 B 表示事件“主持人翻开了碗 2”，则有

$$P(B\mid A_1)=1/2,P(B\mid A_2)=0,P(B\mid A_3)=1$$

可由全概率公式计算 $P(B)$，即

$$P(B)=P(B\mid A_1)P(A_1)+P(B\mid A_2)P(A_2)+P(B\mid A_3)P(A_3)=\frac{1}{2}$$

根据贝叶斯公式 $P(A_i\mid B)=P(B\mid A_i)P(A_i)/P(B)$，算得

$$P(A_1\mid B)=1/3,\ P(A_2\mid B)=0,\ P(A_3\mid B)=2/3$$

因此，如果在抽奖者选择碗 1 的情况下，主持人翻开碗 2，则抽奖者应将碗 3 作为最终选择以期获得 1000 元券。同理可得其余情况下的选择策略。□

上述例题表明，当得到事实 B 时，可以通过该事实将先验概率$P(A_n)$修正为后验概率 $P(A_n\mid B)$，即将$P(A_1)=P(A_2)=P(A_3)=1/3$ 修正为

$$P(A_1 \mid B)=1/3,\ P(A_2 \mid B)=0,\ P(A_3 \mid B)=2/3$$

在没有特定参考信息的情况下，碗 3 盖有 1000 元券的概率$P(A_3)=1/3$，而在已知碗 2 盖有 1 元券的条件下，碗 3 盖有 1000 元券的概率则调整为$P(A_3 \mid B)=2/3$。由此可知，贝叶斯方法可以通过样本的出现情况来更新对假设的信任程度。

基于贝叶斯方法的统计推断或分类预测本质上是在进行最大后验估计，即取后验概率最大的类别作为估计结果。这难免会出现估计值与真实值不一致的情况，在分类任务当中这种不一致表现为出现分类错误的情况。为提高分类正确率，可以考虑降低模型的输出误差。通常情况下，模型对于单个样本的误差可以利用损失函数进行衡量。然而，贝叶斯模型主要通过后验概率进行分类，也就是说贝叶斯模型的输出为后验概率分布。因此，需要从后验概率分布的角度估计模型的输出误差。

事实上，任何模型的输出误差或错判都会产生一定后果，因此需要考虑由输出误差或分类错误而产生的损失。由此产生基于决策风险最小化的贝叶斯决策方法。在所有相关概率都已知的理想情况下，可以以整体条件风险最小化为准则选择最优类别完成分类任务。通常称为**贝叶斯决策**。具体地说，对于输出空间为$y=\{y_1,y_2,\cdots,y_n\}$的分类任务，$f(X)$为分类模型，则实际类别为y_i的样本X被模型$f(X)$分为y_j类的后验概率为$P(f(X)=y_j \mid X)$，可用相应的损失函数λ_{ij}度量其误判风险，所有λ_{ij}值构成的矩阵称为**混淆矩阵**。显然，当$i=j$时，$\lambda_{ij}=0$，故混淆矩阵是一个主对角线元素全为 0 的方阵。

可将训练样本X被错误分类的条件期望风险$R(y_i \mid X)$定义为该样本所有被错分损失函数λ_{ij}的加权平均，即有

$$R(y_i \mid X)=E\lfloor \lambda_{ij}\rfloor=\sum_{j=1}^{n}\lambda_{ij}P(f(X)=y_j \mid X)$$

其中，y_i表示样本X的实际类别。根据贝叶斯公式，可进一步得到

$$R(y_i \mid X)=\sum_{j=1}^{n}\lambda_{ij}\frac{P(f(X)=y_j)P(X \mid f(X)=y_j)}{P(X)} \tag{3-41}$$

其中，$P(f(X)=y_j)$表示模型$f(X)$将样本X分类为y_j的先验概率，通常为训练样本集中类别为y_j的样本所占比例，$P(X)$为归一化因子，对$f(X)$的所有分类类别标记y_j均相同。

对于整个样本数据集D而言，其中每个类别的样本被错分时所产生的风险大小可能有所不同，故在对分类模型进行优化或评估时，需要计算样本集合中所有类型样本的整体条件风险。将X看成是取值于样本集D的随机向量，则分类模型$f(X)$在样本集D上的整体条件风险为

$$R(f)=E_X[R(h(X) \mid X)] \tag{3-42}$$

即有

$$R(f)=\int R(y_i \mid X)P(X)\mathrm{d}X$$

类比经验风险最小化原则，可将训练样本集的条件风险作为样本集上整体条件风险的近似，通过对训练样本集上条件风险最小化以实现对贝叶斯模型的优化。由此可知，只需分别最小化每个类别训练样本的条件风险$R(y_i \mid X)$，就可使近似整体条件风险达到最小，故有如下构造贝叶斯分类模型的基本优化公式

$$\arg\min_{y_i} R(y_i \mid X)=\arg\min_{y_i}\sum_{j=1}^{n}\lambda_{ij}\frac{P(f(X)=y_j)P(X \mid f(X)=y_j)}{P(X)} \tag{3-43}$$

【**例题 3.11**】某种细胞A分为正常细胞w_1和异常细胞w_2。已知先验概率$P(A\in w_1)=0.9$和

$P(A \in w_2)=0.1$，细胞 A 出现某特征 X 的条件概率为 $P(X \mid A \in w_1)=0.2, P(X \mid A \in w_2)=0.4$，决策损失函数为 $\lambda_{11}=0, \lambda_{12}=1, \lambda_{21}=6, \lambda_{22}=0$。试用贝叶斯决策方法判别细胞 A 在出现特征 X 的情况下是否为正常细胞。

【解】 根据贝叶斯公式求出后验概率为

$$P(A \in w_1 \mid X)=\frac{P(A \in w_1)P(X \mid A \in w_1)}{P(X)}=\frac{P(A \in w_1)P(X \mid A \in w_1)}{\sum_{j=1}^{2} P(X \mid A \in w_j)P(A \in w_j)}=0.818$$

$$P(A \in w_2 \mid X)=\frac{P(A \in w_2)P(X \mid A \in w_2)}{P(X)}=\frac{P(A \in w_2)P(X \mid A \in w_2)}{\sum_{j=1}^{2} P(X \mid A \in w_j)P(A \in w_j)}=0.182$$

依据上述后验概率和决策损失函数 λ_{ij} 可求得将细胞 A 分类为正常细胞 w_1 和异常细胞 w_2 的条件期望损失 $R(y_i \mid X)$ 分别为

$$R(A \in w_1 \mid X)=\sum_{j=1}^{2} \lambda_{1j} P(A \in w_j \mid X)=\lambda_{12} P(A \in w_1 \mid X)=0.818$$

$$R(A \in w_2 \mid X)=\sum_{j=1}^{2} \lambda_{2j} P(A \in w_j \mid X)=\lambda_{21} P(A \in w_2 \mid X)=1.092$$

由于 $R(A \in w_1 \mid X)<R(A \in w_2 \mid X)$，故 $A \in w_1$ 成立，即认为 A 是正常细胞。□

3.3.2 贝叶斯分类

贝叶斯分类是基于贝叶斯方法所设计分类算法的总称。这类算法以贝叶斯决策论为基础，通过对贝叶斯条件风险进行最小值优化的方式构造分类模型。通常将这类分类模型称为**贝叶斯分类模型**。常用的贝叶斯分类模型有贝叶斯分类器、朴素贝叶斯分类器、半朴素贝叶斯分类器等。这些分类模型的构造方式大致相同，区别主要在于不同的分类模型对模型中多个随机变量之间条件独立性的假设有所不同。

在所有相关概率都已知的理想情况下，贝叶斯分类器以后验概率和误判损失为标准选择最优类别标记以完成分类任务，它是一种最基本的统计分类方式。要构造一个贝叶斯分类器，首先需要计算各种情况下的误判损失值 λ_{ij}，建立混淆矩阵；然后计算训练样本 X 被分为不同类别的条件风险 $R(y_i \mid X)$；最后，通过最小化每个训练样本条件风险 $R(y_i \mid X)$ 的方式构造分类模型。贝叶斯分类器通过最小化训练样本集条件风险的优化方式构造，故是各种分类器中分类错误概率最小或在给定代价情况下平均风险最小的分类器。

【例题 3.12】 设有 21 枚硬币，表 3-18 为硬币分类问题训练数据集，其中 X 表示硬币的重量（单位：g），y 表示硬币的面值（角）。试根据表 3-18 中的数据构造贝叶斯分类器，并预测一重量为 2g 的硬币的币值。

表 3-18　硬币分类问题训练数据集

编号	1	2	3	4	5	6	7	8	9	10	11
X	2	2	2	2	2	2	2	2	4	4	4
y	1	1	1	1	1	1	1	5	5	5	5
编号	12	13	14	15	16	17	18	19	20	21	
X	4	4	4	4	6	6	6	6	6	6	
y	5	5	1	10	10	10	10	10	10	5	

【解】首先，计算各种情况下的误判损失值λ_{ij}并建立混淆矩阵，假设混淆矩阵中的元素取值如表 3-19 所示。

令$f(x)$为所求的贝叶斯分类器，分别计算各个训练样本被分为不同类别的条件风险。由于 1 角硬币共有 8 枚，其中 7 枚 2 g 重，1 枚 4 g 重，0 枚 6 g 重；5 角硬币共 7 枚，其中 1 枚 2 g 重，5 枚 4 g 重，1 枚 6 g 重；10 角硬币（1 元硬币）共有 6 枚，其中 0 枚 2 g 重，1 枚 4 g 重，5 枚 6 g 重，故可算得$f(X)=y_j$的各类先验概率$P(f(X)=y_j)$

表 3-19　混淆矩阵取值表

λ_{ij}	1（角）	5（角）	10（角）
1（角）	0	0.5	0.9
5（角）	0.2	0	0.6
10（角）	0.1	0.2	0

$$P(f(X)=1)=8/21,\ P(f(X)=5)=7/21,\ P(f(X)=10)=6/21$$

和样本特征值X的条件概率$P(X\mid f(X)=y_j)$。以$X=2$ g 为例，有

$$P(X=2\mid f(X)=1)=7/8,\ P(X=2\mid f(X)=5)=1/7,\ P(X=2\mid f(X)=10)=0$$

由此可得y取不同类别值时分错为其他类别的条件风险

$$R(y=1\mid X=2)=P(X=2\mid y=1)P(y=1)\lambda_{11}+P(X=2\mid y=5)P(y=5)\lambda_{21}+P(X=2\mid y=10)P(y=10)\lambda_{31}=0.2/21$$

可同理算得$R(y=5\mid X=2)=3.5/21$，$R(y=10\mid X=2)=6.9/21$。

由于在$R(y=1\mid X=2)$、$R(y=5\mid X=2)$和$R(y=10\mid X=2)$中，$R(y=1\mid X=2)$的取值最小，故将重量为 2 g 的硬币判定为 1 角。同理可知，将重量为 4 g 的硬币判定为 5 角，以及将 6 g 的硬币判定为 10 角。

由此得到贝叶斯分类器$f(x)$为：若$X=2$g，则$f(x)=1$；若$X=4$g，则$f(x)=5$；若$X=6$g，则$f(x)=10$。使用$f(x)$对重量为 2 g 的硬币进行分类，得到分类结果为 1 角硬币。□

在贝叶斯分类器的构造过程中不难发现，如果每个训练样本有n个属性，每个属性有m个取值，则样本空间的规模将达到m^n种取值状态。实际训练样本数通常远小于这个数目，此时用训练样本的频率来估计后验概率显然不够合理。为此，人们通过在贝叶斯分类器基础上引入条件独立性假设的方式来构造朴素贝叶斯分类器。

面向朴素贝叶斯分类器的条件独立性假设认为，样本的每个特征之间是相互独立的，不存在依赖关系。例如，若希望通过考察苹果的大小、形状和颜色这三个特征构造分类器以判别一个苹果是否为好苹果，则可在苹果的大小、形状和颜色这三个特征相互独立的假设条件下，构造朴素贝叶斯分类器模型。

根据条件独立性假设，可将贝叶斯公式改写为

$$P(f(X)=y_j\mid X)=\frac{P(f(X)=y_j)\prod_{k=1}^{d}P(x_k\mid f(X)=y_j)}{\prod_{k=1}^{d}P(x_k)} \tag{3-44}$$

其中，d为特征个数；x_i表示X第i个属性的取值。

对于给定训练样本X，由于其各属性的取值概率$P(x_k)$对所有类别均相同，故对条件风险的优化只需计算$P(f(X)=y_j\mid X)$的分母，由此可以得到朴素贝叶斯分类器的条件风险为

$$R(y_i\mid X)=\sum_{j=1}^{n}\lambda_{ij}P(f(X)=y_j)\prod_{k=1}^{d}P(x_k\mid f(X)=y_j) \tag{3-45}$$

通过上式可计算出每个训练样本被分类为任意类别的条件风险，通过最小化每个训练样本条件风险便可构造出朴素贝叶斯分类器。

【例题 3.13】假设有 10 个苹果，表 3-20 为它们的体积、颜色、形状和质量数据，试根据该数据集构造用于判别苹果质量的朴素贝叶斯分类器。

表 3-20 苹果数据集

编号	1	2	3	4	5	6	7	8	9	10
体积	小	大	大	大	大	小	大	小	小	大
颜色	青	红	红	青	青	红	青	红	青	红
形状	非圆	非圆	圆	圆	非圆	圆	非圆	非圆	圆	圆
质量	一般	优质	优质	一般	一般	优质	一般	一般	一般	优质

【解】首先，确定混淆矩阵中元素λ_{ij}的取值：当 $i=j$ 时，规定$\lambda_{ij}=0$；否则，规定$\lambda_{ij}=1$。令$f(X)$为所求的朴素贝叶斯分类器。将优质苹果记为 1，一般苹果记为 0，则根据表 3-20 中的数据可算得$f(X)=y_j$的各类先验概率 $P(f(X)=y_j)$

$$P(f(X)=1)=2/5,\ P(f(X)=0)=3/5$$

以及各个样本特征值 x 的条件概率 $P(x\mid f(X)=y_j)$，以“体积=大”为例，有

$$P(\text{体积}=\text{大}\mid f(X)=1)=3/4,\ P(\text{体积}=\text{大}\mid f(X)=0)=1/2$$

由此可得 y 取不同类别值时错分为其他类别的条件风险：

$$\begin{aligned}&R(y=0\mid \text{体积}=\text{大},\text{颜色}=\text{红},\text{形状}=\text{圆})\\&=\lambda_{01}\times P(f(X)=1)\times P(\text{体积}=\text{大}\mid f(X)=1)\times\\&P(\text{颜色}=\text{红}\mid f(X)=1)\times P(\text{形状}=\text{圆}\mid f(X)=1)\\&=0.225\\&R(y=1\mid \text{体积}=\text{大},\text{颜色}=\text{红},\text{形状}=\text{圆})\\&=\lambda_{10}\times P(f(X)=0)\times P(\text{体积}=\text{大}\mid f(X)=0)\times\\&P(\text{颜色}=\text{红}\mid f(X)=0)\times P(\text{形状}=\text{圆}\mid X=0)\\&=0.016\end{aligned}$$

根据以上计算结果，体积大的红色圆苹果应为优质苹果。可同理算得其他属性取值状态下的最小贝叶斯风险分别为

$$\begin{aligned}&R(y=1\mid \text{体积}=\text{大},\text{颜色}=\text{红},\text{形状}=\text{非圆})=0.033\\&R(y=0\mid \text{体积}=\text{大},\text{颜色}=\text{青},\text{形状}=\text{圆})=0\\&R(y=0\mid \text{体积}=\text{大},\text{颜色}=\text{青},\text{形状}=\text{非圆})=0\\&R(y=1\mid \text{体积}=\text{小},\text{颜色}=\text{红},\text{形状}=\text{圆})=0.0167\\&R(y=0\mid \text{体积}=\text{小},\text{颜色}=\text{红},\text{形状}=\text{非圆})=0.025\\&R(y=0\mid \text{体积}=\text{小},\text{颜色}=\text{青},\text{形状}=\text{圆})=0\\&R(y=0\mid \text{体积}=\text{小},\text{颜色}=\text{青},\text{形状}=\text{非圆})=0\end{aligned}$$

综上所述，可构造如表 3-21 所示的朴素贝叶斯分类器。

表 3-21 朴素贝叶斯分类器分类结果表

体积	大	大	大	大	小	小	小	小
颜色	红	红	青	青	红	红	青	青
形状	圆	非圆	圆	非圆	圆	非圆	圆	非圆
质量	优质	优质	一般	一般	优质	一般	一般	一般

在朴素贝叶斯分类器的属性之间，条件独立性假设在很多情况下并不能满足实际需要，因为对于很多实际问题，样本的多个属性之间往往存在或多或少的联系，强制限定它们相互独立往往会在一定程度上影响模型预测的准确性。为此在朴素贝叶斯分类器的基础上进一步提出了一种名为**半朴素贝叶斯分类器**的分类模型，该模型允许样本的部分属性之间存在依赖关系，使得分类模型不至于忽略比较强的属性依赖关系，通常采用一种名为**独依赖估计**（One-Dependent Estimator，简称**ODE**）的策略来表达样本属性之间的依赖关系。ODE 策略的基本思想是假设样本的每个属性都可单独依赖且仅依赖另外一个属性，或者说样本的每个属性都可关联且仅关联一个对其产生一定影响的另一属性。

根据 ODE 策略，对于任意给定的一个样本 X，假设 x_i 是 X 的任一属性，$pa(x_i)$ 是 x_i 的依赖属性，则可根据贝叶斯公式和样本属性之间的条件独立性得到样本 X 属于类别 y 的概率

$$P(y \mid X) = P(f(X) = y) \prod_{i=1}^{d} P(x_i \mid y, pa(x_i)) \tag{3-46}$$

显然，构造半朴素贝叶斯分类器的关键在于如何确定每个属性的依赖属性。最简单的方法就是具体指定某个属性是所有其他属性的依赖属性，称为 SP**ODE** 方法，其中被指定的依赖属性称为**超父**。例如，可以指定风向、云层厚度和颗粒物含量属性全部依赖季节属性，此时季节属性就是一个超父。SPODE 方法的具体实现思路：首先，分别让每个属性当一次超父；然后通过带标签的训练集找出使得预测误差最小的超父，并将其作为所求模型的超父。

【例题 3.14】 试用表 3-20 所示苹果数据集，构造判别苹果品质的半朴素贝叶斯分类器。

【解】 首先，确定混淆矩阵中元素 λ_{ij} 的取值：当 $i=j$ 时，规定 $\lambda_{ij}=0$；否则，规定 $\lambda_{ij}=1$。令 $f(X)$ 为所求的半朴素贝叶斯分类器。将优质苹果记为 1，一般苹果记为 0，根据表 3-20 中的数据集可算得 $f(X)=y_j$ 的各类先验概率 $P(f(X)=y_j)$

$$P(f(X)=1)=2/5, P(f(X)=0)=3/5$$

当属性之间的依赖关系为形状属性与颜色属性都依赖于体积属性时，可算得各样本特征值 x 的条件概率 $P(x \mid f(X)=y_j)$，分别以“体积=大”与“颜色=红”为例，算得：

$$P(\text{体积=大} \mid f(X)=1)=3/4,\ P(\text{体积=大} \mid f(X)=0)=1/2$$

$$P(\text{颜色=红} \mid f(X)=1, \text{体积=大})=1,\ P(\text{颜色=红} \mid f(X)=0, \text{体积=大})=0$$

由此可得 y 取不同类别值时错分为其他类别的条件风险：

$$\begin{aligned}
&R(y=0 \mid \text{大小=大,颜色=红,形状=圆})\\
&=\lambda_{01}\times P(f(X)=1)\times P(\text{体积=大} \mid f(X)=1)\times\\
&P(\text{颜色=红} \mid f(X)=1,\text{体积=大})\times P(\text{形状=圆} \mid f(X)=1,\text{体积=大})\\
&=0.2
\end{aligned}$$

同理可得：$R(y=1 \mid \text{大小=大,颜色=红,形状=圆})=0$。

根据以上计算结果可知，一个体积大的红色圆苹果应为优质苹果。可同理算得其他属性取值状态下的最小贝叶斯风险分别为

$$R(y=1 \mid \text{体积=大,颜色=红,形状=非圆})=0$$
$$R(y=0 \mid \text{体积=大,颜色=青色,形状=圆})=0$$
$$R(y=0 \mid \text{体积=大,颜色=青,形状=非圆})=0$$
$$R(y=1 \mid \text{体积=小,颜色=红,形状=圆})=0.033$$
$$R(y=0 \mid \text{体积=小,颜色=红,形状=非圆})=0$$
$$R(y=0 \mid \text{体积=小,颜色=青,形状=圆})=0$$

$$R(y=0\mid 体积=小,颜色=青,形状=非圆)=0$$

由上述计算结果可知，当体积属性与颜色属性都依赖于形状属性，或者体积属性与形状属性都依赖于颜色属性时，可以得到相同的半朴素贝叶斯分类器，故所求半朴素贝叶斯分类器的分类结果如表 3-22 所示。

表 3-22　半朴素贝叶斯分类器分类表

体积	大	大	大	大	小	小	小	小
颜色	红	红	青	青	红	红	青	青
形状	圆	非圆	圆	非圆	圆	非圆	圆	非圆
品相	优质	优质	一般	一般	优质	一般	一般	一般

半朴素贝叶斯分类器只是建立了一种比较简单的属性依赖关系，有时并不能满足实际问题的需要。事实上，可以根据属性之间的因果关系中所蕴含的条件独立性，建立适当的概率模型来表达属性依赖关系并进行概率计算。这种模型通常使用图的拓扑结构来表达属性之间的复杂概率依赖关系和条件独立关系，由此实现对于不确定性因果关系的概率推理和统计预测，故亦称这类模型为**概率图模型**。比较典型的概率图模型有马尔可夫链、隐含马尔可夫模型、马尔可夫模型随机场、贝叶斯网络、动态贝叶斯网络、混合贝叶斯网络等。这些模型的学习和统计推断算法通常比较复杂，这里不再赘述。

3.3.3　贝叶斯回归

机器学习的回归任务是通过考察训练样本属性值和标签值之间的依存关系建立回归模型，并使该模型能够预测新样本在已知属性值条件下所对应的连续型标签值。如果训练集中的样本特征值与标签值之间基本满足某种函数关系，则可通过构造适当线性回归模型拟合样本特征数据。然而，有时候需要估计或确定变量值以一定的置信度在某个区间范围内取值，而线性回归模型则难以提供所需的置信区间，此时可用贝叶斯回归方法实现对新样本的区间预测。

贝叶斯回归是一种使用贝叶斯统计理论对动态线性模型进行时间序列预测的方法。该方法在构造回归模型时不仅使用线性模型信息及样本数据信息，还使用先验概率分布信息。这也是其区别于传统线性回归模型的主要标志。贝叶斯回归首先对总体分布的未知参数给定一个先验概率分布，该分布可根据以前的数据或经验给出，也可完全由人为主观给出；然后通过贝叶斯公式将先验概率分布、总体分布、样本信息进行整合得到后验概率分布，并由后验概率分布构造线性模型对目标进行预测。

由于贝叶斯回归模型的参数多为连续值，故用连续型概率密度函数表示这些参数的先验概率和后验概率。假设 θ 是贝叶斯回归模型 $\varphi(X)$ 的某个参数，$f(\theta)$ 和 $f(\theta\mid X)$ 分别表示 θ 的先验概率密度和后验概率密度，则可将贝叶斯公式表示为

$$f(\theta\mid X)=\frac{f(\theta)f(X\mid\theta)}{f(X)} \tag{3-47}$$

其中，$f(X)$ 为证据因子。

由于 $f(X)$ 对所有类别标记的取值均相同，故可用 $f(\theta\mid X)\propto f(\theta)f(X\mid\theta)$ 对参数 θ 进行优化求解。下面以贝叶斯一元回归模型为例，介绍贝叶斯回归模型构造的具体过程。假设贝叶斯一元回归模型的形式为

$$\varphi(X)=\theta_0+\theta_1 X+\varepsilon \tag{3-48}$$

其中，ε 为样本 X 所对应的扰动。

由于模型 φ 对所有样本输出都存在一定的扰动，故不失一般性地假设该模型在整个数据集上对样本输出的扰动服从正态分布 $N(0,\sigma^2)$，此时 θ_0、θ_1、σ 为模型 φ 的全部未知参数。现用训练样本集 $D=\{(X_1,y_1),(X_2,y_2),\cdots,(X_n,y_n)\}$ 构造贝叶斯一元回归模型，具体过程如下。

（1）确定似然函数：令 $\boldsymbol{y}=(y_1,\cdots,y_n)^{\mathrm{T}}$ 且 $\boldsymbol{X}=(X_1,\cdots,X_n)^{\mathrm{T}}$，可通过略去比例常数得到模型 φ 的似然函数为

$$f(y\mid X,\theta_0,\theta_1,\sigma)=\frac{1}{\sigma^n}\exp\left\{-\frac{1}{2\sigma^2}\sum_{i=1}^{n}(y_i-\theta_0-\theta_1X_i)^2\right\} \tag{3-49}$$

（2）确定后验概率：假设先验信息为相互独立的正常数且满足

$$f(\theta_0)\propto C,\ f(\theta_1)\propto C,\ f(\sigma)\propto 1/\sigma$$

其中，C 为任意常数。则有 $f(\theta_0,\theta_1,\sigma)=f(\theta_0)f(\theta_1)f(\sigma)$，由于 $f(\theta_0,\theta_1,\sigma)$ 为正常数，故有：

$$f(\theta_0,\theta_1,\sigma\mid \boldsymbol{X},\boldsymbol{y})\propto f(\theta_0,\theta_1,\sigma)f(\boldsymbol{y}\mid \boldsymbol{X},\theta_0,\theta_1,\sigma) \tag{3-50}$$

即有

$$f(\theta_0,\theta_1,\sigma\mid \boldsymbol{X},\boldsymbol{y})\propto\frac{1}{\sigma^{n+1}}\exp\left\{-\frac{1}{2\sigma^2}\sum_{i=1}^{n}(y_i-\theta_0-\theta_1X_i)^2\right\} \tag{3-51}$$

使用上式右半部分作为优化目标，可得贝叶斯一元回归模型参数估计值

$$\max_{\theta_0,\theta_1,\sigma}\frac{1}{\sigma^{n+1}}\exp\left\{-\frac{1}{2\sigma^2}\sum_{i=1}^{n}(y_i-\theta_0-\theta_1X_i)^2\right\} \tag{3-52}$$

对上述优化目标取对数并分别令其对 θ_0,θ_1,σ 的偏导数为 0，可求得 θ_0 和 θ_1 的估计量

$$\hat{\theta}_0=\bar{y}-\hat{\theta}_1\bar{X}$$

$$\hat{\theta}_1=\frac{\sum_{i=1}^{n}(X_i-\bar{X})(y_i-\bar{y})}{\sum_{i=1}^{n}(X_i-\bar{X})^2}$$

以及 σ^2 的一个无偏估计量

$$\hat{\sigma}^2=S^2=\frac{1}{n-2}\sum_{i=1}^{n}(y_i-\hat{\theta}_0-\hat{\theta}_1X_i)^2\quad(S>0)$$

其中，$\bar{X}=\frac{1}{n}\sum_{i=1}^{n}X_i$；$\bar{y}=\frac{1}{n}\sum_{i=1}^{n}y_i$。

易知在给定 $\boldsymbol{X}$ 和 $\boldsymbol{y}$ 的取值时，θ_0 和 θ_1 的联合概率服从一个二元 t 分布。

（3）预测新数据：基于一个新的观察值 X^* 及过去的经验，可按下列方法求出其因变量 y^* 的预测区间：

首先，求出 y^* 的预测密度

$$f(y^*\mid X^*)=\iiint f(\theta_0,\theta_1,\sigma)f(y^*\mid X^*,\theta_0,\theta_1,\sigma)\,\mathrm{d}\theta_0\mathrm{d}\theta_1\mathrm{d}\sigma \tag{3-53}$$

然后，根据预测密度 $f(y^*\mid X^*)$ 和如下 t 检验分布算出预测区间

$$\frac{y^*-\hat{\theta}_1-\hat{\theta}_2x^*}{\hat{\sigma}\left[1+\frac{1}{n}+\frac{(x^*-\bar{x})^2}{\sum_{i=1}^{n}(x_i-\bar{x})^2}\right]^{1/2}}\sim t_{n-2} \tag{3-54}$$

【**例题 3.15**】某公司自 2013 年 8 月起在网购平台营业，表 3-23 为该公司从 2014 年至 2016 年客流量和销售量的分季度数据。试用贝叶斯线性回归方法预测该公司在 2017 年各季度的销售数据。

【**解**】首先，建立如下贝叶斯回归模型：$y_i \mid x_i = \beta_1 + \beta_2 x_i + u_i, i = 1, 2, \cdots, n$。其中，$y_i$表示第 i 项的服装销售量数据；x_i表示第 i 项的客流量数据；u_i表示第 i 项的扰动数据。

表 3-23　销售数据集

年份	2014				2015	
季度编号 i	1	2	3	4	5	6
实际客流量 x	278024	192265	198943	351096	284000	202733
实际销售量 y	1157	800	785	1464	1352	891
年份	2015		2016			
季度编号 i	7	8	9	10	11	12
实际客流量 x	193745	347777	294308	216352	194490	351546
实际销售量 y	803	1672	1496	908	835	1936

然后，根据表 3-23 中的销售量 y 和客流量 x，利用贝叶斯回归模型的参数估计公式求得模型参数的估计量：$\hat{\beta}_1 = -310.26, \hat{\beta}_2 = 0.0057, S^2 \approx 14787$。

最后，根据 2017 年的客流量预测值 x^* 及贝叶斯预测区间公式得到 2017 年的预测销售量，例如 2017 年 1 季度的客流量预测值 $x^* = 292087$，将 $x^* = 292087$ 代入区间预测公式得

$$\frac{y^* - 1354.64}{127.89} \sim t_{10}$$

在可信度水平为 98%时，得到 $P\{997 \leqslant y^* \leqslant 1713\} = 98\%$。其余预测结果如表 3-24 所示。2017 年各季度的销售量预测值符合往年的数据规律，故预测效果良好。□

表 3-24　贝叶斯回归预测销售量结果

年份	季度编号 i	实际客流量 x	可信度水平%	销售量预测区间	销售量预测中值 y^*
2017	13	292087	98	997~1713	1355
	14	214074	98	549~1271	910
	15	204386	98	490~1219	855
	16	359889	98	1354~2128	1741

3.4　支持向量机

支持向量机（Support Vector Machine，SVM）是一种面向二分类任务的机器学习模型，其模型结构能够在特征空间上产生最大间隔的超平面。构造 SVM 模型的关键在于找到一个使得两类不同类型样本之间间隔最大的超平面，通常采用间隔最大的优化计算方式构造支持向量机。SVM 模型及相关理论是统计机器学习领域的代表性成果，它在解决小样本、非线性及高维模式识别方面具有很多优势，并可推广到函数拟合等其他机器学习领域，已广泛应用于知识

发现与数据挖掘、视频图像处理、模式识别等任务。本节主要介绍 SVM 模型的基本理论及若干关键技术，包括线性可分性、核函数技术、软间隔，以及结构风险分析。

3.4.1 线性可分性

线性可分性刻画的是样本数据的一种基于线性模型的可分性质。具体地说，对于任意给定的带标签样本数据集 $D=\{(X_1,y_1),(X_2,y_2),\cdots,(X_n,y_n)\}$，其中标签值 y_i 取 1 或 −1，分别代表两个不同类别。将 D 中所有示例 X 均看成特征空间中的点，若能用一个超平面将 D 中的两类不同数据完全分隔开来，则称样本数据集 D 为**线性可分**，并称该超平面为**分离超平面**。

可将分离超平面表示为一个非齐次线性方程 $\boldsymbol{w}^{\mathrm{T}}\boldsymbol{X}+b=0$，其中，$\boldsymbol{w}=(w_1,w_2,\cdots,w_k)^{\mathrm{T}}$ 为参数向量；$\boldsymbol{X}=(x_1,x_2,\cdots,x_k)^{\mathrm{T}}$ 为特征向量；b 为偏置量。例如，对如图 3-19 所示的样本数据集，可以找到某个分离超平面 $\boldsymbol{w}^{\mathrm{T}}\boldsymbol{X}+b=0$，该超平面可以将分别由方点和圆点表示的两类不同数据完全分离到它的两侧，使得满足 $\boldsymbol{w}^{\mathrm{T}}\boldsymbol{X}+b>0$ 的所有数据属于一类，满足 $\boldsymbol{w}^{\mathrm{T}}\boldsymbol{X}+b<0$ 的所有数据属于另一类。故该数据集是线性可分的，或者说满足线性可分性。

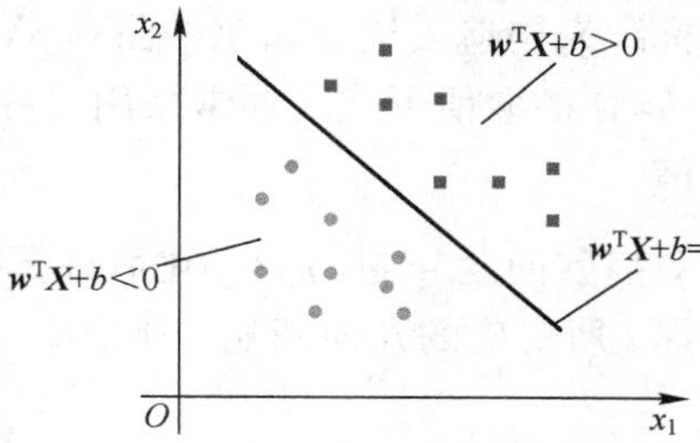

图 3-19 数据在二维空间中的线性可分性

对于一个满足线性可分性的样本数据集，可将其两类不同数据全部分隔开的分离超平面通常不止一个，甚至有无穷多个。不同的分离超平面对样本数据进行分类的效果会有一些差异。显然，两类不同样本数据均距离分离超平面越远，则该分离超平面对样本数据的分类效果就越好。SVM 分类模型正是基于这个思想实现了对样本数据的分类。所谓 SVM 模型，其实就是一个与样本数据集某个分离超平面相关的决策函数，该分离超平面可使得两类样本数据与该分离超平面形成的间隔均为最大。因此，SVM 本质上是一个线性分类模型，但与前述线性分类模型不同的是，SVM 只输出样本类别而不输出样本属于某一类别的概率。

对于超平面 $\boldsymbol{w}^{\mathrm{T}}\boldsymbol{X}+b=0$，可将样本数据点 $\boldsymbol{X}$ 到该超平面的距离表示为 $|\boldsymbol{w}^{\mathrm{T}}\boldsymbol{X}+b|$。由于考察 $\boldsymbol{w}^{\mathrm{T}}\boldsymbol{X}+b$ 值的正负符号与标记 y 来符号是否一致就能确定分类是否正确，故可用 $y(\boldsymbol{w}^{\mathrm{T}}\boldsymbol{X}+b)$ 替代 $|\boldsymbol{w}^{\mathrm{T}}\boldsymbol{X}+b|$ 来表示样本数据点到超平面的距离，通常称为**函数间隔**，即有：

$$d_i=y_i(\boldsymbol{w}^{\mathrm{T}}\boldsymbol{X}_i+b) \tag{3-55}$$

其中，d_i 表示样本数据点 $\boldsymbol{X}_i$ 到分离超平面 $\boldsymbol{w}^{\mathrm{T}}\boldsymbol{X}+b=0$ 之间的距离。

将样本数据集 D 关于超平面 $\boldsymbol{w}^{\mathrm{T}}\boldsymbol{X}+b=0$ 的函数间隔 d 定义为 D 中所有样本数据点到超平面函数间隔的最小值，即有：

$$d=\min d_i \tag{3-56}$$

对于给定的训练样本数据集 $S=\{(\boldsymbol{X}_1,y_1),(\boldsymbol{X}_2,y_2),\cdots,(\boldsymbol{X}_n,y_n)\}$，可用 S 上的函数间隔 d 作为优化指标来构造 SVM 模型，即有：

$$\max_{\boldsymbol{w},b} d;\ \text{s. t. }\ d_i\geqslant d \tag{3-57}$$

如果求得该优化问题的解 $\boldsymbol{w}^*$ 和 b^*，则可得到最优分离超平面 $\boldsymbol{w}^{*\mathrm{T}}\boldsymbol{X}+b^*=0$，从而得到所求 SVM 模型：

$$f(\boldsymbol{X})=\operatorname{sgn}(\boldsymbol{w}^{*\mathrm{T}}\boldsymbol{X}+b^*) \tag{3-58}$$

通常称使得约束条件中的等号成立的训练样本点所对应的向量为该 SVM 的**支持向量**。

图 3-20 为某个二维空间上的 SVM 模型，其中每个支持向量到最优分离超平面的函数间隔均为 d。

对于任意给定的超平面 $\boldsymbol{w}^{\mathrm{T}}\boldsymbol{X}+b=0$ 和训练样本 X_i，若同时同比例缩放其参数向量 $\boldsymbol{w}$ 和偏置量 b，则该超平面方程式显然不会改变，但由于 $d_i=y_i(\boldsymbol{w}^{\mathrm{T}}\boldsymbol{X}_i+b)$，故此时会改变函数间隔 d_i 的取值。若对不同训练样本 X_i 采用不同的缩放比例，则显然会引起函数间隔 d_i 取值的混乱，导致 $d=\min d_i$ 的优化比较不可行。因此，要想用函数间隔作为优化标准来构造最优分离超平面和 SVM，就必须对 $\boldsymbol{w}$ 或 b 的取值补充一定的约束条件以规范 $\boldsymbol{w}^{\mathrm{T}}\boldsymbol{X}+b=0$ 的取值形式。通常采用对参数向量 $\boldsymbol{w}$ 进行归一化处理的方式以实现对 $\boldsymbol{w}^{\mathrm{T}}\boldsymbol{X}+b=0$ 的规范取值。

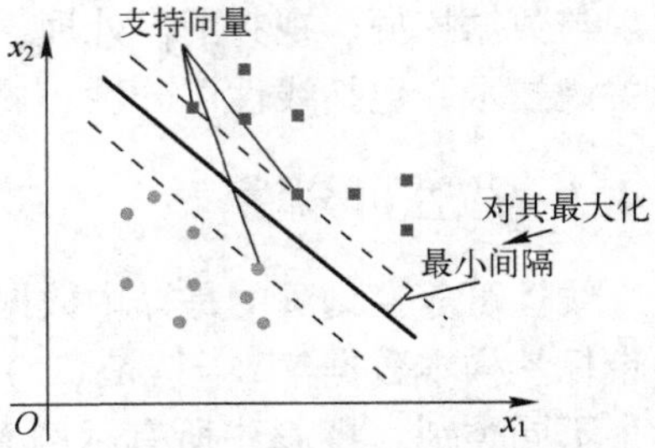

图 3-20　支持向量的函数间隔

对参数向量 $\boldsymbol{w}$ 进行归一化后计算得到的函数间隔通常称为**几何间隔**。具体地说，令 $\hat{d}_i$ 为函数间隔 d_i 所对应的几何间隔，则有

$$\hat{d}_i=\frac{y_i(\boldsymbol{w}^{\mathrm{T}}\boldsymbol{X}_i+b)}{\|\boldsymbol{w}\|}=\frac{d_i}{\|\boldsymbol{w}\|}$$

其中，$\|\boldsymbol{w}\|$ 为参数向量 $\boldsymbol{w}$ 的 2-范数。

此时，可通过求解如下优化问题构造 SVM 模型

$$\max_{\boldsymbol{w},b}\hat{d}=\frac{d}{\|\boldsymbol{w}\|};\text{s. t. } \hat{d}_i\geqslant\hat{d} \tag{3-59}$$

由于函数间隔的取值可通过参数向量 $\boldsymbol{w}$ 和偏置 b 的成倍放缩进行修改而又不影响最优化问题的解，故可在对参数向量 $\boldsymbol{w}$ 进行归一化缩放的基础上对其再做进一步的适当缩放，使得 $d=1$。此外，由于最大化 $1/\|\boldsymbol{w}\|$ 与最小化 $\|\boldsymbol{w}\|^2$ 等价，故可将上述优化问题进一步转化为

$$\min_{\boldsymbol{w},b}\frac{1}{2}\|\boldsymbol{w}\|^2;\ \text{s. t. } y_i(\boldsymbol{w}^{\mathrm{T}}\boldsymbol{X}_i+b)-1\geqslant 0 \tag{3-60}$$

可通过求解上述优化问题的最优解 $\boldsymbol{w}^*$ 和 b^*，实现对 SVM 模型的构造。由于该优化问题带有约束条件，难以直接求解，故用拉格朗日乘数法得到其对偶问题进行求解。分别对每个约束引入一个拉格朗日因子 α_i，得到如下拉格朗日函数作为目标函数的优化问题

$$L(\boldsymbol{w},b,\boldsymbol{\alpha})=\frac{1}{2}\|\boldsymbol{w}\|^2-\sum_{i=1}^{n}\alpha_i[y_i(\boldsymbol{w}^{\mathrm{T}}\boldsymbol{X}_i+b)-1] \tag{3-61}$$

其中，$\boldsymbol{\alpha}=(\alpha_1,\alpha_2,\cdots,\alpha_n)$ 为拉格朗日因子向量，其中每个分量 α_i 的取值为非负。

令 $L(\boldsymbol{w},b,\boldsymbol{\alpha})$ 对 $\boldsymbol{w}$ 和 b 的偏导数分别为 0，则有：

$$\frac{\partial L(\boldsymbol{w},b,\boldsymbol{\alpha})}{\partial \boldsymbol{w}}=\boldsymbol{w}-\sum_{i=1}^{n}\alpha_i y_i\boldsymbol{X}_i=\boldsymbol{0}$$

$$\frac{\partial L(\boldsymbol{w},b,\boldsymbol{\alpha})}{\partial b}=\sum_{i=1}^{n}\alpha_i y_i=0$$

故有 $\boldsymbol{w}=\sum_{i=1}^{n}\alpha_i y_i\boldsymbol{X}_i$ 及 $\sum_{i=1}^{n}\alpha_i y_i=0$。将它们代入 $L(\boldsymbol{w},b,\boldsymbol{\alpha})$ 中消去 $\boldsymbol{w}$ 和 b，可得到如下只含有 $\boldsymbol{\alpha}$ 的函数

$$L(\boldsymbol{\alpha})=\sum_{i=1}^{n}\alpha_i-\frac{1}{2}\sum_{i=1}^{n}\sum_{j=1}^{n}\alpha_i\alpha_j y_i y_j\boldsymbol{X}_i^{\mathrm{T}}\boldsymbol{X}_j \tag{3-62}$$

由此可得如下关于优化问题(3-60)的对偶问题

$$\min_{\alpha} \frac{1}{2}\sum_{i=1}^{n}\sum_{j=1}^{n}\alpha_i\alpha_j y_i y_j \boldsymbol{X}_i^{\mathrm{T}}\boldsymbol{X}_j - \sum_{i=1}^{n}\alpha_i; \text{s. t. } \sum_{i=1}^{n}\alpha_i y_i = 0 \tag{3-63}$$

可用序列最小优化（Sequential Minimal Optimization，SMO）算法求解上述对偶优化问题。SMO 算法的基本思想是每次选择两个参数α_i和α_j进行优化，在完成当前参数优化计算之后再重新选取另外两个参数进行优化，直至所有参数收敛。该算法比较复杂故不做具体介绍，只给出如下最终求解结果

$$\boldsymbol{w}^* = \sum_{i=1}^{n}\alpha_i^* y_i \boldsymbol{X}_i;\ b^* = y_j - \sum_{i=1}^{n}\alpha_i^* y_i \boldsymbol{X}_i^{\mathrm{T}}\boldsymbol{X}_j$$

其中，$\boldsymbol{\alpha}^*=(\alpha_1^*,\alpha_2^*,\cdots,\alpha_n^*)$为使用 SMO 算法解出的最优参数向量。

最后，根据最优参数$\boldsymbol{\alpha}^*$、$\boldsymbol{w}^*$和b^*得到所求 SVM 模型为

$$f(\boldsymbol{X}) = \mathrm{sgn}\left(\sum_{i=1}^{n}\alpha_i^* y_i \boldsymbol{X}_i^{\mathrm{T}}\boldsymbol{X} + b^*\right) \tag{3-64}$$

对于给定的线性可分的训练样本数据集，可用上述方法构造一个 SVM 模型来解决二分类机器学习任务。然而，使用该方法构造 SVM 模型要求分离超平面$\boldsymbol{w}^{\mathrm{T}}\boldsymbol{X}+b=0$能够将训练样本集 S 中的所有两类不同样本完全分离开来，模型对训练样本集 S 中的任何训练样本都不能做出错误分类。这对训练样本集 S 的线性可分性要求非常苛刻。事实上，大多数实际样本数据集都存在一定的噪声数据，通常只存在大致能将其两类样本分隔开来的超平面，但此时无法完成对 SVM 模型的构造。

为了解决上述问题，人们提出一种面向软间隔的 SVM 模型构造方法。软间隔 SVM 模型训练方法并不要求所有训练样本都能够被 SVM 正确分类，允许 SVM 模型对少量训练样本出现分类错误。具体实现方法是通过在模型优化过程中引入一个取值较小的非负松弛变量 ξ_i来实现放宽约束条件的效果。也就是说，将约束条件转化为

$$y_i(\boldsymbol{w}^{\mathrm{T}}\boldsymbol{X}_i+b) \geqslant 1-\xi_i \tag{3-65}$$

显然，松弛变量ξ_i的取值越大，则 SVM 模型对错误分类的容忍程度就越高。通常将ξ_i取值为满足训练样本集 S 训练要求的最小值，可据此在模型优化的目标函数中添加对松弛变量ξ_i的限制。由以上分析，可得如下优化求解软间隔 SVM 模型的目标函数

$$\min \frac{1}{2}\|\boldsymbol{w}\|^2 + C\sum_{i=1}^{n}\xi_i;\ \text{s. t. } y_i(\boldsymbol{w}^{\mathrm{T}}\boldsymbol{X}_i + b) \geqslant 1 - \xi_i \tag{3-66}$$

其中，$C>0$ 为惩罚因子。

与上述优化问题式(3-66)对应的拉格朗日函数为

$$L(\boldsymbol{w},b,\alpha,\xi,\mu) = \frac{1}{2}\|\boldsymbol{w}\|^2 + C\sum_{i=1}^{n}\xi_i - \sum_{i=1}^{n}\alpha_i[y_i(\boldsymbol{w}^{\mathrm{T}}\boldsymbol{X}_i + b) - 1 + \xi_i] - \sum_{i=1}^{n}\mu_i\xi_i$$

即有

$$\min_{\alpha} \frac{1}{2}\sum_{i=1}^{n}\sum_{j=1}^{n}\alpha_i\alpha_j y_i y_j \boldsymbol{X}_i^{\mathrm{T}}\boldsymbol{X}_j - \sum_{i=1}^{n}\alpha_i; \text{s. t. } \sum_{i=1}^{n}\alpha_i y_i = 0 \tag{3-67}$$

只需确定$\boldsymbol{\alpha}$的最优取值$\boldsymbol{\alpha}^*$，便可求得对应的软间隔支持向量机模型

$$f(\boldsymbol{X}) = \mathrm{sgn}\left(\sum_{i=1}^{n}\alpha_i^* y_i \boldsymbol{X}_i^{\mathrm{T}}\boldsymbol{X} + b^*\right) \tag{3-68}$$

其中，$\boldsymbol{w}^* = \sum_{i=1}^{n}\alpha_i^* y_i \boldsymbol{X}_i$；$b^* = y_j - \sum_{i=1}^{n}\alpha_i^* y_i \boldsymbol{X}_i^{\mathrm{T}}\boldsymbol{X}_j$。

对于存在少量噪声数据点但总体上可用分离超平面将两类数据大致隔开的数据集而言，面向软间隔的 SVM 模型构造提供了一个简单且泛化性能较好的模型训练方式。然而，对于数据无法使用超平面进行有效分隔的线性不可分数据集而言，软间隔 SVM 模型训练显然不能满足训练要求，此时需要采取一种名为核函数的技术将样本数据点变换到适当的高维空间，使得样本数据集在较高维空间中满足线性可分性，并由此构造所需的 SVM 模型。

3.4.2 核函数技术

如前所述，可用间隔最大化方法通过线性可分或大致线性可分样本数据集训练获得 SVM 模型。然而，对于很多不能通过一个超平面将两类数据完全或大致分隔开的线性不可分样本数据集，则难以直接使用这种间隔最大化方法来训练 SVM 模型。此时可考虑通过某些技巧将线性不可分数据集转化为线性可分数据集，以便实现对 SVM 模型的训练构造。

令 $D=\{(\boldsymbol{X}_1,y_1),(\boldsymbol{X}_2,y_2),\cdots,(\boldsymbol{X}_n,y_n)\}$ 是任意给定的一个线性不可分带标签样本数据集，图 3-21a 表示 D 中样本数据点在二维特征空间中的分布。显然，无法直接找到一个超平面对图 3-21a 中的两类样本数据点实现精确或大致分离。如果使用这种线性不可分数据集 D 来训练构造 SVM 模型，则首先需要通过适当的方法将其转化为一个线性可分数据集 D'。

事实上，可使用某个映射函数 $\varphi(X)$ 作用于 D 中的所有样本数据上，将 D 映射到某个适当的高维空间，使得 D 在高维空间的映像 $D'=\varphi(D)$ 满足线性可分性，即有

$$D'=\{(\varphi(\boldsymbol{X}_1),y_1),(\varphi(\boldsymbol{X}_2),y_2),\cdots,(\varphi(\boldsymbol{X}_n),y_n)\} \tag{3-69}$$

其中，$\varphi(X)=(\varphi(\boldsymbol{x}_1),\varphi(\boldsymbol{x}_2),\cdots,\varphi(\boldsymbol{x}_k))^{\mathrm{T}}$ 为样本 X 所对应的新特征向量。

如图 3-21b 所示，如果映射函数 $\varphi(X)$ 选择恰当，就可以使新数据集 D' 满足线性可分性。显然，将线性不可分数据集映射成线性可分数据集的关键在于如何确定映射函数 $\varphi(X)$。然而，直接确定映像函数 $\varphi(X)$ 通常是一件非常困难的事情，故需将映像函数 $\varphi(X)$ 的构造问题适当转化为某种便于求解的形式。

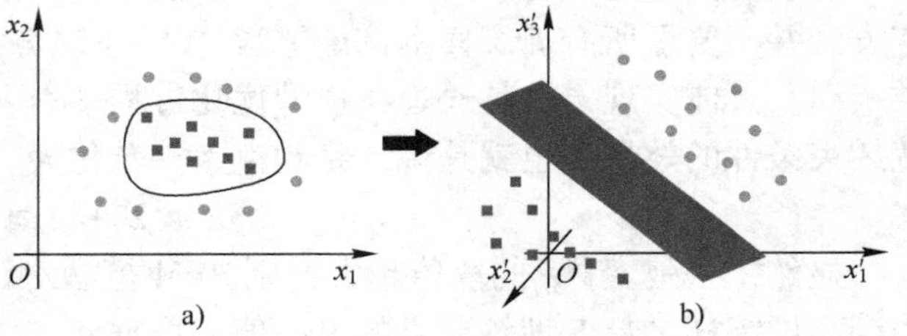

图 3-21　通过映射函数改变数据分布示意图

假设可通过映射函数 $\varphi(X)$ 将线性不可分数据集 D 转化为线性可分的数据集 D'，则可根据 D' 训练构造 SVM 模型，得到分离超平面 $\boldsymbol{w}^{\mathrm{T}}\varphi(X)+b=0$。由此可将优化求解 SVM 模型的目标函数定义为

$$\min \frac{1}{2}\|\boldsymbol{w}\|^2;\text{s. t. } y_i(\boldsymbol{w}^{\mathrm{T}}\varphi(\boldsymbol{X}_i)+b)\geqslant 1 \tag{3-70}$$

并可得到相应的对偶问题

$$\min_{\boldsymbol{\alpha}} \frac{1}{2}\sum_{i=1}^{n}\sum_{j=1}^{n}\alpha_i\alpha_j y_i y_j[\varphi(\boldsymbol{X}_i)]^{\mathrm{T}}\varphi(\boldsymbol{X}_j)-\sum_{i=1}^{n}\alpha_i;\ \text{s. t. } \sum_{i=1}^{n}\alpha_i y_i=0 \tag{3-71}$$

上述优化问题求解的关键依旧涉及映射函数 $\varphi(X)$ 的取值项 $[\varphi(\boldsymbol{X}_i)]^{\mathrm{T}}\varphi(\boldsymbol{X}_j)$，为了避免进行映射函数 $\varphi(X)$ 的计算，可直接定义一个函数 $K(\boldsymbol{X}_i,\boldsymbol{X}_j)=[\varphi(\boldsymbol{X}_i)]^{\mathrm{T}}\varphi(\boldsymbol{X}_j)$，并称 $K(\boldsymbol{X}_i,\boldsymbol{X}_j)$ 为**核函数**。由于核函数 $K(\boldsymbol{X}_i,\boldsymbol{X}_j)$ 的取值是原始样本数据 X_i 和 X_j 经由函数 $\varphi(X)$ 映射后所得的新数据 $\varphi(\boldsymbol{X}_i)$ 和 $\varphi(\boldsymbol{X}_j)$ 的内积，故模型优化中所需映射函数 $\varphi(X)$ 的取值信息可直接由核函数 $K(\boldsymbol{X}_i,\boldsymbol{X}_j)$ 确定。由此可知，只要能够适当选择核函数 $K(\boldsymbol{X}_i,\boldsymbol{X}_j)$，就可实现对上述优化问题的

有效求解。

【例题 3.16】 假设样本数据 $\boldsymbol{X}_i$ 和 $\boldsymbol{X}_j$ 为二维向量，即：$\boldsymbol{X}_k=(x_{1k},x_{2k})^{\mathrm{T}},k\in\{i,j\}$。若令核函数 $K(\boldsymbol{X}_i,\boldsymbol{X}_j)=2\boldsymbol{X}_i^{\mathrm{T}}\boldsymbol{X}_j$，试确定 $\boldsymbol{X}_i$ 和 $\boldsymbol{X}_j$ 经映射后所得的样本数据 $\varphi(\boldsymbol{X}_i)$ 和 $\varphi(\boldsymbol{X}_j)$ 分别为二维、三维、四维向量时所对应的映射函数 $\varphi(X)$。

【解】 将 $\boldsymbol{X}_i=(x_{1i},x_{2i})^{\mathrm{T}}$ 和 $\boldsymbol{X}_j=(x_{1j},x_{2j})^{\mathrm{T}}$ 代入 $K(\boldsymbol{X}_i,\boldsymbol{X}_j)=2\boldsymbol{X}_i^{\mathrm{T}}\boldsymbol{X}_j$，可得

$$K(\boldsymbol{X}_i,\boldsymbol{X}_j)=2x_{1i}x_{1j}+2x_{2i}x_{2j}$$

（1）若映射后的样本数据 $\varphi(\boldsymbol{X}_i)$ 和 $\varphi(\boldsymbol{X}_j)$ 为二维向量，则可令 $\varphi(\boldsymbol{X}_k)=(\sqrt{2}x_{1k},\sqrt{2}x_{2k})^{\mathrm{T}}$，此时有 $K(\boldsymbol{X}_i,\boldsymbol{X}_j)=2\boldsymbol{X}_i^{\mathrm{T}}\boldsymbol{X}_j=[\varphi(\boldsymbol{X}_i)]^{\mathrm{T}}\varphi(\boldsymbol{X}_j)$。该映射将二维向量 $\boldsymbol{X}_k=(x_{1k},x_{2k})^{\mathrm{T}}$ 映射为二维向量 $\varphi(\boldsymbol{X}_k)=(\sqrt{2}x_{1k},\sqrt{2}x_{2k})^{\mathrm{T}}$。

（2）若映射后的样本数据 $\varphi(\boldsymbol{X}_i)$ 和 $\varphi(\boldsymbol{X}_j)$ 为三维向量，则可令 $\varphi(\boldsymbol{X}_k)=(x_{1k},x_{1k},\sqrt{2}x_{2k})^{\mathrm{T}}$，此时依旧成立 $K(\boldsymbol{X}_i,\boldsymbol{X}_j)=2\boldsymbol{X}_i^{\mathrm{T}}\boldsymbol{X}_j=[\varphi(\boldsymbol{X}_i)]^{\mathrm{T}}\varphi(\boldsymbol{X}_j)$。该映射将二维向量 $\boldsymbol{X}_k=(x_{1k},x_{2k})^{\mathrm{T}}$ 映射为三维向量 $\varphi(\boldsymbol{X}_k)=(x_{1k},x_{1k},\sqrt{2}x_{2k})^{\mathrm{T}}$。

（3）若映射后的样本数据 $\varphi(\boldsymbol{X}_i)$ 和 $\varphi(\boldsymbol{X}_j)$ 为四维向量，则可令 $\varphi(\boldsymbol{X}_k)=(x_{1k},x_{1k},x_{2k},x_{2k})^{\mathrm{T}}$，此时依旧成立 $K(\boldsymbol{X}_i,\boldsymbol{X}_j)=2\boldsymbol{X}_i^{\mathrm{T}}\boldsymbol{X}_j=[\varphi(\boldsymbol{X}_i)]^{\mathrm{T}}\varphi(\boldsymbol{X}_j)$。该映射将二维向量 $\boldsymbol{X}_k=(x_{1k},x_{2k})^{\mathrm{T}}$ 映射为四维向量 $\varphi(\boldsymbol{X}_k)=(x_{1k},x_{1k},x_{2k},x_{2k})^{\mathrm{T}}$。□

对于给定的核函数 $K(\boldsymbol{X}_i,\boldsymbol{X}_j)$，通常有多个与之对应的映射函数 $\varphi(X)$，选择不同的映射函数具有不同的几何含义。但对于具体的模型训练过程而言，若确定了核函数，则无论选择何种映射函数都不会影响对 SVM 模型的训练效果。也就是说，SVM 模型训练通过核函数隐含地改变了特征向量的维数，只需通过已知的核函数 $K(\boldsymbol{X}_i,\boldsymbol{X}_j)$ 就可直接训练构造 SVM 模型。

由以上分析可知，对于线性不可分样本数据集 D，可用核函数 $K(\boldsymbol{X}_i,\boldsymbol{X}_j)$ 在 D 上通过优化求解的方式训练构造 SVM 模型，优化求解的目标函数可表示为

$$\min_{\boldsymbol{\alpha}}\frac{1}{2}\sum_{i=1}^{n}\sum_{j=1}^{n}\alpha_i\alpha_jy_iy_jK(\boldsymbol{X}_i,\boldsymbol{X}_j)-\sum_{i=1}^{n}\alpha_i;\text{s. t.}\sum_{i=1}^{n}\alpha_iy_i=0 \tag{3-72}$$

只需对上述目标函数进行最优化求解获得 $\boldsymbol{\alpha}$ 的最优解 $\boldsymbol{\alpha}^*$，就可通过下式分别得到参数向量 $\boldsymbol{w}$ 的最优解 $\boldsymbol{w}^*$ 和偏置 b 的最优解 b^*

$$\boldsymbol{w}^*=\sum_{i=1}^{n}\alpha_i^*y_i\varphi(\boldsymbol{X}_i)\text{；}b^*=y_j-\sum_{i=1}^{n}\alpha_i^*y_iK(\boldsymbol{X}_i,\boldsymbol{X}_j)$$

由此进一步得到如下所求的 SVM 模型

$$f(X)=\mathrm{sgn}\left(\sum_{i=1}^{n}\alpha_i^*y_i[\varphi(\boldsymbol{X}_i)]^{\mathrm{T}}\boldsymbol{X}+b^*\right)$$

即有

$$f(X)=\mathrm{sgn}\left(\sum_{i=1}^{n}\alpha_i^*y_iK(\boldsymbol{X}_i,X)+b^*\right) \tag{3-73}$$

显然，只要确定了合适的核函数形式，便可通过线性不可分数据集 D 直接训练构造 SVM 模型。这相当于通过某种映射将线性不可分的样本数据集合 D 映射到一个较高维度的空间，使得集合 D 在该高维空间上的映像集合 D' 满足线性可分性并由此构造 SVM 模型。

事实上，并非所有函数都可作为核函数。为此，Mercer 定理给出一个函数可作为核函数的充分条件，即任意半正定函数都可以作为核函数。具体地说，对于给定的样本数据集合 $D=\{(\boldsymbol{X}_1,y_1),(\boldsymbol{X}_2,y_2),\cdots,(\boldsymbol{X}_n,y_n)\}$，可按如下方式定义一个 $n\times n$ 的矩阵 $\boldsymbol{K}$

$$
\boldsymbol{K}=\begin{pmatrix} k(\boldsymbol{X}_1,\boldsymbol{X}_1) & k(\boldsymbol{X}_1,\boldsymbol{X}_2)\cdots & k(\boldsymbol{X}_1,\boldsymbol{X}_n) \\ k(\boldsymbol{X}_2,\boldsymbol{X}_1) & k(\boldsymbol{X}_2,\boldsymbol{X}_2)\cdots & k(\boldsymbol{X}_2,\boldsymbol{X}_n) \\ \vdots & \vdots & \vdots \\ k(\boldsymbol{X}_n,\boldsymbol{X}_1) & k(\boldsymbol{X}_n,\boldsymbol{X}_2)\cdots & k(\boldsymbol{X}_n,\boldsymbol{X}_n) \end{pmatrix} \tag{3-74}
$$

若矩阵 $\boldsymbol{K}$ 为半正定矩阵，则可将函数 $k(\boldsymbol{u},\boldsymbol{v})$ 作为核函数，其中 $\boldsymbol{u}$ 和 $\boldsymbol{v}$ 为任意给定的两个多元向量。值得注意的是，Mercer 定理是一个充分而非必要条件，故也可以将某些不满足该定理条件的函数作为核函数。

表 3-25 给出了几种常用核函数。除了这些基本形式的核函数之外，还可通过组合多个核函数得到新的核函数。具体地说，若$k_1(\boldsymbol{u},\boldsymbol{v})$和$k_2(\boldsymbol{u},\boldsymbol{v})$是核函数，则有：

（1）对于任意正数γ_1、γ_2，其线性组合$\gamma_1 k_1(\boldsymbol{u},\boldsymbol{v})+\gamma_2 k_2(\boldsymbol{u},\boldsymbol{v})$也是核函数；

（2）其直积$k_1(\boldsymbol{u},\boldsymbol{v})\otimes k_2(\boldsymbol{u},\boldsymbol{v})$也是核函数；

（3）对于任意函数 $g(\boldsymbol{t})$，$k(\boldsymbol{u},\boldsymbol{v})=g(\boldsymbol{u})k_1(\boldsymbol{u},\boldsymbol{v})g(\boldsymbol{v})$也是核函数。

表 3-25　常用核函数

名称	表达式
线性核	$k(\boldsymbol{u},\boldsymbol{v})=\boldsymbol{u}^{\mathrm{T}}\boldsymbol{v}+c$
多项式核	$k(\boldsymbol{u},\boldsymbol{v})=(a\boldsymbol{u}^{\mathrm{T}}\boldsymbol{v}+c)^d$
ANOVA 核	$k(\boldsymbol{u},\boldsymbol{v})=\sum_{k=1}^{n}\exp(-\sigma(\boldsymbol{u}^k-\boldsymbol{v}^k)^2)^d$
多元二次核	$k(\boldsymbol{u},\boldsymbol{v})=\sqrt{\Vert\boldsymbol{u}-\boldsymbol{v}\Vert^2+c^2}$
Sigmoid 核	$k(\boldsymbol{u},\boldsymbol{v})=\tanh(a\,\boldsymbol{u}^{\mathrm{T}}+c)$
高斯核	$k(\boldsymbol{u},\boldsymbol{v})=\exp\left(-\dfrac{\Vert\boldsymbol{u}-\boldsymbol{v}\Vert^2}{2\sigma^2}\right)$
幂指核	$k(\boldsymbol{u},\boldsymbol{v})=\exp\left(-\dfrac{\Vert\boldsymbol{u}-\boldsymbol{v}\Vert^2}{2\sigma^2}\right)$
拉普拉斯核	$k(\boldsymbol{u},\boldsymbol{v})=\exp(-\Vert\boldsymbol{u}-\boldsymbol{v}\Vert/\sigma)$

在实际应用中，核函数的选择直接关系到是否能完成训练任务。核函数的选择通常需要一定的经验。对于选定的核函数，其性能还需要通过实际应用效果来进行判定。

3.4.3　结构风险分析

对于通过训练样本构造的 SVM 模型，需要进一步考察其泛化性能和训练复杂度。如前所述，模型f的经验风险定义为该模型在训练样本集 $S=\{(X_1,y_1),(X_2,y_2),\cdots,(X_n,y_n)\}$上的整体误差，即有

$$
R_{\mathrm{emp}}(f)=\frac{1}{n}\sum_{k=1}^{n}L(y_k,f(X_k)) \tag{3-75}
$$

当训练样本数足够多时，使用经验风险来代替泛化误差作为模型泛化性能的度量指标是一个比较合理的选择。因为此时经验风险大体能够代表泛化误差。然而，在解决训练样本数目较少的小样本学习问题时，经验风险和泛化误差之间通常会有较大差别。此时可采用一种名为结构风险的度量指标来定量描述所训练模型的泛化性能。所谓**结构风险**，是经验风险与置信风险的总和。

具体地说，模型 f 对于训练样本集 S 的结构风险定义为

$$R_{srm}(f)=R_{emp}(f)+\alpha\lambda(f) \tag{3-76}$$

其中，$\lambda(f)$ 表示模型的复杂程度。

从正则化理论的角度看，$\alpha\lambda(f)$ 作为结构风险 $R_{srm}(f)$ 的正则化项，主要用于实现对模型容量的约束，使得模型 f 具有更好的泛化性能。但从误差分析的角度看，$\alpha\lambda(f)$ 则可理解为模型 f 在非训练样本集合上预测误差的估计量，故称为**置信风险**。

显然，置信风险与模型泛化能力有着非常密切的关系。泛化能力较强的模型对于新样本的预测越准确，此时置信风险就越较小。通常情况下，如果模型越复杂，则其泛化能力通常越弱，此时置信风险就越大。故置信风险与模型复杂程度成正比。当训练样本较多时，模型泛化能力较强，置信风险则较小，故置信风险与训练样本数成反比。

对于一个二分类问题，其分类模型 f 的构造训练其实是在决策函数候选集 $\mathcal{F}$ 中搜索一个合适的决策函数作为该分类模型的映像规则。显然，$\mathcal{F}$ 中的决策函数能表达的映射结果类型越丰富，则被训练模型的学习能力就越强。

若通过决策函数候选集 $\mathcal{F}$ 中的映射规则能得到测试样本集 T 中所有可能的二分类结果，则称 $\mathcal{F}$ 能将 T **打散**。例如，对于某个含有三个测试样本的集合，若通过某决策函数候选集 $\mathcal{F}$ 可得到如图 3-22 所示的所有二分类结果，则称 $\mathcal{F}$ 可将该样本集合打散。

对于给定的决策函数候选集 $\mathcal{F}$，通过 $\mathcal{F}$ 能打散最大测试样本集的基数 h 称为 $\mathcal{F}$ 的 VC **维**。例如，某决策函数候选集 $\mathcal{F}$ 最多可打散基数为 m 的测试样本集 T，则 $\mathcal{F}$ 的 VC 维为 m。显然，VC 维 h 反映了 $\mathcal{F}$ 的表示能力，h 越大则 $\mathcal{F}$ 对应的模型就越复杂，模型泛化能力也就越弱。

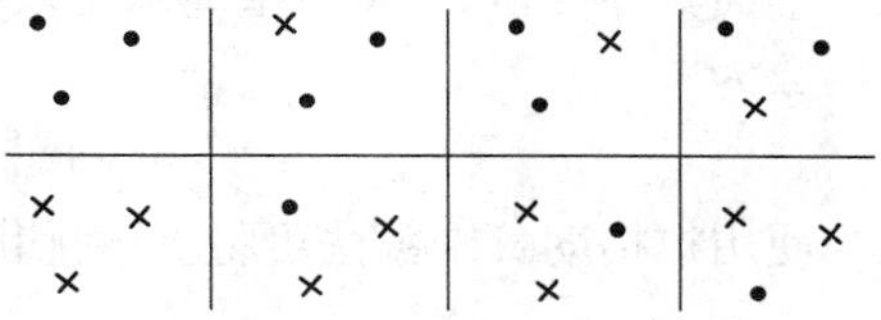

图 3-22　三个测试样本的所有可能分类结果

可以证明，经验风险 $R_{emp}(f)$ 和实际风险 $R(f)$ 之间以至少 $1-\eta$ 的概率满足关系

$$R(f)\leqslant R_{emp}(f)+\frac{h(\ln(2n/h)+1)-\ln(\eta/4)}{n} \tag{3-77}$$

其中，h 是决策函数候选集 $\mathcal{F}$ 的 VC 维；n 是训练样本数。

由以上分析可知，VC 维 h 越小或训练样本的数目 n 越大，则模型的泛化能力越强。故对于 $\lambda=n/h$，如果 λ 值越大，则模型泛化能力越强。令

$$\Phi(\lambda)=\Phi(n/h)=\frac{h(\ln(2n/h)+1)-\ln(\eta/4)}{n}$$

则 $\Phi(\lambda)$ 显然是一个关于 λ 的单调下降函数。由此可将上述不等式转化为如下形式

$$R(f)\leqslant R_{emp}(f)+\Phi(\lambda) \tag{3-78}$$

上式表明机器学习模型的实际风险 $R(f)$ 主要由经验风险 $R_{emp}(f)$ 和置信风险 $\Phi(\lambda)$ 这两部分构成。其中经验风险主要表现为模型对训练样本的训练误差，置信风险 $\Phi(\lambda)$ 不仅受到置信水平 $1-\eta$ 的影响，而且是 VC 维 h 和训练样本数目 n 的函数，取值随着 λ 值的增大而减小。

由于模型 f 实际风险 $R(f)$ 的上界为 $R_{emp}(f)+\Phi(\lambda)$，故可直接令模型优化目标为

$$R_{srm}(f)=R_{emp}(f)+\Phi(\lambda) \tag{3-79}$$

采用上述目标函数进行优化求解后实现的模型训练构造策略称为**结构风险最小化**策略。这种策略相当于把决策函数候选集 $B=\{f(x,w),w\in\Omega\}$ 分解为多个由函数子集构成的序列

$$B_1 \subset B_2 \subset \cdots \subset B_k \subset \cdots \subset B$$

其中，各个子集B_k按照 VC 维 h 的大小进行排列。

在同一个子集中的模型具有相同的置信风险，可以在每个子集中寻找经验风险最小的模型，通常它随着子集复杂度的增加而减小。如图 3-23 所示，选择经验风险与置信风险之和最小的子集，即在子集间折中考虑经验风险和置信范围，就可达到使泛化误差最小的目的。

显然，当样本数较少时，n/h 值较小，置信范围较大，此时使用经验风险近似真实风险就会产生较大误差，使用经验风险最小化策略训练所得模型的泛化能力就很弱；如果样本数较多，则 n/h 较大，则置信范围就会很小，此时使用经验风险最小化方法获得的最优解就比较接近实际最优解，训练所得模型的泛化能力就很强。因此，实现训练样本实现模型的训练构造，不但要使经验风险达到最小，还要使 VC 维 h 尽量地小，以缩小置信风险，由此获得较小的实际风险，得到具有较强泛化能力的训练模型。

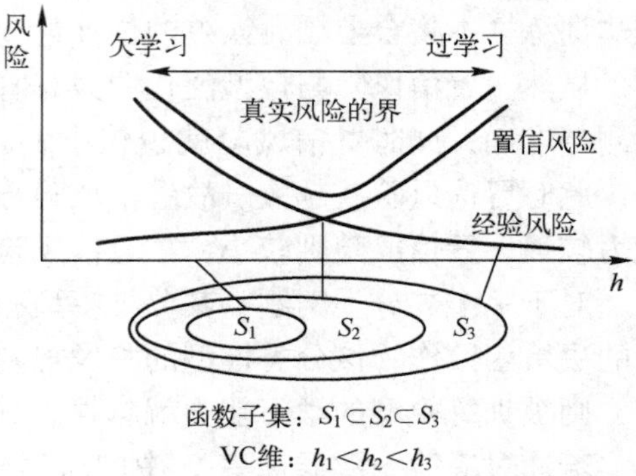

图 3-23　结构风险最小化基本原理

下面具体分析 SVM 模型训练所采用的优化训练策略。以硬间隔 SVM 模型为例，其优化目标函数为

$$\min_{\boldsymbol{w},b} \|\boldsymbol{w}\|^2/2 ; \text{s.t. } y_i(\boldsymbol{w}^{\mathrm{T}}\boldsymbol{X}_i+b)-1 \geqslant 0 \tag{3-80}$$

使用拉格朗日乘数法可将上述优化目标函数改写为如下形式

$$L(\boldsymbol{w},b,\alpha) = \|\boldsymbol{w}\|^2/2 - \sum_{i=1}^{n} \alpha_i [y_i(\boldsymbol{w}^{\mathrm{T}}\boldsymbol{X}_i + b) - 1] \tag{3-81}$$

其中，$-\sum_{i=1}^{n} \alpha_i [y_i(\boldsymbol{w}^{\mathrm{T}}\boldsymbol{X}_i + b) - 1]$ 为模型分类结果的经验风险；$\|\boldsymbol{w}\|^2/2$ 为置信风险。

从上述目标函数表达式可以看出，SVM 模型优化训练采用的是基于结构风险最小的优化策略。由于硬间隔 SVM 模型训练的经验风险为 0，故通过对支持向量分类间隔最大化的方式最小化置信风险，由此获得泛化能力较强的 SVM 模型。对于训练样本集线性不可分的情形，由于模型训练的经验风险不为 0，故此时综合考虑经验风险和置信风险取值，使得经验风险和置信风险的整体取值达到最小，从而获得具有较强泛化能力的 SVM 模型。

SVM 模型之所以能够在小样本训练集上取得较好的训练结果，是因为其模型的训练过程综合考虑了经验风险和模型容量，通过间隔最大化的策略获得对样本数据分布的结构化描述，有效降低了对样本数据规模和数据分布的要求。因此，SVM 模型作为一种基于结构风险最小化理论的分类模型，既考虑了模型输出与样本实际值之间的差异，又综合考虑了训练样本个数以及模型容量对模型泛化能力的影响，SVM 模型训练方法能够适应小样本集情形并能获得具有较强泛化性能的模型，有效地解决了小样本下的统计决策问题。

3.5　监督学习应用

监督学习使用带标签训练样本构造机器学习模型，是一种非常重要的机器学习方式，很多具有重要应用价值的机器学习模型都是通过监督学习的方式构造的。目前，监督学习已在经济统计与投资风险分析、视频图像处理与模式识别、知识发现与数据挖掘、自然语言理解与机器翻译等多个领域得到了广泛应用。使用监督学习方法解决实际问题时，首先需要获得尽可能多的带标签或标注样本数据，并将这些样本划分为互不相交的训练样本集合和测试样本集合，然后使用适当的训练算法通过训练样本数据构造模型并使用测试样本对所构造模型进行测试，获得符合要求的机器学习模型，最后使用所构造机器学习模型对新样本进行分类或回归计算，获得所需的预测性结论，实现对实际问题的求解。本节具体介绍监督学习方法在个人信用风险评估、垃圾邮件检测与分类，以及车牌定位与识别中的应用。

3.5.1 信用风险评估

信用风险评估是指根据现有交易信息或经营信息等对个人或企业的信用风险进行评估，通常将个人或企业信用划分为良好、一般和较差等若干等级，并对是否存在欺诈等风险进行评估，供相关管理部门在投资分析或经营决策时参考。可用机器学习中的分类任务来解决信用风险评估问题。本节分别使用 k-近邻和决策树这两种方法解决个人信用风险评估问题，通过监督学习方式，根据个人信用卡消费信息对持卡人的信用风险进行评估，并分析比较这两种不同监督学习方法的评估效果。

近年来，国内信用卡市场体量不断增长，以信用卡为媒介的交易行为不断激增，信用卡业务成为银行的一项重要业务收入来源。各银行为了提高发卡量，除了以多项优惠活动吸引顾客申办信用卡外，还降低申请资格门槛，以较宽松的信用卡授权原则办理信用卡核发。然而，这些举措可能会带来众多潜在风险，例如欺诈风险、信用风险和市场风险等。本节考虑的信用风险评估内容主要是个人信用卡消费行为过程中是否存在欺诈风险。

如前所述，信用风险评估问题可归结为机器学习中的分类问题，对于判断信用卡消费行为是否存在欺诈风险这一具体问题，可将其归结为机器学习的二分类问题，分类结果为“存在欺诈风险”和“不存在欺诈风险”两类。将“存在欺诈风险”的类别记为 1，“不存在欺诈风险”的类别记为 0，根据训练数据集 T 构造从交易数据到类别标记的映射规则。

此处所用数据集为信用卡欺诈数据集，其中共包含 2013 年 9 月两天内欧洲信用卡的 284807 笔交易数据，其中包含 492 笔欺诈交易，每条交易的交易时间和金额保持原始数据形式，其余交易信息均经过 PCA 变换映射到 V_1 至 V_{28} 共 28 个数据特征，实现对高维数据的降维，每条交易信息均包含类别标记。图 3-24 表示该数据集中的部分数据。

1	V1	V2	V3	V4	V5	V6	V7	…	V20	V21	V24	V25	V26	V27	V28	Amount	Class
2	-1.35981	-0.07278	2.536347	1.378155	-0.33832	0.462388	0.239599	…	0.251412	-0.01831	0.066928	0.128539	-0.18911	0.133558	-0.02105	149.62	0
3	1.191857	0.266151	0.16648	0.448154	0.060018	-0.08236	-0.0788	…	-0.06908	-0.22578	-0.33985	0.16717	0.125895	-0.00898	0.014724	2.69	0
4	-1.35835	-1.34016	1.773209	0.37978	-0.5032	1.800499	0.791461	…	0.52498	0.247998	-0.68928	-0.32764	-0.1391	-0.05535	-0.05975	378.66	0
5	-0.96627	-0.18523	1.792993	-0.86329	-0.01031	1.247203	0.237609	…	-0.20804	-0.1083	-1.17558	0.647376	-0.22193	0.062723	0.061458	123.5	0
6	-1.15823	0.877737	1.548718	0.403034	-0.40719	0.095921	0.592941	…	0.408542	-0.00943	0.141267	-0.20601	0.502292	0.219422	0.215153	69.99	0
7	-0.42597	0.960523	1.141109	-0.16825	0.420987	-0.02973	0.476201	…	0.084968	-0.20825	-0.37143	-0.23279	0.105915	0.253844	0.08108	3.67	0
8	1.229658	0.141004	0.045371	1.202613	0.191881	0.272708	-0.00516	…	-0.21963	-0.16772	-0.78006	0.750137	-0.25724	0.034507	0.005168	4.99	0
9	-0.64427	1.417964	1.07438	-0.4922	0.948934	0.428118	1.120631	…	-0.15674	1.943465	-0.64971	-0.41527	-0.05163	-1.20692	-1.08534	40.8	0
10	-0.89429	0.286157	-0.11319	-0.27153	2.669599	3.721818	0.370145	…	0.052736	-0.07343	1.011592	0.373205	-0.38416	0.011747	0.142404	93.2	0
11	-0.33826	1.119593	1.044367	-0.22219	0.499361	-0.24676	0.651583	…	0.203711	-0.24691	-0.38505	-0.06973	0.094199	0.246219	0.083076	3.68	0
12	1.449044	-1.17634	0.91386	-1.37567	-1.97138	-0.62915	-1.42324	…	-0.38723	-0.0093	0.500512	0.251367	-0.12948	0.04285	0.016253	7.8	0
13	0.384978	0.616109	-0.8743	-0.09402	2.924584	3.317027	0.470455	…	0.125992	0.049924	0.99671	-0.76731	-0.49221	0.042472	-0.05434	9.99	0
14	1.249999	-1.22164	0.38393	-1.2349	-1.48542	-0.75323	-0.6894	…	-0.10276	-0.23181	0.392831	0.161135	-0.35499	0.026416	0.042422	121.5	0
15	1.069374	0.287722	0.828613	2.71252	-0.1784	0.337544	-0.09672	…	-0.1532	-0.03688	0.104744	0.548265	0.104094	0.021491	0.021293	27.5	0
16	-2.79185	-0.32777	1.64175	1.767473	-0.13659	0.807596	-0.42291	…	-1.58212	1.151663	0.028317	-0.23275	-0.23556	-0.16478	-0.03015	58.8	0
17	-0.75242	0.345485	2.057323	-1.46864	-1.15839	-0.07785	-0.60858	…	0.263451	0.499625	-0.06508	-0.03912	-0.08709	-0.181	0.129394	15.99	0
18	1.103215	-0.0403	1.267332	1.289091	-0.736	0.288069	-0.58606	…	-0.11391	-0.02461	0.103758	0.364298	-0.38226	0.092809	0.037051	12.99	0
19	-0.43691	0.918966	0.924591	-0.72722	0.915679	-0.12787	0.707642	…	-0.04702	-0.1948	-0.88839	-0.34241	-0.04903	0.079692	0.131024	0.89	0
20	-5.40126	-5.45015	1.186305	1.736239	3.049106	-1.76341	-1.55974	…	-2.19685	-0.5036	0.042119	-0.48163	-0.62127	0.392053	0.949594	46.8	0
21	1.492936	-1.02935	0.454795	-1.43803	-1.55543	-0.72096	-1.08066	…	-0.38791	-0.17765	0.295814	0.332931	-0.22038	0.022298	0.007602	5	0
22	0.694885	-1.36182	1.029221	0.834159	-1.19121	1.309109	-0.87859	…	-0.13833	-0.29558	-0.30421	0.072001	-0.42223	0.086553	0.063499	231.71	0
23	0.962496	0.328461	-0.17148	2.109204	1.129566	1.696038	0.107712	…	-0.26932	0.143997	-1.37187	0.390814	0.199964	0.016371	-0.01461	34.09	0
24	1.166616	0.50212	-0.0673	2.261569	0.428804	0.089474	0.241147	…	-0.30717	0.018702	-0.37042	0.6032	0.108556	-0.04052	-0.01142	2.28	0
25	0.247491	0.277666	1.185471	-0.0926	-1.31439	-0.15012	-0.94636	…	-0.23098	1.65018	0.423073	0.820591	-0.22763	0.336634	0.250475	22.75	0

图 3-24　信用卡欺诈数据集中的部分数据

由于数据集中已包含交易数据类别信息，故可用监督学习方法进行信用风险评估。可用多种监督学习方法完成信用风险评估任务。k-近邻算法是一种最简单、最常用的监督学习方法，首先，使用 k-近邻算法进行信用风险评估。k-近邻算法基于同类别样本在特征空间距离相对较为相近的思想，将被分类样本分类为与其距离较相近样本的所属类别。具体来说，对于被分类样本 X，考察与 X 距离最近的 k 个近邻样本的类别，若 k 个近邻样本中属于类别 C 的样本个数最多，则认为样本 X 属于类别 C。显然，k-近邻算法是一种懒惰的学习算法，不需要通过训练样本构造特定的分类模型进行分类。

对于任意给定的带标注训练样本集合 $S=\{(X_1,y_1),(X_2,y_2),\cdots,(X_n,y_n)\}$ 和测试样本集合 $T=\{X'_1,X'_2,\cdots,X'_s\}$，$k$-近邻算法对测试集 T 中的样本进行分类的具体过程如下：

（1）确定近邻个数 k，设定 $t=1$；

（2）计算测试样本 X'_t 与训练样本集合 S 中所有样本的距离，常用的距离计算方式主要有欧氏距离、马氏距离等；

（3）将训练样本集合 S 中的所有样本按照与测试样本 X'_t 的距离从小到大进行排序，选择前 k 个样本作为测试样本 X'_t 的 k 个近邻样本；

（4）统计 k 个近邻样本的类别，选择包含训练样本个数较多的类别作为测试样本 X'_t 的预测类别；

（5）若 $t<s$，则令 $t=t+1$ 并返回步骤（2）；否则，结束算法。

显然，k 的取值影响着 k-近邻算法的分类效果，若 k 的取值过小，则所得近邻数据就非常少，此时会影响分类精度，而且过小的 k 值会加大噪声对数据分类的干扰。相反，若 k 的取值过大，则 k-近邻算法的结果会倾向于训练集中样本较多的类别，也会影响分类效果。

此外，k 的不同取值有时还会影响分类结果。例如，图 3-25 中圆形点和三角形点分别代表两类不同数据，当 $k=3$ 时，测试样本被分类为圆形，当 $k=5$ 时，测试样本被分类为三角形。实际应用当中确定 k 值的具体做法通常是先设定 k 的某个初始值，然后根据实验结果对其进行调整，使得 k-近邻算法的分类正确率达到最高。

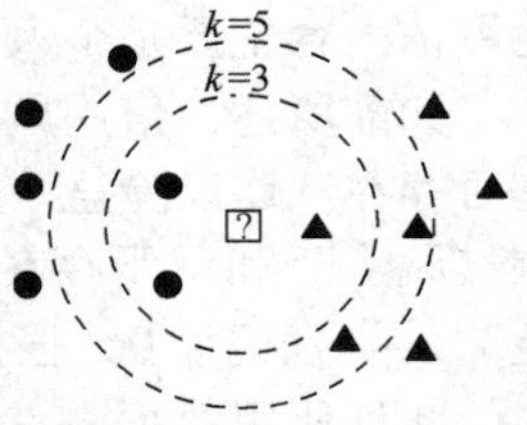

图 3-25 k 的取值对 k-近邻算法结果影响的示意图

现使用 k-近邻算法和信用卡欺诈数据集进行个人信用卡信用风险评估，评估计算的每个具体步骤均可使用 Python 3 编程语言实现，具体过程如下。

（1）数据预处理。由于原始数据集中数据的交易时间和金额未进行 PCA 处理且和最终结果关联不大，因此在之后的处理过程中可直接忽略，在对 . csv 文件进行读取时直接忽略即可；另外，由于信用卡的欺诈交易数据仅占总交易数据量的 0. 17%，故首先需要对其进行筛选，使得正负样本数保持平衡，否则会影响最终效果。具体过程如代码 3-1 所示。

```
data = pd.read_csv("creditcard.csv")
data = data.drop(['Time', 'Amount'], axis=1)
print(data.head())  //输出不包含交易时间和金额的数据
x = data.ix[:, data.columns != 'Class']
y = data.ix[:, data.columns == 'Class']
number_one = len(data[data['Class'] == 1])
number_one_index = np.array(data[data['Class'] == 1].index)
number_zero_index = data[data['Class'] == 0].index
random_zero_index = np.random.choice(number_zero_index,
number_one, replace=True)
random_zero_index = np.array(random_zero_index)
sample = np.concatenate([random_zero_index, number_one_index])
sample_data = data.ix[sample, :]  // 按照索引获取行
print(len(sample_data[sample_data['Class'] == 1]))
print('Class == 1 的概率', len(sample_data[sample_data['Class'] =
= 1]) / len(sample_data))
print('Class == 0 的概率', len(sample_data[sample_data['Class'] =
= 0]) / len(sample_data))
print(len(sample_data[sample_data['Class'] == 0]))
```

代码 3-1 数据预处理

经过上述数据预处理可得到不包含交易时间和金额特征的正负样本各 492 个，将其组成新的数据集 D，数据集 D 中的部分数据如图 3-26 所示。

```
          V1         V2         V3  ...        V27       V28  Class
0 -1.359807 -0.072781  2.536347  ...   0.133558 -0.021053      0
1  1.191857  0.266151  0.166480  ...  -0.008983  0.014724      0
2 -1.358354 -1.340163  1.773209  ...  -0.055353 -0.059752      0
3 -0.966272 -0.185226  1.792993  ...   0.062723  0.061458      0
4 -1.158233  0.877737  1.548718  ...   0.219422  0.215153      0
```

图 3-26　数据集 D 中的部分数据

根据数据集 D 构造训练样本集 S 和测试样本集 T。采用留出法构造训练集和测试集，其中训练集样本数占 D 中样本总数的 70%，剩余 30%样本为测试集。具体如代码 3-2 所示。

```
romsklearn. model_selection import train_test_split
x_train_sample, x_test_sample, y_train_sample, y_test_sample =
train_test_split(x_sample_data, y_sample_data,

test_size=0.3, random_state=0)
print('训练样本数', len(x_train_sample))
print('测试样本数', len(x_test_sample))
print('总', len(x_train_sample) + len(x_test_sample))
print(y_test_sample)
```

代码 3-2　数据集划分

通过留出法将数据集划分为包含 688 个训练样本的训练集和包含 296 个测试样本的测试集。由于单次实验所得结果存在一定随机性，故在用 k-近邻算法进行信用风险评估时，对每个 k 值进行 10 次测试，并取其结果的平均作为最终实验结果。因此，需重复 10 次留出法的数据集划分过程，得到并使用 10 对训练集和测试集。

（2）使用 k-近邻算法进行信用风险评估。首先，将训练集中的数据导入，并构造 k-近邻分类器。k-近邻算法中采用欧氏距离确定 k 个近邻。具体过程如代码 3-3 所示。

```
def createDataSet():
    group = array(x_train_sample.values)
    labels = array(y_train_sample.values)
return group, labels
def kNNClassify(newInput, dataSet, labels, k):
    numSamples = dataSet.shape[0]
    diff = tile(newInput, (numSamples, 1)) - dataSet
    squaredDiff = diff ** 2
    squaredDist = sum(squaredDiff, axis = 1)
    distance = squaredDist ** 0.5
sortedDistIndices = argsort(distance)
print("shape of sorted DistIndices:",shape(sortedDistIndices))
    classCount = {} # define a dictionary (can be append element)
for i in range(k):
        voteLabel = labels[sortedDistIndices[i]]
        tempVote = int(voteLabel)
        classCount[tempVote] = classCount.get(tempVote, 0) + 1
    maxCount = 0
for key, value in classCount.items():
if value > maxCount:
            maxCount = value
            maxIndex = key
return maxIndex
```

代码 3-3　k-近邻分类函数

上述函数返回值为 k 个近邻样本中出现最多的类别，调用上述函数便可对测试集中的样本进行分类。除了对测试样本进行分类之外，为得知 k-近邻算法的实际效果，还需计算分类正确率。对测试样本进行分类并计算分类正确率的具体过程如代码 3-4 所示。

```
dataSet, labels = hello_KNN.createDataSet()
k = K
print("hello_KNN.x_test_sample",len(hello_KNN.x_test_sample))
rightSample = 0
for i in range(len(hello_KNN.x_test_sample)):
    testX = hello_KNN.x_test_sample.values[i]
print("shape of textX:", shape(testX))
outputLabel = hello_KNN.kNNClassify(testX, dataSet, labels, k)
    print ("Your input is:", testX, "and classified to class: ", out-
putLabel)
if outputLabel == hello_KNN.y_test_sample.values[i]:
        rightSample += 1
print("rate: ",rightSample/len(hello_KNN.x_test_sample))
print('end')
```

代码 3-4　测试 k-近邻算法实际效果

在上述算法中，k 值分别取 3,5,7,9,11,13,15，得到相应的测试正确率如表 3-26 所示，其中每个正确率均为 10 次重复实验结果的均值。

表 3-26　正确率取值表

k	3	5	7	9	11	13	15
正确率	0.916	0.936	0.932	0.937	0.927	0.929	0.919

根据表 3-26 中的测试结果可知，当 $k=9$ 时，使用 k-近邻算法进行信用风险评估的结果正确率最高，故选用 $k=9$ 时所对应的 k-近邻分类器进行信用风险评估，分类正确率为 93.7%。可用该 k-近邻分类器进行个人信用风险评估，以防范和降低欺诈风险。

现用 CART 决策树模型进行信用风险评估。此时仍需对数据进行预处理，这里采用交叉验证法进行实验，故数据预处理过程与前述过程略有不同。

（1）数据预处理。直接忽略数据的交易时间和金额属性。为保证实验效果，需保持正负类样本的数量大致相当，对原数据集进行筛选得到新样本数据集 D，新样本数据集 D 包含正负样本各 492 个。预处理具体过程见代码 3-1。

（2）构造 CART 决策树。CART 决策树的构造根据对应基尼指数取值递归选择最优分裂属性和最优分裂属性值，故构造 CART 决策树的关键在于计算分裂属性及其属性取值的基尼指数。构造 CART 决策树的具体过程如代码 3-5 所示。

```
X = np. array(hello_ CART. x_train_sample. values). transpose()
print("X is: ",X)
y = np. array(hello_CART. y_train_sample. values). transpose()
print("y is: ",y)
def Gini(self,X,y,k,k_v):
if (self. property[k]==0):
        c1 = (X[X[:,k]==k_v]). shape[0]
        c2 = (X[X[:,k]!=k_v]). shape[0]
        D = y. shape[0]
return c1 * pGini(y[X[:,k]==k_v])/D+c2 * pGini(y[X[:,k]!=
k_v])/D
else:
        c1 = (X[X[:,k]>=k_v]). shape[0]
        c2 = (X[X[:,k]<k_v]). shape[0]
        D = y. shape[0]
        return c1 * pGini(y[X[:,k]>=k_v])/D+c2 *
pGini(y[X[:,k]<k_v])/D
pass
def makeTree(self,X,y):
    min=10000.0
    m_i,m_j=0,0
if(np. unique(y). size<=1):
return (y[0])
for i in range(self. X. shape[1]):
for j in self. feature_dict[i]:
            p=self. Gini(X,y,i,j)
if (p<min):
                min=p
                m_i,m_j=i,j
if (min==1):
return (y[0])
if (self. property[m_i]==0):
        left = self. makeTree(X[X[:,m_i]==m_j],y[X[:,m_i]=
=m_j])
        right = self. makeTree(X[X[:,m_i]!=m_j],y[X[:,m_i]!
=m_j])
else :
        left = self. makeTree(X[X[:,m_i]>=m_j],y[X[:,m_i]>=
m_j])
        right = self. makeTree(X[X[:,m_i]<m_j],y[X[:,m_i]<
m_j])
return [(m_i,m_j),left,right]
```

代码 3-5　构造 CART 决策树

（3）对决策树进行剪枝。由于通过代码 3-5 构造的决策树模型分支较多，易导致过拟合现象，故需要其进行剪枝。此处采用 CCP 剪枝方法，具体过程如代码 3-6 所示。

```
def prune(tree, testData):
    if shape(testData)[0] == 0:
return getMean(tree)
if (isTree(tree['right']) or isTree(tree['left'])):
        lSet, rSet = binSplitDataSet(testData, tree['spInd'],
tree['spVal'])
if isTree(tree['left']):
        tree['left'] = prune(tree['left'], lSet)
if isTree(tree['right']):
        tree['right'] = prune(tree['right'], rSet)
if not isTree(tree['left']) and not isTree(tree['right']):
lSet, rSet = binSplitDataSet(testData, tree['spInd'], tree['spVal'])
errorNoMerge = sum(power(lSet[:, -1] - tree['left'], 2)) +
sum(power(rSet[:-1] - tree['right'], 2))
        treeMean = (tree['left'] + tree['right']) / 2.0
        errorMerge = sum(power(testData[:, -1] - treeMean, 2))
if errorMerge < errorNoMerge:
        print("merging")
return treeMean
else:
return tree
```

代码 3-6　CCP 剪枝

（4）选择最优决策树。采用 10 折交叉验证法构造了 10 棵初始决策树，并使用 CCP 剪枝算法分别对这 10 棵原始决策树进行剪枝。使用对应测试集分别对每一棵剪枝后得到的子树进行性能测试，并取性能最优的子决策树作为最终模型。对决策树进行性能测试的具体过程如代码 3-7 所示。

```python
from __future__ import division
import numpy as np
import pandas as pd
import scipy as sp
import json
from decisionTree import DTC
import hello_ CART
X = np.array(hello_CART.x_train_sample.values).transpose()
y = np.array(hello_CART.y_train_sample.values).transpose()
prop=np.zeros((28,1))
totalRight = list()
for i in range(28):
    prop[i]=1
X_test = np.array(hello_CART.x_test_sample.values).transpose()

for j in range(1):
    X = np.array(hello_CART.list_x_train_sample[j].values).transpose()
    y = np.array(hello_CART.list_y_train_sample[j].values).transpose()
    a=DTC(X,y,prop)
    a.train()
    print(a.pred(X_test))
    countRight = 0
    total = len(a.pred(X_test))
    for i in range(total):
        if a.pred(X_test)[i] == hello_CART.y_test_sample.values[i]:
            countRight += 1
    print("countRight:",countRight)
    print("第",j,"棵树")
    print("正确率为:",countRight/total)
    totalRight.append(countRight/total)
```

代码 3-7　决策树性能测试

经测试可知，经剪枝后所得性能最优决策树如图 3-27 所示，其预测正确率为 93.7%，这说明该决策子树能准确判断绝大部分信用卡交易是否存在欺诈行为，可选择该决策子树作为最终的决策树模型用于辅助判断信用卡交易是否存在欺诈行为。

3.5.2　垃圾邮件检测

如今电子邮件已成为人们相互交流、获取信息的重要渠道。然而，在电子邮件为人们提供服务的同时，也被一些别有用心的人用于其他目的，垃圾邮件由此产生。为避免垃圾邮件影响人们的正常工作和生活，垃圾邮件检测技术随之产生。传统垃圾邮件检测方法主要有关键词法和校验码法等，前者的过滤依据是特定的词语，后者则是计算邮件文本的校验码，再与已知的垃圾邮件进行对比。这些传统垃圾邮件检测方法通常存在检测效果较差、易被逃避等缺陷，为此可考虑使用机器学习方法解决这一问题。事实上，垃圾邮件检测的关键在于识别哪些邮件是垃圾邮件。可将这个问题归结为机器学习中的文本分类任务，关于此类任务的数据通常是高维数据，并且各特征之间依赖关系较少，故可选用朴素贝叶斯分类器解决垃圾邮件检测中对邮件进行分类这一关键问题。如前所述，朴素贝叶斯分类器假设样本各属性间相互独立，并通过求解如下优化问题构造模型

$$\arg\min_{y_i} R(y_i \mid X) = \arg\min_{y_i} \sum_{j=1}^{n} \lambda_{ij} P(f(X)=y_j) P(X \mid f(X)=y_j)$$

在垃圾邮件分类问题中，X 代表某封邮件，y_i 代表该邮件的类别，即是否为垃圾邮件。$P(f(X)=y_j)$ 表示邮件 X 的类别为 y_j 的先验概率，可由经验获得先验概率，例如收集的 100 封邮件中有 50 封为垃圾邮件，则一封新邮件 X 是垃圾邮件的先验概率可定义为 50%。若用 H 表示正常邮件，S 表示垃圾邮件，则邮件 X 为垃圾邮件的先验概率可表示为

$$P(f(X)=S)=P(f(X)=H)=50\%$$

贝叶斯分类器通过考察邮件的内容调整先验概率，并将由分类错误所造成的损失纳入考虑范围。这样做的目的是得到风险最小的分类结果，但这需要将邮件中的所有关键内容均纳入考虑当中。例如，在邮件中发现了某个单词 x_i，而在训练数据集中所有出现单词 x_i 的邮件均为垃圾邮件，此时也无法片面地认定该邮件就是垃圾邮件。这是因为邮件中并非只包含一个单词，对一封邮件进行分类时应当综合考虑该邮件中的所有关键内容。

假设在垃圾邮件分类任务当中，分类错误的损失均为 1，一封邮件中出现了 d 个关键单词，考虑到朴素贝叶斯分类器的条件独立性假设，可将如下函数作为优化目标

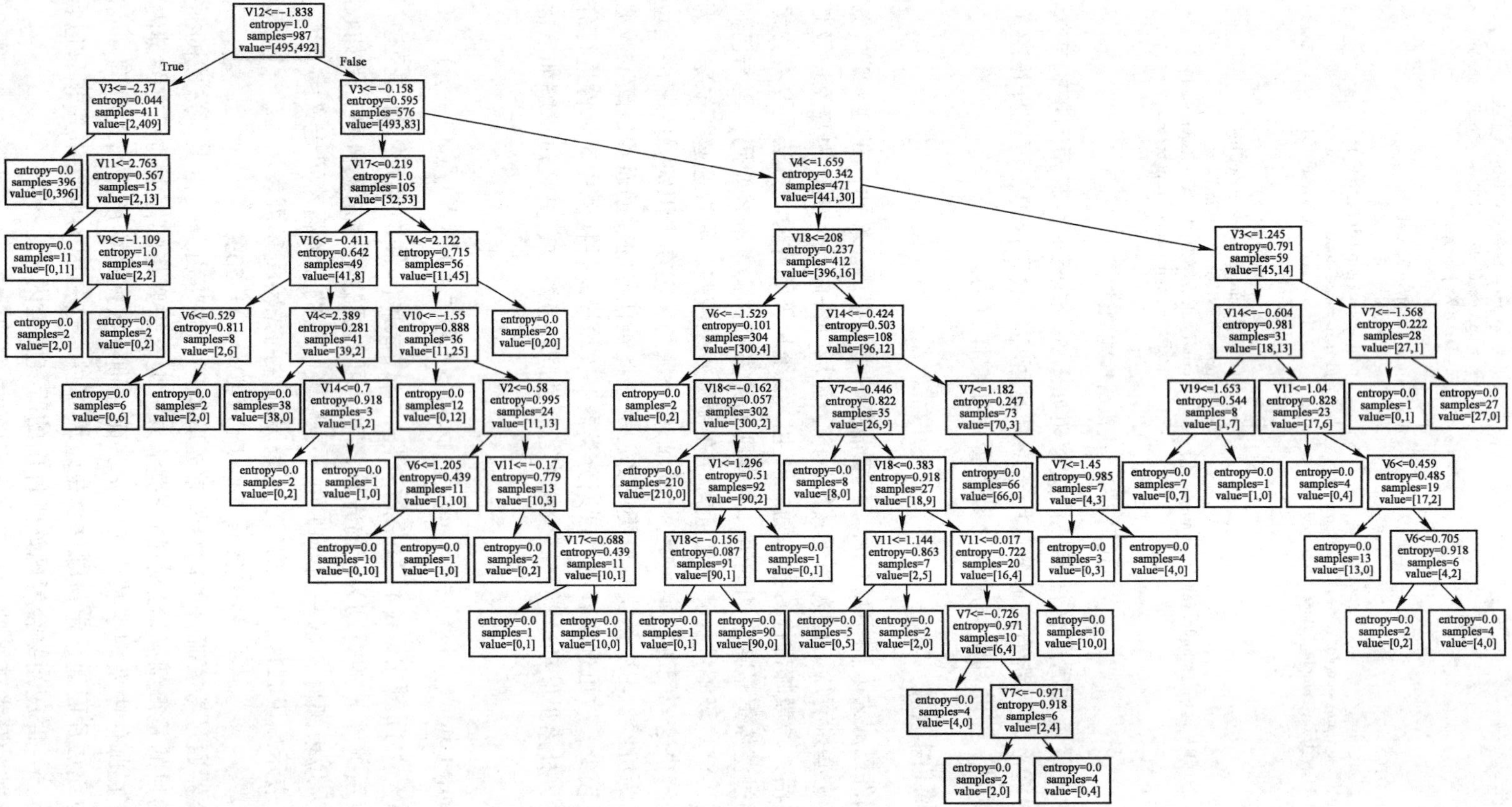

图3-27 性能最优的决策树模型

$$R(y_i \mid X) = \sum_{y_j = S \text{或} y_j = H} \lambda_{ij} P(f(X) = y_j) \prod_{k=1}^{d} P(x_k \mid f(X) = y_j)$$

由上述分析可知，在使用朴素贝叶斯分类器进行垃圾邮件分类时，还需要对邮件进行分词等处理，即对邮件文本提取词袋或词频等文本特征。

通过上述分析可得到使用朴素贝叶斯分类器进行垃圾邮件分类的大致步骤如下：

（1）对训练集中的邮件进行特征提取；

（2）依据对训练集中邮件提取到的特征构造朴素贝叶斯分类器；

（3）使用构造好的朴素贝叶斯分类器对新的邮件进行分类。

这里使用的数据集为垃圾邮件数据集 Spambase，从该数据集中选择 50 封邮件，其中正常邮件和垃圾邮件各占一半，图 3-28a、b 分别展示了该数据集中一封正常邮件和一封垃圾邮件，下述垃圾邮件检测的各个步骤均可使用 Python 3 语言编程实现。

Jay Stepp commented on your status.Jay wrote:""to the" ???"Reply to this email to comment on this status.To see the commer thread, follow the link below:

a)

Percocet 10/625 mg withoutPrescription 30 tabs - $225!Percocet, a narcotic analgesic, is used to treat moderate to moderately SeverePainTop Quality, EXPRESS Shipping, 100% Safe & Discreet & Private.Buy Cheap Percocet Online

b)

图 3-28　训练集中的邮件

（1）特征提取。由于垃圾邮件分类任务属于文本分类任务，且原始样本未经预处理操作，因此在构造朴素贝叶斯分类器之前需对原始样本进行特征提取，从而将原始数据转化为满足要求的特征向量。此处选择对垃圾邮件数据集提取词袋特征，如前所述，提取词袋特征时首先要统计数据集中所有样本里出现的全部关键字，再统计各个邮件中出现关键词的次数，从而将文本转化为对应的特征向量。这一过程中需对非关键词进行筛选，此处采用一个比较简单的筛选方法，即只统计字母个数大于 2 的单词，这样可去除部分介词等不包含实际含义的虚词。对垃圾邮件数据集进行特征提取的具体代码如代码 3-8 所示。

```
def textParse(bigString):
    import re
    listOfTokens=re.split(r'\W*',bigString)
    return [tok.lower() for tok in listOfTokens if len(tok)>2]

def createVocabList(dataSet):
    vocabSet=set([])
    fordocment in dataSet:
        vocabSet=vocabSet | set(docment)
    return list(vocabSet)

def bagOfWords2Vec(vocabList,inputSet):
    returnVec=[0] * len(vocabList)
    for word ininputSet:
        if word invocabList:
            returnVec[vocabList.index(word)]+=1
        else: print ("the word is not in my vocabulry")
    return returnVec
```

代码 3-8　特征提取

特征提取代码由三个函数组成，其中函数 textParse( )的功能是实现对文本的分词处理。该函数将文本中的所有单词均转换为小写形式，并且只返回长度大于 2 的单词。例如，调用此函数处理图 3-28a 中的邮件可得到如下结果：

```
['peter','with','jose','out','town','you','want','meet','once','while','keep',
'things','going','and','some','interesting','stuff','let','know','eugene']
```

函数 createVocabList( )的功能是将数据集中所有出现的关键单词组成一个词汇表且表中每个单词仅出现一次。函数 bagOfWords2Vec( )的功能是将邮件转化为特征向量。

（2）构造朴素贝叶斯分类器。假设错误分类的损失为 1，故构造朴素贝叶斯分类器的关键在于求得后验概率。为求得后验概率，还需知道一封邮件是否为垃圾邮件的先验概率，并求得分别在已知邮件为垃圾邮件和正常邮件情况下每个单词出现的条件概率。函数 train( )封装了朴素贝叶斯分类器的构造过程，具体过程如代码 3-9 所示。

```
def train(trainMat,trainGategory):
    numTrain=len(trainMat)
    numWords=len(trainMat[0])    #is vocabulry length
    pAbusive=sum(trainGategory)/float(numTrain)
    p0Num=ones(numWords);p1Num=ones(numWords)
    p0Denom=2.0;p1Denom=2.0
    for i in range(numTrain):
        if trainGategory[i] == 1:
            p1Num +=trainMat[i]
            p1Denom += sum(trainMat[i])
        else:
            p0Num +=trainMat[i]
            p0Denom +=sum(trainMat[i])
    p1Vec=log(p1Num/p1Denom)
    p0Vec=log(p0Num/p0Denom)
    return p0Vec,p1Vec,pAbusive
```

代码 3-9　朴素贝叶斯分类器训练算法

（3）测试分类器性能。采用 5 折交叉验证法测试模型性能，需执行 5 次训练—测试过程，每次所使用的训练集中包含 40 封邮件，测试集中包含 10 封邮件。每次训练过程直接调用代码 3-9 中的函数 train( )来完成，并使用测试样本对构造好的朴素贝叶斯分类器进行测试，具体过程如代码 3-10 所示。

```
#spam emailclassfy
def spamTest():
    fullTest=[];docList=[];classList=[]
    for i in range(1,26): #it only 25 doc in every class
        wordList=textParse(open('email/spam/%d.txt' % i).read())
        docList.append(wordList)
        fullTest.extend(wordList)
        classList.append(1)
        wordList=textParse(open('email/ham/%d.txt' % i).read())
        docList.append(wordList)
        fullTest.extend(wordList)
        classList.append(0)
    vocabList=createVocabList(docList)    # create vocabulry
    trainSet=range(50);testSet=[]

    for i in range(10):
        randIndex=int(random.uniform(0,len(trainSet)))
        #num in 0-49
        testSet.append(trainSet[randIndex])
        del(trainSet[randIndex])
    trainMat=[];trainClass=[]
    for docIndex in trainSet:
trainMat.append(bagOfWords2Vec(vocabList,docList[docIndex]))
        trainClass.append(classList[docIndex])
    p0,p1,pSpam=train(array(trainMat),array(trainClass))
    errCount=0
    for docIndex in testSet:
wordVec=bagOfWords2Vec(vocabList,docList[docIndex])
        if classfy(array(wordVec),p0,p1,pSpam) != classList[docIndex]:
        errCount +=1
        print ("classfication error"),docList[docIndex]
```

代码 3-10　测试模型性能

在使用交叉验证法得到的五次测试结果中，其中两个分类器的分类正确率为 90%，剩余三个分类器的正确率均为 100%，即可得到使用朴素贝叶斯分类器进行垃圾邮件分类的平均分类正确率为 96%，可认为使用该分类器进行垃圾邮件分类能达到理想效果。由于这里所用到的数据集较小，可能会限制朴素贝叶斯分类器的分类性能，在实际开发中使用规模较大的训练样本数据集时，可综合多方面的信息来构造分类映射规则，有效过滤垃圾邮件。

3.5.3　车牌定位与识别

目前，我国汽车保有量快速增长，这极大地方便了人们的出行，但同时也带来了城市道路拥堵、交通事故频发等社会问题。为解决这些问题，除了依靠交通法规之外还希望建立一套完整的智能交通系统来合理管理交通流量，车牌识别就是其中一项关键技术。车牌识别任务是指将图片或视频中的车牌位置框选出来并识别出其中的车牌号信息。如何确定车牌位置和如何识别车牌号信息是车牌识别需要解决的两个主要问题。

车牌定位问题可用机器学习的二分类任务完成。具体地说，由于车牌区域有着丰富的纹理信息和边缘信息，并且车牌区域为一个规则的矩形，故可选择图像中包含纹理信息和边缘信息丰富的矩形区域作为候选区域，并使用分类器对这些候选区域进行分类，分类类型为“是车牌”和“非车牌”两类。车牌号信息的识别可用基于人工神经网络的光电字符识别模型实现。这里主要讨论构造支持向量机模型实现车牌定位的过程，使用神经网络模型识别车牌号信息的具体过程将在后续神经网络模型的相关内容中进行介绍。

本节使用带有车牌位置标注的样本组成的数据集来构造并测试用于车牌定位的支持向量机模型，并使用光电字符数据集训练一个神经网络用于识别车牌号信息，以下过程可使用 Python 3 语言及 OpenCV 库函数编程实现。

1. 车牌定位

车牌定位是车牌识别的第一步，其效果直接影响着整个任务的最终效果，因此需要确保车牌定位的可信度。为选择出候选区域，首先，需对图像进行预处理，例如对其进行灰度化处理、归一化处理、去噪处理等；其次，需对图像进行特征提取并根据特征信息框选出候选区域。由于车牌位置的边缘信息明显并且是规则的矩形区域，因此对图像提取边缘特征并选择边缘特征较多的区域来构造规则的矩形候选区域；最后，需要对候选区域打上标签并构成数据集，使用该数据集构造支持向量机分类器。

（1）预处理。读入图像，对图像进行灰度化、去噪等预处理，这些预处理方法可有效筛选出关键信息并去除影响最终效果的无关信息。这一过程的具体代码如代码 3-11 所示。

```
img = cv2.resize(img, (400, 400 * img.shape[0] / img.shape[1]))
grayimg = cv2.cvtColor(img, cv2.COLOR_BGR2GRAY)
stretchedimg = stretch(grayimg)
r = 16
h = w = r * 2 + 1
kernel = np.zeros((h, w),dtype=np.uint8)
cv2.circle(kernel, (r, r), r, 1, -1)
openingimg = cv2.morphologyEx(stretchedimg, cv2.MORPH_OPEN,
kernel)
strtimg = cv2.absdiff(stretchedimg, openingimg)
```

代码 3-11　图像预处理

代码 3-11 将对图像进行了灰度化处理，并去除了图像中的高斯噪声，以对如图 3-29a 所示的原始图像进行处理为例，对其进行灰度化后的图片如图 3-29b 所示，为图 3-29b 去除高斯噪声后的图像如图 3-29c 所示。

a)　　b)　　c)

图 3-29　预处理的原图与效果图

（2）特征提取。由于车牌区域的边缘信息较为丰富，故可用边缘特征的丰富程度作为依据来确定某块区域是否为候选区域。为方便后续处理并提高最终效果，还需突出边缘特征，为此，首先对图像进行二值化处理从而去除无关信息，然后对二值化后的图像提取边缘特征。特征提取的具体过程如代码 3-12 所示。

```
def dobinaryzation(img):
    max = float(img.max())
    min = float(img.min())

    x = max - ((max - min) / 2)
    ret, threshedimg = cv2.threshold(img, x, 255, cv2.THRESH_
BINARY)

return threshedimg

cannyimg = cv2.Canny (binaryimg, binaryimg.shape [0], binary-
img.shape[1])
kernel = np.ones((5, 19), np.uint8)
closingimg = cv2.morphologyEx (cannyimg, cv2.MORPH _CLOSE,
kernel)
openingimg = cv2.morphologyEx (closingimg, cv2.MORPH _OPEN,
kernel)
kernel = np.ones((11, 5), np.uint8)
openingimg = cv2.morphologyEx (openingimg, cv2.MORPH _OPEN,
kernel)
rect = locate_license(openingimg, img)
```

代码 3-12　车牌特性信息提取

对经过预处理后的图像进行二值化处理可得到如图 3-30a 所示的图像，对图 3-30a 中的图像提取 Canny 边缘特征可得到如图 3-30b 所示的特征图像。

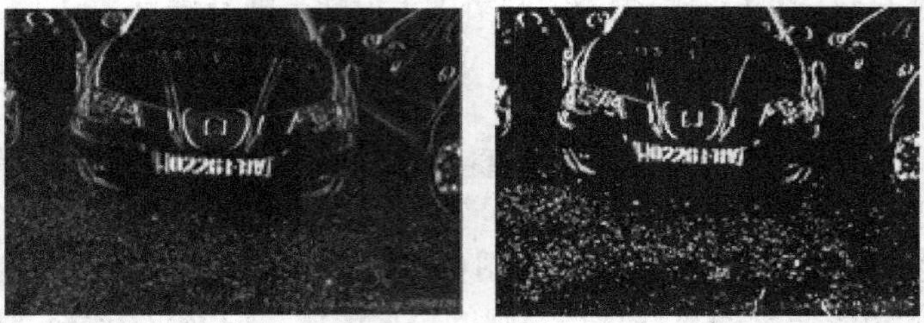

a)　　　　　　　　b)

图 3-30　二值化及特征提取效果图

（3）确定候选区域。由于车牌是规则的矩形，且长宽信息已知，因此可使用形状确定的矩形对特征图像中边缘信息较多的区域进行框选，从而得到候选区域。确定候选区域的代码如代码 3-13 所示。

```
def locate_license(img, orgimg):
    img, contours, hierarchy = cv2.findContours(img, cv2.RETR_
EXTERNAL, cv2.CHAIN_APPROX_SIMPLE)
blocks = []
for c in contours:
r = find_retangle(c)
        a = (r[2] - r[0]) * (r[3] - r[1])
        s = (r[2] - r[0]) / (r[3] - r[1])
        blocks.append([r, a, s])
blocks = sorted(blocks, key=lambda b: b[2])[-3:]
maxweight, maxinedx = 0, -1
for i in xrange(len(blocks)):
        b = orgimg[blocks[i][0][1]:blocks[i][0][3],
blocks[i][0][0]:blocks[i][0][2]]
        hsv = cv2.cvtColor(b, cv2.COLOR_BGR2HSV)
        lower = np.array([100, 50, 50])
        upper = np.array([140, 255, 255])
        mask = cv2.inRange(hsv, lower, upper)
w1 = 0
for m in mask:
            w1 += m / 255
        w2 = 0
for w in w1:
            w2 += w
        if w2 > maxweight:
            maxindex = i
            maxweight = w2
return blocks[maxindex][0]
```

代码 3-13　确定候选区域

（4）构造支持向量机。使用代码 3-13 确定候选区域后将其保存为图片形式并建立数据集 D，使用留出法得到训练集和测试集，调用 OpenCV 库函数中的 SVM 构造算法训练支持向量机分类器，预测结果为“是车牌”的候选区域位置即为被预测车牌的具体位置。构造支持向量机的具体代码如代码 3-14 所示。

```
def creSVM():

    svm = cv2.ml.SVM_create()
    svm.setType(cv2.ml.SVM_C_SVC)
    svm.setKernel(cv2.ml.SVM_LINEAR)
    svm.setC(1.0)
    ret = svm.train(train_data, cv2.ml.ROW_SAMPLE, train_la-
bel)
```

代码 3-14　构造支持向量机

对于如图 3-31a 所示的测试图片，车牌定位效果图如图 3-31b 所示。

对测试集中的 200 张图片进行测试，得到测试结果如表 3-27 所示。

根据表 3-27 中数据可计算得到查准率为 $P(f)=93.88\%$，查全率为 $W(f)=88.64\%$，上述实现效果较为精确，可认为该车牌定位算法效果理想。

表 3-27　测试结果

目标类型	目标总数	是车牌的数量	非车牌的数量
是车牌	156	138	18
非车牌	44	9	35

2. 车牌号信息识别

由于车牌号中字符均为打印体，故可

a) b)

图 3-31　车牌定位效果

将车牌号信息的识别归结为光电字符识别问题。识别的过程大致分为两步，首先，提取车牌区域中的字符，可通过寻找字符的轮廓特征封闭区域实现。然后，对于截取出的每个车牌字符分别使用训练好的神经网络模型进行识别，以获得车牌号信息。

对 200 个测试样本进行测试，共有 156 个测试样本定位到车牌区域，其中有 9 个为非车牌区域。对这 147 个预测为车牌区域的样本提取车牌号信息，正确提取信息的样本为 129 个，由此得到车牌识别的正确率为 82.7%。

这里给出的车牌识别系统只是一个应用示例。事实上，视频图像中的车牌识别目前已是一项比较成熟的图像识别技术，在城市安防的视觉监控和智能交通中的车辆自动管理等多个领域得到广泛应用，目前相关商业识别软件在正常光照和角度下通常能够达到 99.9%的正确识别率。

3.6　习题

（1）对于非齐次线性模型 $f(\boldsymbol{X})=\boldsymbol{w}^{\mathrm{T}}\boldsymbol{X}+b$，试将其表示为齐次线性模型形式。

（2）某汽车公司一年内各月份的广告投入与月销量数据如表 3-28 所示，试根据表中数据构造线性回归模型，并使用该模型预测月广告投入为 20 万元时的销量。

表 3-28　月广告投入与月销量数据表

月　　份	1	2	3	4	5	6
月广告投入（万元）	9.95	10.14	9.22	8.87	12.06	16.30
月销量（万辆）	1.018	1.143	1.036	0.915	1.373	1.640
月　　份	7	8	9	10	11	12
月广告投入（万元）	17.01	18.93	14.01	13.01	15.41	14.21
月销量（万辆）	1.886	1.913	1.521	1.237	1.601	1.496

（3）使用表 3-28 中的数据集构造线性分类器，并预测月广告投入为 13.5 万元时月销量能否达到 1.5 万辆。

（4）线性判别分析的基本思想是什么？此类方法能达到什么样的效果？

（5）ID3、C4.5 和 CART 决策树分别是以哪个指标进行分裂的？为什么通常情况下 C4.5 决策树的泛化性能要优于 ID3 决策树？

（6）分别说明信息熵、信息增益、信息增益率的概念，并说明这些指标的意义。

（7）试使用信息增益作为判别标准，对如表 3-29 所示的数据集进行一次划分。

表 3-29　天气数据集

编号	1	2	3	4	5	6
湿度情况	干燥	干燥	干燥	潮湿	潮湿	潮湿
温度情况	高温	低温	适宜	高温	低温	适宜
天气情况	晴朗	晴朗	阴雨	阴雨	晴朗	阴雨

（8）试使用信息增益率作为判别标准，对如表 3-29 所示的数据集进行一次划分。

（9）试分析基尼指数为何可用于度量数据集的纯度。

（10）预剪枝和后剪枝存在哪些相同点，又存在哪些差异？

（11）已知数据集 D 中的数据维度为 d，这些数据分属两类，若根据该数据集构造决策树，试证明得到的决策树树高不超过 $d+1$。

（12）现有如表 3-30 所示的客户信息数据集，试根据该数据集构造一棵用于判断是否提供贷款的 ID3 决策树。

表 3-30　客户信息数据集

编号	1	2	3	4	5	6	7	8	9	10	11	12
年龄	27	28	36	57	52	41	51	23	31	50	41	38
收入水平	高	高	高	中	中	低	中	中	高	中	低	中
固定收入	否	否	否	是	否	否	否	是	是	否	是	是
银行 VIP	否	是	否	否	否	否	是	否	是	否	是	否
提供贷款	否	否	是	是	否	否	是	否	是	否	是	是

（13）根据表 3-30 中的数据集构造一棵用于判断是否提供贷款的 C4.5 决策树。

（14）说明 CART 决策树的结构特点并分析 CART 决策树与 ID3、C4.5 决策树的区别。

（15）根据表 3-30 中的数据构造一棵用于判断是否提供贷款的无剪枝 CART 决策树。

（16）使用表 3-28 中的数据集构造一棵用于预测销量的最小二乘回归树。

（17）贝叶斯学派与频率学派之间存在哪些不同观点？

（18）朴素贝叶斯分类器、半朴素贝叶斯分类器的假设前提分别是什么？

（19）根据表 3-30 中的数据集构造一个用于判断是否提供贷款的朴素贝叶斯分类器。

（20）假设表 3-30 中数据集的其他属性均依赖于“年龄”，试根据该数据集构造一个用于判断是否提供贷款的半朴素贝叶斯分类器。

（21）与线性回归相比较，贝叶斯回归有哪些特点？

（22）支持向量机中的分离超平面是如何确定的？支持向量与分离超平面之间存在何种关系？

（23）试举例说明核函数技术为何能实现数据升维。

（24）试查阅资料并说明，除了支持向量机之外哪些方法中还用到了核函数技术？

（25）事实上，支持向量机是一种度量学习模型，试查阅资料并说明度量学习中还有哪些经典的机器学习模型。

第 4 章　无监督学习

监督学习的模型构造需要使用带标注的训练样本。如果缺乏足够的样本标注信息或样本标注成本过高，则难以获得所需的带标注样本，此时监督学习方法不再适用。由于不带标注的样本示例自身也含有很多信息，故直接对这些样本示例进行分析有时也能完成某些特定的机器学习任务。这种通过对无标注样本示例进行分析而完成学习任务的学习方式通常称为无监督学习或非监督学习。与监督学习相比，无监督学习不是通过对带标注样本的归纳获得一般性结论，而是直接通过分析样本数据自身的结构化信息实现对具体问题的求解。无监督学习的理论和算法有时比较复杂，但不需要样本标注的特殊优势使得无监督学习的问题求解成本通常较低。目前，无监督学习已被广泛应用于互联网信息搜索与推荐、经济统计分析与投资风险评估、视频图像处理与模式识别等多个领域。本章比较系统地介绍和讨论聚类分析、主分量分析和稀疏编码等无监督学习的基本理论与方法。

4.1　聚类分析

自然界和人类社会中经常会出现物以类聚、人以群分的现象，人们在日常生活和工作中也会经常把性质较为相似的对象归为同一类型，形成一种对事物进行归类的基本方式。机器学习的聚类任务就是根据样本数据之间的某种相似关系来实现对样本数据集合的某种归类，使得具有同类型中的样本之间具有较大相似性或相似度，实现物以类聚的效果。由于聚类的类别由不同样本之间的某种相似性确定，不需要对训练样本指定具体的类别信息，聚类类别所表达的含义通常是不确定的，故样本数据的聚类是一种典型的无监督学习方式。对样本数据进行合理聚类是一项非常重要的机器学习任务，它能够解决诸如信息推荐、数据挖掘、投入产出分析等很多实际问题。机器学习中的聚类分析方法主要有划分聚类、密度聚类、层次聚类、网格聚类和模型聚类等基本类型，本节主要介绍划分聚类和密度聚类这两种最常用的聚类方法，讨论对样本数据进行聚类分析的基本思想和关键技术。

4.1.1　划分聚类法

划分聚类法基于对样本数据进行适当划分的思想，实现对样本数据的聚类分析，该方法首先需要确定划分块的个数即聚簇的个数，然后通过适当方式将样本数据聚集成指定个数的聚簇。k-均值聚类和模糊 c-均值聚类是两种最典型、最常用的划分聚类算法，这两种算法均使用样本数据的均值确定各聚簇的聚类中心，并通过计算各样本数据到各聚簇聚类中心的某种距离来实现对样本数据之间的相似性度量。

k-均值聚类算法又称 k-Means 聚类算法，其中 k 表示聚类所得到聚簇的个数。顾名思义，k-均值聚类算法是一种通过均值指标对数据进行聚类的方法。该算法基于同类样本在特征空间中应该相距不远的基本思想，即物以类聚的思想，将集中在特征空间某一区域内的样本划分为同一个簇，其中区域位置的界定主要通过样本特征值的均值确定。例如，图 4-1 是对具有两个属性特征的某示例样本数据集进行聚类的效果，图中取聚类簇数 $k=3$ 且每个聚簇的聚类中心坐标值为该簇中所有示例样本特征的均值。

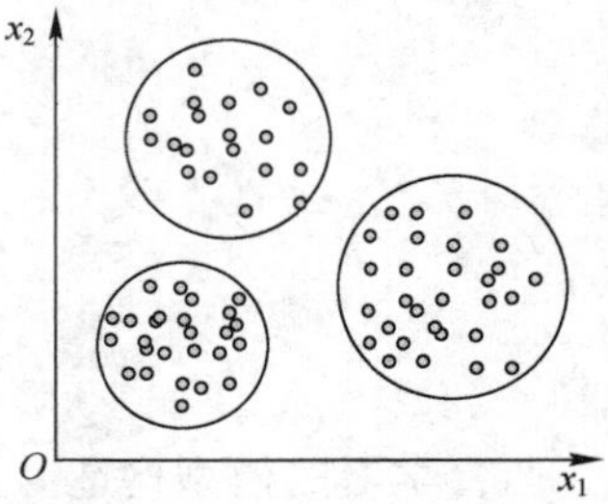

图 4-1　样本示例的聚类效果

对于无标签示例样本数据，虽然无法使用监督学习方法确定样本类别与样本属性之间的关系，但在特征空间中距离较近的样本应较为相似，可将它们划分为同一类别。由此得到一种基于距离的相似性假设，即样本数据之间的相似性大小与它们之间的距离成反比。通常用欧式距离（2-范数）或曼哈顿距离（1-范数）等范数来度量两个示例样本之间的距离。

可由相似性假设得到 k-均值聚类算法。具体地说，对于给定的示例样本数据集 D：

$$D=\{\boldsymbol{X}_1,\boldsymbol{X}_2,\cdots,\boldsymbol{X}_n\}$$

其中，每个示例样本分别具有 m 个特征，即 $\boldsymbol{X}_i=(x_{i1},x_{i2},\cdots,x_{im})^{\mathrm{T}}$。

k-均值聚类算法首先从 D 中随机选取 k 个数据点，并分别将每个数据划归到一个簇，由此形成 k 个初始簇。此时，由于每个簇中均只包含一个数据点，故通常取簇中所含数据点的坐标作为各簇的初始聚类中心。有时也可用其他方式手动或自动确定每个初始簇及相应的初始聚类中心。在确定初始聚类中心之后，k-均值聚类算法便依据类内相似性最大化原则对 D 中数据点进行聚类并迭代更新聚类中心，直至算法收敛得到聚类结果。

现以欧式距离为例，介绍 k-均值聚类算法对 D 中数据点进行聚类的具体过程。由相似性假设可知，距离越小的两个示例样本之间的相似性越高，故以簇内样本相似性最大为目标的 k-均值聚类算法应使得属于相同聚簇示例样本之间的距离达到最小或尽可能地小。对于数据集 D 的某个划分聚类，将所有属于相同划分类别的样本之间距离总和称为数据集 D 在划分聚类下的**类内距离**。包括 k-均值聚类算法在内的划分聚类的基本思想就是寻找一种适当的划分方式，使得数据集在该划分下的类内距离达到最小或者尽可能地小。

具体地说，假设按照某种方式将数据集 D 中所有示例样本划分为 k 个簇 $C_1,C_2,\cdots,C_k$，则与该划分相对应的类内距离 $d(C_1,C_2,\cdots,C_k)$ 为

$$d(C_1,C_2,\cdots,C_k)=\sum_{j=1}^{k}\sum_{X_i\in C_j}\left[\sum_{t=1}^{m}(x_{it}-u_{jt})^2\right]^{\frac{1}{2}} \tag{4-1}$$

其中，u_{jt} 表示为第 j 个簇 C_j 的聚类中心 U_j 的第 t 个坐标分量。

k-均值聚类算法从初始划分所对应类内距离开始，通过逐步调整划分的方式最小化类内距离 $d(C_1,C_2,\cdots,C_k)$，由此得到类内距离最小的聚类结果。算法具体过程如下：

（1）令 $s=0$，并从 D 中随机生成 k 个作为初始聚类中心的数据点 $u_1^0,u_2^0,\cdots,u_k^0$；

（2）计算 D 中各样本与各簇中心之间的距离 w，并根据 w 值将其分别划分到簇中心点与其最近的簇中；

（3）分别计算各簇中所有示例样本数据的均值，并分别将每个簇所得到的均值作为该簇新的聚类中心 $u_1^{s+1},u_2^{s+1},\cdots,u_k^{s+1}$；

（4）若 $u_j^{s+1}=u_j^s$，则终止算法并输出最终簇，否则令 $s=s+1$，并返回步骤（2）。

例如，对于图 4-2a 所示随机选择的初始聚类中心，使用 k-均值聚类算法从该初始聚类中心开始迭代计算，得到第一次和第二次迭代结果分别如图 4-2b、c 所示，图 4-2d 中的算法达到了收敛状态，此时所对应的划分即为聚类算法的最终结果。

k-均值聚类算法的时间复杂度为 $O(nkt)$，其中 n 为数据集 D 中示例样本的个数，s 为迭

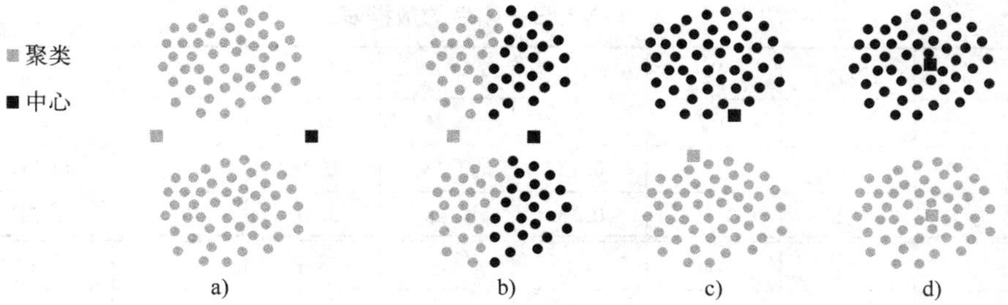

图 4-2 k-均值算法的收敛过程

a）初始聚类中心 b）第一次迭代 c）第二次迭代 d）聚类结果

代次数。通常 $k \ll n$ 并且 $s \ll n$，故该算法能够有效处理较大规模的数据集。

由于 k-均值聚类算法的初始聚类中心是随机产生的，这会导致同一批数据在多次使用该算法进行聚类操作时得到不同的聚类结果。在实际应用中，为有效降低由于该算法不稳定的聚类结果所带来的误差影响，通常会使用多个不同的随机初始聚类中心，对同一样本数据集重复多次进行聚类分析，然后从中选择效果最好的聚类结果。

【例题 4.1】 表 4-1 为某机构 15 支足球队在 2017-2018 年间的不同赛事的积分，各队在各赛事中的水平发挥有所不同。若将球队的水平分为三个不同的层次水平，试用 k-均值聚类方法分析哪些队伍的整体水平比较相近。

表 4-1 赛事积分表

队伍	X_1	X_2	X_3	X_4	X_5	X_6	X_7	X_8
赛事 1	50	28	17	25	28	50	50	50
赛事 2	50	9	15	40	40	50	40	40
赛事 3	9	4	3	5	2	1	9	9

队伍	X_9	X_{10}	X_{11}	X_{12}	X_{13}	X_{14}	X_{15}	
赛事 1	40	50	50	50	40	40	50	
赛事 2	40	50	50	40	40	32	50	
赛事 3	5	9	5	9	9	17	9	

【解】 由于各队在各赛事上的发挥水平有所不同，故将各队在各赛事上的积分看作相互独立的属性进行聚类。首先，对积分数据进行归一化处理，使用最小—最大标准化策略将积分数据映射到［0,1］区间内，具体计算公式为

$$a_i' = \frac{a_i - \min(a_i)}{\max(a_i) - \min(a_i)}$$

其中，$\min(a_i)$和 $\max(a_i)$分别表示第 i 个属性值 a_i在所有球队中的最小值和最大值。

使用上述公式对表 4-1 中的数据进行归一化计算，得到表 4-2 所示的归一化数据。

由于需将球队分为三个层次水平，故取聚类的簇数 $k=3$。随机采样选择编号为 2、13、15 的三支队伍所对应的数据点作为初始聚类中心，即三个簇的聚类中心分别为

$$\mu_1 = (0.3,0,0.19), \mu_2 = (0.7,0,76,0.5), \mu_3 = (1,1,0.5)$$

计算每个数据点到聚类中心的欧氏距离，计算结果如表 4-3 所示。

表 4-2 归一化后的数据表

队伍	X_1	X_2	X_3	X_4	X_5	X_6	X_7	X_8
赛事 1	1	0.3	0	0.24	0.3	1	1	1
赛事 2	1	0	0.15	0.76	0.76	1	0.76	0.76
赛事 3	0.5	0.19	0.13	0.25	0.06	0	0.5	0.5
队伍	X_9	X_{10}	X_{11}	X_{12}	X_{13}	X_{14}	X_{15}	
赛事 1	0.7	1	1	1	0.7	0.7	1	
赛事 2	0.76	1	1	1	0.76	0.68	1	
赛事 3	0.25	0.5	0.25	0.5	0.5	1	0.5	

表 4-3 各数据点到各聚类中心的距离表

队伍	X_1	X_2	X_3	X_4	X_5	X_6	X_7	X_8
μ_1	1.2594	0	0.3407	0.7647	0.7710	1.2354	1.0787	1.0787
μ_2	0	0.9131	0.9995	0.5235	0.5946	0.6306	0.3000	0.3000
μ_3	0.3407	1.2594	1.3636	0.8353	0.8609	0.5000	0.2400	0.2400
队伍	X_9	X_{10}	X_{11}	X_{12}	X_{13}	X_{14}	X_{15}	
μ_1	0.8609	1.2594	1.2221	1.2594	0.9131	1.1307	1.2594	
μ_2	0.2500	0.3842	0.4584	0.3842	0	0.5064	0.3842	
μ_3	0.4584	0	0.2500	0	0.3842	0.6651	0	

根据表 4-3 所示的距离数据，分别将每个数据点分配到聚类中心与其距离最近的簇中，得到第一次聚类结果为

$$C_1=\{X_2,X_3\};\ C_2=\{X_4,X_5,X_9,X_{13},X_{14}\};\ C_3=\{X_1,X_6,X_7,X_8,X_{10},X_{11},X_{12},X_{15}\}$$

根据上述第一次聚类结果，对聚类中心做调整。对于C_1，有

$$\mu_1'=\left(\frac{0.3+0}{2},\frac{0.15+0}{2},\frac{0.19+0.13}{2}\right)=(0.15,0.075,0.16)$$

同理，可将第二个簇C_2和第三个簇C_3的聚类中心进行调整，分别得到

$$\mu_2'=(0.528,0.744,0.412),\mu_3'=(1,0.94,0.40625)$$

计算各数据点与更新后的聚类中心的距离，得到如表 4-4 所示的计算结果。

表 4-4 各数据点到更新后聚类中心的距离表

队伍	X_1	X_2	X_3	X_4	X_5	X_6	X_7	X_8
μ_1'	1.3014	0.1704	0.1704	0.6967	0.7083	1.2664	1.1434	1.1434
μ_2'	0.5441	0.8092	0.8443	0.3308	0.4197	0.6768	0.4804	0.4804
μ_3'	0.1113	1.1918	1.3040	0.7965	0.8014	0.4107	0.2030	0.2030
队伍	X_9	X_{10}	X_{11}	X_{12}	X_{13}	X_{14}	X_{15}	
μ_1'	0.8831	1.3014	1.2595	1.3014	0.9420	1.1722	1.3014	
μ_2'	0.2368	0.5441	0.5609	0.5441	0.1939	0.6160	0.5441	
μ_3'	0.3832	0.1113	0.1674	0.1113	0.3622	0.7142	0.1113	

根据表 4-4 可得到第二次聚类结果如下：

$C_1=\{X_2,X_3\}$；$C_2=\{X_4,X_5,X_9,X_{13},X_{14}\}$；$C_3=\{X_1,X_6,X_7,X_8,X_{10},X_{11},X_{12},X_{15}\}$

聚类结果并未发生变化，故聚类中心收敛，停止迭代。

由上述聚类结果可知，X_2、X_3两支球队的整体水平比较相近，$X_4,X_5,X_9,X_{13},X_{14}$的整体水平比较相近，其余球队的整体水平比较相近。□

k-均值聚类算法要求每个样本数据点在一次迭代过程中只能被划分到某个特定的簇中。然而，在很多实际应用中样本数据并非都满足这种非此即彼的刚性划分，可能会存在一个样本同时隶属于多个簇的情形。为使聚类算法能够较好地适应此类应用场景，人们使用模糊数学理论对传统聚类算法进行改进，提出相应的模糊聚类理论和算法。所谓模糊聚类，是指采取柔性的模糊划分来定义簇的界限，此时单个样本数据点不再被要求划分到某个特定簇中，而是根据样本之间的相似性关系来确定每个样本隶属于各个簇的程度。现以模糊 c-均值聚类算法为例，介绍模糊聚类算法的基本原理和方法。

模糊 c-均值聚类是一种比较常用的模糊聚类算法（有时也称为 Fuzzy C-means 算法或 FCM 算法），其中 c 表示簇数。该算法使用模糊数学中属于 $[0,1]$ 区间的隶属度指标来度量单个样本隶属于各个簇的程度，并规定每个样本到所有簇的隶属度之和均为 1，若某个样本到某个簇的隶属度为 1，则表示该样本完全隶属于该簇。

模糊 c-均值聚类算法的基本思想与 k-均值聚类算法较为类似，要求被划分到同簇的样本之间具有最大的相似性，即簇内加权距离最小，主要通过对目标函数的优化计算来获得每个样本点对各个簇的隶属度，由此实现对样本数据进行自动聚类的效果。

对于任意给定的示例样本数据集 $D=\{\boldsymbol{X}_1,\boldsymbol{X}_2,\cdots,\boldsymbol{X}_n\}$，其中每个样本可通过 m 个特征所描述，即 $\boldsymbol{X}_i=(x_{i1},x_{i2},\cdots,x_{im})^{\mathrm{T}}$。假设对数据集 D 进行模糊聚类得到 c 个簇$C_1,C_2,\cdots,C_c$，D 中任意给定单个样本 $\boldsymbol{X}_i$对于第 j 个簇C_j的隶属度为 α_{ij}，则可使用如下加权欧式距离 w_{ij}度量样本 $\boldsymbol{X}_i$与簇C_j之间的相关性：

$$w_{ij}=\alpha_{ij}\left[\sum_{t=1}^{m}(x_{it}-u_{jt})^2\right]^{1/2} \tag{4-2}$$

其中，u_{jt}表示第 j 个簇C_j的聚类中心U_j的第 t 个坐标分量。

依据上述加权欧式距离 w_{ij}计算公式可得所有簇内加权距离之和为

$$d(\alpha_{ij})=\sum_{j=1}^{c}\sum_{i=1}^{n}\alpha_{ij}\left[\sum_{t=1}^{m}(x_{it}-u_{jt})^2\right]^{1/2} \tag{4-3}$$

显然，$d(\alpha_{ij})$的取值越小，则簇内相似性越高。为控制隶属度对聚类最终效果的影响及简化计算，可将上述加权距离之和 $d(\alpha_{ij})$改写为如下形式：

$$J(\alpha_{ij})=\sum_{j=1}^{c}\sum_{i=1}^{n}\alpha_{ij}^{p}\sum_{t=1}^{m}(x_{it}-u_{jt})^2 \tag{4-4}$$

其中，p 为控制隶属度影响的参数，通常取 $p=2$。

显然，若 p 值越大，则隶属度对最终的聚类效果影响就会越大，此时边界划分的模糊程度就越强。上述关于 α_{ij}的函数 $J(\alpha_{ij})$既包含所有簇内加权总距离，又包含该聚类算法边界划分的模糊程度，故可将其作为目标函数将样本数据集 D 的模糊聚类问题转化为 $J(\alpha_{ij})$的最小值优化问题，即通过最小值优化目标函数 $J(\alpha_{ij})$算得隶属度参数 α_{ij}的最优取值以实现对模糊 c-均值聚类问题的求解。由以上分析，可将模糊 c-均值聚类表示为如下条件优化问题，

$$\underset{\alpha_{ij}}{\arg\min}\ J(\alpha_{ij});\text{s. t. } \sum_{j=1}^{c}\alpha_{ij}=1 \tag{4-5}$$

可用拉格朗日乘数法求解上述条件优化问题。令拉格朗日函数为

$$\hat{J}(\alpha_{ij})=\sum_{j=1}^{c}\sum_{i=1}^{n}\alpha_{ij}^{p}\sum_{t=1}^{m}(x_{it}-u_{jt})^2+\sum_{i=1}^{n}\lambda_i\left(\sum_{j=1}^{c}\alpha_{ij}-1\right) \tag{4-6}$$

分别令 $\hat{J}(\alpha_{ij})$ 对 α_{ij} 的偏导数为 0，则有

$$\frac{\partial\hat{J}}{\partial\alpha_{ij}}=\sum_{j=1}^{c}\sum_{i=1}^{n}p\alpha_{ij}^{p-1}\sum_{t=1}^{m}(x_{it}-u_{jt})^2+\sum_{i=1}^{n}c\lambda_i=0$$

解得

$$\alpha_{ij}=\left[\frac{-\lambda_i}{p\sum_{t=1}^{m}(x_{it}-u_{jt})^2}\right]^{\frac{1}{p-1}} \tag{4-7}$$

结合隶属度约束条件可消去未知参数 λ_i，得到隶属度 α_{ij} 的计算公式

$$\alpha_{ij}=\left[\sum_{k=1}^{c}\frac{\sum_{t=1}^{m}(x_{it}-u_{jt})^2}{\sum_{t=1}^{m}(x_{it}-u_{kt})^2}\right]^{\frac{1}{1-p}} \tag{4-8}$$

上式表明第 i 个样本到第 j 个簇的最佳隶属度 α_{ij} 取决于该样本点到第 j 个簇心的距离与其到所有簇心距离的比值之和。

事实上，还可以将目标函数 $\hat{J}(\alpha_{ij})$ 看成是聚类中心 u_{jt} 的函数，即 $\hat{J}(u_{jt})$，并由此通过对目标函数 $\hat{J}(u_{jt})$ 进行最小值优化计算进一步得到各簇最优聚类中心坐标 U_j。为此，分别令 $\hat{J}(u_{jt})$ 关于 u_{jt} 的偏导数为 0，可得到如下方程

$$-2\sum_{j=1}^{c}\sum_{i=1}^{n}\alpha_{ij}^{p}\sum_{t=1}^{m}(x_{it}-u_{jt})=0$$

即有

$$\sum_{i=1}^{n}\alpha_{ij}^{p}x_{it}=\sum_{i=1}^{n}\alpha_{ij}^{p}u_{jt},t=1,2,\cdots,m \tag{4-9}$$

由此可得如下聚类中心计算公式

$$U_j=\sum_{i=1}^{n}\alpha_{ij}^{p}X_i\Big/\sum_{i=1}^{n}\alpha_{ij}^{p} \tag{4-10}$$

模糊 c-均值聚类算法依据上述隶属度和聚类中心计算公式，通过任选一组初始隶属度和聚类中心对目标函数 $\hat{J}$ 进行优化迭代，实现对数据集 D 的模糊聚类。算法具体步骤如下。

（1）设定簇的数目 c 和阈值 ε，并令 $s=0$。随机初始化所有样本对所有簇的隶属度，并将其记录在隶属度矩阵 $\boldsymbol{Q}$ 中，即

$$\boldsymbol{Q}^0=\begin{pmatrix}\alpha_{11} & \cdots & \alpha_{1c}\\ \vdots & & \vdots\\ \alpha_{n1} & \cdots & \alpha_{nc}\end{pmatrix} \tag{4-11}$$

其中，元素 α_{ij} 为非负实数且满足隶属度约束条件 $\sum_{j=1}^{c}\alpha_{ij}=1$；

（2）使用隶属度矩阵 $\boldsymbol{Q}$ 计算各簇的聚类中心$u_j^q, j=1,2,\cdots,c$，并计算目标函数值J^s；

（3）若$J^s \geqslant \varepsilon$ 或$|J^s-J^{s-1}| \geqslant \varepsilon$，则依据式（4-8）更新隶属度矩阵 $\boldsymbol{Q}$，令 $s=s+1$，并返回步骤（2）；否则，依据隶属度矩阵$\boldsymbol{Q}^s$得到聚类结果并结束算法。

【例题 4.2】 现假设在二维平面中有 6 个点，如表 4-5 所示，试使用模糊 c-均值聚类算法对数据集进行模糊二均值聚类，当每个聚类中心相邻两次迭代的变化均小于10^{-4}时，停止聚类过程并算出相应的聚类中心和隶属度矩阵结果。

表 4-5　平面点集

	X_1	X_2	X_3	X_4	X_5	X_6
x_{i1}	3	4	9	14	18	21
x_{i2}	3	10	6	8	11	7

【解】 表 4-5 中数据点在二维空间的分布情况如图 4-3 所示。取 $p=2$，并令

$$d_{ij} = \left[\sum_{t=1}^{m}(x_{it}-u_{jt})^2\right]^{\frac{1}{2}}, d_{ik} = \left[\sum_{t=1}^{m}(x_{it}-u_{kt})^2\right]^{\frac{1}{2}}$$

则可将隶属度计算公式表示为：$\alpha_{ij} = \left(\sum\limits_{k=1}^{2}\dfrac{d_{ij}^2}{d_{ik}^2}\right)^{-1}$。

首先，确定初始聚类中心，通过随机采样选择的初始聚类中心分别为$c_1=a$，$c_2=b$，使用该聚类中心确定第一次划分的具体过程如下：

对于任意点 X_i，使用 α_{ij}的计算公式来计算隶属度：对于点 X_1，由于其为第一个簇C_1的聚类中心，故有 $\alpha_{11}=1, \alpha_{12}=0$，即 X_1互斥地属于第一个簇C_1；同理，对于点 X_2，有 $\alpha_{21}=0$，$\alpha_{22}=1$。对于点 X_3，将数据代入隶属度计算公式，得到 $\alpha_{31}=0.48$，$\alpha_{32}=0.52$。同理，计算出其他数据点所对应的隶属度，根据隶属度数据将聚类中心更新为

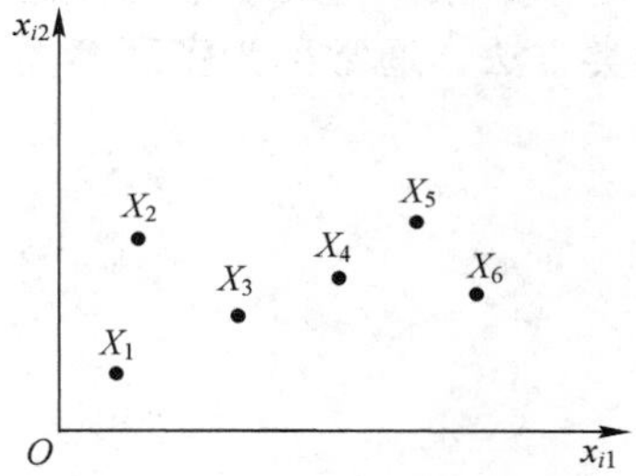

图 4-3　数据分布图

$$c_j' = \left(\frac{\sum\limits_i \alpha_{ij}^2 x_{i1}}{\sum\limits_i \alpha_{ij}^2}, \frac{\sum\limits_i \alpha_{ij}^2 x_{i2}}{\sum\limits_i \alpha_{ij}^2}\right)$$

代入数据可得第一次迭代时的聚类中心为

$$c_1'=(8.47, 5.12), \quad c_2'=(10.42, 8.99)$$

隶属度矩阵为

$$\boldsymbol{M}_1^{\mathrm{T}} = \begin{pmatrix} 1 & 0 & 0.48 & 0.42 & 0.41 & 0.47 \\ 0 & 1 & 0.52 & 0.58 & 0.59 & 0.53 \end{pmatrix}$$

迭代执行上述步骤可得第二次迭代时，聚类中心为

$$c_1'=(8.51, 6.11), c_2'=(14.42, 8.69)$$

隶属度矩阵为

$$\boldsymbol{M}_2^{\mathrm{T}} = \begin{pmatrix} 0.73 & 0.49 & 0.91 & 0.26 & 0.33 & 0.42 \\ 0.27 & 0.51 & 0.09 & 0.74 & 0.67 & 0.58 \end{pmatrix}$$

第三次迭代时的聚类中心为

$$c_1' = (6.40, 6.24), c_2' = (16.55, 8.64)$$

隶属度矩阵为

$$\boldsymbol{M}_3^{\mathrm{T}} = \begin{pmatrix} 0.80 & 0.76 & 0.99 & 0.02 & 0.14 & 0.23 \\ 0.20 & 0.24 & 0.01 & 0.98 & 0.86 & 0.77 \end{pmatrix}$$

重复上述过程，经过 8 次迭代得到如下聚类中心和隶属度矩阵：

$$c_1' = (5.24, 6.34), c_2' = (17.84, 8.73)$$

$$\boldsymbol{M}_8^{\mathrm{T}} = \begin{pmatrix} 0.94 & 0.93 & 0.86 & 0.16 & 0.03 & 0.05 \\ 0.06 & 0.07 & 0.14 & 0.84 & 0.97 & 0.95 \end{pmatrix}$$

此时每个聚类中心相邻两次迭代的变化均小于10^{-4}。□

4.1.2 密度聚类法

前述基于划分的聚类算法主要是通过样本数据之间的距离进行聚类操作，使用这种方法主要适合于对类圆形聚簇的聚类，如果将其用于对具有任意形状的聚簇进行聚类则有时不能获得满意的效果。例如，对于图 4-4 所示的 S 形聚簇，图 4-5 是使用 k-均值聚类算法对其进行聚类的效果，可以发现对于这种不是类圆形的任意形状聚簇，基于距离度量标准的划分聚类算法难以奏效。为了能够实现对任意形状聚簇的聚类，发现具有任意形状的样本数据聚簇，可将聚簇看作是数据空间中被稀疏区域分开的稠密区域，由此得到一类以密度为度量标准的样本数据聚类方法，通常称为**密度聚类方法**。

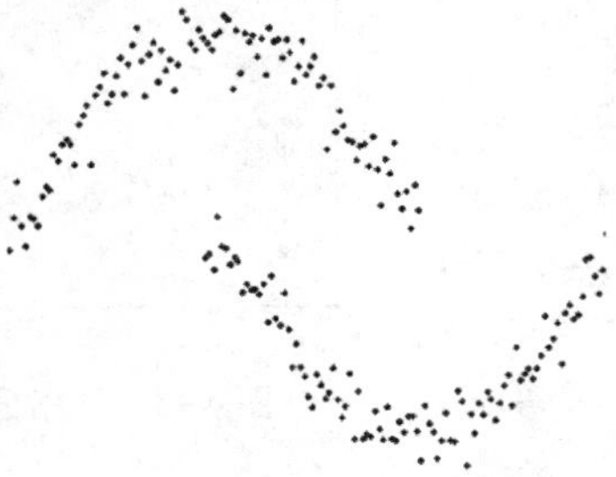

图 4-4　非类圆形聚簇

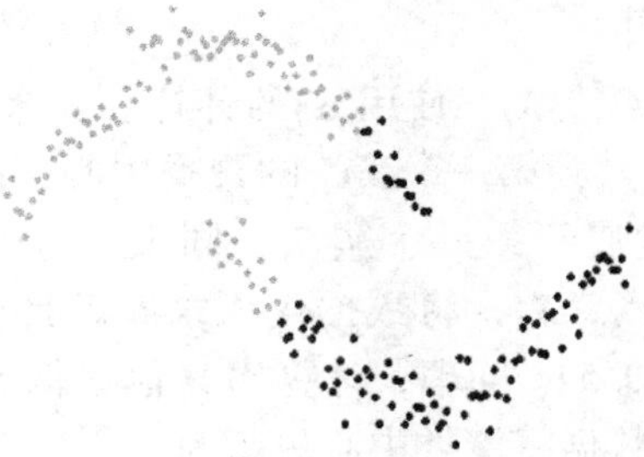

图 4-5　k-均值聚类效果

密度聚类方法的基本思想是从样本数据的分布密度出发，对于给定聚簇中任意一个样本点，通过计算该样本点某邻域内的与之相邻样本点的数量来衡量该样本点所在空间位置的密度，只要邻域中的密度超过某个给定阈值，就继续增长给定的聚簇。也就是说，对给定簇中的每个样本数据点，在给定半径的邻域中必须至少包含一定数目的样本点，并将密度足够大的相邻区域进行合并。密度聚类方法通常能够有效处理噪声点或离群样本点，可以发现任意形状的聚簇且不需要预先设定簇的数量，这是该方法与划分聚类算法的最大区别。下面介绍三种具有代表性的密度聚类算法，即 DBSCAN 算法、OPTICS 算法和 DENCLUE 算法。

DBSCAN 聚类算法以一组邻域为基本工具来描述样本集中样本数据点之间的紧密程度，并使用参数$(\varepsilon, MinPts)$定量表示邻域中样本分布的紧密程度。其中，ε 表示邻域半径；用于判定某个样本是否属于某个邻域的距离阈值；$MinPts$ 是指定稠密区域的密度阈值，表示某一样本距离为 ε 的邻域中样本个数的阈值，用于判定某个领域是否稠密。

对于给定的样本数据集 $D=\{X_1, X_2, \cdots, X_n\}$，假设 X_i是 D 中任意一个数据样本，则 X_i的 ε 邻域是样本集 D 中所有与 X_i的距离不大于 ε 的样本构成的子样本集。若 X_i的 ε 邻域中至少包

含 *MinPts* 个样本点，则样本点 X_i是核心对象。所有核心对象构成的样本集显然是稠密区域的支柱部分。DBSCAN 算法首先从样本集 D 中识别出关于参数 ε 和 *MinPts* 的所有核心对象，然后使用所识别的核心对象及其邻域界定稠密区域，并将这些稠密区域作为所求的聚簇。

对于数据集 D 中任意给定的两个样本点 X_i、X_j，如果 X_j位于 X_i的 ε 邻域中且 X_i是核心对象，则称 X_j由 X_i密度直达，但不能说 X_i由 X_j密度直达，因为并不清楚 X_j是否也是核心对象。基于密度直达关系，核心对象可将其 ε 邻域中的样本数据囊括进一个稠密区域。类似地，若存在样本序列链$p_1,p_2,\cdots,p_t$，使得$p_1=X_i,p_t=X_j$，且p_{k+1}由p_k密度直达($k=1,2,\cdots,t-1$)，则称 X_j由 X_i密度可达。密度可达序列链中的传递样本$p_1,p_2,\cdots,p_{t-1}$均为核心对象，因为只有核心对象才能使得其他样本密度直达。例如，在图 4-6 中，若取 $\varepsilon=1\,\text{cm}$, $MinPts=5$，则样本点 q 是一个核心对象，p_1由 q 密度直达，p 由p_1密度直达，p 从 q 密度可达。

如果在样本数据集 D 中存在一个核心对象 X_k，使得 X_i和 X_j均可由 X_k密度可达，则称 X_i和 X_j关于 ε 和 *MinPts* 密度相连。例如，在图 4-7 中，若取 $\varepsilon=1\,\text{cm}$, $MinPts=5$，则点 o、p 和 q 都是核心对象，点 p 和点 q 都从点 o 密度可达，点 p 和点 q 密度相连。

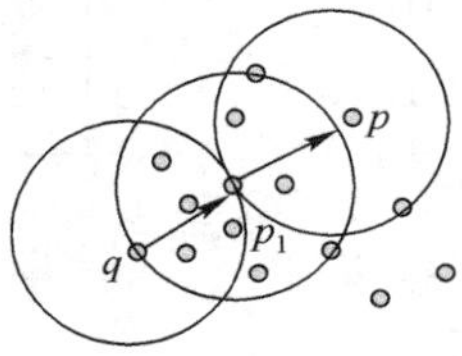

图 4-6　关系示意图

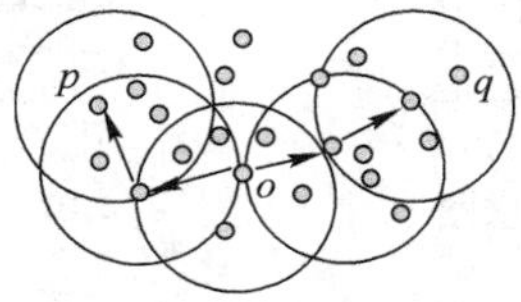

图 4-7　密度相连

根据以上分析，可将 DBSCAN 算法的聚类过程概括为由密度可达关系导出一个或多个具有最大基数的密度相连的样本集合，并由这些样本集合形成作为聚类结果的聚簇。这些聚簇可以有一个或者多个核心对象。对于只有一个核心对象的聚簇，该簇里其他非核心对象样本都在这个核心对象的 ε 邻域中。对于具有多个核心对象的聚簇，则在该簇里任意一个核心对象的 ε 邻域中至少有一个其他核心对象，否则这两个核心对象之间就无法实现密度可达。这些核心对象的 ε 邻域里所有样本的集合组成了一个 DBSCAN 聚类簇。

需要注意的是，样本数据集合 D 中可能存在一些异常样本点或者说少量游离于聚簇之外的样本点。这些点不在任何一个核心对象周围，DBSCAN 算法通常将这些样本点标记为噪声点。此外还有距离度量问题，即如何计算某样本与核心对象样本之间的距离。DBSCAN 算法通常使用最近邻思想通过某种距离度量函数或距离范数来衡量样本之间的距离，例如可使用欧式距离等。在样本量不大的情况下，可直接通过计算相关样本之间距离的方式寻找最近邻，如果样本量较大，则需采用 KD 树实现对最近邻的快速搜索。

【例题 4.3】 已知表 4-6 所示的某数据集 D，试用 DBSCAN 算法对其进行密度聚类分析，取 $\varepsilon=1$，$MinPts=4$，$n=12$。

表 4-6　例题 4.3 数据集 *D*

序号	1	2	3	4	5	6	7	8	9	10	11	12
属性 A	2	5	1	2	3	4	5	6	1	2	5	2
属性 B	1	1	2	2	2	2	2	2	3	3	3	4

【**解**】首先，可视化数据集 D，将其绘制在如图 4-8 所示平面直角坐标系中。然后，使用 DBSCAN 算法对其进行密度聚类，具体过程如下：

第一步，在数据集 D 中任意选择一个样本点（不失一般性，按样本点编号次序选择样本点）。首先，选择 1 号样本点，由于以 1 号样本点为圆心且半径为 1 的圆中只包含 2 个样本点，小于 4 个，故 1 号样本点不是核心对象点。同理可得第 2 号、第 3 号样本点也不是核心样本点，如图 4-9 所示。

第二步，易知 4 号样本点是一个核心对象点。从 4 号样本点出发寻找所有与其具有可达关系的其余样本点，可以找到 4 个直接可达样本点、3 个间接可达样本点，将这 7 个样本点组成一个样本子集合 $D_1=\{1,3,4,5,9,10,12\}$，则 D_1 就是一个所求的聚簇，如图 4-10 所示。

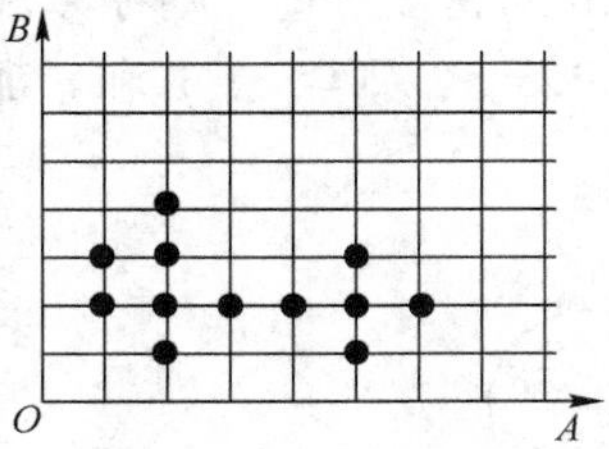

图 4-8　数据集 D 示意图

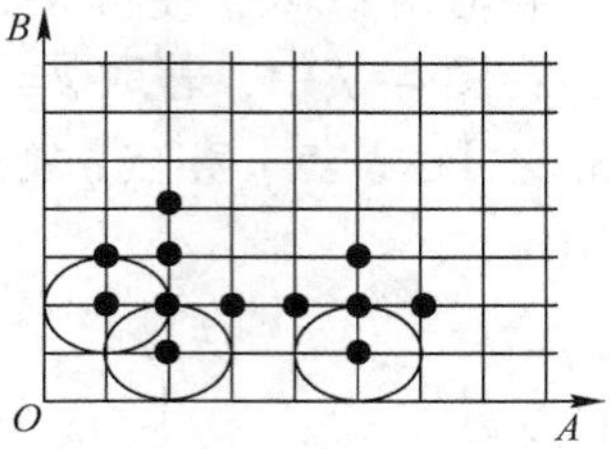

图 4-9　判断样本点 1、2、3

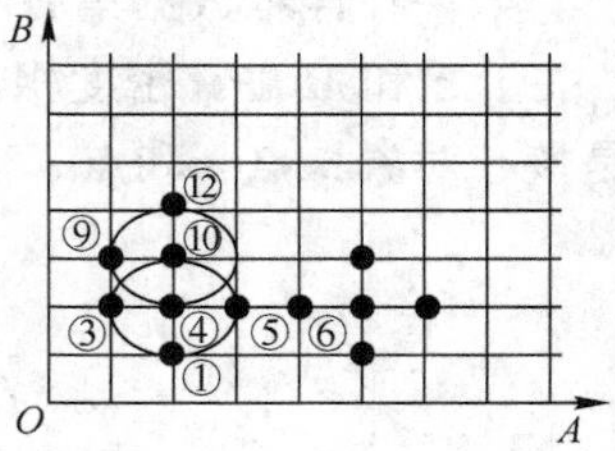

图 4-10　簇 1 的形成

第三步，选择第 5 号样本点，因为第 5 号样本点已在簇D_1内，故选择下一个样本点第 6 号样本点，易知第 6 号样本点不是核心对象点，如图 4-11 所示

第四步，选择第 7 号样本点，易知第 7 号样本点是核心对象点。与第二步同理获得一个新的聚簇$D_2=\{2,6,7,8,11\}$，如图 4-12 所示。

第五步，在数据集 D 选择第 8 号样本点，此样本点已经在簇 2 里面，故选择下一个样本点；同理发现样本点 9、10 和 12 已在聚簇D_1内，样本点 11 已在聚簇D_2内。此时已完成对数据集 D 中所有样本点的聚类分析，结束聚类过程并输出聚簇D_1和D_2。图 4-13 表示使用 DBSCAN 密度算法对数据集 D 进行聚类的结果。□

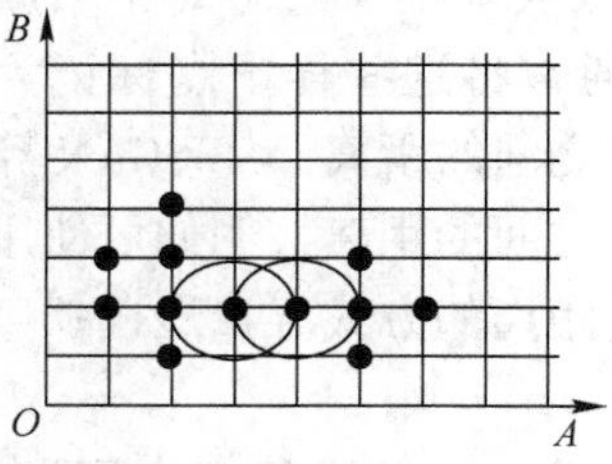

图 4-11　判断样本点 5、6

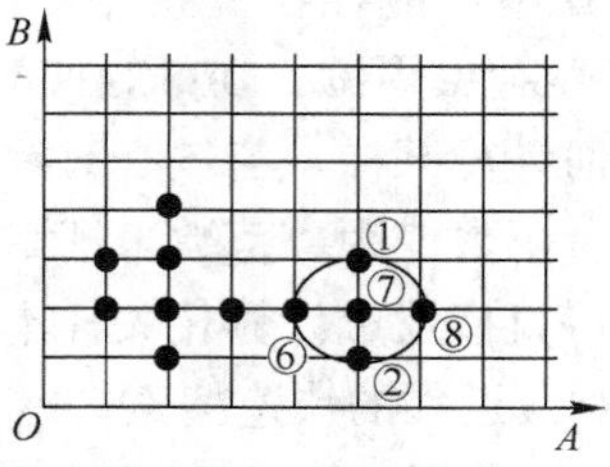

图 4-12　簇 2 的形成

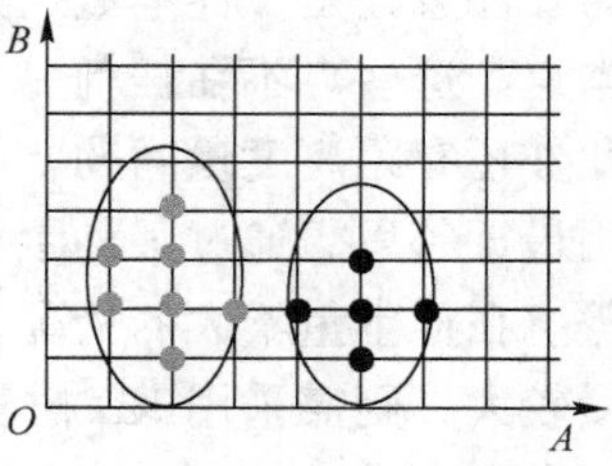

图 4-13　最终聚类结果

DBSCAN 算法使用事先给定的两个全局密度参数 ε、$MinPts$ 是控制算法的聚类标准，它们对于样本点不同的密度分布具有不同的聚类效果。在样本点密度分布不够均匀的场合，使用 DBSCAN 算法则难以获得满意的效果。例如，对于图 4-14 所示的不均匀样本点分布，难以使用全局密度参数通过 DBSCAN 算法同时获得全部聚簇 A、B、C、C_1、C_2和C_3，只能得到部分聚簇 A、B、C 或者另外一部分聚簇C_1、C_2和C_3。因为对于聚簇C_1、C_2和C_3的聚类标准而言，聚簇 A、B 中的样本点都是噪声点。此外，对复杂的高维样本数据进行聚类时通常难以通过经

验或人为设定比较合理的算法参数，因为在参数设置上有细微的不同都可能导致差别很大的聚类结果，而且使用固定的全局密度参数通常不能很好地刻画样本数据的内在聚类结构。

为克服 DBSCAN 算法在使用全局固定参数方面的局限，可以使用 OPTICS 密度聚类算法。OPTICS 密度聚类算法通过对样本点的聚类分析计算输出一个关于聚簇的排序，而不是直接生成作为聚类结果的聚簇。这个排序是一个关于所有分析对象的线性表，它刻画了样本数据点基于密度的聚类结构。这种线性表所表达的信息等价于从一个比较广泛的参数设置中获得的基于密度的聚类。可以从这个关于聚簇的排序中提取用于聚类的所需信息，导出样本点内在的聚类结构并进行可视化展示。也就是说，使用 OPTICS 聚类算法提供的簇排序信息，可以得到 DBSCAN 密度聚类算法基于参数 ε 和 $MinPts$ 在任意取值下的聚类结果。

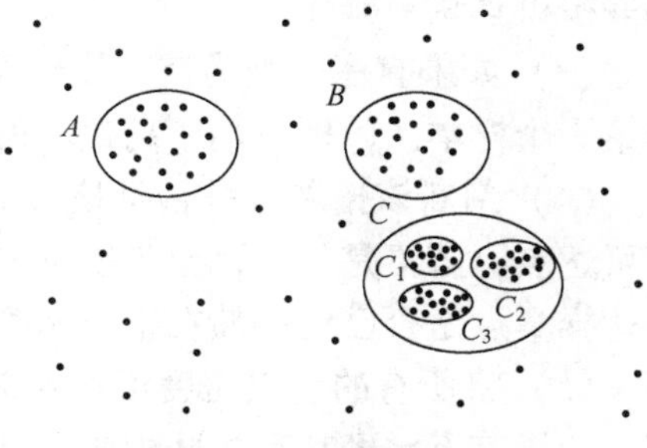

图 4-14　多簇示意图

OPTICS 算法对数据分布不同部分采用不同的参数，将样本数据点进行递增排序便于对其进行迭代处理。为了能够同时构造不同密度类型的聚簇，需要将样本数据对象按照某种特定的次序进行处理，即优先选择关于最小化 ε 值的密度可达样本数据对象来进行处理，使得具有较高密度的聚簇优先完成构造。根据这种算法思想，OPTICS 算法为每个样本数据对象设立核心距离和可达距离这两个参数。

对于样本数据集 D 中任意给定的一个样本数据对象 p，其**核心距离**定义为使得 p 成为核心对象的最小 ε 值。也就是说，数据对象 p 的核心距离 ε 是使得 p 成为核心对象的最小半径阈值。对于样本数据集 D 中任意给定的两个样本数据对象 p 和 q，从 q 到 p 的**可达距离**定义为使得 p 到 q 密度可达的最小半径值。根据密度可达的含义，q 必须是核心对象且 p 必须在 q 的邻域内，故从 q 到 p 的可达距离就是 p 的核心距离和 p 与 q 的欧氏距离这两个距离之间的较大值。需要注意的是，如果 p 不是关于 ε 和 $MinPts$ 的核心对象，则 p 的核心距离和可达距离没有关系。由于对象 p 可由多个核心对象可达，故 p 可能会有多个关于不同核心对象的可达距离。

例如，对于图 4-15a 所示的样本对象分布，假设 $\varepsilon=6$、$MinPts=5$，则 p 的核心距离是 p 与其第 4 近邻数据对象之间的距离 ε'。如图 4-15b 所示，从 p 到 q_1 的可达距离是 p 的核心距离 ε'，因为 ε' 比从 p 到 q_1 的欧氏距离大。q_2 关于 p 的可达距离是从 p 到 q_2 的欧氏距离，因为它大于 p 的核心距离。

OPTICS 算法计算样本数据集 D 中每个样本对象的核心距离和相应的可达距离，并根据样本对象到与其最近核心对象之间的可达距离以实现对 D 中所有样本对象的排序，生成一个有序的线性表。简单地说，OPTICS 算法以样本对象的最小可达距离为标准，对数据集 D 中所有样本进行排序生成一个关于样本对象的有序列表。OPTICS 算法的具体计算过程如下：

(1) 创建两个队列，有序队列和结果队列。有序队列用来存储核心对象及其直接可达对象，并按可达距离升序进行排列；结果队列则用来存储样本点的输出次序；

(2) 如果样本集 D 中的所有样本点都

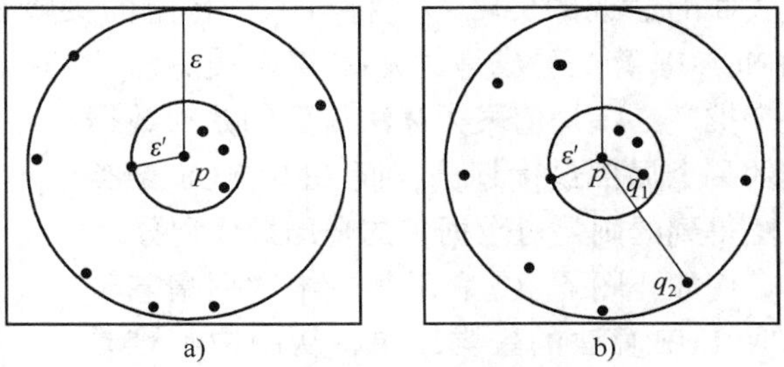

图 4-15　核心距离和可达距离示意图

处理完毕，则算法结束。否则，任意选择一个未处理样本点，即不在结果队列中且为核心对象的样本点，找到其所有直接密度可达样本点，若该样本点不在结果队列中，则将其放入有序队列并按可达距离排序；

(3) 如果有序队列为空，则跳至步骤（2），重新选取处理数据；否则，从有序队列中取出第一个样本点，即可达距离最小的样本点进行拓展，并将取出的样本点保存至结果队列中；

(4) 判断该拓展点是否是核心对象，若该点是核心对象，则找到该拓展点的所有直接密度可达点；若不是，则跳至步骤（3），取可达距离倒数第二小的样本点。再判断该直接密度可达样本点是否已经存储在结果队列，若是则不处理；否则，进行下一步；

(5) 将所有的直接密度可达点放入有序队列，且将有序队列中的点按照可达距离重新排序，如果该点已经在有序队列中且新的可达距离较小，则更新该点的可达距离；如果有序队列中不存在该直接密度可达样本点，则插入该点并对有序队列进行重新排序；

(6) 迭代上述步骤（2）至（5），直至有序队列为空，此时输出结果队列中的样本点序列。

在上述 DBSCAN 和 OPTICS 算法中，样本数据对象的分布密度都是通过统计那些被半径参数 ε 所界定的邻域中的样本对象的个数来计算的。这种密度估计方法有时对半径值的变化非常敏感。例如，在图 4-16 中，半径的微小增加使得样本对象的分布密度发生了显著变化。

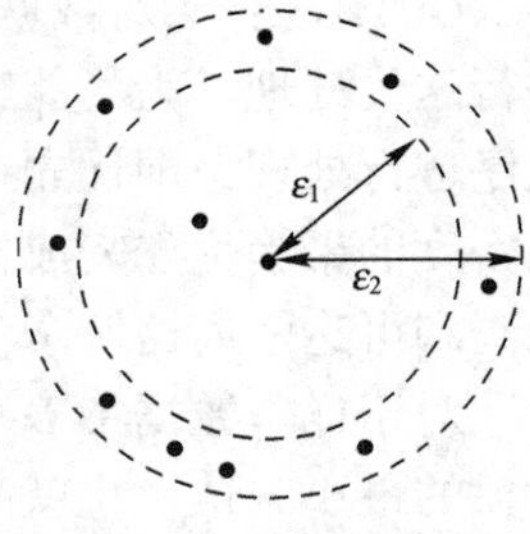

图 4-16　邻域半径导致密度变化

对样本对象分布密度的准确估计是密度聚类方法的核心问题。概率统计领域主要通过一系列观测数据集来估计不可观测的概率密度函数，可将这种不可观测的概率密度函数看成是样本对象总体的真实分布，并将观测数据集看成是取自该对象总体的一个随机样本，由此可得到一种名为 DENCLUE 的密度聚类算法。

DENCLUE 密度聚类算法是一种基于密度分布函数的聚类算法。该算法首先通过样本点的分布来估计密度函数，利用与每个点相关联的影响函数之和来对数据集进行总密度建模，最终得到一个在属性空间中的用来描述数据集总密度的密度函数。在这里得到的总密度函数会有局部尖峰（即局部密度极大值）和局部低谷（即局部密度极小值），这些尖峰可以用来以自然的方式定义簇，其中每一个尖峰对应了一个簇质心，而簇与簇之间通过低谷来分离。

在 DENCLUE 聚类算法中，尖峰也被称为局部吸引点或密度吸引点，而那些与局部吸引点相关联的样本点被定义为一个簇。因此，DENCLUE 算法通过梯度下降等方法寻找密度函数具有局部尖峰的极值点，最后通过这些点构造聚簇，将待分析的数据分配到密度吸引点所代表的簇中。上述寻找局部尖峰的过程类似于爬山过程，对于每个数据点，一个爬山过程找出与该点相关联的最近的尖峰，并将与一个特定的尖峰相关联的所有数据称为一个簇。显然，可将 DENCLUE 算法看成是对 k-均值聚类算法的一个推广，k-均值聚类算法得到的是对数据集的一个局部最优划分，而 DENCLUE 聚类算法得到的则是对数据集的全局最优划分。

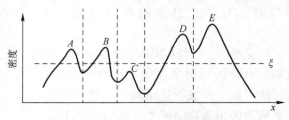

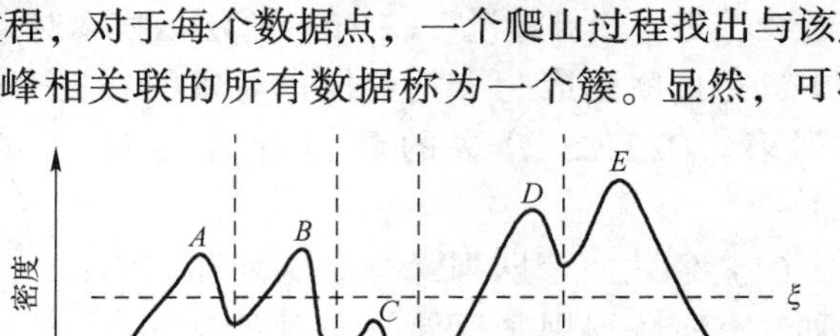

图 4-17　DENCLUE 聚类算法示意图

例如，图 4-17 表示某一维数据集基于 DENCLUE 算法的聚类结果，从图中不难看出 $A \sim E$ 是该数据集总密度函数的尖峰，各点的影响区域根据局部密度低谷由虚线分离开来，ξ 是图中所示的密度阈值。根据 DENCLUE 算法，图中作为尖峰的 A、B、D 和 E 点也是局部吸引点或密度吸引点，它们的局部密度影响区域会形成聚簇。由于 A 和 B 的密度位于密度阈值 ξ 之上，但相应簇中仍有一部分点位于密度阈值之下，也就是说 A 和 B 所对应影响区域的主体部分是分离的，故 A 和 B 各自形成一个单独的簇；D 和 E 是两个邻近的尖峰，同时处于密度阈值 ξ 之上且它们之间每个样本点处的密度均高于密度阈值，故可将它们所代表的影响区域合并为一个簇。尖峰 C 所代表的影响区域由于处在 ξ 之下，故其所代表的簇被定义为噪声。

综上所述，DENCLUE 算法具体步骤如下：

（1）对样本点占据的邻域空间构造密度函数；

（2）通过沿密度变化最大方向（即梯度方向移动），识别密度函数的最大局部点（即局部吸引点），将每个点关联到一个密度吸引点；

（3）定义与特定的密度吸引点相关联的样本点构成的簇；

（4）丢弃那些密度吸引点的密度小于用户指定阈值 ξ 的簇；

（5）若两个密度吸引点之间存在密度大于或者等于半径参数 ε 的路径，则合并由它们的路径连接而成的聚簇。对所有密度吸引点重复此过程，直到不会产生新的合并时算法终止。

由以上分析可知，DENCLUE 算法与 DBSCAN 和 OPTICS 算法的基本差别在于通过引入核密度估计方法，而不是通过统计由半径参数 ε 所定义邻域中样本对象的个数来计算密度，故核密度估计是 DENCLUE 算法的核心要点。核密度估计的目标是用函数描述样本数据点的分布，并使用某种特定的核函数表示每个样本点对总密度函数的贡献，把总密度函数看成是与每个样本点相关联的核函数之和。下面具体讨论 DENCLUE 算法的基本原理。

假设 $X_1,\cdots,X_n$ 是随机变量 f 的独立同分布样本，对于样本空间中任意给定的某个样本点 X，在点 X 处的样本分布密度通常与所有样本点 $X_1,\cdots,X_n$ 相关，可根据核密度的基本思想构造如下关于概率密度函数 $f(X)$ 的估计量 $\hat{f}_h(X)$，即有

$$\hat{f}_h(X)=\frac{1}{nh}\sum_{i=1}^{n}K\left(\frac{X-X_i}{h}\right) \tag{4-12}$$

其中，$K(t)$ 为函数核；h 是用作光滑参数的带宽。

DENCLUE 算法通常取均值为 0、方差为 1 的标准正态函数作为核函数，即有

$$K(t)=\frac{1}{\sqrt{2\pi}}\mathrm{e}^{-\frac{t^2}{2}} \tag{4-13}$$

对于样本数据集 D 中任意给定的样本点 X，如果 X 是密度函数估计量 $\hat{f}_h(X)$ 的一个局部极大点，则称该样本点 X 为一个**密度吸引点**，记为 X^*。

为了避免使用平凡局部极大点进行聚类，DENCLUE 算法使用一个噪声阈值 ξ 来约束极大点的函数取值，即仅考虑满足 $\hat{f}(X^*)\geqslant\xi$ 的密度吸引点 X^*，并将这些满足约束条件的非平凡密度吸引点作为聚簇中心进行聚类。对于样本数据集 D 中的任意一个样本点，DENCLUE 算法从该样本点出发，通过一个步进式爬山过程以寻找与该样本点对应的密度吸引点，并将该样本点分配到所找到密度吸引点生成的聚簇中，完成对该样本点的聚类。

具体地说，对于数据集 D 中的任意一个样本点 X，爬山过程从 X 出发并被函数 $\hat{f}_h(X)$ 的梯度所指导，通过迭代计算来寻找密度吸引点 X^*，即有

$$X^{j+1}=X^j+\delta\frac{\nabla\hat{f}(X^j)}{|\nabla\hat{f}(X^j)|} \tag{4-14}$$

其中，$X^0=X$;δ 为迭代计算的松弛因子，主要用于控制收敛速度，且有

$$\nabla\hat{f}(X)=\frac{1}{h^{d+2}n\sum_{i=1}^{n}K\left(\frac{X-X_i}{h}\right)(X_i-X)}$$

如果在爬山过程中出现 $\hat{f}(x^{k+1})<\hat{f}(x^k)$，则停止迭代，并将样本点 X^k 作为样本点 X 所对应的密度吸引点 X^*，即令 $X^*=X^k$，将 X 分配给 X^k 所生成的聚簇，完成对 X 的聚类；否则，如果爬山过程收敛于某个满足 $\hat{f}(X^*)<\varepsilon$ 的平凡局部最大点 X^*，即收敛于某个平凡密度吸引点 X^*，则认为样本点 X 是一个离群点或噪声点，不需要对其进行聚类。

在 DENCLUE 算法中，每个聚簇均由密度吸引点集合和样本点集合这两个部分组成，聚簇样本点集合中的每个样本点都归属于其密度吸引点集中的某个或多个密度吸引点。由于每对密度吸引点之间都至少存在一条密度大于 ξ 的路径，可以通过这些路径连接多个密度吸引点，故 DENCLUE 算法可以发现任意形状的聚簇。

由以上分析可知，DENCLUE 算法提供了比 DBSCAN 算法更加灵活、更加精确的密度计算方法，通过核函数技术估计密度使得该算法不仅更擅长处理噪声和离群点，而且可以发现不同形状、不同大小和不同密集程度的聚簇。

例如，针对交通事故多发点鉴别问题，可以引入 DENCLUE 聚类算法用于事故多发点鉴别。事故多发点是指在一定的时间内交通事故在道路沿线呈现积聚的空间分布状态。对事故多发点的合理诊断与改善能够有效降低交通事故的发生率，提高道路安全水平。

根据 DENCLUE 算法，每个事故点对周围都有一定的影响，可以将影响曲线近似为正态分布曲线，即数据点的影响函数为正态函数。因此，可以将 DENCLUE 算法中所研究的点描述为事故发生的地点，维数是一维，即事故发生点位置；ξ 作为事故多发点的鉴别标准，当 $\hat{f}(x^*)\geqslant\xi$ 时，所聚类段为事故多发段，即多个事故点影响曲线综合叠加下的密度值大于预先的设定阈值 ξ。因此，将 DENCLUE 算法用于事故多发点的排查具有一定的可行性。

用于事故多发点鉴别时，只考虑事故数的位置，即属于一维数据的聚类分析问题，可建立如下密度函数估计量

$$\hat{f}_h(X)=\frac{1}{\sqrt{2\pi}}\sum_{i=1}^{N}\alpha_i\,e^{-\frac{(X-X_i)^2}{2\sigma^2}}$$

其中，α_i 值为事故严重性指标，其值越大表示事故越严重；N 为局部区域内事故总数；σ 为窗宽；X_i 为事故数据点的位置信息即桩号。ξ 值是事故多发点鉴别标准。

表 4-7 为某道路区间的事故数据。该路段区间总长为 1 km，设置高密度区间的事故数量阈值为 2 起，根据实际道路的事故发生情况、不同路段间危险程度的横向比较，以及改善资金的约束情况，取 0.6 作为阈值 ξ；

表 4-7　事故数据集

事故编号	桩号	事故编号	桩号
Z_1	K16+300 m	Z_8	K20+200 m
Z_2	K17+350 m	Z_9	K20+250 m
Z_3	K17+450 m	Z_{10}	K21+40 m
Z_4	K18+400 m	Z_{11}	K21+660 m
Z_5	K18+900 m	Z_{12}	K22+430 m
Z_6	K19+550 m	Z_{13}	K23+560 m
Z_7	K19+850 m		

不考虑事故的严重程度，即令 $\alpha_i=1$。计算结果如图 4-18 所示，对非噪声点的聚类结果为

$$C_1=\{Z_2,Z_3\},C_2=\{Z_6,Z_7,Z_8,Z_9\},C_3=\{Z_{10},Z_{11}\}$$

由图 4-18 可知，最危险路段出现在桩号 K20 附近，比较危险的路段分别出现在桩号 K17～K18 和桩号 K21～K22 这两个路段。不难看出，使用 DENCLUE 算法能够实现任意长度的聚类，可以有效避免对排查位置进行事先划分，并能够在事故数据为小样本的情况下充分凸显道路沿线的危险性。因此，可将 DENCLUE 算法应用于事故多发点鉴别的研究。

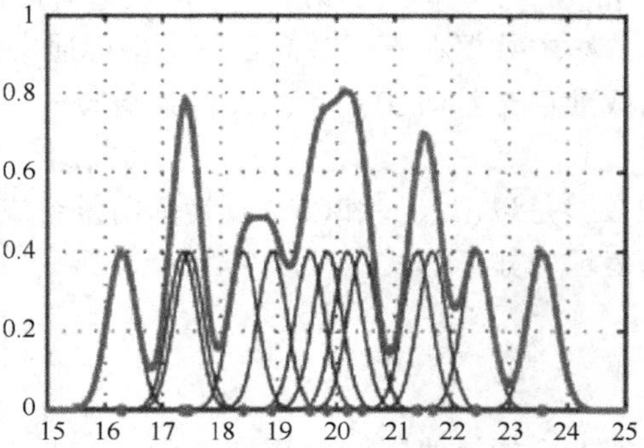

图 4-18　聚类分析结果

4.2　主分量分析

在机器学习中，很多时候需要处理样本属性个数比较多的高维数据。若直接对高维数据进行处理，则有时会出现维数灾难，即因高维向量运算的计算量过大而难以实现对问题的有效求解。因此，有时需要对高维数据进行适当降维。事实上，有效的降维方法不仅可以简化计算，而且可以实现对数据的有效约简，从而将数据的有效信息集中或者浓缩到一个相对较小的范围。因此，如何实现对高维数据的有效降维也是特征提取的重要研究对象。前述线性判别分析就是一种基于监督学习方式的常用降维方法，除此之外还有一种基于无监督学习的常用降维方法，名为主分量分析（Principal Component Analysis，PCA）方法。线性判别分析法主要通过向适当方向进行投影的方式实现数据降维，而 PCA 方法则是通过使用适当的线性变换，将高维向量变换到一个比较恰当的坐标系中，使得高维向量能够在该坐标系中得到有效的降维。目前，主分量分析已在经济统计分析、数据挖掘与信息推荐、自然语言处理与理解、视频图像处理与分析等领域得到广泛应用，本节主要介绍两种典型的主分量分析法，即基本 PCA 方法和核 PCA 方法。

4.2.1　基本 PCA 方法

对于任意给定的一个 m 维向量 $\boldsymbol{X}$，可以使用一个 m 维坐标系来定量表示这个向量。显然，向量 $\boldsymbol{X}$ 的坐标分量在不同的坐标系下会有不同的取值。对于一组 m 维向量，如果能够找到一种适当的坐标系或者基向量，使得这组向量所包含的信息在该坐标系下主要集中在少数几个坐标分量当中，则可以直接舍去其余坐标分量，实现对这组向量的降维。

基本 PCA 方法正是基于上述思想选择高维数据中某些较为重要的坐标分量或属性来近似表示原始数据，由此实现对原始数据的有效降维，并称这些较为重要的坐标分量或属性为**主分量**或**主成分**。通常将基本 PCA 方法简称为**主分量分析法**、**主成分分析法**或**PCA 方法**，在多元统计分析或经济统计分析领域，亦通常将其称为因子载荷分析或因子分析。下面具体介绍基本 PCA 方法的基本原理和基本步骤。

假设 $D=\{\boldsymbol{X}_1,\boldsymbol{X}_2,\cdots,\boldsymbol{X}_n\}$ 为任意给定的示例样本数据集，其中 $\boldsymbol{X}_i=(x_{i1},x_{i2},\cdots,x_{im})^{\mathrm{T}}$，即数据集中的每个样本均为一个 m 维列向量，则 $\boldsymbol{X}_i=(x_{i1},x_{i2},\cdots,x_{im})^{\mathrm{T}}$ 的基向量组通常取标准正交基 $(1,0,\cdots,0)^{\mathrm{T}},(0,1,\cdots,0)^{\mathrm{T}},\cdots,(0,0,\cdots,1)^{\mathrm{T}}$。

一般地，对于任意一组基向量 $\{\boldsymbol{w}_1,\boldsymbol{w}_2,\cdots,\boldsymbol{w}_m\}$，可将数据集 D 中任意给定的一个样本 $\boldsymbol{X}_i$ 表示为

$$X_i = \sum_{j=1}^{m} \theta_{ij} w_j \tag{4-15}$$

其中，θ_{ij}为样本X_i的第j个分量在基向量$\{w_1,w_2,\cdots,w_m\}$下的坐标。

样本数据在不同基向量下的坐标通常会有所不同。例如，对于某个样本数据向量η，通常以标准正交基$(1,0)^{\mathrm{T}}$和$(0,1)^{\mathrm{T}}$为基向量，将其表示为$X=(3,2)^{\mathrm{T}}$，即有

$$(3,2)^{\mathrm{T}}=3\ (1,0)^{\mathrm{T}}+2\ (0,1)^{\mathrm{T}}$$

$(3,2)^{\mathrm{T}}$是以$(1,0)^{\mathrm{T}}$和$(0,1)^{\mathrm{T}}$为基向量组成的二维空间中从原点到坐标点$(3,2)$的向量。亦可将其表示为如下形式

$$X=\begin{pmatrix}1 & 0\\ 0 & 1\end{pmatrix}(3,2)^{\mathrm{T}}$$

事实上，如果使用标准正交基$(1/\sqrt{2},1/\sqrt{2})^{\mathrm{T}}$和$(-1/\sqrt{2},1/\sqrt{2})^{\mathrm{T}}$作为二维空间的坐标系，则样本数据向量$\eta$在该坐标系中的表示形式应为

$$X'=\begin{pmatrix}1/\sqrt{2} & 1/\sqrt{2}\\ -1/\sqrt{2} & 1/\sqrt{2}\end{pmatrix}(3,2)^{\mathrm{T}}=(5/\sqrt{2},-1/\sqrt{2})^{\mathrm{T}}$$

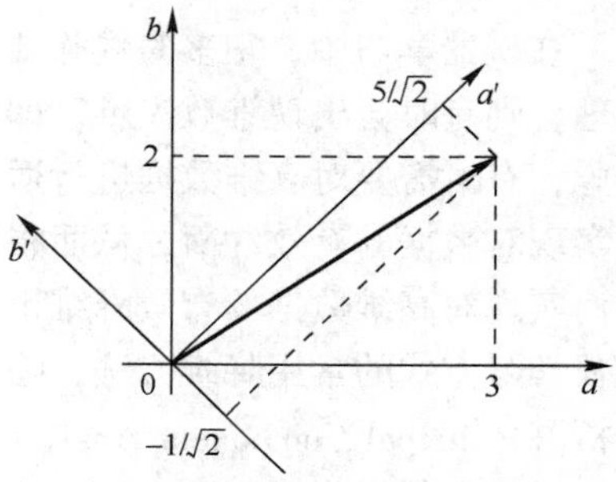

图 4-19　不同坐标系下坐标变换示意图

向量η的坐标分量取值在这两个坐标系中的变换过程如图 4-19 所示，其中原坐标系的坐标轴为a轴和b轴，变换后的坐标轴分别为a'轴和b'轴。

由以上分析可知，将样本数据向量η从某个坐标系映射到另一个坐标系，其实并未改变向量自身，而只是改变了该向量的定量表示形式，故可通过线性变换将高维数据表示在低维空间当中。具体地说，若希望将数据集D中的样本数据由m维降至k维（$k<m$），则可选择k个线性无关的m维向量$w_1,w_2,\cdots,w_k$作为k维空间的一组基，将D中的m维向量通过线性变换映射到以$w_1,w_2,\cdots,w_k$为基向量的k维空间中，由此实现对数据集D中样本向量的降维。

令$m\times n$阶矩阵$X=(X_1,X_2,\cdots,X_n)$表示数据集D的初始数据，矩阵$X'=(X'_1,X'_2,\cdots,X'_n)$表示数据集$D$在以$w_1,w_2,\cdots,w_k$为基向量的$k$维空间中的样本数据，则有

$$X'=(w_1,w_2,\cdots,w_k)^{\mathrm{T}}X=\begin{pmatrix}w_1\\ w_2\\ \vdots\\ w_k\end{pmatrix}\begin{pmatrix}x_{11} & x_{12} & \vdots & x_{1m}\\ x_{21} & x_{22} & \cdots & x_{2m}\\ \vdots & \vdots & & \vdots\\ x_{n1} & x_{n2} & \cdots & x_{nm}\end{pmatrix}^{\mathrm{T}}$$

记矩阵$W=(w_1,w_2,\cdots,w_k)^{\mathrm{T}}$，并称为**变换矩阵**，则可将上式简写为

$$X'=WX \tag{4-16}$$

显然，对于任意选择的一组k个线性无关的m维向量$\{w_1,w_2,\cdots,w_k\}$，都可通过由该组向量作为基向量构成的变换矩阵W将数据集D中的样本数据降至k维。因此，如何选择一组适当的基向量$\{w_1,w_2,\cdots,w_k\}$是实现对样本数据进行有效降维的关键。

对于数据集D中的示例样本，其中某些样本属性之间可能会存在一定的相关性。这种相关性通常会产生数据冗余，多元向量数据的统计分析中通常需要消除这种相关性，故要求基向量组$\{w_1,w_2,\cdots,w_k\}$为一组正交基向量。此外，对数据集D中样本数据的降维应尽可能保留原数据的有效信息。若映射后数据点在空间中的分布越分散，则数据包含的信息就越多。由于数

据点分布的分散度可用方差度量，方差越大的属性，其包含的信息量就越大，故要求所选基向量组$\{\boldsymbol{w}_1,\boldsymbol{w}_2,\cdots,\boldsymbol{w}_k\}$使得映射后的数据方差尽可能地变大。

为实现上述目的，需对数据集 D 中的样本数据进行标准化操作。假定数据集 D 中包含 n 个样本数据 $\boldsymbol{X}_1,\boldsymbol{X}_2,\cdots,\boldsymbol{X}_n$，每个样本数据 $\boldsymbol{X}_i$ 均为具有 m 个属性的 m 维向量。令第 i 个样本数据 $\boldsymbol{X}_i$ 的第 j 维分量取值为 x_{ij}，可按下列公式将 $\boldsymbol{X}_i$ 的各个分量值 x_{ij} 转化为标准值 z_{ij}

$$z_{ij}=\frac{x_{ij}-u_j}{s_j},i=1,2,\cdots,n;j=1,2,\cdots,m \tag{4-17}$$

其中，u_j和s_j分别是样本数据集 D 中所有样本的第 j 维分量的均值和标准差，即有

$$u_j=\frac{1}{n}\sum_{i=1}^{n}x_{ij},s_j=\left[\frac{1}{n-1}\sum_{i=1}^{n}(x_{ij}-u_i)^2\right]^{\frac{1}{2}}$$

上述标准化公式中的 $x_{ij}-u_i$是对数据进行中心化操作，将原始样本数据点集的中心尽量移到原点，有利于简化协方差矩阵计算。对样本数据除以标准差s_i的目的是统一并消除量纲。样本的每个属性都表示样本在某个方面的特性，各个样本属性的取值范围有时会有较大差异，如果样本各属性值之间的数值或数量级存在较大差异，就会使其中较小的数被淹没，可能会由此产生计算偏差。将样本数据除以标准差s_i，可将不同量纲数据调整至同一水平以便进行公平比较。若样本各属性均为同一量纲，则只需对其进行中心化处理。

用标准化后的数据组成新的数据矩阵 $\boldsymbol{Z}=(\boldsymbol{Z}_1,\boldsymbol{Z}_2,\cdots,\boldsymbol{Z}_n)$并构造其协方差矩阵 $\boldsymbol{C}$

$$\boldsymbol{C}=\frac{1}{m}\boldsymbol{Z}^{\mathrm{T}}\boldsymbol{Z}=\begin{pmatrix}\frac{1}{m}\sum_{j=1}^{m}z_{1j}^2 & \frac{1}{m}\sum_{j=1}^{m}z_{1j}z_{2j} & \cdots & \frac{1}{m}\sum_{j=1}^{m}z_{1j}z_{nj}\\ \frac{1}{m}\sum_{j=1}^{m}z_{1j}z_{2j} & \frac{1}{m}\sum_{j=1}^{m}z_{2j}^2 & \cdots & \frac{1}{m}\sum_{j=1}^{m}z_{2i}z_{nj}\\ \frac{1}{m}\sum_{j=1}^{m}z_{1j}z_{nj} & \frac{1}{m}\sum_{j=1}^{m}z_{2j}z_{nj} & \cdots & \frac{1}{m}\sum_{j=1}^{m}z_{nj}^2\end{pmatrix}$$

协方差矩阵 $\boldsymbol{C}$ 中的主对角线元素为样本属性数据的方差，非主对角线元素表示样本数据的两个属性之间的协方差，即样本数据的两个属性之间的相关性。

现讨论构造适当的标准正交基$\{\boldsymbol{w}_1,\boldsymbol{w}_2,\cdots,\boldsymbol{w}_k\}$，使得标准化样本数据 $\boldsymbol{Z}=(\boldsymbol{Z}_1,\boldsymbol{Z}_2,\cdots,\boldsymbol{Z}_n)$变换到以$\{\boldsymbol{w}_1,\boldsymbol{w}_2,\cdots,\boldsymbol{w}_k\}$为坐标系的 k 维线性空间中，并且能够得到最大的数据方差。首先，构造第一个基向量 $\boldsymbol{w}_1$，根据上述构造要求，以标准化样本数据$(\boldsymbol{Z}_1,\boldsymbol{Z}_2,\cdots,\boldsymbol{Z}_n)$关于第一个属性的方差作为目标函数进行最大值优化求解，对如下目标函数进行最大值优化求解

$$J(\boldsymbol{w}_1)=\frac{1}{n}\sum_{i=1}^{n}(\boldsymbol{Z}_i^{\mathrm{T}}\boldsymbol{w}_1)^2 \tag{4-18}$$

由于 $\boldsymbol{Z}_i^{\mathrm{T}}\boldsymbol{w}_1$是一个实数，其转置还是其自身，故可将上述目标函数转化为

$$J(\boldsymbol{w}_1)=\frac{1}{n}\sum_{i=1}^{n}(\boldsymbol{Z}_i^{\mathrm{T}}\boldsymbol{w}_1)^{\mathrm{T}}(\boldsymbol{Z}_i^{\mathrm{T}}\boldsymbol{w}_1)$$

即有

$$J(\boldsymbol{w}_1)=\frac{1}{n}\boldsymbol{w}_1^{\mathrm{T}}\left(\sum_{i=1}^{n}\boldsymbol{Z}_i\boldsymbol{Z}_i^{\mathrm{T}}\right)\boldsymbol{w}_1 \tag{4-19}$$

由于

$$\sum_{i=1}^{n}\boldsymbol{Z}_i\boldsymbol{Z}_i^{\mathrm{T}}=\boldsymbol{Z}\boldsymbol{Z}^{\mathrm{T}}$$

故有

$$J(\boldsymbol{w}_1)=\frac{1}{n}\boldsymbol{w}_1^{\mathrm{T}}\boldsymbol{Z}\boldsymbol{Z}^{\mathrm{T}}\boldsymbol{w}_1 \tag{4-20}$$

由于$\{\boldsymbol{w}_1,\boldsymbol{w}_2,\cdots,\boldsymbol{w}_k\}$为标准正交基，故需满足约束条件$\boldsymbol{w}_1^{\mathrm{T}}\boldsymbol{w}_1=1$。将该约束条件与上述目标函数进行联立，可得如下条件优化问题

$$\max_{\boldsymbol{w}_1}\boldsymbol{w}_1^{\mathrm{T}}\boldsymbol{Z}\boldsymbol{Z}^{\mathrm{T}}\boldsymbol{w}_1;\ \text{s. t. }\boldsymbol{w}_1^{\mathrm{T}}\boldsymbol{w}_1=1 \tag{4-21}$$

又因为协方差矩阵$\boldsymbol{C}=\frac{1}{n}\boldsymbol{Z}\boldsymbol{Z}^{\mathrm{T}}$，故可由此构造如下拉格朗日函数

$$\max_{\boldsymbol{w}_1}\boldsymbol{w}_1^{\mathrm{T}}\boldsymbol{C}\boldsymbol{w}_1-\alpha(\boldsymbol{w}_1^{\mathrm{T}}\boldsymbol{w}_1-1) \tag{4-22}$$

令上述优化问题的目标函数对$\boldsymbol{w}_1$的偏导数为0，则有$2\boldsymbol{C}\boldsymbol{w}_1-2\alpha\boldsymbol{w}_1=0$，即有

$$\boldsymbol{C}\boldsymbol{w}_1=\alpha\boldsymbol{w}_1 \tag{4-23}$$

因此，$\boldsymbol{w}_1$是协方差矩阵$\boldsymbol{C}$的一个特征向量，α是与该特性向量对应的特征根。又因

$$\boldsymbol{w}_1^{\mathrm{T}}\boldsymbol{C}\boldsymbol{w}_1=\alpha\,\boldsymbol{w}_1^{\mathrm{T}}\boldsymbol{w}_1=\alpha$$

故要使$\boldsymbol{w}_1^{\mathrm{T}}\boldsymbol{Z}\boldsymbol{Z}^{\mathrm{T}}\boldsymbol{w}_1$取得最大化，即使得$\boldsymbol{w}_1^{\mathrm{T}}\boldsymbol{C}\boldsymbol{w}_1$取得最大化，只需矩阵$\boldsymbol{C}$的特征根$\alpha$取得最大即可。由此可知，$\boldsymbol{w}_1$即为协方差矩阵$\boldsymbol{C}$的最大特征根$\boldsymbol{\lambda}_1$所对应的特征向量，可由此获得样本数据$\boldsymbol{X}$或$\boldsymbol{Z}$的第一个主成分$z_1'=\boldsymbol{w}_1^{\mathrm{T}}\boldsymbol{Z}$，即线性变换后样本数据集的第一个属性向量。该属性向量为线性变换后样本数据集中所有样本的第一个属性值组成的向量。

如果第一个主成分z_1'不足以代表m维数据$\boldsymbol{X}$或$\boldsymbol{Z}$的信息，可以考虑计算样本数据的第二个主成分$z_2'=\boldsymbol{w}_2^{\mathrm{T}}\boldsymbol{Z}$。为此需要进一步构造第二个标准正交基向量$\boldsymbol{w}_2$，要求$z_2'$不仅具有除$\boldsymbol{\lambda}_1$之外的最大方差，而且还要满足$\boldsymbol{w}_2$与$\boldsymbol{w}_1$正交，即保证$z_1'$所包含的信息不能出现在$z_2'$中。由此可知，对于第二个主成分$z_2'$的构造，可通过求解如下条件优化问题获得

$$\max_{\boldsymbol{w}_2}\boldsymbol{w}_2^{\mathrm{T}}\boldsymbol{C}\boldsymbol{w}_2-\alpha(\boldsymbol{w}_2^{\mathrm{T}}\boldsymbol{w}_2-1)-\beta(\boldsymbol{w}_2^{\mathrm{T}}\boldsymbol{w}_1-0);\ \text{s. t. }\boldsymbol{w}_2^{\mathrm{T}}\boldsymbol{w}_2=1 \tag{4-24}$$

令上述优化问题的目标函数对$\boldsymbol{w}_2$的偏导数为0，则有

$$2\boldsymbol{C}\boldsymbol{w}_2-2\alpha\boldsymbol{w}_2-\beta\boldsymbol{w}_1=0 \tag{4-25}$$

用$\boldsymbol{w}_1^{\mathrm{T}}$左乘上式，得

$$2\boldsymbol{w}_1^{\mathrm{T}}\boldsymbol{C}\boldsymbol{w}_2-2\alpha\boldsymbol{w}_1^{\mathrm{T}}\boldsymbol{w}_2-\beta\boldsymbol{w}_1^{\mathrm{T}}\boldsymbol{w}_1=0$$

由于$\boldsymbol{w}_1^{\mathrm{T}}\boldsymbol{w}_2=0$且$\boldsymbol{w}_1^{\mathrm{T}}\boldsymbol{C}\boldsymbol{w}_2$作为标量等于其转置$\boldsymbol{w}_2^{\mathrm{T}}\boldsymbol{C}\boldsymbol{w}_1$，注意到$\boldsymbol{w}_1$为协方差矩阵$\boldsymbol{C}$中以$\boldsymbol{\lambda}_1$为特征根的特征向量，故有

$$\boldsymbol{w}_1^{\mathrm{T}}\boldsymbol{C}\boldsymbol{w}_2=\boldsymbol{w}_2^{\mathrm{T}}\boldsymbol{C}\boldsymbol{w}_1=\boldsymbol{\lambda}_1\boldsymbol{w}_2^{\mathrm{T}}\boldsymbol{w}_1=0$$

由此可得$\beta\boldsymbol{w}_1^{\mathrm{T}}\boldsymbol{w}_1=0$，即有$\beta=0$，从而可将$2\boldsymbol{C}\boldsymbol{w}_2-2\alpha\boldsymbol{w}_2-\beta\boldsymbol{w}_1=0$简化为

$$\boldsymbol{C}\boldsymbol{w}_2=\alpha\boldsymbol{w}_2 \tag{4-26}$$

因此，协方差矩阵$\boldsymbol{C}$中除$\boldsymbol{\lambda}_1$之外的最大特征值$\boldsymbol{\lambda}_2=\alpha$所对应的特征向量即为所求的第二个正交基向量$\boldsymbol{w}_2$，由此可得第二个主成分$z_2'=\boldsymbol{w}_2^{\mathrm{T}}\boldsymbol{Z}$。

同理可依次求出第三，第四，…，第k个基向量及其相应的主成分。

为方便求解，可对协方差矩阵$\boldsymbol{C}$做对角化处理，使其作为对角线元素的特征值按从大到小的顺序自上往下排列且非对角线元素全为0，然后选择前k个特征值所对应的特征向量作为所求基向量构成变换矩阵，实现对D中数据的降维。

对协方差矩阵$\boldsymbol{C}$实施对角化的具体计算公式为

$$\boldsymbol{\lambda}=\boldsymbol{PCP}^{\mathrm{T}} \tag{4-27}$$

其中，$\boldsymbol{\lambda}$ 是由 $\boldsymbol{C}$ 的全部特征根组成的对角矩阵；$\boldsymbol{P}$ 是由 $\boldsymbol{C}$ 的全部特性向量组成的正交矩阵。

可选择矩阵 $\boldsymbol{P}$ 的前 k 行组成主分量分析的变换矩阵 $\boldsymbol{W}$，由此可得到基本 PCA 方法的基本步骤如下：

（1）对数据集 D 中的样本数据按如下公式进行标准化

$$z_{ij}=\frac{x_{ij}-u_j}{s_j},i=1,2,\cdots,n;j=1,2,\cdots,m$$

并组成新的数据矩阵 $\boldsymbol{Z}$；

（2）根据数据矩阵 $\boldsymbol{Z}$ 计算协方差矩阵 $\boldsymbol{C}=\frac{1}{m}\boldsymbol{Z}^{\mathrm{T}}\boldsymbol{Z}$；

（3）求出协方差矩阵 $\boldsymbol{C}$ 的全部特征根并将这些特征根按照从大到小的次序排列，选择前 k 个特征值所对应的特征向量，并将它们按行排列构成变换矩阵 $\boldsymbol{W}$；

（4）使用变换矩阵 $\boldsymbol{W}$ 对原数据进行降维 $\boldsymbol{X}'=\boldsymbol{WX}$，或对标准化数据进行降维 $\boldsymbol{Z}'=\boldsymbol{WZ}$。

显然，若 $k=m$，则转换后的数据保留了原数据的全部信息；若 $k=0$，则相当于完全不展示原数据的信息。在确定 k 的具体取值时，通常会考虑不同 k 值可保留方差的百分比，并将这种分量方差占总方差的百分比称为该分量**对总方差的贡献率**，简称为**方差贡献率**。

令 $\lambda_1,\lambda_2,\cdots,\lambda_n$ 表示协方差矩阵 $\boldsymbol{C}$ 的全部特征值且按由大到小顺序排列，$\boldsymbol{w}_i$ 为特征值 λ_i 所对应的特征向量，若保留变换后的样本数据的前 k 个分量，则得到相应累计方差贡献率 Ω 为

$$\Omega=\sum_{i=1}^{k}\lambda_i\Big/\sum_{i=1}^{n}\lambda_i \tag{4-28}$$

通常选择 k 以保留 99%或 97%的累计方差贡献率，即选取满足 $\Omega\geq 0.99$ 或 $\Omega\geq 0.97$ 的最小 k 值。当然，对于具体应用，k 的选取应符合具体问题的实际要求。

【例题 4.4】 现有 8 名中学生身体的各项指标如表 4-8 所示，包括身高 $\boldsymbol{a}_1$（单位：cm）、体重 $\boldsymbol{a}_2$（单位：kg）、胸围 $\boldsymbol{a}_3$（单位：cm）和坐高 $\boldsymbol{a}_4$（单位：cm）。试对中学生身体指标数据做主成分分析。

表 4-8　身体指标数据集

指标 \ 序号	1	2	3	4	5	6	7	8
$\boldsymbol{a}_1$	148	139	160	149	159	142	153	150
$\boldsymbol{a}_2$	41	34	49	36	45	31	43	43
$\boldsymbol{a}_3$	72	71	77	67	80	66	76	77
$\boldsymbol{a}_4$	78	76	86	79	86	76	83	79

【解】 首先，求出各项身体指标的均值分别为 150，40.25，73.25，80.375 和各项身体指标的标准差分别为 7.37，6.07，5.06，4.1，则可得经过标准化后的数据如表 4-9 所示。

表 4-9　经过标准化后的数据

指标 \ 序号	1	2	3	4	5	6	7	8
$\boldsymbol{a}_1$	−0.2714	−1.4930	1.3572	−0.1357	1.2215	−1.0858	0.4072	0
$\boldsymbol{a}_2$	0.1237	−1.0305	1.4427	−0.7007	0.7832	−1.5251	0.4534	0.4534
$\boldsymbol{a}_3$	−0.2468	−0.4443	0.7405	−1.2342	1.3330	−1.4317	0.5431	0.7405
$\boldsymbol{a}_4$	−0.5788	−1.0661	1.3708	−0.3351	1.3708	−1.0661	0.6397	−0.3351

然后计算协方差矩阵 $\boldsymbol{C}$，得到

$$\boldsymbol{C}=\begin{pmatrix}1 & 0.9079 & 0.7581 & 0.9639\\0.9079 & 1 & 0.8814 & 0.8682\\0.7581 & 0.8814 & 1 & 0.7854\\0.9639 & 0.8682 & 0.7854 & 1\end{pmatrix}$$

计算协方差矩阵的特征值、特征向量和累计方差贡献率，计算结果如表 4-10 所示。

表 4-10　特征值、特征向量和累计方差贡献率

编号	特征值	特 征 向 量	累计方差贡献率
1	3.5850	0.5073, 0.5103, 0.4763, 0.5053	89.62%
2	0.2989	0.4704, -0.1748, -0.7572, 0.4181	97.10%
3	0.0973	-0.1303, -0.7483, -0.3823, 0.5262	99.53%
4	0.0188	-0.7102, -0.3860, -0.2314, 0.5413	100%

可选择保留前两个较大的主成分，将包含 4 个属性的原始数据 $\boldsymbol{X}=(\boldsymbol{a}_1,\boldsymbol{a}_2,\boldsymbol{a}_3,\boldsymbol{a}_4)^{\mathrm{T}}$降维为包含两个属性的二维数据 $\boldsymbol{Z}'=(z_1',z_2')^{\mathrm{T}}$，其中：

$$z_1'=0.5073\boldsymbol{a}_1+0.5103\boldsymbol{a}_2+0.4763\boldsymbol{a}_3+0.5053\boldsymbol{a}_4$$

$$z_2'=0.4704\boldsymbol{a}_1-0.1748\boldsymbol{a}_2-0.7572\boldsymbol{a}_3+0.4181\boldsymbol{a}_4$$

代入原数据后得到降维之后的数据如表 4-11 所示。

表 4-11　降维数据

成分 \ 序号	1	2	3	4	5	6	7	8
z_1'	-0.4846	-2.0336	2.4701	-1.1836	2.3469	-2.5498	1.0199	0.4148
z_2'	-0.2043	-0.6314	0.3986	0.8532	0.0014	0.3943	-0.0315	-0.7801

对于第一个主成分所对应的特征向量，其各个分量值均在 0.5 附近，反映的是学生身材的魁梧程度。对于身体高大的学生，其 4 个指标的大小都比较大；对于身体矮小的学生，其 4 个指标的大小都比较小。故可称第一个主成分为大小因子。对于第二个主成分所对应的特征向量，其第一个分量（身高系数）和第四个分量（坐高系数）为正值，而第二个分量（体重系数）和第三个分量（胸围系数）为负值，反映的是学生的胖瘦情况，故可称第二个主成分为胖瘦因子。□

【例题 4.5】现选取 30 个地区的经济发展状况数据集如表 4-12 所示，包括 8 项经济指标：国民生产总值（$\boldsymbol{a}_1$）；居民消费水平（$\boldsymbol{a}_2$）；固定资产投资（$\boldsymbol{a}_3$）；职工平均工资（$\boldsymbol{a}_4$）；货物周转量（$\boldsymbol{a}_5$）；居民消费指数（$\boldsymbol{a}_6$）；商品零售价格指数（$\boldsymbol{a}_7$）；工业总产值（$\boldsymbol{a}_8$），试用基本 PCA 方法将这 8 项经济指标融合成 3 项综合指标。

表 4-12　30 个地区的经济发展状况数据　　（单位：亿元）

	$\boldsymbol{a}_1$	$\boldsymbol{a}_2$	$\boldsymbol{a}_3$	$\boldsymbol{a}_4$	$\boldsymbol{a}_5$	$\boldsymbol{a}_6$	$\boldsymbol{a}_7$	$\boldsymbol{a}_8$
1	1394.89	2505	519.01	8144	373.9	117.3	112.6	843.43
2	920.11	2720	345.46	6501	342.8	115.2	110.6	582.51
3	2849.52	1258	704.87	4839	2033.3	115.2	115.8	1234.85
4	1092.48	1250	290.9	4721	717.3	116.9	115.6	697.25

（续）

	a_1	a_2	a_3	a_4	a_5	a_6	a_7	a_8
5	832.88	1387	250.23	4134	781.7	117.5	116.8	419.39
6	2793.37	2397	387.99	4911	1371.1	116.1	114	1840.55
7	1129.2	1872	320.45	4430	497.4	115.2	114.2	762.47
8	2014.53	2334	435.73	4145	824.8	116.1	114.3	1240.37
9	2462.57	5343	996.48	9279	207.4	118.7	113	1642.95
10	5155.25	1926	1434.95	5934	1025.5	115.8	114.3	2026.64
11	3524.79	2249	1006.39	6619	754.4	116.6	113.5	916.59
12	2003.58	1254	474	4609	908.3	114.8	112.7	824.14
13	2160.52	2320	553.97	5857	609.3	115.2	114.4	433.67
14	1205.1	1182	282.84	4211	411.7	116.9	115.9	571.84
15	5002.34	1527	1229.55	5145	1196.6	117.6	114.2	2207.69
16	3002.74	1034	670.35	4344	1574.4	116.5	114.9	1367.92
17	2391.42	1527	571.68	4685	849	120	116.6	1220.72
18	2195.7	1408	422.61	4797	1011.8	119	115.5	843.83
19	5381.72	2699	1639.83	8250	656.5	114	111.6	1396.35
20	1606.15	1314	382.59	5150	556	118.4	116.4	554.97
21	364.17	1814	198.35	5340	232.1	113.5	111.3	64.33
22	3534	1261	822.54	4645	902.3	118.5	117	1431.81
23	630.07	942	150.84	4475	301.1	121.4	117.2	324.72
24	1206.68	1261	334	5149	310.4	121.3	118.1	716.65
25	55.98	1110	17.87	7382	4.2	117.3	114.9	5.57
26	1000.03	1208	300.27	4396	500.9	119	117	600.98
27	553.35	1007	114.81	5493	507	119.8	116.5	468.79
28	165.31	1445	47.76	5753	61.6	118	116.3	105.8
29	169.75	1355	61.98	5079	121.8	117.1	115.3	114.4
30	834.57	1469	376.95	5348	339	119.7	116.7	428.76

【解】首先，将表 4-12 中的数据进行标准化处理，并依据标准化处理后的数据建立协方差矩阵，表 4-13 为所求的协方差矩阵。

表 4-13　协方差矩阵元素取值表

	a_1	a_2	a_3	a_4	a_5	a_6	a_7	a_8
a_1	1.0000	0.2668	0.9506	0.1899	0.6172	−0.2726	−0.2636	0.8737
a_2	0.2668	1.0000	0.4261	0.7178	−0.1510	−0.2351	−0.5927	0.3631
a_3	0.9506	0.4261	1.0000	0.3989	0.4306	−0.2805	−0.3591	0.7919
a_4	0.1899	0.7178	0.3989	1.0000	−0.3562	−0.1342	−0.5384	0.1033
a_5	0.6172	−0.1510	0.4306	−0.3562	1.0000	−0.2532	0.0217	0.6586
a_6	−0.2726	−0.2351	−0.2805	−0.1342	−0.2532	1.0000	0.7628	0.1252
a_7	−0.2636	−0.5927	−0.3591	−0.5384	0.0217	0.7628	1.0000	−0.1921
a_8	0.8737	0.3631	0.7919	0.1033	0.6586	−0.1252	−0.1921	1.0000

然后，对协方差矩阵进行对角化处理，表 4-14 为所求特征值并按从大到小的次序排列，表中最后两列分别是各特征值的方差贡献率及其累计值。

表 4-14　特征值和方差贡献率

编号	特征值	方差贡献率	累计方差贡献率
1	3. 754	46. 925%	46. 925%
2	2. 197	27. 4625%	74. 3875%
3	1. 215	15. 1875%	89. 575%
4	0. 403	5. 0375%	94. 6125%
5	0. 213	2. 6625%	97. 275%
6	0. 138	1. 725%	99%
7	0. 065	0. 8125%	99. 8125%
8	0. 015	0. 1875%	100%

依题意，选择较大的三个特征值所对应的特征向量作为基向量进行降维，所选三个特征值的方差百分比累计值为 89. 575%，说明降维后的数据基本包含了原始数据的信息。根据特征值计算得到三个基向量的分量取值如表 4-15 所示。

表 4-15　基向量元素取值表

	$\boldsymbol{w}_1$	$\boldsymbol{w}_2$	$\boldsymbol{w}_3$
w_{i1}	0. 45679	0. 25851	0. 1099
w_{i2}	0. 31301	−0. 40379	0. 24587
w_{i3}	0. 47056	0. 10839	0. 19243
w_{i4}	0. 23996	−0. 48777	0. 33405
w_{i5}	0. 2509	0. 49801	−0. 24933
w_{i6}	−0. 26244	0. 16988	0. 7227
w_{i7}	−0. 31966	0. 40102	0. 39716
w_{i8}	0. 42468	0. 28769	0. 19147

根据以上分析计算，故可将 8 维的原始数据 $\boldsymbol{X}=(\boldsymbol{a}_1,\boldsymbol{a}_2,\boldsymbol{a}_3,\boldsymbol{a}_4,\boldsymbol{a}_5,\boldsymbol{a}_6,\boldsymbol{a}_7,\boldsymbol{a}_8)^{\mathrm{T}}$降维成三维的综合指标数据 $\boldsymbol{Z}'=(z_1',z_2',z_3')^{\mathrm{T}}$，其中

$$z_i'=\boldsymbol{w}_i^{\mathrm{T}}\boldsymbol{X};\qquad i=1,2,3$$

即有：

$$z_1'=0.4568\boldsymbol{a}_1+0.3130\boldsymbol{a}_2+0.4706\boldsymbol{a}_3+0.2400\boldsymbol{a}_4+0.2509\boldsymbol{a}_5-0.2624\boldsymbol{a}_6-0.3197\boldsymbol{a}_7+0.4247\boldsymbol{a}_8$$
$$z_2'=0.2585\boldsymbol{a}_1-0.4038\boldsymbol{a}_2+0.1084\boldsymbol{a}_3-0.4878\boldsymbol{a}_4+0.4980\boldsymbol{a}_5+0.1699\boldsymbol{a}_6+0.4010\boldsymbol{a}_7+0.2877\boldsymbol{a}_8$$
$$z_3'=0.1099\boldsymbol{a}_1+0.2459\boldsymbol{a}_2+0.1924\boldsymbol{a}_3+0.3340\boldsymbol{a}_4-0.2493\boldsymbol{a}_5+0.7227\boldsymbol{a}_6+0.3972\boldsymbol{a}_7+0.1915\boldsymbol{a}_8$$

代入各地区标准化后的数据，各地区经济数据的主成分如表 4-16 所示。

表 4-16　经济数据主成分

	1	2	3	4	5	6
Z_1'	0. 8266	0. 6564	1. 3585	−0. 9888	−1. 6211	1. 6632
Z_2'	−2. 2582	−2. 6378	2. 3513	0. 3905	0. 7253	0. 9719
Z_3'	0. 5399	−1. 1725	−1. 3128	−0. 5717	−0. 3819	−0. 6231

（续）

	7	8	9	10	11	12
Z_1'	-0.3868	0.53	3.1951	3.5689	1.883	0.4451
Z_2'	-0.4226	0.3395	-3.2802	1.2629	-0.4864	0.1197
Z_3'	-1.2106	-0.7093	2.8822	0.3835	0.2257	-1.862
	13	14	15	16	17	18
Z_1'	0.4181	-1.3898	3.0006	1.023	-0.2825	-0.4101
Z_2'	-0.9188	0.3006	2.0659	2.1457	1.4488	1.063
Z_3'	-0.6569	-0.5293	0.5466	-0.9401	1.1445	0.2546
	19	20	21	22	23	24
Z_1'	4.6123	-1.1412	-0.5639	0.5699	-2.8028	-2.0197
Z_2'	-1.2982	0.3656	-2.2874	1.9764	0.5892	0.7233
Z_3'	0.0959	0.3816	-2.4087	0.852	1.2204	1.8898
	25	26	27	28	29	30
Z_1'	-2.0176	-1.7772	-2.1163	-2.3478	-2.1619	-1.7232
Z_2'	-2.0169	0.7078	0.1682	-1.074	-0.9936	-0.0422
Z_3'	0.0156	0.459	0.6939	0.2626	-0.4881	1.019

经分析可知，经上述基本 PCA 方法降维后得到的三个数据向量 z_1',z_2',z_3' 均由原始数据的 8 个指标 $\boldsymbol{a}_1,\boldsymbol{a}_2,\boldsymbol{a}_3,\boldsymbol{a}_4,\boldsymbol{a}_5,\boldsymbol{a}_6,\boldsymbol{a}_7,\boldsymbol{a}_8$ 通过线性组合得到，在线性组合计算过程中，z_1' 的前三个指标 $\boldsymbol{a}_1,\boldsymbol{a}_2,\boldsymbol{a}_3$ 的组合系统均较大，这三个指标分量对 z_1' 的构成起主要作用，故可将 z_1' 看成是由国民生产总值、居民消费水平和固定资产投资所刻画的反映经济发展状况的综合指标。同理，可将 z_2' 看成是由国民生产总值、居民消费水平和固定资产投资所刻画的反映经济发展状况的综合指标，将 z_3' 单独看成是居民消费指数指标。□

4.2.2 核 PCA 方法

核 PCA 方法（即核主分量分析方法）是对前述基本主分量分析的一种改进算法，通常亦称为 Kernel-PCA 方法或 KPCA 方法。基本主分量分析法使用线性映射方式将原始高维数据降至低维。但有时直接通过线性映射很难得到良好的低维数据表示，此时使用基本主分量分析法则很难达获得满意的效果。例如，对于图 4-20a 所示的二维数据分布，使用线性映射将其降至一维具有较好的效果，但对于图 4-20b 所示的二维数据分布，直接使用线性映射进行降维则难以获得满意的效果，因为映射后一维空间上两类不同数据的分布区间有较大重叠。

为此，人们使用核映射技术对基本主分量分析方法进行改进，提出了一种名为**核主分量分析**的改进方法，其基本思想是首先通过核映射技术对原始高维数据做进一步的升维变换，使得升维后的数据分布在更高维的空间中以便更加适合使用线性映射方式进行降维。这种做法看起来有些南辕北辙，但在本质上还是通过某种非线性映射方式实现对复杂数据分布的降维。

对于数据集 $D=\{\boldsymbol{X}_1,\boldsymbol{X}_2,\cdots,\boldsymbol{X}_n\}$，基本主分量分析的线性变换矩阵 $\boldsymbol{W}$ 通过对协方差矩阵 $\boldsymbol{C}$ 进行对角化的方式获得。然而，核主分量分析则需要使用核方法对 D 中的样本数据进行升维，即通过某种核函数将数据隐含地映射到某个高维空间当中。具体地说，核主分量分析使用某个

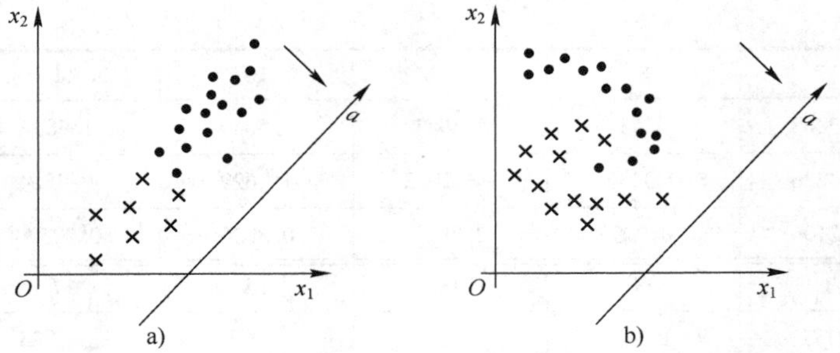

图 4-20　不同数据分布的线性映射降维效果
a）适合线性映射降维的数据分布　b）不适合线性映射降维的数据分布

核函数 $K(\boldsymbol{X}_i,\boldsymbol{X}_j)=[\varphi(X_i)]^{\mathrm{T}}\varphi(\boldsymbol{X}_j)$ 所对应的核矩阵 $\boldsymbol{K}$ 代替协方差矩阵 $\boldsymbol{C}$，核矩阵 $\boldsymbol{K}$ 中第 i 行、第 j 列元素即为$[\varphi(X_i)]^{\mathrm{T}}\varphi(\boldsymbol{X}_j)$，此时只需对核矩阵 $\boldsymbol{K}$ 进行对角化便可获得核主分量分析的变换矩阵 $\boldsymbol{W}$。核主分量分析的基本步骤如下：

（1）针对数据集 D 选择合适的核函数 $K(\boldsymbol{X}_i,\boldsymbol{X}_j)$；

（2）计算核函数所对应的核矩阵 $\boldsymbol{K}$；

（3）求核矩阵 $\boldsymbol{K}$ 所对应的特征值并将其按从大到小的次序排列，选择前 k 个特征值所对应的特征向量按行排列以构成主分量分析的变换矩阵 $\boldsymbol{W}$；

（4）使用变换矩阵 $\boldsymbol{W}$ 对高维数据进行降维：$\boldsymbol{X}'=\boldsymbol{W}\boldsymbol{X}$ 或 $\boldsymbol{Z}'=\boldsymbol{W}\boldsymbol{Z}$。

【例题 4.6】 表 4-17 为某医院 2008～2017 年统计报表数据，一共 7 项指标，分别为病床使用率 $\boldsymbol{a}_1$、病床周转次数 $\boldsymbol{a}_2$、平均住院日 $\boldsymbol{a}_3$、出院人数 $\boldsymbol{a}_4$、病死率 $\boldsymbol{a}_5$、日均门诊人次 $\boldsymbol{a}_6$、出院病人平均费用 $\boldsymbol{a}_7$。试分别用基本 PCA 方法和核 PCA 方法对数据进行降维，使得累计方差贡献率高于 85%，并比较这两种方法的降维效果。

表 4-17　某医院统计报表

指标 / 年份	$\boldsymbol{a}_1$	$\boldsymbol{a}_2$	$\boldsymbol{a}_3$	$\boldsymbol{a}_4$	$\boldsymbol{a}_5$	$\boldsymbol{a}_6$	$\boldsymbol{a}_7$
2008	104.71	17.09	21.31	11637	1.78	768	1770
2009	100.2	16.33	20.27	11432	1.39	721	2150
2010	99.5	16.43	20.97	11501	1.4	644	2934
2011	98.57	17.06	19.64	11941	1.47	748	3194
2012	94.83	17.75	17.82	12422	1.34	806	3556
2013	84.18	18.22	17.1	12756	1.79	877	3837
2014	98.3	22.29	16.21	13371	1.76	1034	4371
2015	93.61	22.14	15.45	13847	2.01	784	4388
2016	95.72	23.32	14.96	14097	1.74	1214	4528
2017	98.84	23.5	15.1	12629	1.82	1317	5719

【解】（1）基本主分量分析法。在 Python 开发平台调用 Scikit-learn 模块中的 PCA 类进行计算，算得 7 项指标的均值和标准差如表 4-18 所示。

表 4-18　7 项指标的平均值和标准差

	a_1	a_2	a_3	a_4	a_5	a_6	a_7
平均值	96. 82	19. 41	17. 88	12563	1. 65	891. 3	3644. 7
标准差	5. 42	3. 00	2. 49	964. 2	0. 23	223. 76	1186. 25

然后，根据 7 项指标的均值和标准差分别对各个数据进行标准化，并根据标准化后数据构造协方差矩阵，求得协方差矩阵的特征值及其方差贡献率如表 4-19 所示。

表 4-19　协方差矩阵特征值及方差贡献率

编号	特征值	方差贡献率	累计方差贡献率
1	4. 9274	70. 33%	70. 39%
2	1. 0234	14. 62%	85. 01%
3	0. 6266	8. 95%	93. 96%
4	0. 2623	3. 75%	97. 71%
5	0. 1372	1. 97%	99. 68%
6	0. 0181	0. 26%	99. 94%
7	0. 0043	0. 06%	100. 00%

各特征值所对应特征向量的坐标分量如表 4-20 所示。选择前两个特征向量 $\boldsymbol{w}_1$、$\boldsymbol{w}_2$ 作为基向量进行降维。由于 $\boldsymbol{w}_1$、$\boldsymbol{w}_2$ 的累计方差贡献率达到 85%以上，故可认为使用 $\boldsymbol{w}_1$、$\boldsymbol{w}_2$ 作为基向量能满足降维要求。

表 4-20　各特征值所对应的特征向量

$\boldsymbol{w}_1$	$\boldsymbol{w}_2$	$\boldsymbol{w}_3$	$\boldsymbol{w}_4$	$\boldsymbol{w}_5$	$\boldsymbol{w}_6$	$\boldsymbol{w}_7$
−0. 1909	0. 8754	−0. 1313	0. 2828	0. 1706	0. 0631	−0. 2586
0. 4317	0. 2585	−0. 0444	0. 1706	0. 0960	0. 0427	0. 8394
−0. 4414	0. 085	−0. 1441	−0. 1617	−0. 0543	−0. 8204	0. 2740
0. 4077	−0. 1517	−0. 1812	0. 6838	−0. 2804	−0. 4059	−0. 2588
0. 3252	0. 0256	−0. 8281	−0. 4251	0. 0829	0. 0039	−0. 1422
0. 3732	0. 3679	0. 3382	−0. 4337	−0. 6244	−0. 1356	−0. 1210
0. 4136	0. 0223	0. 3566	−0. 1686	0. 6952	−0. 3715	0. 2271

以对 2008 年数据为例进行降维，记 2008 年标准化后的数据为 $\boldsymbol{Z}_{2008}$，将其降至二维时降维后的数据元素分别为

$$z'_{11}=\boldsymbol{w}_1^{\mathrm{T}}\boldsymbol{Z}_{2008}=-2.2851;\quad z'_{21}=\boldsymbol{w}_2^{\mathrm{T}}\boldsymbol{Z}_{2008}=1.1071$$

故对 $\boldsymbol{Z}_{2008}$ 降维后得到的数据为 $\boldsymbol{Z}'_{2008}=(z'_{11},z'_{21})^{\mathrm{T}}=(-2.2851,1.1071)^{\mathrm{T}}$。同理，可计算出其他年份降维后的数据如表 4-21 所示。

表 4-21　降维后的数据

指标＼年份	2008	2009	2010	2011	2012	2013	2014	2015	2016	2017
z'_1	−2. 2851	−2. 6367	−2. 5336	−1. 6250	−0. 8293	0. 7358	1. 648	2. 0707	2. 7421	2. 7132
z'_2	1. 1071	0. 1978	−0. 0041	−0. 0308	−0. 6245	−2. 2059	0. 5583	0. 6944	0. 3708	1. 3257

（2）核主分量分析法。使用如下多项式核函数

$$K(\boldsymbol{x},\boldsymbol{y})=[s(\boldsymbol{x}\cdot\boldsymbol{y})+c]^{d}$$

其中，$s=0.00001, c=0.01, d=3$。

使用 Python 语言实现核主分量分析法。首先，计算核矩阵对应的特征值，以及方差贡献率和累计方差贡献率，得到结果展示在表 4-22 中。

表 4-22　核矩阵对应的特征值和方差贡献率

编号	特征值	方差贡献率	累计方差贡献率
1	3.9173	91.46%	91.46%
2	0.3450	8.06%	99.52%
3	0.0178	0.41%	99.93%
4	0.0028	0.07%	100%
5	0.0000	0%	100%
6	0.0000	0%	100%
7	0.0000	0%	100%

选择第一个特征值所对应的特征向量 $\boldsymbol{w}_1$ 基向量进行降维，则 $\boldsymbol{w}_1$ 的方差贡献率达到 91%以上，故可认为使用 $\boldsymbol{w}_1$ 作为基向量进行降维就可得到所需效果。计算得 $\boldsymbol{w}_1$ 为

$$\boldsymbol{w}_1=(-0.4041,-0.4056,-0.3234,-0.2128,-0.0731,0.0361,0.2598)^{\mathrm{T}}$$

使用上述 $\boldsymbol{w}_1$ 作为基向量对数据进行降维，得到降维后的数据如表 4-23 所示。

表 4-23　降维后的数据表

成分 \ 年份	2008	2009	2010	2011	2012	2013	2014	2015	2016	2017
z_1'	-1.5838	-1.5892	-1.2668	-0.8334	-0.2861	0.1419	1.0176	1.5016	1.9071	0.9912

由上述计算结果可以看出，基本 PCA 方法取两个主成分的累计方差贡献率为 85.01%；而核 PCA 方法第一个主成分的贡献率就达到了 91.46%，降维效果较基本 PCA 方法更加明显且包含了更多的原始数据信息。□

4.3　稀疏编码与学习

如前所述，直接对高维数据进行处理有时会出现维数灾难，通常需要对高维数据进行降维。然而，并非所有形式的高维数据都会给机器学习带来麻烦，某些特定形式的高维数据甚至还有利于解决某些机器学习任务。例如，对于很多数据分量为 0 的高维稀疏数据，由于它们在高维空间中分布较为分散，比较方便对其进行处理。这为数据信息处理提供了一种新的思路，即将原始非稀疏数据转化为高维的稀疏数据进行处理。这一过程称为**稀疏编码**。由于稀疏编码可使机器学习的模型训练数据的结构更加清晰，有利于简化计算过程，故稀疏编码方法在盲源信号分离、语音信号处理、图像特征提取、图像去噪以及模式识别等方面得到广泛应用。本节简要介绍稀疏编码的基本理论和方法，包括稀疏编码的基本概念和基本思想、稀疏表示学习的基本理论，以及数据字典学习的基本方法。

4.3.1 稀疏编码概述

稀疏编码的概念来源于神经生物学研究。生物学实验表明，人和哺乳类动物虽然有很多视网膜细胞，但是对外界事物敏感的细胞单元却很少，也就是说，对外界事物敏感的细胞单元呈稀疏性分布。这种对外界信号采用神经稀疏分布的表示原则为繁杂冗余的信息提供了一种简单的表示方法，同时也便于上层传感神经抽取刺激中的本质特征。受此启发，人们提出一种稀疏编码方法用于机器学习及相关领域的信息处理。该方法对输入样本数据采用稀疏向量或矩阵进行稀疏表示，使得输入数据的重建和存储变得更加高效。经过稀疏编码后的样本数据通常结构更加清晰且具有一定的联想记忆能力，数据计算也更加简便。

所谓向量或矩阵等数据的稀疏性，是指该数据大部分的分量值为 0，只有很少的分量值不为 0，但这些为 0 的分量不是以整行整列地形式存在。从数学上看，稀疏编码的目的是寻找一组适当的基向量将非稠密的原始样本数据映射成具有一定稀疏性的数据，实现对数据的高效表示，或者说寻找一组适当的基向量将原始样本数据表示成这些基向量的线性组合且大部分的组合系数为 0。

对于任意 m 维样本数据 $\boldsymbol{X}_i=(x_{i1},x_{i2},\cdots,x_{im})^{\mathrm{T}}$，可将其表示为如下线性组合

$$\boldsymbol{X}_i = \sum_{j=1}^{k} \theta_{ij}\boldsymbol{w}_j \tag{4-29}$$

其中，θ_{ij}为元素 x_{ij}所对应的组合系数；$\boldsymbol{w}_j$为元素 x_{ij}所对应的基向量。

稀疏编码的目的是寻找到一组适当的基向量 $\boldsymbol{w}_1,\boldsymbol{w}_2,\cdots,\boldsymbol{w}_k$，使得样本数据在这组基向量的表示下大部分系数为 0，而且使这种数据的表示具有一定的稀疏性。

将数据集 $D=\{\boldsymbol{X}_1,\boldsymbol{X}_2,\cdots,\boldsymbol{X}_n\}$ 中所有样本排列成数据矩阵 $\boldsymbol{X}$

$$\boldsymbol{X}=\begin{pmatrix} x_{11} & x_{12} & \cdots & x_{1m} \\ x_{21} & x_{22} & \cdots & x_{2m} \\ \vdots & \vdots & & \vdots \\ x_{n1} & x_{n2} & \cdots & x_{nm} \end{pmatrix}$$

则对样本数据集 D 的稀疏编码其实就是寻找某组基向量 $\boldsymbol{w}_1,\boldsymbol{w}_2,\cdots,\boldsymbol{w}_k$并确定一个稀疏的组合系数矩阵，将数据矩阵 $\boldsymbol{X}$ 分解为两个矩阵乘积的形式。也就是说，对数据矩阵 $\boldsymbol{X}$ 进行稀疏编码的结果是将其分解成字典矩阵 $\boldsymbol{W}$ 与组合系数矩阵 $\boldsymbol{\theta}$ 的乘积，其中字典矩阵 $\boldsymbol{W}$ 是由所求基向量 $\boldsymbol{w}_1,\boldsymbol{w}_2,\cdots,\boldsymbol{w}_k$组成的矩阵。稀疏编码的具体效果如图 4-21 所示，其中黑色方块表示非 0 元素，白色方块表示 0 元素，可以看出数据矩阵 $\boldsymbol{X}$ 较为稠密，系数矩阵 $\boldsymbol{\theta}$ 则较为稀疏。

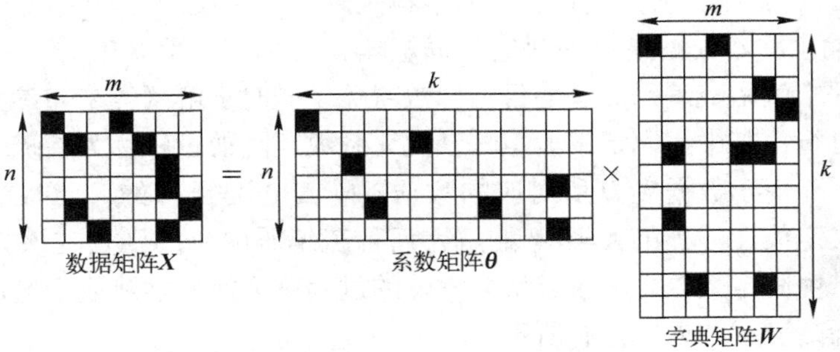

图 4-21　稀疏编码过程示意图

由以上分析可知，若对样本数据集 $D=\{X_1,X_2,\cdots,X_n\}$ 进行稀疏编码，则需要实现如下两个目标：一是寻找一组适当的基向量 $w_1,w_2,\cdots,w_k$，并确定所对应的组合系数能够将 D 中的所有样本数据表示成这组基向量的线性组合形式；二是尽量使得大部分线性组合的系数为 0，使得这组基向量对样本数据的表示方式满足一定的稀疏性。

可根据上述两个目标构造相应的目标函数，并将样本数据集 $D=\{X_1,X_2,\cdots,X_n\}$ 的稀疏编码转化为对如下优化问题的求解

$$\arg\min_{\theta_{ij},w_j}\left(\sum_{i=1}^{n}\| X_i-\sum_{j=1}^{k}\theta_{ij}w_j\|_2^2+\lambda\sum_{j=1}^{k}J(\theta_{ij})\right) \tag{4-30}$$

上述优化问题中目标函数的第一项是对数据表示质量的定量评估，其值越小则对数据的表示效果越好，第二项是关于线性组合系数 θ_{ij} 的正则化项，可通过范数惩罚等正则化方法使得尽可能多的组合系数 θ_{ij} 为 0 或接近 0，从而保证对样本数据 X 的表示形式满足一定的稀疏性，常用的正则化项主要有 L_1 范数惩罚项、对数代价函数惩罚项等。

为便于表示，将上述优化问题改写成如下矩阵形式

$$\arg\min_{\theta,W}\| X-\theta W\|_F^2+\lambda J(\theta) \tag{4-31}$$

其中，字典矩阵 $W=(w_1,w_2,\cdots,w_k)^{\mathrm{T}}$；系数矩阵 $\theta=(\vartheta_1,\vartheta_2,\cdots,\vartheta_n)^{\mathrm{T}}$；$\vartheta_i$ 是与样本 X_i 所对应的系数向量。

分别将字典矩阵 W 中的每个基向量 $w_j=(w_{j1},w_{j2},\cdots,w_{jm})^{\mathrm{T}}$ 称为一个**原子**或**单词**，原子的个数 k 称为字典 W 的。对于稀疏编码算法而言，词汇量 k 作为一种超参数决定了样本表示的维度。组合系数矩阵 θ 的具体形式为

$$\theta=\begin{pmatrix}\theta_{11} & \theta_{12} & \cdots & \theta_{1k}\\ \theta_{21} & \theta_{22} & \cdots & \theta_{2k}\\ \vdots & \vdots & & \vdots\\ \theta_{n1} & \theta_{n2} & \cdots & \theta_{nk}\end{pmatrix}$$

在对数据进行稀疏编码的过程中，待求矩阵为系数矩阵 θ 和字典矩阵 W，但同时对二者进行直接求解较为困难，通常利用交替迭代的方式实现对上述目标函数的优化求解。具体求解步骤如下：

(1) 设定初始字典矩阵 W_0，设定 $t=0$ 及算法终止条件；

(2) 将字典矩阵 W_t 作为已知量代入目标函数，并对目标函数进行优化求得相应参数矩阵 θ_t；

(3) 若不满足算法终止条件，则由参数矩阵 θ_t 算出新一轮迭代的字典矩阵 W_{t+1}，并令 $t=t+1$，返回步骤 (2)；否则，结束迭代，返回字典矩阵 W_t 和参数矩阵 θ_t；

(4) 计算并输出样本数据集 D 所对应数据矩阵 X 的稀疏表示 $\theta_t W_t$。

采用上述流程求解稀疏编码算法的目标函数避免了同时求解两类未知参数的难题，使得稀疏编码算法变得可行，其中用固定字典矩阵来优化系数矩阵的过程称为稀疏表示学习，在字典矩阵确定的情况下，由于数据集 D 所对应的数据矩阵 X 也是已知的，此时求解系数矩阵在本质上而言就是求欠定线性方程组 $X=\theta W$ 的解，而稀疏编码的目的则是在该方程组的所有解中找出最稀疏的解。由固定系数矩阵求解字典矩阵的过程称为字典学习或字典设计，不同的字典矩阵可以得到的稀疏表示结果也会有所不同。

4.3.2 稀疏表示学习

对样本数据进行稀疏编码，首先需要解决的一个重要问题是在字典矩阵确定的情况下，如何求解满足一定稀疏条件的系数矩阵。这个问题的求解过程称为稀疏表示学习。由于稀疏编码需要生成满足一定稀疏性的组合系数矩阵，故使用的字典矩阵通常由一组过完备基向量构成。所谓过完备基向量组，就是基向量组中的基向量个数大于数据表示所需要的基向量个数。对于由过完备基向量组构成的数据字典矩阵 $\boldsymbol{W}$，方程组 $\boldsymbol{X}=\boldsymbol{\theta W}$ 是一个欠定线性方程组，方程组的解通常不唯一，其中 $\boldsymbol{X}$ 和 $\boldsymbol{W}$ 为已知量，$\boldsymbol{\theta}$ 为待求量。稀疏表示学习的目的就是在该方程组的所有多个解中求得最具稀疏性的组合系数矩阵 $\boldsymbol{\theta}$。

矩阵的稀疏程度可通过定义适当的稀疏度量函数进行量化表示，通常使用 L_0 范数、L_1 范数等范数作为稀疏度量函数。在稀疏表示学习中，对于给定的稀疏度量函数，可通过优化计算方式求得方程组 $\boldsymbol{X}=\boldsymbol{\theta W}$ 在该稀疏度量函数标准下最具稀疏性的解矩阵，由此获得稀疏表示模型的具体表达形式。可以根据不同的稀疏度量函数构造出相应的稀疏表示模型，常用的稀疏表示模型包括如下 4 种。

（1）L_0 范数稀疏表示模型。

若用 L_0 范数作为稀疏度量函数，则可将稀疏表示学习优化表示为

$$\arg\min_{\theta} \|\boldsymbol{\theta}\|_0 ;\text{s. t. } \boldsymbol{X}=\boldsymbol{\theta W} \tag{4-32}$$

其中，$\|\boldsymbol{\theta}\|_0$ 为矩阵 $\boldsymbol{\theta}$ 的 L_0 范数，表示矩阵 $\boldsymbol{\theta}$ 中非零元素的个数。

上述优化问题的含义是在数据矩阵 $\boldsymbol{X}$ 进行精确表示的情形下，使得组合系数矩阵 $\boldsymbol{\theta}$ 尽可能地稀疏。由于交换目标函数与约束条件不会改变优化问题的解，故可将上述优化问题转化为如下形式

$$\arg\min_{\theta} \|\boldsymbol{X}-\boldsymbol{\theta W}\|_F^2 ;\text{s. t. } \|\boldsymbol{\theta}\|_0<\gamma \tag{4-33}$$

其中，γ 为可接受的稀疏度阈值；$\|\boldsymbol{X}-\boldsymbol{\theta W}\|_F$ 表示矩阵 $\boldsymbol{X}-\boldsymbol{\theta W}$ 的 F 范数，它是向量的 L_2 范数在矩阵情形下的直接推广，表示矩阵中所有元素平方和的算术平方根。

使用拉格朗日乘数法，可将上述优化问题转化为

$$\arg\min_{\theta} \|\boldsymbol{X}-\boldsymbol{\theta W}\|_F^2+\lambda\|\boldsymbol{\theta}\|_0 \tag{4-34}$$

显然，上述优化问题的形式与式（4-31）稀疏编码所对应的优化问题的形式是一致的，只是其中正则化项选用的是 L_0 范数惩罚项。由于对 L_0 范数进行直接优化是一个 NP 难问题，这使得基于 L_0 范数最优稀疏表示模型的求解较为困难，故可用贪婪算法求其次优解。

（2）L_1 范数稀疏表示模型。

若用 L_1 范数作为稀疏度量函数，则可将稀疏表示学习优化为

$$\arg\min_{\theta} \|\boldsymbol{\theta}\|_1 ;\text{s. t. } \boldsymbol{X}=\boldsymbol{\theta W} \tag{4-35}$$

即有

$$\arg\min_{\theta} \|\boldsymbol{X}-\boldsymbol{\theta W}\|_F^2+\lambda\|\boldsymbol{\theta}\|_1 \tag{4-36}$$

相较于 L_0 范数稀疏表示模型，L_1 范数稀疏表示模型的优化求解则较为简单，并可直接求得该模型的稀疏系数矩阵，故较为常用。

（3）L_p 范数稀疏表示模型。

事实上，可将 L_0 范数和 L_1 范数表示成一般的 L_p 范数形式。对于任意给定的矩阵 $\boldsymbol{A}$，令其第 i 行、第 j 列的元素为 a_{ij}，则该矩阵的 L_p 范数为

$$\|\boldsymbol{A}\|_p = \left(\sum_i \sum_j |x_{ij}|^p\right)^{1/p} \tag{4-37}$$

当 $p=0$ 时，定义 $\| \boldsymbol{A} \|_p$ 为矩阵 $\boldsymbol{A}$ 中非零元素个数。基于 L_p 范数的稀疏表示模型优化求解问题可表示为如下形式

$$\arg\min_{\theta} \| \boldsymbol{X}-\boldsymbol{\theta W} \|_F^2+\lambda \| \boldsymbol{\theta} \|_p \tag{4-38}$$

L_p 范数稀疏表示模型的稀疏化效果与 p 的取值相关，p 值越小则所得系数矩阵就越稀疏，故当 $p\in(0,1]$ 时，相当于放宽了使用 L_0 范数作为稀疏表示函数所对应优化问题的限制条件。这里需要注意的是，在使用 L_p 范数稀疏表示模型时，需要对字典矩阵中的列向量进行标准化处理。这是因为稀疏表示学习的最终目的只是得到稀疏的系数矩阵，但 L_p 范数会惩罚组合系数矩阵中数值较大的元素，有时会影响稀疏表示求解的最终效果。

对于此类通过放宽限制条件得到的稀疏表示模型，可使用某些松弛算法求得其最优解。这是由于放宽 L_0 范数稀疏表示模型的限制条件可将非凸的、高度不连续的 L_0 范数优化问题转化为凸规划或非线性规划问题。对于这类问题，可采用诸多现有的高效优化算法求解，由此可以有效降低优化问题求解的复杂程度。

(4) 加权范数稀疏表示模型。

由于 L_p 范数倾向于惩罚数值较大的系数，影响稀疏表示效果，故可考虑为矩阵中的每个元素添加权重以避免发生这种不合理现象，通过矩阵的加权范数构造稀疏表示模型。例如，令矩阵 $\boldsymbol{A}$ 中第 i 行、第 j 列的元素为 a_{ij}，则该矩阵所对应加权 L_1 范数为

$$\| \boldsymbol{\lambda A} \|_1 = \sum_i \sum_j w_{ij} \mid a_{ij} \mid \tag{4-39}$$

其中，权重计算公式为

$$w_{ij}=\begin{cases} \dfrac{1}{|a_{ij}|}, & a_{ij}\neq 0 \\ \infty, & a_{ij}=0 \end{cases} \tag{4-40}$$

此时，基于加权 L_1 范数的稀疏表示模型优化求解问题可表示为如下形式

$$\arg\min_{\theta} \| \boldsymbol{X}-\boldsymbol{\theta W} \|_F^2+ \| \boldsymbol{\lambda\theta} \|_1 \tag{4-41}$$

不难发现，上述不同稀疏表示模型所对应的优化问题的形式与式（4-31）稀疏编码所对应的优化问题形式相一致，只是不同的模型使用的正则化项有所不同。

对于上述几种稀疏表示模型，每种模型都有相应的求解算法。例如，对于 L_0 范数稀疏表示模型，由于无法直接对其进行凸优化，故通常使用贪婪算法求其次优解，L_p 范数稀疏表示模型则可用某些凸松弛优化算法实现求解。事实上，可用贪婪算法搜索次优解的方法求解上述所有形式的优化问题，故匹配追踪算法是稀疏表示学习中一种常用算法。

匹配追踪算法的基本思想是通过减小残差的方式逐步逼近原数据。如前所述，在给定的样本空间中，样本数据可表示为向量形式。对于确定的字典矩阵，对样本数据进行线性映射的图像空间结构是已知的，此时为了求得对应的组合系数矩阵，可以考虑通过不断减小原始样本向量与其图像空间的残差来实现。

例如，对于二维直角坐标系中的点 X，可以使用线性变换将其映射到以 $(1/\sqrt{2},1/\sqrt{2})^{\mathrm{T}}$ 和 $(-1/\sqrt{2},1/\sqrt{2})^{T}$ 为基向量的二维线性空间中，则可使用匹配追踪算法求出相应的稀疏表示系数的近似值。具体地说，首先，将原始数据向量 $\boldsymbol{X}$ 作为初始残差向量投影到与其最相关的基向量上获得系数向量的对应取值，并计算向量 $\boldsymbol{X}$ 与其投影之间的残差；然后，使用所得残差向量迭代计算原始数据与其投影之间的残差，直到残差向量的范数小于给定阈值。

图 4-22 表示通过迭代计算残差向量实现对稀疏表示系数近似求解的具体过程。图中 $\boldsymbol{X}'$ 为第一次投影得到的向量，$\boldsymbol{X}-\boldsymbol{X}'$ 为残差向量，与基向量所对应的组合系数为残差向量在该基向

量上投影向量的矢量长度。

虽然图 4-19 中通过两次投影便精确表示出了一个二维数据，但在通常的稀疏表示学习过程中，由于数据较多并且数据维数较高，故需要依次求解每个样本所对应的系数向量，并需要进行多次上述迭代计算过程才能获得所求的系数矩阵 $\boldsymbol{\theta}$。

由上述分析可知，在字典矩阵 $\boldsymbol{W}$ 已知的情况下，使用追踪匹配算法计算数据矩阵 $\boldsymbol{X}$ 所对应的系数矩阵 $\boldsymbol{\theta}$ 时需逐行求解，即每次求解一个样本 $\boldsymbol{X}_i$ 所对应的系数向量 $\boldsymbol{\vartheta}_i$。具体地说，使用匹配追踪算法求解 $\boldsymbol{X}_i$ 所对应系数向量 $\boldsymbol{\vartheta}_i$ 时，首先需要设置初始残差向量 $\boldsymbol{r}_0=\boldsymbol{X}_i$，再从字典矩阵中选择与残差向量 $\boldsymbol{r}_t$ 最相关的原子进行投影。对于字典矩阵 $\boldsymbol{W}$ 中的原子 $\boldsymbol{w}_j$，它与残差向量 $\boldsymbol{r}_t$ 的相关性可通过内积来度量，即有

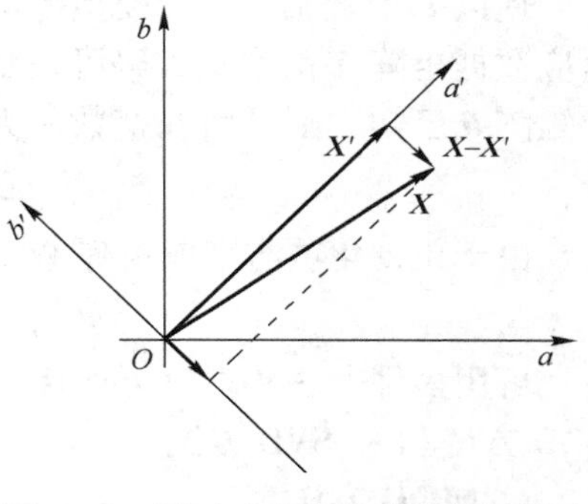

图 4-22　通过减小残差确定数据表示

$$z_j=\boldsymbol{w}_j^{\mathrm{T}}\boldsymbol{r}_t \tag{4-42}$$

$|z_j|$ 越大，$\boldsymbol{w}_j$ 与 $\boldsymbol{r}_t$ 的相关性越大。假设当前选择的与 $\boldsymbol{r}_t$ 相关性最大的原子为 $\boldsymbol{w}_s$，则可使用 $z_s=\boldsymbol{w}_s^{\mathrm{T}}\boldsymbol{r}_t$ 来更新系数向量 $\boldsymbol{\vartheta}_i$ 中的第 s 个元素 θ_{is}，并将残差向量更新为

$$\boldsymbol{r}_{t+1}=\boldsymbol{r}_t-\boldsymbol{w}_j^{\mathrm{T}}\boldsymbol{r}_t \tag{4-43}$$

重复上述过程直至残差向量的模小于给定阈值 ε，更新 $\boldsymbol{\vartheta}_i$ 后得到的系数向量记为 $\boldsymbol{\vartheta}_i^*$，将 $\boldsymbol{\vartheta}_i^*$ 代替 $\boldsymbol{\vartheta}_i$ 写回系数矩阵 $\boldsymbol{\theta}$。

由于数据矩阵 $\boldsymbol{X}$ 表示了数据集 D 中所有样本，所以对其中每个样本遍历执行上述过程即可求得整个系数矩阵 $\boldsymbol{\theta}^*$。由于残差向量的模小于指定阈值即停止更新，故系数矩阵 $\boldsymbol{\theta}^*$ 中存在部分系数未参与更新过程，可将这些系数取值为 0，由此获得所求的稀疏系数矩阵 $\boldsymbol{\theta}^*$。

4.3.3　数据字典学习

对原始样本数据的稀疏编码通常采用迭代方式实现，在给定系数矩阵 $\boldsymbol{\theta}$ 和字典矩阵 $\boldsymbol{W}$ 初始取值的情况下，通过迭代计算对这两个矩阵的逐步求精可获得满足一定精度要求的计算结果。具体迭代计算过程，如图 4-23 所示，通常采用对系数矩阵 $\boldsymbol{\theta}$ 和字典矩阵 $\boldsymbol{W}$ 交叉计算的方式进行，即首先通过已知字典矩阵 $\boldsymbol{W}$ 的当前迭代计算结果算出系数矩阵 $\boldsymbol{\theta}$ 的迭代值，然后再通过所得系数矩阵 $\boldsymbol{\theta}$ 设计或构造用于新一轮迭代计算的字典矩阵 $\boldsymbol{W}$。前述稀疏表示学习解决了在已知字典矩阵 $\boldsymbol{W}$ 条件下计算系数矩阵 $\boldsymbol{\theta}$ 的问题。现在进一步介绍如何通过已知的系数矩阵 $\boldsymbol{\theta}$ 解决字典矩阵 $\boldsymbol{W}$ 的计算问题，即字典矩阵 $\boldsymbol{W}$ 的自动构造方法。

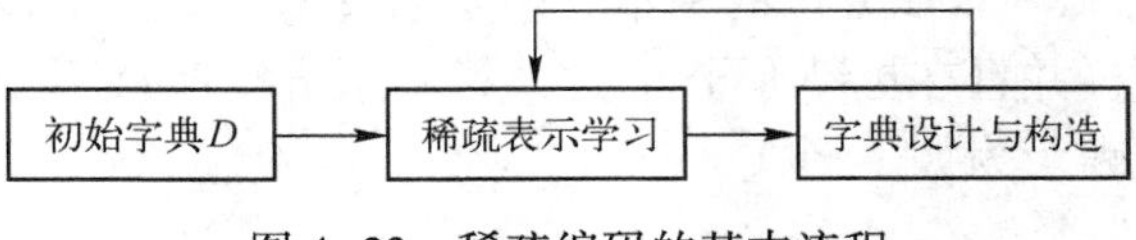

图 4-23　稀疏编码的基本流程

字典矩阵 $\boldsymbol{W}$ 的设计与构造方法基本上可分为两大类，第一类是基于解析的方法，通常称为**字典设计方法**，此类方法主要通过构造若干数据的典型数学模型来获得字典，即从已知的基函数类别中选择适当的基函数或采用人工设计的预定义字典。字典设计方法能快速获得结构化的字典矩阵，但此类方法可能仅适用于某一种或少数数据类型，不具备良好的自适应性。第二类方法是基于数据驱动的学习方法，通常称为**字典学习方法**，此类方法主要通过机器学习方式从训练样本集合中以推断的方式构造数据字典，通过对大量样本数据进行训练以获得满足一定性能的数据字典矩阵。这里主要介绍字典学习方法。

现以 L_1 范数稀疏表示模型为例介绍字典学习的具体过程。如前所述，对样本数据集 D 所对应数据矩阵 $\boldsymbol{X}$ 的稀疏编码可表示为 $\boldsymbol{X}=\boldsymbol{\theta W}$，其中，$\boldsymbol{\theta}$ 为系数矩阵；$\boldsymbol{W}$ 为字典矩阵。假设系数矩阵 $\boldsymbol{\theta}$ 已知，则可用 L_1 范数作为正则化项将稀疏编码问题归结为如下优化问题

$$\arg\min_{\boldsymbol{W}} \|\boldsymbol{X}-\boldsymbol{\theta W}\|_F^2+\lambda\|\boldsymbol{\theta}\|_1 \tag{4-44}$$

由于正则化项与字典矩阵 $\boldsymbol{W}$ 无关，故可将上述字典学习问题表示为如下形式

$$\arg\min_{\boldsymbol{W}} \|\boldsymbol{X}-\boldsymbol{\theta W}\|_F^2 \tag{4-45}$$

可用多种方法实现对上述优化问题的求解，这里主要介绍两种比较常用的典型方法，即 MOD 方法和 K-SVD 方法。

1. MOD 方法

在字典学习过程中，由于数据矩阵 $\boldsymbol{X}$ 和系数矩阵 $\boldsymbol{\theta}$ 均已知，只需确定字典矩阵 $\boldsymbol{W}$ 使得 $\boldsymbol{X}$ 与 $\boldsymbol{\theta W}$ 之间的差别达到最小即可，故 MOD 方法直接使用最小二乘法求得 $\boldsymbol{W}$。具体地说，令字典学习优化计算问题的目标函数为

$$J(\boldsymbol{W})=\|\boldsymbol{X}-\boldsymbol{\theta W}\|_F^2 \tag{4-46}$$

使用最小二乘法求得其最优解为

$$\hat{\boldsymbol{W}}=\arg\min_{\boldsymbol{W}}\|\boldsymbol{X}-\boldsymbol{\theta W}\|_F^2=\boldsymbol{X\theta}^{\mathrm{T}}(\boldsymbol{\theta\theta}^{\mathrm{T}})^{-1}$$

综合上述分析，可得 MOD 方法的具体步骤如下：

（1）由训练集构造数据矩阵 $\boldsymbol{X}$ 并随机生成初始字典矩阵 $\boldsymbol{W}_0$，令 $t=0$，设定阈值 ε；

（2）根据数据矩阵 $\boldsymbol{X}$ 和字典矩阵 $\boldsymbol{W}_t$ 进行稀疏表示学习，得到对应的系数矩阵 $\boldsymbol{\theta}_t$；

（3）依据 $\boldsymbol{X}$ 和 $\boldsymbol{\theta}_t$ 构造字典学习的优化目标：

$$J(\boldsymbol{W})=\|\boldsymbol{X}-\boldsymbol{\theta W}\|_F^2$$

（4）若 $J(\boldsymbol{W}_t)\geqslant\varepsilon$，则使用最小二乘法求解上述优化问题，得到 $\hat{\boldsymbol{W}}=\boldsymbol{X\theta}^{\mathrm{T}}(\boldsymbol{\theta\theta}^{\mathrm{T}})^{-1}$，并令 $\boldsymbol{W}_{t+1}=\hat{\boldsymbol{W}}$，令 $t=t+1$ 并返回步骤（2）；否则，输出 $\boldsymbol{W}_t$ 和 $\boldsymbol{\theta}_t$，并结束算法。

MOD 方法是解决稀疏编码问题的整体算法，但该算法只给出了字典学习的求解方法而没有稀疏表示学习的求解方法，故本质上是一种解决字典学习问题的算法。可根据需要选择匹配追踪、迭代加权最小二乘等方法实现该算法中的稀疏表示学习步骤。

2. K-SVD 方法

K-SVD 方法的基本思想是通过依次更新字典矩阵 $\boldsymbol{W}$ 中的原子以实现对整个字典矩阵的更新，并且在更新原子 $\boldsymbol{w}_j$ 时，其他原子均保持不变。为实现这一目的，可将字典学习的目标函数表示为如下形式

$$\|\boldsymbol{X}-\boldsymbol{\theta W}\|_F^2=\left\|\boldsymbol{X}-\sum_{i=1}^{k}\boldsymbol{w}_i\boldsymbol{\vartheta}_i\right\|_F^2=\left\|\left(\boldsymbol{X}-\sum_{i\neq j}\boldsymbol{w}_i\boldsymbol{\vartheta}_i\right)-\boldsymbol{w}_j\boldsymbol{\vartheta}_j\right\|_F^2$$

由于只需更新原子 $\boldsymbol{w}_j$，故上式中未知量仅为 $\boldsymbol{w}_j$ 和 $\boldsymbol{\vartheta}_i$，由此可将上述目标函数的优化计算问题分解成如下多个优化计算问题

$$\arg\min_{\boldsymbol{w}_j,\boldsymbol{\vartheta}_j}\left\|\left(\boldsymbol{X}-\sum_{i\neq j}\boldsymbol{w}_i\boldsymbol{\vartheta}_i\right)-\boldsymbol{w}_j\boldsymbol{\vartheta}_j\right\|_F^2 \tag{4-47}$$

显然，目标函数在满足下列条件时为最小值

$$\left(\boldsymbol{X}-\sum_{i\neq j}\boldsymbol{w}_i\boldsymbol{\vartheta}_i\right)=\boldsymbol{w}_j\boldsymbol{\vartheta}_j \tag{4-48}$$

此时，等式左边为一个已知的残差矩阵 $\boldsymbol{E}_{w_j}$，即有

$$E_{w_j} = \left(X - \sum_{i \neq j} w_i \vartheta_i\right) \tag{4-49}$$

则有 $E_{w_j} = w_j \vartheta_j$。故可将上述优化问题转化为矩阵的因子分解问题，即将矩阵 E_{w_j} 分解为两个矩阵相乘的形式。

可用奇异值分解法（Singular Value Decomposition，SVD）解决对残差矩阵的分解问题。对 E_{w_j} 进行奇异值分解，可由此获得更新的原子 $\hat{w}_j$ 和系数向量 ϑ_j。但此时求得的系数向量 ϑ_j 通常比较稠密，会降低系数向量的稀疏度，不符合稀疏编码的要求，故在实际计算中只更新 ϑ_j 的非零元素。为此，需取出残差矩阵 E_{w_j} 与这些非零元素相关的列以组成相应的矩阵参与计算。记只与非零系数相关的列组成的矩阵为 E'_{w_j}，则可将矩阵分解问题表示为 $E'_{w_j} = w_j \vartheta'_j$，其中 ϑ'_j 为上一次迭代时 ϑ_j 中非零元素构成的向量。

由以上分析可得 K-SVD 方法的具体步骤如下：

（1）输入数据矩阵 X，从中随机选择 k 个样本，并根据这些样本生成初始字典矩阵 W^0，令 $t=0$，$s=1$，设定阈值 ε；

（2）根据数据矩阵 X 和字典矩阵 W^0 进行稀疏表示学习，得到系数矩阵 θ^0；

（3）选择字典矩阵 W^t 中的原子 w_s 作为待更新原子并固定其他原子的参数，结合数据矩阵 X 和系数矩阵 θ^t 计算残差矩阵：

$$E_{w_j} = \left(X - \sum_{i \neq s} w_i \vartheta_i\right)$$

（4）选择 E_{w_j} 中只与 ϑ_s 的非零元素相关的列组成矩阵 E'_{w_j}；

（5）对矩阵 E'_{w_j} 进行奇异值分解，求得 $\hat{w}_s$ 并将 $\hat{w}_s$ 代替 w_s 写入字典矩阵 W^t 中，若字典矩阵 W^t 中存在未更新的原子，则令 $s=s+1$ 并返回步骤（3），否则执行步骤（6）；

（6）若 $\|X-\theta^t W^t\|_F^2 \geqslant \varepsilon$ 则令 $t=t+1$ 并返回步骤（2），否则输出 W^t 并结束算法。

与 MOD 方法一样，K-SVD 方法将字典学习问题放在整个稀疏编码的过程中进行考虑，其中稀疏表示学习部分可采用匹配追踪、迭代加权最小二乘等方法实现。K-SVD 方法中只更新系数向量中的非零元素，不仅能保证最终所获得的数据表示方式足够稀疏，而且相当于降低了参与计算的数据的维数，即降低算法计算量。

为了能够获取高质量的数字图像，通常需要对图像进行降噪处理，在保持图像原始信息完整性的基础上尽可能去除图像中噪声。由于图像的稀疏表示能够很好地提取图像的本质特征，并能够用尽可能简洁的方式表达图像，故基于稀疏表示的图像去噪方法通常不仅能够有效去除图像噪声，而且还能够较好地保存图像的结构信息。可将含有噪声的观测图像看成是由无噪声的原始图像与噪声进行合成后得到的图像，并且认为观测图像是可稀疏信息，即可通过有限个原子进行表示。由于噪声为随机发生，故可认为是不可稀疏信息，即认为噪声不可以通过有限个原子进行表示。使用稀疏表示方法进行降噪的基本思路是，首先提取观测图像的稀疏成分，然后使用所提取的稀疏成分对图像进行重构。在重构过程中，噪声被处理为观测图像和重构图像之间的残差而被丢弃，由此实现对观测图像的降噪。

现具体介绍基于 K-SVD 算法的图像降噪方法。该方法主要从局部小块图像稀疏模型逐步过渡到整体图像稀疏模型。对于一个大小为 $\sqrt{n} \times \sqrt{n}$ 的小图像块，首先将该图像块的像素值依次组合成为一个 n 维列向量 $X \in \mathbf{R}^n$，然后定义一个过完备字典 $W \in \mathbf{R}^{n \times k}(k>n)$，并假定字典 W 是固定不变的，则该图像块在该冗余字典 W 下的稀疏表示模型为

$$\hat{\alpha} = \arg\min_{\alpha} \|\alpha\|_0 ; \text{s. t. } X \approx W\alpha$$

其中，$\boldsymbol{\alpha}$ 为 k 维系数向量。为方便模型表示和后续求解过程，可将上述方程中的约束项 $\boldsymbol{X}\approx\boldsymbol{W\alpha}$ 替换为明确的误差控制项 $\|\boldsymbol{W\alpha}-\boldsymbol{X}\|_2^2<\varepsilon$，假设稀疏度阈值为 $\gamma(\gamma\ll n)$，则有 $\|\hat{\boldsymbol{\alpha}}\|_0\leqslant\gamma$。考虑小图像块中含有噪声的情况，由于原始小图像块所对应的向量为 $\boldsymbol{X}$，则含有噪声的小图像块所对应的向量可表示为 $\boldsymbol{X}'=\boldsymbol{X}+\boldsymbol{\epsilon}$，其中 $\boldsymbol{\epsilon}$ 为随机噪声。通过上述分析可知，求解 $\boldsymbol{X}'$ 的稀疏表示问题可转化为如下最优化问题

$$\hat{\boldsymbol{\alpha}}=\arg\min_{\boldsymbol{\alpha}}\|\boldsymbol{\alpha}\|_0;\text{s. t. }\|\boldsymbol{W\alpha}-\boldsymbol{X}'\|_2^2<\varepsilon \tag{4-50}$$

上述优化问题为稀疏表示学习过程，可通过匹配追踪等算法进行问题求解，所求得的最优系数矩阵和字典矩阵 $\boldsymbol{W}$ 应能共同表示原始图像 $\boldsymbol{X}$，即有 $\hat{\boldsymbol{X}}=\boldsymbol{W}\hat{\boldsymbol{\alpha}},\hat{\boldsymbol{X}}\approx\boldsymbol{X}$。

将局部图像块的去噪方法推广到大尺寸图像的情形，即可获得整体图像的稀疏表示模型。对于一个大尺寸图像 M，若像小尺寸图像那样直接定义稀疏表示模型，则需要构造一个足够大的字典矩阵，这通常难以实现。为实现对大尺寸图像的去噪，可以考虑首先将大尺寸图像分解为合适大小的小尺寸图像，再分别对每一个小尺寸图像进行稀疏编码。

令 $\boldsymbol{R}_{ij}$ 表示从图像中抽取分块的操作，则 $\boldsymbol{R}_{ij}M$ 可以代表抽取出的一个小图像块 m_{ij}，对 M 的加噪图像 M' 进行降噪可通过优化计算如下稀疏表示模型来实现

$$\{\hat{\boldsymbol{\alpha}}_{ij},\hat{M}\}=\arg\min_{\boldsymbol{\alpha}_{ij},M}\lambda\|M-M'\|_2^2+\sum_{ij}\mu_{ij}\|\boldsymbol{\alpha}_{ij}\|_0+\sum_{ij}\|\boldsymbol{W\alpha}_{ij}-\boldsymbol{R}_{ij}M\|_2^2 \tag{4-51}$$

上式中第一项用于约束原始图像和加噪图像之间的差异，第二项则是关于系数矩阵 $\boldsymbol{\alpha}_{ij}$ 的稀疏性约束，第三项用于约束所有的小图像块能被字典矩阵 $\boldsymbol{W}$ 和对应的系数矩阵 $\boldsymbol{\alpha}_{ij}$ 近似表示。得到图像的稀疏表示之后，将系数取值较大的分量看作原始图像信息并依据这些信息对图像进行重建，而对于系数取值较小的分量，可将其看成是噪声进行丢弃，由此实现对加噪图像进行降噪的效果。使用上述方法进行图像降噪的具体实现过程如下：

（1）**初始化**：初始化字典矩阵 $\boldsymbol{W}$，并假设 $M=M'$；

（2）**字典学习**：采用 K-SVD 算法对 $\boldsymbol{W}$ 进行更新，若现已将 M 划分为了若干个小图像块 m_{ij}，则可根据当前的字典矩阵 $\boldsymbol{W}$ 和 m_{ij} 使用正交匹配追踪算法求得稀疏系数矩阵 $\boldsymbol{\alpha}_{ij}$，接下来通过当前的稀疏系数矩阵 $\boldsymbol{\alpha}_{ij}$ 对字典 $\boldsymbol{W}$ 的原子进行更新，字典原子更新是每次更新一列原子，对每列原子单独进行更新时保持别的原子不变；

（3）**稀疏表示学习**：固定字典 $\boldsymbol{W}$，对图像每一小块 m_{ij} 采用正交匹配追踪算法迭代的求解稀疏表示，在 $M=M'$ 的假设下，求解图像每一小块 m_{ij} 的稀疏表示：

$$\hat{\boldsymbol{\alpha}}_{ij}=\arg\min_{\boldsymbol{\alpha}_{ij}}\mu_{ij}\|\boldsymbol{\alpha}_{ij}\|_0+\|\boldsymbol{W\alpha}_{ij}-m_{ij}\|_2^2$$

直到满足 $\|\boldsymbol{W}\hat{\boldsymbol{\alpha}}_{ij}-m_{ij}\|_2^2\leqslant\varepsilon$ 为止，正交匹配追踪算法是对 4.3.2 节中介绍的匹配追踪（Matching Pursuit，MP）算法的改进，MP 算法可以实现稀疏分解的功能，但是其存在的一个缺点就是该算法得到的结果是次最优的，它有可能在已选择过的原子之间徘徊，而正交匹配追踪（Orthogonal Matching Pursuit，OMP）算法能有效解决这个问题。同 MP 算法一样，OMP 算法在每一步都是选择字典 $\boldsymbol{W}$ 中和残差最匹配的原子，但是该算法同 MP 算法的最大区别之处在于，当匹配原子选定之后，残差信号投影到被选定的一系列原子所构成的空间里，而在 MP 算法之中，残差信号则被投影到被选定的原子上。

（4）**图像重建**：在求得图像块 m_{ij} 的稀疏系数矩阵 $\hat{\boldsymbol{\alpha}}_{ij}$ 后，将 $\hat{\boldsymbol{\alpha}}_{ij}$ 代入用于整体图像去噪稀疏模型

$$\{\hat{\boldsymbol{\alpha}}_{ij},\hat{M}\}=\arg\min_{\boldsymbol{\alpha}_{ij},M}\lambda\|M-M'\|_2^2+\sum_{ij}\mu_{ij}\|\boldsymbol{\alpha}_{ij}\|_0+\sum_{ij}\|\boldsymbol{W\alpha}_{ij}-\boldsymbol{R}_{ij}M\|_2^2$$

由此可得去噪图像$\hat{M}$的具体计算公式

$$\hat{M} = \arg\min_{M} \lambda \| M - M' \|_2^2 + \sum_{ij} \| \boldsymbol{W} \hat{\boldsymbol{\alpha}}_{ij} - \boldsymbol{R}_{ij} M \|_2^2$$

上式的解可表示为

$$\hat{M} = \left(\lambda \boldsymbol{I} + \sum_{ij} \boldsymbol{R}_{ij}^{\mathrm{T}} \boldsymbol{R}_{ij} \right)^{-1} \left(\lambda M' + \sum_{ij} \boldsymbol{R}_{ij}^{\mathrm{T}} \boldsymbol{W} \hat{\boldsymbol{\alpha}}_{ij} \right) \tag{4-52}$$

其中，$\boldsymbol{I}$是单位矩阵。

通过上述过程便可重构出降噪图像$\hat{M}$。图 4-24 表示降噪效果，其中图 4-24a 为加噪图像，图 4-24b 为降噪后图像。

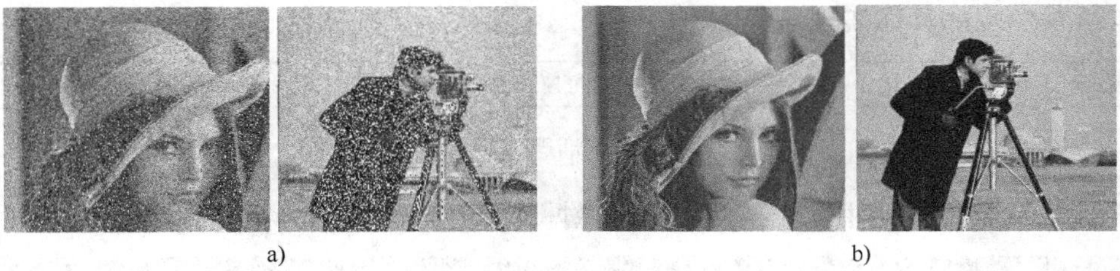

图 4-24　K-SVD 图像降噪算法效果

a）加噪图像　b）降噪后图像

4.4　无监督学习应用

无监督学习通过直接从数据本身所蕴含的性质中归纳出某种规律性认识，并由此推断无标签数据的分布与联系，实现对数据的总结或分组。虽然无监督学习的算法通常比较复杂且难以实现，但它仍然在网络搜索、图像放大、信息推荐、数据降维、经济分析等领域得到了广泛应用，通常用于解决监督学习方法难以完成的机器学习任务。本节主要介绍无监督学习的两个具体应用实例，即热点话题发现和自动人脸识别。

4.4.1　热点话题发现

通过互联网信息进行舆情分析是了解民情和社会管理过程中一项非常重要的工作。微博文本的内容和形式都比较自由且字数较少（140 个字以内），是一种广泛流行的互联网信息表达方式。从大量微博文本中发现热点话题是互联网舆情分析的重要方式。由于微博信息所含内容广泛且没有事先设定的主题，故通常使用无监督学习方法在几何级的数据中快速、准确、有效地发现微博空间中大家关注、讨论的主题。

本节将使用单趟聚类算法实现微博热点话题的发现。单趟聚类算法在聚类之前不需要给定簇的个数，该算法按照文本的输入顺序依次处理每一条文本，根据相似度值进行匹配以确定信息文本所属话题类别，实现文本的动态聚类。使用单趟聚类算法实现微博热点话题发现的基本思路为：首先，将第一篇微博文档作为种子，建立一个新的话题类别；然后，将后续出现的每篇微博文档与已有的话题类别进行匹配，并将该文档归并到与它的相似度最大且大于给定阈值的话题类别中。若某文档与所有已有话题类别的相似度都小于给定阈值，则以该文档为种子建立新的话题类别，对于不同的阈值设置将会形成不同粒度的话题类别。该算法的具体流程如下：

（1）接收一篇向量化文本文档 d；

(2) 将 d 与已有所有话题进行相似度计算；

(3) 在所有话题中找出与 d 有最大相似度的话题；

(4) 若相似度值大于阈值 θ，则把文本 d 分配到有最大相似度的话题中，跳转至步骤 (6)；

(5) 若相似度值小于阈值 θ，即文本 d 不属于任何已有话题，则创建新的话题类别，同时将当前文档归属到新创建的话题类别中；

(6) 聚类结束，等待下一篇文档 d'，直到遍历完所有文档，结束算法。

基于上述话题发现算法和微博文本聚类技术，可得如图 4-25 所示的话题发现步骤。本节使用 Python3 编程语言来实现该算法，算法实现过程中使用了 jieba 分词模块和 numpy 库文件。微博热点话题发现的具体实现流程如下：

图 4-25　热点话题发现基本流程

(1) 数据预处理：使用 400 条英文新闻微博作为数据集，部分微博如图 4-26 所示。

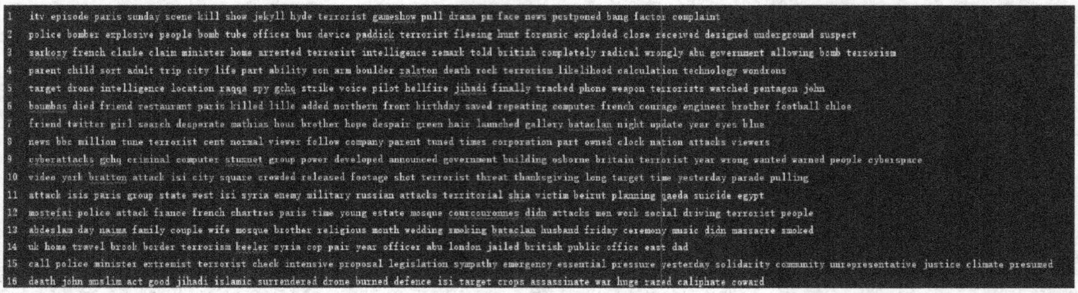

1 itv episode paris sunday scene kill show jekyll hyde terrorist gameshow pull drama pm face news postponed bang factor complaint
2 police bomber explosive people bomb tube officer bus device paddick terrorist fleeing hunt forensic exploded close received designed underground suspect
3 sarkozy french clarke claim minister home arrested terrorist intelligence remark told british completely radical wrongly abu government allowing bomb terrorism
4 parent child sort adult trip city life part ability son arm boulder ralston death rock terrorism likelihood calculation technology wondrous
5 target drone intelligence location raqqa spy gchq strike voice pilot hellfire jihadi finally tracked phone weapon terrorists watched pentagon john
6 boumbas died friend restaurant paris killed lille added northern front birthday saved repeating computer french courage engineer brother football chloe
7 friend twitter girl search desperate mathias hour brother hope despair green hair launched gallery bataclan night update year eyes blue
8 news bbc million tune terrorist cent normal viewer follow company parent tuned times corporation part owned clock nation attacks viewers
9 cyberattacks gchq criminal computer stuxnet group power developed announced government building osborne britain terrorist year wrong wanted warned people cyberspace
10 video york bratton attack isi city square crowded released footage shot terrorist threat thanksgiving long target time yesterday parade pulling
11 attack isis paris group state west isi syria enemy military russian attacks territorial shia victim beirut planning qaeda suicide egypt
12 mostefai police attack france french chartres paris time young estate mosque courcouronnes didn attacks men work social driving terrorist people
13 abdeslam day naima family couple wife mosque brother religious mouth wedding smoking bataclan husband friday ceremony music didn massacre smoked
14 uk home travel brook border terrorism keeler syria cop pair year officer abu london jailed british public office east dad
15 call police minister extremist terrorist check intensive proposal legislation sympathy emergency essential pressure yesterday solidarity community unrepresentative justice climate presumed
16 death john muslim act good jihadi islamic surrendered drone burned defence isi target crops assassinate war huge razed caliphate coward

图 4-26　部分新闻数据集

读入数据集中的微博文本，并使用 jieba 分词模块对这些文本进行分词处理，然后根据存储在 stopwords.txt 文件中的停用词表过滤掉对于热点话题发现没有帮助的停用词。数据预处理的具体过程如代码 4-1 所示：

```
def loadWeiboData(fileName):
weiboData = []
i = 0
with open(fileName) as f:
for line in f:
i += 1
lineSplit = line.strip().split(',')
if   len(lineSplit) == 15:
          data = []
data.append(i)
  data.append(lineSplit[7].strip().decode('utf-8'))
  weiboData.append(data)
  if len(lineSplit) == 22:
        data = []
  data.append(i)
data.append(lineSplit[10].strip().decode('utf-8'))
   weiboData.append(data)
if   len(lineSplit) == 16:
          data = []
   data.append(i)
       data.append(lineSplit[5].strip().decode('utf-8'))
weiboData.append(data)
       returnarray(weiboData)

def getStopWords():
stopwords = []
for word in open("stopwords.txt", "r"):
stopwords.append(word.decode('utf-8').strip())
return stopwords
def cutContent(content, stopwords):
cutWords = []
      words = jieba.cut(content)
for word in words:
if word == u' ':
continue
          if word not in stopwords:
cutWords.append(word)

return cutWords
```

代码 4-1　数据预处理

（2）特征提取：此处对文本提取 TF-IDF 特征，此类特征向量里某一单词的对应元素与文本中出现该单词的词频信息 TF 以及该单词的逆文本频率指数 IDF 相关，定义为

$$\mathrm{TF}(d_i, w_j) = c_{ij}/M_i$$

其中，d_i表示第 i 个文本；w_j为第 j 个词；$\mathrm{TF}(d_i, w_j)$表示文本d_i中单词 w_j的词频信息；c_{ij}表示单词 w_j在文本d_i中的出现次数；M_i表示文本d_i的总词数。

单词 w_j的逆文本频率指数 IDF 定义为：

$$\mathrm{IDF}_j = \lg\ (N/n_j)$$

其中，N 表示总文本数；n_j表示出现单词 w_j 的文本数。

文本d_i所对应的 TF-IDF 特征向量中与单词 w_j所对应的元素取值为

$$V_{ij} = \mathrm{TF}(d_i, w_j) \times \mathrm{IDF}_j$$

确定单词在特征向量中元素取值的具体过程如代码 4-2 所示，其中 getTfid( )函数可获得每个词在某篇文章中的词频，getNi( )函数可获得每个词的文本频数。

```
def getTfid(word, recordContent):
i = 0
for wordData in recordContent:
   if wordData == word:
i = i+1
     return i
dictData = {}
def getNi(word, documents):
          global dictData
           if word indictData.keys():
             return dictData[word]
                j = 0
           n = documents.shape[0]
           for i in range(n):
                if word in documents[i][1]:
                     j = j+1
     dictData[word] = j
           return j
```

代码 4-2　计算特征元素取值

TF-IDF 特征为向量形式，因此还需要使用特征词所对应的元素取值将文本d_i表示成 k 维向量，即有$\boldsymbol{d}_i = (V_{i1}, V_{i2}, \cdots, V_{ik})$。构造文本特征向量的代码如代码 4-3 所示，调用上一步中的 getTfid( )函数和 getNi( )函数，再代入 TF-IDF 计算公式即可算出每个词的权重，进而将文本表示为 k 维向量。

```
def VSMdocument(i, documents):
     N = documents.shape[0]
recordContent = documents[i][1] #分词列表
     #compute the term's weights
     VSM = []
     for word in set(recordContent):
termWeight = []
     wi = 0
          tfid = getTfid(word, recordContent)
               n = getNi(word, documents)
wi = tfid * log(float(N)/n)
               #print wi
          termWeight.append(word)
termWeight.append(wi)
VSM.append(termWeight)
     return array(VSM, dtype = object)
```

代码 4-3　形成特征向量

（3）相似度计算：此处使用两个文本向量之间的余弦距离作为相似度度量，余弦距离的具体计算公式如下：

$$\mathrm{sim}_{\cos}(\boldsymbol{d}_i, \boldsymbol{d}_j) = \frac{\sum_{t=1}^{k} V_{it} \times V_{jt}}{\sqrt{\left(\sum_{t=1}^{k} V_{it}^2\right)\left(\sum_{t=1}^{k} V_{jt}^2\right)}}$$

其中，V_{it}代表文本$\boldsymbol{d}_i$中的第 t 个词的 TF-IDF 权重。

两个文本$\boldsymbol{d}_i$和$\boldsymbol{d}_j$之间的余弦相似度的计算如代码 4-4 所示，getMaxSimilarity( )函数可用于求解与当前文本具有最大相似度的文本。

```
def simcos(vecA, vecB):
k=min(vecA.shape[0],vecB.shape[0])
    numerator = 0
    for i in range(k):
numerator += vecA[i][1] * vecB[i][1]
denoinatorA = 0
denoinatorB = 0
for i in range(k):
denoinatorA+=math.pow(vecA[i][1],2)
    for i in range(k):
denoinatorB += math.pow(vecB[i][1], 2)
denoinator = sqrt(denoinatorA * denoinatorB)
    return (numerator)/denoinator

defgetMaxSimilarity(Vec, v):
    similarity = []
for index,itemin enumerate(v):
similarity.append(simcos(Vec, item))
return max(similarity)
```

代码 4-4　相似度计算

（4）话题发现：使用单趟聚类算法遍历所有微博文档向量并进行聚类，发现新的话题，单趟聚类算法的具体代码如代码 4-5 所示，single_pass( ) 函数需传入话题文本的特征向量，并设置相似度阈值 θ。

```
    def single_pass(Vec, TC):
    #find the old topic
    if len(Vec) == 0: return
global dictTopic
    global numTopic
allSimilarity = []
    #实现只和话题中的第一个进行比较
    #oneSimilarity = []
    if numTopic == 0:
dictTopic[numTopic] = []
dictTopic[numTopic].append(Vec)
numTopic += 1
    else:
maxValue = 0
maxIndex = -1
    for k,v   indictTopic.iteritems():
    oneSimilarity = getMaxSimilarity(Vec, v)
    if oneSimilarity>maxValue:
maxValue = oneSimilarity
maxIndex = k
    #allSimilarity.append(oneSimilarity)
        #if the similarity is bigger than TC
        #join the most similar topic
        if maxValue>TC:
dictTopic[maxIndex].append(Vec)
        #else create the new topic
        else:
dictTopic[numTopic] = []
dictTopic[numTopic].append(Vec)
numTopic += 1
```

代码 4-5　单趟聚类话题发现算法

使用上述微博发现算法，可以获得如图 4-27 所示的 7 个热点话题，包括巴黎恐怖袭击、叙利亚问题等。

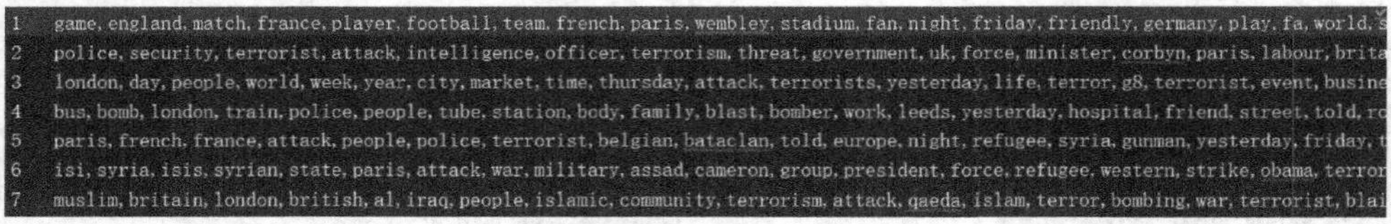

图 4-27　热点话题

4.4.2　自动人脸识别

人脸识别问题是指根据人脸图片确定其对应身份的问题，图 4-28 表示使用人脸识别系统进行身份确认的基本流程，即输入人脸特征到该系统当中，系统通过将所输入人脸特征与注册库中的人脸特征进行比对，找出注册库中与输入人脸特征具有较高相似度的人脸特征，从而实现对人脸的识别和身份认证。

早期的人脸识别技术主要借助人脸的几何特征进行识别，选择一些主要器官参数，比如嘴巴、鼻子、眼睛、脸型等几何形状和位置，作为人脸识别的特征。由于几何特征要求面部图像必须尽可能地准确定位，这使得拍照姿势严重影响着基于几何特征的人脸识别效果。为了突破几何特征人脸识别的限制，研究人员试图寻找人脸的更深层次信息特征，基于 PCA 方法的 EigenFaces 算法便是其中的代表。

EigenFaces 算法利用 PCA 方法进行特征处理，这能有效降低数据维度。以对一幅分辨率

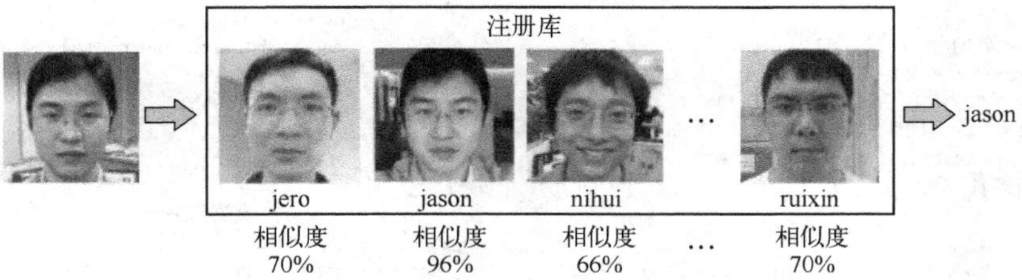

图 4-28　人脸识别基本流程

为 200 像素×200 像素的彩色人脸图像进行识别为例，若直接对其进行灰度化处理并展开为向量形式，则原始特征向量的维数将达到 40000，这为后续的人脸分类处理带来较大难度，但使用 PCA 方法对特征进行处理则可有效降低数据维度并保留其中的有效信息，从而提升后续识别过程的效率。不难发现，使用 PCA 方法处理的数据也是向量形式，这意味着基于 PCA 方法的人脸识别算法依旧需要将二维图像展开为一维向量，这难免会丢失像素点之间的局部相关性关系和部分空间特征，为解决这些问题，通常使用二维主成分分析(2DPCA)方法进行特征提取。2DPCA 方法利用原始图像的二维像素矩阵直接计算协方差矩阵，然后对其进行分解以提取特征，这一过程中无需将图像矩阵转化为一维向量，并能有效降低协方差矩阵的维数，因此使用该方法进行特征提取时的特征信息损失较小。

将通过 2DPCA 方法获得的人脸特征数据输入到适当的分类器进行分类，就可以完成对人脸的识别。这里使用 SVM 模型作为分类器以实现对人脸特征数据的分类。图 4-29 表示 2DPCA+SVM 人脸识别算法的基本流程。

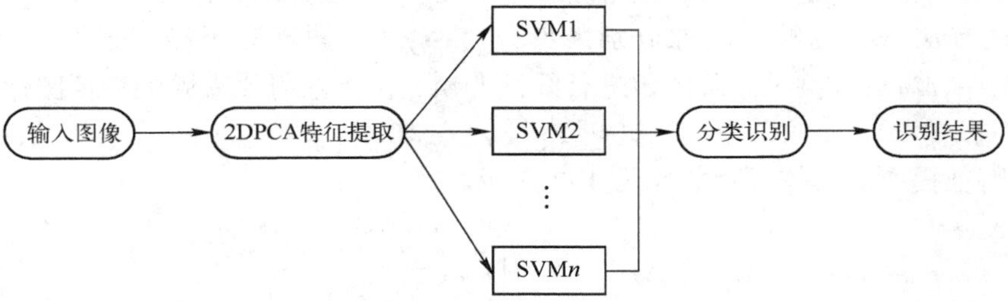

图 4-29　2DPCA+SVM 人脸识别算法的基本流程

本节使用 ORL 人脸数据集进行实验，该数据集有 40 类样本，每类样本中包含 10 张人脸图片，每张图片的分辨率为 112 像素×92 像素。图 4-30 中展示了该数据集中的部分样本。

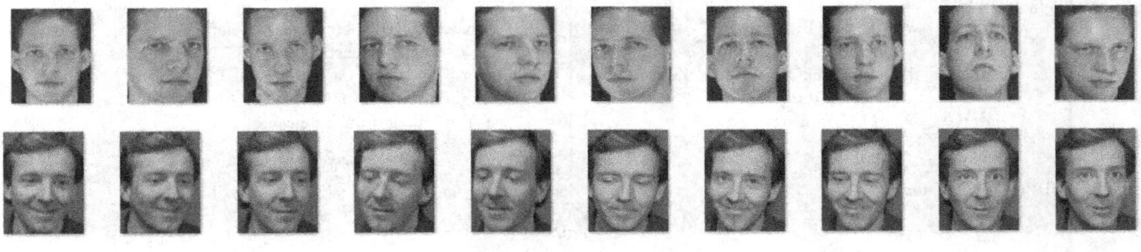

图 4-30　ORL 人脸数据集中的人脸样本

（1）数据读取：调用 OpenCV 库中的 imread 函数以读入人脸数据集，并从每类人脸图像中随机抽取 k 张图像构成训练集 $S=\{\boldsymbol{X}_1,\boldsymbol{X}_2,\cdots,\boldsymbol{X}_k\}$，剩下的人脸图像构成测试集 $T=\{\boldsymbol{X}'_1,\boldsymbol{X}'_2,\cdots,\boldsymbol{X}'_s\}$，其中每张人脸图像 $\boldsymbol{X}_i$ 或 $\boldsymbol{X}'_j$ 都对应一个 112×92 的矩阵。具体过程如代码 4-6 所示：

```
def load_orl(k):
train_face = np.zeros((40 * k,112,92))
train_label = np.zeros(40 * k)
test_face = np.zeros((40 * (10 - k),112,92))
test_label = np.zeros(40 * (10 - k))
    sample=random.permutation(10)+1
for i in range(40):#共计40人
people_num=i+1
for j in range(10):
image=orlpath+'/s'+str(people_num)+'/'+str(sample[j])+'.bmp'
img=cv2.imread(image,0)
a,b=img.shape
        data=np.array(img)
        data2=data.reshape(1,a,b)
if j <k:
        # 构成训练集合
train_face[:,:,:] = data2
train_label[:]=people_num
else:
        #构成测试集合
test_face[:,:,:]=data2
test_label[:]=people_num

return  train_face,train_label,test_face,test_label
```

代码 4-6　读入人脸数据集合

（2）特征提取：首先，扫描训练集 $S=\{\boldsymbol{X}_1,\boldsymbol{X}_2,\cdots,\boldsymbol{X}_k\}$ 中的每一幅人脸图像矩阵，将人脸图像矩阵相加后求出人脸图像的样本均值：

$$\overline{\boldsymbol{X}} = 1/k\sum_{i=1}^{k}\boldsymbol{X}_i$$

进而计算出样本协方差矩阵：

$$\boldsymbol{s} = 1/k\sum_{i=1}^{k}(\boldsymbol{X}_i - \overline{\boldsymbol{X}})^{\mathrm{T}}(\boldsymbol{X}_i - \overline{\boldsymbol{X}})$$

然后调用 numpy 库中的 np.linalg.eigh 函数求出协方差矩阵的特征值和特征向量。

根据要求保留 M 个主分量，选择 M 个最大特征值所对应的标准正交特征向量 $\boldsymbol{w}_1,\boldsymbol{w}_2,\cdots,\boldsymbol{w}_M$ 作为样本投影特征轴，并将样本集中的每个人脸图像 $\boldsymbol{X}_i(i=1,2,\cdots,k)$ 利用线性变换 $\boldsymbol{Y}_k=\boldsymbol{X}\boldsymbol{w}_k(k=1,2,\cdots,M)$ 投影到各个特征轴，其中投影特征向量 $\boldsymbol{Y}_1,\boldsymbol{Y}_2,\cdots,\boldsymbol{Y}_M$ 称为图像样本 $\boldsymbol{X}$ 的主分量；将图像的每个主分量 $\boldsymbol{Y}_2,\cdots,\boldsymbol{Y}_M$ 进行组合，获得训练样本 $\boldsymbol{X}$ 所对应的特征图像 $\boldsymbol{F}=(\boldsymbol{Y}_1,\boldsymbol{Y}_2,\cdots,\boldsymbol{Y}_M)$。

通过上述方法获得的特征图像分别为 $\boldsymbol{F}_1,\boldsymbol{F}_2,\cdots,\boldsymbol{F}_k$。同理对于测试集图像 T，使用 $\boldsymbol{Y}'_k=\boldsymbol{X}'\boldsymbol{w}_k(k=1,2,\cdots,M)$ 对被测试人脸图像进行线性变换，由此获得该人脸的特征图像：

$$\boldsymbol{B}'=[\boldsymbol{Y}'_1,\boldsymbol{Y}'_2,\cdots,\boldsymbol{Y}'_M]$$

2DPCA 特征提取的具体过程如代码 4-7 所示。

```
def TwoDPCA(imgs, dim):
a,b,c = imgs.shape
                    average = np.zeros((b,c))
for  iin range(a):
                    average += imgs[i,:,:]/(a*1.0)
G_t = np.zeros((c,c))
for  j in range(a):
img = imgs[j,:,:]
                    temp = img-average
G_t = G_t + np.dot(temp.T,temp)/(a*1.0)
w,v = np.linalg.eigh(G_t)
                    w = w[::-1]
                    v = v[::-1]
            print('alpha={}'.format(sum(w[:dim]*1.0/sum(w))))
                    u = v[:,:dim]
            print('u_shape:{}'.format(u.shape))
return u

    def TTwoDPCA(imgs, dim):
    u = TwoDPCA(imgs, dim)
    a1,b1,c1 = imgs.shape
img = []
for i in range(a1):
        temp1 = np.dot(imgs[i,:,:],u)
img.append(temp1.T)
img = np.array(img)
uu = TwoDPCA(img, dim)
    print('uu_shape:{}'.format(uu.shape))
return u,uu

    def image_2D2DPCA(images, u, uu):
    a, b, c = images.shape
new_images = np.ones((a, uu.shape[1], u.shape[1]))
for i in range(a):
        Y = np.dot(uu.T, images[i,:,:])
        Y = np.dot(Y, u)
new_images[i,:,:] = Y
return new_images
```

代码 4-7　2DPCA 特征提取函数

（3）分类器构造：由于 SVM 最初是为二值分类任务而设计的，为了处理多分类任务，就需要构造合适的多分类器，此处采用一对一的多分类 SVM 分类器，即在任意两个样本之间都设计一个 SVM 分类器，对于 M 个训练集样本，需 $M(M-1)/2$ 个 SVM 分类器，经过级联后进行分类训练，此处所有 SVM 均采用高斯核函数。

SVM 需要确定的两个重要参数：惩罚因子 C 和高斯核参数 γ，此处采用网格搜索方式为 C 和 γ 赋值多次，并分别训练模型，以选择最优的 C 和 γ。此外，为了防止对训练数据过拟合，采用 GridSearchCV 函数来进行交叉验证。在分类器训练完成后，即可预测被测试人脸图像 X' 所属的类别，构造 SVM 分类器的过程如代码 4-8 所示。

```
    def  SVM(kernel_name,param):
kf = KFold(n_splits=10, shuffle=True)
precision_average = 0.0
param_grid = {'C': [1e3, 5e3, 1e4, 5e4, 1e5]}
clf=GridSearchCV(SVC(kernel=kernel_name, class_weight=
'balanced', gamma=param),param_grid)
    for train, test in kf.split(X):
clf = clf.fit(X[train], y[train])
test_pred = clf.predict(X[test])
        print classification_report(y[test], test_pred)
precision = 0
        for i in range(0, len(y[test])):
            if (y[test][i] == test_pred[i]):
                precision = precision + 1
precision_average = precision_average + float(precision) / len(y[test])
precision_average = precision_average / 10

    return precision_average
```

代码 4-8　SVM 多分类器

（4）人脸识别训练过程：在训练过程中，分别将原始图像降到 40 维、30 维、20 维、10 维，并计算出降到不同维度下人脸识别的准确率。

```
    def face_rec():
    for r in range(10, 41, 10):
    print("当降维到%d 时" % (r))
    x_value = []
    y_value = []
    for k in range(1, 10):
train_face, train_label, test_face, test_label = load_orl(k)
data_train_new, data_mean, V_r =TwoD PCA(train_face, r)
num_train = data_train_new.shape[0]
num_test=test_face.shape[0]
temp_face = test_face - np.tile(data_mean, (num_test, 1))
data_test_new = temp_face * V_r
data_test_new=np.array(data_test_new)
data_train_new = np.array(data_train_new)
    rue_num = 0
        for i in range(num_test):
    testFace = data_test_new[i, :]
diffMat= data_train_new - np.tile(testFace, (num_train, 1))
sqDiffMat = diffMat ** 2
sqDistances = sqDiffMat.sum(axis=1)
sortedDistIndicies = sqDistances.argsort()
indexMin=sortedDistIndicies[0]
if  train_label[indexMin] == test_label[i]:
    true_num += 1
else:
    pass
accuracy = float(true_num) / num_test
    x_value.append(k)
    y_value.append(round(accuracy, 2))
print('当每个人选择%d 张照片进行训练时,识别的准确率为:
%.2f%%' % (k, accuracy * 100))
```

代码 4-9　人脸识别训练函数

（5）输出人脸识别结果：根据数据所降到的不同维度和每个人的人脸样本中被选为测试集样本的 k 值，输出其相应的识别准确率。

```
        if r == 10:
        y1_value = y_value
plt.plot(x_value,y_value,marker="o",markerfacecolor="red")
for a, b in zip(x_value, y_value):
plt.text(a,b,(a,b),ha='center',va='bottom',fontsize=10)
    plt.title("降到 10 维时识别准确率", fontsize=14)
    plt.xlabel("k 值", fontsize=14)
    plt.ylabel("准确率", fontsize=14)
    plt.show()
      if r == 20:
      y2_value = y_value
plt.plot(x_value,y2_value,marker="o",markerfacecolor="red")
for a, b in zip(x_value, y_value):
plt.text(a, b, (a, b), ha='center', va='bottom', fontsize=10)
    plt.title("降到 20 维时识别准确率", fontsize=14)
    plt.xlabel("k 值", fontsize=14)
    plt.ylabel("准确率", fontsize=14)
    plt.show()
      if r == 30:
      y3_value = y_value
plt.plot(x_value,y3_value,marker="o",markerfacecolor="red")
for a, b in zip(x_value, y_value):
plt.text(a, b, (a, b), ha='center', va='bottom', fontsize=10)
plt.title("降到 30 维时识别准确率", fontsize=14)
    plt.xlabel("k 值", fontsize=14)
    plt.ylabel("准确率", fontsize=14)
        plt.show()
          if r == 40:
          y4_value = y_value
plt.plot(x_value,y4_value,marker="o",markerfacecolor="red")
 for a, b in zip(x_value, y_value):
 plt.text(a, b, (a, b), ha='center', va='bottom', fontsize=10)
 plt.title("降到 40 维时识别准确率", fontsize=14)
 plt.xlabel("k 值", fontsize=14)
 plt.ylabel("准确率", fontsize=14)
 plt.show()
L1, = plt.plot(x_value, y1_value, marker = "o", markerfacecolor =
"red")
L2, = plt.plot(x_value, y2_value, marker = "o", markerfacecolor =
"red")
L3, = plt.plot(x_value, y3_value, marker = "o", markerfacecolor =
"red")
L4, = plt.plot(x_value, y4_value, marker = "o", markerfacecolor =
plt.legend([L1, L2, L3, L4], ["降到 10 维", "降到 20 维", "降
到 30 维", "降到 40 维"], loc=4)
plt.title("各维度识别准确率比较", fontsize=14)
plt.xlabel("k 值", fontsize=14)
plt.ylabel("准确率", fontsize=14)
plt.show()

    if __name__ == '__main__':
    face_rec()
```

代码 4-10　人脸识别结果输出函数

通过上述过程所得到的识别效果如图 4-31 所示。

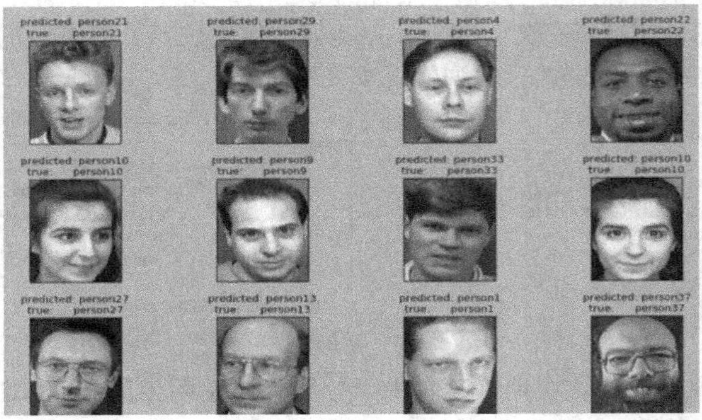

图 4-31　人脸识别效果图

将原始图像降到不同维度的识别准确率如图 4-32 所示，其中 k 值表示测试集中测试样本的数量。由图 4-32 可以看出，测试样本的识别准确率随着 k 值增大而不断提高，并且保留的主成分越多，样本识别的准确率就越高。

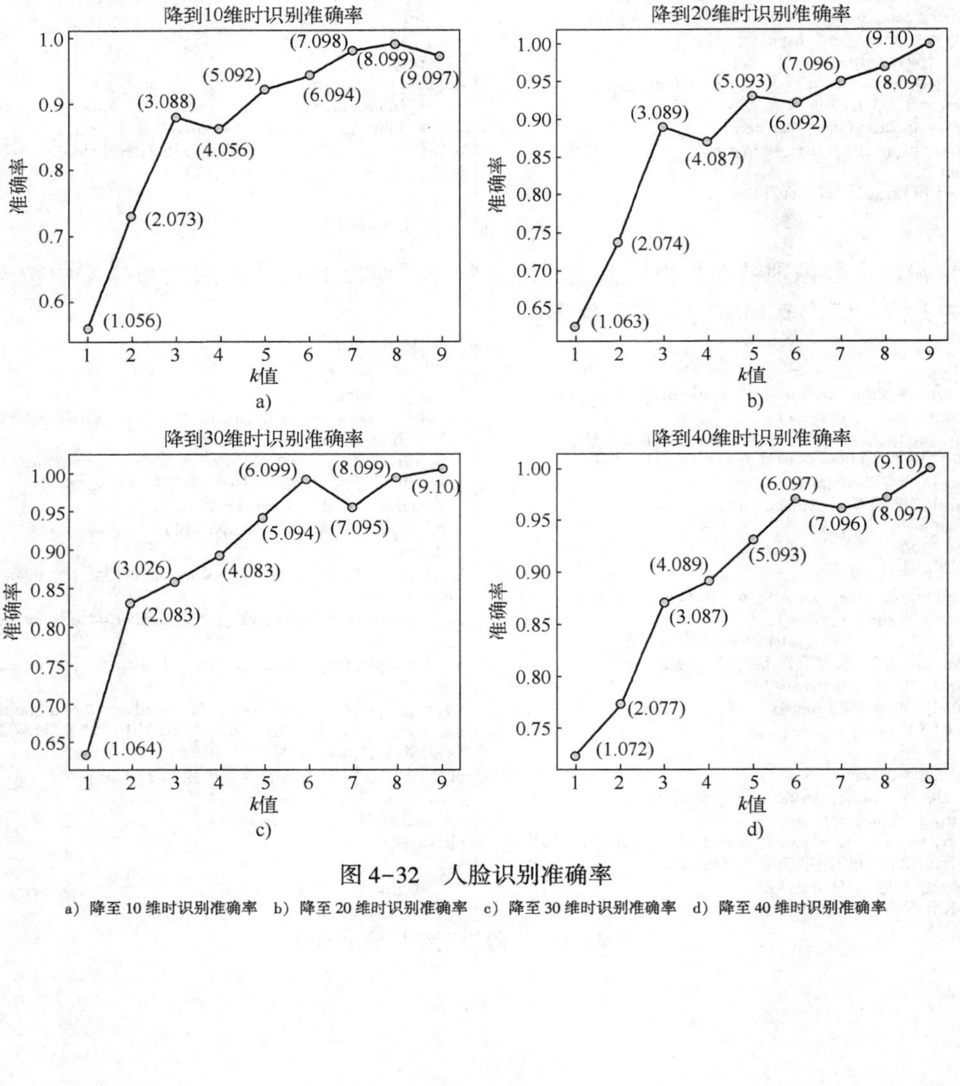

图 4-32　人脸识别准确率

a）降至 10 维时识别准确率　b）降至 20 维时识别准确率　c）降至 30 维时识别准确率　d）降至 40 维时识别准确率

4.5 习题

（1）简述监督学习与无监督学习的区别，并分别列举这两种学习方式的三种具有代表性的学习算法。

（2）试使用 k-均值聚类算法将表 4-24 中 8 个数据点聚成三簇，其中距离度量方式采用欧式距离。

表 4-24 聚类数据集

编号	1	2	3	4	5	6	7	8
x_1	2	2	8	5	7	6	1	4
x_2	10	5	4	8	5	4	2	9

（3）k-均值聚类算法可用于图像压缩，请查阅相关资料并说明使用 k-均值聚类算法进行图像压缩的原理。

（4）对于 k-均值聚类算法，如何使得该算法对于离群点更具有鲁棒性？

（5）试使用模糊 c-均值聚类算法将表 4-24 中的样本聚成两类，当每个聚类中心相邻三次迭代的变化均小于10^{-5}时停止聚类过程。

（6）试用 DBSCAN 算法对表 4-24 中的样本进行聚类分析，其中邻域半径 $\varepsilon=1$，密度阈值 $MinPts=6$。

（7）试分析划分聚类算法和密度聚类算法所能得到的簇边界有何区别。

（8）证明：在 DBSCAN 算法中，密度可达关系具有对称性。

（9）证明：在 DBSCAN 中，对于固定的 $MinPts$ 值和同一中心点的两个邻域半径分别为ε_1、ε_2的邻域，假设$\varepsilon_1<\varepsilon_2$，则关于$\varepsilon_1$和 $MinPts$ 的簇 C 一定是关于ε_2和 $MinPts$ 的簇C'的子集。

（10）模糊 c-均值算法中任何点在所有簇中的隶属度之和为 1，因此一个样本点在某一个簇的隶属度应在 0 和 1 之间，试分析这一限制的优缺点。

（11）简述线性判别分析(LDA)方法与主成分分析法(PCA)方法的异同点，分析 LDA 和 PCA 各自的最佳适用场景。

（12）试说明 PCA 方法的基本思想，并简要说明实现 PCA 方法的大致流程。

（13）PCA 方法中对变换矩阵有何要求？这样的变换矩阵对于降维有何帮助？

（14）试简单说明核 PCA 的过程，并且对比 PCA 说明其优缺点。

（15）试说明完成一次完整的稀疏编码过程的大致流程，并简要分析稀疏编码所能带来的好处。

（16）试简要说明追踪匹配算法的基本设计思想以及该算法的大致流程。

（17）简单说明稀疏编码中 MOD 方法和 K-SVD 方法的算法过程，并且比较二者的优缺点。

（18）查阅相关材料并说明正交匹配追踪算法的设计思想与大致流程，试编程实现使用该算法对一幅二维图像进行压缩重建。

（19）试编程实现 K-SVD 字典学习算法，并构造出单幅图像的字典。

（20）查阅有关无监督学习的相关材料，并列举出三种本章未涉及的无监督学习方法，试分别简要分析这些算法的功能和实现流程。

第5章 集成学习

由于现实环境和实际问题的复杂性，通过机器学习方式构造一个性能优良的数学模型时通常需要综合考虑诸多方面因素，在很多情况下是一件费时费力甚至非常困难的事情，而构造一个性能一般的普通模型则要简单得多。在面对复杂任务时，可采用民主策略在充分集成多个性能一般的普通模型决策结果的基础上构造性能优良的所需模型，由此产生集成学习的基本思想。集成学习通过集成方式组合多个性能一般的普通模型，使得集成模型较普通模型具有更强的泛化能力和使用效果。从本质上看，集成学习不是一种特定的学习类型，而是一种具有一定普适性的模型构造方法论或基本策略。本章主要介绍集成学习的基本理论及应用技术，首先简要介绍集成学习的基本知识，然后分析讨论集成学习的袋装策略和提升策略，最后给出集成学习的若干具体应用。

5.1 集成学习基本知识

集成学习的基本思想是通过集成多个性能一般的普通模型获得一个性能优良的集成模型，故集成学习的核心任务是有效解决两个基本问题，即如何产生多个性能一般的普通模型，以及如何将多个普通模型有效集成起来形成一个性能优良的集成模型。本节以这两个基本问题为主线介绍集成学习的基本原理，为读者提供一个相对完备的集成学习基本知识框架，包括集成学习的基本概念、基本范式和泛化策略。首先，介绍集成学习的若干基本术语并讨论集成学习在何种情况下能够取得较好的训练效果；然后，给出构造集成学习模型的基本流程和基本范式；最后，在定量分析集成模型泛化性能的基础上讨论集成学习的泛化策略。

5.1.1 集成学习基本概念

俗话说：三个臭皮匠，顶个诸葛亮。人们在日常生活或工作中做出重要决定之前，通常会以适当方式征求多人意见。尽管可能每个人都限于自身专业知识或经验局限难以给出比较合理的建议，但通过充分综合众人意见往往可以形成一个相对合理的决策。集成学习正是基于这个思想将多个性能一般的普通模型进行有效集成，形成一个性能优良的集成模型，通常将这些性能一般的普通模型称为**个体学习器**。

对于给定的样本数据集，集成学习首先通过某种训练方法构造若干有差异的个体学习器，然后通过某种组合策略将这些个体学习器有效地集成起来。如果所有个体学习器都属于同类模型，例如全为线性分类器，则称由这些个体学习器产生的集成模型为**同质集成模型**，并称这些属于同类模型的个体学习器为**基学习器**。反之，将属于不同类型的个体学习器进行组合产生的集成模型称为**异质集成模型**。

集成学习思想源自概率近似正确（Probably Approximately Correct，PAC）学习理论。根据PAC学习理论，若某学习问题能被个体学习器高精度地学习，则称该学习问题是**强可学习问题**，并称相应的个体学习器为**强学习器**；反之，若某学习问题仅能被个体学习器低精度地学习，则称该学习问题是**弱可学习问题**，并称相应的个体学习器为**弱学习器**。对于强可学习问题，当直接构造其强学习器比较困难时，可通过构造一组弱学习器以生成强学习器，将强可学习问题转化为弱可学习问题。通常称集成学习在分类任务中的弱（强）学习器为**弱（强）分类器**，在回归任务中的弱（强）学习器为**弱（强）回归器**。

弱学习器的合理选择显然是集成学习首先必须解决的问题。如果弱学习器的泛化性能太差，则由它们组成的集成模型可能不会取得性能上的有效提升，甚至会产生性能下降的情况。例如，对于图 5-1 所示的二分类任务（圆圈表示分类正确，叉号表示分类错误），图中每个分类器的分类正确率均为 1/3，则由少数服从多数原则进行组合得到集成模型的分类正确率为 0。这正是由于弱学习器泛化性能均太弱而造成的严重后果。因此，在集成学习的实际应用当中，应尽可能选择泛化性能较强的弱学习器进行组合。

集成学习除了对弱学习器的泛化性能有一定要求之外，还要求不同的弱学习器之间应当存在一定的差异。一般来说，差异较大的一组弱学习器组成的集成模型，对泛化效果的提升会较为明显。对于如图 5-2 所示分类任务的集成学习，当每个弱分类器分类错误的样本各不相同时，则能得到一个效果优异的集成模型。反之，如果一组弱学习器全都相同，则将它们进行组合得到的集成模型显然不会有任何性能上的提升。

分类器1	×	○	○	×	×	×
分类器2	○	×	×	×	×	○
分类器3	×	×	×	○	○	×
集成模型	×	×	×	×	×	×

图 5-1　过弱泛化性能个体学习器的集成效果

分类器1	○	○	○	○	×	×
分类器2	○	○	×	×	○	○
分类器3	×	×	○	○	○	○
集成模型	○	○	○	○	○	○

图 5-2　个体学习器的差异对集成结果的影响

对于选定的一组弱学习器，集成学习需要通过一定的组合策略将它们组合起来形成较高性能的强学习器。从统计学角度看，由于学习任务的假设空间对于数据集而言通常是一个过大的空间，在假设空间当中可能同时存在多个假设使得模型在该数据集上得到相同的泛化性能，此时若使用单个学习器会带来过多的模型偏好，从而出现模型泛化能力不强的现象，结合多个弱学习器则可以有效降低此类风险。

5.1.2　集成学习基本范式

如前所述，构造适当弱学习器和选择适当组合策略是集成学习的两个关键基本问题。由此可知集成学习包括两个基本步骤，首先根据数据集构造弱学习器，然后对弱学习器进行组合得到集成模型。

对于给定的样本数据集 D，可通过对该样本数据集采取某种随机的采样方式生成多个具有一定差异的训练样本集 $D_1,D_2,\cdots,D_m$，然后分别通过这些训练样本集产生若干具有一定差异的弱学习器 $L_1,L_2,\cdots,L_m$，以满足集成学习的要求。由于可对 D 进行多次重复采样且每次采样结果互不影响，故可认为通过采样所得的各个训练样本集之间相互独立。由此可知，在得到满足任务需求的训练样本集 $D_1,D_2,\cdots,D_m$ 之后，可如图 5-3 所示并行执行弱学习器构造过程。

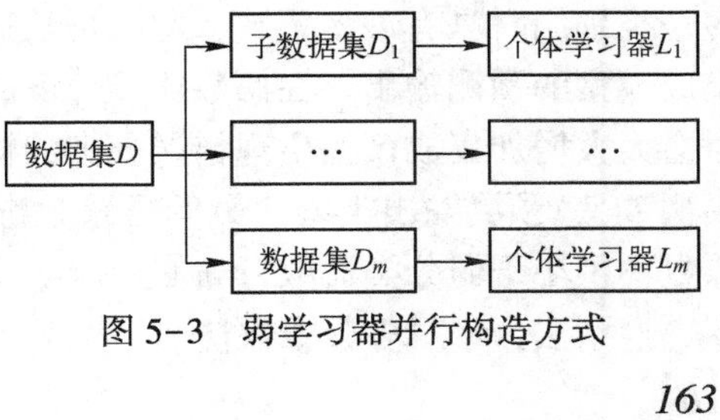

图 5-3　弱学习器并行构造方式

上述弱学习器的并行构造方式忽略了弱学习器之间的某些联系，有时候还会丢掉一些重要信息。例如，对于某弱学习器分类错误的样本，其他弱学习器的训练过程当中应该加以重视，以免再犯同样的错误。弱学习器的并行构造方式显然无法做到这一点。为此可用串行方式逐个构造弱学习器，使得各弱学习器之间存在一定关联。

弱学习器的串行构造过程如图 5-4 所示，一般会根据前一弱学习器的输出调整其后继训练样本子集的样本分布，再通过调整后的训练样本子集构造弱学习器，如此重复直至完成所有所需弱学习器的构造。由图 5-4 可知，用于构造弱学习器 L_{i+1} 的训练子集 D_{i+1} 由弱学习器 L_i 确定，故而训练子集 D_{i+1} 需要在弱学习器 L_i 确定之后才能生成。这种串行弱学习器的构造方式显然会在一定程度上降低构造效率。

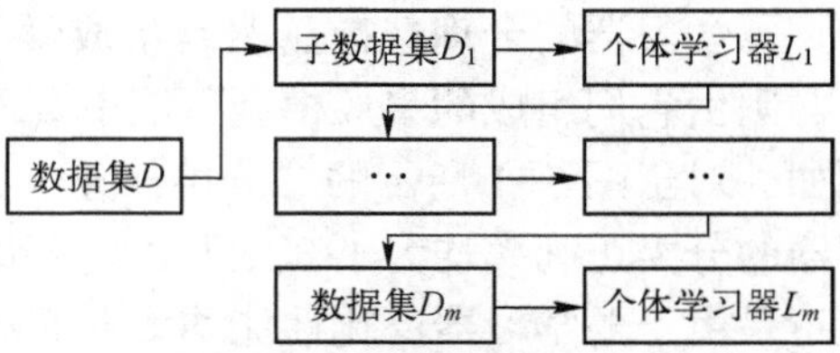

图 5-4　弱学习器的串行构造过程

在集成学习的弱学习器组合阶段，不同学习任务所用组合策略会有所不同。对于输出空间为实数域的回归任务，通常使用平均法实现多个弱回归器的组合。设有 m 个弱回归器，第 i 个弱回归器对样本输入 X 的预测输出为 $L_i(X)$，则可取集成模型 $L(X)$ 的输出为各个弱回归器输出的简单平均值，即有

$$L(X)=\frac{1}{m}\sum_{i=1}^{m} L_i(X) \tag{5-1}$$

这种简单的组合策略被称为**简单平均法**。

简单平均法规定每个弱回归器对集成模型输出的贡献都相同。然而，不同弱回归器的重要性通常会有一些差异，此时简单平均法对各弱回归器一视同仁的做法不够合理，会导致集成学习的预测输出因过分依赖不太重要的弱回归器而降低泛化性能。为此，可用权重对弱回归器的重要性进行加权计算，通过**加权平均法实现**多个弱回归器的组合。令 w_i 为弱回归器 $L_i(X)$ 的权重，则有

$$L(X)=\sum_{i=1}^{m} w_i L_i(X) \tag{5-2}$$

通常使用机器学习方法获得加权平均法中的权重。需要注意的是，样本数量的不足或噪声样本的存在可能会影响权重的正确计算，对于大型集成任务而言，利用少量样本计算过多的权重很容易产生比较严重的过拟合现象。

对于输出空间为离散集合的分类任务，通常用投票法实现多个弱分类器的组合。设有 m 个弱分类器，输出空间为 $S_{\text{out}}=\{c_1,\cdots,c_n\}$，其中 c_j 表示第 j 类的类标。令 $L_i(X,c_j)$ 表示一个布尔值，当且仅当第 i 个弱分类器 $L_i(X)$ 对于样本输入 X 的预测输出为 c_j 时，$L_i(X,c_j)=1$。可将集成模型的输出 $L(X)$ 定义为

$$L(X)=c_{\underset{j}{\arg\max}\sum_{i=1}^{m} L_i(X,c_j)} \tag{5-3}$$

上式表明 $L(X)$ 的输出值为得票数最多的类别，也就是将集成模型选取得票数最多的类别类作为预测结果。通常称这种投票方法为**相对多数投票法。**显然，相对多数投票法可能会使得多个类别同时具有最多票数，此时可从这些具有相同最多票数的类别中随机选择一个类别作为集成模型的预测输出。在票数比较分散的情况下，相对多数投票法的最多票数可能会很小，此时会大大增加集成模型出现错误分类的概率。为此，需要对相对多数投票法进行改进，对集成模型 $L(X)$ 预测输出类型的最低得票数进行合理限制。限制模型 $L(X)$ 预测输出类型的最低得票数不得小于弱分类器数目 m 的一半，否则 $L(X)$ 拒绝输出预测结果，则称这种改进后的相对多数投票法为**绝对多数投票法**。

相对多数投票法和绝对多数投票法显然均未考虑不同弱分类器在重要性方面的差异。可在上述投票法中引入加权机制以度量弱分类器的重要性，得到一种名为**加权投票法**的弱分类器组合方法。具体地说，对于一组重要性不相同的弱分类器 $L_i(X)$，令 w_i 为 $L_i(X)$ 的权重，则可通过带加权计算的投票方法对其进行组合，得到集成模型的预测输出为

$$L(X) = c_{\arg\max_{j} \sum_{i=1}^{m} w_i L_i(X, c_j)} \tag{5-4}$$

集成学习虽然会根据具体任务需求选择相应的个体学习器生成策略和组合策略，但基本流程保持不变，即如图 5-5 所示，先通过数据集生成个体学习器，然后利用某种组合策略将个体学习器组合成集成模型。这种基本流程构成了集成学习的基本范式。

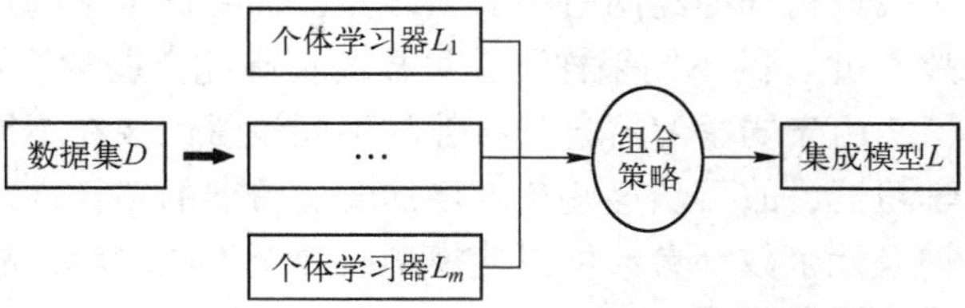

图 5-5　集成学习的基本流程

5.1.3　集成学习泛化策略

集成学习的目标是获得具有较好泛化性能的机器学习模型，最好能够达到使模型泛化误差最小的理想情况。现以回归任务为例，通过分析影响模型泛化误差的因素，讨论提升集成模型泛化性能的基本方法。假设回归任务的真实映射为 f，集成模型 L 由 m 个弱回归器 $L_1, \cdots, L_m$ 通过简单平均法组合生成，即对于输入样本 X，集成模型 $L(X)$ 的预测输出为

$$L(X) = \frac{1}{m} \sum_{i=1}^{m} L_i(X)$$

则集成模型 L 关于输入样本 X 的误差可表示为

$$Q(L,X) = [f(X) - L(X)]^2 \tag{5-5}$$

弱回归器 L_i 对输入样本 X 的预测 $L_i(X)$ 与集成模型预测结果 $L(X)$ 间的差异可表示为

$$D(L_i,X) = [L_i(X) - L(X)]^2 \tag{5-6}$$

则一组弱回归器的差异度或多样性可表示为该组所有弱回归器关于集成模型输出偏差的平均值，即有

$$\text{ave } D = \frac{1}{m} \sum_{i=1}^{m} [L_i(X) - L(X)]^2 \tag{5-7}$$

对上式进行分解可得：

$$\text{ave } D = \frac{1}{m} \sum_{i=1}^{m} [f(X) - L_i(X)]^2 - [f(X) - L(X)]^2$$

令 $Q(L_i,X)$ 表示所有弱回归器对于输入样本 X 的平均误差，即

$$Q(L_i,X) = \frac{1}{m} \sum_{i=1}^{m} [f(X) - L_i(X)]^2$$

则有

$$Q(L,X) = Q(L_i,X) - \text{ave } D \tag{5-8}$$

由以上分析可知，集成模型 L 关于输入样本 X 的预测误差 $Q(L,X)$ 等于所有弱回归器关于输入样本 X 的平均误差减去这组弱回归器的差异度 ave D。这个结论为集成模型泛化性能的提升给出了两个基本思路，即降低个体学习器的泛化误差和提高个体学习器的多样性。

对于降低弱学习器的泛化误差，可用样本扩充、范数惩罚等机器学习正则化策略提升弱学习器的泛化性能并在具体集成学习中尽可能使用泛化性能较好的弱学习器进行集成训练，这里不再赘述。现在着重介绍提高弱学习器多样性基本方法。可以分别从改变训练样本和改变模型

训练参数这两个角度来提高弱学习器多样性。

从改变训练样本的角度提高集成模型泛化性能，主要是从改变输入的角度出发，通过对样本数据采样增加输入样本随机性，由此提高弱学习器多样性。具体地说，若需通过样本数据集 D 构造 m 个不同的弱学习器，则可使用某种采样方法从 D 生成 m 个有差别的训练样本数据子集 $\{D_1,D_2,\cdots,D_m\}$，分别用这些训练子集进行训练就可以构造出 m 个有差别的弱学习器。对于决策树和神经网络等弱学习器，训练样本集的细微变动都可能导致训练模型产生显著变化，故通过 D 的不同采样子集可显著提高此类弱学习器的多样性。

由于弱学习器自身参数的不同设置以及在不同训练阶段产生的不同参数都会产生不同的弱学习器，故可从这些角度增加弱学习器的多样性。例如，改变神经网络初始连接权重、隐含层神经元个数等参数可以使模型收敛至不同的解，故可通过随机设置不同的参数获得具有一定差异的弱学习器。

值得注意的是，通常综合使用多种泛化策略构造同一个集成模型。例如，在构造某个集成模型时可能既采用数据样本采样方法，又对模型参数进行随机选择以提高弱学习器的多样性。事实上，弱学习器的个数也在一定程度上影响集成模型的泛化性能。例如，对于某个二分类任务的集成学习问题，假设每个弱学习器的错误率均为 ε，则可从理论上证明其集成模型的泛化误差上界为

$$H(m)=\mathrm{e}^{-\frac{1}{2}m(1-\varepsilon)^2} \tag{5-9}$$

其中，m 为组成集成模型的弱学习器个数。

$H(m)$ 作为关于弱学习器个数 m 的函数，取值随着 m 的增加而减小。因此，增加弱学习器的个数也能达到提升集成模型泛化性能的目的。

5.2 Bagging 集成学习

Bagging 集成学习方法首先通过对样本数据集进行自助随机采样方式并行构造多个具有一定差异的样本数据子集，然后分别由这些子集训练构造多个弱学习器并将这些弱学习器集成为一个具有较强泛化性能的集成模型，即强学习器。也称该方法为袋装法，其名称 Bagging 是 Bootstrap Aggregating 的缩略语，意为自助集成，较好地体现了该方法的基本思想。Bagging 集成学习是一种基本的集成学习方法，由该方法衍生的随机森林学习方法也是一种在多个领域得到广泛应用的重要集成学习方法。本节主要介绍 Bagging 和随机森林集成学习的基本方法，包括 Bagging 集成学习的基本策略、随机森林的模型结构与训练算法。

5.2.1 Bagging 集成策略

对于给定的样本数据集 D，如何在 D 的基础上产生多个具有一定差异的训练样本数据子集 $D_1,D_2,\cdots,D_k$ 是集成学习的一个关键。Bagging 集成学习主要通过自助采样法生成训练样本数据子集。假设 D 中包含有 n 个样本数据，自助采样会对 D 进行 n 次有放回的随机采样并将采样获得的样本纳入训练集。显然，自助采样可能会抽到重复样本且未能抽到 D 中的某些样本。不难知道，D 中某个数据在一次自助采样时未被抽到的概率为 $(1-1/n)^n$，当 $n\to\infty$ 时的概率极限值为 0.368。这意味着当数据集 D 的基数 n 足够大时，一次自动采样中未被抽到的样本数量占总样本数量的 36.8%左右。可将这些未被抽到的样本组成测试样本集合，用于测试弱学习器的泛化性能。

得益于自助采样方法的随机性质，对样本数据集 D 进行多次自助采样就可以分别生成多个具有一定差异的训练样本子集 $D_1,D_2,\cdots,D_k$，可分别通过对这些子集的训练构造出所需的弱

学习器。对多个弱学习器的集成方案则较为简单，一般通过简单平均法集成多个弱回归器，通过相对多数投票法集成多个弱分类器。由于每个训练样本子集都是通过独立自助采样得到，各次自助采样相互独立，故可并行构造各个弱学习器，大幅降低集成学习算法的时间复杂度。Bagging 集成学习的基本流程图如图 5-6 所示。

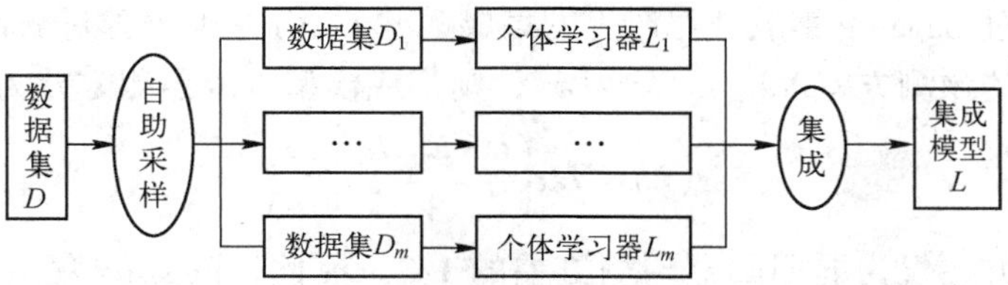

图 5-6　Bagging 集成学习流程图

【例题 5.1】 现有一组某市房屋价格与房屋位置数据如表 5-1 所示，其中 X 表示房屋到市中心的直线距离。试用 Bagging 集成学习方法构造一个包含三个线性回归模型的集成模型，并使用该集成模型预测距离市中心 5.5 km 位置的房屋价格。

表 5-1　房屋价格与位置的数据样本集 D

序号	1	2	3	4	5	6	7	8	9
X/km	4.2	7.1	6.3	1.1	0.2	4.0	3.5	8	2.3
y/(元/m²)	8600	6100	6700	12000	14200	8500	8900	6200	11200

【解】 依题意知，需要构造三个弱学习器。如表 5-2 所示，可通过对样本数据集 D 进行三次自助采样获得如表所示的三个训练样本子集 D_1、D_2 和 D_3。

表 5-2　由数据样本集生成的样本子集

训练样本子集 D_1									
编号	1	2	3	4	5	6	7	8	9
X/km	4.2	4.2	4.2	6.3	1.1	0.2	3.5	3.5	2.3
y/(元/m²)	8600	8600	8600	6700	12000	14200	8900	8900	11200
训练样本子集 D_2									
编号	1	2	3	4	5	6	7	8	9
X/km	4.2	4.2	7.1	7.1	1.1	4.0	4.0	3.5	2.3
y/(元/m²)	8600	8600	6100	6100	12000	8500	8500	8900	11200
训练样本子集 D_3									
编号	1	2	3	4	5	6	7	8	9
X/km	4.2	1.1	0.2	4.0	4.0	4.0	4.0	3.5	8
y/(元/m²)	8600	12000	14200	8500	8500	8500	8500	8900	6200

假设线性回归模型为 $L(X)=\theta_0X+\theta_1$，则可分别通过训练集 D_1,D_2,D_3 构造相应的弱学习器 L_1,L_2,L_3。使用最小二乘法，不难得到 L_1,L_2,L_3 的具体表达式如下：

$$L_1(X)=-1216.488X+13731.8219$$
$$L_2(X)=-984.0959X+12822.6216$$
$$L_3(X)=-1015.2945X+13044.9688$$

使用简单平均法集成 L_1,L_2,L_3，得到如下 $L(X)$ 集成模型

$$L(X)=[L_1(X)+L_2(X)+L_3(X)]/3$$

代入具体数据可算得

$$L(5.5)=\frac{[L_1(5.5)+L_2(5.5)+L_3(5.5)]}{3}\approx 7304.2930(\text{元/m}^2)$$

即距离市中心 5.5 km 处的房屋价格为 7304.2930 元/m^2。□

对于上述例题，假设三个弱回归器的预测偏差 $\text{Bias}(L_i)$ 均为 μ，则 L 的输出偏差为

$$\text{Bias}(L)=\frac{\text{Bias}(L_1)+\text{Bias}(L_2)+\text{Bias}(L_3)}{3}=\mu$$

由此可见，通过 Bagging 集成学习产生的集成模型 $L(X)$ 并未改善对弱回归器的预测偏差。假设三个弱回归器的预测方差 $\text{Var}(L_i)$ 均为 σ^2，则集成模型 L 的预测方差为

$$\text{Var}(L)=\text{Var}\left(\frac{L_1+L_2+L_3}{3}\right)=\frac{\sigma^2}{3}$$

即集成模型的预测方差仅为弱回归器预测方差的 1/3。因此，Bagging 集成策略可有效降低模型输出预测的方差。

【例题 5.2】 对于某产品的二分类任务，表 5-3 所示数据为该产品样本数据集 D，其中 X 表示产品的某个属性，y 表示类标号（1 或−1）。令 α 为分类阈值，分类器通过比较 X 与 α 值的大小进行分类。试用 Bagging 集成学习方法生成 5 个弱分类器，并将它们进行组合构造集成模型 $L(X)$，并对 $L(X)$ 的分类误差进行分析。

表 5-3 某产品样本数据集 D

编号	1	2	3	4	5	6	7	8	9	10
X	0.1	0.2	0.3	0.4	0.5	0.6	0.7	0.8	0.9	1
y	1	1	1	−1	−1	−1	−1	−1	1	1

【解】 依题意，对表 5-3 所示样本数据集 D 进行 5 次自助法随机采样，获得如表 5-4 所示的 5 个训练样本子集 D_1, D_2, D_3, D_4, D_5。

表 5-4 由样本数据集生成的样本子集

训练样本子集D_1										
编号	1	2	3	4	5	6	7	8	9	10
X	0.1	0.4	0.5	0.6	0.6	0.7	0.8	0.8	0.9	0.9
y	1	−1	−1	−1	−1	−1	−1	−1	1	1
训练样本子集D_2										
编号	1	2	3	4	5	6	7	8	9	10
X	0.1	0.2	0.3	0.4	0.5	0.8	0.9	1	1	1
y	1	1	1	−1	−1	−1	1	1	1	1
训练样本子集D_3										
编号	1	2	3	4	5	6	7	8	9	10
X	0.1	0.2	0.3	0.4	0.4	0.5	0.7	0.7	0.8	0.9
y	1	1	1	−1	−1	−1	−1	−1	−1	1
训练样本子集D_4										
编号	1	2	3	4	5	6	7	8	9	10
X	0.1	0.1	0.2	0.5	0.6	0.7	0.7	0.8	0.9	0.9
y	1	1	1	−1	−1	−1	−1	−1	1	1
训练样本子集D_5										
编号	1	2	3	4	5	6	7	8	9	10
X	0.1	0.1	0.2	0.5	0.6	0.6	0.6	1	1	1
y	1	1	1	−1	−1	−1	−1	1	1	1

分别对样本子集 D_1, D_2, D_3, D_4, D_5 进行训练构造出相应的弱分类器 L_1, L_2, L_3, L_4, L_5。不难得到这些弱分类器的具体表达式如下：

$$L_1(X)=\begin{cases}-1, X\leqslant 0.75\\ 1, X>0.75\end{cases};\quad L_2(X)=\begin{cases}-1, X\leqslant 0.65\\ 1, X>0.65\end{cases};\quad L_3(X)=\begin{cases}1, X\leqslant 0.35\\ -1, X>0.35\end{cases}$$

$$L_4(X)=\begin{cases}1, X\leqslant 1\\ -1, X>1\end{cases};\quad L_5(X)=\begin{cases}1, X\leqslant 0.4\\ -1, X>0.4\end{cases}$$

令 C_1, C_2, C_3, C_4, C_5 分别表示弱分类器 L_1, L_2, L_3, L_4, L_5 的分类准确率，则对于表 5-3 所示样本数据集 D，不难得到 $C_1=70\%$，$C_2=60\%$，$C_3=90\%$，$C_4=50\%$，$C_5=70\%$。

使用相对多数投票法将弱分类器 C_1, C_2, C_3, C_4, C_5 的分类结果进行融合，得到表 5-5 所示集成模型分类结果。通过对比表 5-5 所示预测类别与实际类别，可知 Bagging 集成学习获得集成分类器 L 具有 90%的分类准确率。□

表 5-5　Bagging 集成模型 L 的分类结果

	1	2	3	4	5	6	7	8	9	10
类别求和	1	1	1	−1	−3	−3	−1	1	1	1
预测类别	1	1	1	−1	−1	−1	−1	1	1	1
实际类别	1	1	1	−1	−1	−1	−1	−1	1	1

5.2.2　随机森林模型结构

决策树是一类简单有效的常用监督学习模型，它具有很多良好的性质和比较成熟的训练构造算法。可用 Bagging 集成学习方法将多个决策树模型作为弱学习器集成起来，构造一个具有较强泛化性能的森林模型作为强学习器。由于 Bagging 集成学习方法一般通过随机性自助采样方法生成用于构造弱学习器的训练样本数据子集合，使得由这些子集合训练而成的决策树模型结构具有一定的随机性且相互之间具有一定的差别，故称由这些决策树作为弱学习器组合而成的森林模型为**随机森林模型**，通常简称为**随机森林**。对于一组具有一定差异的决策树模型，它们对于同一样本的预测值可能存在差异，若综合考虑这组决策树对同一样本的预测结果，则由此得到的综合预测结果通常会比单个决策树模型的预测结果更为合理。因此，作为 Bagging 集成学习强学习器的随机森林模型比决策树模型具有更好的泛化性能。

图 5-7 表示由某个贷款数据集通过随机性自助采样方式构造而成的三个决策树模型。这三个决策树模型的结构有一定差异，对新客户是否会拖欠贷款的预测也有所不同。可用相对多数投票法将这三个决策树模型作为弱学习器进行集成，构造一个如图 5-8 所示的具有更高预测性能的随机森林模型。

例如，对于输入样本 X={婚姻状况=单身,是否有房=有,年收入=67.2k}，图 5-8 所示随机森林模型对该样本的预测输出应为“是”，表示该客户可能会拖欠贷款。这是由于虽然图 5-8 中最左侧的决策树对该样本的预测值为“否”，但其他两棵决策树对该样本的预测值均为“是”，故根据相对多数投票法可得随机森林模型的预测输出为“是”。

由以上分析可知，随机森林模型是一类以决策树模型为弱学习器的 Bagging 集成模型。由于随机森林模型的弱学习器类型和模型集成策略都已确定，故提高随机森林模型泛化性能的关键在于如何提高弱学习器之间的差异性。根据 Bagging 集成学习的基本原理，随机森林模型可以通过对数据集的随机性自助采样获得多个具有一定差异的训练样本子集，由此生成多个具有不同结构的弱学习器。

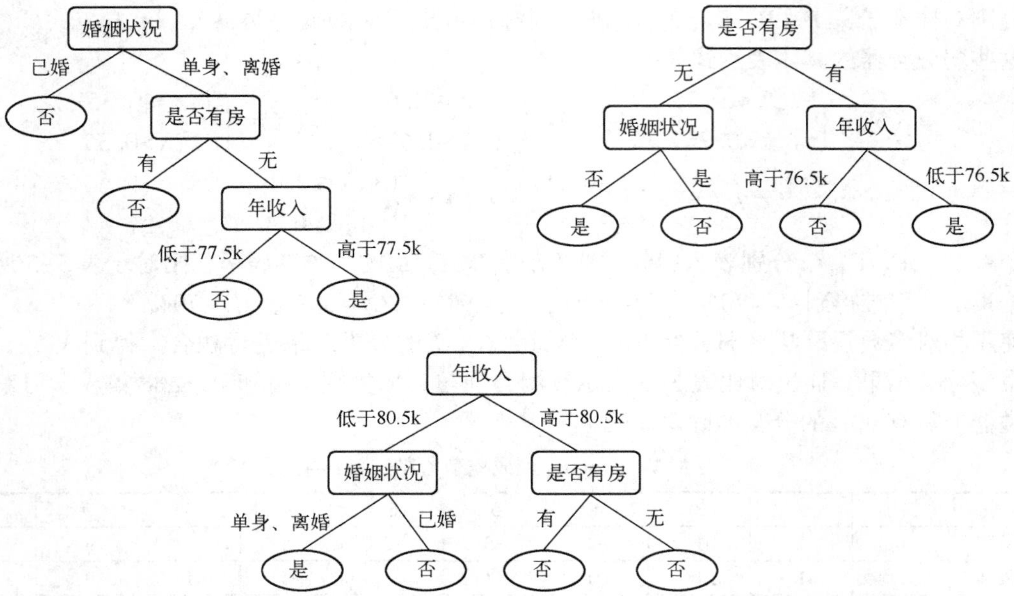

图 5-7　三个作为弱学习器的决策树

事实上，除了通过构造具有一定差异的训练样本子集以产生不同结构的决策树之外，还可以根据决策树模型训练构造方法特点，通过对决策树模型中某些特征引入随机性的方式进一步增加决策树模型之间的互异性。具体地说，在确定随机森林中某决策树上某个结点的划分属性时，需要先从当前结点所对应属性集合 $A=\{a_1,a_2,\cdots,a_m\}$ 中随机选择一个包含 s 个属性的子集 A'，并从子集 A' 中选择一个最优属性作为划分属性。

显然，当 s 取值较小时，单个决策树模型预测的偏差较大，预测错误率较高，使用此类弱学习器进行集成通常难以达到理想效果；若 s 取值较大，则弱学习器之间的差异性较小，使用此类弱学习器进行集成所得到集成模型的性能提升效果不明显。由此可知，属性子集中属性个数 s 的确定直接影响着随机森林模型的性能。理论分析表明，取 $s=\log_2 m$ 时集成模型的泛化性能较为理想。随机森林模型在 Bagging 集成策略的基础上进一步增加了弱学习器之间的差异性，这使得随机森林模型能有效解决许多实际问题。同时，随机森林也保留了 Bagging 集成策略中可并行生成弱学习器的优点，再加上随机森林模型的计算过程简单且易于理解。这些因素使得随机森林模型得到广泛应用并成为集成学习的典型模型。

5.2.3　随机森林训练算法

随机森林模型基于 Bagging 集成学习方法构造，故训练构造随机森林模型的过程基本上也遵从 Bagging 集成学习的基本流程，只是在一些细节方面与前述基本 Bagging 集成学习方法有所不同。具体地说，对于一个包含 n 个样本的数据集 D，首先对 D 随机性自助采样 k 个训练样本子集 $D_1,D_2,\cdots,D_k$，然后分别由 $D_1,D_2,\cdots,D_k$ 训练构造 k 棵决策树，并对这些决策树进行组合便可得到随机森林模型。上述随机森林模型的构造过程与基本 Bagging 集成学习方法的差别主要在于通过训练样本子集 $D_1,D_2,\cdots,D_k$ 构造 k 棵决策树模型的环节。与基本 Bagging 集成学习不同的是，随机森林训练算法通过在决策树的构造环节引入随机性进一步提升了弱学习器的个体差异性，使得生成的随机森林模型具有更好的泛化性能。

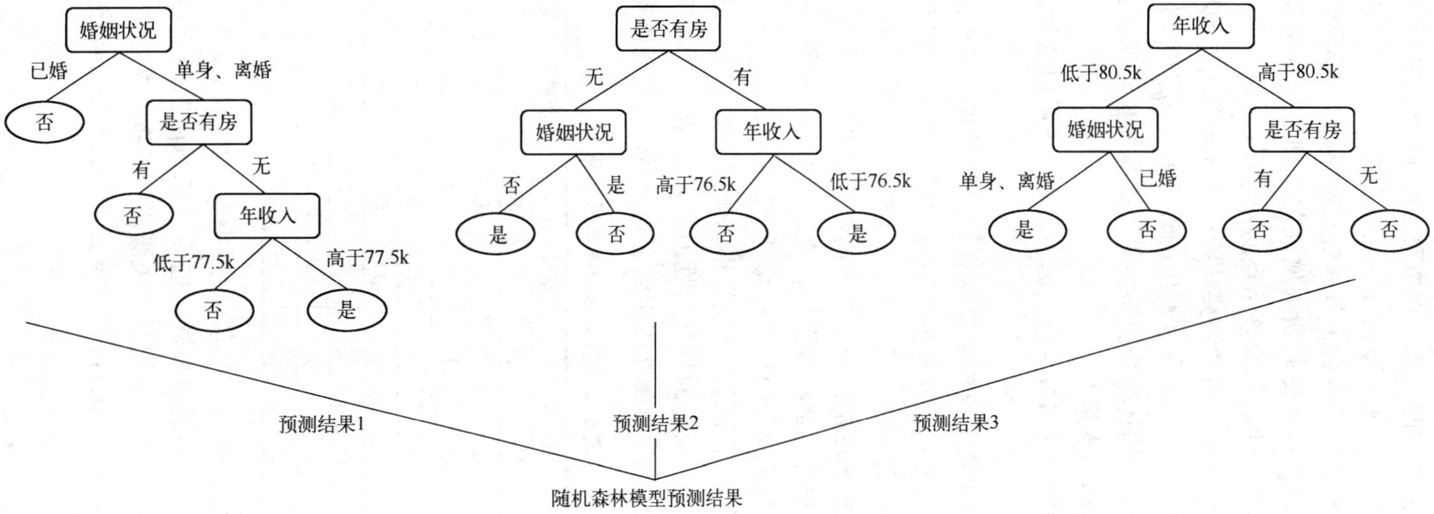

婚姻状况
已婚
单身、离婚
否
是否有房
有
无
否
年收入
低于77.5k
高于77.5k
否
是
是否有房
无
有
婚姻状况
年收入
否
是
高于76.5k
低于76.5k
是
否
否
是
年收入
低于80.5k
高于80.5k
婚姻状况
是否有房
单身、离婚
已婚
有
无
是
否
否
否
预测结果1
预测结果2
预测结果3
随机森林模型预测结果

图5-8 随机森林模型

现以使用训练样本子集 D_i 构造第 i 棵决策树 T_i 为例，介绍作为弱学习器的决策树模型的具体构造过程。构造决策树的关键在于从训练样本数据集中确定决策树结点的划分属性。假设在确定决策树 T_i 中某个结点的划分属性时，该结点所对应样本特征属性集合为

$$A_i=\{a_{i1},a_{i2},\cdots,a_{im}\}$$

则可使用某个度量指标通过比较该特征集合上各属性指标值的方式来确定决策树结点的划分属性。例如，在构造 CART 决策树时需要比较所有属性关于训练样本集 D_i 的基尼指数值，取使得训练数据集 D_i 基尼指数最小的属性 a_{ij} 作为该结点的划分属性。

为提高决策树模型的个体差异性，通常需要从特征属性集合 A_i 中随机选择 s 个特征组成新的特征集合 $A_i'=\{a_{i1}',a_{i2}',\cdots,a_{is}'\}$，然后算得由 A_i' 中的最优特征 a_{ij}' 作为划分属性。以构造 CART 决策树为例，随机森林集成学习中构造单棵决策树算法的具体步骤如下：

（1）通过自助法确定的训练样本集 D_i；

（2）从当前样本数据集的特征集合 $A_i=\{a_{i1},a_{i2},\cdots,a_{im}\}$ 中随机选择 s 个特征组成新的特征集合 $A_i'=\{a_{i1}',a_{i2}',\cdots,a_{is}'\}$；

（3）分别计算 A_i' 中所有属性关于该样本数据集的基尼指数，并根据基尼指数确定最优特征切分点，然后依据最优特征切分点将 D_i 中的样本分配到子结点所对应的样本子集中；

（4）分别对两个子结点递归地调用步骤（2）~（3），直至满足算法停止条件。算法停止条件为结点中样本个数或样本集基尼指数小于给定阈值，或者没有更多特征可以分裂。

不难发现，上述训练过程没有包含剪枝操作。这是因为决策树剪枝操作可能会造成单棵决策树模型的预测偏差增大，不利于提升随机森林模型的泛化性能。

【例题 5.3】 表 5-6 是一个感冒诊断样本数据集，试用该数据集构造一棵作为随机森林弱学习器的 CART 决策树，在确定某结点的划分属性时，若该结点所对应属性集合具有 m 个特征，则规定从中随机选择 $s=\lceil \log_2 m \rceil$ 个属性用于确定划分属性的基尼指数。

表 5-6 感冒诊断样本数据集

编号	体温	流鼻涕	肌肉疼	头疼	感冒	编号	体温	流鼻涕	肌肉疼	头疼	感冒
1	较高	是	是	否	是	9	较高	否	是	是	是
2	非常高	否	否	否	否	10	正常	是	否	否	否
3	非常高	是	否	是	是	11	正常	是	否	是	是
4	正常	是	是	是	是	12	正常	否	是	是	是
5	正常	否	否	是	否	13	较高	否	否	否	否
6	较高	是	否	否	是	14	非常高	否	是	否	是
7	较高	是	否	是	是	15	非常高	否	是	否	是
8	非常高	是	是	否	是	16	较高	否	否	是	是

【解】 表 5-6 中有 4 个属性，即 $m=4$。故从中随机选择 $s=\lceil \log_2 4 \rceil=2$ 个属性用于确定该决策树第一个结点的划分属性。通过随机抽样，选择“流鼻涕”和“肌肉疼”这两个属性进行计算。首先，考察“流鼻涕”属性，根据是否流鼻涕可以将数据集划分为

$$D_1=\{1,3,4,6,7,8,10,11\};\quad D_2=\{2,5,9,12,13,14,15,16\}$$

分别计算 D_1 和 D_2 的基尼指数：

$$\text{Gini}(D_1)=1-\left(\frac{7}{8}\right)^2-\left(\frac{1}{8}\right)^2=0.21875$$

$$\text{Gini}(D_2)=1-\left(\frac{5}{8}\right)^2-\left(\frac{3}{8}\right)^2=0.46875$$

则在使用“流鼻涕”这一属性对集合 D 进行划分时，得到的基尼指数为

$$\text{Gini}(D,\text{流鼻涕})=\frac{8}{16}\times\text{Gini}(D_1)+\frac{8}{16}\times\text{Gini}(D_2)=0.34375$$

再考察“肌肉疼”属性，根据肌肉是否疼痛可以将数据集划分为

$$D_1=\{1,4,8,9,12,14,15\};\ D_2=\{2,3,5,6,7,10,11,13,16\}$$

分别计算 D_1 和 D_2 的基尼指数：

$$\text{Gini}(D_1)=1-\left(\frac{7}{7}\right)^2-\left(\frac{0}{7}\right)^2=0$$

$$\text{Gini}(D_2)=1-\left(\frac{4}{9}\right)^2-\left(\frac{5}{9}\right)^2=0.4938$$

则在使用“肌肉疼”这一属性对集合 D 进行划分时，得到的基尼指数为

$$\text{Gini}(D,\text{肌肉疼})=\frac{7}{16}\times\text{Gini}(D_1)+\frac{9}{16}\times\text{Gini}(D_2)=0.2778$$

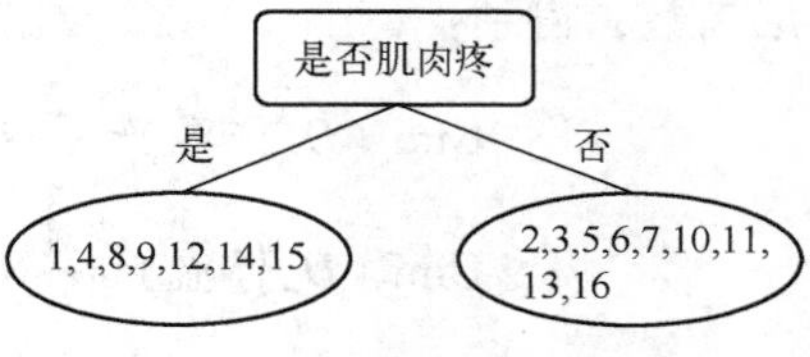

图 5-9　初始决策树

根据上述计算结果，选择“肌肉疼”作为决策树根结点的划分属性，得到如图 5-9 所示的初始决策树，其左右叶结点所对应的数据子集分别为

$$D_1=\{1,4,8,9,12,14,15\};\ D_2=\{2,3,5,6,7,10,11,13,16\}$$

由于 D_1 中所有样本属于同一类别，故不再对其进行划分。对于 D_2 递归调用上述过程，继续进行划分。由于已使用“肌肉疼”属性作为根结点的划分属性，故在对 D_2 进行划分时不再考虑该属性，此时 $m=3$，故随机选择 $s=2$ 个属性用于计算当前结点的划分属性。

根据随机抽样，选择“头疼”和“体温”这两个属性进行计算。通过计算可知，使用属性“头疼”对样本集合 D_2 进行划分时，得到基尼指数为 $\text{Gini}(D_2,\text{头疼})=0.344$。

若按“体温”属性来划分 D_2，需对其进行二元划分得到如下三对可能的取值：

体温=非常高,体温≠非常高；体温=较高,体温≠较高；体温=正常,体温≠正常

分别计算上述三种关于样本集合 D_2 的划分标准所对应的基尼指数，对于划分“体温=非常高”和“体温≠非常高”，得到基尼指数为

$$\text{Gini}(D(\text{非常高}))=1-\left[\left(\frac{1}{2}\right)^2+\left(\frac{1}{2}\right)^2\right]=0.5$$

$$\text{Gini}(D(\neg\ \text{非常高}))=1-\left[\left(\frac{3}{7}\right)^2+\left(\frac{4}{7}\right)^2\right]=0.490$$

$$\text{Gini}_1(D,\text{体温})=\frac{2}{9}\times\text{Gini}(D(\text{非常高}))+\frac{7}{9}\times\text{Gini}(D(\neg\ \text{非常高}))=0.492$$

对于“体温=较高”和“体温≠较高”这种划分方式，得到基尼指数为

$$\text{Gini}(D(\text{较高}))=1-\left[\left(\frac{3}{4}\right)^2+\left(\frac{1}{4}\right)^2\right]=0.375$$

$$\text{Gini}(D(\neg\ \text{较高}))=1-\left[\left(\frac{3}{5}\right)^2+\left(\frac{2}{5}\right)^2\right]=0.48$$

$$\text{Gini}_2(D,\text{体温})=\frac{4}{9}\times\text{Gini}(D(\text{较高}))+\frac{5}{9}\times\text{Gini}(D(\neg\ \text{较高}))=0.433$$

对于“体温=正常”和“体温≠正常”这种划分方式，得到基尼指数为

$$\text{Gini}(D(\text{正常}))=1-\left[\left(\frac{2}{3}\right)^2+\left(\frac{1}{3}\right)^2\right]=0.444$$

$$\text{Gini}(D(\neg\ 正常))=1-\left[\left(\frac{2}{6}\right)^2+\left(\frac{4}{6}\right)^2\right]=0.444$$

$$\text{Gini}_3(D,体温)=\frac{3}{9}\times\text{Gini}(D(正常))+\frac{6}{9}\times\text{Gini}(D(\neg\ 正常))=0.444$$

根据上述计算结果选择“头疼”属性作为该结点的划分属性，得到如图 5-10 所示新决策树。新决策树叶结点所对应的特征子集中只含两个属性，即 $m=2$，故随机选择一个属性进行计算。根据随机抽样，选择“体温”属性来对分支“头疼=是”所对应的训练样本子集进行划分。分别对该属性所对应的三种二元划分方式计算基尼指数，得到：

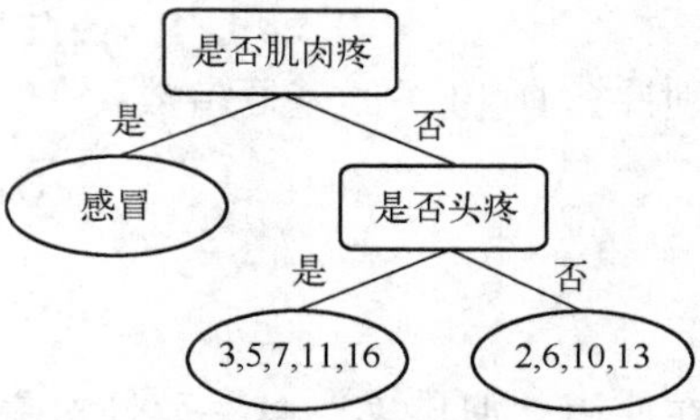

图 5-10 更新后的决策树（Ⅰ）

$$\text{Gini}_1(D,体温)=\frac{2}{9}\times\text{Gini}(D(非常高))+\frac{7}{9}\times\text{Gini}(D(\neg\ 非常高))=0.3$$

$$\text{Gini}_2(D,体温)=\frac{4}{9}\times\text{Gini}(D(较高))+\frac{5}{9}\times\text{Gini}(D(\neg\ 较高))=0.266$$

$$\text{Gini}_3(D,体温)=\frac{3}{9}\times\text{Gini}(D(正常))+\frac{6}{9}\times\text{Gini}(D(\neg\ 正常))=0.2$$

根据上述计算结果，选择“体温=正常”和“体温≠正常”作为划分标准对该数据集进行划分。在对分支“头疼=否”所对应的训练样本子集进行划分时，由于只包含两个候选属性，随机选择其中一个属性进行计算。此时直接将随机选到的属性作为划分属性即可。随机选择“流鼻涕”属性作为划分属性，得到如图 5-11 所示的更新后的决策树。

在如图 5-11 所示的决策树中，“体温=非正常”和“流鼻涕=否”分支所对应的数据子集中数据类别各自都是一致的，故不再对其进行划分。还需对“体温=正常”和“流鼻涕=是”所对应的样本数据集子进行划分。对于“体温=正常”分支所对应的样本数据子集，选择“流鼻涕”作为划分属性；对于“流鼻涕=是”分支所对应的样本数据子集，选择“体温”作为划分属性，划分方式为“体温=正常”和“体温≠正常”，得到如图 5-12 所示的最终决策树。由于构造决策树过程中需要随机选择属性子集，故所求决策树结构并不唯一。□

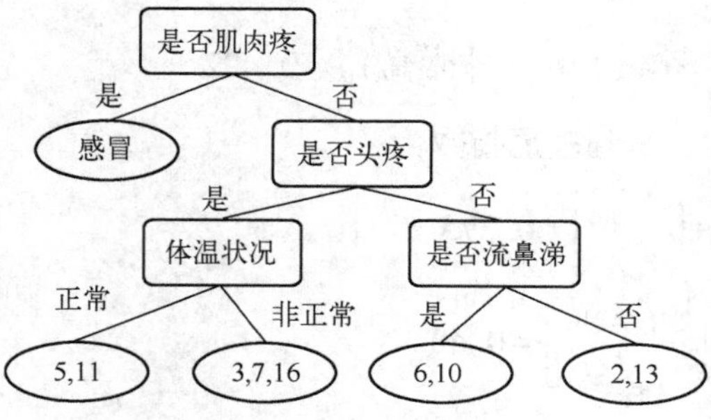

图 5-11 更新后的决策树（Ⅱ）

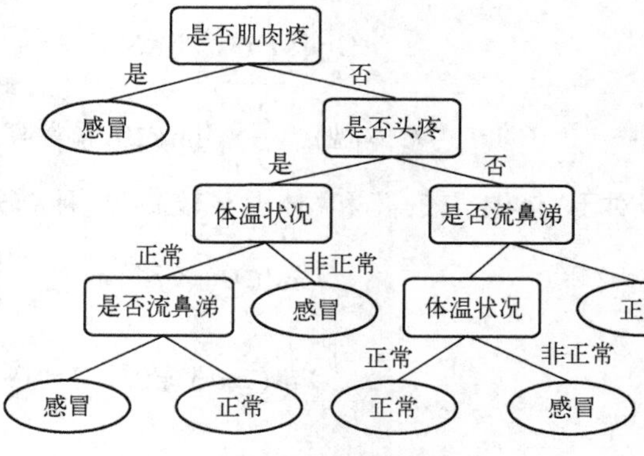

图 5-12 最终决策树

对于由训练样本子集 $D_1,D_2,\cdots,D_k$ 构造出来的 k 个决策树，可用基本 Bagging 集成策略将这 k 个决策树作为弱学习器组合成一个具有较强泛化性能的随机森林模型。

【例题 5.4】 试使用表 5-6 的数据集构造一个由三棵 CART 决策树所组成的随机森林模型，

在确定某结点的划分属性时，若该结点所对应属性集合具有 m 个特征，则规定从中随机选择 $s=\lceil \log_2 m \rceil$ 个属性用于确定划分属性的基尼指数。

【解】 首先，对表 5-6 所示数据集进行自助采样得到如下三个训练样本集：

$$D_1=\{1,1,3,4,5,6,8,9,9,10,11,12,12,13,14,16\}$$

$$D_2=\{1,2,2,3,4,5,6,7,7,7,8,13,13,14,14,16\}$$

$$D_3=\{3,4,4,4,5,7,7,8,9,10,11,11,12,13,13,14\}$$

然后，分别使用 D_1、D_2、D_3训练构造相应的 CART 决策树 L_1、L_2和 L_3。对于训练样本数据集合 D_1，由于该数据集合中包含 4 个属性，即 $m=4$，故随机选择 $s=\lceil \log_2 4 \rceil=2$ 个属性计算该决策树 L_1的根结点划分属性。随机抽到参与计算的两个属性分别为"体温"和"头疼"。

若按照"体温"属性划分，则对其进行二元划分得到如下三对可能的取值：

体温=非常高,体温≠非常高；体温=较高,体温≠较高；体温=正常,体温≠正常

分别计算上述三种划分方式所对应的基尼指数，得到：

$$\text{Gini}_1(D,\text{体温})=\frac{2}{9}\times\text{Gini}(D(\text{非常高}))+\frac{7}{9}\times\text{Gini}(D(\neg\ \text{非常高}))=0.288$$

$$\text{Gini}_2(D,\text{体温})=\frac{4}{9}\times\text{Gini}(D(\text{较高}))+\frac{5}{9}\times\text{Gini}(D(\neg\ \text{较高}))=0.302$$

$$\text{Gini}_3(D,\text{体温})=\frac{3}{9}\times\text{Gini}(D(\text{正常}))+\frac{6}{9}\times\text{Gini}(D(\neg\ \text{正常}))=0.279$$

若选择"头疼"属性作为该结点的划分属性，则得到基尼指数为

$$\text{Gini}(D,\text{头疼})=\frac{9}{16}\times\text{Gini}(D(\text{是}))+\frac{7}{16}\times\text{Gini}(D(\text{否}))=0.290$$

显然，选择"体温"作为该结点划分属性并采用"体温=正常"和"体温≠正常"作为二元划分时所对应基尼指数最小，故选择该情形作为该结点的划分方式。

对于每个未满足算法终止条件的叶结点，对其数据子集递归进行上述过程，最终可得如图 5-13 所示的决策树模型，令其为弱学习器 L_1。图 5-13 中还标记了对每个结点进行划分时随机选择的属性子集。

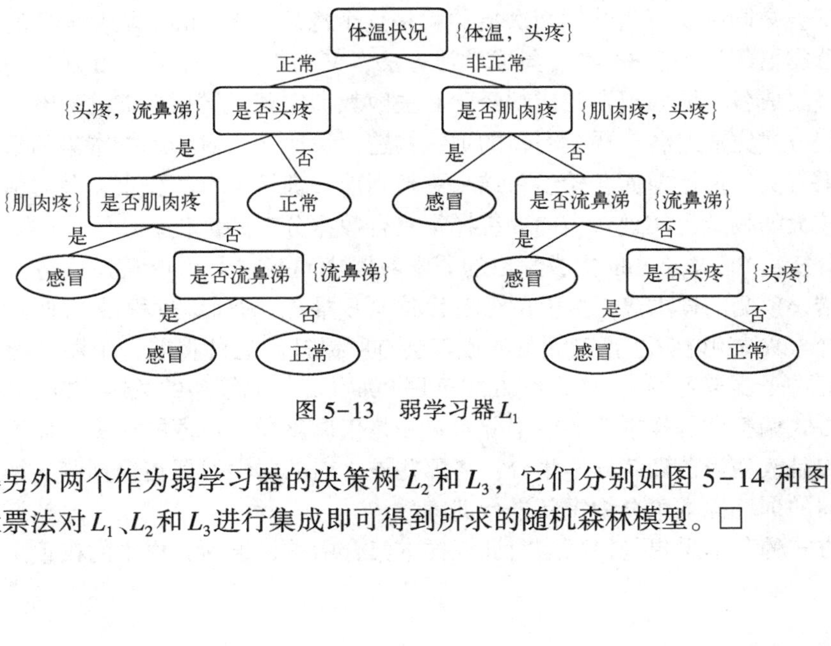

图 5-13　弱学习器 L_1

同理可得另外两个作为弱学习器的决策树 L_2和 L_3，它们分别如图 5-14 和图 5-15 所示。最后，使用投票法对 L_1、L_2和 L_3进行集成即可得到所求的随机森林模型。□

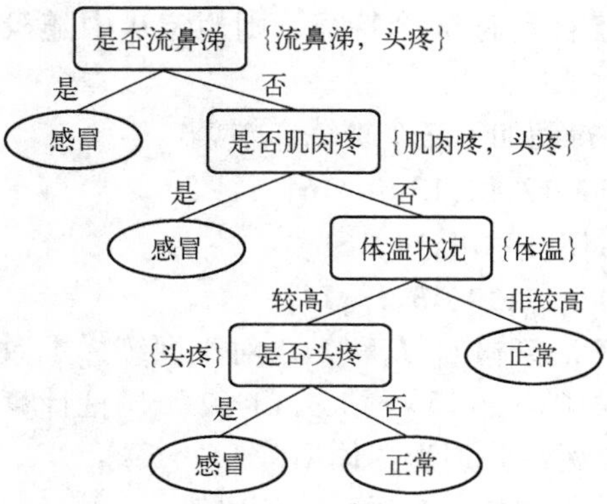

图 5-14　弱学习器 L_2

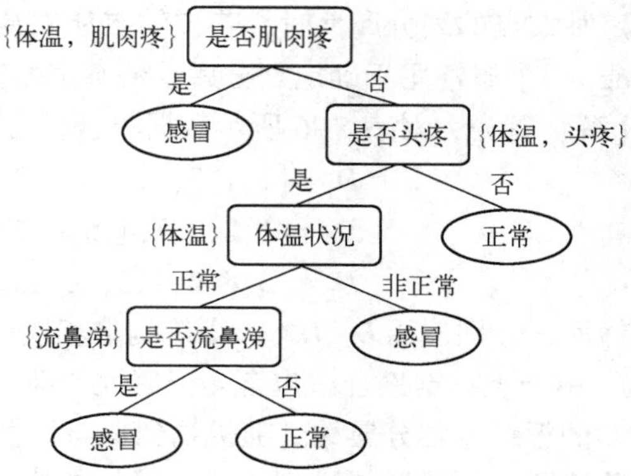

图 5-15　弱学习器 L_3

5.3 Boosting 集成学习

前述 Bagging 集成学习方法及随机森林模型对弱学习器的训练没有考虑各个弱学习器之间的关联性。事实上，在很多情况下可以通过弱学习器之间的关联性获得泛化性能更好的学习效果。例如，在背英语单词的过程中，背完第一遍后容易记住的单词都记住了，第二遍主要针对第一遍记错的单词重点记忆，第三遍主要针对第二遍还未记住的单词重点记忆，如此重复直至完成目标。Boosting 集成学习方法正是基于这种思想，该方法特别注重那些被弱学习器错误预测的样本，因而是一种非常有效的集成学习方法。在 Boosting 集成学习方法基础上衍生出两个在多个领域得到广泛应用的著名集成学习算法，即 AdaBoost 算法和 GBDT 算法。本节主要介绍 Boosting 集成学习的基本理论和方法，包括 Boosting 集成学习的基本策略、AdaBoost 集成学习算法和 GBDT 集成学习算法。

5.3.1 Boosting 集成策略

在日常生活和工作中，人们总是善于从过往的经验中汲取教训，尽量使得已经犯过的错误不会再犯。不会被同一块石头绊倒两次指的就是这个意思。Boosting 集成学习正是基于这种思想实现对弱分类器的训练。Boosting 集成学习方法，又名提升式集成学习方法。顾名思义，该方法主要通过集成各个弱学习器的成功经验和失败教训实现对模型性能的提升。具体地说，该方法使用迭代方式完成对各个弱学习器的训练构造，每次迭代对训练样本集的选择都与前面各轮的学习结果有关，使用前面各轮学习结果更新当前各训练样本的权重，并对前面被错误预测的样本赋予较大的权重，实现对当前训练样本集合数据分布的优化。

由以上分析可知，Boosting 集成学习的弱学习器之间基本上呈现互补状态，对于被前一个弱学习器 L_t 错误预测的样本 X，由于在对随后弱学习器 L_{t+1} 的训练过程中增加了对样本 X 的关注程度，故样本 X 能够被 L_{t+1} 正确预测的概率会有所提升。这种将前一个弱学习器 L_t 的预测效果用于确定后一个弱学习器 L_{t+1} 的训练方式正是 Boosting 集成策略的关键。Boosting 集成学习通常使用两种方式调整训练样本集的数据分布：一是仅调整样本数据的权重，而不改变当前训练样本集合；二是改变当前训练样本集合，将那些被之前的弱学习器错误预测的样本复制到关于当前弱学习器的训练样本集合中重新进行训练。

第一种方式的基本思想是提高当前训练样本集合中被错误预测样本的权重，降低已被正确预测样本的权重，使得后续对弱学习器的训练构造更加重视那些被错误预测的样本。具体地说，对于包含 n 个样本的训练集 T，其中每个样本的初始权重均为 $1/n$，则对于所有被错误预测样本组成的集合 Q，其整体权重等于预测错误率 ε。若规定权重更新后样本集合 Q 的整体权重为 1/2，则需将其初始权重 ε 乘上 $1/(2\varepsilon)$，即有 $[1/(2\varepsilon)]\varepsilon=1/2$。同理可知，剩余样本的整体权重应乘上 $1/[2(1-\varepsilon)]$ 以确保更新后概率分布的所有概率之和为 1。

【例题 5.5】 现有均匀分配权重样本集训练得到的分类器 C_1，其分类结果如表 5-7 所示。试更新该训练样本集的权重并求出分类器 C_1 基于更新权重后的样本集的分类错误率。

【解】 依题意可知，共有 60 个分类正确样本，40 个分类错误样本，分类错误率为 $\varepsilon=0.4$。错误分类样本权重更新因子 $\alpha=1/(2\varepsilon)=1.25$，正确分类样本权重更新因子 $\beta=1/[2(1-\varepsilon)]=5/6$，则权重更新后的分类结果如表 5-8 所示，此时错误率 $\varepsilon'=0.5$。□

表 5-7　分类器 C 的分类结果

	预测为+	预测为-	合计
实际为+	36	31	67
实际为-	9	24	33
合计	45	55	100

表 5-8　加权分类结果

	预测为+	预测为-	合计
实际为+	30	39	69
实际为-	11	20	31
合计	41	59	100

Boosting 集成学习调整训练样本集数据分布的第二种方式是改变当前训练样本集合，即复制被前面弱学习器错误预测样本到样本训练集当中重新进行训练。显然，采用这种方式会使得各个弱学习器的训练样本集不完全相同。例如，对于前一个预测正确率为 50% 的弱学习器 L_t，则可将用于训练当前弱学习器 L_{t+1} 的训练样本集合 T_{t+1} 调整为：一半是被弱学习器 L_t 错误预测的样本，另外一半是被弱学习器 L_t 正确预测的样本。训练样本集合 T_{t+1} 的这种构造方式充分考虑了弱学习器 L_t 的不足，并通过后续弱学习器 L_{t+1} 对其进行修正，从而提高集成模型的预测性能。

Schapire's Boosting 算法正是采用上述思想实现对训练样本集数据分布的调整。该算法是一种用于解决分类问题的 Boosting 集成学习算法，主要通过构造三个互补的弱分类器并由投票法将其集成为一个具有较强分类性能的强分类器。具体地说，对于包含 n 个样本的数据集 D，该算法首先由 D 随机生成一个包含 s 个样本的子集 D_1 作为训练构造第一个分类器 C_1 的训练样本集合，并用数据集 D 对分类器 C_1 进行性能测试。由于 C_1 的泛化性能较弱，故会存在一些被错误分类的样本。对于构造第二个分类器 C_2 所使用的训练样本数据集合 D_2，其中一半样本是被分类器 C_1 错误预测的样本，另外一半样本是被分类器 C_1 正确预测的样本。

由于分类器 C_1 和分类器 C_2 分别由不同训练集生成，故它们对于相同样本的预测结果会有不同偏好。如果只用多个带有不同偏好的弱学习器进行组合，则所得集成模型的预测结果会由这组弱学习器对偏好的认可度决定，这显然不够合理。因为集成模型的预测结果应由样本的实际分布决定。故该算法在训练第三个分类器 C_3 时，主要选择分别被分类器 C_1 和分类器 C_2 预测成不同结果的样本来构成训练样本集 D_3 以用于对分类器 C_3 的训练。

Boosting 集成学习算法的基本流程如图 5-16 所示。与 Bagging 集成学习方法类似，Boosting 集成学习通常采用加权平均或加权投票方法实现对多个弱学习器的集成，由此构造一个具有较强泛化性能的集成模型。由于 Boosting 集成学习中各个弱学习器之间具有一定关联，由此可以得到预测偏差更小的弱学习器，故能有效降低集成模型的预测偏差。但由于其弱学习器通过串行训练逐个生成，故 Boosting 集成学习要花费较长时间训练弱学习器。

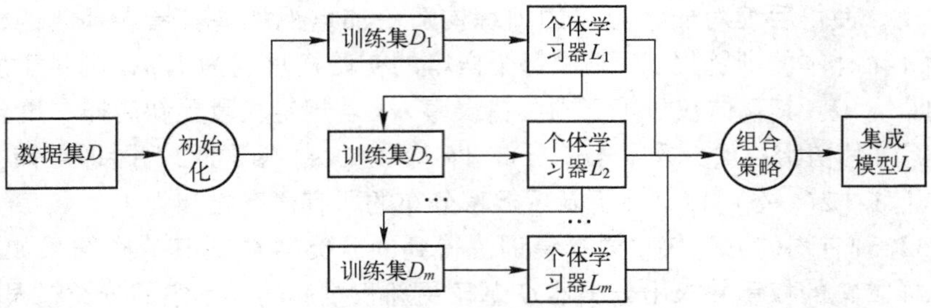

图 5-16　Boosting 集成学习算法的基本流程

5.3.2　AdaBoost 集成学习算法

AdaBoost 集成学习算法是一种具有自适应性质的 Boosting 集成学习算法。该算法的自适应性主要表现在自动提升被错误预测样本的权重，自动减少被正确预测样本的权重，使得弱学习器训练过程能够根据模型预测性能自动进行调整。事实上，AdaBoost 是 Adaptive Boosting 的缩略语，意为自适应增强，较好地表达了该算法的核心思想。

AdaBoost 集成学习算法基本上遵从 Boosting 集成学习思想，通过不断迭代更新训练样本集的样本权重分布以获得一组性能互补的弱学习器，然后通过加权投票等方式将这些弱学习器集成起来得到性能较优的集成模型。现以二分类任务为例介绍该算法的具体过程。

对于训练样本集 $D=\{(X_1,y_1),(X_2,y_2),\cdots,(X_n,y_n)\}$，其中 $y_i\in\{-1,+1\}$，由 AdaBoost 集成学习算法构造集成模型的基本步骤如下：

（1）令 $i=1$ 并设定弱学习器的数目 m。使用均匀分布初始化训练样本集的权重分布，令 n 维向量 $\boldsymbol{w}^i$ 表示第 i 次需更新的样本权重，则有

$$\boldsymbol{w}^1=(w_{11},w_{12},\cdots,w_{1n})^{\mathrm{T}}=\left(\frac{1}{n},\frac{1}{n},\cdots,\frac{1}{n}\right)^{\mathrm{T}}$$

（2）使用权重分布为 $\boldsymbol{w}^i$ 的训练样本集 D_i 学习得到第 i 个弱学习器 L_i；

（3）计算 L_i 在训练样本集 D_i 上的分类错误率 e_i

$$e_i=\sum_{k=1}^{n}w_{ik}I(L_i(X_k)\neq y_k) \tag{5-10}$$

（4）确定弱学习器 L_i 的组合权重 α_i。由于弱学习器 L_i 的权重取值与其分类性能相关，对于分类错误率 e_i 越小的 L_i，则其权重 α_i 应该越大，故有

$$\alpha_i=\frac{1}{2}\ln\frac{1-e_i}{e_i} \tag{5-11}$$

（5）依据弱学习器 L_i 对训练样本集 D_i 的分类错误率 e_i 更新样本权重，更新公式为

$$w_{i+1,j}=\frac{w_{ij}\exp\left(-\alpha_i y_k L_i(X_k)\right)}{Z_i} \tag{5-12}$$

其中，

$$Z_i=\sum_{k=1}^{n}w_{ij}\exp\left(-\alpha_i\,y_k\,L_i(X_k)\right)$$

为归一化因子，保证更新后权重向量为概率分布；

（6）若 $i<m$，则令 $i=i+1$ 并返回步骤（2），否则，执行步骤（7）；

（7）对于 m 个弱分类器 $L_1,L_2,\cdots,L_m$，分别将每个 L_i 按权重 α_i 进行组合

$$L=\text{sign}\Big(\sum_{i=1}^{m}\alpha_i L_i(X)\Big) \tag{5-13}$$

得到并输出所求集成模型 L,算法结束。

由上述算法步骤可知，AdaBoost 集成学习算法的关键是如何更新样本权重，即步骤（5）中的权重更新公式。事实上，可将该公式改写为如下形式

$$w_{i+1,j}=\begin{cases}\dfrac{w_{ij}}{Z_i}\exp(-\alpha_i),L_i(X_k)=y_k\\ \dfrac{w_{ij}}{Z_i}\exp(\alpha_i),L_i(X_k)\neq y_k\end{cases} \tag{5-14}$$

即当某个样本被前一个弱学习器错误预测时，该样本的权重会被放大 $e_i/(1-e_i)$ 倍，以便在后续弱学习器构造过程中得到应有的重视。

【例题 5.6】 试以表 5-4 所示数据集为训练样本，使用 AdaBoost 集成学习算法构造一个包含三个弱学习器的集成模型，并通过所求集成模型预测 $X=7.5$ 所对应的类别。

【解】 取初始训练数据集 D_1 的样本权重向量为 $\boldsymbol{w}_1=(w_{11},w_{12},\cdots,w_{110})^{\mathrm{T}}$，其中，$w_{1i}=0.1$；$i=1,2,3,\cdots,10$。现通过数据集 D_1 训练第一个弱学习器 L_1 并依据 L_1 更新样本的权重分布，由于当阈值 $v=4.5$ 时，使用该阈值数据集 D_1 进行分类的错误率 e_1 最小，故可得到 $L_1(X)$

$$L_1(X)=\begin{cases}1, & X<4.5\\ -1, & X\geqslant 4.5\end{cases}$$

不难算得在 D_1 上的错误率 $e_1=P(L_1(X_i)\neq y_i)=0.2$。进一步计算 $L_1(X)$ 的集成系数 α_1

$$\alpha_1=\frac{1}{2}\ln\frac{1-e_1}{e_1}=0.6931$$

根据权重更新公式和弱学习器 $L_1(X)$ 分类结果更新权重，得到权重向量 $\boldsymbol{w}_2$

$$\boldsymbol{w}_2=(0.0625,0.25,0.0625,0.0625,0.0625,0.0625,0.0625,0.0625,0.0625,0.25)^{\mathrm{T}}$$

使用权重为 $\boldsymbol{w}_2$ 的训练样本集 D_2 构造 $L_2(X)$，同理可得

$$L_2(X)=\begin{cases}1, & X<1.5\\ -1, & X\geqslant 1.5\end{cases}$$

算得 $L_2(X)$ 在 D_2 上的错误率 $e_2=0.3125$ 及 $L_2(X)$ 的集成系数 $\alpha_2=0.3942$。根据权重更新公式和 $L_2(X)$ 分类结果更新权重，得到 $\boldsymbol{w}_3$

$$\boldsymbol{w}_3=(0.10,0.1819,0.0454,0.0454,0.0454,0.10,0.10,0.10,0.10,0.1819)^{\mathrm{T}}$$

同理算得 $L_3(X)$

$$L_3(X)=\begin{cases}1, & X>8.5\\ -1, & X<8.5\end{cases}$$

及 $e_3=0.2362$，$\alpha_3=0.5868$。

根据 $L_1(X),L_2(X),L_3(X)$ 各自的组合系数 $\alpha_1,\alpha_2,\alpha_3$ 对其进行组合，得到集成模型 $L(X)$

$$L(X)=\text{sign}[0.6931\,L_1(X)+0.3942\,L_2(X)+0.5868\,L_3(X)]$$

将 $X=7.5$ 代入 $L(X)$ 中算得 $L(7.5)=-1$，故 $X=7.5$ 对应类别为负类。□

5.3.3 GBDT 集成学习算法

GBDT 的含义为梯度提升决策树（Gradient Boosting Decision Tree，GBDT），它是一种以回归决策树为弱学习器的集成学习模型，主要用于完成机器学习的回归任务。与随机森林模型类

似，GBDT 集成学习模型通常使用 CART 决策树（回归树）模型作为弱学习器。GBDT 模型的训练构造算法采用迭代方式逐个构造组成 GBDT 集成模型的各个弱学习器，因而属于基于弱学习器串行训练方式的 Boosting 集成学习算法，但 GBDT 集成学习算法的基本思想与前述 AdaBoost 等 Boosting 算法有很大的差异。

如前所述，AdaBoost 集成模型的各个弱学习器输出的是给定机器学习任务的预测结果，并通过前一轮迭代中弱学习器的预测错误率来更新训练样本的权重，达到提升被错误预测样本的重要性或关注度的效果，并由此提高整个集成模型的预测准确性。GBDT 集成模型的各个弱学习器则不再以给定机器学习任务的预测结果作为输出。对于 GBDT 集成模型中任一非初始弱学习器，该弱学习器以前一轮迭代中的集成学习模型对训练样本的预测误差作为输出，通过与该预测误差进行拟合的优化计算方式完成对该弱学习器的构造，并使用作为该弱学习器输出结果的预测误差对集成学习模型的预测结果进行补偿或校正，从而提高预测结果的准确性。因此，GBDT 集成学习的实质是以迭代方式让集成模型逐步逼近理想的预测模型。

设某个回归任务的训练样本数据集为 $D=\{(X_1,y_1),(X_2,y_2),\cdots,(X_n,y_n)\}$ 并根据样本集 D 构造了一个作为 GBDT 集成学习模型第一个弱学习器的初始回归决策树 L_0，则对于 D 中任意给定的一个训练样本 X，决策树 L_0 对 X 的预测输出与其标记值 y 之间的误差为

$$e=\frac{1}{2}[L_0(X)-y]^2$$

为提升模型性能，需要通过一定的方式来改进模型 L_0 以减小预测误差。将误差 e 看作模型 L_0 的函数，则有

$$e(L_0(X))=\frac{1}{2}[L_0(X)-y]^2 \tag{5-15}$$

使用上述函数作为优化的目标函数来改进模型 L_0，使用梯度下降法实现对上述优化问题的求解，则对上式求导可求得如下梯度

$$\frac{\partial e(L_0(X))}{\partial L_0(X)}=L_0(X)-y \tag{5-16}$$

则梯度的反方向为 $y-L_0(X)$，应对模型 $L_0(X)$ 往这个方向进行调整。

然而，由于单个回归决策树模型的结点数目较少，难以有效拟合所有训练样本的梯度方向，故通常无法直接根据上述方向对模型 $L_0(X)$ 进行更新。由于模型 $L_0(X)$ 的更新方向 $y-L_0(X)$ 为训练样本标记值与该模型预测结果之差，即模型 $L_0(X)$ 的预测误差，故可构造一个新的模型 $L_1(X)$ 来对模型 $L_0(X)$ 的预测误差 $y-L_0(X)$ 进行拟合。在对样本 X 进行预测时，由于 L_1 对于 X 的输出是对 L_0 输出的某个校正量，且校正方向一定是误差 e 减小的方向，故这两个模型的输出之和 $L_0(X)+L_1(X)$ 一定比 $L_0(X)$ 更加接近样本真实值 y。

GBDT 集成学习算法正是根据上述思路通过迭代方式逐步构造多个弱学习器，并逐步将它们集成为一个具有较强泛化性能的强学习器。具体地说，首先根据训练样本数据集 D 构造一个新的数据集 T_1，并使用 T_1 构造一个新的回归决策树模型 $L_1(X)$ 作为 GBDT 集成学习模型的一个新增弱学习器。T_1 的具体形式如下

$$T_1=\{(X_1,\nabla_1),(X_2,\nabla_2),\cdots,(X_n,\nabla_n)\} \tag{5-17}$$

其中，$\nabla_i=y_i-L_0(X_i)$。

一般地，对于训练样本数据集 $D=\{(X_1,y_1),(X_2,y_2),\cdots,(X_n,y_n)\}$，令 GBDT 集成学习模型的初始模型 $L^0(X)$ 为 $L_0(X)$，则经过 t 轮迭代后得到的集成学习模型 $L^t(X)$ 是由包含初始弱

学习器 $L_0(X)$ 在内的前 $t+1$ 个弱学习器的**平方误差损失函数**组合而成的集成模型，其中 $L_k(X)$ 表示在第 k 轮迭代时新增的弱学习器。由此可得 GBDT 集成学习算法的基本步骤如下。

（1）构造初始学习器 $L^0(X)$。令 $t=0$，根据下式构造初始回归树 $L^0(X)=L_0(X)$：

$$L_0(X) = \arg\min_c \sum_{(X_i,y_i)\in D} J(y_i,c) \tag{5-18}$$

其中，$L_0(X)$ 为只有一个根结点的初始回归决策树；c 为使得目标函数最小化的模型参数；$J(y_i,c)$ 为损失函数。

对于回归决策树模型，损失函数主要有平方误差损失函数、绝对值损失函数和 Huber 损失函数等。这里采用平方误差损失函数，即有：

$$J(y,g(X))=\frac{1}{2}[y-g(X)]^2 \tag{5-19}$$

其中，y 为样本真实值或标注值；$g(X)$ 为单个回归决策树模型的预测值。

（2）令 $t=t+1$，并计算数据集 D 中每个训练样本的负梯度 ∇_i：

$$\nabla_i=-\left[\frac{\partial J(y,L(X_i))}{\partial L(X_i)}\right]_{L(X)=L^t(X)} \tag{5-20}$$

（3）构造新的训练样本集 T_t：

$$T_t=\{(X_1,\nabla_1),(X_2,\nabla_2),\cdots,(X_n,\nabla_n)\} \tag{5-21}$$

使用 T_t 作为训练样本集构造一棵回归树，并使用该回归树作为第 $t+1$ 个弱学习器 $L_t(X)$，该决策树中第 j 个叶结点的输出值为

$$C_{t,j} = \arg\min_c \sum_{(X_i,\nabla_i)\in T_t^j} J(y_i,L^t(X_i)+c) \tag{5-22}$$

其中，T_t^j 表示第 $t+1$ 个弱学习器的第 j 个叶结点所对应的数据集合。

上式表明弱学习器 $L_t(X)$ 中每个叶结点的输出均使得上轮迭代所得集成模型 $L^{t-1}(X)$ 的预测误差达到最小。

可将回归决策树 $L_t(X)$ 表示为

$$L_t(X) = \sum_j C_{t,j} I[(X_i,\nabla_i)\in T_t^j] \tag{5-23}$$

其中，

$$I[(X_i,\nabla_i)\in T_t^j]=\begin{cases}1, & (X_i,\nabla_i)\in T_t^j \\ 0, & (X_i,\nabla_i)\notin T_t^j\end{cases} \tag{5-24}$$

（4）更新集成模型为

$$L^t(X)=L^{t-1}(X)+L_t(X) \tag{5-25}$$

（5）若未满足算法终止条件，则返回步骤（2），否则，算法结束。

【例题 5.7】 现有某公司四位员工的考评信息（即月薪）如表 5-9 所示，试根据该数据集和 GBDT 学习算法构造包含两个个体学习器的集成模型，并使用该集成模型预测工龄为 25 年、绩效得分为 65 分的员工的月薪。

【解】（1）依据以下目标初始化第一个个体学习器 $L_0(X)$：

$$L_0(X) = \arg\min_c \sum_{(X_i,y_i)\in D} J(y_i,c)$$

假设采用平方损失函数进行求解，易求得 $c=y$，由于此时只包含根结点，该结点对应整个数据集，因此取

$$c = \frac{1}{4}\sum_{i=1}^{4} y_i = 1.475$$

故求得初始化个体学习器为

$$L_0(X) = 1.475$$

初始个体学习器即为初始集成模型 $L_0(X)$。

（2）计算 D 中每个样本所对应的负梯度

$$\nabla_i = -\left[\frac{\partial J(y, L(X_i))}{\partial L(X_i)}\right]_{L(X)=L^t(X)}, (X_i, y_i) \in D$$

可构造如表 5-10 所示的数据集 T_1。

表 5-9　员工信息数据集

编号	工龄（年）	绩效得分	月薪（万元）
1	5	20	1.1
2	7	30	1.3
3	21	70	1.7
4	30	60	1.8

表 5-10　数据集 T_1

编号	工龄（年）	绩效得分	∇
1	5	20	-0.375
2	7	30	-0.175
3	21	70	0.225
4	30	60	0.325

通过数据集 T_1 和方差最小化原则构造回归树，具体做法为遍历计算所有可能划分点所对应的方差值，计算结果如表 5-11 所示。

表 5-11　划各分点所对应的方差表

划分点	小于划分点的数据集	大于等于划分点的数据集	方差
工龄=5	∅	{1,2,3,4}	0.082
工龄=7	{1}	{2,3,4}	0.047
工龄=21	{1,2}	{3,4}	0.0125
工龄=30	{1,2,3}	{4}	0.062
绩效得分=20	∅	{1,2,3,4}	0.082
绩效得分=30	{1}	{2,3,4}	0.047
绩效得分=60	{1,2}	{3,4}	0.0125
绩效得分=70	{1,2,4}	{3}	0.0867

由上表可知最优划分点有两个：工龄=21 和绩效得分=60，此处随机选择工龄=21 作为划分点，并赋予叶结点如下输出值

$$C_{1,j} = \arg\min_{c} \sum_{(X_i, \nabla_i) \in T_1^j} J(y_i, L^0(X_i) + c)$$

依据工龄=21 作为划分点构造的决策树如图 5-17 所示，易求得左叶结点所对应的输出 $C_{1,1}=-0.275$，右叶结点所对应的输出 $C_{1,2}=0.275$，故作为个体学习器的决策树模型的形式如图 5-18 所示。

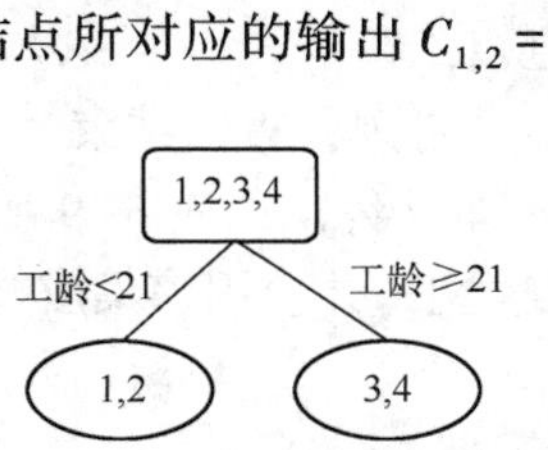

图 5-17　原始决策树模型

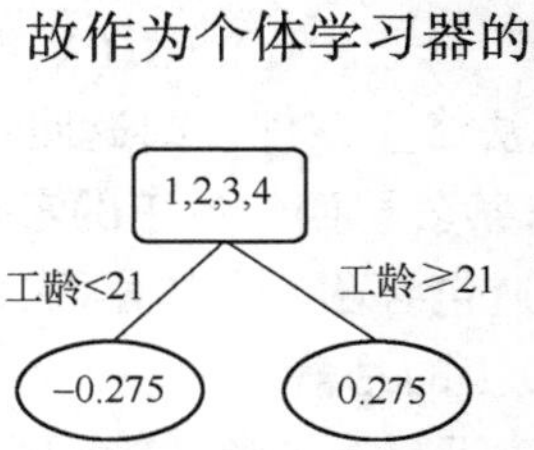

图 5-18　弱学习器 $L_1(X)$

（3）更新集成模型 $L^1(X)=L^0(X)+L_1(X)$，故 $L_1(X)$ 的模型输出为

$$L^1(X) = \begin{cases} 1.475-0.275=1.2, \text{工龄}<21 \\ 1.475+0.275=1.75, \text{工龄} \geq 21 \end{cases}$$

（4）使用该模型预测工龄为25年、绩效得分为65分的员工的月薪为1.75万元。□

由以上分析可知，GBDT集成学习算法的基本思想是在当前集成模型所对应目标函数的梯度反方向上直接更新模型，由此实现对集成模型的优化。这种优化求解方法与梯度下降法比较类似，但与梯度下降法有着很大差别。因为梯度下降法根据目标函数值的迭代下降获得优化的模型参数，而GBDT集成学习算法的优化计算则是根据目标函数值的迭代下降直接获得作为集成模型的预测函数。

如前所述，使用梯度下降法优化计算模型参数 w 的迭代公式为

$$w_{k+1}=w_k-step_k\nabla F(w_k) \tag{5-26}$$

其中，$F(w_k)$是参数取值为w_k时的目标函数。可使用公式来迭代计算模型参数 w 的优化值。而对于GBDT集成学习算法，假设算法在第 t 次迭代后所得集成模型对应的预测函数为$F_t(X)$，该算法则是直接对预测函数$F_t(X)$进行迭代计算，迭代方向为目标函数$J(F(X))$关于函数$F(X)$梯度的反方向，故可将GBDT集成学习算法表示为如下迭代形式

$$F_{t+1}(X)=F_t(X)-step_t\nabla J(F_t(X)) \tag{5-27}$$

其中，$step_t$为迭代步长，通常取$step_t=1$；$\nabla J(F_t(X))$按下式计算

$$\nabla J(F_t(X))=\left[\frac{\partial J(F(X))}{\partial F(X)}\right]_{F(X)=F_t(X)} \tag{5-28}$$

GBDT集成学习模型具有较好的泛化性能，对多种类型的数据具有较强的适应能力，目前被认为是传统机器学习领域中对样本真实分布具有最好拟合效果的模型之一，已被广泛应用于知识发现与数据挖掘、视频图像处理与模式识别等多个领域。GBDT集成学习模型虽然用于回归任务，不过将该集成模型的连续型输出空间转化为分类任务的离散型输出空间，则可使GBDT集成学习模型适用于分类任务，这里不再赘述。

5.4 集成学习应用

在实际应用当中，集成学习的各类算法以其较为简单的模型构造过程和卓越的性能而备受关注，目前已被应用于数据挖掘分析、自动化控制、计算机视觉等各个领域并取得了较好的实际应用效果。本节将使用集成学习中的经典算法来解决多种类型的实际问题，包括使用随机森林模型进行房价预测分析，使用AdaBoost算法实现自动人脸检测。

5.4.1 房价预测分析

人们希望能够对房价进行较为准确的预测。房价变动不仅受时间、区域等因素影响，而且与房屋年限、附近地理条件、人文、交通等因素存在一定联系，其中涉及很多随机影响因素，故无法使用Logistic回归模型等简单模型进行有效预测，通常使用多元回归模型、神经网络模型、随机森林模型等具有较强拟合能力的机器学习模型作为预测分析工具。这里使用随机森林模型基于BostonHousing数据集进行房价预测分析。BostonHousing数据集涵盖了2006年1月至2010年7月间美国波士顿市的1460条带有实际价格标签的房屋交易数据和1459条无实际价格标签的房屋交易数据。每条房屋交易数据中除去实际价格标签之外，还包括房屋编号、地理位置、房屋面积大小、车库面积等79个属性，该数据集中部分数据的部分属性如图5-19所示。

随机森林模型属于Bagging集成策略，对于回归任务可采用简单平均法集成多个回归决策树的预测结果从而得到最终的随机森林预测结果。首先，需对数据进行预处理从而降低模型构

Id	MSSubClas	MSZoning	LotFrontag	LotArea	Street	Alley	LotShape	LandContc	Utilities	LotConfig	LandSlope	Neighborh	Condition1	Condition2	BldgType	HouseStyle	OverallQu	OverallCor	YearBuilt	YearRemo	RoofStyle
1	60	RL	65	8450	Pave	NA	Reg	Lvl	AllPub	Inside	Gtl	CollgCr	Norm	Norm	1Fam	2Story	7	5	2003	2003	Gable
2	20	RL	80	9600	Pave	NA	Reg	Lvl	AllPub	FR2	Gtl	Veenker	Feedr	Norm	1Fam	1Story	6	8	1976	1976	Gable
3	60	RL	68	11250	Pave	NA	IR1	Lvl	AllPub	Inside	Gtl	CollgCr	Norm	Norm	1Fam	2Story	7	5	2001	2002	Gable
4	70	RL	60	9550	Pave	NA	IR1	Lvl	AllPub	Corner	Gtl	Crawfor	Norm	Norm	1Fam	2Story	7	5	1915	1970	Gable
5	60	RL	84	14260	Pave	NA	IR1	Lvl	AllPub	FR2	Gtl	NoRidge	Norm	Norm	1Fam	2Story	8	5	2000	2000	Gable
6	50	RL	85	14115	Pave	NA	IR1	Lvl	AllPub	Inside	Gtl	Mitchel	Norm	Norm	1Fam	1.5Fin	5	5	1993	1995	Gable
7	20	RL	75	10084	Pave	NA	Reg	Lvl	AllPub	Inside	Gtl	Somerst	Norm	Norm	1Fam	1Story	8	5	2004	2005	Gable
8	60	RL	NA	10382	Pave	NA	IR1	Lvl	AllPub	Corner	Gtl	NWAmes	PosN	Norm	1Fam	2Story	7	6	1973	1973	Gable
9	50	RM	51	6120	Pave	NA	Reg	Lvl	AllPub	Inside	Gtl	OldTown	Artery	Norm	1Fam	1.5Fin	7	5	1931	1950	Gable
10	190	RL	50	7420	Pave	NA	Reg	Lvl	AllPub	Corner	Gtl	BrkSide	Artery	Artery	2fmCon	1.5Unf	5	6	1939	1950	Gable
11	20	RL	70	11200	Pave	NA	Reg	Lvl	AllPub	Inside	Gtl	Sawyer	Norm	Norm	1Fam	1Story	5	5	1965	1965	Hip
12	60	RL	85	11924	Pave	NA	IR1	Lvl	AllPub	Inside	Gtl	NridgHt	Norm	Norm	1Fam	2Story	9	5	2005	2006	Hip
13	20	RL	NA	12968	Pave	NA	IR2	Lvl	AllPub	Inside	Gtl	Sawyer	Norm	Norm	1Fam	1Story	5	6	1962	1962	Hip
14	20	RL	91	10652	Pave	NA	IR1	Lvl	AllPub	Inside	Gtl	CollgCr	Norm	Norm	1Fam	1Story	7	5	2006	2007	Gable
15	20	RL	NA	10920	Pave	NA	IR1	Lvl	AllPub	Corner	Gtl	NAmes	Norm	Norm	1Fam	1Story	6	5	1960	1960	Hip
16	45	RM	51	6120	Pave	NA	Reg	Lvl	AllPub	Corner	Gtl	BrkSide	Norm	Norm	1Fam	1.5Unf	7	8	1929	2001	Gable
17	20	RL	NA	11241	Pave	NA	IR1	Lvl	AllPub	CulDSac	Gtl	NAmes	Norm	Norm	1Fam	1Story	6	7	1970	1970	Gable
18	90	RL	72	10791	Pave	NA	Reg	Lvl	AllPub	Inside	Gtl	Sawyer	Norm	Norm	Duplex	1Story	4	5	1967	1967	Gable
19	20	RL	66	13695	Pave	NA	Reg	Lvl	AllPub	Inside	Gtl	SawyerW	RRAe	Norm	1Fam	1Story	5	5	2004	2004	Gable
20	20	RL	70	7560	Pave	NA	Reg	Lvl	AllPub	Inside	Gtl	NAmes	Norm	Norm	1Fam	1Story	5	6	1958	1965	Hip
21	60	RL	101	14215	Pave	NA	IR1	Lvl	AllPub	Corner	Gtl	NridgHt	Norm	Norm	1Fam	2Story	8	5	2005	2006	Gable
22	45	RM	57	7449	Pave	Grvl	Reg	Bnk	AllPub	Inside	Gtl	IDOTRR	Norm	Norm	1Fam	1.5Unf	7	7	1930	1950	Gable
23	20	RL	75	9742	Pave	NA	Reg	Lvl	AllPub	Inside	Gtl	CollgCr	Norm	Norm	1Fam	1Story	8	5	2002	2002	Hip
24	120	RM	44	4224	Pave	NA	Reg	Lvl	AllPub	Inside	Gtl	MeadowV	Norm	Norm	TwnhsE	1Story	5	7	1976	1976	Gable
25	20	RL	NA	8246	Pave	NA	IR1	Lvl	AllPub	Inside	Gtl	Sawyer	Norm	Norm	1Fam	1Story	5	8	1968	2001	Gable
26	20	RL	110	14230	Pave	NA	Reg	Lvl	AllPub	Corner	Gtl	NridgHt	Norm	Norm	1Fam	1Story	8	5	2007	2007	Gable
27	20	RL	60	7200	Pave	NA	Reg	Lvl	AllPub	Corner	Gtl	NAmes	Norm	Norm	1Fam	1Story	5	7	1951	2000	Gable
28	20	RL	98	11478	Pave	NA	Reg	Lvl	AllPub	Inside	Gtl	NridgHt	Norm	Norm	1Fam	1Story	8	5	2007	2008	Gable
29	20	RL	47	16321	Pave	NA	IR1	Lvl	AllPub	CulDSac	Gtl	NAmes	Norm	Norm	1Fam	1Story	5	6	1957	1997	Gable
30	30	RM	60	6324	Pave	NA	IR1	Lvl	AllPub	Inside	Gtl	BrkSide	Feedr	RRNn	1Fam	1Story	4	6	1927	1950	Gable
31	70	C (all)	50	8500	Pave	Pave	Reg	Lvl	AllPub	Inside	Gtl	IDOTRR	Feedr	Norm	1Fam	2Story	4	4	1920	1950	Gambrel
32	20	RL	NA	8544	Pave	NA	IR1	Lvl	AllPub	CulDSac	Gtl	Sawyer	Norm	Norm	1Fam	1Story	5	6	1966	2006	Gable
33	20	RL	85	11049	Pave	NA	Reg	Lvl	AllPub	Corner	Gtl	CollgCr	Norm	Norm	1Fam	1Story	8	5	2007	2007	Gable
34	20	RL	70	10552	Pave	NA	IR1	Lvl	AllPub	Inside	Gtl	NAmes	Norm	Norm	1Fam	1Story	5	5	1959	1959	Hip
35	120	RL	60	7313	Pave	NA	Reg	Lvl	AllPub	Inside	Gtl	NridgHt	Norm	Norm	TwnhsE	1Story	9	5	2005	2005	Hip

图 5-19　BostonHousing 数据集中部分数据的部分属性

造的难度并保证最终的预测效果；然后，对经过预处理后的训练样本集进行自助采样并使用采样到的样本构造出对应的回归决策树模型；最后，使用简单平均法将所有决策树模型的预测结果集成起来构成随机森林的输出。现用 Python3 编程语言实现上述过程，具体方法如下：

（1）数据预处理。在模型构造过程当中所要用到的样本均为带有实际价格标签的房屋交易数据，故需对 BostonHousing 数据集进行筛选，选择带有实际价格标签的 1460 条交易数据组成数据集 D，其余数据组成真实测试集 T。读取数据集 D、T 中的数据并对房屋价格进行统计分析，具体代码如代码 5-1 所示。

```
import numpy as np,pandas as pd,os,seaborn as sns,matplotlib. pyplot
as plt
from statsmodels. stats. outliers_influence import variance_inflation_factor
from sklearn. preprocessing import StandardScaler
from sklearn. decomposition import PCA
data_train = pd. read_csv('. /data/train. csv')
data_test = pd. read_csv('. /data/test. csv')
print("data_train. head():",data_train. head())
print("data_test. head():",data_test. head())
print("数据的列名 data_train. columns:",data_train. columns)
print("每列的数据格式 data_train. info:",data_train. info)
data_train_dtypes = data_train. dtypes
print("数据结构为:",data_train_dtypes)
    #查看因变量价格的情况,进行基础分析
sns. distplot(data_train['SalePrice'])
print("价格情况")
plt. show()
sns. set(style="darkgrid")
titanic = pd. DataFrame(data_train['SalePrice']. value_counts())
titanic. columns = ['SalePrice_count']
ax = sns. countplot(x="SalePrice_count", data=titanic)
plt. show()
```

代码 5-1　数据读取与统计分析

数据读取结果展示在图 5-20 中，其中图 5-20a 显示了 D 中前五个数据，而图 5-20b 则显示了 T 中前五个数据。对房价的统计分析结果如图 5-21 所示，图中反映了数据集 D 中样本的房价分布情况。

Id	MSSubClass	MSZoning	LotFrontage	LotArea	Street	Alley	LotShape	LandContour	Utilities	…	EnclosedPorch	3SsnPorch	ScreenPorch	PoolArea	PoolQC	Fence	MiscFeature	MiscVal	MoSold	YrSold	SaleType	SaleCondition	SalePrice
1	60	RL	65	8450	Pave	NA	Reg	Lvl	AllPub	…	0	0	0	0	NA	NA	NA	0	2	2008	WD	Normal	208500
2	20	RL	80	9600	Pave	NA	Reg	Lvl	AllPub	…	0	0	0	0	NA	NA	NA	0	5	2007	WD	Normal	181500
3	60	RL	68	11250	Pave	NA	IR1	Lvl	AllPub	…	0	0	0	0	NA	NA	NA	0	9	2008	WD	Normal	223500
4	70	RL	60	9550	Pave	NA	IR1	Lvl	AllPub	…	272	0	0	0	NA	NA	NA	0	2	2006	WD	Abnorml	140000
5	60	RL	84	14260	Pave	NA	IR1	Lvl	AllPub	…	0	0	0	0	NA	NA	NA	0	12	2008	WD	Normal	250000

a)

Id	MSSubClass	MSZoning	LotFrontage	LotArea	Street	Alley	LotShape	LandContour	Utilities	…	EnclosedPorch	3SsnPorch	ScreenPorch	PoolArea	PoolQC	Fence	MiscFeature	MiscVal	MoSold	YrSold	SaleType	SaleCondition
1461	60	RL	74	9627	Pave	NA	Reg	Lvl	AllPub	…	0	0	0	0	NA	NA	NA	0	11	2006	WD	Normal
1462	85	RL	62	10441	Pave	NA	Reg	Lvl	AllPub	…	0	0	0	0	NA	MnPrv	Shed	700	7	2006	WD	Normal
1463	20	RL	160	20000	Pave	NA	Reg	Lvl	AllPub	…	0	0	0	0	NA	NA	NA	0	9	2006	WD	Abnorml
1464	160	RM	21	1894	Pave	NA	Reg	Lvl	AllPub	…	0	0	0	0	NA	NA	NA	0	4	2006	WD	Abnorml
1465	160	RM	21	1936	Pave	NA	Reg	Lvl	AllPub	…	0	0	0	0	NA	NA	NA	0	6	2006	WD	Normal

b)

图 5-20　数据读取结果

a）数据集 D 中前五个数据　b）数据集 T 中前五个数据

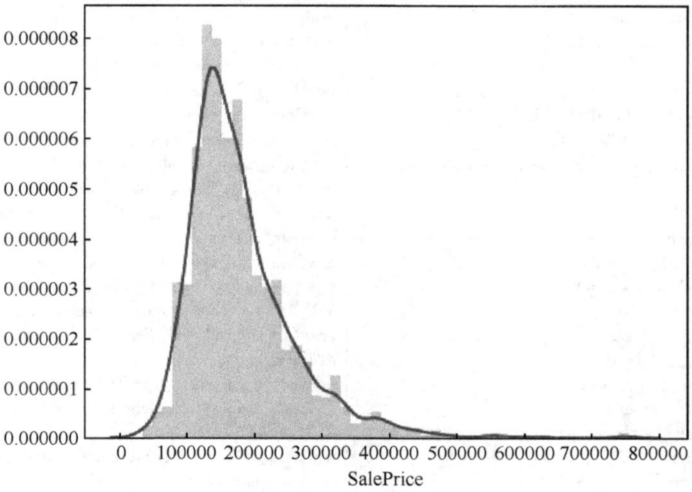

图 5-21　房价分布情况

数据集中存在部分数据缺失，这会增加模型构造过程的难度并且影响最终随机森林模型的性能，因此需对缺失数据进行处理。本节采用如下规则对缺失数据进行处理：若某一属性缺失值较多，则直接删除该属性，若缺失值较少则进行填充。对于数值型变量，采用中位数进行填充，对于类别型数据则直接填充为“None”。缺失数据处理过程的具体代码如代码 5-2 所示。

```
miss_data = data_train.isnull().sum().sort_values(ascending=False)
total = data_train.isnull().count()
miss_data_tmp = (miss_data / total).sort_values(ascending=False)
def precent(X):
    X = '%.2f%%' % (X * 100)
    return X
miss_precent = miss_data_tmp.map(precent)
miss_data_precent = pd.concat([total, miss_precent, miss_data_tmp],
axis=1, keys=['total', 'Percent', 'Percent_tmp']).sort_values(by=
'Percent_tmp', ascending=False)
print("有缺失值的变量打印出来:",miss_data_precent[miss_data_
precent['Percent'] != '0.00%'])
drop_columns = miss_data_precent[miss_data_precent['Percent_tmp']
> 0.15].index
data_train = data_train.drop(drop_columns, axis=1)
data_test = data_test.drop(drop_columns, axis=1)
print("处理后的数据列名:",data_train.columns)
print("处理后的数据列名长:",len(data_train.columns))
class_variable = [
    col for col in data_train.columns if data_train[col].dtypes == 'O']
numerical_variable = [
    col for col in data_train.columns if data_train[col].dtypes != 'O']
print('类别型变量:%s' % class_variable, '数值型变量:%s' %
numerical_variable)
from sklearn.preprocessing import Imputer
padding = Imputer(strategy='median')
data_train[numerical_variable] = padding.fit_transform(
    data_train[numerical_variable])
data_test[numerical_variable[:-1]
    ] = padding.fit_transform(data_test[numerical_variable[:-1]])
data_train[class_variable] = data_train[class_variable].fillna('None')
data_test[class_variable] = data_test[class_variable].fillna('None')
data = pd.concat([data_train['SalePrice'], data_train['CentralAir']],
axis=1)
fig = sns.boxplot(x='CentralAir', y="SalePrice", data=data)
plt.title('CentralAir')
plt.show()
data = pd.concat([data_train['SalePrice'], data_train['MSSubClass'
]], axis=1)
fig = sns.boxplot(x='MSSubClass', y="SalePrice", data=data)
plt.title('MSSubClass')
plt.show()
data = pd.concat([data_train['SalePrice'], data_train['MSZoning']],
axis=1)
fig = sns.boxplot(x='MSZoning', y="SalePrice", data=data)
plt.title('MSZoning')
plt.show()
fig = plt.figure()
ax = fig.add_subplot(111)
ax.scatter(x=data_train['SalePrice'], y=data_train['LotArea'])
plt.xlabel('SalePrice')
plt.ylabel('LotArea')
plt.title('LotArea')
plt.show()
data=pd.concat([data_train['SalePrice'],data_train['Street']],axis=1)
fig = sns.boxplot(x='Street', y="SalePrice", data=data)
plt.title('Street')
plt.show()
data = pd.concat([data_train['SalePrice'], data_train['LotShape']],
axis=1)
fig = sns.boxplot(x='LotShape', y="SalePrice", data=data)
plt.title('LotShape')
plt.show())
plt.show()
```

代码 5-2　缺失数据处理

对数据集 D 进行缺失数据处理之后，为提升构造单棵决策树的效率，还需要对其中的数据进行 PCA 降维处理。对数据集 D 进行 PCA 降维处理的具体代码如代码 5-3 所示。

```
from statsmodels.formula.api import ols
from statsmodels.stats.anova import anova_lm
a = '+'.join(class_variable)
formula = 'SalePrice~ %s' % a
anova_results = anova_lm(ols(formula, data_train).fit())
print(anova_results.sort_values(by='PR(>F)'))
del_var = list(anova_results[anova_results['PR(>F)'] > 0.05].index)
del_var
for each in del_var:
    class_variable.remove(each)
data_train = data_train.drop(del_var, axis=1)
data_test = data_test.drop(del_var, axis=1)
def factor_encode(data):
    map_dict = {}
    for each in data.columns[:-1]:
        piv = pd.pivot_table(data, values='SalePrice',
        index=each, aggfunc='mean')
        piv = piv.sort_values(by='SalePrice')
        piv['rank'] = np.arange(1, piv.shape[0] + 1)
        map_dict[each] = piv['rank'].to_dict()
    return map_dict
class_variable.append('SalePrice')
map_dict = factor_encode(data_train[class_variable])
for each_fea in class_variable[:-1]:
    data_train[each_fea] = data_train[each_fea].replace(map_dict[each_fea])
    data_test[each_fea]=data_test[each_fea].replace(map_dict[each_fea])
class_coding_corr=data_train[class_variable].corr('spearman')['SalePrice'].sort_values(ascending=False)
print(class_coding_corr[class_coding_corr>0.5])
class_0=class_coding_corr[class_coding_corr>0.5].index
data_train[class_0].corr('spearman')
class_variable = ['Neighborhood', 'ExterQual', 'BsmtQual',
                  'GarageFinish', 'GarageType', 'Foundation']
X = np.matrix(data_train[class_variable])
VIF_list = [variance_inflation_factor(X, i) for i in range(X.shape[1])]
VIF_list
Scaler = StandardScaler()
data_train_class = Scaler.fit_transform(data_train[class_variable])
pca = PCA(n_components=3)
newData_train_class = pca.fit_transform(data_train_class)
newData_train_class
Scaler = StandardScaler()
data_test_class = Scaler.fit_transform(data_test[class_variable])
pca = PCA(n_components=3)
newData_test_class = pca.fit_transform(data_test_class)
newData_test_class
newData_train_class = pd.DataFrame(newData_train_class)
y = np.matrix(newData_train_class)
VIF_list = [variance_inflation_factor(y, i) for i in range(y.shape[1])]
print("VIF_list",VIF_list)
#训练集
newData_train_class = pd.DataFrame(newData_train_class)
newData_train_class.columns = ['降维后类别 A','降维后类别 B','降维后类别 C']
newData_train = pd.DataFrame(newData_train)
newData_train.columns = ['降维后数值 A','降维后数值 B','降维后数值 C','降维后数值 D','降维后数值 E','降维后数值 F','降维后数值 G']
target = data_train['SalePrice']
target = pd.DataFrame(target)
train = pd.concat([newData_train_class, newData_train], axis=1, ignore_index=True)
print("降维处理后的训练数据集:",train)
#测试集
newData_test_class = pd.DataFrame(newData_test_class)
newData_test_class.columns = ['降维后类别 A','降维后类别 B','降维后类别 C']
newData_test = pd.DataFrame(newData_test)
newData_test.columns = ['降维后数值 A','降维后数值 B','降维后数值 C','降维后数值 D','降维后数值 E','降维后数值 F','降维后数值 G']
test = pd.concat([newData_test_class,newData_test],axis=1, ignore_index=True)

print("降维处理后的测试数据集:",test)
```

代码 5-3　PCA 降维处理

PCA 降维的关键在于求解协方差矩阵并对其进行对角化，在求得属性的协方差矩阵并进行对角化后，应根据方差贡献率或预先设定的目标维度选择用于降维的基向量。由于需将原始数据降至 9 维，故在对角化后取较大的 9 个特征值所对应的特征向量作为基向量，对原始数据进行降维。图 5-22 展示了数据集 *D* 中经过 PCA 降维处理后的部分数据。

	0	1	2	3	4	5	6	7	8	9
0	-1.771871	0.391450	-0.006668	1.097874	-1.421750	-0.897968	0.071829	-0.032507	-0.000231	-0.392641
1	-0.566627	-0.710295	-0.516170	0.420448	0.324016	0.215963	0.001246	-0.357240	-0.846454	0.320638
2	-1.771871	0.391450	-0.006668	1.541442	-0.375103	-0.446955	-0.824441	0.087345	-0.259276	-0.129342
3	1.535040	0.346877	-1.243908	-0.302525	1.503985	0.136684	-0.325437	-1.534968	1.970617	-0.380982
4	-2.299063	0.523169	-0.756719	2.772031	0.004415	-0.293919	-0.286884	-0.738848	0.460618	-0.297366

图 5-22　数据集 *D* 中经过 PCA 降维处理后的部分数据

（2）构造随机森林。对预处理后仅含 9 个特征和实际价格标签的新样本进行处理。为构造集成模型并测试模型性能，此处采用留出法构造训练样本集 *S* 和测试样本集 *V*。假设数据集 *D* 经过数据预处理过程后得到的新数据集为 *D'*，采用留出法对 *D'* 进行划分，随机选择 *D'* 中 80%的样本组成训练集 *S*，剩余 20%的样本组成测试集 *V*。由于 Python3 编程语言中的 sklearn 库中包含随机森林模型的构造函数，在确定了训练集 *S* 后，只需确定某些超参数便可直接调用该函数构造随机森林模型。本节设置个体学习器数量为 400，并选用决定系数 R^2 作为模型评估指标分别在训练集 *S* 和测试集 *V* 上测试模型的性能，从而求得拟合率和准确率。构造随机森林模型并对其进行性能测试的具体过程如代码 5-4 所示。

```
from sklearn. model_selection import train_test_split
from sklearn. ensemble import RandomForestRegressor
train_data, test_data, train_target, test_target = train_test_split
(train, target, test_size=0. 2, random_state=0)
m = RandomForestRegressor(n_estimators=400)
m. fit(train_data, train_target)
print("拟合率:",m. score(train_data, train_target))
print("准确率:",m. score(test_data, test_target))
```

代码 5-4 构造随机森林模型并进行性能测试

经上述过程可构造一个以 400 棵回归决策树作为个体学习器的随机森林模型，该模型的拟合率约为 0.9804，而其准确率约为 0.8417，因此可以认为该随机森林模型已经较好地拟合了训练样本并具备较强的泛化能力，依据真实房屋信息使用该模型对房价进行预测分析所得到的预测结果的可信度较高。

（3）房价预测。在完成随机森林模型构造后便可使用该模型对真实房屋信息数据进行房价预测，此处对数据集 T 中的样本进行价格预测，并将最终预测结果保存在 Predictions. csv 文件当中，这一过程的具体过程如代码 5-5 所示。

经上述过程可得到与数据集 T 中所有真实房屋信息数据所对应的房价预测值，表 5-12 中展示了随机森林模型对序号为 1461 至 1474 的 14 条真实房屋信息数据的房价预测结果。

```
from sklearn. model_selection import GridSearchCV
param_grid = {'n_estimators':[1,10,100,200,300,400,500,600,
700,800,900,1000,1200],'max_features':('auto','sqrt','log2')}
m = GridSearchCV(RandomForestRegressor(),param_grid)
m=m. fit(train_data,train_target. values. ravel())
print(m. best_score_)
print(m. best_params_)
m = RandomForestRegressor
(n_estimators=200,max_features='sqrt')
m. fit(train_data, train_target. values. ravel())
predict = m. predict(test)
test = pd. read_csv('. /data/test. csv')['Id']
sub = pd. DataFrame()
sub['Id'] = test
sub['SalePrice'] = pd. Series(predict)
sub. to_csv('Predictions. csv', index=False)
print('finished! ')
```

代码 5-5 对真实数据进行预测

表 5-12 部分真实房屋信息数据的房价预测结果

序号	1461	1462	1463	1464	1465	1466	1467
房价（千美元）	121.0584	134.8603	187.8295	189.0859	198.3989	192.7535	186.4237
序号	1468	1469	1470	1471	1472	1473	1474
房价（千美元）	188.7048	199.420	132.8975	201.9586	107.2034	107.6146	169.8359

由于通过模型评估过程已经确定所构造的随机森林模型已经较好地拟合了训练样本并具备较强的泛化能力，故可认为该模型对于真实房屋信息数据的房价预测结果具有一定的可信性，故可将该随机森林模型的预测结果作为房屋交易等现实场景中房价制定的参考信息。

5.4.2 自动人脸检测

图像中人脸的自动检测方法目前已较为成熟，通常使用基于 Haar-Like 特征和积分图的 AdaBoost 算法以及基于深度学习的算法。使用 AdaBoost 算法进行人脸检测，首先需要将人脸所在的图像通过适当的方式切分成很多不同大小的图像块，然后使用分类器根据某种特征对每个图像块给出是否为完整单个人脸图像的判定，如果某个图像块是完整的单个人脸图像，则该图像块的位置就是一个人脸的位置，由此实现对图像中单个或多个人脸的检测或定位。将图像切分成不同大小的图像块是为了能够检测出图像中不同大小的人脸。AdaBoost 集成学习算法在这里的作用主要是，通过对弱分类器的集成学习构造一个强分类器用于对图像块进行分类。这里略去将整幅图像切分成多个图像块的过程。

在将整幅图像切分为多个图像块之后，可分别判断每一个小图像块是否为人脸区域，此时人脸检测任务可转化为对多个小图像块的二分类任务。在 AdaBoost 人脸检测算法中，依据 Haar-Like 特征并使用 AdaBoost 算法构造用于判别图像块是否为人脸图像的分类器。

Haar-Like 特征是一类描述图像矩形区域之间灰度差的特征。根据用于计算特征值的矩形算子的类型，可将 Haar-Like 特征分为多种不同类型。图 5-23 展示了三种常用的矩形算子，使用图 5-23a～c 中的矩形算子可分别提取到图像中的线性特征、边缘轮廓特征和特定方向上的特征。这些矩形算子可以与人脸很好地进行匹配，如图 5-24 所示，例如，通常嘴唇的皮肤与周围皮肤相比较会更深；鼻梁比周围的颜色浅一些；眼睛比鼻梁的颜色深一些等。Haar-Like 特征的形式多样且易于求得，并且此类特征能反映出的图像信息丰富，因此 Haar-Like 特征在人脸检测的建模过程中起到了至关重要的作用。

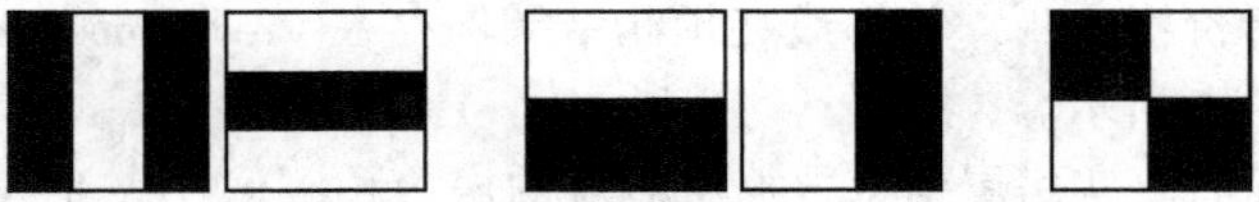

a)　　b)　　c)

图 5-23　Haar-Like 特征模板

a）线性特征　b）边缘轮廓特征　c）特定方向上的特征

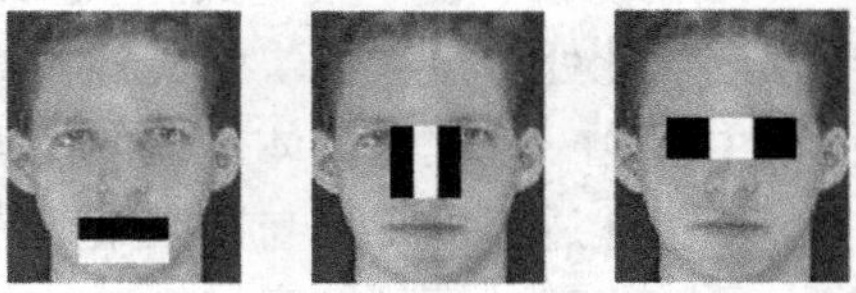

图 5-24　Haar-Like 特征与人脸的匹配

Haar-Like 特征的具体计算方式为：分别得到面积大小相同的白色和黑色矩形区域内的所有像素点的灰度值之和，再求二者之差便可得到对应的 Haar-Like 特征值。例如，在使用图 5-23b 中的矩形算子提取 Haar-Like 特征时，假设每个小矩形块的面积大小为 s，黑色区域内灰度值之和为 b，白色区域内灰度值之和为 w，则其对应的 Haar-Like 特征取值为

$$h=w-b$$

若使用的是图 5-23a 中的第一个矩形算子，则其对应的 Haar-Like 特征取值为

$$h=2w-b$$

Haar-Like 特征的矩形算子可以根据不同尺寸放置在不同位置，每种放置方式对应一个特征取值，同一类矩形算子所对应的所有特征为一类 Haar-Like 特征。在人脸检测任务当中，需要提取每个小图像块中的全部特征，并根据每一类特征构造对应的弱分类器。在实际检测过程中，对于矩形算子的尺寸有所约束，其大小必须满足**(s,t)条件**。(s,t)条件是指矩形算子在水平方向的边长必须能被 s 整除，而在竖直方向的边长必须能被 t 整除，表 5-13 列出了不同矩形特征对应的(s,t)条件。

表 5-13　不同矩形特征对应的 (s,t) 条件

特征模板	1. 	2. 	3. 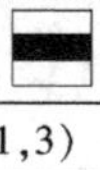	4. 	5. 
(s,t)条件	(1,2)	(2,1)	(1,3)	(3,1)	(2,2)

对于大小为 24×24 的图像块而言，若使用表 5-13 中的第一个矩形算子提取 Haar-Like 特征，可水平滑动 24 步，垂直滑动 23 步，故共有 24×23 个特征；特征本身可以沿水平、竖直方向分别缩放，沿水平方向可放大为：2×1,2×2,2×3,…,2×24；竖直方向可放大为：4×1,6×1,8×1,…,24×1。因此，对于大小为 $m\times n$ 的图像块而言，可以得到满足(s,t)条件矩形算子的最小尺寸为 $s\times t$，最大尺寸为$\lceil m/s\rceil s\times\lceil n/s\rceil t$。通过上述方法可求得不同尺寸图像块所对应的 Haar-Like 特征数量。以 24×24 大小的待检测图片为例，若使用表 5-13 中的 5 种矩形算子进行特征提取，则生成的特征数量如表 5-14 所示。

表 5-14　24×24 尺寸下待检测图像的 Haar-Like 特征数量

特征模板	(s,t)条件	特征个数	合计
1	(1,2),(2,1)	43200	162336
2	(1,3),(3,1)	27600	
3	(2,2)	91536	

不同尺寸待检测图像所得的特征数不同，表 5-15 显示了不同尺寸待检测图像使用表 5-13 中的 5 种矩形算子进行特征提取所得到的 Haar-Like 特征数量。

表 5-15　不同尺寸待检测图像的 Haar-Like 特征数量

待检测图像尺寸	16×16	20×20	24×24	36×36
特征总数	32384	78460	162336	816264

从表 5-15 中可以看出对于一个 20×20 的图像，提取 Haar-Like 特征有 78460 个。如果每次都分两次去统计矩形内所有像素点灰度值之和来计算特征值，会大大降低训练样本和检测图像的速度。为简化 Haar-Like 特征的计算过程，可采用积分图方法计算每个特征取值，此类方法只需要在线性时间内就能计算出不同的特征，从而提高检测图像的速度。积分图定义如图 5-25 所示。

图 5-25a 所示的原始图像中点 A 的积分图像值 $I(x,y)$ 为

$$I(x,y)=\sum_{x'\leqslant x,y'\leqslant y} p(x',y')$$

其中，$p(x',y')$为图像在点(x',y')处的灰度值。根据定义，原图像中所有像素点的积分图可以通过如下公式迭代求出

$$I(x,y)=I(x-1,y)+s(x,y)$$

其中，$s(x,y)$为点(x,y)和其正上方全部像素点灰度值的总和。根据积分图 $I(x-1,y)$ 和$S(x,y)$计算 $I(x,y)$的过程如图 5-25b 所示。利用积分图可在较短时间内求得某个区域的像素点灰度值之和，如图 5-25c 所示，利用点 1、2、3 和 4 的积分图求矩形 D 中所有点的灰度值之和，由积分图的定义可得

$$\mathrm{Sum}(D)=I_4+I_1-(I_2+I_3)$$

其中，$I_i(i=1,2,3,4)$表示区域 D 的四个顶点的积分图。

通过上述分析可知，矩形算子所对应的 Haar-Like 特征取值可在求得某些区域的灰度值之和后，通过简单的加减运算快速得到，只要先得到图像的积分图，对图像遍历一次就可以在固定的时间周期内获得任意算子所对应的 Haar-Like 特征取值，从而提高检测过程的效率。

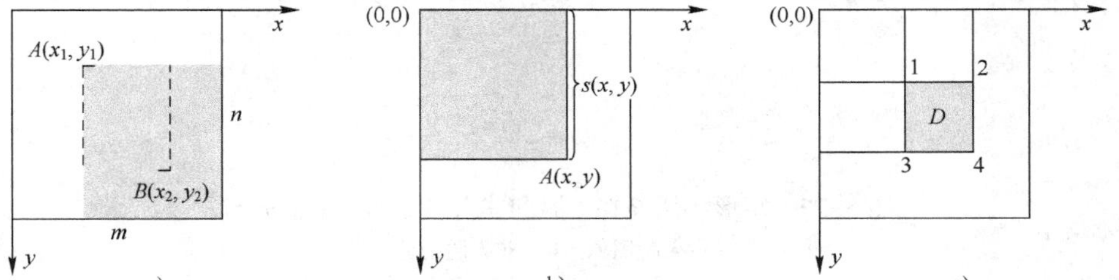

a)　　b)　　c)

图 5-25　积分图原理示意图

a）原始图像　b）迭代计算过程示意图　c）中间区域积分图计算示意图

在通过多种矩形算子求得图像块的多种 Haar-Like 特征之后，便可使用每种 Haar-Like 特征分别构造弱分类器，因此每种 Haar-Like 特征对应着一个弱分类器。

对于给定的训练样本集 S，在对其进行了特征提取过程之后便可使用 AdaBoost 算法构造弱分类器。具体来说，若对每个小图像块均提取了某种 Haar-Like 特征 H，则可简单地通过阈值分割的方式构造弱分类器 $L_i(X)$，所得到的弱分类器 $L_i(X)$ 形式如下

$$L_i(X)=\begin{cases}1, & p_iH_i(X)<p_i\theta_i\\0, & 其他\end{cases}$$

其中，X 表示输入的图像；$H_i(X)$ 为图像的 Haar-Like 特征取值；θ_i 为该分类器的阈值，并利用指示符号 p_i 确定不等式的方向，其值为 1 或者 -1。弱分类器构造过程中的目标即为选择使得分类器分类误差最小的阈值 θ_i。对于所有种类的 Haar-Like 特征均构造相应的最优弱分类器，则可获得一系列最优弱分类器。

对于两种不同的 Haar-Like 特征 A 和 B，二者特征值的分布分别如图 5-26 和图 5-27 所示，其中左侧的图像为在人脸图像上的特征值分布情况，右侧的图像为在非人脸图像上的特征值分布情况。从图 5-26 中可以看出，特征 A 在人脸图像和非人脸图像上的分布较为接近，故难以找到合适的阈值将二者区分开来。从图 5-27 可以看出，特征 B 在人脸图像和非人脸图像上的分布则存在较大差异，因此可选取合适的阈值实现分类效果较优的弱分类器。

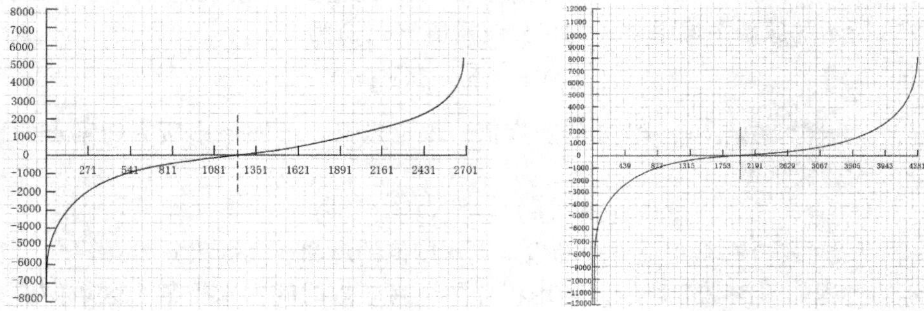

a)　　b)

图 5-26　矩形特征 A 在人脸和非人脸上的特征值分布

a）人脸图像　b）非人脸图像

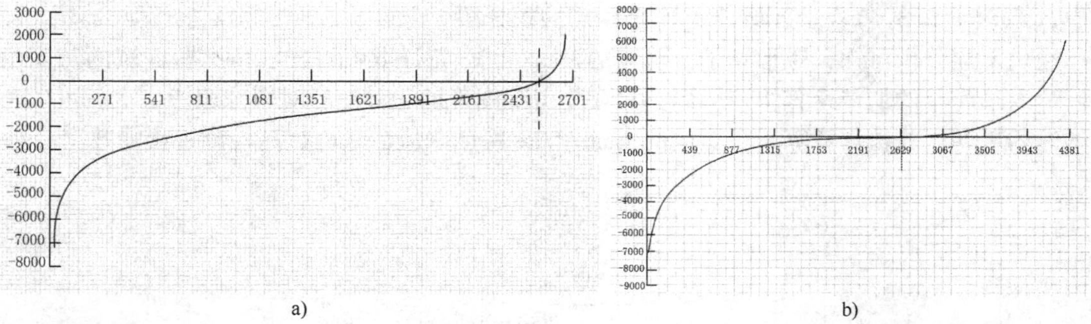

a)　　b)

图 5-27　矩形特征 B 在人脸和非人脸上的特征值分布

a）人脸图像　b）非人脸图像

虽然根据某一类 Haar-Like 特征构造的弱分类器能达到一定的分类率，但其分类效果远不能达到实际任务的需求，因此必须要借助 AdaBoost 算法来组建强分类器从而提升模型性能。假设训练样本集大小为 n，其中包含 m 个正例和 q 个反例，则利用 AdaBoost 算法和 Haar-Like 特征构造强分类器的大致步骤如下。

（1）输入训练样本$(X_1,y_1),(X_2,y_2),\cdots,(X_n,y_n)$，计算每个样本的 Haar-Like 特征值，令 $t=1$；

（2）初始化样本权重：对人脸样本初始化权重为 $w_{1,i}=1/(2m)$；对非人脸样本初始化权重为 $w_{0,i}=1/(2q)$；

（3）通过如下公式对权重进行归一化处理：

$$w_{t,i}=w_{t,i}/\sum_{j=1}^{n}w_{t,j}$$

（4）对任意种类的 Haar-Like 特征 H_j，分别确定最佳阈值 θ_j 和偏置 p_j，从而训练最优弱分类器 L_j，并从这些最优弱分类器中选择分类错误率 ε_t 最小的弱分类器作为次轮所构造的弱分类器 L_t；

（5）按如下公式更新样本权重：

$$w_{t+1}=w_{t,i}\beta_t^{1-e_i}$$

其中，$\beta_t=\varepsilon_t/(1-\varepsilon_t)$，若第 i 个样本被正确分类，则 $e_i=0$，反之 $e_i=1$；

（6）令 $t=t+1$，$t\leqslant T$，返回步骤（3）；否则，执行步骤（7）；

（7）将 T 个弱分类器按照集成权重组合为强分类器，所得到的集成模型如下：

$$L=\begin{cases}1, & \sum_{t=1}^{T}\alpha_t L_t(X)\geqslant\frac{1}{2}\sum_{t=1}^{T}\alpha_t\\0, & \text{其他}\end{cases}$$

其中，α_t 为集成权重，其具体取值为 $\alpha_t=\ln(1/\beta_t)$。

通过上述过程可构造出一个较为复杂但具有良好分类性能的强分类器，但在实际场景当中，实际样本多为负样本，若直接使用该强分类器进行人脸检测，将会耗费大量时间检测非人脸图像，为解决这一问题，可考虑使用级联分类器来实现快速人脸检测。级联分类器的主要思想是把多个训练好的强分类器按照由简单到复杂的顺序排列并串联起来，输入的图像块按顺序经过级联检测器中的每级分类器，将中途被判别为非人脸的图像块及时丢弃，而可以经过全部级联分类器检测并未被排除的图像块则被最终分类为人脸图像块。通过级联分类器实现自动人脸检测的过程如图 5-28 所示。

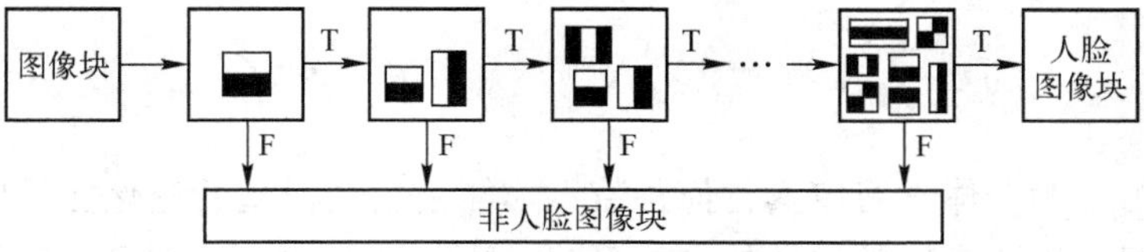

图 5-28　级联分类器

级联分类器的每一层强分类器都是通过 AdaBoost 算法训练得到的，每级强分类器包含的弱分类器数目逐级增多，利用该排列方法可加快检测速度。对待检测图片来说，很大部分的检测窗口都是非人脸窗口（即负样本），级联分类器尽可能使这些窗口经过前几个简单的分类器就可以被判别出来并丢弃，而后面的多个复杂分类器则会把更多的时间用于检测包含人脸图像可能性较高的其他窗口上，避免了对简单非人脸窗口的反复扫描检测，并且人脸窗口（正样本）通过整个人脸检测器的概率非常大。

通过上述过程构造的人脸检测器已被封装在了 OpenCV 库函数当中，此处直接使用 Python3 语言调用 OpenCV 库函数中的 AdaBoost 人脸检测算法实现人脸检测。具体代码如代码 5-6 所示。

```
import cv2
import logging
import os
logging. basicConfig( level = logging. INFO,
    format = '%( asctime) s - %( levelname) s: %( message) s')
logger = logging. getLogger( __name__)
images_list_path = os. listdir( 'images')
print( images_list_path)
images = [ ]
gray_images = [ ]
for _image in images_list_path:
    logger. info( '读取图片: ' + _image)
    _image_path = os. path. join( './images/', _image)
    image = cv2. imread( _image_path)
images. append( image)
    gray_image = cv2. cvtColor( image,cv2. COLOR_RGB2GRAY)
    gray_images. append( gray_image)
logger. info( '图片读取完成')
#显示图片
input_image = cv2. imread( 'E:/jupyter/face_detect/images/15. jpg')
cv2. namedWindow( 'input_image', cv2. WINDOW_AUTOSIZE)
cv2. imshow( 'input_image', image)
cv2. waitKey( 0)
cv2. destroyAllWindows( )
logger. info( '人脸检测 ...')
face_cascade = cv2. CascadeClassifier( r'. /human_front_face. xml')
for i in range( len( images) ):
    faces = face_cascade. detectMultiScale( gray_images[ i] ) #scale-
Factor = 1. 1, minNeighbors = 3, minSize = (3,3)
    search_info = "检测到 %d 张人脸 ." % len( faces)
    logger. info( search_info)
    for (x, y, w, h) in faces:
        cv2. rectangle( images[ i], (x,y), (x+w, y+h), (0,0,255), 2)
        #cv2. circle( images[ i], (x, y), r, (0,0,255), 2)
    cv2. imshow( 'Find faces! ', images[ i])
    cv2. imwrite( './result. jpg', images[ i])
    cv2. waitKey( 500)
```

代码 5-6　人脸检测

使用上述方法对如图 5-29a 所示的原始图像进行检测，最终可得到如图 5-29b 所示的效果图，通过该方法成功检测出了原始图像中的全部 8 张人脸，故可认为该方法具有较好的人脸检测效果和鲁棒性。

a)　　　　b)

图 5-29　人脸定位的结果

a）原图　b）人脸检测效果图

5.5　习题

（1）集成学习中的个体学习应具备何种特点才能使集成模型的泛化性能更优越？

（2）集成学习中构造个体学习器的方式可分为哪两类？它们分别具备何种特点？

（3）试分别列举集成学习中分类任务和回归任务的个体学习器组合方法。

（4）Bagging 集成策略有何特点？此类方法如何保证获得一组存在差异的个体学习器？

（5）表 5-16 为某公司员工月工作时长 X（单位：h）和月收入 y（单位：千元/月）的关系数据，用 Bagging 学习方法从该数据集构造一个包含三个线性回归模型的集成模型并预测月工作时长为270 h 的员工的月收入。

表 5-16　月工作时长 X 和月收入关系数据集

序号	1	2	3	4	5	6	7	8	9
X(h)	257	240	161	187	207	194	230	170	192
y(千元/月)	13	12.7	7.1	9.4	10.4	11.2	12.8	8.7	11.2

（6）随机森林模型中的个体学习器为何多采用 CART 决策树？

（7）随机森林构造算法与 Bagging 集成策略有何关联又有何区别？

（8）Boosting 集成策略有何特点？与 Bagging 集成策略相比较，Boosting 集成策略存在哪些优势和缺陷？

（9）试将表 5-17 中的数据集，使用 AdaBoost 集成学习算法构造一个包含三个弱学习器的集成模型，并使用该集成模型预测 $X=11$ 时所对应的 y 的取值。

表 5-17　训练数据集

编号	1	2	3	4	5	6	7	8	9	10
X	1	3	5	7	8	9	10	12	14	16
y	1	−1	1	1	−1	−1	−1	−1	1	1

（10）简述 AdaBoost 算法基本思想并说明 AdaBoost 算法是如何实现更加关注预测错误样本的。

（11）试说明 GBDT 算法与随机森林算法有何异同。

（12）试使用表 5-16 中的数据集和 GBDT 算法构造一个包含三个个体学习器的集成模型，并使用该模型预测月工作时长为 270 h 的员工的月收入。

（13）试阐述 GBDT 算法的基本思想，并说明若直接使用基本 GBDT 算法解决分类问题会存在哪些问题。

（14）查阅相关材料并说明目前存在哪些将基本 GBDT 算法改进为适应于分类任务的思路。

（15）查阅相关材料并介绍你所感兴趣的集成学习应用方向。

第6章 强 化 学 习

机器学习是一种从经验数据中构造和改善模型的理论与方法，前述的监督学习和无监督学习主要以带标注或不带标注样本数据作为反映外部环境特征的经验数据。事实上，除样本数据之外还可使用外部环境的反馈信息作为经验数据构造和改善模型，由此形成一种名为强化学习的机器学习类型。强化学习又称为再励学习或评价学习，采用类似于人类和动物学习中的试错机制，通过不断获取外部环境的反馈信息来优化调整计算模型或动作行为，从而实现对序贯决策问题的优化求解。由于外部环境反馈信息的形式和内容比样本数据更加灵活广泛且可以在线获取，故强化学习具有非常广泛的应用前景，被认为是一种最接近人类学习行为的学习方法。目前，强化学习已在机器人控制、汽车智能驾驶、人机交互、过程优化控制、游戏博弈等多个领域得到了成功应用。本章主要介绍强化学习的基本理论和方法，首先，介绍强化学习的基础知识，包括强化学习的基本概念、马尔可夫模型和强化学习的基本方式；然后，比较系统地介绍若干基本的强化学习方法，包括值迭代学习、时序差分学习和 Q 学习；最后，简要介绍两种典型的示范强化学习方法，即模仿强化学习和逆向强化学习。

6.1 强化学习概述

强化学习主要通过不断获取外部环境反馈信息以实现对连续多步自动决策问题的优化求解，所要解决的问题形式和所涉及的基本概念与前述监督学习和无监督学习方式有着较大差异。强化学习的具体过程主要是智能体与其外部环境之间进行不断的动态交互过程，通常采用马尔可夫模型表示这种动态交互过程并通过策略迭代、值迭代和策略搜索等方式进行优化计算，获得最优的连续性多步决策。本节主要介绍强化学习的基本概念和基本思想，为读者进一步学习强化学习的基础理论和具体方法提供基本的知识支撑。首先，介绍强化学习的基本概念及若干基本术语，并将强化学习与监督学习进行对比分析；然后，比较系统地介绍用于强化学习的马尔可夫模型和马尔可夫决策过程；最后，分别针对有模型和无模型的情形分析讨论强化学习的基本求解思路和计算方式。

6.1.1 强化学习基本知识

在游戏博弈或对弈等很多应用场合，需要连续进行多步决策才能完成任务，这种连续多步的决策过程通常称为**序贯决策过程**。例如，五子棋对弈游戏的目标是抢先让五颗同色棋子连成一条直线，为此需要不断依次在合适位置落子，可将每次落子视为一次决策。这种通过多次不断落子完成五子棋对弈的过程就是一个序贯决策过程。如何让计算机像人类一样能够自动进行合理的序贯决策是人工智能领域需要解决的一个重要研究问题，通常称为**序贯决策优化问题**，简称为**序贯决策问题**。强化学习的目标是通过机器学习方式有效解决序贯决策问题，或者说通过机器学习方式实现对连续多步自动决策问题的优化求解。

强化学习主要通过学习先验知识来寻找最优决策过程，区别于监督学习（以明确的样本标签作为经验数据或先验知识并通过样本标签直接告诉模型该如何完成指定任务)，强化学习使用的经验数据或先验知识较为模糊，通常是由智能体所处环境提供的某种反馈信息。这种反馈信息的内容主要是对智能体当前某种行为或动作是好是坏的某种评价。若当前行为较好，环境所给予的反馈信息就是给予某种奖励或给予某种较高的奖励；反之，环境所给予的反馈信息就是给予某种惩罚或给予某种较低的奖励。对任意给定的智能体，如果该智能体所获得的累计奖励越多则表明其行为策略越能满足任务要求。在强化学习过程中，智能体需要不断与其所处外部环境进行交互获得反馈信息，只能通过不断尝试的方式去探索如何才能使得在当前状态下的累计奖励值最大。图 6-1 给出了强化学习的基本要素和基本流程。

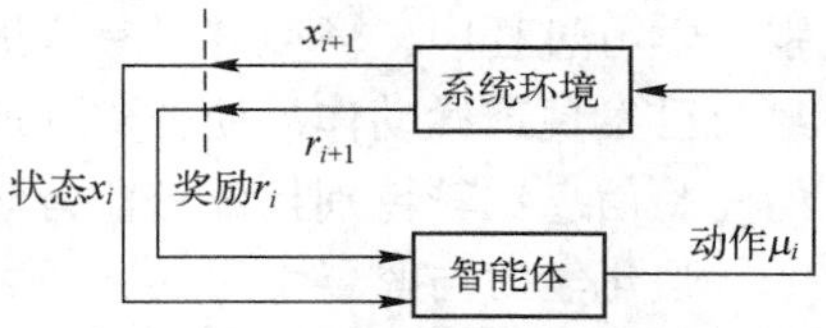

图 6-1　强化学习的基本流程

如图 6-1 所示，强化学习系统主要包括智能体（Agent)、动作（Action)、系统环境（System Environment)、状态（State)、奖励或反馈（Reward）这几个基本要素。其中**智能体**是行为的执行者，在实际应用中可能是一个游戏玩家、一位棋手或一辆自动驾驶的汽车等；**动作**是智能体发出的行为，例如在自动驾驶任务中汽车向右转弯便是一个动作；**系统环境**是智能体所处的外部环境，也是智能体的交互对象，例如在自动驾驶任务中系统环境就是实际的交通环境。智能体的动作可能会使得系统环境的**状态**发生某种变化，系统环境能够对智能体的行为做出某种合理**奖励**或**反馈**，例如可将汽车自动驾驶的安全行驶里程数作为反馈信息。强化学习的目标是使得智能体的动作满足某一任务需求，例如希望自动驾驶汽车能够通过一系列自动操作安全驾驶到目的地。

在强化学习当中，最简单的情形是可以方便地对强化学习系统的基本组成部分进行建模，对于智能体和系统环境，强化学习通过建立**环境模型**来对两者进行模拟。显然，只有当任务的系统环境已知且有限时才能建立环境模型。所有可能的动作组成的集合称为**动作集合**，单步动作所有可能的奖励取值组成的集合称为**奖励集合**。除此之外，还有**当前状态集合**和**下一状态集合**。当这些集合为有限集时，称系统环境为**有限系统环境**。**系统环境已知**是指在智能体选择某一动作时环境给予的奖励值为已知，并且在动作执行后环境的状态改变为已知。能够建立环境模型的强化学习称为**有模型强化学习**，简称为**有模型学习**。不能或难以建立环境模型的强化学习称为**无模型强化学习**，简称为**无模型学习**。

强化学习中所要解决的基本问题是智能体如何从动作集合中选择适当的动作。由于智能体通常会根据当前环境状态来选择所执行动作，故强化学习动作的选择通常与环境状态相关。这种从环境状态到动作的映射称为智能体的**策略**，即智能体根据策略和当前环境状态选择下一步所要执行的动作。强化学习将环境给予智能体的反馈信息作为经验数据或先验信息。对于单步动作所获得的反馈，通常由奖励函数确定，**奖励函数**是一个从动作到反馈值的映射，奖励函数表明了智能体的当前动作是好的动作还是坏的动作。对于多次连续动作，所获奖励通常由**值函数**表达，值函数描述了从当前动作开始到将来的某一个动作执行完毕为止所获得的累计奖励值，故值函数是对多次连续动作满意度的度量。由于强化学习的目的是使得智能体一系列的动作满足任务需求，故通常将值函数作为强化学习优化计算的目标函数。

由以上分析可知，强化学习的关键在于如何确定值函数的取值。显然，只有确定了奖励函数才能确定值函数的取值。虽然奖励函数值可以直接通过执行动作得到，但值函数的求解通常是一件比较困难的事情，因为值函数的取值是通过对观察序列的合理评估而获得的，并且需要在后续行动周期中不断对其进行修正。

智能体在强化学习过程中通过经验数据或先验信息调整自身行为，这一点与监督学习方式比较类似。不过，监督学习的先验信息内容和机器学习目标都比较明确，监督学习的先验信息为带标注的训练样本，学习目标是通过这些训练样本得到一个从样本示例输入到样本标签输出之间的映射，使得该映射下的全部样本的输出总误差达到最小。强化学习的先验信息则既不是正确的动作，也不是动作的性能以及任何参考动作，仅是对动作给出奖惩信息。也就是说，在强化学习过程中，环境并没有告诉智能体应该采取哪个动作，而是由智能体根据环境的反馈信息自己发现最优动作，使得奖励反馈的概率最大、惩罚反馈的概率最小。因此，强化学习使用的先验信息比较特别且没有监督学习那样明确具体。

强化学习与监督学习的不同之处还表现在学习目标方面。监督学习的目标是获得输出总误差最小的映射，强化学习的目标则是获得从状态到动作的最佳映射。虽然两者都是通过学习获得映射关系，但目标的明确性和输出的时效性都有所不同。监督学习的目标比较明确，对于给定的输入，理论上能够得到唯一确定的输出；强化学习的目标则没有这么明确，使得当前状态下获得最大回报的行动可能有很多。以训练俄罗斯方块游戏模型为例，如果采用监督学习方式训练，那么模型以每帧游戏画面或游戏状态为输入，对应的输出是确定的，要么移动方块，要么翻转方块。这样的限定实际上有些死板，通过某个固定操作序列能够达到所需目标。强化学习直接设定某个目标并根据这个目标设定反馈，这样的限定相对宽松，问题定义难度也相对较低。

从输出的时效性看，监督学习注重输入与输出的匹配程度，如果输入与输出匹配，则认为学习效果较为理想。若存在序列到序列的映射，则希望每一个时刻的输出都能和输入对应上；对强化学习而言，学习的目标则是让回报最大化。然而，在任意交互的过程中，并不是每个行动都会获得回报。在完成一次完整的交互后，就会得到一个行动序列。这个行动序列中哪些行动对回报产生了正向的贡献，哪些产生了负向的贡献，有时很难界定。以棋类游戏为例，游戏的目标是战胜对方，在得到最终结果之前，智能体可能不会得到任何回报。单一行动是优是劣在很多情况下无从判断，此时只能把所有行动考虑成一个整体，考虑给整体的回报。为了最终回报，游戏中某些行动可能会走一些看似不好的招法，例如被对方吃掉棋子，这也可能是为了达成最终目标所做出的牺牲。

总之，强化学习较监督学习的优点在于定义模型需要的约束更少，影响行动的反馈虽然不及监督学习直接，却降低了定义问题的难度。同时，强化学习更看重行动序列的整体回报而不是单步行动的一致性。强化学习的目的是使得智能体的一系列动作满足任务需求，能够综合考虑一段时间内智能体的相关动作是否能得到最优的回报，根据累计回报确定最优策略。然而，强化学习在解决序贯决策问题上也面临着如下挑战：

（1）收敛速度慢。收敛速度慢与维数灾难问题有着密切的关系。多数强化学习算法收敛到最优解的理论保障都是建立在任意状态都能被无限次访问到这个前提条件之上。当问题环境比较复杂或出现维数灾难问题时，智能体的探索策略就不能保证每个状态都能在有限的时间内被访问足够多的次数，因而智能体没有足够经验能够在这些较少遇到的状态下做出正确决策，导致算法的收敛速度较慢；

（2）探索未知和利用已知的平衡。强化学习会经常面临利用已经学到的知识还是对未知知识进行探索的平衡这个难题。产生这个问题的根源在于难以权衡长期利益和短期利益。一方面为了获得较高的奖励，智能体需要利用学到的经验在已经探索过的动作中贪心地选择一个获益最大的动作；另一方面，为了发现更好的策略，智能体需要扩大探索范围，尝试以前没有或较少试过的动作。若不能权衡好两者的关系，智能体就将处于进退两难的境地；

(3) 时间权重分配。由于强化学习具有回报延迟的特点，即环境反馈给智能体的信息比较稀疏且有一定延时，故当智能体收到一个奖励信号时，决定先前的哪些行为应分配到多大权重有时比较困难。例如，某篮球队若在比赛最后一刻压哨绝杀获得比赛胜利，则难以量化计算之前的每个决策对于这个胜利结果究竟做出了多少贡献。

6.1.2 马尔可夫模型

如前所述，强化学习过程是智能体与系统环境之间不断进行交互的动态过程。这个动态过程涉及动作、系统环境、状态、奖励等多个要素，通常需要一个动态数学模型来定量表示这些要素之间的联系和制约关系。由于强化学习过程中各要素的下一个取值状态或决策主要与当前状态或决策相关，故通常采用**马尔可夫决策过程**（**Markov Decision Process，MDP**）定量表示强化学习过程。马尔可夫决策过程是一类将动作和回报考虑在内的马尔可夫过程，要想掌握马尔可夫决策过程知识，首先必须掌握马尔可夫链及马尔可夫过程的相关知识。

马尔可夫链是一个关于离散型随机变量取值状态的数列，该随机变量数列从有限状态集合$S=\{s_1,s_2,\cdots,s_n\}$中任取某个状态s_i作为初始状态，根据只与当前时序状态$s^{(t)}$相关的状态转移概率分布$P(s^{(t+1)}|s^{(t)})$确定下一时序的状态$s^{(t+1)}$。其中$s^{(t)}$和$s^{(t+1)}$分别表示随机状态变量s在第t时序和第$t+1$时序的取值。对于给定的有限状态集合和状态转移概率分布，从某一个状态出发所能获得的马尔可夫链可能不止一条。为表示所有可能存在的马尔可夫链状态转移过程，通常使用马尔可夫过程来定量表示这种由多个马尔可夫链并发形成的状态转移过程。例如，对于有限状态集合$S=$｛娱乐，学习课程 1，学习课程 2，学习课程 3，考过，睡觉，写论文｝，已知其状态转移分布为P，则可用由P和S构成的二元组(S,P)来描述所有可能存在的马尔可夫链状态转移过程，如图 6-2 所示。该二元组(S,P)就是一个马尔可夫过程。

由于强化学习过程并非单纯是状态到状态的变化，而是通过状态确定动作再由动作改变状态，并根据动作产生反馈信息，故在使用马尔可夫过程表示强化学习过程时必须将动作和反馈要素纳入考虑范围。这种纳入动作和反馈要素的马尔可夫过程通常称为**马尔可夫决策过程**。由于马尔可夫决策过程在$t+1$时刻的状态$s^{(t+1)}$不仅与t时刻状态$s^{(t)}$有关，而且与t时刻的动作$a^{(t)}$有关，故可将马尔可夫决策过程的状态转移概率分布表示为$P(s^{(t+1)}|s^{(t)},a^{(t)})$。假设动作集合$A=\{a_1,a_2,\cdots,a_m\}$是一个有限集合，$R$为奖励函数，其取值范围是某个有限集合，则可将马尔可夫决策过程描述为四元组(S,A,P,R)。图 6-3 表示一个状态空间规模为 4 的马尔可夫决策过程。

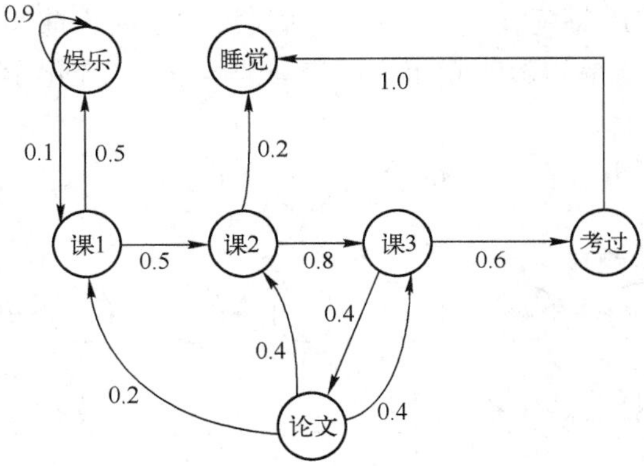

图 6-2　马尔可夫过程(S,P)示例

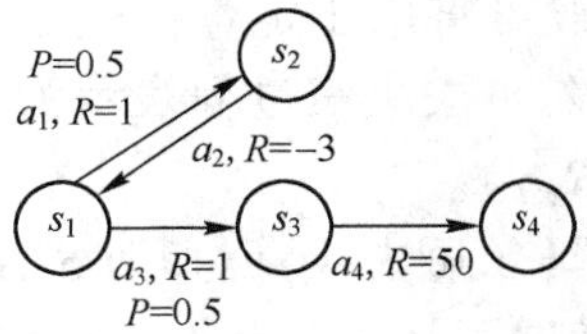

图 6-3　马尔可夫决策过程示例

现进一步考察强化学习中状态转移的具体计算过程。假设智能体根据状态 $s^{(t)}$ 选择了动作 $a^{(t)}$，接下来便要通过状态转移分布 $P(s^{(t+1)}|s^{(t)},a^{(t)})$ 确定下一时刻的状态 $s^{(t+1)}$。在强化学习过程中，状态转移可分为**确定转移**和**随机转移**这两种基本类型。所谓确定转移是指在 $s^{(t)}$ 和 $a^{(t)}$ 确定的情况下，$s^{(t+1)}$ 的取值是确定的。也就是说，对于确定性状态转移，若 $s^{(t+1)}$ 的取值为 s_i，则有 $P(s_i|s^{(t)},a^{(t)})=1$。因此，确定性状态转移完全由某个已知函数 f 确定，故可将 $s^{(t+1)}$ 的取值表示为

$$s^{(t+1)}=f(s^{(t)},a^{(t)}) \tag{6-1}$$

同时，反馈信息 $r^{(t+1)}$ 可由奖励函数 R 确定

$$r^{(t+1)}=R(s^{(t)},a^{(t)}) \tag{6-2}$$

其中，$r^{(t+1)}$ 是对动作 $a^{(t)}$ 和状态从 $s^{(t)}$ 转移到 $s^{(t+1)}$ 的短期评价。

随机转移是指在 $s^{(t)}$ 和 $a^{(t)}$ 确定的情况下，$s^{(t+1)}$ 的取值不是由 $s^{(t)}$ 和 $a^{(t)}$ 所唯一确定的，而是以一定的概率确定。具体地说，假设 $s^{(t+1)}$ 所有可能取值的集合为 $\{s_1,s_2,\cdots,s_m\}$，则有

$$\sum_{i=1}^{m} P(s_i|s^{(t)},a^{(t)})=1 \tag{6-3}$$

此时反馈信息 $r^{(t+1)}$ 的取值也必然依赖于下一个状态 $s^{(t+1)}$，故可将 $r^{(t+1)}$ 表示为一个关于 $s^{(t)},a^{(t)},s^{(t+1)}$ 的函数，即有

$$r^{(t+1)}=R(s^{(t)},a^{(t)},s^{(t+1)}) \tag{6-4}$$

显然，上述讨论的反馈信息 $r^{(t+1)}$ 只是对动作 $a^{(t)}$ 和状态 $s^{(t)}$ 转移到 $s^{(t+1)}$ 的一种短期评价。强化学习需要进一步计算一系列的动作选择之后所得的累计反馈。对于一种比较简单的情形，假设整个强化学习过程一共持续 T 个时序，则可将当前累计反馈 $G^{(t)}$ 定义为从当前时序 t 之后所有时序的奖励函数取值之和，即有

$$G^{(t)}=r^{(t+1)}+r^{(t+2)}+\cdots+r^{(T)} \tag{6-5}$$

当 $T=+\infty$ 时，则称相应的强化学习任务为连续式学习任务；否则，当 T 为某个有限自然数时，称相应的强化学习任务为情节式学习任务。随着时序向后推移，较靠后的状态转移对最终结果的影响通常较小，故需为每个时序的奖励函数值赋予一定权重 $w\in[0,1]$ 表示各时序奖励函数值对累计反馈 $G^{(t)}$ 的重要程度。由此可得

$$G^{(t)}=w^{(t+1)}r^{(t+1)}+w^{(t+2)}r^{(t+2)}+\cdots+w^{(T)}r^{(T)} \tag{6-6}$$

其中，$w^{(t+i)}$ 表示第 $t+i$ 个时序所得反馈值的权重。

通常使用一个小于 1 的折扣因子 γ 表示权重随时序向后推移而逐步衰减的效果。具体地说，首先设定初始时刻权重 $w^{(t+1)}=\gamma^0=1$，然后每延长一个时序，则其权重更新为前一个时序步骤的 γ 倍，使得越靠后的状态转移对最终结果的影响越小。即有 $w^{(t+j)}=\gamma^{j-1}$。强化学习中确定累计反馈的基本流程如图 6-4 所示。

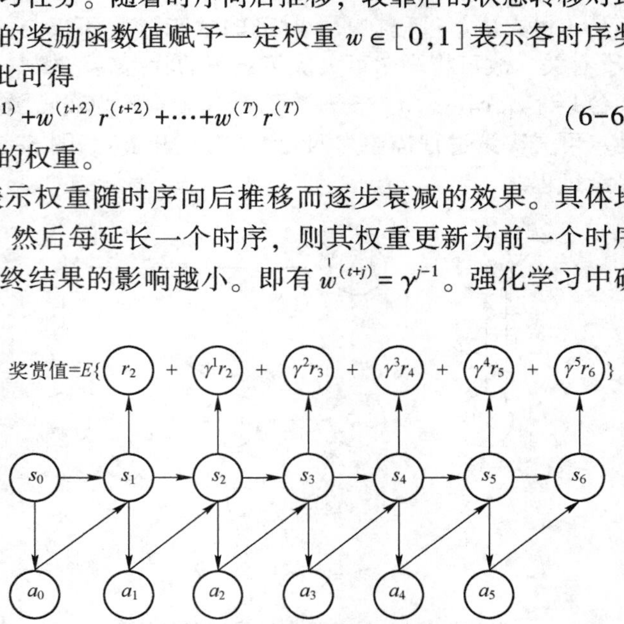

图 6-4　累计反馈的基本计算流程

由以上分析可知，使用马尔可夫决策过程描述强化学习过程还需要考虑折扣因子 γ，故可将用于定量描述强化学习过程的马尔可夫决策过程表示为五元组 (S,A,P,R,γ)。

在上述马尔可夫决策过程 (S,A,P,R,γ) 中只考虑了从当前状态 $s^{(t)}$ 开始的状态转移过程而未考虑如何通过状态来

确定动作。根据当前状态选择或确定适当的动作是强化学习的一个重要环节。在某个状态下选择某个或某些动作的方式被称为强化学习的**策略**，其中选择某个或某些确定动作的策略称为**确定策略**，从多个可能动作中依概率选择某个或某些动作的策略称为**随机策略**。显然，确定策略本质上是一个从状态空间到动作空间的映射，即有

$$h(a_i|s)=a_i;\quad i=1,2,\cdots,m \tag{6-7}$$

其中，h 表示某个确定策略。

上式表示确定策略 h 根据当前状态 s 从动作空间中选择某个确定的动作 a_i。

可将随机策略表示为如下概率形式

$$h(a_i|s)=P(a_i);\quad i=1,2,\cdots,m \tag{6-8}$$

其中，h 表示某个随机策略。

上式表示随机策略 h 根据当前状态输出动作空间中的每个动作被选择到的概率，故有 $P(a_i)\geqslant 0$ 且 $\sum_{i=1}^{m}P(a_i)=1$。

由于强化学习的目标是选择一组最佳动作使得累计反馈期望 $E(G^{(t)})$ 最大，故应将依据策略进行动作选择的过程纳入累计反馈的计算范围。假设强化学习过程中采用策略 h 确定需执行动作，则累计回报 $G^{(t)}$ 应与策略 h 有关。由此可得累计反馈期望 $E(G^{(t)})$ 的计算公式

$$E_h(G^{(t)})=E_h(\gamma^0 r^{(t+1)}+\gamma^1 r^{(t+2)}+\cdots+\gamma^{T-t}r^{(T)}\mid s^{(t)}=s) \tag{6-9}$$

即有

$$E_h(G^{(t)})=E_h\left(\sum_{i=1}^{T-t}\gamma^{i-1}r^{(t+i)}\,|s^{(t)}=s\right) \tag{6-10}$$

其中，s 为初始状态取值。

上式表示在当前状态为 s 的情况下，之后 $T-t$ 个时序的累计反馈期望值，将其看成是一个以状态为自变量的**状态值函数** $V_h(s)$。当状态转移为确定转移时，可将 $V_h(s)$ 表示为

$$V_h(s)=E_h\left(\sum_{i=1}^{T-t}\gamma^{i-1}R(s^{(t+i-1)},a^{(t+i-1)})\,|s^{(t)}=s\right) \tag{6-11}$$

同理可知，当状态转移为随机转移时，可将 $V_h(s)$ 表示为

$$V_h(s)=E_h(\sum_{i=1}^{T-t}\gamma^{i-1}R(s^{(t+i-1)},a^{(t+i-1)},s^{(t+i)})\,|s^{(t)}=s) \tag{6-12}$$

对 $V_h(s)$ 的表示形式稍做变换，可得

$$V_h(s)=E_h(\gamma^0 r^{(t)}+\gamma V_h(s')) \tag{6-13}$$

即有

$$V_h(s)=\sum_{a\in A}h(a|s)\sum_{s'\in S}P(s'|s,a)[R(s,a,s')+\gamma V_h(s')] \tag{6-14}$$

上式将当前状态下选择一个动作所得反馈期望值从状态值函数中分离出来，并将其余部分表示成下一个状态所对应的状态值函数形式，其中 s' 表示下一时刻的环境状态。

通常将上式称为**贝尔曼方程**或**动态规划方程**。根据该方程的表示形式，可使用动态规划策略将状态值函数的求解过程分解为各个子问题，由此在状态转移分布 $P(s^{(t+1)}|s^{(t)},a^{(t)})$ 和奖励函数 R 已知的情况下可以比较方便地求得 $V_h(s)$。

在已知当前状态 s 和当前动作 a 的条件下，累计反馈期望值通常称为**动作值函数**。动作值函数的计算公式如下

$$Q_h(s,a)=E_h\Big(\sum_{i=1}^{T-t}\gamma^{i-1}\,r^{(t+i)}\,|s^{(t)}=s,a^{(t)}=a\Big) \tag{6-15}$$

状态值函数和动作值函数之间存在一定的联系。由于一个确定策略 h 所选择的动作是确定的，故确定策略的状态值函数与动作值函数的取值相等，即有

$$V_h(s)=Q_h(s,h(a|s)) \tag{6-16}$$

对于随机策略 h，其状态值函数可分解为所有可能动作所对应的动作值函数加权取值之和，即有

$$V_h(s)=\sum_{a\in A}h(a|s)\,Q_h(s,a) \tag{6-17}$$

其中，$h(a|s)$为状态 s 下动作 a 出现的概率，可简单理解为一个权重。

事实上，可用状态值函数表示动作值函数，具体形式为

$$Q_h(s,a)=R(s,a)+\gamma\sum_{s'\in S}P(s'|s,a)\,V_h(s') \tag{6-18}$$

其中，s'为下一时序的状态；$P(s'|s,a)$为从当前状态 s 和动作 a 确定的情况下转移到状态s'的概率；a'为根据状态s'选择的动作。

将上式代入式（6-17）可得到状态值函数的贝尔曼方程形式。

值函数是对马尔可夫决策过程长期效果的评价，故可将值函数作为对马尔可夫决策过程进行优化计算的目标函数。强化学习的目标是发现最优策略，即如何根据状态确定最佳动作，可通过最优化值函数的方式实现这个目标，即选择适当的策略 h^*，使得所有状态所对应的值函数取值最大。通常称所有状态对应取值均为最大的值函数为**最优值函数**。

根据以上分析，可将最优状态值函数 $V_h^*(s)$表示为

$$V_h^*(s)=\max_h V_h(s) \tag{6-19}$$

类似地，可将最优动作值函数 $Q_h^*(s,a)$表示为

$$Q_h^*(s,a)=\max_h Q_h(s,a) \tag{6-20}$$

根据式（6-19），可将 $V_h^*(s)$理解为最好策略下所有动作的加权平均值，$Q_h^*(s,a)$就是最优策略中最优动作所对应的累计回报，故有 $Q_h^*(s,a)>V_h^*(s)$，即状态值函数的上界为最优策略值函数。因此，不必考虑状态值函数，只需将最优动作值函数作为优化目标即可确定最优策略。由此可将强化学习优化计算问题表示为下列形式

$$h^*(a|s)=\operatorname*{argmax}_h Q_h^*(s,a) \tag{6-21}$$

上式表明，强化学习所采取的最优策略$h^*(a|s)$为使得动作值函数取得最大值的策略。只需要采用某种适当方式来求函数$Q_h(s,a)$的最大值，就可得到所求的最优策略$h^*(a|s)$。由马尔可夫模型的基本理论可知，任意马尔可夫决策过程至少存在一个最优策略。事实上，通常存在多个可供选择的最优策略。

【例题 6.1】现有如图 6-5a 所示棋盘，智能体从左下角的“开始”位置出发，到达“终点”位置则任务结束。智能体到达终点时给予反馈值100，其他动作给予的反馈值为 0，折扣因子为 0.9。若采用如图 6-5b 所示的策略选择动作，试求智能体位于“开始”位置时的状态值函数和动作值函数取值。

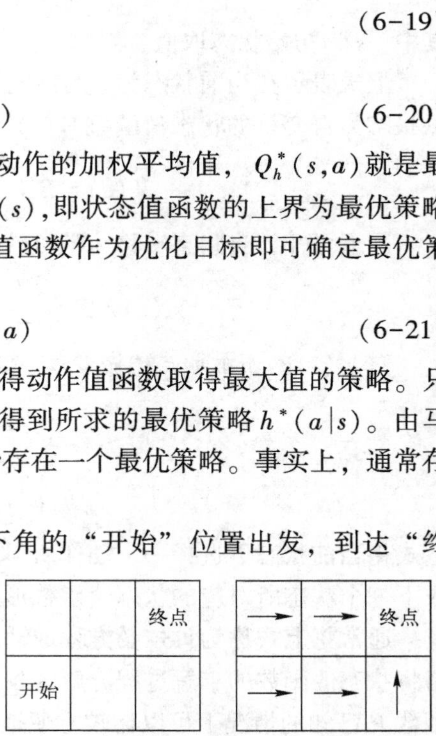

a) b)

图 6-5 路径寻优问题示例

a）棋盘状态 b）策略示意图

【解】由图 6-5b 可知，此处采用确定策略选择动作。记第 i 行第 j 列的棋盘状态为 s_{ij}，且为便于表述，记状态

s_{ij}所对应的动作为 a_{ij}，则存在唯一确定的状态转移序列：

$$s_{21}, s_{22}, s_{23}, s_{13}$$

首先，考察状态值函数。由状态值函数的贝尔曼方程可知，若想求解 $V_h(s_{21})$，还需确定 $V_h(s_{22})$和 $V_h(s_{23})$的值。由于从状态 s_{23}转移到状态 s_{13}后该马尔可夫决策过程结束，故有

$$V_h(s_{23}) = R(s_{23}, a_{23}) = 100$$

而 $V_h(s_{22})$可通过 $V_h(s_{23})$和折扣因子确定，故有

$$V_h(s_{22}) = R(s_{22}, a_{22}) + \gamma V_h(s_{23}) = 0+90 = 90$$

同理可得

$$V_h(s_{21}) = R(s_{21}, a_{21}) + \gamma V_h(s_{22}) = 0+0.9\times 90 = 81$$

再考察动作值函数。可根据图 6-5b 所示策略 h 和状态转移分布，由动作值函数的贝尔曼方程有

$$\begin{aligned} Q_h(s_{21}, a_{21}) &= R(s_{21}, a_{21}) + \gamma\, Q_h(s_{22}, a_{22}) \\ &= R(s_{21}, a_{21}) + \gamma[R(s_{22}, a_{22}) + \gamma R(s_{23}, a_{23})] = V_h(s_{21}) = 81 \end{aligned}$$

上述计算结果验证了确定策略在同一状态下的状态值函数和动作值函数相等。□

6.1.3 强化学习计算方式

强化学习是求解序贯决策问题的有效方法，只需要求得相应马尔可夫决策模型中值函数的最大值便可实现对序贯决策问题的优化求解。由于具体优化计算过程中通常存在时序较长或状态空间过大甚至无穷等情况，使得无法通过直接遍历所有状态所对应的所有动作获得最大的值函数，故一般主要通过动态规划、启发式搜索等方法实现强化学习的目标。强化学习的目标是获得最优策略 h^*，即与值函数最大取值所对应的一组决策序列

$$a_0^* \to a_1^* \to \cdots \to a_T^*$$

值得注意的是，有时最优策略 h^* 中的单个动作可能不是当前最优动作，但对整个决策过程而言却是最优动作。对于有模型和无模型这两种不同的强化学习类型，相应的最优策略求解方法也有所不同。有模型强化学习主要采用动态规划方法求解，而无模型强化学习则主要采用分层学习或启发式学习方法求解。

通常使用动态规划方法实现对有模型强化学习问题的优化求解。使用动态规划解决优化问题需要满足两个条件：一是整个优化问题可以分解为多个子优化问题；二是子优化问题的解可以被存储和重复利用。有模型强化学习值函数 $V_h(s)$的贝尔曼方程为

$$V_h(s) = \sum_{a\in A} h(a|s) \sum_{s'\in S} P(s'|s,a)[R(s,a,s') + \gamma V_h(s')] \tag{6-22}$$

根据值函数 $V_h(s)$的贝尔曼方程，可以将对当前状态 s 所对应值函数 $V_h(s)$的求解问题分解为求解下个状态 s'所对应的值函数 $V_h(s')$，并且 $V_h(s')$的求解过程与 $V_h(s)$的求解过程一致，故可使用动态规划方法求解有模型强化学习问题。

由于无模型强化学习的状态转移概率未知，无法直接对值函数 $V_h(s)$进行递推分解，故难以直接使用动态规划方法。一般通过分层或启发式方法求解无模型的强化学习问题。对于具有分层结构的无模型强化学习问题，可通过分层方式将该问题分解成多个相对简单的子问题，由此降低问题求解的复杂度。通常采用抽象的方式对被求解的问题进行分层处理，主要分为状态空间分解、状态抽象和动作抽象这几种方式。状态空间分解又称为**任务分解**，是指通过分治法将整个状态空间分解为多个子空间，再分别实现对各个子空间上问题的求解；**状态抽象**是指忽

略状态中的非相关元素，实现降低状态维的效果；**动作抽象**则是指将马尔可夫决策过程中仅考虑单步时间内完成的元动作扩展到多步的抽象动作情形。

目前分层强化学习大多采用动作抽象方法，其核心思想是通过引入元动作和抽象动作的概念，并由抽象动作递归调用元动作或抽象动作来实现优化计算。**元动作**是指马尔可夫决策过程中的单步动作，有时亦称为**基本动作**；**抽象动作**是指由多个相关元动作或抽象动作构成的一个相对完备的动作序列，有时亦称为**高层次动作**或**宏动作**。抽象动作的引入使得马尔可夫决策过程具有分层决策的基本结构。

例如，在图 6–6 所示的拼图问题中有 U、D、L、R 这四个元动作，分别代表向上移动拼图块，向下移动拼图块，向左移动拼图块和向右移动拼图块。该问题的抽象动作集合如表 6–1 所示，表中每个抽象动作都是由 U、D、L、R 这四个动作组成的序列，智能体可以通过这些抽象动作加快对拼图问题求解策略的强化学习。

1	2	3
8		4
7	6	5

图 6–6　拼图问题

表 6–1　拼图行动路径表

		格子块						
		0	1	2	3	4	5	6
位置	0							
	1	UL						
	2	U	RDLU					
	3	UR	DLUEEDLU	DLUR				
	4	T	LDRURDLU	LDRU	RDLLURDRUL			
	5	DR	ULDRURDLDRUL	LURDLDRU	LDRULURDDLUR	LURD		
	6	D	URDLDRUL	ULDDRU	URDDLULDRRUL	ULDR	RDLLUURDLDRRUL	
	7	DL	RULDDRUL	DRUULDRDLU	RULDRDLULDRRUL	URDLULDR	ULDRURDLLURD	URDL
	8	L	DRUL	RULLDDRU	RDLULFRRUL	RULLDR	ULDRRULDLURD	RULD

无模型强化学习对值函数的优化求解需要使用智能体与环境交互所得的反馈信息以实现对值函数取值的估计，这种交互过程本质上是智能体通过执行动作和感知动作结果的方式对系统环境进行探索的过程。由于奖励或惩罚值作为智能体得到的唯一反馈并没有直接给出关于智能体所求正确动作或最优策略的信息，故并不能保证智能体根据反馈信息所采取的新动作或新策略的正确合理性，甚至有时会得到比原有策略产生动作更差的新动作。因此，为改进现有策略而对环境进行探索时就要冒着获得更差策略的风险。但是，如果只使用现有具有较高回报的策略，则不能实现对现有策略做进一步的改进。这是一个为了获得更高回报而在充分利用现有知识和充分探索未知环境之间进行选择的两难问题。通常使用启发式强化学习方法解决无模型强化学习这种探索–利用两难问题。

启发式强化学习方法通过启发函数指导智能体行为，实现加速算法收敛的效果。该方法在强化学习中通过构造或设定某种特定的启发函数来权衡探索–利用两难问题，保证值函数取值较大并且进行了足够的环境探索，使得所求策略为最优策略或能够较好地逼近最优策略。例如，可用 ε–贪心策略中的 ε–判别函数作为无模型强化学习的启发函数，实现一种基于 ε–贪心策略的启发式强化学习方法。该方法根据 ε–贪心策略进行动作选择，由此获得一种由启发函数和现有策略共同确定的探索–利用平衡策略。

ε–贪心策略的基本思想是通过 ε–判别函数分配强化学习过程中利用现有策略和进行环境探索之间的比例。具体地说，首先确定一个以 ε 为阈值的判别函数，阈值 ε 的取值范围是开区间(0,1)，然后在学习过程中以 ε 的概率实施对系统环境的探索，以 $1-\varepsilon$ 的概率利用现有策略决定动作。进行环境探索时在动作状态空间中随机选择某个动作，利用现有策略则直接选择使得当前值函数取值最大的动作。

由以上分析可知，在初始阶段定义一个合适的启发函数来指导智能体进行动作选择是启发式强化学习过程中一个非常关键的环节，启发函数的选择对强化学习的效果具有很大影响。目前主要通过两种方式来确定启发函数。第一种方式是直接基于领域先验知识来构造启发函数，第二种方式是通过在学习过程中获得的信息来构造启发函数。启发函数的构造过程可大致分为两个基本阶段：第一阶段是结构提取阶段，完成的任务是根据值函数实现领域结构的提取；第二阶段是启发式构造阶段，完成的任务是根据提取到的领域结构构造启发式函数。图 6-7 表示启发函数构造的基本流程。

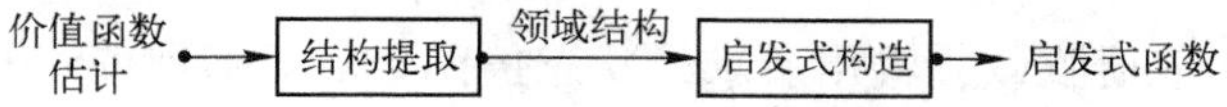

图 6-7　启发函数构造的基本流程

由于探索与利用的平衡问题广泛存在于各类无模型强化学习问题当中，大部分无模型强化学习均采用启发式强化学习方法。启发式强化学习除了使用 ε-贪心策略作为探索方案之外，还可以使用诸如 Boltzmann 探索方案等很多其他类型的探索方案以有效平衡探索与利用之间的矛盾关系，由此产生多种各具特色的启发式强化学习方法。这些方法在强化学习的多个理论研究和应用开发领域中发挥着重要的基础性支撑作用。

6.2　基本强化学习

强化学习的目标是通过学习获得最优策略，使得在马尔可夫决策过程从任意初始状态开始使用的所求最优策略都能获得最高的累计反馈，故正确计算每个策略所对应值函数的取值是求解强化学习问题的关键。有模型强化学习的基本要素均为已知，故可比较方便地求得每个策略所对应值函数的取值，策略性能为已知，只需对策略进行不断地迭代改进直至收敛即可获得最优策略。通常使用策略迭代和值迭代方法来实现对有模型强化学习的优化求解。对于无模型强化学习，通常无法直接准确计算其值函数的取值，主要使用具有一定精度的估计方法对值函数的取值进行近似计算或估算，时序差分学习就是一种典型的无模型强化学习方法。本节主要介绍强化学习的若干基本方法，包括用于有模型强化学习的值迭代学习方法，以及用于无模型强化学习的时序差分学习和 Q 学习方法。

6.2.1　值迭代学习

值迭代学习是指通过迭代方式不断增大值函数的取值以获得更好的策略，直到求出使值函数取得最大值的最优策略。对于有模型强化学习问题，可通过值迭代学习方法以实现对其进行有效的优化求解。如前所述，一个策略的好坏主要取决于其所对应的值函数取值的大小。对于有模型强化学习问题，可根据学习过程中当前状态 s 比较方便地计算出已知策略 h 所对应的状态值函数 $V_h(s)$ 和动作值函数 $Q_h(s,a)$ 的取值，并可根据 $V_h(s)$ 和 $Q_h(s,a)$ 关于策略 h 的取值大小对策略 h 的优劣进行评估。

现讨论对给定策略 h 进行评估的基本原理和具体过程。假设强化学习过程中当前状态为 s

且环境已知，则根据值函数的贝尔曼方程将其状态值函数表示为下列形式

$$V_h(s)=\sum_{a\in A}h(a|s)\sum_{s'\in S}P(s'|s,a)[R(s,a,s')+\gamma V_h(s')] \tag{6-23}$$

其中，s'为下一个状态的取值。

在环境已知的情况下，可对式(6-23)中的$V_h(s')$做进一步分解。如此形成递归分解直至强化学习过程结束，将状态值函数的求解过程分解为对各个时序步骤奖励函数值的求解过程，使用动态规划方法实现对状态值函数取值的计算。当强化学习过程时序有限时，可通过该分解过程精确求得状态值函数的取值；当强化学习过程时序无限时，可通过折扣因子γ不断减小后续时序的影响，使得状态值函数的取值收敛。

具体地说，设定阈值$\varepsilon>0$并记当前时序后T步的状态值函数为$V_h^{(T)}(s)$，则当

$$|V_h^{(T)}(s)-V_h^{(T+1)}(s)|<\varepsilon \tag{6-24}$$

时，认为状态值函数的取值收敛并输出所求的状态值函数的近似取值。

在确定了给定策略h所对应状态值函数之后，可根据式（6-25）计算所有可能状态下策略h所对应动作值函数的取值

$$Q_h(s,a)=R(s,a)+\gamma\sum_{s'\in S}P(s'|s,a)\,V_h(s') \tag{6-25}$$

对于给定的策略h，可根据上述公式求出相应的状态值函数$V_h(s)$和动作值函数$Q_h(s,a)$，并根据$V_h(s)$和$Q_h(s,a)$关于策略h的取值实现对策略h的评估。

强化学习的目标是求出使得值函数取值最大的最优策略h^*。令与最优策略h^*对应的最优状态值函数和最优动作值函数分别为$V_h^*(s)$和$Q_h^*(s,a)$，则根据贝尔曼方程得到状态值函数$V_h^*(s)$的计算公式为

$$V_h^*(s)=\max_{a\in A}\sum_{s'\in S}P(s'|s,a)[R(s,a,s')+\gamma V_h^*(s')] \tag{6-26}$$

通常称上式为最优状态值函数的$V_h^*(s)$贝尔曼方程求解形式，表示在取最优动作时值函数的取值，若取任意动作a，则此时所对应的值函数为最优动作值函数

$$Q_h^*(s,a)=\sum_{s'\in S}P(s'|s,a)[R(s,a,s')+\gamma V_h^*(s')] \tag{6-27}$$

故有

$$V_h^*(s)=\max_{a\in A}Q_h^*(s,a) \tag{6-28}$$

同理可得

$$V_h^*(s')=\max_{a\in A}Q_h^*(s',a') \tag{6-29}$$

其中，s'为下个时序的状态，a'为下一个时序的动作。

将上式代入式（6-25）可得

$$Q_h^*(s,a)=R(s,a)+\gamma\sum_{s'\in S}P(s'|s,a)\max_{a\in A}Q_h^*(s',a') \tag{6-30}$$

上式即为最优动作值函数$Q_h^*(s,a)$的贝尔曼方程形式。上式说明求解最优策略h^*的过程可分解为求解当前状态下最优动作的过程，可使用贪心优化方法简化求解过程。

假设当前策略h并非最优策略，为求解最优策略，可将策略改进为

$$h'(a|s)=\max_{a\in A}Q_h(s,a) \tag{6-31}$$

不断重复上述改进过程直至得到最优策略h^*。通常称这一过程为**策略迭代**。

策略迭代通过贪心优化方法选择最优动作实现对单次策略的改善。现结合路径寻优实例进

行介绍。图 6-8 为某幅网格地图，其中位置 16 为终点，位置 11 为障碍物，每个位置对应的动作空间为 $A=\{上,下,左,右\}$，对于目标位置为障碍物或边界的动作规定为不执行该动作但会反馈相应的奖励函数值，则使用策略迭代寻找最优策略的具体过程如图 6-9 所示。

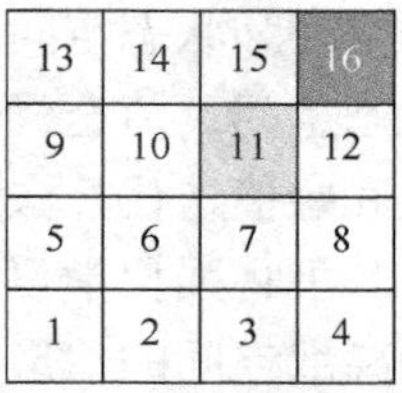

图 6-8　网格地图

图 6-9a 为初始策略，图 6-9b～图 6-9h 的变化过程表示通过迭代过程不断改善策略的过程。由于图 6-9g 和图 6-9h 所示策略相同，故可认为此时策略迭代结束，图 6-9h 所示策略为最优策略。

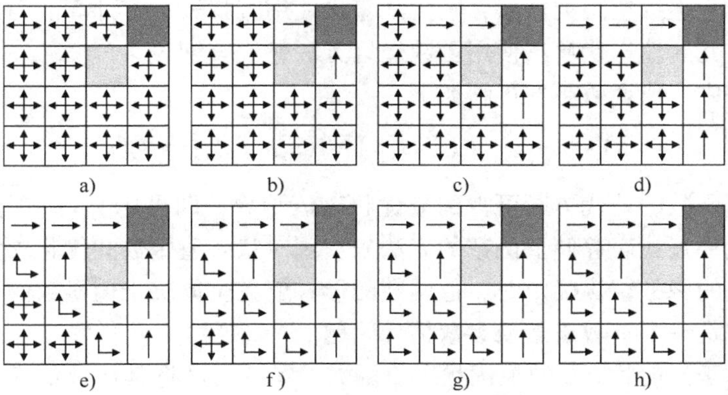

图 6-9　策略迭代过程

a）初始策略　b）策略迭代　c）策略迭代　d）策略迭代　e）策略迭代　f）策略迭代　g）策略迭代　h）最优策略

由以上分析可知，环境已知的有模型强化学习问题可通过基于贪心优化方法的策略迭代实现优化求解，即通过不断优化每个单步的动作选择来实现对最优策略的逼近。由于策略的改善意味着值函数的取值不断增大，故亦可直接对状态值函数进行迭代优化以获得最优策略。这种通过直接迭代优化值函数最优策略的过程称为**值迭代**。

由于每一次的策略改善都会带来值函数取值的提升，并且策略改善的过程是通过贪婪选择最优动作实现的，故可直接通过对于值函数的优化求解实现对策略的改善。具体地说，状态值函数的迭代公式如下

$$V_h'(s)=\max_{a\in A}\sum_{s'\in S}P(s'|s,a)[R(s,a,s')+\gamma V_h(s')] \tag{6-32}$$

不断重复上述过程，直至满足 $|V_h'(s)-V_h(s)|<\varepsilon$ 时便可认为状态值函数收敛，此时所求状态值函数 $V_h(s)$ 就是最优状态值函数 $V_h^*(s)$，可由此求得最优策略为

$$h^*=\arg_h V_h^*(s) \tag{6-33}$$

接着考虑上述路径寻优实例。设定初始状态的状态值函数均为 0，折扣因子 γ 为 0.5，每行动一次的奖励函数取值为 -0.5，则值迭代求解的状态值函数变化情况如图 6-10 所示。图中 V_h 表示状态值函数取值，t 为时序取值，s 为状态取值。

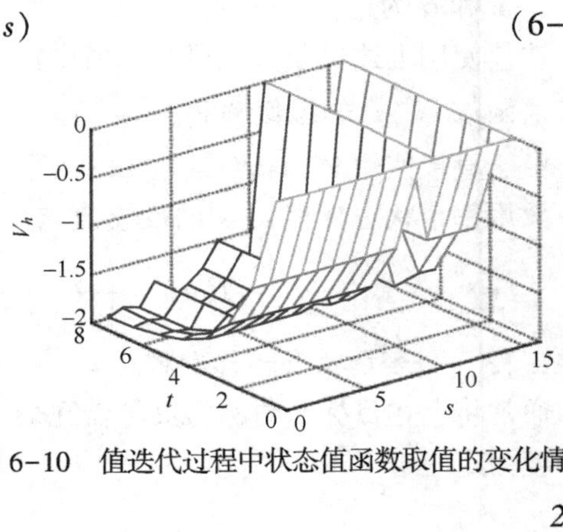

图 6-10　值迭代过程中状态值函数取值的变化情况

值迭代通常从已知的当前状态 s 开始对当前策略进行评估，通过值的迭代方式计算新策略的状态值函数 $V_h(s)$ 的取值。这种计算方式在动

作空间和状态空间均为离散空间且规模较小时较为有效，但对于连续或规模较大的动作空间或状态空间，值迭代优化方法的计算成本通常较高且容易陷入局部最优。可用基于函数逼近思想的冗余值迭代算法解决这个问题。

可将强化学习中的策略描述为从状态空间到动作空间的映射。对于状态空间和动作空间均为离散空间的情形，可将这种映射表示为一个二维查找表，状态和动作为查找表的两个维度，表中元素为从状态选择动作所对应的值函数取值。当动作空间或状态空间规模较大时，该查找表通常会因为规模过大而带来一些问题，甚至使得值迭代算法的策略评估变得不可行。对于动作空间或状态空间为连续空间的情形，则无法直接使用查找表进行计算。为保证值迭代算法的有效性和鲁棒性，冗余值迭代算法使用函数逼近方法替代查询表。

在值迭代算法中，值函数更新过程如下

$$V_h'(s)=\max_{a\in A}\sum_{s'\in S}P(s'|s,a)[R(s,a,s')+\gamma V_h(s')] \tag{6-34}$$

通过对状态值函数的迭代更新可得到最优状态值函数，即可用 $V_h'(s)$ 逐渐逼近 $V_h^*(s)$。现用函数逼近方法代替查找表存储值函数的方法来实现对状态值函数的优化求解，获得所求的最优策略。当值函数的函数结构确定时，值函数的形式就完全取决于值函数的参数，故可将值函数的逼近过程看成是一个参数逼近或参数估计问题。

具体地说，对于当前状态 s 的最优状态值函数 $V_h^*(s)$，可将其估计值表示为 $V_h'(s,\boldsymbol{w})$，其中 $\boldsymbol{w}$ 为函数 V_h' 的参数向量。可不断调整参数向量 $\boldsymbol{w}$ 的取值，使得估计值 $V_h'(s,\boldsymbol{w})$ 与最优状态值 $V_h^*(s)$ 之间的差别达到最小。可用平方误差度量 $V_h'(s,\boldsymbol{w})$ 和 $V_h^*(s)$ 之间的差异，由此将状态值函数的逼近问题转化为如下优化计算问题

$$\arg\min_{w}(V_h^*(s)-V_h'(s,\boldsymbol{w}))^2 \tag{6-35}$$

使用梯度下降法求解上述优化问题，其中目标函数的梯度为

$$\mathrm{grad}(J)=-2\frac{\partial V_h'(s,\boldsymbol{w})}{\partial \boldsymbol{w}}[V_h^*(s)-V_h'(s,\boldsymbol{w})] \tag{6-36}$$

则参数向量的更新计算公式为

$$\boldsymbol{w}'=\boldsymbol{w}-\alpha'\mathrm{grad}(J) \tag{6-37}$$

即有

$$\boldsymbol{w}'=\boldsymbol{w}+\alpha\frac{\partial V_h'(s,\boldsymbol{w})}{\partial \boldsymbol{w}}[V_h^*(s)-V_h'(s,\boldsymbol{w})] \tag{6-38}$$

其中，α' 和 α 为迭代步长。

迭代使用上述更新公式可算出值函数参数的最优值 $\boldsymbol{w}^*$，将 $\boldsymbol{w}^*$ 代入 $V_h'(s,\boldsymbol{w})$ 便可求得最优状态值函数 $V_h^*(s)$ 的近似解 $V_h'(s,\boldsymbol{w}^*)$。

由于直接使用 $V_h'(s,\boldsymbol{w})$ 与 $V_h^*(s)$ 的平方误差作为目标函数难以保证上述迭代过程的收敛性，故用每个状态转移 $s\to s'$ 的反馈值与真实值之间平方误差的均值作为目标函数，即有

$$J(\boldsymbol{w})=\frac{1}{|s\to s'|}\sum_{s\to s'}[V_h^*(s)-V_h'(s,\boldsymbol{w})]^2 \tag{6-39}$$

其中，$|s\to s'|$ 表示状态转移次数。

通常将上述目标函数称为**贝尔曼冗余**。仍然使用梯度下降法进行参数更新，此时目标函数的梯度为

$$\text{grad}(J) = -\frac{2}{|s \to s'|}\sum_{s \to s'} \frac{\partial V_h'(s,\boldsymbol{w})}{\partial \boldsymbol{w}}[V_h^*(s) - V_h'(s,\boldsymbol{w})] \tag{6-40}$$

参数向量的更新公式为

$$\boldsymbol{w}' = \boldsymbol{w} + \alpha \sum_{s \to s'} \frac{\partial V_h'(s,\boldsymbol{w})}{\partial \boldsymbol{w}}[V_h^*(s) - V_h'(s,\boldsymbol{w})] \tag{6-41}$$

迭代使用上述更新公式可求得值函数参数的最优值 $\boldsymbol{w}^*$，可以通过适当选择步长参数 α 来保证上述迭代过程的收敛性。

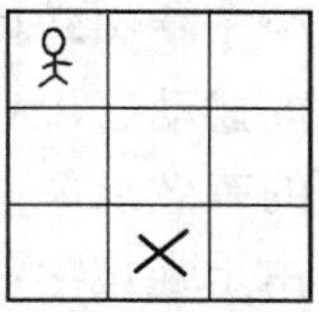

图 6-11　3×3 棋盘

【例题 6.2】 图 6-11 表示某个 3×3 棋盘，其中位置(1,1) 为智能体运动的起始位置，位置(3,2)为终点位置。智能体每次运动的目标位置是终点位置时奖励函数取值为 0，否则取值为-1，试通过值迭代学习使得智能体能够最快达到终点。

【解】 可将该问题归结为马尔可夫决策过程，其中状态空间中包括当前位置的相邻位置，决策空间包括上、下、左、右四个动作。使用值迭代求解该问题，假设初始策略为随机选择动作，扫描所有状态所对应动作空间中的动作，记录对应的奖励函数取值，选择其中对应奖励函数取值最大的动作作为当前状态的最优动作并更新状态值函数，若无法确定最优动作则只更新状态值函数。重复上述过程直至值函数取值不变，此时获得最优策略。具体过程如下。

初始化：令所有位置的状态值函数取值均为 0；

第一次迭代：由于智能体到达终点位置时游戏结束，故终点位置无对应的状态值函数。对于其他位置，逐一尝试上、下、左、右四个动作，由于智能体运动至终点位置的奖励函数取值为 0，故与终点位置相邻三个位置的状态值函数取值更新情况如下

$$V(s) = R + V(s') = 0$$

并可确定这些位置所对应的最优动作。其余位置的状态值函数取值更新情况为

$$V(s) = R + V(s') = -1 + 0 = -1$$

这些位置所对应的最优动作无法确定。

第二次迭代：由于与终点位置相邻处的最优动作已确定，故这些位置的状态值函数不再发生变化。其他位置逐一尝试四个动作，从中选择最优动作并更新状态值函数的取值。

同理可进行第三次迭代更新。由于第三次迭代结果与第二次迭代结果相同，故可认为已求得最优状态值函数和最优策略。图 6-12 表示迭代的具体过程和结果。图中 $V(s)$ 表示对应状态值函数的期望值，而箭头符号则表示状态所对应的最优策略。□

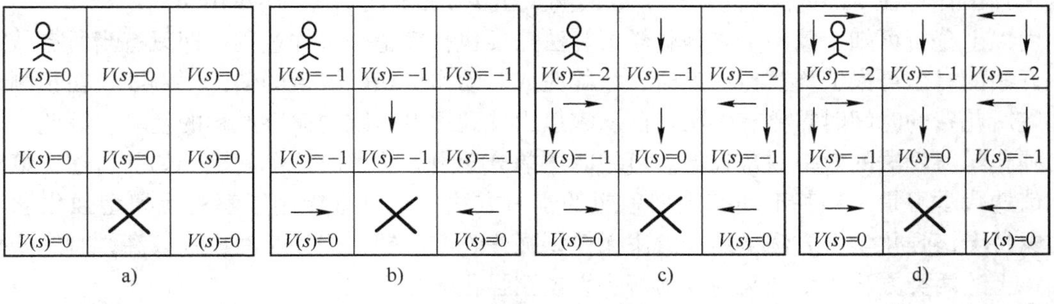

图 6-12　值迭代学习过程

a）初始化　b）第一次迭代　c）第二次迭代　d）第三次迭代

6.2.2 时序差分学习

有模型强化学习可以使用已知的状态转移分布和初始策略求得状态值函数和动作值函数的具体数值，并可通过动态规划等方式实现以值函数为目标函数的优化求解，达到获得最优策略的强化学习目标。然而，在很多情况下系统环境难以得知或难以建模，使得状态转移分布和奖励函数未知或难以确定，面向这种场合的强化学习称为无模型强化学习。对于无模型强化学习，由于状态转移分布和奖励函数均为未知，难以获得策略所对应的状态值函数取值，故无法使用前述动态规划方法实现基于值迭代的策略优化，必须寻找其他途径实现对无模型强化学习问题的有效求解。

由于强化学习的目标是求得最优策略，并且与策略评估直接相关的指标是值函数的取值，故可通过直接对值函数的取值进行估计的方式来求解无模型强化学习问题。由于状态值函数难以估计且与策略直接相关的是动作值函数，故通常直接对动作值函数进行估计。

为估计动作值函数 $Q_h(s,a)$ 的取值，可使用马尔可夫链蒙特卡洛（Markov Chain Monte Carlo, MCMC）方法对强化学习过程进行采样，具体做法是从某个初始状态集出发根据某个策略 h 执行强化学习过程，假设从初始状态 S^t 开始进行一次采样，根据策略 h 可得到一条状态-动作-反馈的连续变化过程。由于 MCMC 方法要求进行尽可能多的采样，由此得到多条状态-动作-反馈的连续变化过程。记录这些过程中的状态动作对 (s,a) 及与它们相对应的累计反馈，则可将所有与状态动作对 (s,a) 相对应累计反馈的平均值来作为 (s,a) 所对应动作值函数 $Q_h(s,a)$ 取值的估计值。

由于基于确定策略的状态从某一状态到下一状态的转移是确定的，当策略 h 为确定策略时，通过多次采样只能得到多条相同的状态-动作-反馈的连续变化过程，不利于获得更加精确的估计结果。为此，可用 ε-贪心策略进行动作选择，即每次以 ε 的概率从所有动作中随机选择动作，以 $1-\varepsilon$ 的概率根据当前策略选择动作，由此尽可能地采样到多条不同的状态-动作-反馈的连续变化过程，使得对动作值函数的估计更为准确。

有了策略所对应的动作值函数估计值，便可根据该估计值进行策略评估和策略改进，求得最优策略。通常称这种无模型强化学习方法为**蒙特卡洛强化学习算法**。该算法的核心思想是一种通过过往经验的平均来估计动作值函数的取值。例如，你现在在家里并打算尽快在某电影院观看某场电影，如果现在决定要买几点场的电影票，则需要估计从家里赶往电影院所花费的时间。假设以往你从家里赶到电影院所花费时间的均值为 T min，则使用蒙特卡洛强化学习思想直接估计出你将在 T min 后到达影院，故需购买至少 T min 之后才开场的电影票。

由以上分析可知，蒙特卡洛强化学习算法需要执行完整个采样过程，即只有当所有从初始状态开始的马尔可夫链均执行结束时，才能完成对动作值函数取值的估计。例如，在预测赶往电影院所花费的时间时需要有多次之前从家里出发到达电影院的完整过程的经验。因此，蒙特卡洛强化学习算法的效率通常较低。可用**时序差分学习**方法解决这个问题。如前所述，策略迭代和值迭代学习是一种基于动态规划思想的学习方法，难以直接用于解决无模型强化学习问题，蒙特卡洛强化学习方法虽然能解决无模型强化学习问题，但其时间成本较高。时序差分学习则将上述两类方法相结合来高效地解决无模型强化学习问题。

时序差分学习的基本思想：首先，通过模拟一段时序中的状态变化方式估计动作值函数的取值；然后，在每执行一次或几次状态转移之后根据所得新状态的价值对估计值进行迭代更新。同样考虑预测从家里出发去电影院所花费时间的问题，假设去的途中需要去吃晚餐并购买零食，根据之前经验去餐厅大约需要 T_1 min，就餐需要花费 T_2 min，赶往超市并购买零食需要 T_3 min，从超市赶往电影院需要 T_4 min，则赶往电影院预计花费时间（分钟）为

$$T_1+T_2+T_3+T_4$$

若现在已经达到餐厅，实际花费的时间为 T_1'，则可将赶往电影院所花费的总时间更新为 ($T_1'+T_2+T_3+T_4$ min，不必等到达电影院才去更新总花费时间。事实上，可将蒙特卡洛强化学习算法看成是最大步数的时序差分学习算法。

现介绍时序差分学习算法的基本原理和具体过程。假设对状态动作对 (s,a) 进行了 k 次采样，每次采样所得的累计反馈为 $Q_h^i(s,a), i=1,2,\cdots,k$，则策略 h 在状态为 s、动作为 a 的情况下的动作值函数取值的估计值为

$$Q_h(s,a)=\frac{1}{k}\sum_{i=1}^{k}Q_h^i(s,a) \tag{6-42}$$

假设现对状态动作 (s,a) 进行了第 $k+1$ 次采样得到累计反馈为 $Q_h^{k+1}(s,a)$，若使用蒙特卡洛强化学习方法，则应将动作值函数取值的估计值更新为

$$Q_h(s,a)=\frac{1}{k+1}\sum_{i=1}^{k+1}Q_h^i(s,a)$$

时序差分学习则使用下列公式更新值函数取值的估计值

$$Q_h'(s,a)=Q_h(s,a)+\alpha[Q_h^{k+1}(s,a)-Q_h(s,a)] \tag{6-43}$$

其中，$Q_h'(s,a)$ 为更新后的值函数取值的估计值；α 为影响系数。通常设定 α 为一个小于 1 的正数，α 的取值越大则表明后续采样所获得的累计反馈越重要。

$Q_h^{k+1}(s,a)$ 可分解为对动作 a 的立即反馈与下一个状态的值函数之和，即

$$Q_h^{k+1}(s,a)=R(s,a)+\gamma Q_h(s',a') \tag{6-44}$$

其中，s' 为下一个时序的状态；a' 为根据 s' 和策略 h 选择的动作。

将上式代入式（6-43）中，可得如下用于单步时序差分学习的值函数迭代公式

$$Q_h'(s,a)=Q_h(s,a)+\alpha[R(s,a)+\gamma Q_h(s',a')-Q_h(s,a)] \tag{6-45}$$

显然，对 $Q_h(s,a)$ 的更新是建立在 $Q_h(s',a')$ 估计值已知的基础之上的。这与线性规划值迭代中计算状态值函数时依赖其后续状态值函数的形式比较类似。

上式中只考虑了一个时序步骤后动作值函数的更新情况，迭代公式中只涉及当前状态 s、当前动作 a、状态-动作对 (s,a) 所对应的奖励函数取值 $R(s,a)$、下一个时序状态 s'，以及 s' 所对应的动作 a'。通常称此类基于单步更新方式的时序差分学习算法为**Sarsa 算法**。

Sarsa 算法的具体步骤如下：

（1）随机选择初始状态 $s^{(t)}$ 策略 h，设定 $Q_h(s^{(t)},a^{(t)})$ 的初始值并指定参数 γ、α；

（2）从状态 $s^{(t)}$ 开始马尔可夫决策过程，使用 ε-贪心策略选择对应的动作 $a^{(t)}$，记录反馈值 $R(s^{(t)},a^{(t)})$ 和更新后的状态 $s^{(t+1)}$，并根据状态 $s^{(t+1)}$ 和策略 h 使用 ε-贪心策略选择下一个动作 $a^{(t+1)}$；

（3）使用如下公式更新动作值函数

$$Q_h'(s^{(t)},a^{(t)})=Q_h(s^{(t)},a^{(t)})+\alpha[R(s^{(t)},a^{(t)})+\gamma Q_h(s^{(t+1)},a^{(t+1)})-Q_h(s^{(t)},a^{(t)})]$$

若动作值函数未收敛，则令 $Q_h(s^{(t)},a^{(t)})=Q_h'(s^{(t)},a^{(t)})$，返回步骤（1）；否则，令

$$h^*=\arg\max_h Q_h(s^{(t)},a^{(t)})$$

求得最优策略 h^* 并结束算法。

【**例题 6.3**】图 6-13 表示某 4×4 网格游戏，其中用正方形表示的位置(1,1)是智能体运动的起始位置，用叉号表示的位置(2,3)和(3,2)是陷阱位置，用圆圈表示的位置(3,3)为终点位置。游戏规则为：当智能体运动的目标位置是终点位置时奖励函数值为 1，是陷阱位置时奖励函数值为-1，是其余位置时奖励函数值为 0。试用 Sarsa 算法使得智能体避过陷阱位置并以最快的速度达到终点，其中参数设定为 $\gamma=0.9$，$\varepsilon=0.9$，$\alpha=0.01$。

【**解**】可将该网格游戏看成是一个马尔可夫决策过程，其中状态空间包括当前位置、陷阱位置、目标位置以及空位置，并将两个陷阱位置设为同一个状态，决策空间包括上、下、右、左四个动作，分别用 0，1，2，3 表示，如图 6-14 所示。

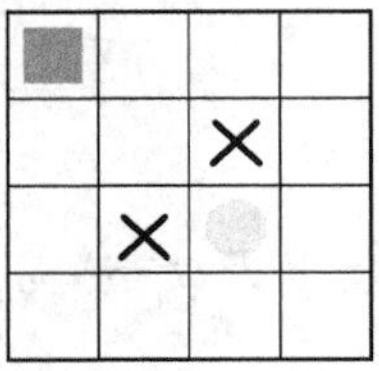

图 6-13　4×4 网格游戏

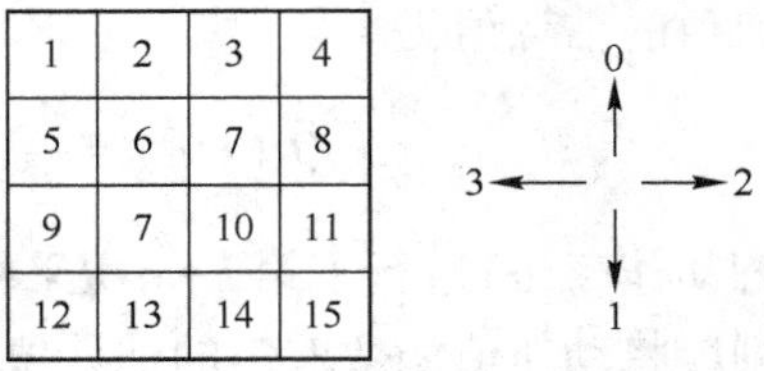

图 6-14　状态示意图

现使用 Sarsa 算法对该过程进行求解。假设初始策略为随机选择动作，扫描所有状态所对应的动作空间中的动作，记录所对应的奖励函数值，使用 ε-贪心策略选择对应动作，记录反馈值和更新后的状态，并根据更新后的状态和策略使用 ε-贪心策略选择下一个动作。重复上述过程，直到任意状态所对应动作值函数收敛，此时获得最优策略。具体迭代过程如下。

第 1 次迭代：设置初始位置的状态动作值函数取值均为 0，如表 6-2 所示。

表 6-2　初始位置的 Q 表

状态动作 \ 取值	0	1	2	3
1	0	0	0	0

这时，在状态 s_1 下根据 ε-贪心策略选择动作，假设所选择的动作为 $a_1=1$，达到状态 s_5，在状态 s_5 下根据 ε-贪心策略选择动作，假设所选择的动作为 $a_5=1$，达到状态 s_9，此时根据 Sarsa 算法更新公式有

$$
\begin{aligned}
Q_h'(s_1,a_1)&=Q_h(s_1,a_1)+0.01[R(s_1,a_1)+0.9\times Q_h(s_5,a_5)-Q_h(s_1,a_1)]\\
&=0+0.01\times(0+0.9\times0-0)=0
\end{aligned}
$$

更新后的 Q 表如表 6-3 所示。

表 6-3　Q 表的更新计算结果

状态动作 \ 取值	0	1	2	3
1	0	0	0	0
5	0	0	0	0
9	0	0	0	0

同理，在状态 s_9 下执行上述过程，直到达到终止状态，即陷阱位置或目标位置，有

$$
\begin{aligned}
Q_h'(s_{13},a_0)&=Q_h(s_{13},a_0)+0.01[R(s_{13},a_0)-Q_h(s_{13},a_0)]\\
&=0+0.01\times(-1-0)=-0.01
\end{aligned}
$$

更新后的 Q 表如表 6-4 所示。

此时一个情节结束，第一轮迭代结束。接下来可通过编程计算来实现后续的迭代过程。例如，经过 520 次迭代后所得 Q 表如表 6-5 所示。

表 6-4　第一轮迭代计算所得 Q 表

状态动作 \ 取值	0	1	2	3
1	0	0	0	0
5	0	0	0	0
9	0	0	0	0
12	0	0	0	0
13	-0. 01	0	0	0
7	0	0	0	0

表 6-5　经过 520 次迭代后所得 Q 表

状态动作 \ 取值	0	1	2	3
1	0. 005156259	0. 154963696	0. 0000217	0. 005014207
5	0. 004430395	0. 278415073	-0. 0000274	0. 014190371
9	0. 006557989	0. 431280385	-0. 122478977	0. 017349889
12	0. 010586489	0. 031833657	0. 596246003	0. 022006643
13	-0. 122478977	0. 068799989	0. 804654539	0. 04579385
7	0	0	0	0
2	0. 00000921	-0. 000175532	-0. 0000847	0. 003036357
6	0	-0. 01	-0. 03940399	0. 011292609
3	0	-0. 0199	-0. 000000810	-0. 0000000024
14	0. 992283254	0. 076037698	0. 00404853	0. 052772335
10	0	0	0	0
4	0	-0. 0002682	0	0
8	0	0	0	-0. 029701
11	0	0	0	0. 01
15	0	0	0	0. 074059152

这样第 521 次迭代会在状态 s_1 下根据 ε-贪心策略选择动作。若所选择动作为 $a_1=1$，达到状态 s_5，则在状态 s_5 根据 ε-贪心策略选择动作，若所选择的动作为 $a_5=1$，则达到状态 s_9，此时根据 Sarsa 算法更新公式有：

$$Q'_h(s_1,a_1)=Q_h(s_1,a_1)+0.01[R(s_1,a_1)+0.9\times Q_h(s_5,a_5)-Q_h(s_1,a_1)]$$
$$=0.154963696+0.01\times[0+0.9\times0.278415073-0.154963696]=0.155919795$$

同理可得，在状态 s_9 下有：$Q'_h(s_5,a_5)=0.279512446$；

在状态 s_{12} 下有：$Q'_h(s_9,a_9)=0.432333795$；在状态 s_{13} 下有：$Q'_h(s_{12},a_{12})=0.597525434$；

在状态 s_{14} 下有：$Q'_h(s_{13},a_{13})=0.805538543$，$Q'_h(s_{14},a_{14})=0.991360421$。

此时达到目标位置，情节结束，所得 Q 表如表 6-6 所示。

表 6-6　第 521 次迭代后所得 Q 表

状态动作 \ 取值	0	1	2	3
1	0. 005156259	0. 155919795	0. 0000217	0. 005014207
5	0. 004430395	0. 279512446	-0. 0000274	0. 014190371
9	0. 006557989	0. 432333795	-0. 122478977	0. 017349889
12	0. 010586489	0. 038757211	0. 597525434	0. 022006643
13	-0. 122478977	0. 068799989	0. 805538543	0. 04579385
7	0	0	0	0
2	0. 00000921	-0. 000175532	-0. 0000847	0. 003036357
6	0	-0. 01	-0. 03940399	0. 011292609

（续）

状态动作＼取值	0	1	2	3
3	0	−0.0199	−0.000000810	−0.0000000024
14	0.991360421	0.076037698	0.00404853	0.052772335
10	0	0	0	0
4	0	−0.0002682	0	0
8	0	0	0	−0.029701
11	0	0	0	0.01
15	0	0	0	0.074059152

最后，经过 7704 次迭代后得到如表 6-7 所示近似收敛的所求 Q 表。

表 6-7　经过 7704 次迭代后得到的所求 Q 表

状态动作＼取值	0	1	2	3
1	0.330698674	0.472081112	0.201401428	0.354912354
5	0.328504119	0.534740586	0.204759004	0.396069102
9	0.408266139	0.659091417	−0.863299995	0.438684407
12	0.452864782	0.507052898	0.760796198	0.550782416
13	−0.845778048	0.627468983	0.862796309	0.53608069
7	0	0	0	0
2	0.019642589	0.011094581	0.000103667	0.34818731
6	0.017799936	−0.04900995	−0.058519851	0.376322075
3	0.00000515	−0.0199	−0.000000802	0.009947571
14	1	0.715658666	0.422770758	0.603094188
10	0	0	0	0
4	0	−0.0002682	0	0
8	0	0	0	−0.029701
11	0	0	0.0000900	0.086482753
15	0.003008271	0.028954715	0.019619321	0.749827174

如图 6-15 所示，可用箭头符号形式化表示状态所对应的最优策略。由于采用的 ε-贪心策略存在一定的随机性，开始随机选取的动作将会影响最终结果，故会出现两条不同的最优路径，即 1→5→9→12→13→14→10 和 1→2→3→4→8→11→10。□

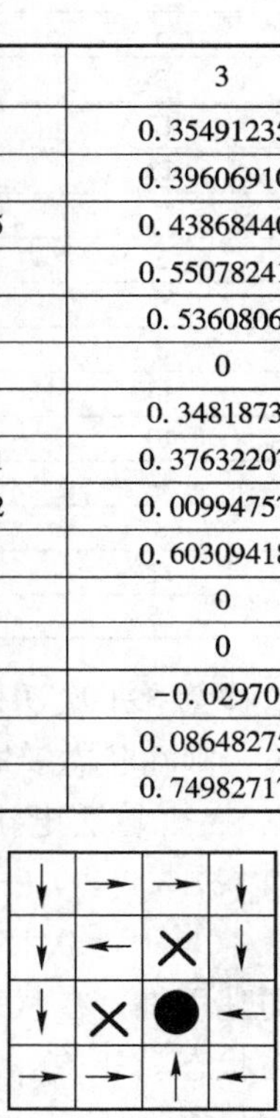

图 6-15　最优策略示意图

以上为单步时序差分学习算法，在一次状态更新后便估计和更新动作值函数取值。可进一步考虑经过 n 次状态更新后再估计动作值函数取值的多步时序差分学习算法。

在初始状态为 $s^{(0)}$、动作为 $a^{(0)}$ 和策略 h 确定的情况下经过 n 次状态更新，可得到如下估计动作值函数取值的计算公式

$$Q_h^{(n)}(s^{(0)},a^{(0)}) = R(s^{(0)},a^{(0)}) + \gamma R(s^{(1)},a^{(1)}) + \cdots + \gamma^{n-1} R(s^{(n-1)},a^{(n-1)}) \tag{6-46}$$

根据上式可得如下用于多步时序差分学习的值函数迭代公式

$$Q'_h(s^{(0)},a^{(0)}) = Q_h(s^{(0)},a^{(0)}) + \alpha[Q_h^{(n)}(s^{(0)},a^{(0)}) - Q_h(s^{(0)},a^{(0)})] \tag{6-47}$$

假设整个强化学习过程持续 T 个时序，则 n 的可能取值为 $n=1,2,\cdots,T$。当 $n=1$ 时即为单步时序差分算法，当 $n=T$ 时即为蒙特卡洛强化学习算法。一般情形下，希望能够选择对动作值函数取值估计最有效的 n 来进行取值，但通常难以获得最优的 n 的取值。为了得到较为精确的值函数估计，通常综合考虑 n 的所有可能取值并将其纳入更新过程。具体做法是引入参数

λ，并称一次实验所获得的累计奖励为**λ 收获**，记为 G_t^λ。λ 收获的具体计算公式如下

$$G_t^\lambda = (1-\lambda)\sum_{n=1}^{T} \lambda^{n-1} Q_h^{(n)}(s^{(0)}, a^{(0)}) \tag{6-48}$$

上式将 n 的所有可能取值下的累计反馈纳入计算范围，并使得取值较大的 n 所对应的累计反馈对总体累计反馈的影响较小。由此可得如下值函数迭代计算公式

$$Q_h'(s^{(0)}, a^{(0)}) = Q_h(s^{(0)}, a^{(0)}) + \alpha[G_t^\lambda - Q_h(s^{(0)}, a^{(0)})] \tag{6-49}$$

使用上述公式进行动作值函数取值估计并求解最优策略的方法通常称为**TD(λ)算法**。需要注意的是，虽然可以将 TD(λ)算法归为一类比较特殊的时序差分学习算法，但该算法在值函数更新时也和蒙特卡洛强化学习方法一样需要等待强化学习过程的结束，否则无法通过计算 λ 收获值来实现对值函数的更新。因此，TD(λ)算法是一种效率较低的算法。

6.2.3 Q 学习

Q 学习是一种具体的时序差分学习算法，与基于单步时序差分学习的 Sarsa 算法类似，Q 学习也只考虑一个时序后动作值函数的更新情况。但它们的区别在于，Sarsa 算法是一种**同策略算法**，选择动作时的策略与更新动作值函数时的策略相同，Q 学习则是一种**异策略算法**，在选择动作时所遵循的策略与更新动作值函数时的策略不同。

对于给定的状态-动作对(s,a)，假设根据策略 h 对(s,a)进行了 k 次采样，得到相应的值函数取值估计为 $Q_h(s,a)$，若对(s,a)进行第 k+1 次采样，则可得到奖励函数值为 $R(s,a)$和下一个状态 s'，为使得动作值函数的更新过程更快收敛，Q 学习算法直接选择状态 s'所对应的最大值函数参与更新过程，由此得到如下迭代公式

$$Q_h'(s,a) = Q_h(s,a) + \alpha[R(s,a) + \gamma \max_{a^*} Q_h(s', a^*) - Q_h(s,a)] \tag{6-50}$$

其中，a^* 为下一个可能的动作。

可直接使用 ε-贪心策略选择所有可能动作中使得下一时序状态值函数取值最大的动作来参与更新过程，但对下一个状态 a'的选择则是根据当前策略 h 和状态 s'实现的，故 Q 学习在选择动作时所遵循的策略与更新动作值函数时所用的策略不同。

由以上分析可得 Q 学习算法的具体过程如下：

（1）随机选择初始状态 $s^{(t)}$ 和策略 h，设定 $Q_h(s^{(t)}, a^{(t)})$初始值并指定参数 γ,α；

（2）从状态 $s^{(t)}$ 开始马尔可夫决策过程，使用 ε-贪心策略选择对应的动作 $a^{(t)}$ 记录反馈值 $R(s^{(t)}, a^{(t)})$和更新后的状态 $s^{(t+1)}$；

（3）根据如下公式更新动作值函数的取值：

$$Q_h'(s^{(t)}, a^{(t)}) = Q_h(s^{(t)}, a^{(t)}) + \alpha[R(s^{(t)}, a^{(t)}) + \gamma \max_{a^*} Q_h(s^{(t+1)}, a^*) - Q_h(s^{(t)}, a^{(t)})]$$

（4）若值函数不收敛，则令 $Q_h(s^{(t)}, a^{(t)}) = Q_h'(s^{(t)}, a^{(t)})$并使用 ε-贪心策略选择 $s^{(t+1)}$ 对应的动作 $a^{(t+1)}$，返回步骤（1）；否则，令

$$h^* = \arg\max_h Q_h(s^{(t)}, a^{(t)}) \tag{6-51}$$

求得最优策略 h^* 并结束算法。

由于 Q 学习在每次迭代时都考察智能体的每一个行为，故 Q 学习不需要特殊的搜索策略，只需采用贪心策略更新动作值函数就可保证算法收敛。因此，通常认为 Q 学习算法是一种有效的无模型强化学习优化算法。

【例题 6.4】 图 6-16 表示某建筑的房间平面图，其中编号 0~4 表示房间，编号 5 表示室

外。智能体需从 2 号房间出发到达室外。令 $\gamma=0.8$，$\varepsilon=0$，$\alpha=1$，智能体到达室外动作的奖励函数值为 100，其他动作的奖励函数值为 0。试用 Q 学习算法求解最优路径。

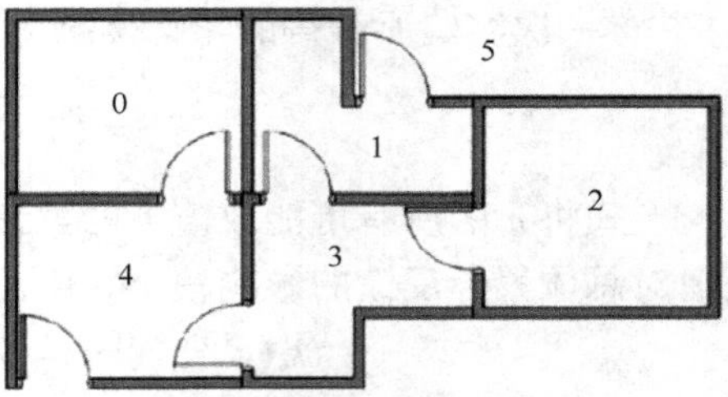

图 6-16　房间平面图

【解】假设初始策略为随机策略 h，则可用如图 6-17 所示的马尔可夫决策过程来表示该路径规划问题。其中箭头表示动作，例如，从 2 号房间状态指向 3 号房间状态的箭头表示智能体从 2 号房间移动到 3 号房间这一动作。

现将智能体位于 i 号位置的状态记为 s_i，从 i 号位置移动到 j 号位置的动作记为 a_{ij}，且令所有状态动作对的动作值函数初值均为 0，即将其表示为如图 6-18 所示的初始 Q 表。Q 表中第 i 行、第 j 列元素为从状态 s_i 转移到状态 s_j 的动作所对应动作值函数的估计值。

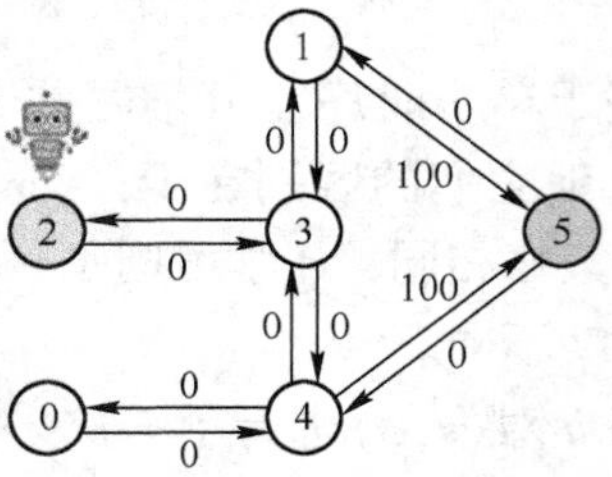

图 6-17　马尔可夫决策过程

$$
\begin{array}{c|cccccc}
 & s_0 & s_1 & s_2 & s_3 & s_4 & s_5 \\
s_0 & 0 & 0 & 0 & 0 & 0 & 0 \\
s_1 & 0 & 0 & 0 & 0 & 0 & 0 \\
s_2 & 0 & 0 & 0 & 0 & 0 & 0 \\
s_3 & 0 & 0 & 0 & 0 & 0 & 0 \\
s_4 & 0 & 0 & 0 & 0 & 0 & 0 \\
s_5 & 0 & 0 & 0 & 0 & 0 & 0
\end{array}
$$

图 6-18　初始 Q 表

使用 Q 学习算法求解最优策略的具体过程如下。

（1）随机选择初始状态，假设随机选择的当前智能体状态为 $S^0=s_1$。根据当前策略，智能体可选择的动作分别为 a_{13},a_{15}。根据策略随机选择动作，假设所选择的动作为 a_{15}，则根据 Q 学习算法值函数更新公式可得

$$
\begin{aligned}
Q_h'(s_1,a_{15}) &= Q_h(s_1,a_{15})+R(s_1,a_{15})+0.8\times\max_{a^*} Q_h(s_1,a^*)-Q_h(s_1,a_{15}) \\
&= 0+100+0-0=100
\end{aligned}
$$

由此可得如图 6-19 所示的第一次更新后的 Q 表。

（2）随机选择初始状态，假设随机选择的当前智能体状态为 s_3，根据当前策略，智能体可选择的动作分别为 a_{32},a_{31},a_{34}，假设选择的下一动作为 a_{31}，则 $S^1=s_1$，状态 s_1 的动作空间为 $\{a_{13},a_{15}\}$，根据 Q 学习算法值函数更新公式可得

$$
\begin{aligned}
Q_h'(s_3,a_{31}) &= Q_h(s_3,a_{31})+R(s_3,a_{31})+0.8\times\max_{a^*} Q_h(s_1,a^*)-Q_h(s_3,a_{31}) \\
&= Q_h(s_3,a_{31})+R(s_3,a_{31})+0.8\times\max\{Q_h(s_1,a_{13}),Q_h(s_1,a_{15})\}-Q_h(s_3,a_{31}) \\
&= 0+0+0.8\times100-0=80
\end{aligned}
$$

由此可得到如图 6-20 所示的第二次更新后的 Q 表。

（3）随机选择初始状态，假设随机选择的当前智能体状态为 s_4，根据当前策略，智能体可选择的动作分别为 a_{40},a_{43},a_{45}，假设选择的下一动作为 a_{45}，则 $S^1=s_5$，状态 s_1 的动作空间为 $\{a_{51},a_{54}\}$，根据 Q 学习算法值函数更新公式可得

$$
\begin{aligned}
Q_h'(s_4,a_{45}) &= Q_h(s_4,a_{45})+R(s_4,a_{45})+0.8\times\max_{a^*} Q_h(s_5,a^*)-Q_h(s_4,a_{45}) \\
&= Q_h(s_4,a_{45})+R(s_4,a_{45})+0.8\times\max\{Q_h(s_5,a_{51}),Q_h(s_5,a_{54})\}-Q_h(s_4,a_{45}) \\
&= 0+100+0.8\times0-0=100
\end{aligned}
$$

由此可得到如图 6-21 所示的第三次更新后的 Q 表。

$$\begin{array}{c|cccccc} & s_0 & s_1 & s_2 & s_3 & s_4 & s_5 \\ \hline s_0 & 0 & 0 & 0 & 0 & 0 & 0 \\ s_1 & 0 & 0 & 0 & 0 & 0 & 100 \\ s_2 & 0 & 0 & 0 & 0 & 0 & 0 \\ s_3 & 0 & 0 & 0 & 0 & 0 & 0 \\ s_4 & 0 & 0 & 0 & 0 & 0 & 0 \\ s_5 & 0 & 0 & 0 & 0 & 0 & 0 \end{array}$$

图 6-19　第一次更新后的 Q 表

$$\begin{array}{c|cccccc} & s_0 & s_1 & s_2 & s_3 & s_4 & s_5 \\ \hline s_0 & 0 & 0 & 0 & 0 & 0 & 0 \\ s_1 & 0 & 0 & 0 & 0 & 0 & 100 \\ s_2 & 0 & 0 & 0 & 0 & 0 & 0 \\ s_3 & 0 & 80 & 0 & 0 & 0 & 0 \\ s_4 & 0 & 0 & 0 & 0 & 0 & 0 \\ s_5 & 0 & 0 & 0 & 0 & 0 & 0 \end{array}$$

图 6-20　第二次更新后的 Q 表

$$\begin{array}{c|cccccc} & s_0 & s_1 & s_2 & s_3 & s_4 & s_5 \\ \hline s_0 & 0 & 0 & 0 & 0 & 0 & 0 \\ s_1 & 0 & 0 & 0 & 0 & 0 & 100 \\ s_2 & 0 & 0 & 0 & 0 & 0 & 0 \\ s_3 & 0 & 80 & 0 & 0 & 0 & 0 \\ s_4 & 0 & 0 & 0 & 0 & 0 & 100 \\ s_5 & 0 & 0 & 0 & 0 & 0 & 0 \end{array}$$

图 6-21　第三次更新后的 Q 表

（4）重复上述过程可得如图 6-22 所示的最终 Q 表，由此将最终策略更新为

$$h(s) = \arg\max_{a} Q(s,a)$$

从而得到如图 6-23 中箭头所示的智能体从 2 号房间到室外的最优路径。□

$$\begin{array}{c|cccccc} & s_0 & s_1 & s_2 & s_3 & s_4 & s_5 \\ \hline s_0 & 0 & 0 & 0 & 0 & 80 & 0 \\ s_1 & 0 & 0 & 0 & 64 & 0 & 100 \\ s_2 & 0 & 0 & 0 & 64 & 0 & 0 \\ s_3 & 0 & 80 & 51 & 0 & 80 & 0 \\ s_4 & 64 & 0 & 0 & 64 & 0 & 100 \\ s_5 & 0 & 80 & 0 & 0 & 80 & 0 \end{array}$$

图 6-22　最终 Q 表

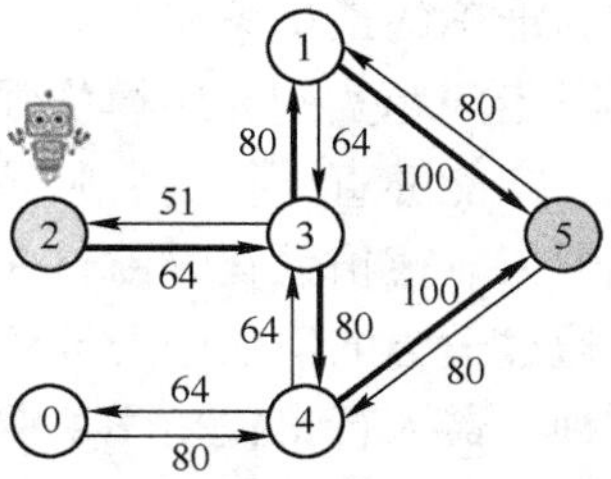

图 6-23　最佳路线示意图

6.3　示范强化学习

由于现实世界和问题的复杂性，对强化学习的系统环境进行建模有时是一件非常困难的事情，而且经常因为状态空间或动作空间过大而难以直接通过对某种数学模型的优化求解来获得最优策略。在面对这种情况时，可让智能体直接向已经掌握问题解决技巧的个体学习求解经验，即通过示范决策序列进行学习。通常称这类学习方式为**示范强化学习**。可将示范强化学习大致划分为两种基本类型，即模仿强化学习和逆向强化学习。模仿强化学习首先让智能体通过模仿示范决策序列快速有效地掌握较优策略，然后在此基础上使用强化学习方法对已掌握的较优策略做进一步优化，从而获得最优策略。逆向强化学习首先通过某种优化计算方式获得一种优化的奖励函数，消除人为确定奖励函数的主观随意性，然后根据所得优化奖励函数完成强化学习任务。本节简要介绍模仿强化学习和逆向强化学习的基本思想。

6.3.1　模仿强化学习

模仿学习是通过观察和效仿其他个体行为以改善自身行为的一种学习方式。例如，儿童通过模仿成年人的行为方式从而掌握新的技能。在强化学习过程中，直接从零开始通过最大化值函数学习多步决策的搜索空间有时非常巨大，使得强化学习过程过于复杂且难以实现。此时可通过模仿强化学习来获得最优策略，即让智能体通过模仿其他包括人在内的有经验对象以获得具有一定合理性的策略，然后在此基础上做进一步优化计算获得最优策略。显然，模仿强化学习可以大幅缩小搜索范围以有效降低学习过程的计算复杂度。

在模仿强化学习中，通常称被模仿对象为示教者。模仿强化学习的基本模仿思路是让示教者提供作为示教信息或模仿范例的决策过程数据，智能体从示教者提供的示教信息中学习。示教信息中的决策过程数据主要包括多步决策过程的序列。具体地说，假设示教者提供了 k 步决策过程的序列，其中第 i 个序列为

$$T_i = \langle s_0^{(i)}, a_0^{(i)}, s_1^{(i)}, a_1^{(i)}, \cdots, s_{n_i}^{(i)}, a_{n_i}^{(i)} \rangle$$

其中，n_i表示该序列的时序步骤个数。

可分别将序列中每个状态动作对(s_j^i, a_j^i)抽象为一个训练样本，构造如下训练样本集D：

$$D = \{(s_0^{(1)}, a_0^{(1)}), (s_1^{(1)}, a_1^{(1)}), \cdots, (s_0^{(i)}, a_0^{(i)}), (s_1^{(i)}, a_1^{(i)}), \cdots, (s_{n_i}^{(k)}, a_{n_i}^{(k)})\}$$

将D中每个训练样本的状态看成样本属性或特征值，动作看成是样本标签值，则D就是一个带标签的训练样本集，可由此通过监督学习方式训练构造强化学习的初始模型。如果训练样本来自人类专家的决策过程，则示教者就是人类专家，使用训练样本集合D对训练构造强化学习初始模型的过程就是智能体模仿人类专家进行决策的过程。通过基于样本集合D的预训练过程得到的初始模型显然优于随机确定的初始化模型，故模仿强化学习可以有效提升迭代收敛速度并获得较为准确的最优策略。

现结合机器人行走问题实例介绍模仿强化学习的具体过程。假设模仿强化学习的目标是让机器人学会像人类一样能够直立行走，则该学习过程中的示教者可以是人也可以是已掌握直立行走行为的其他机器人。模仿强化学习首先要让智能体通过行为观测和感知等方式获取示教者的示教信息，然后通过适当的模仿学习算法将示教信息与模仿者自身特征相结合，完成对示教者的模仿。实现这种机器人行走模仿学习需要考虑如下三个问题，即如何获取示教信息、如何对示教信息进行学习，以及如何再现被模仿的行为。

图6-24表示机器人模仿学习的基本流程。如图6-24所示，模仿强化学习首先使用感知模块获取示教者的行为数据，然后通过学习模块将示教者的行为数据转变成由模仿学习获得的策略，最后通过执行模块的运动控制实现行为再现，完成机器人行走技能的学习。通常将机器人系统通过感知模块获取示教行为信息的过程称为**行为获取**，将示教者的行为信息通过学习模块表达为模仿学习策略的过程称为**行为表征**，将学习到的最优策略通过执行模块实现行为模仿的过程称为**行为再现**。由以上分析可知，机器人模仿学习系统运行的基本流程主要由行为获取、行为表征和行为再现这三个阶段构成。

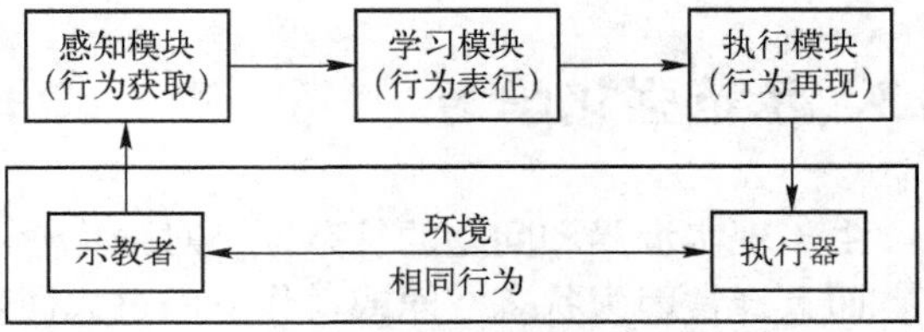

图6-24　机器人模仿学习基本流程

实现行为获取的具体方法有很多种，其中最常用的方式有以下三种：一是示教者手动移动机器人的执行机构，类似手把手教学；二是使用基于视觉的动作捕捉方法，包括基于标记点的视觉动作捕捉和非基于标记点的视觉动作捕捉方法；三是使用穿戴式传感器获取行为信息。获取示教信息后，通常需使用动态时间规整、主分量分析等方法对其进行运动分割、降维、滤波、特征提取等预处理，然后将预处理后的示教信息输入到学习模型作为模仿学习的训练样本数据，以便为行为表征做准备。

行为表征即为行为编码过程，它所要解决的问题是如何将观察到的示教行为信息映射到机器人自身的运动系统之中，通常需要确定一个合适的定量指标用于度量模仿学习的性能并通过该指标获得最优的控制策略。行为表征是模仿学习的关键，也是目前模仿强化学习研究领域的一个热点课题。有效的行为表征方法要求具备较好的泛化能力和鲁棒性，即能够把通过学习获得的行为技能推广和应用到新的环境，并且具有较好的抗干扰能力。

机器人行走模仿强化学习的最后一步是将学习获得的控制策略映射到机器人的执行器空间，通过对机器人底层的运动控制来实现可视的行为再现。

模仿强化学习的主要优势在于能够在传统方法不易实现或不能实现的情况下找到有效的控制策略以完成复杂的运动任务。随着强化学习研究的不断发展，所面临的问题也越来越多样，对于环境难以建模的复杂任务，传统的强化学习方法难以有效完成此类任务，通过模仿强化学习可以利用现有知识快速找到最优策略。但通过模仿强化学习所得到的智能体灵活性不足，并且数据处理过程复杂，这些也限制了该方法在实际场景中的广泛应用。

6.3.2 逆向强化学习

在强化学习中主要是通过最大化值函数的方式来求解最优策略，值函数通常使用累计奖励反馈值的数学期望来确定。因此，作为计算奖励反馈的奖励函数在强化学习中起着非常关键的作用。不同的奖励函数可能会使得所求的最优策略有所不同。不合实际的奖励函数会使得所求策略与实际最优策略之间具有较大偏差，甚至导致学习算法无法收敛。强化学习中的奖励函数通常是人为给定或由环境确定，使用这种方式确定的奖励函数取值不可避免地带有较强的主观性，在很多情况下并不符合实际情况，故可考虑从有经验的示教者那里获得比较合理的奖励函数。逆向强化学习的基本思路就是首先通过某种优化计算方式获得一种优化的奖励函数，然后根据所得优化奖励函数完成强化学习任务。

然而在很多情况下，人类专家或其他行为较好的示教者虽然能够较好地完成任务却并未直接考虑奖励函数。例如，在让人类玩家进行例题 6.1 中小游戏时，只需让智能体朝着目标位置方向移动即可，并没有考虑每步移动所带来的立即反馈奖励值。但这并不是说人类专家在完成任务时没有奖励函数。事实上，人类专家在完成任何具体任务时都存在显性的或潜在的奖励函数。因为人类专家在完成任务时所使用的策略通常是最优或接近最优的策略，故可假设所有策略所产生的累积奖励期望都不会高于专家策略所产生的累积奖励期望。可根据该假设和示教者完成任务的动作序列近似求出潜在的奖励函数。

从示教者完成任务的动作序列中学习获得奖励函数，再通过所学奖励函数完成强化学习任务的过程称为**逆向强化学习**。图 6-25 表示一个完整的逆向强化学习过程。

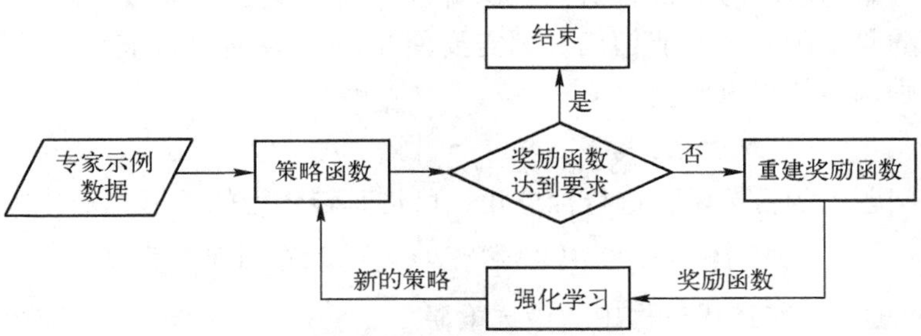

图 6-25　逆向强化学习基本流程

显然，逆向强化学习的关键在于如何通过学习获得所需的奖励函数。奖励函数的求解首先需要解决如下两个问题：一是可能会有多个奖励函数同时满足专家策略为最优策略的条件，有时无法确定选择哪个奖励函数最为合理；二是如果所构造的奖励函数由大量零值构成，则会使得学习者选择任意动作的效果都是等效的，难以获得唯一的最优策略。为解决上述两个问题，通常不直接计算奖励函数值，而是通过已知基函数的线性组合来逼近最优奖励函数。也就是说，通过适当调节基函数权重的方式来构造所需的奖励函数。可以通过这种方式获得与任意专家策略相对应的唯一奖励函数值。

具体地说，假设 $\phi(s)=(\phi_1(s),\phi_2(s),\cdots,\phi_l(s))^{\mathrm{T}}$ 是基函数向量，其中每个分量是关于奖

励函数的基函数，这些基函数可以是多项式、三角函数等基函数形式，则可将奖励函数$R(s)$表示成如下关于基函数的线性组合形式

$$R(s)=\boldsymbol{w}^{\mathrm{T}}\boldsymbol{\phi}(s) \tag{6-52}$$

其中，$\boldsymbol{w}=(w_1,w_2,\cdots,w_l)^{\mathrm{T}}$是基函数的权重向量。

奖励函数求解的关键在于如何确定权重向量$\boldsymbol{w}$。由于逆向强化学习根据示教者完成任务的动作序列来构造奖励函数，故用所求奖励函数获得的最优策略应该与示教者完成任务时所用策略比较接近。假设使用所求奖励函数获得的最优策略为h，示教者完成任务所用策略为h^*，可根据值函数定义求得h在初始状态s_0时的状态值函数期望值$E(V_h(s_0))$

$$E(V_h(s_0))=E\left[\sum_{t=0}^{T}\gamma^t R(s_t)\mid h\right]=E\left[\sum_{t=0}^{T}\boldsymbol{w}^{\mathrm{T}}\boldsymbol{\phi}(s_t)\mid h\right]=\boldsymbol{w}^{\mathrm{T}}\cdot E\left[\sum_{t=0}^{T}\boldsymbol{\phi}(s_t)\mid h\right]$$

令$u(h)=E\left[\sum_{t=0}^{T}\phi(s_t)\mid h\right]$，并假设示教者提供了$k$次决策过程的序列，将这$k$次决策过程的序列组成集合$\mathcal{T}=\{\mathcal{T}_1,\mathcal{T}_2,\cdots,\mathcal{T}_k\}$，其中第$i$个序列可表示为

$$\mathcal{T}_i=\langle s_0^i,a_0^i,s_1^i,a_1^i,\cdots,s_{n_i}^i,a_{n_i}^i\rangle$$

则可得到$u(h)$的估计值为

$$\hat{u}^i(h^*)=\frac{1}{k}\sum_{i=1}^{k}\sum_{t=0}^{T}\gamma^t\boldsymbol{\phi}(s_t^i) \tag{6-53}$$

由于最优策略应与示教者完成任务时的动作序列所遵从的策略接近，因此$\hat{u}(h^*)$应与$u(h)$较为相近，即有

$$\|\hat{u}(h^*)-u(h)\|\leqslant\varepsilon$$

其中，ε为一个取值较小的正常数。

由此可知，对于任意权重向量$\|\boldsymbol{w}\|\leqslant 1$，有

$$|\boldsymbol{w}^{\mathrm{T}}\hat{u}(h^*)-\boldsymbol{w}^{\mathrm{T}}u(h)|\leqslant\|\boldsymbol{w}\|\cdot\|\hat{u}(h^*)-u(h)\|<\varepsilon$$

为保证最优策略与示教者完成任务所用策略尽可能接近，需要使$\|\hat{u}(h^*)-u(h)\|$尽可能小，为保证所求的奖励函数尽可能精确，则需要使$\|\boldsymbol{w}\|$的取值尽可能大，故可通过求解如下优化问题求得奖励函数的权重向量

$$\boldsymbol{w}=\arg\max_{\|\boldsymbol{w}\|\leqslant 1}\min_{j\in\{1,2\cdots,k\}}\boldsymbol{w}^{\mathrm{T}}[\hat{u}^{(j)}(h^*)-u(h)] \tag{6-54}$$

将上述优化问题中的目标函数进行标准化，可将其转化为如下形式

$$\max_{q,\boldsymbol{w}} q;\ \text{s.t.}\ \boldsymbol{w}^{\mathrm{T}}u(h)\geqslant\boldsymbol{w}^{\mathrm{T}}\hat{u}^{(j)}(h^*)+q,\ \|\boldsymbol{w}\|\leqslant 1 \tag{6-55}$$

式中$\hat{u}^{(j)}(h^*)$表示前$i-1$次迭代过程中的最优策略。

使用上述方法确定权重向量的学习方式通常称为**学徒学习**。由以上分析可知，学徒学习从某个初始策略开始求解奖励函数的参数值，并利用所求奖励函数和现有强化学习方法更新策略，不断重复上述过程直至算法收敛，实现对最优策略的求解。

使用逆向学习方式确定奖励函数的目的是避免人为设定奖励函数的主观随意性。但逆向学习奖励函数的训练构造中又引入了需要人为指定的参数模型，即假设的奖励函数为一组基向量的线性组合形式。从表面上看，这似乎是一个难以解决的矛盾。然而，目前正在蓬勃发展的深度学习方法正好解决了这个矛盾，人们使用神经网络表示奖励函数的具体形式，并以此为基础形成了一套深度强化学习理论和方法。深度强化学习通过将深度学习和强化学习进行有机结合，使得智能体同时具有深度学习的理解能力和强化学习的决策能力。有关深度强化学习的具

体内容将在后文详细介绍，这里不再赘述。

6.4 强化学习应用

强化学习的目标是获得一种最优策略以便将环境状态映射到一组合理的行为，使得智能体获得最大的长期奖励，并且这种目标主要通过智能体与环境之间不断交互获得最佳序贯决策的方式实现。由于智能体与环境的交互经常会发生延迟反馈、稀疏奖励等问题，故使用强化学习理论来解决实际问题并不是一件容易的事情。尽管如此，强化学习在游戏、机器人、智能驾驶和智能医疗等诸多领域还是得到了广泛应用，并产生了不少相关产品。尤其是最近几年，强化学习理论与应用研究通过引入深度学习技术取得了突破性进展，基于深度强化学习理论的应用技术和产品不断涌现，愈发彰显了强化学习理论的重要性。本节简要介绍强化学习的几个典型应用，主要包括自动爬山小车和五子棋自动对弈游戏。

6.4.1 自动爬山小车

智能小车爬山问题是指模拟强化学习环境，试图使位于山底的小车在动力不足以一次性攀登到山顶的情况下，通过左右摆动增加动量，成功使小车越过旗杆到达山顶。如图 6-1 所示，图中的曲线代表一个山谷的地形，其中 S 为山谷最低点，G 为右端最高点，A 则为左端最高点。这样，小车的任务是在动力不足的条件下，从 S 点以尽量短的时间运动到 G 点。小车爬山问题除了系统的状态观测值以外，没有任何关于系统动力学模型的先验知识，难以采用传统的基于模型的最优化控制方法进行求解，因此选择通过强化学习的方法来求解。

首先，需要使用 Gym 模拟强化学习环境，主要涉及 Anaconda 软件的安装配置，以及 Gym、TensorFlow 软件库在 Windows10 系统下的安装。

（1）为了便于管理，需要先安装 Anaconda，其下载和安装步骤如下。

① 下载 Anaconda 安装包（推荐利用清华镜像来下载），下载地址：

https://mirrors.tuna.tsinghua.edu.cn/anaconda/archive

在本书中，安装的是 Anaconda3-5.1.0 版本。

② 安装 Anaconda。下载 Anaconda 完成后，单击该文件进行安装，可以自定义安装路径。

③ 在安装过程中系统会询问是否将路径安装到环境变量中，勾选此选项。

至此 Anaconda 安装完成，可以在安装目录下看到文件夹 Anaconda3。

（2）利用 Anaconda 建立一个虚拟环境。

① 找到 Anaconda Navigator，打开之后单击 Enviroments。

② 单击“Create”选项，出现如图 6-27 所示界面：

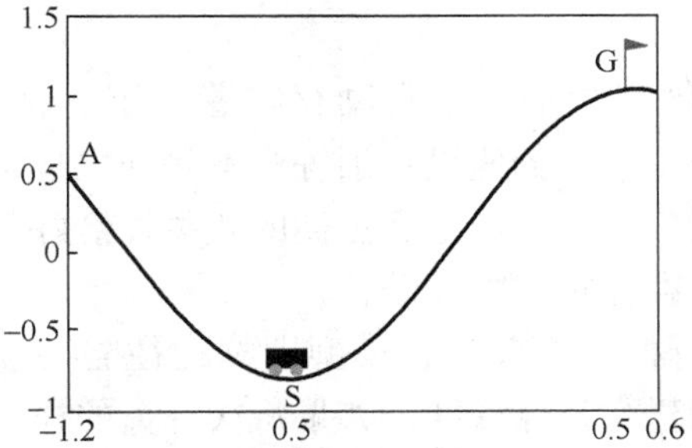

图 6-26　小车爬山示意图

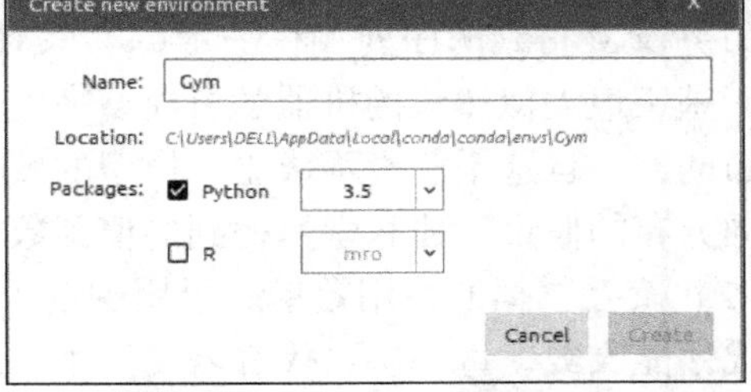

图 6-27　强化学习开发环境搭建

在“Name”中输入“Gym”，在“Python”中选择“3.5”，单击“Create”按钮完成。

（3）安装 Gym、TensorFlow

① 使用快捷键〈Win+R〉打开命令提示符窗口，输入“activate D:\anaconda\envs\Gym”命令，激活 Gym 环境。注意，这里“D:\anaconda\envs\Gym”是 Gym 虚拟环境所在的文件夹，依 Anaconda 安装路径而定。

② 使用清华镜像安装 Gym，输入：

“pip install gym -ihttps://pypi.tuna.tsinghua.edu.cn/simple”

③ 使用清华镜像安装 TensorFlow 的 CPU 版本，输入：

“pip install tensorflow -ihttps://pypi.tuna.tsinghua.edu.cn/simple”

对小车爬山问题进行分析，分析系统的状态可以用两个连续变量 y 和 v 表示，其中 y 为小车的水平位移，v 为小车的水平速度，状态空间约定如下

$$\{\boldsymbol{x} \mid \boldsymbol{x}=[y,v]^{\mathrm{T}};-1.2\leqslant y\leqslant 0.5,-0.07\leqslant v\leqslant 0.07\}\subseteq\mathbf{R}^2$$

当小车位于 S 点、G 点和 A 点时，y 的取值分别为 -0.5、0.5 和 -1.2。动作空间为 $\{u_1,u_2,u_3\}$，表示小车所受水平方向的力，包含三个离散的控制量，$u_1=+1,u_2=0,u_3=-1$ 分别代表全油门向前、零油门、全油门向后三个控制行为。在该过程中，系统的动力学特性描述为

$$\begin{cases}v'=\text{bound}[v+0.001u-g\cos(3y)]\\ y'=\text{bound}[y+v']\end{cases}$$

其中，$g=0.0025$ 为与重力有关的系数；u 为控制量；v' 为新的水平速度；y' 为新的水平位移。目标是在没有任何模型先验知识的前提下，控制小车以最短时间从 S 点运动到 G 点。上述控制问题可以用一个确定性马尔可夫决策过程来建模，奖励函数为

$$r_t=y-0.5$$

这样，当小车向左（后）运动时奖励是负的，当小车静止时奖励为零，当小车向右（前）运行时奖励是正的。并且越往右奖励越大，越往左惩罚越大。

因为小车的状态是由连续变量 y 和 v 表示的，状态数量非常多，如果全用表格来存储它们，恐怕计算机有再大的内存都不够，而且每次在这么大的表格中搜索对应的状态也是一件很耗时的事。不过，在机器学习中，有一种方法对于这种事情很在行，那就是网络模型。对网络模型输入状态值，它就可以输出所有的动作值，然后按照 Q 学习的原则，直接选择拥有最大值的动作当作下一步要做的动作。可以想象，网络模型接受外部的信息，相当于眼睛、鼻子、耳朵收集信息，然后通过大脑加工输出每种动作的值，最后通过强化学习的方式选择动作。

前面已经介绍了 Q 学习的计算方法。Q 学习方法基于当前策略进行交互和改进，更像是一种在线学习的方法。每一次模型都会利用交互生成的数据进行学习，学习后的样本被直接丢弃。但如果使用机器学习模型代替表格式模型后再采用这样的在线学习方法，就有可能遇到两个和机器学习有关的问题。

（1）交互得到的序列存在一定的相关性。交互序列中的状态行动存在着一定的相关性，而对于基于最大似然法的机器学习模型来说，有一个很重要的假设：训练样本是独立且来自相同分布的，一旦这个假设不成立，模型的效果就会大打折扣。而上面提到的相关性恰好打破了独立同分布的假设，那么学习得到的值函数模型可能存在很大的波动；

（2）交互数据的使用效率。采用梯度下降法进行模型更新时，模型训练往往需要经过多轮迭代才能收敛。每一次迭代都需要使用一定数量的样本计算梯度，如果每次计算的样本计算一次梯度后就被丢弃，那么就需要花费更多的时间与环境交互并收集样本。

为解决上述两个问题，使用样本回放缓存区，缓存区保存了交互的样本信息。通常情况下，缓存区的大小会设置得比较大，这样较长一段时间内的样本都可以被保存起来。在训练值函数时，就可以从中取出一定数量的样本，根据样本记录的信息进行训练。这是一种离线学习法，它能学习当前经历着的，也能学习过去经历过的，甚至是学习别人的经历。具体过程如代码 6-1 所示。

```
def store_transition(self, s, a, r, s_):
    if not hasattr(self, 'memory_counter'):
        self.memory_counter = 0
    transition = np.hstack((s, [a, r], s_))
    index = self.memory_counter % self.memory_size
    self.memory[index, :] = transition
    self.memory_counter += 1
```

代码 6-1　存储回放记忆

在基于缓存区的学习过程中，小车一边用自己的策略行动以产生训练集，一边又用这些训练集来训练、更新自己的策略。如果训练集的 (s,a,r,s') 分布与当前的策略过于一致，则容易导致过拟合。其中 (s,a,r,s') 分别表示当前状态、采取的动作、获得的奖励值及下一个状态。若使用了上述的缓存区，当过去的策略产生的数据集被保留下来，并与现在策略产生的数据集混合在一起时，会使得整个训练集与当前策略的相似程度下降。但是，这种下降是有限的，比如训练集中只含有历史上策略产生的数据，就没有办法发现一些全新的道路。而利用和探索权衡取舍就是设计用来解决这个问题的。

利用和探索是两种智能体的策略。利用的意思是，智能体按照当前策略的判断，选择最优的方式来操作，选取动作 $a_t=\max_a Q(s_t,a;\theta)$ 执行产生训练集；而探索的意思是，用随机的策略来选择一个动作 a_t 执行产生训练集。在实际中，会设定一个探索利用比，如 0.8，每次智能体执行操作的时候，会生成一个 0 到 1 之间均匀分布的随机数。如果它小于 0.8，则执行探索策略，而如果它大于等于 0.8，则执行利用策略。这样一来，训练集中就将有一部分的 (s,a,r,s') 是由探索产生的，这有助于训练集包含的成分更加丰富。这种丰富是仅凭缓存区提供的离线学习策略属性所不具备的。

在实际训练中，采用 ε-贪心策略，一般先选取较大的 ε，比如 1.0，用它来产生数据集；然后随着训练的深入，就开始逐渐减小 ε，到大约 0.1 的程度。此时，小车所使用的数据集就会呈现，在一开始与当前策略有较大出入，且包含了较多不同“套路”的相关经验；在训练的后期，逐渐与当前的策略趋于一致。这样可以更好地帮助小车收敛到最优策略。具体过程如代码 6-2 所示。

```
def choose_action(self, observation):
    observation = observation[np.newaxis, :]
    if np.random.uniform() > self.epsilon:
        actions_value = self.sess.run(self.q_eval,
                feed_dict = {self.s: observation})
        action = np.argmax(actions_value)
    else:
        action = np.random.randint(0,
                self.n_actions)
    return action
```

代码 6-2　采用 ε-贪心策略选取下一步行为

这样不仅通过交互得到的序列存在一定的相关性会导致模型的不稳定，而且算法本身也是导致模型不稳定的一个因素。从 Q 学习的计算公式可以看出，算法可以分成如下两个步骤。

（1）计算当前状态行动下的价值目标值：$\Delta q(s,a)=r(s')+\max_{a'} q^{T-1}(s',a')$；

（2）网络模型的更新：$q^T(s,a)=q^{T-1}(s,a)+\dfrac{1}{N}[\Delta q(s,a)-q^{T-1}(s,a)]$。

可以看出模型通过当前时刻的回报和下一时刻的价值估计进行更新。这里存在一些隐患，前面提到数据样本差异可能造成一定的波动，由于数据本身存在着不稳定性，每一轮迭代都可能会产生一些波动，如果按照上面的计算公式，这些波动会立刻反馈到下一个迭代的计算中，这样就很难得到一个平稳的模型。为解决这个问题，建立两个结构一样的网络模型，另一个为 target net，另一个为 eval net。对于每一条(s,a,r,s')，用 eval net 通过输入 s 算出 $Q(s,a;\theta)$，用 target net 输入s'算出 $r+\gamma \max_{a'} Q(s',a';\theta^-)$。具体过程如代码 6-3 所示。

① 搭建 target_net，输入小车下一个状态，输出对应动作的 Q 目标值。

```
self. s_ = tf. placeholder( tf. float32,
        [ None, self. n_features], name ='s_')
self. q_next = tf. matmul(l1, w2) + b2
```

② 搭建 eval_net，输入小车状态和对应动作的 Q 目标值，输出对应动作的 Q 估计值。

```
self. s = tf. placeholder( tf. float32,
        [ None, self. n_features], name ='s')
self. q_target = tf. placeholder( tf. float32,
        [ None, self. n_actions], name ='Q_target')
self. q_eval = tf. matmul(l1, w2) + b2
```

③ 定义 eval_net 损失函数及优化方法：

```
with tf. variable_scope('loss'):
self. loss = tf. reduce_mean( ( tf. squared_difference
( self. q_target, self. q_eval) )
with tf. variable_scope('train'):
self. _train_op = tf. train. RMSPropOptimizer
        ( self. lr). minimize( self. loss)
```

代码 6-3　搭建两个网络模型

执行一次梯度下降算法 $\Delta\theta=\alpha[r+\gamma \max_{a'} Q(s',a';\theta^-)-Q(s,a;\theta)]\nabla Q(s,a;\theta)$，更新eval net 的参数，而 target net 的参数不变。这样就会使得 eval net 算出来的 $Q(s,a;\theta)$更加接近target net 给出来的 $r+\gamma \max_{a'} Q(s',a';\theta^-)$。可以想象，target net 就是用来提供不动的标签的，就像是监督学习中的 target 一样。每当 target net 训练了很多个 batch 之后，就会直接把 eval net 的所有参数照搬到 target net 上来，在智能小车爬山中设置 $C=300$，即每迭代训练 300 次更新 target net 的值，令$\theta^-=\theta$。最后，抽取缓冲区的样本进行学习训练，更新网络参数。具体过程如代码 6-4 所示。

① 从 Replay-Buffer 中随机抽取样本。

```
if self. memory_counter > self. memory_size:
    sample_index= np. random. choice
      ( self. memory_size, size=self. batch_size)
else:
    sample_index = np. random. choice

        ( self. memory_counter, size=self. batch_size)
batch_memory = self. memory[ sample_index, :]
q_next, q_eval=self. sess. run( [ self. q_next, s
elf. q_eval],

feed_dict={ self. s_:batch_memory[ :, -self. n_features:],
            self. s: batch_memory[ :, :self. n_features],} )
```

② 训练网络模型并保存损失函数的值。

```
_, self. cost = self. sess. run( [ self. _train_op,
self. loss],
        feed_dict={ self. s: batch_memory
            [ :, :self. n_features], self. q_target:
q_target} )
self. cost_his. append( self. cost)
```

代码 6-4　训练过程

运行程序，观察小车动态变化。这里设置 10 个轮次，小车每次到达终止状态时，此轮次结束。小车的初始位置和终止位置如图 6-28a、b 所示。

各轮次结束时，输出轮次编号，以及是否到达目标位置、总奖励值、ε 值（Epsilon），如图 6-29a 所示。

从上面可以看出每次小车到达终止状态时，ε-贪心策略中的 ε 稳定在 0.1，说明了此时的小车是大概率按照当前网络模型的输出，选择最优的方式来操作，选取动作执行到达下一个状态。

在运行过程中，每次小车与环境交互 1000 次后就从缓冲区中进行抽样训练，得到一个损失函数值。画出训练次数与损失函数的关系如图 6-29b 所示。

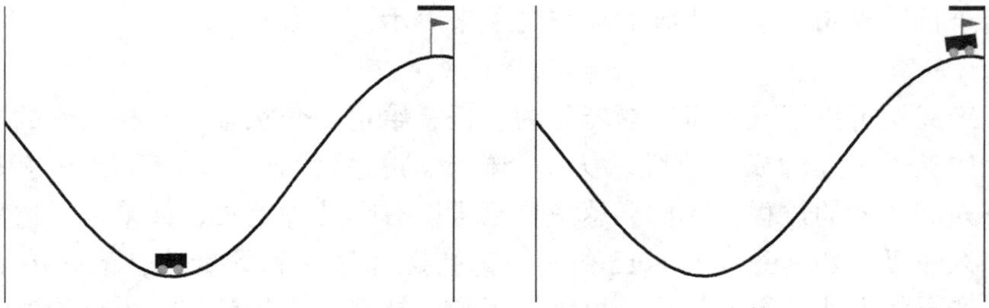

a)　　　　　　　　　　　　　　b)

图 6-28　小车位置变化示意图

a）初始位置图　b）终止位置图

```
Epi: 0 | Get | Ep_r: 206.5616 | Epsilon: 0.24
Epi: 1 | Get | Ep_r: 637.5971 | Epsilon: 0.1
Epi: 2 | Get | Ep_r: 2126.0927 | Epsilon: 01
Epi: 3 | Get | Ep_r: 758.1788 | Epsilon: 0.1
Epi: 4 | Get | Ep_r: 582.0157 | Epsilon: 0.1
Epi: 5 | Get | Ep_r: 358.587 | Epsilon: 0.1
Epi: 6 | Get | Ep_r: 1080.9723 | Epsilon: 0.1
Epi: 7 | Get | Ep_r: 1355.8537 | Epsilon: 0.1
Epi: 8 | Get | Ep_r: 891.5523 | Epsilon: 0.1
Epi: 9 | Get | Ep_r: 1855.8921 | Epsilon: 0.1
```

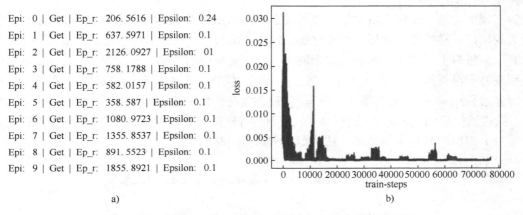

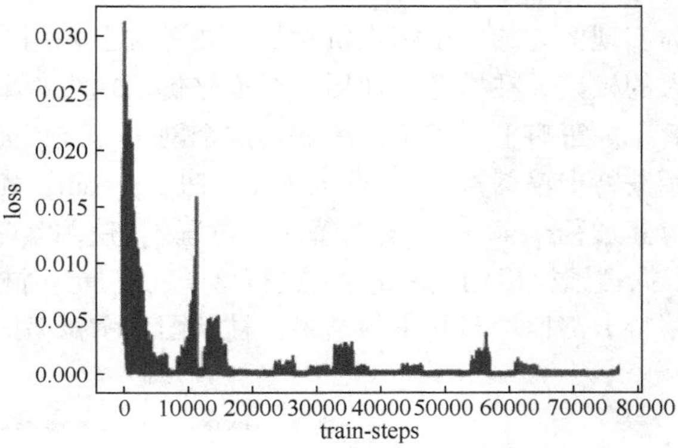

a)　　　　　　　　　　　　　　b)

图 6-29　各轮次的输出结果及训练次数与损失函数关系图

a）输出结果　b）训练次数（train-steps）和损失函数（loss）关系图

从图 6-29b 可以看出，最初的情节开始时，环境重置，小车根据 ε-贪心策略选取动作并将(s,a,r,s')存放在缓冲区中。由于开始大概率采用随机的策略来选择一个动作a_t执行产生训练集，所以损失函数的值非常大。随着时间的推移，小车大概率利用当前网络模型的输出，选择最优的方式来操作，选取动作$a_t=\max\limits_a Q(s_t,a;\theta)$执行产生训练集。经过一段时间的优化，损失函数的值变得越来越小，越来越稳定。

当一个轮次结束时，系统环境又会重置，缓冲区中又会存在通过随机动作产生的(s,a,r,s')样本集，导致损失函数变得比较大，产生波动。从图 6-29b 中可以看出，共存在 10 个波峰，这与实际中设置的 10 个轮次相对应。

6.4.2　五子棋自动对弈

五子棋是世界智力运动会竞技项目之一，是一种两人对弈的纯策略型棋类游戏，通常双方分别使用黑白两色的棋子，下在棋盘直线与横线的交叉点上，先形成五子连线者获胜。现有一个 12×12 的棋盘，利用强化学习进行人机对战博弈，棋局规则为五子棋规则。首先，数值化定义一个五子棋问题，棋盘有 12×12＝144 个交叉点可供落子，每个点又有两种状态，有子用 1 表示，无子用 0 表示，用来描述此时棋盘的状态，即棋盘的状态向量记为 $\boldsymbol{s}$，则有：

$$\boldsymbol{s}=(1,0,0,1,\cdots)$$

在以上假设状态下，暂不考虑不能落子的情况，那么下一步可走的位置空间也是 144 个。

将下一步的落子行动也用一个 144 维的动作向量来表示，记为 $\boldsymbol{a}$，有：

$$\boldsymbol{a}=(0,0,0,1,\cdots)$$

根据以上定义，可以把五子棋问题转化为：任意给定一个状态，寻找最优的应对策略，最早使得棋盘上的五子相连的棋手获胜。从一个棋盘的初始状态出发，开始思考下一步该如何走。回顾一下人们思考的过程，人们会思考自己可以有哪几种走法，如果走了这里，对手可能会走哪里，那么还可以在哪里走。自己和对手都会选择最有利的走法，最终价值最大的那一手，就是需要选择的下法。很明显这个思维过程是一棵树，寻找最佳行棋点的过程，就是树搜索。五子棋第一手有 144 种下法，第二手有 143 种，第三手有 142，依次类推，即一共有 144! 种下法，考虑到存在大量不合规则的棋子分布，但是合理的棋局仍是 一个天文数字，要进行完全树搜索是不可能的。

为实现上述的五子棋人机对战，在算法上采用自我对弈强化学习，完全从随机落子开始，不用人的棋谱。在模型上使用一个策略价值网络模型（f_θ）来计算在当前局面下每一个不同落子的胜率。策略上，基于训练好的这个网络，进行简单的树搜索。自我对局（self-play）是系统使用蒙特卡洛树搜索（Monte Carlo Tree Search，MCTS）算法进行的自对弈过程。图 6-30 表示自对弈过程$s_1,s_2,s_3\cdots,s_T$在每一个位置s_t，使用策略价值网络模型f_θ执行一次蒙特卡洛树搜索a_θ。根据搜索得出的概率$a_t\sim\boldsymbol{\pi}_t$进行落子，终局$s_T$时根据五子棋规则计算胜者 z，$\boldsymbol{\pi}_i$是每一步时执行蒙特卡洛树搜索得出的结果，柱状图表示概率的高低。

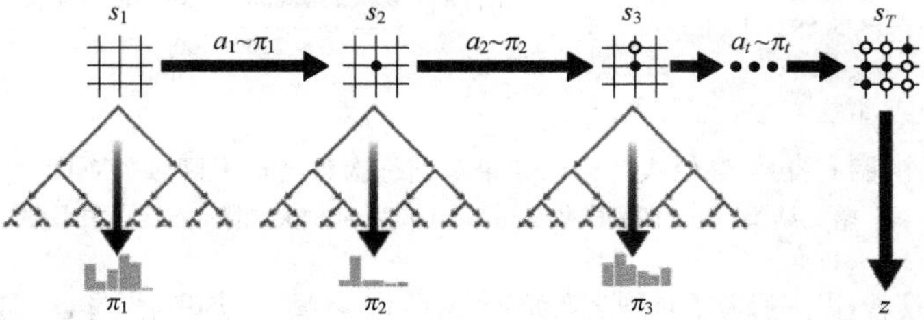

图 6-30　自我对局图

在自我对局过程中，系统会收集一系列的(s,π,z)数据，s 表示局面，π 是根据蒙特卡洛树的根结点处每个分支的访问次数计算的概率，z 是自我对局的结果，其中 s 和 z 需要特别注意应从每一步的当前棋手的视角去表示。比如 s 中用两个二值矩阵分别表示两个棋手的棋子的位置，那么可以用第一个矩阵表示当前棋手的棋子位置，用第二个矩阵表示另一个棋手的棋子位置，也就是说第一个矩阵会交替表示先手和后手棋手的棋子位置，就看 s 局面下谁是当前棋手。z 也类似，不过需要在一个完整的对局结束后才能确定这一局中每一个(s,π,z)中的 z。如果最后的胜者是 s 局面下的当前棋手，则 $z=1$；如果最后的败者是 s 局面下的当前棋手，则 $z=-1$。这也就是奖励函数。使用蒙特卡洛树进行自我对弈的搜索过程如图 6-31 所示。

（1）该搜索树中的每一条边(s,a)都存储了一个先验概率 $P(s,a)$，一个访问计数 $N(s,a)$ 和一个动作值 $Q(s,a)$；

（2）选择：如图 6-31a 每次模拟都通过选择带有最大置信区间上界 $Q(s,a)+U(s,a)$的边来遍历这棵树，其中 $U(s,a)\propto P(s,a)/[1+N(s,a)]$；

（3）扩展和评估：如图 6-31b 使用神经网络扩展叶结点并评估关联的局面 s，$((P(s,\cdot),V(s))$；P 向量的值保存在从 s 出来的边上；

（4）备份：如图 6-31c 在该模拟中遍历的每条边(s,a)都被上传以增加其访问计数 $N(s,a)$，

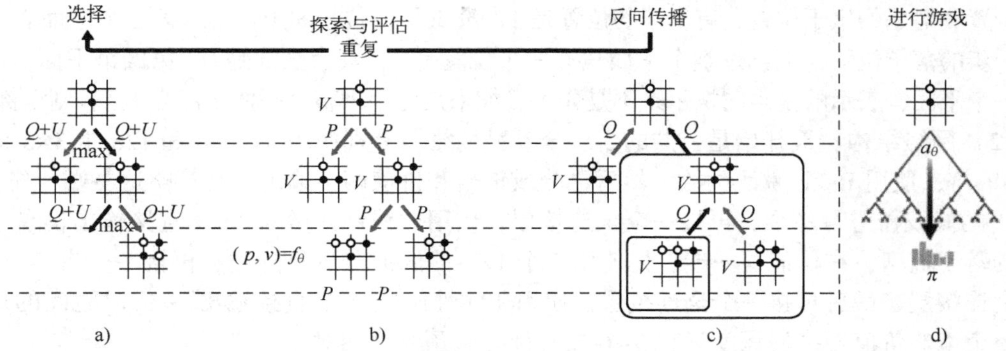

图 6-31　搜索过程

a）选择　b）探索与评估　c）备份　d）下棋

并将其动作值更新为在这些模拟上的平均估计，$Q(s,a)=\ 1/N(s,a)\sum_{s'|s,a\to s'}V(s')$，其中$s'|s,a\to s'$表示该模拟在采取了走法 a 之后最终从局面 s 变成了s'；

（5）下棋：如图 6-31d 所示，一旦搜索完成，就会返回搜索概率 $\pi\propto N^{1/\tau}$，其中 N 是来自根的每次走子的访问次数；τ 是控制温度的参数。下一步走子是通过搜索概率π_t来完成的，然后转移到下一个状态s_{t+1}。

五子棋具有旋转和镜像翻转等价的性质，这可以被充分利用来扩充自我对局数据，以及在使用蒙特卡洛树搜索来评估叶结点的时候提高局面评估的可靠性。在实现中，因为生成自我对局数据本身就是计算的瓶颈，为了能够在算力非常弱的情况下尽快收集数据训练模型，在每一局自我对局结束后，把这一局的数据进行旋转和镜像翻转，并将 8 种等价情况的数据全部存入自我对局的缓冲区中。这种旋转和翻转的数据扩充在一定程度上也能提高自我对局数据的多样性和均衡性。

策略价值网络模型f_θ是在给定当前局面 s 的情况下，返回当前局面下每一个可行动作的概率a_t及当前局面评分 v 的模型，如图 6-32 所示。前面自我对局收集到的数据就是用来训练策略价值网络模型的，而训练更新后的策略价值网络模型也会马上被应用到蒙特卡洛树搜索中进行后面的自我对局，以生成更优质的自我对局数据。两者相互嵌套，相互促进，就构成了整个训练的循环。

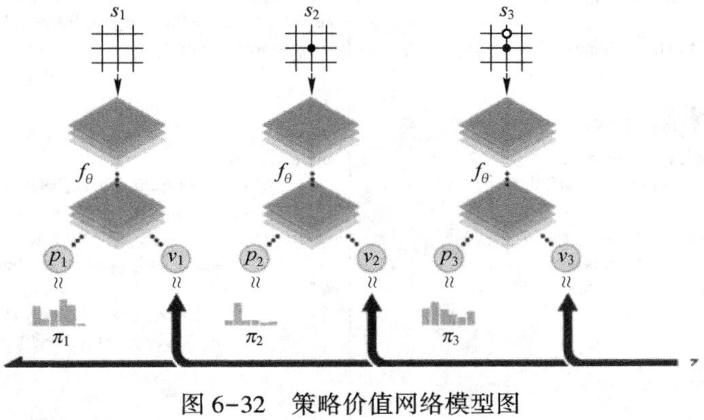

图 6-32　策略价值网络模型图

（1）网络输入：使用了 4 个 12×12 的二值特征平面，其中前两个平面分别表示当前棋手的棋子位置和对手的棋子位置，有棋子的位置是 1，没棋子的位置是 0。然后第三个平面表示对手最近一步的落子位置，也就是整个平面只有一个位置是 1，其余全部是 0。第四个平面，也就是最后一个平面，表示的是当前棋手是不是先手，如果是先手则整个平面全部为 1，否则全部为 0。

（2）网络结构：最开始是公共的 3 层全卷积网络，分别使用 32、64 和 128 个 3×3 的滤波器（filter），使用 ReLu 激活函数。然后再分成策略和价值两个输出，在策略这一端，先使用 4 个 1×1 的滤波器进行降维，再接一个全连接层，使用非线性函数 softmax 直接输出棋盘上每个位置的落子概率；在价值这一端，先使用 2 个 1×1 的滤波器进行降维，再接一个有 64 个神经元的全连接层，最后再接一个全连接层，使用非线性函数 tanh 直接输出[-1,1]之间的局面评分。整个策略价值网络的深度只有 5~6 层，训练和预测都相对比较快。

（3）网络输出：输出的是当前局面下每一个可行动作的概率 p 以及当前局面的评分 v，而用来训练策略价值网络的是在自我对局过程中收集的一系列的(s,π,z)数据。训练的目标是让策略价值网络输出的行为概率 p 更加接近蒙特卡洛树搜索输出的概率 π，让策略价值网络输出的局面评分 v 能更准确地预测真实的对局结果 z。从优化的角度来说，就是在自我对局数据集上不断地最小化损失函数：$l=(z-v)^2-\pi^t\ln p+c\|\theta_i\|^2$，其中第三项是用于防止过拟合的正则项。随着训练的不断进行，网络对于胜率的下法概率的估算将越来越准确。这意味着，即便某个下法系统没有模拟过，但是通过策略价值网络模型依然可以达到蒙特卡洛树搜索的模拟效果。也就是说，系统虽然没下过这手棋，但凭借在策略价值网络模型中训练出来的“棋感”，系统依然可以估算出这么走的胜率是多少。

下面是五子棋自动对弈的具体编程实现过程。

（1）定义五子棋规则，判断五子棋何时结束对局：

```
if (w in range(width - n + 1) and len(set
(states. get(i, -1) for i in range
(m, m + n))) == 1):
        return True, player
if (h in range(height - n + 1) and len(set
(states. get(i,-1) for i in range
(m, m + n * width, width))) == 1):
        return True, player
if (w in range(width - n + 1) and h in range(height - n + 1) and
len(set(states. get(i,-1) for i in range
        (m, m + n * (width + 1), width + 1))) == 1):
    return True, player
if (w in range(n - 1, width) and h in range(height -
n + 1) and len(set(states. get(i,-1) for i in range
(m, m + n * (width - 1), width - 1)))== 1):
    return True, player
```

（2）搭建策略价值网络模型：

① 定义网络输入。

```
self. state_input=tf. placeholder(tf. float32,shape=
      [None,4,self. board_width,self. board_height],
      name="state")
self. winner=tf. placeholder(tf. float32, shape=[None],
name="winner")
self. winner_reshape = tf. reshape(self. winner, [-1,1])
self. mcts_probs=tf. placeholder(tf. float32,
shape=[None,self. board_width * self. board_height],
name="mcts_probs")
```

② 创建落子概率输出层。

```
policy_net=tf. layers. conv2d(conv3,filters=4,
      kernel_size=1,strides=1,padding="SAME",
        data_format='channels_first',
        activation=tf. nn. relu,name="policy_net")
policy_net_flat=tf. reshape(policy_net,shape=[-1,
      4 * self. board_width * self. board_height])
self. action_probs=
            tf. nn. softmax(self. policy_net_out,
            name="policy_net_proba")
policy_net_flat=tf. reshape(policy_net,shape=[-1,
            4 * self. board_width * self. board_height])
self. action_probs=
            tf. nn. softmax(self. policy_net_out,
            name="policy_net_proba")
```

③ 创建局面评分层。

```
self. policy_net_out=tf. layers. dense
            (policy_net_flat,
self. board_width * self. board_height,
name="output")
```

④ 定义损失函数以及优化方法。

```
l2_penalty = 0
for v in tf. trainable_variables( ):
    if not 'bias' in v. name. lower( ):
        l2_penalty += tf. nn. l2_loss( v)
value_loss = tf. reduce_mean( tf. square
            ( self. winner_reshape - self. value) )
cross_entropy=tf. nn. softmax_cross_entropy
            _with_logits( logits=self. policy_net_out,
                labels=self. mcts_probs)
policy_loss = tf. reduce_mean( cross_entropy)
self. loss=value_loss+policy_loss+
            self. l2_const * l2_penalty
self. entropy = policy_loss
self. learning_rate=tf. placeholder( tf. float32)
optimizer = tf. train. AdamOptimizer
            ( learning_rate=self. learning_rate)
self. training_op=optimizer. minimize( self. loss)
```

（3）构造蒙特卡洛树搜索过程，返回蒙特卡洛树搜索过程的行为和对应的概率值：

```
def get_move_probs( self, state, temp=1e-3):
        for n in range( self. _n_playout):
            state_copy = copy. deepcopy( state)
            self. _playout( state_copy)
        act_visits=[ ( act, node. _n_visits) for act,
            node in self. _root. _children. items( ) ]
        acts, visits = zip( * act_visits)
        act_probs=softmax( 1. 0/temp * np. log( visits) )
        return acts, act_probs
```

（4）进行自我对局并保存对局信息：

```
def start_self_play( self, player,
    is_shown=0, temp=1e-3):
  self. board. init_board( )
  p1, p2 = self. board. players
states, mcts_probs, current_players = [ ], [ ], [ ]
while(1):
move, move_probs=player. get_action
( self. board, temp=temp, return_prob=1)
            states. append( self. board. current_state( ) )
            mcts_probs. append( move_probs)
            current_players. append
( self. board. current_player)
            self. board. do_move( move)
            end, winner = self. board. game_end( )
if end:
    winners_z = np. zeros( len( current_players) )
    if winner != -1:
        winners_z[ np. array( current_players) == winner] = 1. 0
        winners_z[ np. array( current_players) != winner] = -1. 0
    player. reset_player( )
    if is_shown:
        if winner != -1:
            print( "Winner is player:", winner)
else:
print( "Game end. Tie")
return winner, zip( states, mcts_probs, winners_z)
```

（5）进行迭代训练并更新神经网络的参数：

在本次实验中，网络经过了 8580 次的迭代，图 6-33 展示的是一次在 12×12 棋盘上进行五子棋训练的过程中损失函数$(z-v)^2-\pi^t\ln p+c\ \|\theta_i\|^2$随着自我对局局数变化的情况，损失函数从最开始的 5.5 慢慢减小到了 2.5 左右。

在训练过程中，除了观察到损失函数在慢慢减小之外，一般还会关注策略价值网络模型输出的策略，即输出的落子概率分布的熵（$-\pi^t\ln p$）的变化情况。正常来讲，最开始的时候，策略价值网络模型基本上是均匀地随机输出落子的概率，所以熵会比较大。随着训练过程的慢慢推进，策略价值网络模型会慢慢学会在不同的局面下哪些位置应该有更大的落子概率，也就是说落子概率的分布不再均匀，会有比较强的偏向性，这样熵就会变小。也正是由于策略价值网络模型输出概率的偏向，才能帮助蒙特卡洛树搜索在搜索过程中能够在更有潜力的位置进行更多的模拟，从而在比较少的模拟次数下达到比较好的性能。图 6-34 展示的是同一次训练过程中观察到的策略网络输出策略的熵的变化情况。

（6）人机对战开始：

```
def run( ):
  n_row = 5
  width, heig2, 12
  try:
    board=Board( width=width,
        height=height, n_in_row=n_row)
    best_policy = PolicyValueNet( width, height, n_row)
    game = Game( board)
    mcts_player=MCTSPlayer( best_policy.
        policy_value_fn, c_puct=5, n_playout=400)
    human = Human( )
    game. start_play( human, mcts_player,
        start_player=1, is_shown=1)
  except KeyboardInterrupt:
    print( '\n\rquit')
```

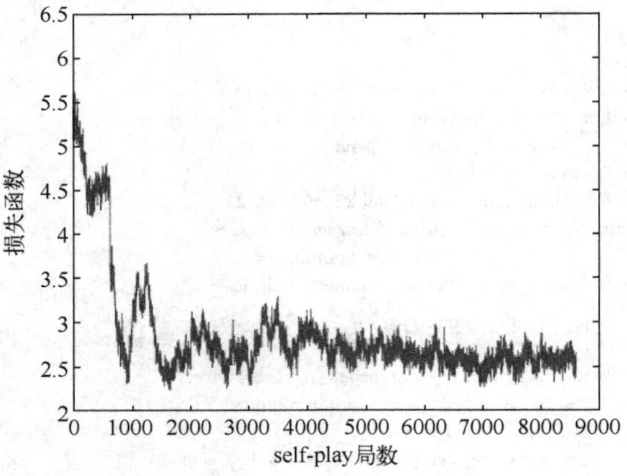

图 6-33　损失函数

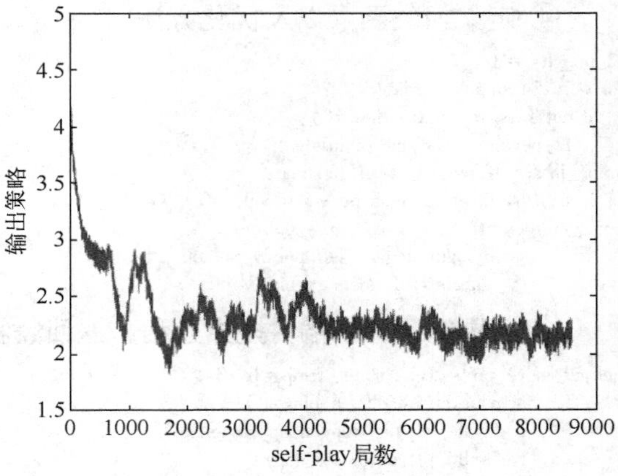

图 6-34　策略熵的变化

使用训练好的模型，进行人机对战，可以设置蒙特卡洛树搜索每次下棋模拟的次数以及是否人类先手。这里设置的模拟次数是 400 次，将蒙特卡洛树搜索每次模拟的次数提高，会使机器有更好的表现，图 6-35 展示了人机对战的 4 局结局，其中每局都是机器先手。

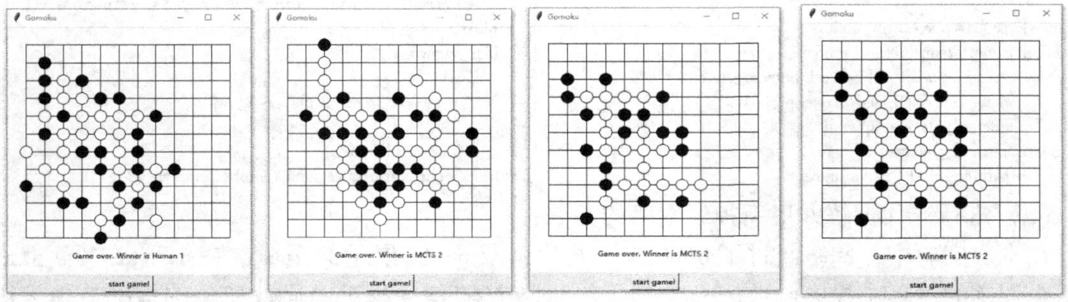

a)　　b)　　c)　　d)

图 6-35　人机对弈结果

a）第一局　b）第二局　c）第三局　d）第四局

上面的结果显示，玩家赢了一局，机器赢了三局。在对弈的过程中，不难发现：如果自己形成活三，那么机器就会堵住，防止形成活四。并且机器还会构造一些三三禁手、四四禁手的定式来赢得对局。由于训练时间问题，缓冲区中样本不足，可能有些情况还没有模拟到。例如，在对弈的过程中，玩家已经形成活四，但是机器并没有拦截，反而是自己构造活三。这应该是在机器的自对弈过程中，没有遇到过这种情况，所以造成了玩家获胜的局面。有理由相信，如果条件允许的情况下，机器的表现会更好。

6.5　习题

（1）简要说明强化学习的基本思想，并阐述强化学习与监督学习的差异。

（2）给定一个有 3 个状态S_1、S_2、S_3的可观测马尔可夫模型，其初始概率为

$$\boldsymbol{\pi}=(0.5,0.2,0.3)^{\mathrm{T}}$$

转移概率为

$$A=\begin{pmatrix}0.4 & 0.3 & 0.3\\ 0.2 & 0.6 & 0.2\\ 0.1 & 0.1 & 0.8\end{pmatrix}$$

试产生 100 个有 1000 个状态的序列。

(3) 形式化地描述一个二阶马尔可夫模型。其参数是什么？如何计算一个给定的状态序列的概率？对于一个可观测模型如何学习参数？

(4) 证明：任意二阶马尔可夫模型都可以转化为一个一阶马尔可夫模型。

(5) 给定图 6-36 的网格世界，如果达到目标的奖励为 100 且 $\gamma=0.9$，手工计算 $Q^*(s,a)$ 和 $V^*(S)$，以及最优策略的动作。

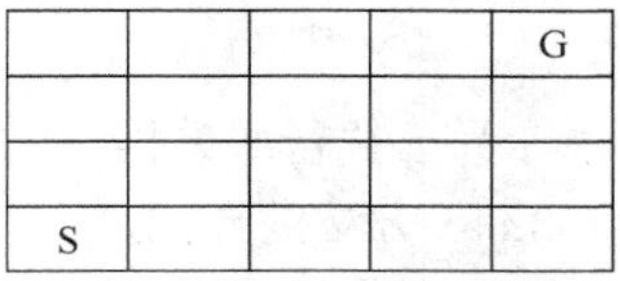

图 6-36　网格世界

(6) 对于习题（5），假设达到目标的奖励服从均值为 100、方差为 40 的正态分布。同时假设动作也是随机的，即当机器人向一个方向前进时，它以 0.5 的概率向预定的方向前进，同时以 0.25 的概率向两个横向方向之一前进。在这种情况下，学习 $Q(s,a)$。

(7) 给出一个可以用部分可观察马尔可夫决策过程建模的强化学习应用的例子。定义其中的状态、动作、观测和奖励。

(8) 假设我们正站在两扇门前，一扇门在左边，另一扇门在右边。其中一扇门后面是老虎，另一扇门后有一笔财富。但是我们并不知晓。如果打开老虎的门，那么我们将得到负奖励，而如果打开有财富的房间，则我们将得到正奖励。隐藏状态 z_l 是老虎的位置。假设 p 表示老虎在左边的概率，则老虎在右边的概率为 $1-p$：

$$p\equiv P(z_l=1)$$

两个动作是 a_l 和 a_r，分别对应于左边和右边的门。其奖励如下：

$r(A,Z)$	老虎在左边	老虎在右边
打开左边的门	-100	+80
打开右边的门	+90	-100

试求两个动作的期望奖励。

(9) 考虑与一个随机下棋的对家对弈 Tic-Tac-Toe（井子棋）。确切地讲，假定对家在有多个选择时以均匀的概率选择走棋，除非有一个强制性的走棋，这时他采取显然正确的步子。

a) 在此情况下，将学习最优的 Tic-Tac-Toe 策略形成一个 Q 学习问题。在此非确定性马尔可夫决策过程中，何为状态、动作以及回报？

b) 如果对家选择最优的走棋而不是随机走棋，你的程序能否胜利？请说明理由。

(10) 在许多马尔可夫决策过程中，有可能找到两个策略 π_1 和 π_2，如果智能体开始于状态 s_1，则 π_1 优于 π_2；如果智能体开始于另一个状态 s_2，则 π_2 优于 π_1。换言之，$V^{\pi_1}(s_1)>V^{\pi_2}(s_1)$ 但 $V^{\pi_2}(s_2)>V^{\pi_1}(s_2)$。解释为什么一个马尔可夫决策过程总有一个策略 π^*，使得对任意 π,s，都有 $V^{\pi^*}(s)>V^{\pi}(s)$。

(11) 证明：考虑一个 Q 学习智能体，在一个有界回报（任意 s,a）$|r(s,a)|\leqslant c$ 的确定性马尔可夫决策过程中，Q 学习智能体使用式：$\hat{Q}(s,a)\leftarrow r+\gamma\max\limits_{a'}\hat{Q}(s',a')$ 的规则，将表 $\hat{Q}(s,a)$ 初始化为任意有限值，并且使用折算因子 $\gamma(0\leqslant\gamma<1)$。令 $\hat{Q}_n(s,a)$ 代表在第 n 次更新后智能体的假设 $\hat{Q}(s,a)$。如果每个状态-动作对都被无限频繁地访问，那么对所有 s 和 a 而言，当 $n\to\infty$

时，$\hat{Q}_n(s,a)$收敛到$Q(s,a)$。

（12）对于使用式

$$\Delta\theta=\gamma\beta_t\varepsilon_t$$

推导使用多层感知器估计 Q 的权重更新公式。

（13）用于 k-摇臂赌博机的置信度上限（Upper Confidence Bound，UCB）方法每次选择 $Q(k)+UC(k)$最大的摇臂，其中 $Q(k)$为摇臂 k 当前的平均奖励，$UC(k)$为置信区间。例如：

$$Q(k)+\sqrt{\frac{2\ln n}{n_k}}$$

其中 n 为已执行所有摇臂的总次数；n_k为已执行摇臂 k 的次数。试比较 UCB 方法与 ε-贪心法和 softmax 方法的异同。

（14）请对比学习 Sarsa 算法和 Q 学习方法，比较两者的异同点，并举例说明现实生活中应用两者算法的实例。

（15）线性值函数近似在实践中往往有较大的误差。试结合 BP 神经网络，将线性值函数近似 Sarsa 算法推广为使用神经网络近似的 Sarsa 算法。

（16）阐述逆向强化学习如何通过学习获得所需的奖励函数？奖励函数如何确定权重向量 $\boldsymbol{w}$？请说明理由。

（17）现有一个如图 6-37 所示的 4×4 棋盘，其中位置(2,2)处的圆形为智能体运动的起始位置，位置(0,0)处的正方形为终点位置，智能体每次运动的目标位置是终点位置时奖励函数取值为 0，否则取值为-1，试通过值迭代学习使得智能体最快达到终点。

（18）在没有马尔可夫决策过程模型时，可以先学习马尔可夫决策过程模型（例如使用随即策略进行采样，从样本中估计出转移函数和奖励函数），然后再使用有模型强化学习方法。试述该方法与无模型强化学习方法的优缺点。

（19）以一个 3×3 网格为例，如图 6-38 所示任意起始时刻，智能体可位于 9 个单元格之一。从集合 $\alpha\in\{\text{up},\text{down},\text{right},\text{left}\}$ 中选择行为。一旦智能体移动到单元格 1，则会立即跳转到单元格 9 并且得到回报 $r=+10$。若智能体到达边界，则会停留在当前单元格并得到惩罚 $r=-1$。根据下式：

$$V^*(s)=\max_{a\in A(s)}\sum_{s'}P_{ss'}^{a}(R_{ss'}^{a}+\gamma)V^*(s_{t+1})$$

其中，未来回报的折扣因子 $\gamma=0.9$，行为选择策略 $\pi(s,a)=0.25$。试求出各个网格单元的值函数。

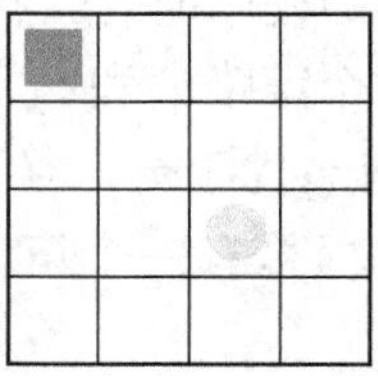

图 6-37　游戏棋盘

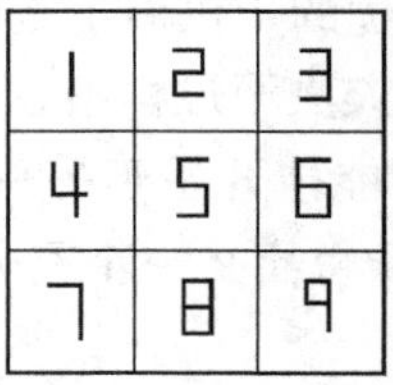

图 6-38　3×3 网格

第 7 章　神经网络与深度学习

模仿人类或动物大脑结构是实现机器学习的一种重要方式，基于这种方式的机器学习通常称为连接主义学习或连接学习。连接学习主要通过建立人工神经网络数学模型实现对生物神经系统的组织结构、信息处理方式和系统功能的抽象、简化和模拟，由此实现机器学习和人工智能的目标。在连接主义学习发展早期，人们针对不同类型的机器学习任务建立了多种比较经典的人工神经网络模型，为使用神经网络模型有效解决复杂实际问题奠定了一定的理论基础，随后人们开始尝试构造更加复杂、计算能力更强的神经网络模型以解决复杂的实际任务。近年来，具有较深层次的深度神经网络模型研究取得了较大进展，在游戏博弈、视频图像处理和自然语言理解等多个领域取得了巨大成功，并在全社会掀起了机器学习和深度学习的研究热潮。本章主要介绍连接学习与人工神经网络的基本理论和关键技术，首先介绍人工神经网络模型的基本结构和基本训练算法，然后分析讨论径向机网络、自编码器和玻尔兹曼机等几种重要的人工神经网络模型，最后介绍深度学习的基本理论。

7.1　神经网络概述

人和动物的神经系统由大量名为神经元的基本单元通过某种高效的连接方式构成，人和动物的思维活动则是通过众多神经元之间相互传送某些化学物质改变电位信息的方式实现的。通过建立人工神经网络模型模拟人类和动物的神经系统结构显然是实现机器智能最直接的求解思路。本节主要介绍构造人工神经网络的基本知识，包括人工神经网络的基本构成单元、基本结构和模型训练的基本方法。

7.1.1　神经元与感知机

人类或动物神经系统的基本单元是生物神经元，这些生物神经元以确定的方式相互连接形成复杂的拓扑结构，由此实现一种分层的多单元信息处理系统。当生物体接收到外界刺激信号时，神经系统中的部分神经元就会处于兴奋状态，并通过化学电信号实现生物神经元之间的信息传递，完成对输入信号的综合处理。这种综合信息处理过程依赖于众多神经元，但却不是众多神经元信息处理结果的简单叠加。对单个神经元而言，其输入信息来自多个不同的神经元，该神经元需将这些来自多个不同神经元的信息进行分析处理，并将处理结果作为其输出信息传送给其他神经元。由于神经元间的连接程度有所不同，其他神经元所感知到信号的强度也各有不同，因此神经系统具备对各类复杂信息进行有效处理的强大能力。

连接学习主要通过模拟生物神经系统的结构和信息处理方式实现机器学习目标。生物神经元是生物神经系统的基本构成单元，连接学习首先需要实现对生物神经元的模拟。虽然不同生物神经系统中的神经元在功能和形态等方面存在一定差异，但均具有如图 7-1 所示的基本结构。图中树突为生物神经元的信号输入端，单个生物神经元通常包含多个树突；细胞体为生物神经元的信号处理主体，多个输入信号经细胞体综合处理后形成输出信号；突触为生物神经元的信号输出接口，可将该生物神经元所产生的信号传递至其他神经元。

与生物神经系统类似，构成人工神经网络的基本单元是如图 7-2 所示的人工神经元。人工神经元的输入端模拟生物神经元的树突结构用于接收信息，每个人工神经元通常包含多个输入端。为模拟生物神经元相互之间连接的紧密程度，人工神经元为每个输入数据赋予相应权重参数，对于输入数据 x_i，其所对应的权重为 w_i。生物神经元具有信息整合能力，即对于多个输入信号，生物神经元可将这些信号整合为一个输出信号。为实现类似功能，人工神经元将所有输入 $x_1,x_2,\cdots,x_m$ 进行加权求和实现信息整合，即有

$$I=\sum_{i=1}^{m}w_ix_i$$

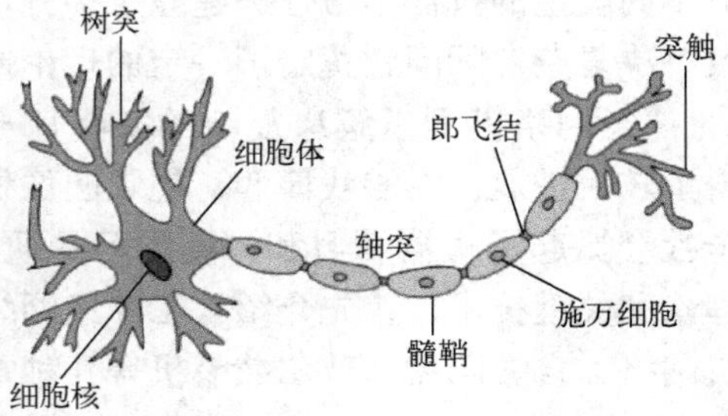

图 7-1　生物神经元基本结构

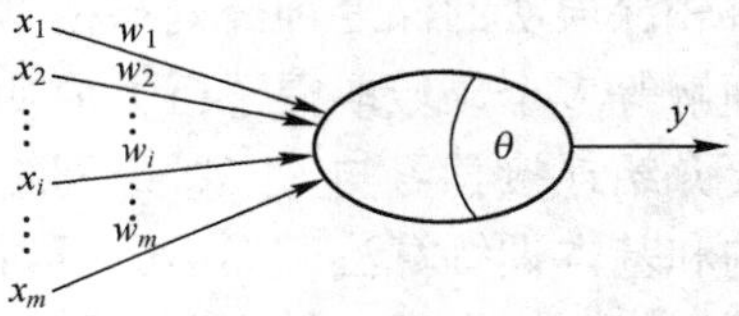

图 7-2　人工神经元的结构

由于生物神经元的输出是与整合信息 I 相关的兴奋或抑制状态而不是 I 本身，只有当其兴奋程度超过某阈值时才会被激发输出脉冲信号，故可将人工神经元的输出定义为

$$y=\sigma\left(\sum_{i=1}^{m}w_ix_i-\theta\right) \tag{7-1}$$

其中，θ 为给定阈值；σ 表示激活函数。

上式说明人工神经元的输出与总输入 I 和阈值 θ 之间的大小关系相关，激活函数 σ 的作用是对神经元的输出加以限制使得其有界，通常将输出范围限制在区间[0,1]内或区间[-1,1]内。常用的激活函数主要有阈值函数、Sigmoid 函数等。如下分段函数就是一种常用阈值函数

$$\sigma(t)=\begin{cases}1, & t\geqslant 0\\0, & t<0\end{cases}$$

其函数图像如图 7-3 所示，著名的 MP 神经元模型采用的就是这种激活函数。由于采用此类阈值函数的输出只能取 0 或 1，分别表示该神经元处于抑制或兴奋状态，故通常称该激活函数为单极性阈值函数。若将神经元处于抑制状态表示为-1，即有

$$\sigma(t)=\mathrm{sgn}(t)=\begin{cases}1, & t\geqslant 0\\-1, & t<0\end{cases}$$

这种阈值函数称为双极性阈值函数，其函数图像如图 7-4 所示。

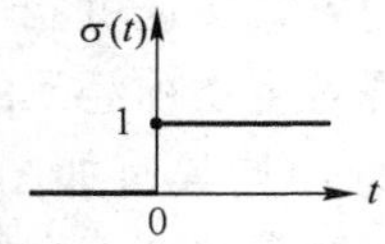

图 7-3　单极性阈值函数图像

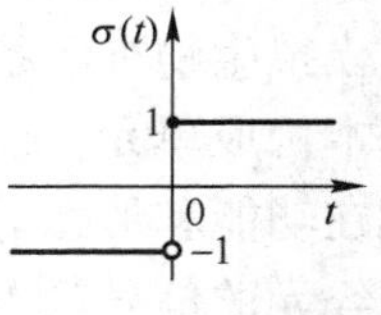

图 7-4　双极性阈值函数图像

Sigmoid 函数是一种最常用的激活函数。使用 Sigmoid 函数将人工神经元的输出限制在区间(0,1)内。当 t 的取值为很大的正数时，该函数的取值接近于 1；当 t 的取值为很小的负数时，该函数的取值接近于 0。Sigmoid 函数的函数图像如图 7-5 所示。Sigmoid 函数可导且取值范围是连续空间，便于数学分析。

$$\sigma(t)=\text{Sigmoid}(t)=\frac{1}{1+\mathrm{e}^{-t}}$$

可对 Sigmoid 函数进行适当改造以调整输出范围，获得新的激活函数。例如，令

$$\sigma(t)=2\text{Sigmoid}(t)-1$$

则可得到一个输出范围是(-1,1)的激活函数。通常称激活函数为 tanh 函数，将 Sigmoid 函数的具体表达式代入上式可得 tanh 函数的具体形式如下

$$\sigma(t)=\tanh(t)=\frac{\mathrm{e}^{t}-\mathrm{e}^{-t}}{\mathrm{e}^{t}+\mathrm{e}^{-t}}$$

图 7-6 表示 tanh 函数的图像。tanh 函数将 Sigmoid 函数图像在竖直方向上拉伸了两倍并向下平移了一个单位，使得函数取值范围扩展至(-1,1)。虽然只是对激活函数进行了微小调整，但 tanh 函数在任意位置的导数取值均为 Sigmoid 函数在对应位置导数取值的两倍，有时会更便于进行模型参数求解。

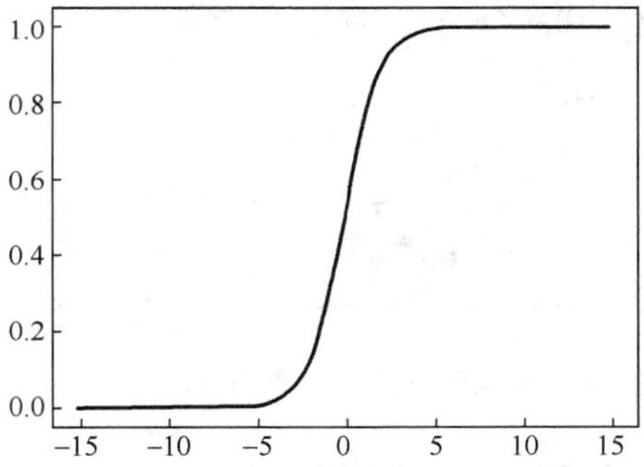

图 7-5　Sigmoid 函数图像

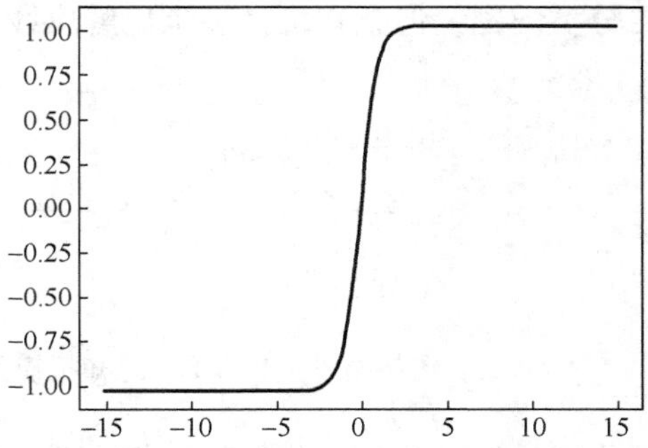

图 7-6　tanh 函数图像

生物神经系统的神经元以复杂而高效的方式进行连接从而组成层次状的网络结构体，在接收到外界刺激信息后，该层次状的网络结构体对信息进行逐层综合处理从而指导生物体做出相应反应。可将人工神经元相互连接并构成具有一定信息处理能力的人工神经网络，实现对生物神经系统中这种网络结构体的模拟。感知机便是一类最简单的人工神经网络模型。

如图 7-7 所示，感知机模型是一种只有一层神经元参与数据处理的人工神经网络模型，其功能是对输入信号进行分类。因此，感知机模型是一种分类器。感知机模型通过输入层接受输入信息 $\boldsymbol{X}=(x_1,x_2,\cdots,x_m)^{\mathrm{T}}$，输入层神经元个数与输入数据的个数相同。感知机的输入层仅负责接收外部信息而不参与数据处理，故通常也将输入层称为感知层。

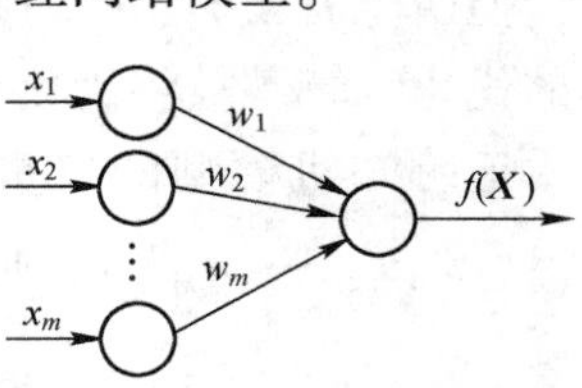

图 7-7　感知机模型

感知机模型通过输入层接收到外部信息 $\boldsymbol{X}=(x_1,x_2,\cdots,x_m)^{\mathrm{T}}$之后，会将这些信息传输至输出层神经元。输出层神经元是感知机的数据处理单元，故也将输出层称为处理层。感知机模型的输出层神经元通常使用双极性阈值函数 sgn(t)作为激活函数，故输出值的仅为-1 或 1，具

体取值与输入信号和神经元之间的连接权重有关。具体地说，假设输入层第 i 个神经元与输出层神经元的连接权重为 w_i，则感知机模型的输出为

$$f(\boldsymbol{X})=\operatorname{sgn}\left(\sum_{i=1}^{m} w_i x_i + b\right) \tag{7-2}$$

由于神经元的阈值 θ 也是一个可学习参数，故将其转化为偏置项 b。显然 $b=-\theta$，故可在输入层增加一个输入值恒为 1 的神经元，使得输出所对应的偏置 b 为该神经元与输出层神经元的连接权重，此时可将感知机模型表示为如图 7-8 所示的结构。

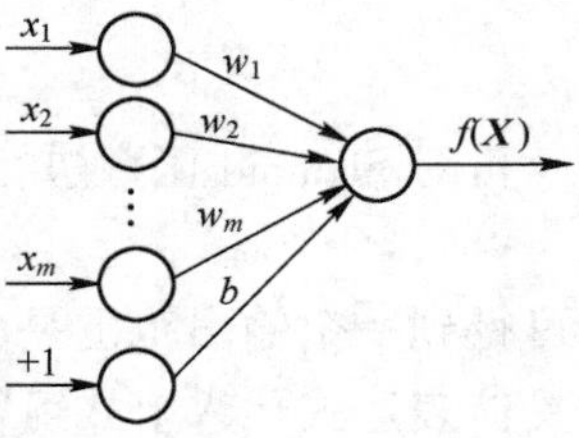

图 7-8　将偏置作为输入的感知机

可将感知机输入表示为向量形式，输入向量为 $\boldsymbol{X}=(1,x_1,x_2,\cdots,x_m)^{\mathrm{T}}$，连接权重为 $\boldsymbol{W}=(b,w_1,w_2,\cdots,w_m)^{\mathrm{T}}$，由此可将感知机输出表示为如下形式

$$f(\boldsymbol{X})=\operatorname{sgn}(\boldsymbol{W}^{\mathrm{T}}\boldsymbol{X})\text{或}f(\boldsymbol{X})=\begin{cases}1, & \boldsymbol{W}^{\mathrm{T}}\boldsymbol{X}\geqslant 0\\ -1, & \boldsymbol{W}^{\mathrm{T}}\boldsymbol{X}<0\end{cases}$$

显然，$\boldsymbol{W}^{\mathrm{T}}\boldsymbol{X}=0$ 为感知机模型的决策边界。故感知机其实是一个决策边界为 $\boldsymbol{W}^{\mathrm{T}}\boldsymbol{X}=0$ 的线性分类器，可将其用于解决线性可分的二分类任务。以输入向量为 $\boldsymbol{X}=(1,x_1,x_2)^{\mathrm{T}}$的感知机模型为例，其基本结构如图 7-9 所示。使用该感知机模型可解决图 7-10 所示二维平面中线性可分的二分类问题，但感知机模型难以解决线性不可分问题和多分类任务。

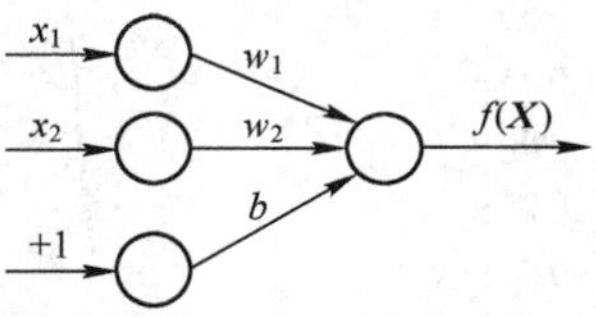

图 7-9　一个简单的感知机模型

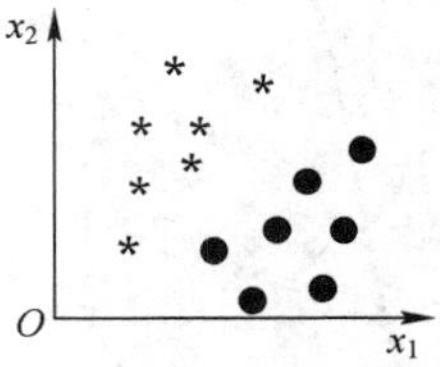

图 7-10　线性可分的二分类问题

现使用线性可分的二分类数据集构造感知机模型，可用监督学习方法确定模型参数。具体地说，假设训练数据集为

$$D=\{(\boldsymbol{X}_1,y_1),(\boldsymbol{X}_2,y_2),\cdots,(\boldsymbol{X}_n,y_n)\}$$

其中，$\boldsymbol{X}_i=(1,x_{i1},x_{i2},\cdots,x_{im})^{\mathrm{T}}$；$y_i=-1$ 或 1。

在理想状态下，感知机模型 f 对于训练集中任意样本 $\boldsymbol{X}_i$ 的输出 $f(\boldsymbol{X}_i)$ 与 $\boldsymbol{X}_i$ 的标记值 y_i 相等，但由于 $f(\boldsymbol{X}_i)$ 与 y_i 均为离散数据，若直接使用这种相等关系作为优化目标，则难以进行具体的优化计算。故将优化目标确定为错分点到感知机所对应的决策边界的距离。

记感知机模型的权重参数向量为 $\boldsymbol{W}=(b,w_1,w_2,\cdots,w_m)^{\mathrm{T}}$，不包含偏置项的权重向量为 $\boldsymbol{W}'=(w_1,w_2,\cdots,w_m)^{\mathrm{T}}$，则对于任意样本点 $\boldsymbol{X}_i$，其到决策边界的距离为

$$\frac{1}{\|\boldsymbol{W}'\|}(\boldsymbol{W}^{\mathrm{T}}\boldsymbol{X}_i)=\frac{1}{\|\boldsymbol{W}'\|}\left(\sum_{i=1}^{m} w_i x_i + b\right)$$

若 $\boldsymbol{X}_i$ 被感知机模型 f 错误分类，则可将上述距离表示为

$$-\frac{1}{\|\boldsymbol{W}'\|}y_i\left(\sum_{i=1}^{m} w_i x_i + b\right)$$

由此可将训练数据集 D 中的所有错分样本数据到决策边界的距离表示为

$$-\frac{1}{\|\boldsymbol{W}'\|}\sum_{\boldsymbol{X}_i, f(\boldsymbol{X}_i)\neq y_i} y_i\left(\sum_{i=1}^{m} w_i x_i + b\right)$$

由于 $1/\|\boldsymbol{W}'\|$ 恒为正，且其中参数已包含在 $\boldsymbol{W}$ 中，故不再考虑 $1/\|\boldsymbol{W}'\|$。由此可将感知机模型的优化目标定义为

$$J(\boldsymbol{W}) = -\sum_{\boldsymbol{X}_i, f(\boldsymbol{X}_i)\neq y_i} y_i\left(\sum_{i=1}^{m} w_i x_i + b\right) \tag{7-3}$$

由于此处只统计了训练数据集中的错分样本到决策边界的距离，且 y_i 始终与 $\sum_{i=1}^{m} w_{i1} x_i + b$ 异号，故上述目标函数取值为非负，当训练样本集中所有样本均被正确分类时其取值为 0，否则恒为正。使用梯度下降法对上述目标函数进行优化计算由于：

$$\frac{\partial J(\boldsymbol{W})}{\partial w_i} = -\sum_{\boldsymbol{X}_i, f(\boldsymbol{X}_i)\neq y_i} y_i x_i, \quad \frac{\partial J(\boldsymbol{W})}{\partial b} = -\sum_{\boldsymbol{X}_i, f(\boldsymbol{X}_i)\neq y_i} y_i$$

故在感知机训练过程中，若输入向量为 $\boldsymbol{X}_i$ 且其被错分，根据梯度下降算法可知模型参数可按如下公式进行更新：

$$w_i = w_i + \alpha y_i x_i, \quad b = b + \alpha y_i$$

其中，α 是给定的超参数学习率。通过上述分析可得感知机的训练过程如下：

（1）确定初始参数向量 $\boldsymbol{W}$；

（2）对于任意数据集中的样本点 $(\boldsymbol{X}_i, y_i)$，若 $f(\boldsymbol{X}_i) \neq y_i$，则依据如下公式更新参数向量 $\boldsymbol{W}$ 中的各个元素：

$$w_i = w_i + \alpha y_i x_i, \quad b = b + \alpha y_i$$

（3）若训练集 D 中所有样本均被正确分类，则结束算法；否则，返回步骤（2）。

【例题 7.1】 试根据训练集 $D = \{((1,2)^{\mathrm{T}},1),((3,3)^{\mathrm{T}},1),((2,1)^{\mathrm{T}},-1),((5,2)^{\mathrm{T}},-1)\}$ 构造一个感知机模型，取学习率 $\alpha = 1$。

【解】 已知感知机模型的具体形式为

$$f(\boldsymbol{X}) = \mathrm{sgn}(\boldsymbol{W}^{\mathrm{T}}\boldsymbol{X})$$

其中，$\boldsymbol{W} = (b, w_1, w_2)^{\mathrm{T}}$，$\boldsymbol{X} = (1, x_1, x_2)^{\mathrm{T}}$。使用数据集 D 构造感知机模型的具体步骤如下：

（1）初始化参数向量 $\boldsymbol{W} = (0,0,0)^{\mathrm{T}}$；

（2）随机选择一个样本 $((2,1)^{\mathrm{T}},-1)$ 输入初始模型，求得

$$f(\boldsymbol{X} = (2,1)^{\mathrm{T}}) = \mathrm{sgn}(0) = 1 \neq -1$$

该样本未被感知机模型正确分类，使用如下公式更新模型参数：

$$w_i = w_i + \alpha y_i x_i, \quad b = b + \alpha y_i$$

计算得到新的参数向量 $\boldsymbol{W} = (-1,-2,-1)^{\mathrm{T}}$，获得的感知机模型为

$$f(\boldsymbol{X}) = \mathrm{sgn}(-2x_1 - x_2 - 1)$$

（3）将数据集 D 中的样本输入到更新后的感知机模型中，可知样本 $((1,2)^{\mathrm{T}},1)$ 和 $((3,3)^{\mathrm{T}},1)$ 未被正确分类，随机选择其一再次调整参数。设所选样本为 $((1,2)^{\mathrm{T}},1)$，由步骤（2）中公式可将参数更新为 $\boldsymbol{W} = (0,1,2)^{\mathrm{T}}$，得到新模型 $f(\boldsymbol{X}) = \mathrm{sgn}(x_1 + 2x_2)$；

（4）将数据集 D 中的样本均输入到更新后的感知机模型中，若存在样本被错误分类，则根据步骤（2）中的公式进行参数调整，直至 D 中所有样本均分类正确时才结束算法并输出模型。重复这一过程可求得最终的感知机模型为 $f(\boldsymbol{X}) = \mathrm{sgn}(-4x_1 + 5x_2 - 1)$。□

感知机模型虽然具备一定的分类决策能力，但由于受限于其决策边界的形式，模型性能难

以满足很多比较复杂的实际任务需求。在面对非线性可分问题时，可考虑通过增加信息处理层数的方式提升模型性能，以满足解决复杂任务的需求。

7.1.2 前馈网络模型

感知机的输出层神经元直接与输入层各神经元进行连接，输入层在感知到外部信息后直接将信号送入输出层进行处理并输出最终结果，模型的网络拓扑结构没有形成环路或回路。通常将此类没有环路或回路的人工神经网络称为前馈网络模型。感知机是一种最简单的前馈网络模型。感知机模型性能较弱，只能处理线性可分的分类问题。可对感知机模型做进一步扩展，通过增加模型的数据处理层数的方式获得具有更强性能的人工神经网络模型，实现对复杂任务的有效求解。具体地说，就是在感知机模型的基础之上添加隐含层，使得输入层将感知的外部信息传输至隐含层，由隐含层对输入信息进行处理，并将处理结果输入至模型输出层，输出层将隐含层的信息处理结果作为输入并对其再做处理，得到模型最终的输出。通常将此类模型称为多层感知机模型或 MLP（Multi-Layer Perception，MLP）模型。

MLP 模型的网络结构中没有环路或回路，所以它是一类前馈网络模型。MLP 模型中隐含层的层数可为一层也可为多层，图 7-11 中展示了一个仅包含一个隐含层的 MLP 模型。MLP 模型中信息处理神经元的激活函数通常为 Sigmoid 函数。故 MLP 模型的隐含层可将数据通过非线性映射表示在另一个空间当中，并将模型输出限制在区间(0,1)当中。

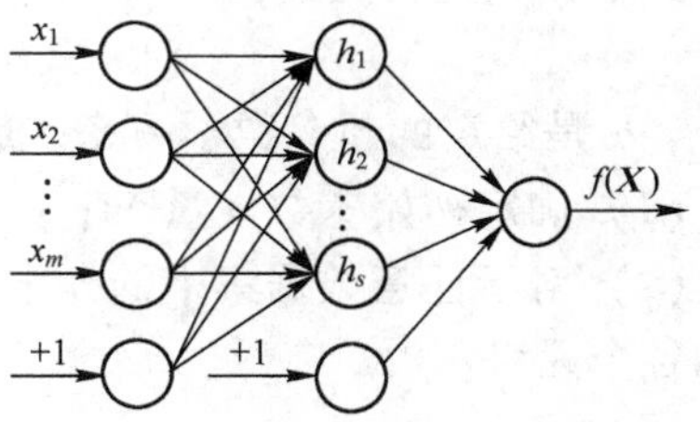

图 7-11 单个隐含层 MLP 模型示意图

假设图 7-11 所示 MLP 模型的隐含层包含 s 个神经元，输入向量为 $\boldsymbol{X}=(1,x_1,x_2,\cdots,x_m)^{\mathrm{T}}$，MLP 模型第 l 层第 i 个结点与下一层的第 j 个结点之间的连接权重为 $w_{ij}^{(l)}$，第 l 层第 i 个结点的偏置为 $b_i^{(l)}$，则隐含层第 v 个结点的输出为

$$h_v = \sigma_h\left(\sum_{u=1}^{m} w_{uv}^{(1)} x_u + b_v^{(2)}\right) \tag{7-4}$$

其中，σ_h 表示 Sigmoid 激活函数。

令隐含层的输出向量为 $\boldsymbol{h}'=(h_1,h_2,\cdots,h_s)^{\mathrm{T}}$，则可将上述计算公式表示为向量形式。将 MLP 模型第 l 层与第 $l+1$ 层之间的连接权重表示在权重矩阵 $\boldsymbol{W}^l$ 中，并将权重矩阵中与下一层第 i 个结点相关的参数表示为向量 $\boldsymbol{w}_i^l$。例如，可将网络模型输入层与隐含层之间的权重矩阵表示为 $\boldsymbol{W}^1=(\boldsymbol{w}_1^{(1)},\boldsymbol{w}_2^{(1)},\cdots,\boldsymbol{w}_s^{(1)})^{\mathrm{T}}$。由此，可将隐含层的输出向量 $\boldsymbol{h}'$表示为如下形式

$$\boldsymbol{h}'=(\sigma_h(\boldsymbol{w}_1^{(1)\mathrm{T}}\boldsymbol{X}),\sigma_h(\boldsymbol{w}_2^{(1)\mathrm{T}}\boldsymbol{X}),\cdots,\sigma_h(\boldsymbol{w}_s^{(1)\mathrm{T}}\boldsymbol{X}))^{\mathrm{T}}$$

输入向量 $\boldsymbol{X}$ 中的元素 1 对应偏置项，不属于样本数据，此处样本数据的维数为 m，通过隐含层对其进行处理所得到的输出向量为 s 维。这相当于将 m 维样本通过非线性映射表示在 s 维空间当中。若输入层与隐含层之间的连接权重合适，则可将数据集 D 中的原始数据通过非线性映射表示在 s 维空间当中，并使得这些数据在 s 维空间中线性可分。以输入向量为 $\boldsymbol{X}=(1,x_1,x_2)^{\mathrm{T}}$且隐含层输出向量为 $\boldsymbol{h}'=(h_1,h_2,h_3)^{\mathrm{T}}$的 MLP 模型为例，使用训练数据集 D 构造 MLP 模型，D 中原始数据的分布情况如图 7-12 所示，使用该数据集训练好的 MLP 模型可通过隐含层将原始数据分布映射为如图 7-13 所示的分布。

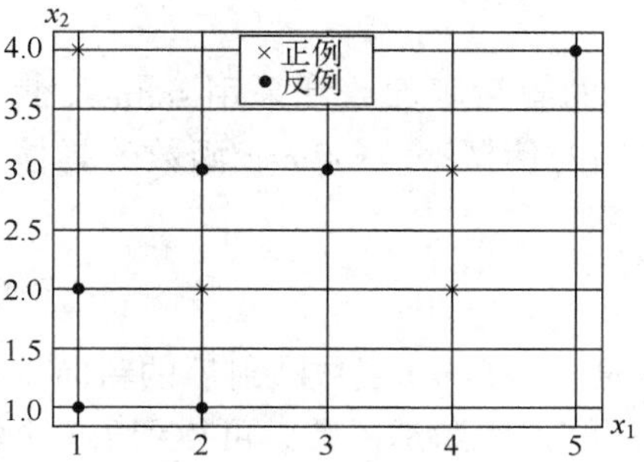

图 7-12　原始数据分布

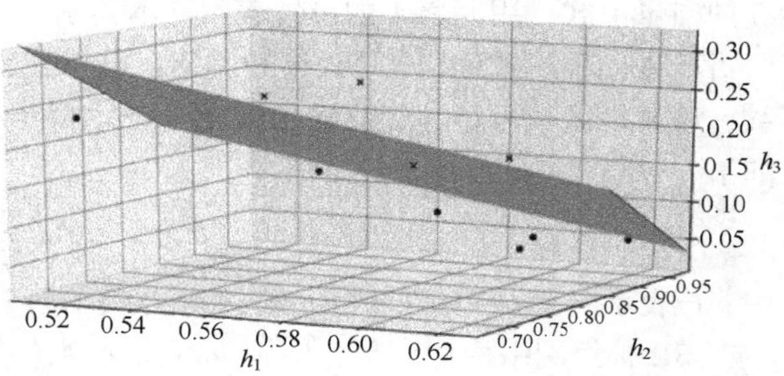

图 7-13　映射后数据分布

同理可知 MLP 模型的输出为

$$f(\boldsymbol{X})=\sigma_h\left(\sum_{i=1}^{s} w_i^{(2)} h_i+b^{(3)}\right) \tag{7-5}$$

其中，$w_i^{(2)}$ 表示隐含层第 i 个神经元与输出层神经元之间的连接权重；$b_j^{(3)}$ 表示为偏置。

只要连接权重的取值合适，MLP 模型隐含层的输出数据就线性可分，输出层只需将由隐含层获得的线性可分数据正确分开即可。由于 MLP 模型使用的激活函数为 Sigmoid 函数，故 MLP 模型输出的取值范围为(0,1)，当$f(\boldsymbol{X})\geqslant 0.5$ 时分类结果为正例，否则为反例。理论上讲，只要 MLP 模型的隐含层结点数目足够多，MLP 模型就可以拟合任意函数。

由于 MLP 模型输出层只有一个神经元，故只适用于二分类任务。对于多分类任务，可考虑增加输出层的神经元个数，使得模型具备处理多分类任务的能力，由此得到一种如图 7-14 所示的反向传播神经网络模型或 BP（Back Propagation，BP）神经网络模型。取此名称的原因是该神经网络模型的训练算法为反向传播训练算法。

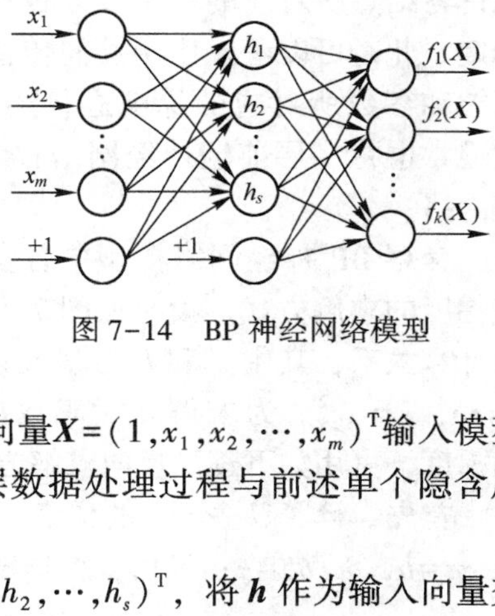

图 7-14　BP 神经网络模型

BP 神经网络模型的输出层包含 k 个输出结点，每个输出结点对应一个输出值，故模型输出为一个 k 维向量。对于包含一个隐含层的 BP 神经网络模型，将作为输入数据的向量$\boldsymbol{X}=(1,x_1,x_2,\cdots,x_m)^{\mathrm{T}}$输入模型当中，经隐含层处理便可得到隐含层的输出向量 $\boldsymbol{h}'$，隐含层数据处理过程与前述单个隐含层感知机模型的处理过程一致，这里不再赘述。

现考虑 BP 神经网络输出层数据处理过程。令 $\boldsymbol{h}=(1,h_1,h_2,\cdots,h_s)^{\mathrm{T}}$，将 $\boldsymbol{h}$ 作为输入向量交由输出层进行处理，可得输出层的第 j 个神经元的输出为

$$f_j(\boldsymbol{X})=\sigma\left(\sum_{i=1}^{s} w_{ij}^{(2)} h_i+b_j^{(3)}\right)$$

将上式表示为向量形式$f_j(\boldsymbol{X})=\sigma(\boldsymbol{w}_i^{(2)\mathrm{T}}\boldsymbol{h})$，其中 $\boldsymbol{w}_i^{(2)}$ 为与输出层中第 i 个结点相关的连接权重所组成的向量。由此将 BP 神经网络模型的输出表示为输出向量

$$\boldsymbol{F}=(f_1(\boldsymbol{X}),f_2(\boldsymbol{X}),\cdots,f_k(\boldsymbol{X}))^{\mathrm{T}}=(\sigma(\boldsymbol{w}_1^{(2)\mathrm{T}}\boldsymbol{h}),\sigma(\boldsymbol{w}_2^{(2)\mathrm{T}}\boldsymbol{h}),\cdots,\sigma(\boldsymbol{w}_k^{((2)\mathrm{T})}\boldsymbol{h}))^{\mathrm{T}}$$

输出向量 $\boldsymbol{F}$ 所表达的含义与模型所用的训练数据标签类别的编码方式相关。BP 神经网络模型的输出向量编码方式需与训练数据标签类别的编码方式一致。神经网络中最常见的编码方式有**二进制编码**方式和**独热编码**方式两种。对于二进制编码，k 维向量可表示2^k个类别，而对于独热式编码，k 维向量仅能表示 k 个类别。这是因为独热式编码是一个元素为 1、其他元素

为 0 的向量形式，用元素 1 的位置表示样本类别。

对于采用独热式编码的 BP 神经网络，其输出层神经元的激活函数通常采用 softmax 激活函数，该激活函数可将神经元输出转化为样本属于某一类别的伪概率。softmax 函数的具体形式如下

$$\boldsymbol{\sigma}_i(\boldsymbol{t}) = \mathrm{e}^{t_i} / \sum_j \mathrm{e}^{t_j} \tag{7-6}$$

其中，t_i 表示向量 $\boldsymbol{t}$ 中的第 i 个元素；$\boldsymbol{\sigma}_i(\boldsymbol{t})$ 表示第 i 个元素通过 softmax 函数映射后的新向量。

在 BP 神经网络模型当中，使用 softmax 函数作为输出层结点的激活函数，可得到第 i 个输出结点的输出值为

$$f_i(X) = \mathrm{e}\, \boldsymbol{w}_i^{(2)\mathrm{T}} \boldsymbol{h} / \sum_j \mathrm{e} \boldsymbol{w}_j^{(2)\mathrm{T}} \boldsymbol{h} \tag{7-7}$$

其中，$\boldsymbol{w}_i^{(2)\mathrm{T}} \boldsymbol{h}$ 为第 i 个结点的综合数据输入。

不难发现，使用该激活函数时所有结点的输出之和为 1，并且每个输出结点的值分别对应一个类别，故可将各结点输出简单理解为分类结果为对应类别的概率。

对于 MLP 模型和 BP 神经网络这样包含多个数据处理层的前馈网络模型而言，其参数更新过程通常较为复杂。这是因为这类模型的最终输出与之前多层的连接权重相关，相当于多层嵌套的函数。若直接使用类似于梯度下降的优化方法对模型进行训练，则无法直接求得各结点所对应的误差及参数所对应的梯度。此时可以考虑使用反向传播算法对误差和参数所对应的梯度进行逐层求解，故通常也将多层前馈神经网络称为 BP 神经网络。

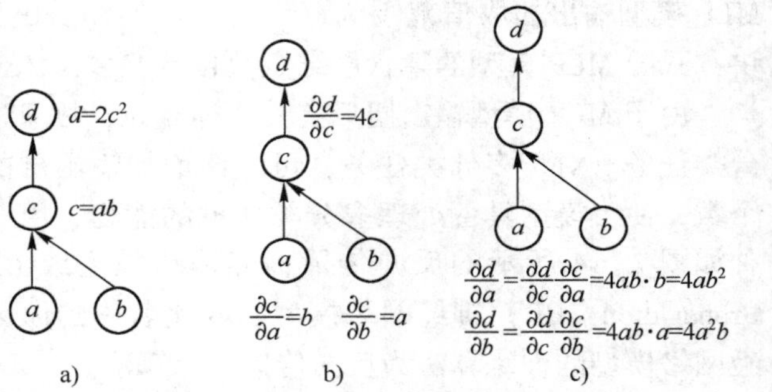

图 7-15　梯度的逐层求解过程

a）计算图　b）逐层求解梯度　c）联合各层结果

考察 BP 神经网络模型中各参数所对应梯度的求解方式。设有如图 7-15a 所示的计算关系，其中 a 和 b 为输入数据，且 $c=ab$，$d=2c^2$。为求得 d 对于数据 a 和 b 的梯度，可用如下逐层反向求解方式：

首先，计算 d 关于 c 的梯度，可得 $\partial d/\partial c=4c$；然后分别计算 c 关于 a 和 b 的梯度，可得 $\partial c/\partial a=b$，$\partial c/\partial b=a$；最后，根据链式求导法则得到：

$$\frac{\partial d}{\partial a}=\frac{\partial d}{\partial c}\frac{\partial c}{\partial a}=4ab \cdot b=4ab^2;\quad \frac{\partial d}{\partial b}=\frac{\partial d}{\partial c}\frac{\partial c}{\partial b}=4ab \cdot a=4a^2b$$

由上述求解过程可得到一个嵌套多层函数 $d=2(ab)^2$ 关于参数 a、b 的梯度，其计算过程如图 7-15b、c 所示。

可采用类似方法求解多层前馈神经网络中各参数所对应的梯度。以如图 7-14 所示的前馈网络模型参数求解为例。如前所述，由前向处理过程可知其输出层第 j 个结点的输出为

$$f_j(\boldsymbol{X})=\sigma(\boldsymbol{w}_j^{(2)\mathrm{T}}\boldsymbol{h}) \tag{7-8}$$

若样本标签 y 中对应元素取值为 y_j，则该位置的误差为

$$e_j=y_j-f_j(\boldsymbol{X})$$

为消除误差累计时正负抵消的影响并方便后续计算，将第 j 个结点在训练数据集

$$D=\{(\boldsymbol{X}_1,\boldsymbol{y}_1),(\boldsymbol{X}_2,\boldsymbol{y}_2),\cdots,(\boldsymbol{X}_n,\boldsymbol{y}_n)\}$$

上的累计误差表示为

$$J_j(\boldsymbol{W}) = \frac{1}{2}\sum_{i=1}^{n} e_j^2 = \frac{1}{2}\sum_{i=1}^{n}[y_{ij} - f_j(\boldsymbol{X}_i)]^2$$

其中，$\boldsymbol{W}$ 为神经网络模型中所有可学习参数组成的向量；y_{ij}为 $\boldsymbol{y}_i$ 的第 j 个元素取值。

由此可得如下用于模型优化的目标函数

$$J(\boldsymbol{W}) = \sum_{j=1}^{k} J_j(\boldsymbol{W}) = \frac{1}{2}\sum_{i=1}^{n}\sum_{j=1}^{k}[y_{ij} - f_j(\boldsymbol{X}_i)]^2$$

现进一步考虑网络模型中任意连接权重 $w_{uv}^{(l)}$ 的更新过程。由梯度下降算法可知该权重的更新公式为

$$w_{uv}^{(l)} = w_{uv}^{(l)} - \alpha\frac{\partial J}{\partial w_{uv}^{(l)}} \tag{7-9}$$

其中，α 为学习率，即步长。

上式中仅梯度 $\partial J/\partial w_{uv}^{(l)}$ 未知，故对权重进行更新的关键在于对该梯度的求解。以隐含层与输出层连接权重 $w_{uv}^{(2)}$ 的更新过程为例。若使用 Sigmoid 激活函数，则输出层第 j 个结点的输出为

$$f_j(\boldsymbol{X}) = \sigma(\boldsymbol{w}_j^{(2)\mathrm{T}}\boldsymbol{h}) = \sigma\left(\sum_{i=1}^{s} w_{ij}^{(2)}h_i + b_j\right)$$

此时可将目标函数表示为

$$J(\boldsymbol{W}) = \frac{1}{2}\sum_{i=1}^{n}\sum_{j=1}^{k}\left[y_{ij} - \sigma\left(\sum_{u=1}^{s} w_{uj}^{(2)}h_u + b_j\right)\right]^2 \tag{7-10}$$

由于权重 $w_{uv}^{(2)}$ 仅与第 v 个输出神经元相关，故有

$$\frac{\partial J(\boldsymbol{W})}{\partial w_{uv}^{(2)}} = \frac{\partial J_v(\boldsymbol{W})}{\partial w_{uv}^{(2)}}$$

其中，$J_v(\boldsymbol{W})$的具体形式为

$$J_v(\boldsymbol{W}) = \frac{1}{2}\sum_{i=1}^{n}\left[y_{iv} - \sigma\left(\sum_{u=1}^{s} w_{uv}^{(2)}h_u + b_v\right)\right]^2 \tag{7-11}$$

可将上式表示为如图 7-16 所示的计算图，其中：

$$a = net_v^{(2)} = \boldsymbol{w}_v^{(2)\mathrm{T}}\boldsymbol{h},\quad b = out_v^{(2)} = \sigma(a),\quad c = J_v = \frac{1}{2}\sum_{i=1}^{n}(y_{iv} - b)^2$$

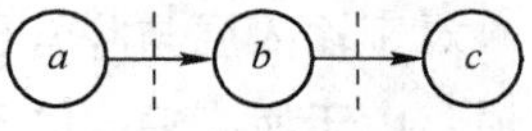

图 7-16　计算图

根据链式求导法则可将 $\partial J/\partial w_{uv}^{(2)}$ 表示为

$$\frac{\partial J_v}{\partial w_{uv}^{(2)}} = \frac{\partial c}{\partial b}\frac{\partial b}{\partial a}\frac{\partial a}{\partial w_{uv}^{(2)}} = \frac{\partial J_v}{\partial out_v^{(2)}}\frac{\partial out_v^{(2)}}{\partial net_v^{(2)}}\frac{\partial net_v^{(2)}}{\partial w_{uv}^{(2)}}$$

其中，$\frac{\partial c}{\partial b} = -\sum_{i=1}^{n}(y_{iv} - b)$；$\frac{\partial b}{\partial a} = \sigma(a)[1 - \sigma(a)]$；$\frac{\partial a}{\partial w_{uv}^{(2)}} = h_u$。

由于 c 即为目标函数，故有

$$\begin{aligned}\frac{\partial J_v}{\partial w_{uv}^{(2)}} &= \frac{\partial c}{\partial b}\frac{\partial b}{\partial a}\frac{\partial a}{\partial w_{uv}^{(2)}} = -h_u \cdot \sigma(a)[1 - \sigma(a)] \cdot \sum_{i=1}^{n}(y_{iv} - b)\\ &= -h_u \cdot \sigma'(\boldsymbol{w}_v^{(2)\mathrm{T}}\boldsymbol{h}) \cdot \sum_{i=1}^{n}[y_{iv} - f_v(\boldsymbol{X}_i)]\end{aligned}$$

由此可得权重 $w_{uv}^{(2)}$ 的修正量为

$$-\alpha\frac{\partial J_v}{\partial w_{uv}^{(2)}}=\alpha\cdot h_u\cdot\sigma'(\boldsymbol{w}_v^{(2)\mathrm{T}}\boldsymbol{h})\cdot\sum_{i=1}^{n}[y_{iv}-f_v(\boldsymbol{X}_i)]$$

故隐含层到输出层的连接权重更新公式为

$$w_{uv}^{(2)}=w_{uv}^{(2)}-\alpha\frac{\partial J_v}{\partial w_{uv}^{(2)}}=w_{uv}^{(2)}+\alpha\cdot h_u\cdot\sigma'(\boldsymbol{w}_v^{(2)\mathrm{T}}\boldsymbol{h})\cdot\sum_{i=1}^{n}[y_{iv}-f_v(\boldsymbol{X}_i)]$$

图 7-17 表示基于反向传播的梯度求解具体过程。需要注意的是，上述反向传播的梯度求解过程中的计算图设计方式并不唯一，可用其他结构的计算图表示求解问题。例如令：

$$c=\frac{1}{2}\sum_{i=1}^{n}b^2,\quad b=y_{iv}-\sigma(a),\quad a=\sum_{i=1}^{s}w_{uv}^{(2)}h_u+b_v$$

则可求得：

$$\frac{\partial c}{\partial b}=\sum_{i=1}^{n}b,\quad \frac{\partial b}{\partial a}=-\sigma(a)[1-\sigma(a)],\quad \frac{\partial a}{\partial w_{uv}^{(2)}}=h_u$$

同样可求得 $\partial J_v/\partial w_{uv}^{(2)}$ 的具体形式。

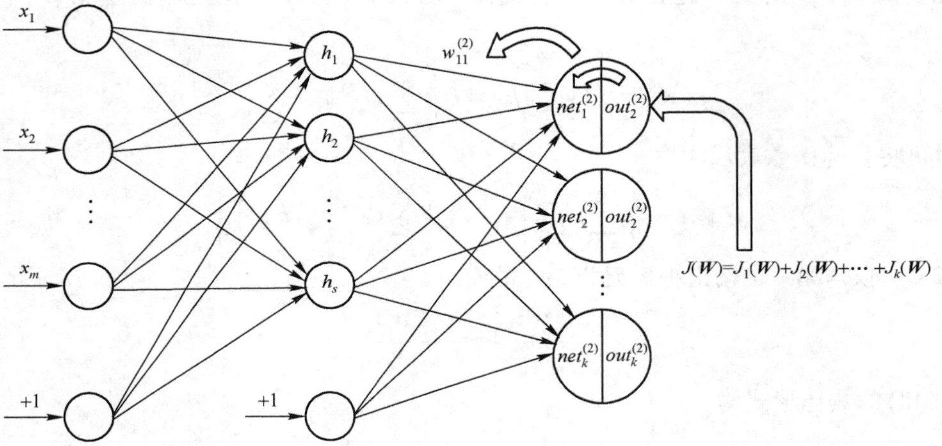

图 7-17　反向传播路径

对于输入层与隐含层之间的连接权重 $w_{uv}^{(1)}$，可同理采用上述方式计算所对应的梯度。具体地说，由于所有输出神经元均与连接权重 $w_{uv}^{(1)}$ 相关，故需计算整个目标函数 J 对于 $w_{uv}^{(1)}$ 的梯度 $\partial J/\partial w_{uv}^{(1)}$，不难得到目标函数对隐含层第 v 个神经元输出 h_v 的梯度为

$$\frac{\partial J}{\partial h_v}=-\sum_{j=1}^{k}\left\{h_v\cdot\sigma'(\boldsymbol{w}_j^{(2)\mathrm{T}}\boldsymbol{h})\cdot\sum_{i=1}^{n}[y_{ij}-f_j(\boldsymbol{X}_i)]\right\}$$

而 h_v 对于 $w_{uv}^{(1)}$ 的梯度为

$$\frac{\partial h_v}{\partial w_{uv}^{(1)}}=\frac{\partial h_v}{\partial net_v^{(1)}}\frac{\partial net_v^{(1)}}{\partial w_{uv}^{(1)}}$$

其中，$net_v^{(1)}=\boldsymbol{w}_v^{(1)\mathrm{T}}\boldsymbol{X}_i=\sum_{u=0}^{m}w_{uv}^{(1)}x_{iu}$。则有

$$\frac{\partial h_v}{\partial net_v^{(1)}}=\sigma(\boldsymbol{w}_v^{(1)\mathrm{T}}\boldsymbol{X}_i)[1-\sigma(\boldsymbol{w}_v^{(1)\mathrm{T}}\boldsymbol{X}_i)],\quad \frac{\partial net_v^{(1)}}{\partial w_{uv}^{(1)}}=x_{iu}$$

故有

$$\frac{\partial h_v}{\partial w_{uv}^{(1)}}=\sigma(\boldsymbol{w}_v^{(1)\mathrm{T}}\boldsymbol{X}_i)[1-\sigma(\boldsymbol{w}_v^{(1)\mathrm{T}}\boldsymbol{X}_i)]\cdot x_{iu}$$

由链式求导法则可知

$$\begin{aligned}\frac{\partial J}{\partial w_{uv}^{(1)}} &= \frac{\partial J}{\partial h_v}\frac{\partial h_v}{\partial w_{uv}^{(1)}}\\ &=-\sum_{j=1}^{k}\left\{h_v\cdot\sigma'(\boldsymbol{w}_j^{(2)\mathrm{T}}\boldsymbol{h})\cdot\sum_{i=1}^{n}[y_{ij}-f_j(\boldsymbol{X}_i)]\right\}\sigma(\boldsymbol{w}_v^{(1)\mathrm{T}}\boldsymbol{X}_i)[1-\sigma(\boldsymbol{w}_v^{(1)\mathrm{T}}\boldsymbol{X}_i)]\cdot x_{iu}\end{aligned}$$

由此可得权重 $w_{ij}^{(1)}$ 的更新公式为

$$\begin{aligned}w_{ij}^{(1)} &= w_{ij}^{(1)}+\alpha\frac{\partial J}{\partial w_{ij}^{(1)}}\\ &=w_{ij}^{(1)}+\alpha\sum_{j=1}^{k}\left\{h_v\cdot\sigma'(\boldsymbol{w}_j^{(2)\mathrm{T}}\boldsymbol{h})\cdot\sum_{i=1}^{n}[y_{ij}-f_j(\boldsymbol{X}_i)]\right\}\sigma(\boldsymbol{w}_v^{(1)\mathrm{T}}\boldsymbol{X}_i)[1-\sigma(\boldsymbol{w}_v^{(1)\mathrm{T}}\boldsymbol{X}_i)]\cdot x_{iu}\end{aligned}$$

由以上述分析，可得基于反向传播算法的网络参数更新基本步骤如下：

（1）初始化网络模型参数；

（2）对于每个训练样本，输入网络进行前向计算，构造目标函数：

$$J(\boldsymbol{W})=\sum_{i=1}^{k}J_j(\boldsymbol{W})=\frac{1}{2}\sum_{i=1}^{n}\sum_{j=1}^{k}[y_{ij}-f_j(\boldsymbol{X}_i)]^2$$

（3）对于网络中参数 $w_{uv}^{(l)}$，若其为隐含层到输出层的连接权重，则有：

$$\frac{\partial J}{\partial w_{uv}^{(l)}}=-h_u\cdot\sigma'(\boldsymbol{w}_v^{(l)\mathrm{T}}\boldsymbol{h})\cdot\sum_{i=1}^{n}[y_{iv}-f_v(\boldsymbol{X}_i)]$$

否则，有：

$$\frac{\partial J}{\partial w_{uv}^{(l)}}=\frac{\partial J}{\partial h_v}\cdot\sigma(\boldsymbol{w}_v^{(l)\mathrm{T}}\boldsymbol{X}_i)[1-\sigma(\boldsymbol{w}_v^{(l)\mathrm{T}}\boldsymbol{X}_i)]\cdot x_{iu}$$

（4）按如下公式更新参数 $w_{uv}^{(l)}$：

$$w_{uv}^{(l)}=w_{uv}^{(l)}-\alpha\frac{\partial J}{\partial w_{uv}^{(l)}}$$

（5）达到算法终止条件时结束算法，否则，返回到步骤（2）。

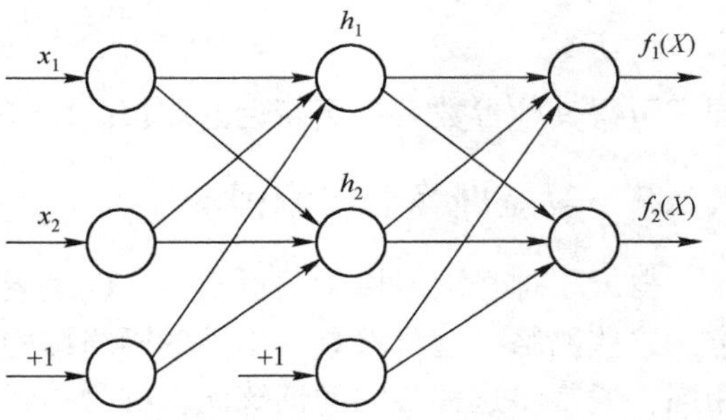

图 7-18　神经网络模型

【例题 7.2】 现有如图 7-18 所示的神经网络模型，其中各神经元均使用 Sigmoid 激活函数，假设当前网络的权重向量为

$$\begin{aligned}\boldsymbol{W} &=(w_{11}^{(1)},w_{12}^{(1)},w_{21}^{(1)},w_{22}^{(1)},b_1^{(2)},b_2^{(2)},w_{11}^{(2)},w_{12}^{(2)},w_{21}^{(2)},w_{22}^{(2)},b_1^{(3)},b_2^{(3)})^{\mathrm{T}}\\ &=(0.2,0.3,0.4,0.5,0.3,0.3,0.7,0.5,0.8,0.3,0.5,0.5)^{\mathrm{T}}\end{aligned}$$

试用样本 $(\boldsymbol{X},\boldsymbol{y})=[(0.4,0.6),(0.6,0.6)]$ 完成对连接权重的一次更新。

【解】 假设用于模型优化的目标函数为

$$J(\boldsymbol{W})=\sum_{j=1}^{2}J_j(\boldsymbol{W})=\frac{1}{2}\sum_{j=1}^{2}[y_j-f_j(\boldsymbol{X})]^2$$

将数据输入该网络可求得隐含层的输出为 $h_1=0.6502$，$h_2=0.6726$，网络的最终输出为 $y_1=0.8166$，$y_2=0.7363$。

对于隐含层到输出层的连接权重 $w_{11}^{(2)},w_{12}^{(2)},w_{21}^{(2)},w_{22}^{(2)}$，对应的梯度计算公式如下

$$\frac{\partial J}{\partial w_{uv}^{(l)}}=-h_u\cdot\sigma'(\boldsymbol{w}_v^{(2)^{\mathrm{T}}}\boldsymbol{h})\cdot[y_v-f_v(\boldsymbol{X})]$$

以 $w_{11}^{(2)}$ 为例，有

$$\begin{aligned}\frac{\partial J}{\partial w_{11}^{(2)}}&=-h_1\cdot\sigma'(\boldsymbol{w}_1^{(2)^{\mathrm{T}}}\boldsymbol{h})\cdot[y_1-f_1(\boldsymbol{X})]\\&=-0.6502\times\sigma(0.6502\times0.7+0.6726\times0.8+0.5)\times\\&\quad[1-\sigma(0.6502\times0.7+0.6726\times0.8+0.5)]\times(0.6-0.8166)\approx0.0211\end{aligned}$$

取参数更新步长为 0.1，故将 $w_{11}^{(2)}$ 更新为

$$w_{11}^{(2)}=w_{11}^{(2)}-\alpha\frac{\partial J}{\partial w_{11}^{(2)}}=0.7-0.1\times0.0211=0.6979$$

同理可求得更新一次之后 $w_{12}^{(2)}=0.7979$，$w_{21}^{(2)}=0.4982$，$w_{22}^{(2)}=0.2982$。

对于输入层到隐含层的连接权重而言，其梯度计算公式如下

$$\frac{\partial J}{\partial w_{uv}^{(l)}}=\frac{\partial J}{\partial h_v}\cdot\sigma(\boldsymbol{w}_v^{(l)^{\mathrm{T}}}\boldsymbol{X}_i)(1-\sigma(\boldsymbol{w}_v^{(l)^{T}}\boldsymbol{X}_i))\cdot x_{iu}$$

其中 $\partial J/\partial h_v$ 为

$$-\sum_{j=1}^{k}\left[h_v\cdot\sigma'(\boldsymbol{w}_j^{(l)^{\mathrm{T}}}\boldsymbol{h})\cdot\sum_{i=1}^{n}(y_{ij}-f_j(\boldsymbol{X}_i))\right]$$

以 $w_{11}^{(1)}$ 为例，有

$$\frac{\partial J}{\partial w_{11}^{(1)}}=-\sum_{j=1}^{2}\left[h_1\cdot\sigma'(\boldsymbol{w}_j^{(1)^{\mathrm{T}}}\boldsymbol{h})\cdot\sum_{i=1}^{n}(y_{ij}-f_j(\boldsymbol{X}_i))\right]\sigma(\boldsymbol{w}_1^{(1)^{\mathrm{T}}}\boldsymbol{X})[1-\sigma(\boldsymbol{w}_1^{(1)^{\mathrm{T}}}\boldsymbol{X})]\cdot x_1$$

代入数据可求得 $\partial J/\partial w_{11}^{(1)}\approx-0.053$，由梯度下降法公式有

$$w_{11}^{(1)}=w_{11}^{(1)}-\alpha\frac{\partial J}{\partial w_{11}^{(1)}}=0.2053$$

同理可得其他参数一次更新后的取值 $w_{12}^{(1)}=0.4098$，$w_{21}^{(1)}=0.3044$，$w_{22}^{(1)}=0.5026$。□

7.1.3 模型训练基本流程

自人工神经网络模型问世至今，已发展出众多形式各异的具体网络模型以满足不同任务需求，这些网络模型虽然具有不同的网络结构或运算性质，但网络模型的构造训练基本流程大致相同，通常将这种共同的训练流程称为神经网络模型训练的基本范式。与其他机器学习模型的构造过程类似，构建一个满足实际任务需求的人工神经网络需要考虑多方面因素。其中直接影响网络模型性能的因素包括训练样本集的大小及样本质量、网络模型结构、优化目标函数形式和模型优化算法。在模型的训练构造过程中通常会综合考虑这些因素。如图 7-19 所示，构造一个神经网络模型大致可分为数据准备与预处理、模型初始化、确定优化目标、模型优化求解和验证模型性能这五个基本步骤。

1. 数据准备与预处理

对于给定的机器学习任务，首先需要针对任务需求收集样本并对其进行标注。这一过程所花费人工成本通常较高，但其获得的大量带有准确标记的样本数据在很多场合下却是构造神经网络模型的基础。在真实样本难以获得的情况下，有时可用样本增强方式实现对训练样本集的扩充，但这种方法主要适用于模式识别等计算机视觉任务。通常将带标注样本划分为两部分，其中一部分样本作为训练集用于模型训练，其余部分则作为测试集用于验证模型性能。

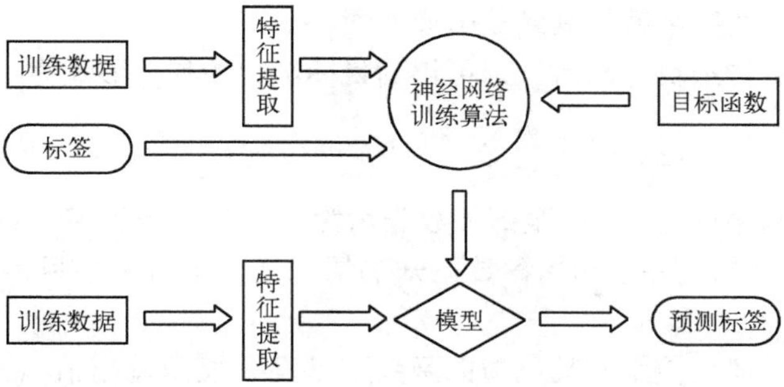

图 7-19　训练构造神经网络模型的基本流程

在使用这些带标注样本对模型进行训练构造或验证模型性能之前，还需对数据进行特征提取等预处理。神经网络模型通常难以直接接受训练样本，需要根据人工神经网络模型的特点对给定样本数据做适当预处理。由于神经元只能进行数值计算，故需对样本进行特征提取并将所提取特征表示为数值型数据。除输入数据之外，还需采用合适方式对标签数据进行编码，神经网络模型输出的编码方式应与训练数据标签值的编码方式保持一致。例如，如果要求网络模型的输出向量采用独热编码方式，则训练样本的标签也应采用独热编码方式。

2. 模型初始化

在明确了任务并完成数据准备与预处理过程之后，便可针对具体任务需求搭建相应的网络模型并根据需要赋予模型初始参数，需要进行初始赋值的参数不仅包括连接权重、偏置项等模型参数，还包括网络模型和训练算法中的超参数等。这种建立初始网络模型结构和对模型参数进行初始赋值的过程通常称为模型初始化过程。模型初始化过程确定了模型优化过程从何处开始，从一组较好的模型参数开始的训练过程通常能够避免参数陷入局部最优，并获得性能较好的优化模型。

在对网络参数进行初始化时，应尽可能保持模型参数的期望值为 0 且各网络参数之间存在一定差异。若设置网络参数均相同，例如将所有参数均初始化为 0，则网络参数更新过程中各参数的更新过程会保持一致，更新之后的参数仍然相同，会导致模型训练过程失败。通常使用随机初始化方式选择初始模型参数。随机初始化方式从某个期望为 0 的分布当中随机选择较小的数值作为模型参数，此时既能保证参数期望接近于 0，又可以使参数之间存在一定差异。通常根据期望为 0 的正态分布或均匀分布进行参数初始化。

3. 确定优化目标

初始模型的模型性能通常难以满足任务需求，需对其进行优化。为此，需要根据某一原则构造用于模型优化的目标函数。针对不同类型的实际任务，通常所使用的目标函数形式也有所不同。具体地说，对于二分类任务而言，其样本标记值为标量形式。假设经过数据预处理所获得的训练样本集为 $D=\{(X_1,y_1),(X_2,y_2),\cdots,(X_n,y_n)\}$，网络模型 f 对于样本 X_i 的输出为 $f(X_i)$，则可用 hinge 损失函数度量网络模型输出值 $f(X_i)$ 与样本真实值 y_i 之间的差异。该损失函数要求正样本表示为+1，负样本表示为−1，并且神经网络输出值的取值范围为 $f(X_i)\in[-1,+1]$。hinge 损失函数的具体形式如下

$$L(X_i,y_i)=\max\{0,1-f(X_i)\cdot y_i\} \tag{7-12}$$

当 $f(X_i)=y_i$ 时，$f(X_i)\cdot y_i=1$，故当神经网络模型预测完全正确时该损失函数的取值为 0；

否则，其取值为大于 0 的某个数，其函数图像如图 7-20 所示。

若根据该损失函数构造目标函数，则可得到目标函数的具体形式为

$$J(\boldsymbol{W})=\frac{1}{n}\sum_{i=1}^{n}\max\{0,1-f(X_i)\cdot y_i\} \tag{7-13}$$

此处直接将神经网络模型 f 中的全部参数表示为一个参数向量 $\boldsymbol{W}$，故 $f(X_i)$ 是关于参数向量 $\boldsymbol{W}$ 的函数。在训练集给定并且初始参数已知的情况下，可对上述目标函数进行优化计算获得优化网络模型。

对于二分类问题，还可使用交叉熵损失函数度量网络模型输出值 $f(X_i)$ 与样本真实值 y_i 之间的差异。针对二分类问题的交叉熵损失函数的具体形式如下

$$L(X_i,y_i)=-y_i\ln f(X_i)-(1-y_i)\ln(1-f(X_i)) \tag{7-14}$$

使用该损失函数时，网络模型的输出 $f(X_i)\in(0,1)$，而 $-y_i\ln f(X_i)$ 为正例熵，当 X_i 为正样本时，$y_i=1$，此时通过此项来度量 $f(X_i)$ 与 y_i 之间的差异；当 X_i 为反样本时，$y_i=0$，此时的反例熵 $-(1-y_i)\ln(1-f(X_i))$ 起度量差异的作用。

针对二分类问题的交叉熵损失函数图像如图 7-21 所示。使用该损失函数所构造的目标函数的具体形式为

$$J(\boldsymbol{W})=-\frac{1}{n}\sum_{i=1}^{n}[y_i\ln f(X_i)+(1-y_i)\ln(1-f(X_i))] \tag{7-15}$$

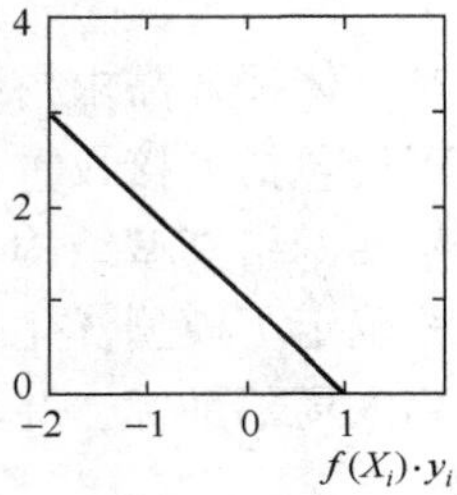

图 7-20 hinge 损失函数图像

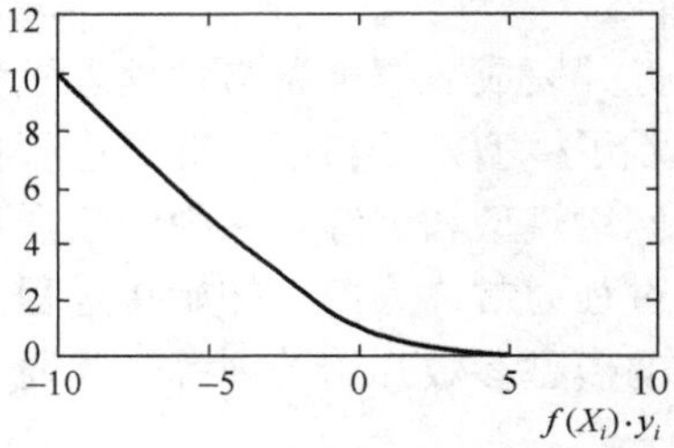

图 7-21 二分类交叉熵损失函数图像

事实上，可将交叉熵损失函数推广至多分类情形。具体地说，对于共有 k 个类别的多分类问题，神经网络输出为向量形式，故需对样本标签进行编码。假设经过数据预处理所获得的训练样本集为 $D=\{(X_1,\boldsymbol{y}_1),(X_2,\boldsymbol{y}_2),\cdots,(X_n,\boldsymbol{y}_n)\}$，其中 $\boldsymbol{y}_i=(y_{i1},y_{i2},\cdots,y_{ik})^{\mathrm{T}}$ 为采用独热式编码方式进行编码后的 k 维标签向量，则可将网络模型 f 对于样本 X_i 的输出向量表示为

$$\boldsymbol{F}(X_i)=(f_1(X_i),f_2(X_i),\cdots,f_k(X_i))^{\mathrm{T}}$$

其中，$f_j(X_i)$ 表示该神经网络将样本 X_i 分为第 j 类的概率。

对于上述多分类问题，可将交叉熵损失函数推广为如下形式

$$L(X_i,\boldsymbol{y}_i)=-\boldsymbol{y}_i^{\mathrm{T}}\log\boldsymbol{F}(X_i)=-\sum_{j=1}^{k}y_{ij}\ln f_j(X_i)$$

由此可得基于该交叉熵损失函数的目标函数为

$$J(\boldsymbol{W})=-\frac{1}{n}\sum_{i=1}^{n}\sum_{j=1}^{k}y_{ij}\ln f_j(X_i) \tag{7-16}$$

对于回归问题，在神经网络模型优化过程中最常用的损失函数形式为平方误差损失函数 $L(X_i,y_i)=[f(X_i)-y_i]^2$。由于回归问题中样本标签取值为连续型标量，故可直接使用神经网络模型 f 的样本输出 $f(X_i)$ 与样本实际值 y_i 之间的误差来度量模型预测的损失。为防止在构造目

标函数时误差正负抵消，通常将损失函数定义为平方误差。使用该损失函数构造模型优化的目标函数时，目标函数为网络模型 f 在训练样本集上的均方误差。

神经网络作为一类具体的机器学习模型，与其他机器学习模型一样有时也会出现过拟合现象，可通过在模型优化的目标函数中添加正则化项以约束模型参数的取值，通过降低模型容量来实现消除或缓解过拟合现象的效果。假设原始目标函数为 $J(\boldsymbol{W})$，则范数惩罚正则化的具体做法是将该目标函数替换为如下新的目标函数

$$J'(\boldsymbol{W})=J(\boldsymbol{W})+\alpha\lambda(\boldsymbol{W}) \tag{7-17}$$

其中，$\alpha\lambda(\boldsymbol{W})$ 即为正则化项。

正则化项 $\alpha\lambda(\boldsymbol{W})$ 的具体形式有多种，最常用的主要有 L^1 范数和 L^2 范数形式的正则化项。基于 L^1 范数正则化项的目标函数为

$$J'(\boldsymbol{W})=J(\boldsymbol{W})+\alpha\|\boldsymbol{W}\|_1 \tag{7-18}$$

若采用梯度下降算法进行参数更新，则可得到如下更新公式

$$\boldsymbol{W}=\boldsymbol{W}-\varepsilon\alpha\operatorname{sgn}(\boldsymbol{W})-\varepsilon\nabla J(\boldsymbol{W})$$

使用上述参数更新公式可使得多数模型参数为 0 并生成较为稀疏的参数向量，使得神经网络中某些神经元的输出对下一层中的某些结点不会产生影响，甚至使得某些神经元失效。这相当于减少了模型参数的数量，即减小了模型容量，实现对过拟合现象的缓解。

基于 L^2 范数正则化项的目标函数为

$$J'(\boldsymbol{W})=J(\boldsymbol{W})+\frac{\alpha}{2}\|\boldsymbol{W}\|_2^2 \tag{7-19}$$

相应的参数更新公式为

$$\boldsymbol{W}=\boldsymbol{W}-\varepsilon[\alpha\boldsymbol{W}+\nabla J(\boldsymbol{W})]=(1-\varepsilon\alpha)\boldsymbol{W}-\varepsilon\nabla J(\boldsymbol{W})$$

采用上述权重更新公式可实现权重衰减的效果，使得神经网络模型中的参数取值均较小，同时也能减小模型容量，从而实现对过拟合现象的缓解。

4. 模型优化求解

确定了目标函数之后，在初始网络模型参数均为已知的条件下，可将训练样本输入网络模型进行前向计算，从而求得目标函数的具体取值，并可使用梯度下降、牛顿迭代或随机梯度下降等模型优化算法对目标函数进行迭代优化计算以逐步逼近最优模型参数。在神经网络模型当中，由于各参数所对应的梯度和结点误差无法直接确定，而优化算法主要是依据梯度和误差进行参数更新，故对神经网络模型的参数优化需结合反向传播算法逐层求解各结点所对应的误差和各参数的梯度，由此实现对模型参数的优化更新。

在神经网络模型优化过程中，可采用一种特殊的正则化手段以缓解模型的过拟合现象。这种正则化方法通常称为**随机失活**(Dropout)**方法**。Dropout 正则化方法的基本思想是通过随机去除网络模型中的非输出结点的方式来实现减小模型容量的效果。具体做法是在模型训练的每次迭代过程中，对于除输出层之外的任意一层神经元，以一定概率 p 设置每一个神经元的输出为 0，即使其失活，而在该轮参数更新过程结束后再恢复这些失活神经元的连接方式，相当于每次迭代过程只训练剩余子网络的模型参数。

需要说明的是，对于采用 Dropout 正则化方法训练构造的网络模型，其所有神经元在测试阶段均为激活状态，但需将网络模型中各参数缩放$(1-p)$倍才能得到正确的模型输出。事实上，只需保证模型测试时所用参数为模型训练时所用参数乘以$(1-p)$即可，故亦可在训练过程中对神经元输入信号除以$(1-p)$以确保模型输出的正确性。

Dropout 正则化方法在训练过程中减小了模型容量，并有效降低了神经元之间的相关性，能够较好地增强模型的泛化能力。从集成学习的角度看，Dropout 正则化方法在模型训练过程中每次迭代过程所训练的子网络并不相同。例如，对于如图 7-22a 所示的两层神经元，若每层选择一个神经元失活，则其所对应子网络结构如图 7-22b 所示，故采用 Dropout 正则化方法相当于构造了众多不同的子网络模型，并将这些子网络集成起来获得训练模型。这个过程与 Bagging 集成方法比较类似，故能有效提高训练模型的泛化性能。

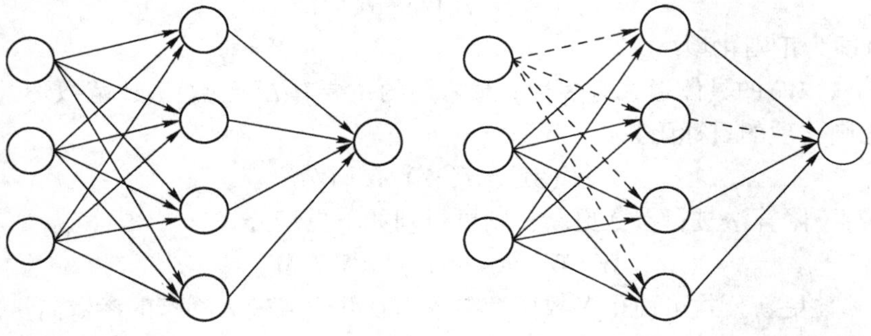

图 7-22　Dropout 子网络示意图
a）原始网络结构　b）经过 Dropout 正则化方法得到的子网络

5. 验证模型性能

为确定优化模型的性能是否满足任务需求，还需使用测试集验证网络模型的性能。若模型性能未达到任务需求，则需重新设定超参数并构造优化模型；若优化模型已达到给定任务需求，则可直接输出该优化模型并用于解决实际任务。针对不同类型的实际任务，用于描述模型性能的度量指标也会有所不同，对于分类任务，通常采用的性能度量指标为正确率和错误率、查准率和查全率、F_1 值等度量指标，而对于回归任务，通常使用均方误差或决定系数 R^2 对神经网络模型的泛化性能进行度量。由于单次模型性能验证实验存在很强的随机性，故通常采用交叉验证法进行模型性能测试和验证。

7.2　神经网络常用模型

使用机器学习技术解决的实际问题多种多样，作为一大类机器学习模型的神经网络经过多年的发展已衍生出多种不同类型的神经网络模型和相关理论，以有效解决不同类型的实际问题。本节主要介绍几种常用的神经网络模型，包括径向基网络、自编码器和玻尔兹曼机。其中径向基网络和自编码器为前馈神经网络模型，玻尔兹曼机为反馈神经网络模型。

7.2.1　径向基网络

前述 MLP 模型与 BP 神经网络模型均为全局逼近型前馈网络模型。所谓全局逼近型网络，是指任意一个或多个网络模型参数对神经网络模型的任意输出均存在影响，每个参与模型训练的样本均会调整模型的全部可学习参数。作为与 MLP 模型和 BP 神经网络模型不同的另外一种前馈网络模型，径向基函数（Radial Basis Function，RBF）神经网络则是一种局部逼近型网络模型。所谓局部逼近型网络，是指网络模型输出仅与少数几个连接权重相关，而对于每个参与模型训练的样本，通常仅有少数与其相关的权重需要更新。这种局部性的参数更新方式有利于加快模型训练过程。通常将径向基函数神经网络简称为径向基网络或 RBF 网络。

如前所述，机器学习中回归任务的本质是根据已知离散数据集求解与之相符的连续函数，基本求解思路是对已知的离散数据进行拟合，使得拟合函数与已知离散数据的误差在某种度量意义下达到最小。RBF 网络对于此类问题的求解思路是通过对已知离散数据进行插值的方式确定网络模型参数。

对于给定训练样本集 $D=\{(\boldsymbol{X}_1,y_1),(\boldsymbol{X}_2,y_2),\cdots,(\boldsymbol{X}_n,y_n)\}$，其中 $\boldsymbol{X}_i=(x_{i1},x_{i2},\cdots,x_{im})^{\mathrm{T}}$ 为输入向量，y_i 为 $\boldsymbol{X}_i$ 所对应的数值型真实值，插值的目标是找到某个函数 f，使得

$$f(\boldsymbol{X}_i)=y_i;\quad i=1,2,\cdots,n$$

上式即为插值条件。

通常 f 为非线性函数，故其函数图像为一个插值曲面，该曲面经过数据集 D 中的所有样本点。为求解函数 f，可考虑选择 n 个与样本点对应的基函数 $\varphi_1,\varphi_2,\cdots,\varphi_n$，并将 f 近似表示为这组基函数的线性组合，即有

$$f(\boldsymbol{X})=\sum_{i=1}^{n}w_i\varphi_i \tag{7-20}$$

只需确定上式中权重参数 $w_1,w_2,\cdots,w_n$ 具体取值，就可确定插值函数 f 的具体形式。可将上述插值问题转化为求解线性模型的参数问题。通常将基函数 φ_i 定义为如下形式：

$$\varphi_i=\varphi(\|X-X_i\|) \tag{7-21}$$

其中，φ_i 为非线性函数，其函数自变量为输入数据 X 到中心点 X_i 的距离。

由于从中心点 X_i 到相同半径的球面上任意点的距离相等，即距离具有径向相同性，故通常将这种以距离作为自变量的基函数称为**径向基函数**。将径向基函数的具体形式代入式（7-20）中，则可得到如下形式的插值函数

$$f(X)=\sum_{i=1}^{n}w_i\varphi(\|X-X_i\|) \tag{7-22}$$

其中，w_i 为待求量，其余数据取值均为已知。

将数据集 D 中任意样本 (X_j,y_j) 代入式（7-20）可得

$$y_j=\sum_{i=1}^{n}w_i\varphi(\|X_j-X_i\|) \tag{7-23}$$

将数据集 D 中数据均代入式（7-22）可得到由 n 个线性方程组成的线性方程组。记径向基函数的取值 $\varphi(\|X_u-X_v\|)$ 为 φ_{uv}，则可将该线性方程组表示为如下矩阵形式

$$\boldsymbol{\varphi w}=\boldsymbol{y} \tag{7-24}$$

其中，$\boldsymbol{\varphi}=(\varphi_{ij})_{n\times n}$；$\boldsymbol{w}=(w_1,w_2,\cdots,w_n)^{\mathrm{T}}$ 为参数向量；$\boldsymbol{y}=(y_1,y_2,\cdots,y_n)^{\mathrm{T}}$ 为标签向量。

当 $\boldsymbol{\varphi}$ 可逆时，式（7-24）有解，即有 $\boldsymbol{w}=\boldsymbol{\varphi}^{-1}\boldsymbol{y}$。有很多可供选择的径向基函数能够保证 $\boldsymbol{\varphi}$ 可逆，如高斯径向基函数、反演 S 形径向基函数等。高斯径向基函数的具体形式为

$$G(X,X_i)=\exp\left(-\frac{1}{2\delta_i^2}\|X-X_i\|\right) \tag{7-25}$$

反演 S 形径向基函数的具体形式为

$$R(X,X_i)=\frac{1}{1+\exp\ (\|X-X_i\|/\delta_i^2)} \tag{7-26}$$

其中，δ_i 为扩展常数，其取值越大，数据分布范围越宽。

若将标签信息y_i编码为 k 维向量形式，即 $\boldsymbol{y}_i=(y_{i1},y_{i2},\cdots,y_{ik})^{\mathrm{T}}$，则 $\boldsymbol{y}$ 相应地成为一个标签矩阵 $\boldsymbol{y}=(\boldsymbol{y}_1^{\mathrm{T}},\boldsymbol{y}_2^{\mathrm{T}},\cdots,\boldsymbol{y}_n^{\mathrm{T}})^{\mathrm{T}}$。此时需对权值 w_i 进行拆分以保证结果正确，拆分方案是将 w_i 转化为权重向量 $\boldsymbol{w}_i=(w_{i1},w_{i2},\cdots,w_{ik})^{\mathrm{T}}$，$\boldsymbol{w}$ 相应地成为一个权矩阵 $\boldsymbol{w}=(\boldsymbol{w}_1^{\mathrm{T}},\boldsymbol{w}_2^{\mathrm{T}},\cdots,\boldsymbol{w}_n^{\mathrm{T}})^{\mathrm{T}}$。可通过神经网络模拟该线性方程组。通常称这种用于模拟该线性方程组的神经网络模型为**正规化径向基网络**，其基本网络结构如图 7-23 所示。

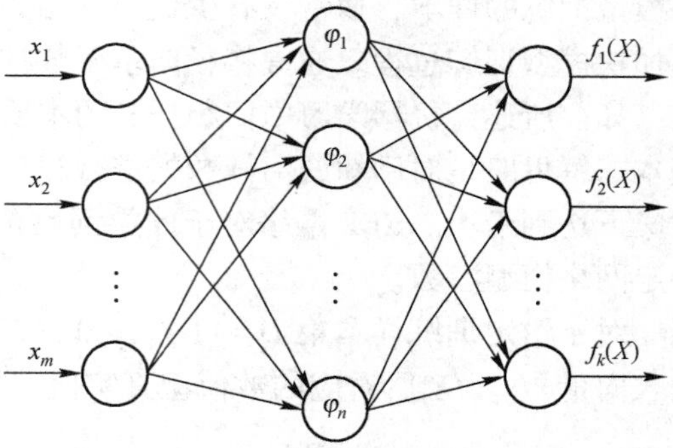

图 7-23　正规化径向基网络

正规化径向基网络的输入层结点数目与样本维数相同，用于接收数据输入 X；隐含层结点数目与样本个数相同，并且这些神经元的激活函数均采用径向基函数；输出层结点将隐含层的处理结果进行加权求和，得到输出向量。由于网络模型的功能是模拟式（7-24）所示方程组，故网络模型计算过程应与该方程组保持一致。在该方程组中，径向基函数中样本输入 X 的系数为 1，故输入层到隐含层的连接权重均为 1，而径向基函数的系数为权重系数，故隐含层第 i 个结点到输出层第 j 个结点的连接权重为w_{ij}。使用正规化径向基网络对数据集 D 中的所有样本均进行一次前向计算，便可得到式（7-24）所示的方程组。若根据数据集 D 确定了网络参数，则该网络就实现了对 D 中数据的插值操作。此时网络模型相当于所求的插值函数 f。

可通过监督学习方式完成对正规化径向基网络模型的训练。即首先对模型参数进行初始化，然后构造合适的目标函数并根据训练样本集 D 确定目标函数的初始取值，最后使用模型优化算法并结合反向传播算法对模型参数进行迭代调整以获得优化模型。

现进一步考察如何使用径向基网络解决数据分类问题。如前所述，针对线性不可分的二分类问题，MLP 模型通过非线性变换将原始线性不可分的数据分布转化为线性可分的数据分布，然后在此基础上通过线性分类器进行分类。由此可知，通过添加对数据的非线性映射过程可寻找到针对线性不可分问题的非线性决策边界。径向基函数作为一种非线性函数，将其作为径向基网络的隐含层神经元结点的激活函数亦具备对数据分布进行非线性映射的能力，故从理论上讲，可用径向基网络解决数据分类问题。

由于正规化径向基网络的隐含层神经元数据与训练样本数一致，在大样本量情况下模型过于复杂，难以进行有效训练，并且针对分类任务时径向基网络隐含层的功能仅为对数据进行非线性映射，而非模拟线性方程组中的某些项，故可减少其隐含层的神经元数目。这样不仅可以降低模型的复杂程度，而且不会影响径向基网络针对非线性可分问题的分类效果。通过减少隐含层神经元数目所得到的径向基网络通常称为**广义径向基网络**。

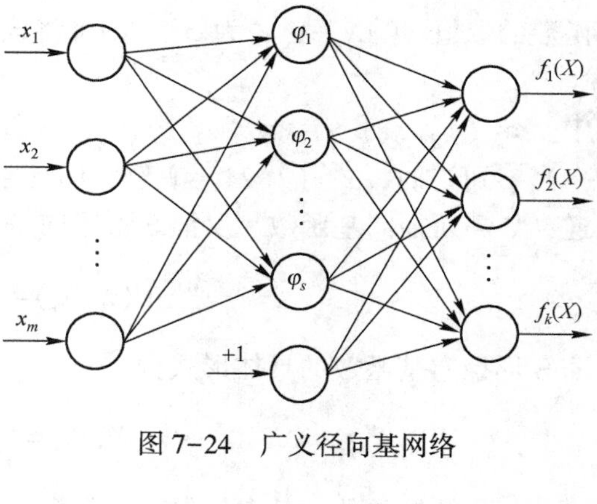

图 7-24　广义径向基网络

广义径向基网络的模型结构如图 7-24 所示，该网络模型输入层的神经元数目与样本维数一致，用于接收数据输入 X；而其隐含层神经经

元数目 s 小于样本个数 n，并添加一个输入恒为 1 的偏置神经元，该层的功能是对输入样本进行非线性映射；输出层神经元数目与训练样本标签的编码方式有关，若样本标签采用独热式编码方式，则输出层神经元数目与分类问题的类别数相同。广义径向基网络中的权重设置与正规化径向基网络类似，其中输入层到隐含层的连接权重均为 1，第 i 个结点到输出层第 j 个结点的连接权重为w_{ij}，为便于表示，通常将偏置神经元记为第 0 个神经元，故通常用w_{0j}来表示输出层第 j 个结点所对应的偏置。

广义径向基网络的可学习参数包括隐含层各神经元所对应的径向基函数中心、扩展常数，以及隐含层与输出层之间的连接权重。其中径向基函数中心和扩展常数决定了对原始数据分布进行非线性映射的效果，隐含层与输出层之间的连接权重则决定了线性分类器的决策边界。这些可学习参数共同决定了原始数据空间中非线性决策边界的具体形式。

相对于正规化径向基网络的训练过程而言，广义径向基网络的模型训练过程中除了连接权重之外，还需学习基函数中心和扩展常数。径向基函数中心和扩展常数的学习方式多种多样，其中最为常用的两种方式为监督学习中心方法和自组织学习方法。监督学习中心方法直接将径向基函数中心、扩展常数和连接权重作为可学习参数，并使用监督学习方法对其进行更新，其具体流程与正规化径向基网络的训练过程类似，这里不再赘述。

自组织学习方法的基本思想是通过无监督学习的 k-均值聚类算法自动确定径向基函数的中心，并根据聚类中心之间的距离确定扩展常数。具体地说，对于给定的训练样本集 $D=\{(X_1,\boldsymbol{y}_1),(X_2,\boldsymbol{y}_2),\cdots,(X_n,\boldsymbol{y}_n)\}$，自组织学习方法采用 k-均值聚类算法对训练样本集中的数据输入$\{X_1,X_2,\cdots,X_n\}$进行聚类，并设置最终收敛的聚类中心为广义径向基网络隐含层神经元所对应的径向基函数中心，k-均值聚类算法的聚类中心个数与隐含层的神经元个数 s 相同，另外，为保证径向基函数分布合适，可将扩展常数设置为$d_{\max}/\sqrt{2s}$，其中$d_{\max}$为径向基函数中心之间的最大距离。在完成对中心和扩展常数的自组织学习之后，便可使用与正规化径向基网络权值学习方法相同的监督学习方法，求得模型隐含层与输出层之间的连接权重，从而完成对整个广义径向基网络的训练。

【例题 7.3】某工厂的两台机床分别加工了 1500 个同类型的长方形零件，其中部分零件的长度与标准长度之差 x_1、宽度与标准宽度之差 x_2，以及类别 y 如表 7-1 所示，$y=1$ 表示该零件由第一台机床所生产，$y=-1$ 表示该零件由第二台机床所生产。试从表 7-1 的 3000 个数据中随机选取 2500 个数据分别构造含有 4 个和 12 个隐含层结点的径向基网络，并比较分类性能。

表 7-1　零件尺寸与标准尺寸之差（μm）和类别

编　号	1	2	3	4	5	6
x_1	6.52607	11.8985	15.9559	10.2763	-0.221445	-3.92438
x_2	16.6577	-13.7178	6.57125	-11.475	-9.34094	-0.35613
y	1	-1	1	-1	-1	-1
编　号	7	8	9	…	2999	3000
x_1	25.2423	14.561	15.9477	…	31.87	-14.3906
x_2	-7.28753	22.0848	7.01546	…	-1.63637	18.7535
y	-1	1	1	…	-1	1

【解】从表 7-1 所示数据集中随机选择 2500 个数据，其分布情况如图 7-25 所示。依题意可知径向基网络的输入层神经元数目为 2，当隐含层结点数目为 12 时，首先使用 k-均值聚类

算法自动确定径向基函数的中心，设置聚类中心数目为 $k=12$ 可得到如图 7-26 所示的聚类效果。取各簇的聚类中心作为各径向基函数的中心，此处采用高斯径向基函数作为网络的基函数，其具体形式为

$$G(X,X_i)=\exp\left(-\frac{1}{2\delta_j^2}\| X-u_j \|\right)$$

其中，u_j 为第 j 个簇的中心；δ_j^2 为方差。

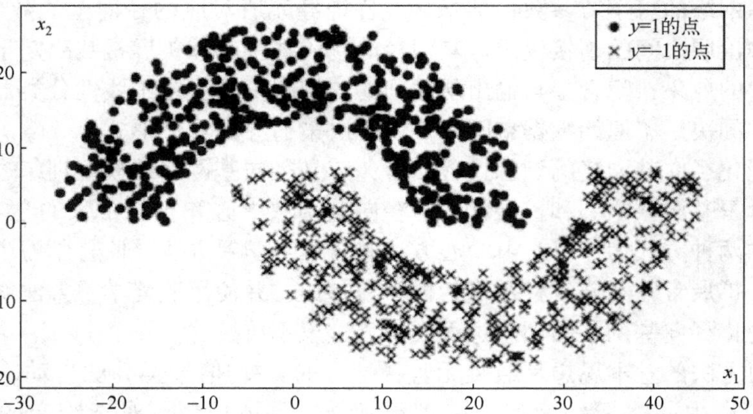

图 7-25　训练数据分布

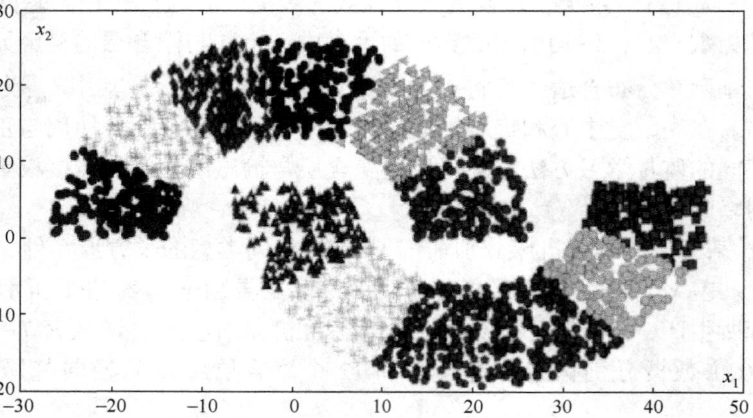

图 7-26　聚类效果

为保证径向基函数分布合适，可将扩展常数设置为 $\delta=d_{\max}/\sqrt{2s}$，其中 $d_{\max}$ 为径向基函数中心之间的最大距离，s 表示隐含层神经元个数，此时网络的输出为

$$f(X_i)=\sum_{j=0}^{s} w_j\varphi(\|X_i-u_j\|)$$

其中，w_j 为隐含层第 j 个神经元与输出结点的连接权重；w_0 表示偏置。

使用交叉熵损失函数可构造如下模型优化的目标函数

$$J(\boldsymbol{W})=-\frac{1}{2500}\sum_{i=1}^{2500}\left[y_i\ln f(X_i)+(1-y_i)\ln(1-f(X_i))\right]$$

使用梯度下降法更新模型参数直至 $J(\boldsymbol{W})$ 达到最小值时才结束训练过程，使用得到的优化

模型对剩余 500 个样本进行测试，该模型对于这些样本的输出值如图 7-27 所示，其中 446 个样本分类正确，因此模型在测试集上的正确率为 89.2%。

设置径向基网络的隐含层结点数为 4，重复上述过程完成模型训练和测试，该模型对于 500 个测试样本的输出如图 7-28 所示，其中 347 个样本分类正确，故模型在测试集上的正确率为 69.4%。故当径向基网络的隐含层结点数目较多时，模型性能较优。□

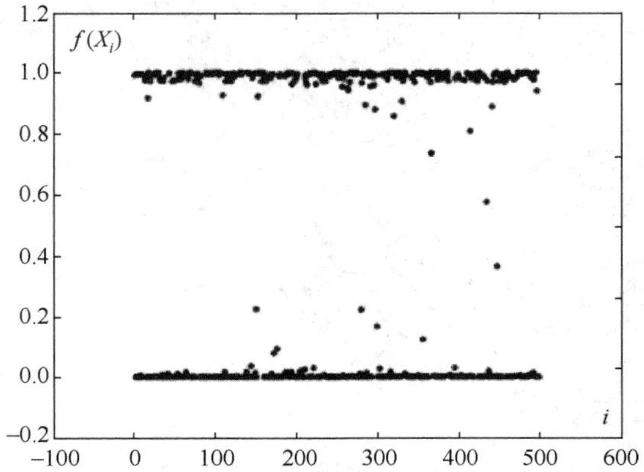

图 7-27 设置 12 个隐含层结点时的模型输出

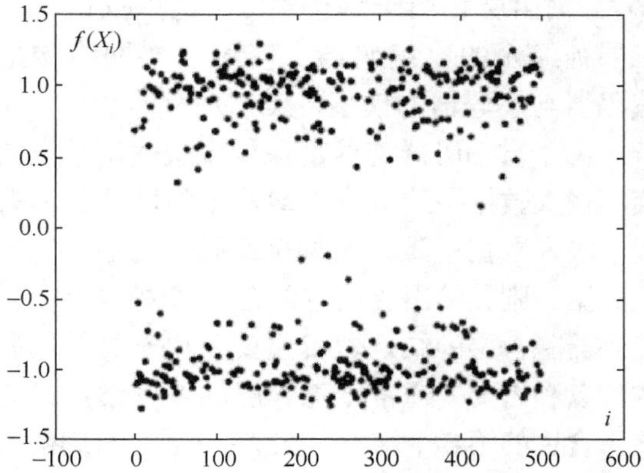

图 7-28 设置 4 个隐含层结点时的模型输出

7.2.2 自编码器

在机器学习任务中经常需要采用某种方式对数据进行有效编码，例如对原始数据进行特征提取几乎是所有机器学习问题均需解决的编码任务。除此之外，对数据进行降维处理或稀疏编码也是常见的编码任务。通常对数据进行编码时，需要按照编码要求将原始数据转化为特定形式的编码数据，并要求编码数据尽可能多地保留原始数据信息，对这样的编码数据进行分析处理不仅会更加方便，而且也可保证分析处理的结果较为准确。

对数据的编码过程实际上是一个数据映射过程。若将某类原始数据 X 编码为特定形式的数据 y，则需找到某个合适的映射 f 使得 $y=f(X)$。通常称映射 f 为**编码器**，称将原始数据 X 映射为编码数据 y 的过程为**编码过程**。若编码数据 y 保留了大部分原始数据 X 中的信息，则从理论上说一定存在某种方式能够将数据 y 映射为与 X 相近的数据X'。假设存在映射 g 满足

$$X'=g(y)=g(f(X))$$

则认为编码器 f 可对原始数据 X 进行有效编码，此时称映射 g 为**解码器**。

自编码器是一种由编码器 f 和解码器 g 组成的数据编解码模型。该模型首先使用编码器对输入数据进行编码，然后使用解码器尽可能地将编码数据还原为输入数据，即尽量使模型输出 X' 与模型输入 X 保持一致。

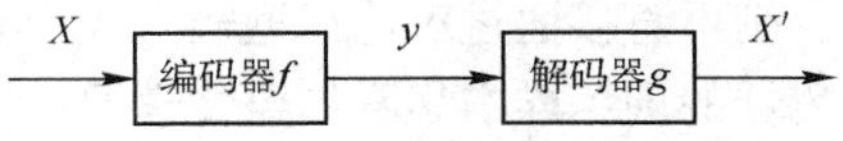

图 7-29 自编码器结构

图 7-29 表示自编码器的基本结构。显然，若编码器 f 和解码器 g 均采用恒等映射，即 $f(a)=a$，$g(a)=a$，则有如下关系：

$$y=f(X)=X,\quad X'=g(y)=g(f(X))=X$$

此时恒有 $X'=X$。但这样的自编码器显然毫无意义，因为自编码器的主要功能是对原始数据进行编码而非对编码数据进行还原，即它应该更加注重自编码器中的编码器模块。

由于自编码器中的编码器 f 和解码器 g 均为某个映射，映射函数可通过人工神经网络进行

模拟，故可用人工神经网络实现自编码器。为方便描述，通常也将用于实现自编码器的神经网络模型称为自编码器。由于神经网络输入层不具备数据处理能力，故自编码器中除输入层之外还包括两个分别用于实现编码器和解码器的模块，每个模块的神经元层数既可为单层也可为多层。若每个模块仅含一层神经元，则自编码器包含三层神经元，其中隐含层相当于编码器 f，输出层相当于解码器 g。这里仅讨论含三层神经元的自编码器，使用多层网络构造编码器与解码器的模型可类似理解。

由于自编码器需尽量保持模型输出数据与模型输入数据一致，故模型输出的数据的形式要与输入数据一致。如果自编码器的输入为 m 维数据，则其输出层也应包含 m 个神经元。自编码器隐含层的结点数目主要取决于具体问题的特点和需要，通常将隐含层的偏置结点记为该隐含层的第 0 个结点。图 7-30 表示自编码器的基本结构。显然，自编码器是一类前馈网络模型。假设图 7-30 中自编码器的神经元均使用激活函数 σ，则对于输入数据 $\boldsymbol{X}=(x_1,x_2,\cdots,x_m)^{\mathrm{T}}$，由前向计算方法可知自编码器隐含层第 j 个神经元的输出应为

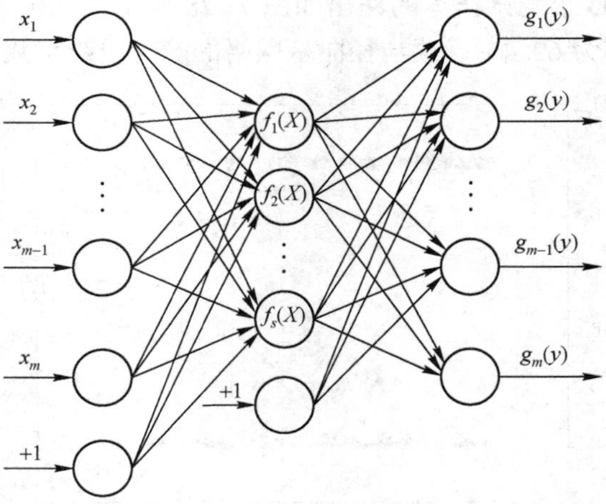

图 7-30　自编码器基本结构

$$f_j(\boldsymbol{X})=\sigma\left(\sum_{i=1}^{m} w_{ij}^{(1)} x_i + b_j^{(2)}\right) \tag{7-27}$$

由于隐含层数据处理结点个数为 s，故自编码器的隐含层可将 m 维数据输入转化为 s 维数据 $\boldsymbol{y}=(f_1(\boldsymbol{X}),f_2(\boldsymbol{X}),\cdots,f_s(\boldsymbol{X}))^{\mathrm{T}}$。若 $s<m$，则是对数据 $\boldsymbol{X}$ 进行降维；若 $s>m$，则是对数据 $\boldsymbol{X}$ 进行升维。从自编码器隐含层到输出层的数据处理过程与此类似，最终输出 $\boldsymbol{X}'$ 为

$$\boldsymbol{X}'=(g_1(\boldsymbol{y}),g_2(\boldsymbol{y}),\cdots,g_{m-1}(\boldsymbol{y}))^{\mathrm{T}}$$

其中，输出层第 j 个神经元输出 $g_j(\boldsymbol{y})$ 的具体取值为

$$g_j(\boldsymbol{y})=\sigma\left(\sum_{i=1}^{s} w_{ij}^{(2)} f_i(\boldsymbol{X}) + b_j^{(3)}\right) \tag{7-28}$$

若已经完成模型训练过程，则 $\boldsymbol{X}'$ 应与数据输入 $\boldsymbol{X}$ 差别不大。

自编码器的模型训练通常使用不带标注信息的示例样本，因此它属于一种无监督学习方式。但由于要求自编码器的输入数据与输出数据尽可能接近，故对于训练样本 X_k，若模型参数均已知，则可直接通过对比模型输入 X_k 与输出 X_k' 的差异来确定损失函数 $L(X_k,X_k')$。这相当于将自编码器的训练样本集看作监督学习的训练样本集 $\{(X_1,X_1),(X_2,X_2)\cdots,(X_n,X_n)\}$，即根据自编码器的特点将无监督学习方式转化为监督学习方式，由此可得到如下模型优化目标函数

$$J(\boldsymbol{W})=\frac{1}{n}\sum_{k=1}^{n} L(X_k,X_k') \tag{7-29}$$

其中，$\boldsymbol{W}$ 为自编码器的参数向量。

损失函数 L 通常采用 X_k 与 X_k' 之间欧式距离的平方，即 $L(X_k,X_k')=\|X_k-X_k'\|_2^2$。由此可得目标函数的具体形式为

$$J(\boldsymbol{W})=\frac{1}{n}\sum_{k=1}^{n} \|X_k - X_k'\|_2^2 \tag{7-30}$$

确定了目标函数之后，可采用适当模型优化算法并结合反向传播算法对模型参数进行优化，得到所求的自编码器。具体过程与 BP 神经网络优化过程类似，这里不再赘述。自编码器的实际构造应针对不同任务需求考虑具体编码效果。为构造具有特定功能的自编码器模型，通常还需对上述自编码器设计和训练过程中的某些细节稍做调整。

如前所述，若自编码器隐含层神经元数目 s 大于输入数据维度 m，则可实现对输入数据的升维，此时只需确保编码后的数据向量中取值为 0 的分量较多，即可实现对原始数据的稀疏编码。由于自编码器隐含层输出向量 $\boldsymbol{y}=(f_1(\boldsymbol{X}),f_2(\boldsymbol{X}),\cdots,f_s(\boldsymbol{X}))^{\mathrm{T}}$ 即为编码数据，故只需限制 $\boldsymbol{y}$ 中取值为 0 的分量较多便可实现对原始数据的稀疏编码。

令自编码器隐含层神经元采用 Sigmoid 激活函数，则对于训练样本集 $D=\{X_1,X_2,\cdots,X_n\}$，自编码器隐含层第 j 个神经元的平均激活程度为

$$\bar{f}_j(X)=\frac{1}{n}\sum_{i=1}^{n}f_j(X_i) \tag{7-31}$$

为将隐含层第 j 个神经元的输出值限制为 0，可令 $\bar{f}_j(X)=\varepsilon$。这里 ε 为某个接近于 0 的正数。由于 $f_j(X_i)>0$ 且 $f_j(X_i)$ 在数据集 D 上的期望接近于 0，故 $f_j(X_i)$ 的取值也接近于 0。若对隐含层中大部分神经元输出均施加此约束条件，即 $\bar{f}_j(X)=\varepsilon, j=1,2,\cdots,s$，则可保证 $\boldsymbol{y}$ 中大部分元素的取值均接近于 0，从而实现对原始数据的稀疏编码。为将该约束条件纳入训练过程，需调整模型优化的目标函数，即在原始目标函数 $J(\boldsymbol{W})$ 基础上添加关于约束 $\bar{f}_j(\boldsymbol{X})=\varepsilon, j=1,2,\cdots,s$ 的惩罚项 $\lambda(\bar{f}_j(\boldsymbol{X}))$，将目标函数转化为如下形式

$$J'(\boldsymbol{W})=J(\boldsymbol{W})+\lambda(\bar{f}_j(\boldsymbol{X}))=\frac{1}{n}\sum_{k=1}^{n}L(X_k,X_k')+\alpha\lambda(\bar{f}_j(\boldsymbol{X}))$$

其中，α 为惩罚项的权重。

当 α 取值较大时，所求自编码器的编码数据具有较好的稀疏性，但会舍弃较多的原始数据信息；当 α 取值较小时，所求自编码器的编码数据会保留较多的原始数据信息，但稀疏性较差。对于惩罚项 $\lambda(\bar{f}_j(\boldsymbol{X}))$ 而言，当自编码器隐含层大部分结点的输出不满足约束条件时，则该惩罚项取值较高，反之则较低。仅当隐含层所有结点输出均满足约束条件，即隐含层全部结点输出均为 0 时，惩罚项取值为 0。惩罚项的具体设计方案有很多，例如使用 $\bar{f}_j(\boldsymbol{X})$ 与 ε 之间的平方误差构造单个隐含层结点的惩罚，可得到如下形式的惩罚项

$$\lambda(\bar{f}_j(\boldsymbol{X}))=\frac{1}{s}\sum_{j=1}^{s}[\bar{f}_j(\boldsymbol{X})-\varepsilon]^2 \tag{7-32}$$

除此之外，还可以使用 $\bar{f}_j(\boldsymbol{X})$ 与 ε 之间的 K-L 散度（Kullback-Leibler divergence，又称相对熵）作为单个隐含层结点的惩罚项，由此得到如下惩罚项

$$\lambda(\bar{f}_j(\boldsymbol{X}))=\frac{1}{s}\sum_{j=1}^{s}\mathrm{KL}(\varepsilon,\bar{f}_j(\boldsymbol{X}))=\frac{1}{s}\sum_{j=1}^{s}\left[\varepsilon\ln\frac{\varepsilon}{\bar{f}_j(\boldsymbol{X})}+(1-\varepsilon)\ln\frac{1-\varepsilon}{1-\bar{f}_j(\boldsymbol{X})}\right]$$

其中，$\mathrm{KL}(\varepsilon,\bar{f}_j(X))$ 为 $\bar{f}_j(X)$ 与 ε 之间的 K-L 散度。

若对 $J'(\boldsymbol{W})$ 进行优化，则要求最优模型所对应惩罚项取值较小且原始目标函数 $J(\boldsymbol{W})$ 的取值亦较小。惩罚项取值较小意味着 $\boldsymbol{y}$ 中部分元素的取值接近于 0，而 $J(\boldsymbol{W})$ 取值较小则说明模型的输入与输出基本一致，故对目标函数 $J'(\boldsymbol{W})$ 进行优化计算所得到的最优自编码器既可保证在尽可能保留原始数据信息的同时，又能实现对原始数据的稀疏编码。使用该目标函数求得

的自编码器通常称为**稀疏自编码器**。

上述自编码器模型均要求模型的输入与输出尽可能一致。然而使用这种自编码器得到的编码数据有时未必是对原始数据的最优表示。如果某种自编码器能对被破坏的数据 X^b 进行编码并将其解码为真实原始数据 X，则该自编码器的编码方式显然更为有效。通常称这种自编码器为**降噪自编码器**。记原始数据为 X，若将 X 中的部分信息删除则可得到被破坏的数据 X^b，可用降噪自编码器对 X^b 进行编码并从编码数据中恢复出原始数据 X。例如，对于一幅原始图像加入高斯噪声，则可得到与原始图像对应的被破坏图像。若将该被破坏图像输入降噪自编码器，则降噪自编码器的期望输出为原始图像而不是被破坏图像。由此可见，降噪自编码器比普通的自编码器具有更强的鲁棒性。

构造降噪自编码器的思路较为简单，只需将原始自编码器模型训练过程中的输入数据 X 替换为被破坏的数据 X^b 即可，故降噪自编码器模型训练样本集的具体形式为

$$D=\{(X_1^b,X_1),(X_2^b,X_2)\cdots,(X_n^b,X_n)\}$$

记自编码器关于输入数据X_i^b的输出为 X_i'，则可求得模型输出 X_i' 与原始数据X_i之间的差异 $L(X_i',X_i)$，可据此构造如下用于优化计算降噪自编码器的目标函数

$$J(\boldsymbol{W})=\frac{1}{n}\sum_{i=1}^{n}L(X_i',X_i) \tag{7-33}$$

其中，$\boldsymbol{W}$ 为自编码器模型中所有参数组成的向量。

采用适当模型优化方法对上述目标函数进行优化，并结合反向传播算法对模型参数进行更新，便可求得最终的降噪自编码器模型。以使用 MNIST 数据集中部分数据构造降噪自编码器为例。从 MNIST 数据集中随机选取 200 幅图像，并对这些图像加入高斯白噪声，图 7-31 表示部分图像的加噪效果。

图 7-31　MNIST 数据集中部分原始图像及对应加噪图像

将原始图像和加噪图像按像素展开为向量形式。设第 i 幅原始图像展开所得向量为 $\boldsymbol{X}_i$，相应加噪图像展开所得向量为 $\boldsymbol{X}_i'$。将 $\boldsymbol{X}_i'$ 作为原始样本且以 $\boldsymbol{X}_i$ 作为标记构造数据集

$$D=\{(\boldsymbol{X}_1',\boldsymbol{X}_1),(\boldsymbol{X}_2',\boldsymbol{X}_2),\cdots,(\boldsymbol{X}_{200}',\boldsymbol{X}_{200})\}$$

将图 7-31 中的加噪图像作为测试样本，将 D 中其余样本组成训练集 S 用于训练如图 7-32 所示的自编码器，由于 MNIST 数据集中图像的分辨率为 28 像素×28 像素，将每幅图像按像素展开均可得到一个 784 维向量，故所构造自编码器输入层与输出层的神经元数目均为 784 个。

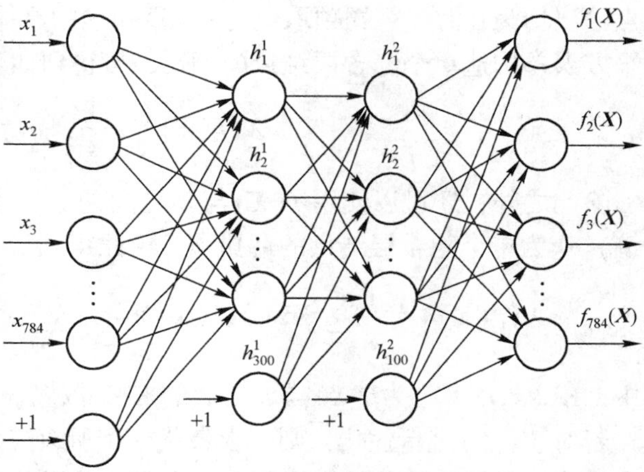

图 7-32　降噪自编码器模型架构

记训练集 $S=\{(X'_{s1},X_{s1}),(X'_{s2},X_{s2}),\cdots,(X'_{s192},X_{s192})\}$，采用随机初始化方式确定初始模型，并使用向量之间的欧式距离作为损失函数，得到如下模型优化计算的目标函数

$$J(W)=\frac{1}{192}\sum_{k=1}^{192}L(f(X'_{sk}),X_{sk})=\frac{1}{192}\sum_{k=1}^{192}\|f(X'_{sk})-X_{sk}\|_2^2$$

其中，$f(X'_{sk})$为模型对于X'_{sk}的输出向量。

使用梯度下降法对上述目标函数进行优化计算并结合反向传播算法更新模型参数，进行1000次左右全库迭代后模型基本收敛，获得所求降噪自编码器。使用该降噪自编码器可得到如图7-33所示的降噪效果。

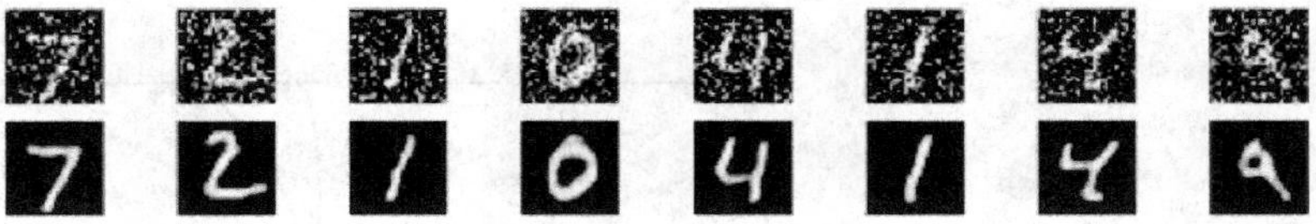

图 7-33　降噪效果

7.2.3　玻尔兹曼机

神经网络模型的训练构造通常使用目标函数最小化的优化计算方式实现。使用什么样的目标函数通常与想要得到的优化模型功能紧密相关。前述各类前馈神经网络模型的训练构造均从误差最小化的角度来设计目标函数，对此类目标函数进行优化后的模型可保证在训练集上的整体预测误差达到最小且具备一定的泛化能力。事实上，还可从系统稳定性角度出发设计目标函数。由于系统越稳定则其能量越低，故为得到一个稳定的模型输出，可设计与网络模型相关的能量函数作为网络模型优化的目标函数，由此实现对神经网络模型的优化求解。**玻尔兹曼机**便是此类神经网络的代表模型。

玻尔兹曼机也是一类可对数据进行编码的网络模型，其网络结构如图7-34所示。该模型包含可视层与隐含层这两层神经元，通过可视层神经元完成与外部的信息交互，且可视层与隐含层的所有神经元均参与信息处理过程。该模型的理想效果是获得训练集 $D=\{X_1,X_2,\cdots,X_n\}$ 中的样本在模型稳定状态下的输出值。

玻尔兹曼机中所有神经元两两之间均存在信息传递，且任意两个神经元之间的连接权重无方向性，但单个神经元自身无直接的信息传递过程。因此，若使用 w_{ij} 表示玻尔兹曼机中的第 i 个神经元到第 j 个神经元的连接权重，则有 $w_{ij}=w_{ji}$，且当 $i=j$ 时，有 $w_{ij}=w_{ji}=0$。

玻尔兹曼机中每个神经元的输出信号均限制为0或1，并且每个神经元的状态取值均具有一定的随机性，即以一定概率输出0或输出1，这个概率与该神经元的输入相关。具体地说，对于包含 k 个神经元的玻尔兹曼机，由于其第 j 个神经元的输入数据为其他所有神经元的输出信号，故该结点的总输入为

$$I_j=\sum_{i=1}^{k}w_{ij}O_i+b_j \tag{7-34}$$

其中，O_i 为第 i 个神经元的输出信号；b_j 为第 j 个神经元所对应的偏置项。

与前述处理方式类似，可在网络中添加一个取值恒为1的第0个神经元作为偏置项，则可将偏置项 b_j 表示为连接权重 w_{0j}，则有

$$I_j=\sum_{i=0}^{k}w_{ij}O_i \tag{7-35}$$

此时可将第 j 个神经元的输出信号 O_j 取值为 1 的概率定义为

$$P(O_j=1)=\frac{1}{1+e^{-I_j/T}} \tag{7-36}$$

相应地，该神经元输出为 0 的概率为

$$P(O_j=0)=\frac{e^{-I_j/T}}{1+e^{-I_j/T}} \tag{7-37}$$

通常称参数 T 称为温度。图 7-35 表示对于 T 的不同取值，神经元总输入 I_j 与输出信号 O_j 取 1 的概率 $P(O_j=1)$ 的取值曲线。

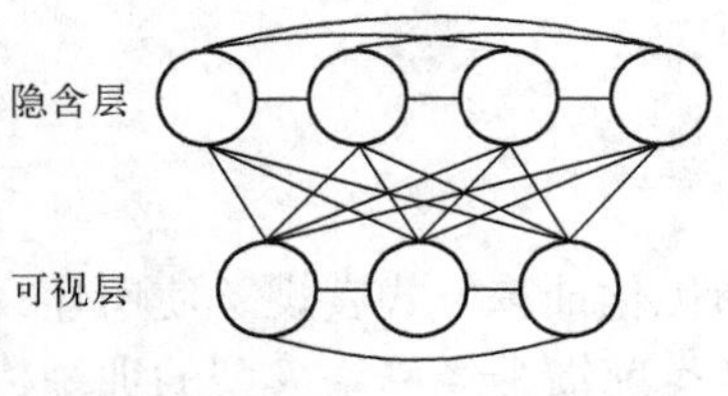

图 7-34　玻尔兹曼机的网络结构

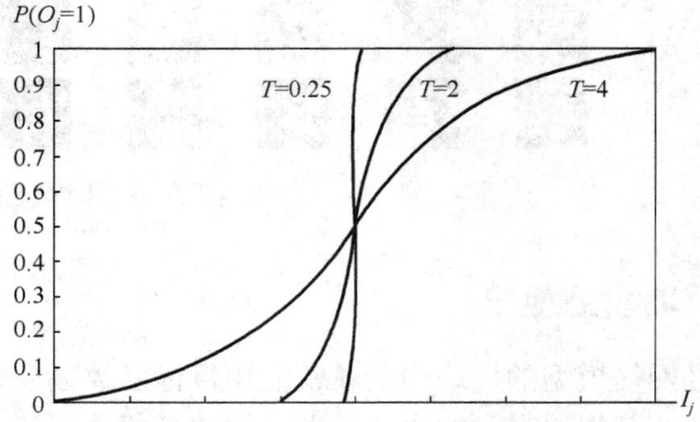

图 7-35　温度 T 与 $P(O_j=1)$ 取值的关系

玻尔兹曼机所采用能量函数具体形式如下

$$E(w_{ij},O_i,O_j)=-\frac{1}{2}\sum_{i=0}^{k}\sum_{j=0}^{k}w_{ij}O_iO_j \tag{7-38}$$

对于第 j 个结点的输出 O_j，若 $O_j=0$，则对于 $i\neq j$，有：$E(w_{ij},O_i,0)=0$；若 $O_j=1$，则对于 $i\neq j$，有

$$E(w_{ij},O_i,1)=-\frac{1}{2}\sum_{i=0}^{k}w_{ij}O_i=-\frac{1}{2}I_j$$

若 $E(w_{ij},O_i,1)>E(w_{ij},O_i,0)=0$ 成立，则说明 O_j 取 1 时的能量高于 O_j 取 0 时的能量且 $I_j<0$，根据式（7-36）和式（7-37）可知，$P(O_j=1)<0.5<P(O_j=0)$，此时第 j 个神经元以较大概率输出使得网络能量降低的取值，但仍有可能选择使得网络能量升高的取值。若满足 $E(w_{ij},O_i,1)<E(w_{ij},O_i,0)=0$，则说明 O_j 取 1 时的能量低于 O_j 取 0 时的能量且 $I_j>0$，故有 $P(O_j=1)>0.5>P(O_j=0)$，此时第 j 个神经元倾向于选择使得网络能量更低的取值作为输出。

由以上分析可知，玻尔兹曼机的各神经元均倾向于选择使得网络能量降低的输出值，故该网络模型的能量函数取值呈现总体下降趋势，但亦存在能量函数取值上升的可能性。这样可有效避免网络模型的优化计算陷入局部最优。

现考察玻尔兹曼机的训练构造过程。假设 $D=\{X_1,X_2,\cdots,X_n\}$ 是一个任意给定的训练样本集合，D 中每个样本为一组可视层神经元的状态向量。由于训练目标是获得训练集中样本在模型稳定状态下的输出值，故需考虑两个方面的问题，即如何对训练样本集的分布进行拟合，以及如何使得模型达到稳定状态。对于第一个问题，可在玻尔兹曼机的训练过程中采用最大似然估计法求解连接权重，即将玻尔兹曼机的连接权重设置为使得训练集中所有状态向量出现概率最大时的权重。对于第二个问题，可在玻尔兹曼机的训练过程中采用模拟退火算法对玻尔兹曼机的能量函数进行最小化的优化计算，以获得确定的稳态模型。

1. 确定连接权重

假设玻尔兹曼机共包含 k 个神经元，另外包含一个编号为 0 的偏置神经元。其中可视层神经元数目与 D 中样本维数 m 相同，隐含层神经元数目为 $k-m$。在使用最大似然估计法确定连接权重的计算过程中，玻尔兹曼机的运行过程分为约束运行和自由运行两个阶段。

在约束运行阶段，玻尔兹曼机的可视层神经元状态受输入样本限制，在训练集 D 的直接影响下运行。若网络当前权重向量为 $\boldsymbol{W}$，则可根据式（7-36）和式（7-37）求得可视层各神经元状态与样本输入相一致的概率，记 $\boldsymbol{S}^v$ 为可视层神经元状态向量，则数据输入为 X_i 时这一概率为 $P(\boldsymbol{S}^v=X_i)$。假设 D 中的样本服从独立同分布，则 D 出现的概率为

$$L(\boldsymbol{W}) = \prod_{i=1}^{n} P(\boldsymbol{S}^v = X_i) \tag{7-39}$$

为便于计算，取对数似然作为优化目标，得到如下对数似然函数。根据最大似然估计法，为最大化 D 中样本出现的概率，只需最大化该对数似然函数即可。

$$L(\boldsymbol{W}) = \sum_{i=1}^{n} \ln P(\boldsymbol{S}^v = X_i) \tag{7-40}$$

在自由运行阶段，玻尔兹曼机的状态取值概率服从玻尔兹曼分布，即有

$$P(\boldsymbol{S}) = \mathrm{e}^{-E(\boldsymbol{S})/T} / \sum_{\boldsymbol{S}} \mathrm{e}^{-E(\boldsymbol{S})/T} \tag{7-41}$$

其中，$\boldsymbol{S}$ 为网络中所有结点状态组成的状态向量。

由于在约束运行阶段已将可视层状态约束为 X_t，故隐含层状态向量取满足网络结构的任意向量 $\boldsymbol{S}^h$ 均可保证可视层状态向量为 $\boldsymbol{S}^v=X_t$，故有

$$P(\boldsymbol{S}^v = X_t) = \sum_{\boldsymbol{S}^h} \mathrm{e}^{-E(\boldsymbol{S}^h)/T} / \sum_{\boldsymbol{S}} \mathrm{e}^{-E(\boldsymbol{S})/T} \tag{7-42}$$

将上式代入式（7-40）中可得对数似然的具体形式为

$$L(\boldsymbol{W}) = \sum_{t=1}^{n} \left(\ln \sum_{\boldsymbol{S}^h} \mathrm{e}^{-E(\boldsymbol{S}^h)/T} - \ln \sum_{\boldsymbol{S}} \mathrm{e}^{-E(\boldsymbol{S})/T} \right) \tag{7-43}$$

可用梯度上升算法最大化上述似然函数。梯度上升算法的参数更新方向与目标函数梯度方向相同，参数收敛至目标函数的极大值点，迭代计算公式为

$$w_{ij} = w_{ij} + \alpha \frac{\partial L(\boldsymbol{W})}{\partial w_{ij}} \tag{7-44}$$

其中，$\partial L(\boldsymbol{W})/\partial w_{ij}$为目标函数对$w_{ij}$的梯度。

代入数据可求得 $\partial L(\boldsymbol{W})/\partial w_{ij}$的具体形式如下

$$\frac{\partial L(\boldsymbol{W})}{\partial w_{ij}} = \frac{1}{T} \sum_{t=1}^{n} \left[\sum_{\boldsymbol{S}^h} P(\boldsymbol{S}^h \mid \boldsymbol{S}^v = X_t)\, O_i O_j - \sum_{\boldsymbol{S}} P(\boldsymbol{S})\, O_i O_j \right] \tag{7-45}$$

其中，$P(\boldsymbol{S}^h \mid \boldsymbol{S}^v=X_t)$表示可视层状态约束为$X_t$时隐含层状态向量取$\boldsymbol{S}^h$的后验概率。

令 $\rho_{ij}^c = \sum_{t=1}^{n} \sum_{\boldsymbol{S}^h} P(\boldsymbol{S}^h \mid \boldsymbol{S}^v = X_t)\, O_i O_j$，$\rho_{ij}^l = \sum_{t=1}^{n} \sum_{\boldsymbol{S}} P(\boldsymbol{S})\, O_i O_j$，则可将$\rho_{ij}^c$理解为约束运行阶段第 i 个神经元与第 j 个神经元的相关性度量，同理可将 ρ_{ij}^l理解为自由运行阶段第 i 个神经元与第 j 个神经元的相关性度量。将 ρ_{ij}^c和 ρ_{ij}^l代入式（7-45）有

$$\frac{\partial L(\boldsymbol{W})}{\partial w_{ij}} = \frac{1}{T}(\rho_{ij}^c - \rho_{ij}^l) \tag{7-46}$$

因此，可用梯度上升算法将模型参数w_{ij}更新为

$$w_{ij}=w_{ij}+\frac{\alpha}{T}(\rho_{ij}^{c}-\rho_{ij}^{l}) \tag{7-47}$$

使用训练样本集 D 和上述方法便可求得玻尔兹曼机的最优权重取值。这组权重使得玻尔兹曼机能够有效拟合训练样本集 D 的分布。

2. 求解稳态模型

如前所述，玻尔兹曼机在运行过程中更倾向于选择使得模型能量函数更低的神经元输出，即使得能量函数取值更小的神经元输出发生的概率较大。事实上，这一概率还与温度 T 相关。从式（7-41）中不难发现，当温度 T 的取值很大时，神经元处于各状态的概率相近，此时网络以近乎随机的方式运行，网络处于各状态的概率几乎相等。由于能量函数全局最小值所对应的收敛域通常大于极小值的收敛域。因此，在温度 T 的取值很大时，网络状态值有较大概率运行到能量函数全局最小值所对应的收敛域中；当温度 T 较小时，网络处于各状态的概率差异较大，在网络状态值很难跳出当前收敛域，但并非没有可能；当温度 T 趋于0时，网络状态值几乎再无跳出当前收敛域的可能，此时能量函数收敛于该收敛域所对应的极小值点。

由以上分析可知，若直接从某一较低温度开始运行模型，则模型达到稳态时所对应的能量函数取值很有可能是局部最小值。为避免这种情况发生，可从某个较高的温度开始运行模型并逐步降低温度，由此以较大概率获得全局最优模型。模拟退火算法正是基于这种思想的一种启发式优化搜索算法。该算法从模型的某个初始状态出发，经过大量状态变换后求得给定温度值时组合优化问题的相对最优解，通过逐步减小温度 T 的取值并重复上述优化过程，就可在温度 T 趋于预先设定的终止温度T_F时求得组合优化问题的整体最优解。温度 T 的取值必须缓慢衰减才能获得较好效果。使用模拟退火算法求解稳态玻尔兹曼机的具体步骤如下：

（1）设定模型连接权重、初始温度 T_0、终止温度 T_F、阈值 θ，随机生成玻尔兹曼机的初始状态 S_0 并计算对应的能量函数值；

（2）随机选择模型中某个神经元并计算其总输入，假设选择第 j 个神经元，则有：

$$I_j=\sum_{i=0}^{k}w_{ij}O_i$$

（3）在当前温度 T 下，若有 $E(w_{ij},O_i,0)>E(w_{ij},O_i,1)$，则取 $O_j=1$，否则计算：

$$P(O_j=1)=\frac{1}{1+e^{-I_j/T}}$$

若 $P(O_j=1)\geqslant\theta$，则取 $O_j=1$，否则 O_j 保持不变；

（4）判断模型是否到达稳态，若满足，则转到步骤（5），否则，转到步骤（2）；

（5）降低温度，转到步骤（2）。

由于在使用模拟退火算法优化能量函数之前，已通过最大似然估计方法确定了模型的最优权重值，这组权重值能够使玻尔兹曼机有效拟合训练样本集 D 的分布，故在模型取该组权重值的基础上再通过模拟退火算法优化能量函数，就可以使所求模型既能较好地拟合训练样本集数据分布，又能达到能量最低的稳态。

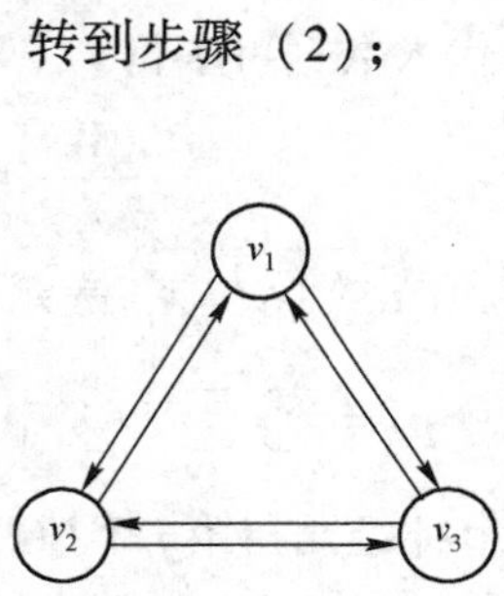

图 7-36　玻尔兹曼机网络结构图

【例题 7.4】 现有如图 7-36 所示的玻尔兹曼机，已知其网络权值矩阵 $\boldsymbol{W}$ 和阈值矩阵 $\boldsymbol{B}$ 分别为

$$W=\begin{pmatrix}0 & 0.6 & 0.4\\ 0.6 & 0 & 0.5\\ 0.4 & 0.5 & 0\end{pmatrix},\quad B=(-0.6,-0.5,-0.4)$$

试计算该模型在网络能量函数达到最小时的状态。

【解】 随机选择网络的初始状态，假设初始状态向量为$(v_1,v_2,v_3)^{\mathrm{T}}=(0,0,0)^{\mathrm{T}}$并设置初始温度为4，每次温度降低为前一温度的1/2，使用模拟退火算法对网络状态进行更新的具体过程如下。

（1）在网络中随机选取一个神经元，假设选取v_2，首先，计算其输入：

$$u_2=w_{12}\cdot v_1+w_{32}\cdot v_3+b_2=0.6\times0+0.5\times0-0.5=-0.5$$

然后计算其状态取1的概率：

$$P_2(v_2=1)=1/[1+\exp(-u_2/T)]=0.4732$$

随机生成阈值$\xi=0.2537$。由于$P_2(v_2=1)>\xi$，故确定神经元v_2的下个状态为1。保持其他神经元状态不变，将网络状态转移为$(v_1,v_2,v_3)^{\mathrm{T}}=(0,1,0)^{\mathrm{T}}$；

（2）在网络中随机选取另一个神经元，假设选择v_3，计算其输入和状态取1的概率：

$$u_3=0.4\times0+0.5\times1-0.4=0.1$$

$$P_3(v_3=1)=1/[1+\exp(-u_3/T)]=0.5063$$

随机生成阈值$\xi=0.3126$。由于$P_3(v_3=1)>\xi$，故确定神经元v_3的下一状态为1。保持其他神经元状态不变，将网络状态转移为$(v_1,v_2,v_3)^{\mathrm{T}}=(0,1,1)^{\mathrm{T}}$；

（3）随机选取神经元，此次取v_1，则有：

$$u_1=0.6\times1+0.4\times1-0.6=0.4$$

由于$u_1>0$，故取v_1的下一状态为1。将网络状态转移为$(v_1,v_2,v_3)^{\mathrm{T}}=(1,1,1)^{\mathrm{T}}$；

（4）随机选取神经元，此次取v_3，则有：

$$u_3=0.4\times1+0.5\times1-0.4=0.5$$

由于$u_3>0$，故$v_3=1$。

继续若干步，网络状态未发生变化，故网络在温度$T=4$时达到平衡状态。对T进行折半降温，在$T=2$时进行随机取样，在达到平衡时继续对其进行折半降温，直至连续若干步后网络状态保持不变，此时能量函数达到最小，获得所求网络状态$(v_1,v_2,v_3)^{\mathrm{T}}=(1,1,1)^{\mathrm{T}}$。□

7.3 深度学习基本知识

神经网络模型作为一个通用函数逼近模型具有非常强大的拟合能力，包含一个隐含层的神经网络模型可以逼近任意连续函数，而包含两个隐含层的神经网络模型则可以逼近任意函数。由于随着网络层数的加深，网络模型通常会变得难以收敛且计算量巨大，故具有强大拟合能力的浅层网络是人们在很长一段时期内最主要的研究对象。然而，关于浅层网络的理论和应用研究进展缓慢。2006年，辛顿使用逐层学习策略对样本数据进行训练，获得了一个效果较好的深层神经网络——深度信念网络，打破了深层网络难以被训练的局面。与此同时，基于CUDA的通用GPU大大提升了开放性和通用性，能够很好地满足多层神经网络训练的高速度、大规模矩阵运算需要，为较深层次的神经网络模型的训练提供了良好的硬件算力支撑。这些因素使得通过大量样本训练构造深层次复杂神经网络来解决复杂现实问题成为可能，人们将研究重点转向具有较深层次的神经网络模型，由此产生深度学习的相关理论和方法。本节主要介绍深度学习的基本知识，首先在分析浅层学习与深度学习之间关系的基础上给出深度学习的基本概念和基本类型，然后分别介绍深度堆栈网络和深度置信网络的模型结构与学习算法，结合模型具体特点分析讨论深度学习的基本理论和基本方法。

7.3.1 浅层学习与深度学习

对于大多数神经网络模型而言，其根本目的在于模拟适用于某个任务的映射函数，如针对于二分类问题的 MLP 模型其实相当于从样本输入到样本标签类别的映射函数，正规化径向基网络则相当于从样本输入到样本对应取值之间的映射函数。从理论上看，神经元数目足够多的神经网络模型可以逼近任意函数。对神经网络模型而言，增加神经网络的隐含层层数比直接增加某一隐含层的结点数目更能提高模型的拟合能力，这是因为添加隐含层不仅增加了模型数据处理的神经元数目，还添加了一层嵌套的非线性映射函数。图 7-37 表示使用简单函数逼近复杂函数的一个简单实例，若使用单层多结点模型逼近这一复杂函数，则表示形式通常较为复杂，如图 7-37b 所示。若用多层模型，则可较为简单地表示该复杂函数。

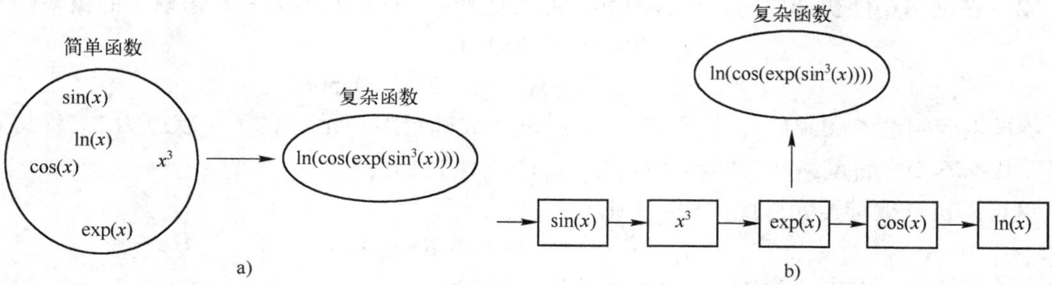

图 7-37 使用多层模型逼近复杂函数

a）简单函数对复杂函数的逼近 b）多层模型表示复杂函数

数据处理层数较少的神经网络模型容量较低，基于此类模型的机器学习一般统称为**浅层学习**。前述感知机模型、径向基网络、自编码器以及玻尔兹曼机等神经网络模型均为浅层学习模型。虽然从理论上讲浅层学习模型可以逼近任意函数，但其模型容量或灵活性远不及具有较深层次的网络模型，难以满足对复杂任务求解的需求。随着计算机硬件的巨大进步和大数据技术的发展，使得对较深层次网络模型的训练构造成为可能，可通过深度学习技术构造深度网络模型用于解决比较复杂的实际问题。深度学习是与浅层学习相对应的概念，深度网络模型通常包含多层数据处理神经元，故此类模型的容量要比浅层学习模型大得多。但随着网络层数的加深，深度网络模型易出现网络性能退化、容易陷入局部最优等问题。

所谓网络模型性能退化，是指神经网络模型在训练集与测试集上所表现出的性能随着网络层数加深而降低的现象。理论上讲，网络层数越深则模型容量越大，网络模型应更容易出现过拟合现象，但退化的网络模型会出现严重欠拟合现象。从表面上来看，出现这种现象似乎意味着模型容量随着网络层数的加深而减小，这显然不是正常现象，必然另有原因。

导致模型退化的直接原因是模型训练过程中产生的梯度消失现象，即深度模型前几层参数的梯度接近于 0。如果模型训练出现梯度消失现象，则每次参数更新均无法有效改变模型前几层的参数，故无论是训练过程还是测试过程，网络前几层的参数均接近于初始状态。此时将样本数据输入模型后，通过前几层前向计算就已将样本分布打乱，之后的数据处理层参数无论多么精确，都是根据打乱后的数据获得训练结果。因此，训练过程中一旦出现梯度消失现象，则整个网络模型在训练和测试过程中都无法取得良好的性能。

之所以会出现梯度消失现象，是因为传统神经网络模型多采用 Sigmoid 激活函数或 tanh 激活函数。由于这些激活函数的梯度在任何情况下的取值均小于 1，故梯度值将会在深度网络模型的训练过程中逐层衰减并最终接近于 0。为方便讨论，现具体考察如图 7-38 所示的简单多层神经网络输入层与第一个隐含层之间连接权重 w^1 的梯度取值情况。假设该模型中各神经元均采用 Sigmoid 函数作为激活函数 σ，第 l 层与第 l+1 层之间的连接权重为 w^l，第 l 层神经元的偏置为 b^l，则对于输入的样本数据 X，该模型的最终输出为

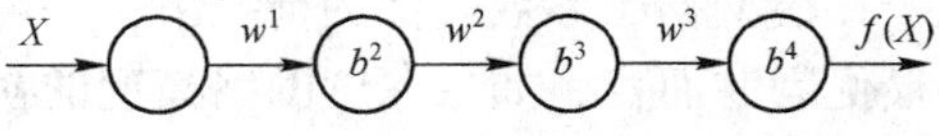

图 7-38　一个简单的多层神经网络

$$f(X)=\sigma(w^3\sigma(w^2\sigma(w^1X+b^2)+b^3)+b^4)$$

记模型第 j 层结点的输出为 h^j，则目标函数为

$$J(\boldsymbol{W})=\frac{1}{n}\sum_{i=1}^{n}L(f(X_i),y_i) \tag{7-48}$$

其中，$\boldsymbol{W}$ 参数向量。此时 $J(\boldsymbol{W})$ 关于 w^1 的梯度为

$$\frac{\partial J(\boldsymbol{W})}{\partial w^1}=\frac{\partial J(\boldsymbol{W})}{\partial f(X_i)}\frac{\partial f(X_i)}{\partial h^3}\frac{\partial h^3}{\partial h^2}\frac{\partial h^2}{\partial w^1} \tag{7-49}$$

上式中，$\partial f(X_i)/\partial h^3$ 和 $\partial h^3/\partial h^2$ 均为 Sigmoid 函数的梯度，而 Sigmoid 函数的梯度取值情况如图 7-39 所示，取值均小于 1。由于 $\partial J(\boldsymbol{W})/\partial w^1$ 为连乘形式，故神经网络模型前一层参数 w^l 所对应的梯度取值必然比 w^{l+1} 小，当神经网络模型足够深时，该网络前几层的参数均会接近于 0，从而出现梯度消失现象。

除了网络模型退化现象之外，深度学习面临的另外一个挑战是模型易陷入局部最优。这是由于深度网络模型目标函数过于复杂而导致的。以图 7-38 所示多层神经网络为例，假设训练样本集为 $D=\{(X_1,y_1),(X_2,y_2),\cdots,(X_n,y_n)\}$，则用于模型优化的目标函数为

$$J(\boldsymbol{W})=\frac{1}{n}\sum_{i=1}^{n}L(f(X_i),y_i)=\frac{1}{n}\sum_{i=1}^{n}L(\sigma(w^3\sigma(w^2\sigma(w^1X_i+b^2)+b^3)+b^4),y_i)$$

对于如此简单的多层神经网络，其目标函数已如此复杂，那么对于一般形式的深度模型，其目标函数的复杂程度可想而知。对于过于复杂的函数，难免会存在多个方向上梯度取值均为 0 的非最优点，如局部最小值点和鞍点等。图 7-40a、b 分别展示了三维空间中函数的局部最小值点和鞍点，由于函数在这些点处对于任意参数的梯度取值均为 0，故在模型优化过程中一旦陷入局部最小值点或鞍点，则参数取值很难再发生变化。此时模型虽并未达到最优状态，但模型参数已收敛，故难以保证所求模型满足实际需求。

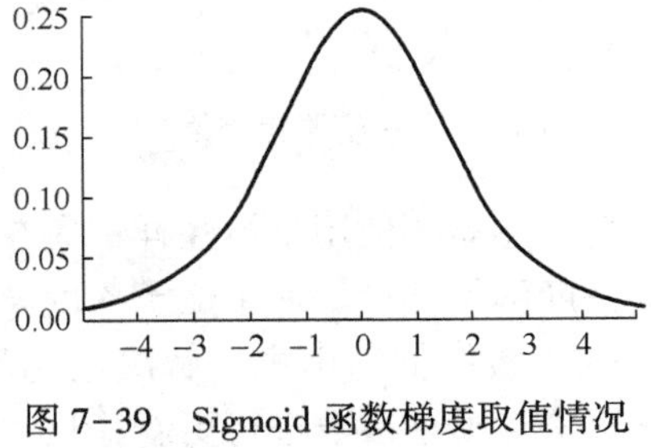

图 7-39　Sigmoid 函数梯度取值情况

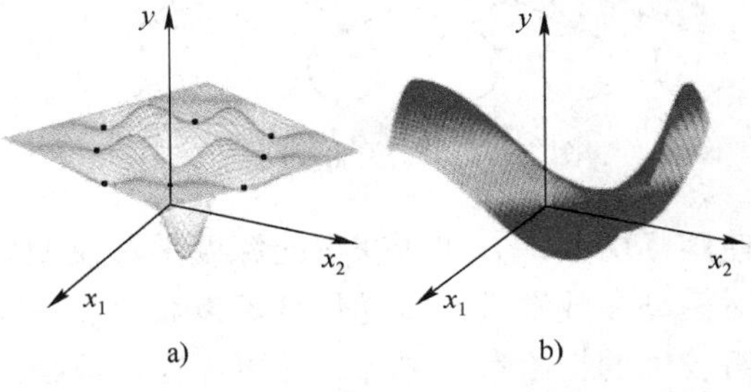

图 7-40　导致模型陷入局部最优的非最优点
a）局部最小值点　b）鞍点

对上述问题最简单的解决思路是赋予深度学习模型一组较好的初始参数。对于退化问题而言，如果深度网络模型的初始参数较优，则即使网络模型的前几层参数未能得到有效调整，这些参数也应较为理想。将样本输入模型中，经过前几层的前向计算也不至于打乱样本分布。因此，在模型初始参数较优的情况下，梯度消失现象带来的影响在可控范围之内。对于模型的局部最优问题而言，如果深度网络模型的初始参数较优，则在之后的参数更新过程中将极有可能避开这些非最优点，求得最优模型参数。

根据上述思想，人们提出了多种对深度网络模型参数进行初始化的方案。其中最著名的是对深度网络模型进行逐层训练。由于神经网络模型前一层的输出信号即为之后一层的输入信号，故可考虑从输入数据开始逐步训练浅层学习模型，再将前一个浅层学习模型中某一层的输出作为下一个浅层学习模型的输入并对该模型进行训练，重复上述过程直至构造了多个浅层学习模型，最后通过某些技巧将这些训练好的浅层模型进行堆叠便可获得一个初始参数较优的深度网络模型。上述过程即相当于对深度网络模型进行逐层训练。

通常采用基于无监督学习的自编码器等浅层学习模型作为用于堆叠的模型，因为此类浅层学习模型的学习成本较低，并可通过学习获得对输入数据的良好特征表示，采用此类模型进行堆叠可在学习成本较低的情况下获得较优的深度网络模型初始参数。现以自编码器堆叠为例进行具体介绍。自编码器要求输入、输出尽可能一致，若使用整个自编码器模型进行堆叠，则所得深度网络模型就一直在进行编解码过程，但这样做并无太大意义。因为深度网络模型的特点是能够逐层对数据进行处理并获得原始数据的深层表示。为了得到对数据的深层表示，通常仅对编码器部分进行堆叠，下一个编码器的输入是前一个编码器的输出，利用多个训练好的编码器进行堆叠便可得到一个参数较优的深度网络模型。

通过自编码器进行堆叠所获得的深度网络模型称为**深度堆栈网络**。与上述方法类似，也可通过对受限玻尔兹曼机进行堆叠获得参数较优的深度网络模型，通常称由此获得的网络模型为**深度置信网络**。图 7-41 和图 7-42 分别表示深度堆栈网络和深度置信网络的基本结构。

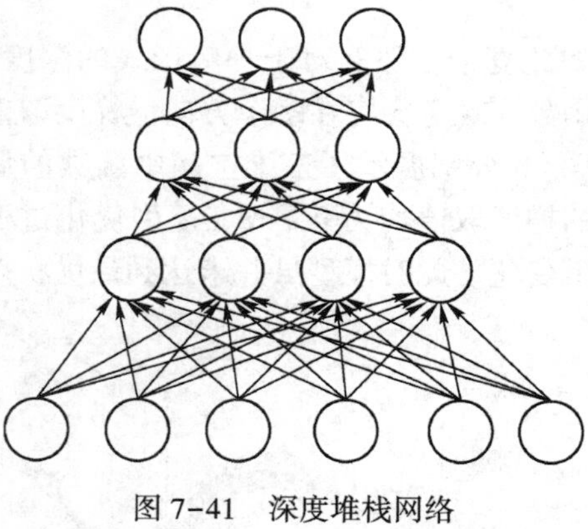

图 7-41　深度堆栈网络

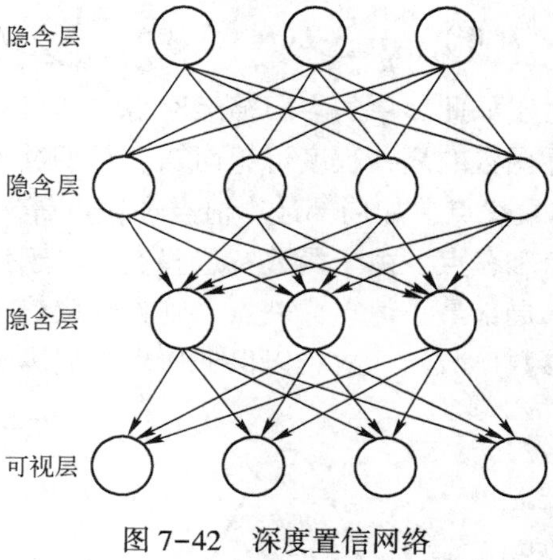

图 7-42　深度置信网络

使用逐层训练方式所获得的深度学习模型仅为初始模型，还需要使用带标注样本集在此基础上对模型参数做进一步优化计算以获得满足实际需求的深度网络模型。除了赋予深度学习模型一组较优的初始参数之外，还可考虑修改模型的激活函数以缓解梯度消失，解决退化问题。亦可使用随机梯度下降算法等具有一定随机性的模型优化算法对模型参数进行更新，从而在一定程度上赋予模型跳出局部最优的能力。

可将深度网络模型大致划分为两个基本类型，即深度生成模型和深度判别模型。在机器学习中，生成模型能够随机生成观测数据，这是因为此类模型直接对观测数据的联合概率分布进行建模。假设用于模型训练的数据集为 $D=\{(X_1,y_1),(X_2,y_2),\cdots,(X_n,y_n)\}$，则生成模型直接对训练样本中的实例和标注的联合概率分布进行建模，目标是使得通过建模所获得的概率分布 $P(X,y)$ 接近数据真实分布。因此，在完成对训练数据集建模之后便可根据 $P(X,y)$ 进行采样，以便生成新的样本。此外，将由生成模型得到的联合概率分布 $P(X,y)$ 与贝叶斯公式相结合，便可计算得到样本真实值的后验概率 $P(y\mid X)$。该概率即表示在样本为 X 的条件下真实值为 y 的概率，故亦可使用生成模型解决如分类等判别任务。贝叶斯分类器便是此类生成模型的典型代表。除了生成新的样本和进行判别之外，生成模型还可用于学习样本数据的特征表示，如自编码器、玻尔兹曼机等模型就是可用于学习数据特征表示的生成模型，此类模型多采用无监督学习方式构造。

深度学习中的生成模型即为深度生成模型。在深度学习中，深度生成模型可用于学习数据的高层特征表示。例如，深度自编码器、深度玻尔兹曼机（Deep Boltzmann Machine，DBM）、深度堆栈网络和深度置信网络等深度网络模型均是可用于学习数据高层特征表示的深度生成模型。深度自编码器模型中的编码器和解码器为多层神经网络，故此类模型在对原始数据进行编码时需逐层对原始数据及前一层编码结果进行再次编码，由此获得原始数据的高层特征表示，深度自编码器模型的网络结构如图 7-43 所示。

与深度自编码器类似，DBM 模型也包含多个隐含层，其网络结构如图 7-44 所示。DBM 模型中的同层结点单元之间无连接，只有相邻两层之间的神经元才会进行互连。DBM 是一种基于能量最小化的模型，在完成对训练样本集数据分布的拟合并达到能量最低的稳态之后，DBM 可获得关于原始数据较好的特征表示。由于 DBM 模型包含多个隐含层，故该特征表示是对原始数据的一种高层特征表示。深度堆栈网络和深度置信网络分别使用训练好的多个自编码器和受限玻尔兹曼机进行堆叠，通过此类方式所获得的深度网络模型也具有对原始数据进行高层特征表示的能力。深度生成模型还可用于生成虚拟样本以实现样本增强，例如生成式对抗网络作为一种深度生成模型，主要用于生成所需的虚拟样本。

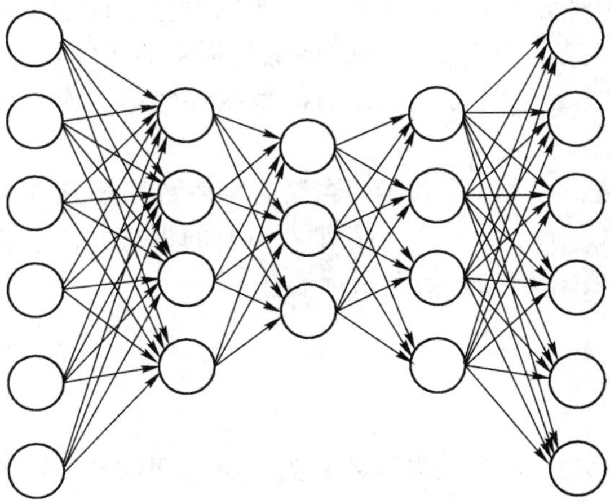

图 7-43　深度自编码器

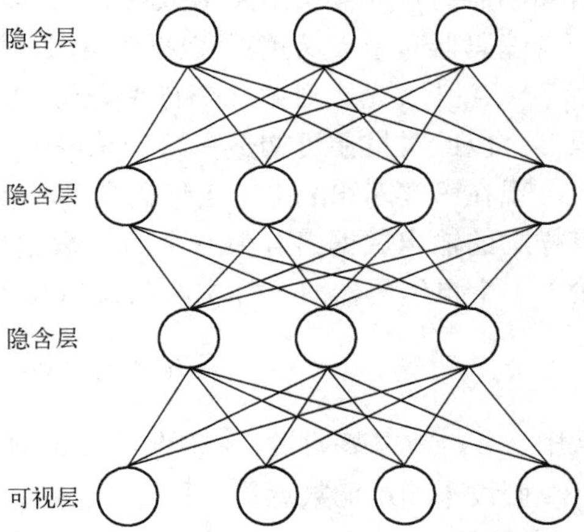

图 7-44　深度玻尔兹曼机

机器学习中的判别模型直接对不可观测标签数据关于可观测样本的后验概率进行建模。对于使用训练样本集 D 构造的判别模型，训练目标为获得后验概率 $P(y\mid X)$。当需要对非训练

数据 X' 的真实标签进行预测时，直接计算 $P(y' \mid X')$ 并取使得该后验概率最大的 y' 作为模型输出即可。深度学习中的判别模型即为**深度判别模型**，此类模型多用于模式分类等任务。常见的深度判别模型包括深度卷积网络、深度循环神经网络等。深度卷积网络本质上是一类前馈网络模型，基本的深度卷积网络模型中包含多个相互间隔的卷积层和下采样层，在网络模型的最后通常采用类似于 BP 神经网络的全连接网络作为分类器，网络模型的最终输出为输入样本属于各个类别的后验概率。由于卷积操作易于对矩阵数据进行处理，故深度卷积网络对复杂的计算机视觉任务有很强的处理能力。对于具有很强时序关系的自然语言处理任务，则通常用另一类名为深度循环神经网络的深度判别模型来解决。

7.3.2 深度堆栈网络

如前所述，深度网络模型隐含层的功能是逐层对输入数据进行有效编码从而获得原始数据的高层特征表示。然而，由于深度学习中存在模型退化和易陷入局部最优等问题，若不对传统的深层神经网络结构进行合理调整就直接通过优化算法进行训练，则所得深度网络模型将无法达到所需性能。解决上述问题最简单的思路就是赋予模型一组较好的初始参数。为得到一组较好的初始参数，可用多个训练好的自编码器进行堆叠。由自编码器堆叠而成的深度网络模型通常称为**深度堆栈网络（Deep Stacking Network，DSN）**。由于自编码器的编码过程相当于获得输入数据较好的特征表示，故若将前一个自编码器的隐含层输出作为后一个自编码器的输入并对其进行训练，则将各个编码器按顺序进行堆叠所得到的深层神经网络就相当于一个训练好的深度网络模型。具体地说，假设某机器学习任务的训练样本集为 $D=\{(X_1,y_1),(X_2,y_2),\cdots,(X_n,y_n)\}$，若根据该数据集构造深度堆栈网络，则首先需要构造一组自编码器。

以使用输入层与隐含层为编码器、隐含层与输出层为解码器的三层自编码器进行堆叠为例，对于训练样本集 D 中数据 $\boldsymbol{X}_i=(x_1,x_2,\cdots,x_m)^{\mathrm{T}}$，第一个自编码器的输入与输出神经元个数均为 m，隐含层神经元可根据实际需求设定，假设隐含层神经元个数为 s。可用样本数据集 $D_1'=\{X_1,X_2,\cdots,X_n\}$ 对该自编码器进行训练，完成训练过程之后便可得到第一个训练好的自编码器。在构造第二个自编码器时，该自编码器的输入数据为第一个自编码器的编码数据，故该自编码器的输入输出结点个数均为 s，其隐含层神经元数目 t 可根据实际需求设定。假设第一个自编码器对于 X_j 的编码数据为 A_{1j}，则用于训练第二个自编码器的训练数据集为 $D_2'=\{A_{11},A_{12},\cdots,A_{1n}\}$。完成对第二个自编码器的训练过程之后，便可使用该编码数据训练第三个自编码器，以此类推便可构造一组训练好的自编码器。

现在考察对第 $i+1$ 个自编码器的具体训练过程。将第 i 个自编码器隐含层对数据集 D_i' 中所有样本的输出数据组合为一个新的数据集 $D_i'=\{A_{i1},A_{i2},\cdots,A_{in}\}$，$D_i'$ 即为当前的训练集。假设第 $i+1$ 个自编码器对于样本 A_{ij} 的输出为 A_{ij}'，则可根据 D_i' 构造如下目标函数

$$J(\boldsymbol{W}_{i+1})=\frac{1}{n}\sum_{i=1}^{n}L(A_{ij}',A_{ij})+\gamma\lambda(\boldsymbol{W}_{i+1}) \tag{7-50}$$

其中，$\boldsymbol{W}_{i+1}$ 为参数向量；$\lambda(\boldsymbol{W}_{i+1})$ 为正则化项。

假设采用 L^2 范数惩罚，即令 $\lambda(\boldsymbol{W}_{i+1})=\|\boldsymbol{W}_{i+1}\|_2^2/2$，且令损失函数 L 为向量之间欧式距离的平方，即 $L(A_{ij}',A_{ij})=\|A_{ij}-A_{ij}'\|_2^2$，则可得到如下目标函数的具体表达式

$$J(\boldsymbol{W}_{i+1})=\frac{1}{n}\sum_{i=1}^{n}\|A_{ij}-A_{ij}'\|_2^2+\frac{\gamma}{2}\|\boldsymbol{W}_{i+1}\|_2^2 \tag{7-51}$$

采用梯度下降算法对目标函数进行优化，对于第 l 层的第 u 个结点与第 $l+1$ 层的第 v 个结

点的连接权重更新公式为

$$w_{uv}^{(l)}=w_{uv}^{(l)}-\alpha\frac{\partial J(\boldsymbol{W}_{i+1})}{\partial w_{uv}^{(l)}} \tag{7-52}$$

使用上述公式对模型中的所有参数进行更新直至收敛，便可求得第 i+1 个自编码器所对应的优化模型，实现对单个自编码器的训练。由于自编码器的编码器部分才具备编码功能，而解码器的功能是将编码数据恢复为原始数据，故由编码器模块堆叠所得的深度网络模型具备提取数据高层特征表示的功能，图 7-45 表示堆叠的基本过程。图中 EC_i 表示训练好的第 i 个自编码器的编码器模块。若直接使用整个自编码器进行堆叠，则所得深度网络模型会一直重复编解码过程，故无法得到原始样本数据的高层特征表示。

堆叠过程完成之后所得的深度网络模型仅能获得关于原始数据的高层特征表示，还需在其后添加一层输出层，由此获得深度堆栈网络的完整结构。例如，对于包含 k 个类别的多分类任务，可在堆叠所得网络的最后添加包含 k 个使用 softmax 激活函数的神经元作为输出结点，获得完整的深度堆栈网络。深度堆栈网络与普通的深层前馈网络模型具有相同的拓扑结构，但普通的深层前馈网络的所有参数通常均由随机初始化方式得到，而深度堆栈网络从输入层开始到最后一个隐含层之间的连接权重则均通过逐层训练方式获得，只有隐含层到输出层之间的连接权重需要通过随机初始化等方式得到。图 7-46 表示一个 6 层深度堆栈网络模型，其拓扑结构与普通的深层前馈网络非常类似。

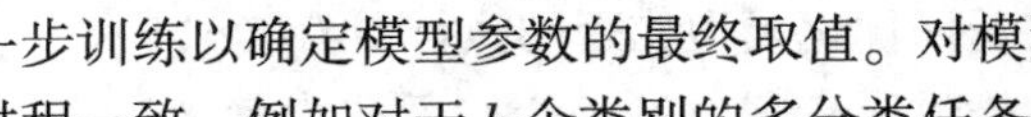

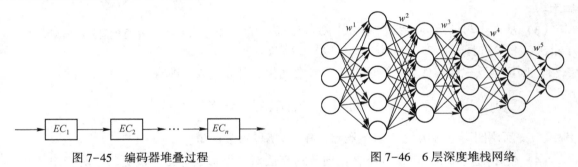

图 7-45 编码器堆叠过程

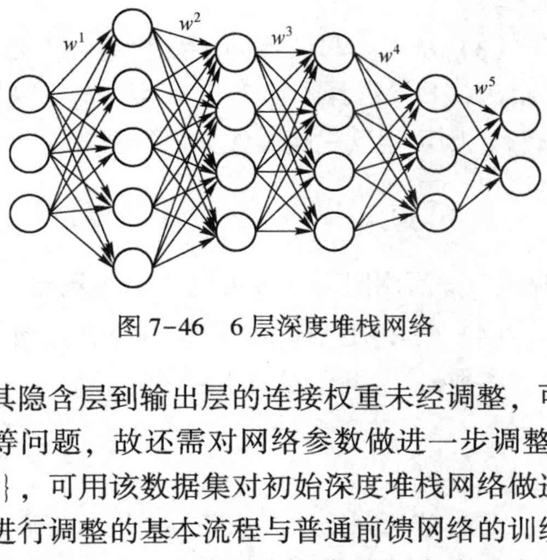

图 7-46 6 层深度堆栈网络

在完成对初始深度堆栈网络的构造之后，由于其隐含层到输出层的连接权重未经调整，可能还会存在所提取高层特征表示不适用于实际任务等问题，故还需对网络参数做进一步调整。对于训练样本集 $D=\{(X_1,y_1),(X_2,y_2),\cdots,(X_n,y_n)\}$，可用该数据集对初始深度堆栈网络做进一步训练以确定模型参数的最终取值。对模型参数进行调整的基本流程与普通前馈网络的训练过程一致。例如对于 k 个类别的多分类任务，首先将样本标记 y_i 通过独热编码方式编码为向量 $\boldsymbol{y}_i=(y_{i1},y_{i2},\cdots,y_{ik})^{\mathrm{T}}$，将训练样本集 D 转化为 $D^*=\{(X_1,\boldsymbol{y}_1),(X_2,\boldsymbol{y}_2),\cdots,(X_n,\boldsymbol{y}_n)\}$。假设模型对于 X_i 的输出向量为 $F(X_i)$，则可根据数据集 D^* 构造如下目标函数

$$J(\boldsymbol{W})=\frac{1}{n}\sum_{i=1}^{n}L(\boldsymbol{F}(X_i),\boldsymbol{y}_i)+\gamma\lambda(\boldsymbol{W}) \tag{7-53}$$

其中，$\boldsymbol{W}$ 为模型参数向量。

取交叉熵函数作为损失函数 $L(\boldsymbol{F}(X_i),\boldsymbol{y}_i)$，$L^2$范数惩罚作为 $\lambda(\boldsymbol{W})$ 的正则化项，则可得到目标函数如下具体表达式

$$J(\boldsymbol{W})=-\frac{1}{n}\sum_{i=1}^{n}\sum_{j=1}^{k}y_{ij}\ln f_j(X_i)+\frac{\gamma}{2}\|\boldsymbol{W}\|_2^2 \tag{7-54}$$

使用优化算法对该目标函数进行优化并结合反向传播算法调整连接权重至模型收敛即可得到最终的深度堆栈网络模型。以使用 MNIST 数据集构建深度堆栈网络为例。该数据集中样本为 0~9 共 10 个类别的手写数字图像。为简化模型，直接采用十进制编码方式对样本标签进行编码，故该网络输出层仅包含一个神经元，该神经元的激活函数为恒等映射 $f(t)=t$。将 MNIST 数据集中的样本图像按像素展开，则每个样本 X 对应一个 784 维的向量 $(x_1, x_2, \cdots, x_{784})^{\mathrm{T}}$，故所构建的深度堆栈网络输入层神经元数目为 784，隐含层的神经元个数和隐含层层数按任务需求确定。

首先，使用训练样本构造用于堆叠的第一个自编码器。设置该自编码器包含一个拥有 256 个神经元的隐含层，其模型结构如图 7-47 所示。MNIST 数据集包含 60000 个训练样本，若采用梯度下降算法进行模型参数求解则梯度求解过程与所有训练样本均相关，将会导致模型训练时间过长，故采用小批量随机梯度下降法进行模型参数优化求解，具体过程如下：

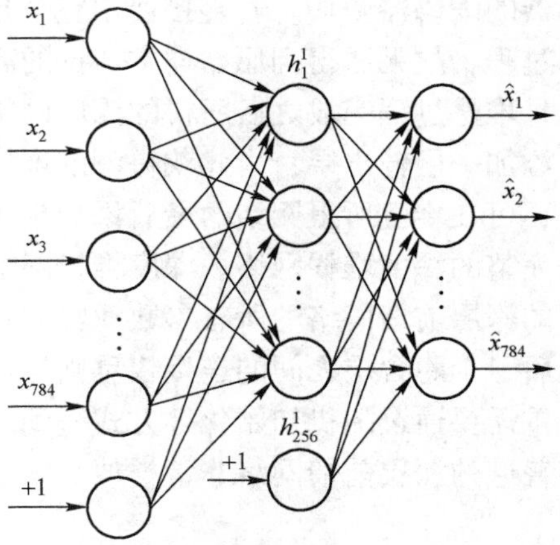

图 7-47　第一个自编码器的模型结构

（1）随机初始化模型参数；

（2）将训练数据集中实例部分进行随机排序并将其划分为 600 个小批次，每个批次包含 100 个训练样本；

（3）从未参与训练的小批次集合中随机选择一个小批次，假设选择了第 k 个小批次 $S_k=\{X_1^{(k)}, X_2^{(k)}, \cdots, X_{100}^{(k)}\}$，则可用欧式距离作为损失函数构造参数优化的目标函数，即有：

$$J_k(\boldsymbol{W}^{(1)})=\frac{1}{100}\sum_{i=1}^{100}\|f_1(X_i^{(k)})-X_i^{(k)}\|_2^2$$

其中，f_1表示用于堆叠的第一个自编码器；$\boldsymbol{W}^{(1)}$为f_1的参数向量。

（4）使用随机梯度下降法并结合反向传播算法对网络参数进行一次更新，对于 $\boldsymbol{W}^{(1)}$ 中的任意参数$w_i^{(1)}$，更新公式为：

$$w_i^{(1)}=w_i^{(1)}-\alpha\frac{\partial J_k(\boldsymbol{W}^{(1)})}{\partial w_i^{(1)}}$$

（5）若达到算法终止条件，则结束训练过程并返回优化模型，否则执行步骤（6）；

（6）若当前所有小批次均已经参与训练过程，则返回步骤（2），否则返回步骤（3）。

完成第一个自编码器的训练过程之后，使用该编码器将所有训练样本的编码结果组成训练集，并重复上述步骤完成对第二个自编码器的训练。以此类推，共构造 5 个用于堆叠的自编码器。通过对这些自编码器进行堆叠获得如图 7-48 所示的深度堆栈网络，其中第 5 个隐含层到输出层之间的连接权重通过随机初始化方法获得，其余连接权重均通过训练获得。

使用 MNIST 的训练集对深度堆栈网络进行微调得到最终模型。可用该模型对 MNIST 数据集的测试集进行测试，得到的分类正确率为 91.73%。对于具有相同拓扑结构的深层前馈网络，如果直接通过随机初始化方式初始化模型参数并使用 MNIST 数据集进行模型训练，所得模型参数如表 7-2 所示。因梯度消失导致网络第一层参数变化很小，几乎与初始值相同，所得深层前馈网络的分类正确率仅为 75.39%，与同结构深度堆栈网络存在较大差距。

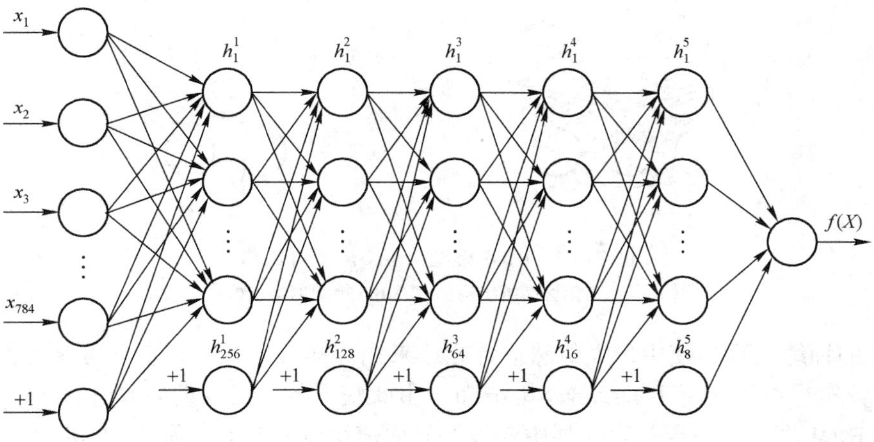

图 7-48　深度堆栈网络

表 7-2　部分连接权重取值

编号	1	2	3	4	5	6	7	8	9
初始参数	0.0276	−0.0327	−0.031	−0.0307	0.0223	−0.0297	0.0094	0.0311	0.0167
最终参数	0.0272	−0.0331	−0.0314	−0.0311	0.0219	−0.0301	0.0097	0.0313	0.0169
编号	10	11	12	13	14	15	16	17	18
初始参数	0.0375	0.0124	0.0058	−0.018	0.0148	0.0327	0.0014	0.032	0.0181
最终参数	0.0379	0.0129	0.0063	−0.0175	0.0153	0.0332	0.0014	0.032	0.018

使用自编码器进行堆叠的优势主要体现在两个方面：第一，自编码器与深层神经网络隐含层的功能类似，都可获得关于原始数据较好的特征表示，只不过自编码器所获得的特征表示形式并非高层特征，但通过堆叠可解决这一问题；第二，自编码器采用无监督学习方式进行训练，构造成本较低。在实际应用过程中，还可通过深度自编码器进行堆叠，但深度自编码器的层数不宜过多，因为层次过深时同样会出现退化和易陷入局部最优等问题。

7.3.3　DBN 模型及训练策略

深度置信网络（Deep Belief Network，DBN）是除深度堆栈网络之外的另一类常见深度生成模型。与深度堆栈网络类似，DBN 模型也是通过逐层堆叠方式构造的，与深度堆栈网络不同的是用于堆叠形成 DBN 模型的基本组件是一种名为受限玻尔兹曼机（Restricted Boltzmann Machine，RBM）的改进玻尔兹曼机（BM）模型。BM 模型虽然能够较好地拟合训练数据集概率分布，但模型训练过程耗时过长。主要原因是模型中神经元两两之间均存在双向连接且在训练过程中涉及无约束的自由运行阶段。为降低模型训练难度，人们在 BM 模型的基础之上提出了 RBM 模型。RBM 模型与 BM 模型的最大区别在于同层神经元间是否存在相互连接。图 7-49a、b 分别表示 BM 模型和 RBM 模型。

与自编码器类似，RBM 亦采用无监督学习方式训练并能获得数据输入的特征表示，故亦可将 RBM 作为堆叠组件。由通过 RBM 堆叠所获得的深层神经网络便是 DBN 模型。事实上，采用 RBM 作为堆叠组件的 DBN 模型早于深度堆栈网络。假设现使用数据集 $D=\{X_1,X_2,\cdots,X_n\}$ 构造 DBN 模型，在进行堆叠之前首先需要获得一组训练好的 RBM 模型。与 BM 训练过程

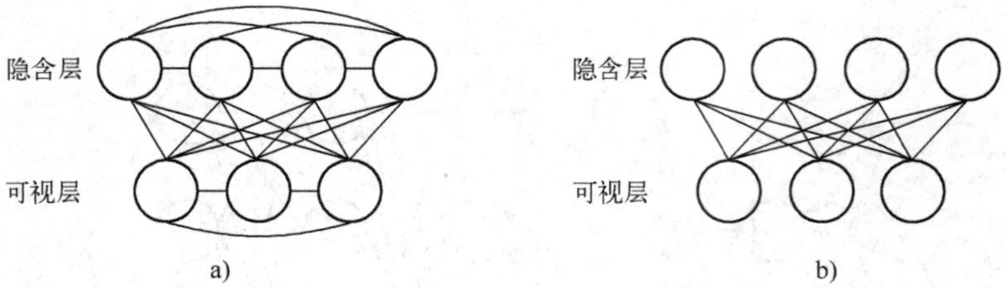

图 7-49　RBM 模型与 BM 模型对比图
a) BM 模型网络结构　b) RBM 模型网络结构

类似，RBM 的训练过程亦使用最大似然估计方法来拟合样本分布。其基本思路是使得 RBM 可视层的状态分布尽可能接近于训练样本的分布，由此获得各连接权重的取值。

分别记 RBM 模型可视层与隐含层中各神经元取值组成的状态向量为 $\boldsymbol{S}^v$ 和 $\boldsymbol{S}^h$，且令可视层和隐含层的状态概率分布分别为 $P(\boldsymbol{S}^v)$ 和 $P(\boldsymbol{S}^h)$，整个 RBM 模型的状态概率分布为 $P(\boldsymbol{S}^v,\boldsymbol{S}^h)$。现考察用于堆叠的第一个 RBM 模型训练过程。假设训练集 D' 中所有样本服从独立同分布，则作为似然函数的 D' 中所有样本出现的联合概率为

$$L(\boldsymbol{W}) = \prod_{t=1}^{n} P(\boldsymbol{S}^v = X_t) \tag{7-55}$$

与 BM 模型类似，RBM 的状态取值概率亦服从玻尔兹曼分布，则有

$$P(\boldsymbol{S}^v,\boldsymbol{S}^h) = \mathrm{e}^{-E(\boldsymbol{S}^v,\boldsymbol{S}^h)/T} / \sum_{\boldsymbol{S}^v}\sum_{\boldsymbol{S}^h} \mathrm{e}^{-E(\boldsymbol{S}^v,\boldsymbol{S}^h)/T} \tag{7-56}$$

其中，$SE(\boldsymbol{S}^v,\boldsymbol{S}^h)$ 为能量函数。

根据上式不难得到

$$P(\boldsymbol{S}^v = X_t) = \sum_{\boldsymbol{S}^h} \mathrm{e}^{-E(\boldsymbol{S}^h)/T} / \sum_{\boldsymbol{S}^v}\sum_{\boldsymbol{S}^h} \mathrm{e}^{-E(\boldsymbol{S}^v,\boldsymbol{S}^h)/T} \tag{7-57}$$

为方便求解，将似然函数转化为对数似然并代入 $P(\boldsymbol{S}^v = X_i)$ 的具体形式，可得用于优化计算模型参数的对数似然为

$$L(\boldsymbol{W}) = \sum_{t=1}^{n}\left(\ln\sum_{\boldsymbol{S}^h} \mathrm{e}^{-E(\boldsymbol{S}^h)/T} - \ln\sum_{\boldsymbol{S}^v}\sum_{\boldsymbol{S}^h} \mathrm{e}^{-E(\boldsymbol{S}^v,\boldsymbol{S}^h)/T}\right) \tag{7-58}$$

为最大化对数似然，需求解 $L(\boldsymbol{W})$ 关于参数 w_{ij} 的梯度 $\partial L(\boldsymbol{W})/\partial w_{ij}$。不难求得

$$\frac{\partial L(\boldsymbol{W})}{\partial w_{ij}} = -\sum_{t=1}^{n}\left[\sum_{\boldsymbol{S}^h} P(\boldsymbol{S}^h \mid \boldsymbol{S}^v = X_t)\, O_{vi}O_{hj} - \sum_{\boldsymbol{S}^v}\sum_{\boldsymbol{S}^h} P(\boldsymbol{S}^v,\boldsymbol{S}^h)\, O_{vi}O_{hj}\right] \tag{7-59}$$

其中，O_{vi} 和 O_{hj} 分别为可视层第 i 个神经元的状态与隐含层第 j 个神经元的状态。

由于可视层的输入数据集 D' 为已知，故可视层状态分布 $P(\boldsymbol{S}^v = X_t)$ 亦为已知。若联合状态分布 $P(\boldsymbol{S}^v,\boldsymbol{S}^h)$ 已知，则可求得

$$P(\boldsymbol{S}^h \mid \boldsymbol{S}^v = X_t) = \frac{P(\boldsymbol{S}^v = X_t,\boldsymbol{S}^h)}{P(\boldsymbol{S}^v = X_t)} \tag{7-60}$$

由于 $P(\boldsymbol{S}^v,\boldsymbol{S}^h)$ 中包含归一化因子 $\sum_{\boldsymbol{S}^v}\sum_{\boldsymbol{S}^h} \mathrm{e}^{-E(\boldsymbol{S}^v,\boldsymbol{S}^h)/T}$ 且该因子难以精确计算，故难以直接获得联合概率分布 $P(\boldsymbol{S}^v,\boldsymbol{S}^h)$，但可通过适当方法对 $P(\boldsymbol{S}^v,\boldsymbol{S}^h)$ 进行估计。若使用 MCMC 等采样方法估计联合分布 $P(\boldsymbol{S}^v,\boldsymbol{S}^h)$，需要较大的采样次数才能使得采样分布达到平稳分布，这会急剧增加 RBM 模型的训练成本，故通常使用对比散度算法对 $P(\boldsymbol{S}^v,\boldsymbol{S}^h)$ 进行估计。对比散度算法是一种对 $P(\boldsymbol{S}^v,\boldsymbol{S}^h)$ 进行有效估计的方法，该算法的基本思想如下。

如图 7-50 所示，首先根据可视层状态 $S_0^v=X_t$ 算得对应隐含层状态 S_0^h，然后通过状态 S_0^h 重构可视层状态向量 S_1^v，最后根据 S_1^v 生成新的隐藏向量 S_1^h。由 RBM 层内无连接、层间有连接的特殊网络结构可知，在给定 S_0^v 值时各隐藏神经元之间的激活状态相互独立，且在给定 S_0^h 时各可见层神经元之间的激活状态亦相互独立，故重构的可视层状态向量 S_1^v 和隐含层状态向量 S_1^h 就是对 $P(S^v,S^h)$ 的一次抽样，重复进行多次抽样便可得到对 $P(S^v,S^h)$ 的近似估计。

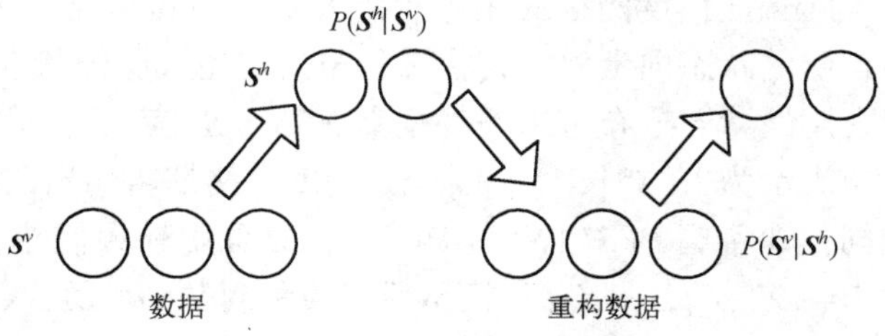

图 7-50　对比散度算法过程

通过对比散度算法可快速获得联合概率分布 $P(S^v,S^h)$ 的近似分布，故式（7-59）中的条件概率 $P(S^h \mid S^v=X_t)$ 也可通过式（7-60）计算得到，至此可求得 $\partial L(W)/\partial w_{ij}$ 的近似取值。为最大化对数似然，可采用梯度上升算法对参数进行迭代更新，计算公式如下

$$w_{ij}=w_{ij}+\alpha\frac{\partial L(W)}{\partial w_{ij}} \tag{7-61}$$

经过多次迭代直至参数收敛，此时 RBM 已充分拟合训练集 $D=\{X_1,X_2,\cdots,X_n\}$ 中的样本分布，即完成了对第一个 RBM 的训练过程。为获得用于堆叠的一组 RBM 模型，需将前一个 RBM 对训练数据集中所有样本的编码结果记录下来，并组成新的训练数据集用于对下一个 RBM 的训练过程。假设第一个 RBM 对于 X_i 的隐含层状态向量为 H_i^1，则第二个 RBM 的训练数据集为 $D_2=\{H_1^1,H_2^1,\cdots,H_n^1\}$。根据 D_2 构造的 RBM 模型可得 D_2 中所有数据的编码结果，由此又可组成下一个 RBM 的训练数据集，以此类推便可构造一组用于堆叠的 RBM 模型。

将训练好的一组 RBM 模型逐层堆叠，便可获得一个 DBN 模型。DBN 模型的网络结构如图 7-51 所示，其中顶端两个隐含层神经元之间由无向边连接，其余相邻网络层级之间均通过自顶向下的有向边进行连接，即使用有向连接的 logistic 信度网络代替用于堆叠的 RBM 模型且网络权重为相应受限玻尔兹曼机的对应权重。如图 7-52 所示，logistic 信度网络是一类单向连接的网络模型。与 DBN 模型类似，logistic 信度网络也是一个随机网络，该模型中各神经元的激活概率由 Sigmoid 函数确定。由于 Sigmoid 函数有时亦称为 logistic 函数，logistic 信度网络由此得名。

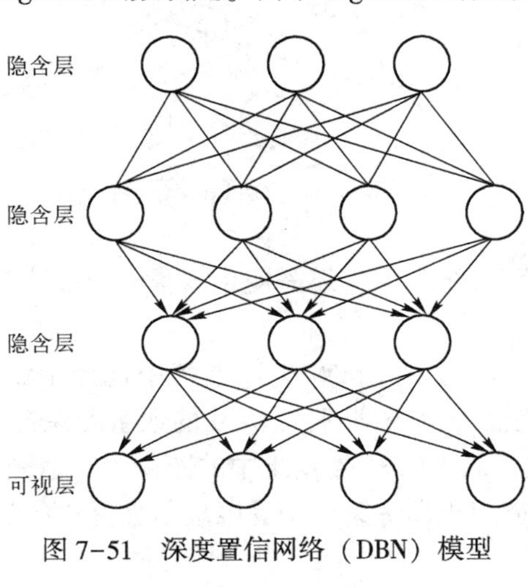

图 7-51　深度置信网络（DBN）模型

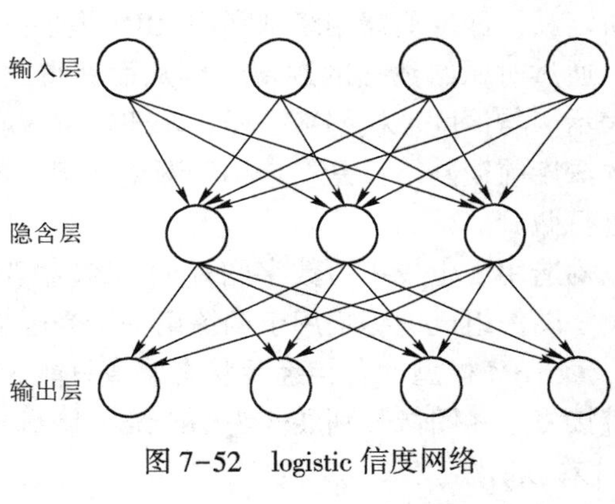

图 7-52　logistic 信度网络

logistic 信度网络的无环连接方式使得该网络中各神经元取值的概率计算较为简便。对于隐含层的状态向量$\boldsymbol{S}^h$，其状态分布仅与输入层的状态向量有关。假设输入层状态向量为$\boldsymbol{S}^v$，则隐含层的状态分布可用条件概率 $P(\boldsymbol{S}^h \mid \boldsymbol{S}^v)$表示。同理，可将 logistic 信度网络的期望输出$\boldsymbol{S}^o$的分布表示为 $P(\boldsymbol{S}^o \mid \boldsymbol{S}^h)$。logistic 信度网络期望输出向量的分布与训练样本集的数据分布 $P(\boldsymbol{S}^v)$相同，即希望 $P(\boldsymbol{S}^o \mid \boldsymbol{S}^h)=P(\boldsymbol{S}^v)$，故可用最大似然估计法确定模型参数。对于给定训练样本集 $D=\{X_1,X_2,\cdots,X_n\}$，模型所对应的对数似然为

$$L(\boldsymbol{W}) = \sum_{i=1}^{n} \ln P(\boldsymbol{S}^o = X_i \mid \boldsymbol{S}^h) \tag{7-62}$$

其中，$\boldsymbol{W}$ 为模型参数向量。

可采用梯度上升算法最大化上述似然函数，具体计算公式如下

$$w_{ij}^{(l)} = w_{ij}^{(l)} + \alpha \frac{\partial L(\boldsymbol{W})}{\partial w_{ij}^{(l)}} \tag{7-63}$$

在 DBN 模型中，用于堆叠的 RBM 权重已通过逐层训练方式获得，故只需将 RBM 的对应权重作为 DBN 中 logistic 信度网络的权重即可保证逐步从编码数据中恢复出原始数据。DBN 的主要功能是用于生成与 D 中样本具有同分布的数据，具体做法是在顶层的 RBM 中进行交替采样。由于该 DBN 是根据 D 中样本逐层训练所得，故其顶层 RBM 应充分拟合 D 中样本高层特征所表示的概率分布。当采样达到稳态分布时，可认为通过采样获得了 D 中样本高层特征表示的概率分布，此时从该稳态分布中采样获得一组顶层 RBM 的可视层与隐含层的状态向量$\boldsymbol{S}^v$、$\boldsymbol{S}^h$，再对可视层状态向量$\boldsymbol{S}^v$自顶向下进行逐层计算从而得到 DBN 可视层的状态向量 $\boldsymbol{X}'$，该状态向量便是与 D 中样本同分布的生成数据。

事实上，可根据训练好的 DBN 模型定义一个具有较好初始参数的深度前馈网络模型。例如，图 7-53 所示深度前馈网络可根据图 7-51 所示 DBN 模型定义。该深度前馈网络的权重直接复制 RBM 模型的对应权重，输出层根据任务需求添加。对于包含 k 个类别的多分类任务，则由 k 个以 softmax 为激活函数的神经元组成输出层。该模型与 DBN 模型分别从两个不同方向利用这组用于堆叠的 RBM 模型，DBN 模型更注重利用 RBM 模型的解码能力，即从数据的高层数据表示恢复出原始数据，而基于 DBN 模型所定义的深度前馈网络则利用 RBM 模型的编码能力，通过对原始数据的逐层编码从而获得其高层特征表示。与深度堆栈网络一样，基于 DBN 模型所定义的深度前馈网络只是一个初始网络模型，若想达到理想效果，还需使用监督学习方法对其参数进行微调。

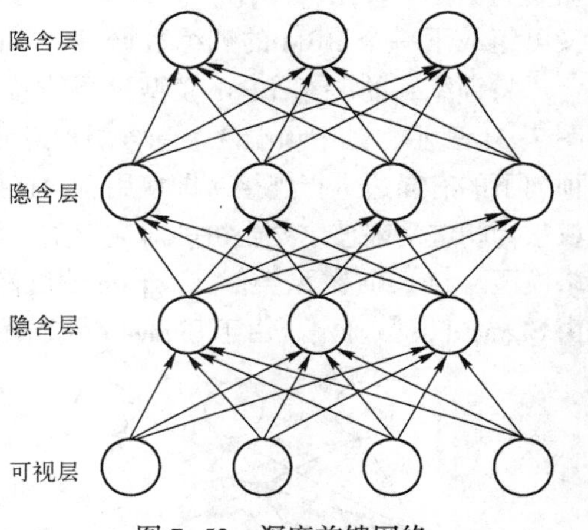

图 7-53　深度前馈网络

以构造用于生成手写数字图片的 DBN 模型为例。首先，从 MNIST 数据集中选择 1000 张手写数字图像组成训练集用于训练第一个受限玻尔兹曼机，其中类别为 0~9 的数字图像各 100 幅。由于 RBM 模型的各神经元状态取值只能为 0 或 1，而 MNIST 数据集中的图像为二值图像，故可直接将这些图像分别展开为 784 维向量形式，构造用于训练第一个受限玻尔兹曼机的训练集 $D=\{X_1,X_2,\cdots,X_{1000}\}$。

使用数据集 D 和最大似然估计法训练第一个受限玻尔兹曼机，似然函数为

$$L(\boldsymbol{W}^{(1)}) = \ln\prod_{i=1}^{1000} P(\boldsymbol{S}^v = X_i) = \sum_{i=1}^{1000} \ln P(\boldsymbol{S}^v = X_i)$$

为最大化上述对数似然，采用梯度上升算法对模型参数进行更新。对于参数向量 $\boldsymbol{W}^{(1)}$ 中的任意参数$w_i^{(1)}$，参数更新公式为

$$w_i^{(1)} = w_i^{(1)} + \alpha\frac{\partial L(\boldsymbol{W})}{\partial w_i^{(1)}} \tag{7-64}$$

当模型参数收敛时，记录所有训练样本所对应的隐含层状态并组成训练集，用于训练下一个 RBM 模型，以此类推便可构造一组用于堆叠的 RBM。此处构造了两个 RBM，并将这些 RBM 堆叠成一个如图 7-54 所示的 DBN 模型。

对于图 7-51 所示的传统 DBN 模型，在该模型顶端进行采样直至采样分布收敛，对所得状态向量进行逐层计算直至到达可视层即可实现样本生成。在上述过程中，采样分布达到稳态所需的时间通常较长。为避免过长的采样过程，此处为堆叠好的网络模型添加一个包含 10 个结点的输出层，使用 1000 个训练样本对网络参数进行微调并设置$w_{ij}^{(l)} = w_{ji}^{(l)}$，即两个神经元之间相互连接的权重取值相等，由此构造如图 7-55 所示的网络模型。

将图像所对应向量输入图 7-55 所示网络模型的输入层，则经过前向计算可得输入样本所对应的标签向量。若从输出层输入标签向量，由于$w_{ij}^{(l)} = w_{ji}^{(l)}$，故可通过信号的反向计算得到一个原始数据。分别从输出层输入数字 0~9 所对应的独热式编码向量，可分别得到所对应的 784 维向量，将这些向量进行排序便可得到如图 7-56 所示的生成图像。

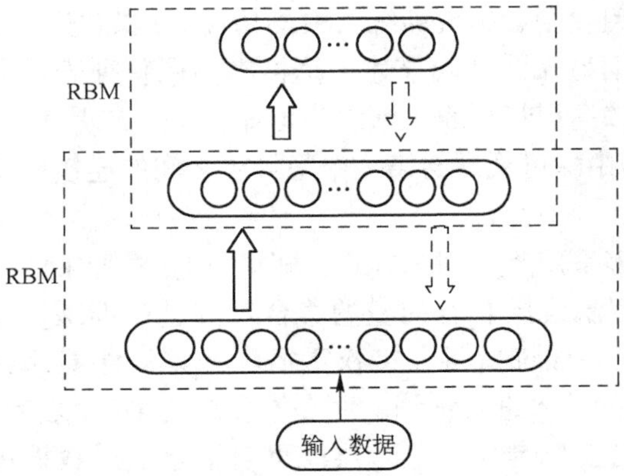

图 7-54　DBN 模型

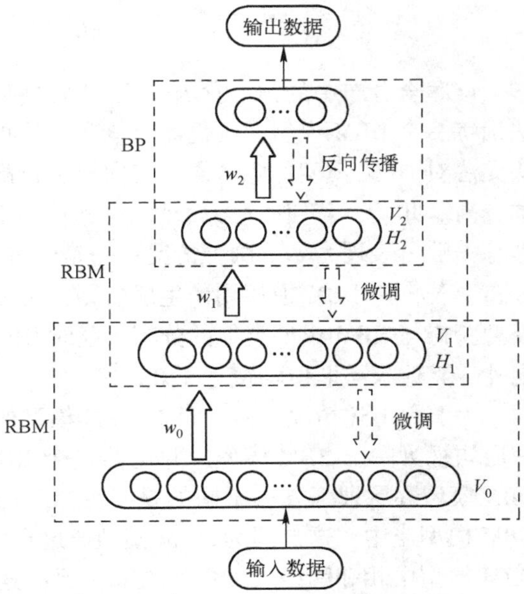

图 7-55　调整后的 DBN 网络结构

图 7-56　生成的图像

如前所述，直接增加 RBM 中隐含层的层数即可构成深度玻尔兹曼机（DBM）。由以上分析可知，DBN 与 DBM 的结构比较类似。与 DBN 采用混合连接方式不同，DBM 模型中相邻网络层级之间均采用无向连接，图 7-57 展示了一个与图 7-51 中的 DBN 具有类似拓扑结构的 DBM 模型。与 RBM 模型类似，对于包含一个可视层 v 和 s 个隐含层$h^1,h^2,\cdots,h^s$的 DBM 模型而言，该模型的联合分布可表示为

$$P(\boldsymbol{S}^v,\boldsymbol{S}^{h^1},\boldsymbol{S}^{h^2},\cdots,\boldsymbol{S}^{h^s})=\frac{\mathrm{e}^{-\frac{E(\boldsymbol{S}^v,\boldsymbol{S}^{h^1},\boldsymbol{S}^{h^2},\cdots,\boldsymbol{S}^{h^s})}{T}}}{\sum\limits_{\boldsymbol{S}^v,\boldsymbol{S}^{h^1},\boldsymbol{S}^{h^2},\cdots,\boldsymbol{S}^{h^s}}\mathrm{e}^{-\frac{E(\boldsymbol{S}^v,\boldsymbol{S}^{h^1},\boldsymbol{S}^{h^2},\cdots,\boldsymbol{S}^{h^s})}{T}}}\tag{7-65}$$

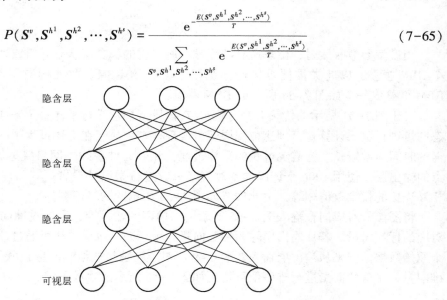

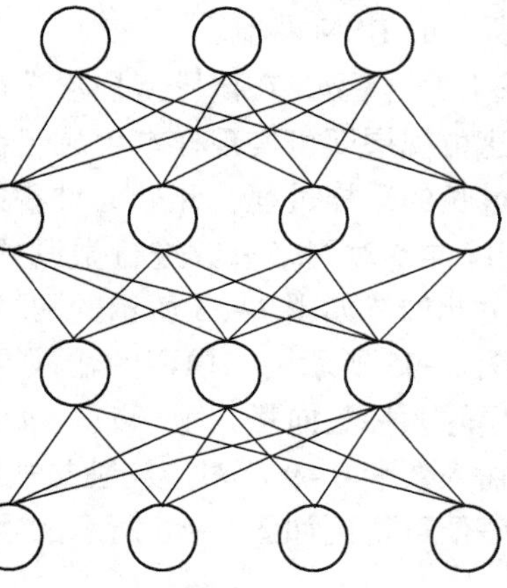

图 7-57　深度玻尔兹曼机

该联合分布中的归一化因子比 RBM 模型中的归一化因子更为复杂，若用最大似然估计方法训练一个 DBM 模型，则仍需对该联合分布 $P(\boldsymbol{S}^v,\boldsymbol{S}^{h^1},\boldsymbol{S}^{h^2},\cdots,\boldsymbol{S}^{h^s})$进行估计。由于对比散度算法无法对 DBM 模型的隐含层状态向量进行高效采样，故对该联合分布的估计所花费的时间成本较高。此外，若使用最大似然方法训练 DBM 模型，则会出现训练失败的情况。DBM 模型的训练失败可表现为如下两种情况：一是所得 DBM 模型无法准确描述训练样本高层特征表示的分布，若将该 DBM 模型用作生成模型，则无法从该高层特征表示恢复出原始数据。二是 DBM 模型获得与 RBM 模型类似的分布，此时 DBM 模型中除可视层与第一个隐含层之间的连接权重之外，其他权重取值均接近于 0。

为避免上述情况发生，目前 DBM 模型的训练多采用逐层训练方式，即将 DBM 模型中的每一层均视为一个 RBM 模型，并用前一个 RBM 模型隐含层状态向量的集合对其进行训练。与 DBN 模型逐层训练方法不同的是，由 RBM 模型逐层训练所得连接权重需经调整后才能用到 DBM 模型当中。这是因为 RBM 模型通过自底向上的输入进行训练，而在堆叠成为 DBM 之后，DBM 模型中相邻网络层级之间均采用无向连接。这意味着每个隐含层既可自下至上对数据进行编码，又可自上至下对数据进行解码，故通常将两个隐含层之间的连接权重设置为对应 RBM 模型连接权重的 1/2，以保持所得到的分布平衡。

在 DBN 出现之前，人们多认为深层神经网络难以被有效训练。DBN 的出现使得人们重燃了对于深度学习的信心。事实上，可将深度堆栈网络看成是 DBN 的一种改进。对于 DBN 而言，人们更倾向于利用该模型定义一个具有较优初始权重的深度前馈网络来解决某些预测性问题，而非用于生成新样本。但 RBM 的训练过程较为麻烦，改用自编码器作为堆叠组件可降低

模型训练难度并保证所构造的深度前馈网络也具有较优的初始权重。DBN 与深度堆栈网络的堆叠组件均通过无监督学习方式训练，通过求解训练样本的联合分布 $P(X)$ 确定模型参数，故 DBN 与深度堆栈网络均为深度生成模型。

目前使用更为广泛的深度生成模型来生成对抗网络，该模型通过判别模块来强迫生成模块产生与真实数据分布相近的样本，当判别模块再也无法判断一个数据是真实样本还是生成样本时，即可认为该生成对抗网络的生成模块达到最佳状态，此时使用该模块所生成的样本应最接近于数据的真实分布。除深度生成模型之外，人们在深度卷积网络与深度循环神经网络等深度判别模型的研究方面也取得了长足的进展。为使得模型的层次更深，这些网络模型基本摒弃了导致梯度消失的 Sigmoid 激活函数，转而利用 ReLU 等保持梯度稳定的激活函数，并采用随机优化方法求解模型参数，有效避免了陷入局部最优的状况发生。目前，深度卷积网络已在图像分类、模式识别等需要对矩阵进行处理的计算机视觉领域取得了显著的应用效果，深度循环神经网络则在机器翻译、自然语言理解等需要对序列信息进行处理的领域得到了广泛应用。

7.4 神经网络应用

自神经网络模型出现至今已历经几十年的发展，相继出现了多种针对于不同任务类型的网络模型，模型性能也逐渐得到了提升。特别是近年来随着深度学习技术的快速发展，各类神经网络在图像识别、语音识别和自然语言处理等多个领域中得到广泛应用。神经网络和深度学习技术为很多复杂问题的求解提供了很好的解决方案。本节简要介绍神经网络的两个基本应用，即基于神经网络的光学字符识别和基于神经网络的以图搜图。

7.4.1 光学字符识别

光学字符识别（Optical Character Recognition，OCR）是指通过扫描、拍摄等数据采集方式，将各种文稿、报刊、书籍等印刷体文字转化为数字图像，再对图像分析研究，获取其中的文本信息的过程。OCR 技术可以解决低速的信息输入与高速的信息处理之间的矛盾，已成为计算机翻译、新闻出版、办公自动化等行业中深受欢迎的信息输入方式。从本质上说，OCR 是对光学字符进行分类的任务，而使用神经网络可以通过监督学习方法轻易地解决分类任务，但得到较优分类效果的前提是所提取到的特征质量较高，因此特征提取和选择是光学字符识别的关键。事实上，特征提取和选择也是神经网络模型的优势所在，因此，这里通过 PyTorch 框架搭建神经网络模型实现 OCR。

PyTorch 是由 Facebook 的 AI 研究团队发布的 Python 工具包，是一款基于 Python 的深度学习框架。PyTorch 的配置过程较为简单，首先，进入 PyTorch 官网，打开如图 7-58 所示的界面，勾选与运行环境相匹配的选项后网站会自动给出安装指令，此处所提示的安装指令如下：

```
pip3 install https://download.pytorch.org/whl/cpu/torch-1.0.0-cp36-cp36m-win_amd64.whl
pip3 install torchvision
```

在命令行窗口依次输入上述命令，即可安装 PyTorch 框架。

搭建好框架，打开 Python，分别使用 import 命令导入 torch 与 torchvision，若导入成功，系统将显示图 7-59 所示界面，表示环境搭建成功。

由于使用神经网络解决 OCR 任务时要采用监督学习方法训练模型，因此模型构造需要使用带标签的数据集。此处所使用的数据集中的样本选取自一些网站，首先从网站中随机复制 3981 类共 70 万个字符保存在一个文本文档中，并将各个字符均转化为同一字体作为字符所对应的标

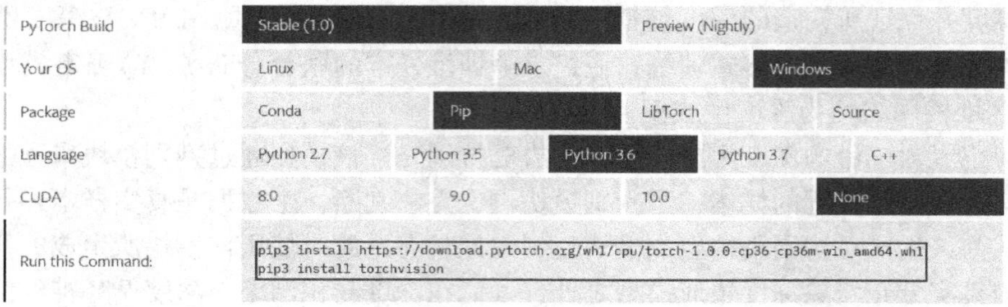

图 7-58　PyTorch 官网环境搭建介绍

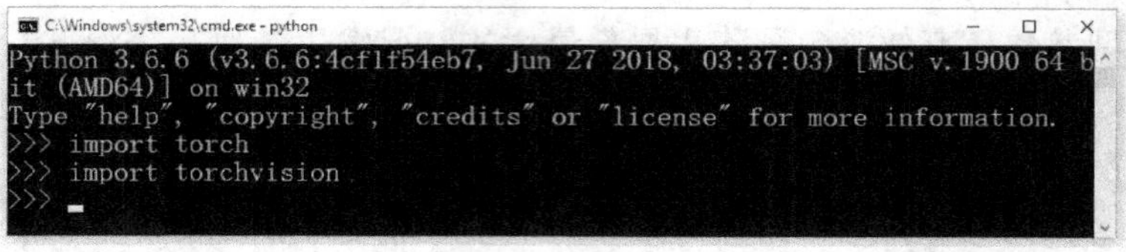

图 7-59　PyTorch 导入界面

签，为模拟真实情况下字符以序列形式出现的情况，此处将字符组合成长度为 10 个字符的字符串并保存为图像形式，并将每个字符串作为数据集 D 中的样本。上述过程的具体流程如下：

（1）生成一张背景图片，将其剪裁为分辨率为 280 像素×32 像素的图像；

（2）随机选取字符字体、字符大小、字符颜色并随机选取 10 个字符；

（3）将文本贴到背景图片；

（4）保存文本信息和对应图片名称。

准备数据集的具体过程如代码 7-1 所示。

```
#(1)
def create_an_image(bground_path, width, height):
    bground_list = os.listdir(bground_path)
    bground_choice = random.choice(bground_list)
    bground = Image.open(bground_path+bground_choice)
    #print('background:',bground_choice)
    x,y = random.randint(0, bground.size[0]-width), random.randint(0, bground.size[1]-height)
    bground = bground.crop((x, y, x+width, y+height))
return bground
#(2)
def random_font_size():
    font_size = random.randint(24,27)
return font_size

def random_font(font_path):
    font_list = os.listdir(font_path)
    random_font = random.choice(font_list)
return font_path + random_font

def random_word_color():
    font_color_choice=[[54,54,54],
[54,54,54],[105,105,105]]
font_color = random.choice(font_color_choice)
noise=np.array([random.randint(0,10),random.randint(0,10),random.randint(0,10)])
    font_color=(np.array(font_color)+noise).tolist()
return tuple(font_color)

def sto_choice_from_info_str(quantity=10):
    start = random.randint(0, len(info_str)-11)
    end = start + 10
random_word = info_str[start:end]
#(3)
font = ImageFont.truetype(font_name, font_size)
draw = ImageDraw.Draw(raw_image)
draw.text((draw_x,draw_y), random_word, fill=font_color,
font=font)
#(4)
file.write('10val/'+str(num)+'.png'+random_word+'\n')
raw_image.save(save_path+str(num)+'.png')
```

代码 7-1　数据准备

通过上述过程生成了 7 万多张样本图像，由于数据是经过模糊、倾斜、颜色变化等操作之后生成的，因此所生成样本中的背景与文字大小存在一定的区别，这些差异使得数据更具一般性，能很好地提升模型的泛化能力。整个样本图像的大小一致，这能方便网络的输入。图 7-60 展示了数据集中的部分样本。

图 7-60　光学字符识别部分数据集

从数据集 D 中随机选择 1000 个样本组成测试集 T，其余样本组成训练集 S。针对上述样本形式，对其中的样本进行光学字符识别时首先需要将字符串分割为单个字符，再分别对每个字符进行识别得到最终结果。

（1）字符分割。

由于该数据集中样本图像的长宽比较大，同时将多个字符输入神经网络进行识别存在一定的困难，故需对数据集中图像进行切割，根据该数据集图像字符信息的分布规则，可采用水平投影法进行图像分割，提取每一个字符的边缘。由于字符分割后其大小可能不一致，可以使用 PyTorch 框架中的 CenterCrop 函数对图像进行预处理，使处理后的每个字符图像的分辨率均为 32 像素×32 像素，并将其作为网络输入。字符分割与预处理的具体过程如代码 7-2 所示。

```
train_path = './train/'
path_list = os.listdir(train_path)
img_path = []
for path_num in path_list:
img_path.append(os.path.join(train_path,path_num) +
'.png')
transform1 = transforms.Compose([
    transforms.CenterCrop(32),
    transforms.Grayscale(),
    transforms.ToTensor()])
x_train = []
for fn in img_path:
    img = Image.open(fn)
    img1 = transform1(img).
squeeze(0).reshape(1,-1)
x_train.append(img1)
```

代码 7-2　数据集图像字符分割与预处理过程

（2）构造神经网络模型。

字符识别的第一步是构造深度神经网络，此处所使用的神经网络模型如图 7-61 所示，与传统神经网络不同，此处所使用的网络添加了卷积层，相比神经元的直接相连，卷积层能够自动提取图像的特征，所提取的特征也更能满足具体任务需求，由于数据集中英文字符与特殊符号种类达到了 3981 种，传统神经网络对如此多的类别很难达到理想的分类效果，因此此处采用多个卷积层进行特征提取。经过四个卷积层提取图像特征后，采用两个全连接层对图像进行分类，即映射到对应的字符，可以将卷积层四视为神经网络的输入，全连接层一相当于神经网

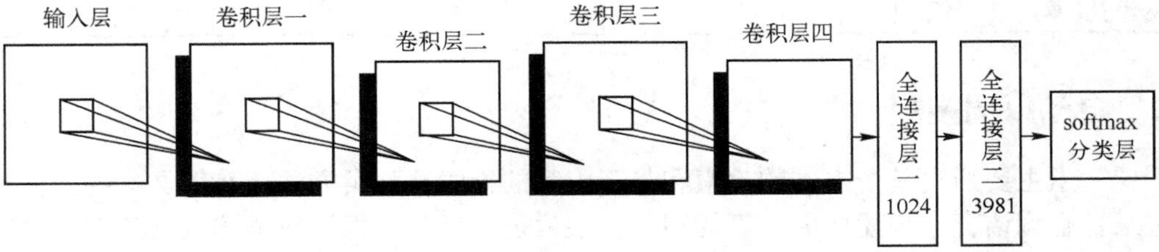

图 7-61　深度神经网络结构

络的隐含层，包含 1024 个隐含层结点，全连接层二相当于网络的输出，包含 3981 个输出结点，最后通过 softmax 函数输出当前字符属于各个类别所对应的概率，取概率最大的值对应的字符作为该图像的分类结果。

该网络模型参数较多，易出现过拟合现象，为避免过拟合，此处采用随机失活正则化方法。将字符标签进行独热式编码，样本 X_i 所对应的标签向量记为 y_i，定义模型优化的目标函数为交叉熵损失函数并采用 Adam 优化算法进行模型优化，批大小 batchSize = 16，取初始学习率为 0.0001，该算法利用梯度的一阶矩估计和二阶矩估计动态调整每个参数的学习率。模型训练过程的具体过程如代码 7-3 所示。

```
def training( ):
    for total_steps in range( params. niter):
        train_iter = iter( train_loader)
        i = 0
        print( len( train_loader) )
        while i < len( train_loader):
            for p innet. parameters( ):
                p. requires_grad = True
net. train( )
cost=trainBatch( net, criterion,
optimizer, train_iter)
loss_avg. add( cost)
            i += 1
            if i % params. displayInterval == 0:
                print('[ %d/%d][ %d/%d] Loss: %f' %
                    (total_steps, params. niter, i, len(
train_loader), loss_avg. val( ) ) )
                loss_avg. reset( )
if i % params. valInterval == 0:
                val( net, test_dataset, criterion)
if (total_steps+1) % params. saveInterval == 0:
            torch. save( net. state_dict( ),
'{0}/net_Rec_done_{1}_{2}. pth'.
format( params. experiment, total_steps, i) )
```

代码 7-3　网络训练过程

网络训练结束，便可以通过测试数据测试网络的分类效果。

（3）测试模型性能。

使用 1000 个样本对训练好的模型进行性能测试，此处不仅测试单个字符的分类正确率，还统计一个字符串中的字符均被预测正确的比例，因为在实际应用当中人们往往更关心一个句子是否被正确识别了。为统计字符串中字符均被预测正确的比例，此处采用最长公共子序列算法对比预测结果与真实标记，代码 7-4 展示了该算法的具体原理。

```
def find_lcsubstr( s1, s2):
m=[ [0 for i in range( len( s2)+1) ]
  for j in range( len( s1)+1) ]
mmax=0
p=0
for i in range( len( s1) ):
for j in range( len( s2) ):
if s1[ i] = =s2[ j]:
m[ i+1][ j+1] =m[ i][ j]+1
if m[ i+1][ j+1]>mmax:
mmax=m[ i+1][ j+1]
p=i+1
return mmax
```

代码 7-4　最长公共子序列算法

通过模型测试过程得到了如表 7-3 所示的测试结果，此处分别统计每个样本预测错误的字符个数，由此可得以样本为计算单位的网络模型预测正确率为 90.2%，以字符为计算单位的正确率为 98.11%，因此可认为使用神经网络模型解决 OCR 任务达到了理想效果。

表 7-3　错误字符数样本统计数据

错误字符数/样本	0	1	2	3	4	5	6	7	8	9	10
错误样本个数	902	54	17	13	9	4	1	0	0	0	0

7.4.2　自动以图搜图

图像检索主要通过基于文本的检索和基于内容的检索这两类方法。基于文本的图像检索主要通过某种查询语言来描述所要检索的图像，检索过程就是对标注或描述进行匹配，之后再返回图像数据库中与之匹配的图像。基于文本的图像检索方法通过关键字与图片标签的匹配程度实现检索，规避了对图像本身的处理。然而，图片标签主要通过人工标注获取，不同的人对同一张图片的理解可能不同而且费时费力。基于内容的图像检索则是对图像所包含的内容进行分析，而不是人为标注标签，自动化程度较高且避免了人工标注的主观性。由于相同场景也可以有不同的表现方式，而且图片信息的内容丰富、关联性较强，与特征数据之间一般很少有简单的对应关系，故通常采用相似性匹配方式实现基于内容的图像检索。

通常将基于内容的图像检索称为以图搜图。随着图像搜索引擎的发展，以图搜图成为当前多媒体领域的一个重要研究方向，被认为是未来互联网图片信息查询创新应用的一种发展趋势。实现以图搜图的基本思路是通过神经网络对图像库中的图像和检索图像进行有效的特征提取，再对比图像库中图像和检索图像特征之间的相似性，相似性越高则意味着图像越相似，故可返回与检索图像相似性最高的 k 张图像库中的图像作为以图搜图的最终结果。此处使用 PyTorch 框架实现基于神经网络的以图搜图，具体过程如下。

（1）构造图像数据库。

这里使用 Tiny-ImageNet-200 图形数据库中的 20 类共 6000 张图像组成图像库，并使用相同 20 个类别的 2000 张图像作为检索图像，每张图像被预处理且裁剪成 64 像素×64 像素×3 像素的 RGB 图像。图像数据库建立的具体过程如代码 7-5 所示。

```
def imread(f):
    x = misc.imread(f, mode='RGB')
return x.astype(np.float32) / 255
imgs = glob.glob('tiny-imagenet-200/train/ * /images/ * ')
print('imgs: ',imgs)
np.random.shuffle(imgs)
x_train = np.array([imread(f) for f in tqdm(iter(imgs))])
print('shape of x_train: ', x_train)
img_dim = x_train.shape[1]
```

代码 7-5　依据 Tiny-ImageNet-200 图形数据集建立图像数据库

（2）特征提取。

这里使用深度自编码器进行特征提取，即首先使用带标签的数据训练一个用于分类的深度自编码器，然后直接将输出层之前的一个隐含层的输出作为所提取到的特征向量。使用图像库中的 6000 张图像作为训练样本，将 64×64 的输入矩阵横向展开得到一个 4096 维的向量，由于 RGB 图像的通道数为 3，因此每张图像最终可展开为 4096×3 = 12288 维的向量，再将向量中的每个元素除以 255，使输入数据的范围在闭区间 $[0,1]$ 上，该处理方式可减少其学习时间，并可有效地避免进入激励函数饱和区。

由于图像所对应的向量维数为 12288，故深度堆栈网络的输入层结点数目为 12288，输出层结点数目与类别数相同，因此输出结点数目设为 20，此处所使用的深度堆栈网络包含三个隐含层，其具体结构如图 7-62 所示。

该深度堆栈网络中的输入层到隐含层、隐含层与隐含层之间的连接权重均通过逐层训练方式初始化，而隐含层到输出层直接的连接权重则通过随机初始化方式获得。对于训练样本集 $S=\{(X_1,y_1),(X_2,y_2),\cdots,(X_{6000},y_{6000})\}$，上述深度堆栈网络中输入层到隐含层之间的连接权重通过训练如图 7-63 所示的自编码器获得，其目标函数定义为

$$J(\boldsymbol{W}^{(1)})=\frac{1}{2}\sum_{i=1}^{6000}\sum_{j=1}^{12288}(x_{ij}-\hat{x}_{ij})^2$$

其中，$\boldsymbol{W}^{(1)}$ 是由该自编码器中所有可学习参数组成的向量。同理，上述深度堆栈网络中第二层参数可通过训练如图 7-64 所示的自编码器获得。

搭建完成后所获得的深度堆栈网络前向传播过程如代码 7-6 所示。使用训练集 S 对该网络参数进行微调即可获得最终的深度堆栈网络。将数据输入最终的深度堆栈网络进行前向计

算，并保存该网络第三个隐含层的输出向量 $\boldsymbol{h}=(h_1^3,h_2^3,\cdots,h_{1000}^3)^{\mathrm{T}}$ 作为最终所提取的特征向量，用于相似性对比。

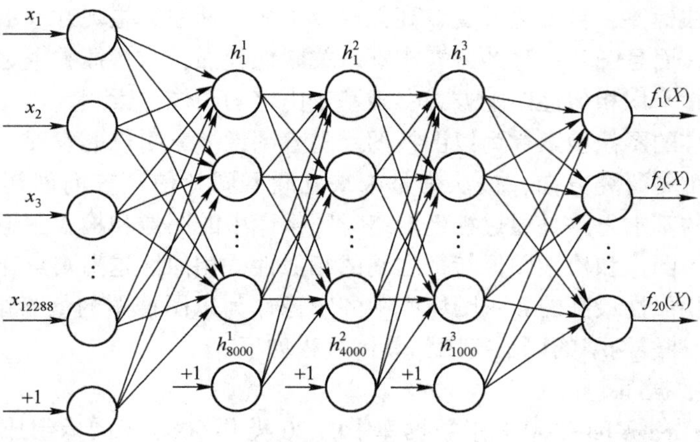

图 7-62　深度堆栈网络模型

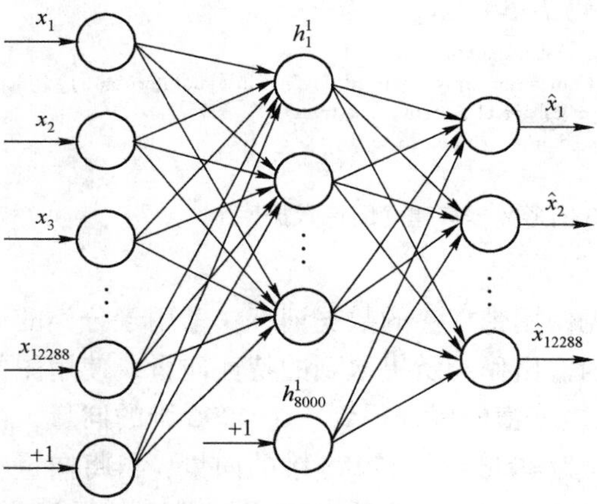

图 7-63　深度堆栈网络的第一个自编码器

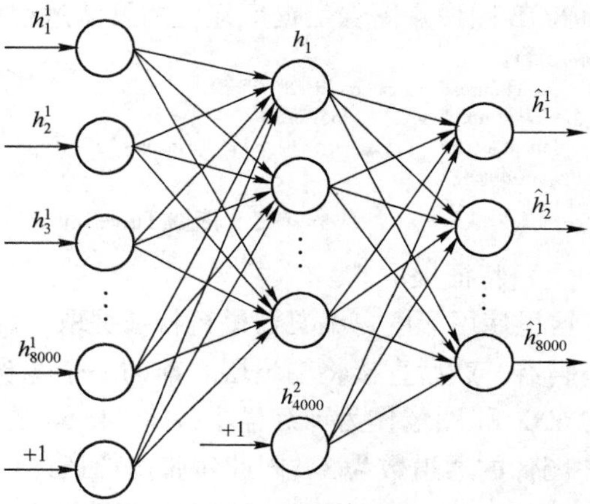

图 7-64　深度堆栈网络的第二个自编码器

```
class net(nn. Module):
    def __init__(self):
        super(net, self).__init__()
        self. q1 = nn. Linear(12288, 8000)
        nn. Sigmoid()
        self. q2 = nn. Linear(8000, 12288)
        nn. Sigmoid()
        self. q3 = nn. Linear(8000, 4000)
        nn. Sigmoid()
        self. q4 = nn. Linear(4000,12288)
        nn. Sigmoid()
        self. q5 = nn. Linear(4000, 1000)
        nn. Sigmoid()
        self. q6 = nn. Linear(1000, 12288)
        nn. Sigmoid()
        self. q7 = nn. Linear(1000, 10)
def forward(self, x, layer):
    x_layer = [0] * 12
    x_layer[1] = self. q1(x)
    x_layer[2] = self. q2(x_layer[1])
    x_layer[3] = self. q3(x_layer[1])
    x_layer[4] = self. q4(x_layer[3])
    x_layer[5] = self. q5(x_layer[3])
    x_layer[6] = self. q6(x_layer[5])
x_layer[7] = self. q7(x_layer[5])
return x_layer[layer]
mynet = net()
optimizer = torch. optim. SGD(mynet. parameters(), lr=0. 01,
            momentum=0. 9,dampening=0. 9,weight_decay=0. 0001)
```

代码 7-6　深度堆栈网络的前向传播过程

(3) 对比相似性。

图像之间的相似性是通过相似度进行匹配的，即通过计算检索图像与候选图像间的相似度实现图像检索。常用的相似性度量方法包括欧氏距离、Minkowski 距离、二次距离、直方图相交距离等。此处使用欧式距离初步衡量特征向量之间的相似性，并通过一定方式将相似性转化为百分比形式。具体来说，对于样本 X_i 与 X_j 所对应的特征向量 $\boldsymbol{h}_i=(h_{i1}^3,h_{i2}^3,\cdots,h_{i,1000}^3)^{\mathrm{T}}$ 和 $\boldsymbol{h}_j=(h_{j1}^3,h_{j2}^3,\cdots,h_{j,1000}^3)^{\mathrm{T}}$，其相似度定义为

$$S=\frac{1}{1000}\left[\sum_{k=1}^{1000}(h_{ik}^3-h_{jk}^3)^2\right]^{1/2}$$

使用上述度量方式时，当两个特征向量相同时，$S=100\%$。特征向量之间相差越大，相似度 S 越小。在使用检索图像 X_q 进行以图搜图时，首先需要使用训练好的深度堆栈网络对其进行特征提取，然后分别计算 X_q 与图像库中所有图像的相似度，相似度计算的具体过程如代码 7-7 所示。

```
def method(h_q,h_i):
   res = 0
for k in rang(1000):
       res += pow(h_i[k]-h_j[k],2)
res = pow(res,0.5) * 1.0/1000
return res
```

代码 7-7　相似度计算

为确定以图搜图任务的最终返回结果，需要设置阈值 θ，当 $S\geqslant\theta$ 时，则认为两幅图片相似度较高，此时图像库中的图像可作为返回结果；当 $S<\theta$ 时，则认为两幅图片相似度较低，此时图像库中的图像无法作为返回结果。若要求以图搜图的精确度较高，则 θ 取值可设置为较大值。在实际检索过程中，还需设置参数 N 用于统计满足返回条件的图像数目，其初始值为 0，每次检索到一张符合要求的图片令 $N=N+1$，MAX_N 表示需要检索的图片个数，此处取 $MAX\_N=9$，即当检索到第 9 张符合要求的图片之后就停止检索并返回检索结果。

使用上述方法进行以图搜图，分别以图 7-65 中第一行的 20 幅图像作为检索图像进行搜索，其余 9 行为相似性从高到低所返回的搜索结果。图中搜索结果基本与对应的检索图像属于同一类别，能够基本实现以图搜图的效果。

图 7-65　以图搜图检索结果

7.5　习题

（1）通过对比生物神经网络与人工神经网络的特点，解释人工神经元模型是如何模拟生物神经元的结构和信息处理机制的。

(2) 现有输入向量 $\boldsymbol{x}_1=(1,2)^{\mathrm{T}},\boldsymbol{x}_2=(3,3)^{\mathrm{T}}$，对应标签分别为 $y_1=1,y_2=-1$，试构造一个感知机模型，分别采用学习率 $\alpha=1$ 与 $\alpha=0.1$ 训练网络模型，并对比模型收敛时网络训练的次数。

(3) 试说明激活函数在神经网络中起到的作用，通过对比 Sigmoid、tanh、sgn 激活函数的函数曲线，简述其优缺点。

(4) 已知以下样本分属于两类：

A 类：$\boldsymbol{X}_1=(0,5)^{\mathrm{T}},\boldsymbol{X}_2=(1,3)^{\mathrm{T}},\boldsymbol{X}_3=(4,6)^{\mathrm{T}},\boldsymbol{X}_4=(2,3)^{\mathrm{T}}$；

B 类：$\boldsymbol{X}_5=(5,0)^{\mathrm{T}},\boldsymbol{X}_6=(2,1)^{\mathrm{T}},\boldsymbol{X}_7=(3,3)^{\mathrm{T}},\boldsymbol{X}_8=(6,1)^{\mathrm{T}}$。

试判断两类样本是否线性可分。若线性可分，则确定一条分类直线；否则，通过感知机对上述样本进行分类。

(5) 试说明神经网络监督学习与非监督学习的区别，对于每种学习方式各举两例。

(6) 试列举自编码器网络模型的种类，并通过对比简述各类自编码器的特点。

(7) 试使用表 7-4 中的数据作为训练集，选择合适的网络模型将其正确分类，并给出网络的具体结构与训练结束后的模型参数。

表 7-4　训练数据集

编号	1	2	3	4	5	6	7	8	9
x_1	1	2	2	1	3	5	4	7	9
x_2	5	7	6	2	7	11	2	9	3
y	1	1	−1	−1	1	−1	−1	1	1

(8) 说明感知机的局限性，并分析提高感知机分类能力的途径有哪些？

(9) 有样本$(\boldsymbol{X},\boldsymbol{y})=((0.2,0.8,0.5),(1,-1))$，选择合适的网络模型，编程实现 BP 算法，并采用不同的迭代次数对比网络输出误差。

(10) 比较概率神经网络与 BP 网络、RBF 网络，说明其基本特点。

(11) 为什么用梯度下降算法进行模型优化时模型易陷入局部最优问题？

(12) 神经网络设计中对输入及输出数据归一化的原因是什么？

(13) 对比正规化径向基网络与广义径向基网络的结构特点，简述两者的区别与联系。

(14) 设计一个具有 4 个隐结点的 RBF 网络解决如表 7-5 所示的异或问题，并计算网络的隐含层至输出层的连接权值。

(15) 说明 BP 神经网络的训练过程并分析 BP 神经网络是否训练次数越多越好。

(16) RBM 的训练过程可求出一个最能产生训练样本的概率分布，说明训练 RBM 的目标，并简述 RBM 训练的具体流程。

(17) 对比浅层学习与深度学习的特点，随着网络层数的加深，深度学习模型为什么会出现网络性能的退化、容易陷入局部最优等问题？

表 7-5　异或问题输入输出映射

x_1	x_2	x_1 异或 x_2
0	0	0
0	1	1
1	0	1
1	1	0

(18) DBN 模型可生成新数据从而解决样本量不足的问题，试查阅相关资料并说明还有哪些方法可以用来生成新数据？

(19) 简述深度堆栈网路与自编码器的关系，讨论深度堆栈网络训练与浅层网络训练的区别。

(20) DBN 模型为什么采用逐层训练的方式？该训练方式有何优缺点？

第 8 章　常用深度网络模型

深度神经网络解决了很多浅层网络解决不了的问题，使得神经网络和连接学习获得新生并成为人工智能和机器学习的主流方法。目前，以深度神经网络为基础的深度学习技术呈爆发式发展，精彩纷呈的新理论、新模型、新技术以井喷之势大量涌现，令人目不暇接。试图在较短时间内掌握这些种类繁多的深度学习新知识是不现实的。本章在对深度学习的多种模型和方法进行梳理的基础上，凝练出深度卷积网络、深度循环网络和生成对抗网络等最常用、最基本的深度网络模型并进行重点介绍，分析讨论这些网络模型的设计思想、训练策略和应用技术，在具体剖析这些网络模型结构和性能特点的基础上，归纳总结深度网络模型结构设计的基本规律和关键技术，为读者进一步掌握深度学习理论和应用技术提供比较系统的知识支撑。本章首先介绍深度卷积网络，分析讨论深度卷积网络的基本模型及其若干改进模型；然后，介绍深度循环网络，着重分析讨论 LSTM 模型的设计思想和训练策略；最后，介绍生成对抗网络的基本理论和设计技术，分析讨论生成对抗网络的改进思路。作为应用部分，本章简要介绍深度学习在图像目标检测和自然语言理解方面的应用技术。

8.1　深度卷积网络

深度卷积网络是深度学习领域最常用的一类网络模型，适合处理图像等以矩阵方式存储且有一定局部相关性的信息。深度卷积网络的模型容量通常较大，构造一个性能优良的深度卷积网络通常需要大量样本数据。大数据时代的到来为此类模型的应用和发展提供了良好的契机。近年来，深度卷积网络在计算机视觉领域取得了令人振奋的研究成果，在图像分类、目标检测、图像分割等领域取得了令人瞩目的应用效果，且在其他众多领域亦有不俗表现。本节从卷积的基本概念出发，比较系统地介绍深度卷积网络的基本理论和应用技术，首先，着重介绍卷积神经网络若干基本操作并分析这些操作的主要特点；然后，讨论并分析几种基本深度卷积网络模型，包括 LeNet、AlexNet 和 VGG 模型；最后，结合 GoogLeNet、ResNet 和 DenseNet 等改进深度卷积网络来分析讨论网络模型改进的基本思路。

8.1.1　卷积网络概述

生物视觉系统的神经元对不同复杂程度信息的响应程度有所不同，例如，猫的视觉中枢中某些神经元对直线等简单信息比较敏感，另外一些神经元则对复杂信息比较敏感，且敏感度和信息的位置及方向无关。这种生物神经元所能处理信息的复杂程度通常称为神经元的**感受野**，神经元对信息位置与方向变化不敏感的特性称为**平移不变性**。卷积神经网络正是根据生物神经系统的这类特性而提出的一种神经网络模型，其基本结构如图 8-1 所示，主要包括卷积计算和池化计算这两个操作，通过对图像等基于矩阵存储的输入数据进行逐层交替的卷积操作和池化操作，实现对该类数据的处理。通常将卷积神经网络中实现卷积计算和池化计算的网络层分别称为**卷积层**和**池化层**。卷积是一类关于矩阵的线性运算方式，主要用于实现对图像等输入数据的特征提取，获得并输出相应的特征图。

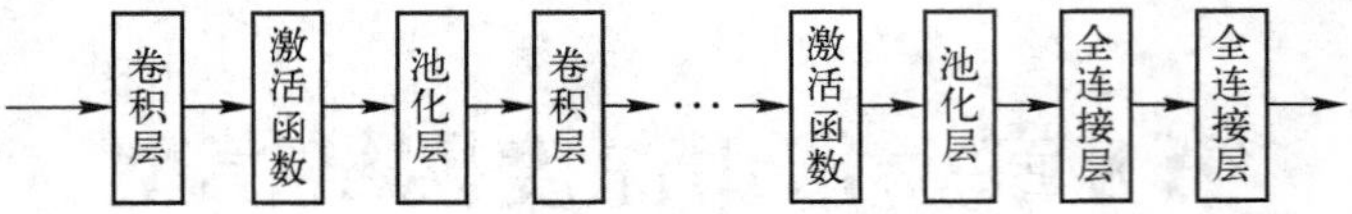

图 8-1　卷积神经网络基本结构

设 $\boldsymbol{A}$ 和 $\boldsymbol{B}$ 分别是 $M\times N$ 和 $m\times n$ 阶矩阵且满足 $M\geqslant m$ 和 $N\geqslant n$，则由矩阵 $\boldsymbol{A}$ 中第 i 行到第 $i+m-1$ 行、第 j 列到第 $j+n-1$ 列元素组成的子区域与矩阵 $\boldsymbol{B}$ 的卷积结果 c_{ij} 为

$$c_{ij}=\sum_{u=i}^{i+m-1}\sum_{v=j}^{j+n-1}a_{uv}b_{u-i+1,v-j+1},1\leqslant i\leqslant M-m+1\text{ 且 }1\leqslant j\leqslant N-n+1$$

其中，a_{uv} 和 b_{uv} 分别表示矩阵 $\boldsymbol{A}$ 和 $\boldsymbol{B}$ 中第 u 行及第 v 列元素。

以图 8-2 中 5×5 矩阵 $\boldsymbol{A}$ 与 3×3 矩阵 $\boldsymbol{B}$ 进行卷积操作为例，对于由矩阵 $\boldsymbol{A}$ 中第 1 行到第 3 行、第 1 列到第 3 列元素组成的子区域，使用矩阵 $\boldsymbol{B}$ 进行卷积计算得到的结果为

$$c_{11}=\sum_{u=1}^{3}\sum_{v=1}^{3}a_{uv}b_{uv}=a_{11}b_{11}+a_{12}b_{12}+\cdots+a_{33}b_{33}=27$$

不难发现，卷积操作的计算过程相当于将矩阵 $\boldsymbol{A}$ 中参与卷积的子区域与矩阵 $\boldsymbol{B}$ 对齐，再将对应位置元素相乘并求和，具体过程如图 8-3 所示。

1	2	3	4	5
6	7	8	9	0
9	8	7	6	5
4	3	2	1	0
1	2	3	4	5

1	0	1
0	1	0
1	0	1

图 8-2　矩阵 $\boldsymbol{A}$ 和矩阵 $\boldsymbol{B}$

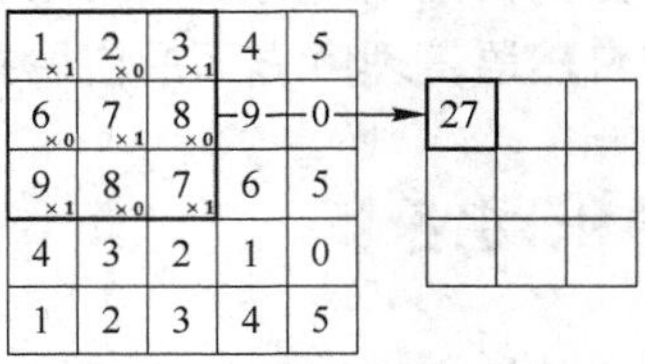

图 8-3　卷积计算示意图

使用矩阵 $\boldsymbol{B}$ 对整个矩阵 $\boldsymbol{A}$ 做卷积计算的具体过程如图 8-4 所示，该卷积计算中的矩阵 $\boldsymbol{B}$ 称为**卷积核**。通常将样本数据矩阵作为矩阵 $\boldsymbol{A}$，使用卷积核 $\boldsymbol{B}$ 对样本数据矩阵做卷积运算获得该样本数据矩阵的特征矩阵 $\boldsymbol{C}$，使用不同的卷积核 $\boldsymbol{B}$ 会得到相应的特征矩阵 $\boldsymbol{C}$。

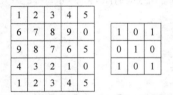

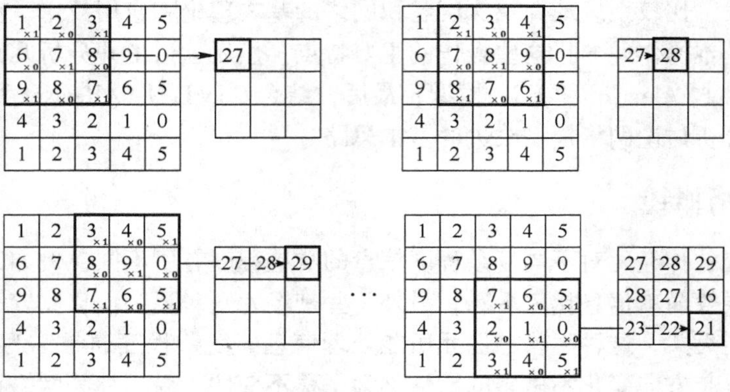

图 8-4　矩阵 $\boldsymbol{B}$ 对矩阵 $\boldsymbol{A}$ 的卷积计算过程

可将卷积核的移动设定为不同的步长。例如，图 8-4 中卷积计算的步长为 1，将步长设为 2 则会得到 2×2 阶特征矩阵。显然，步长越大则所得特征矩阵规模越小，且数据矩阵边界上的元素对特征矩阵的贡献亦较小，甚至会丢失部分边界信息。故一般需为原始数据补充一圈或几

圈元素，通常称为**填充操作**。填充圈数和填充元素取值无固定标准，通常为数据矩阵填充一圈或几圈 0 元素。可在水平方向和竖直方向上设置不同的步长。具体地说，对于 $M\times N$ 阶数据矩阵，$m\times n$ 阶卷积核，假设填充圈数为 p，水平方向和竖直方向的步长分别为d_1 和 d_2，则特征矩阵的行数 R 和列数 C 分别为

$$R=\left\lfloor\frac{M+2p-m}{d_1}\right\rfloor+1\text{；}C=\left\lfloor\frac{N+2p-n}{d_2}\right\rfloor+1$$

其中，$\lfloor\cdot\rfloor$表示向下取整。

上述特征矩阵的行数 R 和列数 C 即为输入图片经过卷积计算后所得的特征图的长和宽。对填充操作后数据矩阵的卷积计算操作有多种，例如 full 卷积、same 卷积和 valid 卷积等。full 卷积是指从卷积核与原始数据矩阵相交的位置开始做卷积，same 卷积是指当卷积核中心元素与原始数据矩阵相交时开始做卷积，valid 卷积只对原始数据矩阵做卷积。对于 7×7 原始图像填充两圈后的数据图像，图 8-5 表示分别对其做 full 卷积、same 卷积和 valid 卷积情况下，在第一个水平方向第一次卷积计算时和在第一个水平方向最后一次卷积计算时卷积核的位置。

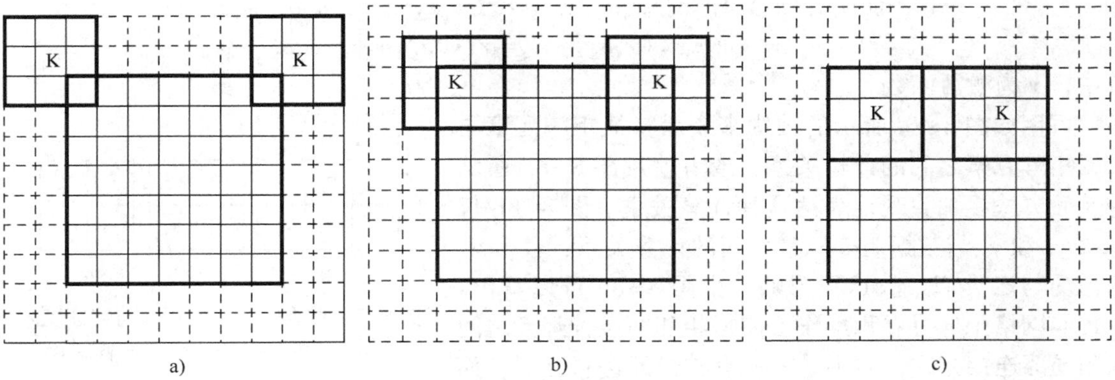

图 8-5　三种卷积计算的卷积核位置对比

a）full 卷积　b）same 卷积　c）valid 卷积

池化操作亦称为下采样，主要作用是通过对特征图进行适当抽象的方式去除特征图中不重要的信息，通常使用适当综合分析方法降低特征图的分辨率或对特性进行适当压缩，由此实现减少参数数量并突出有效特征信息的效果。具体地说，池化操作首先定义池化窗口的大小，即图 8-6a 中加粗正方形的边长；然后，通过池化窗口将数据矩阵等分为多个子区域；最后，在每个子区域内按照某个规则采样得到一个用于表示该子区域的元素。

与卷积核类似，池化窗口也有步长。通常将池化窗口的步长定义为两个相邻池化窗口的水平位移或竖直位移的大小。如果相邻池化窗口不重叠，则称该池化操作为**一般池化操作**，池化步长等于池化窗口的大小；如果相邻池化窗口有所重叠，则称该池化操作为**重叠池化操作**，此时的池化步长只需要大于 1 即可。从子区域内进行采样的规则主要有取最大值、取最小值和取平均值三种，对应的池化操作分别称为**最大池化**、**最小池化**和**均值池化**。例如，对于图 8-6a 所示数据矩阵，分别对其进行池化窗口为 2×2 的一般性最大池化、最小池化和均值池化，所得结果分别如图 8-6b、c、d 所示。

在卷积神经网络中，数据矩阵各元素分别对应前一层神经元，特征矩阵各元素对应后一层神经元，卷积核矩阵数据则作为连接权重。对于数据矩阵 $\boldsymbol{X}$，卷积神经网络首先对其进行多次

1	1	2	4
5	6	7	8
3	2	1	0
1	2	3	4

a)

6	8
3	4

b)

1	2
1	0

c)

3.25	5.25
2	2

d)

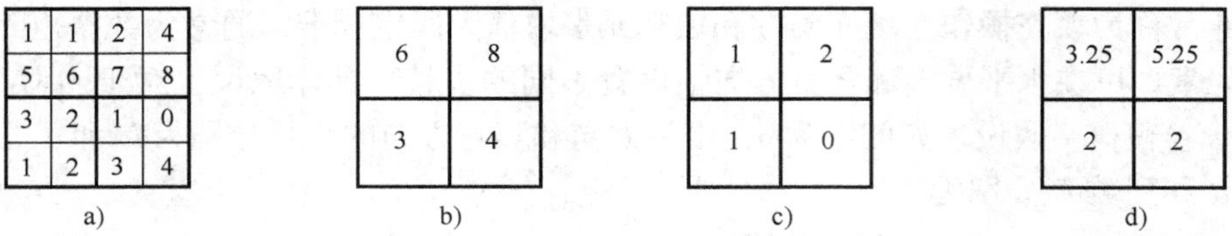

图 8-6　各类池化方式效果对比

a) 数据矩阵　b) 最大池化　c) 最小池化　d) 均值池化

交替的卷积和池化操作。设数据矩阵 X 经过卷积和激活函数处理后所得的特征矩阵为 X'，则 X' 就是 X 的某种特征表示。也就是说，使用卷积操作可实现对数据矩阵的特征提取。

　　由于对数据矩阵的一次卷积操作采用相同的卷积核，并且特征矩阵中每个元素仅与数据矩阵中部分元素相关，故卷积操作能有效减少卷积神经网络的参数数目。如图 8-7 所示，使用一个 2×2 阶卷积核对 3×3 阶数据矩阵进行步长为 1 的卷积操作，则可得到特征矩阵的阶数为 2×2。由卷积操作定义可知，特征矩阵中的各元素取值分别为

$$y_1 = \sigma(w_1 a_1 + w_2 a_2 + w_3 a_4 + w_4 a_5)\ ;\quad y_2 = \sigma(w_1 a_2 + w_2 a_3 + w_3 a_5 + w_4 a_6)\ ;$$
$$y_3 = \sigma(w_1 a_4 + w_2 a_5 + w_3 a_7 + w_4 a_8)\ ;\quad y_4 = \sigma(w_1 a_5 + w_2 a_6 + w_3 a_8 + w_4 a_9)$$

其中，σ 为激活函数。

　　可用如图 8-8a 所示的结构来表示特征矩阵元素与数据矩阵元素之间的计算关系，或者使用图 8-8b 所示神经元方式更加直观地表达这种计算关系。图 8-8b 仅标明 y_1 和 y_4 与数据矩阵元素之间的计算关系，y_2 和 y_3 的情况与之类似，故这里省略。由图 8-8b 可以看出，在神经网络中通过卷积操作可使得相邻两层神经元之间采用局部连接方式，而不是将所有神经元进行互联，而

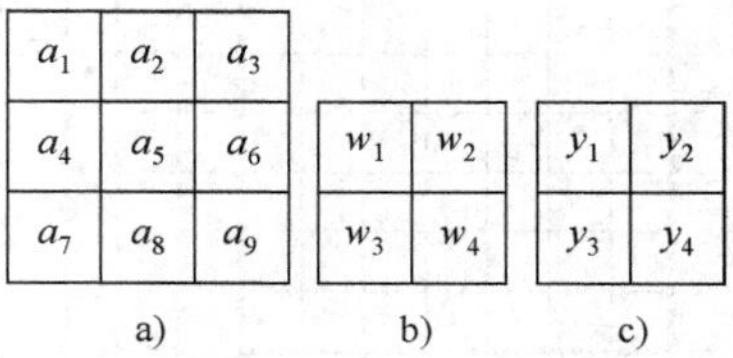

图 8-7　数据矩阵、卷积核与特征矩阵

a) 数据矩阵　b) 卷积核　c) 特征矩阵

且连接边共享一组相同的参数，可有效减少网络参数的数量。对于通过卷积操作获得的特征矩阵，还需对其进行池化操作以减小特征矩阵规模并突出有效信息，进一步减少下次卷积操作的参数数目，故与传统全连接网络相比，卷积神经网络参数较少且对矩阵数据的处理较为便捷。

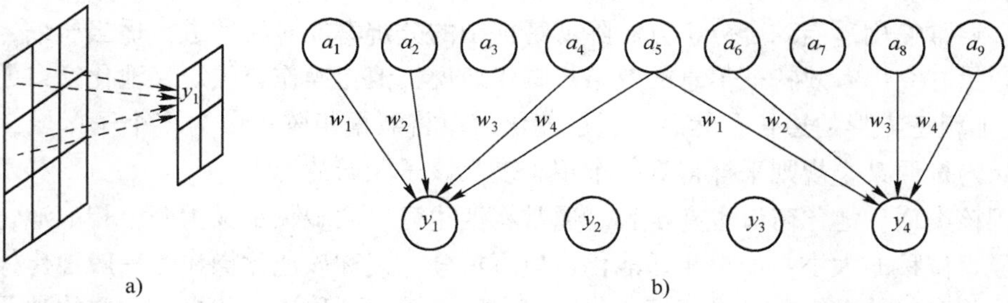

图 8-8　卷积操作中元素的相关性关系

a) 元素 y_1 相关性关系图　b) 展开的元素 y_1 与 y_4 相关性关系图

　　每次卷积操作的计算结果仅与卷积核所覆盖的数据矩阵子区域相关，相当于卷积操作具有与生物视觉系统神经元感受野类似的特性。如图 8-9 所示，卷积神经网络使用多个卷积层，通过对矩阵数据的层层处理获得所需的特征矩阵。由于该特征矩阵与原始数据矩阵中大部分或全部元素相关，故可将其作为原始数据矩阵的一个高层特征表示。此外，由于卷积结果只与子

区域内的元素取值相关而与位置无关，故卷积操作具有一定的平移不变性。如在图 8-10 中使用相同卷积核对两个不同位置的虚框区域进行卷积操作得到的计算结果相同。

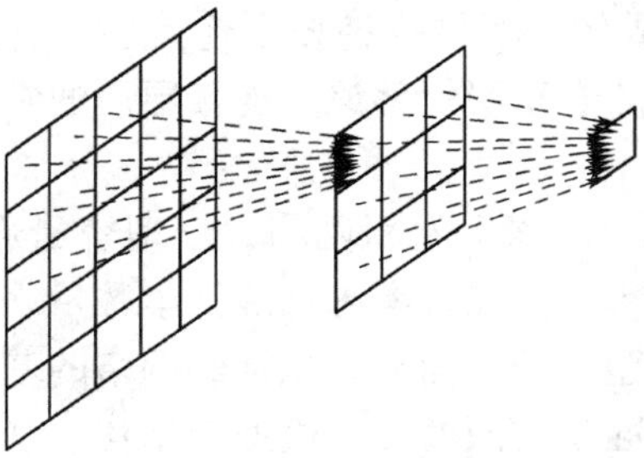

图 8-9　感受野与网络层次的关系

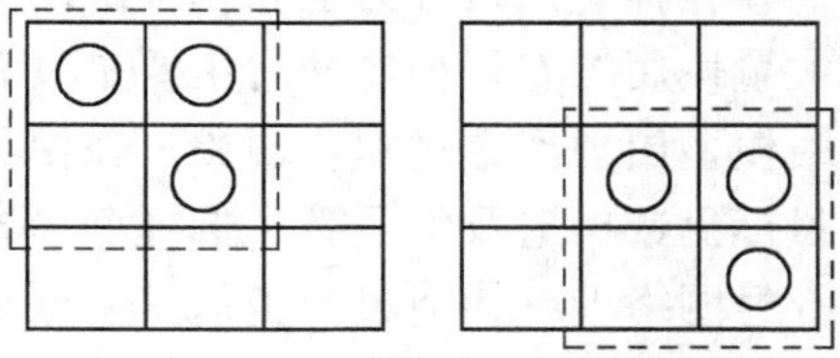

图 8-10　卷积计算的平移不变性

有时数据矩阵可能并非简单的二维矩阵，例如，RGB 彩色图像由三个不同色彩通道的二维图像堆叠形成。通常采用多通道卷积方法处理此类数据。如图 8-11 所示，对于包含 k 个通道的数据矩阵，该方法使用 k 个大小相同但参数不同的卷积核分别对每个通道进行卷积操作，并将所得的 k 个特征矩阵相加并输出所求特征矩阵。

对于单通道矩阵数据，使用一个卷积核对其进行卷积操作仅能得到一个特征矩阵。由于一个特征矩阵所表达的信息有时会比较片面，故卷积神经网络通常采用多个不同的卷积核对数据矩阵进行处理来得到多个通道的特征矩阵，从而实现对数据矩阵的不同特征表示，并由此提升网络性能，处理过程如图 8-12 所示。分别将每个卷积层所使用卷积核的个数称为该卷积层的**通道数**。

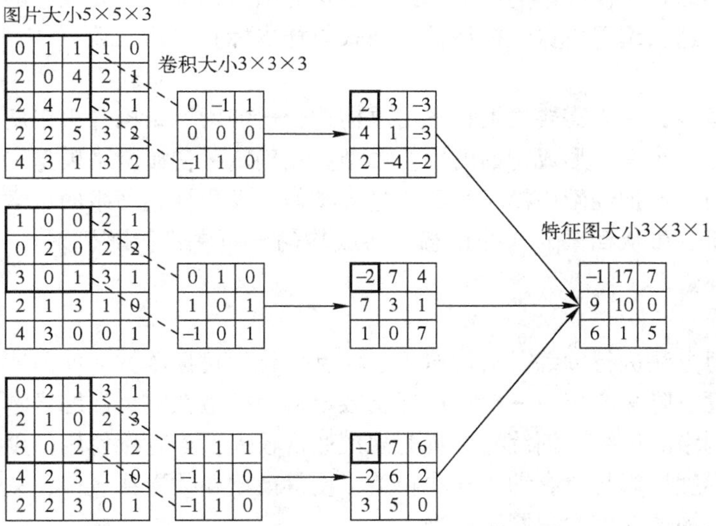

图 8-11　多通道卷积

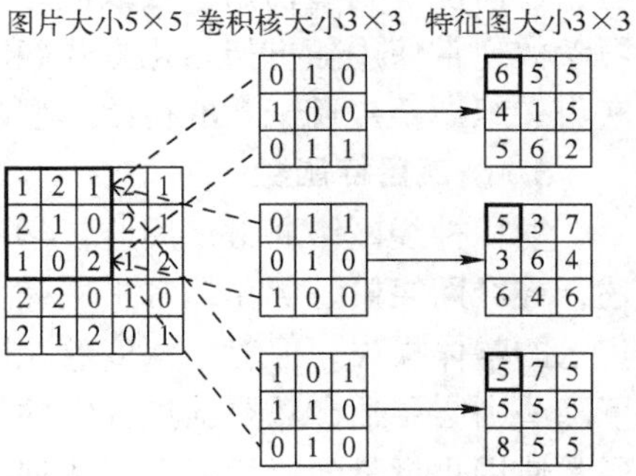

图 8-12　单通道图像的多通道处理

对于训练完成的卷积神经网络，可将交替存在的卷积层和池化层看成是特征提取器，实现卷积神经网络的特征提取功能。卷积神经网络全连接层的作用是综合所有特征形成特征向量并通过 softmax 层完成数据从特征空间到输出空间的映射，形成网络模型的最终输出，实现对机器学习任务的求解。由此可见，卷积神经网络同时具有特征提取和功能处理模块，将原始数据输入网络模型便可完成对分类、预测等机器学习任务的求解。这种端到端的任务求解方式可有效降低人工干预和模型使用成本。

直接使用全连接层将特征矩阵进行展开显然会破坏数据的空间结构信息，为此可用卷积层代替全连接层，使得整个网络不再包含全连接层。具体地说，若全连接层前一层输出为 $h \times w$ 阶的 d 张特征图，则用包含 d 个 $h \times w$ 阶卷积核所组成的卷积层代替该全连接层；若全连接层前一层输出为 n 维向量，则用 n 个 1×1 阶卷积核组成的卷积层代替该全连接层。通常将不包含全连接层的卷积神经网络称为**全卷积神经网络**。

目前大量使用的卷积神经网络主要是具有较深层次的深度卷积网络，模型容量通常较大。为避免网络模型出现严重过拟合现象，在模型训练过程中需综合考虑训练样本数量、模型参数初始化、目标函数构造及学习算法选择等多方面的问题。训练构造卷积神经网络的基本流程通常与一般神经网络训练构造过程类似，主要包括数据准备与预处理、模型初始化、确定优化目标、模型优化求解和验证模型性能五个基本步骤，但由于卷积神经网络结构与一般神经网络存在较大差异且所处理数据形式较为特别，故卷积神经网络训练构造的具体过程与一般神经网络的训练构造存在一定差异。卷积神经网络训练构造的具体过程如下。

1. 数据准备与预处理

首先，根据具体任务需求收集样本，卷积神经网络通常采用监督学习训练方式，故需对所收集样本进行标注以形成带标签数据集 D，并将 D 划分为训练集 S 和测试集 T，分别用于模型训练和模型测试。卷积神经网络通常用于计算机视觉任务，所处理的数据通常为数字图像，需对图像样本的分辨率进行归一化处理，获得具有统一分辨率的图像样本集合。此外，还需通过对样本图像做放缩、裁剪、旋转、翻转等操作扩充样本，实现对样本数据的增强，也可使用深度置信网络、生成对抗网络等生成式模型来生成虚拟样本，实现样本增强。由于卷积神经网络通过一系列卷积和池化操作便可得到原始图像样本的特征，故卷积神经网络训练不需要额外的特征提取过程，但需对样本标签进行适当编码以保证模型输出格式与样本标签格式一致。

2. 模型初始化

在卷积神经网络模型初始化过程中，首先需要根据任务需求构造合适的网络结构并确定所需的超参数取值，如卷积核的数目、大小等，形成初始的网络模型。在确定了初始网络模型之后，还需确定模型初始参数取值。与一般神经网络模型初始化过程类似，卷积神经网络的可学习参数通常使用随机初始化方式确定，可从期望为 0 的正态分布或均匀分布中进行随机采样，获得一组期望接近于 0 的初始模型参数。

3. 确定目标函数

卷积神经网络通常采用监督学习方法进行训练，需构造用于模型优化的目标函数。如前所述，神经网络模型优化通常采用梯度下降法实现，一般将目标函数定义为模型在整个训练样本集上的整体损失。但对于深度卷积网络的训练，训练样本集的规模通常较大，若直接使用梯度下降法则会导致参数更新过程中的梯度计算与所有训练样本相关，使得模型参数更新缓慢，故通常使用小批量随机梯度下降法训练构造深度卷积网络模型。

小批量随机梯度下降法首先将训练样本集 S 打乱得到训练集 S'，然后将 S' 等分为多个规模较小的子集 $S'_1, S'_2, \cdots, S'_k$，每个子集称为一个**小批次**，每个小批次中所包含的样本数称为**批大小**。算法在迭代计算中随机选择一个当前未参与训练的小批次进行搜索方向的更新计算，目标函数则由该批次的训练子集 S'_i 确定。设 S'_i 批的大小为 s，则可将目标函数 $J'(\boldsymbol{W}, \boldsymbol{b})$ 定义为

$$J'(\boldsymbol{W}, \boldsymbol{b}) = \frac{1}{s} \sum_{X_j \in S'_i} L(f(X_j), y_j) \tag{8-1}$$

其中，$f(X_j)$ 表示卷积神经网络对于样本 X_j 的输出；L 为损失函数。

分类问题的目标函数通常使用 hinge 损失函数或交叉熵损失函数；回归问题的目标函数 L 通常使用平方误差损失函数或 K-L 散度。为避免出现严重的过拟合现象，还可以在目标函数中添加正则化项用于约束参数的取值。例如，若使用交叉熵损失函数并添加 L^2 范数惩罚，则卷积神经网络每次参数更新的目标函数可表示为

$$J'(\boldsymbol{W},\boldsymbol{b}) = -\frac{1}{s}\sum_{X_j \in S'_i}^{n}\sum_{t=1}^{p} y_{jt}\ln f_t(X_j) + \frac{\alpha}{2}\|\boldsymbol{W}\|_2^2 \tag{8-2}$$

其中，y_{jt} 为 X_j 基于独热式编码所得 p 维向量 $\boldsymbol{y}_j$ 中第 t 个元素的取值；α 为正则化系数。

在完成一次迭代过程之后，需再次随机选择未参与训练的小批次并重新计算目标函数取值。若所有小批次 $S'_1,S'_2,\cdots,S'_k$ 均参与过训练过程，则重新打乱训练集 S 并重新划分小批次，再通过新的小批次构造目标函数继续更新网络参数，直至模型性能满足测试要求。

4. 模型优化求解

卷积神经网络是一类特殊的深度前馈神经网络，并且通常采用随机梯度下降算法进行模型优化，模型优化求解过程需要结合反向传播算法逐层求解参数的梯度。反向传播算法的关键在于逐层求解各结点输出的误差。在卷积神经网络中，全连接层的反向传播过程与传统神经网络中的传播过程一致，但网络模型中存在对应于卷积和池化等特殊操作的卷积层和池化层，其梯度反向传播过程具有与传统前馈神经网络不同的特点。

卷积神经网络梯度反向传播特点主要表现在如下三个方面：一是池化层在前向传播过程中对输入进行下采样操作，无法如传统前馈神经网络中那样直接反向计算误差取值；二是卷积层使用卷积核对输入数据进行卷积计算，将所有卷积结果进行叠加获得输出，而传统前馈神经网络则是直接进行矩阵乘法获得输出，故卷积层的反向传播与传统前馈神经网络具有一定差异；三是由于 $\boldsymbol{W}$ 在卷积层中使用卷积运算，该操作使得神经网络中相关层级之间的神经元采用局部连接方式，导致前一层神经元所对应误差不再依赖于其后一层中的所有神经元，故此处误差的反向传播过程与传统全连接网络有所不同。卷积神经网络反向传播算法需针对上述三个特点进行设计。同时，在数据方面需注意传统前馈神经网络各层的输入、输出都是向量，卷积神经网络数据则由若干个子矩阵组成。由于每个卷积层可以有多个卷积核，各卷积核的处理方法是相同且独立的，故可将卷积核理解为卷积层中若干个卷积核中的某一个。

首先，考虑从池化层开始的梯度反向传播计算方式。在反向传播过程中需要求得池化层之前隐含层的梯度，但由于池化操作丢失了数据矩阵的部分信息，故只能精确计算池化后数据矩阵的误差取值而无法精确计算池化之前数据矩阵中每一个元素所对应的误差。此时可用上采样操作对这些误差取值进行估计。上采样可将池化所得矩阵恢复为池化之前相同大小，对于平均池化和最大最小值池化方式，所用上采样会有所不同。对于平均池化方式，上采样将子区域对应的误差平均分配给该子区域中的各个元素；对于最大最小值池化方式，上采样则将子区域误差填回对应位置，并设置其余元素取值为 0。

设第 l 层池化层所对应误差矩阵为$\boldsymbol{\delta}^l$，则可使用上采样方式获得池化层的梯度反馈，即有 $\partial \boldsymbol{J}(\boldsymbol{w},\boldsymbol{b})/\partial \boldsymbol{a}^{l-1}$，其中 $\boldsymbol{a}^{l-1}$ 为前向传播过程中第 $l-1$ 层的输出，即池化层前一层的网络输出。故得到前一隐含层的误差矩阵为

$$\boldsymbol{\delta}^{l-1} = \frac{\partial J(\boldsymbol{w},\boldsymbol{b})}{\partial \boldsymbol{a}^{l-1}}\frac{\partial \boldsymbol{a}^{l-1}}{\partial \boldsymbol{z}^{l-1}} = \text{upsample}(\boldsymbol{\delta}^l)\odot\sigma'(\boldsymbol{z}^{l-1})$$

上采样完成了池化层误差矩阵放大与误差重新分配的逻辑，符号⊙表示矩阵点积操作，即矩阵中对应元素的乘积。$\sigma'(\boldsymbol{z}^{l-1})$表示第 $l-1$ 层激活函数的导数，即该层结点输入的导数。可

由上式从已知池化层误差矩阵 $\boldsymbol{\delta}^l$ 导出上一隐含层的误差矩阵 $\boldsymbol{\delta}^{l-1}$，实现参数更新。

卷积层的前向传播公式为 $\boldsymbol{a}^l=\sigma(\boldsymbol{z}^l)=\sigma(\boldsymbol{a}^{l-1}*\boldsymbol{W}^l+\boldsymbol{b}^l)$，其中 σ 为卷积层激活函数；$*$ 为卷积算符。对比前述前馈神经网络中 $\boldsymbol{\delta}^l$ 和 $\boldsymbol{\delta}^{l-1}$ 的递推关系，有

$$\boldsymbol{\delta}^l=\frac{\partial J(\boldsymbol{w},\boldsymbol{b})}{\partial z^l}=\frac{\partial J(\boldsymbol{w},\boldsymbol{b})}{\partial z^{l+1}}\frac{\partial z^{l+1}}{\partial z^l}=\boldsymbol{\delta}^{l+1}\frac{\partial z^{l+1}}{\partial z^l}$$

不难发现，要想推导出 $\boldsymbol{\delta}^l$ 和 $\boldsymbol{\delta}^{l-1}$ 的递推关系，就必须计算 $\partial z^{l+1}/\partial z^l$ 的结果。由于在卷积神经网络中有 $\boldsymbol{z}^l=\boldsymbol{a}^{l-1}*\boldsymbol{W}^l+\boldsymbol{b}^l=\sigma(\boldsymbol{z}^{l-1}*\boldsymbol{W}^l+\boldsymbol{b}^l)$ 成立，故在已知卷积层的误差矩阵 $\boldsymbol{\delta}^l$ 的条件下，可得上一隐含层的误差矩阵 $\boldsymbol{\delta}^{l-1}$，即有

$$\boldsymbol{\delta}^{l-1}=\boldsymbol{\delta}^l\frac{\partial \boldsymbol{z}^l}{\partial \boldsymbol{z}^{l-1}}=\boldsymbol{\delta}^l*\mathrm{rot180}(\boldsymbol{W}^l)\odot\sigma'(\boldsymbol{z}^{l-1})$$

其中，$\mathrm{rot180}(\boldsymbol{W}^l)$ 表示将卷积核 $\boldsymbol{W}^l$ 旋转 180°，即将 $\boldsymbol{W}^l$ 上下和左右各翻转一次。

例如，假设 $l-1$ 层输出的 $\boldsymbol{a}^{l-1}$ 为 3×3 矩阵，第 l 层的卷积核 $\boldsymbol{W}^l$ 为 2×2 矩阵，步长为 1，则输出 $\boldsymbol{z}^l$ 为 2×2 矩阵，定义偏置 $\boldsymbol{b}^l$ 均为 $\boldsymbol{0}$，则有 $z^l=\boldsymbol{a}^{l-1}*\boldsymbol{W}^l$。展开 $\boldsymbol{a}$、$\boldsymbol{W}$、$\boldsymbol{z}$，可得

$$\begin{pmatrix} z_{11} & z_{12}\\ z_{21} & z_{22}\end{pmatrix}=\begin{pmatrix} a_{11} & a_{12} & a_{13}\\ a_{21} & a_{22} & a_{23}\\ a_{31} & a_{32} & a_{33}\end{pmatrix}*\begin{pmatrix} w_{11} & w_{12}\\ w_{21} & w_{22}\end{pmatrix}$$

根据卷积定义，有：

$$z_{11}=a_{11}w_{11}+a_{12}w_{12}+a_{21}w_{21}+a_{22}w_{22};\ z_{12}=a_{12}w_{11}+a_{13}w_{12}+a_{22}w_{21}+a_{23}w_{22};$$
$$z_{21}=a_{21}w_{11}+a_{22}w_{12}+a_{31}w_{21}+a_{32}w_{22};\ z_{22}=a_{22}w_{11}+a_{23}w_{12}+a_{32}w_{21}+a_{33}w_{22}$$

根据链式求导法则可得目标函数对 $\boldsymbol{a}^{l-1}$ 的梯度 $\nabla\boldsymbol{a}^{l-1}$ 为

$$\nabla\boldsymbol{a}^{l-1}=\frac{\partial J(\boldsymbol{w},\boldsymbol{b})}{\partial \boldsymbol{a}^{l-1}}=\frac{\partial J(\boldsymbol{w},\boldsymbol{b})}{\partial z^l}\frac{\partial z^l}{\partial \boldsymbol{a}^{l-1}}=\boldsymbol{\delta}^l\frac{\partial z^l}{\partial \boldsymbol{a}^{l-1}}$$

假设矩阵 $\boldsymbol{z}$ 的反向传播误差矩阵中的各元素分别为 δ_{11}、δ_{12}、δ_{21}、δ_{22}，则可得到 $\nabla\boldsymbol{a}^{l-1}$ 中各元素的取值。例如，对于 a_{11}，由于卷积操作中 a_{11} 只与 w_{11} 有相乘关系，因此，有 $\nabla a_{11}=\delta_{11}w_{11}$。

同理可得：

$$\nabla a_{12}=\delta_{11}w_{12}+\delta_{12}w_{11},\nabla a_{13}=\delta_{12}w_{12},\nabla a_{21}=\delta_{11}w_{21}+\delta_{21}w_{11},$$
$$\nabla a_{22}=\delta_{11}w_{22}+\delta_{21}w_{12}+\delta_{12}w_{21}+\delta_{22}w_{11},\nabla a_{23}=\delta_{12}w_{22}+\delta_{22}w_{12},$$
$$\nabla a_{31}=\delta_{21}w_{21},\nabla a_{32}=\delta_{21}w_{22}+\delta_{22}w_{21},\nabla a_{33}=\delta_{22}w_{22}$$

将上述各式用矩阵卷积形式表示，则有

$$\begin{pmatrix}\nabla a_{11} & \nabla a_{12} & \nabla a_{13}\\ \nabla a_{21} & \nabla a_{22} & \nabla a_{23}\\ \nabla a_{31} & \nabla a_{32} & \nabla a_{33}\end{pmatrix}=\begin{pmatrix}0 & 0 & 0 & 0\\ 0 & \delta_{11} & \delta_{12} & 0\\ 0 & \delta_{21} & \delta_{22} & 0\\ 0 & 0 & 0 & 0\end{pmatrix}*\begin{pmatrix} w_{22} & w_{21}\\ w_{12} & w_{11}\end{pmatrix}$$

由以上分析可知，将卷积核做 180°旋转后与反向传播的梯度误差进行卷积，可得前一层的梯度误差。对于已知的每一层梯度误差 $\boldsymbol{\delta}^l$，需通过梯度误差进一步求出该层 $\boldsymbol{W}$、$\boldsymbol{b}$ 的梯度。对于全连接层，可按照前馈神经网络反向传播算法求出该层的 $\boldsymbol{W}$、$\boldsymbol{b}$ 的梯度。由于池化层没有 $\boldsymbol{W}$、$\boldsymbol{b}$，故只需考虑卷积层的 $\boldsymbol{W}$、$\boldsymbol{b}$。可将卷积层 $\boldsymbol{z}$ 和 $\boldsymbol{W}$、$\boldsymbol{b}$ 的关系表示为

$$\boldsymbol{z}^l=\boldsymbol{a}^{l-1}*\boldsymbol{W}^l+\boldsymbol{b}^l \tag{8-3}$$

对于第 l 层，可将关于卷积核矩阵 $\boldsymbol{W}$ 的导数表示为

$$\frac{\partial J(\boldsymbol{w},\boldsymbol{b})}{\partial \boldsymbol{W}_{pq}^{l}} = \sum_{i=0}^{p} \sum_{j=0}^{q} (\delta_{ij}^{l} x_{i+p-1,j+q-1}^{l-1}) \tag{8-4}$$

其中，p、q 分别为卷积核矩阵 $\boldsymbol{W}$ 的行和列。

设 l-1 层输出矩阵 $\boldsymbol{a}$ 的大小为 4×4，卷积核 $\boldsymbol{W}$ 的大小为 3×3，l 层输出矩阵 $\boldsymbol{z}$ 的大小为 2×2，则反向传播过程中 z 的梯度误差 $\boldsymbol{\delta}$ 也是 2×2 矩阵，依据上式，则有：

$$\frac{\partial J(\boldsymbol{w},\boldsymbol{b})}{\partial \boldsymbol{W}_{11}^{l}} = a_{11}\delta_{11} + a_{12}\delta_{12} + a_{21}\delta_{21} + a_{22}\delta_{22}$$

$$\frac{\partial J(\boldsymbol{w},\boldsymbol{b})}{\partial \boldsymbol{W}_{12}^{l}} = a_{12}\delta_{11} + a_{13}\delta_{12} + a_{22}\delta_{21} + a_{23}\delta_{22}$$

$$\frac{\partial J(\boldsymbol{w},\boldsymbol{b})}{\partial \boldsymbol{W}_{13}^{l}} = a_{13}\delta_{11} + a_{14}\delta_{12} + a_{23}\delta_{21} + a_{24}\delta_{22}$$

$$\frac{\partial J(\boldsymbol{w},\boldsymbol{b})}{\partial \boldsymbol{W}_{21}^{l}} = a_{21}\delta_{11} + a_{22}\delta_{12} + a_{31}\delta_{21} + a_{32}\delta_{22}$$

将上述各式用矩阵卷积形式表示，则有

$$\frac{\partial J(\boldsymbol{w},\boldsymbol{b})}{\partial \boldsymbol{W}^{l}} = \begin{pmatrix} a_{11} & a_{12} & a_{13} & a_{14} \\ a_{21} & a_{22} & a_{23} & a_{24} \\ a_{31} & a_{32} & a_{33} & a_{34} \\ a_{41} & a_{42} & a_{43} & a_{44} \end{pmatrix} * \begin{pmatrix} \delta_{11} & \delta_{12} \\ \delta_{21} & \delta_{22} \end{pmatrix}$$

即

$$\frac{\partial J(\boldsymbol{w},\boldsymbol{b})}{\partial \boldsymbol{W}^{l}} = \frac{\partial J(\boldsymbol{w},\boldsymbol{b})}{\partial z^{l}} \frac{\partial z^{l}}{\partial \boldsymbol{W}^{l}} = \boldsymbol{a}^{l-1} * \boldsymbol{\delta}^{l}$$

由于此时在卷积层内求该层 $\boldsymbol{W}$、$\boldsymbol{b}$ 的梯度，而不是反向传播至上一层的求导，故没有对卷积核进行 180°旋转。同理，将 $\boldsymbol{\delta}^{l}$ 各子矩阵的各项分别求和，可得到 $\boldsymbol{b}$ 的梯度，即有

$$\frac{\partial J(\boldsymbol{w},\boldsymbol{b})}{\partial \boldsymbol{b}^{l}} = \sum_{u,v} (\boldsymbol{\delta}^{l})_{u,v} \tag{8-5}$$

其中，u、v 分别为矩阵 $\boldsymbol{\delta}^{l}$ 的行和列。

至此，已获得卷积神经网络在反向传播中各隐含层与输出层的线性关系系数矩阵 $\boldsymbol{W}$ 和偏置项 $\boldsymbol{b}$ 的梯度计算公式，在此基础上使用随机梯度下降法即可实现网络参数的更新。

5. 验证模型性能

对于通过训练算法构造完成的卷积神经网络模型，需使用测试样本进行模型性能测试，常用的测试方法主要有留出法、交叉验证法等。若模型性能未达到任务需求，则还需调整模型超参数进行重新训练；若模型已达到任务需求，则可直接输出该模型并将其用于解决实际问题。由于卷积神经网络能够比较方便地处理图像数据，并且具有较好的性能，故被广泛应用于计算机视觉领域。目前常用的卷积神经网络模型主要是具有较深层次的深度卷积网络，包括 AlexNet、VGG、ResNet 等网络模型。这些深度卷积网络采用端到端网络结构，有效提高了自动化水平和计算效率，成为计算机视觉等领域信息处理的主要工具。

8.1.2 基本网络模型

LeNet 是第一个成功取得应用效果的卷积神经网络。该网络为解决手写数字识别任务而提

出并成功应用于银行支票上的数字识别。目前人们所说的 LeNet 通常是指如图 8-13 所示的 LeNet5 网络模型。LeNet5 网络除输入层之外共有七层，分别为三个卷积层、两个池化层、一个全连接层和一个输出层。该网络将模型输入限制为分辨率为 32 像素×32 像素的灰度图像。

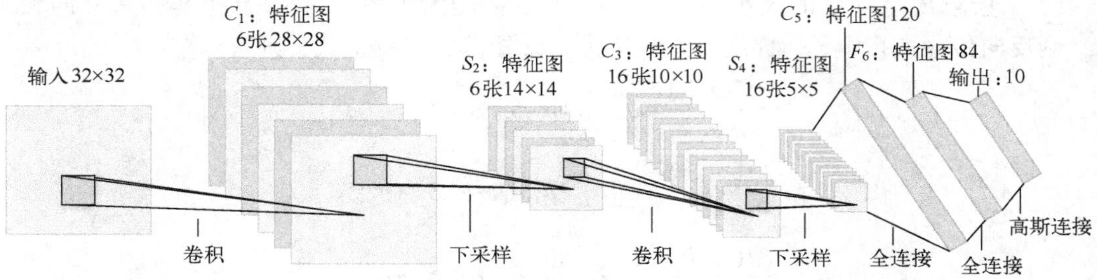

图 8-13　LeNet5 基本结构和操作

考虑将一张手写数字图像输入该网络的前向计算过程。假设输入图像为 X，分别使用 6 个 5×5 阶卷积核对 X 做步长为 1 的卷积操作并加上偏置，通过 Sigmoid 激活函数输出可得到卷积层 C_1 的 6 张分辨率为 28 像素×28 像素的特征图，记第 i 个卷积核所对应的连接权重矩阵为 $\boldsymbol{W}_i^1$，并将 X 展开为向量 X'，可得第 i 个特征图所对应的向量为 $\boldsymbol{h}_i^{1\prime}=\sigma(\boldsymbol{W}_i^1X'+b_i^1)$。将该向量中各元素按顺序排列便可得到特征图 $\boldsymbol{h}_i^1$，其中 b_i^1 为偏置项，σ 为激活函数。由于每个卷积核包含 5×5 个权重参数和一个偏置参数，故 C_1 层共有 156 个可训练参数。输入层到 C_1 有 122304(156×28×28)个连接，故通过卷积操作可极大减少可学习参数的数目。图 8-14 表示已训练 LeNet5 网络卷积层 C_1 对输入图像进行特征提取所得到的 6 张特征图像。

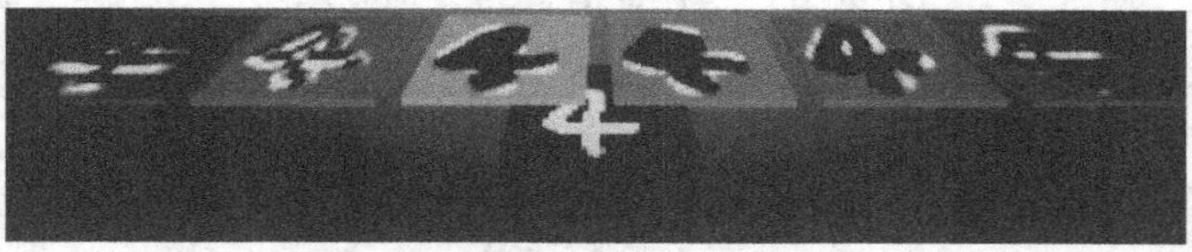

图 8-14　手写字符在 C_1 层可视化效果示例

C_1 层之后是池化层 S_2。该层使用子区域大小为 2×2、步长为 2 的平均池化操作，分别对 C_1 层所得到的 6 个特征图进行池化操作。由于此处池化子区域互不重叠，故通过该层可处理 6 张分辨率为 14 像素×14 像素的特征图，即由池化操作可将神经元数目减少为原来的 1/4。对 C_1 层中第 i 个特征图进行平均池化后，可得到第 i 个池化层 S_2 的特征图 $\boldsymbol{h}_i^2$，即有 $\boldsymbol{h}_i^2=\underset{\alpha=2,r=2}{\mathrm{avgdown}}(\boldsymbol{h}_i^1)$。其中 α 为步长，r 为池化区域边长。经池化层 S_2 处理所得的特征图如图 8-15 所示。

图 8-15　手写字符在 S_2 层可视化效果示例

将经池化层 S_2 处理之后所得特征图输入卷积层 C_3 做进一步处理。与 C_1 层类似，卷积层 C_3 采用 5×5 阶卷积核对特征图进行处理，但 C_3 层包含 16 个卷积核，故卷积层 C_3 中共有 16

个分辨率为 10 像素×10 像素的特征图。这 16 个特征图分别与池化层 S_2 的 6 个特征图中部分或全部特征图相关。表 8-1 表示 C_3 层中 16 个特征图与池化层 S_2 中 6 个特征图之间的相关性，表中“√”表示该位置所在行和列所对应的两个特征图具有相关性。

表 8-1　C_3 连接表

	0	1	2	3	4	5	6	7	8	9	10	11	12	13	14	15
0	√				√	√	√			√	√	√	√		√	√
1	√	√				√	√	√			√	√	√	√		√
2	√	√	√				√	√	√			√		√	√	√
3		√	√	√			√	√	√	√			√		√	√
4			√	√	√			√	√	√	√		√	√		√
5				√	√	√			√	√	√	√		√	√	√

从表 8-1 中可以看出，卷积层 C_3 中前 6 个特征图实现了对池化层 S_2 中连续三个特征图的组合。中间 8 个特征图分别实现对池化层 S_2 中连续的四个特征图的组合以及非连续的四个特征图的组合，最后一个特征图实现对池化层 S_2 中全部六个特征图的组合。通过这种连接，使得不同特征图具有不同输入，破坏了网络对称性，迫使不同特征图提取到不同特征，从而提升模型性能。卷积层 C_3 层拥有 1516 个可训练权重及 156000 个连接。记 C_3 中的第 i 个特征图为 $\boldsymbol{h}_i^3$，将 $\boldsymbol{h}_i^3$ 展开得到向量 $\boldsymbol{h}_i^{3\prime}$，该向量可通过特征图 $\boldsymbol{h}_i^3$ 所对应连接权重矩阵 $\boldsymbol{W}_{ij}^3$与池化层 S_2 的相关特征图 $\boldsymbol{h}_j^{2\prime}$获得，即有

$$\boldsymbol{h}_i^{3\prime} = \sigma\left(\sum_j \boldsymbol{W}_{ij}^3 \boldsymbol{h}_j^{2\prime} + b_i^3\right) \tag{8-6}$$

将向量 $\boldsymbol{h}_i^{3\prime}$中各元素按顺序排列便可得到特征图 $\boldsymbol{h}_i^3$。经过卷积层 C_3 处理所得到的 16 个特征图如图 8-16 所示，图中展示了卷积层 C_3 的第一个特征图与前一层特征图之间的相关关系。

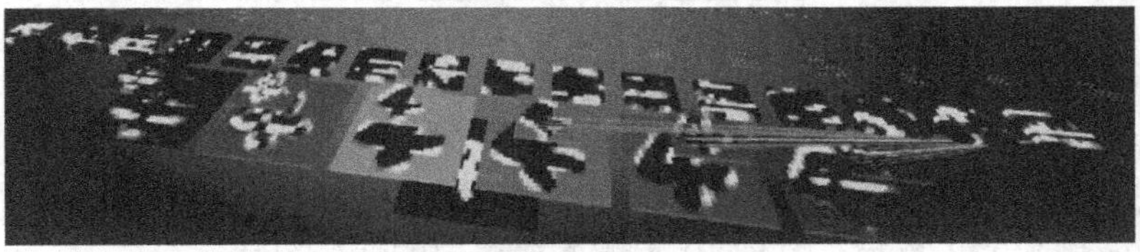

图 8-16　手写字符在 C_3 层可视化效果示例

在卷积层 C_3 提取到特征图 $\boldsymbol{h}_i^3$ 之后，LeNet5 使用第二个池化层 S_4 对这些特征图进行子区域大小为 2×2、步长为 2 的平均池化操作，得到 16 个 5×5 阶特征图。记经过池化层 S_4 处理所得到的第 i 个特征图为 $\boldsymbol{h}_i^4$，则有 $\boldsymbol{h}_i^4 = \underset{\alpha=2,r=2}{\operatorname{avgdown}}(\boldsymbol{h}_i^3)$，图 8-17 表示 S_4 层的池化计算结果。

图 8-17　手写字符在 S_4 层可视化效果示例

完成上述池化操作之后，LeNet5 使用包含 120 个 5×5 阶卷积核的卷积层 C_5 对池化层 S_4 所得到的特征图进行处理，由于池化层 S_4 所得到的特征图的分辨率为 5 像素×5 像素，故用 5×5

阶卷积核对这些特征图进行卷积计算会得到 120 个分辨率为 1 像素×1 像素的特征图。这些特征图与 S_4 中每个特征图均相关，故该层的作用相当于将 S_4 所得特征图融合为一个 120 维的向量，即该层相当于一个全连接层。由于卷积层 C_5 中共包含 120 个 5×5 阶卷积核，这 120 个卷积核分别需要处理 16 张特征图且每个特征图的处理结果均包含一个偏置，故该层共包含 120×(16×5×5+1)= 48120 个可学习参数。记 C_5 中第 i 个特征图为 $\boldsymbol{h}_i^5$。将 $\boldsymbol{h}_i^5$ 展开得到向量 $\boldsymbol{h}_i^{5}{}'$，则可通过特征图 $\boldsymbol{h}_i^5$ 所对应连接权重矩阵 $\boldsymbol{W}_{ij}^5$与池化层 S_4 的特征图计算得到 $\boldsymbol{h}_i^{4}{}'$，具体计算公式如下

$$\boldsymbol{h}_i^{5}{}' = \sigma\left(\sum_j \boldsymbol{W}_{ij}^5 \boldsymbol{h}_j^{4}{}' + b_i^5 \right) \tag{8-7}$$

由于 $\boldsymbol{h}_i^{5}{}'$为 1×1 向量，故有 $\boldsymbol{h}_i^5 = \boldsymbol{h}_i^{5}{}'$。

F_6 层是传统全连接神经网络，共有 84 个单元和 10164 个可训练参数。与传统神经网络计算过程类似，F_6 层计算输入向量与权重向量之间的点积并加上一个偏置，然后将其结果传递给 Sigmoid 函数。最后，输出层由基于 softmax 激活函数的径向基函数单元组成，由于 RBF 模型能够逼近任意非线性函数，可处理系统内的难以解析的规律性，故具有良好的泛化能力。softmax 激活函数可将网络输出转化为伪概率形式，故 LeNet5 中 RBF 层参数与全连接层的输出向量确定了模型的最终输出。输出层的 10 个神经元的状态分别对应着网络预测为数字 0~9 的概率。图 8-18 表示 LeNet5 对一张手写数字图片处理的完整过程。

图 8-18　手写字符在 LeNet5 网络中可视化处理效果

LeNet5 主要用于识别手写数字。Mnist 数据集为一个公开手写数字图像库，包含 70000 张手写数字图片，采集自银行职员和中学生。其中 60000 张是训练图片、10000 张是测试图片，图片分辨率为 28 像素×28 像素。图 8-19 为该数据集中的部分图片。

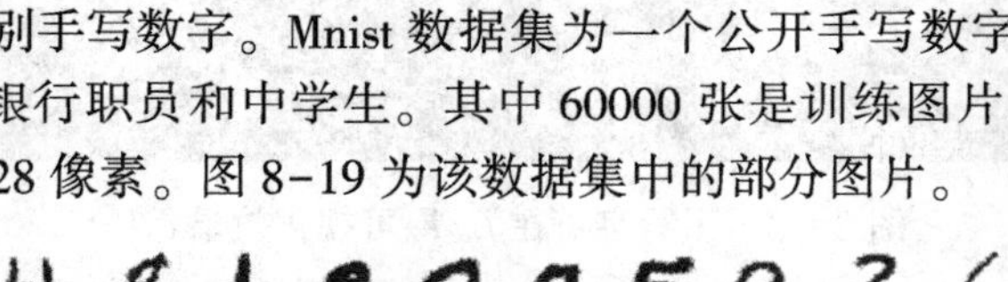

图 8-19　Mnist 数据集中部分样本

可通过监督学习方式使用 Mnist 数据集训练构造 LeNet5 模型。由于 Mnist 数据集中的数据均带有标记信息，故可使用其中的训练集实现对 LeNet5 模型的训练。记 Mnist 数据集中的训练样本集为 $S=\{(X_1,y_1),(X_2,y_2),\cdots,(X_{60000},y_{60000})\}$，具体过程如下：

（1）使用期望为 0 的正态分布或均匀分布初始化网络模型参数；

（2）对数据进行填充操作，将其转化为分辨率为 32 像素×32 像素的图像以满足 LeNet5 的输入要求，并使用独热式特征方式对标签 y_i 进行编码，编码结果为 10 维向量 y_i；

（3）采用小批量随机梯度下降法对模型进行优化，将 S 等分为多个小批次，每个小批次的批大小为 700，每次将 S 等分为 100 个小批次。设在一次更新过程中选择第 j 个小批次 S_j=

$\{(X_1^j, y_1^j), (X_2^j, y_2^j), \cdots, (X_{700}^j, y_{700}^j)\}$进行参数更新，则可得相应目标函数如下

$$J'(\boldsymbol{W}) = \frac{1}{s}\sum_{i=1}^{700} L(f(X_i^j), y_i^j) + \alpha\lambda(\boldsymbol{W})$$

其中，$\boldsymbol{W}$ 为 LeNet5 中所有可学习参数组成的向量。

采用交叉熵损失函数并选择 L^2 范数惩罚方式，得到目标函数的正则化形式为

$$J'(\boldsymbol{W}) = -\frac{1}{700}\sum_{i=1}^{700}\sum_{t=0}^{9} y_{it}^j \ln f_t(X_i^j) + \frac{\alpha}{2}\|\boldsymbol{W}\|_2^2$$

优化上述目标函数并结合反向传播算法对模型参数进行调整；

（4）若当前所有小批次均参与了模型训练过程并且未达到终止条件，则需打乱训练集 S 并重新划分小批次，重新开始训练过程；否则，直接从未参与训练的小批次当中随机选择一个再对模型参数进行迭代计算；

（5）重复上述步骤，直至满足终止条件时才结束训练过程，输出优化的 LeNet5 模型。

使用上述过程对 LeNet5 进行 10000 次全库迭代后得到所求 LeNet5 模型。LeNet5 模型在 Mnist 测试集上的识别准确率可达 99%以上，明显优于 SVM、KNN、径向基神经网络等传统机器学习模型。由于 LeNet5 是一个端到端的卷积神经网络，故训练过程比传统机器学习方法更为简单。虽然 LeNet5 模型在手写数字识别领域取得了非常好的应用效果，但由于该网络模型相对简单，所以只能用于比较简单的图像分类问题。可以进一步构造更加复杂的卷积网络模型以完成更加复杂的任务，AlexNet 便是一种最著名的深度卷积神经网络模型。

AlexNet 是针对 ILSVRC（ImageNet Large Scale Visual Recognition Competition）中的分类问题而提出的一种深度卷积网络模型。ILSVRC 是一项著名的图像类竞赛，赛事提供的 ImageNet 数据集包含超过两万个类别、共 1400 万张图像。ILSVRC 赛事中的分类问题仅使用其中 1000 个类别的 120 多万张图像作为数据集。虽然该类别数目比整个 ImageNet 数据集小很多，但对于 LeNet5 这种简单深度卷积网络而言，依然难以完成如此规模的分类任务。AlexNet 模型能够有效处理这种图像分类任务，以优于第二名超过 10% 的正确率夺得 2012 年 ILSVRC 冠军。AlexNet 模型成功引起了人们对深度卷积网络和深度学习的广泛关注。

AlexNet 模型的网络结构如图 8-20 所示，它包含上、下两个结构相同的子网络。采用这种特殊网络架构的主要原因是当时的计算硬件性能较弱，需用两块性能较弱的 GTX580 显卡参与并行计算过程以提高训练效率。这种网络架构对于提升模型性能并无帮助。与 LeNet5 要求输入图像为灰度图不同，AlexNet 的输入为 3 通道、分辨率为 224 像素×224 像素的彩色图像，之后的卷积层使用两组共 96 个大小为 11×11×3 的多通道卷积核对输入图像进行处理，并通过激活函数进行映射，得到 96 个 55×55 阶特征图，之后再在特征图的基础上进行池化、卷积等操作，并通过全连接层将最终特征图展开为向量形式，使用独热特征方式获得各类别概率。AlexNet 网络结构较为复杂，其中各层参数取值等信息如表 8-2 所示。

表 8-2　AlexNet 各层参数设置

输入图片 （大小 224×224×3）	GPU1	GPU2
卷积层 1 224×224×3	卷积核大小 11×11，数量 48 个，步长为 4	卷积核大小 11×11，数量 48 个，步长为 4
	激活函数（ReLU）	激活函数（ReLU）
	池化半径为 3，步长为 2	池化半径为 3，步长为 2
	标准化	标准化

（续）

输入图片 （大小 224×224×3）	GPU1	GPU2
卷积层 2 27×27×96	卷积核大小 5×5，数量 128 个，步长为 1	卷积核大小 5×5，数量 128 个，步长为 1
	激活函数（ReLU）	激活函数（ReLU）
	池化半径为 3，步长为 2	池化半径为 3，步长为 2
	标准化	标准化
卷积层 3 13×13×256	卷积核大小 3×3，数量 192 个，步长为 1	卷积核大小 3×3，数量 192 个，步长为 1
	激活函数（ReLU）	激活函数（ReLU）
卷积层 4 13×13×384	卷积核大小 3×3，数量 192 个，步长为 1	卷积核大小 3×3，数量 192 个，步长为 1
	激活函数（ReLU）	激活函数（ReLU）
卷积层 5 13×13×384	卷积核大小 3×3，数量 128 个，步长为 1	卷积核大小 3×3，数量 128 个，步长为 1
	激活函数（ReLU）	激活函数（ReLU）
	池化半径为 3，步长为 2	池化半径为 3，步长为 2
全连接 6 6×6×256	2048 个神经元	2048 个神经元
	Dropout	Dropout
全连接 7 4096×1	2048 个神经元	2048 个神经元
	Dropout	Dropout
全连接 84096×1	1000 个神经元	

与 LeNet5 相比，AlexNet 除了使用模型容量更大的架构之外，还改进了激活函数，并使用很多训练技巧以加快训练速度以提升模型性能，这些改进主要体现在如下几个方面。

1. 采用 GPU 训练

在 AlexNet 模型提出之前，对于深度卷积神经网络的训练多使用 CPU 作为主要计算模块。但随着数据量的增加，模型训练所需算力已远超 CPU 算力水平。与 CPU 不同，GPU 具有数量众多的小体积计算单元，这些计算单元具有很强的并行计算能力。采用 GPU 作为核心计算模型可以有效提升机器学习模型的训练效率。AlexNet 采用两块 GTX580 显卡并行参与模型训练过程，每块 GPU 负责计算一半的模型参数，使得 AlexNet 模型能被快速训练。

2. 数据增强与 Dropout 正则化

AlexNet 模型输入 224×224 的 3 通道彩色图像。为提升模型泛化能力，并未直接将原始图像尺度归一化为 224×224 的 3 通道彩色图像，而是将其转化为 256×256 的 3 通道图像，再从中随机裁剪出大小为 224×224 的彩色图像作为网络输入。AlexNet 设置输入图像存在 50%的概率进行翻转操作，实现样本扩充。AlexNet 的全连接层中使用了 Dropout 正则化方法，每次随机选择一半神经元失活。事实上，Dropout 正则化方法正是在 AlexNet 中被首次提出的。

3. 改变激活函数

传统神经网络通常使用 Sigmoid、tanh 等激活函数。这些函数的梯度均小于 1，在对深度学习模型进行基于反向传播的参数求解过程中会出现梯度消失问题，导致模型退化。此外 Sigmoid、tanh 等激活函数的求导较为复杂，在使用大规模数据的模型进行训练过程中，梯度计算会消耗太多时间。为此，AlexNet 采用如下**校正线性函数**ReLU 作为激活函数

$$\mathrm{ReLU}(x)=\max\{0,x\}=\begin{cases}0, & x<0\\ x, & x\geqslant 0\end{cases}$$

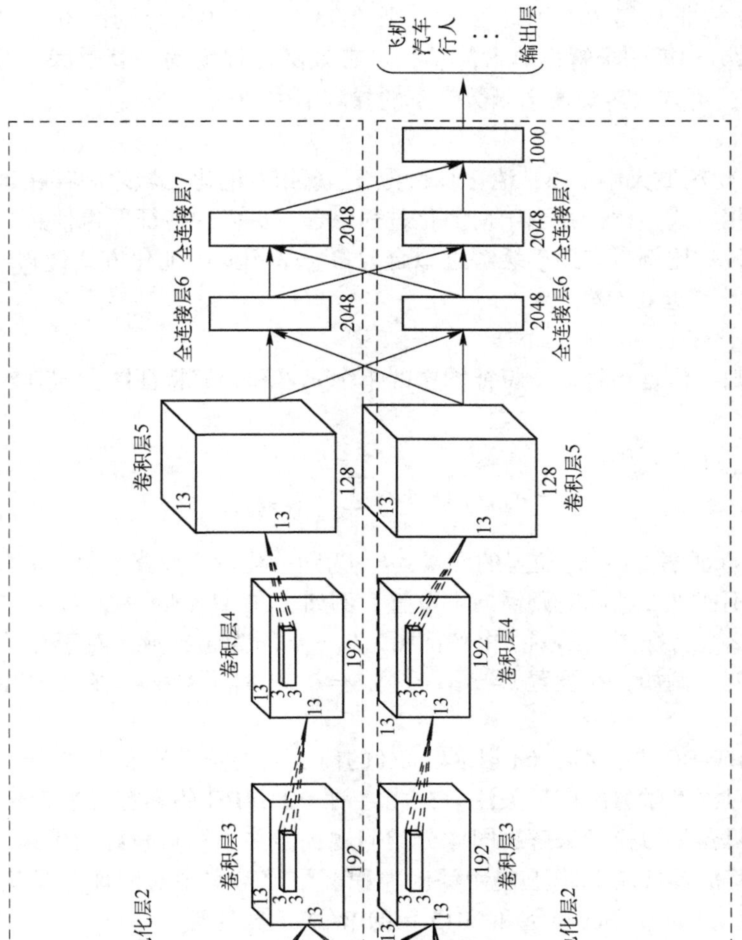

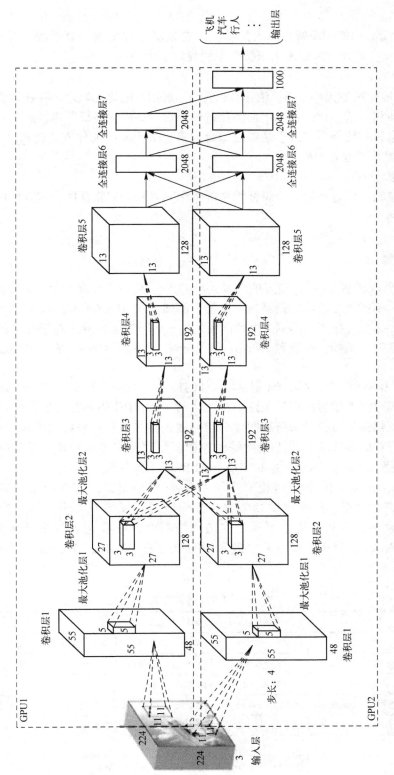

图8-20　AlexNet网络结构

ReLU 函数的导数非常简单，即若 $x<0$，则 $\mathrm{ReLU}'(x)=0$；否则，$\mathrm{ReLU}'(x)=1$。采用 ReLU 激活函数对参数梯度的求解也非常简单，可有效降低梯度的计算时间，并且当 $x>0$ 时，ReLU 函数导数为 1，可有效避免激活函数带来的梯度消失问题。

4. 改进池化方式

AlexNet 模型池化区域大小 3×3，池化步长为 2，意味着池化区域之间存在重叠区域。与子区域互不重叠的池化方式相比，相当于使池化过程综合了更多的特征图像信息，降低了池化过程的随机性和信息丢失比例，有助于缓解过拟合现象。采用此类池化方式使得 AlexNet 在 ILSVRC 中的正确率提升了近 0.5%。

5. 局部相应归一化

所谓局部相应归一化是指将多个特征图中的单个元素和相邻特征图上与其对应位置的元素做如下归一化处理

$$b_{x,y}^{i} = a_{x,y}^{i} \Big/ \left[k + \alpha \sum_{j=i-\frac{n}{2}}^{i+\frac{n}{2}} (a_{x,y}^{i})^{2}\right]^{\gamma} \tag{8-8}$$

其中，$a_{x,y}^{i}$ 为第 i 个特征图上 (x,y) 位置的元素；$b_{x,y}^{i}$ 为归一化后的元素取值；n 为参与归一化的特征图个数，当 n 不能被 2 整除时则需向下取整。例如，在 AlexNet 中，若 $n=5$，则参与归一化的特征图为第 $i-2$ 个特征图到第 $i+2$ 个特征图。k、α、γ 均为超参数，对于合适的取值可有效提升模型的泛化性能。例如，在设置 $k=2, \alpha=\mathrm{e}^{-4}, \gamma=0.75$ 时，AlexNet 在 ILSVRC 中正确率的提升超过了 1%。

在 2012 年的 ILSVRC 中，AlexNet 以 84.68%的前 5 名的正确率获得了当年该竞赛的最好成绩，引起了人们对深度学习的广泛关注。在此之前，ILSVRC 的参赛者通常使用手工方式提取特征并结合传统机器学习模型来解决图像分类问题，但并未取得较好的效果。在 AlexNet 模型提出之后，该竞赛的参赛者基本上使用深度卷积网络模型实现对图像分类问题的求解，如 2014 年的 VGG 模型、GoogLeNet 模型和 2015 年的 ResNet 模型等。

VGG 模型是 AlexNet 的一种改进模型。与 AlexNet 模型相比，VGG 模型使用较小的卷积核并对特征图像进行填充，使得多次相邻卷积操作所得特征图像大小保持不变，仅通过池化层改变特征图大小，有利于构造更深层次的网络模型。VGG 包含多个具体的模型结构，表 8-3 罗列了多种 VGG 模型架构。其中最常用的结构是 VGG16，图 8-21 表示其基本网络结构。

表 8-3　VGG 架构方式

卷积网络（ConvNets）的配置					
A	LRN	B	C	D（VGG16）	E
11 个权重层	11 个权重层	13 个权重层	16 个权重层	16 个权重层	11 个权重层
输入（224×224 的 RGB 图片）					
卷积层：conv3-64	卷积层：conv3-64	卷积层：conv3-64	卷积层：conv3-64	卷积层：conv3-64	卷积层：conv3-64
	局部响应归一化	卷积层：conv3-64	卷积层：conv3-64	卷积层：conv3-64	卷积层：conv3-64
最大池化					
卷积层：conv3-128	卷积层：conv3-128	卷积层：conv3-128	卷积层：conv3-128	卷积层：conv3-128	卷积层：conv3-128
		卷积层：conv3-128	卷积层：conv3-128	卷积层：conv3-128	卷积层：conv3-128

（续）

最大池化					
卷积层：conv3-256	卷积层：conv3-256	卷积层：conv3-256	卷积层：conv3-256	卷积层：conv3-256	卷积层：conv3-256
卷积层：conv3-256	卷积层：conv3-256	卷积层：conv3-256	卷积层：conv3-256	卷积层：conv3-256	卷积层：conv3-256
			卷积层：conv1-256	卷积层：conv3-256	卷积层：conv3-256
					卷积层：conv3-256
最大池化					
卷积层：conv3-512	卷积层：conv3-512	卷积层：conv3-512	卷积层：conv3-512	卷积层：conv3-512	卷积层：conv3-512
卷积层：conv3-512	卷积层：conv3-512	卷积层：conv3-512	卷积层：conv3-512	卷积层：conv3-512	卷积层：conv3-512
			卷积层：conv1-512	卷积层：conv3-512	卷积层：conv3-512
					卷积层：conv3-512
最大池化					
卷积层：conv3-512	卷积层：conv3-512	卷积层：conv3-512	卷积层：conv3-512	卷积层：conv3-512	卷积层：conv3-512
卷积层：conv3-512	卷积层：conv3-512	卷积层：conv3-512	卷积层：conv3-512	卷积层：conv3-512	卷积层：conv3-512
			卷积层：conv1-512	卷积层：conv3-512	卷积层：conv3-512
					卷积层：conv3-512
最大池化					
FC-4096					
FC-4096					
FC-1000					
softmax					

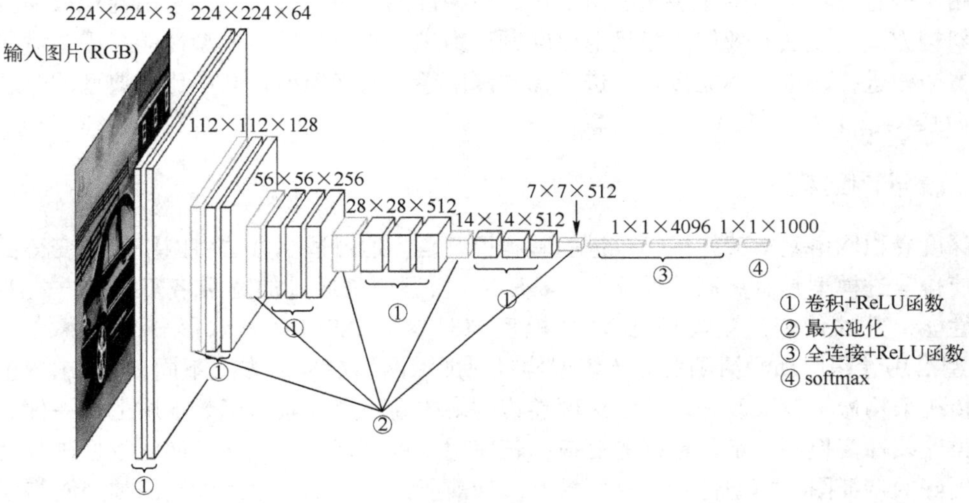

图 8-21　VGG16 基本网络结构

具体地说，VGG 模型多采用 3×3 的卷积核，卷积步长为 1，并在每个卷积层之后添加了 ReLU 激活函数。为实现多个卷积层的堆叠，VGG 中每次所得特征图在进行下一次卷积时均会进行大小为 1 的填充操作以保持特征图尺寸不变，仅通过池化层改变特征图大小。VGG 模型共包含 5 个池化层，这些池化层均采用池化区域大小为 2×2、步长为 2 的最大池化方式。由于该模型的输入图像是分辨率为 224 像素×224 像素的彩色图像，而该模型中卷积层并不改变特征图大小，故一幅图像输入 VGG 模型后所得特征图经过 5 次池化操作后图像的分辨率分别为 112 像素×112 像素，56 像素×56 像素，28 像素×28 像素，14 像素×14 像素，7 像素×7 像素。值得注意的是，在特征图逐渐减小的同时，VGG 模型设置这些特征图的通道数则在逐渐增加，这样做有利于保留更多的信息以确保模型性能。

VGG 模型 C 除了 3×3 的卷积核之外，还使用较为特殊的 1×1 卷积核。对于单通道图像而言，使用 1×1 卷积核仅能将特征图中各元素乘以相同的数，但在 VGG 模型中，所处理的特征图均为多通道。设用 k 组共 k×m 个 1×1 卷积核对 m 个特征图进行处理，则可得到 k 个与原始特征图像大小一致的新特征图，第 j 个新特征图(u,v)位置上的元素取值为

$$x_{(u,v)}^{j'}=w_{1j}x_{(u,v)}^{1}+w_{2j}x_{(u,v)}^{2}+\cdots+w_{mj}x_{(u,v)}^{m}+b_j \tag{8-9}$$

其中，w_{ij}表示第 j 组中第 i 个卷积核中的参数。

上式表明对于多通道特征图来说，使用 1×1 的卷积核可实现对多个通道的线性组合。故 1×1 卷积核加上激活函数的处理方式与感知机模型的隐含层类似，此类组合方式具有强大的数据映射能力。与 AlexNet 类似，VGG 模型在训练过程中也对输入图像进行了随机裁剪，从而实现样本增强。以 VGG 模型 C 为例，由于该模型限制输入图像的分辨率为 224 像素×224 像素，故可将原始图像通过尺寸归一化调整为较大分辨率以方便随机裁剪。当通过尺寸归一化将原始图像分辨率调整为 256 像素×256 像素并通过随机裁剪进行样本增强时，模型在 ILSVRC 分类任务数据集上的前 5 名正确率为 90.6%，若将原始图像的分辨率调整为 [256,512]×384 再进行随机裁剪，由于此时所能得到的裁剪样本较多，模型的泛化性能也得到了一定提升，模型在相同数据集上的前 5 名正确率提升至 91.2%。

LeNet5、AlexNet 和 VGG 模型均是较为简单的深度前馈神经网络结构。这些卷积神经网络虽然使用了一些技巧使得网络层次有所加深，模型性能有所提升，但都采用卷积层加激活函数的网络架构方式，无法有效解决模型退化问题。为进一步提升网络模型性能，需要对深度卷积网络基本架构进行改进，建立多种改进架构的深度卷积网络模型。其中比较典型的改进模型主要有 GoogLeNet、ResNet 和 DenseNet 等。

8.1.3 改进网络模型

对深度卷积网络基本架构进行改进的基本思路是，通过适当方法将网络模型变得更深或者更宽，使得改进模型具有更高的性能。GoogLeNet 模型便是通过加宽网络架构的方式来实现网络模型性能提升的代表，该模型与 VGG 模型同时参加 ILSVRC 并取得分类竞赛第一名。与 VGG 模型沿用卷积层加激活函数的传统架构且只加深网络层数的方式不同，GoogLeNet 对网络模型的传统架构做了较大改进。传统深度卷积网络中卷积层加激活函数本质上是一种非线性变换，此类非线性变换不一定是最好的变换。若使用一种更好的非线性变换对数据进行处理，则能获得更好的特征图，模型性能应有所提升。如前所述，一个包含隐含层的神经网络模型相当于一个非线性映射函数。GoogLeNet 直接使用一个如图 8-22 所示的名为 Inception 结构的小型网络来代替深度卷积网络模型中部分卷积层加池化层架构，实现特征提取。

在最初应用到 GoogLeNet 的 InceptionV1 结构中，卷积和池化操作的步长均为 1 且所有卷积操作之后均对应一个 ReLU 激活函数。由于 Inception 结构的输出为通过并置所得到的一组特征图，并置操作则是将几组大小相同的特征图排列为一组特征图，故 Inception 结构需根据卷积核或池化区域大小的不同以对输入特征图进行填充，使得所求四组特征图的尺寸保持一致。当卷积核或池化区域大小为 3×3 时，需为特征图填充一圈 0 元素。对于 5×5 的卷积核，则需要填充两圈 0 元素。Inception 结构存在多个大小不同的卷积核，包括 1×1、3×3 和 5×5 的卷积核。如前所述，1×1 大小的卷积核可实现对多通道特征图的线性组合，从而增强特征图的相关性和表示能力，而采用不同尺寸的卷积核意味着对于特征图进行特征提取时感受野大小的不同，能够保证所得的特征图存在一定差异，从而保证特征图的多样性。

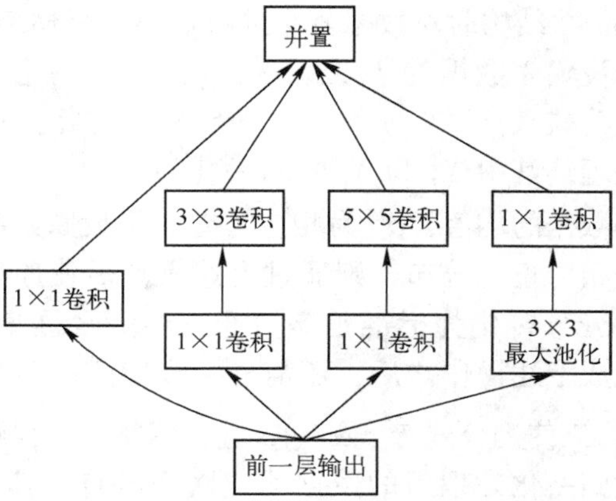

图 8-22　InceptionV1 结构

GoogLeNet 网络中共包含 9 个 Inception 结构、3 个单独的卷积层和 softmax 输出层。其中 Inception 结构为两层，故该网络模型共有 22 层。GoogLeNet 的网络结构较为特殊，与传统卷积神经网络只使用模型最终输出计算目标函数相比，GoogLeNet 在网络的中间层加入了两个辅助输出端用于计算目标函数。这是因为 GoogLeNet 的层次较深，若直接使用最终输出端计算目标函数，则会由于梯度消失问题而产生退化，在网络中间层插入辅助输出端相当于降低了网络深度，辅助完成了对网络前几层参数的训练。通常将由辅助输出计算所得目标函数乘以 0. 3 后与模型最终输出所得目标函数相加，作为模型优化的最终目标函数。

GoogLeNet 模型最后一个 Inception 结构的输出为 832 通道的大小为 7×7 的特征图。为了能够使用这些特征图进行分类，将这些特征图转变为向量形式。LeNet5、AlexNet 和 VGG 等传统深度卷积神经网络均通过全连接层和 softmax 输出层实现从特征图到类别标签的转化，但全连接层的参数数目较多，例如，AlexNet 的 6000 多万个网络参数中全连接层参数数目占比约为 94%，如此规模庞大的参数不仅会影响模型的训练效率，而且会导致模型出现严重的过拟合现象。为此，GoogLeNet 直接使用全局平均池化方式将特征图转化为向量形式，然后再通过对所得向量求独热编码的方式输出向量。所谓全局平均池化，是指使用与特征图大小相同的池化区域对多通道特征图进行一次平均池化，其结果即为一个向量。采用此种方式代替全连接层后，具有更深层次的 GoogLeNet 参数总量仅为 600 多万，并且还能使模型性能在 ILSVRC 分类任务中得到一定的提升。原始版本的 GoogLeNet 模型在 2014 年的 ILSVRC 分类任务中以 93. 3%的前 5 名正确率夺得了当年竞赛的冠军。

在 2014 年之后，人们对 InceptionV1 结构进行了不断改进，相继发展出了三类新型的 Inception 结构。在 InceptionV1 结构中，存在一个 5×5 大小的卷积核，受 VGG 模型使用多个小卷积核以增加模型深度的启发，可用两个 3×3 大小的卷积核代替 5×5 大小的卷积核，得到了如图 8-23 所示的 InceptionV2 结构，该结构能够在降低参数数量的同时获得更优的特征图。

在使用 InceptionV2 结构构造 GoogLeNet 时，对网络结构进行了细微调整，仅使用一个辅助输出以帮助求解网络前几层参数并引入了批归一化正则化方式，在将数据输入到每个 InceptionV2 结构时对数据分布进行调整。具体地说，假设输入数据为 $X_1, X_2, \cdots, X_n$，批归一化首先按公式 $X'_i = (X_i - \mu)/\sigma$ 对该组数据进行归一化处理，其中 X'_i 为 X_i 的归一化后数据，μ 为这组数据的均值，σ^2 为相应方差。假设原始数据分布为正态分布，则通过上述操作后使原始数据分布转化为标准正态分布，消除数据偏移。完成上述操作之后，还需进一步对归一化后数据 X'_i 使用公式 $\hat{X}_i = \alpha X'_i + \beta$ 进行调整，使得经过批归一化处理后的数据适应网络特点。其中 α 和 β 为可学习参数，当 α 和 β 取值合适时可将一组输入数据的分布调整为适合于网络处理的分布。GoogLeNetV2 模型通过使用 InceptionV2 结构并引入批归一化正则化方式使得学习效率获得很大提升。该模型在 ILSVRC 图像分类任务数据集上的性能超过了人类辨认水平。

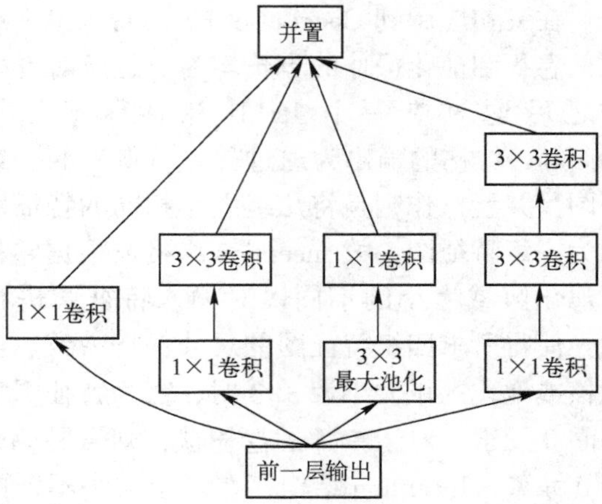

图 8-23　InceptionV2 结构

近期人们在 InceptionV2 结构的基础之上进一步提出基于卷积分解的 InceptionV3 结构和更为复杂的 InceptionV4 结构，这里不再赘述。GoogLeNet 采用 Inception 结构相当于增加了网络的宽度，可由此获得具有更高质量的特征图。深度学习中较为普遍的改进模型思路则是增加网络层数。事实上，前述几乎所有网络模型均在大幅度增加网络层数方面进行了尝试，但并未取得预期效果。限制构造更深层网络模型的瓶颈主要是模型退化问题，对于普通深度卷积网络而言，层次越深的网络效果不一定就越好。分别以 20 层和 56 层深度卷积网络为例，其训练错误率与测试错误率如图 8-24a、b 所示，不难发现无论是训练错误率还是测试错误率，20 层的网络性能均明显优于 56 层的网络性能。

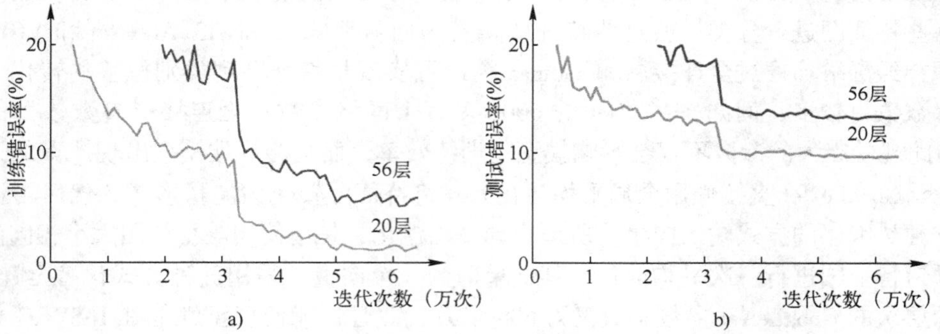

图 8-24 普通的深度卷积神经网络性能变化

a）训练错误率　b）测试错误率

长期以来，模型退化问题一直限制着深度卷积网络的层数，22 层的 GoogLeNet 模型几乎达到了传统深度卷积网络的最优水平。但人们还是希望能够构造层次更深、性能更优的深度学习模型，**残差网络（ResNet）**的出现使得构造更深的层次网络模型成为可能。

ResNet 具有多种具体的网络结构，包括 18、34、50、101、152 层的网络结构等。由于此类模型层次较深并且参数众多，不便对这些网络结构展开具体的分析。图 8-25 表示一个 34 层 ResNet 网络结构，表 8-4 表示几种不同 ResNet 模型的层数设置。

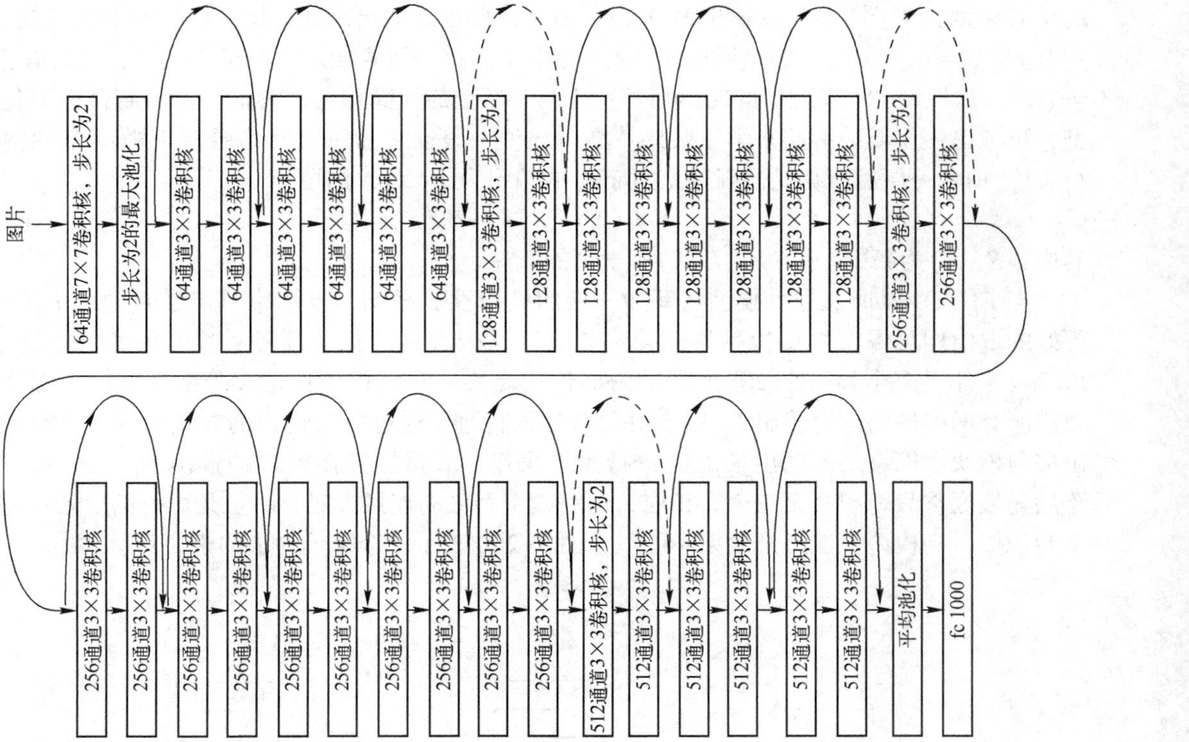

图 8-25　34 层 ResNet 网络结构

表 8-4　常用 ResNet 模型参数表

层名	输出大小	18 层	34 层	50 层	101 层	152 层
Conv1	112×112	64 个 7×7，步长为 2 的卷积核（7×7，64，stride2）				
Conv2_x	56×56	池化半径为 3×3，步长为 2 的最大池化（3×3，max pool，stride2）				
		$\begin{bmatrix}3\times3,64\\3\times3,64\end{bmatrix}\times2$	$\begin{bmatrix}3\times3,64\\3\times3,64\end{bmatrix}\times3$	$\begin{bmatrix}1\times1,64\\3\times3,64\\1\times1,256\end{bmatrix}\times3$	$\begin{bmatrix}1\times1,64\\3\times3,64\\1\times1,256\end{bmatrix}\times3$	$\begin{bmatrix}1\times1,64\\3\times3,64\\1\times1,256\end{bmatrix}\times3$
Conv3_x	28×28	$\begin{bmatrix}3\times3,128\\3\times3,128\end{bmatrix}\times2$	$\begin{bmatrix}3\times3,128\\3\times3,128\end{bmatrix}\times4$	$\begin{bmatrix}1\times1,128\\3\times3,128\\1\times1,512\end{bmatrix}\times4$	$\begin{bmatrix}1\times1,128\\3\times3,128\\1\times1,512\end{bmatrix}\times4$	$\begin{bmatrix}1\times1,128\\3\times3,128\\1\times1,512\end{bmatrix}\times8$
Conv4_x	14×14	$\begin{bmatrix}3\times3,256\\3\times3,256\end{bmatrix}\times2$	$\begin{bmatrix}3\times3,256\\3\times3,256\end{bmatrix}\times6$	$\begin{bmatrix}1\times1,256\\3\times3,256\\1\times1,1024\end{bmatrix}\times6$	$\begin{bmatrix}1\times1,256\\3\times3,256\\1\times1,1024\end{bmatrix}\times23$	$\begin{bmatrix}1\times1,256\\3\times3,256\\1\times1,1024\end{bmatrix}\times36$
Conv5_x	7×7	$\begin{bmatrix}3\times3,512\\3\times3,512\end{bmatrix}\times2$	$\begin{bmatrix}3\times3,512\\3\times3,512\end{bmatrix}\times3$	$\begin{bmatrix}1\times1,512\\3\times3,512\\1\times1,2048\end{bmatrix}\times3$	$\begin{bmatrix}1\times1,512\\3\times3,512\\1\times1,2048\end{bmatrix}\times3$	$\begin{bmatrix}1\times1,512\\3\times3,512\\1\times1,2048\end{bmatrix}\times3$
	1×1	平均池化,1000-d fc,softmax				
FLOPs	1.8×10^9	3.6×10^9	3.8×10^9	7.6×10^9	11.3×10^9	

ResNet 是针对 ILSVRC 提出的网络模型。设计更深层次网络模型的目的是得到具有更好性能的深度学习模型，故首先应保证深层模型的性能不会下降。从理论上说，只要网络结构设计得足够合理，网络模型性能就不应该随着网络层次的加深而下降。考虑一个简单实例，设某深

度学习模型 f 对于样本 X 的输出为 $f(X)$，若在该模型之后再添加一层 h 得到新的网络模型 f'，则有 $f'(X)=h[f(X)]$。为保证模型 f' 的性能不比 f 差，可直接令 h 为恒等变换，此时有 $f'(X)=f(X)$，即模型 f' 与模型 f 的输出相等，这两个模型的性能相同。为进一步得到性能更优的模型，可考虑使用新的一层来学习残差。具体地说，假设之前所有网络层对于样本 X 的输出为 $F(X)$，加入一层后所得到的新网络对于 X 的输出为 $H(X)$，则可令

$$H(X)=F(X)+F_R(X) \tag{8-10}$$

其中，$F_R(X)$ 为新的一层对于 $F(X)$ 所学到的残差。

当 $F_R(X)=0$ 时，原始模型与新加一层的模型性能相同，故网络只需学习到比 $F_R(X)=0$ 更好的取值即可保证网络模型性能得到提升，这极大地降低了任务难度。为实现上述思想，ResNet 采用了多个如图 8-26a 所示的跨层连接模块来实现模型构造。跨层连接模块的输入为之前所有网络层的综合输出 $F(X)$，并且该输入将直接通过跨层连接的方式传送至该模块的输出端与模块中网络层的输出 $F_R(X)$ 进行累加操作，故跨层连接模块的输出为 $F(X)+F_R(X)$。跨层连接通常只跨越两至三个卷积层，但跨越更多层的连接方式有时也是可行的。若仅跨越一个卷积层，则模型性能提升效果不明显，图 8-26b 表示一个跨越两层的模块。

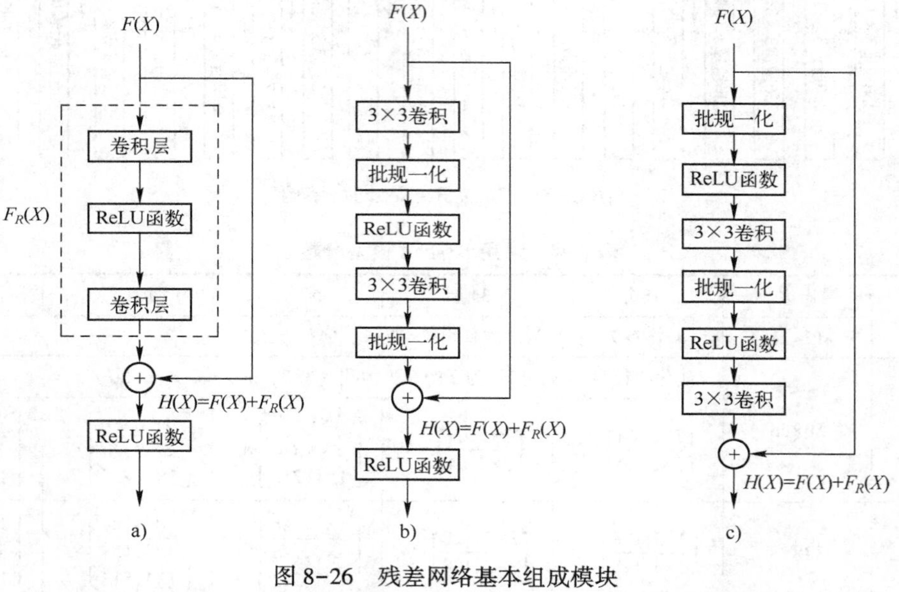

图 8-26　残差网络基本组成模块

a）跨层连接模块　b）跨越两个卷积层的模块　c）改进的跨层连接模块

图 8-26a 展示的是一个原始跨层连接模块，模块中的 ReLu 激活函数位于 $F(X)+F_R(X)$ 之后，故无论 $F_R(X)$ 取何值均需对输出进行激活，但当 $F_R(X)=0$ 时再次对输出进行激活则无意义，且影响计算效率，故可将 ReLU 激活函数放在模块输出之前（见图 8-26c），仅对残差 $F_R(X)$ 进行激活。通过使用多个跨层连接模块便可搭建 ResNet 模型。虽然可用跨层连接模块获得一个层数较深、性能优良的 ResNet 模型，但 ResNet 模型性能获得提升的根本原因并非因为深层的网络结构，而是因为此类连接方式为信息传递提供了更多选择。故在 ResNet 模型的训练过程中，信息选择不同的通路进行传递相当于训练产生了多个浅层模型，ResNet 模型的最终输出则是这些浅层模型输出的集成。具体地说，考虑图 8-27 中通过跨层连接模块构成的简单神经网络，对于该模型中的任意模块，信息传递可选择经过该模块，也可以选择不经过该

模块，故可将图 8-27 中的模型展开为图 8-28 中的具有 8 条数据通路的网络模型，图 8-28 中的神经网络模型相当于这些数据通路所对应网络模型的集成模型。

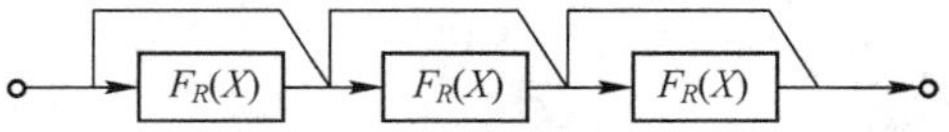

图 8-27 跨层连接模块搭建的简单模型

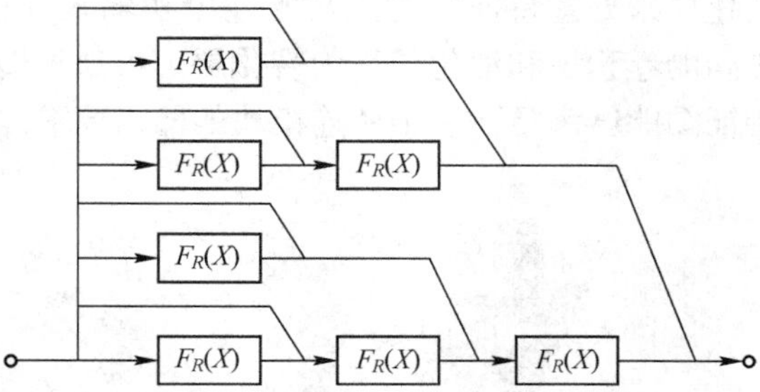

图 8-28 等价网络模型

由以上分析可知，假设某网络模型具有 n 个跨层链接模块，则可认为该模型是由 2^n 个层次不一的模型组成的集成模型。ResNet 模型正是使用此类结构，在对 54 层残差网络进行一次参数更新的过程中，梯度传播往往只会经过十多个或者更少的网络层，故可认为 ResNet 模型泛化性能得益于小模型的集成，但这并不意味着更深的层次对模型泛化性能没有影响。因为更深层次的 ResNet 模型为信息传递提供了更多通路，相当于增加了集成学习中个体学习器的类型和数目，对提高模型泛化性能具有较大的影响。

ResNet 模型的成功表明跨层连接方式有助于缓解模型退化问题，并且采用跨层连接方式的深层网络能够被有效训练并取得较好的实际应用效果。虽然 ResNet 模型一般只进行两到三层的跨层连接，但也足以说明这种连接方式的巨大优势。**密集连接卷积网络（DenseNet）**将这种跨层连接方式发扬光大。DenseNet 网络的基本模块为密连模块，该模块中的每一层均可与之前的所有层互连，故对于包含 n 层的密连模块，若将其所有满足条件的层级均进行连接，则可得到 $n(n+1)/2$ 条有向连接边。

密连模块对于跨层连接所得信息的处理方式与 ResNet 模型的模块处理方式有所不同。如前所述，ResNet 模型中一个跨层连接模块的输出 $H(X)$ 为跨层连接所传递的原始信息 $F(X)$ 与模块中所有层对 $F(X)$ 的输出 $F_R(X)$ 之和，即 $H(X)=F(X)+F_R(X)$。密连模块则直接将其中所有层的输入信息进行并置操作以获得最终的模块输出。假设 n 层密连模块中的各层输出分别为 $F_0(X),F_1(X),\cdots,F_{n-1}(X)$，则该密连模块的最终输出 $H(X)$ 为

$$H(X)=\mathrm{Cont}[F_0(X),F_1(X),\cdots,F_{n-1}(X)] \tag{8-11}$$

其中，$\mathrm{Cont}[\cdot]$ 表示并置操作，$F_i(X)=H_i(\mathrm{Cont}[F_0(X),F_1(X),\cdots,F_{i-1}(X)])$，其中 H_i 表示密连模块中第 i 层的批规一化、ReLU 激活和卷积操作（BN-ReLU-Conv）。

由于并置操作的存在，密连模块的通道数会随着其层数的增加而增加。以图 8-29 所示的密连模块为例，其输入为 5 个通道的特征图 $F_0(X)$，其后每层所得新的特征图数目均为 4，即该模块的增长率为 4，故该模块输出特征图的通道数为 $5+4\times4=21$。

使用密连模块构造的网络模型即为 DenseNet 模型，图 8-30 表示模型基本架构。在使用密连模块构造 DenseNet 模型时有一个必须解决的问题，即密连模块输入特征图的通道数与输出特征图的通道数通常难以统一。例如，在使用多个如图 8-29 所示的密连模块搭建网络时，每个模块要求输入的特征图通道数为 5，但其输出的通道数为 21，故这两个密连模块难以直接进行连接。为解决这个问题，DenseNet 模型构造过程中通常采用 1×1 卷积核组成卷积层以完成特征图的通道数转换。如前所述，若将 m 个通道的特征图转化为 k 个通道的特征图，则使用 k

组共 $k \times m$ 个 1×1 卷积核对 m 个特征图进行卷积操作即可实现转化。例如，将通道数为 21 的特征图转化为包含 5 个通道的特征图，则卷积层需要 5×21＝105 个 1×1 的卷积核。另外，通常使用池化层来处理特征图输入与密连模块输入规模不一致的情况，DenseNet 模型中两个密连模块之间的卷积层和池化层称为**转化层**。可通过转化层对特征图大小和通道数进行适当转化，使得特征图能够满足下一个密连模块的输入要求。

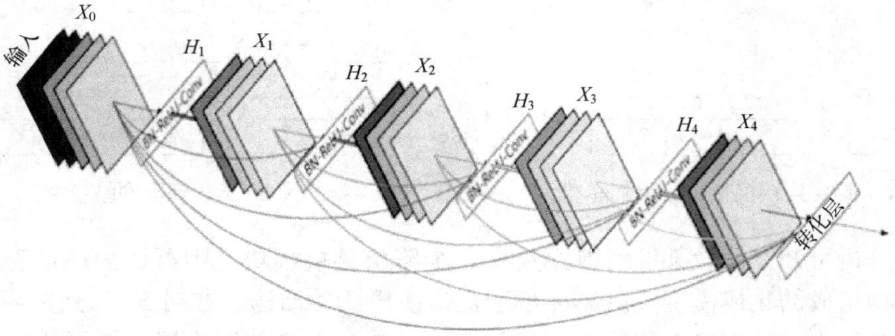

图 8-29　5 层的密连模块

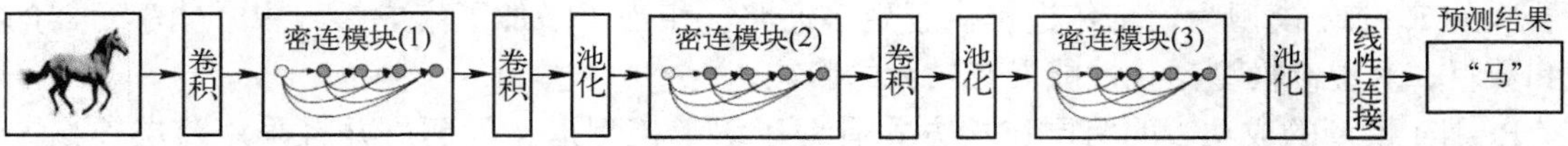

图 8-30　DenseNet 模型基本架构

与 ResNet 类似，常用的 DenseNet 模型有很多种，表 8-5 中罗列了几种典型的 DenseNet 模型。从表 8-5 中可以看出，DenseNet 模型采用全局平均池化方式将最终特征图转化为向量形式以减少网络参数规模，最终通过 softmax 层输出各类别的概率。由于密连模块输出的特征图保留了其中各层所对应的特征图，并且其所采用的跨层连接方式能够有效缓解梯度消失现象，因此使用此类模块可搭建出层次很深的网络模型。表 8-5 中最深的 DenseNet 模型已达 264 层。DenseNet 模型能够在网络参数较少的情况下提升各层特征图的利用率。实际使用结果表明，DenseNet 模型在 ILSVRC 图像分类任务中的效果接近于表现最优的 ResNet 模型，且参数数量明显少于最优 ResNet 模型。

表 8-5　DenseNet 模型架构方式

层名	输出大小	DenseNet-121	DenseNet-169	DenseNet-201	DenseNet-264
卷积层	112×112	7×7，步长为 2 的卷积核（7×7conv，stride2）			
池化层	56×56	池化半径为 3×3，步长为 2 的最大池化（3×3，max pool，stride2）			
密连模块（1）	56×56	[1×1 卷积 / 3×3 卷积]×6	[1×1 卷积 / 3×3 卷积]×6	[1×1 卷积 / 3×3 卷积]×6	[1×1 卷积 / 3×3 卷积]×6
转化层（1）	56×56	1×1 卷积			
	28×28	池化半径为 2×2，步长为 2 的平均池化（2×2，average pool，stride2）			
密连模块（2）	28×28	[1×1 卷积 / 3×3 卷积]×12	[1×1 卷积 / 3×3 卷积]×12	[1×1 卷积 / 3×3 卷积]×12	[1×1 卷积 / 3×3 卷积]×12
转化层（2）	28×28	1×1 卷积			
	14×14	池化半径为 2×2，步长为 2 的平均池化（2×2，average pool，stride2）			

（续）

层名	输出大小	DenseNet-121	DenseNet-169	DenseNet-201	DenseNet-264
密连模块（3）	14×14	$\begin{bmatrix}1\times1\ \text{卷积}\\3\times3\ \text{卷积}\end{bmatrix}\times24$	$\begin{bmatrix}1\times1\ \text{卷积}\\3\times3\ \text{卷积}\end{bmatrix}\times32$	$\begin{bmatrix}1\times1\ \text{卷积}\\3\times3\ \text{卷积}\end{bmatrix}\times48$	$\begin{bmatrix}1\times1\ \text{卷积}\\3\times3\ \text{卷积}\end{bmatrix}\times64$
转化层（3）	14×14	1×1 卷积			
	7×7	池化半径为 2×2，步长为 2 的平均池化（2×2，average pool，stride2）			
密连模块（4）	7×7	$\begin{bmatrix}1\times1\ \text{卷积}\\3\times3\ \text{卷积}\end{bmatrix}\times16$	$\begin{bmatrix}1\times1\ \text{卷积}\\3\times3\ \text{卷积}\end{bmatrix}\times32$	$\begin{bmatrix}1\times1\ \text{卷积}\\3\times3\ \text{卷积}\end{bmatrix}\times32$	$\begin{bmatrix}1\times1\ \text{卷积}\\3\times3\ \text{卷积}\end{bmatrix}\times48$
分类层	1×1	7×7 全局平均池化（7×7global average pool）			
		1000-d fc，softmax			

深度学习发展至今已出现很多改进深度卷积网络模型，这些网络模型的功能并不局限于分类任务，如 R-CNN 系列模型主要用于为目标检测，即框选出图像中的目标并指定其类别。这些功能强大且性能优良的网络模型不仅推动了深度学习研究的发展，更被应用到了众多实际场景当中，这使得深度学习技术逐渐进入并影响人们的生活。

8.2 深度循环网络

虽然深度卷积网络等深度前馈神经网络在图像分类、目标识别等任务上取得了出色的应用效果，但此类网络模型难以处理与时间相关的动态数据。而当前输出与前序输出具有一定相关性的循环神经网络（Recurrent Neural Network，RNN）模型则能够较为方便地处理这类数据。在对动态数据进行处理的过程中，RNN 模型会记忆前序处理过的信息并将这些信息应用于当前输出的计算过程当中。为实现对前序信息的记忆，RNN 模型在隐含层网络拓扑结构中设置回路或环路，构成一类循环路径的神经网络模型。正如卷积网络可扩展到具有较大宽度和较深层次的图模型那样，RNN 也可以扩展到更长的序列并且可以处理可变长度的序列。从理论上说，RNN 能够对任意长度的序列数据进行处理。本节主要介绍 RNN 模型的基本理论和设计技术，首先，介绍 RNN 模型的基本概念及其拓扑结构；然后，分析讨论 RNN 模型的基本结构和计算公式；最后，介绍 RNN 模型的训练策略，分析并讨论循环神经网络通过时间反向传播的计算过程。

8.2.1 动态系统展开

前馈神经网络同层神经元之间相互独立，故同层级各神经元的输出也相互独立，能够表示较为丰富的数据特征，使用此类网络模型处理分类等简单任务时能够获得较好的效果。然而，这类网络在处理具有时序依赖性的动态数据时则存在明显弊端。例如，对文本中下一个单词的预测通常需要结合上文信息做出分析计算，但前馈神经网络难以接受这种具有序列关系的信息表达形式。RNN 模型对之前发生在文本数据序列中的单词具有一定的记忆能力，有助于系统获取上下文信息，故可用于解决此类问题。

RNN 模型不仅将当前输入数据作为网络输入，还将之前若干时刻的输出数据一并作为输入。图 8-31 表示一个单层 RNN 模型的基本结构，包含一个输入层、一个具有给定激活函数的隐含层以及输出层。若增加模型层数且设置隐含层也接收输入，则第一个隐含层将输出传递到下一个隐含层上，且第二个隐含层的输出传递至其后隐含层，依此类推，最后到达输出层。由于每个隐含层都具有独立权重 w、偏置项 b 和激活函数 f，故为简化模型结构将所有层的权重和偏置项设置成相同取值，如图 8-32 所示。此时可将所有隐含层进行合并，将网络结构表示为如图 8-33 所示的具有一个循环层的网络模型。

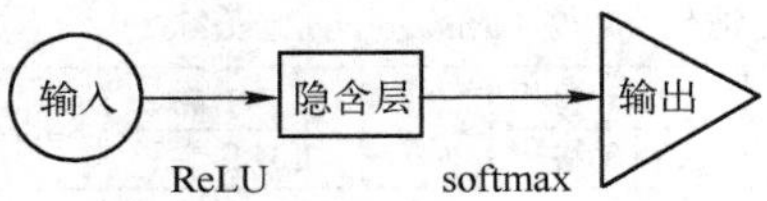

图 8-31　单层模型结构

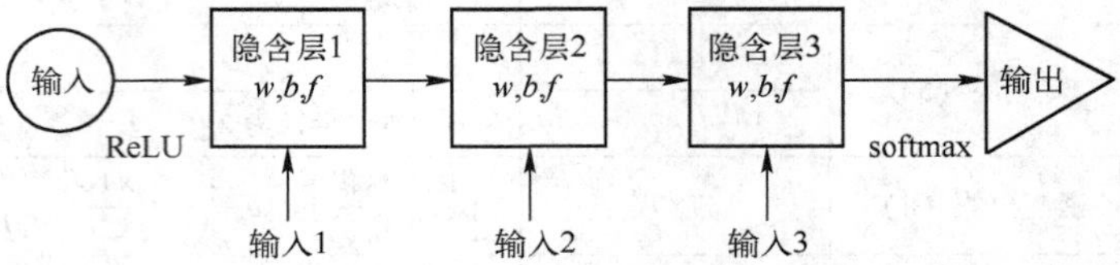

图 8-32　多层模型结构

在图 8-33 所示模型中，每一步都会向隐含层提供输入，使得循环层存储了之前所有时刻的输入并将这些信息和当前时刻的输入合并以获得当前输出，故模型能够捕获到当前时刻数据和之前时刻数据的相关性信息，即 $t-1$ 时刻的结果影响到第 t 时刻的结果。若要得到任意时刻的状态输出，则需要知道该系统之前的状态。系统状态可由其状态变量随时间变化的信息数据来表示，即得到如下系统状态转移表达式

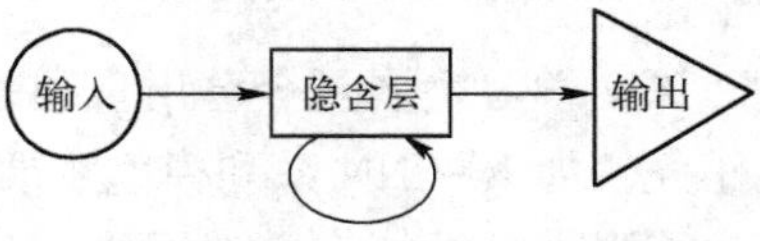

图 8-33　单个循环层网络模型

$$s^{(t)}=f(s^{(t-1)};\boldsymbol{\theta}) \tag{8-12}$$

其中，$s^{(t)}$ 表示系统在 t 时刻的状态；f 表示系统的映射函数；$\boldsymbol{\theta}$ 表示系统的参数向量。

上述系统状态转移表达式是一个循环的数学表达式，它表示 $s^{(t)}$ 的状态依赖于$(t-1)$时刻的状态 $s^{(t-1)}$。为便于理解，可对 t 取有限时间步数，如取 $t=3$，可得

$$s^{(3)}=f(s^{(2)};\boldsymbol{\theta})=f(f(s^{(1)};\boldsymbol{\theta});\boldsymbol{\theta})$$

上式表明 $s^{(3)}$ 依赖于 $s^{(2)}$，$s^{(2)}$ 又依赖于 $s^{(1)}$，若要知道状态 $s^{(3)}$，必须先知道状态 $s^{(2)}$，要想知道状态 $s^{(2)}$，必须先知道状态 $s^{(1)}$，可用图 8-34 所示的有向无环图来直观展示这个动态循环系统的展开过程。图中每个结点代表这个系统的一种状态，系统通过 f 将上一时刻 t 映射到了下一时刻 $t+1$。由于系统状态在转移过程中取相同权重 w、偏置项 b 和激活函数 f，故系统参数 $\boldsymbol{\theta}$ 保持不变，即系统在变化过程中共享参数 $\boldsymbol{\theta}$，这与卷积神经网络的参数共享比较类似。

不难看出，对于上述动态系统，只需要知道状态 $s^{(1)}$ 就可算出后续任意时刻 t 的状态。然而，实际应用场合很少存在如此简单的动态系统。实际动态系统的状态通常不仅依赖于之前的状态，而且还会受到一些外界影响。这些影响有时会使系统状态产生更为重要的变化。使用 $x^{(t)}$ 表示在 t 时刻施加给系统的影响，将序列$(x^{(t)},x^{(t-1)},x^{(t-2)},\cdots,x^{(2)},x^{(1)})$作为系统的一种输入，得到如下改进的系统状态转移表达式

$$s^{(t)}=f(s^{(t-1)},x^{(t)};\boldsymbol{\theta}) \tag{8-13}$$

此时系统状态不仅依赖于上一时刻的状态，还依赖于当前输入，需将图 8-34 所示的网络结构调整为图 8-35 所示的循环网络形式。该循环网络在处理输入 x 时，将其合并到经过时间向前传播的状态 s 中。图 8-35 中左侧图模型是动态系统的循环网络结构形式，含有黑色方块的回路表明，从时刻 t 状态到时刻 $t+1$ 状态的信息传递存在延迟。图 8-35 中右侧图模型是对动态系统的循环网络结构展开的计算图，其中每个结点都与某个特定时间的输入相关联。由此可知，RNN 模型类似一个动态系统，该系统的状态按照一定规律随时间变化，动态系统展开则是将左侧循环回路结构映射为右侧神经元递推计算结构的一种图操作。

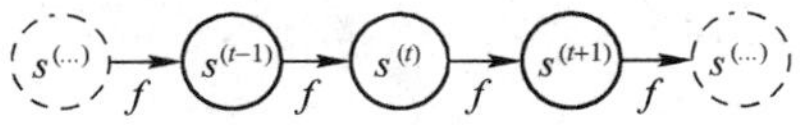

图 8-34　动态系统的展开计算

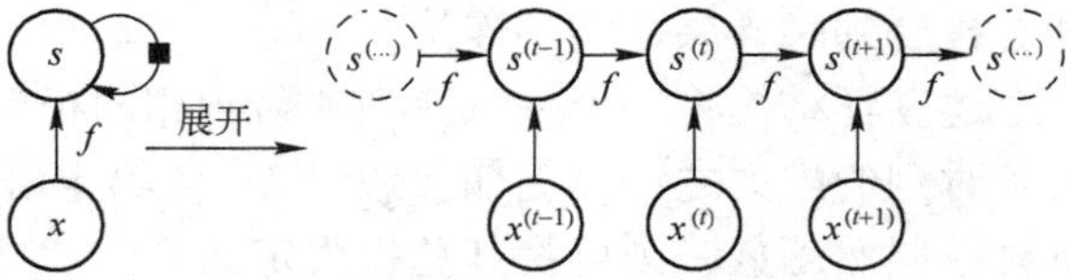

图 8-35　循环网络基本结构

8.2.2　网络结构与计算

与前述多层前馈神经网络结构类似，RNN 也是由输入层、隐含层和输出层这三个基本层次构成的。输入层与输出层的功能和结构与多层前馈神经网络几乎没有差别，两者之间的结构差别主要体现在网络隐含层。RNN 隐含层不仅具有层间连接，还允许在层内添加连接，层内连接使得 RNN 能够在时间序列上进行累积，实现动态系统的当前输出与历史信息之间相关关系的表达，更加适合于处理与时间动态序列数据相关的机器学习任务。多层前馈神经网络的层与层之间为全连接或部分连接，每层内部神经元之间则无连接。图 8-36 表示一个典型 RNN 的基本结构，它由输入层、隐含层和输出层组成。RNN 模型会针对每个时刻的输入结合当前模型状态给出一个输出。从图 8-36 中可以看出，RNN 模型主体结构 S 的输入除了来自输入层的 x_t，还有一个循环 W 边提供当前时刻状态，同时 S 的状态也会从当前步传递到下一步。

如图 8-36 所示，RNN 模型输入层到隐含层的连接由权重矩阵 $\boldsymbol{U}$ 表示，隐含层到隐含层的循环连接由权重矩阵 $\boldsymbol{W}$ 表示，隐含层到输出层的连接由权重矩阵 $\boldsymbol{V}$ 表示。损失 L 用于衡量每个输出 o 与相应训练目标 y 之间的差异或距离。假设输出 o 是未归一化的对数概率，使用 softmax 激活函数时的网络输出为 $\hat{y}=\mathrm{softmax}(o)$，则在计算损失 L 时可将其与目标 y 进行比较。RNN 模型隐含层结点状态值 s 不仅取决于当前输入 x，还取决于上一隐含层结点的状态值。

现将上述 RNN 结构在时间序列上展开。不失一般性，将输入序列 t 时刻的输入 $x^{(t)}$ 映射到输出序列 t 时刻的输出 $o^{(t)}$。如图 8-37 所示，右侧的展开计算图中的每个结点与某个相应的特定时间实例相关联，RNN 的每个时刻都包含了前若干时刻的信息，在向前传播时按状态转移时间次序依次计算，向后传播则从最后时刻的梯度开始逐层向前一个时刻实现对梯度的累积计算。网络参数在每个时间步均为共享且网络模型在每个时刻都有输出。网络在 t 时刻的输入为 $x^{(t)}$，隐藏状态为 $s^{(t)}$，输出为 $o^{(t)}$。其中 $s^{(t)}$ 的值不仅仅取决于 $x^{(t)}$，还取决于 $s^{(t-1)}$。

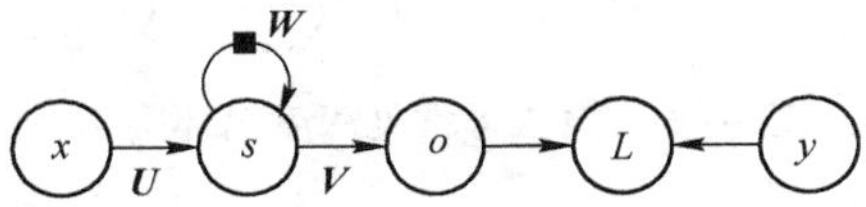

图 8-36　典型的 RNN 基本结构

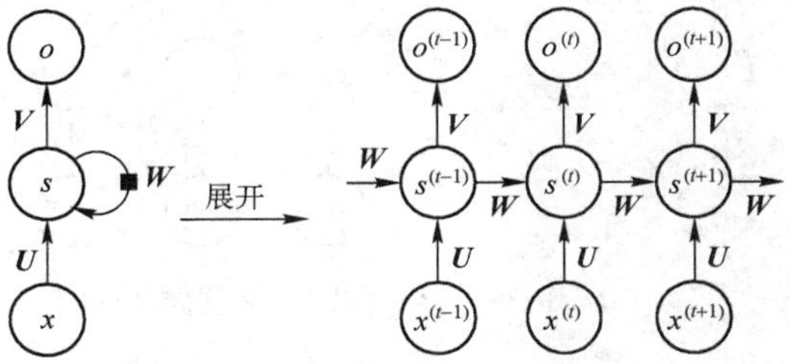

图 8-37　RNN 基本结构的展开

假设网络各输出均为离散值且用 softmax 函数作为激活函数将离散输出转化为伪概率 $\hat{y}$，则 RNN 从特定初始状态 $s^{(0)}$ 开始向前传播，依据动态系统展开，有以下更新方程

$$s^{(t)}=f(\boldsymbol{U}x^{(t)}+\boldsymbol{W}s^{(t-1)}+\boldsymbol{b});o^{(t)}=Vs^{(t)}+\boldsymbol{c};\hat{y}^{(t)}=\mathrm{softmax}(o^{(t)})$$

其中，参数 $\boldsymbol{b}$ 和 $\boldsymbol{c}$ 为偏置向量；权重矩阵 $\boldsymbol{U}$、$\boldsymbol{W}$、$\boldsymbol{V}$ 分别对应于输入层到隐含层、隐含层到输出

层和隐含层到隐含层之间的连接。

上述循环结构将一个输入序列映射到相同长度的输出序列，与序列 x 对应的 y 的总损失就是所有时刻的损失之和。例如，假设 $L^{(t)}$ 为给定输入序列 $x^{(1)},x^{(2)},\cdots,x^{(t-2)},x^{(t-1)},x^{(t)}$ 对应 $y^{(t)}$ 的负对数似然函数，则可将其总损失定义为

$$L=\sum_{t}L^{(t)}=-\sum ln\mathrm{P}(\mathrm{y}^{(t)}\mid \mathrm{x}^{(1)},\cdots,\mathrm{x}^{(t)})$$

由于在序列问题求解过程中可使用 RNN 实现记忆功能，故将 RNN 在 t 时刻的输出 $o^{(t)}$ 从数学上做如下递推展开

$$\begin{aligned}o^{(t)}&=\boldsymbol{V}s^{(t)}+\boldsymbol{c}=\boldsymbol{V}f(\boldsymbol{U}x^{(t)}+\boldsymbol{W}s^{(t-1)}+\boldsymbol{b})+\boldsymbol{c}\\&=\boldsymbol{V}f(\boldsymbol{U}x^{(t)}+\boldsymbol{W}f(\boldsymbol{U}x^{(t-1)}+\boldsymbol{W}s^{(t-2)}+\boldsymbol{b})+\boldsymbol{b})+\boldsymbol{c}\\&=\boldsymbol{V}f(\boldsymbol{U}x^{(t)}+\boldsymbol{W}f(\cdots+\boldsymbol{W}f(\boldsymbol{U}x^{(2)}+\boldsymbol{W}s^{(1)}+\boldsymbol{b})+\boldsymbol{b})+\boldsymbol{b})+\boldsymbol{c}\end{aligned}$$

即有

$$o^{(t)}=\boldsymbol{V}f(\boldsymbol{U}x^{(t)}+\boldsymbol{W}f(\cdots+\boldsymbol{W}f(\boldsymbol{U}x^{(2)}+\boldsymbol{W}s^{(1)}+\boldsymbol{b})+\boldsymbol{b})+\boldsymbol{b})+\boldsymbol{c}\qquad(8-14)$$

由上式可知，系统在 t 时刻的输出 $o^{(t)}$ 综合了历次输入值 $x^{(t)},x^{(t-1)},x^{(t-2)},\cdots,x^{(2)},x^{(1)}$，不仅包括当前时刻的输入 $x^{(t)}$，还包括了历史输入 $x^{(1)},\cdots,x^{(t)}$，可见 RNN 对序列数据的建模能力比一般前馈神经网络要好。通常将深度循环神经网络简称为深度循环网络，其中深度指的是时间和空间特性上的深度，这与传统深度神经网络有所不同。深度循环网络除了上述每个时刻都有输出且隐含单元之间有循环连接的典型循环网络外，还有如下两种常见的网络结构。

第一类深度循环网络的基本结构如图 8-38 所示，网络中只有从当前时刻输出到下个时刻的隐含单元之间存在循环连接。此类深度循环网络的唯一循环是从输出层到隐含层的反馈连接。图 8-38 中左侧为循环回路原理图，右侧为系统展开计算图。不同于前述典型 RNN 可反馈之前的时序隐含层信息，此类网络模型反馈的是输出信息 o。由于模型输出 o 通常维度不高，会导致历史信息丢失，故模型功能并不强大。但此类模型比较容易训练，因为对每个时刻的训练可以与其他时刻的训练分离，故允许在训练期间使用较多的并行化策略。

第二类深度循环网络的基本结构如图 8-39 所示，网络隐藏单元之间存在循环连接，但在读取整个序列后才会产生单个输出。该网络可用于概括序列并产生固定规模的数据表示，网络的最终输出 $o^{(\tau)}$ 通常会存在输出误差，可根据该输出误差计算网络模型参数的梯度。

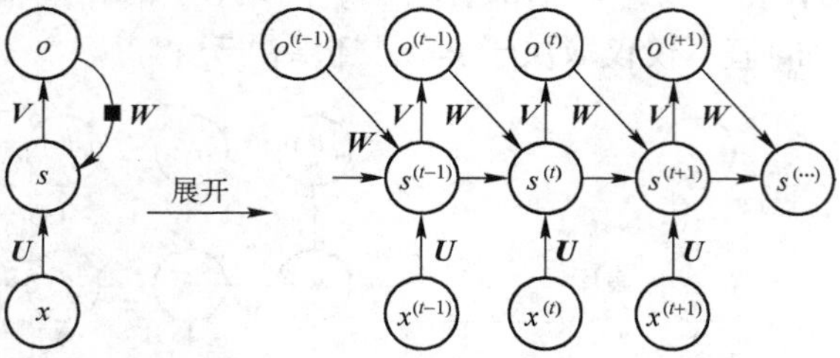

图 8-38　第一种常见深度循环网络

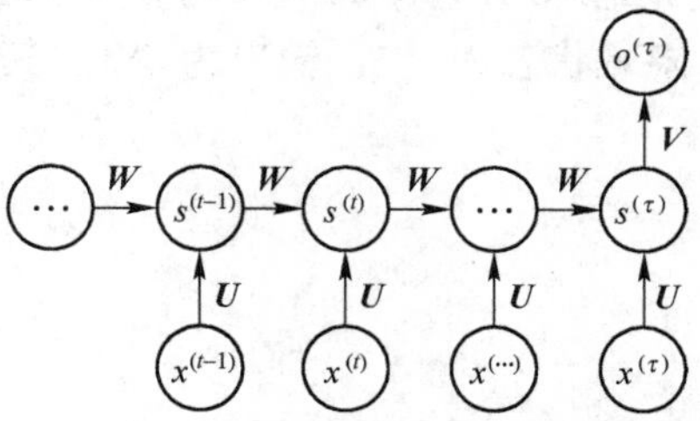

图 8-39　第二种常见深度循环网络

例如，图 8-40 表示具有两个状态的 RNN 网络参数梯度前向传播过程。其中 t_0 和 t_1 时刻的网络权值和偏置分别相同。由于输入向量为 1 维且上一时刻状态为 2 维，故合并向量为 3 维。每个循环体的状态输出为 2 维，经过一个全连接的神经网络计算后得到的最终输出为 1 维向量。循环体中全连接层的权重矩阵和偏置项分别为

$$\boldsymbol{w}_{\mathrm{rnn}}=\begin{pmatrix}0.1&0.3&0.5\\0.2&0.4&0.6\end{pmatrix}^{\mathrm{T}}\text{ 和 }\boldsymbol{b}_{\mathrm{rnn}}=(0.1,-0.1)$$

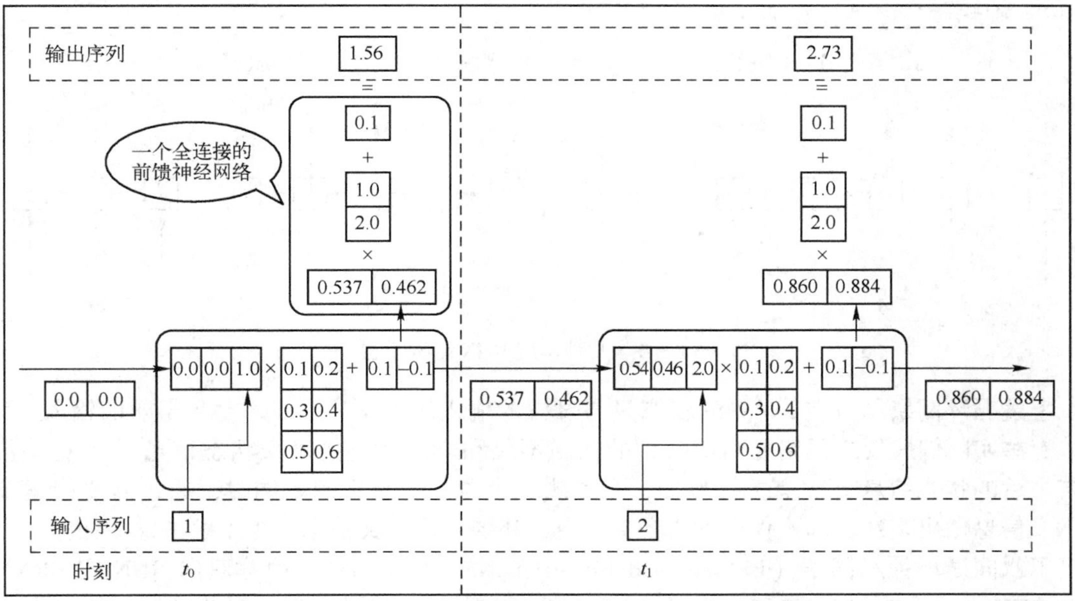

图 8-40　RNN 模型信息前向传播计算过程

用于输出的全连接层权重和偏置项分别为 $\boldsymbol{w}_{\text{output}}=(1.0,2.0)^{\mathrm{T}}$ 和 $b_{\text{output}}=0.1$，则在 t_0 时刻，由于没有前一时刻，故可将状态初始化为 $\boldsymbol{h}_{\text{init}}=(0,0)$。由于当前输入为 1，故拼接得到向量 $(0,0,1)$。循环体中全连接层神经网络使用 tanh 作为激活函数，则由循环体全连接层神经网络得到的结果为

$$\tanh\left((0,0,1)\times\begin{pmatrix}0.1 & 0.2\\0.3 & 0.4\\0.5 & 0.6\end{pmatrix}+(0.1,-0.1)\right)=(0.537,0.462)$$

将该计算结果向量$(0.537,0.462)$作为下一时刻输入状态并生成相应输出。将该向量作为输入提供给用于输出的全连接神经网络，得到 t_0 时刻的最终输出

$$(0.537,0.462)\times\begin{pmatrix}1.0\\2.0\end{pmatrix}+0.1=1.56$$

使用 t_0 时刻状态可类似得到 t_1 时刻状态为$(0.860,0.884)$及 t_1 时刻的输出为 2.73。

由以上分析可知，RNN 模型的具体结构有多种，各种 RNN 的区别主要体现在拓扑结构上的差异。图 8-41 表示几种单层 RNN 模型，其中矩形框代表隐含层的内部循环单元，箭头则表示数据的流动方向。图中仅展示了网络的主体结构而未考虑输入序列的长度，在具体使用时可根据输入数据序列的实际长度进行适当调整。

图 8-41a 为单输入、单输出循环网络，适用于词性分类、时序回归等任务；图 8-41b 为单输入、序列输出循环网络，适用于图片字幕预测等任务，也可用作解码器；图 8-41c 为序列输入、单输出循环网络，适用于文字分析，也可用作编码器；图 8-41d 为序列输入、序列输出循环网络，适用于机器翻译等任务；图 8-41e 为同步序列输入、序列输出循环网络，可适用于机器翻译、机器问答系统等任务。

前述 RNN 模型只有一个隐含层，可通过堆叠两个及以上的隐含层得到深度循环网络。图 8-42 表示具有两个隐含层的深度循环网络，分别记这两个隐含层在 t 时刻的两个状态为 $s_1^{(t)}$

和 $s_2^{(t)}$，则相应的递推计算公式为

$$s_1^{(t)} = f(\boldsymbol{W}_1 x^{(t)} + \boldsymbol{W}_2 s_1^{(t-1)});\ s_2^{(t)} = f(\boldsymbol{W}_3 s_1^{(t)} + \boldsymbol{W}_4 s_2^{(t-1)});\ o^{(t)} = g(\boldsymbol{W}_5 s_2^{(t)})$$

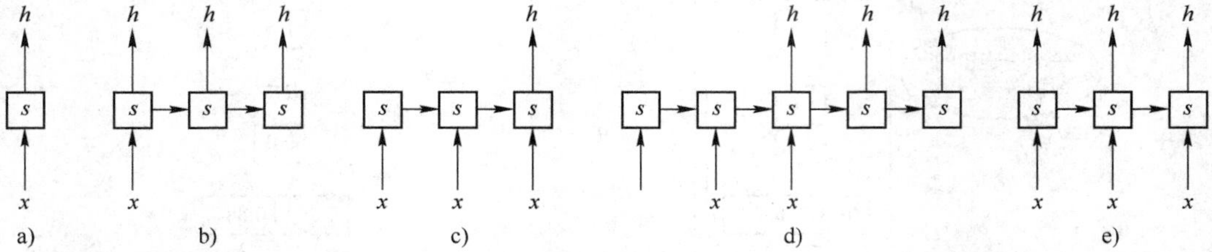

图 8-41　几种单层 RNN 结构模型

上述循环网络结点在 t 时刻的状态只与过去的输入序列 $x^{(1)},\cdots,x^{(t-1)}$ 及当前的输入 $x^{(t)}$ 有关。有些实际问题要求网络在当前时刻的输出不仅和之前时刻的隐藏状态信息 $s^{(t-1)}$ 有关，而且与之后的状态信息 $s^{(t+1)}$ 有关。例如，在预测一个语句中缺失的单词时，通常需要依据整个上下文信息做出判断，即不仅要考虑前文信息，还要考虑后文信息。为了解决此类任务，人们提出了双向循环神经网络（Bidirectional Recurrent Neural Network，简称双向 RNN 或 BRNN）。双向 RNN 由一个前向 RNN 和一个反向 RNN 通过上下叠加组成，每一时刻的网络输出由这两个 RNN 的隐含层状态共同确定，图 8-43 表示双向 RNN 网络的基本结构。

如图 8-43 所示，双向 RNN 通过输入序列得到输出序列，其中前向循环状态 s 包含了序列顺序上的前向信息，表示有关过去的概要信息，后向循环状态 g 包含了序列顺序上的后向信息，表示有关未来的概要信息。向前和向后隐含层之间无连接，保证了两类信息之间的独立性。在每个时刻 t，输出单元 $o^{(t)}$ 由 $s^{(t)}$ 和 $g^{(t)}$ 共同确定。由于双向 RNN 需保存两个方向的权重矩阵，故其参数数目约为相同层数标准 RNN 的两倍。与标准 RNN 类似，可对双向 RNN 添加隐含层构成深度双向循环网络，图 8-44 表示具有三个隐含层的深度双向循环网络。

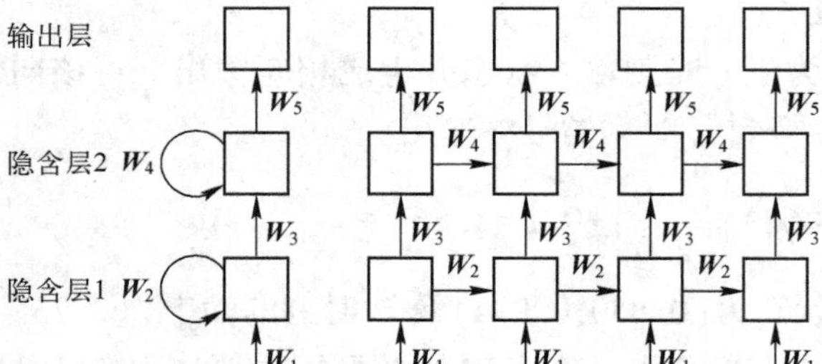

图 8-42　具有两个隐含层的深度循环神经网络结构示意图

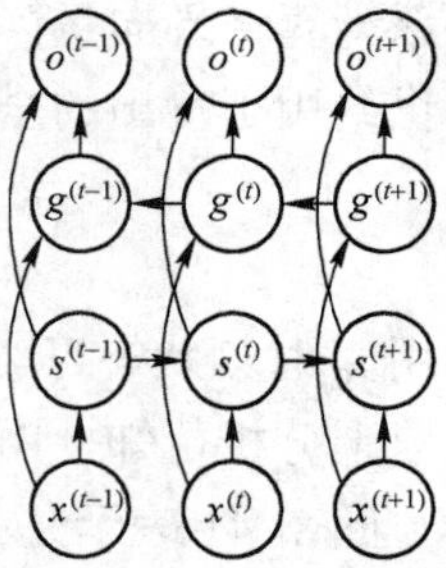

图 8-43　双向 RNN 网络结构示意图

对于正向 RNN，在 t 时刻，记第 i 个隐含层状态为 $\overrightarrow{s}_i^{(t)}$，记 $\overleftarrow{U}_i$ 为第 $i-1$ 层向第 i 层传播信息的权重参数，$\overrightarrow{W}_i$ 为第 i 层两个时刻的状态在传播时的权重参数，L 为隐含层总数，则正向传播和反向传播的隐含层状态取值分别为

$$\overrightarrow{s}_i^{(t)} = f(\overleftarrow{U}_i \overrightarrow{s}_{i-1}^{(t)} + \overrightarrow{W}_i \overrightarrow{s}_i^{(t-1)});\quad \overleftarrow{s}_i^{(t)} = f(\overleftarrow{U}_i \overleftarrow{s}_{i-1}^{(t)} + \overrightarrow{W}_i \overleftarrow{s}_i^{(t-1)})$$

在 t 时刻，最终输出为

$$o^{(t)} = \overleftarrow{U}_{i+1} \overrightarrow{s}_L^{(t)} + \overleftarrow{U}_{i+1} \overleftarrow{s}_L^{(t)}$$

理论上可搭建任意深度的 RNN 模型，因为不同层数的 RNN 模型的计算方法和原理基本上一致。与前馈网络类似，在层数逐渐增加的情况下循环网络性能从理论上讲会逐步提高，但是过深层次的标准 RNN 模型会由于梯度消失等问题而产生退化。此外，由于标准 RNN 模型获取上下文信息的范围有限，隐含层的输入对 RNN 模型输出的影响会随着网络层数的增加而逐渐递减，故 RNN 模型会在序列间隔较大的情况下丧失学习间隔较远信息的能力，即产生长期依赖问题。出现长期依赖问题的根本原因在于 RNN 模型隐含层之间的相关性关系不断衰减。从较长的序列关系来看，可将隐含层之间相关性较弱近似理解为激活函数不起作用，此时可将隐含层数据处理方式近似表示为 $s^{(t)}=\boldsymbol{U}x^{(t)}+\boldsymbol{W}s^{(t-1)}+\boldsymbol{b}$，即直接进行线性运算而不是使用激活函数进行非线性映射，此时 RNN 模型的性能将大打折扣。

解决上述问题最简单的思路是保留隐含层的非线性运算能力。具体地说，可引入一个新的状态 $c^{(t)}$ 来实现信息的非线性传递，具体计算方式为 $c^{(t)}=c^{(t-1)}+\boldsymbol{U}x^{(t)}$； $s^{(t)}=\tanh(C_t)$。其中 tanh 为非线性激活函数。随着时间 t 的增加，$c^{(t)}$ 的累计量将会逐渐增大，添加了新状态 $c^{(t)}$ 的网络基本结构如图 8-45 所示，此类网络模型能保证信息的非线性传递，能够有效解决 RNN 的收敛问题以及长期依赖问题。

根据以上分析，可建立 RNN 的一种改进模型，即**长短时记忆**（Long Short-Term Memory, LSTM）神经网络。该模型通过引入门限机制来控制信息的累计速度并可选择遗忘之前的累计信息，使得记住长期信息成为一种默认行为，而不是需要付出很大代价才能获得的特殊能力，从而有效避免了长期依赖问题。LSTM 模型的核心技术是添加了新的状态 c 单元，从图 8-45 中不难发现，网络在 t 时刻的输入包括 $x^{(t)}$、$c^{(t-1)}$、$s^{(t-1)}$，与之对应的输出为 $c^{(t)}$、$s^{(t)}$，其中 $c^{(t-1)}$ 和 $c^{(t)}$ 分别是状态 c 单元在 t 时刻的输入和输出。新增信息处理单元能有效激励长期状态，并且分别从如下三个方面控制信息的变化过程。

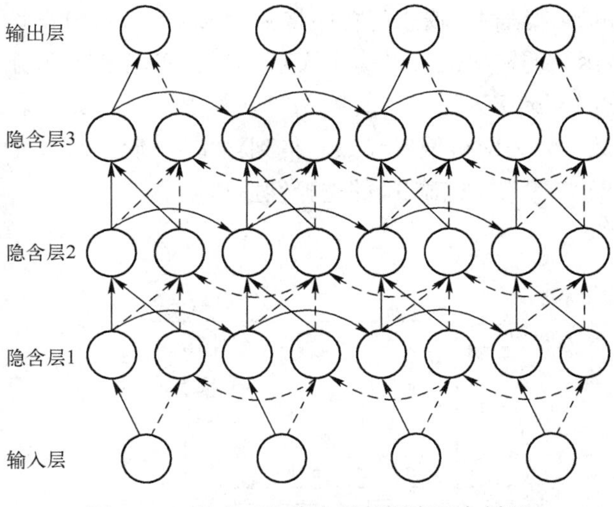

图 8-44　具有三个隐含层的深度双向循环神经网络结构示意图

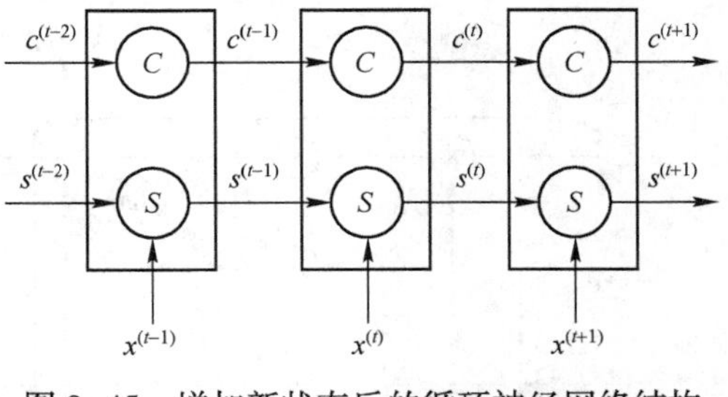

图 8-45　增加新状态后的循环神经网络结构

（1）**控制序列输入**在 t 时刻，状态 $c^{(t)}$ 并不直接接受序列输入 $x^{(t)}$，而是通过输入控制函数来确定 $x^{(t)}$ 中有多少成分影响 $c^{(t)}$；

（2）**控制状态输入**在 t 时刻，状态 $c^{(t)}$ 也不直接接受上一时刻的状态输入 $c^{(t-1)}$，而是通过输入控制函数来确定 $c^{(t-1)}$ 中有多少成分影响到 $c^{(t)}$；

（3）**控制状态输出**在 t 时刻，通过输出控制函数来确定 $c^{(t)}$ 所对应的输出 $o^{(t)}$ 中有多少成分输出到 $s^{(t)}$ 中。

如图 8-46 所示，前述标准 RNN 隐藏单元的每一步只是执行一个简单的 tanh 或 ReLU 非线性操作。LSTM 模型的单元状态则使用三个控制函数实现信息更新，在网络结构设计中分别使用三个门结构具体实现这三个控制函数的功能。图 8-47 表示 LSTM 隐含层网络模型（其中 σ 表示 Sigmoid 函数)，其中 $x^{(t)}$ 表示 t 时刻的序列输入，隐藏状态 $s^{(t)}$ 表示 t 时刻的隐含层输出，$c^{(t)}$ 表示 t 时刻的单元状态。单元状态 c 的信息传递路径如图 8-48 中的实线所示，从该图不难发现隐含层在每一时刻仅进行了少量的线性操作，使得信息能够得到快速处理并保持传递。从序列输入 $x^{(t)}$ 到隐藏状态 $s^{(t)}$ 的映射过程则通过遗忘门、输入门和输出门共同确定。下面分别介绍。

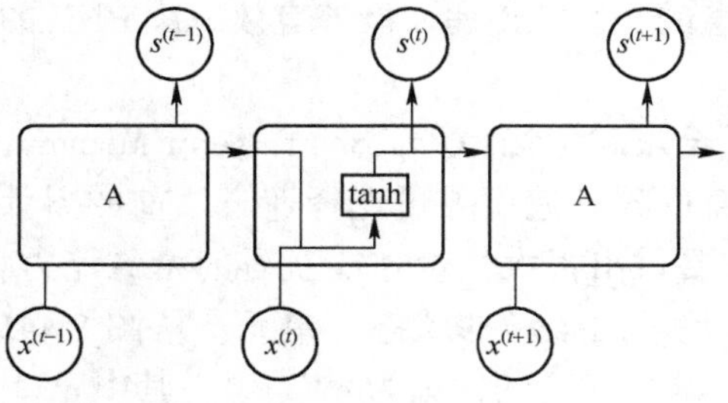

图 8-46　标准 RNN 模块

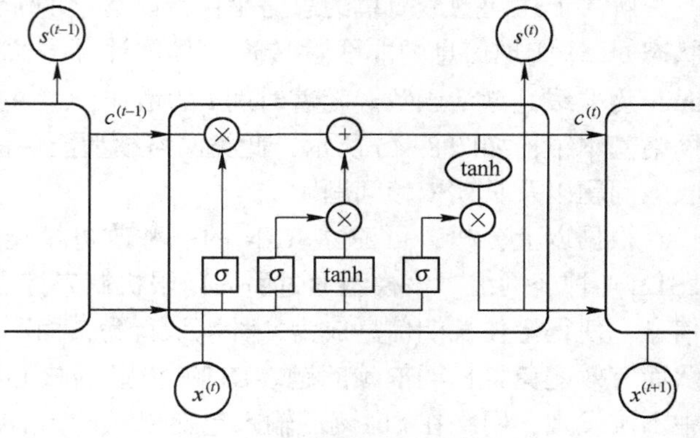

图 8-47　LSTM 的隐含层

遗忘门是实现状态输入控制函数的网络结构，其作用是确定丢弃元状态 $c^{(t-1)}$ 中哪些不重要的信息，图 8-49 中的实线部分表示遗忘门的基本结构。遗忘门首先将 $s^{(t-1)}$ 和 $x^{(t)}$ 进行组合并传递给 Sigmoid 函数（图中标为 σ)，然后将该函数的输出值乘以单元状态 $c^{(t-1)}$，实现 $c^{(t-1)}$ 部分信息的丢弃效果。可将遗忘门的输出 f_t 表示为 $f^{(t)}=\sigma(\boldsymbol{W}_f\cdot[s^{(t-1)},x^{(t)}]+b_f)$。其中 $[s^{(t-1)},x^{(t)}]$ 表示将 $s^{(t-1)}$ 和 $x^{(t)}$ 连接起来，$\boldsymbol{W}_f$ 为网络权重参数，b_f 为网络偏置参数。得到输出 $f^{(t)}$ 后，由单元状态 $c^{(t-1)}$ 按元素乘以 $f^{(t)}$ 获得非遗忘信息 $f^{(t)}\times c^{(t-1)}$，实现遗忘门的选择性遗忘功能。

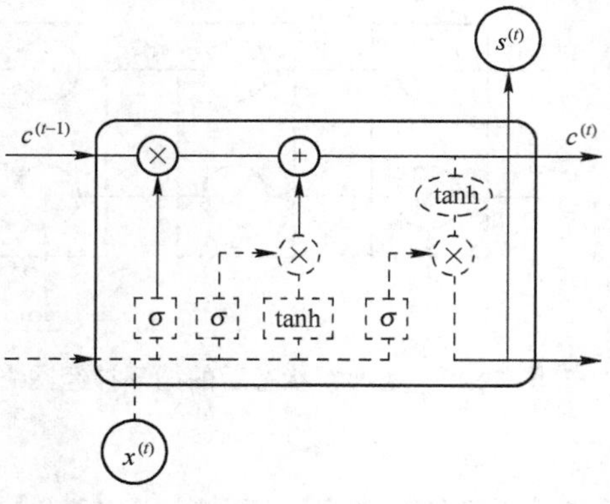

图 8-48　单元状态传递路径

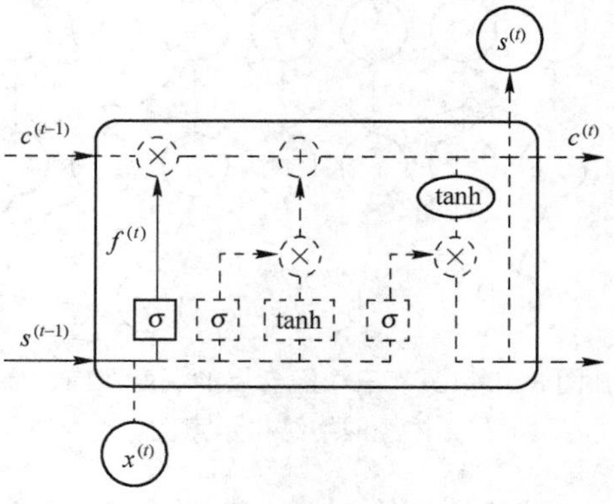

图 8-49　LSTM 遗忘门

输入门是实现序列输入控制函数的网络结构，其作用是确定当前时序输入中哪些信息进入单元状态 $c^{(t)}$ 形成长期记忆。图 8-50 中的实线部分表示输入门，其中 tanh 激活函数是用于产

生更新值选项 $\tilde{c}^{(t)}$ 的网络层。tanh 函数输出的取值范围为(-1,1)，可对某些维度上的信息实现增强效果并对另一些维度上的信息实现削弱效果。使用该网络对序列输入 $x^{(t)}$ 和状态输入 $s^{(t-1)}$ 所组成的向量进行计算操作可实现对重要信息的筛选。其中 Sigmoid 函数起放缩作用，极端情况下 Sigmoid 函数可输出极小的函数值，此时相应维度上的状态元素不用进行更新。输入门的 Sigmoid 函数层和 tanh 函数层输出分别为

$$i^{(t)}=\sigma(\boldsymbol{W}_i\cdot[s^{(t-1)},x^{(t)}]+b_i);\tilde{c}^{(t)}=\tanh(\boldsymbol{W}_C\cdot[s^{(t-1)},x^{(t)}]+b_C)$$

由此可得当前时刻需要更新的部分，得到当前时刻真正的输入为

$$i^{(t)}\times\tilde{c}^{(t)}=\sigma(\boldsymbol{W}_i\cdot[s^{(t-1)},x^{(t)}]+b_i)\times\tanh(\boldsymbol{W}_C\cdot[s^{(t-1)},x^{(t)}]+b_C)$$

$c^{(t)}$ 为输入门信息与遗忘门信息之和，即有

$$c^{(t)}=i^{(t)}\times\tilde{c}^{(t)}+f^{(t)}\times c^{(t-1)} \tag{8-15}$$

输出门是实现输出控制函数的网络结构，该结构根据更新后的单元状态 $c^{(t)}$ 确定该隐含层的最终输出 $s^{(t)}$，图 8-51 中的实线部分表示输出门的具体结构。当输入信息经过遗忘门和输入门处理形成单元状态 $c^{(t)}$ 后，输出门通过 tanh 函数对 $c^{(t)}$ 进行非线性映射并使用输出控制函数 $o^{(t)}$ 确定最终的隐含层输出 $s^{(t)}$，其中 $o^{(t)}=\sigma(\boldsymbol{W}_O\cdot[s^{(t-1)},x^{(t)}]+b_O)$。故需要输出的信息为 $s^{(t)}=o^{(t)}\times\tanh(c^{(t)})$。

综上所述，LSTM 模型的输入信息依次经过遗忘门、输入门和输出门处理获得模型单个隐含层的最终输出。例如，假设输入向量 $[s^{(t-1)},x^{(t)}]=(0.1,0.3,0.5,0.7)^{\mathrm{T}}$，各个门结构的权重向量分别为：$\boldsymbol{W}_f=(0.1,0.8,1.2,0.6)$，$\boldsymbol{W}_i=(0.2,0.4,0.6,0.7)$，$\boldsymbol{W}_C=(1.3,0.5,1.2,1.8)$，$\boldsymbol{W}_O=(1.1,1.2,0.3,0.5)$，偏置项 b_f、b_i、b_C、b_O 均为 0，上一时刻状态 $c^{(t-1)}=0.5$，则对于遗忘门有

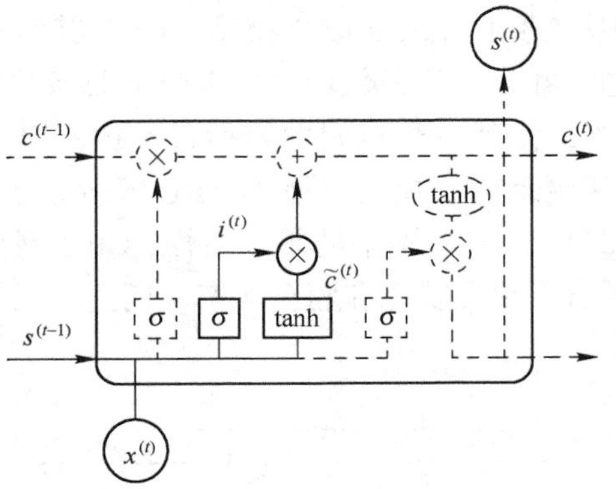

图 8-50　LSTM 输入门

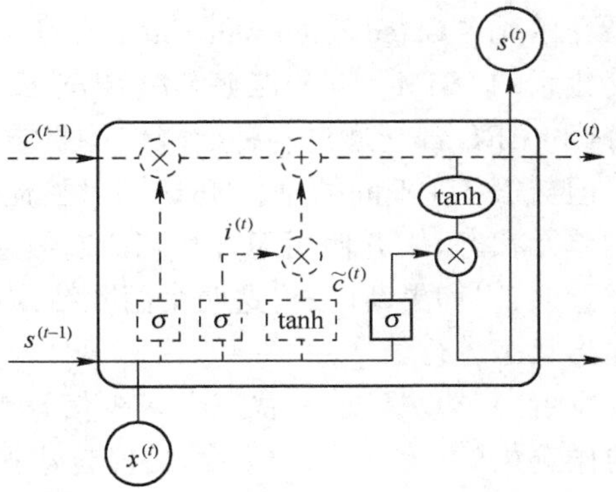

图 8-51　LSTM 输出门

$$f^{(t)}=\sigma(\boldsymbol{W}_f\cdot[s^{(t-1)},x^{(t)}]+b_f)=\text{Sigmoid}((0.1,0.8,1.2,0.6)\cdot(0.1,0.3,0.5,0.7)^{\mathrm{T}})=0.781$$

对于输入门，有：

$$i^{(t)}=\sigma(\boldsymbol{W}_i\cdot[s^{(t-1)},x^{(t)}]+b_i)=\text{Sigmoid}((0.2,0.4,0.6,0.7)\cdot(0.1,0.3,0.5,0.7)^{\mathrm{T}})=0.72;$$

$$\tilde{c}_t^{(t)}=\tanh(\boldsymbol{W}_C\cdot[s^{(t-1)},x^{(t)}]+b_C)=\tanh((1.3,0.5,1.2,1.8)\cdot(0.1,0.3,0.5,0.7)^{\mathrm{T}})=0.97$$

故有 $i^{(t)}\times\tilde{c}^{(t)}=0.698$ 及 $c^{(t)}=i^{(t)}\times\tilde{c}^{(t)}+f^{(t)}\times c^{(t-1)}=1.09$。

对于输出门，有：

$$o^{(t)}=\sigma(\boldsymbol{W}_O\cdot[s^{(t-1)},x^{(t)}]+b_O)=\text{Sigmoid}((1.1,1.2,0.3,0.5)\cdot(0.1,0.3,0.5,0.7)^{\mathrm{T}})=0.725;$$

$$s^{(t)}=o^{(t)}\times\tanh(c^{(t)})=0.725\times0.797=0.578$$

得到隐含层在 t 时刻的输出信息 $s^{(t)}=0.578$。

在 LSTM 模型中，门的作用是允许记忆单元长时间存储和访问序列信息，以有效解决梯度消失问题。例如，输入门保持关闭时的激活值接近于 0，此时新的输入不会进入网络，网络记忆单元会一直保持开始的激活状态。通过对输入门的开关控制，可控制 RNN 模型什么时候接收新数据、什么时候拒绝新数据进入，使得梯度信息可随着时间传递被保留下来。图 8-52 表示 LSTM 模型保持梯度信息的具体过程。在图 8-52 所示的 LSTM 模型中隐含层结点的单个记忆单元中，左侧和下侧为输入门，上侧为输出门。当门完全打开时用圆圈“o”表示，当门完全关闭时用横杠“=”表示。第二个时刻 t 中，输入门和输出门都为关闭状态，于是记忆单元把之前的状态传递到第三个时刻 $t+1$，操作中记忆单元就把第一个状态记录下来。依次类推，记忆单元就能够对时间步 t 的状态进行存储，从而有效解决梯度消失问题。

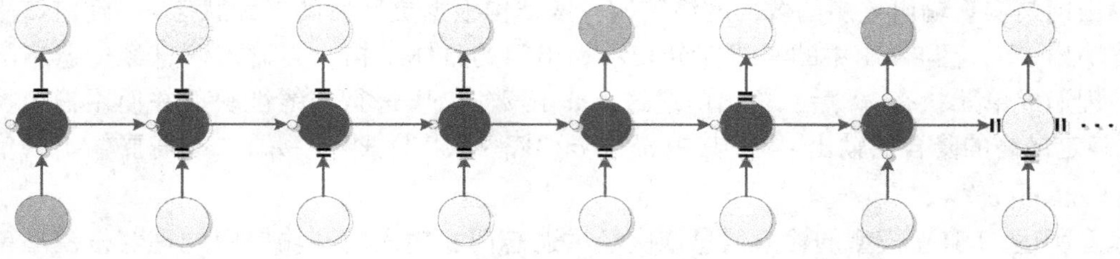

图 8-52　LSTM 保存梯度信息示意图

LSTM 可以拟合序列数据并可通过遗忘门和输出门忘记部分信息以有效解决梯度消失问题，可广泛应用于手写识别、语音识别、机器翻译、图像或新闻标题生成与解析等多个领域。为提升网络精度并减少网络参数，可根据实际问题需求对 LSTM 的网络结构做进一步改进。门控循环单元（Gated Recurrent Unit，GRU）是一种最为常见的 LSTM 改进模型。GRU 其实是一种简化版的 LSTM，同样能够解决 RNN 长期依赖问题，并且由于参数较少而更便于训练。虽然 LSTM 和 GRU 都能通过各种门限结构将重要特征保留，使其在长时间的传播过程中不会被丢失，但与 LSTM 不同的是，GRU 同时控制遗忘因子和更新状态单元，使得 GRU 摆脱了 LSTM 中的单元状态 $c^{(t)}$ 并使用隐含状态传输信息。图 8-53 表示 GRU 网络的基本结构，GRU 网络只有重置门 $r^{(t)}$ 和更新门 $z^{(t)}$ 这两个门限结构，它不仅混合了单元状态和隐含状态，还把单元状态和输出状态进行了合并。

重置门 $r^{(t)}$ 决定前一状态有多少信息被写入到当前候选集 $\widetilde{h}^{(t)}$ 上，重置门 $r^{(t)}$ 的值越小则被写入的前一状态的信息就越少，当 $r^{(t)}$ 趋于 0 时，前一时刻状态的信息 $s^{(t-1)}$ 几乎被全部忘掉，隐含状态 $\widetilde{s}^{(t)}$ 会被重置为当前输入信息。该结构相当于合并了 LSTM 中的遗忘门和输入门。更新门 $z^{(t)}$ 用于确定是否要将隐含状态 $\widetilde{s}^{(t)}$ 更新为新的状态，即控制前一时刻状态的信息被保留到当前状态中的程度，相当于 LSTM 中的输出门。更新门 $z^{(t)}$ 的值越大说明当前时刻输出信息中历史状态信息所占的比例越大。与 LSTM 类似，GRU 的重置门与更新门的计算公式如下

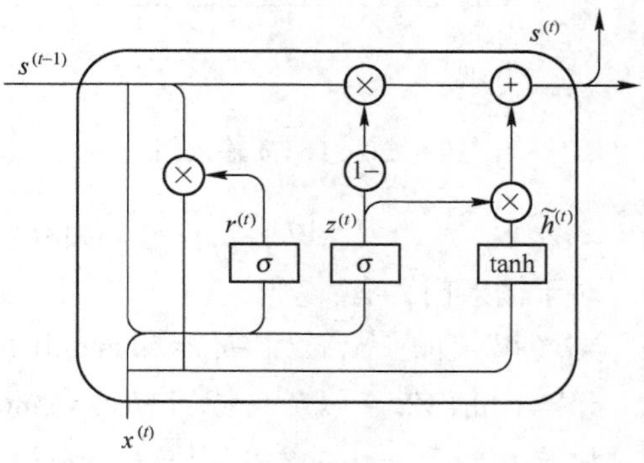

图 8-53　GRU 网络基本结构

$$z^{(t)}=\sigma(\boldsymbol{W}_z\cdot[s^{(t-1)},x^{(t)}]+b_z);r^{(t)}=\sigma(\boldsymbol{W}_r\cdot[s^{(t-1)},x^{(t)}]+b_r)$$

隐含状态$\tilde{s}^{(t)}$的计算公式如下

$$\tilde{s}^{(t)}=\tanh\left(\boldsymbol{W}_h\cdot\left[r^{(t)}\cdot s^{(t-1)},x^{(t)}\right]+b_h\right) \tag{8-16}$$

根据上述公式，可计算得到当前时刻的输出$s^{(t)}$

$$s^{(t)}=\left(1-z^{(t)}\right)\cdot s^{(t-1)}+z^{(t)}\cdot\tilde{s}^{(t)} \tag{8-17}$$

LSTM 模型不能直接输出所得新单元状态$c^{(t)}$，在输出前需使用一个输出控制函数进行过滤处理，即$o^{(t)}=\sigma(\boldsymbol{W}_O\cdot[s^{(t-1)},x^{(t)}]+b_O)$。与此类似，GRU 模型也不能直接输出所得隐含状态$\tilde{h}^{(t)}$，需通过更新门控制最后的输出，即$s^{(t)}=(1-z^{(t)})\cdot s^{(t-1)}+z^{(t)}\cdot\tilde{s}^{(t)}$。

综上所述，虽然 RNN、LSTM 和 GRU 的网络结构有一定差别，但是它们的基本计算单元是一致的，都是对前时间步序隐含层单元s和当前输入数据x做非线性映射，主要是这些网络中额外的门控机制以及控制梯度信息传播的方式存在一定区别。GRU 网络参数比 LSTM 少很多，故训练速度更快且不必大量训练数据就可获得不错的效果。若想进一步提高精度，则可准备更多序列数据或者使用网络参数更加全面的 LSTM 模型，通常需要根据所拥有的实际数据和训练目标来决定使用什么样的循环网络模型。

8.2.3 模型训练策略

与卷积神经网络等前馈神经网络相同，训练构造 RNN 模型的基本流程也包括数据预处理、模型初始化、确定目标函数、模型优化求解和验证模型性能五个步骤，不过 RNN 训练模型在优化求解方面与卷积神经网络略有不同。这是因为 RNN 相当于一个动态系统，对其进行模型优化求解的计算过程也较为复杂。如前所述，RNN 模型前向传播按照动态系统展开依时间顺序向前计算，任意给定时刻t的隐含状态$s^{(t)}$由$x^{(t)}$和$s^{(t-1)}$得到，即

$$s^{(t)}=f(\boldsymbol{U}x^{(t)}+\boldsymbol{W}s^{(t-1)}+\boldsymbol{b}) \tag{8-18}$$

其中，f为 RNN 隐含层上的激活函数，一般为 tanh；$\boldsymbol{b}$为偏置项。

t时刻 RNN 模型的输出为$o^{(t)}=\boldsymbol{V}s^{(t)}+c$，预测输出为$\hat{y}^{(t)}=\mathrm{softmax}(o^{(t)})$。可选用适当的损失函数来度量 RNN 预测输出值$\hat{y}^{(t)}$与真实输出值$y^{(t)}$之间的差别，以获得模型优化的目标函数。图 8-54 表示 RNN 模型前向传播的基本过程，其中①为第一个时刻向前传播过程，②为第二个时刻向前传播过程。RNN 模型求解的思路和前馈网络基本相同，使用随机梯度下降等优化算法通过迭代计算求得网络参数。在迭代过程中，网络参数会朝着误差减少的方向改变，实现对 RNN 模型权重参数的更新。

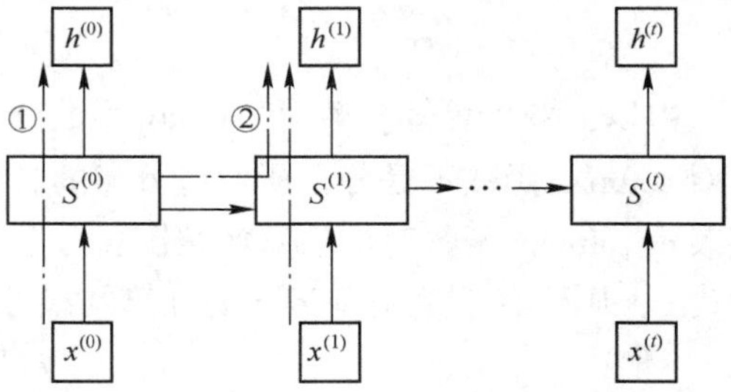

图 8-54 RNN 前向传播过程

由于 RNN 是一种基于时序数据的神经网络模型，反向传播计算时某时刻t的误差由当前位置的输出误差和$t+1$时刻的误差这两部分共同决定，故传统 BP 算法并不适用于对该模型的优化求解。RNN 通常使用**随时间反向传播**(Back-Propagation Through Time，BPTT) 算法作为误差传播计算方法。由于 RNN 特殊的参数共享形式，即在时间序列的各个时刻共享参数$\boldsymbol{U}$、$\boldsymbol{V}$、$\boldsymbol{W}$、$\boldsymbol{b}$、$\boldsymbol{c}$，故网络各层参数更新过程相同，这正是 BPTT 算法与传统 BP 算法最大的区别。为方便描述，使用交叉熵损失函数，输出结点的激活函数为 softmax 函数，隐含层激活函数为 tanh 函数。BPTT 算法的目标是求得目标函数对各参数的导数，并根据优化算法获得参数最优值。由于 RNN 在时间序列的每个位置都有损失函数，故定义最终目标函数L为

$$L = \sum_{t=0}^{\tau} L^{(t)} \tag{8-19}$$

其中，τ 为时间序列的最后时刻。

使用 BPTT 算法算出每个时刻 t 对应的损失函数 $L^{(t)}$（见图 8-55），网络总损失就是这些损失函数的和。由于损失函数是给定输入后真实目标 $y^{(t)}$ 的负对数似然，故对于时刻 t 和隐含单元 i 有

$$L^{(t)} = -\sum_{i=1}^{m} y_i^{(t)} \ln \hat{y}_i^{(t)} \tag{8-20}$$

其中，$y_i^{(t)}$ 为真实输出序列 $y^{(t)}$ 中的第 i 个元素；$\hat{y}_i^{(t)}$ 为第 i 个隐含层的最终输出。

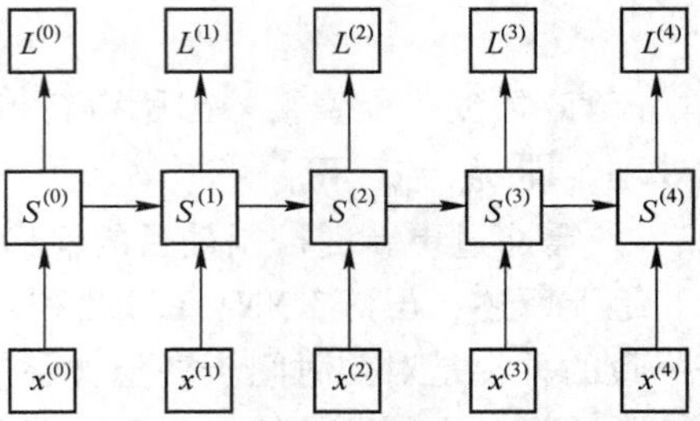

图 8-55　各时刻损失示意图

由于隐含层使用的是 softmax 激活函数，故$\hat{y}_i^{(t)}$ 的具体取值为 $\hat{y}_i^{(t)} = \mathrm{e}^{o_i^{(t)}} \Big/ \sum_{j=1}^{n} \mathrm{e}^{o_j^{(t)}}$ 。接下来只需求出 $\partial L^{(t)} / \partial o_k^{(t)}$ 即可，可分为 $k=i$ 和 $k \neq i$ 两种情况进行计算。当 $k=i$ 时，即对 softmax 函数的分子所对应的分量 $o_i^{(t)}$ 求偏导，则有

$$\frac{\partial L^{(t)}}{\partial o_k^{(t)}} = \frac{\partial L^{(t)}}{\partial \hat{y}_i^{(t)}} \frac{\partial \hat{y}_i^{(t)}}{\partial o_k^{(t)}} = -\frac{1}{\hat{y}_i^{(t)}} \frac{\mathrm{e}^{o_i^{(t)}} \sum_{j=1}^{n} \mathrm{e}^{o_j^{(t)}} - \mathrm{e}^{o_i^{(t)}} \mathrm{e}^{o_i^{(t)}}}{\left(\sum_{j=1}^{n} \mathrm{e}^{o_j^{(t)}}\right)^2} = -\frac{1}{\hat{y}_i^{(t)}} \hat{y}_i^{(t)} (1 - \hat{y}_i^{(t)}) = \hat{y}_k^{(t)} - 1$$

当 $k \neq i$ 时，导数为

$$\frac{\partial L^{(t)}}{\partial o_k^{(t)}} = \frac{\partial L^{(t)}}{\partial \hat{y}_i^{(t)}} \frac{\partial \hat{y}_i^{(t)}}{\partial o_k^{(t)}} = -\frac{1}{\hat{y}_i^{(t)}} \frac{0 \times \sum_{j=1}^{n} \mathrm{e}^{o_j^{(t)}} - \mathrm{e}^{o_i^{(t)}} \mathrm{e}^{o_k^{(t)}}}{\left(\sum_{j=1}^{n} \mathrm{e}^{o_j^{(t)}}\right)^2} = \hat{y}_k^{(t)}$$

由以上分析可知，若对 softmax 函数分子所对应的分量求偏导，则得到的偏导数为$\hat{y}_k^{(t)} - 1$；若对 softmax 函数不是分子所对应分量的其他分量求偏导，则得到的偏导数为$\hat{y}_k^{(t)}$。若用 $y^{(t)}$ 直接表示 softmax 函数对应的真实情况，分子 i 对应的类别位置为 1，不是分子 i 对应的类别位置则为 0，则可将上述两种情况的计算结果综合为

$$\frac{\partial L^{(t)}}{\partial o_k^{(t)}} = \hat{y}_k^{(t)} - y^{(t)} \tag{8-21}$$

为方便表述，分别记模型隐含层输出向量和模型最终输出向量为 $o^{(t)}$ 和$\hat{y}^{(t)}$，$o_k^{(t)}$ 和$\hat{y}_k^{(t)}$ 分别为 $o^{(t)}$ 和$\hat{y}^{(t)}$ 中的第 k 个元素，则有

$$\frac{\partial L^{(t)}}{\partial o^{(t)}} = \hat{y}^{(t)} - y^{(t)} \tag{8-22}$$

对每个时刻的损失函数求偏导得到该时刻损失函数关于权重参数的导数，再进行相加即可得到总的偏导数。由复合矩阵函数求导法则可知，目标函数对于 $\boldsymbol{c}$、$\boldsymbol{V}$ 的梯度分别为

$$\frac{\partial L}{\partial \boldsymbol{c}} = \sum_{t=0}^{\tau} \frac{\partial L^{(t)}}{\partial \boldsymbol{c}} = \sum_{t=0}^{\tau} \left(\frac{\partial o^{(t)}}{\partial c}\right)^{\mathrm{T}} \frac{\partial L^{(t)}}{\partial o^{(t)}} = \sum_{t=0}^{\tau} (\hat{y}^{(t)} - y^{(t)})$$

$$\frac{\partial L}{\partial \boldsymbol{V}} = \sum_{t=0}^{\tau} \frac{\partial L^{(t)}}{\partial \boldsymbol{V}} = \sum_{t=0}^{\tau} \frac{\partial L^{(t)}}{\partial o^{(t)}} \frac{\partial o^{(t)}}{\partial \boldsymbol{V}} = \sum_{t=0}^{\tau} (\hat{y}^{(t)} - y^{(t)}) (s^{(t)})^{\mathrm{T}}$$

由于参数 $\boldsymbol{W}$ 在隐含层所有时刻共享，在时刻 t 之前每个时刻 $\boldsymbol{W}$ 的变化都会对损失函数值 $L^{(t)}$ 产生影响，故在反向传播求导时需要考虑之前每个时刻 t 上 $\boldsymbol{W}$ 对 L 的影响。由于 $s^{(t)}=f(\boldsymbol{U}x^{(t)}+\boldsymbol{W}s^{(t-1)}+\boldsymbol{b})$，以时刻 $t=3$ 为例，$s^{(3)}=f(\boldsymbol{U}x^{(3)}+\boldsymbol{W}s^{(2)}+\boldsymbol{b})$ 依赖于 $s^{(2)}$，而 $s^{(2)}$ 同样依赖于 $s^{(1)}$，依次类推直至 $s^{(0)}$。因此，对 $\boldsymbol{W}$ 求导需要使用链式法则，即

$$\frac{\partial L}{\partial \boldsymbol{W}}=\sum_{t=0}^{\tau}\frac{\partial L^{(t)}}{\partial s^{(t)}}\frac{\partial s^{(t)}}{\partial \boldsymbol{W}} \tag{8-23}$$

同样以 $L^{(3)}$ 为例，$L^{(3)}$ 求导为 4 个方向求导公式的和，每条链式法则都加入前一时刻进行计算。由于参数 $\partial s^{(3)}/\partial s^{(2)},\partial s^{(2)}/\partial s^{(1)},\partial s^{(1)}/\partial s^{(0)}$ 均为重复计算，故在实际计算过程中可共享上述参数。

如图 8-56 所示，对时刻 $t=3$ 的损失函数关于参数 $\boldsymbol{W}$ 的导数 $\partial L^{(3)}/\partial \boldsymbol{W}$ 进行展开得到

$$\frac{\partial L^{(3)}}{\partial \boldsymbol{W}}=\frac{\partial L^{(3)}}{\partial s^{(3)}}\frac{\partial s^{(3)}}{\partial s^{(2)}}\frac{\partial s^{(2)}}{\partial s^{(1)}}\frac{\partial s^{(1)}}{\partial s^{(0)}}\frac{\partial s^{(0)}}{\partial \boldsymbol{W}}+\frac{\partial L^{(3)}}{\partial s^{(3)}}\frac{\partial s^{(3)}}{\partial s^{(2)}}\frac{\partial s^{(2)}}{\partial s^{(1)}}\frac{\partial s^{(1)}}{\partial \boldsymbol{W}}+\frac{\partial L^{(3)}}{\partial s^{(3)}}\frac{\partial s^{(3)}}{\partial s^{(2)}}\frac{\partial s^{(2)}}{\partial \boldsymbol{W}}+\frac{\partial L^{(3)}}{\partial s^{(3)}}\frac{\partial s^{(3)}}{\partial \boldsymbol{W}}$$

上式右侧各项分别对应图 8-57 中的①、②、③、④。

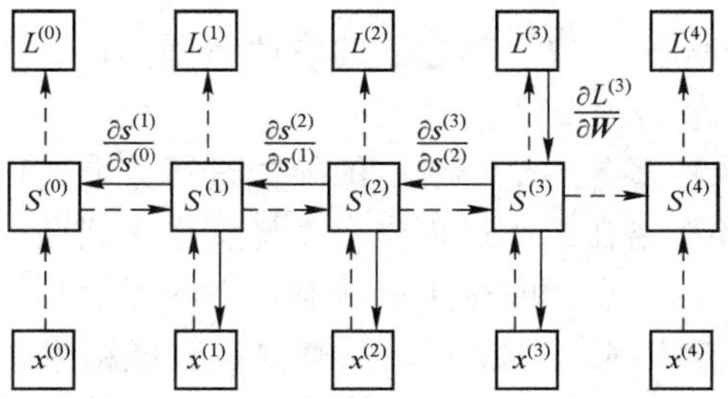

图 8-56 反向传播算法中各时间段的导数

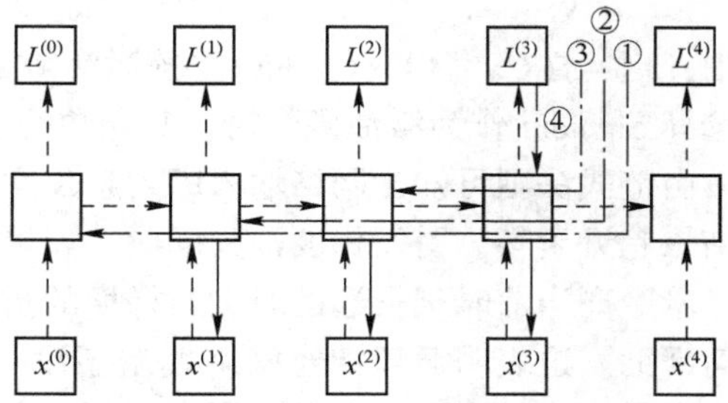

图 8-57 对参数 $\boldsymbol{W}$ 使用链式法则求导

由以上分析可知，某时刻 t 的梯度损失需要反向传播逐步计算。令时刻 t 隐含状态 $s^{(t)}$ 的梯度为 $\delta^{(t)}=\partial L/\partial s^{(t)}$，从时间序列末尾开始反向传播计算。在最后时刻 τ 的梯度为 $\delta^{(\tau)}$，由于是网络最后一层参数梯度，故有

$$\delta^{(\tau)}=\frac{\partial L}{\partial o^{(\tau)}}\frac{\partial o^{(\tau)}}{\partial s^{(\tau)}}=\boldsymbol{V}^{\mathrm{T}}(\hat{y}^{(\tau)}-y^{(\tau)})$$

由此可从 $t=\tau-1$ 到 $t=1$ 反向迭代，注意到 $s^{(t)}$ 同时具有 $o^{(t)}$ 和 $s^{(t+1)}$ 两个后续结点，故从 $\delta^{(t+1)}$ 递推 $\delta^{(t)}$ 时有

$$\delta^{(t)}=\left(\frac{\partial s^{(t+1)}}{\partial s^{(t)}}\right)^{\mathrm{T}}\frac{\partial L}{\partial s^{(t+1)}}+\left(\frac{\partial o^{(t)}}{\partial s^{(t)}}\right)^{\mathrm{T}}\frac{\partial L}{\partial o^{(t)}} \tag{8-24}$$

即有

$$\delta^{(t)}=\boldsymbol{W}^{\mathrm{T}}\delta^{(t+1)}\mathrm{diag}(1-(s^{(t+1)})^2)+\boldsymbol{V}^{\mathrm{T}}(\hat{y}^{(t)}-y^{(t)}) \tag{8-25}$$

其中，diag 为对角矩阵。

由以上分析可得目标函数对 $\boldsymbol{W}$ 的梯度计算结果为

$$\frac{\partial L}{\partial \boldsymbol{W}}=\sum_{t=0}^{\tau}\frac{\partial L}{\partial s^{(t)}}\frac{\partial s^{(t)}}{\partial \boldsymbol{W}}=\sum_{t=0}^{\tau}\mathrm{diag}(1-(s^{(t)})^2)\delta^{(t)}(s^{(t-1)})^{\mathrm{T}}$$

同理可得 $\boldsymbol{U}$、$\boldsymbol{b}$ 的梯度计算公式分别如下：

$$\frac{\partial L}{\partial \boldsymbol{U}}=\sum_{t=0}^{\tau}\frac{\partial L}{\partial s^{(t)}}\frac{\partial s^{(t)}}{\partial \boldsymbol{U}}=\sum_{t=0}^{\tau}\mathrm{diag}(1-(s^{(t)})^2)\delta^{(t)}(x^{(t)})^{\mathrm{T}}$$

$$\frac{\partial L}{\partial \boldsymbol{b}}=\sum_{t=0}^{\tau}\left(\frac{\partial s^{(t)}}{\partial \boldsymbol{b}}\right)^{\mathrm{T}}\frac{\partial L}{\partial s^{(t)}}=\sum_{t=0}^{\tau}\operatorname{diag}(1-(s^{(t)})^2)\delta^{(t)}$$

至此已获得 RNN 在反向传播时各个网络参数的更新梯度，可根据具体梯度取值和模型优化算法完成参数更新。由于 BPTT 同时考虑不同层间的纵向传播和时间序列上的横向传播，故可同时在两个方向上进行参数优化。RNN 模型训练算法的设计初衷是根据时间序列信息来更新网络中的参数，使得 RNN 模型能够学习到序列数据之间的关联信息，进而推测未来将要出现的序列信息。然而，在实际训练中却很难达到预期效果，这是因为 RNN 模型很难通过训练获得具有长期依赖性质的序列数据中的有效信息，即前面提及的长期依赖问题。假设需要求时刻 t 的隐含层权重参数所对应的梯度，其结果为

$$\frac{\partial L}{\partial \boldsymbol{W}}=\sum_{t=0}^{\tau}\frac{\partial L}{\partial s^{(t)}}\frac{\partial s^{(t)}}{\partial \boldsymbol{W}} \tag{8-26}$$

若对其进行链式法则展开，可将其改写为

$$\frac{\partial L}{\partial \boldsymbol{W}}=\sum_{t=0}^{\tau}\frac{\partial L}{\partial s^{(t)}}\left(\prod_{k=t+1}^{\tau}\frac{\partial s^{(k)}}{\partial s^{(k-1)}}\right)\frac{\partial s^{(t)}}{\partial \boldsymbol{W}} \tag{8-27}$$

其中，$s^{(t)}=f(\boldsymbol{U}x^{(t)}+\boldsymbol{W}s^{(t-1)}+\boldsymbol{b})$ 中的激活函数通常为 tanh 函数，其导数的取值范围为 $(-1,1)$，而选择 Sigmoid 作为激活函数时，其导数的取值范围为 $(0,0.25)$。

由链式法则可知，网络输入序列越长则导数相乘越多，多个小于 1 的导数进行连乘使得计算结果趋近于零，引发梯度消失问题。如果深度循环网络在训练过程中发生梯度消失问题，则意味着距离当前时刻很远的时刻对梯度的贡献为零，即在后面时刻上的状态都对学习过程没有任何帮助。这表明循环神经网络模型还没有学习到长依赖序列数据时，模型就已经结束训练了。正是由于梯度消失和梯度爆炸问题的出现，才导致即便使用 BPTT 算法训练一个最简单的循环神经网络模型，也很难解决时序上的长距离依赖问题。常用避免或解决该问题的方法有以下几种：

（1）**截断梯度**，截断梯度是在循环神经网络更新参数时，只利用较近时刻的序列信息，而忽略历史悠久的信息。例如，在 BPTT 算法中设置一个截断参数，用于限制算法向后传播的次数，减少长依赖问题；

（2）**设置梯度阈值**，在梯度爆炸时，程序会自动检测到梯度数值很大或者溢出，因此可以设置一个梯度阈值，在梯度阈值之后就直接截断；

（3）**合理初始化权重值**，使循环神经网络模型中的每个神经元尽可能不要取极大值或极小值，以避开可能导致梯度消失的区域；

（4）**使用 ReLU 作为激活函数**，用来代替 tanh 函数、Sigmoid 函数，ReLU 的导数被限制在 0 或者 1，因此更能够容忍梯度消失问题；

（5）**使用 LSTM 或者 GRU 作为记忆单元**，如前所述，解决梯度问题最常用的方法就是使用 LSTM 或者 GRU 结构，以代替原始循环神经网络模型中的记忆单元。

8.3 生成对抗网络

人类思维具有神奇的创造能力，研究者们自然也希望计算机能够像人类一样可以写诗、谱曲、作画、创作艺术作品等。越来越多的研究者将人工智能研究方向从机器感知转向了机器创造，希望能够通过生成技术让计算机具备生成新事物的能力，生成对抗网络（Generative Adversarial Network，GAN）正是这种具有创造能力的网络模型。该模型不仅打破了人们对传统生成式模型的理解，而且具备较好的生成效果。本节着重介绍生成对抗网络模型的基本原理和训练技术，首先，简要介绍生成器和判别器的基本概念；然后，结合朴素 GAN、DCGAN 和 seq-GAN 等典型生成对抗网络来分析讨论网络模型的基本结构和工作原理；最后，介绍网络模型的训练策略。

8.3.1 生成器与判别器

深度卷积网络和深度循环网络均属于机器学习中的判别式模型，该类模型的学习目标是获得某种分布下的条件概率 $P(y|X)$，即在特定条件 X 下 y 发生的概率，或者说将一个特定的 X 分类到某个标签或类型 y 的概率，由此实现模型的分类、预测等功能。与判别式模型相对应的是生成式模型，该类学习的学习目标是联合分布概率 $P(X,y)$，其中 X 是输入数据，y 是所期望的分类。生成式模型可通过在 X 和 y 的联合概率分布中进行采样以生成更多样本。图 8-58 表示生成式模型的概念图。深度置信网络、深度玻尔兹曼机等神经网络模型均为典型的生成式模型。这些模型将受限玻尔兹曼机、自编码机等作为特征学习器，使得模型在学习了大量的训练数据后能够产生同类型新数据的能力。

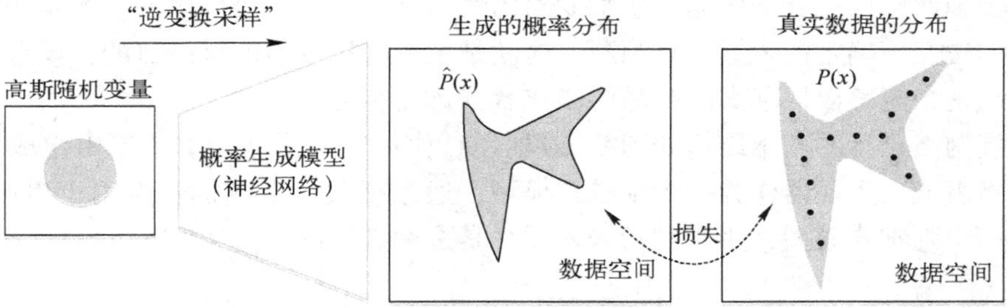

图 8-58　生成式模型

深度置信网络、深度玻尔兹曼机等生成式模型训练计算的优化标准是输出数据与输入数据的均方误差最小化，使得模型从本质上讲并非学会如何生成数据，而是倾向于生成与真实数据更为接近的数据，甚至于为使生成数据与样本数据足够接近而直接复制样本数据。生成式对抗网络可有效解决上述模型的缺点。生成式对抗网络作为一类比较有效的生成式模型，其网络结构的设计灵感来源于二人零和博弈，即参与博弈的二人利益之和为零，一方的所得正是对方的所失。整个网络模型包括两个子网络，一个称为**生成器（Generator）**，另一个称为**判别器（Discriminator）**。之所以将该模型称为生成对抗网络，是因为该模型通过生成器和判别器之间的相互对抗，使得生成器能够学习获得样本数据分布并生成具有相似分布的新数据。

前述深度置信网络、深度玻尔兹曼机等生成式模型中仅有生成器而没有判别器，主要通过模型训练获得最接近于真实样本分布的样本分布，在训练过程中依靠每轮迭代返回当前生成样本与真实样本的差异，并通过将这些差异量化的方式来构造用于模型优化的目标函数。生成对抗模型中判别器的出现改变了这种计算方式。判别器的目标是尽可能准确地辨别生成样本和真实样本，生成器的目标则由最小化生成样本与真实样本之间的差异转化成尽量弱化判别器的辨别能力。如图 8-59 所示，可将生成对抗模型中的生成器看成是一个古董赝品制作者，他从一个零基础的初学者慢慢成长为一个仿制品大师；相应地，可将判别器看成是古董鉴别人员，他通过与赝品制作者的博弈，从经验不足的初级鉴别者逐渐成长为一个技术超群的鉴别专家。

在一开始，赝品制作者由于水平有限，只能凭借自己的心意随意制作产品。面对如此简单可分辨的仿制品，初级鉴别者可以轻易分辨真假，同时鉴别者会将自己的判断结果写成报告，完成了第一次对抗。在第二阶段，赝品制作者拿到了鉴别者的判断报告，根据里面的信息重新制作赝品并希望能够通过这份报告中的信息骗过鉴别者。鉴别者再次拿到赝品和真品时，发现了赝品制造者的能力有所提升，为了区分真假作品，需要花时间去寻找一些更深入的区别点，假设鉴别者最终顺利完成了任务，并将他区分真假的理由写成报告，完成了第二次对抗。在经历 N 次互相博弈以后，两者在整个训练过程中都变得非常强，其中赝品制作者几乎能制作出以假乱真的作品，而鉴别者也早已是火眼金睛的鉴别专家了。在最后一次博弈中赝品制作者已经完全摸透了鉴别者的心理，虽然这里他还是没有见过真品是什么样子，但是已经非常清楚真品应该具备什么样的特性，对于鉴别者可能的分辨过程也全部了然于心。对于如此以假乱真的赝品，鉴别专家已是无能为力了，可以做的只能是凭运气猜测是真是假，而无法使用确定的依据进行判断。这就是生成对抗网络的最终目的，模型训练的目标就是要训练出这个能够以假乱真的赝品的制作者（即生成器）。

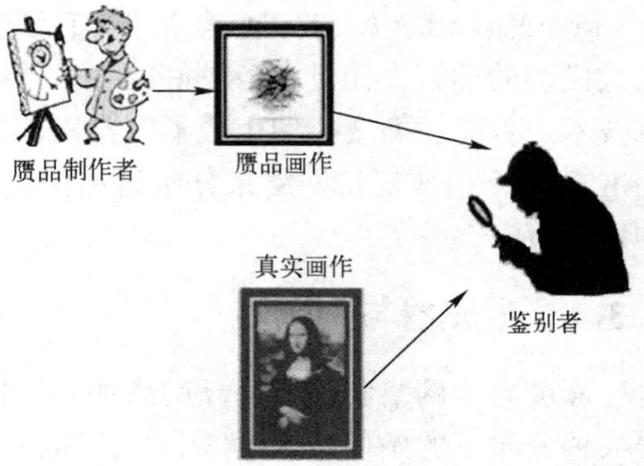

图 8-59　生成对抗网络中的生成器和判别器

生成对抗网络模型的基本结构如图 8-60 所示，生成对抗网络模型主要由生成器和判别器这两个子网络组成，生成器作为一个生成式模型，通过接收一个随机噪声用于生成虚拟图像，判别器则是一个判别式模型，用于判别输入图片是否为真实图片。

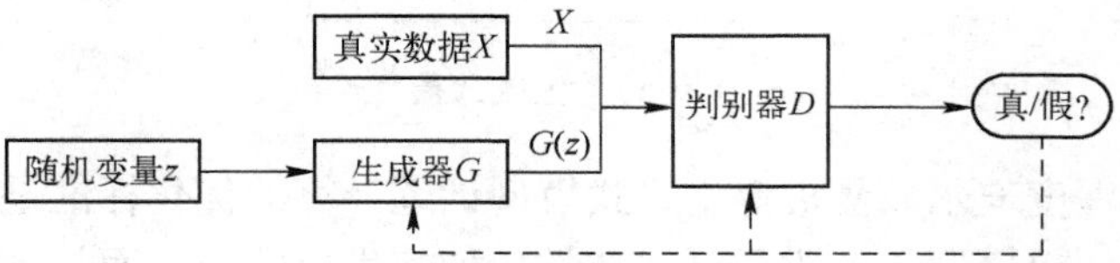

图 8-60　生成对抗网络模型

生成器是能够生成任意图片的网络模型，可将输入的随机噪声通过计算生成虚拟图片样本。设输入生成器的随机噪声 z 服从分布 $z\sim P(z)$，待模拟的真实样本 X 服从分布 $X\sim P_{\text{data}}(X)$。噪声 z 通过生成网络 G 产生虚拟样本 $G(z)$，可用 $G(z)$ 去模仿真实样本 X。生成器的目标就是使自己生成的伪数据 $G(z)$ 在判别器上的表现 $D(G(z))$ 与真实数据 X 在 D 上的表现 $D(X)$ 一致。判别器是一个二分类器，输入样本经过判别器后会被判断出是否为真实样本。将真实样本 X 或生成样本 $G(z)$ 随机输入至判别器 D 中，由 D 预测当前输入是否为真实样本，即输出当前输入样本为真实样本或虚拟样本的概率。判别器的目标就是实现对数据来源的二分类正确判别。

随着生成对抗网络的不断训练，生成器和判别器的能力都会不断提高，最后所生成的仿真图像逼真度会远超其他方法。生成对抗网络一经提出便引起了极大的关注并成为深度学习的研究焦点，目前已从最初的多层感知机模型发展为多种网络结构，其在计算机视觉、自然语言处理、人机交互等领域的应用越来越深入。受生成对抗网络模型启发而形成的对抗学习思想更是渗透到机器学习领域的方方面面，并催生出一系列新的研究方向与应用。

8.3.2 网络结构与计算

基于生成器和判别器的零和博弈思想，生成对抗网络之父 Ian Goodfellow 于 2014 年首次提出最原始的生成对抗网络模型，通常称为**朴素 GAN** 。该模型通过对抗方式训练，其中生成器捕捉样本数据的数据分布，判别器作为一个二分类模型用于估计一个样本来自真实数据的概率。生成器和判别器一般都是非线性映射函数，使用以多层全连接网络为主体的 MLP 模型实现，朴素 GAN 模型的基本结构如图 8-61 所示。

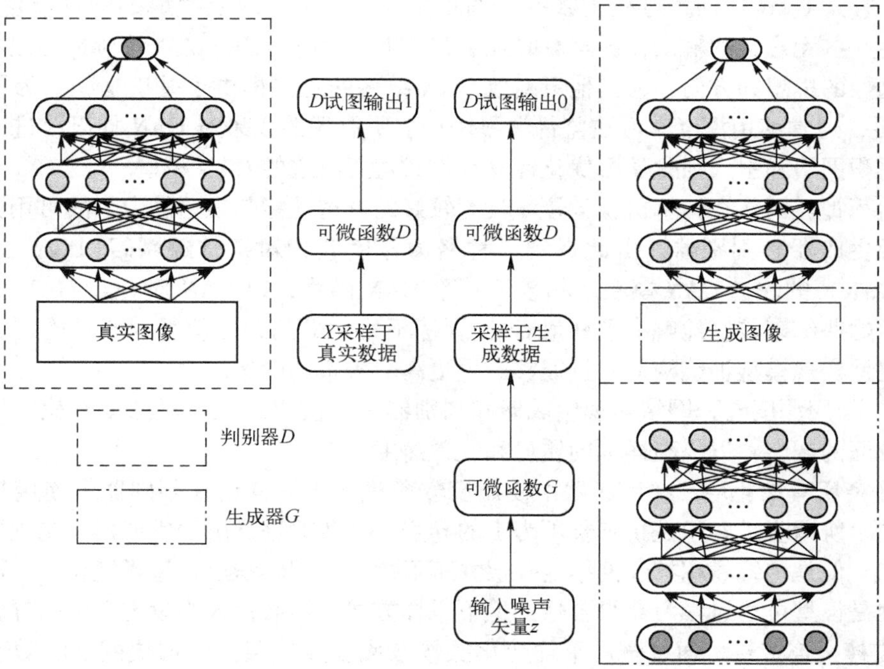

图 8-61　朴素 GAN 结构

在朴素 GAN 模型训练过程中，判别器试图将生成样本与真实样本之间的差异最大化，而生成器则试图将生成样本与真实样本之间的差异最小化，故可将生成对抗网络的优化问题看成是求函数最小-最大值问题，由此可得如下用于模型优化的目标函数

$$\min_G \max_D V(D,G)=E_{x\sim P_{\text{data}}(X)}[\ln(D(x))]+E_{z\sim P_z(z)}[\ln(1-D(G(z)))] \tag{8-28}$$

其中，X 表示真实图片；z 表示服从分布 $z\sim P(z)$ 的随机噪声；$G(z)$ 表示生成器使用随机噪声生成的虚拟样本。

上述目标函数本质上是两个优化问题，可拆解后获得两个目标函数，其中一个是用于优化判别器的目标函数，即判别器部分的目标函数

$$\max_D V(D,G)=E_{x\sim P_{\text{data}}(X)}[\ln(D(X))]+E_{z\sim P_z(z)}[\ln(1-D(G(z)))] \tag{8-29}$$

判别器部分的目标函数试图最大化生成样本与真实样本之间的差异。当 $D(X)$ 的取值越接近 1，$D(G(z))$ 的取值越接近 0 时，即当尽量使得判别器认为真实样本为真，而噪声生成的样本为假时，$V(D,G)$ 取最大值。

另外一个是用于优化生成器的目标函数，即生成器部分的目标函数

$$\min_G V(D,G)=E_{z\sim P_z(z)}[\ln(1-D(G(z)))] \tag{8-30}$$

生成器目标函数只考虑输入判别器的是噪声生成样本时的情况，故只取后半部分函数。生成器目标函数试图最小化生成样本与真实样本之间的差异。当 $D(G(z))$ 的取值越接近 1 时，即尽量使得判别器认为噪声生成的样本为真时，$V(D,G)$ 取最小值。

网络模型的损失计算在判别器输出时产生。判别器输出的通常是真、假判断，可分别用 0 和 1 表示，故可用二进制交叉熵函数作为损失函数。通过交叉熵损失函数所构造的目标函数将两个优化模型合并起来，形成式（8-28）所示的总目标函数，式（8-28）中既包括对判别器判别能力的优化，又包含生成器关于以假乱真效果的优化。

然而，朴素 GAN 在训练过程中参数微调难度大，在很多时候生成的图片质量相当不佳，甚至会产生一些无意义的输出，甚至有时还会发生梯度消失问题。尽管如此，朴素 GAN 提供了一个开创性的思想和方向，为其他更高效 GAN 结构的建立提供了基础框架。为了克服朴素 GAN 的不足，通常使用深度学习在监督学习任务上所取得的成果对 GAN 加以改进，主要通过使用深度卷积网络和引入强化学习优化计算等方式建立改进的 GAN 模型。

由于卷积神经网络在计算机视觉领域具有较好的模型性能与表达能力，故可用深度卷积神经网络实现生成器和判别器，由此得到一种名为**深度卷积对抗神经网络**（Deep Convolutional GAN，DCGAN）的改进 GAN 模型。相较于朴素 GAN 网络，DCGAN 对朴素 GAN 结构提出了一些约束，这些约束较好地解决了朴素 GAN 训练不稳定的问题，使得网络结构在大多数情况下能够稳定地实现模型训练构造并且能够产生更高分辨率的图像。

DCGAN 使用深度卷积网络实现生成器和判别器，在使用过程中对深度卷积网络结构做了以下两个方面的调整，以提高样本的质量和收敛速度：

（1）去掉所有池化层。在生成器中使用**反卷积**进行上采样，在判别器中使用步长卷积代替池化操作。所谓步长卷积是指步长不为 1 的卷积。这些改进是由于生成器和判别器需要由可微函数构造，但是传统卷积神经网络池化层并不可微，故用卷积层代替了池化层。此类改进的另一个好处是模型可通过学习获得合适的上下采样方式，不必再人为设定上下采样方式；

（2）去掉全连接层。通过全局平均池化操作取代全连接层，以加快网络收敛速度。传统卷积神经网络在卷积层之后添加全连接层用于输出最终向量，但全连接层参数过多，会导致运算速度变慢，且全连接层使得网络容易出现过拟合现象。

设有一个简单的卷积层运算，输入图片大小为 4×4，卷积核尺寸为 3×3，步长为 1，进行 valid 卷积，则卷积后输出大小为 2×2 的图片。在这个卷积运算过程中，若将使用 3×3 卷积核进行卷积操作的过程展开为权重矩阵 $\boldsymbol{W}$，则可得到如下大小为 4×16 的矩阵，其中非 0 元素 $w_{i,j}$ 表示卷积核的第 i 行、第 j 列的元素。

$$\begin{pmatrix} w_{0,0} & w_{0,1} & w_{0,2} & 0 & w_{1,0} & w_{1,1} & w_{1,2} & 0 & w_{2,0} & w_{2,1} & w_{2,2} & 0 & 0 & 0 & 0 & 0 \\ 0 & w_{0,0} & w_{0,1} & w_{0,2} & 0 & w_{1,0} & w_{1,1} & w_{1,2} & 0 & w_{2,0} & w_{2,1} & w_{2,2} & 0 & 0 & 0 & 0 \\ 0 & 0 & 0 & 0 & w_{0,0} & w_{0,1} & w_{0,2} & 0 & w_{1,0} & w_{1,1} & w_{1,2} & 0 & w_{2,0} & w_{2,1} & w_{2,2} & 0 \\ 0 & 0 & 0 & 0 & 0 & w_{0,0} & w_{0,1} & w_{0,2} & 0 & w_{1,0} & w_{1,1} & w_{1,2} & 0 & w_{2,0} & w_{2,1} & w_{2,2} \end{pmatrix}$$

接着把 4×4 的输入图片展开成 16×1 的矩阵 $\boldsymbol{X}$，那么 $\boldsymbol{Y}=\boldsymbol{W}\boldsymbol{X}$ 就是一个 4×1 的输出特征矩阵，把它重新排列成 2×2 的输出特征就可得到卷积结果。因此，可将卷积层计算转化成矩阵运算。既然如此，就可将卷积层的反向计算过程定义为卷积结果展开再与矩阵 $\boldsymbol{W}$ 的转置 $\boldsymbol{W}^{\mathrm{T}}$ 相乘。具体地说，反卷积的输入为 $\boldsymbol{Y}$，将其乘以 $\boldsymbol{W}^{\mathrm{T}}$ 可得到 16 维向量，再将该向量转换成 4×4 的图片后即可得到反卷积的输出结果。正因如此，反卷积有时亦被称为**转置卷积**。图 8-62 表示卷积计算对应的反卷积操作，它们的输入输出关系正好相反。用 i 表示反卷积的输入图片边长，k 表示反卷积的卷积核大小，s 表示反卷积的步长，p 表示反卷积填充的圈数，则图 8-62 表示的是参数为 $i=2$，$k=3$，$s=1$，$p=2$ 的反卷积操作。

反卷积也称为微步卷积。这是由于步长大于 1 的卷积操作，其对应反卷积步长将小于 1。图 8-63 表示一个参数为 $i=5$，$k=3$，$s=2$，$p=1$ 的卷积操作所对应的反卷积操作。由于反卷积操作要求步长小于 1，所以在实现过程中，可在其输入特征神经元之间插入 $s-1$ 个 0，并在插入 0 后把其看成是新的输入，此时反卷积步长即为 1。

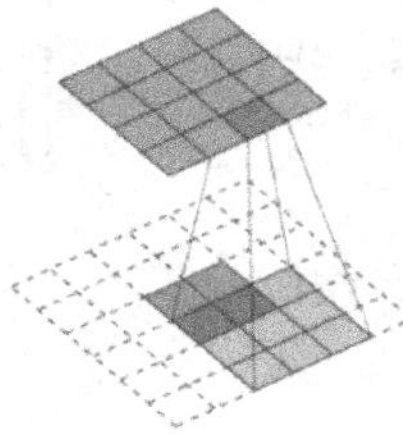

图 8-62　反卷积示意图

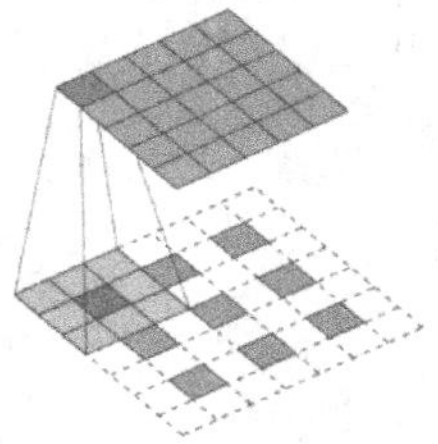

图 8-63　微步卷积示意图

结合网络结构的调整和反卷积操作可得如图 8-64 所示的 DAGAN 网络模型结构。DCGAN 可接收一些随机的噪声向量输入，生成器使用反卷积结构生成图像，判别器需判断生成图像的真假。将生成器和判别器从整个生成对抗网络模型中单独取出，分别进行分析。DCGAN 的生成器网络结构如图 8-65 所示，该生成器的输入是服从某一概率分布的 100 维随机噪声向量 $z\in \mathbf{R}^{100}\sim P(z)$，通过重塑操作可根据 z 生成一个新样本。重塑操作通常使用反卷积操作实现，第一次反卷积将得到 1024 通道的 4×4 特征图，第二次反卷积则可得到 512 通道的 8×8 特征图，最终该生成器所得到的生成图像为 3 通道的 64×64 图像。

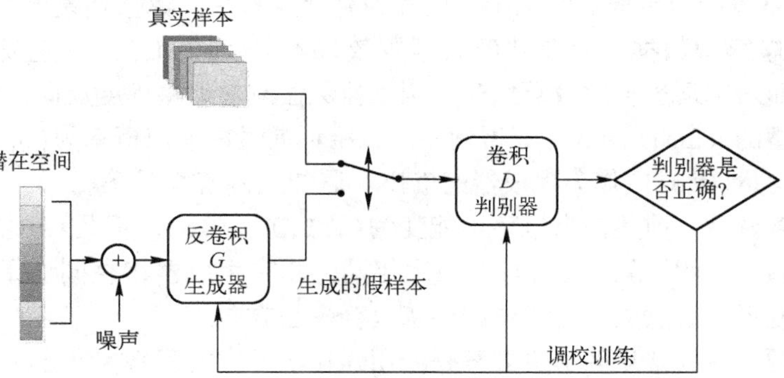

图 8-64　DCGAN 整体结构

DCGAN 的判别器网络结构如图 8-66 所示。该判别器的输入是真实数据集以及生成器的生成数据。真实数据集和生成数据的图片大小一致，始终是一个 3 通道的 64×64 图像。与生成器相对应，判别器中下采样层被步长卷积层所取代。该网络最终可判断输入图像是否为真实图像。网络模型可使用 softmax 等分类器进行分类。

DCGAN 模型除生成器输出层和判别器输入层之外的其他层都使用批归一化操作。如前所述，批归一化操作可使得输入数据具有零均值和单位方差，这样不仅有助于处理不良初始化导致的生成模型崩溃，还有助于提高在深层模型中数据的传递梯度，使得模型学习过程更加稳定。DCGAN 的生成器和判别器使用多种激活函数。生成器使用 ReLU 激活函数，但其输出层使用 tanh 激活函数，这样可以让模型能够更快地进行学习并且能快速覆盖色彩空间；判别器则在所有层都使用 LeakyReLU 激活函数，可使 DCGAN 获得较好的效果。

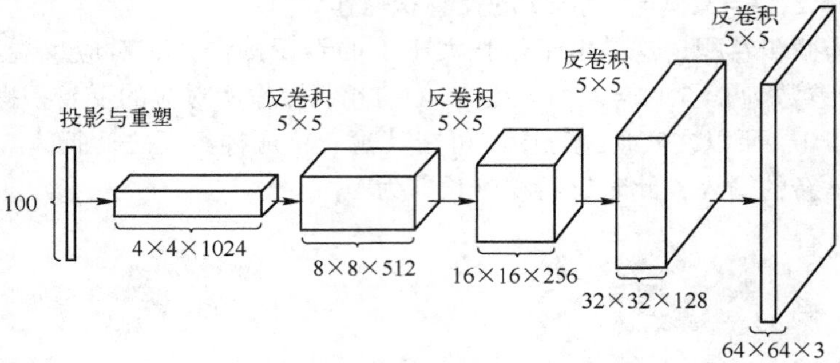

图 8-65　DCGAN 的生成器网络结构

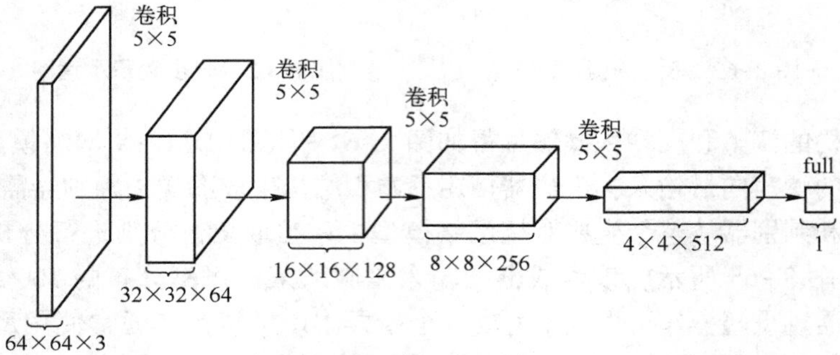

图 8-66　DCGAN 的判别器网络结构

GAN 通过判别器确定生成器的训练方向并最终生成与真实数据相差无几的新数据。然而，GAN 主要适用于连续型数据，对离散型数据则效果不佳。例如，文本生成就不是 GAN 的强项，这是因为在面对单词这种离散数据时，判别器无法有效地将梯度反向传播给生成网络。如通过一个生成模型的 softmax 函数计算得到一个三维词向量的输出概率为(0.1,0.2,0.7)，则将采样后得到的词向量(0,0,1)作为生成器的输出。假如正确答案是第二项，那么在经过反向传播以及网络参数微调后，前述输出概率可能变为(0.1,0.3,0.6)。但是经过采样后，得到的词向量仍然是(0,0,1)，生成器的输出与上一次相同，此时生成器将相同结果再次传给判别器，判别器的评价就变得没有意义，生成器的训练也会失去方向。

针对上述问题，最为常见的解决方案是使用强化学习中的策略梯度方法生成离散变量。事实上，生成对抗网络与强化学习领域 Actor-Critic 模型的基本结构比较类似。强化学习研究的问题是如何将状态映射为行动以最大化智能体的长期回报，Actor-Critic 模型是强化学习中一种常用的模型，主要由行动者（Actor）与评价者（Critic）两个子网络模型组成。其中行动者根据系统状态做出决策，评价者对行动者做出的行为给出估计或评价，图 8-67a 表示 Actor-Critic 模型的基本结构，该结构与 GAN 模型比较相似（见图 8-67b），两者均包含了一个由随机变量到另一空间的映射，以及一个可学习的评价模型。两者均通过迭代计算寻求均衡点的方式求解。Ian Goodfellow 甚至认为生成对抗网络其实就是一种使用强化学习技巧解决生成模型问题的方法，两者的区别主要在于，生成对抗网络中的回报是策略的已知函数且可对行动求导。

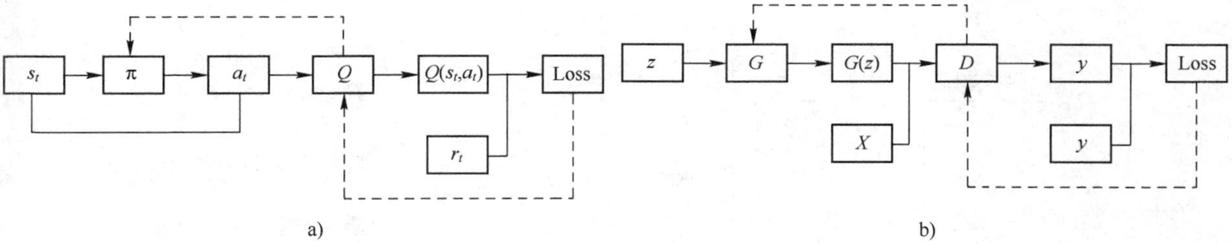

图 8-67　GAN 模型和 Actor-critic 模型的基本结构
a）Actor-Critic 模型　b）GAN 模型

Actor-critic 模型的优化方法主要是通过对策略梯度算法的改进获得的，主要思想是参数化表示策略 $h(s;\boldsymbol{\theta})$，每次行动的动作为 $a_t=h(s_t;\boldsymbol{\theta})$。若某个动作可以获得较大的长期回报 $Q=(s_t,a_t)$，则提高该行动出现的概率；否则，降低该行动出现的概率。长期回报由 Critic 子网络给出，每次行动后按下列公式更新策略函数的参数：

$$\boldsymbol{\theta} \leftarrow \boldsymbol{\theta}+\nabla_{\boldsymbol{\theta}};\nabla_{\boldsymbol{\theta}}=E[\nabla_{\boldsymbol{\theta}}\ln h_{\boldsymbol{\theta}}(a_t \mid s_t)Q(s_t,a_t)]$$

其中，$\nabla_{\boldsymbol{\theta}}$ 为策略梯度。

朴素 GAN 中生成器的学习依赖于判别器回传的梯度，由于离散型取值的操作不可微，朴素 GAN 无法解决离散数据的生成问题。通过借鉴 Actor-critic 模型的思想，可建立基于策略梯度优化的改进 GAN 模型以解决这个问题。SeqGAN 正是基于这种思想而产生的一种改进 GAN 模型。图 8-68 表示 SeqGAN 的基本结构，该模型的基本架构与用于图像生成的 GAN 模型比较类似，主要改进在于 SeqGAN 将生成器看成是一个强化学习模型，强化学习中的状态就是当前已经预测得到的那部分离散数据，动作就是下一个要预测的离散数据，并把判别器作为这个强化学习的激励函数。在模型训练过程中，SeqGAN 将生成器看作一个随机的参数化策略，然后通过蒙特卡洛搜索来估计当前状态下应该采取的动作，并通过策略梯度算法直接训练这个策略，由此可避免传统 GAN 模型中离散数据梯度反向传播效果不明显的问题。

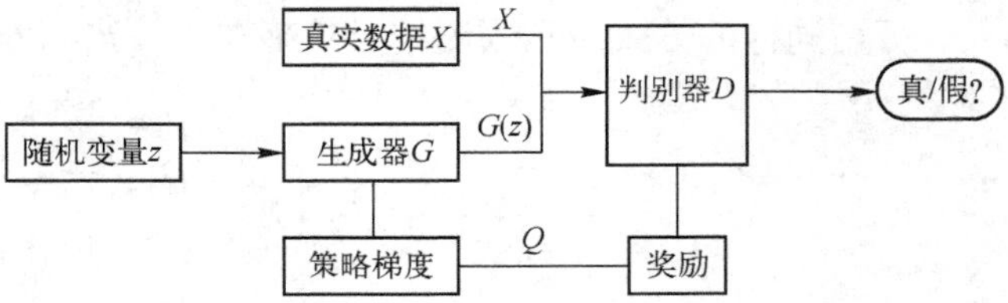

图 8-68　SeqGAN 的基本结构

生成对抗网络的对抗博弈思想对强化学习的发展也有所启发，在训练过程中通过将生成器看作智能体、判别器看作奖励来源，成功地结合了强化学习与生成对抗网络。传统强化学习一般是针对单任务的问题，如训练最近路径、拿到最高分等，可用生成对抗网络实现面向任务的强化学习网络模型。网络模型使用生成对抗网络训练生成一些当前状态下难度适中的任务，并把这些任务当作强化学习的目标任务，由此找到一个策略使得完成这些任务的目标函数的平均值最小，而解决传统强化学习方法则只适用于单任务的问题。

使用生成对抗网络实现强化学习的大致流程如图 8-69 所示，图中左侧使用对抗方式训练生成对抗网络，使用真实数据加上生成器的生成数据来训练判别器。如图 8-69 右侧所示，训练中将策略网络当作生成器，已经存在的圆点当作现在的状态，要生成的下一个圆点称作动作，由于判别器需要对一个完整序列评分，故使用蒙特卡洛树搜索将每个动作的各种可能性补全，判别器对这些完整序列产生回报，然后回传给生成器，最后通过强化学习来更新生成器。即用强化学习的方式训练出一个可以产生下一个最优行动的生成网络。

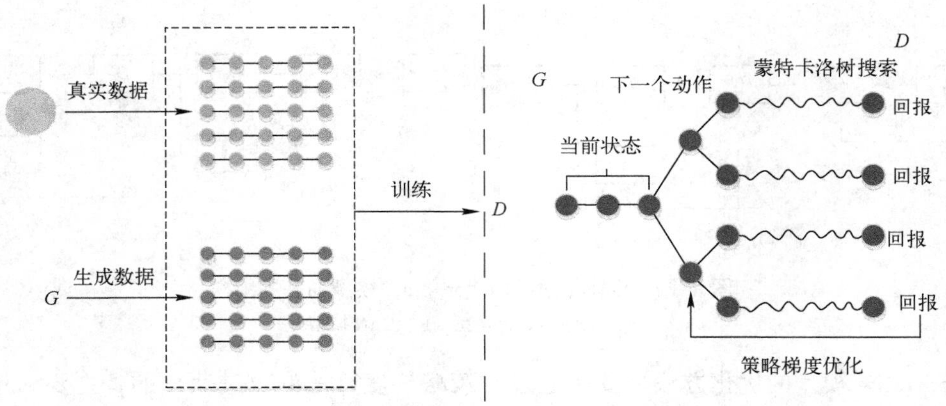

图 8-69 使用 GAN 完成强化学习

8.3.3 模型训练策略

前述各类 GAN 模型虽然在网络结构上形式各异，但都基于最初的朴素 GAN 产生，模型训练本质上是生成器网络和判别器网络相互对抗并达到最优。对于朴素 GAN 的训练，判别器输入图片 X 并输出 y 以表示 X 属于某种类别的概率。此时仅有 0 和 1 这两个类别，可用如下条件概率 $P_D(y \mid X)$ 表示该子模型

$$P_D(y \mid X)=\begin{cases}P_D(y=1 \mid X\in C_r)\\P_D(y=0 \mid X\in C_r)\\P_D(y=1 \mid X\in C_f)\\P_D(y=0 \mid X\in C_f)\end{cases} \tag{8-31}$$

其中，$X\in C_r$ 表示输入样本 X 来自真实图片集合 C_r；$X\in C_f$ 表示输入样本 X 来自虚拟图片集合 C_f；$P_D(y \mid X)$ 为判别器的输出，表示判别器将输入 X 判定为类别 y 的概率。

可用同样的方式表示预测结果正确与否，当判断结果正确时记为 1，否则，记为 0，则有

$$P_{gt}(y \mid X)=\begin{cases}P_{gt}(y=1 \mid X\in C_r)=1\\P_{gt}(y=0 \mid X\in C_r)=0\\P_{gt}(y=1 \mid X\in C_f)=0\\P_{gt}(y=0 \mid X\in C_f)=1\end{cases} \tag{8-32}$$

设真实图片集合 C_r 的样本数量为 $|C_r|$，虚拟图片集合 C_f 的样本数量为 $|C_f|$，总样本数为 N，且样本在整个由真实图片和虚拟图片构成的空间（$C=C_r\cup C_f$）中均匀分布，从该分布中任取一个样本 X，则有：

$$P(X)=\frac{1}{|C_r|+|C_f|}=\frac{1}{N}$$

$$P_D(y,X)=P_D(y \mid X)P(X)=\frac{1}{N}\cdot P_D(y \mid X)$$

$$P_{gt}(y,X)=P_{gt}(y \mid X)P(X)=\frac{1}{N}\cdot P_{gt}(y \mid X)$$

显然，判别器输出 $P_D(y \mid X)$ 与联合概率 $P_D(y,X)$ 仅相差一个常系数，故可将判别器输出

看作是联合概率 $P_D(y,X)$。同理，可将 $P_{gt}(y|X)$ 看作是联合概率 $P_{gt}(y,X)$，故判别器输出值 $P_D(y|X)$ 与真实分布情况 $P_{gt}(y|X)$ 之间的差异可用 $P_D(y,X)$ 与 $P_{gt}(y,X)$ 的交叉熵损失函数进行度量，具体计算公式如下

$$H(P_{gt}|P_D)= -\left[\sum_{X_i\in C_f\cup C_r} P_{gt}(y=1,X_i)\cdot \ln P_D(y=1,X_i)+\sum_{X_i\in C_f\cup C_r} P_{gt}(y=0,X_i)\cdot \ln P_D(y=0,X_i)\right]$$

由于 $P_{gt}(y=1|X\in C_f)=P_{gt}(y=0|X\in C_r)=0$，故可将上式化简为

$$H(P_{gt}|P_D)=-\left[\sum_{X_i\in C_r} P_{gt}(y=1,X_i)\cdot \ln P_D(y=1,X_i)+\sum_{X_i\in C_f} P_{gt}(y=0,X_i)\cdot \ln P_D(y=0,X_i)\right]$$

又因 $P_{gt}(y=1,X_i\in C_r)=P_{gt}(y=0,X_i\in C_f)=1/N$，且令 $D(X)=P_D(y=1,X)$，故 $1-D(X)=P_D(y=0,X)$，则有

$$H(P_{gt}|P_D)=-\frac{1}{N}\left[\sum_{X_i\in C_r}\ln D(X_i)+\sum_{X_i\in C_f}\ln(1-D(X_i))\right] \tag{8-33}$$

假设真实样本与虚拟样本数量相等，则有

$$H(P_{gt}|P_D)=-\frac{1}{2}[E_{X_i\in C_r}\ln D(X_i)+E_{X_i\in C_f}\ln(1-D(X_i))] \tag{8-34}$$

由于真实样本来自样本分布 $P_{\text{data}}(X)$，虚拟样本 $G(z)$ 通过生成器根据噪声 z 产生，故记生成样本的分布为 $P_z(z)$，由此可得到用于优化判别器的目标函数为

$$J^{(D)}=-\frac{1}{2}[E_{x\sim P_{\text{data}}(X)}\ln D(X)+E_{z\sim P_z(z)}\ln(1-D(G(z)))] \tag{8-35}$$

由于生成器与判别器紧密相关，两者之间形成零和博弈关系，故生成器 G 所对应的目标函数满足 $J^{(G)}=-J^{(D)}$，即有

$$J^{(G)}=\frac{1}{2}[E_{x\sim P_{\text{data}}(X)}\ln D(X)+E_{z\sim P_z(z)}\ln(1-D(G(z)))] \tag{8-36}$$

由于生成器和判别器的代价函数仅有系数差别，故可用同一目标函数表示 $J^{(D)}$ 和 $J^{(G)}$，即

$$V(D,G)=E_{x\sim P_{\text{data}}(X)}[\ln(D(X))]+E_{z\sim P_z(z)}[\ln(1-D(G(z)))] \tag{8-37}$$

由上述推导过程可知，当训练达到平衡点时，获得最优 $V(D,G)$，即对生成器来说是最小的但对判别器来说却是最大的，由此可将 GAN 训练问题转化为如下优化问题

$$\arg\min_G \max_D V(D,G) \tag{8-38}$$

上述优化问题既要取最小值又要取最大值，看似相互矛盾但实则不然。求解该优化问题所得目标函数的取值对于生成器 G 而言是最小值，对于判别器 D 而言是最大值。这种极大-极小值点与鞍点比较类似。如图 8-70 所示，鞍点在一个方向上（$C\to D$）是函数的极大值点，而在另一个方向上（$A\to B$）则是函数的极小值点，极大-极小值点也是如此。

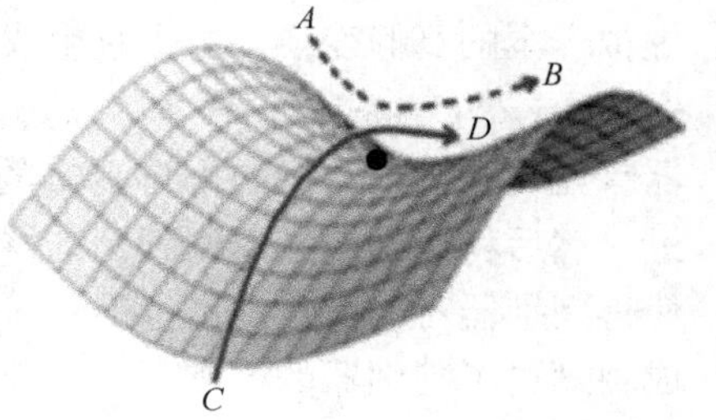

图 8-70　鞍点示意图

考虑对目标函数的优化过程。首先，固定生成器 G，求解最优判别器 D^*，生成器 G 固定后目标函数仅与判别器相关。将噪声 z 的分布 $P_z(z)$ 记为样本 X 的分布 $P_g(X)$，则有

$$V(D,G)=\int P_{\text{data}}(X)[\ln(D(X))]\mathrm{d}X+\int P_g(X)[\ln(1-D(X))]\mathrm{d}X$$

$$=\int\{P_{\text{data}}(X)[\ln(D(X))]+P_g(X)[\ln(1-D(X))]\}\mathrm{d}X$$

由于对该积分取最大值即为对被积函数取最大值，故令

$$f(D(X))=P_{\text{data}}(X)[\ln(D(X))]+P_g(X)[\ln(1-D(X))] \tag{8-39}$$

当$f(D(X))$取最大值时即可求得最优判别器D^*。$f(D(X))$对$D(X)$求导有

$$f'(D(X))=\frac{P_{\text{data}}(X)}{D(X)}-\frac{P_g(X)}{1-D(X)} \tag{8-40}$$

令$f'(D(X))=0$，解得最优判别器

$$D^*=P_{\text{data}}(X)/[P_{\text{data}}(X)+P_g(X)]$$

将解得的D^*代回原积分函数，有

$$\begin{aligned}
C(G)=V(G,D^*)&=\int P_{\text{data}}(X)\ln\frac{P_{\text{data}}(X)}{P_{\text{data}}(X)+P_g(X)}\mathrm{d}X+\int P_g(X)\ln\frac{P_g(X)}{P_{\text{data}}(X)+P_g(X)}\mathrm{d}X\\
&=\left[\int P_{\text{data}}(X)\ln\frac{P_{\text{data}}(X)}{P_{\text{data}}(X)+P_g(X)}\mathrm{d}X+\ln2\right]+\left[\int P_g(X)\ln\frac{P_g(X)}{P_{\text{data}}(X)+P_g(X)}\mathrm{d}X+\ln2\right]-2\ln2\\
&=\int P_{\text{data}}(X)\ln\frac{2P_{\text{data}}(X)}{P_{\text{data}}(X)+P_g(X)}\mathrm{d}X+\int P_g(X)\ln\frac{2P_g(X)}{P_{\text{data}}(X)+P_g(X)}\mathrm{d}X-\ln4\\
&=\mathrm{KL}\left(P_{\text{data}}(X)\left\|\frac{P_{\text{data}}(X)+P_g(X)}{2}\right.\right)+\mathrm{KL}\left(P_g(X)\left\|\frac{P_{\text{data}}(X)+P_g(X)}{2}\right.\right)-\ln4\\
&=-\ln4+2\mathrm{JSD}(P_{\text{data}}(X)\parallel P_g(X))
\end{aligned}$$

其中，$\mathrm{JSD}(P_{\text{data}}(X)\parallel P_g(X))$表示$P_{\text{data}}(X)$与$P_g(X)$的JS散度，JS散度是KL散度的一种变形，上式中$\mathrm{JSD}(P_{\text{data}}(X)\parallel P_g(X))$的具体形式为

$$\mathrm{JSD}(P_{\text{data}}(X)\parallel P_g(X))=\frac{1}{2}\mathrm{KL}\left(P_{\text{data}}(X)\left\|\frac{P_{\text{data}}(X)+P_g(X)}{2}\right.\right)+\frac{1}{2}\mathrm{KL}\left(P_g(X)\left\|\frac{P_{\text{data}}(X)+P_g(X)}{2}\right.\right)$$

即有

$$C(G)=-\ln4+2\mathrm{JSD}(P_{\text{data}}(X)\parallel P_g(X)) \tag{8-41}$$

故当且仅当$P_{\text{data}}(X)=P_g(X)$时，$C(G)$有全局最小值$-\ln4$。由此可知最优生成器$G^*$的分布应满足$P_{\text{data}}(X)=P_g(X)$。

为实现生成器和判别器之间的相互对抗博弈，需要在生成对抗网络训练过程中保持生成的虚拟样本的真假变换，这也是生成对抗网络模型设计的关键要点。如图8-71所示，随机变量z由生成器G生成数据样本$G(z)$，使用判别器对$G(z)$和真实数据样本X进行真假判别。判别器首先判别输入数据是来自真实的样本还是生成器，使得$D(X)$向1趋近，$D(G(z))$向0趋近，然后将判别结果返回到判别器和生成器。判别器和生成器不断进行优化，生成器的目的是使得判别器对生成数据产生误判，故最后结果是$D(X)=1, D(G(z))=1$。即生成器生成的图片成功瞒过了判别器的检查。

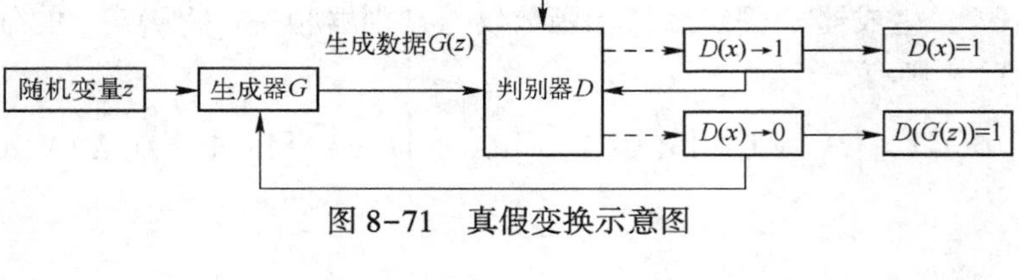

图8-71　真假变换示意图

图 8-72 表示 GAN 模型训练过程中真实数据分布与生成数据分布之间关系的变化情况，图中点线为真实数据分布，实线为生成数据分布，虚线表示判别器的决策边界。GAN 模型训练的目标是让实线尽量逼近点线，即让生成样本的分布尽量逼近真实数据分布。

图 8-72a～d 表示数据分布变化的基本过程，图 8-72a 为初始状态，生成器生成的数据与真实数据相差很大，判别器具备初步划分是否为真实数据的能力；图 8-72b 表示通过对判别器的训练，判别器开始向比较完善的方向收敛，实现对判别器的优化；图 8-72c 表示当判别器逐渐完善时，生成器也经过迭代优化，生成数据开始向真实数据逼近，让生成数据更容易被判别器判断为真实数据；图 8-72d 表示反复进行上述一系列训练之后生成器和判别器的最终状态，此时 P_g 非常逼近甚至完全等于 P_{data}，当达到 $P_{\text{data}}=P_g$ 时，生成器和判别器已无法做进一步优化，生成器 G 已完全模拟出真实数据分布，判别器 D 无法分辨出两种数据分布，决策边界变成取值恒为 0.5 的直线。

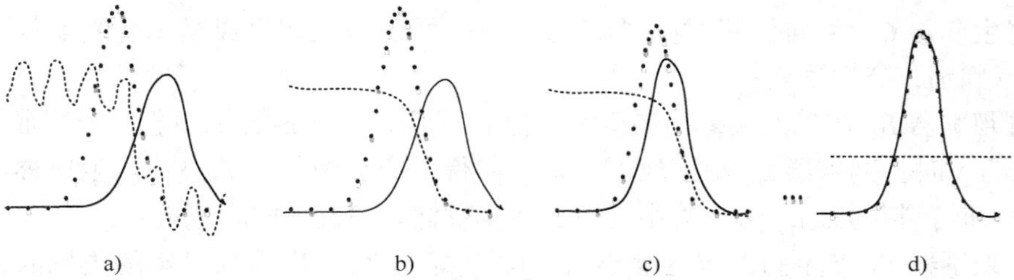

图 8-72　GAN 模型训练中数据分布的变化

a）初始状态　b）判别器优化　c）生成器优化　d）最终状态

在训练过程中，虽然 GAN 的生成器和判别器具有各自的网络结构和特点，但它们仍然是两个独立的模型，故在 GAN 模型训练时通常使用单独交替迭代方式进行训练，即每次只单独训练一个网络模型，然后交替地训练两个网络模型，并不断迭代直到满足迭代要求。首先，对判别器进行训练，设 GAN 的初始生成器为 G_1，初始判别器为 D_1，根据已有的真实样本集来训练判别器，训练过程如图 8-73 所示。

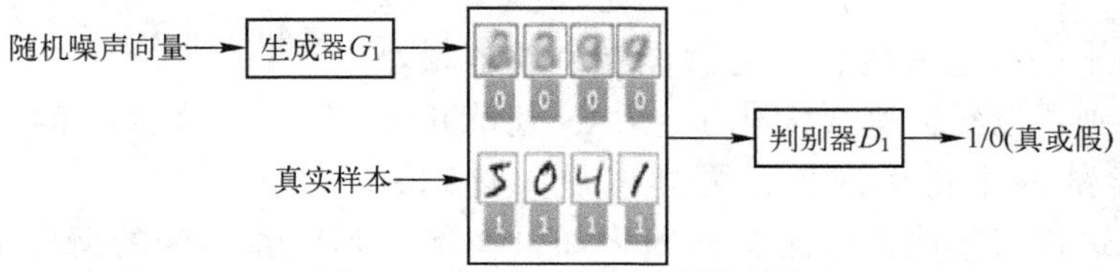

图 8-73　DCGAN 的判别器训练

（1）保持当前生成器 G_1 不变，将随机噪声向量输入至 G_1 后，噪声向量会生成一个生成样本（最初生成器处于劣势，生成样本不太好，很容易就会被判别网络判别为假）；

（2）将步骤（1）生成的虚拟样本集人为定义为假，将真实样本集人为定义为真，规定假样本类标签为 0，真样本类标签为 1，使得真样本的输出尽量为 1，假样本的输出尽量为 0；

（3）用步骤（2）所得标签为 1 的真样本集与标签为 0 的假样本集训练判别器 D_1，进行有监督二分类模型训练；

（4）判别器 D_1 迭代学习直到能准确地分辨真假样本，学习结束，得到判别器 D_2，至此完成判别器第一轮训练过程。

由于判别器 D_2 已能很好地判别出输入到判别器的样本的类别，故训练生成器的目标就是使其生成尽量逼真的样本骗过判别器 D_2。由于生成器生成样本的真实程度只有通过判别器才知道，并且若只用生成器则无法获得误差进行训练，故在训练生成器时需联合判别器才能达到训练目的。如图 8-74 所示，生成器训练的基本过程如下：

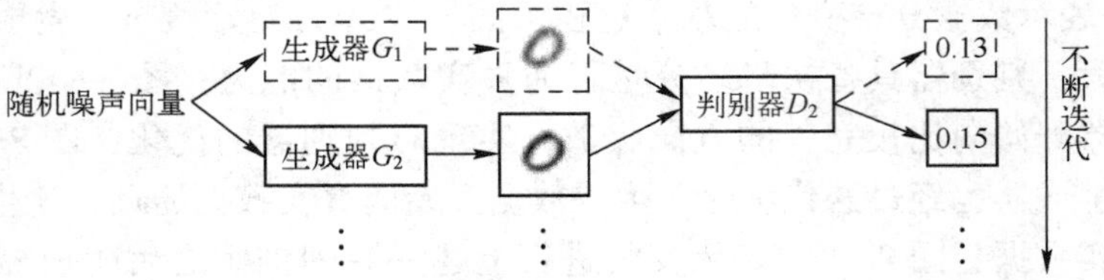

图 8-74 DCGAN 的生成器训练

（1）保持当前判别器 D_2 不变，将随机噪声向量输入至生成器 G_1 后，由噪声向量产生一个虚拟样本；

（2）将生成器 G_1 生成的虚拟样本标签设为 1，即认为这些生成样本为真实样本，使用判别器 D_2 进行判别，产生误差；

（3）将判别器 D_2 产生的误差回传至生成器 G_1，实现对生成器的更新。当生成样本真实度较低且标签为 1 时，判别器 D_2 给出较大误差，使得生成器做较大调整；当生成样本真实度较高且标签为 1 时，判别器 D_2 给出较小误差，使生成样本向真实样本逼近；

（4）当判别器 D_2 产生的误差足够小时，即 D_2 很难分辨出输入样本的类别时，表明生成器生成的样本已骗过判别器 D_2，此时生成器第一轮训练结束，完成生成器 G_2 的训练构造。

至此完成 GAN 的生成器和判别器的第一轮训练，重复上述过程可完成整个训练过程。

如图 8-75 所示，GAN 模型训练的每轮迭代都是先训练判别器，直到判别器能将输入的真实样本和生成器生成的样本很好地区分开，至此对于当前生成器而言，判别器的判别能力已足够强大；当判别器训练完成后，再开始训练生成器，直到判别器无法判断出输入样本的类别，此时对于当前判别器而言，生成器功能已足够强大。这样的先后顺序安排是有意义的，因为假设在生成器最小化开始之前，判别器已经完全最大化了，GAN 还能正常进行。如果先尝试最小化生成器，再尝试最大化判别器，则模型训练过程将无法正常进行。因为如果在保持判别器不变的情况下先最小化生成器，生成器就会把输入的所有噪声都映射到那些最有可能为真的点，从而导致模式崩溃。所谓模式崩溃是指生成器在某种情况下的生成结果会非常差，并且即使加长训练时间也无法得到很好的改善。

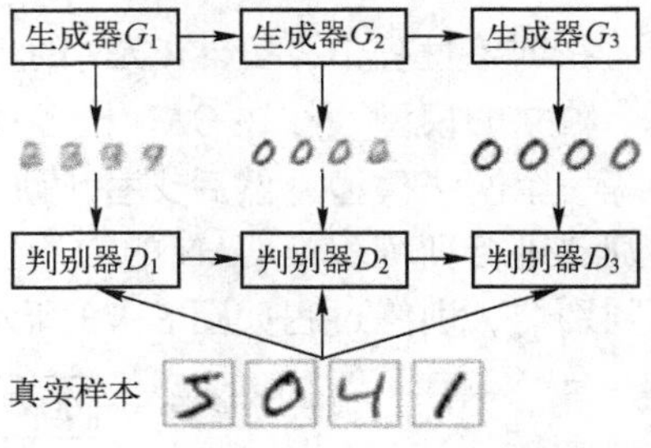

图 8-75 GAN 的单独交替迭代训练过程

产生模式崩溃的主要原因是由于 GAN 采用对抗训练方式，生成器的梯度更新来自判别器，所生成样本的好坏需要由判别器进行评判。如果某次生成器生成的样本与真实分布相差较大，但是判别器给出了积极的评价，或者是生成样本中的一些特征得到了判别器的认可，此时生成器的错误就会受到鼓励并继续生成错误样本，进而继续受到判别器较高的评价，导致生成器与判别器相互错误反馈，形成非常差的生成效果且难以纠正。除了在每轮训练中先训练判别器再训练生成器这个策略之外，还可通过给判别器增加若干额外特征的方法来解决模式崩溃的问题，如进行小批量训练等，这里不再赘述。

8.4 常用深度网络应用

传统方法无法处理体量庞大、类型繁多、价值密度低、变化快、时效高的数据，难以从中准确提取有效的价值信息，深度神经网络作为一种具有强大特征提取与感知表达能力的机器学习模型，能够有效整合大量多源数据，捕捉动态变化，是实现大数据价值转化的桥梁。同时，大数据为深度神经网络模型提供了充足的训练样本，使得训练大规模的神经网络成为可能。随着硬件技术的发展和计算能力的提升，神经网络处理大数据的速度也在不断提高。上述因素使得深度神经网络和深度学习在如今的大数据时代得到了飞速发展，并在视频图像处理、计算机视觉、自然语言理解、游戏博弈、自动驾驶、经济统计分析等多个领域得到成功应用，在全社会掀起了深度学习和人工智能的研究热潮。本节主要介绍深度神经网络在计算机视觉和自然语言理解这两个领域中的应用技术，首先，介绍基于深度卷积网络的图像目标自动检测技术；然后，介绍基于深度循环网络的自动文本摘要技术。

8.4.1 图像目标检测

图像目标检测任务是找出图像中所有感兴趣的目标，并画出关于这些目标的边框，用于确定其位置和大小，如图 8-76a、b 所示。由于各类物体有不同的外观、形状和姿态，加上成像时光照、遮挡等因素的干扰，目标检测一直是机器视觉领域富有挑战性的课题。在无人驾驶、安防系统、基于内容的图像检索以及机器人导航等实际场景中，图像目标检测是一类难以回避的任务。目标检测对于人类来说并不困难，通过对图片中不同颜色模块的感知很容易定位并分辨出其中的目标物体，但对于计算机来说，面对的是 RGB 像素矩阵，很难从图像中直接得到目标物体的抽象概念并定位其位置，再加上有时候多个物体和杂乱的背景混杂在一起，使目标检测变得更加困难。

a) b)

图 8-76 图像分类和目标检测的对比
a）单目标检测 b）多目标检测

长期以来，图像目标检测一直是计算机视觉和视频图像处理领域非常热门的研究课题，使用 Adaboost 等传统机器学习方法对人脸等特定目标的检测已取得较好的效果，但对于一般性目标的检测仍难以取得满意效果，且算法复杂、检测速度慢。近年来，基于深度学习的目标检测方法横空出世，迅速超过传统目标检测算法的效果，成为研究热点。目前，基于深度学习的目标检测方法可大致分为两类：一类是基于候选区域的方法，如 R-CNN、SPP-net、Fast R-CNN、Faster R-CNN 等；另外一类是端到端的目标检测方法，即不需要候选区域，直接产生物体的类别概率和位置坐标值，如 YOLO、SSD 等。实验证明，虽然端到端的方法在速度上优势明显，但是基于候选区域的方法具有较高的准确率。

这里主要介绍基于候选区域的相关方法，该类方法的基本思想是，从输入图片中以一定区域提取算法以获得一些可能包含检测目标的候选区域，然后将这些候选区域进行特征提取并分类，最后进行候选框回归以完成目标检测。常见的候选区域提取算法有 Selective Search 算法、Edge Boxes 算法等。Selective Search 算法结合了穷举搜索和分割技术，有效减少了要考虑的边框位置数量。Edge Boxes 算法主要利用边缘信息来确定边框内的轮廓个数以及与边框边缘重叠的边缘个数，以此对边框进行评分，根据边框得分的高低顺序确定区域的大小、长宽比和位置。特征提取主要是通过深度卷积神经网络完成，分类时则使用训练好的数据模型对候选区域提取出来的特征进行筛选，判断该区域中可能存在的目标区域是否属于数据集中的类别，并对其中属于数据集中类别的区域进行分类。边框回归主要是对候选区域进行线性纠正，保证提取到的候选区域与物体所在真实区域的交并比（Intersection over Union，IoU）最高，使得候选区域的定位尽量精准。

R-CNN 模型是基于候选区域的目标检测算法系列的开山之作，该模型首先进行区域搜索，然后再对候选区域进行分类，具体包括如下四个基本步骤：首先，使用 Selective Search 算法从输入的图片上提取出约 2000 个候选区域；然后，将候选区域大小归一化为 227×227，并将归一化后的候选区域输入到卷积神经网络中进行特征提取，此处使用的卷积神经网络是经过微调的 Alexnet 和 VGG16 等；接下来，用每类目标对应的 SVM 分别判断每个候选区域是否为该类；最后，通过非极大值抑制和物体边界框回归输出最终检测结果。图 8-77 表示 R-CNN 目标检测的基本过程。现用 Python3+TensorFlow 编程实现 R-CNN 目标检测。

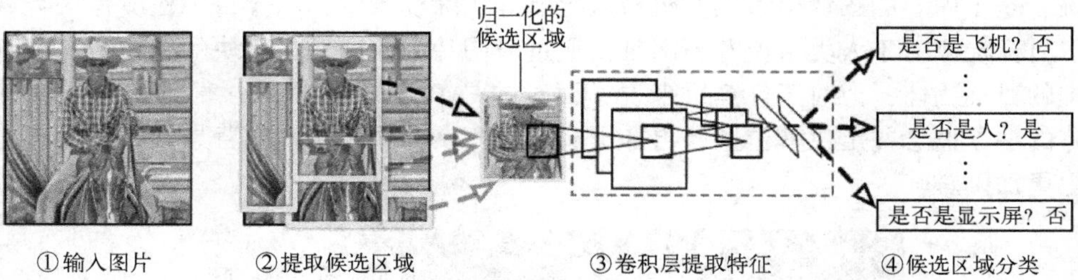

图 8-77　R-CNN 结构

（1）将 Selective Search 算法直接写入一个单独的“.py”文件以便调用，定义其主函数为

selective_search(im_orig, scale=1.0, sigma=0.9, min_size=55)

其中，im_orig 为输入图片，scale、sigma 和 min_size 分别是 Selective Search 算法中图像分割部分的参数，用来调整其可调整分割区域的大小等。经过 Selective Search 算法后会得到如图 8-78 所示的候选区域；

（2）在 Network.py 文件中定义 Alexnet 网络及其参数，SVM 分类器以及用于候选框回归的 Reg_Net 函数。然后，将这些模型的训练与测试功能写在 train_and_test.py 文件中，定义类 Solver 用于训练或测试自定义的网络结构，具体方法为

__init__(self, net, data, is_training=False, is_fineturn=False, is_Reg=False)

其中，参数 net 主要用于训练或测试的自定义网络结构，属于类属性；data 用来训练网络的数据，属于类属性；当此类是用于训练网络时 is_training 为 True，用于对网络进行预测时则为 false；当此类用于 fineturn 步骤和特征提取步骤时 is_fineturn 为 True，其余时候为 False；当此类用于 bounding_box 回归时 is_Reg 为 True，其余时候为 False；

（3）对经过预训练的 Alexnet 网络进行微调，计算每个候选区域与人工标注框的 IoU。将 IoU 重叠阈值设为 0.6，大于这个阈值的作为正样本，其他作为负样本。然后在训练的每次迭代过程中都使用包括所有类别的 32 个正样本和 96 个背景样本组成的 128 张图片的 batchsize 进行训练；

（4）对于 SVM 的训练，分别对每个类训练一个线性的 SVM 分类器。训练 SVM 时需要正负样本文件，将真实框中的图像作为正样本，完全不包含目标的候选区域作为负样本，部分包含某类目标的候选区域使用 IoU 阈值的方法，设阈值为 0.3，计算每个候选区域与标准框的 IoU，小于 0.3 的作为负样本，其他的全都丢弃；

（5）最后将主函数写入 train_and_test. py 文件，同时对所需超参数进行赋值，实现整个 R-CNN 模型，图 8-79 所示为最终检测效果。

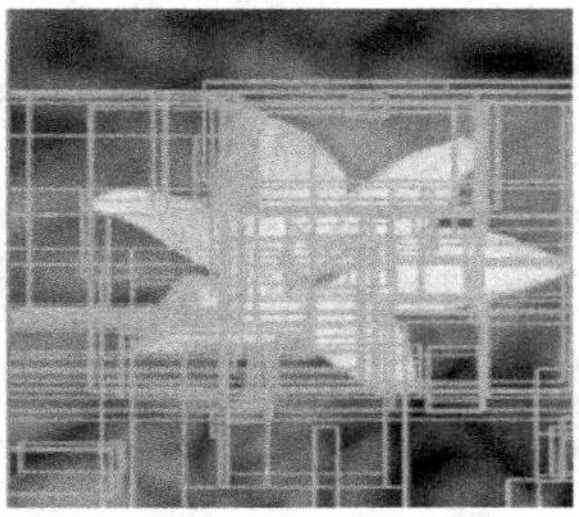

图 8-78 Selective Search 效果

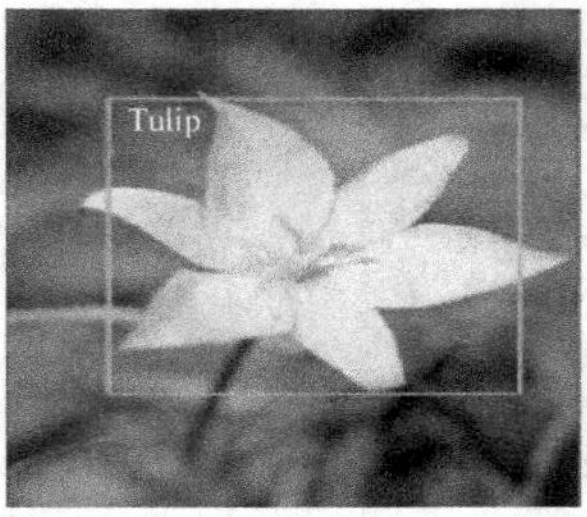

图 8-79 R-CNN 效果图

通过实验分析发现，R-CNN 虽然设计巧妙，相较于传统目标检测算法取得了 50%的性能提升，但它也存在一些明显的问题：一是重复计算，通过 Selective Search 算法提取出来的 2000 个候选区域都要送入 CNN 中进行特征提取，而它们之间有很多重叠部分，导致计算冗余，检测速度过慢；二是整体结构不合理，由于分类器采用的是 SVM，故分类完成后并没有根据分类结果对卷积网络的参数做出反馈调整；三是训练不简洁，需要训练卷积层、SVM 以及候选框回归模型，最后将它们组合在一起，过程烦琐。

为了解决卷积神经网络重复运算的问题，人们提出了 SPP-Net 模型，通过在卷积层和全连接层之间加入空间金字塔池化结构代替 R-CNN 算法以在输入卷积神经网络前对各个候选区域进行剪裁、缩放操作使其图像子块尺寸一致。使用空间金字塔池化结构有效避免了 R-CNN 算法对图像区域进行剪裁、缩放操作而导致的图像物体剪裁不全以及形状扭曲等问题，更重要的是，它解决了卷积神经网络对图像重复特征提取的问题，大大提高了产生候选框的速度，节省了计算成本。但是和 R-CNN 算法一样，训练数据的图像尺寸大小不一致，导致候选框的感兴趣区域（Region of Interest，ROI）的感受野大，不能利用反向传播算法高效地更新权重。

Fast R-CNN 的提出主要是为了减少候选区域使用卷积神经网络模型提取特征向量所消耗的时间。该模型借鉴 SPP-Net 结构，设计一种 RoI pooling 的池化层结构，有效解决 R-CNN 算法必须将图像区域剪裁、缩放到相同尺寸大小的操作。它主要是在 R-CNN 的基础上做了两个优化：一是共享了卷积运算结果；二是实现了从卷积网络到分类器和边界框回归的可训练。前者通过对整张图提取一次特征，再把候选区域映射到卷积特征图上，从而得到每个候选区域的对应特征，再将候选区域对应特征图送入 RoI pooling 池化层。池化层可把不同大小的输入映射到一个固定尺度的特征向量上，故可满足全连接层对固定输入尺寸的要求。后者通过融合物体边界框回归和分类任务的损失函数来实现。Fast R-CNN 算法多任务损失包括分类损失和边框回归损失，将分类损失和边框回归损失叠加到一起，可得如下目标函数

$$L(p,u,t^u,v)=L_{cls}(p,u)+\lambda[u\geq 1]L_{loc}(t^u,v);L_{cls}(p,u)=-\ln p_u$$

其中，$L_{cls}(p,u)$是对真实类别 u 的分类损失，$p=(p_0,p_1,\cdots,p_k)$是对每个候选区域 RoI 输出离散型概率分布，由 softmax 计算，k 为类别索引。第二项中的$L_{loc}(t^u,v)$是边框回归损失，$t^u=(t_x^u,t_y^u,t_w^u,t_h^u)$是与真实类别 u 对应的预测平移缩放参数，$v=(v_x,v_y,v_w,v_h)$则是真实平移缩放参数。边框回归损失是被定义在一个元组上的类别 u 的真实边框目标回归，当 $u\geq 1$ 时，$[u\geq 1]$为 1；否则，为 0。通常情况下，所有背景类标记为 0。由于背景没有真实边框概念，故忽略其边框回归损失。边框回归损失函数的计算方式如下

$$L_{loc}(t^u,v)=\sum_{i\in\{x,y,w,h\}}\text{smooth}_{L_1}(t_i^u-v_i) \tag{8-42}$$

其中，

$$\text{smooth}_{L_1}(x)=\begin{cases}0.5x^2, & |x|<1\\ |x|-0.5, & 其他\end{cases}$$

图 8-80 表示 Fast R-CNN 的网络结构。在实际计算过程中，RoI pooling 池化层的输入由特征图和 Selective Search 算法的输出组成，输出是 n 个向量，其中 n 的值等于 RoI 的个数，向量的维度为 $c\times w\times h$，c 表示通道数。RoI Pooling 过程首先将 Selective Search 算法的输出坐标映射到特征图上，映射规则是把各个坐标除以输入图片与特征图的大小比值，得到特征图上矩形框的坐标后，使用空间金字塔池化得到输出，在池化过程中需要计算池化后的结果对应到特征图上所占的范围，然后在对应范围中进行取最大或者取平均操作。

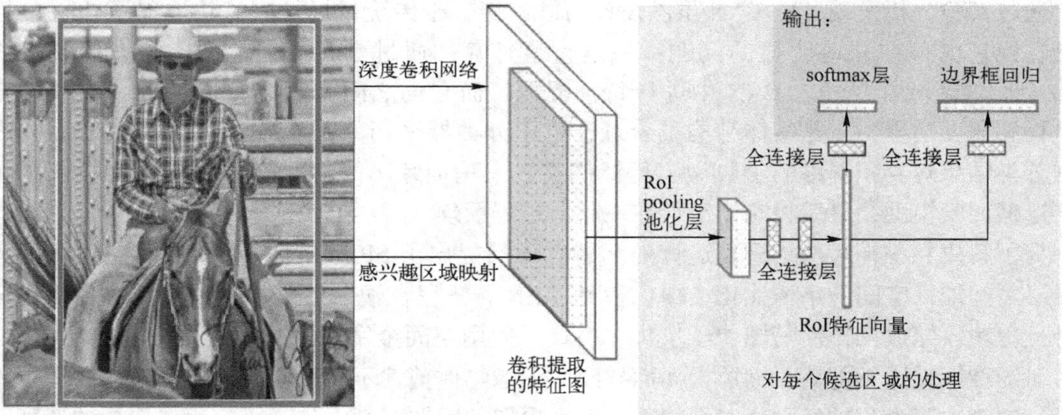

图 8-80 Fast R-CNN 结构

实验表明，Fast R-CNN 虽然很大程度上提升了性能，但问题是通过选择性搜索产生候选框耗费了大量时间，如表 8-6 所示。该表中的测试时间是不包含通过选择性搜索产生候选区域的时间的，加上选择性搜索的时间后，真实耗时如表 8-7 所示。

表 8-6 Fast R-CNN 与 R-CNN 速度对比

	R-CNN	Fast R-CNN
训练时间	84 h	9.5 h
速度对比	1×	8.8×
测试时间（/每张图片）	47 s	0.32 s
速度对比	1×	146×
mAP① （VOC 2007）	66.0	66.9

① VOC 2007 数据集使用 mAP 值作为检验算法检测效果的性能评估得分。

表 8-7　加入生成候选框时间后两种网络的速度对比

	R-CNN	Fast R-CNN
测试时间（/每张图片）	50s	2s
速度对比	1×	25×

Faster R-CNN 算法是为了解决 Fast R-CNN 由于 Selective Search 过程耗时问题而提出的，该算法通过设计辅助生成样本的区域建议网络（Region Proposal Networks，RPN）模型来直接产生候选区域。Faster R-CNN 算法的结构分为两部分，首先由 RPN 模型代替 Selective Search 算法直接计算候选框，利用 GPU 的计算能力大幅度缩减候选区域的提取速度，然后再经分类定位的多任务损失判断目标类型，整个网络流程都能共享卷积神经网络提取的特征信息，节约了计算成本并有效解决了 Fast R-CNN 算法生成正负样本候选框速度过慢的问题，避免了候选框提取过多导致算法准确率下降。故可将 Faster R-CNN 看成是 RPN 和 Fast R-CNN 模型的组合体。RPN 以一张任意大小的图片为输入，输出一批矩形区域提名，每个区域对应一个目标分数和位置信息。Faster R-CNN 中的 RPN 结构如图 8-81 所示。

从图 8-81 可以看出，RPN 结构先采用一个 CNN 模型作为特征提取器接收整张图片并提取特征图，然后在这个特征图上采用一个 $N \times N$ 的滑动窗口，图中采用的是 3×3 的滑动窗口，对于每个滑窗位置都将其映射成一个低维度的特征，如 256 维。接着，将这个特征分别送入两个全连接层，一个用于分类预测，另外一个用于回归。对于每个窗口位置一般设置 k 个不同大小或比例的候选框（anchors），意味着每个位置预测 k 个候选区域。对于分类层，其输出大小是 $2k$，表示各个候选区域包含物体或者是背景的概率值，而回归层输出 $4k$ 个坐标值，表示各个候选区域相对各个先验框的位置。在具体实现过程中，对于每个滑窗位置，用于分类和回归的两个全连接层参数是可以共享的，故 RPN 可设计为全卷积网络，即首先是一个 $n \times n$ 卷积用于得到低维特征，然后是两个 1×1 的卷积，分别用于分类与回归。

Faster R-CNN 模型结构如图 8-82 所示，其训练过程可分为如下 4 个主要步骤：

（1）首先在 ImageNet 数据集上预训练 RPN，并在 Pascal VOC 数据集上微调；

（2）使用训练过的 PRN 产生的候选区域来单独训练一个 Fast R-CNN 模型，该模型首先

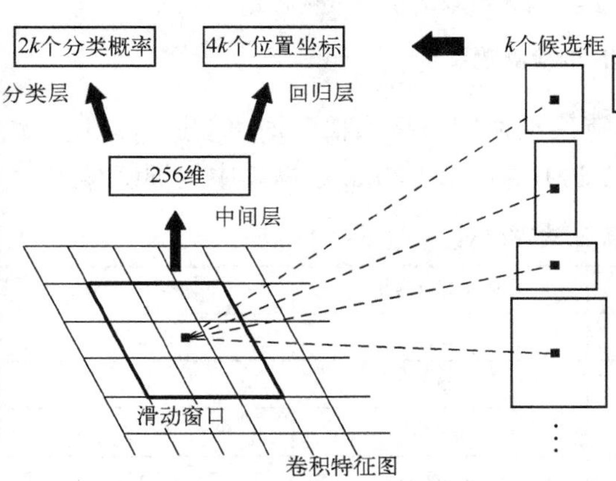

图 8-81　RPN 结构

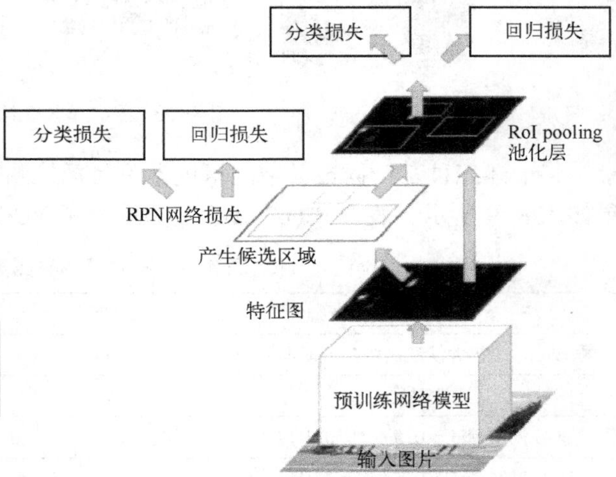

图 8-82　Faster R-CNN 模型结构

需要在 ImageNet 数据集上进行预训练；

（3）用 Fast R-CNN 的 CNN 模型部分作为特征提取器来初始化 RPN，然后对 RPN 中的剩余层进行微调，此时共享 Fast R-CNN 与 RPN 的特征提取器；

（4）固定特征提取器，对 Fast R-CNN 的剩余层进行微调。

如此经过多次迭代，将 Fast R-CNN 与 RPN 有机融合在一起，形成一个统一网络。还有一个近似联合训练过程，使 RPN 和 Fast R-CNN 目标检测网络在训练期间被合并到一个网络中，进行共同训练。但在该训练过程中 Fast R-CNN 的目标函数并不会对 RPN 产生的候选区域进行反向传播，故是一种近似训练过程。总体来说，近似联合训练速度更快且模型性能变化不大。在具体目标检测实验中，采用的数据集包括 Pascal VOC、ImageNet、MS COCO 等数据集，表 8-8 表示这些数据集的一些具体信息。Faster R-CNN 在 PASCAL VOC 2007 数据集上进行目标检测的效果如图 8-83 所示。

表 8-8 目标检测数据集

名称	训练图片数量	训练图片类别	最近更新时间
ImageNet	450000	200	2015
COCO	120000	80	2014
Pascal VOC	12000	20	2012

图 8-83 Faster R-CNN 的检测效果

将上述三种基于候选区域的深度学习目标检测算法在速度与平均精度均值上进行对比，结果如表 8-9 所示，表中“(07+12)”为混合了 VOC 2007 和 VOC 2012 数据集中的训练样本。

表 8-9 三种目标检测算法的效果对比

	R-CNN	Fast R-CNN	Faster R-CNN
测试时间（包含候选区域生成时间）	50 s	2 s	0.2 s
速度对比	1×	25×	250×
VOC 2007(IoU=0.5 时的 mAP)	66.0	66.9	66.9
VOC 2012(IoU=0.5 时的 mAP)	--	68.4(07+12)	70.4 (07+12)
COCO(IoU=0.5 时的 mAP)	--	19.7	21.9

8.4.2 自动文本摘要

文本摘要是文档内容的精髓，可以提高用户查找与阅读理解的效率。人工产生摘要的成本过高且效率低下，故自动文本摘要技术应运而生。使用计算机自动生成摘要是一类富有挑战性的任务。从一份或多份文本中生成一份合格摘要，要求计算机在阅读原文本后理解其内容，并根据轻重缓急对内容进行取舍、裁剪和拼接，最后生成流畅的短文本，故自动文本摘要需要依靠自然语言理解方面的相关理论。借鉴基于神经网络的机器翻译，可将自动摘要任务看作是序列到序列的映射过程，通常将这种模型称为编码器-解码器模型。对于机器翻译，输入是一个序列（比如英文），输出也是一个序列（比如中文）。对于自动文本摘要，输入为文章，输出为一句话的标题或者几句话的摘要。传统模型将每篇文章都表示成固定维度的特征矩阵。然而在大部分情况下，样本之间通常具有不同的长度，编码器-解码器模型的输入和输出是可变的，故可解决这个问题。

图 8-84 表示编码器-解码器模型的基本结构。该模型将源序列 Source$(x_1, x_2, \cdots, x_N)$按照顺序依次输入到编码器中，经过非线性变换，输出一个表征源序列信息的语义向量 $\boldsymbol{c}$，再将它传到解码器中。解码器通过语义向量和已经生成的历史序列来预测当前 i 时刻的单词，直到获得最终的摘要序列 Target。Source 和 Target 都由各自的单词序列构成。

最原始的编码器-解码器模型会把所有的上下文信息都编码到一个固定维数的语义向量中，解码器在预测每个词的时候会使用同一个语境向量，随着序列增长这种信息损失会越来越大。为优化模型，可引入注意力机制，在预测当前 i 时刻的单词时会生成对应时刻关于源文本所有单词的注意力分布，也就是由原来固定的语境向量 $\boldsymbol{u}$ 变为$\boldsymbol{u}_i$，图 8-85 表示模型的基本结构。上述模型在生成每个词的时候都对应一个概率分布，决定了在生成当前词时对于源序列各个词的关注程度，也就是在预测摘要词时告诉模型原文中的哪些词更加重要，由此产生不同的上下文语境向量。其计算过程如下：

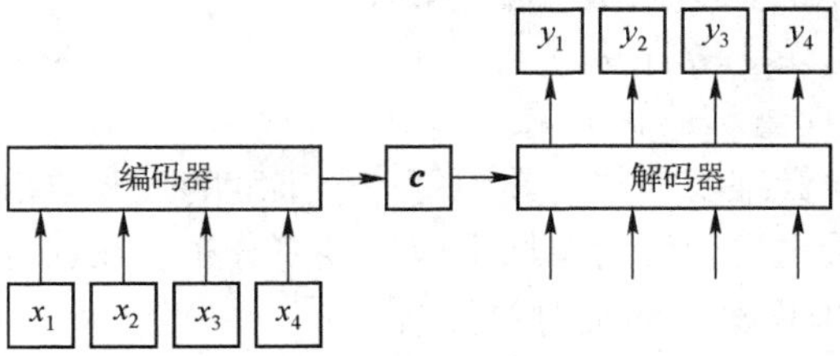

图 8-84 编码器-解码器模型结构

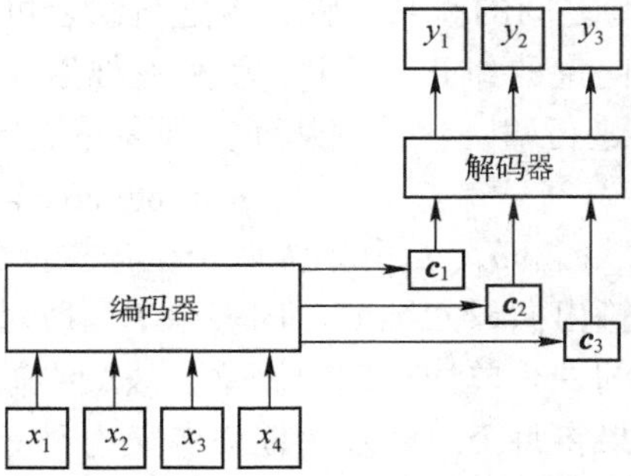

图 8-85 引入注意力机制的编码器-解码器模型

$$e_i^t = \boldsymbol{v}^{\mathrm{T}}\tanh\ (W_h h_i + W_s s_t + b_{att})\ ;\ \ a_i^t = \exp(e_i^t) / \sum_{j=1}^{N} \exp(e_j^t)\ ;\ \ u_t = \sum_{i=1}^{N} a_i^t h_i$$

其中，v、W_h、W_s和b_{att}是需要学习的参数；h_i为编码器的隐含层状态值（$1 \leqslant i \leqslant N$，$N$ 为输入序列的长度）；s_t是当前时刻解码器的隐含层状态。

经过归一化后的全局注意力分布a^t与对应的编码器中各个隐含层状态值h_i进行加权求和，获得 t 时刻的上下文语境向量$\boldsymbol{u}_i$。若直接使用 e 作为权值，会使得语境向量被缩放若干倍，故需经过 softmax 层转换为概率值，使得权重取值之和为 1。LSTM 作为一种特殊的 RNN，可学习长期依赖信息，可用双向 LSTM 实现编码器-解码器模型中的编码器。这是由于文本中单词的出现不仅与前文有关，也与后文有一定的联系，故在编码时使用源序列的上下文特征来共同预测当前词；解码器由单向 LSTM 组成，解码时对于当前时刻的后续序列是未知的，无法获取下文信息，故采用单向结构。编码器负责将输入的原文本编码成一个向量，该向量是原文本的一个特征表示，它包含了文本的整体信息，解码器负责从这个特征向量中提取重要信息、加工剪辑生成文本摘要。具体过程如下：

(1) **编码器特征提取。**可将双向 LSTM 编码器看作两个单向 LSTM 的结合，将正序和逆序的源文本序列分别作为输入，得到对应的两部分隐含层状态，将两部分级联起来就是最终的编码器的隐含层状态序列。图 8-86 表示的是编码器的基本结构，其中x_t为输入词向量，h_t表示 LSTM 隐含层的输出值，模型按照时间顺序进行展开；

(2) **解码器特征提取。**图 8-87 表示的是单向 LSTM 解码器的基本结构，该模型依次接收已经生成的词向量序列，并结合上一时刻模型隐含层的状态s_{i-1}来确定模型的当前输出；

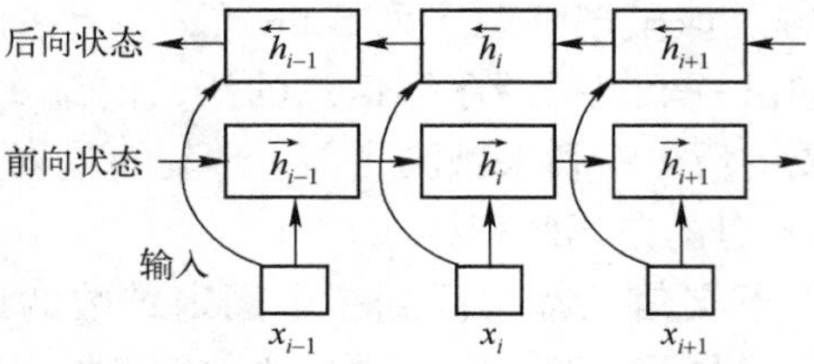

图 8-86　双向 LSTM 的编码器模型

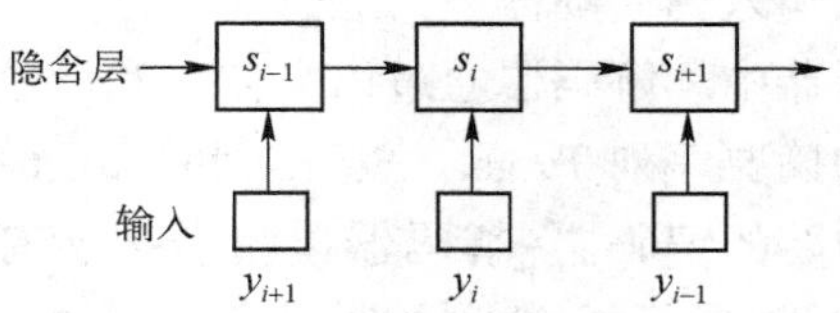

图 8-87　单向 LSTM 的解码器模型

(3) **注意力特征提取。**使用前述注意力机制将编码器与解码器的最终输出相结合，获得注意力语境向量 $\boldsymbol{u}_t$，该过程如图 8-88 所示；

(4) **特征融合。**自动文本摘要模型应在每个时序步骤中最大化目标单词出现的概率，这个概率最终与 LSTM 解码器的隐含层状态相关，故需建立注意力语境向量 $\boldsymbol{u}_t$ 与 LSTM 解码器隐含层状态 s 之间的联系，将二者进行组合可得到新向量$[s_t, \boldsymbol{u}_t]$。该向量的维度通常与词表中单词所对应向量的维度不同。为统一维度，使用两个全连接层对$[s_t, \boldsymbol{u}_t]$进行处理，并经过 softmax 层进行归一化处理从而得到最终输出，记最终输出向量为p_v，则有

$$p_v = \mathrm{softmax}(\boldsymbol{V}_1(\boldsymbol{V}_2[s_t, u_t] + \boldsymbol{b}_2) + \boldsymbol{b}_1) \tag{8-43}$$

其中，$\boldsymbol{V}_1$、$\boldsymbol{V}_2$和$\boldsymbol{b}_1$、$\boldsymbol{b}_2$分别为两个全连接层的权重向量和偏置向量。

最终输出向量的维度与词表中单词所对应的向量维度相同，其中每一个维度的元素取值对应词表中的一个单词出现的概率，故最终输出向量也可理解为单词出现的概率分布。在训练过程中，如果将每个时间步的损失定义为目标词w_t^*出现概率的负对数似然

$$L_t = -\ln(p(w_t^*)) \tag{8-44}$$

则模型优化的目标函数可定义为整个样本序列的损失和

$$L = \frac{1}{M}\sum_{t=0}^{M} L_t \tag{8-45}$$

其中，M 为摘要的序列长度。

整个自动文本摘要模型的整体架构如图 8-89 所示。实现自动文本摘要的基本过程如图 8-90 所示，首先通过分词和特征提取等预处理操作将文本转化为词向量，然后将所得词向量按照源文本中单词的序列输入到序列的模型当中，经过模型编解码过程便可生成摘要的单词序列，即完成自动文本摘要。此处所用数据集为 CNN/Daily Mail 数据集，共包含 287226 个训

练样本、11490 个测试样本，平均每个样本文章中有 781 个英文单词，每个摘要平均有 3.75 句、大约 56 个单词。在进行模型训练前，需先对文本进行分词操作和指代消解，指代消解是为了消除文本中代词指向哪个名词短语所带来的歧义问题，该操作对后续训练模型具有重要作用。除了分词操作和指代消解之外，数据预处理阶段还包括针对英文文本的特殊处理方式，例如，将大写字母替换为小写字母等。

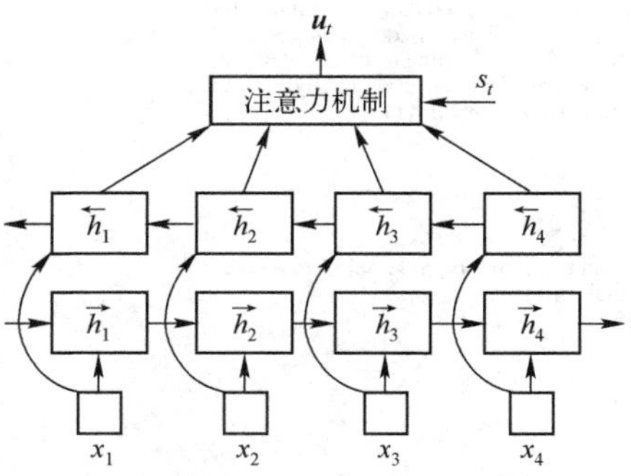

图 8-88　注意力特征抽取

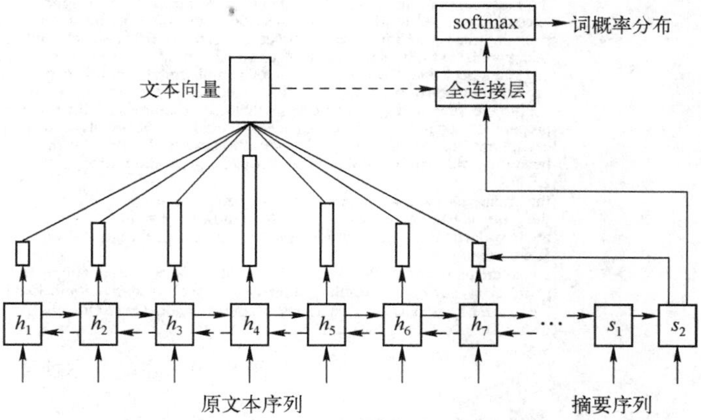

图 8-89　基于 LSTM 全局注意力机制的自动文本摘要模型

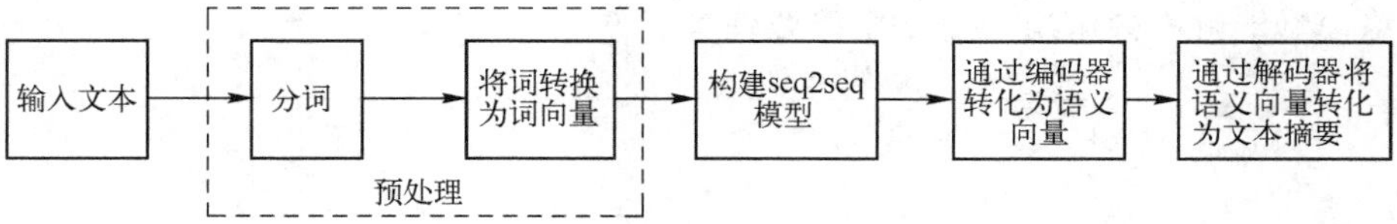

图 8-90　自动文摘流程

使用自然语言处理工具 CoreNLP 完成数据预处理，并将处理后的数据转化为二进制文件，并按照训练和测试的顺序来对数据文件进行命名。将训练集所对应的二进制文件分成若干块，每个块包含 1000 个文章-摘要对，并将训练集语料按照词频从高到低取出 20 万个单词作为预设词表，该词表中每个单词都有其对应的 id。

设置 LSTM 的隐含层神经元数目为 256，最终输出的词向量的维度为 128，并根据均值为 0、标准差为 0.0001 的正态分布随机初始化模型参数。经过数据预处理后原始词表中包含 20 万个单词，但在实验中仅按照词频的高低读取了前 6 万个单词组成实验中的实际词表，且源文本和摘要文本使用的词表相同。模型使用 Adagrad 优化算法进行模型优化，学习率取为 0.15，初始的加速器值为 0.1，采取最大梯度范数为 2 的梯度裁剪，批大小取 16。

在模型训练时，将编码器和解码器进行联合训练。监督信息只出现在解码器输出端，但是梯度能够沿着网络连接反向传播至编码器中。在训练时将参考摘要作为解码器的输入序列，但由于在测试时并不知道真实值，故用上一时刻的输出作为解码器的输入。将最大输入序列限制为 700 个词，输出摘要序列最大长度限定为 100 个词，最短长度为 30 个词。每一个小批次中有相应的文本最大长度，该值指明了该小批次中最大长度的文本长度。对于原文长度超过 700 个词的文本可将其截断，对于不足 700 个词的文本可在其末尾用固定符号来填充，如此可用动态 RNN 实现变长输入序列，而不是将所有样本统一长度，从而提高了训练效率。使用训练好的模型进行测试，实验自动生成的文本摘要示例如图 8-91 所示。

Aiticle:the american pharmacists association is discouraging its members from participating in executions.on monday,the group voted at its annual meeting to adopt a ban as an official policy,stating that``such activities are fundamentally contrary to the role of pharmacists as healthcare providers."this bolsters the association 's previous positions to oppose the use of the term``drug"for chemicals used in lethal injection and to oppose laws that require or prohibit pharmacists from participation in lethal injection cases.the group acted this week because of increased public attention on lethal injection,said michelle spinnler, spokeswoman for the american pharmacists association.that spotlight includes a january supreme court decision to stay the execution for three death row inmates in oklahoma.this was prompted by clayton lockett 's execution by lethal injection nearly one year ago in which he writhed on a gurney for 43 minutes before he died from a heart attack.in georgia last month,the execution of female death row inmate kelly renee gissendaner was postponed as a precaution when the execution team checked the medications and discovered they looked cloudy.thirty-two sates allow capital punishment,and lethal injection is still the most common method.last month,utah gov.gary r. herbert signed a law reinstating firing squads as a method of execution in cases in which lethal injection medications are not available.of the eight inmates currently on death row in utah,three opted for the new choice of death by firing squad.pentobarbital is the preferred drug used for lethal injection.in texas,the department of criminal justice told cnn in march they are running out of their supply.in july 2011,lundbeck inc.,the manufacturer of pentobarbital,decided to no longer provide the drug to prisons for use in capital punishment.the companies that manufacture the products traditionally used in executions almost unilaterally decided to stop selling to institutions that used the products for that purpose,so states then turned to compounded preparations,spinnler said.``pharmacists should not be involved in preparation of these products or involved in executions in any other way."she says.the new declaration by the american pharmacists association aligns with positions held by other professional medical organizations such as the american medical association.

LSTM:

the group votes at the meeting to adopt a ban as an official polic .
the group is banning the use of the UNK``drug"for use.
the new declaration held by other professional medical organizations

Reference:

the american pharmacists association passed a new policy banning members from participating in lethal injections .
pharmacists say role as health care providers conflicts with participation in lethal injection .
the pharmacy association first adopted a policy against lethal injection in 1985 .

图 8-91　自动文本摘要示例

训练过程中模型误差随迭代次数的变化如图 8-92 所示，从图中可以看出模型输出误差虽存在波动，但误差整体呈现下降趋势，并且最终模型能够较好地生成文本摘要，可认为使用深度神经网络模型能够有效解决自动文本摘要任务。

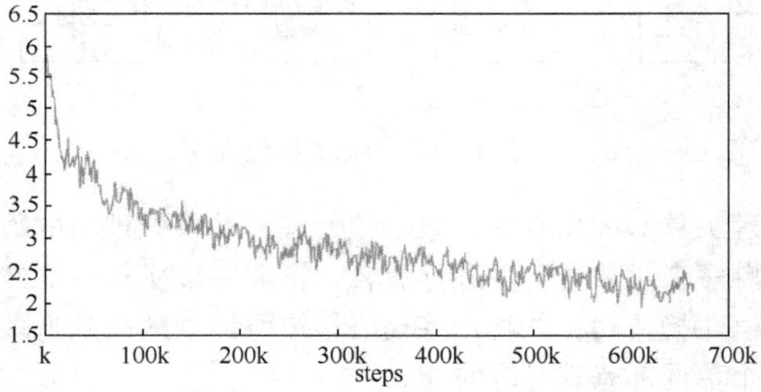

图 8-92　模型训练中损失函数的变化

8.5　习题

（1）简述卷积神经网络的基本网络结构，每种网络层的作用以及每种网络层包含的基本操作，以及引入卷积操作为神经网络都带来了哪些好处？

（2）假设一张 255×255 的输入图片，经过卷积核大小 5×5、步长为 2 的卷积操作，得到的特征图尺寸为多少？将得到的特征图再经过 2×2 池化操作后，输出图片尺寸为多少？

（3）对图 8-93 所示 5×5 的输入图片，经过图中所示 3×3 卷积核进行 same 卷积后，再进行 2×2 最大池化，得到的输出结果是什么？

5	7	4	7	9
3	12	9	5	4
6	11	2	5	8
7	14	25	15	11
12	9	7	8	7

0	1	0
1	0	0
0	1	1

图 8-93　第 3 题图

（4）说明卷积层 C_3 在 LeNet 网络模型中的具体连接的形式和作用。

随后出现的 AlexNet 与 VGG 模型各自又提出了哪些创新点？

（5）试搭建 LeNet 网络模型实现对 GTSRB 数据集中的交通标志的识别。

（6）通过 VGGNet-16 网络，编码实现对数据集 CIFAR-10 中的图片分类。

（7）梯度消失和梯度爆炸现象出现的原因是什么？LSTM 为什么能改善这种情况，它的具体结构与实现原理是怎样的？

（8）LSTM 模型中存在 Sigmoid 和 tanh 两种激活函数，能否只使用其中一种，并解释为什么？

（9）编写程序实现梯度随时间反向传播的 BPTT 过程。

（10）简述 GRU 的结构特点及其对 LSTM 的改动。

（11）构造一个 LSTM 网络，使其能够对 IMDB 数据集中的影评进行正负情感分类。

（12）举例说明什么是判别式模型，什么是生成式模型？它们是否可以作为对抗神经网络中的生成器与判别器？

（13）简述 GAN 与其他生成式模型的不同点？

（14）DCGAN 使用深度卷积网络时对深度卷积网络的结构做了哪些改变，目的是什么？通过训练 GAN 生成手写数字的案例，体会 GAN 单独交替迭代的必要性，并思考提升 GAN 训练效果的方法。

（15）条件 GAN（CGAN）是一种带条件约束的 GAN，它通过引入辅助信息（例如分类标签等），实现了对数据生成过程的指导。试尝试使用条件 GAN 实现文本到图片的合成过程：如根据文本“一个奔跑的人”生成一幅相应图片。

（16）思考 GAN 的优点和面临的挑战，并讨论 GAN 的实际用途。

第9章 深度强化学习

继深度学习与大数据结合产生可观的应用前景之后，人们开始探索深度学习时代的各种新技术方向。早期的强化学习算法主要用来解决状态和动作都是离散且数目不超过一定数量的有限序贯决策问题。然而，很多实际问题中需要处理的状态和动作的数量都非常庞大，而且有些任务的状态和动作甚至是连续的，此时使用传统强化学习方法难以取得满意的学习效果。为打破传统强化学习算法的局限，人们使用深度学习方法来解决强化学习问题并建立相应的深度强化学习理论和方法，通过在强化学习计算框架中引入深度神经网络使得智能体能够感知更为复杂的环境状态并形成更为复杂的策略，由此提高强化学习算法的计算能力和泛化能力。深度强化学习将强化学习和深度学习有机地结合在一起，使用强化学习方法定义问题和优化目标，使用深度学习方法解决状态表示、策略表示等问题，通过各取所长的方式协同解决复杂问题。深度强化学习的理论和方法为解决复杂系统的感知决策问题提供了新的思路。目前，深度强化学习已经能够解决一部分在以前看来不可能完成的任务，在游戏博弈、优化控制等领域取得了卓越的应用成果。很多学者认为深度强化学习将在不久的将来成为一种能够解决复杂问题的通用智能计算方式，并为人工智能领域带来革命性的变化。本章主要介绍深度强化学习的基本理论和方法，首先，介绍深度强化学习的基本概念和基本理论；然后，比较系统地介绍基于价值的强化学习方法和基于策略的强化学习方法；最后，介绍深度强化学习的应用技术，包括智能巡航小车和围棋自动对弈的开发技术。

9.1 深度强化学习概述

深度学习主要通过多层网络结构和非线性变换组合低层特征，形成抽象且易于区分的高层特征表示，实现对事物的有效感知和表达。强化学习主要通过最大化智能体从环境中获得的累计奖励值以获得完成序贯决策的最优策略，比较适用于构造问题求解的有效策略。可以将这两种学习方法进行有机结合，通过两者的优势互补形成深度强化学习（Deep Reinforcement Learning，DRL）方式，实现对复杂实际问题的有效求解。也就是说，使用深度学习方法来自动获得大规模输入数据的抽象表征，并以此表征为依据进行自我激励的强化学习，由此获得求解问题的最优策略。本节主要介绍深度强化学习的基本概念和基本理论，包括深度强化学习的基本思想、深度强化学习的计算方式，以及蒙特卡洛树搜索。

9.1.1 基本学习思想

如前所述，深度学习具有较强的感知能力，但决策能力不足，而强化学习具有较强的决策能力，却缺乏感知能力。深度强化学习将深度学习的感知能力和强化学习的决策能力相结合，通过充分发挥二者各自的优势使得智能体能够直接从高维输入数据中获得感知信息，并使用获得的感知信息进行模型训练，得到最优策略并做出决策，实现对智能体的行为进行合理有效的控制，从而为解决复杂系统感知决策问题提供了一种新的思路。

模型、数据和求解算法是所有机器学习方法中最重要的三个基本要素。深度强化学习方法也不例外，同样需要在模型复杂度和算法性能之间做出权衡选择。深度强化学习通常采用卷积神经网络构造网络模型，故需事先设计网络层数及卷积核的大小。在数据方面，深度强化学习有别于传统机器学习的一个显著特征是深度强化学习通常不需要预先准备训练样本数据，深度强化学习的训练样本数据主要是通过智能体在学习过程中一步一步地与系统环境进行交互的方式采样获得，数据形式既不是传统监督学习的带标签训练样本数据，也不是无监督学习的不带标签训练样本数据，而是来自系统环境反馈的奖励信息。显然，这些系统环境反馈的奖励信息作为深度强化学习的训练样本不可避免地具有一定的延迟性。因此，为了能够获得尽可能优化的策略，通常需要进行大量的迭代采样以有效避免严重过拟合现象的发生。在深度强化学习问题求解过程中，通常使用强化学习方法定义优化目标，使用深度学习方法实现问题的表示和求解，当输入数据为图像、文本、音频、视频等多媒体数据时，可通过深度神经网络对其进行处理并直接输出动作，不用进行人工干预。

智能体对自身知识的构建和学习都直接来自原始输入数据，不需要人工编码和领域知识。因此，深度强化学习的基本框架是一种端对端的感知与控制系统，具有很强的通用性。如图 9-1 所示，深度强化学习过程是一个通过多次迭代计算获得所求最优策略的过程，每次迭代主要由以下三个基本步骤构成：

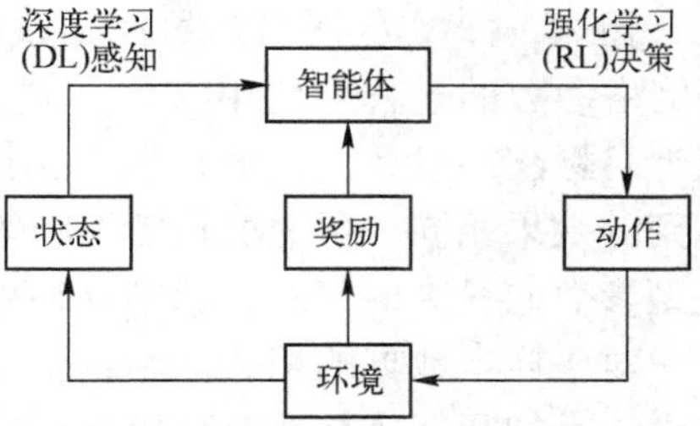

图 9-1　深度强化学习的基本流程

（1）智能体通过与环境交互的方式采样获得有关环境状态的信息，并通过深度学习方法使用所得的状态信息实现对环境的感知观察，确定环境状态及状态特征；

（2）使用强化学习方法通过某种策略将当前状态特性映射为相应的动作，并使用预期奖励值计算各状态-动作对的价值函数；

（3）系统环境对智能体的动作做出反应，并形成下一个状态。

图 9-1 中智能体、状态、奖励、动作、环境等概念的含义与传统强化学习基本一致，这里不再赘述。与传统强化学习不同的地方主要在于深度强化学习通常使用深度神经网络来表示价值函数和策略等学习要素，并通过使用优化方法训练构造的优化网络模型以实现价值函数的计算或实现对策略的优化更新。例如，将 CNN 模型和 Q 学习算法相结合就可以得到一种常用的深度强化学习算法，即深度 Q 网络（Deep Q Learning，DQN）学习算法。该算法通过卷积神经模型接收作为环境状态信息的原始图像数据，输出每个动作所对应的作为价值评估的 Q 值。深度 Q 网络学习算法的目标是训练构造一个优化的卷积神经网络模型，使得每输入一个状态都可以获得每个行动的适当奖励值，并可以从这些奖励值中选择收益最大的行动作为实际行动。

当然，实现深度学习与强化学习的完美结合也不是一件特别容易的事情。要实现深度学习与强化学习的有效结合，必须解决好以下三个方面的基本问题：

第一、深度学习模型通常需要根据一定数量的带标签训练样本通过监督学习方式完成训练构造，而强化学习使用的样本信息则是具有一定延迟性和稀疏性的反馈信息，如何实现这两种不同类型先验信息的兼容是深度强化学习首先必须解决的问题；

第二、深度学习通常要求各个训练样本之间相互独立，而强化学习的反馈信息在相邻的前后状态之间具有一定的相关性，如何解决训练样本之间独立性和相关性的矛盾显然是一个不能回避的问题；

第三、在学习过程中若使用非线性网络表示值函数则有可能出现值函数取值不稳定的情况，如何有效避免这种情况的发生也是一个必须要解决的问题。

现以深度 Q 网络学习方法为例，介绍深度强化学习解决上述三个问题的基本思路。

对于训练样本形式不一致的问题，深度 Q 网络学习算法将反馈的奖励信息转化为对应状态的标记，由此实现训练样本表示形式的统一。深度 Q 网络首先使用 CNN（卷积神经网络）模型对高维且连续状态下的 Q 表格做函数拟合，然后使用 Q 学习方式确定深度 Q 网络的损失函数。

根据 Q 学习更新公式

$$Q_h(s,a)=Q_h(s,a)+\alpha[R(s,a)+\gamma \max_{a^*} Q_h(s',a^*)-Q_h(s,a)]$$

可将深度 Q 网络学习的目标函数定义为

$$J(\boldsymbol{\theta})=E[(Q^t-f(s,a;\boldsymbol{\theta}))^2] \tag{9-1}$$

其中，f 为神经网络；$\boldsymbol{\theta}$ 为网络的参数向量；Q^t为目标 Q 值，由下列公式计算

$$Q^t=R(a,s)+\gamma\max_{a^*} Q_h^*(s',a^*;\boldsymbol{\theta}) \tag{9-2}$$

显然，深度 Q 网络的目标函数由 Q 学习更新公式的第二项确定，使用目标函数优化深度 Q 网络参数的过程与使用 Q 学习更新公式求解动作值函数的过程类似，都是使用当前 Q 值来逼近目标Q^t的过程，因此对该目标函数进行优化的效果与使用 Q 学习更新公式更新 Q 值所能达到的效果相同。可通过梯度下降等方法对目标函数 $J(\boldsymbol{\theta})$ 进行最小值优化计算，实现对网络模型参数向量 $\boldsymbol{\theta}$ 的更新，达到这种 Q 值逼近的效果。

对于样本数据的相关性问题，深度 Q 网络学习算法通过构造经验池的方法进行解决。具体做法是把智能体与系统环境进行交互所得的关于每个时序的状态转移数据转化成相应的样本数据(s_t,a_t,r_t,s_{t+1})，并将这些时序样本数据作为训练样本数据存储在相关的回放记忆单元，在具体的模型训练过程中，可从记忆单元中随机抽取若干样本进行模型训练。

深度 Q 网络学习采用双网络结构解决值函数取值的不稳定问题，使用一个 CNN 模型 f 来模拟当前动作值函数$Q_h(s,a)$，同时使用另外一个 CNN 模型 f' 来模拟目标动作值函数Q^t，通常称 f 为**主网络**，称 f' 为**目标网络**。也就是说，深度 Q 网络学习使用主网络产生当前$Q_h(s,a)$，同时使用目标网络产生Q^t，即有

$$Q_h(s,a)\approx f(s,a\mid\boldsymbol{\theta}),Q^*(s,a)\approx f'(s,a\mid\boldsymbol{\theta}')$$

其中，$\boldsymbol{\theta}'$ 为目标网络的参数向量。

将$Q^t\approx f'(s,a;\boldsymbol{\theta}')$代入目标函数，则有

$$J(\boldsymbol{\theta},\boldsymbol{\theta}')=E[(f'(s,a;\boldsymbol{\theta}')-f(s,a;\boldsymbol{\theta}))^2] \tag{9-3}$$

此时在目标函数中引入新的参数向量 $\boldsymbol{\theta}'$。为方便求解，深度 Q 网络学习中采用的方案是经过一定的迭代次数后便将主网络的参数复制给目标函数的参数 $\boldsymbol{\theta}'$，在其他时刻 $\boldsymbol{\theta}'$ 保持不变。这在一定程度上降低了当前 Q 值和目标 Q 值的相关性，提高了算法的稳定性。

除了深度 Q 网络学习方法之外，还有很多其他类型的深度强化学习方法。这些方法通常会根据各自的优化目标选择合适的方法来解决上述三个问题。根据解决方法的不同，可将深度强化学习方法大致区分为两种不同的基本类型，即基于价值的学习和基于策略的学习。基于价值的学习主要有深度 Q 网络学习、深度双 Q 网络学习以及相关改进学习方法；基于策略的学习主要有策略梯度学习方法及相关改进学习方法。

9.1.2 基本计算方式

如前所述，强化学习主要分为有模型学习和无模型学习这两种基本类型，两者的区别主要

在于有模型强化学习使用具体的环境模型进行学习，具有明确的状态转移矩阵，而无模型强化学习则没有明确具体的环境模型和状态转移矩阵，主要依靠概率统计推断方法进行模拟或估计值函数、策略等强化学习的基本要素。由于有模型强化学习通常比较容易解决问题，而且很多复杂实际问题都无法获得明确具体的环境模型和状态转移矩阵，甚至无法知道当前状态下所有可能的后续状态，故针对此类问题的无模型强化学习通常是强化学习的主要研究对象。同样，深度强化学习也主要分为有模型学习和无模型学习这两种基本类型，且主要研究对象为无模型强化学习的理论和方法。因此，本章主要介绍无模型深度强化学习的相关理论和应用技术，具体讨论如何使用深度学习方法实现对值函数、策略等强化学习基本要素的估计或模拟，对无法建立环境模型的复杂问题实现有效求解。

通常使用时序差分学习方法解决无模型强化学习问题。时序差分学习方法主要通过估计方式获得值函数的近似值，通常将值函数的估计值存放在 Q 表格当中，并不断对其进行迭代更新，直至估计值收敛或满足一定精度要求，然后使用所求值函数的估计值求得近似的最优策略。Q 表格的两个维度分别为状态和行为，表中每个元素代表在对应状态下执行对应动作的动作值函数 $Q(s,a)$ 的估计值，通常称为 Q 值。

深度强化学习过程本质上就是通过构造一个适当的神经网络模型近似计算 Q 值的过程，通过神经网络模型获得一个从状态和动作到值函数取值的映射。如果该映射的输出值接近其所对应值函数的最优取值，则表明深度强化学习方法取得了较好的学习效果。为使得神经网络的映射较为精确，可以考虑使用两种方式进行学习：

一是通过对值函数进行优化计算的方式提高神经网络的映射精度，通常称基于此类方式的学习算法为基于值函数的学习算法；

二是通过优化动作选择过程的方式提高神经网络的映射精度，通常称基于此类方式的学习算法为基于策略梯度的学习算法。

深度强化学习中值函数的含义与传统强化学习相同，表示累计反馈的期望，是一种最直接的状态评估度量指标。虽然强化学习中的值函数能够比较精准地描述这个状态值的情况，但无模型强化学习对值函数的求解并不直观，通常使用某种估计方法获得。因此，通常将深度强化学习中的值函数取值简单理解为对应于该状态下动作的所得分数。深度强化学习的一个基本思路是使用神经网络模型通过参数的优化计算来拟合值函数，借助神经网络强大的非线性拟合能力实现对值函数的有效逼近，使得由此获得的值函数能够更加合理地度量状态动作对的潜在价值。图 9-2 表示使用神经网络实现值函数更新迭代的具体过程，其中状态转移概率由神经网络模型中的卷积参数表达。

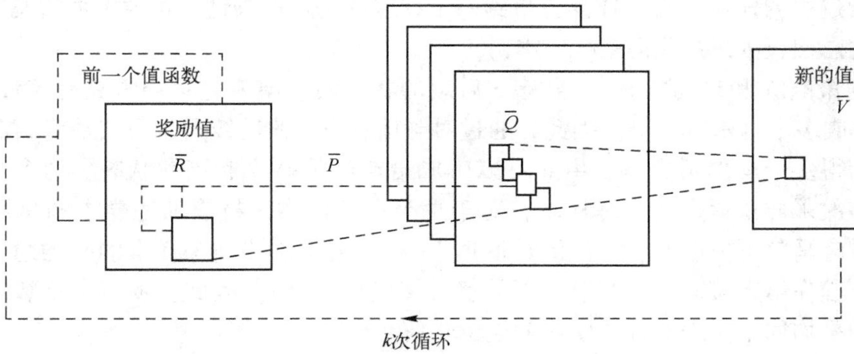

图 9-2　值函数的更新迭代过程

策略梯度是一种常用的策略优化方法，该方法通过不断计算策略期望总奖励关于策略参数的梯度来更新策略参数，最终收敛于最优策略。基于策略梯度的深度强化学习通常使用带参数的深度神经网络模型来实现对策略的参数化表示，并通过基础策略梯度方法的优化计算实现对优化策略的求解。通常使用卷积神经网络模型表示策略，卷积神经网络模型对输入的状态进行计算并输出动作选择结果或者动作选择的概率分布，即在这个状态下采取每个动作的概率。问题求解的关键显然是训练一个收敛于最优解的卷积神经网络模型。对神经网络模型的训练主要采用反向传播算法，此时需要定义一个目标函数，通过对该目标函数的优化计算及反向传播误差实现可参数的更新。然而，强化学习事先并不知道动作的正确与否，只能通过奖励值判断动作的优劣，故通常使用如下原则计算动作选择的概率：如果某动作得到的奖励多，就使该动作被选择的概率增加；反之，如果某动作得到的奖励少，就使其被选择的概率减小。

值得注意的是，深度强化学习的问题求解通常优先采用策略梯度法。这是因为策略梯度法能够直接优化策略的期望总回报，并以端对端的方式直接在策略空间中搜索最优策略，省去了烦琐的中间环节。因此，策略梯度方法通常比值函数方法的适用范围更广。

9.1.3 蒙特卡洛树搜索

深度强化学习理论的研究和应用开发会经常用到蒙特卡洛方法和蒙特卡洛树搜索技术。本节简要介绍蒙特卡洛方法的基本原理，然后在此基础上进一步介绍和讨论蒙特卡洛树搜索技术。蒙特卡洛方法又称随机抽样或统计试验方法，是一种以概率论与统计理论方法为基础的近似计算方法，通常使用随机数或伪随机数解决很多近似计算或优化计算问题。在蒙特卡洛方法中，采样次数越多，输出结果就越近似最优解。例如，假设鱼塘中有500条鱼，每次随机从中捕捉1条，最终目标是捕捉其中最大的那条鱼。利用蒙特卡洛算法思想，每次随机捕捉1条，再随机捕捉1条与上一条比较大小，留下较大的，重复上述步骤。这样每次捕捉到一条鱼后留下的鱼至少不比上次的小。因此，捕捉鱼的次数越多，挑出来的鱼就越大。但是，只有当捕捉过池塘中所有的鱼时才能准确地挑出最大的鱼，否则只能确保所挑选的鱼比较大。这也说明蒙特卡洛方法虽然能够得到较好的结果，但不能保证得到最好的结果。

在强化学习中，可使用蒙特卡洛方法根据训练样本求解最优策略。这里的训练样本表示为(s,h,R)，即初始状态s，策略h，总回报R。由于强化学习的处理对象是一个马尔可夫决策过程，故强化学习方法通过对马尔可夫决策过程进行采样获得训练样本(s,h,R)。对于给定的策略h和当前状态s，从当前状态s开始直至到达最终状态的每个可能的状态变化过程是一个马尔可夫链，所有这些马尔可夫链构成了马尔可夫决策过程中所有可能的状态变化过程。因此，对马尔可夫决策过程的任何一次采样都会得到一个相应的马尔可夫链，可通过所得马尔可夫链算出该次采样的总回报R，并获得采样样本(s,h,R)。

对于给定的策略h和当前状态s，状态s后续的状态转移演变过程通常具有多种可能性，故可由h和s生成多个马尔可夫链。因此，通过对当前状态s的后续马尔可夫决策过程进行多次采样就可以获得多个马尔可夫链，由此可以生成给定的策略h和当前状态s的多个训练样本。假设经过多次采样获得多个训练样本，对于每个训练样本，将该训练样本的总回报R定义为该样本所对应马尔可夫链的状态值函数取值$V(s)$，则将这些训练样本的平均总回报作为马尔可夫决策过程在给定策略h和状态s下的状态值函数$V_h(s)$。因此，蒙特卡洛算法主要是依靠训练样本的平均回报实现对强化学习问题的求解。

由以上分析可知，蒙特卡洛方法通过均值计算方法实现对状态值函数$V_h(s)$的估计。因此，蒙特卡洛方法不像有模型强化学习的动态规划方法那样需要对环境的完整知识。但是，蒙特卡洛方法的具体计算过程也借鉴了动态规划方法的若干思想，即首先进行策略评估，计算特定策略 h 所对应的状态值函数 $V_h(s)$ 和动作值函数 $Q_h(s,a)$，然后通过策略改进的方式实现策略迭代，形成基于蒙特卡洛算法的策略迭代算法。具体地说，假设需要在给定某个策略的情况下实现对状态值函数的求解，依据蒙特卡洛算法思想，从经验样本中获得奖励值的最简单方式就是计算对所有关于这个状态训练样本的平均值。因此，这个状态反馈的训练样本数目越多，由此计算得到的平均奖励值就越接近于期望状态奖励值并收敛于这个值。

以围棋对弈问题为例，若使用蒙特卡洛方法进行围棋对弈训练，训练时可采用简单的随机落子比赛方式进行采样，对于当前盘面状态或落子动作的一次采样可获得从该状态或动作开始到最终比赛结束的所有落子的盘面状态转化数据，从该状态或动作开始到最终比赛结束的一个马尔可夫链。可由每个马尔可夫链获得一个与其相对应的训练样本(s,h,R)。

为了保证对状态值函数$V_h(s)$估计结果的准确性，采样次数应尽可能多以保证获得足够多的训练样本，并且需要对每次采样的结果进行评估以获得该次采样所得样本的总回报值。例如，如果当前盘面接下来的落子是黑子，那么就根据规则记录黑子胜或输的子数并取这些结果的平均作为对黑方这一步落子动作的行棋效果评价。对于每一步落子，通常都有多个可供选择的落子位置或落子动作，选择平均评价最高的落子动作作为实际落子动作。因此，为了决定一步落子位置需要系统进行多次随机对局。虽然这种随机对局对系统硬件的速度有一定要求，但与需要大量围棋知识的传统方法相比，这种方法的好处在于几乎不需要围棋的专业知识，只需通过大量的随机落子对局就能有效估计出一步落子的价值。如果在这种蒙特卡洛行棋方法中引入适当的优化方法以提高行棋效率，则可在对弈实战中取得较好的效果。

为进一步提高对弈的智能性，可将蒙特卡洛方法与基于博弈树模型的搜索方法相结合，充分利用博弈树模型的结构特点进行更加高效的决策，由此形成**蒙特卡洛树搜索算法。**在蒙特卡洛树搜索算法中，树模型的每一个结点分别表示一个状态，从根结点到任意非根结点的一条路径均表示一组状态序列，蒙特卡洛树搜索的基本思想是通过对树模型进行不断搜索以寻找到最优策略。蒙特卡洛树搜索过程主要是迭代进行以下 4 个基本步骤：

第一步：选择。从根结点开始随机选择某个子结点，并在该子结点中递归选择子结点直至达到叶结点。

第二步：扩展。将一个或多个可行的状态添加为所选择叶结点的子结点，将所选择的叶结点转化为内部结点，实现对树模型的扩展。

第三步：模拟。根据现有策略从扩展的位置进行行为模拟，直至本次过程结束。

第四步：反向传播。将模拟结果沿着传递路径反向传递并回到根结点。

同样以围棋对弈问题为例，选择过程是在状态空间中选择最优状态的过程，如果轮到黑子行棋，则做出对黑方最有利的选择，如果轮到白子行棋，则做出对白方最有利的选择；扩展则是将接下来所有可能的状态组合成对应状态空间的过程；模拟则可认为是对从某一盘面状态开始到终局的行棋过程进行采样的过程；反向传播则可以反馈模拟对弈结果。

蒙特卡洛树搜索通过重复上述过程完成策略评估，最终选择评估结果最优的策略作为最终结果，其大致流程如图 9-3 所示。

对模拟结果进行反向传播的目的是更新反向传播路径上所有结点的总模拟奖励 $Q(j)$ 以及总访问次数 $N(j)$。可将总模拟奖励 $Q(j)$ 定义为每一次访问该结点所获得的累计奖励之和。

$N(j)$表示结点j位于反向传播路径上的次数。在蒙特卡洛树搜索算法中，树模型的每个结点都会保存$Q(j)$和$N(j)$这两个值，在完成了确定次数的模拟之后，结点j的$Q(j)$和$N(j)$取值可分别反映该结点所对应状态的潜在价值和被探索的程度。当$Q(j)$较高时，则说明结点j所对应状态的潜在价值较高，该状态的后续动作可作为很好的候选动作被加以利用，反之则说明该状态的潜在价值不高。当$N(j)$较高时，说明结点j所对应的状态已经经过较好的探索，反之则说明该状态未得到充分探索。对于某个结点i而言，若其$Q(i)$和$N(i)$均较低，则不能断定结点i所对应状态的潜在价值不高，$Q(i)$取值较低也可能是因为未对该结点进行充分的探索。

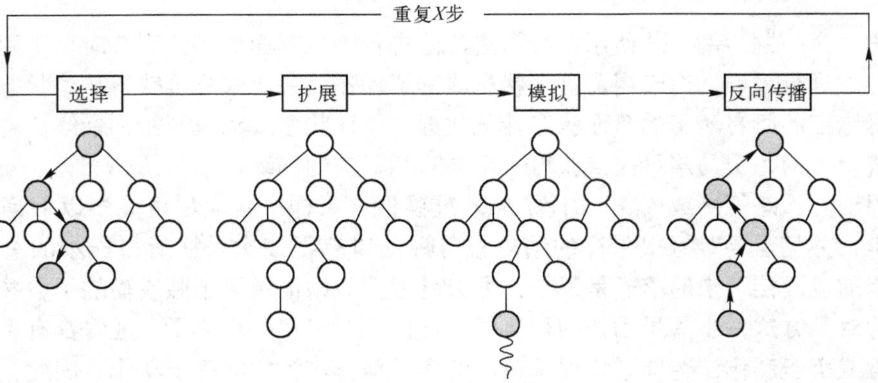

图 9-3　蒙特卡洛树搜索算法流程图

在蒙特卡洛树搜索过程开始时，博弈树中只包含根结点，此时模拟位置和扩展位置均为根结点。在经过后续的结点扩展之后，可能会出现多个叶结点均未被访问的情况，此时需要选择合适的结点作为扩展位置，结点选择可通过计算**置信度上限（Upper Confidence Bound，UCB）**的方式确定。具体地说，就是选择 UCB 值最大的结点作为扩展位置。若所有候选结点的 UCB 均相同，则可通过某种约定方式进行选择，如依次选择或随机选择某个叶结点等。UCB 的具体计算公式如下

$$\mathrm{UCB}_j=\hat{Q}(j)+C\times\left(\frac{\ln N'(j)}{N(j)}\right)^{\frac{1}{2}} \tag{9-4}$$

其中，$\hat{Q}(j)$表示结点j的当前模拟奖励值；$N(j)$表示为结点j被访问的次数；$N'(j)$为结点j的父结点已经被访问的总次数；C是可调控的权重参数。

在蒙特卡洛树搜索中会选择 UCB 值较大的结点进行扩展。显然，在使用 UCB 作为评价指标选择结点的过程中既考虑了利用又鼓励进行探索，力求在利用和探索之间取得某种平衡。具体地说，$\hat{Q}(j)$较大则说明结点j的潜在价值较大，此时UCB_j值也会较大；而$N(j)$较小时则说明对结点j的探索不够充分，此时也会使得UCB_j值较大。在执行通过树模型向下搜索的过程中，在使用 UCB 作为结点选择依据时，会不断依据之前的结果调整策略，并确定优先选择的结点。因此，在树搜索中引入 UCB 指标作为结点选择依据，比直接使用蒙特卡洛方法进行随机选择的优化计算速度更快。

通常将使用 UCB 指标作为结点选择依据的蒙特卡洛树搜索算法称为**UCT（Upper Confidence Bound Apply to Tree 的缩略语）算法**。作为蒙特卡洛树搜索算法的一个特例，UCT 算法在蒙特卡洛算法完成大量随机模拟之后不再根据随机模拟的胜率选择结点，而是根据 UCB 指标的取值选择结点，UCB 值较高的结点将会得到更多次的访问，有利于引导树搜索算

法更快地获得最优解。因此，与传统蒙特卡洛方法相比，UCT 算法具有更快的收敛速度。UCT 算法的具体过程如下：

（1）从根结点开始向下搜索；

（2）使用 UCB 公式计算每个子结点的 UCB 指标值，选择 UCB 值最高的子结点继续进行搜索，直至达到叶结点；

（3）检查该叶结点是否达到规定的访问次数，若达到则完全展开该结点，并对该结点的访问次数加 1，返回步骤（1）；否则，执行步骤（4）；

（4）依据给定策略进行模拟，获取模拟结果；

（5）根据模拟结果，更新此次模拟中所有被访问结点的模拟奖励，从根结点的所有子结点中选择模拟奖励最高的结点作为最佳结点，并选择对应的策略作为当前最优策略；

（6）若未达到预设条件，则返回步骤（1）；否则，结束算法。

UCT 算法根据大量模拟结果对结点的优劣进行预判并进行优选，有效提高了树搜索算法的收敛速度，并且 UCT 算法具有较高的灵活性，在任一时序下均可找到目前搜索情况下表现最好的子结点，故 UCT 算法对超大规模树的搜索比传统搜索算法更具优势。

【例题 9.1】 假设某蒙特卡洛树搜索的初始状态如图 9-4 所示，Q 表示总模拟奖励，N 表示被访问的总次数，a 表示动作，s 表示状态。试通过 UCT 算法判断在状态s_0的下一步应该采取a_1还是a_2，已知 $C=2$ 且要求迭代 4 次。

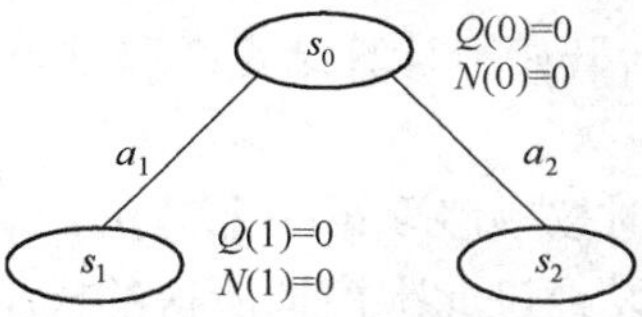

图 9-4 蒙特卡洛树搜索初始图

【解】 第一次迭代：从状态s_0开始，要在两个动作a_1和a_2中进行选择，选择的标准就是UCB_j的取值。由于此时$N(1)=N(2)=0$，故有

$$\text{UCB}_1=\text{UCB}_2=\infty$$

此时按顺序取第一个动作a_1，达到状态s_1。由于已经到达叶结点且 $N(1)=0$，故开始模拟过程，设经过此次模拟所得模拟奖励 $V=20$，则可通过反向传播将 $Q(1)$更新为 20，$N(1)$更新为 1，模拟过程和更新结果分别如图 9-5a、b 所示。

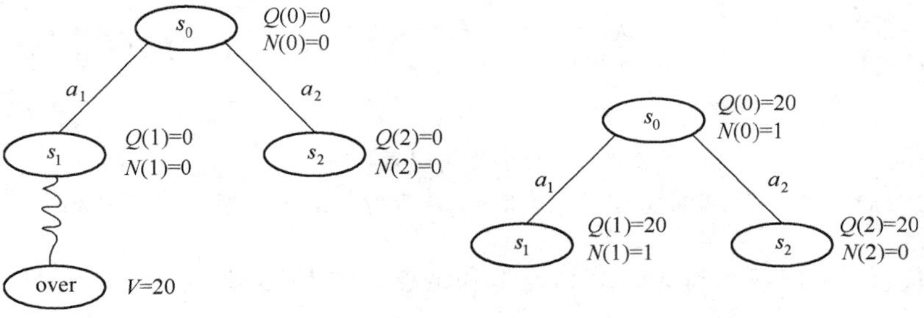

a)　　　　b)

图 9-5 蒙特卡洛树搜索第一次迭代

a）蒙特卡洛树搜索第一次迭代模拟图　b）蒙特卡洛树搜索第一次更新结果图

第二次迭代：从状态s_0出发，首先，计算结点 1 和结点 2 的 UCB 值

$$\text{UCB}_1=20,\text{UCB}_2=\infty$$

由于$\text{UCB}_1<\text{UCB}_2$，故选动作$a_2$，达到状态$s_2$，此时已到达叶结点，由于 $N(2)=0$，故直接进行模拟。设经过此次模拟所得模拟奖励 $V=10$，则可通过反向传播将 $Q(2)$更新为 10，将 $N(2)$更新为 1。模拟过程和更新结果分别如图 9-6a、b 所示。

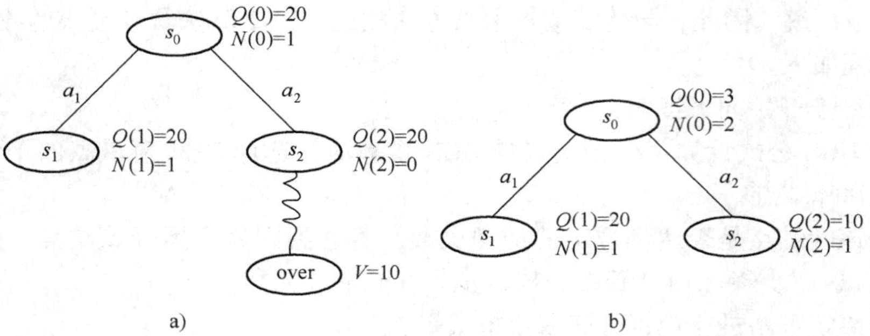

图 9-6　蒙特卡洛树搜索第二次迭代

a）蒙特卡洛树搜索第二次迭代模拟图　b）蒙特卡洛树搜索第二次更新结果图

第三次迭代：从s_0出发，首先计算结点 1 和结点 2 的 UCB 值

$$\mathrm{UCB}_1 \approx 21.67, \mathrm{UCB}_2 \approx 11.67$$

由于$\mathrm{UCB}_1>\mathrm{UCB}_2$，故选择动作$a_1$，达到状态$s_1$。此时已到达叶结点，但 $N(1)=1$，故需根据第一次模拟过程对其进行扩展。设扩展动作为a_3、a_4，则可得到如图 9-7a 所示扩展结果。从状态s_1开始，计算结点 3 和结点 4 的 UCB 值

$$\mathrm{UCB}_3=\mathrm{UCB}_4=\infty$$

此时按顺序取第一个动作a_3，达到状态s_3。此时已到达叶结点并且 $N(3)=0$，故开始模拟过程。设经过此次模拟所得的模拟奖励 $V=0$，则可通过反向传播将 $Q(3)$更新为 0，将 $N(3)$更新为 1。扩展过程和更新结果分别如图 9-7a、b 所示。

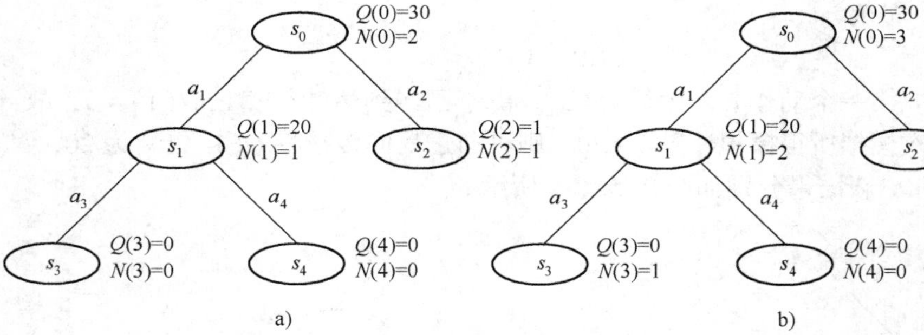

图 9-7　蒙特卡洛树搜索第三次迭代

a）蒙特卡洛树搜索第三次迭代扩展图　b）蒙特卡洛树搜索第三次更新结果图

第四次迭代：从s_0出发，首先计算结点 1 和结点 2 的 UCB 值

$$\mathrm{UCB}_1 \approx 11.48, \mathrm{UCB}_2 \approx 12.10$$

由于 $\mathrm{UCB}_1<\mathrm{UCB}_2$，故选择动作$a_2$，达到状态$s_2$。此时已到达叶结点，但 $N(2)=1$，故需根据第二次模拟过程对其进行扩展。设扩展动作为a_5、a_6，则可得到如图 9-8a 所示的扩展结果。从状态s_2开始，计算结点 5 和结点 6 的 UCB 值

$$\mathrm{UCB}_5=\mathrm{UCB}_6=\infty$$

此时按顺序取第一个动作a_5，达到状态s_5。此时已到达叶结点并且 $N(5)=0$，故开始模拟过程，设经过此次模拟所得模拟奖励 $V=0$，则可通过反向传播将 $Q(5)$更新为 0，将 $N(5)$更新为 1，经过模拟过程可得到如图 9-8b 所示的模拟结果。

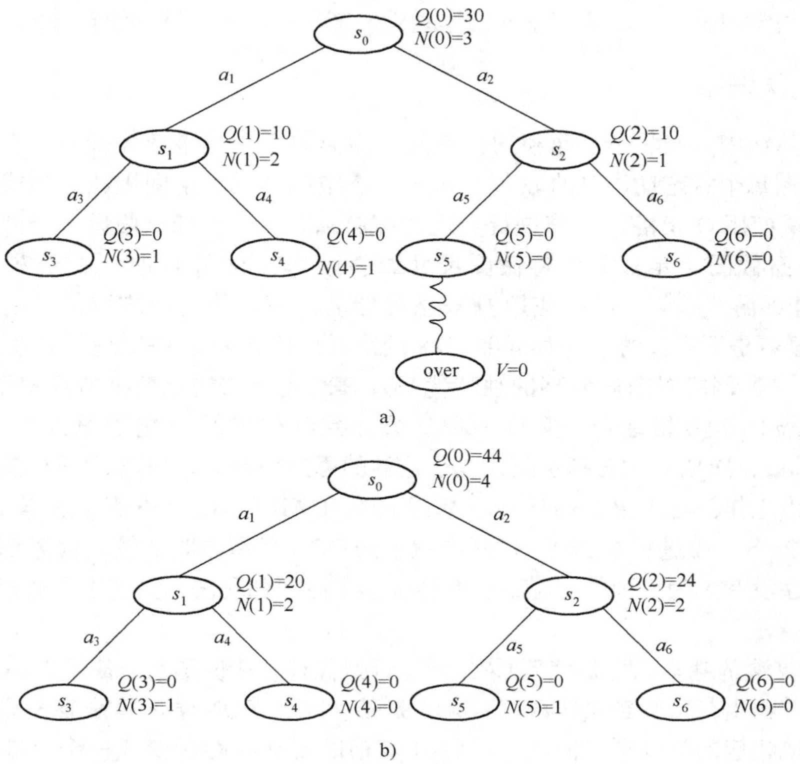

图 9-8　蒙特卡洛树搜索第四次迭代

a）蒙特卡洛树搜索第四次迭代模拟图　b）蒙特卡洛树搜索第四次更新结果图

迭代完毕，共迭代 4 次。通过所得树模型来决定在s_0处应选择的动作。根据 UCB 值：

$$\mathrm{UCB}_1 = 10+2\sqrt{\frac{\ln 4}{2}} \approx 11.67$$

$$\mathrm{UCB}_2 = 12+2\sqrt{\frac{\ln 4}{2}} \approx 13.67$$

因为$\mathrm{UCB}_1<\mathrm{UCB}_2$，故选择动作$a_2$。□

9.2　基于价值的学习

基于价值的深度强化学习方法主要基于 Q 学习算法的基本思想，学习目标是通过对最优策略 Q 值的估计获得最优策略。Q 值作为动作值函数是一种用于评价状态潜在价值最直接的度量指标，Q 值越大的状态转移方式越接近于所需的理想转移方式。与传统 Q 学习算法不同的是，深度强化学习中的 Q 学习使用深度神经网络来近似表示价值函数。对于游戏画面、自动驾驶、围棋对弈盘面等状态，智能体能直观感知到的信息主要是连续的图像，故可直接将这些图像画面作为输入数据并使用适合图像处理的 CNN 模型对其进行处理，得到相应状态画面下 Q 值的估计值。也就是说，基于价值的深度强化学习使用 CNN 模型模拟传统 Q 学习算法中的 Q 函数，使用对 CNN 模型的优化计算获得较为精确的 Q 值估计并通过价值迭代获得最优策略。基于价值的深度强化学习方法主要有深度 Q 网络、深度双 Q 网络、竞争性深度 Q 网络和深度循环 Q 网络学习算法，本节着重介绍这些学习算法的基本原理和设计技术。

9.2.1 深度 Q 网络

在 Q 学习算法中，当状态空间和动作空间均为离散空间且维数较低时，Q 学习算法主要使用 Q 表格存储每个状态动作对的 Q 值。对于状态空间和动作空间维数过高或是连续空间的情况，显然无法使用 Q 表格对 Q 值进行合理的存储和表示。例如，假设某个游戏的当前状态由 4 张游戏画面截图确定，如果将截图尺寸调整到 84×84 并且取 256 个灰度级别，则有 $256^{84\times84\times4}$种可能的游戏状态，如果使用 Q 表格存储动作值函数的对应取值，则该表格大约有 10^{867970}行，这显然是不可行的。此时可用 CNN 网络近似代替 Q 表格实现从状态动作对到 Q 值的映射，利用 CNN 网络对图像处理的独特优势及其对高度结构化数据特征提取的优异性能，将深度学习与强化学习相结合，实现一种从感知到动作的端对端学习方式。深度 Q 网络（Deep Q Networks，DQN）学习算法正是基于这样的思想构造的。DQN 学习算法被认为是深度强化学习的开山之作，首先由 Google DeepMind 团队在 NIPS2013 上发表了版本 1.0，随后又在 Nature 2015 上提出了改进版本 2.0。这两个版本的 DQN 模型接收的输入信息都只有游戏画面图片和得分，在没有人为干预的情况下智能体学会了游戏的玩法，并在多个游戏实践中打破了人类玩家的记录。

DQN 学习算法的基本思想是使用 CNN 网络近似代替动作值函数，使用 CNN 网络接收状态动作对输入，并输出与该状态动作对相对应的 Q 值。实现 DQN 学习算法首先需要将原始的 Q 学习问题转换成相应的深度学习问题，即将 Q 表格的更新问题转变成一个函数拟合问题，使得相近的状态得到相近的输出动作。假设 CNN 网络模型为 f，其参数为 $\boldsymbol{\theta}$，真实的动作值函数为$Q^*(s,a)$，则 DQN 学习算法希望通过求解最优参数向量$\hat{\boldsymbol{\theta}}$，使得 CNN 网络的输出与真实动作值函数$Q^*(s,a)$的取值尽可能接近，即使得$f(s,a\mid\hat{\boldsymbol{\theta}})\approx Q^*(s,a)$。

最容易想到的求解思路是通过监督学习方式实现对 CNN 网络模型参数的优化，即如图 9-9a 所示，以 CNN 网络模型的输入和输出分别为状态动作对(s,a)和动作值函数估计值$\hat{Q}(s,a)$进行监督学习。然而，使用这种训练方式通常需要大量带标签的训练样本，标签获取和巨大的样本标注工作量使得这种监督学习方法基本上不可行。DeepMind 团队将图 9-9a 所示网络模型改进成图 9-9b 所示的深度 Q 学习模型，通过一种间接的监督学习方式训练 CNN 网络。在深度 Q 学习模型中，CNN 网络模型的输入是当前状态 s，输出则是该状态下所有可能动作所对应的 Q 值估计。

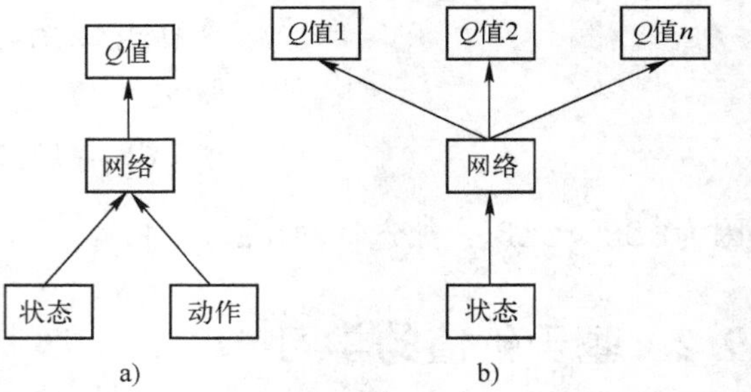

图 9-9 DQN 学习的 CNN 网络结构
a）基本网络结构 b）改进的网络结构

对于深度 Q 学习模型，可用传统 Q 学习算法对状态 s 处所对应的动作值函数进行估计。这个估计值与神经网络输出的估计值通常会存在一定的差异，为使得神经网络的估计值接近真实值函数的取值，可考虑减小神经网络估计值与使用传统 Q 学习算法所获得估计值之间的差异。具体地说，可定义如下目标函数

$$J(\theta)=E_{s,a,r,s'}[(Y-f(s,a\mid\boldsymbol{\theta}))^2)] \tag{9-5}$$

上述目标函数是对两种不同方法所得值函数估计值差异的期望，其中

$$Y=R(s,a)+\gamma\max_{a^*}Q(s',a^*) \tag{9-6}$$

为通过传统 Q 学习算法求得的估计值；$f(s,a\mid\boldsymbol{\theta})$为神经网络输出的估计值；$s'$和$a'$分别表示下一个状态和动作；$\boldsymbol{\theta}$为神经网络的参数向量。

为求得最优参数，可对上述目标进行最小化。使用梯度下降法优化上述目标函数，可得到如下参数更新公式

$$\boldsymbol{\theta}=\boldsymbol{\theta}-\alpha\frac{\partial J(\boldsymbol{\theta})}{\partial\theta} \tag{9-7}$$

其中，目标函数关于参数向量梯度的计算公式如下

$$\frac{\partial J(\boldsymbol{\theta})}{\partial\boldsymbol{\theta}}=E_{s,a,r,s'}\left[\left(R(s,a)+\gamma\max_{a^*}Q(s',a^*)-f(s,a\mid\boldsymbol{\theta})\right)\frac{\partial f(s,a\mid\boldsymbol{\theta})}{\partial\boldsymbol{\theta}}\right] \tag{9-8}$$

使用上述过程训练用于模拟值函数的神经网络，还存在如下两个需要解决的问题：

（1）在使用传统 Q 学习算法求解估计值时需要进行采样，而对这种序贯过程进行采样所获得的样本之间通常存在很强的相关性。例如，对于前述模拟机器人行走的动作值函数，多次采样所获得的状态动作对之间通常存在很强的相关性，因为机器人的状态和动作通常具有一定的连续性。而对于基于最大似然理论的监督学习模型而言，其前提是假设训练样本是独立同分布的，故难以保证值函数模型的性能；

（2）传统 Q 学习算法中涉及两个重要公式，即当前状态下的值函数计算公式

$$Q(s,a)=R(a,s)+\gamma\max_{a^*}Q_h(s',a^*)$$

以及值函数估计值更新公式

$$Q(s,a)=Q(s,a)+\alpha[R(a,s)+\gamma\max_{a^*}Q_h(s',a^*)-Q(s,a)] \tag{9-9}$$

不难发现，用于模拟值函数的神经网络模型在训练过程中依赖于值函数的计算方式，有时会导致近似函数$f(s,a\mid\hat{\boldsymbol{\theta}})\approx Q^*(s,a)$计算失败。

上述两个问题都是由于强化学习过程与监督学习过程存在较大差异而导致的。实现深度强化学习的关键在于如何将强化学习转化为能够使用监督学习进行训练。DeepMind 团队通过在训练过程中引入**经验回放机制**和**双网络结构**有效解决了上述两个问题。

经验回放机制主要依赖于经验池这一存储单元的构造。具体的做法如图 9-10 所示，对于每个时间步 t，将智能体与环境交互得到的转移样本$e_t=(s_t,a_t,r_t,s_{t+1})$存储到经验池 $D=(e_1,\cdots,e_t)$中。在训练 DQN 模型时每次从 D 中随机抽取小批量的转移样本，并使用随机梯度下降 SGD 算法更新网络参数 $\boldsymbol{\theta}$，而不是使用最近的连续状态的转移样本，由此有效降低了后续训练样本之间的相似性。

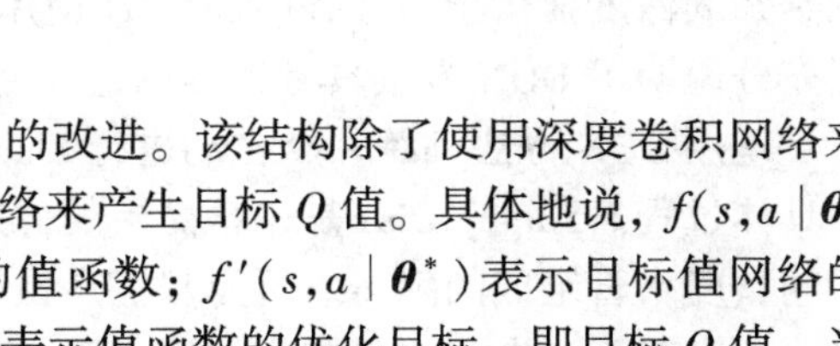

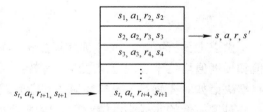

图 9-10　经验池示意图

双网络结构是在 Nature 2015 版本的 DQN 中提出的改进。该结构除了使用深度卷积网络来近似表示当前的值函数之外，还单独使用了另一个网络来产生目标 Q 值。具体地说，$f(s,a\mid\boldsymbol{\theta})$表示当前值网络的输出，用来评估当前状态动作对的值函数；$f'(s,a\mid\boldsymbol{\theta}^*)$表示目标值网络的输出。通常采用 $Y=R(s,a)+\gamma\max_{a^*}f'(s',a\mid\boldsymbol{\theta}^*)$近似表示值函数的优化目标，即目标 Q 值。当前值网络参数 $\boldsymbol{\theta}$ 为实时更新。每经过 N 轮迭代，就将当前的值函数的网络参数复制给目标值

网络。引入目标值网络使得目标 Q 值在一段时间内保持不变，在一定程度上降低了当前 Q 值与目标 Q 值之间的相关性。

由以上分析可知，结合经验回放机制和双网络结构可将一个强化学习问题转换为监督学习的问题，由此解决 DQN 学习算法中的两个关键问题。DQN 学习算法的基本流程如图 9-11 所示。DQN 模型训练的具体过程如下：

（1）初始化经验池 D，初始化当前的值函数的主卷积神经网络 f 以及目标值函数的卷积神经网络 f' 中共享的参数向量 $\boldsymbol{\theta}$；

（2）输入初始状态 s，通常状态 s 由一幅或几幅经过了归一化处理的图像构成，处理对象主要是将 RGB 图像变换为灰度图，并且固定其大小，用于计算网络输出；

（3）进行 T 次模拟和训练，对于每次模拟，首先以很小的概率 ε 随机选择动作或将当前的状态输入到当前的网络中，计算出每个动作的 Q 值，以 $1-\varepsilon$ 的概率选择通过当前网络预测并得到最大的 $f(s,a\mid\boldsymbol{\theta})$ 值的动作。然后根据所选动作进行模拟，得到下一个环境状态 s' 和奖励 $R(s,a)$ 并进行预处理；

（4）将获得的参数组 (s,a,r,s') 作为此次的转移样本存入 D 中；

（5）从 D 中随机选取一组样本对网络进行训练，通过执行动作 a 后的反馈来更新 Q 值并将其作为目标值，计算每个状态的目标值；

（6）通过 SGD 更新权重参数，每经过 k 次迭代后将目标值函数网络参数更新为当前值函数的参数，实现对网络参数的更新。

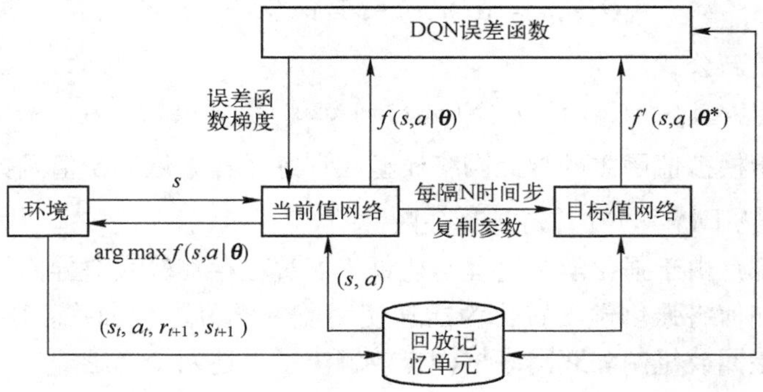

图 9-11　DQN 算法基本流程

由以上分析可知，DQN 训练算法将奖励值和误差项缩小到有限的区间内，由此保证了 Q 值和梯度值均处于合理范围之内，有效提高了算法的稳定性。通过算法的实际应用表明，DQN 在解决诸如对弈游戏等真实环境的复杂问题时表现出了与人类玩家相媲美的竞技水平，甚至在一些难度较低的非战略性游戏中，DQN 的表现超过了有经验的人类玩家。在解决各类基于视觉感知的深度强化学习任务时，DQN 使用了同一套网络模型、参数设置和训练算法。这些应用充分说明了 DQN 方法具有很强的适应性和通用性。

现用 DQN 方法训练一个自动进行 Flappy Bird 游戏的智能体，介绍 DQN 解决实际应用问题的具体过程。Flappy Bird 是一款简单的像素小鸟游戏，游戏中玩家必须控制小鸟，跨越由各种不同长度水管组成的障碍。玩家只需点击屏幕，小鸟就会往上飞，不断地点击就会不断往高处飞。玩家若不点击，小鸟就会快速下降。游戏规则是玩家控制小鸟一直向前飞行，且要注意躲避途中高低不平的管子。整个游戏中只有两个动作：向上或者向下，向下的时候就是不操作，通过重力使它向下运动。玩家灵活地使用这两个动作使得小鸟能够顺利通过障碍物之间的缝隙，一旦小鸟碰上了障碍物，则游戏结束。现将游戏中的操作对象小鸟作为智能体，使用强化学习方法对小鸟进行训练使其能够自动避障。

小鸟所处的环境比较复杂，至少需要将水平位置和垂直位置作为小鸟的状态参数，这是因为仅用其中一个位置无法表现障碍物之间的缝隙信息。此处使用连续四帧图像作为一个状态，并通过卷积神经网络估计每个状态所对应动作的值函数，根据估计值大小选择下一动作，将模型优化的目标函数定义为由贝尔曼方程估计的 Q 函数取值与网络预测所得值函数之间的差异。在游戏环境中执行所选择的动作，就可以得到下一个状态。设置奖励函数如下

$$r_t=\begin{cases}0.1, & \text{未碰到障碍物及未穿过缝隙}\\ 1, & \text{穿过障碍物之间的缝隙}\\ -1, & \text{碰到障碍物或触地}\end{cases}$$

此时未碰到障碍物以及未穿过缝隙则给予一个小的奖励 0.1，碰到障碍物或者触地则给予一个大的惩罚-1，当穿过障碍物之间的缝隙时则会收获一个大的奖励 1。图 9-12 表示所用卷积神经网络的基本结构，其中所有激活函数均为 ReLU 函数。

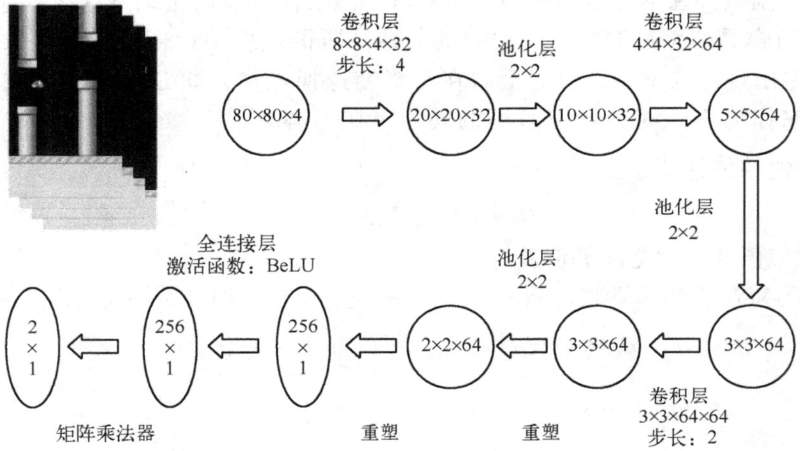

图 9-12　卷积神经网络

可在游戏开始瞬间获得 4 帧游戏的截屏图像，设所截图像分辨率为 288 像素×512 像素。为了便于神经网络处理，对图像分辨率归一化调整为 80 像素×80 像素的规模并将其转化为灰度图。将这些灰度图作为初始状态输入网络。经过网络运算输出往上动作和往下动作所对应的 Q 值函数取值，选取较大 Q 值所对应的动作作为执行动作，完成第一次动作选择。也就是说，从初始状态 s 开始，在网络中输入环境状态之后，根据 Q 值的大小选择当前状态下要执行的动作 a。然后执行该动作，于是其中的小鸟飞到了下一个位置，也就形成了新的状态s'。

将(s,a,r,s')作为样本存放在回放记忆单元中，并从回放记忆单元中随机抽取用于网络模型训练的样本并采用随机梯度下降法进行网络参数更新，即每次随机抽取一个批量（batch）训练网络模型参数。经过多次的训练后，小鸟便可以自由穿过障碍物之间的缝隙。在训练过程开始时，小鸟会不停地碰壁，连第一个障碍物都过不去。随着训练的进行，小鸟会以 ε-贪心策略选取下一步的行为，鼓励前期探索，后期最优选取。因为小鸟未触碰障碍物且未通过缝隙的奖励值为 0.1，所以如果不鼓励前期探索，随机选取动作的话，小鸟就会陷入局部最优，且

无法跳出。通过随机选取动作，小鸟就能跳出局部最优。将小鸟每一步的状态、动作、奖励值以及下一步状态保存在缓冲区中，供网络模型随机选取样本训练，更新参数。

在经过 20 多万次的训练后，小鸟可以通过第一个障碍物之间的缝隙。接下来小鸟又要面对更加复杂的环境，不停地触碰障碍物，缓冲区中又会增添许多新的探索样本，使目标函数取值增大。接下来目标函数起伏变化。总共进行 553 万次训练获得所求模型，使用该模型操纵小鸟的飞行状态，小鸟在长时间的测试中均没有碰壁，顺利避过障碍物。运行结果如图 9-13 所示，其中右侧图中第一个障碍物是左侧图中的第二个障碍物。

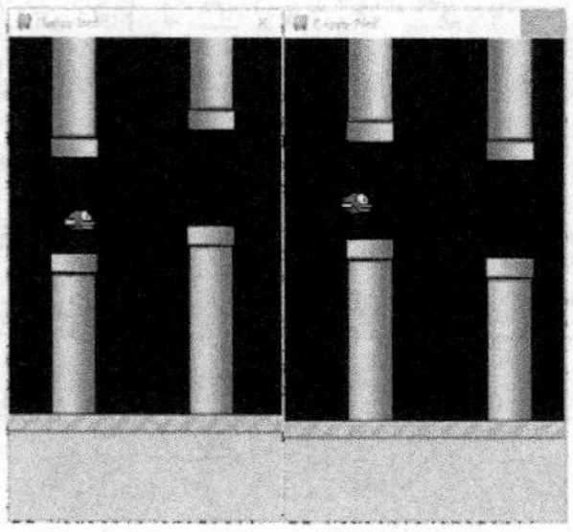

图 9-13　小鸟避障图

9.2.2　深度双 Q 网络

深度 Q 网络成功地将深度学习和强化学习结合起来，使得很多传统的强化学习问题可借助深度学习这一强大工具得到解决。然而 DQN 本质上仍属于 Q 学习，只是利用卷积神经网络近似表示动作值函数并在学习过程中引入了经验回放机制和双网络结构这两个训练技巧，仍然无法消除 Q 学习容易产生过度估计现象的局限性。所谓过度估计，就是值函数估计值比真实值要大。Q 学习出现过度学习现象的根源在于贪婪选择操作，即 Q 学习直接选择值函数估计值最大的动作来作为下一时序状态所用的动作。在 Q 学习中，令 $Q^*(s,a)$ 表示目标 Q 值，$\hat{Q}(s,a)$ 表示 Q 值的估计值，则有

$$\hat{Q}(s,a)=Q^*(s,a)+\varepsilon_{s,a} \tag{9-10}$$

其中，$\varepsilon_{s,a}$ 为近似值和目标之间的误差。

使用 Q 学习算法更新步骤将所有 Q 值更新一遍后，估计值与目标值之间的差值 Δ 如下

$$\begin{aligned}\Delta &= R(s,a)+\gamma \max_{a_1} \hat{Q}(s',a_1)-[R(s,a)+\gamma \max_{a_2} Q^*(s',a_2)] \\ &= \gamma \max_{a_1} \hat{Q}(s',a_1)-\gamma \max_{a_2} Q^*(s',a_2) \\ &\geqslant \gamma[\hat{Q}(s',a')-Q^*(s',a')]=\gamma\,\varepsilon_{s,a}\end{aligned}$$

其中，$a'=\arg\max_a Q^*(s',a)$。

显然，即使对于从一开始就是无偏的近似估计，即 $E[\Delta]=0$，Q 学习的最大化操作也会导致 $E[\Delta]>0$。同理，深度 Q 网络中也存在过度估计的情况。也就是说，DQN 学习算法在使用 $Y=R(s,a)+\gamma \max_{a^*} f'(s',a\mid\boldsymbol{\theta}^*)$ 近似表示值函数优化目标时，每次都会选取下一状态中最大的 Q 值所对应的动作。由此可见，在值函数优化过程中，如果选择和评价动作都是基于目标值网络的参数向量 $\boldsymbol{\theta}$，则会引起在学习过程中出现过高估计 Q 值的问题，导致最终策略只是次优。为避免出现上述情况，人们提出**深度双 Q 网络**（Double DQN, DDQN）。

DDQN 和 DQN 的模型结构相同，均由两个一样的 Q 网络结构组成。与 DQN 不同的是，DDQN 分别使用不同的值函数实现目标 Q 值的动作选择和目标 Q 值的评价，有效降低了过高估计 Q 值的风险。DDQN 中有两套不同的参数向量 $\boldsymbol{\theta}$ 和 $\boldsymbol{\theta}^-$。当用 $\boldsymbol{\theta}$ 选择最大 Q 值所对应的动作时，则用 $\boldsymbol{\theta}^-$ 来评估最优动作的 Q 值；当用 $\boldsymbol{\theta}^-$ 选择最大 Q 值所对应的动作时，则用 $\boldsymbol{\theta}$ 评估最优动作的 Q 值。由此实现动作选择和策略评估这两个步骤的有效分离。

具体地说，对于如目标 Q 值

$$Y_t^{\text{DoubleQ}}=R(s^{(t)},a^{(t)})+\gamma f'(s^{(t+1)},\arg\max_a f(s^{(t+1)},a\mid\boldsymbol{\theta}_t)\mid\boldsymbol{\theta}_t^-) \tag{9-11}$$

可通过优化计算如下优化问题实现动作选择

$$\arg\max_a f(s^{(t+1)},a\mid\boldsymbol{\theta}_t) \tag{9-12}$$

其中，$\boldsymbol{\theta}_t$为动作值函数主网络的参数向量。

当选出最优的动作a^*后，动作评估的公式为

$$Y_t^{\text{DoubleQ}}=R(s^{(t)},a^{(t)})+\gamma f'(s^{(t+1)},a^*\mid\boldsymbol{\theta}_t^-) \tag{9-13}$$

其中，$\boldsymbol{\theta}_t^-$为动作评估所用的动作值函数的目标网络参数向量。

此时通过参数向量$\boldsymbol{\theta}_t$所对应的Q值使用贪心策略选择动作，另一个参数向量$\boldsymbol{\theta}_t^-$则负责计算值函数的估计值，两者互相交替进行更新。DDQN 算法的基本流程如图 9-14 所示。

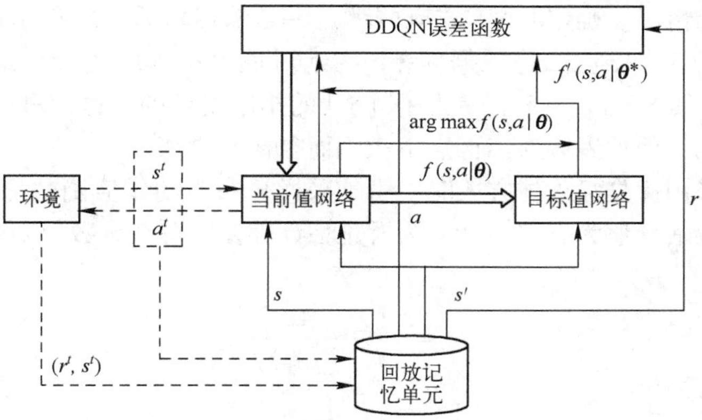

图 9-14　DDQN 算法基本流程

DDQN 训练算法的具体步骤如下：

（1）初始化网络f、f'的参数向量$\boldsymbol{\theta}$、$\boldsymbol{\theta}^-$和状态s，初始化经验池D；

（2）输入状态s，基于$f(s,\cdot\mid\boldsymbol{\theta})$和$f'(s,\cdot\mid\boldsymbol{\theta}^-)$选择动作$a$，得到$R(s,a)$，$s'$；

（3）若选择更新f，则跳转至步骤（4），若选择更新f'，则跳转至步骤（5）；

（4）定义$a^*=\arg\max_a f(s',a\mid\boldsymbol{\theta})$，依据如下公式更新$f$的取值：

$$f(s,a\mid\theta)=f(s,a\mid\boldsymbol{\theta})+\alpha[R(s,a)+\gamma f'(s',a^*\mid\theta^-)-f(s,a\mid\boldsymbol{\theta})]$$

跳转至步骤（6）；

（5）定义$a^*=\arg\max_a f'(s',a\mid\boldsymbol{\theta}^-)$，依据如下公式更新$f'$的取值：

$$f'(s,a\mid\boldsymbol{\theta}^-)=f'(s,a\mid\boldsymbol{\theta}^-)+\alpha[R(s,a)+\gamma f(s',a^*\mid\boldsymbol{\theta})-f'(s,a\mid\boldsymbol{\theta}^-)]$$

跳转至步骤（6）；

（6）将该参数组(s,a,r,s')作为此刻的转移样本一起存入D中；

（7）从D中随机选取一组样本用于网络训练；

（8）令$s=s'$，并重复步骤（2）~步骤（5）直至收敛。

由以上分析可知，DDQN 与 DQN 并无太大区别，除了目标Q值的计算方式以外，两者在模型结构上完全一致。需要注意的是，DDQN 算法在进行动作a的选择时，两个网络模型应交替使用，即在更新其中一个网络参数时，动作选择则采用另外一个网络实现。可将上述过程理解为 DDQN 算法中有两个Q函数，其中一个Q函数用于指导动作选择，另一个Q函数用于求解值函数的估计值，由此实现对Q值更加准确的估计，有效解决过度估计问题。

DDQN 算法虽然解决了过度估计问题，但仍然存在一些瑕疵。DQN 算法和 DDQN 算法为

了消除转移样本$e_t=(s_t,a_t,r_t,s_{t+1})$的相关性，使用经验回放机制在线存储和使用智能体与环境交互得到的历史样本。在每个时刻，经验回放机制从样本池中等概率抽取小批量样本用于训练。然而等概率采样并不能区分不同样本的重要性，同时由于样本池 D 的存储量有限，某些样本还未被充分利用就被舍弃，为此人们在 DDQN 的基础上提出了一种基于比例优先级采样的深度双 Q 网络。该网络使用基于优先级的采样方式来替代均匀采样，从而提高有价值样本的采样概率。具体地说，设样本e_i所对应的偏差为δ_i，则该样本的采样概率为

$$P(e_i)=p_i^a/\sum_k p_k^a \tag{9-14}$$

其中，p_i^a由偏差δ_i决定。

参数p_i^a表示选择e_i的优先级，指数 a 决定了优先级在选择样本时的重要性程度，当 $a=0$ 的时候表示均匀分布的情况。确定p_i的方式有两种，一是依据偏差δ_i的绝对值大小直接确定优先等级，直接设置$p_i=|\delta_i|+\varepsilon$；二是依据偏差$\delta_i$的绝对值大小排序间接确定优先等级，即设置$p_i=1/\mathrm{rank}(|\delta_i|)$，其中 $\mathrm{rank}(|\delta_i|)$是根据$|\delta_i|$的排序得到的。这两种确定方式均可得到与$|\delta_i|$成单调关系的$p_i$，但后者因对离群点不敏感而鲁棒性更强。

在训练过程中采用优先级采样方式时，由于采样分布与动作值函数的分布情况存在偏差，使得所求动作值函数估计值为有偏估计。为矫正估计偏差，可在参数更新过程中引入如下重要性采样系数

$$w_i=\left(\frac{1}{N}\cdot\frac{1}{P(e_i)}\right)^\beta \tag{9-15}$$

其中，N 表示经验池大小。

由以上分析可得基于优先级的采样方式 DDQN 算法流程如下：

（1）初始化经验池 D，设置 η，N，α，β 取值，设置总时间 T，并初始化$\Delta=0$，$p_1=0$，设置初始状态 $s^{(0)}$；

（2）根据状态 $s^{(t-1)}$ 和当前值函数的网络输出选择动作 $a^{(t-1)}$ 并执行，返回观测到的 $s^{(t)}$、$R^{(t)}$、γ^t，将样本 e_t存储到 D 中，其中：

$$e_t=(s^{(t-1)},a^{(t-1)},R^{(t)},\gamma^t,s^{(t)})$$

并设置 e_t的优先级为 $p_t=\max\limits_{i<t} p_i$；

（3）依据如下概率从经验池 D 中进行采样：

$$P(e_i)=\frac{p_i^a}{\sum\limits_k p_k^a}$$

采样得到样本为 e_i，计算重要性权重$w_i=(N\cdot P(e_i))^{-\beta}/\max\limits_j w_j$；

（4）按下式计算偏差：

$$\delta_i=R(s^{(i-1)},a^{(i-1)})+\gamma f'(s^{(i)},\arg\max_a f(s^{(i)},a\mid\boldsymbol{\theta}_t)\mid\boldsymbol{\theta}_t^-)-f(s^{(i-1)},s^{(i-1)}\mid\boldsymbol{\theta}_t)$$

并依据 δ_i更新样本 e_i的优先级 p_i；

（5）更新权重改变量 $\Delta\leftarrow\Delta+w_i\cdot\delta_i\cdot\nabla_{\boldsymbol{\theta}}f(s^{(i-1)},a^{(i-1)}\mid\boldsymbol{\theta}_t)$；

（6）若达到指定次数 k，则执行步骤（7），否则，返回步骤（3）；

（7）更新参数向量 $\boldsymbol{\theta}\leftarrow\boldsymbol{\theta}+\eta\cdot\Delta$，重新设置 $\Delta=0$，并复制新参数到目标网络中：

$$\boldsymbol{\theta}^-\leftarrow\boldsymbol{\theta}$$

（8）若未达到预设时间 T，则返回步骤（2）；否则，结束算法，求得网络参数。

上述算法虽然改变了样本采样方式，但仍然是依据当前的值函数网络输出来选择动作 a，取消了贝尔曼方程中的最大化操作，可有效避免求解过程中过度估计现象的产生。

现用 DDQN 算法解决如图 9-15 所示的 Cart Pole 平衡问题。Cart Pole 是一个简单的平衡游戏，游戏中有一辆小车，并在小车上方竖立一根杆子，小车需要在一定范围内左右移动以保持杆子竖直不倒，如果杆子倾斜角度大于 12°，则杆子倾倒，游戏结束。

图 9-15　Cart Pole 游戏示意图

可将游戏中的小车视为智能体，所设置的状态包括小车水平位置、小车水平速度、杆子角速度，以及杆子与竖直方向的夹角。其中小车水平位置的取值范围为[-2.4,+2.4]，杆子与竖直方向夹角的取值范围为[-24°,+24°]，其余状态参数的取值范围为[-∞,+∞]。智能体的动作空间为{0, 1}，其中 0 表示小车向左移动，1 表示小车向右移动。如果杆子倾斜角度大于 12°或小车移动出给定范围则达到终止状态。如小车采取某个动作达到了终止状态，则所得奖励为-1；否则，所得奖励为 0.1。此时可采用如下步骤解决上述 Cart Pole 平衡问题：

（1）初始化估计 Q 网络参数 $\boldsymbol{\theta}$ 和目标 Q 网络参数 $\boldsymbol{\theta}^-$，并设置 $\boldsymbol{\theta}^-=\boldsymbol{\theta}$。初始化经验池 D 的大小 $N=10000$，批量梯度下降的样本数 $\eta=128$，步长 $\alpha=0.6$，采样权重系数 $\beta=0.4$，设置迭代轮数 $T=3000$，衰减因子 $\gamma=0.9$，探索率 $\varepsilon=0.5$，目标 Q 网络参数更新频率 $K=10$，并初始化估计 Q 网络的权重改变量 $\Delta=0$，D 中叶结点的优先级$p_1=0$，设置初始状态如下：

$$s^{(0)}=(0.01017545,0.0284857,0.01729119,-0.0420255)$$

（2）小车根据状态 $s^{(t-1)}$ 和当前值函数网络输出选择动作 $a^{(t-1)}$，小车执行该动作，返回观测到的 $s^{(t)}$、$R^{(t)}$、γ^t值。其中 $s^{(t)}$ 表示由当前观测状态 $s^{(t-1)}$ 执行动作 $a^{(t-1)}$ 所得的下一个观测状态，$R^{(t)}$ 表示 $s^{(t-1)}$ 执行该动作 $a^{(t-1)}$ 的奖励值，γ^t用于判断是否为终止状态。将样本 e_t存储到 D 中，其中 $e_t=(s^{(t-1)},a^{(t-1)},R^{(t)},\gamma^t,s^{(t)})$，并设置 e_t的优先级为 $p_t=\max\limits_{i<t} p_i$；

（3）依据概率 $P(e_i)=p_i^a/\sum\limits_k p_k^a$ 从小车的经验池 D 中进行采样，即根据随机优先和重要性采样方法从 D 采样 η 个样本为 e_i来计算重要性权重，即有 $w_i=(N\cdot P(e_i))^{-\beta}/\max\limits_j w_j$；

（4）按下式计算偏差：

$$\delta_i=R(s^{(i-1)},a^{(i-1)})+\gamma f'(s^{(i)},\arg\max_a f(s^{(i)},a\mid\boldsymbol{\theta}_t)\mid\boldsymbol{\theta}_t^-)-f(s^{(i-1)},s^{(i-1)}\mid\boldsymbol{\theta}_t)$$

并依据 δ_i更新样本 e_i的优先级 p_i；

（5）更新权重改变量：$\Delta\leftarrow\Delta+w_i\cdot\delta_i\cdot\nabla_{\boldsymbol{\theta}}f(s^{(i-1)},a^{(i-1)}\mid\boldsymbol{\theta}_t)$；

（6）若小车迭代达到指定迭代次数 10，则执行步骤（7），否则，返回步骤（3）；

（7）更新估计 Q 网络参数向量 $\boldsymbol{\theta}\leftarrow\boldsymbol{\theta}+\eta\cdot\Delta$，置 $\Delta=0$ 并复制新参数到目标 Q 网络：

$$\boldsymbol{\theta}^-\leftarrow\boldsymbol{\theta}$$

（8）若未达到预设的迭代次数 3000，则返回步骤（2）；否则，结束算法，求得网络参数。

将上述迭代计算过程设置为每迭代 100 次后进行一次测试，得到平均奖励值的变化规律如下：算法迭代计算开始时小车处于学习阶段，平均奖励值逐渐上升。当达到一定的迭代次数后，平均奖励值在 200 附近保持小范围波动，说明智能体通过该算法的训练能够较好地保持杆子竖直。

9.2.3 DQN 模型改进

深度双 Q 网络是针对深度 Q 网络存在过度估计问题而提出的改进模型。事实上，还有很多针对 DQN 存在的不同问题而提出的改进模型。这些改进模型大多通过在原始深度 Q 网络模型中添加新的功能模块构成，例如，可向 DQN 模型中引入循环神经网络结构，使得模型拥有一定的记忆能力等。目前，对 DQN 进行改进的代表模型主要有**基于竞争架构的 DQN（Dueling Network，Q-Network，Dueling-DQN）**和**深度循环 Q 网络（Deep Recurrent Q-Network，DRQN）。**

在很多基于视觉感知的深度强化学习任务中，状态动作对在受不同动作影响时所对应的值函数通常也会不同。然而在某些状态下值函数的取值与动作无关，人们基于这一现象提出了一种竞争网络结构，并将其引入 DQN 网络模型，建立了一种基于竞争架构的 DQN，即 Dueling-DQN。

Dueling-DQN 在模型结构上将状态值函数的表征与依赖状态的动作优势表征区分开来，图 9-16 表示该模型的基本结构与一般 DQN 网络模型的对比。Dueling-DQN 的网络结构与 DQN 模型的不同之处在于：DQN 将卷积网络提取的抽象特征输入到全连接层后便直接在输出层输出对应动作的 Q 值，Dueling-DQN 则将卷积网络所提取的抽象特征分流到上下两个支路中。其中上路代表状态值函数，即表示状态本身具有的潜在价值；下路代表依赖状态的动作优势函数，表示选择某个动作额外带来的价值。Dueling-DQN 最后将上下两路输出聚合到一起得到每个状态动作对所对应动作值函数的估计值，策略评估过程实现对正确动作的快速识别。通常将优势函数 Z 定义为如下动作值函数与状态值函数的差值 $Z(s,a)=Q(s,a)-V(s)$，即将动作值函数 Q 分解为状态值函数 V 和优势函数 Z。

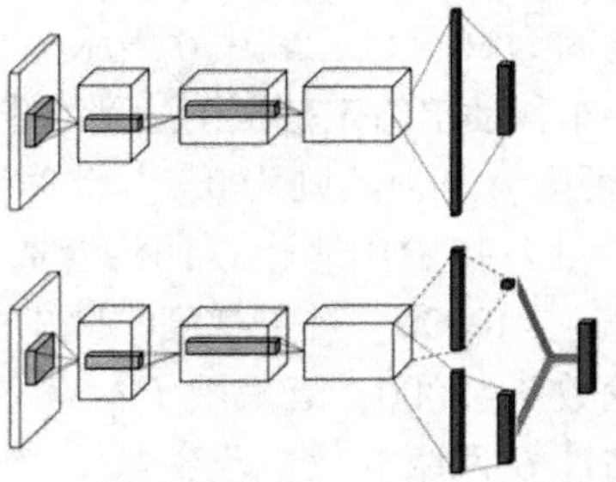

图 9-16　一般 DQN（顶部）与 Dueling-DQN（底部）网络模型对比

由于

$$V_h(s)=\sum_{a\in A}h(a\mid s)\ Q_h(s,a)$$

即在任意给定策略 h 的情况下有 $V(s)=E_a(Q(s,a))$，故在状态 s 下所有可能状态动作对中必然存在某些状态动作对的动作值函数取值高于 $V(s)$ 的情况，也存在某些状态动作对的动作值函数取值低于 $V(s)$ 的情况。优势函数 Z 则表示当前动作与平均表现之间的区别，若某动作优于平均表现，则优势函数取值为正，反之为负。

Dueling-DQN 的网络结构合理运用了上述思想，在保持 DQN 网络主体结构不变的基础上，将原 DQN 模型中的单路输出变成两路输出，其中一路输出状态值函数 V，对于给定策略和某一状态 s，所对应的状态值函数取值唯一，故此路输出是一个一维标量，另一路则输出优势函数值 Z。将两部分的输出相加即可得到更为精确的动作值函数估计值。

此类改进只需对 DQN 模型做很少的改变即可实现：DQN 模型的前面部分保持不变，后面部分从一路输出改变为两路输出，最后再合并成一个结果。事实上，如果单纯地对状态值函数进行分解会导致训练过程中出现问题。因为对于固定 Q 值，V 和 Z 有无穷种可行的组合方式。

为此还需对这两部分输出做一定限制。易知 Z 的期望为 0，即有

$$E_a(Z(s,a))=E_a[Q(s,a)-V(s)]=0$$

故可对输出的 Z 值进行约束。将 $Q(s,a)$ 表示为如下形式

$$Q(s,a)=V(s)+\left[Z(s,a)-\frac{1}{|A|}\sum_{a'}Z(s,a')\right] \tag{9-16}$$

由于$E_a(Z(s,a))=0$，故使用上述公式计算 $Q(s,a)$ 不会改变其取值，反而通过引入一定的约束增加了 V 和 Z 的输出稳定性。通过对输出进行分解，不仅可以得到给定状态和行动的 Q 值，还可以同时得到状态值函数 V 和优势函数 Z 的取值。若在某些场景需要使用 V 值，则可直接获得 V 值而不必再训练相应网络。此外，从网络训练角度来看，Dueling-DQN 将原本求解 $|A|$ 个输出的问题转化为求单个输出的问题，使得网络训练过程变得更加简单。

除基于竞争架构的 DQN 之外，另一个代表性改进模型是深度循环 Q 网络。深度 Q 网络 DQN 的设计初衷是让机器人进行博弈游戏，状态的输入通常是前几个画面的截图，但有时仅靠前面的画面无法描述整个状态，导致部分观测的马尔可夫决策过程（Partially-Observable Markov Decision Process，POMDP）的情况出现。POMDP 是一种特殊的马尔可夫决策过程，智能体在该过程中无法直接观察当前状态，必须要根据模型的全部区域与部分区域观察结果才能推断状态的分布。POMDP 架构的通用程度足以模拟不同真实世界的连续过程，例如，对于训练一个智能体模拟乒乓球比赛的任务，若智能体仅观测到了一幅图，则可知道白色小球的位置，但无法观测其速度和方向信息。而速度和方向信息在此类游戏中显然非常重要，此时可用 POMDP 架构来描述此类任务。在现实世界中通常也很难将环境的所有状态都提供给智能体，可用 POMDP 架构有效地捕捉环境的状态，因为使用 POMDP 架构描述的强化学习过程会认为智能体接收到的感知都是潜在系统状态的组成部分。

可将 POMDP 描述为六元组$\langle S,A,P,R,X,O\rangle$，其中，$S$、$A$、$P$、$R$ 分别表示状态空间、动作空间、状态转移函数、奖励函数；X 表示真实的环境；O 为智能体所能感受到的部分信息。用神经网络 f 模拟可感知信息 o 与动作 a 所对应动作的值函数 $Q(o,a)$，则有 $f(o,a\mid\boldsymbol{\theta})\approx Q(o,a)$。深度强化学习真正感兴趣的函数为动作值函数 $Q(s,a)$。由于通常 $Q(o,a)\neq Q(s,a)$，故 $f(o,a\mid\boldsymbol{\theta})$ 与 $Q(s,a)$ 差距较大，无法求得较优策略。为此，可通过循环神经网络结构来记忆时间轴上连续的历史状态信息，并由此构造 DRQN 模型。

DRQN 模型的基本结构如图 9-17 所示。DRQN 将 DQN 中第一个全连接层部件替换成 256 个长短期记忆单元 LSTM，此时模型输入为当前时刻的一幅图像。由于 LSTM 可对历史情况进行记忆，故对于多幅连续图像的状态判断更为准确。DRQN 通常采用序列化更新或随机更新这两种方法来训练 LSTM 中的参数。具体地说，序列化更新从经验池中获取完整的序列，然后从序列的开始进行训练和更新，直到序列结束。由于使用的是完整序列训练网络，能够较好地训练 LSTM 的参数，使得 LSTM 有较好的记忆性。但序列化更新方法违背了 DQN 为保证数据独立所采取的随机采样原则。

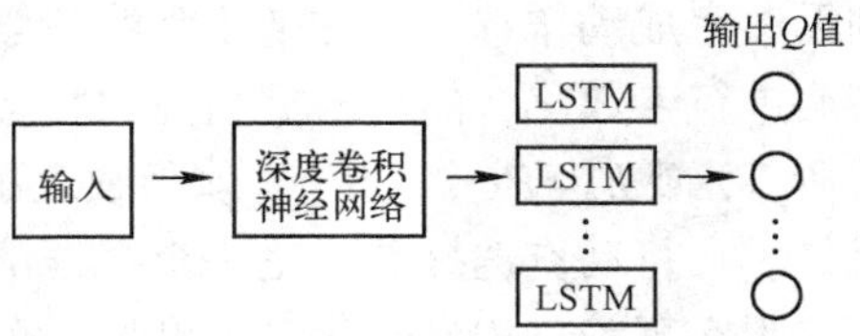

图 9-17　DRQN 模型基本结构

随机更新从经验池中采样完整的序列，然后随机选择一个时间步和后面的部分时间步用于训练与更新网络参数。对于每次训练过程，LSTM 的初始状态都是零状态。这种训练方式更符合 DQN 的随机采样原则，但由于每次训练 LSTM 的状态都必须从零状态开始，并且只能观测部分时间步，故 LSTM 不能保证对较长时间的记忆效果。

随着强化学习领域中各种新颖网络模块的提出，未来的深度强化学习模型会朝着结构多样化、模块复杂化的方向发展。例如，可以利用深度残差网络所具备的强大感知能力来提高智能体对复杂状态空间的表征效果。此外，还可在模型中加入视觉注意力机制，使得智能体在不同状态下将注意力集中到有利于做出决策的区域，从而加速学习的进程。

9.3 基于策略的学习

尽管基于价值学习算法的 DQN 已在许多领域取得了不错的效果，但在面对连续动作空间时，DQN 则显得无能为力。主要原因在于 DQN 及其改进的输出通常是确定的，即给定一个状态就能计算出每种可能动作奖励的确定值，但这种确定性的方法恰恰无法处理一些具有连续动作空间的现实问题。因为基于值函数的学习方法需要保存状态-动作的对应关系。例如，机器人控制和自动驾驶等现实问题都是连续动作空间，此时会由于状态过多造成无法计算出每一个状态所对应的值函数取值。为解决这类问题，人们尝试将策略梯度方法引入深度强化学习中，形成基于策略的深度强化学习方法。本节主要介绍基于策略的深度强化学习理论和方法，首先，介绍深度强化学习中的策略梯度算法的基本思想；然后，介绍 Actor-Critic 算法和 A3C 算法；最后，介绍深度确定性策略梯度算法，即 DDPG 算法。

9.3.1 策略梯度算法

策略梯度法亦称为最速下降法，是一种常用的策略优化方法。该方法通过不断计算策略所对应总奖励期望关于策略参数的梯度的方式来更新策略参数并获得最优策略，故在解决强化学习问题时可用深度神经网络对策略进行模拟，并通过策略梯度方法求解最优网络参数。策略梯度法的核心思想是随机选择动作，故能提供非确定性最终结果，但这种非确定性结果不是完全随机的，而是服从某种概率分布。具体地说，就是策略梯度法依概率选择动作。与依据反馈奖励选择动作的值迭代方法相比，策略梯度法不必因为计算奖励而维护状态表，当动作得到正反馈时增加相应动作出现的概率，得到负反馈时则降低相应动作出现的概率。

基于价值学习方法的基本思想是根据当前状态来计算采取每个动作的潜在价值，然后使用价值贪心策略选择潜在价值最大的动作。此类方法中的关键在于计算 Q 值，若无法计算 Q 值则无法完成动作选择。在基于策略的学习方法中，通常省略了计算 Q 值的步骤，转而直接对策略进行参数化，然后根据当前的状态来选择动作。此时可将策略 h 表示为一个关于参数向量的概率函数$h_{\boldsymbol{\theta}}=P(a\mid s,\boldsymbol{\theta})$。该函数表示在给定状态 s 的情况下，采取各种可能行为的概率。也就是说，将动作选择看成是一个根据策略所对应的概率分布来进行采样的过程。

为实现策略的参数化，可设计一个关于策略的目标函数，然后通过对目标函数的参数进行优化计算获得最优策略。由于强化学习的目标是获得更多的奖励，故可设置关于策略的目标函数以获得奖励的数学期望，即有 $J(\boldsymbol{\theta})=E(R\mid h_{\boldsymbol{\theta}})$。其中 $R=\sum_{t=0}^{T-1} r_t$ 表示一个完整轮次的强化学习过程所获得的总奖励。所谓**轮次**，是指从起始状态开始使用某种策略产生动作与智能体交互，直到某个终止状态结束的完整过程。比如围棋对弈游戏中的一个轮次就是从棋盘中的第一个落子开始直到对弈分出胜负为止。最优策略所对应的奖励值期望应该为最大，故可将策略梯度法中的最优策略求解问题转化为最大化目标函数的优化计算问题。

由以上分析可知，基于策略梯度的学习过程其实就是一个策略优化过程。实现策略优化的常用方法是增加总奖励较高轮次出现的概率。考虑从完全随机策略开始强化学习过程，最开始时由于策略完全随机，故所得反馈很可能多为负反馈。为实现策略优化，可在完成一个轮次的强化学习过程后，使用梯度上升算法等最大值优化方法对目标函数进行优化，调整策略参数向量 $\boldsymbol{\theta}$ 并使用更新后的策略开始下一轮学习，如此往复直到轮次累计奖励不再增长即可认为得到了最优策略。具体地说，假设一个完整轮次的状态、动作和奖励的轨迹为

$$\tau=(s_0,a_0,r_0,s_1,a_1,r_1,\cdots,s_{T-1},a_{T-1},r_{T-1},s_T)$$

可将策略梯度表示为

$$g=R\,\nabla_{\boldsymbol{\theta}}\sum_{t=0}^{T-1}\ln P(a_t\mid s_t;\boldsymbol{\theta}) \tag{9-17}$$

其中，梯度项 $\nabla_{\theta}\sum_{t=0}^{T-1}\ln P(a_t\mid s_t;\boldsymbol{\theta})$ 表示能够提高轨迹 τ 出现概率的方向。

可将参数向量更新为 $\boldsymbol{\theta}=\boldsymbol{\theta}+\alpha g$。其中 α 是学习率，控制着策略参数更新的速率，g 中的梯度项乘上轮次奖励 R 之后，就可以使单个轮次内总奖励越高的轨迹 τ 出现的概率越高。如果收集了很多总奖励不同的轨迹，则通过上述训练过程会使得概率密度向总奖励更高的轨迹方向移动，即最大化高奖励 τ 出现的概率。然而在某些情形下，每个轮次的总奖励 R 都不为负，所有梯度 g 值均不小于 0，此时在训练过程中遇到每个轨迹 τ 都会使概率密度向正向偏移，减缓了学习速度并使得梯度取值具有较大方差。为解决这个问题，可对 R 进行标准化处理以降低梯度 g 的方差，提高 R 较大的轨迹 τ 出现的概率，并降低 R 较小的轨迹 τ 出现的概率。

下面具体讨论策略梯度 g 的优化计算过程。策略梯度学习使用损失函数来表示输出值和实际值的差距，并据此通过反向传播进行参数更新，可将优化计算的目标函数定义为

$$J(\boldsymbol{\theta})=E(r_0+r_1+r_2+\cdots+r_t\mid h_{\boldsymbol{\theta}}) \tag{9-18}$$

上式中的 $E(r_0+r_1+r_2+\cdots+r_t\mid h_{\boldsymbol{\theta}})$ 表示策略 $h_{\boldsymbol{\theta}}$ 条件下在一个轮次的强化学习过程中累计奖励的期望值。值得注意的是，此处目标函数为期望值而非确定值。由于 r_i 可由 $r(\tau_i)$ 计算得到，故可将目标函数的具体形式转化为

$$J(\boldsymbol{\theta})=E_{\tau\sim h_{\boldsymbol{\theta}}(\tau)}\left[\sum_t r(\tau)\right]=\int_\tau r(\tau)\,h_{\boldsymbol{\theta}}(\tau)\,\mathrm{d}\tau\approx\frac{1}{N}\sum_i\sum_t r(s_{i,t},a_{i,t})$$

若将单个轮次的累计奖励作为智能体的目标函数 $J(\boldsymbol{\theta})$，则策略梯度的优化目标就是确定构成策略的参数 $\boldsymbol{\theta}$，使得 $J(\boldsymbol{\theta})$ 取得最大的期望值，即有

$$\boldsymbol{\theta}^*=\arg\max_{\boldsymbol{\theta}}J(\boldsymbol{\theta})$$

可用梯度上升等最大值优化算法求得最优参数 $\boldsymbol{\theta}^*$。对 $J(\boldsymbol{\theta})$ 求导可得

$$\nabla_{\boldsymbol{\theta}}J(\boldsymbol{\theta})=\nabla_{\boldsymbol{\theta}}\int_\tau r(\tau)\,h_{\boldsymbol{\theta}}(\tau)\,\mathrm{d}\tau=\int_\tau r(\tau)\,\nabla_{\boldsymbol{\theta}}h_{\boldsymbol{\theta}}(\tau)\,\mathrm{d}\tau$$

根据 $\nabla\ln f(x)=\nabla f(x)/f(x)$ 可得下式

$$\nabla_{\boldsymbol{\theta}}h_{\boldsymbol{\theta}}(\tau)=h_{\boldsymbol{\theta}}(\tau)\frac{\nabla_{\boldsymbol{\theta}}h_{\boldsymbol{\theta}}(\tau)}{h_{\boldsymbol{\theta}}(\tau)}=h_{\boldsymbol{\theta}}(\tau)\nabla_{\boldsymbol{\theta}}\ln h_{\boldsymbol{\theta}}(\tau)$$

故有

$$\nabla_{\boldsymbol{\theta}}J(\boldsymbol{\theta})=\int r(\tau)\,\nabla_{\boldsymbol{\theta}}\,h_{\boldsymbol{\theta}}(\tau)\,\mathrm{d}\tau=\int r(\tau)\,h_{\boldsymbol{\theta}}(\tau)\,\nabla_{\boldsymbol{\theta}}\ln h_{\boldsymbol{\theta}}(\tau)\,\mathrm{d}\tau$$

根据期望值的定义可得

$$\nabla_{\boldsymbol{\theta}}J(\boldsymbol{\theta})=\int r(\tau)\,h_{\boldsymbol{\theta}}(\tau)\,\nabla_{\theta}\ln h_{\theta}(\tau)\,\mathrm{d}\tau=E_{\tau\sim h_{\boldsymbol{\theta}}(\tau)}\left[\nabla_{\boldsymbol{\theta}}\ln h_{\boldsymbol{\theta}}(\tau)r(\tau)\right]$$

由于

$$\ln h_{\boldsymbol{\theta}}(\tau)=\ln p(s_0)+\sum_{t=1}^{T}\ln h_{\boldsymbol{\theta}}(a_t \mid s_t)+\ln p(s_{t+1} \mid s_t,a_t) r(\tau)=\sum_{t=1}^{T} r(s_t,a_t)$$

故有

$$\nabla_{\boldsymbol{\theta}} J(\boldsymbol{\theta})=E_{\tau \sim h_{\boldsymbol{\theta}}(\tau)}\left[\left(\sum_{t=1}^{T}\ln h_{\boldsymbol{\theta}}(a_t \mid s_t)\right)\left(\sum_{t=1}^{T} r(s_t,a_t)\right)\right] \tag{9-19}$$

由此求得当前策略$h_{\boldsymbol{\theta}}$通过一个轮次的强化学习过程的导数。然而，由于策略产生的并非确定动作，故相同策略在多个轮次中会产生不同的轨迹，为避免出现严重偏差，需要通过多次取样并取均值的方式提高准确性，故有

$$\nabla_{\boldsymbol{\theta}} J(\boldsymbol{\theta}) \approx \frac{1}{N}\sum_{i=1}^{N}\left[\left(\sum_{t=1}^{T}\ln h_{\boldsymbol{\theta}}(a_{i,t} \mid s_{i,t})\right)\left(\sum_{t=1}^{T} r(s_{i,t},a_{i,t})\right)\right] \tag{9-20}$$

上式即为最终的梯度计算公式，即有 $g=\nabla_{\boldsymbol{\theta}} J(\boldsymbol{\theta})$。

不难发现，上述策略梯度计算公式需计算梯度与所有时刻回报值总和的乘积。事实上，在 t 时刻完成的决策只能影响 t 时刻之后的所有回报，而不会影响 t 时刻之前的回报，不应将这部分回报值纳入梯度计算公式，故可将梯度计算公式改进为

$$\nabla_{\boldsymbol{\theta}} J(\boldsymbol{\theta})=\frac{1}{N}\sum_{i=1}^{N}\left[\left(\sum_{t=1}^{T}\ln h_{\boldsymbol{\theta}}(a_{i,t} \mid s_{i,t})\right)\left(\sum_{t'=t}^{T} r(s_{i,t'},a_{i,t'})\right)\right] \tag{9-21}$$

即用 t 和 t' 这两个不同变量分别表示两部分需要计算的时间。

由以上分析可知，策略梯度法类似于加权版的最大似然估计法。其中权重直接影响梯度的更新量，这样会带来两个问题：第一，若计算所得序列回报数值较大，则对应参数的更新量也较大，使得优化计算过程中参数更新的波动较大，可能会影响优化效果；第二，对于回报始终为正强化学习的问题，无论智能体做何决策，所得累积回报均为正数，此时策略中各动作出现的概率均会上升，只是效果不好的动作出现的概率提升的幅度较低，这种策略更新方式与降低效果不好的动作出现概率的初衷不符。

事实上，基于策略梯度的强化学习的目标是提升可以最大化累计回报的策略出现的概率，而降低无法最大化累计回报的策略出现的概率，故解决上述两个问题的基本思想是设置能够最大化累计回报的策略所对应的权重为正且尽可能大，并设置无法最大化累计回报的策略所对应的权重为负且尽可能小。具体做法是给所有时刻的长期累积回报减去一个偏移量 b，通常称偏移量为基准，则有

$$\nabla_{\boldsymbol{\theta}} J(\boldsymbol{\theta})=\frac{1}{N}\sum_{i=1}^{N}\left[\left(\sum_{t=1}^{T}\ln h_{\boldsymbol{\theta}}(a_{i,t} \mid s_{i,t})\right)\left(\sum_{t'=t}^{T} r(s_{i,t'},a_{i,t'})-b_{i,t'}\right)\right] \tag{9-22}$$

其中，b 可以设计为如下同起始点的不同序列在同一时段的长期回报均值

$$b_{i,t'}=\frac{1}{N}\sum_{i=1}^{N}\sum_{t'=t}^{T} r(s_{i,t'},a_{i,t'}) \tag{9-23}$$

上述方法可将所有时刻权重均值转化为 0 且不会使原本的计算值出现偏差，故各动作的权重必然有正负之分，并且权重绝对值也得到了一定的缩小，这有助于减小参数更新的波动，保持算法稳定性。带有基准的策略梯度算法基本步骤如下：

（1）输入可微的策略参数化表达式 $h(a \mid s,\boldsymbol{\theta})$，对任意的 $a \in A$，$s \in S$，$\boldsymbol{\theta} \in \mathbf{R}^n$，都有状态值函数参数化表达 $V(s,\boldsymbol{w})$，其中 $s \in S, \boldsymbol{w} \in \mathbf{R}^n$；

（2）设置更新策略参数 $\boldsymbol{\theta}$ 的步长 $\alpha>0$，并设置更新状态值函数参数 $\boldsymbol{w}$ 的步长 $\beta>0$；

（3）初始化策略权重 $\boldsymbol{\theta}$ 和状态值函数的权重 $\boldsymbol{w}$；

（4）根据策略$h_{\boldsymbol{\theta}}$生成一个轨迹 $\boldsymbol{\tau}=(s_0,a_0,r_0,s_1,a_1,r_1,\cdots,s_{T-1},a_{T-1},r_{T-1},s_T)$；

（5）初始化 $t=-1$；

（6）对轨迹中的每一步设置 $t=t+1$，判断 t 与 $T-1$ 的大小关系，若 $t\leqslant T-1$ 则进行下一步，否则，跳转到步骤（4）；

（7）求得累积奖励值 $R=\sum\limits_{k=t+1}^{T}r_k$ 及误差 $\delta=r_t-V(s_t,\boldsymbol{w})$；

（8）使用下式更新策略参数 $\boldsymbol{\theta}$ 和状态价值函数参数 $\boldsymbol{w}$：

$$\boldsymbol{w}\leftarrow\boldsymbol{w}+\beta\gamma^t\delta\nabla V(s_t,\boldsymbol{w})\text{；}\quad\boldsymbol{\theta}\leftarrow\boldsymbol{\theta}+\alpha\gamma^t R\delta\nabla\ln h(a_t\mid s_t,\boldsymbol{\theta})$$

（9）若达到算法终止条件则结束算法，否则，跳转到步骤（6）。

现使用上述算法实现自动 Pong 游戏。Pong 游戏界面如图 9-18 所示，玩家控制右侧球板将球击向对手，左侧球板则由游戏内置的硬编程 AI 控制。每次未击中球时对手获得一分，优先获得 21 分的一方胜利。

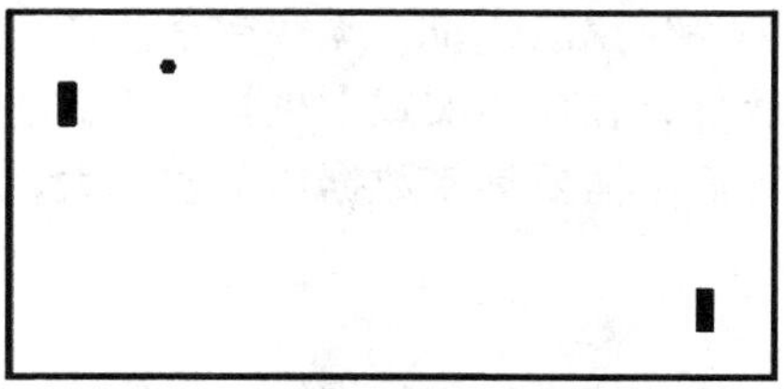

图 9-18　Pong 游戏示意图

以右侧球板作为智能体并使用策略梯度法进行强化学习。此处使用游戏界面作为状态，可选择的动作包括球板向上移动和向下移动这两个动作，当赢得一分时奖励值为+1，丢失一分时奖励值为-1，其余情况下奖励值为 0。设置策略网络 $f(a\mid s;\boldsymbol{\theta})$ 的具体结构如图 9-19 所示，该网络的输入为 80×80 的灰度图像，其隐含层包含 200 个神经元，输出层仅包含 1 个输出为球板向上移动概率的神经元。

由于游戏原始界面为 210×160 大小的三通道彩色图像，故在将其输入到策略网络之前还需进行灰度化、图像裁剪和图像下采样等预处理操作以满足网络输入要求。使用 $\boldsymbol{W}_1$代表策略网络输入层与隐含层的权重矩阵（维数为 200×6400），$\boldsymbol{W}_2$代表隐含层与输出层的权重矩阵（维数为 1×200）。$\boldsymbol{W}_1$和 $\boldsymbol{W}_2$这两个矩阵均为随机初始化，最后使用的 Sigmoid 函数将概率压缩到[0,1]区间。使用策略梯度法进行 45000 次迭代训练以确定最优策略网络。此过程中每局游戏的智能体得分和总得分的比值与迭代次数之间的关系如图 9-20 所示。训练开始时策略网络中的各参数均通过随机初始化生成，此时智能体的得分占比接近于 0，即在单局游戏中以巨大差距输给内置 AI。随着训练的进行，智能体的得分占比逐步提升并取得游戏胜利，说明使用策略梯度算法逐渐改善了所用策略。

从机器学习原理的角度看，策略梯度和传统监督学习的训练过程比较类似，每个轮次都由前向反馈和反向传播构成。前向反馈负责计算目标函数，反向传播负责更新算法的参数，依此进行多轮次的学习直到学习效果稳定收敛。二者之间的区别在于监督学习的目标函数相对直接，即目标值和真实值的差值。这个差值通过一次前向反馈就能得到，而策略梯度的目标函数源自轮次内所有得到的奖励，且需进行一定的数学转换才能进行计算。此外，由于策略梯度使用抽样模拟期望，故需对同一批参数进行多次抽样来增加模拟的准确性。

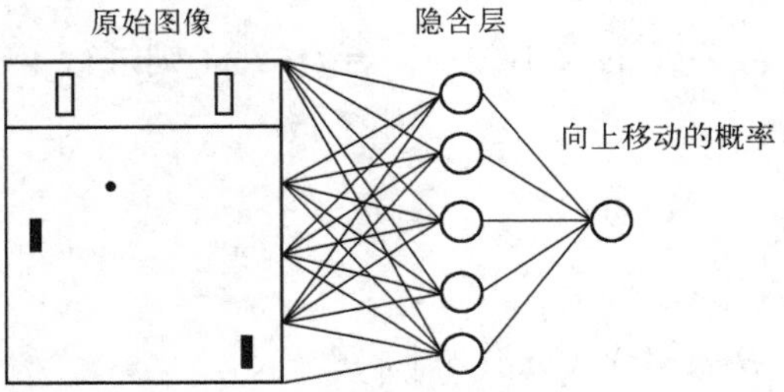

图 9-19　策略网络

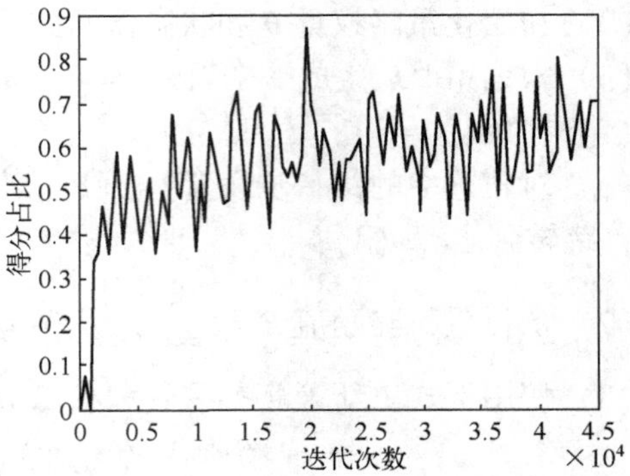

图 9-20　智能体训练效果

策略梯度使用随机方式控制动作的产生进而影响策略的变化，这种随机技术既保证了非确定性又能通过控制概率避免完全盲目，是策略梯度求解复杂问题的核心和基础。然而，随机技术是把双刃剑，在保证上述优点的同时还会造成策略梯度方差大、收敛慢的缺点。这是策略梯度为了避免遍历所有状态而不得不付出的代价，无法完全避免。但瑕不掩瑜，策略梯度除了在理论上具有处理复杂问题的优势外，在应用实践中也具有明显的优势。因为此类算法仅依据环境与智能体之间的交互进行学习而不需要标签数据，节省了大量人力。

9.3.2　Actor-Critic 算法

基于策略梯度的强化学习方法直接通过神经网络模拟策略，并使用优化算法求解网络模型参数以获得最优策略。此类方法的每次迭代都需采样批量大小为 N 的轨迹 $\{\tau_i\}_{i=1}^{N}$ 用于更新策略梯度，在许多复杂的现实场景中，则很难在线获得大量训练数据。例如，在真实场景下机器人的操控任务中，在线收集机器人的运动序列费时费力，并且连续的动作、状态空间使得在线抽取批量轨迹的方式无法达到令人满意的覆盖面。这些问题会导致策略迭代计算陷入局部最优。针对这些问题，人们提出了如图 9-21 所示的 Actor-Critic 算法框架。

如前所述，基于价值学习和基于策略学习的最终目标都是获得最优策略，只不过前者通过学习价值函数或者动作值函数获得最优策略，后者则通过直接对策略进行建模学习的方式获得最优策略。Actor-Critic 方法实际上结合了基于价值学习和基于策略学习的思想，在使用策略梯度更新策略的同时又进行了价值估计，故 Actor-Critic 方法既可归为基于策略的学习，也可将其列为除价值学习和策略学习之外的另一种学习方法。

Actor-Critic 方法使用 Actor 学习策略，并通过基于 Critic 估计的价值函数实现策略更新，而该价值函数又是策略梯度的函数，故策略梯度和价值函数之间互为依赖、相互影响，训练过程中相互迭代优化。事实上，可用 Actor 和 Critic 作为标准对其他学习算法进行划分，图 9-22 表示使用此类划分标准对算法类型进行划分的效果。

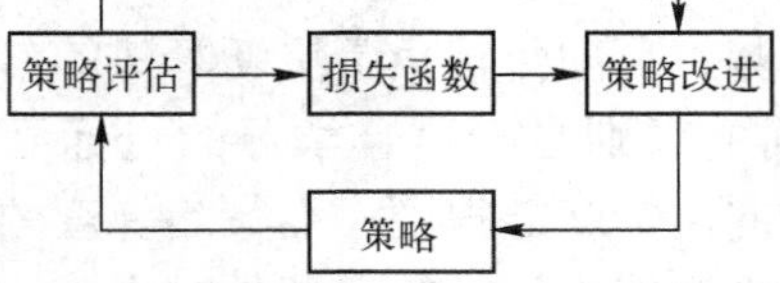

图 9-21　Actor-Critic 框架

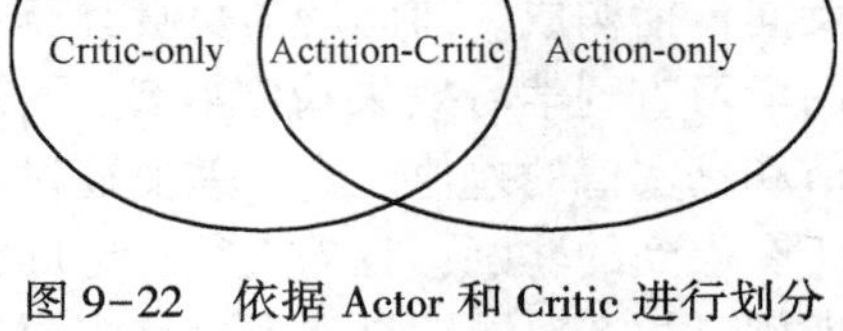

图 9-22　依据 Actor 和 Critic 进行划分

（1）**Actor-only**：将策略参数化，在算法执行过程中直接对策略进行优化，可使用连续的动作空间，优化方法通常为策略梯度法。策略梯度法的缺点是在梯度估计时将会产生较大的方差，导致学习速度变慢；

（2）**Critic-only**：使用时序差分法学习方法，估计过程中产生的方差较小。通常使用贪心算法或者 ε-贪心算法。ε-贪心算法可有效平衡探索和利用的关系，既能探索新的行为又能利用原有经验生成最优行为。通过贪心算法搜索最优行为的计算量非常大，尤其对于行为是连续的情况。故 Critic-only 通常会离散化连续行为，将优化问题转化为枚举问题；

（3）**Actor-Critic**：整合了上述两类方法的优点，具有低方差且易处理连续行为的特点。Critic 模块对当前状态及行为的表现进行估计，得到价值函数并将其传给 Actor 模块用于更新梯度。低方差的代价是在学习开始时，由于 Critic 的估计不够准确而使算法具有较大偏差。策略梯度占了该算法绝大部分的计算过程，另一部分为更新 Actor 模型。事实上，可将 Actor 和 Critic 分别看成是策略和价值函数的同义词。

Actor-Critic 算法通过低方差及策略梯度在线搜索最优策略，可处理连续状态及连续行为，是一种比较常用的强化学习算法，目前已广泛应用于机器人控制、能源、经济等多个领域。算法中 Actor 的前身是策略梯度，可在连续动作空间内有效选择合适的动作，基于价值学习的 DQN 算法在执行此类操作时会因为空间过大而不可行。虽然 Actor 基于迭代更新，学习效率较低，但使用基于价值学习的算法作为 Critic 模块则可实现 Actor-Critic 算法的单步更新，故与传统策略梯度算法相比，Actor-Critic 算法具有更高的效率。

例如，在一个游戏过程中，Actor 为快速完成此游戏得到尽量高的奖励，需要训练一个策略函数使其在输入状态的条件下输出行为。可用某个神经网络近似这个函数，剩下的任务就是如何训练该神经网络以得到更高的奖励。通常将这个神经网络称为 Actor。因为 Actor 是基于策略的优化计算，故需 Critic 模块计算出对应行为的价值用于反馈给 Actor，告诉 Actor 表现得好不好，这就要用到之前的 Q 值函数。可用卷积神经网络近似这个 Q 值函数，通常将这个神经网络称为 Critic。Actor-Critic 算法的具体计算流程如图 9-23 所示。

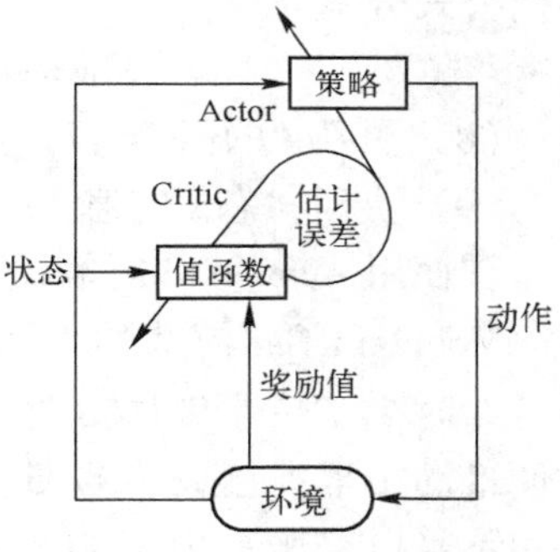

图 9-23　Actor-Critic 算法流程

首先，考虑 Critic 的策略值函数，即策略 h 的 $V_h(s)$。参考前述 Q 学习以及 DQN 的推导方法和过程，可得如下价值值函数和动作值函数

$$V_h(s)=E_h[r+\gamma V_h(s')];Q_h(s,a)=R(s,a)+V_h(s')$$

引入优势函数 A，用于表示在状态 s 下选择动作 a 的优劣程度。如果动作 a 比平均选择要好，则优势函数为积极的，反之，优势函数为消极的。A 的具体形式如下

$$A_h(s,a)=Q_h(s,a)-V_h(s)=r+\gamma V_h(s')-V_h(s)$$

然后，考虑 Actor。对于如下策略梯度

$$\nabla_{\boldsymbol{\theta}}J(\boldsymbol{\theta})=E_{h_{\boldsymbol{\theta}}}[\nabla_{\boldsymbol{\theta}}\ln h_{\boldsymbol{\theta}}(s,a)Q_{h_{\boldsymbol{\theta}}}(s,a)] \tag{9-24}$$

将$Q_{h_{\boldsymbol{\theta}}}(s,a)$替换为优势函数$A_h(s,a)$可得

$$\nabla_{\boldsymbol{\theta}}J(\boldsymbol{\theta})=E_{h_{\boldsymbol{\theta}}}[\nabla_{\boldsymbol{\theta}}\ln h_{\boldsymbol{\theta}}(s,a)A_h(s,a)] \tag{9-25}$$

由此可得如下参数更新公式

$$\boldsymbol{\theta}_{t+1}=\boldsymbol{\theta}_t+\alpha A_{h_{\boldsymbol{\theta}}}(s,a)\nabla_{\boldsymbol{\theta}}\ln h_{\boldsymbol{\theta}}(s,a) \tag{9-26}$$

在建立目标函数时，A 可看作是常数，故可设置目标函数为期望值。为保持优化问题为最小值优化问题，在目标函数前添加负号，得到如下优化计算 Actor 的目标函数J_h

$$J_h = -\frac{1}{n}\sum_{i=1}^{n} A_h(s,a)\ln h(s,a) \tag{9-27}$$

对于值迭代，则可使用均方误差作为优化计算 Critic 的目标函数J_Q，即有

$$J_Q = \frac{1}{n}\sum_{i=1}^{n} e_i^2 \tag{9-28}$$

由以上分析可得 Actor-Critic 算法的基本步骤如下：

(1) 输入可微的策略参数化表达式 $h(a\mid s,\boldsymbol{\theta})$，对于任意的 $a\in A$，$s\in S$，$\boldsymbol{\theta}\in\mathbf{R}^n$，都有状态值函数参数化表达式 $V(s,\boldsymbol{w})$，其中 $s\in S$，$\boldsymbol{w}\in\mathbf{R}^n$；

(2) 设置更新策略参数 θ 的步长 $\alpha>0$，并设置更新状态值函数参数 $\boldsymbol{w}$ 的步长 $\beta>0$；

(3) 初始化策略权重 $\boldsymbol{\theta}$ 和状态值函数权重 $\boldsymbol{w}$；

(4) 对于每一个情节，初始化观测值状态 s 并设置 I 为 1，初始化折扣因子 γ；

(5) 若观测值 s 不是终止状态，则根据策略 $h(\cdot\mid s,\boldsymbol{\theta})$ 选择一个动作 a，获得对应的奖励值 r 及下一个状态 s'，否则，转到步骤 (4)；

(6) 如果 s' 为终止状态，则设置 $V(s,\boldsymbol{w})=0$ 并根据下式求出时序差分算法的误差 δ：

$$\delta=r+\gamma V(s',\boldsymbol{w})-V(s,\boldsymbol{w})$$

(7) 使用误差 δ 和步长 α、β 分别更新策略网络权重参数 $\boldsymbol{\theta}$ 和状态值函数网络权重参数 $\boldsymbol{w}$，更新公式分别为

$$\boldsymbol{w}=\boldsymbol{w}+\beta\delta\,\nabla_{\boldsymbol{w}}V(S,\boldsymbol{w}) \text{ 和 } \boldsymbol{\theta}=\boldsymbol{\theta}+\alpha\delta I\,\nabla_{\boldsymbol{\theta}}\ln h(a\mid s,\boldsymbol{\theta})$$

(8) 更新 I 的值 $I=\gamma I$；

(9) 更新状态 s 的值，$s\leftarrow s'$，即将状态迁移到新的观测值状态中，转到步骤 (5)。

现使用 Actor-Critic 算法进行 Mountain Car 游戏。Mountain Car 游戏的界面如图 9-24 所示，游戏开始时小车位于坡底 S 处，游戏目标是以最短时间推动小车到达坡顶 G 处。游戏难度在于小车动力不足以克服重力影响，使其直接从坡底加速到坡顶，只能通过左右来回加速多次到达较高位置，再加速到达终点。

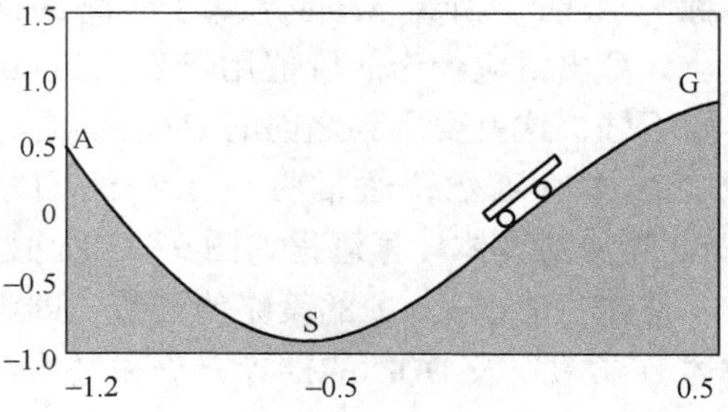

图 9-24　Mountain Car 游戏界面示意图

对该问题进行建模，用向量$(x,v)^{\mathrm{T}}$表示状态。其中小车水平位置 $x\in[-1.2,0.5]$，小车水平速度 $v\in[-0.07,0.07]$。任意时刻对小车施加水平方向的力 $a\in[-1,1]$ 时，状态都会发生迁移。设迁移函数为

$$v_{t+1}=\text{bound}[v_t+0.001\,a_t-g\cos(3\,x_t)]；\ x_{t+1}=\text{bound}[x_t+v_{t+1}]$$

其中，$g=0.0025$ 是与重力有关的系数。

任务奖惩机制为：当小车水平位置 $x<0.5$ 时，奖励值为 -1；小车到达终点时，奖励值为 0。

使用 Actor-Critic 算法进行 Mountain Car 游戏，Actor 部分使用神经网络 $f(a\mid s;\boldsymbol{\theta})$ 表示策略 h，其中 $\boldsymbol{\theta}$ 为网络参数向量，更新公式为 $\boldsymbol{\theta}_{t+1}=\boldsymbol{\theta}_t+\beta_t g_{t+1}$。其中 g 表示梯度，更新公式沿着目标函数的梯度方向更新策略参数。在到达局部最优解时，梯度 $g=0$。算法的核心问题是梯度 g

的求解。可将该梯度求解问题转化为对优势函数 $A^h(s,a)=Q^h(s,a)-V^h(s)$ 的逼近问题。显然，优势函数的取值与值函数取值相关。在 Critic 部分，需对当前状态 s 的状态值函数 $V(s)$ 进行估计。使用神经网络 $f'(s;\boldsymbol{w})$ 参数化表示 $V(s)$，算得时序差分误差为 $\delta=r+\gamma f'(s;\boldsymbol{w})-V(s,\boldsymbol{w})$。可用该误差完成下一次参数更新过程。

使用上述算法进行 7000 次迭代训练获得优化策略。使用所得策略进行 Mountain Car 游戏时，小车到达坡顶 G 处所使用平均步数为 227.0 步，而到达坡顶 G 处所需最低步数为 121 步，表明使用 Actor-Critic 算法完成该游戏的效果已达到较高水平。

从 Actor-Critic 算法的基本流程不难看出，该算法中值函数的更新过程类似于策略梯度算法，不同的地方主要在于 Actor-Critic 算法中的基准在不断迭代变化，而对 Critic 部分的更新则使用策略梯度法实现。若只用单个智能体进行样本采集，则得到的样本之间可能存在高度相关性，使得所训练模型出现众多问题。在 DQN 中，解决该问题的方案是引入经验回放机制，Actor-Critic 算法则通过同时运行多个智能体来解决该问题。由于不同智能体所采用的状态转移方式各有不同，故所得样本之间相关性较弱。将异步并行思想与 Actor-Critic 算法相结合，可得到一种新的算法，即异步优越性策略子-评价算法（Asynchronous Advantage Actor-Critic，简称 A3C）。使用 A3C 算法的模型基本结构如图 9-25 所示。

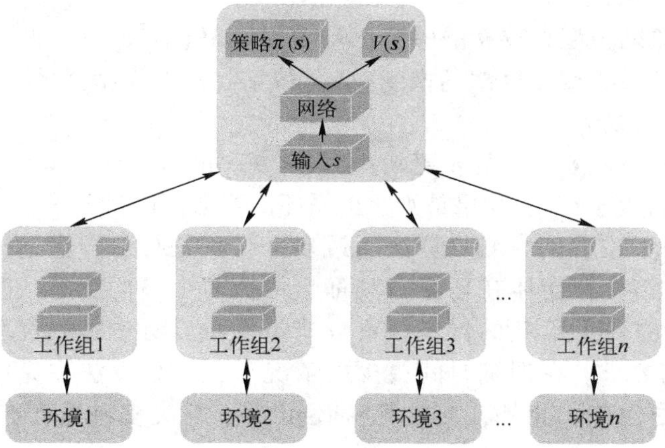

图 9-25　A3C 模型结构图

A3C 算法采用 N 步返回进行参数更新。N 步返回是一种介于时序差分和蒙特卡洛之间的方法。不同于时序差分的单步更新和蒙特卡洛的每轮次更新一次，N 步返回法每 N 个时间步更新一次。如前所述，计算 $Q(s,a)$、$V(s)$ 或 $A(s,a)$ 函数时只用了前一步的回报信息，即有 $V(s_0)=r_0+\gamma V(s_1)$。此时只有 r_0 为真实值，$V(s_1)$ 和 $V(s_0)$ 均为估计值。

通过多步执行，在获得多个实际即刻奖励之后，再对值函数进行估计显然也是可行的。例如，执行两步后再进行值函数估计时有 $V(s_0)=r_0+\gamma r_1+\gamma^2 V(s_2)$。$N$ 步返回则是执行 N 步，从而在获得 N 个真实的即刻反馈后再对值函数进行估计，即有

$$V(s_0)\rightarrow r_0+\gamma r_1+\cdots+\gamma^N V(s_N)$$

在一步返回的强化学习过程中，每次迭代时智能体仅缓慢执行一次状态转移，而使用 N 步返回时则每次执行 N 次状态转移，故可快速执行完一个轮次，但使用 N 步返回所得值函数估计值的方差较大，有时会导致算法不收敛。A3C 算法的基本步骤如下：

(1) 设全局和线程内部的策略模型参数向量分别为 $\boldsymbol{\theta}$、$\boldsymbol{\theta}'$；全局和线程内部的价值模型参数分别为 $\boldsymbol{\theta}_v$、$\boldsymbol{\theta}'_v$；设置全局变量 $T=0$；

(2) 初始化线程步数计数器 $t=1$；

(3) 设置全局策略模型参数梯度 $\mathrm{d}\boldsymbol{\theta}=0$，设置全局价值模型参数梯度 $\mathrm{d}\boldsymbol{\theta}_v=0$；

(4) 同步全局和线程内部的策略模型参数 $\boldsymbol{\theta}'=\boldsymbol{\theta}$，同步全局和线程内部的价值模型参数 $\boldsymbol{\theta}'_v=\boldsymbol{\theta}_v$；

(5) 设置 $t_{\text{start}}=t$ 并获得初始状态s_t；

(6) 在状态s_t通过策略模型 $h(a_t \mid s_t;\boldsymbol{\theta}')$后选择动作 a_t，并执行该动作；

(7) 通过步骤（6）获得对应的奖励值 r_t，并达到新的状态 s_{t+1}；

(8) 更新参数 t,T：$t=t+1$，$T=T+1$；

(9) 判断 s_t是否为终止状态或者 $t-t_{\text{start}}=t_{\max}$，若满足条件则转到步骤（6），否则，跳出循环，执行步骤（10）；

(10) 计算每次采样的价值：对于终点状态，$R=0$；对于非终点状态，$R=v(s_t;\boldsymbol{\theta}'_v)$；

(11) 设置变量 $i=t-2$；

(12) 设置变量 $i=i+1$，若 i 不等于t_{start}，则进行下一步，否则，转到步骤（17）；

(13) 设置 $R=r_i+\gamma R$；

(14) 计算累积策略模型参数 $\boldsymbol{\theta}'$的梯度：$\mathrm{d}\boldsymbol{\theta}=\mathrm{d}\boldsymbol{\theta}+\nabla_{\boldsymbol{\theta}'}\ln h(a_i \mid s_i;\boldsymbol{\theta}')(R-V(s_i;\boldsymbol{\theta}'_v))$；

(15) 计算累积价值模型参数 $\boldsymbol{\theta}'_v$的梯度：$\mathrm{d}\boldsymbol{\theta}_v=\mathrm{d}\boldsymbol{\theta}_v+\partial(R-V(s_i;\boldsymbol{\theta}'_v))^2/\partial\boldsymbol{\theta}'_v$；

(16) 转到步骤（12）；

(17) 对全局模型 $\boldsymbol{\theta}$ 和 $\boldsymbol{\theta}_v$进行异步更新：$\boldsymbol{\theta}=\mathrm{d}\boldsymbol{\theta},\boldsymbol{\theta}_v=\mathrm{d}\boldsymbol{\theta}_v$；

(18) 判断 T 是否大于$T_{\max}$，如果是则跳出循环，否则，转到步骤（3）。

从上述算法流程不难看出，A3C 算法通过多个线程并行、异步地执行多个马尔可夫决策过程，并行执行的多个智能体在任意时刻都会经历多个不同状态，有效降低了状态转移样本之间的关联性。这种低消耗的异步执行方式不仅可以有效替代经验回放机制，还降低了在训练时对硬件的要求。在训练时间更少的情况下，A3C 算法在完成博弈类游戏任务时能够取得较好的平均性能。此外，A3C 算法还可用于解决多种基于连续动作空间的实际问题。

现用 A3C 算法自动进行 ViZDoom 游戏。ViZDoom 游戏是一款基于第一人称视角的射击类游戏，包括多种游戏场景，每种游戏场景的游戏规则存在一定差异且每种游戏场景可能包含多张不同地图。这些地图通常是以迷宫形式设计的三维立体空间，空间中可能存在怪物、机器人、医疗包、弹药、枪械、炸药桶等游戏对象。ViZDoom 游戏界面如图 9-26 所示。

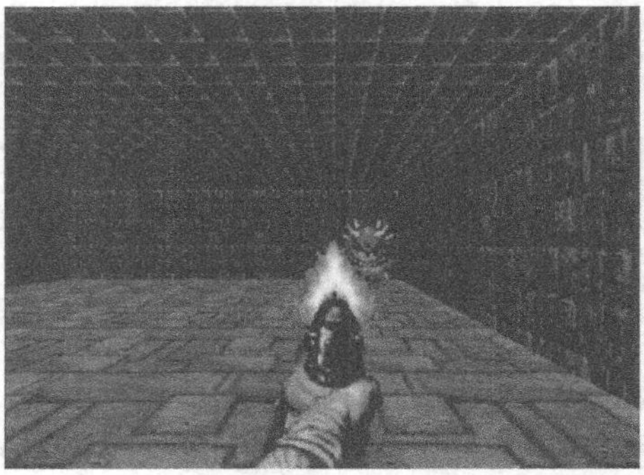

图 9-26 ViZDoom 游戏界面

使用 A3C 算法进行 ViZDoom 游戏时，设置任务状态为连续四帧游戏画面，可选择的状态包括攻击、加速、向前后左右四个方向移动及左右转向操作。游戏中所涉及的相关因素较多，奖惩机制也较为复杂，具体奖惩机制如表 9-1 所示。

表 9-1　奖惩机制

相关因素	说明	奖励/惩罚系数
生存惩罚	惩罚只为了存活更久而什么也不做	-0.1/动作
血量损失	惩罚血量减少（被击中）	-0.4/点
弹药损失	惩罚弹药减少（开枪）	-2/颗
血量奖励	奖励血量增加（拾取医疗包）	0.4/点
弹药奖励	奖励弹药增加（拾取弹药）	0.5/颗
停滞惩罚	惩罚停留在原地或者卡在角落无法前进	-0.5/动作
击杀奖励	奖励击杀怪物	20/次
死亡惩罚	惩罚被怪物击杀	-30/次
停滞惩罚生效阈值	当移动距离小于阈值时才会出现停滞惩罚	10
怪物数量	游戏场景中包含的怪物数量	15

游戏中需要结合当前状态预测下一时刻游戏状态的变化情况。例如，当智能体在准备瞄准射击时必须考虑到目标的移动趋势，并在开枪前做好微调才能击中目标。当视野中出现敌人时，应该感知到敌人可能即将瞄准自己并进行射击，此时应预判敌人大概瞄准什么位置并根据预判进行闪避操作。因此，智能体应具备根据当前的游戏状态进行预判的能力。

为赋予智能体预判的能力，在 A3C 算法基础上加入预判网络用于预测下一时刻的游戏状态，改进的 A3C 算法的基本结构如图 9-27 所示。具体地说，首先，将连续四帧游戏画面作为当前状态 s_t 输入预判网络，预判网络的输出作为预测的下一帧游戏画面 s_t^p；然后，将 s_t 和 s_t^p 组成含预测帧的状态 $s_t'=\{s_t,s_t^p\}$，并将 s_t' 输入 Actor 网络，让 Actor 根据当前状态并结合预判计算输出所有可选动作的概率分布，完成一个更为智能的决策过程。通过这种方式可以让智能体具有类似于人类玩家的预判能力，从而有效提升智能体的性能。上述改进的 A3C 算法仅修改了 Actor 网络的数据输入，不需要改变 A3C 算法模型本身的结构，故可将这种改进思路用于对 DQN、SARSA 等常用强化学习算法的改进。

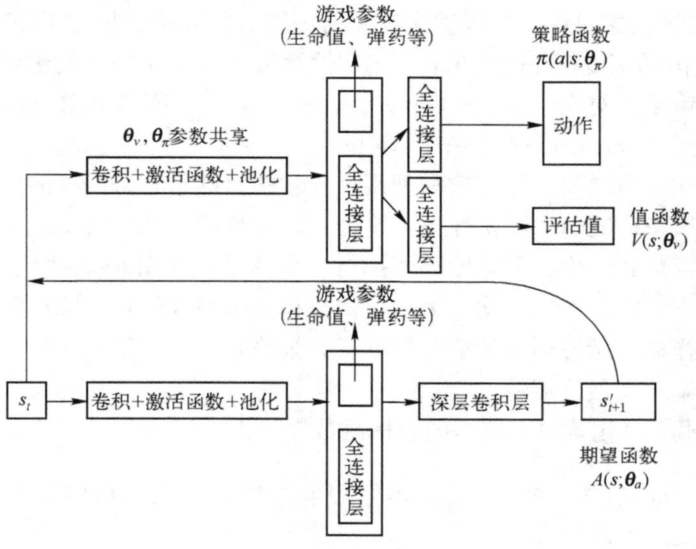

图 9-27　改进的 A3C 模型结构

使用上述改进 A3C 算法进行模型训练时，目标函数由策略损失loss_p、值函数损失loss_v和交叉熵损失loss_e三部分构成，具体形式如下：

$$\text{loss}_p=-\delta\times\ln h(a_t\mid s_{t-3},s_{t-2},s_{t-1},s_t,s'_{t+1})$$

$$\text{loss}_v=r_t+\gamma r_{t+1}+\gamma^2 r_{t+2}+\cdots+\gamma^n V(s_{t+n-3},s_{t+n-2},s_{t+n-1},s_{t+n},s'_{t+n+1})-V(s_{t-3},s_{t-2},s_{t-1},s_t,s'_{t+1})$$

$$\text{loss}_e=h(\cdot\mid s_{t-3},s_{t-2},s_{t-1},s_t,s'_{t+1})\times\ln h(\cdot\mid s_{t-3},s_{t-2},s_{t-1},s_t,s'_{t+1})$$

loss_p计算公式中的δ表示时序差分误差，loss_v中n的大小由批量规模和游戏是否结束决定，若产生的训练数据数目达到批量规模且游戏未结束，则n等于批量规模大小；若游戏结束，则n等于产生的训练数据数目。模型优化和预判网络的目标函数分别定义为

$$J_{ac}=\text{loss}_p+0.5\times\text{loss}_v+0.01\times\text{loss}_e;\quad J_{an}=[A(s_{t-3},s_{t-2},s_{t-1},s_t)-s_{t+1}]^2$$

使用上述目标函数对模型进行 200 次时长为 1 min 的训练，完成训练后再进行 100 局时长为 1 min 的测试过程。在 100 局测试游戏中智能体死亡 6 次，平均剩余血量为 0.23，平均每局消灭 31.98 个敌人，表明基于 A3C 算法训练的智能体达到了较高游戏水平。

9.3.3 DDPG 学习算法

策略梯度方法是强化学习中解决连续行为、状态空间任务的经典方法，其基本思想是通过参数化表示的概率分布函数$h_{\boldsymbol{\theta}}(s_t\mid\boldsymbol{\theta})$表示策略，并通过求解最优参数向量确定最优策略。该方法在对参数向量进行优化的过程中，需要通过采样方式获得训练样本，由于采样过程具有一定随机性，故所获得的最优策略也是一个随机策略。使用该随机策略进行决策还需要对最优策略的概率分布进行采样才能获得具体动作，在动作空间中依概率频繁进行采样将耗费大量计算资源。为解决这个问题，人们提出了**确定性的策略梯度（Deterministic Policy Gradient，DPG）**算法。该算法每一步的行为都通过函数μ直接获得确定的取值$a_t=\mu(s_t\mid\boldsymbol{\theta}^\mu)$。函数$\mu$即最优行为策略，由该函数所表示的策略不再是一个需要采样的随机策略。

与基于价值学习方法中通过 DQN 扩展 Q 学习算法的思路类似，也可使用类似方法对 DPG 算法进行改造，将 DPG 算法融合进 Actor-Critic 框架并通过训练获得一个确定性的最优行为策略函数，通常将这种改进算法称为**深度确定策略梯度（Deep Deterministic Policy Gradient，DDPG）**算法。DDPG 是深度强化学习用于连续动作空间的一种重要算法，相对于 DPG 的主要改进是分别使用参数为$\boldsymbol{\theta}^\mu$和$\boldsymbol{\theta}^Q$的深度神经网络来表示确定性策略$a=h(s\mid\theta^\mu)$和值函数$Q(s,a\mid\boldsymbol{\theta}^Q)$。其中策略网络用于更新策略，对应于 Actor-Critic 框架中的 Actor；值网络用来逼近动作值函数并提供梯度信息，对应于 Actor-Critic 框架中的 Critic。

如前所述，强化学习需要兼顾探索和利用。探索的目的是获得潜在的更优策略，故在训练过程中通常为行为决策机制引入随机噪声，将行为决策从确定性过程变成一个随机过程，再从这个随机过程中采样得到动作，下达给环境执行，具体过程如图 9-28 所示。通常将上述获得动作的方法称为行为策略β。与ε-贪心算法类似，行为策略β仅在训练过程中用于生成具体动作，而非智能体选择动作所遵循的策略。根据行为策略β采样获得数据集，在后续模型训练过程中可使用该数据集求解最优策略。

DDPG 算法中用于优化策略主网络的目标函数定义为

$$J_\beta(\mu)=\int_s\rho^\beta(s)\,Q^\mu(s,\mu(s))\,\mathrm{d}s=E_{s\sim\rho^\beta}[Q^\mu(s,\mu(s))]$$

其中，s是环境状态。

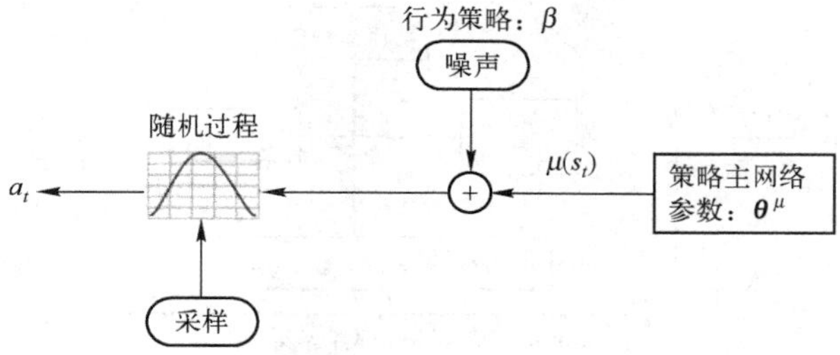

图 9-28　行为策略β示意图

环境状态 s 由基于智能体的行为策略产生，ρ^{β}是其分布函数。$Q^{\mu}(s,\mu(s))$表示在每个状态下都按照μ 策略选择行为时所能够产生的 Q 值，故 $J_{\beta}(\mu)$是 s 在ρ^{β}分布下 $Q^{\mu}(s,\mu(s))$的期望值。由于 DDPG 算法中使用参数向量对$\boldsymbol{\theta}^{\mu}$确定策略$\mu(s)$进行了参数化表示，并且目标函数中的 $Q^{\mu}(s,\mu(s))$可表示成累计奖励形式，故将策略$\mu(s)$的参数化表示和 $Q^{\mu}(s,\mu(s))$的累计奖励形式代入目标函数，可得到目标函数的具体形式为 $J(\boldsymbol{\theta}^{\mu})=E_{\boldsymbol{\theta}^{\mu}}(r_1+\gamma\, r_2+\gamma\, r_3+\cdots)$。

采用随机梯度下降方法对目标函数$J(\boldsymbol{\theta}^{\mu})$进行优化。可以证明目标函数关于$\boldsymbol{\theta}^{\mu}$的梯度等价于 Q 值函数关于$\boldsymbol{\theta}^{\mu}$的期望梯度，即有

$$\frac{\partial J(\boldsymbol{\theta}^{\mu})}{\partial \boldsymbol{\theta}^{\mu}}=E_s\left[\frac{\partial Q(s,a\mid \boldsymbol{\theta}^{Q})}{\partial \boldsymbol{\theta}^{Q}}\right] \tag{9-29}$$

根据确定性策略 $a=h(s\mid \boldsymbol{\theta}^{\mu})$，可得

$$\frac{\partial J(\boldsymbol{\theta}^{\mu})}{\partial \boldsymbol{\theta}^{\mu}}=E_s\left[\frac{\partial Q(s,a\mid \boldsymbol{\theta}^{Q})}{\partial a}\frac{\partial h(s\mid \boldsymbol{\theta}^{\mu})}{\partial \boldsymbol{\theta}^{\mu}}\right] \tag{9-30}$$

使用 DQN 中更新值网络的方法更新 Critic 网络，其中梯度信息为

$$\frac{\partial L(\boldsymbol{\theta}^{Q})}{\partial \boldsymbol{\theta}^{Q}}=E_{s,a,r,s'\sim D}\left[(y-Q(s,a\mid \boldsymbol{\theta}^{Q}))\frac{\partial Q(s,a\mid \boldsymbol{\theta}^{Q})}{\partial \boldsymbol{\theta}^{Q}}\right] \tag{9-31}$$

其中，$y=r+\gamma Q(s',h(s'\mid \hat{\boldsymbol{\theta}}^{\mu})\mid \hat{\boldsymbol{\theta}}^{Q})$，$\hat{\boldsymbol{\theta}}^{\mu}$和$\hat{\boldsymbol{\theta}}^{Q}$分别表示目标策略网络和目标值网络参数。

DDPG 算法使用经验回放机制从 D 中获得训练样本，将由 Q 值函数关于动作的梯度信息从 Critic 网络传递给 Actor 网络，并依据式（9-30）沿提升 Q 值的方向更新策略网络的参数。根据强化学习的实践经验，若只用单个神经网络，强化学习的训练过程很不稳定，故 DDPG 算法采用双网络结构，分别为策略网络和值网络各创建两个卷积神经网络，一个称为主网络，另一个称为目标网络。在训练完一个小批量数据之后，使用随机梯度上升或随机梯度下降算法更新主网络参数，然后使用如下滑动平均公式来更新目标网络参数

$$\begin{cases}\boldsymbol{\theta}^{Q'}\leftarrow\tau\boldsymbol{\theta}^{Q}+(1-\tau)\boldsymbol{\theta}^{Q'}\\ \boldsymbol{\theta}^{\mu'}\leftarrow\tau\boldsymbol{\theta}^{\mu}+(1-\tau)\boldsymbol{\theta}^{\mu'}\end{cases}$$

在策略网络和值网络中的主网络参数分别为$\boldsymbol{\theta}^{\mu}$、$\boldsymbol{\theta}^{Q}$，更新过程使用策略梯度进行更新；目标网络的参数分别为$\boldsymbol{\theta}^{\mu'}$、$\boldsymbol{\theta}^{Q'}$，更新过程使用滑动平均方法进行更新。采用上述方式可将模型参数取值压缩在一定的范围之内，在训练过程中能够比较稳定地计算主网络的梯度，使得训练过程易于收敛。DDPG 算法的基本框架如图 9-29 所示。

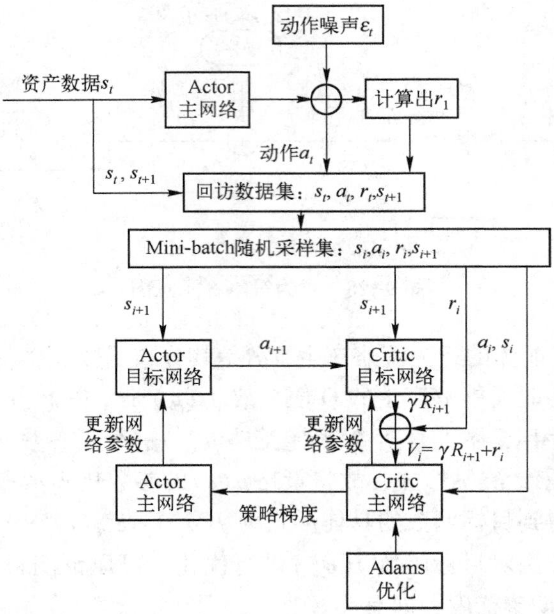

图 9-29　DDPG 算法基本框架

DDPG 算法的基本步骤如下：

（1）初始化 Actor 和 Critic 网络的主网络参数 $\boldsymbol{\theta}^Q$和 $\boldsymbol{\theta}^\mu$，将主网络的参数复制给对应的目标网络参数，即 $\boldsymbol{\theta}^{Q'}=\boldsymbol{\theta}^Q$，$\boldsymbol{\theta}^{\mu'}\leftarrow\boldsymbol{\theta}^\mu$；初始化经验池 D；

（2）Actor 根据行为策略选择一个 a_t，传递给环境并执行该a_t：$a_t=\mu(s_t\mid\boldsymbol{\theta}^\mu)+\varepsilon_t$。行为策略则会根据当前主网络策略$\mu$ 和随机噪声 ε_t生成的随机过程通过采样获得 a_t的值；

（3）执行 a_t，返回奖励 r_t和新的状态s_{t+1}；

（4）Actor 将状态转换过程样本(s_t,a_t,r_t,s_{t+1})存入经验池 D 作为训练主网络的数据集，从 D 中随机采样 N 个样本数据，作为主网络中策略网络和价值网络的一个小批量训练数据，用(s_i,a_i,r_i,s_{i+1})表示其中单个状态转换样本数据；

（5）计算主网络中价值网络的梯度。价值网络的目标函数定义为

$$J(\boldsymbol{\theta}^Q)=\frac{1}{N}\sum_i\left[y_i-Q(s_i,a_i\mid\boldsymbol{\theta}^Q)\right]^2$$

其中，$y_i=r_i+\gamma Q'(s_{i+1},\mu'(s_{i+1}\mid\boldsymbol{\theta}^{\mu'})\mid\boldsymbol{\theta}^{Q'})$，$y_i$的计算中使用的是主网络中的策略网络$\mu'$和价值网络 Q'，根据 $J(\boldsymbol{\theta}^Q)$的具体形式求得 $J(\boldsymbol{\theta}^Q)$关于 $\boldsymbol{\theta}^Q$的梯度$\nabla_{\boldsymbol{\theta}^Q}J(\boldsymbol{\theta}^Q)$；

（6）更新价值网络的主网络中的 $\boldsymbol{\theta}^Q$；

（7）计算策略网络中的策略梯度：

$$\nabla_{\boldsymbol{\theta}^\mu}J_\beta(\mu)\approx E_{s\sim p^\beta}\left[\nabla_aQ(s,a\mid\boldsymbol{\theta}^Q)\mid_{a=\mu(s)}\cdot\nabla_{\boldsymbol{\theta}^\mu}\mu(s\mid\boldsymbol{\theta}^\mu)\right]$$

即策略梯度是在 s 服从p^β分布时，$\nabla_aQ\cdot\nabla_{\boldsymbol{\theta}^\mu}\mu$ 的期望值。

由于经验池中存储的训练样本(s_i,a_i,r_i,s_{i+1})基于智能体的行为策略β 产生，服从分布 p^β，故从经验池中随机采样获得数据时，可将数据样本代入上式作为对上述期望值的一个无偏差估计，故策略梯度公式的实际计算公式为

$$\nabla_{\theta^\mu} J_\beta(\mu) \approx \frac{1}{N}\sum_i [\nabla_a Q(s,a \mid \theta^Q) \mid_{s=s_i, a=\mu(s_i)} \cdot \nabla_{\theta^\mu}\mu(s \mid \theta^\mu) \mid_{s=s_i}]$$

(8) 更新策略网络的主网络 $\boldsymbol{\theta}^\mu$；

(9) 使用滑动平均法更新目标网络 μ' 和 Q'：

$$\begin{cases} \boldsymbol{\theta}^{Q'} \leftarrow \tau\boldsymbol{\theta}^Q + (1-\tau)\boldsymbol{\theta}^{Q'} \\ \boldsymbol{\theta}^{\mu'} \leftarrow \tau\boldsymbol{\theta}^\mu + (1-\tau)\boldsymbol{\theta}^{\mu'} \end{cases}$$

其中，τ 通常取 0.001。

(10) 对训练过程的每个轮次重复步骤 (2)~步骤 (9)，满足终止条件时结束算法。

可使用 DDPG 算法完成组合投资管理任务。组合投资将一定资金分配给多个金融资产并通过不断调整分配比例以减小资金风险。在组合投资管理中，各项资产的权重为连续变量，需通过大量计算才能获得最优权重取值。

使用 DDPG 算法解决该任务时需构建两组共 4 个神经网络，即策略主网络、策略目标网络、值函数主网络和值函数目标网络，同组网络采用相同的网络结构。其中策略主网络和值函数主网络参数需通过训练方式确定，策略目标网络和值函数目标网络的网络参数通过复制策略主网络和值函数主网络的参数获得。所有神经网络均使用 LSTM，两个策略网络的输入为资产价格 s_t，输出为买卖动作 a_t，两个价值网络的输入为资产价格 s_t 和买卖动作 a_t，输出为未来折扣回报 γR_{t+1} 的估计值。

使用 DDPG 算法完成组合投资管理任务的基本步骤如下：

(1) 由策略目标网络产生回放数据集：根据资产价格 s_t 输出初始动作，加上随机噪声 ε_t 及输出动作 a_t，并计算即时回报 r_t，即当前收益率；转换到下一状态，即下一时刻的资产价格 s_{t+1}，获得训练数据 (s_t, a_t, r_t, s_{t+1})；

(2) 对回放数据集进行采样，每次随机采样数目相同且连续的样本作为网络训练数据，用 (s_i, a_i, r_i, s_{i+1}) 表示单次采样中的一组数据；

(3) 使用采样数据估计值函数，通过策略目标网络计算动作 a_{i+1}，通过值函数目标网络计算未来折扣回报 γR_{i+1}，最后计算值函数 $V_i = r_i + \gamma R_{i+1}$；

(4) 使用采样数据和值函数 V_i 对值函数主网络进行训练，通过优化算法更新网络参数，由值函数主网络通过策略梯度对策略主网络进行优化；

(5) 由值函数主网络和策略主网络分别更新值函数目标网络和策略目标网络参数。

使用 16 只中证 100 指数[⊖]成分股从 2011 年 7 月 18 日至 2018 年 1 月 15 日共 1581 个交易日的收盘价作为实验数据，随机选择 1000 个交易日的数据作为训练数据，其余交易日数据作为测试数据。在完成模型训练过程后对其进行测试可得到如图 9-30 所示的累计收益率变化曲线，图中 DDPG 曲线为使用 DDPG 算法训练模型进行投资组合管理的累计收益率随时间变化的曲线，而 market_value 曲线则为等权重组合的对照组所对应的累计收益率随时间变化的曲线。不难看出，基于 DDPG 算法构造的投资组合模型的收益高于等权重组合投资的收益。

目前，深度强化学习方法已具备良好的通用性，可以很好地解决一些复杂的序贯决策问题，但也应注意到深度强化学习的几个不足：第一，深度强化学习方法的样本利用率较低，需

⊖ 中证 100 指数是指从沪深 300 指数样本中挑选出规模最大的 100 只股票组成样本股，以综合反映沪深证券市场中最具市场影响力的一批大市值公司的整体情况。——编辑注

要长时间的训练过程；第二，易出现过拟合现象并易陷入局部最优；第三，训练结果不稳定，有时目标函数对参数过于敏感，参数的少量变动会引起模型效果的较大改变。要解决深度强化学习方法的这些问题还需进行更为深入的研究。

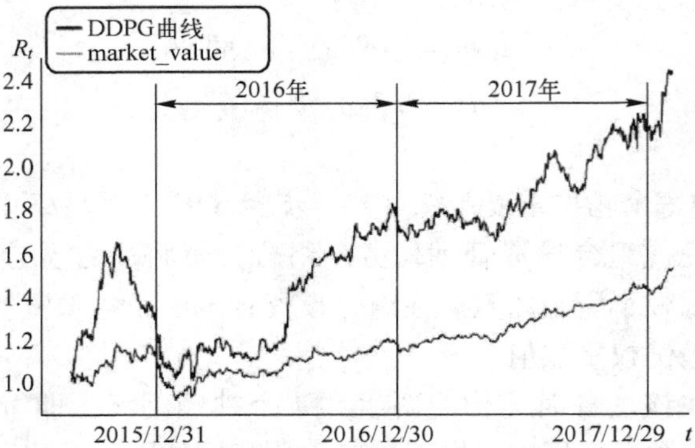

图 9-30　DDPG 算法构造的投资组合模型与对照组的总价值变化

9.4　深度强化学习应用

近年来，关于深度强化学习的研究成果卓著，各类深度强化学习算法被广泛应用于智能控制、游戏博弈、金融等众多领域。其中最受人瞩目的是深度强化学习技术在无人驾驶和围棋自动对弈领域的应用。目前，众多研究者正致力于研究无人驾驶技术，这一领域的研究成果不断涌现。AlphaGo 的出现使得围棋自动对弈成为社会关注的焦点。本节主要介绍深度强化学习在无人驾驶和围棋自动对弈领域的应用，首先，介绍基于深度强化学习的小车智能巡航技术；然后，简要介绍 AlphaGo 和 AlphaGo Zero 的工作原理。

9.4.1　智能巡航小车

深度强化学习在无人驾驶领域具有良好的应用前景，基于深度强化学习的无人驾驶技术是当前国内外的热点研究课题，吸引了大量研究人员投身该领域进行深入系统的研究。这里介绍使用深度强化学习技术在 3D 赛车模拟游戏 TORCS 环境下实现小车的智能巡航，即实现赛车模型在环形赛道上的自动无人驾驶。在 TORCS 游戏中，玩家需控制赛车以最快速度到达终点。虽然该游戏任务和真实的无人驾驶有一定区别，但大致目的类似且在模拟环境下算法评估更为简单。因此，TORCS 游戏经常被作为仿真环境用于无人驾驶算法研究。这里希望通过深度强化学习方法构造适当模型，并通过该模型控制赛车以最快速度到达终点。

实现小车的智能巡航需解决环境感知、决策和控制这三个方面的问题。环境感知是指通过适当方式输入周围环境信息到模型当中，环境信息包括道路的宽度和曲率等，决策是指智能体根据环境信息选择下一步的动作，控制是执行动作的过程。使用深度强化学习进行 TORCS 游戏时，智能体即为小车，环境感知可通过后台接口直接将环境信息输入模型。表 9-2 为智能体所感知的输入信息。

表 9-2　智能体所感知的输入信息

名称	单位	范围	描　述
angle	rad	$[-\pi,+\pi]$	汽车方向和道路轴方向之间的夹角
track	m	[0,200]	19 个测距仪传感器组成的矢量，每个传感器返回 200 m 范围内的车和道路边缘的距离
trackPos	—	$(-\infty,+\infty)$	车和道路轴之间的距离，用于道路宽度归一化：0 表示车在中轴上，大于 1 或小于-1 表示车已经跑出道路
speedX	km/h	$(-\infty,+\infty)$	沿车纵向轴线的车速
speedY	km/h	$(-\infty,+\infty)$	沿车横向轴线的车速
speedZ	km/h	$(-\infty,+\infty)$	沿车的 Z 轴线的车速
wheelSpinVel	rad/s	$[0,+\infty]$	4 个传感器组成的矢量：表示车轮的转速
rpm	r/min	$[0,+\infty)$	汽车发动机每分钟的转数

使用 DDPG 学习算法构造决策模型并寻找最优策略，表 9-3 为决策输出表，表示智能体所能选择的动作类型。

表 9-3　决策输出表

名称	激 活 函 数	区间	描述
转方向盘	tanh	[-1,+1]	输出-1 表示最大右转，+1 表示最大左转
加速	Sigmoid	[0,1]	输出 0 表示不加速，1 表示全加速
制动	Sigmoid	[0,1]	输出 0 表示不制动，1 表示紧急制动

对于小车所采取的每一步动作，均应给予相应的奖励值。奖励函数的具体形式如下

$$R_t=V_x\cos(\theta)-V_y\sin(\theta)-V_x\,|\,\text{trackPos}\,|$$

其中，R_t为对应的奖励值；V_x为汽车沿道路轴线的速度；V_y为汽车沿道路横向的速度；θ 为道路轴线与汽车轴线之间的夹角；trackPos 表示车和道路轴之间的距离。

由奖励函数的表达式不难看出，奖励的目的是希望最大化 $V_x\cos(\theta)$，最小化 $V_y\sin(\theta)$，并且惩罚偏离道路轴线的驾驶行为。实现小车智能巡航的关键在于如何进行决策，使用 DDPG 学习算法构造决策模型，具体过程如下：

（1）搭建 Critic 主网络及其目标网络：定义 Critic 主网络时需定义网络输入输出、模型参数、优化目标和优化算法等。使用均方差作为目标函数并使用 adam 优化算法进行模型参数求解。Critic 目标网络的输入输出与 Critic 主网络一致，但不需要参数更新，只需定期从主网络中复制参数即可。搭建 Critic 主网络及其目标网络的具体过程如代码 9-1 所示。

```
S = Input(shape=[state_size])
A = Input(shape=[action_dim],name='action2')
V = Dense(action_dim,activation='linear')(h3)
self.action_grads = tf.gradients(self.model.output, self.action)
adam = Adam(lr=self.LEARNING_RATE)
model.compile(loss='mse', optimizer=adam)
```

```
def target_train(self):
    critic_weights = self.model.get_weights()
    critic_target_weights=self.target_model.get_weights()
    for i in range(len(critic_weights)):
critic_target_weights[i] = self.TAU *
        critic_weights[i]+(1-self.TAU) * critic_target_weights[i]
   self.target_model.set_weights(critic_target_weights)
```

代码 9-1　搭建 Critic 主网络及其目标网络

（2）搭建 Actor 主网络及其目标网络：与 Critic 主网络及其目标网络的搭建过程类似，亦需构造模型并指定其输入输出、主网络优化目标和优化算法，并设置定期从主网络中复制参数

到目标网络中。Actor 网络的输出为当前状态下连续采取的转向、加速和制动这三个动作。搭建 Actor 主网络及其目标网络的具体过程如代码 9-2 所示。

```
S = Input(shape=[state_size])
self.action_gradient = tf.placeholder(tf.float32,
[None, action_size])
Steering = Dense(1,activation='tanh',
       init=lambda shape,name: normal(shape, scale=1e-4, name
=name))(h1)
Acceleration = Dense(1,activation='sigmoid',
         init=lambda shape,name: normal
(shape, scale=1e-4, name=name))(h1)
Brake = Dense(1,activation='sigmoid',
     init=lambda shape, name: normal
        (shape, scale=1e-4, name=name))(h1)
V = merge([Steering,Acceleration,Brake],
mode='concat')
self.params_grad = tf.gradients(self.model.output,
      self.weights, -self.action_gradient)
grads = zip(self.params_grad, self.weights)
self.optimize = tf.train.AdamOptimizer
(LEARNING_RATE).apply_gradients(grads)
def target_train(self):
      actor_weights = self.model.get_weights()
      actor_target_weights= self.target_model.
                             get_weights()
for i in range(len(actor_weights)):
      actor_target_weights[i] = self.TAU *
      actor_weights[i] + (1 - self.TAU) *
          actor_target_weights[i]
self.target_model.set_weights(actor_target_weights)
```

代码 9-2 搭建 Actor 主网络及其目标网络

（3）为动作选择添加噪声激励探索：前述强化学习主要使用 ε-贪心策略来实现探索-利用的平衡，但该方法不适合这里的智能巡航任务。因为此处智能体可选择的动作有三个，即转向、加速和制动，若从均匀分布动作中随机选取动作，则会产生一些意义不大的组合，如制动值大于加速值时小车不会移动等。这里通过添加奥恩斯坦-乌伦贝克（Ornstein-Uhlenbeck）噪声鼓励探索。表 9-4 为常用奥恩斯坦-乌伦贝克参数建议表。各参数设置遵循表 9-4，为动作添加奥恩斯坦-乌伦贝克噪声的具体过程如代码 9-3 所示。

表 9-4 奥恩斯坦-乌伦贝克参数建议表

动作	θ	μ	σ
转方向盘	0.6	0.0	0.30
加速	1.0	[0.3-0.6]	0.10
制动	1.0	-0.1	0.05

```
a_t_original = actor.model.predict
    (s_t.reshape(1, s_t.shape[0]))
noise_t[0][0] =train_indicator * max(epsilon, 0) *
OU.function(a_t_original[0][0],  0.0, 0.60, 0.30)
noise_t[0][1] = train_indicator * max(epsilon, 0) *
  OU.function(a_t_original[0][1],  0.5, 1.00, 0.10)
noise_t[0][2] = train_indicator * max(epsilon, 0) *
  OU.function(a_t_original[0][2], -0.1, 1.00, 0.05)
```

代码 9-3 为动作选择添加噪声

（4）记录样本并进行训练：将采样样本存储到经验池中并从经验池中抽取样本训练 Actor 主网络和 Critic 主网络参数以获得优化模型，具体过程如代码 9-4 所示。

```
buff.add(s_t, a_t[0], r_t, s_t1, done)
loss += critic.model.train_on_batch([states,actions], y_t)
a_for_grad = actor.model.predict(states)
grads = critic.gradients(states, a_for_grad)
actor.train(states, grads)
actor.target_train()
critic.target_train()
```

代码 9-4 记录样本并进行训练

使用上述过程便可完成模型训练，可使用训练好的模型根据环境状态确定下一步动作。这里选择 TORCS 游戏中的地图二作为训练地图。该地图如图 9-31 所示，使用该地图中进行 212 万个轮次的迭代训练，Critic 主网络目标函数的取值变化情况如图 9-32 所示。

在完成训练过程后，使用图 9-33a 所示新地图进行测试，图 9-33b～e 分别展示了测试过程中智能体采取不同动作时的游戏截屏。共进行了 5 个回合的游戏测试，赛车每次均顺利到达了终点，跑完一圈的最好成绩是 1 min 48 s。从测试过程中可以发现，赛车在起点时因赛道为直线而速度很快；当碰到左右转弯时，赛车速度便会有所下降；当碰到急转弯时，赛车便会紧急制动，车速下降幅度较大。

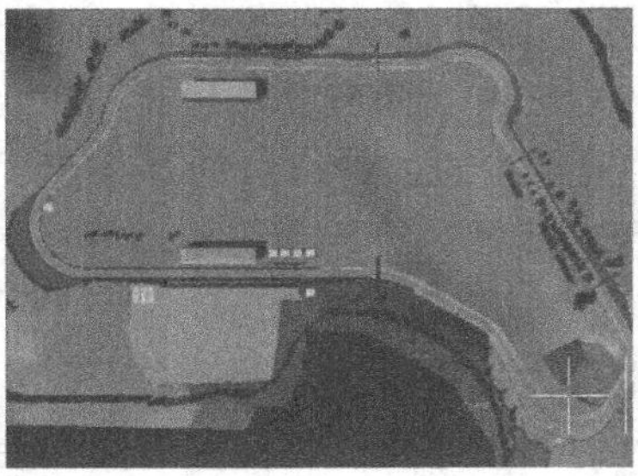

图 9-31　TORCS 游戏中的地图二

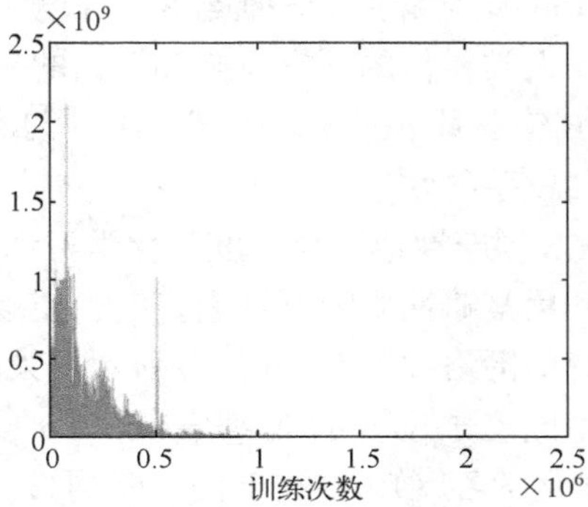

图 9-32　Critic 主网络目标函数取值

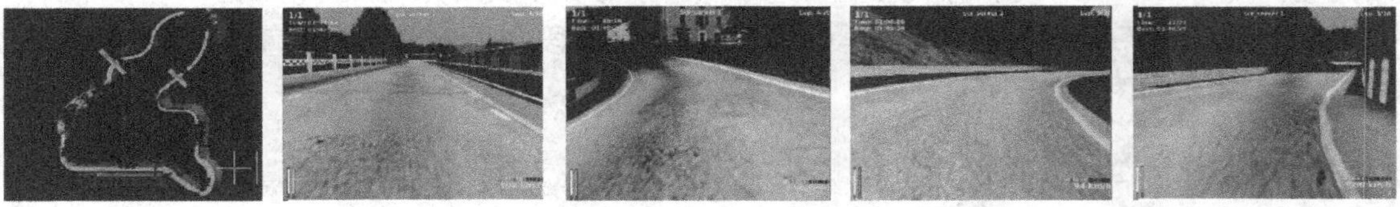

a)　　b)　　c)　　d)　　e)

图 9-33　测试地图及策略选择示意图

a）测试地图　b）起点　c）左转　d）右转　e）制动

因此，使用 DDPG 算法成功实现了小车的智能巡航。但若将该方法应用于真实场景的无人驾驶还需解决很多问题：第一，上述算法在训练前期会出现很多驾驶失误，若将其应用到实际场景当中则会出现众多实际问题，需要增加算法的自适应能力，在保证安全的前提下完成训练过程；第二，深度强化学习的策略网络和价值网络均为深度神经网络，而深度神经网络的可解释性较差，在实际使用中出了问题很难找到问题的原因，显然无法接受；第三，深度强化学习算法通常不具备推理和预测能力，无法评估出现问题时所产生后果的严重性。只有解决好上述问题，才能将深度强化学习技术用于实际无人驾驶场景。

9.4.2　围棋自动对弈

长期以来，围棋自动对弈一直是计算机领域的热点问题。围棋自动对弈起源于 20 世纪 60 年代，该问题曾被认为是人工智能领域的一大挑战。从另一个角度看，围棋对弈也为智能学习算法的研究提供了一个良好的测试平台。与象棋等具有较小有限搜索空间的棋类对弈不同，围棋的搜索空间大小约为 250^{150}，如此之大的搜索空间导致围棋对弈问题难以使用传统暴力搜索方式解决。早期的围棋自动对弈通过专家系统和模糊匹配缩小搜索空间，从而减少计算量，但受限于计算资源和硬件能力，实际效果并不理想。

2006 年，蒙特卡洛树搜索的应用标志着围棋自动对弈进入了新的阶段，现代围棋自动对弈的主要算法是基于蒙特卡洛树的优化搜索。2006 年问世的 CrazyStone 便是基于蒙特卡洛树的优化搜索算法实现的，CrazyStone 在 2006 年计算机奥运会上首次夺得九路（9×9 的棋盘）围棋的冠军，在 2008 年，MoGo 在九路围棋中达到段位水平。随后几年中不断涌现的各类围棋自动对弈程序更是在十九路的全尺寸棋盘上取得了不俗的成绩，其中的代表性成果包括 2012 年的 Zen 和 2014 年的改进版 CrazyStone。这些成果在围棋界引起了巨大轰动，但当时研究者们大多认为围棋自动对弈程序达到人类职业水平还需要较长时间。在 2015 年，Facebook 人工智能研究院的 Tian 结合深度卷积神经网络和蒙特卡洛树搜索开发出的围棋自动对弈程序 DarkForest 表现出了与人类相似的下棋风格和惊人的实力，预示着计算机围棋达到职业水准的时间可能会提前。2016 年 3 月 AlphaGo 的横空出世彻底宣告基于人工智能算法的围棋自动对弈程序达到了人类顶尖棋手的水准。

AlphaGo 创新性地结合深度强化学习和蒙特卡洛树搜索，通过价值网络评估盘面以减小搜索深度，利用策略网络降低搜索宽度，使搜索效率得到大幅提升，胜率估算也更加精确。其策略网络和价值网络如图 9-34a、b 所示。策略网络将棋盘状态 s 作为输入，经过 13 层卷积神经网络输出不同落子位置的概率分布 $p_\sigma(a \mid s)$ 或 $p_\rho(a \mid s)$，其中 $\boldsymbol{\sigma}$ 和 $\boldsymbol{\rho}$ 分别表示由监督学习（SL）和强化学习（RL）得到的策略网络，a 表示采取的落子选择。价值网络同样使用深度卷积神经网络，输出一个标量值 $V_{\boldsymbol{\theta}}(s')$ 来预测选择落子位置为 s' 时的期望奖励，其中 $\boldsymbol{\theta}$ 为价值网络的参数向量。AlphaGo 的训练流程主要包含线下学习和在线对弈两部分。

AlphaGo 的线下学习包含三个阶段，即监督学习阶段、强化学习阶段和自我博弈训练阶段，其基本流程如图 9-35 所示。

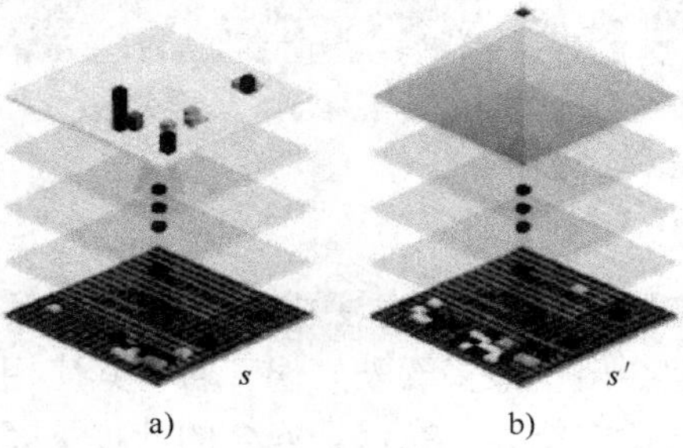

图 9-34　AlphaGo 的策略网络和价值网络
a）策略网络　b）价值网络

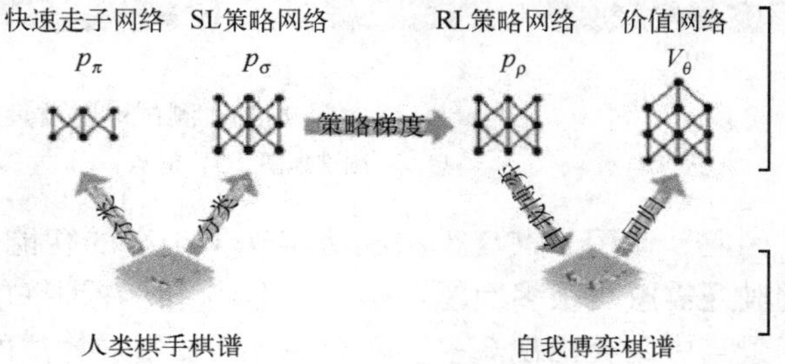

图 9-35　AlphaGo 的线下学习流程

在监督学习阶段，使用棋圣堂围棋服务器(Kiseido Go Server, KGS)上的 3000 万个专业棋手对弈棋谱的落子数据作为训练样本，使用监督学习方法训练获得一个策略网络来预测棋手的落子情况。该网络称为监督学习（SL）策略网络 p_σ。训练策略网络时采用随机梯度上升法更新网络权重，参数更新过程满足关系 $\Delta\boldsymbol{\theta} \propto \partial \ln p_\sigma(a \mid s)/\partial\boldsymbol{\theta}$，即参数更新过程与对数似然关于参数的梯度相关。在使用全部 48 个输入特征的情况下，训练好的策略网络 p_σ 的预测准确率达到了 55.7%，远远高于其他方法的预测结果。使用局部特征匹配和线性回归方法训练了一个快速走子策略网络 p_π，可在牺牲部分准确度的情况下大幅提高走棋速率。

在强化学习阶段，在监督学习策略网络 p_σ 基础上使用强化学习方法对策略网络做进一步训练，得到强化学习（RL）策略网络 p_ρ。训练过程中先使用监督学习策略网络对强化学习策略网络进行初始化，然后两者通过自我博弈来改善策略网络性能。训练采用策略梯度算法实现，按照预期结果最大值的方向更新权重，更新计算满足关系 $\Delta\boldsymbol{\theta} \propto z_t \partial \ln p_\rho(a_t \mid s_t)/\partial\rho$，其中 z_t 是在时间步长为 t 时的奖励，胜方为+1，败方为-1。在与监督学习策略网络 p_σ 的对弈中，强化学习策略网络 p_ρ 有近 80%的概率获得胜利。

在自我博弈训练阶段，使用自我博弈产生棋谱并根据胜负结果来训练价值网络 V。在训练价值网络时使用随机梯度下降法最小化预测值 $V(s)$ 和相应结果 z 之间的差值，参数更新计算满足关系 $\Delta\boldsymbol{\rho}\propto[z-V_\sigma(s)]\partial V_\sigma(s)/\partial\sigma$，可通过训练好的价值网络预测胜负概率。

AlphaGo 通过蒙特卡洛树搜索将策略网络和价值网络结合起来，利用前向搜索选择动作，这个过程主要包含如下 5 个基本步骤。

（1）预处理：利用当前盘面提取特征作为深度网络的输入，网络输入包含 48 个特征；

（2）选择：每次模拟时从根结点出发遍历搜索树，根据最大动作值 Q 和激励值 $u(s;a)$ 选择下一个结点，激励值 $u(s;a)$ 满足关系 $u(s;a)\propto p(s,a)/[1+N(s,a)]$，其中 $N(s,a)$ 为访问次数，遍历进行到步骤 L 时，结点记为 S_L；

（3）展开：当访问次数达到一定数目时，叶结点展开。展开时被监督学习策略网络 p_σ 处理一次，此时输出概率保持为对应动作的前向概率 $P(s;a)=p_\sigma(a\mid s)$，并根据前向概率计算不同落子位置往下发展的权重；

（4）评估：叶结点有两种评估方式，分别为价值网络的估值 $V_\sigma(s_L)$ 和快速走子产生的结果 z_L。这是因为棋局开始时，价值网络的估值比较重要，随着棋局的进行，盘面状态会变得复杂起来，这时会更加看重快速走子产生的结果。两者通过加权的方式计算叶结点的估值 $V(s_L)$；

（5）备份：将评估结果作为当前棋局下一步走法的 Q 值：

$$Q(s,a)=\frac{1}{N(s,a)}\sum_{i=1}^{n}l(s,a,i)V(s_L^i)$$

其中，$l(s,a,i)$ 表示进行第 i 次模拟时状态动作对 (s,a) 是否被访问。

Q 值越大，则之后模拟选择此走法的次数就越多。模拟结束时，更新遍历过的结点状态动作值和访问次数，对每个结点累计经过此结点的访问次数和平均估值。反复进行上述过程直至达到一定次数后才完成搜索。算法选取从根结点出发访问次数最多的那条路径落子。

结合上述两大部分便可完成对 AlphaGo 的训练过程，其基本流程如图 9-36 所示。不难发现，蒙特卡洛树搜索是整个算法的核心部分。假设当前盘面为状态为 s_t，深度神经网络记作 $f_{\boldsymbol{\theta}}$，以 $f_{\boldsymbol{\theta}}$ 的策略输出和估值输出作为蒙特卡洛树搜索的搜索方向选择依据，取代原本蒙特卡洛树搜索所需要的快速走子过程。这样既有效降低了蒙特卡洛树搜索算法的时间复杂度，也使得深度强化学习算法在训练模型过程中的稳定性得到提升。

与 AlphaGo 的以往版本不同，AlphaGo Zero 将原有蒙特卡洛树搜索所需要的四个阶段合并成三个阶段，将原来的展开阶段和评估阶段合并成一个阶段，搜索过程具体为选择阶段、展开与评估阶段、回传阶段。通过执行阶段选择落子位置，图 9-37 表示 AlphaGo Zero 的搜索流程，其中搜索树的当前状态为 s，选择动作为 a，各结点间的连接边为 $e(s,a)$，各条边 e 存储的四元集为遍历次数 $N(s,a)$、动作累计值 $W(s,a)$、动作平均值 $Q(s,a)$ 和先验概率 $P(s,a)$。

AlphaGo Zero 所用蒙特卡洛树搜索的基本步骤如下：

（1）**选择阶段。**假定搜索树的根结点为 s_0，从根结点 s_0 到叶结点 s_l 需要经过的路径长度为 L，在路径 L 上的每步 t 中，根据当前时刻搜索树的数据存储情况，下一个动作 a_t 的选择可由公式 $a_t=\arg\max_a(Q(s_t,a)+U(s_t,a))$ 获得。该公式表明下一个动作 a_t 由当前状态 s_t 的最大动作值函数确定，其中

$$U(s_t,a)=c_{\text{puct}}P(s_t,a)\frac{\sqrt{\sum_b N(s_t,b)}}{1+N(s_t,a)};\ P(s_t,a)=(1-\varepsilon)P(s_t,a)+\varepsilon\eta$$

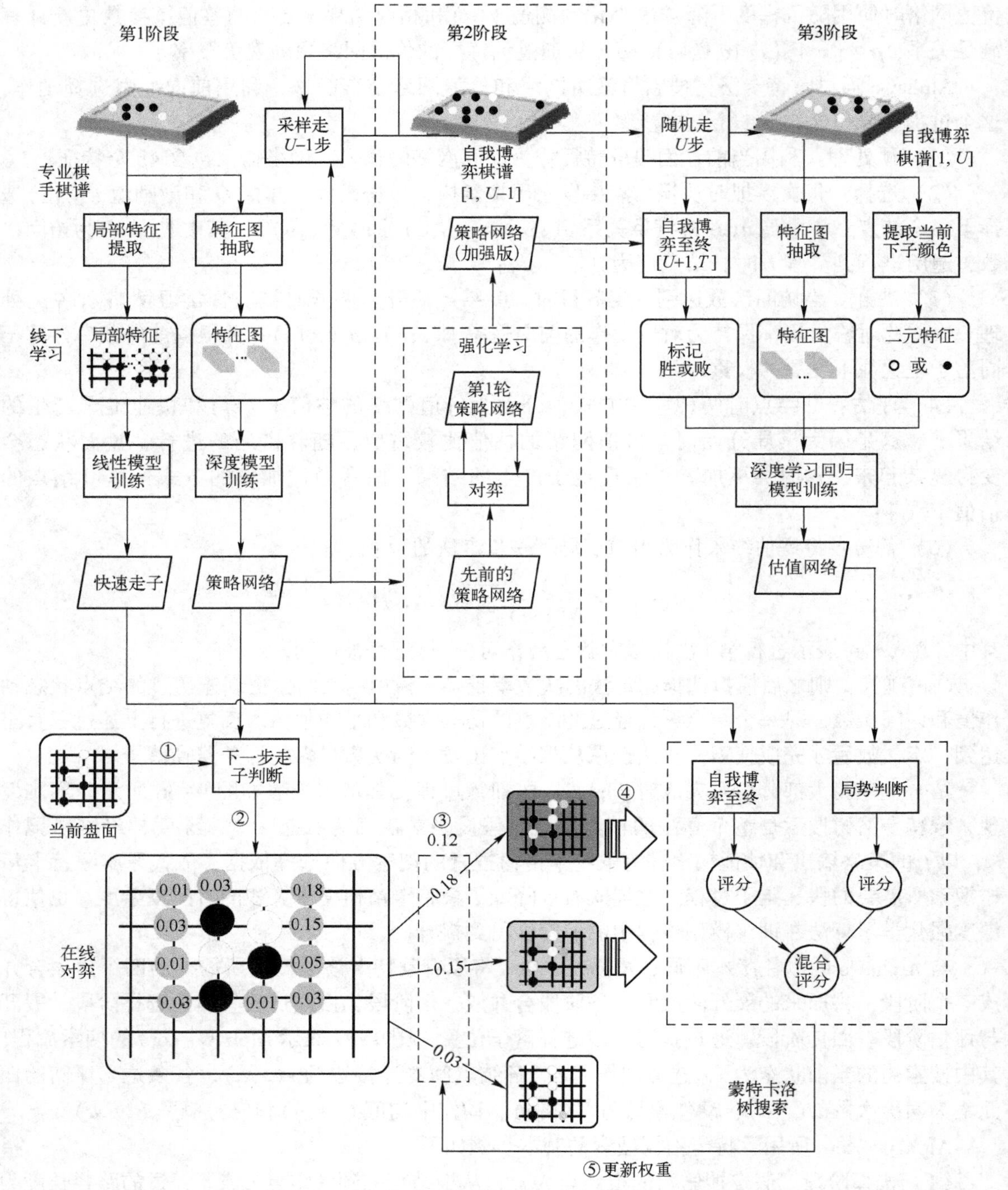

图 9-36　AlphaGo 训练基本流程

c_{puct}是重要的超参数，用于平衡探索与利用之间的权重分配。当c_{puct}较大时会迫使搜索树向未知区域探索，反之则会驱使搜索树快速收敛；$\sum_b N(s_t,b)$ 表示经过状态s_t的所有次数；$P(s_t,a)$为深度神经网络$f_{\boldsymbol{\theta}}(s_t)$的策略输出对应动作 a 的概率值，噪声 η 服从 Dirchlet(0.03) 分布，惯性因子 $\varepsilon=0.25$，使得神经网络估值的鲁棒性得到增强。蒙特卡洛树搜索的超参数c_{puct}通过高斯过程优化获得，并且 39 个残差模块版本与 19 个残差模块版本的神经网络所用的超参数并不相同，较深网络的超参数是由较浅网络再次优化后所得。

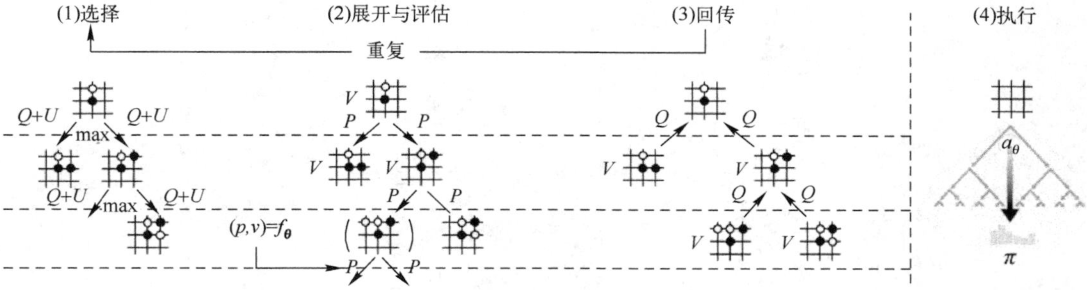

图 9-37 AlphaGo Zero 蒙特卡洛树搜索流程

（2）**展开与评估阶段。**在搜索树的叶结点进行展开与评估，当叶结点处于状态 s_l时[⊖]，由神经网络 $f_{\boldsymbol{\theta}}$得到策略输出 p_l和估值输出 V_l。设置初始边 $e(s_l, a)$中的四元集取值：$N(s_l, a)=0$, $W(s_l, a)=0, Q(s_l, a)=0, P(s_l, a)=0$。在将盘局状态进行估值时，需要将盘面旋转 $n\times45°, n\in\{0,1,\cdots,7\}$或双面反射后输入神经网络。在神经网络进行盘面评估时，其他并行线程皆会处于锁死状态，直至神经网络运算结束。

（3）**回传阶段。**在展开与评估阶段完成后，搜索树中各结点连接边的信息都已得到。此时需将搜索后所得最新结构由叶结点回传到根结点上进行更新。遍历次数 $N(s_t, a_t)$、动作累计值 $W(s_t, a_t)$、动作平均值 $Q(s_t, a_t)$的更新计算分别为

$$N(s_t, a_t)=N(s_t, a_t)+1;\ W(s_t, a_t)=W(s_t, a_t)+V_t;\ Q(s_t, a_t)=\frac{W(s_t, a_t)}{N(s_t, a_t)}$$

其中，V_t为神经网络 $f_{\boldsymbol{\theta}}(s_t)$的估值输出。

显然，随着模拟次数的增加，动作平均值 $Q(s_t, a_t)$会逐渐趋于稳定，且与神经网络的策略输出 p_t没有直接关系。

（4）执行阶段。经过 1600 次蒙特卡洛树搜索，树中各边存储着历史信息。根据这些历史信息得到落子概率分布 $h(a\mid s_0)$。$h(a\mid s_0)$由叶结点的访问次数经过模拟退火算法得到，具体计算公式为

$$h(a\mid s_0)=N(s_0, a)^{\frac{1}{\tau}}/\sum_b N(s_0, a)^{\frac{1}{\tau}}$$

模拟退火参数 τ 的初始值为 1，在前 30 步走子一直为 1，然后随着走子步数的增加而减小趋向于 0。引入模拟退火算法极大地丰富了围棋开局的变化情况，并保证在收官阶段能够做出最为有利的选择。

在执行完落子动作后，当前搜索树的扩展子结点及子树的历史信息会被保留，而扩展子结点的所有父结点及信息都会被删除，从而在保留历史信息的前提下减少搜索树所占的内存空间，并最终以扩展结点作为新的根结点为下一轮蒙特卡洛树搜索做准备。值得注意的是，当根结点的估值输出 V_θ小于指定阈值 V_r时则作认输处理，即此盘棋局结束。

AlphaGo Zero 的训练过程如图 9-38 所示，大致分为如下 4 个基本阶段：

⊖ s_l 特指叶结点状态，s_t 则指一般结点状态。——编辑注

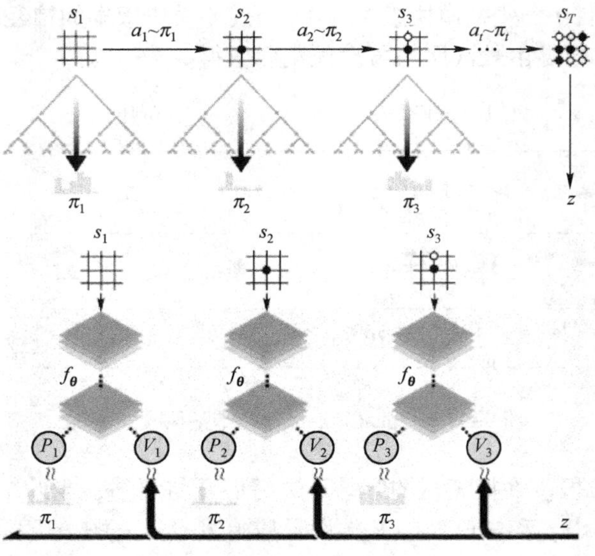

图 9-38　AlphaGo Zero 训练过程

（1）设当前棋面状态为 x_t，以 x_t为数据起点得到距当前最近的本方历史 7 步盘面状态和对方历史 8 步盘面状态，分别记作 $x_{t-1}, x_{t-2}, \cdots x_{t-7}$和 $y_t, y_{t-1}, y_{t-2}, \cdots y_{t-7}$，并记本方执棋颜色为 c，将落子情况进行拼接，记输入元 s_t为$\{x_t, y_t, x_{t-1}, y_{t-1}, \cdots, c\}$并以此开始进行评估；

（2）使用基于深度神经网络$f_{\boldsymbol{\theta}}$的蒙特卡洛树搜索展开策略评估，经过 1600 次蒙特卡洛树搜索，得到当前局面 x_t的策略 h_t和参数向量为 $\boldsymbol{\theta}$ 时深度神经网络 $f_{\boldsymbol{\theta}}(s_t)$输出的策略函数 p_t与估值 V_t；

（3）使用由蒙特卡洛树搜索得到的策略 h_t，并结合模拟退火算法在对弈前期增加落子位置多样性，丰富围棋数据样本。重复持续这步操作直至棋局最终获得胜负结果 z；

（4）将上一阶段所得胜负结果 z、价值 V_t的均方误差、策略函数 p_t和蒙特卡洛策略 h_t的交叉熵误差等信息进行整合建立目标函数，通过对该目标函数进行优化计算实现对深度神经网络$f_{\boldsymbol{\theta}}$的权值的进一步更新。

AlphaGo 的成功离不开深度神经网络和深度强化学习方法。传统的基于规则的围棋自动对弈只能识别固定的棋路，这个过程类似于背棋谱。基于深度强化学习的 AlphaGo 能自动提取棋谱盘面特征并将其与动作选择有效地组合在一起，极大增强了对棋谱的学习能力。此外，盘面评估也是 AlphaGo 成功的关键，价值网络和快速走子网络在局面评估时互为补充，能够较好地应对对手下一步棋的不确定性，对获得更加精确的评估结果至关重要。

围棋因为复杂的落子选择和庞大的搜索空间在人工智能领域具有显著的代表性。AlphaGo 基于深度卷积神经网络的策略网络和价值网络减小了搜索空间，并且在训练过程中创新性地结合了监督学习和强化学习，最后成功地整合蒙特卡洛树搜索算法。AlphaGo 作为人工智能领域的里程碑，其智能突出体现在以下几点：首先，AlphaGo 的成功表明棋谱数据可以完全获取，知识能够自动表达。围棋是一种完全信息博弈的游戏，通过摄像机拍摄即可获得全部的状态信息，AlphaGo 能够获得完备的数据集，并且将数据自动地表示成知识；其次，AlphaGo 能够较好地应对对手下一步棋的不确定性，按搜索和评价策略进行决策，通常控制者要先给出系统的很多假设，比如不确定性在一定的范围之内，才能证明系统的收敛性或稳定性，而人工智能是感知与认知交互迭代的方法，对系统的不确定性不做预先假设，虽然很难得到理论证明，但可以通过实践中的搜索和评价获得成功，AlphaGo 在应对不确定性中的优秀表现彰显了其智能水平；最后，AlphaGo 通过自我博弈产生了 3000 万盘棋的自我棋谱，深度模仿人类顶尖棋手的对弈，提升系统的智能水平，表明 AlphaGo 具有强大的自学习能力，可以通过深度强化学习机制不断提高自身水平。

9.5 习题

（1）什么是深度强化学习？对比强化学习，试说明二者的异同点。

（2）如何定义深度强化学习？它和常规的监督学习或者无监督学习有何区别？

（3）深度强化学习过程是一个通过多次迭代计算获得所求最优策略的过程，试说明每次迭代的具体步骤。

（4）要实现深度学习与强化学习的有效结合，必须解决三个方面的基本问题，试说明这三个基本问题，试给出解决上述三个问题的基本思路。

（5）什么是策略迭代算法？什么是值迭代算法？试说明两者的区别和联系。

（6）查阅蒙特卡洛法和博弈模型搜索法的相关材料，并介绍蒙特卡洛树搜索的过程。

（7）什么是 UCB 指标？试说明 UCT 算法的过程。

（8）假设蒙特卡洛搜索树的初始状态如图 9-39 所示，Q 表示总模拟奖励，N 表示被访问的总次数，a 表示动作，s 表示状态。试利用 UCT 算法判断在状态 s_0 的下一步应该采取 a_1 还是 a_2，其中迭代次数为 3 次，$C=3$。

（9）试说明深度 Q 学习模型训练的基本流程，并且简述 DQN 的优缺点。

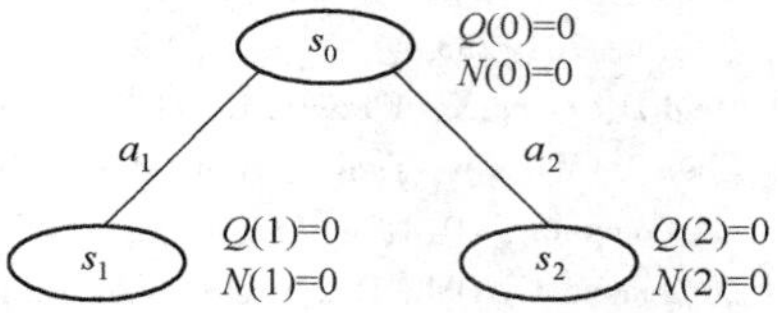

图 9-39　MCTS 初始图

（10）为什么要引入值函数逼近，它可以解决哪些问题？

（11）在深度强化学习中，深度 Q 学习是基本算法，试列举几种基于 DQN 的改进算法并说明改进思路。

（12）什么是同策略，什么是异策略，两者的优缺点各是什么？

（13）相较于值迭代方法而言，策略梯度方法有何优势？

（14）将 Actor 和 Critic 作为分类标准，分别说明 DQN、DDQN 和 DPG 的算法类型。

（15）在深度强化学习中，所设计的奖励函数应具备哪些特点？

（16）Actor-Critic 算法通过低方差以及策略梯度在线搜索最优策略，请说明 AC 算法的大致流程？

（17）相比于 Actor-Critic 算法，A3C 算法有何改进之处及优势？

（18）试说明 DDPG 与 DPG 的区别及联系。

参考文献

[1] Ackley D H, Hinton G E, Sejnowski T J. A learning algorithm for Boltzmann machines [J]. Cognitive Science, 1985, 9 (1): 147-169.

[2] Radford A Metz L, Soumith Chintala. Unsupervised Representation Learning with Deep Convolutional Generative Adversarial Networks [J]. Computer Science, 2015.

[3] Broomhead D S. Multivariate functional interpolation and adaptive networks [J]. Compler Systems, 1988, 2 (3): 321-355.

[4] Brodley C E, Utgoff P E. Multivariate decision trees [J]. Machine Learning, 1995, 19 (1): 45-77.

[5] Boyd S, Vandenberghe L. Convex Optimization [M]. Cambridge: Cambridge University Press, 2004.

[6] Barbero A, Dorronsoro J R. Momentum Sequential Minimal Optimization: An accelerated method for Support Vector Machine training [C]. International Joint Conference on Neural Networks. IEEE Xplore, 2011.

[7] Bengio Y, Courville A, Vincent P. Representation learning: A review and new perspectives [J]. IEEE Transactions on Pattern Analysis and Machine Intelligence, 2013, 35 (8): 1798-1828.

[8] Chauvin Y, Rumelhart D E. Backpropagation: Theory, Architecture and Applications [J]. Lawrence Erlbaum Associates, 1995, 9 (3): 358-359.

[9] Crammer K, Singer Y. On the algorithmic implementation of multiclass kernel-based vector machines [J]. Journal of Machine Learning Research, 2001, 2: 265-292.

[10] Chawla N V, Bowyer K W, Hall L O, et al. SMOTE: Synthetic minority over-sampling technique [J]. Journal of Artificial Intelligence Research, 2002, 16: 321-357.

[11] Crammer K, Singer Y. On the learnability and design of output codes for multiclass problems [J]. Machine Learning, 2002, 47 (2-3): 201-233.

[12] Held D, Geng X, Florensa C, et al. Automatic Goal Generation for Reinforcement Learning Agents [J]. 2017.

[13] Chen L, Wang R, Yang J, et al. Multi-label image classification with recurrently learning semantic dependencies [J]. The Visual Computer, 2018: 1-11.

[14] Drummond C, Holte R C. Cost curves: An improved method for visualizing classifier performance [J]. Machine Learning, 2006, 65 (1): 95-130.

[15] Elman J L. Finding structure in time [J]. Cognitive Science, 1990, 14 (2): 179-211.

[16] Escalera S, Pujol O, Radeva P. Error-correcting ouput codes library [J]. Journal of Machine Learning Research, 2010, 11: 661-664.

[17] Long J, Shelhamer E, Darrell T. Fully Convolutional Networks for Semantic Segmentation [J]. IEEE Transactions on Pattern Analysis & Machine Intelligence, 2014, 39 (4): 640-651.

[18] Fawcett T. An introduction to ROC analysis [J]. Pattern Recognition Letters, 2006, 27 (8): 861-874.

[19] Gerstner, Wulfram, et al. Spiking Neuron Models: Single Neurons, Populations, Plasticity [J]. Kybernetes, 2002, 4 (7/8): 277-280.

[20] Gui L Y, Gui L, Wang Y X, et al. Factorized Convolutional Networks: Unsupervised Fine-Tuning for Image Clustering [J]. IEEE Winter Conference on Applications of Computer Vision (WACV), 2018, IEEE Computer Society.

[21] Hinton G, Osindero S, Teh Y W. A Fast Learning Algorithm for Deep Belief Nets [J]. Neural Computation, 2014, 18 (7): 1527-1554.

[22] Hinton G. A practical guide to training restrictedboltzmann machines [J]. Momentum, 2010, 9 (1): 926-947.

[23] He K, Zhang X, Ren S, et al. Deep Residual Learning for Image Recognition [J]. 2015.

[24] Zhao H, Shi J, Qi X, et al. Pyramid Scene Parsing Network [J]. 2016.

[25] Hsu CC, Lin C W. CNN-Based Joint Clustering and Representation Learning with Feature Drift Compensation for Large-Scale Image Data [J]. IEEE Transactions on Multimedia, 2017, PP (99): 421-429.

[26] Goodfellow I J, Pouget-Abadie J, Mirza M, et al. Generative Adversarial Networks [J]. Proceedings of Learning Research, 2017, 77: 248-263.

[27] Kohonen T, Schroeder M R, Huang T S. Self-Organizing Maps [M]. Berlin: Springer, 2001.

[28] Krizhevsky A, Sutskever I, Hinton G. ImageNet Classification with Deep Convolutional Neural Networks [J]. Advances in neural

information processing systems, 2012, 25 (2): 1097–1105.
[29] He K, Zhang X, Ren S, et al. Spatial Pyramid Pooling in Deep Convolutional Networks for Visual Recognition [J]. IEEE Transactions on Pattern Analysis & Machine Intelligence, 2014, 37 (9): 1904–1916.
[30] Osuna E, Freund R, Girosi F. An Improved Training Algorithm for Support Vector Machines [C]. Neural Networks for Signal Processing Vii– IEEE Workshop, 1997.
[31] Platt J C. Probabilities for SV Machines [J]. Advances in Large Margin Classifiers, 1999: 61–74.
[32] Lecun Y L, Bottou L, Bengio Y, et al. Gradient–Based Learning Applied to Document Recognition [J]. Proceedings of the IEEE, 1998, 86 (11): 2278–2324.
[33] Lecun Y, Bengio Y. Convolutional networks for images, speech, and time series [M]. The handbook of brain theory and neural networks. MIT Press, 1998.
[34] Lanckriet G, Cristianini N, Bartlett P, et al. Learning the Kernel Matrix with Semi–Definite Programming [C]. Nineteenth International Conference on Machine Learning. Morgan Kaufmann Publishers Inc. 2002.
[35] Lecun Y, Bottou L, Orr G B. In Neural Networks – Tricks of the Trade [J]. Canadian Journal of Anaesthesia, 2012, 41 (7): 658.
[36] Yu L, Zhang W, Wang J, et al. SeqGAN: Sequence Generative Adversarial Nets with Policy Gradient [J]. 2016.
[37] MacKay D J C. A practical Bayesian framework for backpropagation networks [J]. Neural Computation, 1992, 4 (3): 448–472.
[38] Murthy SK, Kasif S, Salzberg S. A system for induction of blique decision trees [J]. Journal of Artificial Intelligence Research, 1996, 2: 1–32.
[39] Mitchell T. Machine Learning [M]. New York: McGraw–Hill, 1997.
[40] Murthy S K. Automatic construction of decision trees from data A multi–disciplinary survey [J]. Data Mining and Knowledge Discovery, 1998, 2 (4): 345–389.
[41] Park J, Sandberg I W. Universal approximation using radial–basis–function networks [J]. Neural Computation, 1991, 3 (2): 246–257.
[42] Platt J C, Cristianini N, Shawe–Taylor J. Large margin DAGs for multiclass classification [J]. In Advances in Neural Information Processing Systems, 2000, 12: 547–553.
[43] Quinlan J R. Induction of decision trees [J]. Machine Learning, 1986, 1 (1): 81–106.
[44] Raileanu L E, Stoffel K. Theoretical comparison between the Gini index and information gain criteria [J]. Annals of Mathematics and Artificial Intelligence, 2004, 41 (1): 77–93.
[45] Girshick R, Donahue J, Darrell T, et al. Rich feature hierarchies for accurate object detection and semantic segmentation [C]. Computer Vision and Pattern Recognition, 2014, 2014 IEEE Conference on.
[46] Girshick R. Fast R–CNN [J]. Computer Science, 2015.
[47] Schwenker F, et al. Three learning phases for radial – basis – function networks [J]. Neural Networks, 2001, 14 (4–5): 439–458.
[48] Simonyan K, Zisserman A. Very Deep Convolutional Networks for Large – Scale Image Recognition [J]. Computer Science, 2014.
[49] Ren S, He K, Girshick R, et al. Faster R–CNN: Towards Real–Time Object Detection with Region Proposal Networks [C]. NIPS, 2015.
[50] Szegedy C, Liu N W, Jia N Y, et al. Going deeper with convolutions [C]. 2015 IEEE Conference on Computer Vision and Pattern Recognition (CVPR), 2015, IEEE Computer Society.
[51] Schaul T, Quan J, Antonoglou I, et al. Prioritized Experience Replay [J]. Computer Science, 2015.
[52] Shen M, Zhang Y, Wang R, et al. Robust object tracking via superpixels and keypoints [J]. Multimedia Tools and Applications, 2018, 77 (19): 25109–25129.
[53] Tibshirani R. Regression shrinkage and selection via the LASSO [J]. Journal of the Royal Statistical Society: Series B, 1996, 58 (1): 267–288.
[54] Utgoff P E. Incremental induction of decision trees [J]. Machin Leaning, 1989, 4 (2): 161–186.
[55] Utgoff P E. Perceptron trees: A case study in hybrid concept representations [J]. Connection Science, 1989b, 1 (4): 377–391.
[56] Utgoff P E, Berkman N C, Clouse J A. Decision tree induction based on effcient tree restructuring [J]. Machine Learning, 1997, 29 (1): 5–44.
[57] Vapnik V. The nature of statistical learning theory [M]. Berlin: Springer, 1995.
[58] Vapnik V N. An overview of statistical learning theory [J]. IEEE Transactions on Neural Networks, 1999, 10 (5): 988–999.

[59] Wang R, Xie Y, Yang J, et al. Large scale automatic image annotation based on convolutional neural network [J]. Journal of Visual Communication and Image Representation, 2017, 49: 213-224.
[60] Wang J, Xu X, Wang F, et al. A Deep Prediction Architecture for Traffic Flow with Precipitation Information [J]. Advances in Swarm Intelligence, 2018, 10942: 329-338.
[61] Wang R, Wang Q, Yang J, et al. Super-resolution via supervised classification and independent dictionary training [J]. Multimedia Tools and Applications, 2018, 77: 27709-27732.
[62] Xue L, Zhong X, Wang R, et al. Low - resolution vehicle recognition based on deep feature fusion [J]. Multimedia Tools and Applications, 2018, 77: 27617-27639.
[63] Lu Y, Salem F M. Salem. Simplified Gating in Long Short-term Memory (LSTM) Recurrent Neural Networks [C]. IEEE 60th International Midwest Symposium on Circuits and System, 2017.
[64] Zhou Z H, JiangY. NeC4. 5: Neural Ensemble Based C4. 5 [J]. IEEE Transactions on Knowledge & Data Engineering, 2004, 16 (6): 770-773.
[65] Zhou Z H, Liu X Y. On Multi-Class Cost-Sensitive Learning [C]. Proceedings, The Twenty-First National Conference on Artificial Intelligence and the Eighteenth Innovative Applications of Artificial Intelligence Conference, July 16-20, 2006, Boston, Massachusetts, USA. AAAI Press, 2006.
[66] Zhou Z H, Liu X Y. Training cost-sensitive neural networks with methods addressing the class imbalance problem [J]. IEEE Transactions on Knowledge and Data Engineering, 2006, 18 (1): 63-77.
[67] Zhou Z H. Ensemble Methods: Foundations and Algorithms [M]. Boca Rato: CRC Press, 2012.
[68] Zhou Z H. Large margin distribution learning [M]. Artificial Neural Networks in Pattern Recognition. Springer International Publishing, 2014.
[69] Zhang Q, Wang R, Yang J, et al. Modified collective decision optimization algorithm with application in trajectory planning of UAV [J]. Applied Intelligence, 2017, 48: 2328-2354.
[70] 邹鸿程. 微博话题检测与追踪技术研究 [D]. 郑州: 解放军信息工程大学, 2012.
[71] 朱斐, 朱海军, 刘全, 等. 一种解决连续空间问题的真实在线自然梯度 AC 算法 [J]. 软件学报, 2018, 29 (2): 267-282.
[72] 左国玉, 杜婷婷, 马蕾. 基于动作注意策略的树形 DDQN 目标候选区域提取方法 [J]. 电子与信息学报, 2019, 41 (0): 666-673.
[73] Alpaydin. 机器学习导论 [M]. 范明, 译. 北京: 机械工业出版社, 2015.
[74] Geron A. 机器学习实战: 基于 Scikit-Learn 和 TensorFlow [M]. 王静源, 等译. 北京: 机械工业出版社, 2018.
[75] 陈军令. 基于径向基神经网络的财务预警研究 [D]. 长沙: 中南大学, 2013.
[76] 陈仲铭, 彭凌西. 深度学习原理与实践 [M]. 北京: 人民邮电出版社, 2018.
[77] 陈智. 基于卷积神经网络的语义分割研究 [D]. 北京: 北京交通大学, 2018.
[78] 蔡自兴, 徐光祐. 人工智能及其应用 [M]. 2 版. 北京: 清华大学出版社, 1996.
[79] Downey A B. 贝叶斯思维: 统计建模的 Python 学习法 [M]. 许杨毅, 译. 北京: 人民邮电出版社, 2015.
[80] 笪庆, 曾安详. 强化学习实战: 强化学习在阿里的技术演进和业务更新 [M]. 北京: 电子工业出版社, 2018.
[81] 邓乃扬, 田英杰. 数据挖掘中的新方法: 支持向量机 [M]. 北京: 科学出版社, 2004.
[82] 邓乃扬, 田英杰. 支持向量机: 理论、算法与拓展 [M]. 北京: 科学出版社, 2009.
[83] 邓亚平, 王敏. 基于分块 2DPCA 的人脸识别方法 [J]. 计算机工程与设计, 2014, 35 (9): 3229-3233.
[84] Elad M. 稀疏与冗余表示: 理论及其在信号与图像处理中的应用 [M]. 曹铁勇, 等译. 北京: 国防工业出版社, 2015.
[85] Flach P. 机器学习 [M]. 段菲, 译. 北京: 人民邮电出版社, 2016.
[86] 冯超. 深度学习轻松学: 核心算法与视觉实践 [M]. 北京: 电子工业出版社, 2017.
[87] 冯晶. 基于 AdaBoost 算法的人脸检测系统研究及其 SoC 实现 [D]. 南京: 南京航空航天大学, 2017.
[88] 冯超. 强化学习精要: 核心算法与 TensorFlow 实现 [M]. 北京: 电子工业出版社, 2018.
[89] Bonaccorso G. 机器学习算法 [M]. 罗娜, 等译. 北京: 机械工业出版社, 2018.
[90] 葛强强. 基于深度置信网络的数据驱动故障诊断方法研究 [D]. 哈尔滨: 哈尔滨工业大学, 2016.
[91] 高隽. 人工神经网络原理及仿真实例 [M]. 2 版. 北京: 机械工业出版社, 2007.
[92] 高聪, 王福龙. 基于模板匹配和局部 HOG 特征的车牌识别算法 [J]. 计算机系统应用, 2017, (1): 122-128.
[93] 郭宪, 方勇纯. 深入浅出强化学习: 原理入门 [M]. 北京: 电子工业出版社, 2018.
[94] Haykin S. 神经网络与机器学习 [M]. 3 版. 北京: 机械工业出版社, 2011.
[95] Schwartz H M. 多智能体机器学习: 强化学习方法 [M]. 连晓峰, 等译. 北京: 机械工业出版社, 2017.
[96] 韩力群. 人工神经网络教程 [M]. 北京: 北京邮电大学出版社, 2006.
[97] 韩少玄. 基于径向基网络的面板堆石坝永久沉降预测 [D]. 大连: 大连理工大学, 2015.

[98] 胡韦伟，汪荣贵，胡琼，等．基于 Adaboost 定位的实时人脸跟踪方法 [C]．中国仪器仪表学会青年学术会议．2007.
[99] 洪冬梅．基于 LSTM 的自动文本摘要技术研究 [D]．广州：华南理工大学，2018.
[100] Goodfellow I，Bengio Y，Courville A．深度学习 [M]．赵申剑，等译．北京：人民邮电出版社，2017.
[101] Watt J，等．机器学习精讲：基础、算法及应用 [M]．杨博，译．北京：机械工业出版社，2018.
[102] 焦李成，等．深度学习、优化与识别 [M]．北京：清华大学出版社，2017.
[103] Ganguly K. GAN：实战生成对抗网络 [M]．刘梦馨，译．北京：电子工业出版社，2018.
[104] 刘全，傅启明，等．大规模强化学习 [M]．北京：科学出版社，2016.
[105] 刘晓曼，刘永民．基于分块 K-SVD 字典学习的彩色图像去噪 [J]．南京理工大学学报（自然科学版），2016，40（5）：607-612.
[106] 刘少山，唐洁，等．第一本无人驾驶技术书 [M]．北京：电子工业出版社，2017.
[107] 刘铁岩，陈微，等．分布式机器学习：算法、理论与实践 [M]．北京：机械工业出版社，2018.
[108] 李航．统计学习方法 [D]．北京：清华大学出版社，2012.
[109] 李晓会．基于深度堆栈网络的高光谱图像分类方法研究 [D]．西安：西北工业大学，2016.
[110] 李博．机器学习实践应用 [M]．北京：人民邮电出版社，2017.
[111] 李金洪．深度学习之 TensorFlow：入门、原理与进阶实战 [M]．北京：机械工业出版社，2018.
[112] 李玉鑑．深度学习：卷积神经网络从入门到精通 [M]．北京：机械工业出版社，2018.
[113] 栾悉道，等．稀疏表示方法导论 [M]．北京：电子工业出版社，2017.
[114] 梁尤文．通用计算平台上基于 K-SVD 图像去噪算法的并行技术 [D]．北京：中国科学院大学（中国科学院光电技术研究所），2017.
[115] 卢博超．车牌定位与字符识别的方法研究 [D]．唐山：华北理工大学，2017.
[116] 罗向龙，焦琴琴，牛力瑶，等．基于深度学习的短时交通流预测 [J]．计算机应用研究，2017，(1)：91-93.
[117] Mitchell T M．机器学习 [M]．曾华军，等译．北京：机械工业出版社，2003.
[118] Kubat M．机器学习导论 [M]．王勇，仲国强，等译．北京：机械工业出版社，2016.
[119] Mariette Awad，等．高效机器学习：理论、算法及实践 [M]．李川，等译．北京：机械工业出版社，2017.
[120] Wiering M，Otterlo M．强化学习 [M]．赵地，等译．北京：机械工业出版社，2018.
[121] Amini M R．机器学习：理论、实践与提高 [M]．许鹏，译．北京：人民邮电出版社，2018.
[122] 彭博．深度卷积网络：原理与实践 [M]．北京：机械工业出版社，2018.
[123] 彭伟．揭秘深度强化学习 [M]．北京：中国水利水电出版社，2018.
[124] 秦泽南．基于朴素贝叶斯与 SVM 的垃圾邮件检测系统的设计与实现 [D]．哈尔滨：哈尔滨工业大学，2010.
[125] 齐岳，黄硕华．基于深度强化学习 DDPG 算法的投资组合管理 [J]．计算机与现代化，2018，(5)：93-99.
[126] Battiti R，Brunato M．机器学习与优化 [M]．王彧弋，译．北京：人民邮电出版社，2018.
[127] Shalev-Shwartz S，等．深入理解机器学习：从原理到算法 [M]．张文生，等译．北京：机械工业出版社，2016.
[128] Kulkarni S，Harman G．统计学习理论基础 [M]．肖忠祥，等译．北京：机械工业出版社，2016.
[129] 史丹青．生成对抗网络入门指南 [M]．北京：机械工业出版社，2018.
[130] 石东源，熊国江，陈金富，等．基于径向基函数神经网络和模糊积分融合的电网分区故障诊断 [J]．中国电机工程学报，2014，34（4）：562-569.
[131] 单晨晨．基于深度置信网络的发动机状态监控研究 [D]．天津：中国民航大学，2017.
[132] 单九思．基于深度置信网络的铁路道岔故障诊断系统的研究与实现 [D]．石家庄：石家庄铁道大学，2017.
[133] 孙见青，汪荣贵，胡韦伟．基于 EM-PCA 和级联分类器的人脸检测 [J]．中国科学院大学学报，2008，25（2）：216-223.
[134] 孙见青，汪荣贵，胡韦伟．一种新的基于 NGA/PCA 和 SVM 的特征提取方法 [J]．系统仿真学报，2007，19（20）：4823-4826.
[135] 山下隆义．图解深度学习 [M]．张弥，译．北京：人民邮电出版社，2018.
[136] Silva T C，赵亮．基于复杂网络的机器学习方法 [M]．李泽荃，等译．北京：机械工业出版社，2018.
[137] 唐亘．精通数据科学：从线性回归到深度学习 [M]．北京：人民邮电出版社，2018.
[138] 王松桂，等．线性模型引论 [M]．北京：科学出版社，2004.
[139] 王万森．人工智能原理及其应用 [M]．2 版．北京：电子工业出版社，2012.
[140] 王雪松，朱美强，程玉虎．强化学习原理及其应用 [M]．北京：科学出版社，2014.
[141] 王旭阳．基于深度学习的食道癌图像检测技术的研究 [D]．兰州：兰州大学，2017
[142] 王耶利．基于 A3C 模型的带预判游戏智能体研究 [D]．哈尔滨：哈尔滨工业大学，2018.
[143] 汪荣贵，丁凯，杨娟，等．三角形约束下的词袋模型图像分类方法 [J]．软件学报，2017，28（7）：1847-1861.
[144] 汪荣贵，张佑生，高隽，等．Bayes 网络推理结论的解释机制研究 [J]．计算机研究与发展，2005（9）：1527-1532.

[145] 汪荣贵. Bayes 网络理论及其在目标检测中应用研究 [D]. 合肥：合肥工业大学，2004.
[146] 汪荣贵. 算法设计与应用 [M]. 北京：机械工业版社，2017.
[147] 汪荣贵. 离散数学及其应用 [M]. 北京：机械工业版社，2017.
[148] 吴岸城. 神经网络与深度学习 [M]. 北京：电子工业出版社，2016.
[149] 吴岸城. 深度学习算法实践 [M]. 北京：电子工业出版社，2016.
[150] Goldberg Y. 基于深度学习的自然语言处理 [M]. 车万翔，等译. 北京：机械工业出版社，2018.
[151] 叶韵. 深度学习与计算机视觉：算法原理、框架应用与代码实现 [M]. 北京：机械工业出版社，2017.
[152] 杨沐晞. 基于随机森林模型的二手房价格评估研究 [D]. 长沙：中南大学，2012.
[153] 杨娟，李永福，汪荣贵，等. 基于双广义高斯模型和多尺度融合的纹理图像检索方法 [J]. 电子与信息学报，2016, 38 (11)：2856-2863.
[154] 杨梅芳，石义龙. 基于 2DPCA+PCA 与 SVM 的人脸识别 [J]. 信息技术，2018 (2)：32-36.
[155] 杨志. 基于深度学习的车牌字符识别研究 [D]. 合肥：安徽大学，2018.
[156] 姚宏亮，王浩，张佑生，等. 多 Agent 动态影响图及其一种近似推理算法研究 [J]. 计算机学报. 2008，31 (2)：236-244.
[157] 姚宏亮，王浩，汪荣贵. 多 Agent 动态影响图的近似计算方法，计算机研究与发展 [J]. 2008，45 (3)：487-495.
[158] 周志华. 机器学习 [M]. 北京：清华大学出版社，2016.
[159] 赵永科. 深度学习：21 天实战 Caffe [M]. 北京：电子工业出版社，2016.
[160] 赵卫东，董亮. 机器学习 [M]. 北京：人民邮电出版社，2018.
[161] 赵玉婷，韩宝玲，罗庆生. 基于 deep Q-network 双足机器人非平整地面行走稳定性控制方法 [J]. 计算机应用，2018，38 (9)：2459-2463.
[162] 张超群. 基于深度学习的字符识别 [D]. 成都：电子科技大学，2016.
[163] 张璐. 基于支持向量机的车牌识别系统的研究 [D]. 大庆：东北石油大学，2016.
[164] 张前. 无人驾驶车辆道路场景环境建模 [D]. 西安：西安理工大学，2018.
[165] 张佑生，彭青松，汪荣贵. 一种基于变异灰度直方图的视频字幕检测定位方法 [J]. 电子学报，2004，32 (2)：314-317.
[166] 张世龙. 基于改进策略梯度方法的游戏智能研究 [D]. 广州：华南理工大学，2018.